INNERE SEKRETION

IHRE PHYSIOLOGIE, PATHOLOGIE UND KLINIK

VON

PROF. DR. JULIUS BAUER

WIEN

MIT 56 ABBILDUNGEN

BERLIN UND WIEN

VERLAG VON JULIUS SPRINGER

1927

ISBN-13: 978-3-642-89517-3   e-ISBN-13: 978-3-642-91373-0
DOI: 10.1007/978-3-642-91373-0

Vorwort.

An Büchern über innere Sekretion herrscht kein Mangel — von ganz
großen Nachschlagewerken bis zu kleinen Kompendien. Manche von ihnen
sind auch sicherlich ausgezeichnet und ihrem Zwecke durchaus entsprechend,
Kenntnisse in der Physiologie und Pathologie der inneren Sekretion sowie
in der Klinik der Krankheiten der Hormonorgane zu vermitteln. Dennoch
vermissen wir in zahllosen Einzelarbeiten auf allen Gebieten der klinischen
Medizin, die sich nebenbei in das noch junge Gebiet der inneren Sekretion
vorwagen, das sonst übliche Maß wissenschaftlicher Kritik und sehen, wie man
sich über Unbekanntes und Unerklärtes nur zu häufig in der Weise hinwegzusetzen pflegt, daß man irgendeine innersekretorische Störung zur Erklärung
heranzieht, ohne sich über die Berechtigung einer solchen Annahme die notwendige Rechenschaft abzulegen. Geht es nicht mit der Störung eines einzelnen
bestimmten Hormonorganes, dann greift man eben zu einer pluriglandulären
Abweichung oder zu den so beliebten Korrelationsstörungen der Drüsen mit
innerer Sekretion. Nicht nur über die Sicherungen der pathologischen Anatomie,
auch über jene der Physiologie setzt man sich nur allzukühn hinweg und merkt
es kaum, daß einem der feste Boden naturwissenschaftlicher Erkenntnis unter
den Füßen entglitten ist. Gewiß, die innere Sekretion spielt im Gesamtbetriebe
des Wirbeltierorganismus eine hochbedeutsame Rolle und beeinflußt in irgendeiner Form alle Organsysteme; so muß es denn kommen, daß Vertreter der
verschiedensten Spezialdisziplinen an den Problemen der inneren Sekretion
interessiert sind. Soll aber ein wirkliches Verständnis für diese Zusammenhänge
angestrebt werden, dann können die Fragen der inneren Sekretion nicht allein
vom Standpunkte der Experimentalphysiologie und pathologischen Anatomie,
dann müssen sie von einer höheren allgemein-biologischen Warte aus studiert
werden, dann muß ihre Beziehung zur Gesamterscheinung der individuellen
Persönlichkeit, zur Konstitution, zum Genotypus, muß die Bedeutung der
peripheren Erfolgsorgane der Hormone in den Kreis der Betrachtung gezogen
und die Gesetzmäßigkeit erfaßt werden, der einerseits die Tätigkeit der Hormon-
apparate, andererseits die Reaktionsweise ihrer Erfolgsorgane unterworfen ist.
Mancherlei Störungen der inneren Sekretion sind nicht, wie man heute ziemlich
allgemein annimmt, immer nur Ursache von Abweichungen, die wir am
Organismus wahrnehmen, sondern sind selbst schon Folge einer übergeordneten
genotypischen Abartung, einer primären Konstitutionsanomalie. Ohne Konstitutionspathologie, ohne ein gewisses Maß von Vererbungslehre ist ein wirkliches Verständnis der Endokrinologie nicht möglich. Nur in diesem großen
Zusammenhange kann sich der Kliniker die Ergebnisse der Experimentalphysiologie und pathologischen Anatomie auf dem Gebiete der inneren Sekretion
nutzbar machen, nur so ist er mitunter in der Lage, kausale Zusammenhänge

zwischen klinischem Bild und anatomischem Befund richtig zu deuten, nur so kann er sich der Möglichkeiten und Grenzen seiner therapeutischen Bestrebungen bewußt werden.

Darum war es mir eine willkommene Gelegenheit, als mich der Verlag und die Herausgeber der „Fachbücher für Ärzte" aufforderten, im Rahmen dieser Sammlung einen Band über innere Sekretion zu schreiben. Was ich seit vielen Jahren in Ärztekursen lehre und an reichem Krankenmaterial demonstriere, das hoffte ich nun in entsprechend erweiterter Form einem größeren Kreise vorlegen zu können. Für die Kritik in der Beurteilung und Analyse innersekretorischer Störungen sollten die nötigen Grundlagen dargestellt werden. Freilich mußte ich da weit ausholen, Anatomie und Physiologie der Inkretionsorgane als Fundamente der klinischen Betrachtung heranziehen und so kam es, daß eines Tages das Buch den mir gesteckten Rahmen weit überschritten hatte. Deshalb erscheint es heute losgelöst von der Fachbüchersammlung, aber, wie ich hoffe, doch lesbar für jeden Arzt oder älteren Mediziner und brauchbar auch für den wissenschaftlichen Forscher.

Dank schulde ich für die Unterstützung bei der Durchsicht der Korrekturen und bei Anlegung des Sachverzeichnisses Frau Dr. BERTA ASCHNER, für das großzügige Eingehen auf meine Wünsche und die hervorragende Ausstattung des Buches der Verlagsbuchhandlung Julius Springer.

Wien, im März 1927.   **J. BAUER.**

Inhaltsverzeichnis.

I. Einleitung. Begriffsbestimmung. Hormone und Inkrete. Die Korrelationsmechanismen im Organismus[1].

Unter innerer Sekretion oder Inkretion versteht man die Bildung eigenartiger, spezifisch wirkender Stoffe in bestimmten hiezu dienenden Organen, welche diese Stoffe in der Regel durch Vermittlung des Blutkreislaufes, in gewissen Fällen auch auf anderen Transportwegen den auf sie angewiesenen Geweben und Organen nach Maßgabe ihres Bedarfes zur Verfügung stellen. Diese Definition bedarf einer näheren Erläuterung, zumal durchaus nicht alle Autoren in der Begriffsbestimmung der inneren Sekretion einig sind.

1. Die eigenartigen, spezifisch wirkenden Stoffe, welche von den innersekretorischen Organen geliefert werden, heißen nach dem Vorschlage Rouxs und Abderhaldens Inkrete und sind sog. Hormone. Diese beiden Begriffe sind keineswegs identisch, Hormon ist der weitere Begriff, die Inkrete bilden nur eine spezielle Gruppe von Hormonen. Unter Hormonen versteht man seit Bayliss und Starling Reiz- oder Beeinflussungsstoffe, welche auf chemischem Wege Fernwirkungen im Organismus vermitteln. Zu ihnen gehören z. B. auch CO_2, Milchsäure, Dextrose, Harnstoff, Cholesterin und andere Substanzen, welche im Stoffwechsel entstehen, in den Kreislauf gelangen und an den verschiedensten, vom Orte ihrer Entstehung mehr oder minder entfernten Organen bestimmte Wirkungen auslösen, somit im Gesamtbetrieb des Organismus von Bedeutung sind.

Gley bezeichnete die bei jeder Zelltätigkeit sich bildenden Zersetzungsprodukte, welche gewissermaßen nur im Nebenamt Reizstoffe für andere Gewebe darstellen, als Parhormone. In den letzten Jahren hat man eine ganze Reihe verschiedenster solcher Beeinflussungsstoffe kennen gelernt, die alle für den geregelten Ablauf der Lebensfunktionen unter normalen und krankhaften Bedingungen notwendig sind aber nicht unter den Begriff der Inkrete fallen. So hat Carrel [2] an seinen in vitro-Kulturen gezeigt, daß die weißen Blutkörperchen wichtige Nährstoffträger darstellen, die allen Geweben bestimmte, ihre Proliferationsfähigkeit und ihr Wachstum anregende Reizstoffe, sog. Trephone zuführen. Wo im Organismus Gewebezellen zugrunde gehen, dort wirken ihre Bestandteile als Reizstoffe für entsprechende lebende

---

[1] Größere zusammenfassende Werke über innere Sekretion sind in dem Literaturverzeichnis auf S. 466 zusammengestellt. Die den Literaturangaben in den Fußnoten beigefügten eingeklammerten Angaben beziehen sich, wofern nicht anders angegeben, auf Band und Seite des Kongreßzentralblattes für innere Medizin, wo die betreffende Arbeit referiert ist.

[2] Carrel, A. et A. H. Ebeling: Cpt. rend. des séances de la soc. de biol. Tom. 89, Nr. 37, p. 1266. 1923 (Bd. 36, S. 1).

Zellen und sind für deren Funktion und Regeneration von Bedeutung [1]). Man spricht in diesem Sinne auch von Nekrohormonen und der Botaniker G. HABERLANDT [2]) konnte zeigen, daß derartige unter physiologischen Verhältnissen entstehende Nekrohormone und unter krankhaften Bedingungen auftretende sog. „Wundhormone" auch im Leben der Pflanzen eine große Bedeutung haben und die Regenerationsvorgänge bei Pflanzen regulieren.

Extrakte von Feten haben, weiblichen Kaninchen injiziert, eine ausgesprochen fördernde Wirkung auf Wachstum und Funktion der Brustdrüsen, enthalten also gleichfalls ausgesprochene Hormone.

Die entwicklungsmechanische Forschung hat gezeigt, daß im Laufe der embryonalen Entwicklung Reizstoffe eine ungeahnte Bedeutung besitzen, die von bestimmten, in Entwicklung begriffenen Organen bzw. Organteilen in deren nächste Umgebung diffundieren und hier die Differenzierung der anliegenden Gewebsbestandteile in einer ganz bestimmten Richtung beeinflussen. Diese Vorgänge der sog. abhängigen Differenzierung [3]) beruhen also offenbar auf der Wirkung ganz bestimmter, nur lokal sich auswirkender Hormone. Das bekannteste Beispiel ist die Entwicklung der Hornhaut aus dem Ektoderm der Hautdecke unter dem Einflusse der darunter befindlichen Augenlinse. Bekanntlich läßt sich bei Amphibien durch Transplantation von Augenlinsensubstanz unter die Haut beliebiger Körperstellen eine entsprechende Umformung der darüberliegenden Epidermis zu Corneagewebe künstlich erzeugen. An verschiedenen Organen sehen wir ein primär sich differenzierendes Keimblattderivat, z. B. das Endokardsäckchen, sekundär die Differenzierung der ihm anliegenden, später mit ihm ein Ganzes bildenden Gewebselemente z. B. des Myo- und Ektokards bestimmen. Die für jedes Organ charakteristischen Bindegewebsformationen entstehen durch abhängige Differenzierung aus dem ursprünglich indifferenten embryonalen Bindegewebe durch Einflüsse, welche von den epithelialen Anlagen der Organe auf dieses Gewebe ausgeübt werden. Es kann sich ja hier kaum um etwas anderes als um die Wirkung lokalisierter Reizstoffe handeln, die aber natürlich mit dem Begriff der inneren Sekretion nichts zu tun haben.

Die fundamentale und hochinteressante Feststellung O. LÖWIs sowie H. J. HAMBURGERs und seiner Mitarbeiter [4]), daß die Erregung des Vagus und Sym-

---

[1]) AKAMATSU, N.: Virchows Arch..f. pathol. Anat. u. Physiol. Bd. 240, S. 308. 1922 (Bd. 28, S. 258); MIYAGAWA, Y.: Japan. med. world. Vol. 4, p. 117. 1924 (Bd. 38, S. 482).

[2]) HABERLANDT, G.: Biol. Zentralbl. Bd. 42, S. 145. 1922.

[3]) FISCHEL, A.: ROUXs Vortr. und Aufsätze über Entwicklungsmech. d. Organismen 1912. H. 16; Arch. f. Entwicklungsmech. d. Organismen Bd. 44, S. 647. 1918. — DÜRKEN, B.: Einführung in die Experimentalzoologie. Berlin: Julius Springer 1919.

[4]) LÖWI, O.: Pflügers Arch. f. d. ges. Physiol. Bd. 189, S. 239. 1921 (Bd. 20, S. 161); Bd. 193, S. 201. 1921 (Bd. 22, S. 480); Bd. 203, S. 408. 1924 (Bd. 38, S. 318); Bd. 204, S. 361. 1924 (Bd. 38, S. 319). — DUSCHL, L. u. F. WINDHOLZ: Zeitschr. f. d. ges. exp. Med. Bd. 38, S. 261. 1923 (Bd. 35, S. 262). — DUSCHL, L.: Zeitschr. f. d. ges. exp. Med. Bd. 38, S. 268. 1923 (Bd. 35, S. 262). — JENDRASSIK, L.: Biochem. Zeitschr. Bd. 144, S. 520. 1924 (Bd. 35, S. 268). — WITANOWSKI, W. R.: Pflügers Arch. f. d. ges. Physiol. Bd. 208, S. 694. 1925 (Bd. 41, S. 847). — PLATTNER, F.: Zeitschr. f. Biol. Bd. 83, S. 544. 1925 (Bd. 42, S. 647). — BRINKMAN, R. u. J. V. D. VELDE: Pflügers Arch. f. d. ges. Physiol. Bd. 207, S. 488 u. 492. 1925 (Bd. 40, S. 683) u. Bd. 209, S. 383. 1925 (Bd. 42, S. 43). — Keine Bestätigung brachten die Untersuchungen von ASHER, L.: Pflügers Arch. f. d. ges. Physiol. Bd. 210, S. 689. 1925 (Bd. 43, S. 545) u. NAKAYAMA, K.: Zeitschr. f. Biol. Bd. 82, S. 581. 1925 (Bd. 41, S. 848).

pathicus zur Bildung ganz spezifischer Substanzen im Erfolgsorgan führt, die übertragbar sind und unter entsprechenden Versuchsbedingungen die gleiche Wirkung auf humoralem Wege hervorbringen wie eine Vagus- bzw. Sympathicus-reizung, hat uns eine ganz neue Art von Hormonen kennen gelehrt, die gleich-falls nicht unter den Begriff der inneren Sekretion fallen. Verschieden von diesen Vagus- bzw. Sympathicushormonen ist anscheinend das von L. HABERLANDT [1]) nachgewiesene „Sinus-Hormon" des Froschherzens, welches eine pulsbeschleunigende, pulsverstärkende bzw. pulserzeugende Wirkung auf die Herzkammer ausübt. Alle diese Untersuchungen über die humorale Übertragbarkeit von Nervenwirkungen gewähren vielversprechende Ausblicke auf die Rolle der Hormone im Organismus, als Inkrete kann man aber diese Stoffe nicht bezeichnen.

Nicht alle Beeinflussungsstoffe des Organismus haben auch wirklich eine erregende Wirkung, manche erweisen sich als ausgesprochene Hemmungs-substanzen. Dieser Tatsache suchte SCHÄFER durch eine eigene Nomenklatur Rechnung zu tragen, indem er Hormone ($\dot{o}\varrho\mu\dot{\alpha}\omega$ = ich erwecke, errege) und Chalone ($\chi\alpha\lambda\dot{\alpha}\omega$ = ich mache schlaff, lose) unterschied als anregende und hemmende Stoffe und beide unter der gemeinsamen Bezeichnung autakoide Substanzen ($\dot{\alpha}\varkappa o\varsigma$ = Heilmittel) zusammenfaßte. Allgemeinere Verbreitung hat aber SCHÄFERs Terminologie nicht gefunden.

Man hat die Hormone in zwei Gruppen geteilt, von denen die eine den Bau, die andere die funktionellen Leistungen des Organismus beeinflußt. Die ersteren nennt BIEDL morphogenetische Hormone, GLEY Harmozone.

Die Inkrete sind also dem Gesagten zufolge nur eine spezielle Gruppe von Hormonen im weitesten Sinne des Wortes — fördernd oder hemmend, morpho-genetisch oder funktionell wirksam — welche die übrigen in unserer obigen Definition angegebenen Kennzeichen aufweisen. Dabei müssen wir zugeben, daß eine strenge Abgrenzung der Inkretion mitunter auf erhebliche Schwierig-keiten stößt. Der chemischen Natur nach kennen wir wohl nur die wenigsten Inkrete. Synthetisch darstellen lernten wir erst das Produkt des Nebennieren-markes bzw. chromaffinen Gewebes, annähernd lernten wir auch die Formel des Schilddrüseninkretes kennen, Hypophysenhormone und das Pankreas-hormon wurden wenigstens in krystallinischer Form bereits isoliert. Sonst wissen wir über den Charakter der Inkrete nur so viel, daß sie keine Antigen-eigenschaften besitzen, d. h. nicht die Bildung von Antikörpern veranlassen und daß sie schon in kleinsten Mengen die Funktion verschiedener Körper-zellen beeinflussen, ohne selbst als Material für den Zellaufbau zu dienen.

2. In unserer Definition sprachen wir von bestimmten der Inkretion dienenden Organen. Sie als hormonbildende, hormonopoetische Organe zu bezeichnen (FALTA) wäre dem Gesagten zufolge nicht ganz zutreffend, weil zu allgemein. Wir dürfen sie innersekretorische, inkretorische oder endokrine Organe nennen. Die Bezeichnung Drüsen ohne Ausführungs-gang oder Blutdrüsen, welche ganz allgemein in diesem Sinne in Verwendung steht, ist wiederum zu eng gefaßt, da anscheinend nicht alle Inkretionsorgane den charakteristischen Bau solcher Drüsen aufweisen. Den Begriff der inneren Sekretion nur auf Organe mit drüsigem Bau einzuschränken, scheint mir mit

---

[1]) HABERLANDT, L.: Klin. Wochenschr. 1924. Nr. 36. S. 1631 u. Zeitschr. f. Biol. Bd. 82, S. 536. 1925 (Bd. 41, S. 340).

BIEDL schwer durchführbar. A. KOHN [1]), der diesen für einen Histologen verständlichen Standpunkt einnimmt, kommt selbst in Verlegenheit und mit sich in Widerspruch, wenn er dem Thymus und der Zirbel vorläufig doch eine innere Sekretion zuerkennt, obwohl sie den typischen Drüsenbau nicht besitzen, und wenn er dem chromaffinen System sowie der Neurohypophyse eine inkretorische Tätigkeit abspricht, wo wir doch gerade das Produkt des chromaffinen Systems so genau kennen wie kein zweites Hormon. Die von KOHN angeführte Anschauung einiger neuerer Physiologen, welche das Adrenalin als physiologisches Hormon nicht gelten lassen wollen, ist aber heute wohl ausreichend widerlegt, wie wir im folgenden noch hören werden.

Gewisse Organe, denen wir eine inkretorische Funktion zuschreiben müssen, sind nicht ausschließlich für diesen Zweck bestimmt, sondern dienen gleichzeitig einer anderen Funktion, wenngleich diese beiden voneinander verschiedenen Tätigkeiten an verschiedene celluläre Bestandteile der betreffenden Organe geknüpft sein mögen. Es sei nur an die Geschlechtsdrüsen, das Pankreas, den pylorischen Magenanteil, das Duodenum erinnert, von deren innersekretorischer Bedeutung im folgenden ausführlich die Rede sein wird.

3. In der Regel geben die Drüsen ohne Ausführungsgang bzw. die Inkretionsorgane das von ihnen erzeugte Inkret unmittelbar an die sie reichlich versorgenden Blutcapillaren ab. In anderen Fällen gelangt das Inkret auf dem Wege der Lymphbahnen in den allgemeinen Kreislauf. Hypophyse und Zirbeldrüse scheinen jedoch wenigstens teilweise ihr Produkt auf dem Lymphwege in den Liquor cerebrospinalis abzugeben, in dem wenigstens das Produkt der Hypophyse schon nachgewiesen werden konnte. Was das chromaffine System anlangt, mit seinem einzig dastehenden Nervenreichtum einerseits und der elektiven Reizwirkung seines Produktes auf das ihm genetisch verwandte sympathische Nervensystem andererseits, so hat die Ansicht von LICHTWITZ manches für sich, derzufolge das Adrenalin nicht oder nicht allein auf dem Blutwege, sondern auf dem Wege der peripheren Nervenstämme an seine Erfolgsorgane gelangen könnte.

4. Die auf die Inkrete angewiesenen Gewebe und Organe umfassen eigentlich den Gesamtorganismus, der in seinen verschiedenen Abschnitten der Wirkung und Beeinflussung durch verschiedene Inkrete bedarf. Es gibt kaum einen Körperteil, kaum eine Funktion, die nicht einem mehr oder minder ausgesprochenen Einfluß bestimmter innersekretorischer Organe unterstehen würde. Wachstum und Differenzierung, Evolution und Involution, der gesamte Stoffwechsel, die Blutbildung, die Tätigkeit des Nervensystems, kurz, eigentlich alle Lebensäußerungen und die Beschaffenheit ihrer Träger erweisen sich mit abhängig von der regulativen Funktion des inkretorischen Systems. Die einzelnen Inkrete haben dabei eine durchaus verschiedene Wirkung und einen ganz verschiedenen Wirkungskreis. Es hängt also z. B. offenbar mit dem Wesen der allgemeinbiologischen bzw. biochemischen Wirksamkeit des Schilddrüseninkretes zusammen, daß es als allgemein oxydationsförderndes, dissimilatorisches Hormon fast alle Gewebe und Organe in ihrer Funktion beeinflußt, während andere Inkrete mehr oder minder elektive Angriffspunkte im Organismus haben.

---

[1]) KOHN, A.: Med. Klinik 1924. Nr. 37. S. 1274.

Diese Elektivität bedingt offenbar auch die rationelle Topographie und Struktur bestimmter Inkretionsorgane sowie die Art, wie bestimmte Inkrete an ihre Wirkungsstätten gelangen. Ganz nach Art der die abhängige Differenzierung der embryonalen Gewebe regulierenden „Nahhormone", wenn man so sagen darf, der vielleicht in analoger Weise an Ort und Stelle ihrer Entstehung wirkenden Wund- und Nekrohormone, der Sympathicus- und Vagushormone oder des Sinus-Hormons von L. HABERLANDT scheinen auch gewisse Inkrete auf kürzerem Wege als durch den allgemeinen Blutkreislauf den Ort ihrer Wirksamkeit zu erreichen. Wir werden bei der Erörterung der Beziehungen des Hypophysenhormons zu seiner vornehmlichen Wirkungsstätte, den vegetativen Zentren am Boden des 3. Ventrikels Näheres darüber hören. Es ist mir auch durchaus wahrscheinlich, daß z. B. das die HCl-Sekretion des Magens anregende bzw. auslösende Hormon des pylorischen Magenanteils unter physiologischen Verhältnissen nicht oder nicht nur als Fernhormon auf dem Blutwege sondern wohl auch als Nahhormon mit dem Lymphstrom bzw. der Gewebsflüssigkeit sein Erfolgsorgan erreicht.

5. Einer der wunderbarsten und rätselvollsten Vorgänge im Organismus ist der präzise Regulationsmechanismus, der die Versorgung der Gewebe und Organe mit Inkreten genau nach Maßgabe ihres Bedarfes gewährleistet. Wir wissen wohl, daß die Tätigkeit der innersekretorischen Organe ganz ebenso wie die Tätigkeit anderer Organe durch Nervensystem und Hormonapparat reguliert wird, daß also infolge der innigen Wechselbeziehungen der Einzelteile des gesamten Inkretionssystems dieses selbst teilweise wenigstens seinen eigenen Regulator darstellt, auf die ganz primitive Frage aber, wie denn beispielsweise der je nach den gerade gegebenen Lebensbedingungen wechselnde Bedarf des Organismus an Schilddrüsenhormon geregelt wird, wie und auf welchem Weg unter gewissen Umständen die Schilddrüse veranlaßt wird, mehr oder weniger von ihrem Hormon in den Kreislauf abzugeben, auf diese grundsätzliche Frage müssen wir vorläufig die Antwort schuldig bleiben. Wir dürfen auf Grund entsprechender Versuche, von denen später die Rede sein soll, wohl annehmen, daß der jeweilige Gehalt der Gewebe an Schilddrüseninkret seine Abgabe durch die Schilddrüse regelt, auf welchem Wege das geschieht, wissen wir nicht. Wir werden aber hören, daß diese Frage für das Verständnis mancher pathologischer Vorgänge von Bedeutung ist.

Von vornherein ist es klar, daß individuelle Unterschiede in der Präzision dieses Regulationsmechanismus, in der Ansprechbarkeit und dem Reaktionsausmaß der einzelnen innersekretorischen Organe vorkommen müssen, ganz ebenso wie auch alle anderen Eigenschaften und Merkmale des Organismus eine bestimmte individuelle Variationsbreite aufweisen. Derartige individuelle Differenzen in der innersekretorischen Einstellung sind für die persönliche Körperverfassung von besonderer Bedeutung, indem sie je nach der Größe des Wirkungskreises eines bestimmten Inkretionsorgans der Gesamtpersönlichkeit ein mehr oder minder charakteristisches Gepräge geben.

Das Wesen und die Bedeutung der inneren Sekretion, ihre Physiologie und Pathologie ist nur zu verstehen, wenn man sie einer genetischen Betrachtung unterzieht und sich vor Augen hält, wie es zu der Entstehung eines inkretorischen Korrelationsapparates gekommen ist. Onto- und Phylogenese bieten da gleich wichtige Gesichtspunkte. Eine Regelung der gegenseitigen Beziehungen der Teile, also ein Korrelationsmechanismus ist auch schon im einzelligen Organismus von Nöten, auch da müssen Zellkern und Zellplasma und deren Teile, in gleicher Weise aufeinander angewiesen, ihre Tätigkeit auf den gemeinsamen Bedarf und das gemeinsame Ziel des Organismus einstellen. Mit welchen Hilfsmitteln das geschieht — man könnte da auch von endocellulären Nahhormonen sprechen — haben wir nicht zu erörtern, wissen wir auch nicht und berühren mit dieser Frage wohl die letzten Probleme des Lebens [1]). Uns interessieren hier jene Mechanismen, welche die Kontrolle und Regulation der korrelativen Beziehungen der Teile mehrzelliger Lebewesen besorgen und als deren jüngsten wir das System der endokrinen Organe ansprechen dürfen. Dort wo unter den Zellen eines mehrzelligen Organismus eine mehr oder minder weitgehende Arbeitsteilung, eine feinere funktionelle Spezialisierung und dementsprechend auch eine morphologische Differenzierung eingetreten ist, dort wird das geordnete Zusammenwirken der Teile sowohl beim Aufbau des Organismus wie bei seiner funktionellen Betätigung noch anderer Kontrollmechanismen bedürfen, als sie im Organismus einer einzigen Zelle vorhanden sind. Wodurch wird also die Korrelation der Teile bei mehrzelligen Organismen gewährleistet, wodurch wird die für den Gesamtorganismus erforderliche morphologische Differenzierung und funktionelle Spezialisierung ganz bestimmter Zellkomplexe sowie ihre gegenseitige Anpassung aneinander besorgt?

Wir müssen uns vor Augen halten, daß in der befruchteten Eizelle alles das potentiell vorhanden, also angelegt ist, was im Laufe des Lebens an Gattungs-, Art-, Rassen- und Familieneigenschaften zum Vorschein kommt, und dazu noch ein Großteil der besonderen, individuell-persönlichen Eigenschaften und Merkmale. Alles, was kraft der der befruchteten Eizelle innewohnenden ungeheuren potentiellen Energie im Laufe des individuellen Lebens manifest wird, fassen wir unter der Bezeichnung individuelle Konstitution zusammen. Die Auswirkung dieser gewaltigen potentiellen Energie erfolgt natürlich nicht vollkommen unabhängig von außerhalb des Organismus liegenden Umweltbedingungen. Die Entwicklung eines befruchteten Seeigeleies ist an ein bestimmtes Nährmedium, die Entwicklung einer befruchteten menschlichen Eizelle an eine bestimmte Örtlichkeit, ein bestimmtes Milieu gebunden, der Lebenslauf des neuen Individuums ist von einer bestimmten Temperatur, Belichtung, Ernährung, funktionellen Betätigung, kurz von bestimmten Umwelteinflüssen abhängig. Die ungeheure potentielle Energie der befruchteten Eizelle ist, wie alles andere in der Natur, nichts Absolutes, sondern etwas Relatives, sie hat Geltung nur unter gewissen gegebenen äußeren Umständen. Diese äußeren Faktoren sind also für die Auswirkung der individuellen Konstitution notwendig, ihre Abänderungen können diese Auswirkung beeinflussen, sie können sie hemmen oder beschleunigen, sie können aber auch an dem im Werden begriffenen oder schon fertigen Organismus unmittelbar ihre Spuren hinterlassen und so Abweichungen von der potentiell gegebenen, konstitutionellen Beschaffenheit des Organismus und vom Ablauf seiner Lebensvorgänge herbei-

---

[1]) HEIDENHAIN, M.: Klin. Wochenschr. 1925. Nr. 3. S. 97 u. Nr. 11. S. 481.

führen, die wir als konditionelle bezeichnen. Die Vererbungswissenschaft bezeichnet den Gesamtkomplex von Anlagen in der befruchteten Eizelle als Genotypus oder Idiotypus und stellt ihm den sog. Phänotypus gegenüber als Ausdruck für die Erscheinungsform des fertigen Organismus, die hervorgegangen ist aus der Interferenz des Genotypus mit äußeren Umweltbedingungen oder sog. peristatischen Faktoren. Der Phänotypus oder die individuelle Körperverfassung bildet demnach eine enge Verquickung von konstitutionellen (genotypischen, idiotypischen) mit konditionellen (paratypischen) Merkmalen und Eigenschaften.

Die experimentelle und cytologische Vererbungswissenschaft hat uns wertvolle Einblicke in den wunderbaren Mechanismus gewährt, dem die befruchtete Eizelle ihre ungeheure Kraft verdankt, ein neues Individuum ganz bestimmter persönlicher Charakterisierung hervorzubringen. Wir wissen durch MENDELs grundlegende Forschungen, daß sich diese Charakterisierung aus einer großen Anzahl ineinandergreifender, präzise kooperierender, selbständiger Anlagen, Gene oder Determinanten ergibt, als deren materielles Substrat wir den Chromosomenapparat anzusprechen haben. Wir wissen ferner, wie genau durch die merkwürdig exakten Vorgänge der mitotischen Zellteilung diese Anlagen von der Mutterzelle auf die Tochterzellen übertragen werden, wir wissen, wie durch die sog. Reduktionsteilung der reifenden Geschlechtszellen und durch die geschlechtliche Fortpflanzung eine stete Neukombination des Keimplasmas zustande kommt mit stets neuer, bisher noch nicht dagewesener Mischung und Konstellation von Genen. Wir wissen aber noch lange nicht, wie viele Gene es etwa in dem Keimplasma irgendeiner Spezies geben mag, welche Merkmale und Eigenschaften, die wir an einem Individuum wahrnehmen, bzw. was und wieviel von ihnen eine eigene anlagemäßige Repräsentanz im Keimplasma besitzt, was davon als eigenes Gen die Möglichkeit unsterblichen Daseins im Wandel der Generationen in sich trägt. Bei der Tau- oder Obstfliege (Drosophila) sind wir allerdings Dank den Untersuchungen T. MORGANs und seiner Schüler nach dieser Richtung immerhin schon recht weit vorgedrungen, bei anderen Metazoen und vor allem beim Menschen stecken wir diesbezüglich noch im allerersten Anfang. So viel dürfen wir aber auch heute schon sagen — und das ist für das Verständnis der Korrelationsmechanismen im Organismus im allgemeinen sowie für jenes der endokrinen Funktionen im besonderen von grundsätzlicher Bedeutung — daß der Bauplan des Organismus in seinem Genotypus vollkommen verschieden ist von dem System, welches seine Realisation im Phänotypus darstellt, daß die Konstruktion der befruchteten Eizelle auf Einheiten ganz anderer Kategorien beruht, als die morphologisch-physiologische Struktur des fertigen Organismus, daß die befruchtete Eizelle nicht eine Art Mikrophotogramm des realisierten Individuums darstellt, sondern etwas ganz Anderes, prinzipiell Differentes, vollkommen Analogieloses, mit dem man sich bisher auch gedanklich noch kaum recht vertraut gemacht hat, obwohl mir gerade diese Erkenntnis für das Verständnis der Ganzheit und Einheitlichkeit des Organismus, für das Verständnis der sog. Konstitutionslehre sowie für die richtige Beurteilung der Korrelationsmechanismen einschließlich der hormonalen und vor allem der inkretorischen unentbehrlich zu sein scheint.

Die Ergebnisse der Vererbungslehre, mögen sie bisher noch so unzulänglich und unbefriedigend sein, haben immerhin zu dem Schlusse geführt[1]), daß wir in der befruchteten menschlichen Eizelle nebeneinander die verschiedenartigsten Gene anzunehmen haben, welche ganz disparate Vorgänge und Merkmale potentiell repräsentieren, Gene, welche das Wachstum und die Entwicklung, die Differenzierung der Zellen, die Ausbildung der morphologischen Struktur und funktionellen Eigenschaften, physikalische und chemische Eigenheiten, seelische Qualitäten und den Lebensrhythmus beherrschen. Von der befruchteten Eizelle gelangen sie allesamt mit Hilfe der eigenartigen mitotischen Zellteilung in all die Milliarden von Zellen, die sich schon unter ihrem Einfluß in spezifischer Weise gestaltet und differenziert und zu dem einheitlichen Ganzen geformt haben, das der Organismus darstellt. Die höchste potentielle Energie der befruchteten Eizelle hat sich beim Aufbau des Organismus zum Teil erschöpft, die sog. prospektive Potenz mit dem Grade der Differenzierung vermindert, ein noch immer ansehnlicher Anteil der Energie aber bleibt erhalten und regiert den weiteren funktionellen und morphologischen Ablauf des Lebens, bis er sich mit der fortschreitenden Seneszenz des Individuums selbst aufbraucht und das Individuum durch diese Entropie der Lebenskraft zugrunde geht.

Der Differenzierungsprozeß der Zellen vollzieht sich unter dem Einfluß der Erbanlagen, der chromosomalen Energien, die je nach Art und Zeit in verschiedener Reihenfolge in den fortschreitenden Entwicklungsprozeß eingreifen. Die Erbanlage für Hochwuchs, lange Nase, rote Haare, musikalische Begabung beispielsweise ist in jeder einzelnen Zelle enthalten, ihren Einfluß auf die Zelldifferenzierung macht sie aber nur in einer verhältnismäßig geringen Zahl von Zellen geltend, in den übrigen verhält sie sich passiv. Es ist nur eine Begleiterscheinung des in der Stammesgeschichte allmählich abnehmenden Regenerationsvermögens, daß mit fortschreitender Zelldifferenzierung die Mehrzahl der betreffenden Gene gewissermaßen inaktiv wird und atrophiert. Bestände vollkommene Regenerationsfähigkeit, dann müßte jede einzelne Zelle die Potenzen für die Rekonstruktion eines ganzen, neuen Individuums beibehalten, so wie sie bei den komplizierter gebauten Metazoen eben nur die Geschlechtszellen besitzen. Mit fortschreitender Stammesentwicklung spezialisieren sich also gewissermaßen die Geschlechtszellen als dauernde Hüter und Bewahrer aller ursprünglichen erbanlagemäßigen Potenzen.

Während der phänotypischen Auswirkung der einzelnen Gene und Genkomplexe, also während der Realisation der Anlagen hat sich eine vollkommene Umgruppierung der waltenden Kräfte vollzogen, die Gentopographie des Chromosomenapparates, wie wir sie seit den fundamentalen Untersuchungen Tom Morgans anzunehmen haben, läßt sich am fertigen Individuum nicht mehr erkennen, ja nicht einmal ahnen. Was wir am fertigen Phänotypus als einheitliche und disparate Teile voneinander trennen, was wir in die Systeme der Anatomie und Physiologie als getrennte Gruppen unterbringen, das sind zum Teil genotypisch einheitliche, d. h. den gleichen Anlagen und Genkomplexen ihren Ursprung verdankende Gebilde, und was wir am Phänotypus als zusammengehörige Einheiten betrachten, das ist oft auf ganz verschiedene Gene zurück-

---

[1]) Bauer, J.: Vorlesungen über allgemeine Konstitutions- und Vererbungslehre. 2. Aufl. Berlin: Julius Springer 1923. — Endocrinology Vol. 8, p. 297. 1924. — Praktische Folgerungen aus der Vererbungslehre. Med. Klinik 1925. Beiheft 1. Berlin u. Wien: Urban u. Schwarzenberg.

zuführen. Das Wachstum und die Körperproportionierung z. B. sind, wie wir später noch hören werden, genotypisch festgelegte Dinge, d. h. für sie sind bestimmte Erbanlagen schon in der befruchteten Eizelle vorhanden. Diese Erbanlagen gelangen aber an phänotypisch ganz disparaten Anteilen des Organismus zur Auswirkung. Sie sind aktiv an den für das Wachstum und die Körperdimensionen unmittelbar verantwortlichen Zellkomplexen der Epiphysenfugen, sie sind es aber auch an den Zellen der Keimdrüsen, Hypophyse und Schilddrüse. Die sicherlich anzunehmende Erbanlage oder Erbanlagengruppe, welche den Kohlenhydratstoffwechsel des Organismus beherrscht, wirkt sich aus an jeder einzelnen Zelle des Körpers, vor allem aber an den diese Funktion in besonderem Grade regulierenden Organen wie der Leber, gewissen innersekretorischen Drüsen, gewissen Anteilen des vegetativen Nervensystems. Die genotypische Anlage der Geschlechtszugehörigkeit wird an den Zellen der Keimdrüsen in besonders eklatanter Weise sichtbar, sie macht sich aber auch an anderen Teilen des Organismus, an der Haut und ihren Anhangsgebilden, am Zentralnervensystem u. a. bemerkbar. Phänotypisch disparate Teile und Vorgänge haben also eine gemeinsame genotypische Grundlage.

Auf der anderen Seite gelangen in einem phänotypisch einheitlichen Teile des Organismus die verschiedenartigsten Gene zur Auswirkung. Denken wir z. B. daran, daß sich in den Zellen der Hirnrinde die mannigfachen seelischen Anlagen betätigen, oder daß an den Zellen der Schilddrüse Gene für das Wachstum wie für Kohlenhydratverwertung neben manchen anderen sich geltend machen, so ergibt sich aus dieser Inkongruenz von Genotypus und Phänotypus, aus den komplizierten feinsten genotypischen Zusammenhängen phänotypisch vollkommen disparater Teile und Funktionen des Organismus, aus den Zusammenhängen, wie sie dem einheitlichen Bauplan des Organismus in der befruchteten Eizelle entsprechen und auch den fertigen Organismus wie mit einem feinfädigen Netz- und Gerüstwerk durchsetzen, ein eigenartiger, grandioser Korrelationsmechanismus mehrzelliger Lebewesen, der in allererster Linie die Einheit und Harmonie des Organismus in seinem morphologischen Aufbau und seiner funktionellen Betätigung gewährleistet. Die Hilfsmittel für die Durchführung dieser sog. genotypischen oder idioplasmatischen Korrelation sind offenbar jene dem Chromosomenapparat anhaftenden Potenzen, vielleicht, wie angenommen wird, enzymatischer Natur, die ich seinerzeit auch chromosomale Hormone genannt habe [1]. Es wären das in unserem Sinne endocelluläre Nahhormone, ähnlich denjenigen, wie sie auch die Korrelation von Kern und Plasma der Einzelligen vermitteln [2].

Von der genotypischen oder idioplasmatischen Korrelation, wie sie offenbar bei allen mehrzelligen Organismen der Pflanzen- und Tierwelt wirksam ist, müssen wir die schon oben erwähnte morphogenetische Relation oder sog. abhängige Differenzierung trennen, welche durch Vermittlung extra-

---

[1] BAUER, J.: Med. Klinik 1923. Nr. 13.

[2] Zu einer analogen Vorstellung, wie wir sie hier aus den Ergebnissen der Vererbungswissenschaft abgeleitet haben, gelangte auf ganz anderem Wege der Anatom HEIDENHAIN, der die primitive Korrelation der Zellen mehrzelliger Lebewesen, die er als Syntonie bezeichnet, mit den vollkommen entsprechenden dynamischen Wirkungen identifiziert, welche ständig die Beziehungen von Kern und Plasma einer einzelnen Zelle regeln (Klin. Wochenschr. 1925. Nr. 11. S. 481).

cellulärer Nahhormone aus primär sich entwickelnden Organen und Organteilen
die Differenzierung und Ausbildung gewisser Gewebsbestandteile ihrer nächsten
Umgebung in einer bestimmten, charakteristischen Weise bewerkstelligt. Auf
funktionellem Gebiet steht phylogenetisch auf gleicher Stufe die Verwendung
von Parhormonen im GLEYschen Sinne, von Nekro- und Wundhormonen zum
Zwecke korrelativer Beeinflussungen naher oder entfernter Teile des Meta-
phyten-[1]) oder Metazoenorganismus.

Auf das Tierreich beschränkt bleibt die Ausbildung der Korrelationsapparate
$\varkappa\alpha\tau'\ \dot{\epsilon}\xi o\chi\dot{\eta}\nu$, des Nervensystems und des innersekretorischen Organsystems, welch letzteres erst zu den Errungenschaften der Wirbeltierreihe
gehört. Durch die weitgehende Taylorisierung im Betriebe eines hochdifferen-
zierten Metazoenorganismus ist eine sehr präzise Regulation und Kontrolle
über die nebeneinander und in gegenseitiger Abhängigkeit verlaufenden Differen-
zierungsvorgänge und Funktionsäußerungen an den verschiedenen Zellkomplexen
notwendig geworden. Es mußten eigene Kontroll- und Regulationsapparate
entstehen, welche den geordneten, einheitlichen Betrieb des Ganzen gewährleisten, sollte nicht die planvolle Einheitlichkeit und Zusammengehörigkeit
der morphologisch und funktionell so weitgehend spezialisierten Zellkomplexe
gefährdet erscheinen. Diesen Zweck erfüllen offenbar das Nervensystem und
die inkretorischen Apparate, unter deren Einfluß sich die morphologische
Gestaltung und funktionelle Betätigung der Einzelteile des Organismus in so
einheitlicher und vollkommen den Zwecken des Ganzen entsprechender Weise
vollzieht. Sie regulieren den planmäßigen strukturellen Aufbau des werdenden
Organismus und überwachen die gegenseitigen funktionellen Beziehungen
seiner Teile, als spezifisch für diese Zwecke differenzierte, spezialisierte Organe
der Korrelation. Ihre Einflüsse interferieren mit den autochthonen chromosomalen Potenzen der betreffenden Erfolgsorgane, wobei der Blutdrüsenapparat hauptsächlich eine Art tonischer Dauerregulierung auf chemischem Wege ausübt, das Nervensystem gewissermaßen kinetische Schnell-
vermittlungen besorgt.

Bei Wirbellosen scheint es spezielle inkretorische Organe noch nicht zu
geben, nur bei den auch sonst eine gewisse Sonderstellung einnehmenden
Manteltieren (Tunicaten) begegnet man Organbildungen, welche genetisch
dem Schilddrüsenapparat (sog. Hypobranchialorgan) und dem Hypophysenvorderlappen der Vertebraten entsprechen, ohne daß wir Anhaltspunkte für
eine inkretorische Tätigkeit dieser Bildungen besäßen. Bei Insekten, Crustaceen
und anderen Wirbellosen ist es zahlreichen Experimentatoren noch niemals
gelungen, inkretorische Funktionen bestimmter Organe nachzuweisen, eine
Feststellung, der, wie wir später noch hören werden, eine prinzipielle Bedeutung
zukommt. Das innersekretorische Organsystem ist demnach jedenfalls der phylogenetisch jüngste Korrelationsmechanismus und es
wird notwendig sein, sich ständig vor Augen zu halten, daß dieses System
seinen Einfluß auf Merkmale und Eigenschaften des Organismus, wie sie sich
auch bei niederen Metazoen vorfinden, erst im Laufe der Phylogenese allmählich
gewonnen hat, daß diese Merkmale und Eigenschaften vom inkretorischen
Apparat wohl beeinflußt aber nicht ausschließlich hervorgebracht werden.

---

[1]) Vgl. TSCHIRCH, A.: Vierteljahrsschr. d. naturforsch. Ges. in Zürich. Bd. 66, S. 201.
1921 (Bd. 20, S. 339.)

Überall handelt es sich bei den endokrinen Effekten um eine Steigerung oder Hemmung autochthon-chromosomaler Potenzen, um eine Regulation von morphologischen und funktionellen Vorgängen, deren Grundlagen in den betreffenden Erfolgsorganen selbst gegeben sind. Die inkretorischen Organe dienen, wie ich dies ausgedrückt habe, gewissermaßen als Multiplikator oder Kondensor bzw. als Rheostat für bestimmte Erbanlagen (des Wachstums, der Skelettproportionen, der Entwicklung und senilen Rückbildung, der komplizierten Stoffwechselvorgänge usw.) und ein richtiges Verständnis endokriner Wirkungen, insbesondere krankhafter Veränderungen der endokrinen Funktionen wird immer nur unter Berücksichtigung dieses Wirkungsmechanismus, dieser Interferenz endokrin-hormonaler mit den autochthonen Kräften der Erfolgsorgane möglich sein. Die Tatsache, daß das inkretorische Organsystem phylogenetisch verhältnismäßig noch jung ist, erklärt wohl zum Teile auch mit seine Labilität, allgemeine Vulnerabilität und die individuelle Variabilität seiner Ausbildung und Funktionskraft.

II. Anatomie der Inkretionsorgane.

Schilddrüse (Glandula thyreoidea).

Die Schilddrüse des Menschen ist ein der Außenfläche des Kehlkopfes und der Luftröhre dicht anliegendes, bilateral symmetrisches Organ, das aus zwei Seitenlappen und einem sie verbindenden Isthmus besteht. Meistens ist der rechte Seitenlappen etwas größer als der linke. Vom Isthmus verläuft in variabler Ausbildung bei der Mehrzahl der Individuen ein sog. Processus pyramidalis oralwärts und kann sich in seltenen Fällen bis an das Zungenbein erstrecken. Maße und Gewicht der Schilddrüse sind individuell und rassenmäßig, vor allem aber territorial sehr verschieden. Die Gesamtbreite der normalen Schilddrüse des Erwachsenen wird meistens mit 6—7 cm angegeben. Das Gewicht schwankt zwischen 20 und 40 g.

Das Parenchym der Schilddrüse besteht aus einzelnen, durch Bindegewebe voneinander getrennten Läppchen, die sich wiederum aus den charakteristischen Bläschen oder Follikeln zusammensetzen. Diese stellen, nach Zahl, Größe und Form stark variierend, vollkommen abgeschlossene, mit Epithel ausgekleidete Hohlräume dar, die mit dem sog. Kolloid erfüllt sind. Das Epithel ist zylindrisch oder kubisch, gelegentlich aber auch flach und kann so stark abgeplattet sein, daß die betreffenden Zellen endothelähnliche Beschaffenheit annehmen. Die Zellen sind mit zahlreichen kleinen Körnchen erfüllt, die zum Teil lipoider Natur sind, zum Teil die Oxydasereaktion geben. Das Kolloid ist eine zäh- bis dünnflüssige, glasige, homogene Masse, die sich mit Eosin gut färbt. Mitunter ist es allerdings auch ausgesprochen basophil und erscheint dann bei Anwendung von Hämatoxylin blau. Der Dispersitäts- bzw. Zähigkeitsgrad des Kolloids ist natürlich für seine Diffusionsfähigkeit und Resorbierbarkeit von großer Bedeutung. Neben den Follikeln findet man meist auch interacinös gelagerte, solide Zellhaufen, die zum Teil embryonalen Ursprungs sind und die Umwandlung zu Drüsenbläschen nicht mitgemacht haben, zum Teil aber sicherlich durch Aussprossung von Follikelepithelien entstanden sind, wie die polsterförmigen Verdickungen der Follikelwand zeigen. Im bindegewebigen

Stroma der Drüse verlaufen Gefäße und Nerven, welche die Schilddrüsenbläschen, d. h. also die basale Fläche der Epithelien, mit einem außerordentlich
dichten Netz einerseits von Blut- und Lymphcapillaren, andererseits von Nervenfasern umspinnen, welch letztere, überwiegend marklos, mit leicht verdickten
Enden an die Außenfläche der Epithelien sich anlegen. Der enorme Blutreichtum
der Schilddrüse erhellt aus einer Angabe WEILS, wonach in der Minute 560 ccm
Blut 100 g des Organs durchströmen, während die entsprechenden Zahlen bei
der Niere nur 100 ccm, beim ruhenden Muskel nur 12 ccm betragen.

Welche Vorstellungen über den Sekretionsprozeß lassen sich aus dem morphologischen Bau der Schilddrüse ableiten? Es ist klar, daß das Kolloid von
den Epithelzellen ausgeschieden wird, also ein Sekretionsprodukt der Drüse darstellt. Es würde dann durch die intercellulären Spalträume in die Lymph-
und Blutbahnen hineindiffundieren und so in den allgemeinen Kreislauf gelangen. Das Kolloid würde also eine Art Reservedepot darstellen, aus dem der
Organismus die jeweils erforderliche Menge an Hormon bezieht. Die Menge des
Kolloids in den Schilddrüsenbläschen wäre somit einerseits von der sekretorischen
Aktivität der Drüsenzellen, andererseits von der Resorptionsgeschwindigkeit
abhängig. Die Beschaffenheit des Epithels — einmal zylindrische und in Proliferation geratende, offenbar intensiv arbeitende Zellen, ein andermal flache,
endothelähnliche, weniger aktive Zellen — gestattet die Beurteilung, ob der
wechselnde Kolloidgehalt durch wechselnde sekretorische Tätigkeit oder durch
wechselndes Resorptionsausmaß bedingt ist (B. BREITNER). Übrigens nimmt
im allgemeinen die Höhe des Epithels mit dem Alter ab. Im Sinne dieser Vorstellungen über den Sekretionsprozeß der Thyreoidea hat sie FR. KRAUS mit
vollem Recht eine Vorratsdrüse genannt und wir müssen sagen, daß auch die
anatomischen Veränderungen, welche wir unter krankhaften Bedingungen an
der Schilddrüse beobachten, mit diesen Vorstellungen gut übereinstimmen.
Bei den klinischen Erscheinungen der funktionellen Insuffizienz der Drüse
begegnen wir in der Regel den histologischen Zeichen der Hypotrophie — wenig
aktive, flache Epithelien — oder Hyporrhöe — viel gespeichertes Kolloid —
bzw. beiden, bei den klinischen Symptomen einer übermäßigen Schilddrüsenfunktion sehen wir gewöhnlich die Zeichen der Hypertrophie — wuchernde,
zylindrische Epithelien — oder Hyperrhöe — Kolloidschwund — oder beides
(BREITNER). Freilich müssen wir damit rechnen, daß bei höherem Inkretbedarf
des Körpers bzw. bei krankhafter Überfunktion der Drüse nicht nur das ge-
speicherte Kolloid zur Resorption kommt, sondern wahrscheinlich auch das
Sekretionsprodukt der Epithelien unmittelbar an den sie von außen um-
spülenden Säftestrom abgegeben wird. Es wäre auch möglich, daß selbst unter
normalen Verhältnissen nur der Überschuß des Inkretes in das Bläschenlumen
sezerniert, der größere Teil dagegen unmittelbar in die Lymph- und Blutbahn
abgegeben wird (A. KOHN).

Entwicklungsgeschichtlich geht die Schilddrüse aus einer unpaarigen,
median gelegenen epithelialen Ausbuchtung der ventralen Fläche des Schlund-
darmes hervor. Diese Epithelausstülpung erfolgt in der Höhe zwischen 1. und
2. Kiementasche an einer Stelle, der später das Foramen coecum am Zungengrund entspricht. Der caudal- und ventralwärts wachsende Epithelschlauch,
der sog. Ductus thyreoglossus, schnürt sich im Laufe der Entwicklung von seiner
Ursprungsstätte ab und aus der ursprünglich soliden Zellmasse gehen dann durch

Auseinanderweichen der Epithelien die Drüsenbläschen hervor. Schon bei Feten von 25—40 cm Länge läßt sich gelegentlich Kolloid in den Bläschen nachweisen (WEGELIN), was jedenfalls dafür spricht, daß die Schilddrüse schon während des intrauterinen Lebens tätig ist.

Von persistierenden Resten des Ductus thyreoglossus können Cysten und strumöse Wucherungen (sog. Zungenkröpfe) ihren Ursprung nehmen. Auch die sog. Nebenschilddrüsen oder Glandulae thyreoideae accessoriae, d. h. aus typischem Schilddrüsengewebe bestehende Körper, die nach Abschluß der Entwicklung keinen Zusammenhang mehr mit der fertig ausgebildeten Schilddrüse erkennen lassen, stammen zum großen Teil von aberrierten Resten des Ductus thyreoglossus ab. Sie können in der ganzen Hals- und oberen Brustregion, ja in seltenen Fällen sogar innerhalb des Kehlkopfes und der Luftröhre vorkommen. Übrigens bezeichnet ja auch der Lobus pyramidalis den Weg, den die Schilddrüsenanlage genommen hat.

Früher war man der Ansicht, daß ein Teil der seitlichen Schilddrüsenlappen aus einer paarigen Zellsprossung hinter der 4. Kiementasche hervorgeht, die demnach einer rudimentären 5. entsprechen würde. Heute erscheint es fraglich, ob dieser sog. post- oder ultimobranchiale Körper überhaupt in nennenswerter Weise an der Bildung von Schilddrüsengewebe beteiligt ist. Bei niederen Wirbeltieren bleibt dieser Körper von der medianen Schilddrüsenanlage getrennt, nur bei den Säugetieren, mit Ausnahme der Echidna, kommt es zu einer Verschmelzung und man findet dann diesen rudimentären, postbranchialen Körper in der menschlichen Schilddrüse in der Nähe der oberen Epithelkörperchen als Zellmasse von drüsigem Bau. Gelegentlich ist sie der Ausgangspunkt einer „Struma postbranchialis" (GETZOWA).

Beim Amphioxus besteht die Schilddrüse bloß aus einer breiten, offenen Rinne der ventralen Pharynxwand, hier ist also noch keine Abschnürung erfolgt, das Organ noch Drüse mit äußerer Sekretion. Dieser Formation beim Amphioxus entspricht durchaus die sog. Hypobranchialrinne im Endostyl der Tunicaten. Erst vom Amphioxus aufwärts nimmt die Drüse den Charakter eines Inkretionsorganes an.

Epithelkörperchen (Glandulae parathyreoideae).

Die Epithelkörperchen sind 4 rundliche, ovale, bräunlichrote Gebilde, die der Hinterfläche der Schilddrüse eng anliegen und in der Regel die in Abb. 1 dargestellte Lage besitzen. Allerdings ist die Topographie der Epithelkörperchen derart variabel, daß diese typische Situation bei kaum der Hälfte der Menschen angetroffen wird [1]. Ihre Dimensionen betragen 3—15 mm in der Länge, 2—4 mm in der Breite und Dicke, ihr Gewicht beträgt etwa 0,02 bis 0,05 g. Der Befund von weniger als 4 Epithelkörperchen dürfte zumeist auf mangelhafte Präparation zurückzuführen sein, dagegen kommen überzählige Epithelkörperchen öfters vor. Die überaus reichliche Blutversorgung erfolgt durch Zweige der Arteria thyreoidea inferior.

Nicht nur topographisch, auch histologisch zeigen die Epithelkörperchen große Verschiedenheiten [2]. Je nach der Ausbildung des Bindegewebes, das

---

[1] Vgl. VALKANYI, R.: Presse méd. Tom. 33, p. 452. 1925 (Bd. 41, S. 686).
[2] KUROKAWA, K.: Japan. med. world. Bd. 5, Nr. 9, S. 241. 1925 (Bd. 43, S. 51).

von der Kapsel aus in das Parenchym eindringt, unterscheidet A. Kohn das ungegliederte, kompakte Epithelkörperchen mit einer zusammenhängenden Zellmasse, das netzförmige und das lobuläre bzw. alveoläre Epithelkörperchen, das von zahlreichen Septen durchsetzt erscheint. Die erste Form stellt den fetalen Typus dar, der auch im Kindesalter noch vorherrschend ist, während die Zerklüftung der Drüse durch Bindegewebszüge von der Eintrittstelle der großen Gefäße aus (Hilus) erst im Laufe des Lebens stattzufinden pflegt. Meistens ist, namentlich in späteren Jahren, das Bindegewebe teilweise durch Fettgewebe ersetzt.

Das Parenchym besteht der Hauptmasse nach aus großen, polygonalen Zellen mit sehr blassem Protoplasma und einem mehrere Kernkörperchen und ein netzförmiges Chromatingerüst enthaltenden Zellkern. Neben diesen sog. Hauptzellen findet man die chromophilen oder oxyphilen Zellen von Welsh, welche gelegentlich in Häufchen beisammen liegend erst um das 10. Lebensjahr aufzutreten pflegen und mit dem Alter des Individuums an Menge zunehmen. Unter den Hauptzellen hat man auch verschiedene Typen zu unterscheiden versucht und wasserhelle Zellen von rosaroten Zellen und syncytiumähnlichen Zellgruppen geschieden (Getzowa). Das Charakteristische der Struktur drückt übrigens der Name Epithelkörperchen aus. Die Zellmassen bilden nämlich reich verzweigte, untereinander zusammenhängende, schmälere und breitere Epithelstränge, zwischen denen das dichte Netzwerk weiter, dünnwandiger Gefäße Platz findet. In den Zellen der Epithelkörperchen sind Fettkörnchen und Glykogen nachweisbar.

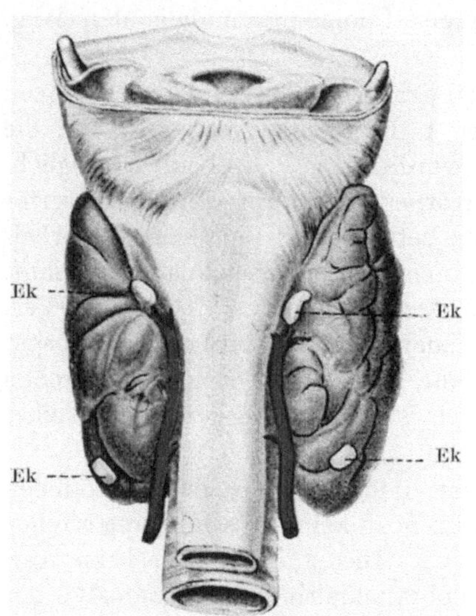

Abb. 1. Topographie der Epithelkörperchen.
(Nach Thompson.)

Häufig, wenn auch nicht konstant, und nur höchst ausnahmsweise vor Ablauf des 1. Dezenniums findet man im Drüsengewebe Kolloid, dessen Menge mit dem Alter zunimmt. Es liegt in Form kleiner Kügelchen intra- oder intercellulär, gelegentlich aber auch, ähnlich wie in der Schilddrüse, im Innern von Bläschen, die mit niedrigem Epithel ausgekleidet sind. Auch größere Cysten, offenbar durch Sekretstauung entstanden, kommen vor. Die Kolloidspeicherung in den Epithelkörperchen ist wohl Ausdruck einer verlangsamten Abfuhr des Inkretes. Erdheim faßte übrigens die Kolloidspeicherung in den Drüsenbläschen der Epithelkörperchen, ebenso wie in jenen der Schilddrüse und Hypophyse, ganz allgemein nicht als Ausdruck der physiologischen Funktion, sondern als phylogenetische Reminiszenz auf aus jener Zeit, in der diese Drüsen noch keine Inkretionsorgane, sondern Drüsen mit Ausführungsgang gewesen sind und Lumina besessen haben. Für die Schilddrüse wenigstens läßt sich diese Auffassung nicht aufrechterhalten, denn hier ist ein Zusammenhang zwischen Kolloidgehalt und funktioneller Aktivität des Organs kaum zu bezweifeln. Die Drüsenzellen werden von feinen Nervenstämmchen umsponnen.

Entwicklungsgeschichtlich leiten sich die Epithelkörperchen von der 3. und 4. Kiementasche her, aus deren dorsolateraler Wand sie in Form einer Zellwucherung ihren Ursprung nehmen. Auf ihrer Wanderung in caudaler Richtung überholt das von der 3. Kiementasche herstammende Körperchen, zusammen mit der fetalen Thymusanlage, das aus der 4. Kiementasche hervorgehende und wird zur Glandula parathyreoidea inferior. Daß Epithelkörperchen und Schilddrüse sich vollkommen unabhängig voneinander entwickeln, zeigen am besten die Fälle von angeborener Schilddrüsenaplasie, in welchen die Epithelkörperchen in normaler Zahl und Ausbildung gefunden werden (R. MARESCH). Die Epithelkörperchen konnten in der Wirbeltierreihe nur bei den Knochenfischen nicht nachgewiesen werden, sonst findet man sie in variabler Ausbildung bei allen Gattungen der Vertebraten.

Thymus.

Der Thymus liegt als zweilappiges, paariges Organ im oberen vorderen Mittelfellraum vor den großen Gefäßstämmen und dem Herzbeutel und reicht beim Kind vom oberen Rand des Manubrium sterni bis etwa zum unteren Drittel des Perikards. Oft genug erstrecken sich allerdings sog. Jugularfortsätze oder Thymushörner bis zur Höhe der Schilddrüse hinauf und bezeichnen den Weg, den die fetale Thymusanlage zurückgelegt hat. Beim gesunden Neugeborenen beträgt das durchschnittliche Thymusgewicht nach den systematischen Untersuchungen FRIEDLEBENs und HAMMARs 13—14 g, nimmt dann bis zum 15. Lebensjahr beträchtlich zu (bis auf 37,5 g), um sich von nun an wieder allmählich zu vermindern. Das Gewicht des neugeborenen Thymus wird um das 50. Lebensjahr abermals erreicht, beim 70jährigen beträgt es nur mehr etwa 6 g.

Die komplizierte histologische Struktur des Organs ist nur unter Berücksichtigung der Entwicklungsgeschichte verständlich. Der Thymus entwickelt sich ganz überwiegend aus einer ventralen Ausbuchtung der 3. Kiementasche. Beim Menschen beginnt diese Entwicklung in der 4. Embryonalwoche, im 5 bis 7 mm - Stadium des Embryo. Die beiden paarigen Thymusanlagen wachsen caudalwärts, schnüren sich dann vom Schlundepithel ab und konfluieren in der Mittellinie. Rudimentäre Häufchen von Thymusgewebe können auf dem Wege liegen bleiben. Übrigens kommt auch beim Menschen ein rudimentäres Thymusmetamer aus der 4. Kiementasche vor, welches mit dem ultimobranchialen Körper in enger topographischer Beziehung steht und als kleines Knötchen im Inneren der Schilddrüse nachweisbar sein kann. Aus der ursprünglich rein epithelialen entodermalen Thymusanlage entwickelt sich nun bei Embryonen von 30—40 mm Länge, unter Mitwirkung des umgebenden Mesenchyms, die charakteristische Struktur des aus einzelnen kleinen Läppchen zusammengesetzten Organs. Wie insbesondere HAMMAR gezeigt hat, wird die epitheliale Thymusanlage vom Mesenchym durchwachsen und mit aus den Gefäßen desselben auswandernden Lymphocyten durchsetzt. Die Epithelstränge werden auseinandergedrängt und zu einem epithelialen Reticulum umgewandelt, in dessen Maschen die massenhaft einwandernden Lymphocyten Platz finden. Nun erfolgt die Differenzierung in Rinde und Mark in jedem der durch bindegewebige Septen voneinander getrennten kleinen Läppchen. Die dunkler erscheinende, dichter gefügte Rindenschicht enthält kleinere und protoplasmaärmere Reticulumzellen und viel reichlichere Lymphocyten als das lockerer gefügte Netzwerk der Markschicht, welches aus plasmareichen, sternförmig verästelten, untereinander mit ihren Ausläufern zusammenhängenden Reticulumzellen besteht. Die Septa durchsetzen übrigens nur die Rindenschichte, so daß die Markzone der einzelnen Läppchen ein zusammenhängendes Ganzes bildet. In der Markschicht findet man auch die sog. HASSALschen Körperchen, eigentümlich konzentrisch geschichtete Epithelanhäufungen, deren Zentren meist von verhornten Zellresten gebildet werden. Diese Gebilde machen den Eindruck eines von innen nach außen allmählich verhornenden Epithelballens (A. KOHN). Sie entstehen aus hypertrophierenden und wuchernden Zellen des epithelialen Reticulums. Neben diesen konzentrisch geschichteten HASSALschen Körperchen kommen auch irreguläre epitheliale Zellverbände im Thymusmark vor. Es ist interessant, daß man an einem autoplastisch unter die Bauchfascie transplantierten Thymus junger Meerschweinchen nach anfänglicher Degeneration eine lebhafte Regeneration der epithelialen Reticulumzellen mit Neubildung von HASSALschen Körperchen und Einwanderung lymphocytärer Elemente beobachten kann [1]).

Die Blutversorgung des Thymus erfolgt aus Ästen der Arteria mammaria interna, das venöse Blut wird in die. Vena anonyma sinistra abgeleitet, die regionären Lymphgefäße sind die Lymphoglandulae mediastinales anteriores. Feine Nervenstämmchen, die im Parenchym des Marks mit kolbigen Anschwellungen enden, sind schon lange bekannt. Heute wissen wir, daß sie vom Ganglion cervicale inferius und thoracale I. des Sympathicus, aber auch aus dem Vagus stammen. Sie gelangen direkt vom Plexus cardiacus, zum Teil auch mit den Gefäßen und vom Nervus phrenicus her in den Thymus (BRAEUCKER).

Man hat mit Rücksicht auf die Ähnlichkeit des Baues den Thymus früher zur Gruppe der lymphadenoiden Organe gerechnet, der prinzipielle Unterschied gegenüber diesen aber besteht darin, daß das Reticulum des Thymus nicht wie das der lymphadenoiden Organe mesenchymalen, sondern daß es entodermal-epithelialen Ursprungs ist und damit die engste genetische Verwandtschaft mit den beiden anderen inkretorischen Organen branchiogenen Ursprungs, der Schilddrüse und den Epithelkörperchen, bekundet. Welche Bedeutung dem mesenchymalen Anteil des Thymus, den in das epitheliale Reticulum eingewanderten Lymphocyten zukommt, wissen wir zwar nicht, beobachten aber, daß der Thymus seinetwegen an den Veränderungen teilnimmt, welche das ganze lymphatische System des Organismus betreffen.

Die physiologische Altersinvolution des Thymus setzt zur Zeit der Pubertät ein, wo das Organ den Höhepunkt seiner Entwicklung erreicht hat. Sie erfolgt unter Reduktion des Parenchyms und Umwandlung des Bindegewebes in Fettgewebe. Durch Abwanderung der lymphocytären Elemente tritt der epitheliale Charakter des Organs deutlicher hervor, das Reticulum wird rarefiziert und unterliegt einer fettigen Degeneration, es entstehen mit Epithel bekleidete Hohlräume, die mit Zellen und Detritus erfüllt sein können. Als thymischer, retrosternaler Fettkörper bleibt das Organ bis in das höchste Alter

---

[1]) JAFFE, H. L. u. A. PLAVSKA: Proc. of the soc. f. exp. biol. a. med. Vol. 23, p. 91. 1925 (Bd. 43, S. 365).

erhalten (WALDEYER), so daß man unter „abnormer Persistenz des Thymus“ die Persistenz auf einem früheren, infantilen Entwicklungsstadium, also die mangelnde physiologische Involution, nicht die Persistenz an sich zu verstehen hat. Neben der physiologischen Altersinvolution unterliegt das äußerst labile Organ sehr häufig einer sog. akzidentellen Involution (HAMMAR). Mangelhafte Ernährung, akute und chronische Infektionskrankheiten, längeres Siechtum führen eine solche akzidentelle Involution speziell des Thymus herbei und es ist daher nicht verwunderlich, daß man bis vor nicht langer Zeit über die normale Beschaffenheit des Organs unrichtige Vorstellungen hatte, weil man eben den akzidentell involvierten Thymus der meisten Leichen fälschlich für die Norm hielt. Der Thymus ist bei allen Vertretern der Wirbeltierreihe vorhanden.

Hirnanhang (Hypophyse, Glandula pituitaria).

Die Hypophyse ist ein in der Sella turcica des Keilbeines eingebettetes, beim Erwachsenen durchschnittlich etwa 0,62 g schweres Organ, das durch den Hypophysenstiel mit dem Boden des 3. Hirnventrikels in Verbindung steht. An der dem Gehirn zugekehrten Fläche ist die Hypophyse vom Diaphragma sellae bedeckt, einem Durablatt, das in der Mitte vom Hypophysenstiel durchbohrt erscheint. Die sellare Fläche haftet am Periost, welches eine derbe Kapsel um die Hypophyse bildet. Die Hypophyse ist aus zwei entwicklungsgeschichtlich durchaus verschiedenen Abschnitten zusammengesetzt, die sich zu einem einheitlichen Organ geformt haben, der aus einer dorsalen Ausstülpung der embryonalen Mundbucht hervorgehenden, oraler gelegenen drüsigen Prähypophyse oder Adenohypophyse und der dem Boden des 3. Ventrikels entstammenden, caudaleren Neurohypophyse. Auf einem Horizontalschnitt sieht man mit freiem Auge den nierenförmig gestalteten, größeren, graurötlichen, drüsigen Anteil und den in dessen Konkavität eingepaßten kleineren, rundlichen und dunkleren nervösen Abschnitt, der seitlich noch von der Adenohypophyse umfaßt wird.

Die Embryogenese der Hypophyse spielt sich in folgender Weise ab: Schon bei einem etwa $2^1/_2$ mm langen menschlichen Embryo gewahrt man am Mundhöhlendach eine kleine Ausstülpung, die sog. RATHKEsche Tasche, die in diesem Stadium nur durch eine ganz dünne Mesenchymschicht vom Zwischenhirnboden getrennt erscheint. Diese ektodermale Ausstülpung wächst oral von dem Vorderende der Chorda dorsalis empor, schnürt sich allmählich von ihrem Mutterboden ab und gelangt als ein ringsum geschlossenes Epithelsäckchen nach Ausbildung einer Schädelbasis in die Schädelhöhle. In manchen Fällen hinterläßt die emporwachsende Hypophysenanlage Spuren auf ihrer Wanderung, die später zum Ausgangspunkt von Geschwülsten aus diesen zurückgebliebenen, versprengten Epithelien werden können; es ist das die sog. Rachendachhypophyse (ERDHEIM, HABERFELD) und der Ductus craniopharyngeus. Bald nach der ersten Anlage der Adenohypophyse wächst ihr von der Basis des Zwischenhirns ein mit Medullarepithel ausgekleideter hohler Fortsatz des Infundibulums, der Processus infundibuli, entgegen. Es könnte scheinen, als ob diese Entwicklung des nervösen Anteils der Hypophyse von der Gegenwart der oralen Hypophyse beeinflußt und abhängig wäre, indessen konnte in einem Falle bei einem Schweineembryo die Ausbildung eines Infundibulums trotz völligen

Fehlens des oralen Hypophysenanteiles festgestellt werden. Jedenfalls beginnt die Entwicklung der Adenohypophyse sowohl in der Ontogenese, wie in der Phylogenese früher als die der Neurohypophyse [1]). Beim Amphioxus zum Beispiel fehlt noch ein Infundibulum und die Hypophyse bildet hier nur eine mit Flimmerhaaren ausgestattete, gegen die Mundbucht hin offene Ausstülpung. Die Übernahme einer innersekretorischen Funktion erfolgt also offenbar erst später in der Stammesgeschichte und damit kommt es erst zur Abschnürung des Organs von der Mundhöhle und zum Anschluß an das Zentralnervensystem.

Die weitere Entwicklung vollzieht sich in der Weise, daß sich der Processus infundibuli in eine rinnenförmige Einstülpung an der dorsocaudalen Fläche des emporgestiegenen Epithelsäckchens einschiebt. Dieses umfaßt die Anlage der Neurohypophyse mit zwei sich fest anlegenden seitlichen Fortsätzen. Nun beginnt in dem durch die Neurohypophyse von hinten oben her eingestülpten Epithelsäckchen eine lebhafte Zellproliferation und zwar im frontalen Abschnitt, während das caudale, der Neurohypophyse anliegende Epithelblättchen nur eine geringe Zellvermehrung erkennen läßt. Der zwischen den beiden Blättern des Epithelsäckchens befindliche halbmondförmige Hohlraum der ehemaligen RATHKEschen Tasche wird durch die Zellwucherung eingeengt und ist an der fertigen Hypophyse nur noch an einem rudimentären Spalt oder kleinen cystischen Hohlräumen kenntlich.

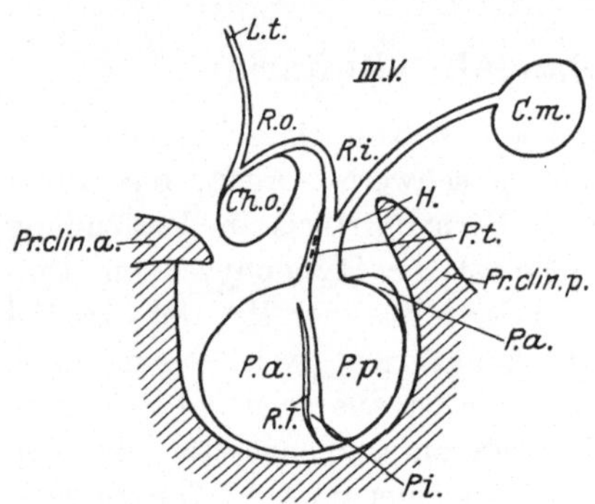

Abb. 2. Schema der Topographie der Hypophysengegend. P.a. Pars anterior; P.i. Pars intermedia; P.p. Pars posterior; R.T. Reste der RATHKEschen Tasche (cystische Hohlräume); P.t. Pars tuberalis; H Hypophysenstiel; Ch.o. Chiasma opticum; C.m. Corpus mammillare; L.t. Lamina terminalis; III.V. III. Ventrikel; R.o. Recessus opticus; R.i. Rec. infundibuli; Pr. clin. a. und p. Processus clinoideus anterior und posterior.

Die Oro- oder Adenohypophyse läßt nun folgende, topographisch und histologisch differente Abschnitte erkennen: Aus dem frontalen Blatt des Epithelsäckchens ist ein Netzwerk von epithelialen Zellsträngen hervorgegangen, die durch eindringende Blutgefäße auseinandergehalten werden und die Hauptmasse des drüsigen Organs, den Vorderlappen (Pars anterior) bilden. Aus dem caudalen Blatt hat sich eine bei verschiedenen Tiergattungen verschieden breite epitheliale Zellmasse entwickelt, die gegen die Pars anterior durch den exzentrisch gelegenen Spalt der RATHKEschen Tasche abgegrenzt ist und hinten oben an die Neurohypophyse angrenzt; es ist der Zwischenlappen (Pars intermedia), der zwar beim erwachsenen Menschen nur rudimentär entwickelt [2]), aber immerhin seinem phylogenetischen und ontogenetischen Ursprunge nach, wenn schon nicht histologisch [3]) vom Vorderlappen zu trennen ist. Es besteht, wie ich im Sinne BIEDLs gegenüber E. J. KRAUS

---

[1]) DE BEER, G. R.: Brit. journ. of exp. biol. Vol. 1, p. 271. 1924 (Bd. 39, S. 914).

[2]) PLAUT, A.: Klin. Wochenschr. 1922. Nr. 31. S. 1557.

[3]) ERDHEIM, J.: Ergebn. d. allg. Pathol. u. pathol. Anat. Bd. 21, II. Abt., S. 482. — DAYTON, R. TH.: Zeitschr. f. Anat. u. Entwicklungsgesch. Bd. 81, S. 359. 1926. — KASCHE, F.: Jahrb. f. Morphol. u. mikr. Anat., Abt. 2: Zeitschr. f. mikr.-anat. Forsch. Bd. 6, S. 191. 1926 (Bd. 44, S. 524).

betonen möchte, kein Grund, diesen Abschnitt der menschlichen Hypophyse als kolloidhaltige Markschicht des Vorderlappens und nicht als Zwischenlappen zu bezeichnen. Beim menschlichen Embryo und Neugeborenen ist das wohl auch überzeugend zu sehen. Aus den den Processus infundibuli umfassenden beiden seitlichen Fortsätzen des Epithelbläschens der Adenohypophyse wird die sog. Pars tuberalis, welche der vorderen und seitlichen Fläche des Hypophysenstiels als schmale Zellschicht eng anliegt und bis an den Hirnboden hinaufreicht [1]). Sie wird auch als vorderer Trichterbelag bezeichnet.

Der histologische Aufbau ist entsprechend der verschiedenen Genese der beiden Hypophysenabschnitte durchaus different. Der Vorderlappen ähnelt

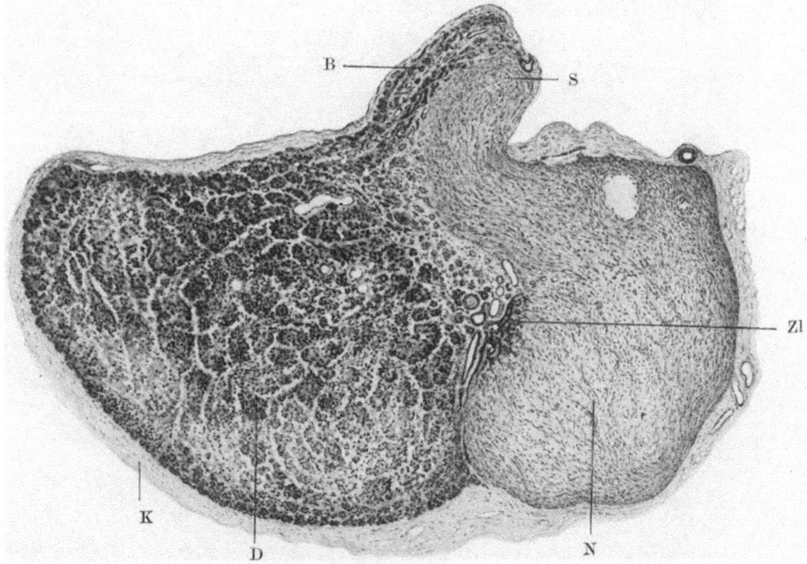

Abb. 3. Medianschnitt durch die Hypophyse eines 45jährigen Mannes. ORTHS Gemisch. Hämat. Eos. B vorderer Trichterbelag; D Vorder- oder Hauptlappen; K Kapsel; N Neurohypophyse oder Hinterlappen; S Trichterstiel; Zl Zwischenlappen. Vergr. 16fach. (Nach J. SCHAFFER.)

in seiner Struktur den Epithelkörperchen. Er setzt sich aus einer dichten Masse epithelialer Zellen zusammen, zwischen denen nur sehr spärliche Bindegewebszüge, aber sehr reichliche, außerordentlich zartwandige, weite Gefäße verlaufen, deren muskellose Wand ihnen unmittelbar anliegt. Kompliziertere Färbemethoden zeigen eine außerordentliche Mannigfaltigkeit des Zellbildes. Im allgemeinen aber lassen sich jedenfalls drei Haupttypen von Zellen unterscheiden, die ungranulierten, chromophoben Hauptzellen und die granulierten, chromophilen, acidophilen sowie basophilen Elemente. Die Frage, ob diese drei Zelltypen scharf voneinander zu trennen und auch funktionell von verschiedener Bedeutung sind, oder ob sie verschiedene Funktionsstadien ein und derselben Zellart darstellen, ist heute noch umstritten. Sicher scheint nur zu sein, daß acido- und basophile Zellen nicht ineinander übergehen und keine Übergangsformen zwischen ihnen vorkommen [2]), daß dagegen die

---

[1]) DE BEER, G. R.: Anat. Anz. Bd. 60, S. 97. 1925 (Bd. 42, S. 869).
[2]) MEZZENA, C.: Endocrinol. e patol. costituz. Nuova serie 1, fasc. 1, p. 23. 1926.

beiden granulierten chromophilen Typen aus den ungranulierten chromophoben Zellen hervorgehen. In der Schwangerschaft entwickelt sich aus den proliferierenden chromophoben Hauptzellen eine eigene, fein eosinophil gekörnte

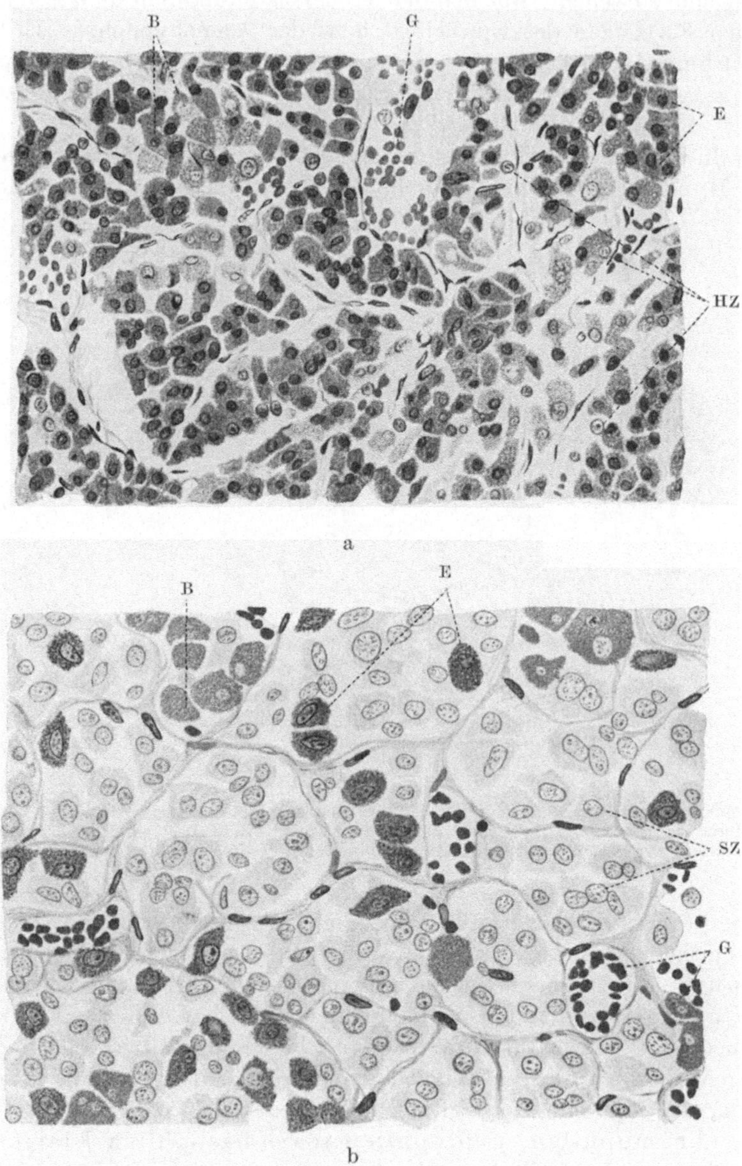

Abb. 4. a Hypophyse einer 18 jährigen Nullipara. b Hypophyse einer Erstgebärenden, 4 Tage nach der Geburt. B Basophile; E Eosinophile; HZ Hauptzellen; SZ Schwangerschaftszellen; G Gefäße. Vergr. etwa 300 fach. (Nach SEITZ.)

Zellart, die sog. Schwangerschaftszellen von ERDHEIM und STUMME, die nach Ablauf der Gravidität sich wieder zu Hauptzellen zurückbilden, an deren bleibender Vermehrung jedoch die überstandene Schwangerschaft, ja selbst die ungefähre Anzahl vorangegangener Schwangerschaften kenntlich bleibt. Die Granula der acido- und basophilen Zellen werden von den Morphologen als Sekretionsprodukt der Zellen angesehen, das direkt oder nach Passage von Lymphräumen in die Blutbahn abgegeben wird. Dasselbe gilt für die in den Hauptzellen enthaltenen Lipoidtröpfchen, sowie für das Kolloid, das in sehr wechselnder Menge in den caudalen Partien des Vorderlappens zu finden ist und in schilddrüsenähnlichen, von Epithel ausgekleideten Bläschen gespeichert erscheint. Offenbar gilt für das Hypophysenkolloid und die Bildung von Drüsenbläschen das gleiche, was wir schon bei der analogen Erscheinung in den Epithelkörperchen gesagt haben. Es handelt sich wohl nur um eine Speicherung des Inkretes bei mangelhafter Abfuhr aus der Drüse (BIEDL). E. J. KRAUS hat färberisch drei verschiedene Formen von Kolloid unterschieden.

Der Zwischenlappen besteht bei guter Ausbildung, wie man sie etwa bei den Carnivoren und Widerkäuern findet und wie sie auch beim menschlichen Embryo und Kind wahrzunehmen ist, aus mehreren Lagen epithelialer Zellen mit ungefärbtem oder schwach basophilem Protoplasma. Daneben sieht man mit zunehmendem Alter in vermehrter Menge kolloidgefüllte Bläschen, ganz wie in dem angrenzenden caudalen Teil des Vorderlappens. Oft liegen bei älteren Individuen basophile Zellstreifen und acinöse Gruppen aus der Pars intermedia weit im Gewebe des Hinterlappens versprengt. Die Pars tuberalis hat einen ganz analogen Aufbau, wie die Pars intermedia, nur ist hier reichlicheres Bindegewebe mit zahlreichen Arterienästchen zwischen den Drüsenbläschen vorhanden. Hier finden sich auch häufig Plattenepithelreste als Derivate des ehemaligen Mundbuchtepithels. Aus ihnen gehen, wie ERDHEIM gezeigt hat, Cysten und Geschwülste von charakteristischer Bauart, die sog. Hypophysengangtumoren, hervor. Natürlich können die gleichen Tumoren auch von zurückgebliebenen Zellresten des ehemaligen Ductus craniopharyngeus bzw. von der Rachendachhypophyse ihren Ausgang nehmen.

Die Neurohypophyse bzw. Pars posterior, sowie der Hypophysenstiel haben ihrer Abstammung entsprechend eine ganz andere Struktur. Sie entwickeln sich aus dem Medullarepithel und bestehen aus großen protoplasmareichen Zellen mit bläschenförmigen Kernen und dem von diesen Zellen gebildeten Fasergerüst. Es handelt sich also um ein der Glia entsprechendes und weitgehend ähnelndes Gewebe, dessen Zellen aber größer und plasmareicher sind und dessen Faserwerk von den Zellen weniger emanzipiert ist (A. KOHN). Besonders in der Neurohypophyse älterer Individuen findet man reichliches, grünlichgelbes Pigment in den Zellen und ihren Fortsätzen, sowie in den Maschen des Fasernetzes, ferner die schon oben erwähnten eingewanderten basophilen Zellen aus der Adenohypophyse und zwar der Pars intermedia[1]). Ganglienzellen sind in der Hypophyse nicht vorhanden, dagegen durchziehen zahlreiche feine Nervenfasern den Hypophysenstiel und den Hinterlappen und lassen sich auch im Parenchym der Adenohypophyse[2]) nachweisen. Sie stammen zum Teil aus der grauen Substanz am Boden des 3. Ventrikels, zum Teil aus dem sympathischen Geflecht des Plexus caroticus. Von der im benachbarten Sinus

---

[1]) KIYONO, H.: Virchows Arch. f. pathol. Anat. u. Physiol. Bd. 259, S. 388. 1926 (Bd. 43, S. 527).

[2]) PINES, J. L. JA.: Journ. f. Psychol. u. Neurol. Bd. 32, S. 80. 1925 (Bd. 43, S. 232).

cavernosus verlaufenden Carotis interna und vom Circulus arteriosus Willisii
zweigen auch die Gefäßstämmchen ab, die mit dem Hypophysenstiel zur Hypophyse gelangen, während der venöse Abfluß nach dem Sinus cavernosus bzw.
intercavernosus anterior und posterior hin erfolgt. Da die Gefäße der Hypophyse
Endarterien darstellen, kommen ischämische Infarkte des Organs nicht allzu-
selten zur Beobachtung [1]).

Zirbel (Corpus pineale, Epiphysis, Conarium).

Die Zirbel liegt beim Menschen als ein graurötlicher, abgeplatteter, annähernd dreieckiger Körper von etwa 8 mm Länge und 6 mm Breite dem vorderen
Vierhügelpaar auf, wobei die Basis des Dreiecks nach vorn dem 3. Ventrikel
zugekehrt ist. Sie haftet vorn ventral an der Commissura posterior, während
etwas dorsaler der Zirbelstiel, die Habenula, das Organ an das caudal-dorsale
Ende des Thalamus opticus anheftet. Zwischen beiden Fixationsstellen liegt
der sog. Recessus pinealis, zwischen Zirbel und der dorsal anliegenden Tela
chorioidea der Recessus suprapinealis, die sich beide oralwärts in den 3. Ventrikel öffnen.

Die menschliche Zirbel zeigt naturgemäß nicht unerhebliche individuelle
Differenzen ihrer Form und Größe. Ihr Durchschnittsgewicht beträgt etwa
0,157 g [2]), sie ist offenbar auch infolge des zunehmenden Kalkgehaltes im vorgeschrittenen Alter oft besonders schwer. Histologisch setzt sie sich aus einzelnen
Läppchen zusammen, die durch bindegewebige, gefäßführende Septen voneinander getrennt sind. Die Läppchen enthalten zweierlei Zellelemente [3]):
typische Glia, wie sie in gleicher Weise im Zentralnervensystem vorkommt,
und, weit überwiegend an Menge, spezifisch differenzierte Parenchymzellen,
sog. Pinealzellen, die, in den Maschen des von der Glia gebildeten Netzes gelegen,
ein blaß tingiertes Protoplasma besitzen und bei bestimmten Färbungs- bzw.
Imprägnierungsverfahren zahlreiche protoplasmatische Fortsätze mit kolbigen
Endigungen erkennen lassen. Man hatte früher diese Zellen, so weit man derartige dendritische Fortsätze an ihnen wahrnehmen konnte, als Nervenzellen
angesprochen, doch enthalten sie niemals Nissl-Schollen, Neurofibrillen oder
einen Achsenzylinder. Diese Pinealzellen sind aus den Ependymzellen oder
besser Medullarepithelzellen als eigenartiges Zellelement hervorgegangen. Als
besonderes Kennzeichen weisen sie eigentümliche homogene kugelige Kern-
einschlüsse auf, sog. Kernkugeln. Diese Kernkugeln scheinen primär im Kern
zu entstehen und ins Plasma ausgestoßen zu werden, so daß Krabbe von einer
„Kernexkretion“ gesprochen hat. Mehrfach wurden auch acidophile und basophile Granulationen einzelner Zellelemente beschrieben und im Sinne einer
sekretorischen Tätigkeit gedeutet. Die Vascularisation der Drüse ist ziemlich

---

[1]) Kiyono: l. c. Fußnote 1 S. 21. — Sotti, G.: Arch. di patol. e clin. med. Vol. 4, p. 154.
1925 (Bd. 42, S. 861).

[2]) Uemura, Sh.: Frankfurt. Zeitschr. f. Pathol. Bd. 20, S. 381. 1917. — Berblinger, W.:
Virchows Arch. f. pathol. Anat. u. Physiol. Bd. 227, Beih. 38. 1920. — v. Volkmann, R.:
Zeitschr. f. d. ges. Neurol. u. Psychiatrie. Bd. 84, S. 593. 1923 (Bd. 31, S. 304).

[3]) Krabbe, K.: Endocrinology. Vol. 7, Nr. 3, p. 379. 1923. — Walter, F. K.: Zeitschr.
f. d. ges. Neurol. u. Psychiatrie. Bd. 83, S. 411. 1923 (Bd. 31, S. 37). — v. Volkmann, R.:
l. c. — Berblinger, W.: Zeitschr. f. d. ges. Neurol. u. Psychiatrie. Bd. 95, S. 741. 1925
(Bd. 40, S. 727).

reichlich. Schon vor dem Pubertätsalter treten in der Zirbel Konkretionen aus phosphor- und kohlensaurem Kalk und Magnesium auf, der sog. Acervulus oder Hirnsand, auch kleine oder größere Cystchen können das Parenchym durchsetzen. Die spezifische Struktur der Zirbel bleibt jedoch trotz Reduktion des Parenchyms und Verbreiterung der bindegewebigen Septen bis ins höchste Greisenalter erhalten [1]), was sicherlich nicht dafür spricht, daß die Zirbel ihre physiologische Funktion bis zum Pubertätsalter bereits erfüllt und beendet haben sollte, wie dies manche Autoren anzunehmen geneigt sind.

Die Anlage der Zirbel wird im zweiten Fetalmonat als Ausstülpung vom Dache des Diencephalon sichtbar. Das Organ entwickelt sich durch Wucherung und spezifische Differenzierung der Zellen des Medullarepithels [2]). Es hat eine recht bewegte phylogenetische Vergangenheit, die naturgemäß auch in der Embryogenese zum Ausdruck kommt [3]). Gibt es doch bei niederen Wirbeltieren noch ein dem Parietalauge entsprechendes Parietalorgan. Die demgemäß etwas komplizierten Entwicklungsverhältnisse des Zwischenhirndaches mit den auch heute noch nicht geklärten histologischen Strukturen dieser Gegend (vgl. z. B. das sog. Subcommissuralorgan [4])) sind offenbar Ursache der gerade in der Zirbel verhältnismäßig häufig auftretenden Teratome.

In der Wirbeltierreihe zeigt die Ausbildung der Zirbel beträchtliche Unterschiede, relativ am größten ist sie bei den Huf- und Nagetieren. Bei den Edentaten, Walen und beim Krokodil ist sie nur ganz rudimentär entwickelt.

Bauchspeicheldrüse (Pankreas).

Die Bauchspeicheldrüse erfüllt bekanntlich zwei anscheinend durchaus verschiedene Funktionen: eine exkretorische und eine inkretorische. Dementsprechend setzt sich auch ihr Parenchym aus zweierlei verschieden gebauten Anteilen zusammen: aus dem tubulären Drüsengewebe, das sein Sekretionsprodukt an die Ausführungsgänge abgibt, und aus den in diesem Drüsengewebe verstreuten soliden Zellhaufen, welche als LANGERHANSsche Inseln bezeichnet werden. Die Gesamtmasse dieser im Durchschnitt etwa 130 an Zahl [5]) betragenden Inseln macht nur $^1/_{100}$—$^1/_{33}$ des gesamten Drüsenparenchyms aus. Der Durchmesser einer einzelnen Insel ist etwa 0,3 mm. Die Inseln bestehen aus zusammenhängenden Zellsträngen, die voneinander durch weite Capillargefäße getrennt werden. Die Zellen liegen meistens der Gefäßwand unmittelbar an, sind ebenso wie ihre Kerne kleiner wie die außensekretorischen Drüsenzellen, färben sich weniger intensiv und haben ein fein granuliertes Protoplasma. In manchen Fällen sind sie durch eine zarte, bindegewebige Hülle gegen ihre Umgebung abgegrenzt, in anderen besteht keine schärfere Grenze zwischen

[1]) UEMURA, SH.: l. c. — SCHLESINGER, H.: Arb. a. d. neurol. Inst. d. Wiener Univ. Bd. 22, S. 18. 1919. — BERBLINGER, W.: l. c.

[2]) VON MEDUNA, L.: Zeitschr. f. d. ges. Anat., Abt. 1: Zeitschr. f. Anat. u. Entwicklungsgeschichte. Bd. 76, S. 534. 1925 (Bd. 41, S. 258).

[3]) MARBURG, O.: Arb. a. d. neurol. Inst. d. Wiener Univ. Bd. 23, S. 1. 1920.

[4]) BAUER-JOKL, MARIANNE: Arb. a. d. neurol. Inst. d. Wiener Univ. Bd. 22, S. 41. 1917. — KRABBE, K. H.: L'organe sous-commissural du cerveau chez les mammifères. Det Kgl. Danske Videnskabernas Selskab. Biolog. Medd. Vol. 5, p. 4. 1925.

[5]) NAKAMURA, N.: Virchows Arch. f. pathol. Anat. u. Physiol. Bd. 253, S. 286. 1924 (Bd. 39, S. 46).

dem exkretorischen und dem Inselgewebe. Nach dem verschiedenen Gehalt an Granulis wurden unter den Inselzellen α- und β-Zellen unterschieden, doch scheint es sich hier nur um verschiedene Funktionszustände ein und derselben Zellart zu handeln, da alle Übergänge zwischen den beiden Typen vorkommen [1]. Sowohl Acini als Inseln sind mit einem reichen Netz sympathischer Nervenfasern versehen, welche mit den Gefäßen an sie gelangen. Auch sympathische Ganglienzellen wurden im Pankreasgewebe gefunden [2].

Beide Anteile des Pankreas entspringen aus der entodermalen Wand des primitiven Duodenums und differenzieren sich aus den epithelialen Zellsträngen, die durch Proliferation aus der primitiven Darmwand hervorgegangen sind. Wenn schon früher die Struktur der Inseln, die durchaus dem Typus eines Epithelkörperchens entspricht, eine inkretorische Funktion nahelegte, so erscheint heute diese Frage dank den Forschungen der Experimentalphysiologie und pathologischen Anatomie entschieden. Heute wird nur noch darüber diskutiert, ob nicht vielleicht auch die außensekretorischen Anteile des Pankreas gleichzeitig an der inkretorischen Funktion teilnehmen, weil bei Unterbindung der Ausführungsgänge des Pankreas die Drüsenacini verschwinden und eine Vermehrung des Inselgewebes zu sehen ist. Ob nun dieses neuentstandene Inselgewebe wirklich auch durch Umwandlung der außensekretorischen Drüsenzellen entsteht, oder, was nach WEICHSELBAUMs und KYRLEs Untersuchungen sichergestellt ist, durch Aussprossung aus dem Epithel der Ausführungsgänge hervorgeht, erscheint eigentlich von geringerer Bedeutung. Denn selbst wenn wirklich eine direkte Umwandlung von Acinuszellen in Inselzellen stattfinden sollte — das Gegenteil kommt keinesfalls vor — so wäre damit noch nicht gesagt, daß sich auch schon vor dieser Umwandlung die außensekretorischen Acinuszellen an der inkretorischen Funktion des Organs beteiligen dürften. Die alte Lehre WEICHSELBAUMs, daß Acinuszellen sich niemals in Inselzellen umzuwandeln vermögen, daß diese vielmehr immer nur aus den Epithelien der Ausführungsgänge hervorgehen, hat gegenüber der gegenteiligen Anschauung MARCHANDs, LAGUESSEs, HERXHEIMERs u. a. [1] auch in letzter Zeit beachtenswerte Bestätigungen erfahren [3]. Im Pankreas von Greisen kommt es zugleich mit einer Atrophie des acinösen häufig zu einer Proliferation des insulären Anteiles, der geradezu den Charakter von Adenomen (Insulomen) annehmen kann [4].

Keimdrüsen.

Hoden, Testes. Das Parenchym der Hoden besteht aus zweierlei Anteilen, aus den die Samenkanälchen bildenden Zellelementen und den im bindegewebigen Interstitium zwischen den Kanälchen gelegenen interstitiellen oder LEYDIGschen

---

[1] v., MEYENBURG H.: Schweiz. med. Wochenschr. 1924. S. 1121 (Bd. 39, S. 559). — SEYFARTH, C.: Klin. Wochenschr. 1924. Nr. 24. S. 1085.

[2] DE CASTRO, F.: Trav. du labor. de recherch. biol. de l'univ. de Madrid. Vol. 21, p. 423. 1923 (Bd. 38, S. 317). — VAN CAMPENHOUT, E.: Arch. de biol. Tom. 35, p. 45. 1925 (Bd. 41, S. 782).

[3] NAKAMURA, N.: l. c. — LANG, F. J.: Virchows Arch. f. pathol. Anat. u. Physiol. Bd. 257, S. 235. 1925.

[4] SCHNEIDER, H.: Rev. méd. de la Suisse romande. Tom. 44, p. 222. 1924 (Bd. 36, S. 59). — KUCZYNSKI, M. H.: Krankheitsforschung. Bd. 1, S. 85. 1925 (Bd. 41, S. 467).

Zellen. Die Samenkanälchen dienen jedenfalls der Bildung von Samenfäden, ob und wieweit ihre Zellelemente oder aber die LEYDIGschen Zellen an der Produktion des Keimdrüsenhormons beteiligt sind, ist heute noch Gegenstand der Diskussion und wird in einem späteren Kapitel eingehend besprochen. An dem Aufbau der Samenkanälchen sind zweierlei Zelltypen beteiligt, die samenbildenden und die eigenartigen Stützzellen. Die ersteren sind in mehreren Lagen angeordnet, wobei die dem Lumen näher gelegenen in der Umwandlung in Spermatozoen am weitesten fortgeschritten sind. Man nennt die am wenigsten differenzierten, an der Peripherie der Membrana propria anliegenden Zellen Spermatogonien, welche zugleich mit ihrem Wachstum, das ist mit der Zunahme ihres Protoplasmas in die nächste Zellreihe aufrücken und als Spermatocyten bezeichnet werden. Von diesen gibt es solche I. und II. Ordnung, die letzteren gehen aus den ersteren durch mitotische Teilung hervor, während die Spermatocyten II. Ordnung in der sog. Reduktionsteilung die Spermatiden bilden, die sich schließlich zu den reifen Samenfäden differenzieren. Die Stützzellen oder sog. SERTOLIschen Zellen sind große Zellen, die in etwa gleichen Abständen mit ihrer Basis der Membrana propria anliegen und einen Ausläufer gegen das Innere des Kanälchens, zwischen die Zellreihen der Spermatocyten und Spermatiden entsenden. Um diesen gegen das Lumen gerichteten Fortsatz der SERTOLIschen Zellen gruppieren sich büschelförmig die in Reifung begriffenen Spermatiden.

Zwischen diesen Tubuli seminiferi liegt nun das mit den Septen in Zusammenhang stehende Bindegewebe, welches neben den eigentlichen platten Bindegewebszellen die in Gruppen beisammen liegenden, zuerst von LEYDIG im Jahre 1850 beschriebenen großen, rundlichen, protoplasmareichen, grobgranulierten Zellen enthält, deren Leib mit Lipoid- und Pigmentkörnchen beladen ist und eigenartige Krystalle führen kann. Im Bindegewebe verlaufen reichlich Blut- und Lymphgefäße sowie Nervenfasern.

Entwicklungsgeschichtlich stammt der Hoden vom Mesoderm und zwar von einer als Keimepithel bezeichneten Zellwucherung des Cöloms ab, die knapp medial von der Urnierenanlage gelegen ist; diese selbst liefert die Ausführungsgänge und ist auch an der Bildung des Rete testis und der Tubuli recti beteiligt. Die LEYDIGschen Zellen sind gleichfalls mesodermalen Ursprungs und wahrscheinlich in bestimmter Weise differenzierte, embryonale Bindegewebszellen, die schon in einer sehr frühen Entwicklungsperiode zu sehen sind. Sie sind im 4. bis 5. Fetalmonat am mächtigsten entwickelt. Am Hoden des Neugeborenen lassen sich wohl schon Spermatogonien und SERTOLIsche Stützzellen in den Samenkanälchen unterscheiden, eine Spermatogenese fehlt aber natürlich vollkommen, das Lumen der Kanälchen ist meist noch undeutlich[1]). Sehr bemerkenswert ist die Feststellung von REICH [2]), daß der Hoden in den ersten 11 Lebensjahren kein Wachstum zeigt und die Dimensionen, die er bei der Geburt besessen hat, nahezu unverändert beibehält. Erst im Alter von 11—12 Jahren erfolgt ein mächtiges Wachstum, bis mit etwa 16 Jahren die normale Größe des geschlechtsreifen Organs erreicht ist. Unmittelbar vor der Pubertätsentwicklung nimmt auch die Zahl der LEYDIGschen Zellen deutlich zu.

---

[1]) KYRLE, J.: Wien. klin. Wochenschr. 1910. S. 1583.
[2]) REICH, H.: Jahrb. f. Kinderheilk. Bd. 105, S. 290. 1924.

Eierstöcke, Ovarien. Der Bau des Ovars läßt sich am besten an Hand seiner Entwicklungsgeschichte verstehen. Genau wie der Hoden geht es aus einer Wucherung des mesodermal-epithelialen Cölombelages, aus dem sog. Keimepithel hervor. Diese mit reichlichem embryonalem Bindegewebe durchsetzte Zellmasse löst sich von ihrem Mutterboden und bildet von der mit Keimepithel bedeckten Oberfläche gegen das bindegewebige Innere zu fortschreitend immer neue Zellstränge und Zellhaufen, die sog. Eiballen oder PFLÜGERschen Schläuche, welche nun schon zweierlei verschiedene Zelltypen enthalten, die größeren sog. Primordial- oder Ureier und die kleineren, um diese Ureier ringsherum angeordneten sog. Follikelzellen. Durchwachsendes Bindegewebe zerlegt die PFLÜGERschen Schläuche in kleinere Komplexe und trennt sie von ihrem Mutterboden, der oberflächlichen Keimepithelschicht, unter welcher sich schließlich eine kompaktere bindegewebige Tunica albuginea bildet. Nunmehr besteht also der Eierstock aus einer großen Anzahl von sog. Primärfollikeln, deren jeder im Zentrum ein künftiges Ei enthält, das von einer Schicht von Follikelzellen umgeben ist. Während bei anderen Wirbeltieren das ganze Leben lang eine Neubildung von jungen Eiern und zugehörigen Follikelzellen aus dem oberflächlichen Keimepithel erfolgen kann, erscheint beim Menschen dieser Prozeß mit dem 2. Lebensjahr endgültig abgeschlossen. Man hat die Zahl der Eianlagen eines menschlichen Weibes in einem Eierstock auf 36 000 geschätzt. Mit welchem Luxus die Natur hier vorgeht, ergibt sich daraus, daß von den etwa 72 000 Eianlagen nur etwa 400 tatsächlich zur Reife gelangen, während alle übrigen unentwickelt und ungenützt zugrunde gehen.

Die weitere Entwicklung der Primärfollikel und Ansätze zur Eireifung erfolgen gewöhnlich erst im postembryonalen Leben, volle Reifung von Eiern erst mit dem Eintritt der Pubertät. Dieser Vorgang spielt sich folgendermaßen ab: das ursprünglich platte Follikelepithel wird kubisch und mehrschichtig, das Ei größer und erhält als Begrenzung gegen seine Umgebung die sog. Zona pellucida. Zwischen den rasch wuchernden Follikelzellen bildet sich ein mit einer Flüssigkeit, dem Liquor folliculi erfüllter Hohlraum, in den der das reife Ei enthaltende Cumulus oophorus hineinragt. Das den flüssigen Inhalt und das Ei einschließende mehrschichtige Follikelepithel wird nunmehr als Stratum granulosum, seine von zirkulären Bindegewebszügen gebildete äußere Begrenzung als Theca folliculi bezeichnet. Man unterscheidet eine zell- und gefäßreiche Theca interna und eine mehr faserige Theca externa. Dieses ganze Gebilde heißt jetzt GRAAFscher Follikel. Bis zu diesem Entwicklungsstadium gelangt nur eine verhältnismäßig sehr geringe Zahl der Primärfollikel und auch von den GRAAFschen Follikeln erreichen durchaus nicht alle die im folgenden zu schildernde volle Reife, denn in der Zeit von der Pubertät bis zum Klimakterium des nicht schwangeren Weibes erreicht unter normalen Umständen nur alle vier Wochen je ein GRAAFscher Follikel dieses Ziel. Alle anderen unterliegen, ebenso wie die meisten Primärfollikel, der Rückbildung (Atresie). Diese erfolgt durch Nekrobiose des Eies und der Granulosazellen, wobei eine Wucherung der Theca interna stattfindet, die zur Bildung von sog. Theca-Luteinzellen führt. Diese Theca-Luteinzellen wandeln sich bei der weiteren Rückbildung des atretischen Follikels zu Stromazellen um.

Die das eigentliche Ziel erreichenden GRAAFschen Follikel haben folgendes Schicksal: Wenn sie eine entsprechende Größe erreicht haben, kommt es zunächst zu Vakuolenbildung im Cumulus oophorus und schließlich zur Berstung des Follikels an der Oberfläche des Eierstockes mit Ausstoßung des Eichens und des Liquor folliculi in die Beckenhöhle. Der leere Follikel erfährt sehr schnell eine Umwandlung zu einem sog. Corpus luteum und zwar bei Befruchtung des Eies zum Corpus luteum graviditatis, bei Nichtbefruchtung zum Corpus luteum menstruationis. Da das Umbildungsprodukt des Follikels zunächst eigentlich noch gar keinen gelben Körper darstellt und ein solcher erst durch allmähliche Lipoidspeicherung der gewucherten Follikelzellen zustande kommt, mag es richtiger sein, mit Aschoff [1]) von einem Corpus folliculare graviditatis bzw. menstruationis zu sprechen. Dieses Corpus folliculare besteht aus den lebhaft gewucherten, protoplasmareichen, großen Granulosaluteinzellen und der sie peripher umgebenden, aus der Theca interna hervorgegangenen Thecaluteinzellenschicht. In kürzester Zeit erfolgt eine reiche Vascularisierung des gelben Körpers. Beim Corpus folliculare menstruationis kommt es mit dem Eintritt der Menstruation, das ist etwa 2 Wochen nach dem Follikelsprung zu einer Blutung in den Follikelkörper, welche dessen Involution einleitet und zu seiner allmählichen Umwandlung in das fibröse Corpus albicans oder candicans führt. Allerdings dauert diese Umwandlung bis zur endgültigen Vernarbung des Follikels etwa 8—9 Monate. Das Corpus folliculare graviditatis erfährt seine Involution zum Corpus albicans erst nach Abschluß der Schwangerschaft.

Über die Rolle, welche alle die verschiedenen Zellarten bei der inkretorischen Tätigkeit des Ovariums spielen, wird in einem späteren Kapitel ausführlich die Rede sein. Hier muß noch erwähnt werden, daß man die Thecaluteinzellen der atretischen Follikel in ihrer Gesamtheit als „interstitielle Eierstocksdrüse" bezeichnet hat, die sich bei verschiedenen Tiergattungen in recht wechselnder Ausbildung vorfindet. Es läßt sich nun diesbezüglich folgende Gesetzmäßigkeit feststellen: Bei Tiergattungen mit spontaner, periodischer Ovulation und infolgedessen periodischer Bildung eines Corpus folliculare, wie sie auch beim Menschen stattfindet, ist die interstitielle Eierstocksdrüse nur rudimentär entwickelt. Bei Tiergattungen, die nicht spontan und regelmäßig, sondern nur gelegentlich ovulieren und wo die Ovulation durch die Kohabitation ausgelöst wird, wie bei Kaninchen, Meerschweinchen, Maus und Katze, bildet sich ein Corpus folliculare natürlich nur gelegentlich eines Follikelsprungs. Bei diesen Tieren findet man eine mächtig entwickelte interstitielle Drüse. Es stellen demnach interstitielle Drüse und periodisches Corpus folliculare homologe Bildungen dar, die sich bei verschiedenen Tiergattungen vertreten (Ancel und Bouin, Aschner, Biedl, Lipschütz u. a.).

Schließlich sei noch vermerkt, daß mit den Gefäßen reichliche sympathische Nervengeflechte in den Eierstock eintreten, deren marklose Fasern sich bis an die Epithelien der Follikel verfolgen lassen. Auch vereinzelte dünne markhaltige Fasern findet man in den Ovarien, dagegen konnten Ganglienzellen nicht nachgewiesen werden.

Nebennieren (Glandulae suprarenales).

Die Nebennieren des Menschen stellen paarige, rundlich-dreieckige oder gar halbmondförmige, abgeplattete Organe dar, die dem oberen Nierenpol

---

[1]) Aschoff, L.: Vorträge über Pathologie. Jena: G. Fischer 1925. S. 119.

kappenförmig aufsitzen. Sie sind beim Erwachsenen etwa 40—50 mm breit, 30—35 mm hoch, und 2—8 mm dick. Das Gewicht beträgt im Durchschnitt etwa 11 g, variiert aber zwischen 10 und 16 g[1]). Später zu erörternde physiologische Umbauvorgänge an der Nebenniere des Säuglings bringen es mit sich, daß das außerordentlich hohe durchschnittliche Geburtsgewicht von etwa 7 g im Laufe des ersten Halbjahres nahezu auf die Hälfte absinkt, um dann erst allmählich wieder anzusteigen. Am Durchschnitt erkennt man die Zusammen-

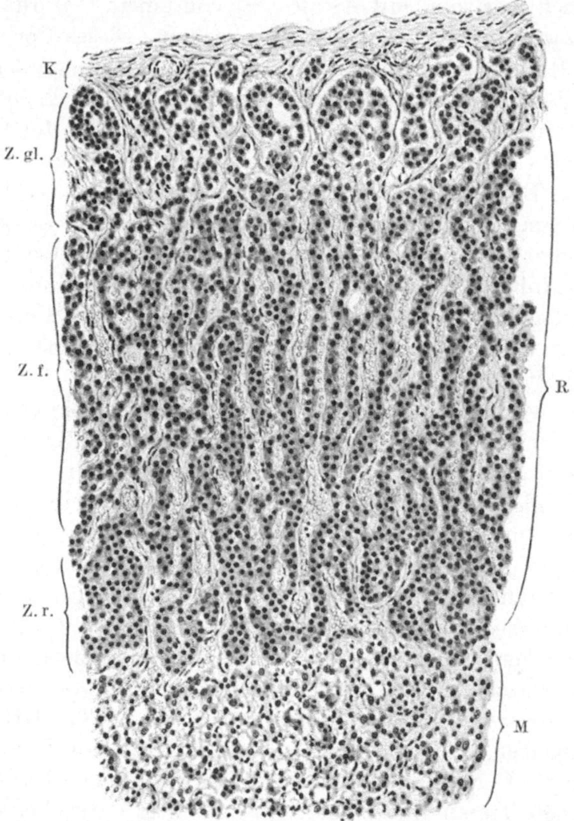

Abb. 5. Nebenniere des Menschen. Vergr. etwa 80fach. K Kapsel; R Rinde; M Mark; Z.gl. Zona glomerulosa; Z.f. Zona fasciculata; Z.r. Zona reticularis. (Nach WEIL.)

setzung des Organs aus zwei Anteilen. Die Peripherie wird von der gelblichen Rindensubstanz gebildet, die von der zentral gelegenen, weißlich-grauen Marksubstanz durch einen dunkelbraunen Grenzsaum getrennt ist.

Die Rindenschicht ist nach dem Typus eines „Epithelkörpers" gebaut. Sie besteht aus protoplasmareichen epithelialen Zellen, deren hervorstechendstes und spezifisches Merkmal ihr außerordentlicher Lipoidgehalt darstellt. Die Rindenschicht läßt drei morphologisch differente Abschnitte erkennen: die an die bindegewebige Kapsel angrenzende periphere Zona glomerulosa,

---

[1]) F. GUCCIONE gibt etwas geringere Werte als Normalgewicht an (Endocrinologia e patol. costituz. Vol. 1, H. 3, p. 199. 1926. Ref. Bd. 45, S. 4).

in der die Zellen zu unregelmäßigen Ballen aneinander gereiht sind, die Zona fasciculata, in der sie langgestreckte radiäre Zellsäulen bilden, und die innerste Zona reticularis, wo aus den sich verzweigenden Zellbalken ein engmaschiges Netzwerk hervorgegangen ist. Die Rindenschicht wird von zahlreichen bindegewebigen Septen durchsetzt, die von der Kapsel radiär gegen die Marksubstanz verlaufen, um sich an der inneren Rindengrenze und im Mark zu einem dichten Maschenwerk zusammenzufügen. Im Bindegewebe verlaufen natürlich auch die Gefäße und Nerven.

Das Nebennierenmark besteht aus sehr charakteristischen polyedrischen, protoplasmareichen Zellen, die dicht aneinandergelagert, in zusammenhängenden Strängen das durch Bindegewebe und Gefäße gebildete Maschenwerk ausfüllen. Der Zelleib ist mit feinen Körnchen durchsetzt, die sich mit chromsauren Salzen in elektiver Weise braun färben. Deshalb wurde auch von KOHN die Bezeichnung chromaffine Zellen und chromaffines Gewebe für sie eingeführt. Im Mark findet man auch vereinzelte, dem Sympathicus angehörende Ganglienzellen, vor allem aber ein außerordentlich dichtes Geflecht sympathischer Nervenfasern, die jede einzelne chromaffine Zelle mit einem feinen Fibrillennetz umspinnen. In der Rindenschicht sind weit spärlichere Nervenfasern nachzuweisen. Außer den sympathischen Nervengeflechten beteiligen sich auch der Vagus und Phrenicus durch Abgabe einzelner markhaltiger Fasern an der Innervation der Nebennieren.

Die Blutversorgung der Nebennieren erfolgt durch zwei arterielle Gefäße, die aus der Aorta, eventuell aus den benachbarten Aortenästen hervorgehen und durch die Kapsel in das Organ eindringen. Die kranialere Arterie versorgt durch die sog. Arteriae perforantes vornehmlich das Mark, die caudalere die Rinde. Das überaus weite und reich verzweigte Capillargebiet der Zona reticularis öffnet sich in endothellose Spalträume des Markes, von wo das venöse Blut durch kleine Markvenen in die Vena suprarenalis abgeführt wird. Da in der Rinde und in der Kapsel nur ein verhältnismäßig gering entwickeltes Venensystem besteht, so passiert das venöse Blut der Rindenschicht größtenteils das Mark. Dieser Art der Blutversorgung scheint eine besondere Bedeutung zuzukommen, einerseits in funktioneller Hinsicht, da die Passage des Rindenblutes durch die Marksubstanz auf eine uns bisher nicht klare funktionelle Beziehung zwischen Mark und Rinde hinweist, wie sie ja schon durch die morphologische Tatsache der Vereinigung der beiden Teile zu einem einzigen Organ nahegelegt wird, andererseits aber insofern, als dem venösen Blut nicht nur der Abfluß in die Cava auf dem Wege der Vena suprarenalis, sondern, wie KUTSCHERA gezeigt hat, durch die Kapselvenen auch in das Pfortadersystem offen steht. Der auffallende Gehalt der Markvenen an vorwiegend längs verlaufenden glatten Muskelfasern scheint dazu bestimmt zu sein, durch Kontraktion dieser Muskelschicht die Mündungen der zahlreichen, dünnwandigen, venösen Gefäßchen zu verlegen und dadurch den Abfluß auf dem Wege der Vena suprarenalis zu drosseln, vielleicht den Abfluß durch die Kapselvenen in die Pfortader zu leiten (R. MARESCH).

Für das Verständnis des Aufbaues und der Funktion der Nebennieren ist die Kenntnis ihrer onto- und phylogenetischen Entwicklungsgeschichte unerläßlich. Die Rindensubstanz entwickelt sich aus dem mesodermalen Cölomepithel, beiderseits vom Ansatz der Radix mesenterii, medial vom WOLFFschen

Körper. In diesen mesodermalen epithelialen Zellkomplex, der sich von seinem
Mutterboden bald losgelöst hat, wachsen von der Umgebung her Blutgefäße,
vor allem aber dringen in ihn zellreiche Ausläufer von den medial gelegenen
Anlagen der sympathischen Ganglien, die sich erst allmählich während des
extrauterinen Lebens zu der einheitlichen, zentral gelegenen Marksubstanz
formieren. Noch beim Neugeborenen erscheint die Nebenniere hauptsächlich
als epitheliales Rindenorgan, um dessen zentrale Hauptvene sich Häufchen
der eingewanderten Sympathicusabkömmlinge gruppieren. Aus diesen ekto-
dermalen Derivaten der Sympathicusanlage differenziert sich das chromaffine
Gewebe des Nebennierenmarkes.

Kaum auf einem anderen Gebiete der Entwicklungsgeschichte kann man
das biogenetische Grundgesetz so schön verwirklicht finden, wie gerade bei
der Nebenniere. Der geschilderte ontogenetische Entwicklungsgang der menschlichen Nebenniere spiegelt sich in der Wirbeltierreihe wieder. Bei den Haifischen
haben die beiden Anteile der Nebenniere überhaupt noch keine Beziehung
zueinander, das der menschlichen Nebennierenrinde entsprechende mesodermale,
epitheliale sog. Interrenalorgan ist vollkommen getrennt von dem ekto-
dermalen, chromaffinen Gewebe, das als ein System kleiner Paraganglien jedem
einzelnen Ganglion des Grenzstranges angeheftet bleibt und in seiner Gesamtheit
auch als Adrenalsystem bezeichnet wird. Bei der phylogenetischen Weiterentwicklung kommt es, wie in der Ontogenese, zunächst zu einer Aneinander-
lagerung von Interrenalorgan und wenigstens einem Großteil des Adrenalsystems (Amphibien), später zu einer teilweisen Durchwachsung beider Gewebs-
arten (Vögel) und erst bei den Säugetieren zur Bildung einer zentralen, chromaffinen Marksubstanz. Aber auch bei diesen ist das chromaffine Gewebe
nicht auf die Nebenniere allein beschränkt, sondern liegt verstreut an den
sympathischen Bauchgeflechten und in den Ganglien. Am neugeborenen oder
jungen Kind lassen sich diese, aus chromaffinem Gewebe bestehenden Paraganglien sehr deutlich darstellen. Am größten ist das von ZUCKERKANDL neben
der Abgangsstelle der Arteria mesenterica inferior schon durch anatomische
Präparation aufgefundene und nach ihm benannte Paraganglion. Während
die Paraganglien bei den meisten Säugetieren zeitlebens bestehen bleiben,
erfahren sie beim Menschen im Laufe des Lebens eine fortschreitende Rückbildung[1]). Hier scheint demnach die Konzentrierung des gesamten chromaffinen
Gewebes in der Nebenniere ihren höchsten Grad erreicht zu haben (KOHN).

Die Nebenniere erfährt aber nicht nur durch den vielleicht sogar noch beim
Neugeborenen fortdauernden Zuzug von Sympathicusabkömmlingen bzw. die
autochthone Vermehrung des frühzeitig eingewanderten Materials[2]) eine post-
fetale Strukturveränderung, sondern sie ist auch in anderer Hinsicht einem
steten Umbau unterworfen. Wir werden in einem späteren Kapitel erfahren,
daß sich im ersten Säuglingsalter, und zwar nur beim Menschen, außerordentlich
tiefgreifende Veränderungen in dem gewaltigen Organ des Neugeborenen abspielen, die durch einen eigenartigen Degenerationsprozeß der inneren Rindenschicht eingeleitet werden (THOMAS). Die relativ lipoidärmste periphere Zona
glomerulosa fungiert als Keimschicht nicht nur für den Wiederaufbau der

---

[1]) IVANOFF, G.: Zeitschr. f. d. ges. Anat., Abt. 1: Zeitschr. f. Anat. u. Entwicklungsgesch.
Bd. 75, S. 435. 1925 (Bd. 40, S. 410).
[2]) HETT, J.: Zeitschr. f. mikr. u. anat. Forschung. Bd. 3, S. 179. 1925 (Bd. 42, S. 41).

Rinde im frühen Kindesalter nach Abschluß dieses Degenerationsprozesses, sondern vor allem auch während der Generationsperiode der Frau. Mit jeder Menstruation, vor allem aber während der Schwangerschaft kommt es zu einer wesentlichen Verbreiterung der Glomerulosa mit starker Anreicherung von Lipoiden — Graviditätshypertrophie (Aschoff-Landau) — dabei verschwimmen die Grenzen gegen die Zona fasciculata durch einen beträchtlichen Zellnachschub an diese. Im Puerperium bildet sich die Hyperplasie nur unvollständig zurück. Vom 5. Jahrzehnt ab erfolgt langsam eine beim Mann stärker als bei der Frau ausgesprochene Altersrückbildung der Zona glomerulosa, die schmäler wird und reichlicheres Stützgerüst zeigt. Ein in der inneren Rindenschicht, der Zona reticularis vorkommendes Pigment (Lipofuscin) nimmt im Alter an Menge zu. Es bedingt die braune Färbung an der Grenze zwischen Rinde und Mark. Da es sich zweifellos um ein Abnützungspigment handelt, das eben nur in der Reticularis zu finden ist, so ist auch dieser Umstand ein Argument zugunsten der Annahme eines fortgesetzten, allmählichen Verbrauches und Wiederaufbaues der Nebennierenrinde, wobei der Verbrauch in den zentralen, der Wiederaufbau in den peripheren Schichten erfolgt (Aschoff, Dietrich und Siegmund).

III. Physiologie der Inkretionsorgane.

Es ist nicht ohne Interesse, die Methoden kurz Revue passieren zu lassen, welche der Physiologie für die Erforschung der Funktion der Inkretionsorgane zur Verfügung stehen. Unsere Kenntnisse von der Natur, Bedeutung und Wirksamkeit der Inkrete bzw. ihrer Produktionsstätten können wir gewinnen, wenn wir das Verhalten des reifen und des wachsenden Gesamtorganismus und aller seiner Teile in morphologischer und funktioneller Hinsicht beobachten und prüfen, einerseits nach Entfernung bzw. Ausschaltung des betreffenden Inkretionsorganes, andererseits unter dem Einfluß der künstlichen Zufuhr des betreffenden Inkretes, wobei dieser Einfluß sowohl am normalen wie insbesondere an dem des betreffenden Inkretes vorher beraubten Organismus zu studieren ist. Die Beobachtungen in funktioneller Hinsicht werden sich naturgemäß nicht allein auf den spontanen Ablauf der Lebensvorgänge im ganzen und im speziellen beschränken, sondern werden die verschiedenartigsten Belastungsprüfungen der einzelnen Funktionen mit heranziehen, wie sie etwa die Prüfung auf Ermüdbarkeit, auf alimentäre Kohlenhydrattoleranz, auf Phagocytosefähigkeit und Immunkörperbildung, die Prüfung der Reaktionsfähigkeit des Nervensystems auf bestimmte Pharmaka, des Stoffwechsels auf enterale oder parenterale Eiweißzufuhr, die Prüfung auf Widerstandsfähigkeit gegenüber bestimmten Giften, gegenüber Sauerstoffmangel usw. darstellen. Selbstverständlich ist die Zahl der verschiedenartigen in dieser Richtung vorzunehmenden Funktionsprüfungen des Organismus bei Mangel oder Überschuß bestimmter Hormone unbegrenzt und auch nicht annähernd anzuführen.

Die künstliche Zufuhr der Inkrete ist heute noch die größte methodische Schwierigkeit der physiologischen Erforschung der Inkretionsorgane. Denn chemisch faßbar sind uns vorderhand nur das Produkt des Nebennierenmarkes und chromaffinen Systems, das Adrenalin, und das Schilddrüseninkret, das sog. Thyroxin. Von einer Reihe anderer Inkretionsorgane lassen sich physiologisch äußerst wirksame und durch ihre spezifischen Wirkungen gekennzeichnete Extrakte gewinnen, deren chemische Struktur wir zwar nicht kennen, die aber dennoch den betreffenden Inkretionsstoff zu enthalten scheinen oder ihm zum mindesten nahe stehen. Das ist der Fall bei den Extrakten aus dem Hinterlappen der Hypophyse, aus dem Pankreas (Insulin), den Epithelkörperchen und bei den aus den weiblichen Keimdrüsen gewonnenen Substanzen. Bei einer weiteren Gruppe innersekretorischer Organe entzieht sich aber das betreffende Inkret vollkommen unserem Zugriff. Beim Thymus, den männlichen Keimdrüsen, der Nebennierenrinde, der Zirbel und wohl auch beim Hypophysenvorderlappen verfügen wir noch nicht über ein Verfahren, um spezifisch wirksame Substanzen aus ihnen zu gewinnen, obwohl wir auf Grund eines erdrückenden Tatsachenmaterials annehmen müssen, daß auch die meisten dieser Organe Inkrete produzieren, die für den normalen Ablauf der Lebensvorgänge unentbehrlich sind. Weder Extrakte noch getrocknete pulverisierte Drüsensubstanz geben bisher zuverlässige Resultate.

Die künstliche Zufuhr der Inkrete kann auf oralem oder parenteralem Wege geschehen und sie kann natürlich auch in der Weise vorgenommen oder angestrebt werden, daß einem Organismus das betreffende Inkretionsorgan anderer Organismen, eventuell auch mehrfach, implantiert wird. Der Idealfall, daß wir es in der Hand haben, den Mangel eines Inkretes durch künstliche Zufuhr nahezu vollkommen zu ersetzen und damit alle Ausfallserscheinungen zu beheben, dieser Idealfall ist nur bei der Schilddrüse, dem Pankreas und anscheinend nun auch bei den Epithelkörperchen realisiert. Dieser Umstand bringt es mit sich, daß wir hier auch in der Lage sind, den krankhaften Zustand einer übermäßigen Inkretbeschickung des Organismus in einwandfreier Weise zu erzeugen. Daraus ergibt sich die Möglichkeit, auch den Regulationsmechanismus zu studieren, der die Inkretproduktion und -abgabe an den Organismus beherrscht.

Schilddrüse (Glandula thyreoidea).

Seit BAUMANN im Jahre 1895 eine jodhaltig organische Substanz von hochmolekularer Zusammensetzung aus der Schilddrüse gewinnen konnte, haben alle Untersucher immer wieder bestätigt, daß die Schilddrüse wie kein anderes Organ durch seinen Jodgehalt charakterisiert ist. Der Jodgehalt der Schilddrüse schwankt allerdings in weiten Grenzen. Pflanzenfresser haben einen höheren Jodgehalt als Fleischfresser. Bei ganz jugendlichen Individuen ist er gering, im mittleren Lebensalter am höchsten. Er ist überdies abhängig von Rasse, Konstitution, geographischen Verhältnissen, Ernährung und Jahreszeit. In Gegenden, wo Kropf endemisch ist, findet man ihn geringer, jodhaltige Nahrung oder Jodbehandlung steigert den Jodgehalt, der im Sommer meist höher als im Winter gefunden wird. Reichliche Fleischfütterung macht beim Hund die Schilddrüse sehr jodarm. Im großen Durchschnitt enthält die normale menschliche Schilddrüse etwa 6—7 mg Jod.

Das von BAUMANN dargestellte Jodothyrin erwies sich aber bald als bloßes Spalt- oder Umwandlungsprodukt und nicht als das eigentliche Inkret mit der spezifischen physiologischen Wirksamkeit. Im Jahre 1899 isolierte OSWALD [1]) einen jodhaltigen Eiweißkörper aus der Gruppe der Globuline, den

---

[1]) OSWALD, A.: Die Schilddrüse in Physiologie und Pathologie. Leipzig: Veit & Co. 1916.

er Jodthyreoglobulin nannte und der für das spezifische Inkret der Schilddrüse gehalten wurde, bis es am Weihnachstage 1914 E. C. KENDALL[1]) gelang,
aus der Schilddrüse eine chemisch viel einfachere Substanz von $60\,\%$ Jodgehalt
zu isolieren, die ein Eiweißspaltprodukt darstellt und alle biologischen Eigenschaften aufweist, die von dem Inkret der Thyreoidea erwartet werden müssen.
Die von ihrem Entdecker als Thyroxin bezeichnete Substanz ist ein durch
Hydrolyse getrockneter Schilddrüsen mit Alkalien gewonnener krystallinischer
Körper, der ein weißes, geruch- und geschmackloses, wasserlösliches Pulver
darstellt und sich durch große Widerstandsfähigkeit gegenüber Hitze- und
Alkalieinwirkung sowie gegenüber Oxydation und Reduktion auszeichnet. Das
Thyroxin ist eine schwache Säure, doch hat es mineralischen Säuren gegenüber
basische Eigenschaften. Seine chemische Formel wurde von KENDALL folgender-
maßen angegeben:

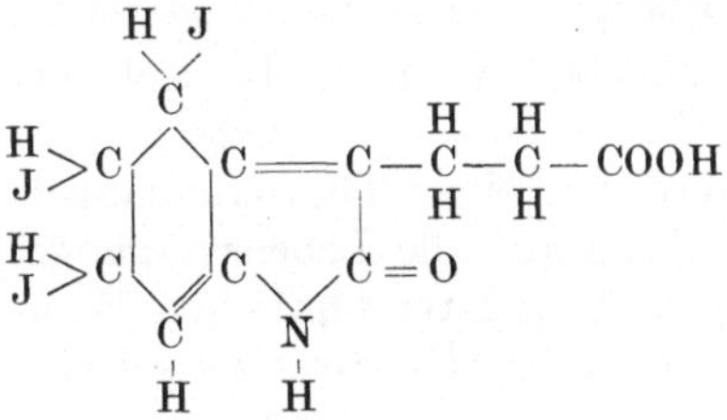

Ketoform   oder   Enolform

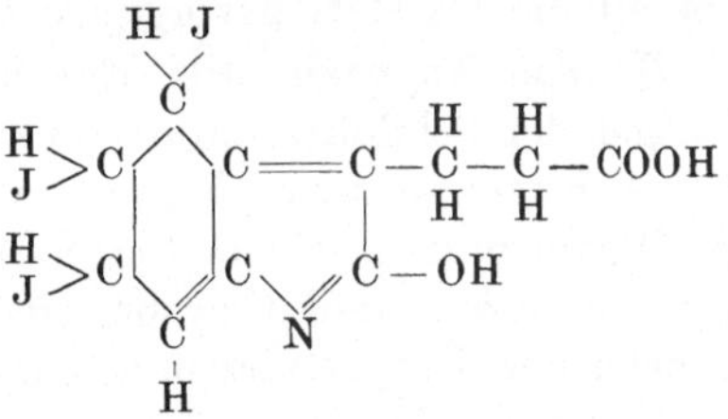

Nach KENDALL würde noch eine dritte Isomere des Thyroxins, eine offene
Ringform, vorkommen, bei der der Pyrrolring neben dem N-Atom unterbrochen und 2 H-Atome angelagert wären. Die Muttersubstanz des Thyroxins
wäre nach der KENDALLschen Formel das Tryptophan, ein wichtiges Spalt-
produkt des Eiweißes, aus welchem, wie die Formel

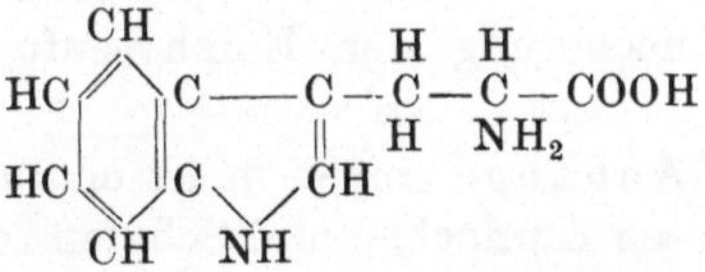

zeigt, durch Desamidierung, Oxydation und Jodanlagerung das Thyroxin
hervorgehen soll.

Nun haben es aber in jüngster Zeit die schönen Untersuchungen des
englischen Chemikers HARINGTON[2]) sehr wahrscheinlich gemacht, daß die
KENDALLsche Formel für sein Thyroxin kaum zutreffen, dieses vielmehr ein
p-Oxydijodphenyläther des Dijodtyrosins von folgender Formel sein dürfte:

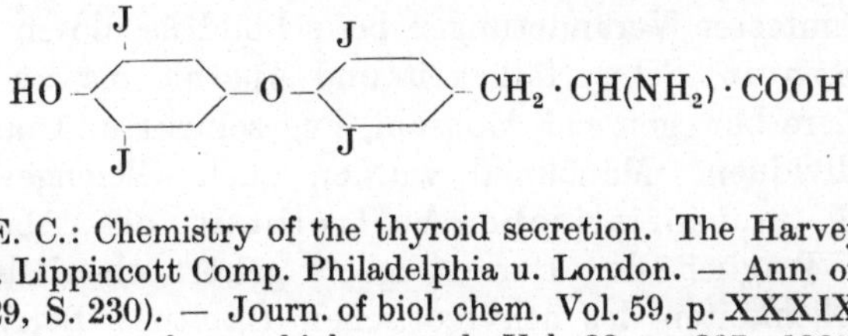

$$\text{HO}-\langle\rangle-\text{O}-\langle\rangle-\text{CH}_2\cdot\text{CH(NH}_2)\cdot\text{COOH}$$

<hr>

[1]) KENDALL, E. C.: Chemistry of the thyroid secretion. The Harvey Society Lectures
1920—1921. J. B. Lippincott Comp. Philadelphia u. London. — Ann. of clin. med. Vol. 1,
p. 256. 1923 (Bd. 29, S. 230). — Journ. of biol. chem. Vol. 59, p. XXXIX u. Vol, 63, p. XI.
1924. — Proc. of the soc. f. exp. biol. a. med. Vol. 22, p. 307. 1925 (Bd. 40, S. 595).
[2]) HARINGTON, CH. R.: Biochem. journ. Vol. 20, p. 293. 1926 (Bd. 45, S. 228).

Harington erhielt auch durch Verbesserung des Darstellungsverfahrens eine weit größere Ausbeute an Thyroxin als Kendall. Untersuchungen der nächsten Zeit dürften in dieser Frage endgültige Klarheit bringen und die synthetische Darstellung des Hormons der Schilddrüse ermöglichen.

Wenn auch die Jodkomponente des Thyroxinmoleküls einen unersetzbaren Bestandteil darstellt, so beruht die spezifische Wirksamkeit des Thyroxins doch nicht etwa bloß auf seinem Jodgehalt allein, wie selbst in jüngster Zeit noch gelegentlich angenommen wird, sondern auf dessen charakteristischer Bindung und der Struktur des Gesamtmoleküls. So zeigte Kendall, daß ein acetyliertes Thyroxin durch die bloße Anlagerung der Acetylgruppe die spezifische Wirksamkeit des Schilddrüseninkretes vollkommen eingebüßt hatte [1]. Nach seinem Entdecker wird das Thyroxin bei seiner Wirksamkeit nicht aufgebraucht und ist demnach als ein Katalysator anzusehen, der anscheinend überall die Oxydationsvorgänge anregt und fördert.

Da das Thyroxin alle Erscheinungen zu beheben vermag, die sich bei mangelnder Schilddrüsenfunktion einstellen, so dürfen wir diese Erscheinungen der Athyreose bzw. Hypothyreose als Ausdruck eines Thyroxinmangels im Organismus ansehen. Sie erstrecken sich nahezu auf alle Lebensvorgänge, auf alle Organe und Gewebe, sind aber naturgemäß in ihrer klinischen Form je nach der Tiergattung und dem Alter, in welchem der Thyroxinmangel einsetzt, verschieden.

Bei jugendlichen Warmblütlern ist das konstanteste und auffallendste Merkmal mangelhafter Schilddrüsentätigkeit eine beträchtliche Wachstumshemmung. Sie beruht auf einem verspäteten Auftreten der Knochenkerne und mangelhaftem Wucherungsprozeß der Knorpelzellen an den Epiphysenlinien, wobei die präparatorische Verkalkung des Knorpels ungenügend und unregelmäßig vor sich geht, die Knorpelhöhlen blasig aufgetrieben, die Knorpelzellen geschrumpft erscheinen. Auch das periostale Knochenwachstum ist verlangsamt. Die Verknöcherung der Epiphysenfugen und Synchondrosen bleibt aus.

Die Haut und ihre Anhänge zeigen meist charakteristische Änderungen. Bei jungen schilddrüsenlosen Kaninchen und Schafen zeigt sich eine mangelhafte Ausbildung des Haarkleides, während bei Ziegen eine Vermehrung des Haarwuchses beobachtet wurde, wobei sich aber die langen Haare leicht büschelweise ausreißen lassen. Bei anderen Tiergattungen findet man ein struppiges Fell mit kahlen Stellen und Auflagerung von Schuppen und Borken bis zu ausgebreiteten Ekzemen. Die Hörner von Ziegen und Schafen sind verkümmert und mißgestaltet. Die Cutis ist häufig verdickt und enthält bei manchen Tiergattungen histologisch nachweisbare mucinartige Einlagerungen.

Eine der bekanntesten Veränderungen bei schilddrüsenlosen Organismen ist die geistige Trägheit, Schwerfälligkeit und Apathie bis zur vollkommenen Idiotie. Solche Tiere bewegen sich langsam, ungeschickt und putzen sich nicht wie normale Individuen. Manchmal wurden auch Gleichgewichtsstörungen beobachtet. Eine meteoristische Auftreibung des Abdomens infolge außerordentlicher Trägheit der Darmtätigkeit gehört ebenfalls zu den konstanten Eigentümlichkeiten des athyreotischen Habitus. Betrifft der Ausfall

---

[1] Swingle, W. W.: Endocrinology. Vol. 8, Nr. 6. p. 832. 1924.

der Schilddrüsenfunktion jugendliche Tiere, so bleiben die Genitalorgane abnorm lange auf infantiler Entwicklungsstufe stehen, Geschlechtsreife tritt überhaupt nicht oder stark verspätet ein. Bei Tieren, die erst in späterem Alter athyreotisch wurden, bleibt die Fortpflanzungsfähigkeit in beschränktem Maße erhalten.

Der Stoffwechsel ist bei athyreotischen Organismen in konstanter Weise verändert: Die Oxydationsprozesse des Organismus sind herabgesetzt, demzufolge der Sauerstoffverbrauch (Grundumsatz) beträchtlich vermindert, die als Maßstab der Eiweißverbrennung zu betrachtende N-Ausscheidung sinkt bei gleichbleibender Nahrung bis auf die Hälfte ab. Zugeführte Kohlenhydrate werden nicht wie normalerweise verbrannt, sondern gespeichert, die Assimilationsgrenze für Zucker ist demnach erhöht. Auch die Glykogenmobilisierung durch eine Adrenalininjektion ist gegenüber der Norm herabgesetzt. Die Herabsetzung der Verbrennungsprozesse im Organismus führt bei gleichbleibender Nahrungsmenge zur Anlagerung von Reservedepots in Form von Fett im Fettgewebe und als Glykogen in der Leber, somit zum Gewichtsanstieg.

Die Körpertemperatur ist bei mangelhafter Schilddrüsenfunktion entsprechend den geschilderten trägen Stoffwechselverhältnissen regelmäßig herabgesetzt. Dabei können schilddrüsenlose Individuen eine geringere Fähigkeit besitzen, ihre Körpertemperatur gegenüber einer künstlichen Abkühlung konstant zu erhalten. Allerdings scheint sich dieses Regulationsvermögen einige Zeit nach der Schilddrüsenexstirpation wieder herzustellen [1]. H. Pfeiffer beobachtete z. B. an Meerschweinchen 1—2 Wochen nach Zerstörung der Schilddrüse eine ganz übermäßige und lang anhaltende, eventuell sogar tödliche Unterkühlung durch ein kaltes Bad. 6—8 Wochen nach der Operation verhielten sich die Tiere wieder wie normale. Auch gegenüber sonst Fieber erzeugenden Maßnahmen sind athyreotische Organismen auffällig refraktär. So konnten Kepinow und Metalnikow [2] bei schilddrüsenlosen, mit Tuberkulose infizierten Meerschweinchen durch Injektion auch höherer Tuberkulindosen keine nennenswerte Temperatursteigerung hervorrufen, während nicht thyreoidektomierte tuberkulöse Meerschweinchen darauf mit einer Fieberreaktion antworteten. G. Mansfeld [3] konnte übrigens zeigen, daß der erhöhte Eiweißzerfall, wie er im infektiösen Fieber vor sich geht, aber auch ein durch andere Umstände (O_2-Mangel, Chloroform, prämortale Eiweißzersetzung bei hungernden Kaninchen) bedingter Eiweißzerfall an schilddrüsenlosen Tieren ausbleibt.

Sehr interessant sind die Vorgänge, welche sich bei Abkühlung bzw. Überhitzung abspielen und an denen die Schilddrüse wesentlich beteiligt ist. Mansfeld [4] entdeckte nämlich die äußerst bemerkenswerte Tatsache, daß isolierte und künstlich durchspülte Kaninchenherzen, welche ihrem Träger während der Fieberhöhe entnommen wurden, vom erregten Wärmezentrum also vollkommen isoliert waren, wesentlich mehr Zucker verbrauchten als wenn sie

---

[1] Cori, Gerty: Wien. klin. Wochenschr. 1921. S. 485 u. Arch. f. exp. Pathol. u. Pharmakol. Bd. 95, S. 378. 1922 (Bd. 29, S. 86). — Schenk, P.: Klin. Wochenschr. 1924. S. 1454 u. 1502. — Pfeiffer, H.: Arch. f. exp. Pathol. u. Pharmakol. Bd. 98, S. 253. 1923 (Bd. 29, S. 461).

[2] Kepinow, L. u. S. Metalnikow: Cpt. rend. des séances de la soc. de biol. Tom. 87, p. 210. 1922 (Ref. Endocrinology. Vol. 7, Nr. 3. p. 506).

[3] Mansfeld, G.: Pflügers Arch. f. d. ges. Physiol. Bd. 181, S. 249. 1920.

[4] Mansfeld, G. u. L. v. Páp: Pflügers Arch. f. d. ges. Physiol. Bd. 184, S. 281. 1920.

von normalen Tieren stammten. Dieser Mehrverbrauch des ausgeschnittenen
Herzens vom fiebernden Tier fehlte aber, wenn das Tier vorher seiner Schilddrüse beraubt worden war (O. Löwi). Eine prinzipiell gleichartige Erregung
des Wärmezentrums wie im Fieber erfolgt im Sinne einer Gegenregulation
auch bei Abkühlung des Organismus und da zeigte sich, daß das ausgeschnittene
Herz unmittelbar vorher gekühlter Tiere 2—3mal so viel Zucker verbrauchte
als das Herz von in heißer Sommertemperatur lebenden Tieren. Werden die
Tiere für eine Stunde in eine Temperatur von 30—34° C gebracht, so verbraucht
ihr ausgeschnittenes Herz fast gar keinen Zucker. Werden aber thyreoidektomierte Kaninchen gekühlt, so zeigt ihr ausgeschnittenes Herz wiederum
keinen vermehrten Zuckerverbrauch. Diese Versuche weisen darauf hin, daß
eine Erregung des Wärmezentrums zu einer Anregung der Schilddrüsentätigkeit
führt, deren Produkt für die gesteigerten peripheren Oxydationsprozesse verantwortlich zu machen ist. Es scheint sogar, daß das unter der Einwirkung
der vom Wärmezentrum ausgehenden Erregung ausgeschwemmte Schilddrüseninkret sich auch im zirkulierenden Blute nachweisen läßt, denn MANSFELD
gibt an, daß das Blutserum gekühlter Tiere die Fähigkeit besitzt, den sehr
geringen Zuckerverbrauch des isolierten Herzens erwärmter Tiere zu steigern [1]).

Hierher gehören wohl auch die Beziehungen der Schilddrüsenfunktion zum
Winterschlaf der betreffenden Tierspezies. L. ADLER [2]) konnte nämlich
zeigen, daß die Schilddrüsen von Fledermäusen und Igeln im Herbst Rück-
bildungserscheinungen aufweisen, die sich allmählich bis zu hochgradiger
Atrophie während des Winterschlafes steigern. Im Frühjahr treten mit dem
Erwachen Regenerationsvorgänge in der Schilddrüse auf. Die Injektion von
Schilddrüsenextrakten während des Winterschlafes führt nun bei Igeln einen
mächtigen Temperaturanstieg von 6° bis auf etwa 34° und vorübergehendes
Erwachen herbei. Allerdings ist diese Wirkung nicht für Schilddrüsenextrakte
spezifisch, sondern läßt sich auch durch andere Organextrakte und proteinogene
Amine hervorrufen. Wie ADLER weiter zeigen konnte, wirken alle diese Sub-
stanzen offenbar durch Steigerung der Oxydationsprozesse in der Peripherie
und nicht durch Vermittlung des Wärmezentrums oder des sympathischen
Nervensystems.

Auf eine interessante Eigentümlichkeit des Stoffwechsels schilddrüsenloser
Tiere haben STUBER und seine Mitarbeiter [3]) aufmerksam gemacht. Das
thyreoidektomierte Tier hat nämlich zum Unterschied vom normalen nicht
mehr die Fähigkeit, Guanidinessigsäure zu methylieren und in Kreatinin
umzuwandeln. Fütterung mit Schilddrüsensubstanz, aber auch mit Jod
oder Normalblut stellt diese Fähigkeit vorübergehend wieder her. Blut eines
schilddrüsenlosen Tieres ist dagegen wirkungslos.

Eine Eigentümlichkeit schilddrüsenloser Tiere, die sich aus der Herabsetzung der Verbrennungsprozesse und des O_2-Bedarfes erklärt, ist ihre auffallend
verminderte Empfindlichkeit gegenüber O_2-Mangel. ASHER konnte

---

[1]) Eine Reihe weiterer Beobachtungen MANSFELDs und v. PÁFs über die Rolle der
Schilddrüse bei der Wärmeregulation bedürfen wohl vorerst noch einer sorgfältigen Nachprüfung.

[2]) ADLER, L.: Arch. f. exp. Pathol. u. Pharmakol. Bd. 86, S. 159. 1920 (Bd. 13, S. 441)
u. Bd. 87, S. 406. 1920 (Bd. 15, S. 350). — ZONDEK, B.: Klin. Wochenschr. 1924. S. 1529.

[3]) STUBER, B., A. RUSSMAN u. E. A. PROEBSTING: Biochem. Zeitschr. Bd. 143, S. 221.
1923 (Bd. 35, S. 296).

mit seinen Schülern STREULI und DURAN dieses Verhalten schilddrüsenloser Ratten in einer eleganten Versuchsanordnung, unter Verwendung einer Glasglocke, in der die Luft allmählich ausgepumpt wird, zu einer Methode ausbauen, die, wie wir hören werden, auch in der Klinik Bedeutung erlangt hat. Werden die thyreoidektomierten Ratten mit Schilddrüsensubstanz behandelt, so steigt ihr O_2-Bedürfnis und damit ihre Empfindlichkeit gegenüber O_2-Mangel wieder an.

Auch der Wasser- und Mineralstoffwechsel ist auf eine prompte Tätigkeit der Schilddrüse angewiesen. Per os oder unter die Haut zugeführte Flüssigkeit bzw. NaCl wird bei mangelhafter Schilddrüsentätigkeit stark verzögert ausgeschieden, wobei die Retention nicht auf eine renale Störung, sondern auf eine vermehrte und verlängerte Bindung von Wasser und NaCl in den Geweben zu beziehen ist. In größerer Menge subcutan injizierte NaCl-Lösung bleibt bei athyreotischen Tieren lange Zeit als ein mit Flüssigkeit gefüllter Sack im Unterhautzellgewebe erkennbar, statt rasch resorbiert und ausgeschieden zu werden [1]).

Im Blute schilddrüsenloser Tiere tritt eine Abnahme der Erythrocyten und des Hämoglobingehaltes sowie eine Leukocytose auf, bei der die mononucleären und eosinophilen Elemente vermehrt sind. Maßnahmen, die bei normalen Tieren zu einer Vermehrung der O_2-Überträger im Blute führen, z. B. Aufenthalt im Höhenklima, sind bei schilddrüsenlosen Tieren wirkungslos (G. MANSFELD). Die Regenerationsfähigkeit blutbildender Organe ist bei schilddrüsenlosen Tieren herabgesetzt. Die Wiederherstellung des Hämoglobingehaltes und der Erythrocytenzahl nach einem Blutentzug ist beim thyreoidektomierten Kaninchen sehr verzögert, die normalerweise dem Blutentzug folgende wesentliche Erhöhung der polymorphkernigen Leukocyten bleibt aus [2]).

Aber auch die Regenerationsfähigkeit anderer Gewebe und die Wundheilung ist bei schilddrüsenlosen Tieren deutlich geringer und läßt sich durch Verabreichung von Schilddrüsensubstanz bessern. Das ist für die Callusbildung am Knochen, für die Regeneration durchschnittener peripherer Nerven, für die Heilung von Weichteilwunden experimentell festgestellt.

Die allgemeine Herabsetzung der Stoffwechselvorgänge bringt auch eine Verminderung der Leistungsfähigkeit jener Vorrichtungen mit sich, welche dem Organismus bei der Abwehr von Infektionserregern zur Verfügung stehen. ASHER konnte zeigen, daß die leukocytären Exsudatzellen, welche durch Injektion von sterilem Aleuronat in die Bauchhöhle gewonnen werden, bei schilddrüsenlosen Kaninchen eine wesentlich geringere phagocytäre Kraft gegenüber zugesetzten Kohlenpartikelchen besitzen als bei normalen Tieren [3]). Serum schilddrüsenloser Kaninchen setzt das phagocytäre Vermögen normaler Exsudatzellen herab, eine Erscheinung, auf deren Erklärung wir später noch zu sprechen kommen werden. Fütterung schilddrüsenloser Tiere mit Schilddrüsensubstanz stellt die normale Phagocytosefähigkeit wieder her. Die anaphylaktische

---

[1]) EPPINGER, H.: Zur Pathologie und Therapie des menschlichen Ödems, zugleich ein Beitrag zur Lehre von der Schilddrüsenfunktion. Berlin: Julius Springer 1917.

[2]) ASHER, L. u. K. FURUYA: Biochem. Zeitschr. Bd. 147, S. 390. 1924 (Bd. 37, S. 450).

[3]) ASHER, L.: Klin. Wochenschr. 1924. S. 308. — ASHER, L. u. K. FURUYA: Biochem. Zeitschr. Bd. 147, S. 410. 1924 (Bd. 37, S. 450). — ASHER, L. u. J. MASUNO: Biochem. Zeitschr. Bd. 152, S. 302. 1924 (Bd. 39, S. 562). — BIERSTEIN, R. M. u. A. M. RABINOVITSCH: Klin. Wochenschr. 1925. S. 2013 (Bd. 42, S. 66).

Reaktion tritt bei schilddrüsenlosen Meerschweinchen in sehr abgeschwächtem Maße auf (Lanzenberg und Kepinow), die Tiere überleben zum Unterschied von normalen Kontrollen durchwegs den Schock [1]). Über die Bildung von Immunkörpern wie Hämolysinen, Agglutininen, Antitoxinen, Präcipitinen, Opsoninen, Komplement bei schilddrüsenlosen bzw. mit Schilddrüsensubstanz gefütterten Tieren liegen zahlreiche, allerdings widersprechende Untersuchungen vor [2]), feststehend scheint nur die schon von älteren Autoren gemachte Erfahrung zu sein, daß schilddrüsenlose Tiere Infekten gegenüber weniger widerstandsfähig sind.

Biologisch interessant ist die Einflußnahme der Schilddrüse auf die Giftempfindlichkeit des Organismus. Die seinerzeit von Reid Hunt entdeckte erhöhte Empfindlichkeit thyreoidektomierter Mäuse gegenüber Acetonitril (Methylcyanid $= CH_3 \cdot CN$) und die Steigerung ihrer Resistenz gegenüber diesem Gift durch Schilddrüsenfütterung hat sich nicht als spezifisch erwiesen. Bei Ratten und Meerschweinchen sieht man z. B. das entgegengesetzte Verhalten wie bei Mäusen. Die Empfindlichkeit gegen Cyankali u. a. verwandte Substanzen verhält sich gerade umgekehrt wie jene gegen Acetonitril und schließlich läßt sich eine analoge Beeinflussung wie mit Schilddrüsensubstanz mit einer ganzen Reihe anderer Organextrakte und Substanzen erzielen [3]). Zum Teil spielt bei der Empfindlichkeit für Gifte die Toleranz gegenüber O_2-Mangel eine wesentliche Rolle.

Trotz der Herabsetzung der Stoffwechselvorgänge bei schilddrüsenlosen Individuen ist die vitale Abnützung ihrer Gewebe gesteigert, sie verfallen einem vorzeitigen Senium, als dessen charakteristischestes Merkmal die Autopsie eine hochgradige Atheromatose aufdeckt, wie sie zuerst von v. Eiselsberg sowie von E. P. Pick und Pineles bei Schafen und Ziegen beschrieben wurde. Allerdings führt anscheinend auch der experimentell erzeugte Überschuß an Schilddrüsensubstanz zu Arteriosklerose und degenerativen Veränderungen im Herzmuskel und in den Nierenepithelien [4]), wie sie ähnlich auch bei thyreoidektomierten Tieren gefunden werden. Im Zentralnervensystem thyreoidektomierter Tiere kommt es zu eigenartigen strukturellen Zell- und Faserveränderungen [5]), an den peripheren Nerven zu Degeneration der Achsenzylinder. Hier soll übrigens auch Schilddrüsenfütterung eine sog. segmentale Degeneration hervorrufen [6]). Von den morphologischen Befunden an den übrigen innersekretorischen Organen bei thyreoidektomierten Tieren soll später im Zusammenhange die Rede sein.

Für die Folgezustände einer fehlenden oder mangelhaften Schilddrüsenfunktion ist, wie wir oben schon hervorgehoben haben, charakteristisch, daß

---

[1]) Pfeiffer, H.: Arch. f. exp. Pathol. u. Pharmakol. Bd. 98, S. 253. 1923 (Bd. 29, S. 461). — Lüttichau, A.: Boll. d. scienze med., Bologna. Vol. 1, p. 342. 1923 (Bd. 33, S. 147). — Pistocchi, G.: Sperimentale. Bd. 78, S. 105. 1924 (Bd. 35, S. 245).

[2]) Literatur bei J. Bauer: Konstitutionelle Disposition zu inneren Krankheiten. 3. Aufl. Berlin: Julius Springer 1924. S. 80ff. — Misawa, T.: Ref. Endocrinology. Vol. 8, Nr. 4, p. 613. 1924 (Orig. japan.). — Také, N. M.: Journ. of infect. dis. Vol. 32, p. 138. 1923 (Bd. 31, S. 391).

[3]) Hunt, R.: Americ. journ. of physiol. Vol. 63, p. 257. 1923 (Bd. 29, S. 330). — Gellhorn, E.: Pflügers Arch. f. d. ges. Physiol. Bd. 200, p. 571. 1923 (Bd. 33, S. 291).

[4]) Matsuoka, K.: Ref. Endocrinology. Vol. 8, Nr. 1, S. 183. 1924 (Orig. japan.).

[5]) Lewy, F. H.: Verhandl. d. Ges. dtsch. Nervenärzte. 11. Jahresvers. 1921. S. 115.

[6]) Matsura, A.: Ref. Endocrinology. Vol. 8, Nr. 1, p. 183. 1924 (Orig. japan.).

sie durch entsprechende Darreichung von Thyroxin bzw. ein diese Substanz enthaltendes Schilddrüsenpräparat prinzipiell rückgängig zu machen sind. Die Wachstumshemmung, die Veränderungen der Haut und ihrer Anhangsgebilde, die nervösen und psychischen Veränderungen, die träge Darmtätigkeit, die Entwicklungshemmung des Genitales, die Herabsetzung der Stoffwechselvorgänge, der Körpertemperatur, der regeneratorischen Kraft der Gewebe, der O_2-Empfindlichkeit usw., alles das erweist sich unter dem Einflusse von Schilddrüsenhormon als reversibel.

Die Folgen einer übermäßigen Durchschwemmung des Organismus mit Thyroxin (Hyperthyreoidismus) sind als Ausdruck gesteigerter Verbrennungsprozesse unschwer abzuleiten. Das charakteristischeste Symptom des Hyperthyreoidismus ist somit die mehr oder minder beträchtliche Steigerung des O_2-Verbrauches, also des Grundumsatzes, sowie die den vermehrten Eiweißzerfall anzeigende erhöhte N-Ausscheidung [1]). Wie BOOTHBY [2]) und seine Mitarbeiter in höchst interessanten Stoffwechselversuchen zeigen konnten, betrifft der durch das Schilddrüseninkret bedingte Eiweißzerfall das sog. Vorratsoder Depoteiweiß der Zellen, während die für den Zellbetrieb erforderliche Minimaleiweißmenge anscheinend unberührt bleibt. Unter dem Einflusse eines Hyperthyreoidismus ist aber auch die sog. spezifisch dynamische Wirkung der Nahrungsstoffe, d. h. der durch die Nahrungsstoffe hervorgerufene dissimilatorische Oxydationsreiz, der durch sie angeregte O_2-Mehrverbrauch gegenüber dem Ruhe-Nüchternverbrauch erhöht. Dies konnte ABELIN für Eiweiß, Kohlenhydrate wie Fett nachweisen. Allerdings liegt hier keine für das Thyroxin spezifische Wirkung vor, denn auch andere sog. biogene Amine einschließlich dem Adrenalin zeigen diesen steigernden Einfluß auf die spezifisch dynamische Wirkung der Nahrungsstoffe. Wahrscheinlich hängt diese Erscheinung mit der erhöhten Erregbarkeit der vegetativen Nervenapparate zusammen, von der im folgenden noch die Rede sein soll [3]). Auch der Arbeitsgaswechsel, d. h. die Zunahme des O_2-Verbrauches durch Muskelarbeit gegenüber dem Grundumsatz, ist nach Schilddrüsenfütterung ganz erheblich gesteigert. CURTIS fand, daß die experimentell hyperthyreotisch gemachten Tiere die gleiche Arbeit viel unökonomischer ausführten als normale, indem ihr Arbeitsgaswechsel den normalen um mehr als $50^0/_0$ übertraf [4]).

GRAFE konnte zeigen, daß bei chronischer Überernährung die spezifisch dynamische Wirkung erhöht ist, die Verbrennungsprozesse also gesteigert sind, sog. Luxuskonsumption stattfindet. Fehlt die Schilddrüse, dann bleibt diese Luxuskonsumption aus, es kommt zu einem der übermäßigen Nahrungsmenge entsprechenden Fettansatz. Die Schilddrüse greift also zweckmäßig in den Regulationsmechanismus des Körpergewichtes ein. Langandauernde Unterernährung setzt die spezifisch dynamische Wirkung herab. Ceteris paribus muß dem Gesagten zufolge Hyperthyreoidismus zu Gewichtsverlust führen.

---

[1]) GRAFE, E.: Ergebn. d. Physiol. Bd. 21, Abt. II. 1923.

[2]) BOOTHBY, W., J. SANDIFORD, K. SANDIFORD u. J. SLOSSE: Ergebn. d. Physiol. Bd. 24, S. 728. 1925 (Bd. 42, S. 431).

[3]) ABELIN, J.: Klin. Wochenschr. 1923. S. 2221. — MIYAZAKI, K. u. J. ABELIN: Biochem. Zeitschr. Bd. 149, S. 109. 1924 (Bd. 38, S. 515).

[4]) ASHER, L. und G. M. CURTIS: Biochem. Zeitschr. Bd. 167, S. 321. 1926 (Bd. 43, S. 881). — ASHER, L.: Klin. Wochenschr. 1926. S. 1088.

Was den Kohlenhydratstoffwechsel bei Hyperthyreoidismus anlangt, so ist die Assimilationsgrenze für Zucker herabgesetzt, die Glykogenmobilisation erleichtert, d. h. also alimentäre Kohlenhydratbelastung ebenso wie eine Adrenalininjektion führen zu einer stärkeren Hyperglykämie bzw. leichter zu Glykosurie.

Eine große Reihe von Symptomen des Hyperthyreoidismus, zum Teil auch die schon besprochenen, beruhen auf einer Übererregbarkeit der nervösen Apparate, insbesondere, aber keineswegs ausschließlich, im Bereiche des vegetativen Nervensystems. Zu diesen Symptomen gehört die allgemeine nervöse Unruhe und Rastlosigkeit, die Schlaflosigkeit, Steigerung der Reflexerregbarkeit, das Zittern, ferner von seiten der vegetativen Nerven die Steigerung der Pulsfrequenz, die Schweißausbrüche, Diarrhöen, eventuell auch Erbrechen. Von einzelnen Forschern wurde auch im Tierversuch nach länger dauernder Fütterung mit Schilddrüsensubstanz als Zeichen eines Reizzustandes im Halssympathicus Erweiterung der Lidspalten und Protrusio bulbi beobachtet (EDMUNDS bei Affen, HOENNICKE bei Kaninchen).

Die Übererregbarkeit gegenüber den pharmakodynamischen Reizmitteln des vegetativen Nervensystems (Pilocarpin, Adrenalin usw.) läßt sich, wie EIGER gezeigt hat, insofern auch humoral übertragen, als das Serum hyperthyreotisch gemachter Tiere die Eigenschaft besitzt, die vasokonstriktorische Adrenalinwirkung am LÄWEN-TRENDELENBURGschen Froschpräparat zu verstärken bzw. sonst unterschwellige Adrenalindosen stark wirksam zu machen. Das Thyroxin wirkt also sensibilisierend für Adrenalin. Die Körpertemperatur kann bei Hyperthyreoidismus erhöht sein. Die Diurese ist vermehrt. Per os oder subcutan zugeführtes Wasser oder NaCl wird rascher ausgeschieden, von der Haut aus auch rascher resorbiert (EPPINGER) [1]).

Von H. ZONDEK, UNVERRICHT, BOSE [2]) ist eine momentane, zu Erythrocytenausschwemmung führende Reizwirkung kleinster Mengen von Schilddrüsenstoffen auf das Knochenmark behauptet worden, doch habe ich mich trotz zahlreicher Bemühungen nicht von dieser Wirkung überzeugen können. Der anaphylaktische Schock scheint bei Tieren, die vor der Reinjektion des Antigens mit Schilddrüsensubstanz behandelt wurden, abgeschwächt zu werden bzw. ganz auszubleiben [3]), es hätte also Hyperthyreoidismus vor der Reinjektion die gleiche Wirkung wie Schilddrüsenmangel vor der Sensibilisierung. Wir kennen zwar Analoga dieser Erscheinung, daß ein Zuviel oder ein Zuwenig an Schilddrüseninkret gleiche oder ähnliche Effekte im Organismus hervorbringt — wir sprachen oben von den anatomischen Veränderungen am Zirkulationsapparat und an den peripheren Nerven bei beiden Zuständen, ASHER konnte eine Herabsetzung der phagocytären Kraft der Leukocyten nicht nur durch Schilddrüsenexstirpation, sondern auch durch Schilddrüsenfütterung beim normalen Tier hervorrufen —, im Falle der Anaphylaxie dürfte aber dem gleichen Endeffekt eine ganz verschiedene Ursache zugrunde liegen: einerseits die infolge

---

[1]) FUJIMAKI, Y. u. F. HILDEBRANDT, Arch. f. exp. Pathol. u. Pharmakol. Bd. 102, S. 226. 1924 (Bd. 35, S. 246).

[2]) BOSE, P.: Klin. Wochenschr. 1924. S. 1357.

[3]) SAVINI, E.: Cpt. rend. des séances de la soc. de biol. Tom. 88, p. 235. 1923 (Bd. 31, S. 111); Tom. 89, p. 354, 1923 (Bd. 30, S. 344). — PISTOCCHI, G.: Sperimentale. Bd. 78, S. 105. 1924 (Bd. 35, S. 245). — C. PIAZZA behauptete allerdings das Gegenteil (Rif. med. Vol. 38, p. 1105. 1922. Ref. Endocrinology. Vol. 8. Nr. 1. p. 139.)

der herabgesetzten Stoffwechselvorgänge verminderte Fähigkeit der Antikörper-
produktion bei schilddrüsenlosen Tieren, andererseits die infolge des vermehrten
Eiweißzerfalles im Organismus schilddrüsengefütterter Tiere zustandekommende
desensibilisierende Proteinkörperwirkung.

Dieses Beispiel zeigt, daß mancherlei Folgeerscheinungen des Hypo- und
Hyperthyreoidismus nur als mittelbare Wirkungen des Thyroxinmangels bzw.
-überschusses angesprochen werden dürfen. Die oben erwähnte Beobachtung
ASHERs, daß sich die phagocytäre Kraft normaler Leukocyten durch das Serum
schilddrüsenloser Kaninchen herabsetzen lasse, oder die Befunde der DE QUER-
VAINschen Klinik zu Bern [1]), denen zufolge das Blut hypothyreotischer Kretins,
Ratten injiziert, deren O_2-Empfindlichkeit vermindert, diese Tatsachen scheinen
der alten, namentlich durch BLUM vertretenen Theorie einer entgiftenden
Tätigkeit der Schilddrüse eine Stütze zu geben, denn im Blute schilddrüsenloser bzw. hypothyreotischer Individuen muß offenbar etwas enthalten sein,
was gewisse typische Erscheinungen von Hypothyreose hervorzurufen vermag.
Man meint, es seien Gifte, die normalerweise durch die Schilddrüse unschädlich
gemacht werden. Dann könnte allerdings daran gedacht werden, daß der
hemmende Einfluß der Athyreose auf die Phagocyten und die O_2-Empfindlichkeit
des Organismus keine unmittelbare Folge des Thyroxinmangels, sondern eine
Folgewirkung von Giftstoffen darstellt, die bei Thyroxinmangel nicht verbrannt
bzw. in irgendeiner Weise entgiftet werden. DE QUERVAIN [2]) stellte sich übrigens
die Sache so vor, daß die Zufuhr des athyreotischen Blutes wegen seines Gehaltes
an derartigen Giftstoffen zu seiner Entgiftung so viel vom Schilddrüseninkret
des Tieres in Anspruch nimmt, daß es zu einer vorübergehenden Hypothyreose
kommt. Bei der großen Anpassungsfähigkeit der Schilddrüse an Mehrleistungen
— sie arbeitet ja wie andere Organe nicht maximal, sondern unter Schonung
einer entsprechenden Reservekraft — erscheint aber diese Auffassung nicht
ganz befriedigend. Jedenfalls erfordert diese wichtige Frage neuerliches gründ-
liches Studium.

Übrigens müssen wir uns vor Augen halten, daß durchaus nicht alle Wirkungen des Thyroxins bzw. der dieses Inkret enthaltenden Schilddrüsenextrakte spezifischer Natur sind, d. h. einzig und allein durch dieses Inkret
zustandekommen können. Manche von den Wirkungen der Schilddrüsensubstanz beruhen nicht auf der spezifischen Struktur ihres Inkretes,
sondern bloß auf ihrem Gehalt an Jod oder wenigstens an jodierten Eiweißspaltprodukten, bzw. kommen auch nicht jodierten anderen proteinogenen
Aminen zu. Sie sollen nach ABELIN Tyramin und Phenyläthylamin auf den
N-Stoffwechsel, den Gaswechsel, die spezifisch dynamische Wirkung der
Nahrung, die Diurese, den Kohlenhydratstoffwechsel der Leber, die Wärmeregulation, die Zelloxydationen und die Widerstandsfähigkeit gegenüber Acetonitril ganz ähnlich wirken wie Schilddrüsensubstanz. Daß Jodverabreichung
ebenso wie Schilddrüsenfütterung thyreoidektomierte Tiere zur Kreatinin-
synthese aus Guanidinessigsäure vorübergehend befähigen soll (STUBER), wurde

---

[1]) HARA, Y.: Mitt. a. d. Grenzgeb. d. Med. u. Chirurg. Bd. 36, S. 537. 1923 (Bd. 36, S. 146).
— BRANOVAĊKY, M.: Mitt. a. d. Grenzgeb. d. Med. u. Chirurg. Bd. 37, S. 488. 1924 (Bd. 36,
S. 147).

[2]) DE QUERVAIN, F.: Schweiz. med. Wochenschr. 1923. Nr. 1. — Ergebn. d. Physiol.
Bd. 24, S. 701. 1925.

oben schon erwähnt. Besonders bemerkenswert ist aber die Beeinflussung des Wachstums und der Entwicklung von Amphibienlarven unter dem Einfluß von Schilddrüsenstoffen, welche ihrem Nährmedium zugesetzt werden. Auch hier zeigt es sich, daß diese charakteristische Beeinflussung keine spezifische Wirkung des Schilddrüseninkretes darstellt. GUDERNATSCH hat als erster beobachtet, daß Kaulquappen, die mit Schilddrüsensubstanz gefüttert werden, ihre Metamorphose stark beschleunigt durchmachen, dabei aber im Wachstum beträchtlich zurückbleiben, so daß sie sich zu Zwergfröschen entwickeln. Das gerade Gegenteil erzielt man durch Fütterung mit Thymussubstanz. Hier kommt es zur Ausbildung von Riesenkaulquappen, deren Metamorphose nicht

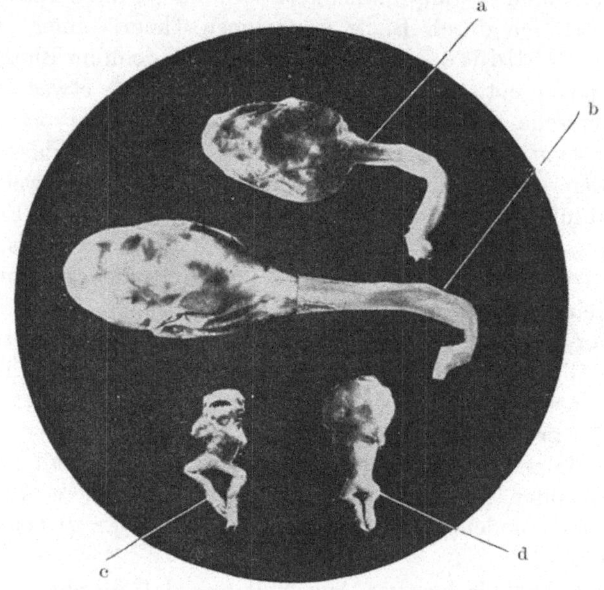

Abb. 6. Einfluß von Schilddrüse und Thymus auf die Metamorphose. Alter der Versuchstiere 4 Wochen. a normale Kaulquappe; b 14 Tage lang mit Thymus gefüttert; c 21 Tage, d 14 Tage mit Schilddrüsen gefüttert. (Nach ABDERHALDEN und SCHIFFMANN.)

oder verspätet erfolgt. Diese interessante Entdeckung von GUDERNATSCH ist durch eine ganze Schar von Nachuntersuchern durchwegs bestätigt worden. Wie Schilddrüsenfütterung wirkt auch Implantation von Schilddrüsensubstanz. Das Gegenstück dieser Versuche stellen die Exstirpationen der Schilddrüsenanlagen an älteren Larven von Rana fusca dar (W. SCHULZE)[1]. Solche Larven machen keine Metamorphose durch, sondern wachsen zu Riesenkaulquappen heran. Durch Schilddrüsenfütterung läßt sich aber auch an thyreoidektomierten Larven eine Metamorphose erzwingen. Die Schilddrüse ist also bei Amphibien ein Organ, welches für den Eintritt der Metamorphose notwendig ist. Ohne Schilddrüse wachsen die Larven ohne Metamorphose heran. Beim Axolotl, der Larvenform des Molches Amblystoma mexicanum, welches artmäßig im Larvenzustand persistiert und in diesem fortpflanzungsfähig wird — man

---

[1] SCHULZE, W.: Klin. Wochenschr. 1922. S. 895; Arch. f. Entwicklungsmech. d. Organismen. Bd. 52, S. 232. 1922 (Bd. 28, S. 298).

bezeichnet diese Erscheinung als Neotenie — beim Axolotl gelingt es, durch Schilddrüsenfütterung die Metamorphose zum Molch herbeizuführen (HART)[1]. Nun hat sich gezeigt, daß dieselbe Wirkung auf die Kaulquappen, wie sie dem Thyroxin schon in kleinsten Dosen zukommt, auch durch andere jodhaltige Substanzen zu erzielen ist wie Dijodtyrosin, jodiertes Tyramin, Jodglidine, Jodtinktur mit Mehlfütterung u. a.[2]. Acetyliertes Thyroxin, das im Stoffwechselversuch die spezifische Thyroxinwirkung ebenso vermissen läßt wie die anderen jodhaltigen Stoffe, ist im Kaulquappenversuch wirksam (KENDALL, SWINGLE). Die Substituierung des Jod durch Brom raubt dagegen dem Dijodtyrosin seine Wirksamkeit. Immerhin läßt sich aber sagen, daß derselbe Effekt an Kaulquappen, der mit geradezu unglaublich minimalen Mengen Thyroxin zu erzielen ist, ungleich größere Mengen der anderen gleichsinnig wirksamen Stoffe erfordert[3].

Im übrigen dürfen wir nicht vergessen, daß die Funktion der Schilddrüse bei Kaltblütern nicht ohne weiteres mit der bei Warmblütern verglichen werden kann. So bedeutungsvoll die Rolle der Schilddrüse für den harmonischen Entwicklungsablauf der Amphibien ist[4], so belanglos scheint sie für erwachsene Tiere zu sein[5]. Das Regenerationsvermögen von Salamandern nach Amputationen soll bei Fütterung mit Schilddrüsensubstanz vermindert sein[6], also gleichfalls ein wesentlicher Unterschied gegenüber dem Warmblüter. Eine von verschiedenen Seiten behauptete fördernde Wirkung von Schilddrüsensubstanz auf die Teilungsgeschwindigkeit von Protozoen (Paramaecium) läßt sich nicht nachweisen[7], wohl aber scheint das Epithel der Schilddrüse bei in vitro-Gewebskulturen Stoffe abzusondern, welche das Wachstum von Fibroblasten anregen und beschleunigen[8]. WILLIER[9] gelang es, in die Gefäßhaut der Allantois von 7—10 Tage bebrüteten Hühnerembryonen Schilddrüsenstückchen von Hühnern erfolgreich zu implantieren und so den Einfluß dieses experimentell erzeugten „Hyperthyreoidismus" auf die sich entwickelnden Hühnchen zu studieren. Diese waren gegenüber normalen Kontrollen stark abgemagert und viel kleiner[10]. Da andere in gleicher Weise implantierte Gewebe keine Veränderung der Embryonen hervorriefen, so handelt es sich zweifellos um die spezifischen hormonalen Wirkungen des dissimilatorischen Schilddrüseninkretes. Erwachsene Hühner reagieren auf Verfütterung von Schilddrüsensubstanz mit charakteristischen Veränderungen des Federkleides (Mauser,

---

[1]) HART, C.: Pflügers Arch. f. d. ges. Physiol. Bd. 196, S. 127. 1922 (Bd. 29, S. 102).

[2]) SWINGLE, W. W.: Endocrinology Vol. 8. Nr, 6, p. 832. 1924. — KAHN, R. H.: Pflügers Arch. f. d. ges. Physiol. Bd. 205, S. 404, 1924.

[3]) ROMEIS, B.: Biochem. Zeitschr. Bd. 141, S. 121. 1923 (Bd. 33, S. 403). — ROMEIS, B. u. TH. v. ZWEHL: Klin. Wochenschr. 1925. S. 703.

[4]) SCHULZE, W.: Arch. f. mikroskop. Anat. Bd. 101, S. 338. 1924 (Bd. 34, S. 280). — ROMEIS, B.: Arch. f. mikroskop. Anat. Bd. 101, S. 382. 1924 (Bd. 34, S. 280).

[5]) GAYDA, T.: Ref. Endocrinology. Vol. 8, Nr. 4. p. 608.

[6]) PAWLOWSKY, E. N.: Arch. f. mikroskop. Anat. Bd. 99, S. 620. 1923 (Bd. 33, S. 147).

[7]) WOODRUFF, L. L. u. W. W. SWINGLE: Americ. journ. of physiol. Vol. 69, p. 21. 1924 (Vol. 38, p. 305). — TORREY, H. B., M. C. RIDDLE u. J. L. BRODIE: Journ. of gen. physiol. Vol. 7, p. 449. 1925 (Bd. 41, S. 35).

[8]) EBELING, A. H.: Cpt. rend. des séances de la soc. de biol. Tom. 90, Nr. 19, p. 1449. 1924 (Bd. 38, S. 483).

[9]) WILLIER, B. H.: Americ. journ. of anat. Vol. 33, p. 67. 1924 (Bd. 39, S. 34).

[10]) Vgl. auch E. REGGIANI: Riv. di biol. Vol. 7, p. 688. 1925 (Bd. 44, S. 521).

Pigmentverlust). Zavadovski [1]) konnte auf diese Weise auch mit einer einzigen Verabreichung von Schilddrüsensubstanz jedes Huhn innerhalb von 2 Wochen entfedern und in 4 Wochen in ein weißfederiges Tier umwandeln.

Nachdem wir die typischen Folgeerscheinungen des Mangels und des Überschusses von Thyroxin im Organismus, also die Symptome von Hypo- und Hyperthyreoidismus auf Grund des vorliegenden Tatsachenmaterials besprochen haben, erhebt sich nunmehr die Frage nach den Vorrichtungen und Mitteln, die dem Organismus zur Regelung der Thyroxinproduktion und zur Anpassung dieser Produktion bzw. der Wirkungsintensität des Schilddrüseninkretes an den jeweiligen Bedarf zur Verfügung stehen. Zunächst die Frage: Wieviel Thyroxin produziert die Schilddrüse, wieviel ist im Organismus vorhanden und was geschieht mit dem Thyroxin?

Kendall beantwortete diese Grundfragen gestützt auf seine umfangreichen Bestimmungen folgendermaßen. In einer menschlichen Schilddrüse sind ungefähr 7—8 mg Thyroxin enthalten. Der gesamte Jodgehalt des normalen menschlichen Blutes beträgt etwa $1\frac{1}{2}$ auf 10 Millionen Teile, der Jodgehalt der Gewebe etwa $2\frac{1}{2}$ und der der Leber 3 bis 4 Teile auf 10 Millionen. Etwa die gleichen Jodwerte im Blut (um 130 γ = 0,00013 g Jod pro Liter) wurden auch von Veil [2]) mit der v. Fellenberg schen Methode der Jodbestimmung gefunden. Unter der unwahrscheinlichen Voraussetzung, daß das gesamte im Körper befindliche Jod in Form von Thyroxin vorhanden wäre, ließe sich der gesamte Thyroxingehalt des menschlichen Organismus mit 25 mg berechnen, ein Wert, der also offenbar einen zu hohen Maximalwert darstellt. Nach Abzug des in der Schilddrüse vorhandenen Thyroxins dürfte seine Menge im Körper etwa 14 mg betragen [3]). Es ist aber bisher nicht gelungen, das längere Zeit an Tiere verfütterte Schilddrüseninkret bzw. intravenös injizierte Thyroxin mit der äußerst empfindlichen Gudernatsch schen Kaulquappenmethode im Blute, im Harn oder den inneren Organen (vielleicht mit Ausnahme der Leber) nachzuweisen [4]). Ob etwa Bestandteile des Blutes die Wirksamkeit des Thyroxins verhindern, wird widersprechend beantwortet [4]), ebenso, ob das Thyroxin mit der Galle ausgeschieden wird [5]).

Jedenfalls scheinen aber besondere Vorkehrungen für eine geregelte Aufnahme und Wirksamkeit des Thyroxins in den Geweben bei wechselndem Angebot vorhanden zu sein, welche den Organismus vor den Folgen größerer Schwankungen in der Thyroxinbelieferung bewahren. Darauf weist eine Reihe von Erfahrungen hin: Während normalerweise der Jodgehalt der Gewebe höher ist als jener des Blutes, fand Kendall bei einer Katze noch 1 Woche nach einer Thyroxininjektion im Blute 10 mal mehr Jod als in den Geweben, das Thyroxin scheint also von den Geweben nicht ohne weiteres aufgenommen zu werden; eine einmalige Thyroxininjektion selbst in hoher Dosis übt keinen

---

[1]) Zavadovski, M.: Endocrinology. Vol. 9, Nr. 3, p. 232. 1925 (Bd. 42, S. 266). — Podhradský, J.: Arch. f. Entwicklungsmech. d. Organismen. Bd. 107, S. 407. 1926 (Bd. 44, S. 59).

[2]) Veil, W. H.: Münch. med. Wochenschr. 1925. S. 636 (Bd. 41, S. 315).

[3]) Plummer, H. S.: Journ. of the Americ. med. assoc. Vol. 77, p. 243. 1921.

[4]) Romeis, B.: Biochem. Zeitschr. Bd. 141, S. 500. 1923 (Bd. 33, S. 404). — Abelin, J. u. N. Scheinfinkel: Klin. Wochenschr. 1924. S. 1764 u. Ergebn. d. Physiol. Bd. 24, S. 690. 1925 (Bd. 42, S. 859).

[5]) Von Kendall behauptet, von Romeis bestritten.

oder keinen nennenswerten Einfluß auf den Organismus, während mehrere Tage hintereinander erfolgende Darreichung auch wesentlich kleinerer Thyroxinmengen die Erscheinungen eines Hyperthyreoidismus hervorruft; die Thyroxinwirkung stellt sich erst nach einer entsprechenden Latenzperiode, nach etwa 36—48 Stunden ein und ist zu einer Zeit noch nicht nachweisbar, zu der der Jodgehalt in der Muskulatur nach einer intravenösen Thyroxininjektion schon erheblich vermehrt ist; die Thyroxinwirkung überdauert den Zeitpunkt der letzten Applikation um mehrere Wochen, sie kann beim Menschen noch nach 5 Wochen nachweisbar sein [1]), was nach KENDALL ein Hauptargument für die Annahme einer katalytischen Wirksamkeit des Thyroxins darstellt. Worin dieser die Stabilität der Thyroxinwirkung im Organismus sichernde Regulationsmechanismus besteht, wo er eigentlich zu suchen ist, wissen wir nicht. Er ist auch der Grund, warum wir über die quantitativen Beziehungen zwischen Thyroxinmenge und Wirkungseffekt im Organismus nur sehr approximative Angaben machen können.

Nach übereinstimmenden Erfahrungen an Fällen maximaler Schilddrüseninsuffizienz beim erwachsenen Menschen liegt deren Grundumsatz etwa $40^0/_0$ unter der Norm. An solchen Individuen konnten nun die amerikanischen Forscher zeigen, daß im Durchschnitt die einmalige intravenöse Injektion oder aber die tägliche Verabreichung von 1 mg Thyroxin den Grundumsatz um etwa $2{,}5^0/_0$ ansteigen läßt, 2 mg bewirken einen Anstieg um ungefähr $5^0/_0$, 10 mg einen solchen um etwa $25^0/_0$ [2]). Analoge Erfahrungen machten NOBEL und ROSENBLÜTH an Fällen von kindlichem Myxödem mit Verabreichung getrockneter Schilddrüsensubstanz. 0,1 g des Trockenpulvers täglich durch etwa 10 Tage verabreicht steigern den Grundumsatz im Durchschnitt pro Tag um $1—2^0/_0$, 0,2 g des Trockenpulvers um das Doppelte, 0,3 g um das Dreifache, wobei auch die Pulsfrequenzzunahme dem Anstieg des Grundumsatzes annähernd parallel geht. Es bestehen also doch annähernd quantitative Beziehungen zwischen Thyroxinmenge und Oxydationsgröße. Die Schätzung des Thyroxingehaltes in dem von NOBEL und ROSENBLÜTH verwendeten Trockenpulver ergibt sich demnach von selbst.

Eine sehr bemerkenswerte Erscheinung ist die Beobachtung, daß bei schilddrüsennormalen Menschen die tägliche Verabreichung von nur 1 mg Thyroxin selbst Monate hindurch keine Änderung ihres Grundumsatzes hervorruft, während sie bei athyreotischen Individuen schon wirksam ist (PLUMMER). Dieselben Erfahrungen machte KOWITZ [3]) mit 0,1 g Schilddrüsentrockensubstanz. Beim Normalen war diese Dosis unwirksam, beim Myxödemkranken erhöhte sie den Umsatz. Nebenbei ist hier auch die auffallende quantitative Übereinstimmung in der Wirksamkeit der Schilddrüsentrockensubstanz bei KOWITZ einerseits, bei NOBEL und ROSENBLÜTH andererseits bemerkenswert. PLUMMER deutete diese Erscheinung in folgender Weise. Da die Thyroxinproduktion der Schilddrüse offenbar durch den Bedarf des Organismus, also den Thyroxingehalt der Gewebe reguliert werde, so scheint die Verabreichung einer kleinen Thyroxin-

---

[1]) PLUMMER: l. c. — KOWITZ, H. L.: Zeitschr. f. d. ges. exp. Med. Bd. 34, S. 457. 1923. — NOBEL, E. u. A. ROSENBLÜTH: Zeitschr. f. Kinderheilk. Bd. 38. S. 254. 1924 (Bd. 37, S. 124).

[2]) BOOTHBY, W. M., J. SANDIFORD, K. SANDIFORD u. J. SLOSSE: Ergebn. d. Physiol. Bd. 24, S. 728. 1925 (Bd. 42, S. 431).

[3]) KOWITZ, H. L.: Verhandl. d. 34. Dtsch. Kongr. f. inn. Med. 1922. S. 341.

menge bis zu etwa 1 mg pro Tag die Funktion der normalen Schilddrüse teilweise
oder ganz zu ersetzen und sie dementsprechend ruhig zu stellen. Es würde
sich demnach der tägliche Verbrauch an Thyroxin mit etwa 1 mg beziffern
lassen. Selbstverständlich unterliegt dieser Verbrauch beträchtlichen Schwankungen und wir dürfen wohl annehmen, daß körperliche Arbeit, reichliche
Ernährung, insbesondere Fleischnahrung, Fieber und manche andere Umstände
den Thyroxinkonsum des Organismus entsprechend erhöhen. Auch endogene
Faktoren wie bestimmte Funktionsabweichungen anderer Inkretionsorgane oder
Schwangerschaft kommen hier in Betracht.

Die Schilddrüse scheint nun die Belieferung des Organismus mit Thyroxin
seinem jeweiligen Bedarf in der Weise anzupassen, daß zunächst das Material
an Kolloid in entsprechender Menge mobilisiert wird. Wir dürften kaum fehlgehen, wenn wir mit BREITNER [1] im Kolloid ein Depot von nicht ganz fertigem,
vielleicht nicht komplett jodiertem Inkret erblicken, welches in wechselndem
Ausmaße aktiviert und in der vollendeten Inkretform ausgeschwemmt wird.
Das Hauptargument für diese Auffassung bilden folgende Tierversuche: Wird
an Hunden oder Ratten die Hälfte der Schilddrüse exstirpiert, so schwindet
aus der restlichen Hälfte das Kolloid, wird aber das Tier nach der Halbseiten-
exstirpation der Thyreoidea mit Schilddrüsensubstanz gefüttert, so unterbleibt
der Kolloidschwund in der restlichen Hälfte. Offenbar kommt also die zurückgelassene Schilddrüsenhälfte der ihr nunmehr obliegenden Mehrarbeit in der
Weise nach, daß sie zunächst ihr Kolloidmaterial abgibt. Entfällt die Mehranforderung bei Schilddrüsenfütterung, so bleibt auch der Kolloidschwund aus.
Wird durch einen künstlichen Terpentinabsceß in den Bauchdecken der Bedarf
des Organismus an Schilddrüseninkret gesteigert, so schwindet zunächst das
Kolloid aus der Drüse. Durch eine artefizielle Trachealstenose (Umschnürung
der Trachea mit einem Seidenfaden) läßt sich Kolloidanschoppung der Schilddrüse erzeugen. Kombinierte BREITNER diese Operation mit einer Hemithy-
reoidektomie, dann blieb die zurückgelassene Schilddrüsenhälfte unverändert.
All das zusammen mit den Erfahrungen der menschlichen Pathologie spricht
dafür, daß der Mehrbedarf des Organismus an Thyroxin zunächst durch eine
Aktivierung und Ausschwemmung der im Kolloid aufgestapelten
unfertigen Reservedepots gedeckt wird. Erst wenn auch dieser Vorgang
den Anforderungen des Organismus nicht zu genügen vermag, tritt das allgemein biologische Prinzip der Massenzunahme, der Hyperplasie des
inkretorischen Parenchyms in Kraft.

Die Feststellung BREITNERs, daß sich die der halbseitigen Schilddrüsenexstirpation folgenden kompensatorischen Veränderungen des Schilddrüsenrestes — v. WAGNER-JAUREGG [2] hatte als erster eine derartige kompensatorische
Hypertrophie beschrieben — durch Verabreichung von Schilddrüsensubstanz
verhindern lassen, wurde von HEDINGER [1] und von L. LOEB [3] bestätigt. Diese
Wirkung ist für Schilddrüsensubstanz übrigens insofern nicht ganz spezifisch,

---

[1]) BREITNER, B.: Wien. klin. Wochenschr. 1912. Nr. 2; Mitt. a. d. Grenzgeb. d. Med.
u. Chirurg. Bd. 24, S. 590. 1912; Wien. klin. Wochenschr. 1924. Sonderbeilage zu H. 38.
Beitr. z. klin. Chirurg. Bd. 134, S. 380. 1925 (Bd. 42, S. 41).
[2]) v. WAGNER-JAUREGG, J.: Wien. med. Blätter. 1884. S. 771.
[3]) LOEB, L.: Journ. of med. research, Vol. 41, p. 481. 1920 (Bd. 15, S. 188) u. Vol. 42,
p. 77. 1920 (Bd. 16, S. 153). — LOEB, L. u. E. E. KAPLAN: Journ. of med. research. Vol. 44,
p. 557. 1924 (Bd. 38, S. 447).

als Thymusfütterung und Tethelin sie zwar nicht hervorrufen, Verfütterung von Hypophysenvorderlappen jedoch gleichfalls erzeugen soll[1]). Jod verhindert nach MARINE[1]) und BREITNER ebenfalls die kompensatorische Hyperplasie der Schilddrüse bei Hund und Ratte, während dies LOEB für das Meerschweinchen entschieden in Abrede stellt. Hier bestünde demnach zwischen der Wirkung von Schilddrüsensubstanz und Jod ein prinzipieller Unterschied.

Eine analoge Erklärung (Inaktivitätsatrophie) findet die Beobachtung CRISTIANIs[2]), daß Schilddrüsenfütterung zu Nekrose einer autotransplantierten Schilddrüse führt, sowie die höchst bemerkenswerte Feststellung CENTANNIs[3]), der zufolge die tägliche Darreichung von Schilddrüsenpräparaten während $4^1/_2$ Monaten an Meerschweinchen nicht nur eine Inaktivierung des Organs, sondern irreparable Parenchymzerstörungen mit starker Bindegewebswucherung hervorrufen. Der Kolloidgehalt kann infolge Nichtgebrauches gestaut, die flach gepreßten Epithelien atrophisch sein, das Kolloid kann aber auch infolge mangelnder Produktion fehlen. Ähnliche Inaktivitätserscheinungen (Kolloidanschoppung, Abplattung der Epithelien) wurden von COURRIER[4]) bei Katzen und Hunden, von SCARBOROUGH[5]) an Ratten beobachtet, die mit Schilddrüsensubstanz gefüttert worden waren.

An Kaninchen zeigt sich übrigens nach CRAWFORD und HARTLEY[6]) als typische kompensatorische Veränderung nach Entfernung der einen Schilddrüsenhälfte in den ersten zwei Wochen Kolloidvermehrung mit reichlicherer Vakuolisierung des Kolloids, offenbar als Ausdruck der gesteigerten Zelltätigkeit, da sich die Epithelien anfangs vergrößern. Erst nach 3—4 Wochen kommt es zu Kolloidschwund und Hyperplasie mit Vermehrung der Bläschen. Hier würde also die gesteigerte Zellaktivität der Mobilisierung des vorrätigen Kolloids vorangehen oder sie wenigstens übertreffen.

Auf welchem Wege und auf welche Weise die Schilddrüse den Reiz zur Mehrleistung empfängt, wenn der Bedarf des Organismus an Thyroxin gestiegen ist, wissen wir nicht sicher. Nur daß es im allgemeinen 2 Wege gibt, auf welchen die Schilddrüsentätigkeit den Bedürfnissen des Gesamtorganismus angepaßt werden kann und welche die funktionelle Korrelation der Schilddrüse mit dem übrigen Organismen herstellen, wissen wir. Der eine davon ist der Blutweg, auf dem hormonale Einflüsse die Schilddrüsenfunktion regulieren, der andere der Nervenweg, auf dem das nervöse Zentralorgan auf die Schilddrüsentätigkeit Einfluß nimmt. Die Bedeutung der hormonalen, inkretorischen Regulation der Thryeoidea werden wir später bei der zusammenhängenden Erörterung der Wechselbeziehungen der inkretorischen Organe kennen lernen, die Rolle des Nervensystems ist auf Grund anatomischer[7]), physiologischer und pathologischer Erfahrungen sichergestellt. Sowohl vom Vagus auf dem Wege des

---

[1]) LOEB, L.: l. c.

[2]) CRISTIANI: zit. nach L. LOEB: Journ. of med. research. Vol. 42, p. 77. 1920.

[3]) CENTANNI, G.: Pathologica. Vol. 17, p. 491. 1925 (Bd. 42, S. 860).

[4]) COURRIER, R.: Cpt. rend. des séances de la soc. de biol. Tom. 91, p. 1274. 1924 (Bd. 39, S. 564).

[5]) SCARBOROUGH, E. M.: Journ. of pharmacol. a. exp. therapeut. Vol. 27, p. 421. 1926 (Bd. 44, S. 878).

[6]) CRAWFORD, J. H. u. J. N. J. HARTLEY: Journ. of exp. med. Vol. 42, p. 193. 1925 (Bd. 42, S. 331).

[7]) BRAEUCKER, W.: Zeitschr. f. d. ges. Anat., Abt. 1: Zeitschr. f. Anat. u. Entwicklungsgeschichte. Bd. 69, S. 309. 1923.

N. laryngeus superior, teilweise auch inferior [1]), als vom Sympathicus [2]) treten sekretionserregende Nerven an die Schilddrüse heran. Geistvoll angeordnete Versuche namentlich ASHERs und seiner Mitarbeiter [1]) haben die Bedeutung dieser Nerven für die Schilddrüsenfunktion klargestellt, wobei es zunächst irrelevant erscheint, ob die Sekretionsförderung auf nervösem Wege ausschließlich durch vasomotorische Einwirkung zustande kommt oder nicht. Da CRAWFORD und HARTLEY die kompensatorischen Veränderungen des Schilddrüsenrestes nach halbseitiger Exstirpation beim Kaninchen in der gleichen Weise auftreten sahen, wenn der Vagus oder Halssympathicus durchschnitten war, so gewinnt die Annahme sehr an Wahrscheinlichkeit, daß der Reiz zur kompensatorischen Mehrleistung der Schilddrüse nicht auf dem Nervenwege sondern auf dem Blutwege zugeführt wird.

Aber selbst wenn die Gewebe eine ganz bestimmte Menge Thyroxin erhalten und aufgenommen haben, selbst dann ist die Wirkung gleicher Thyroxinmengen durchaus nicht immer und überall die gleiche. Die Art und der Grad der Reaktionsfähigkeit der Gewebe ist für den Effekt ebenso maßgebend wie die Quantität des vorhandenen Thyroxins. Die Reaktionsfähigkeit des Substrates der Thyroxinwirksamkeit ist aber sowohl individuell wie zeitlich durchaus schwankend und die Pathologie verweist uns fortwährend auf diese Variabilität der Ansprechbarkeit verschiedener Erfolgsorgane der Thyroxinwirkung. Wieweit diese Verschiedenheit auf einer wechselnden Konstellation des Ionen-Milieus in den Erfolgsorganen beruht, wie H. ZONDEK annimmt, mag dahingestellt bleiben. Wahrscheinlich spielt sie eine gewisse Rolle und wir dürfen annehmen, daß Kaliumanreicherung die Thyroxinwirkung steigert, Calcium sie hemmt. Wenigstens konnten ZONDEK und REITER im Kaulquappenversuch diese Beobachtung machen und sogar feststellen, daß große Calciumdosen die Thyroxinwirkung nicht nur hemmen, sondern sogar umkehren. In welchem Umfange sich aber der Organismus dieses Regulationsmechanismus zur Aufrechterhaltung eines stabilen Inkreteffektes bedient, wieweit also periphere Schwankungen im Ionenmilieu der Gewebe für das verschiedene Ausmaß der Thyroxinwirkung verantwortlich zu machen sind, entzieht sich vorläufig unserer Beurteilung.

Epithelkörperchen, Nebenschilddrüsen (Glandulae parathyreoideae).

Bis vor kurzem war uns weder das Inkret der Epithelkörperchen bekannt, noch waren wir in der Lage, mit Epithelkörperchensubstanz oder mit Extrakten dieser Organe irgendwelche charakteristischen und konstanten Erscheinungen hervorzurufen, geschweige denn die Ausfallserscheinungen der Epithelkörperchen zu verhindern. 1924 und 1925 ist es nun amerikanischen Forschern, L. BERMAN, HANSON und vor allem COLLIP [3]) und ihren Mitarbeitern gelungen, durch

---

[1]) ASHER, L. u. M. FLACK: Zeitschr. f. Biol. Bd. 55, S. 83. — OSSOKIN: Zeitschr. f. Biol. Bd. 63, S. 443. 1914.

[2]) CANNON, W. B. u. P. E. SMITH: Transact. of the assoc. of Americ. physicians. Vol. 36, p. 382, 1921 (Bd. 28, S. 371).

[3]) COLLIP, J. B.: Journ. of biol. chem. Vol. 63, p. 395. 1925 (Bd. 41, S. 257). — COLLIP, J. B., E. P. CLARK u. J. W. SCOTT: Journ. of biol. chem. Vol. 63, p. 439. 1925 (Bd. 41, S. 258). — COLLIP, J. B. u. E. P. CLARK: Journ. of biol. chem. Vol. 64, p. 485, 1925 (Bd. 41, S. 781). — SCHULTEN, H.: Klin. Wochenschr. 1925. S. 2487 (Bd. 43, S. 782). — LISSER, H. u. H. C. SHEPARDSON, Endocrinology. Vol. 9, Nr. 5, p. 383. 1925.

Behandlung von Rinder- und Pferdeepithelkörperchen mit HCl nach einem bestimmten Verfahren ein Extrakt zu gewinnen, das unzweifelhaft ganz spezifische physiologische Wirkungen entfaltet. Dieses als Parathyrin bezeichnete Extrakt erhöht parenteral eingebracht den Ca-Spiegel des Blutes und zwar stärker den herabgesetzten Ca-Spiegel parathyreoidektomierter als denjenigen normaler Hunde. An parathyreoidektomierten Tieren ist es auch auf peroralem Wege wirksam. Vor allem vermag aber das Parathyrin alle Erscheinungen der tödlichen Tetanie, wie sie sich nach Entfernung der Epithelkörperchen einstellen, sowie auch die Erscheinungen der menschlichen Tetanie mit einem Schlage zu beheben. Die Steigerung des Blutkalkes ist so charakteristisch und derart abhängig von der verabreichten Dosis, daß COLLIP sie als Wertmesser für die Wirksamkeit und zur Eichung der Präparate verwendet. Überdosierung durch wiederholte Injektion führt bei Hunden zu einer eventuell tödlich verlaufenden Hypercalcämie von über 20 mg $^0/_0$, deren Symptome in Erbrechen, Apathie, Bewußtseinstrübung und mangelhafter Zirkulation bestehen. Dabei ist die Viscosität des Blutes enorm erhöht, der Cl-Gehalt bedeutend herabgesetzt, der Reststickstoff und Harnstoff terminal stark vermehrt. Natriumbicarbonat scheint zur Bekämpfung der Hypercalcämiesymptome geeignet zu sein. Die wirksame Substanz hat proteinartigen Charakter. Einer systematischen therapeutischen Anwendung steht zunächst noch der Umstand im Wege, daß eine sehr große Anzahl von Epithelkörperchen zur Herstellung der nötigen Parathyrinmenge erforderlich ist. So sind 1—2 Pferdeepithelkörperchen notwendig, um an einem mittelgroßen Hunde überhaupt eine meßbare Wirkung hervorzurufen, geschweige denn eine Tetanie zu heilen. Wenden wir uns nun den Erscheinungen dieses Zustandes zu.

Die Exstirpation der Epithelkörperchen führt regelmäßig zu dem typischen Bilde der sog. Tetanie. Je nach der Tierspezies und der Lagerung und Menge des mitunter weit, z. B. im Thymus (Ratte) versprengten akzessorischen Epithelkörperchengewebes kann sich allerdings das klinische Bild der Tetanie recht verschieden präsentieren. Demzufolge unterscheidet man auch eine akute, eine chronische und eine latente Form der Tetanie. Die bei Hund und Katze am besten ausgeprägte akute Tetanie tritt 24 bis 72 Stunden, gelegentlich wohl auch schon früher, nach der Entfernung der Epithelkörperchen in Erscheinung. Schon vorher ist das scheue Benehmen der Tiere, die vollkommene Appetitlosigkeit bei gesteigertem Durstgefühl auffallend. Fibrilläre Zuckungen in einzelnen Muskeln steigern sich zu tonischen und klonischen Krämpfen größerer Muskelgruppen, ja des ganzen Körpers, wie sie den tetanischen Anfall kennzeichnen. Unter gesteigerter Herz- und Atemtätigkeit und hohem Temperaturanstieg breiten sich die Krämpfe über die gesamte Muskulatur aus und können durch Beteiligung der Atmungsmuskulatur zum Tode führen. In anderen Fällen klingt der akute Anfall unter Temperatursturz ab, um nach mehrstündiger Pause wieder einzusetzen. Die Tiere verweigern jede Nahrungsaufnahme, erbrechen oft, haben diarrhoische, zuweilen auch blutige Entleerungen und gehen unter starker Abmagerung spätestens 10 bis 14 Tage nach der Operation zugrunde. Gelegentlich erfolgt der Tod im Coma [1]. Bisweilen treten die tonisch-klonischen Krämpfe als ausgesprochene Intentionskrämpfe, d. h. bei intendierten Bewegungen auf, mitunter wurden auch schlaffe

---

[1] MELCHIOR, E.: Zentralbl. f. Chirurg. Bd. 49, S. 667. 1922.

Paresen beobachtet. Die mechanische und galvanische Erregbarkeit der Nervenstämme ist bei solchen Tieren erhöht, Umschnürung der Extremitäten löst tonische Muskelkrämpfe aus, die Untersuchung des Stoffwechsels ergibt eine Steigerung des Eiweißzerfalls und der Calciumausfuhr sowie eine Herabsetzung der Assimilationsgrenze für Kohlenhydrate.

Die chronische Tetanie kommt am eindrucksvollsten bei der Ratte zum Vorschein. Von einem feinschlägigen Tremor der Extremitäten und einzelnen gröberen Muskelzuckungen bis zu epileptiformen Krampfanfällen und einem Status epilepticus gibt es alle Übergänge. In der Mehrzahl der Fälle haben jedoch diese motorischen Reizerscheinungen keinen bedrohlichen Charakter und treten neben eigenartigen trophischen Veränderungen in den Hintergrund. Die Tiere magern stark ab, ihr Fell wird struppig, die Haare fallen aus, Ekzeme entstehen, an den Augenlinsen entwickelt sich ein Schichtstar (Cataracta perinuclearis), die Kalkaufnahmsfähigkeit des Knochengewebes und Dentins ist verloren gegangen oder stark herabgesetzt. Erdheim konnte zeigen, daß das beim kontinuierlichen Wachstum des Knochens und der Nagezähne neugebildete osteoide Gewebe und Dentin gar nicht oder verspätet und fehlerhaft verkalkt. Es kommt daher am Skelett zu Erscheinungen, die ihrem pathologisch-anatomischen Charakter nach durchaus als rachitische bzw. osteomalazische anzusprechen sind. Die kalkarmen Nagezähne brechen häufig ab. Besonders bemerkenswert ist, daß nach einer Epithelkörperchenimplantation wieder verkalkendes Dentin angesetzt wird. Naturgemäß bleibt auch die Verkalkung eines Callus bei experimentell erzeugten oder spontan entstandenen Knochenfrakturen aus oder ist mangelhaft. Durch inkomplette Entfernung bzw. Schädigung der Epithelkörperchen gelingt es auch an Katze und Hund eine chronisch verlaufende Tetanie zu erzeugen, bei der die Muskelkrämpfe gegenüber den trophischen Veränderungen und der progressiven Kachexie zurücktreten. Jugendliche Tiere bleiben naturgemäß im Wachstum zurück.

Werden bei Ratten nicht alle, sondern nur 2 oder 3 Epithelkörperchen exstirpiert, bzw. durch Kauterisation zerstört, so können die Tiere vollkommen gesund bleiben oder nach leichten tetanischen Erscheinungen sich vollkommen wieder erholen, sie befinden sich aber doch in einem Zustand der latenten Tetanie oder besser einer tetanischen Krankheitsbereitschaft. Werden solche Tiere gravid, bekommen sie Fieber, werden ihnen starke Muskelanstrengungen zugemutet oder bestimmte Gifte wie Atropin, Morphin, Ergotin, Kalomel u. a. verabreicht, dann werden die Erscheinungen der Tetanie manifest. Solche Tiere scheinen demnach unter gewöhnlichen Lebensbedingungen mit dem Rest ihrer Epithelkörperchenfunktion auszukommen, werden aber die Anforderungen an diese Funktion erhöht, wie dies unter den angegebenen Verhältnissen offenbar der Fall ist, dann macht sich die parathyreoide Insuffizienz bemerkbar.

Unter diesem Gesichtswinkel ist auch die neuerliche interessante Feststellung Dragstedts[1]) zu betrachten, der Hunde nach totaler Epithelkörperchenexstirpation durch fleischfreie Kost (Milch, Lactose, Weißbrot) lange Zeit am Leben erhalten konnte, während solche Tiere sonst unweigerlich in kurzer Zeit zugrunde gehen. Offenbar wird der Bedarf an Parathyreoideainkret bei

---

[1]) Dragstedt, L. R.: Endocrinology. Vol. 8, Nr. 5, p. 657. 1924.

diesem Regime weitgehend reduziert. Die Starbildung bleibt aber auch bei den fleischfrei ernährten Hunden nach Epithelkörperchenexstirpation nicht aus, sie kommt nach 3 bis 6 Monaten zum Vorschein und führt zu vollkommener Linsentrübung. Gravidität, Lactation, Brunst und Infektionen führen auch bei DRAGSTEDTs Tieren zum Ausbruch der tödlichen Tetanie, sie erfordern also wohl schon normalerweise eine gesteigerte Tätigkeit der Epithelkörperchen.

Das Symptomenbild des Epithelkörperchenausfalls beim Menschen soll in einem späteren Kapitel besprochen werden. Hier möge eine Erklärung der klinischen Ausfallserscheinungen versucht und eine Vorstellung über das Wesen der Epithelkörperchenfunktion entwickelt werden, wie sie sich aus dem vorliegenden Beobachtungsmaterial, insbesondere aus den sehr charakteristischen Veränderungen des Stoffwechsels parathyreopriver Individuen ergibt.

Was zunächst den Eiweißstoffwechsel anlangt, so ist eine Vermehrung des Ammoniakstickstoffs auf Kosten des Harnstoffes im Harne längst bekannt, vor allem aber gehört die Ausscheidung von Eiweißabbauprodukten vom Charakter der proteinogenen Amine in vermehrter Menge zu den typischen Folgen der Epithelkörperchenentfernung. Unter diesen toxischen Aminen sind insbesondere Körper der Guanidingruppe (Guanidin, Methyl- und Dimethylguanidin) in stark vermehrten Mengen nachweisbar und zwar sowohl im Harne, wie im Blute parathyreopriver Tiere und tetaniekranker Menschen [1]. Dort, wo der Nachweis dieser Stoffe bei Mangel an Epithelkörperchen nicht gelang, scheint eine fehlerhafte chemische Methodik die Schuld zu tragen [2]. Die Kohlenhydrattoleranz ist bei Ausfall der Epithelkörperchenfunktion herabgesetzt, was möglicherweise mit der Übererregbarkeit des vegetativen Nervensystems zusammenhängt. Von dem progredienten Fettschwund parathyreopriver Tiere, der bis zur Kachexie führen kann, war oben schon die Rede. Die markanteste Veränderung des Stoffwechsels bei Epithelkörperchen-Insuffizienz betrifft aber den Mineralstoffwechsel, vor allem den Kalkstoffwechsel, eine Erkenntnis, die wir in erster Linie MAC CALLUM verdanken.

Das Blut tetaniekranker Tiere und Menschen enthält regelmäßig erheblich weniger Calcium, vor allem ionisiertes Calcium als das Blut Normaler. Besonders schön illustriert dies ein biologischer Versuch, den P. TRENDELENBURG anstellte. An einem ausgeschnittenen Froschherzen vermindern sich sofort die Kontraktionen, wenn in der Durchströmungsflüssigkeit die Anzahl der Ca-Ionen abnimmt. Wird das Herz statt mit verdünntem normalem Katzenserum mit dem Serum tetaniekranker Katzen durchspült, so verkleinern sich ebenfalls sofort die Amplituden der Kontraktionen. Durch Zusatz von $CaCl_2$ zu diesem Serum wird die bezeichnete Wirkung aufgehoben [3]. An der Kalkverarmung sind die Blutzellen stärker als das Plasma beteiligt [4]. Auch im

---

[1] KÜHNAU, J.: Arch. f. exp. Pathol. u. Pharmakol. Bd. 110, S. 76. 1925 (Bd. 43, S. 526) und Bd. 115, S. 75. 1926 (Bd. 44, S. 684). — PIRAMI, E.: Riv. di clin. pediatr. Vol. 23, p. 555. 1925 (Bd. 41, S. 460). — PATON, D. N. u. J. S. SHARPE: Quart. journ. of exp. physiol. Vol. 16, p. 57. 1926 (Bd. 44, S. 684).

[2] PATON, N.: Edinburgh med. journ. Vol. 31, p. 541. 1924 (Bd. 38, S. 637).

[3] Die Frage, ob es bei der parathyreopriven Kalkverarmung des Blutes ausschließlich auf das ionisierte Calcium ankommt, scheint noch prüfungsbedürftig. Vgl. F. GÜNTHER u. W. HEUBNER: Klin. Wochenschr. 1924. S. 789; E. W. H. CRUICKSHANK: Biochem. Journ. Bd. 27, S. 13. 1923 (Bd. 32, S. 168).

[4] CRUICKSHANK: l. c. sub 3.

Gehirn von an Tetanie zugrunde gegangenen Hunden und an Krämpfen verstorbenen Kindern wurde ein gegenüber der Norm verminderter Kalkgehalt gefunden. Das Verhältnis zwischen Weichteilkalk und Knochenkalk ist bei wachsenden tetaniekranken Ratten zu ungunsten des letzteren verschoben. Allerdings erfordert die Beurteilung der Weichteiluntersuchungen auf ihren Kalkgehalt besondere Vorsicht, da schon normalerweise sehr große Schwankungen desselben vorkommen [1]. Die zahlreichen Untersuchungen über die im Harn und in den Faeces ausgeschiedenen Kalkmengen nach Epithelkörperchenexstirpation bzw. bei menschlicher Tetanie ergaben keine eindeutigen Resultate. Nur so viel läßt sich aus den jüngsten diesbezüglichen Untersuchungen entnehmen, daß das Verhältnis des durch den Harn zu dem durch den Darm ausgeschiedenen Kalk wesentlich zugunsten des letzteren verschoben erscheint. Bei Kalkfütterung zeichnet sich der tetaniekranke Organismus durch eine starke Kalkavidität, d. h. also Kalkretention aus [2].

Als charakteristischer Befund bei parathyreopriver Tetanie wurde ferner die Vermehrung des anorganischen Phosphors sowie des Kaliums im Blute erhoben [3]. In letzter Zeit haben auch die Änderungen der H-Ionenkonzentration im Blute und in den Geweben besondere Beachtung gefunden. Die Konzentration der H-Ionen nimmt nach Epithelkörperchenexstirpation ab, es tritt also eine sog. Alkalose auf, erst unter dem Einfluß der gehäuften Muskelkrämpfe mit der konsekutiven Entstehung saurer Stoffwechselprodukte nimmt sie wieder zu und kann vor dem Exitus acidotische Werte erreichen [4].

Die charakteristischen Anomalien des Stoffwechsels bei Ausfall oder Insuffizienz der Epithelkörperchen haben Veranlassung gegeben, die Erscheinungen dieses Zustandes einheitlich zu erklären und dementsprechend die physiologische Aufgabe der Epithelkörperchen von einem einheitlichen Standpunkte aus zu beurteilen. Es stehen sich hier 2 Theorien gegenüber: Die eine will alle Symptome der mangelnden oder mangelhaften Epithelkörperchenfunktion auf den Calciummangel zurückführen und erblickt die Aufgabe der Epithelkörperchen in der Regulation des Kalkstoffwechsels und Erhaltung eines entsprechenden Ca-Spiegels im Blute [5]), die andere erblickt in den parathyreopriven Erscheinungen eine Vergiftung mit Guanidin und dessen Methylderivaten, deren Entgiftung und Überführung in Kreatin normalerweise die Epithelkörperchen zu besorgen hätten [6]).

Da man seit JAQUES LOEBs grundlegenden Untersuchungen weiß, daß die Erregbarkeit von Muskeln, Nerven und Drüsen von dem gegenseitigen Verhältnis der Kationen ihrer Speisungsflüssigkeit abhängig ist und relativer

[1]) HEUBNER, W. u. P. RONA: Biochem. Zeitschr. Bd. 135, S. 248. 1923 (Bd. 29, S. 17).

[2]) UNDERHILL, F. P., W. TILESTON u. J. BOGERT: Journ. of metabolic research. Vol. 1, p. 723. 1922 (Bd. 28, S. 295). — SALVESEN, H. A.: Acta med. Scandin. Suppl. Vol. 6, p. 5. 1923 (Bd. 35, S. 51).

[3]) GROSS, E. G. u. F. P. UNDERHILL: Journ. of biol. chem. Vol. 54, p. 105. 1922 (Bd. 28, S. 295); vgl. N. PATON: l. c.

[4]) Vgl. CRUICKSHANK: l. c.

[5]) SALVESEN, H.: l. c. — JONKERS, H. H. u. F. E. REVERS: Zeitschr. f. physiol. Chem. Bd. 144, S. 181. 1925 (Bd. 41, S. 438).

[6]) PATON, N.: l. c. — HERXHEIMER, G.: Dtsch. med. Wochenschr. 1924. S. 1463 (Bd. 40, S. 130) u. Virchows Arch. f. pathol. Anat. u. Physiol. Bd. 256, S. 275. 1925 (Bd. 41, S. 687).

Mangel an Ca diese Erregbarkeit steigert, Zufuhr von Ca sie herabsetzt, da ferner der Einfluß der Epithelkörperchen auf den Kalkstoffwechsel durch chemische und morphologische Untersuchungen absolut sichergestellt erscheint, so lag die erste Theorie recht nahe. Zu den ERDHEIMschen Studien am Rattenzahn kommen noch andere gewichtige morphologische Tatsachen hinzu, welche die Bedeutung der Epithelkörperchen für den Kalkstoffwechsel erweisen und sehr dafür sprechen, daß das Inkret der Epithelkörperchen die Ausnützung des Kalkes im Organismus fördert. ERDHEIM und nach ihm eine große Reihe pathologischer Anatomen haben nämlich regelmäßig oder wenigstens sehr häufig an den Epithelkörperchen von Individuen, die an Osteomalacie, seniler Osteoporose, Ostitis deformans oder Ostitis fibrosa litten, ganz ausnahmsweise wohl auch an Individuen ohne Skeletterkrankung hyperplastische, mitunter adenomatöse Wucherungen der Epithelkörperchen beobachtet. Dasselbe ist bei der spontanen Rachitis der Ratte der Fall. Diese Hyperplasie wurde als Kompensationsvorgang aufgefaßt, der eine möglichst gute Ausnützung des Kalkes durch das erkrankte Knochengewebe gewährleisten sollte. Als Stütze dieser Anschauung kann die Feststellung MARINEs gelten, der bei kalkarm mit Mais und Weizen ernährten Hühnern eine beträchtliche Vergrößerung der Epithelkörperchen hervorrufen konnte, die sich durch Zusatz von Kalksalzen zum Futter verhindern ließ. Später wurde auch bei jüngeren Ratten, die mit kalkarmer Nahrung aufgezogen wurden, eine Vergrößerung der Parathyreoideae bis auf das 5fache des Normalen erreicht, wobei einzelne Tiere Krampferscheinungen darboten [1]. Da bei experimenteller Entfernung einzelner Epithelkörperchen eine vikariierende Hyperplasie der restlichen Epithelkörperchen eintritt [2] und in diesem Falle ein Zweifel darüber kaum bestehen kann, daß eine solche Massenzunahme auf eine gesteigerte Tätigkeit der Drüse hinweist, so handelt es sich bei den Versuchen mit kalkarmer Ernährung offenbar um das Bestreben des Organismus, den unzureichend vorhandenen Kalk mit Hilfe einer gesteigerten Epithelkörperchen-Tätigkeit wenigstens optimal auszunützen. Auf welchem Weg die Epithelkörperchen den Impuls zur Mehrarbeit bekämen, wissen wir nicht, wir können nur annehmen, daß das Kalkangebot und das Kalkverwertungsvermögen bestimmter Gewebe (Knochen) die inkretorische Tätigkeit der Epithelkörperchen in irgend einer Weise beeinflußt. Ob die morphologisch nachgewiesene Innervation der Epithelkörperchen von seiten des vegetativen Nervensystems (BRAEUCKER) hier eine Rolle spielt oder nicht, ist unbekannt.

Dazu kommt noch, daß die nach Epithelkörperchenexstirpation zu beobachtende und auch bei gewissen menschlichen Tetanieformen bestehende Alkalose, d. h. Verminderung der H-Ionenkonzentration als solche eine Verminderung des ionisierten Kalkes zur Folge hat, wie denn auch Maßnahmen, die eine Alkalose erzeugen (Überventilation, Zufuhr von Natrium bicarbonicum, Binatriumphosphat), die Tetaniesymptome steigern, solche, die acidotisch wirken (Kohlenhydratabstinenz, Kohlensäureatmung, Muskelarbeit, Zufuhr von Ammoniumchlorid oder Monoammoniumphosphat), sie vermindern sollen. Auch die bei Epithelkörperchenmangel beobachtete Phosphatvermehrung im Blute soll

---

[1] LUCE, E. M.: Journ. of pathol. a. bacteriol. Vol. 26, p. 200. 1923 (Bd. 29, S. 462).
[2] HABERFELD, W. u. P. SCHILDER: Mitt. a. d. Grenzgeb. d. Med. u. Chirurg. Bd. 20, S. 727. 1909.

durch Entionisierung des Calciums wirksam sein, wie dies eine von RONA-TAKAHASHI-GYÖRGY aufgestellte Formel zeigt:

$$\frac{Ca^{\cdot\cdot} \cdot HCO_3{}' \cdot HPO_4{}'}{H^{\cdot}} = K\ (= konstant).$$

Schließlich ist es nicht allein die Verminderung der Ca-Ionen, sondern auch die gleichzeitige Vermehrung der K-Ionen, also der Anstieg des Quotienten $\frac{K}{Ca}$, welcher für die Erregbarkeitssteigerung der neuromuskulären Apparate verantwortlich gemacht werden muß [1]). Allerdings ist die pathogenetische Bedeutung der Alkalose für das Auftreten tetanischer Erscheinungen noch recht umstritten [2]). Das schwerwiegendste Argument zugunsten der Kalktheorie ist natürlich der spezifische Einfluß des COLLIPschen Parathyrins auf den Blutkalkspiegel. Dieser konstante Anstieg des Blutcalciums ist sicher eine fundamentale Erscheinung, nicht irgendein akzidenteller Nebeneffekt, wenn wir auch vorderhand den Mechanismus seiner Genese nicht kennen. Obwohl demnach die Einflußnahme der Epithelkörperchen auf den Kalkstoffwechsel im Sinne einer Assimilationsförderung sichergestellt ist und die neuromuskuläre Übererregbarkeit der Tetaniekranken ohne Zweifel mit der charakteristischen Änderung des Kationenverhältnisses im Zusammenhange steht, so lassen sich doch gegen die strenge und ausschließliche Ca-Theorie der Tetanie Bedenken vorbringen.

Durch geeignete Verabreichung von Ca lassen sich zwar die tetanischen Reizerscheinungen ausgezeichnet beeinflussen, gewisse trophische Störungen wie die mangelhafte Verkalkung des Dentins der Nagezähne bei Ratten oder die Ausbildung einer Katarakt bleiben aber auch bei Ca-Fütterung unvermeidlich. Die Errettung parathyreopriver Tiere ist außer durch hohe Ca-Dosen auch durch einen ausgiebigen Aderlaß oder durch Infusion einer Ca-freien Ringerlösung in größerer Menge mit konsekutiver Diuresesteigerung (LUCKHARDT) möglich, ein Umstand, der doch eher auf einen Vergiftungszustand durch im Blute kreisende Stoffe als auf bloßen Ca-Mangel hinweist. Mehrfache Versuche, das supponierte Tetaniegift mit dem Blute tetaniekranker Tiere auf gesunde zu übertragen und bei ihnen Tetaniesymptome zu erzeugen (H. PFEIFFER und O. MAYER), können allerdings nicht als gelungen bezeichnet werden [3]). Nur die Wirkung des Ca-Mangels läßt sich bei entsprechender Versuchsanordnung mit dem Blute tetaniekranker Individuen hervorrufen. NOËL PATON verweist auch darauf, daß bei Urämie eine erhebliche Senkung des Ca-Spiegels im Blute vorkommen kann, ohne daß tetanische Erscheinungen sich einstellen

---

[1]) LEDERER, R.: Monatsschr. f. Kinderheilk., Orig. Bd. 25, S. 394. 1923 (Bd. 30, S. 23). — GYÖRGY, P.: Jahrb. f. Kinderheilk. Bd. 102, S. 145. 1923 (Bd. 30, S. 411). — RONA, P. u. H. PETOW: Biochem. Zeitschr. Bd. 137, S. 356. 1923 (Bd. 36, S. 418). — FRANK, E., M. NOTHMANN, E. GUTTMANN, A. WAGNER: Klin. Wochenschr. 1923. S. 405. — ADLERSBERG, D. u. O. PORGES: Zeitschr. f. d. ges. exp. Med. Bd. 42, S. 678. 1924 (Bd. 38, S. 873). — GROSS, E. G. u. F. P. UNDERHILL: l. c.

[2]) BIEDL, A.: Innere Sekretion. 4. Aufl. 1922. — ELIAS, H.: Wien. klin. Wochenschr. 1922. S. 784 (Bd. 28, S. 229) u. Ergebn. d. inn. Med. Bd. 25, S. 192. 1924 (Bd. 37, S. 446). — GOLLWITZER-MEIER, KL.: Zeitschr. f. d. ges. exp. Med. Bd. 40, S. 59. 1924 (Bd. 36, S. 42). — DE GEUS, J. G. F.: Ref. Bd. 44, S. 366 (orig. holl.).

[3]) BIEDL, A.: l. c. — GREENWALD, J.: Journ. of biol. chem. Vol. 61, p. 33. 1924 (Bd. 38, S. 880).

würden, und hält selbst bei ausgesprochener Tetanie die Verminderung des Ca nicht für absolut konstant [1]). Daß nicht alle Ca-Salze für die Behebung parathyreopriver Erscheinungen gleich wirksam sind, ist wohl auf den verschiedenen Ionisierungsgrad und die Anionenkomponente (z. B. HPO_4') zu beziehen, indessen läßt sich dieselbe günstige Wirkung auch mit anderen mehrwertigen Ionen (Mg, Sr) erzielen [2]). Selbstverständlich spricht dieser Umstand nicht dagegen, daß die neuromuskulären Reizerscheinungen nach Epithelkörperchen-Entfernung eine Folge der Ca-Verarmung darstellen könnten.

Vor allem stützt sich aber die von NOËL PATON inaugurierte, von E. FRANK, BIEDL, HERXHEIMER u. a. übernommene zweite Theorie der Guanidinvergiftung außer auf den Nachweis der Guanidinkörper im Harn und Blut tetaniekranker Individuen auf die Beobachtung, daß sich mit diesem Körper und noch mehr mit dessen Methylderivaten an Katzen ein Krankheitsbild experimentell hervorrufen läßt, das durchaus jenem nach Epithelkörperchen-Exstirpation gleichen soll. Die motorischen Reizerscheinungen, die charakteristische galvanische und mechanische Übererregbarkeit der Nervenstämme erinnern vollkommen an das Bild der Tetanie. Nach partieller Entfernung der Epithelkörperchen läßt sich der typische Vergiftungszustand schon mit kleineren Mengen des Giftes erzielen. Nicht nur das klinische Bild, sondern anscheinend auch die Ca-Verminderung und Phosphatvermehrung im Blute sowie die therapeutische Beeinflußbarkeit durch Ca-Zufuhr [3]) und Parathyrin [4]) ist der Guanidinvergiftung und parathyreopriven Tetanie gemeinsam. Obwohl über diese Verhältnisse noch keineswegs Einigkeit herrscht [5]), so hat doch BIEDL schon 1922 rundweg erklärt: „Die parathyreoprive Tetanie ist eine Guanidintoxikose." Fraglich wird dieser Standpunkt vollends angesichts der vollkommen negativen Versuche von BAYER und FORM [6]), durch Dauervergiftung mit Guanidin an Ratten die charakteristischen Symptome der chronischen Tetanie zu erzeugen. Weder eine Katarakt, noch die bei der Rattentetanie ausnahmslos beobachteten Zahnveränderungen ließen sich mit Guanidin hervorrufen und eine Vergrößerung der das Guanidin angeblich entgiftenden Nebenschilddrüsen im Sinne einer etwaigen kompensatorischen Hyperplasie wurde vermißt. Wenn die schon oben erwähnte Beobachtung, daß parathyreoprive Tiere durch fleischfreie Kost am Leben zu erhalten sind, vielleicht zugunsten der Guanidintheorie hätte verwertet werden können, so wurde doch in letzter Zeit darauf hingewiesen, daß es nicht die Fleischfreiheit der Kost, sondern ihr Milchgehalt und damit das reichliche Ca der Milch sei, welches die parathyreopriven Tiere am Leben

---

[1]) ANDERSON, G. H. u. ST. GRAHAM: Quart. journ. of med. Vol. 18, p. 62. 1924 (Bd. 40, S. 532).

[2]) HIRSCH, S.: Klin. Wochenschr. 1924. S. 2284.

[3]) HERXHEIMER, G.: Klin. Wochenschr. 1924. S. 1241. — GOLLWITZER-MAIER, KL.: l. c.

[4]) NOTHMANN u. KÜHNAU: Verhandl. d. dtsch. Ges. f. inn. Med. Bd. 38, S. 359. 1926 (Bd. 45, S. 112).

[5]) FUCHS, A.: Arch. f. exp. Pathol. u. Pharmakol. Bd. 97, S. 79. 1923. — SWINGLE W. W. u. J. S. NICHOLAS: Americ. journ. of physiol. Vol. 69, p. 455. 1924 (Ref. Endocrinology. Vol. 8, Nr. 6, p. 869). — RAIDA, H. u. H. LIEGMANN: Zeitschr. f. d. ges. exp. Med. Bd. 41, S. 358. 1924 (Bd. 38, S. 372). — COLLIP, J. B. und E. P. CLARK: Journ. of biol. chem. Vol. 67, p. 679. 1926 (Bd. 44, S. 566). — OGAWA, S.: Jap. journ. of med. scienc. IV. Pharmak. Vol. 1, p. 1. 1926 (Bd. 45, S. 112).

[6]) BAYER, G. u. O. FORM: Zeitschr. f. d. ges. exp. Med. Bd. 40, S. 445. 1924 (Bd. 37, S. 455).

erhält. Ausfällung des Kalkes mache die Milch unwirksam [1]). Daß die Schutzwirkung verfütterter Milch oder verfütterten Blutes auf deren Gehalt an Epithelkörperchenhormon beruhen sollte, wie F. Blum [2]) annimmt, ist wohl ganz unwahrscheinlich. Wenn schon die Frage des Guanidins als ursächlichen Faktors bei der Tetanie unentschieden ist, so ist über die namentlich von Luckhardt supponierte Rolle der Giftresorption aus dem Darm [3]) und den Anteil der Leber [4]) hierbei noch weniger Sicheres bekannt. Die angeführten negativen Rattenversuche Bayers und Forms sprechen auch dagegen, daß eine primäre Guanidinvergiftung etwa durch eine sekundäre Ca-Verarmung wirksam sein könnte, und wir müssen gestehen, daß wir von einer befriedigenden, einheitlichen Auffassung der Epithelkörperchenfunktion und ihrer krankhaften Abweichungen noch weit entfernt sind. Immerhin gibt ja auch Paton selbst zu, daß nicht jede Tetanie die Folge einer Guanidintoxikose sein müsse, sondern auch auf andere Weise, durch Anoxämie, Alkalose oder eine sonstwie entstandene Ca-Verarmung zustandekommen könnte.

In der Tat zeigt ja die sog. Hyperventilations- oder Atmungstetanie, wie sie Grant und Goldman zuerst beschrieben haben, in klarster Weise, daß die neuromuskulären Reizerscheinungen der Tetanie, die tonischen Krämpfe, die mechanische und galvanische Übererregbarkeit der Nervenstämme, die Auslösbarkeit tonischer Muskelkontraktionen durch Umschnürung der Extremitäten oder passive Dehnung des Ischiadicus auch vollkommen unabhängig von einer Guanidinvergiftung und ohne Beeinträchtigung der Epithelkörperchenfunktion zustandekommen können, und zwar, wie allgemein angenommen wird, infolge der übermäßigen CO_2-Abgabe durch die Lunge und der damit verbundenen Alkalose mit konsekutiver Zurückdrängung der Ionisierung des Blutcalciums. Die Epithelkörperchen spielen dabei nur insofern eine Rolle, als von ihrem Aktivitätsgrad die Zeit abhängig ist, welche die Hyperventilation bis zum Auftreten der tetanischen Erscheinungen fortgesetzt werden muß. Bei Epithelkörpercheninsuffizienz genügt dazu, wie ich mich überzeugt habe, schon eine verhältnismäßig sehr kurze Zeit, bei ganz normalen Menschen muß die forcierte Atmung auch bis zu 1 oder 2 Stunden fortgesetzt werden, es scheint aber, daß jeder Mensch bei genügend lang fortgesetzter vertiefter Atmung tetaniefähig ist [5]). Da die klinischen Erscheinungen der Atmungstetanie in völlig übereinstimmender Weise auch bei der parathyreopriven Tetanie vorkommen, so werden wir nicht fehlgehen, ihnen beiden den gleichen Mechanismus, also Herabsetzung der Ca-Ionenkonzentration, zuzuschreiben.

Wir dürfen also zusammenfassend folgendes feststellen: Die Epithelkörperchen produzieren ein Inkret, welches den Kalkstoffwechsel in assimilatorischem Sinne beeinflußt und den Eiweißabbau fördert bzw. seinen normalen Ablauf gewährleistet. Die Verarmung des Blutes und der Gewebe an Kalk, vor allem an ionisiertem Ca führt zu den neuromuskulären Reizerscheinungen der Tetanie. Diese

---

[1]) Salvesen, H. A.: l. c. — Greenwald, J.: l. c.

[2]) Blum, F.: Studien über die Epithelkörperchen. Jena: G. Fischer 1925 (Bd. 41, S. 94).

[3]) Spadolini, J.: Arch. di fisiol. Vol. 22, p. 417 u. 435. 1925 (Bd. 42, S. 156).

[4]) Blumenstock, J. u. A. Ickstadt: Journ. of biol. chem. Vol. 61, p. 91. 1924 (Bd. 41, S. 438).

[5]) Behrendt, H. u. E. Freudenberg: Klin. Wochenschr. 1923. S. 866 u. 919.

können auch dann eintreten, wenn der Mangel an ionisiertem Ca auf irgendeine andere Art als durch Epithelkörperchen-Mangel oder -insuffizienz entstanden ist, wie z. B. bei der Atmungstetanie. Andererseits hängt auch bei Mangel an Ca-Ionen das Auftreten tetanischer Reizerscheinungen noch von anderen Bedingungen wie gegenseitigem Kationenverhältnis, Phosphatkonzentration, Alkalescenzgrad, autochthonem Erregbarkeitsgrad der neuromuskulären Apparate ab. Die mangelhafte Assimilationsfähigkeit für Kalk bei Epithelkörperchenmangel bedingt die charakteristischen Veränderungen des Knochengewebes und der Zähne. Welche Rolle den giftig wirkenden proteinogenen Aminen und speziell dem Guanidin und seinen Methylderivaten beim Zustandekommen der parathyreopriven Symptome zukommt und auf welche Weise die übrigen, oben geschilderten Symptome des Epithelkörperchenmangels bzw. der Epithelkörpercheninsuffizienz zustande kommen, wissen wir nicht.

Die Frage, wo eigentlich der Sitz der parathyreopriven Übererregbarkeit zu suchen ist, läßt sich dahin beantworten, daß das gesamte Nervensystem an der Übererregbarkeit teil hat. Wie Durchschneidungsversuche am Rückenmark ergaben, kommen fasciculäre Zuckungen und Klonismen durch die Reizbarkeit der spinalen Vorderhornzellen zustande, während die Rigidität der Muskulatur und die tonischen Krämpfe von den Stammganglien ihren Ursprung nehmen. Corticale und cerebellare Einflüsse greifen naturgemäß in diesen Mechanismus gleichfalls ein. So kann eine unterschwellige, d. h. also leichtgradige Epithelkörpercheninsuffizienz gelegentlich auch zu halbseitigen tetanischen Erscheinungen führen, wenn durch Ausfall corticaler Hemmungsimpulse die untergeordneten Zentren einer Seite an und für sich schon übererregbar geworden sind [1]. Wird ein peripherer Nerv durchschnitten, so bleiben die tetanischen Reizerscheinungen in der gelähmten Extremität aus. Demgegenüber haben BEHRENDT und FREUDENBERG [2] für die Atmungstetanie gezeigt, daß Leitungsunterbrechung einer Nervenbahn durch Injektion von Novocain in den Nerven das Auftreten tetanischer Erscheinungen an der betreffenden Muskelgruppe nicht nur nicht verhindert sondern sogar begünstigt. Sie schließen aus diesen und anderen Versuchen, daß die myoneurale Zwischensubstanz das übererregbare Substrat darstellt. Auch PATON nimmt als Sitz der parathyreopriven Übererregbarkeit nicht nur die spinalen Zentren, sondern auch die myoneurale Zwischensubstanz an. Die tonischen Muskelkrämpfe bei Tetanie gehen anscheinend ohne Aktionsstrom und ohne Muskelton einher [2] [3].

Die anatomischen Organveränderungen, welche bei parathyreopriver Tetanie zu beobachten sind, erstrecken sich vor allem auf das Zentralnervensystem. Hier haben schon ältere Autoren wiederholt Schädigungen der Ganglienzellen an verschiedenen Stellen beschrieben, in jüngerer Zeit wurden regressive Veränderungen und Wucherungen des Gliagewebes sowie Hyperämie gefunden, und zwar in der Rinde, weniger im Rückenmark, insbesondere aber im Corpus

---

[1] SPIEGEL, A. E.: Dtsch. Zeitschr. f. Nervenheilk. Bd. 65, S. 310. 1920. — KEHRER, E.: Klin. Wochenschr. 1925. 1906.

[2] BEHRENDT, H. u. E. FREUDENBERG: l. c.

[3] SPIEGEL, E. A.: Zeitschr. f. d. ges. Neurol. u. Psychiatrie. Bd. 70, S. 13. 1921.

striatum, in der Substantia nigra und im Linsenkern, also in jenen Abschnitten, welche mit der Regulation des muskulären Tonus in erster Linie betraut sind [1]. Die Frage, ob die durch Guanidin und seine Methylderivate experimentell hervorgerufenen und die bei fleischgefütterten Hunden mit ECKscher Fistel auftretenden histologischen Veränderungen des Zentralnervensystems [2] den bei parathyreopriver Tetanie vorkommenden prinzipiell entsprechen, mit ihnen vielleicht gar identisch sind, oder ob es sich da um ganz verschiedene Dinge handelt, ist noch nicht endgültig entschieden. Auch an Nieren und Leber parathyreopriver Tiere wurden mehrfach degenerative und entzündliche Veränderungen beschrieben. Als klinisches Korrelat dieser Nierenveränderungen ist die bei tetaniekranken Tieren regelmäßig zu beobachtende Albuminurie anzusehen.

Thymus.

Das supponierte Hormon des Thymus kennen wir weder chemisch, noch können wir aus den Wirkungen enteral oder parenteral verabreichter Thymussubstanz verläßliche Anhaltspunkte für die physiologische Thymusfunktion gewinnen. Seit ŠVEHLA als erster vor 30 Jahren die blutdrucksenkende und pulsbeschleunigende Wirkung intravenös injizierter wässeriger Thymusextrakte beschrieb, haben zwar zahlreiche Nachprüfungen diese und andere toxische Effekte solcher Extrakte (z. B. intravasculäre Gerinnungen) bestätigt [3]), zugleich aber ergeben, daß es sich keineswegs um thymusspezifische Wirkungen handelt (R. FISCHL), die zum Teil wenigstens mit dem Cholingehalt des Organs zusammenhängen (BIEDL). Das gleiche gilt auch für die von manchen Autoren angegebene Lymphocytenvermehrung im Blut nach Injektion von Thymusextrakt [4]), die wir übrigens auch nach Verfütterung sehr großer Mengen Thymussubstanz nicht gefunden haben [5]. Hingegen wurde im Tierversuch eine vielleicht doch spezifische, nicht auf dem Cholingehalt des Thymusextraktes beruhende Wirkung beobachtet, nämlich eine deutliche Leistungssteigerung des ermüdeten quergestreiften Warmblütermuskels (DEL CAMPO, THURNER [6])).

Unter gewissen Bedingungen wurden von der peroralen Darreichung von Thymussubstanz am Menschen auch Stoffwechselwirkungen beobachtet. Seit OWEN im Jahre 1893 die Erfahrung gemacht hatte, daß Basedowerscheinungen zurückgingen, nachdem irrtümlich statt Schilddrüse Thymus genommen worden war, und seit v. MIKULICZ nicht nur Rückgang von Basedowsymptomen, sondern auch einfacher Strumen nach Genuß frischer Hammelthymen beschrieb, wurde die Thymusmedikation bei Basedow vielfach geübt und in jüngerer Zeit auch Herabsetzung eines erhöhten Grundumsatzes durch Thymussubstanz gefunden (LIEBESNY, ZONDEK und BERNHARDT [7])). Die letztgenannten Autoren beschreiben auch eine temperatursteigernde und diuretische Wirkung von Thymus-

---

[1]) URECHIA, C. J. u. N. ELEKES: Arch. internat. de neurol. Tom. 1, p. 11. 1923 (Bd. 29, S. 183).

[2]) FUCHS, A.: Arch. f. exp. Pathol. u. Pharmakol. Bd. 97, S. 79. 1923. — NOTHMANN, M.: Zeitschr. f. d. ges. exp. Med. Bd. 33, S. 316. 1923. — HERXHEIMER, G.: l. c.

[3]) Vgl. OLKON, D. M.: Zeitschr. f. d. ges. exp. Med. Bd. 35, S. 269. 1923 (Bd. 36, S. 110).

[4]) KNIPPING, H. W. u. W. RIEDER: Zeitschr. f. d. ges. exp. Med. Bd. 42, S. 374. 1924.

[5]) ASHLEY, G. H. u. G. DELL' ACQUA: Klin. Wochenschr. 1926. S. 2108.

[6]) THURNER, K.: Pflügers Arch. f. d. ges. Physiol. Bd. 202, S. 444. 1924 (Bd. 36, S. 292).

[7]) ZONDEK, H. u. H. BERNHARDT: Klin. Wochenschr. 1925. S. 1488 (Bd. 41, S. 95).

substanz, analog der Schilddrüsensubstanz in einem Falle von sog. Salz-Wasser-Fettsucht, doch habe ich mich persönlich weder von einer solchen noch von der stoffwechseldämpfenden Wirkung der Thymustabletten in Fällen von Basedow jemals überzeugen können. Auch BIEDL lehnt die Annahme einer spezifischen Wirkung bei der Thymusmedikation des Basedow ab. Dieser Standpunkt ist um so berechtigter, wenn man sich der schönen Versuche BIRCHERs[1] erinnert, der durch Implantation von menschlichem Thymusgewebe, und zwar herstammend von Basedowkranken, bei Hunden typische Basedowsymptome erzeugen konnte: Struma, Glanzauge, klaffende Lidspalte, GRÄFEsches Symptom, Tachykardie, Lymphocytose und Leukopenie. Die histologische Untersuchung ergab der Basedowstruma entsprechende Veränderungen der Schilddrüse, das Nebennierenmark war reduziert. Es sei besonders betont, daß es sich in den BIRCHERschen Versuchen sicherlich um besondere Wirkungen gerade der von Basedowkranken stammenden Thymen handeln muß, denn künstliche Hyperthymisation durch Implantation normalen artgleichen Thymusgewebes führt nicht zu derartigen toxischen Erscheinungen.

Nach zahlreichen, nicht einheitlichen Untersuchungsergebnissen früherer Autoren gelang es DEMEL [2], charakteristische Folgeerscheinungen der Thymusimplantation an drei Wochen alten Ratten festzustellen. Dabei ist implantiertes Thymusgewebe ganz junger Ratten viel wirksamer als dasjenige geschlechtsreifer Tiere. Die hyperthymierten Ratten sind fettreicher, kräftiger entwickelt und lebhafter. Das Längenwachstum ihrer Knochen erfolgt in stärkerem Ausmaße, dabei sind die Röhrenknochen schlanker, aber nicht minder fest. Die Epiphysenfugen, bzw. die Knorpelwucherungszonen sind breiter, die Knochenbälkchen der Spongiosa dichter, die Markräume reduziert. Wie wir später hören werden, sind diese Hyperthymisationssymptome den Ausfallerscheinungen nach Thymusexstirpation geradewegs entgegengesetzt. An Nebennieren, Geschlechtsdrüsen und Hypophyse der operierten Tiere wurden keine Besonderheiten wahrgenommen. Fütterung mit Thymussubstanz hatte nicht denselben Effekt wie die Implantation.

Die aus diesen Versuchen sich ergebende Annahme einer wachstumsfördernden Funktion des Thymus erhält eine gewisse Stütze durch die von GUDERNATSCH inaugurierten und dann von zahlreichen Untersuchern bestätigten Fütterungsversuche an Kaulquappen. Ganz im Gegensatz zur Wirkung der Schilddrüsenfütterung fördert Thymusfütterung das Wachstum der Tiere und hemmt zugleich die evolutive Differenzierung und Metamorphose. Allerdings hat in letzter Zeit ROMEIS[3] gezeigt, daß durch Thymusfütterung auch die entgegengesetzten Ergebnisse erzielt werden und daß Wachstumsförderung und Entwicklungshemmung dissoziiert auftreten können, je nach gewissen anderen Bedingungen des Versuches, vor allem je nach der gleichzeitigen Verfütterung auch noch anderer Nahrung. Er sieht daher in den Ergebnissen der Kaulquappenversuche keinen Beweis für die Existenz eines spezifischen Thymushormons im Gegensatz zu anderen Autoren [4], die sogar die beiden

---

[1] BIRCHER, E.: Dtsch. Zeitschr. f. Chirurg. Bd. 182, S. 229. 1923 (Bd. 32, S. 176).

[2] DEMEL, R.: Mitt. a. d. Grenzgeb. d. Med. u. Chirurg. Bd. 34, S. 437. 1922.

[3] ROMEIS, B.: Arch. f. mikroskop. Anat. Bd. 104, S. 273. 1925 (Bd. 40, S. 394) u. Klin. Wochenschr. 1926. S. 975. — ABDERHALDEN, E.: Arch. f. Physiol. Bd. 211, S. 324. 1926 (Bd. 43, S. 365).

[4] Vgl. KNIPPING, H. W.: Dtsch. Arch. f. klin. Med. Bd. 141, S. 224. 1922 (Bd. 28. S. 231).

Kardinalwirkungen der Thymusfütterung — die Wachstumsförderung einerseits, die Entwicklungshemmung andererseits — verschiedenen Hormonen des Thymus zuschreiben. Aber selbst an in vitro gezüchteten CARRELschen Gewebskulturen konnte der anscheinend spezifische wachstumsbeschleunigende Effekt zugesetzten Thymusextraktes beobachtet werden (KATSURA [1])), so daß auch angesichts der im folgenden zu erörternden Exstirpationsversuche an einer Beeinflussung des Wachstums durch den Thymus kaum zu zweifeln ist. Ob sich diese in der von SCHEER [2]) gefundenen spezifischen quellungsfördernden Wirkung von Thymusextrakten auf Muskelgewebe und Gelatine erschöpft, ist schwer zu sagen.

Die Exstirpationsversuche, so zahlreich sie auch seit den grundlegenden ersten systematischen Untersuchungen RESTELLIs im Jahre 1845 und FRIEDLEBENs im Jahre 1858 unternommen wurden, haben eine Übereinstimmung der Anschauungen über die Folgen der Thymusausschaltung bisher nicht gebracht und es wird nötig sein, den Gründen dieser Divergenzen nachzuspüren. Nicht einmal die Frage der Lebenswichtigkeit des Organs erscheint übereinstimmend beantwortet.

An Fröschen und Kröten zeigen sich nach der Entfernung des Thymus keinerlei bemerkenswerte Erscheinungen (HAMMAR, SALKIND), nur Milz und Pankreas wurden bei der Sektion vergrößert gefunden. Auch an Froschlarven, denen die Thymusanlage vollkommen entfernt worden war, wurde keine Anomalie wahrgenommen, sie entwickelten sich in jeder Beziehung normal. Die von L. ADLER beobachtete stärkere Entwicklung der Keimdrüsen und Hyperplasie der Schilddrüse solcher Tiere wurde von ALLEN [3]) nicht gefunden. Wichtig ist auch, daß bei Amphibien nach partieller Thymektomie keine kompensatorische Hypertrophie des Restes eintritt (HAMMAR).

An Vögeln liegen neben völlig negativ verlaufenen, vielleicht methodisch nicht einwandfreien Untersuchungen vor allem positive Befunde von COUTIÈRE und von KATSURA [1]) vor. Junge Hühner, die thymektomiert worden sind, wachsen schneller, entwickeln sich rascher und zeigen auch in intellektueller Hinsicht Frühreife. Der Kalkgehalt der Knochen und Eier ist herabgesetzt. SOLI hatte thymektomierte Hühner vorübergehend sogar Eier ohne Kalkschale legen gesehen. Die Keimdrüsen thymusloser Hühner sollen allerdings in ihrer Entwicklung gehemmt sein und an Gewicht denen der Kontrolltiere nachstehen (SOLI, COUTIÈRE).

Bei Säugetieren, und zwar speziell bei Hunden wurden nach einwandfrei durchgeführter Thymektomie in sehr jugendlichem Alter von einer Reihe von Forschern (K. BASCH, KLOSE und VOGT, RANZI und TANDLER, MATTI [4]), in letzter Zeit LEITES [5]), LINDEBERG [6]), BILANCIONI und ALESSI [7])) so charakteristische und untereinander übereinstimmende Folgeerscheinungen beobachtet, daß es kaum angeht, sich über alle diese Untersuchungen mit der Annahme technischer Fehler, bzw. unspezifischer postoperativer Allgemeinschädigungen

---

[1]) KATSURA, H.: Mitt. a. d. med. Fak. Tokio. Bd. 30, S. 177. 1922 (Bd. 34, S. 40).

[2]) SCHEER, K.: Jahrb. f. Kinderheilk. Bd. 108, S. 79. 1925 (Bd. 41, S. 35).

[3]) ALLEN, B. M.: Journ. of exp. zool. Vol. 30, p. 189. 1920.

[4]) MATTI, H.: Mitt. a. d. Grenzgeb. d. Med. u. Chirurg. Bd. 24, S. 665. 1912.

[5]) LEITES, S.: Biochem. Zeitschr. Bd. 150, S. 183. 1924 (Bd. 38, S. 872).

[6]) LINDEBERG, W.: Folia neuropath. Estoniana. Vol. 2, p. 42. 1924 (Bd. 40, S. 265).

[7]) BILANCIONI, G. u. M. ALESSI: Arch. ital. de biol. Vol. 75, p. 1. 1925 (Bd. 42, S. 333).

der Versuchstiere hinwegzusetzen und die negativen Ergebnisse anderer Untersucher (R. FISCHL, HART und NORDMANN, PAPPENHEIMER, VAN ALLEN[1]) u. a.) als
allein maßgebend anzusehen[2]). Die typischeste Folgeerscheinung der Thymusexstirpation in frühem Jugendalter ist eine sehr auffällige Wachstumshemmung.
Zu diesem Zwergwuchs gesellen sich mehr oder weniger schwere Veränderungen
des Skelettsystems, die ihrem anatomischen und histologischen Charakter
nach völlig denjenigen der Rachitis und Osteomalacie entsprechen, indem
das im Übermaß produzierte neue osteoide Gewebe unverkalkt bleibt. Daneben
bestehen aber auch osteoporotische Veränderungen, die durch eine übermäßige
Spongiosierung mit cystischen Hohlräumen gekennzeichnet sind. Auch das
Röntgenbild läßt diese Knochenanomalien, die Kalkverarmung, die infolge
der reichlichen Apposition mangelhaft verkalkenden osteoiden Gewebes plumpe
und unscharf konturierte Compacta der langen Röhrenknochen und die mächtige
Auftreibung der Epiphysen deutlich erkennen. Die in dieser Weise veränderten
Knochen sind weich und biegsam und erfahren durch mechanische Be-
anspruchung die auch für Rachitis und Osteomalacie charakteristischen Defor-
mationen, daneben kommt es nicht selten zu Spontanfrakturen. Der neugebildete Callus zeigt wie bei diesen Erkrankungen eine sehr geringe Ver-
kalkungstendenz. Der mangelhaften Kalkaufnahmsfähigkeit des Knochengewebes entspricht eine vermehrte Ausscheidung des Kalkes bei thymektomierten Tieren. Ob die Wachstumshemmung und die charakteristische
calciprive Osteopathie voneinander unabhängige Erscheinungen sind oder ob
nicht Erstere die Folge der Letzteren darstellt, mag dahin gestellt bleiben.
Das Verhalten thymusloser Hühner, die, ohne eine Osteopathie zu bekommen,
gleichfalls an Kalk verarmen aber dabei rascher wachsen und sich entwickeln,
könnte vielleicht zugunsten dieser Annahme sprechen und die Wachstumshemmung wäre dann bloße Folge der anomalen Skelettbildung. Wenn dagegen
BIRK nur die Wachstumshemmung, nicht aber die Skelettveränderungen als
Folgen der Thymuslosigkeit anerkennt und die „Rachitis" der operierten Hunde
als Ausdruck der Allgemeinschädigung durch den schweren Eingriff ansieht,
so sei ihm entgegengehalten, daß einerseits anderweitige, ebenso schwere Operationen, wie etwa Hypophysenoperationen keine Rachitis hervorrufen, und
daß andererseits die analogen Skelettveränderungen auch bei thymektomierten
Ferkeln und Ziegen festgestellt werden konnten (KLOSE, LINDEBERG). Mit
der Regeneration des Thymusgewebes aus den zurückgebliebenen Resten gehen
auch die Knochenveränderungen wieder zurück. Die negativ ausgefallenen
Exstirpationsversuche von HART und NORDMANN beruhen wohl weniger auf
dem zu späten Operationstermin (KLOSE), noch weniger auf der zur Zeit der
anatomischen Untersuchung bereits eingetretenen Rückbildung der Knochenveränderungen (BASCH), als vielmehr auf dem Vorhandensein akzessorischen
Thymusgewebes aus dem IV. und V. Metamer, wie dies auch MATTI für einzelne
seiner negativ verlaufenden Exstirpationsversuche annimmt, zumal da in diesen
Fällen sich stets der ganze Wurf und niemals bloß einzelne Glieder desselben
gegen die Thymusexstirpation refraktär erwiesen. Es spielt also offenbar auch
ein konstitutionelles Moment eine Rolle, dessen Grundlage wohl auch in

---

[1]) VAN ALLEN, M. CHESTER: Journ. of exp. med. Vol. 43, p. 119. 1926 (Bd. 45, S. 230).
[2]) Vgl. BIRK: Münch. med. Wochenschr. 1923. S. 1472 (Bd. 34, S. 40); Monatsschr.
f. Kinderheilk. Bd. 27, S. 321. 1924 (Bd. 34, S. 222).

individuellen Valenzunterschieden im Rahmen des „Prinzips der mehrfachen Sicherungen" zu suchen sein dürfte.

Noch ehe die Skelettveränderungen klinisch manifest werden, beobachtet man an den operierten jungen Hunden nach einem ersten „Stadium der Latenz" bemerkenswerte Veränderungen. Sie zeigen eine enorme Freßlust, setzen ein schwammig-weiches Fett an („Stadium adipositatis"), werden träge, sehr ermüdbar und muskelschwach. Bei Steigerung dieser Symptome werden die Bewegungen der Tiere ungeschickt, der Gang breitspurig, sie fallen leicht hin und sind schließlich in ihrer Lokomotion stark behindert. Der Schlaffheit und Schwäche der Muskulatur entspricht eine degenerative Atrophie der quergestreiften Muskelfasern. Aus dem Stadium adipositatis kommen die Tiere nun in ein ausgesprochenes Stadium kachecticum, in dem sie hochgradig abmagern, komatös daliegen und zu Bewegungen unfähig sind. Dieses viele Monate nach der Operation eintretende Coma thymicum führt nun zum Tode. HART und NORDMANN sowie MATTI fanden bei solchen an Entkräftung zugrunde gegangenen thymektomierten Hunden regelmäßig eine hochgradige Dilatation des atrophischen Herzens. Während KLOSE und VOGT auch von einer „Idiotia thymica" sprechen, bestreitet MATTI eine Intelligenzstörung der operierten Tiere und führt deren apathisches Verhalten auf die „Kachexia thymopriva" allein zurück. Die histologische Untersuchung des peripheren und zentralen Nervensystems ergibt bei den thymuslosen Hunden Zeichen vermehrten Abbaues und Quellungserscheinungen, die zu Unrecht als Folgen einer Acidose gedeutet wurden [1]. Gelegentlich beobachtetes Muskelzittern, Krampfanfälle, sowie die gesteigerte galvanische Erregbarkeit der Nervenstämme dürften als tetanische Symptome auf der unbeabsichtigten Mitentfernung akzessorischer Epithelkörperchen beruhen, die im Thymus vieler Säugetiere zu finden sind (BIEDL). Die LEITESsche Angabe, daß die von ihm beobachtete Senkung des Blutkalkgehaltes bei thymektomierten Hunden durch Thymuspräparate behoben werden kann, bedarf aber jedenfalls der Nachprüfung. Trophische Störungen äußern sich als struppige Beschaffenheit des Felles und Neigung zu schweren Pyodermien, die viele Tiere stark gefährden. Die Angabe, daß als Folge der Thymusexstirpation eine Abnahme der Lymphocytenzahl des Blutes auftrete, findet sich zwar immer wieder in der Literatur (HART [2], BIRK), sie ist aber unrichtig, wie ich schon anderwärts dargelegt habe [3]. Bemerkenswert ist, daß es nicht gelungen ist, die Ausfallserscheinungen bei thymektomierten Tieren durch Organtherapie zu beheben. Ja KLOSE und VOGT sahen sogar schwere toxische Wirkungen enteral oder parenteral verabreichter Thymussubstanz bei thymektomierten Hunden.

Für die Beurteilung des Thymus als innersekretorisches Hormonorgan sind die korrelativen Veränderungen anderer Organe mit innerer Sekretion von Bedeutung, welche sich nach Thymusexstirpation einstellen. So wurde eine wenn auch geringfügige Hypertrophie der Schilddrüse und Hypophyse, deutliche Hypertrophie des Nebennierenmarks und Pankreas gefunden. Über

---

[1] Vgl. LAMPÉ, A. E.: Med. Klinik. 1912. Nr. 27. — BAUER, J.: Zeitschr. f. d. ges. Neurol. u. Psychiatrie. Bd. 13, S. 498. 1912.

[2] HART, C.: Die Lehre vom Status thymicolymphaticus. München: J. F. Bergmann 1923.

[3] ASHLEY, G. H. u. G. DELL' ACQUA: l. c.

das Verhalten der Keimdrüsen lauten die Berichte der Autoren widersprechend[1]), ebenso über dasjenige der Milz. Die Zirbel soll nach Thymektomie atrophieren (LINDEBERG). Auf der anderen Seite wurden keine übereinstimmenden Befunde am Thymus schilddrüsenexstirpierter Tiere gefunden. Dagegen scheint Schilddrüsenfütterung bzw. Implantation von Schilddrüsengewebe (BASCH) das Wachstum des Thymus anzuregen, ja HOSKINS fand eine Thymusvergrößerung sogar bei den Jungen von mit Schilddrüsen gefütterten graviden Meerschweinchen. Entfernung der Nebennieren führt zu Hyperplasie des Thymus (AULD, PENDE, MARINE[2]), JAFFÉ[3]) u. a.), ebenso Entfernung der Keimdrüsen[4]), ganz besonders aber die kombinierte Exstirpation von Nebennieren und Keimdrüsen. Nach MARINE und seinen Mitarbeitern ist es die Nebennierenrinde, welche zusammen mit den Keimdrüsen einen hemmenden Einfluß auf den Thymus und zugleich auch auf das gesamte lymphatische System ausübt, und es ist gewiß kaum zu bezweifeln, daß die physiologische Involution von Thymus und lymphatischem Gewebe zur Zeit der Pubertät mit dem Wachstum und dem Einsetzen der inkretorischen Funktion der Keimdrüsen zusammenhängt. Wurde doch sogar am Tier gezeigt, daß lebhafter Geschlechtsverkehr die normale Altersinvolution des Thymus beschleunigt, Unterdrückung des Geschlechtsverkehrs Persistenz des jugendlichen Thymus herbeiführt[5]).

Überblicken wir das vorliegende Tatsachenmaterial, so können wir den Schluß ziehen, daß der Thymus den Hormonorganen zugezählt werden muß, daß er einen fördernden Einfluß auf den Kalkstoffwechsel im Sinne einer besseren Assimilation des Kalkes ausübt, die Muskeltätigkeit in einer noch nicht näher bekannten Weise fördert und auch die Wachstumsintensität des Organismus steigert. Letzteres gilt wenigstens für Säugetiere und hat Analogien in der Wirkung des Thymusextraktes auf Gewebsexplantate und Kaulquappen, während bei Vögeln offenbar andere Verhältnisse vorliegen.

Hirnanhang (Hypophyse, Glandula pituitaria).

Der Hirnanhang setzt sich seiner morphologischen Struktur nach aus drei disparaten Teilen zusammen, dem drüsig gebauten Vorderlappen, dem vorwiegend aus Nervengewebe bestehenden Hinterlappen und einer epithelialen Pars intermedia, die beim Menschen, wie schon früher gesagt, nur rudimentär ausgebildet ist. Es ist wohl von vornherein anzunehmen, daß den großen strukturellen Unterschieden dieser drei Teile auch funktionelle Differenzen entsprechen dürften. Die vielen Bemühungen zahlreicher Forscher das oder die supponierten Hormone der Hypophyse in chemisch reiner Form zu fassen, hat wohl zu bemerkenswerten Ergebnissen aber noch keineswegs zur Lösung der gestellten Aufgabe geführt. Festgestellt erscheint jedenfalls die auch in

---

[1]) Vgl. PATON, D. NOËL: Edinburgh med. journ. Vol. 33, p. 351. 1926 (Bd. 45, S. 351).

[2]) MARINE, D., O. T. MANLEY u. E. J. BAUMANN: Journ. of exp. med. Vol. 40, p. 429. 1924 (Bd. 39, S. 316).

[3]) JAFFÉ, H. L.: Journ. of exp. med. Vol. 40, p. 753. 1924 (Bd. 39, S. 318).

[4]) Vgl. NAKAMURA, H.: Transact. of the Japan. pathol. soc. Vol. 12, p. 155. 1922 (Bd. 32, S. 83).

[5]) KNIPPING, H. W. u. W. RIEDER: Zeitschr. f. d. ges. exp. Med. Bd. 39, S. 378. 1924 (Bd. 39, S. 858).

chemischer Beziehung prinzipielle Verschiedenheit von Vorderlappen einerseits und Hinterlappen bzw. Pars intermedia andererseits.

Aus dem Vorderlappen von Rinderhypophysen konnte BRAILSFORD ROBERTSON [1]) durch Trocknung, Extraktion mit kochendem Alkohol und Fällung mit Äther eine Lipoidsubstanz gewinnen, die etwa $0,7\,\%$ des Gewichtes des frischen Vorderlappens ausmachte und auf 4 Stickstoffatome 1 Atom Phosphor, im ganzen $1,4\,\%$ Phosphor enthielt. Dieses als Tethelin bezeichnete Lipoid scheint zwar entgegen der Meinung seines Entdeckers keine chemisch einheitliche Substanz darzustellen (ABEL [2])), soll aber ebenso wie die Verfütterung von Hypophysenvorderlappen eine charakteristische Beeinflussung des Wachstums herbeiführen. Allerdings ist gegenüber diesen, auch in der Literatur nicht unwidersprochenen Angaben große Skepsis am Platze. ROBERTSON selbst gibt nämlich an, eine Wachstumsbeschleunigung bei weißen Mäusen nur in einer gewissen Lebensphase erzielt zu haben. Das Wachstum der normalen weißen Maus läßt nach seinen sorgfältigen Untersuchungen drei Perioden des Wachstumsantriebs deutlich erkennen und nur in der zweiten Hälfte der dritten dieser Perioden, zur Zeit der Pubertät erwies sich das Tethelin als wirksam. In der ersten Phase des dritten Wachstumszyklus hemmte es sogar ebenso wie Vorderlappensubstanz das Wachstum der Mäuse.

Auch beim Menschen beobachtete BIEDL [3]) nach Verabreichung von Vorderlappensubstanz nur während der physiologischen Streckungsperioden zur Zeit der Pubertät und vor dem 8. Lebensjahr gesteigertes Wachstum. In diesen Zeiten pflegt sich aber die physiologische Wachstumstendenz in unberechenbarer Weise auch dort geltend zu machen, wo eine krankhafte Hemmung der Wachstumsfunktion vorliegt, so daß die Beurteilung der wachstumsfördernden Wirksamkeit der Vorderlappensubstanz äußerst erschwert, ja geradezu unmöglich gemacht wird. Ich selbst konnte mich trotz zahlreicher Versuche mit einwandfreien Vorderlappenpräparaten niemals von dieser Wirksamkeit überzeugen. Dasselbe gilt für die von BIEDL behauptete Förderung der Pubertätsentwicklung durch Vorderlappensubstanz, denn auch die Pubertätsentwicklung kann mit beträchtlicher Verspätung spontan einsetzen. Zur sicheren Feststellung eines Einflusses auf Wachstum und Entwicklung sind daher Einzelbeobachtungen nicht geeignet und, wie auch ROBERTSON [4]) selbst hervorhebt, nur die statistische Bearbeitung größerer Versuchsreihen kann hier eine Entscheidung bringen.

Die wachstumsfördernde Wirkung des Tethelins soll nach ROBERTSON im Tierversuch auch durch Gewichtszunahme, Beschleunigung der Wundheilung und Vernarbungen sowie durch Beschleunigung des Wachstums experimentell erzeugter Carcinome zum Ausdruck kommen. DOTT [5]) gibt an, durch Verfütterung von Hypophysenvorderlappensubstanz bei Hunden eine ausgesprochene Steigerung des Knochenwachstums sowie eine raschere und stärkere Entwicklung der Geschlechtsorgane erzielt zu haben. Demgegenüber fand HOUSSAY [6])

---

[1]) ROBERTSON, BRAILSFORD TH.: Journ. of biol. chem. Vol. 24, S. 347. 1916.

[2]) ABEL, JOHN J.: Bull. of Johns Hopkins hosp. Vol. 35, Nr. 404, p. 305. 1924.

[3]) BIEDL, A.: Physiol. u. Pathol. d. Hypophyse. München u. Wiesbaden: J. F. Bergmann 1922.

[4]) ROBERTSON, B. TH.: Biochem. Journ. Vol. 27, p. 77. 1923 (Bd. 31, S. 304).

[5]) DOTT, N. M.: Quart. journ. of exp. physiol. Vol. 13, p. 241. 1923 (Bd. 34, S. 41).

[6]) HOUSSAY, B. A. u. E. HUG: Cpt. rend. des séances de la soc. de biol. Tom. 89, Nr. 19, p. 51. 1923 (Bd. 32, S. 432).

die Verfütterung von Hypophysen an jungen Hunden, die nach einer Exstirpation eines größeren Teiles der Hypophyse im Wachstum zurückgeblieben waren, ohne jeden Einfluß auf das Wachstum und auch Smith[1]) konnte bei Ratten keinen Einfluß verfütterter Hypophysensubstanzen (Vorder- und Hinterlappen) auf Wachstum und Geschlechtsentwicklung beobachten. J. Deutsch[2]) sah zwar durch Verfütterung von Hypophysenvorderlappen eine Beschleunigung der Gewichtszunahme ausgehungerter Ratten eintreten, die gleiche Wirkung hatten aber auch Schilddrüse, Hoden, Ovarien, Milch u. a., während subcutane Injektionen von Hypophysenextrakt wirkungslos waren oder die Gewichtszunahme sogar hemmten. Dagegen gelang es A. Exner[3]), durch Implantation von 7—10 Hypophysen gleichartiger und gleichgeschlechtlicher Tiere in den Retroperitonealraum, sowie Evans und Long[4]) durch intraperitoneale Einverleibung fein zerriebener Hypophysenvorderlappensubstanz bei jungen Ratten gesteigertes Wachstum und vermehrten Fettansatz zu erzielen. Im Gegensatz zu oben angeführten Erfahrungen zeigten aber die Tiere Zeichen von Hypogenitalismus. Brunst trat gar nicht oder nur in längeren Zeiträumen ein. Der Uterus war hypoplastisch, die Ovarien dagegen sehr groß und enthielten zwar keine normalen Graafschen Follikel, wohl aber zahlreiche große Corpora lutea. Hinterlappensubstanz hatte diese charakteristischen Wirkungen nicht.

In jüngster Zeit fanden B. Zondek und Aschheim[5]), daß Hypophysenvorderlappensubstanz in ganz spezifischer Weise die Ovarialfunktion der infantilen, 6—8 g schweren Maus in Gang setzt und auf dem Wege einer mächtigen Wachstumsanregung des ovariellen Follikelapparates die typischen Brunsterscheinungen auslöst, von denen später die Rede sein soll. Am kastrierten Tier ist der implantierte Hypophysenvorderlappen völlig unwirksam — zum Unterschied von Eierstocksubstanz — er wirkt also lediglich im Sinne einer Anregung zur Reifung der Ovarien. Die Autoren verwenden dieses interessante Phänomen als Test für die Auswertung des Vorderlappenhormons, dessen Darstellung in wasserlöslicher Form sie in Aussicht stellen. Das Hormon ist art- und geschlechtsunspezifisch.

Auch an Kaltblütern sind die Resultate verschiedener Forscher widersprechend. Während E. Uhlenhuth[6]) durch Verfütterung von Hypophysenvorderlappen an junge Axolotl nach deren Metamorphose Riesenexemplare erzeugen konnte — vor der Metamorphose trat keine Beeinflussung ein und Hypophysenhinterlappen wirkte eher wachstumshemmend — beschreiben Kahn und Potthoff[7]) eine wachstumshemmende Wirkung von Hypophysenpräparaten bei Verfütterung an Froschlarven. Smith[8]) dagegen konnte mit

---

[1]) Smith, C. S.: Americ. journ. of physiol. Vol. 65, p. 277. 1923 (Bd. 30, S. 414).

[2]) Deutsch, J.: Zeitschr. f. d. ges. exp. Med. Bd. 36, S. 474. 1923.

[3]) Exner, A.: Dtsch. Zeitschr. f. Chirurg. Bd. 107, S. 172. 1910.

[4]) Evans, H. M. u. J. A. Long, Proc. of the nat. acad. of sciences (U. S. A.). Vol. 8, p. 38. 1922 (Bd. 24, S. 122).

[5]) Zondek, B. u. S. Aschheim: Klin. Wochenschr. 1927. Nr. 6, S. 248.

[6]) Uhlenhuth, Ed.: Proc. of the soc. f. exp. biol. a. med. Vol. 18, p. 11. 1920 (Bd. 23, S. 272).

[7]) Kahn, H. u. P. Potthoff: Zeitschr. f. d. ges. exp. Med. Bd. 29. S. 434. 1922 (Bd. 27, S. 40).

[8]) Zit. nach Abel, J. J.: l. c.

Vorderlappensubstanz hypophysektomierte Kaulquappen zum Wachsen bringen. Die Metamorphose von Axolotln wird durch intraperitoneale Injektion von Vorderlappensubstanz nach den Untersuchungen von Smith [1]) gehemmt, nach jenen von Hogben [2]) und Spaul [3]) gefördert. Selbst bei thyreoidektomierten Axolotln konnte Hogben mit Vorderlappensubstanz Metamorphose erzielen. Von einer sichergestellten, einwandfreien und konstanten Wirkung der in irgendeiner Weise verabreichten Vorderlappensubstanz auf Wachstum und Entwicklung kann also wohl noch nicht gut die Rede sein.

Im übrigen wurden noch folgende Wirkungen des Vorderlappenextraktes der Hypophyse konstatiert: Eine Blutdrucksenkung nach intravenösen Injektionen im Tierversuch, Temperatursteigerung bei mit Vorderlappensubstanz gefütterten Hunden, selbst nach vorangegangener Exstirpation der Schilddrüse (Dott), Temperaturanstieg (Cushing) bzw. Sensibilisierung des gelähmten Wärmezentrums (Hashimoto [4])) bei hypophysektomierten Tieren nach Injektion des Vorderlappenextraktes sowie eine charakteristische Beeinflussung des Gaswechsels am hypophysektomierten Hund und bei gewissen krankhaften Zuständen des Menschen. Enteral und parenteral verabreicht steigert nämlich der Vorderlappenextrakt die spezifisch-dynamische Wirkung einer aus Eiweiß und Kohlenhydraten bestehenden Nahrung beim hypophysektomierten Hund (Knipping [5])) und bei einer Gruppe von Fällen, in welchen wie beim hypophysektomierten Hund diese spezifisch-dynamische Nahrungswirkung herabgesetzt ist oder ganz fehlt. Parallel damit pflegt eine Verminderung des Grundumsatzes einzutreten. Von dieser durch Kestner [6]), Rahel Plaut sowie Liebesny [7]) festgestellten Stoffwechselwirkung der Vorderlappensubstanz wird in einem späteren Kapitel noch ausführlicher die Rede sein. Der spezifisch-dynamischen Nahrungswirkung entspricht ein Ansteigen des Aminosäuregehaltes im Blute [8]). Daß es sich aber hier um eine spezifische Eigenschaft des Hypophysenvorderlappens handeln soll, wie die oben genannten Autoren annehmen, ist deshalb sehr fraglich, weil auch für das Schilddrüsenhormon ein analoger Einfluß auf die spezifisch-dynamische Nahrungswirkung gefunden wurde (Abelin, Baumann [9])).

Besser unterrichtet sind wir über die physiologischen Wirkungen der im restlichen Teil der Hypophyse, also im Hinterlappen und in der Pars intermedia enthaltenen Stoffe und zwar vor allem deshalb, weil sich deren Wirkungen im

---

[1]) Smith, Ph. E. u. J. B. Smith: Proc. of the soc. f. exp. biol. a. med. Vol. 20, p. 51. 1922 (Bd. 27, S. 445).

[2]) Hogben, L.: Proc. of the roy. soc. of med. Ser. B. Vol. 94, Nr. B. 660. p. 204. 1923 (Bd. 28, S. 301).

[3]) Spaul, E. A.: Brit. journ. of exp. biol. Vol. 2, p. 33. 1924 (Bd. 40, S. 130).

[4]) Hashimoto, M.: Arch. f. exp. Pathol. u. Pharmakol. Bd. 101, S. 218. 1924 (Bd. 35, S. 53).

[5]) Knipping, H. W.: Dtsch. med. Wochenschr. 1923. S. 12 (Bd. 28, S. 162).

[6]) Kestner, O.: Verhandl. d. 34. dtsch. Kongr. f. inn. Med. 1922. S. 338 (Bd. 28, S. 300).

[7]) Liebesny, P.: Biochem. Zeitschr. Bd. 144, S. 308. 1924.

[8]) Liebeschütz-Plaut, R. u. H. Schadow: Dtsch. Arch. f. klin. Med. Bd. 148, S. 214. 1925 (Bd. 42, S. 26).

[9]) Baumann, E. J.: Proc. of the soc. f. exp. biol. a. med. Vol. 21, p. 447. 1924 (Bd. 38, S. 704). — Baumann, E. J. u. L. Hunt: Journ. of biol. chem. Vol. 64, p. 709. 1925 (Bd. 42, S. 265).

kurzfristigen, einfachen Versuch feststellen lassen und nicht wie die Erforschung der Wachstumshormone eine umständliche, mit besonderer Kritik durchgeführte Versuchsanordnung erfordern. Die Frage, ob die sogleich näher zu besprechenden charakteristischen Wirkungen der Hinter- und Zwischenlappensubstanz auf dem Vorhandensein eines einzigen, chemisch wohl definierten Hormons beruhen oder ob es sich da um mehrere Körper handelt, denen verschiedene hormonale Wirkungen zukommen, erscheint bis heute noch nicht widerspruchslos geklärt. Während FÜHNER vier physiologisch verschieden wirksame Fraktionen in krystallinischer Form aus dem Hypophysenhinterlappen gewinnen konnte (ihr Gemisch ist als $1\,^0/_0$iges Hypophysin im Handel) und auch LESCHKE, DALE, TRENDELENBURG u. a. [1]) für eine Mehrheit von Hormonen eintraten, gelang es JOHN ABEL und seinen Mitarbeitern, ein zwar noch nicht ganz reines und amorphes Tartrat zu gewinnen, das sich aber schon in kleinsten Quantitäten als äußerst wirksam erwies und im biologischen Versuch sämtliche physiologischen Wirkungen entfaltete, die einem guten wässerigen Extrakt aus dem Hinterlappen der Hypophyse zukommen. Da es nicht gelang, durch die verschiedenartigsten chemischen Manipulationen oder durch Dialyse diese Substanz in mehrere Stoffe von verschiedener biologischer Wirkung zu trennen und alle derartigen Prozeduren nur eine gleichmäßige und parallele Änderung aller Qualitäten dieser Substanz zur Folge hatten, so scheint es sich allerdings um einen einheitlichen chemischen Körper zu handeln. Das von ABEL isolierte Tartrat wirkt auf glatte Muskulatur 1000—1250 mal stärker erregend als saures Histaminphosphat, welches als in dieser Hinsicht besonders wirksame Substanz gilt. ABEL nennt dieses von ihm isolierte Tartrat Substanz A, neben der zwei andere, gleichfalls aus dem Hypophysenhinterlappen gewonnene Stoffe B und C als Hormone kaum in Betracht kommen. Substanz C ist Histamin, dessen Vorstufe leicht aus den verschiedensten Organen gewonnen werden kann, Substanz B eine Albumose, die gleichfalls nichts für die Hypophyse Spezifisches an sich hat. B und C wirken blutdrucksenkend und bronchoconstrictorisch, werden aber durch das in viel größerer Menge vorhandene supponierte Hormon A überkompensiert. Nur in unzweckmäßig hergestellten Extrakten aus dem Hypophysenhinterlappen können diese unspezifischen Stoffe B und C zur Wirkung kommen.

Welche Wirkungen bringen nun die aus dem Hypophysenhinter- und Zwischenlappen hergestellten Extrakte bzw. die ABELsche Substanz A im Organismus hervor? Am genauesten studiert ist im Tierversuch der Effekt auf den Kreislauf, der in einer länger anhaltenden Blutdrucksteigerung nach Einspritzung der Hypophysensubstanz besteht. Eine initiale, vorübergehende Drucksenkung ist auf Beimengung der oben erwähnten, unspezifischen depressorischen Stoffe zurückzuführen. Der Druckanstieg wird bedingt durch eine in verschiedenen Gefäßgebieten graduell verschiedene Vasoconstriction. Namentlich die kleinen Arterien des Splanchnicusgebietes [2]) und das Capillar-

---

[1]) HEYMANS, C.: Arch. internat. de pharmaco-dyn. et de thérapie. Tom. 30, p. 275. 1925 u. Cpt. rend. des séances de la soc. de biol. Tom. 92, p. 210. 1925 (Bd. 41, S. 259). — SCHLAPP, W.: Quart. journ. of exp. physiol. Vol. 15, p. 327. 1925 (Bd. 43, S. 528). — TRENDELENBURG, P.: Arch. f. exp. Pathol. u. Pharmakol. Bd. 114, S. 255. 1926 (Bd. 45, S. 349).

[2]) MAUTNER, H. u. E. P. PICK: Arch. f. exp. Pathol. u. Pharmakol. Bd. 97, S. 306. 1923 (Bd. 32, S. 482).

system zeigen eine starke Tonuszunahme (Krogh [1])). Auch die Lungen-capillaren beteiligen sich an der Verengerung. Ob die Arterien und Capillaren des Coronarkreislaufes in dieser Beziehung eine Ausnahme machen und durch Hypophysenextrakt erweitert werden, wurde von verschiedenen Untersuchern nicht einheitlich beantwortet. Von der Wirkung auf die Nierengefäße soll später die Rede sein. Den Angriffspunkt der Hypophysensubstanz bildet die glatte Muskulatur der Gefäße selbst, sowie auch andere glatte Muskulatur durch diese Substanz in Erregung versetzt wird. Beim Menschen sieht man den Blutdruckanstieg nicht immer; es scheint dies von der Art des Extraktes abzuhängen [2]). Dagegen ist vorübergehendes Erblassen der Haut eine häufige Reaktion auf Hypophysenextrakt. Bei Vögeln wirkt das intravenös injizierte Hypophysenextrakt blutdrucksenkend [3]).

Eine eigentümliche, in ihrem Wesen ungeklärte Eigenschaft des Hypo-physenextraktes, die auch der Abelschen Substanz A zukommt, ist, daß eine nicht zu lange nach der ersten intravenösen Injektion verabreichte zweite Injektion sehr häufig den pressorischen Effekt vermissen läßt und eventuell den Blutdruck senkt. Die Herztätigkeit wird durch Injektion von Hinter-lappenextrakt auch bei durchschnittenen Vagi verlangsamt, das Schlagvolumen etwas vermindert [4]). Am Menschen verursacht Injektion von Hinterlappen-extrakt in der Regel keine nennenswerte Änderung der Pulsfrequenz, nur bei Basedowkranken soll eine charakteristische Pulsverlangsamung eintreten (Claude und Baudouin).

Eine in der geburtshilflichen Praxis heute kaum mehr entbehrliche Wirkung der Hypophysensubstanz ist die zuerst von Dale entdeckte, vor allem aber durch v. Frankl-Hochwart und Fröhlich sowie Hofstätter studierte und in ihrer Bedeutung gewertete Anregung der Uteruskontraktionen und Steige-rung der Erregbarkeit des Uterus für Kontraktionsreize. Auch diese Wirkung kommt durch direkte Erregung der Uterusmuskulatur zustande, da sie auch nach Ausschaltung der Nervenendapparate bestehen bleibt. v. Frankl-Hochwart und Fröhlich zeigten, daß Histamin und Pepton die Uteruswirkung der Hypo-physensubstanz im Tierversuch abschwächen und daß, ähnlich wie wir es bei der Blutdruckwirkung kennen gelernt haben, in der Regel nur die erste Injektion wirksam ist.

Auch auf die glatte Muskulatur anderer Organe wirkt Hypophysen-substanz erregend, so auf die Muskulatur der Harnblase, welche auch auf die Impulse des Nervus pelvicus, des motorischen Blasennerven leichter an-spricht (v. Frankl-Hochwart und Fröhlich) und auf die Muskulatur der Gallenblase, welche ihren Inhalt ins Duodenum entleert (Schöndube [5])). Die Dünndarmbewegungen werden durch Hypophysensubstanz gleichfalls angeregt. Hierbei scheint allerdings eine Wirkung auf die nervösen Apparate vorzuliegen (G. Bayer und Peter). Am Menschen sieht man nach einer

---

[1]) Krogh, A. u. P.-B. Rehberg: Cpt. rend. des séances de la soc. de biol. Tom. 87, Nr. 25, p. 461. 1922 (Bd. 26, S. 367).

[2]) Brunn, F.: Wien. med. Wochenschr. 1923. S. 197 (Bd. 27, S. 217). — Villa, L.: Arch. di patol. e clin. med. Vol. 2, p. 194. 1923 (Bd. 30, S. 26). — Vgl. auch Csépai, K. u. H. Weisz: Zeitschr. f. d. ges. exp. Med. Bd. 50, S. 745. 1926 (Bd. 45, S. 250).

[3]) Hogben, L. T.: Quart. journ. of exp. physiol. Vol. 15, p. 155. 1925 (Bd. 42, S. 270).

[4]) Airila, Y.: Skandinav. Arch. f. Physiol. Bd. 31, S. 381. 1914.

[5]) Schöndube, W.: Klin. Wochenschr. 1925. Nr. 14. S. 640.

genügend großen Dosis subcutan oder intramuskulär applizierten Hypophysen-extraktes kolikartige Schmerzen im Bauch auftreten, die innerhalb weniger Minuten von einer Stuhlentleerung gefolgt werden. ENGELBACH meinte, daß diese Reaktion bei Individuen mit insuffizienter Hypophysentätigkeit erst auf größere Dosen eintritt, und suchte dies im Sinne einer Funktionsprüfung zu verwerten. Doch erkennt er heute selbst die Unverläßlichkeit einer solchen Probe an.

Ob die mydriatische Wirkung auf das enucleierte Froschauge der gleichen Hypophysensubstanz zukommt wie die übrigen bisher erörterten Effekte auf glatte Muskelfasern, ist nicht sicher [1]). Eigenartig ist die Wirkung der intravenös injizierten Hypophysensubstanz auf die Atmung der Versuchstiere. Die Atemkurve wird zunächst hochgradig abgeflacht, eventuell bis zum Atmungs-stillstand, dann wird sie vertieft, um abermals in einen zuweilen bedrohlich lange anhaltenden Atemstillstand überzugehen. Diese „Spindelform" der Atmungskurve (FÜHNER) konnte ABEL auch mit seiner Substanz A erzeugen. Eine Reinjektion von Hypophysensubstanz ruft auch diesen genetisch noch nicht aufgeklärten Effekt nicht mehr hervor. Bemerkenswert ist, daß die charakteristische Wirkung der Hypophysensubstanz auf die Atmung schon mit fetalen Hypophysen erzielt werden konnte und zwar mit menschlichen Hypophysen des 6. bis 7. Fetalmonats (SCHLIMPERT [2])).

Eine der interessantesten Wirkungen des aus dem Hypophysenhinterlappen bzw. der Pars intermedia gewonnenen Extraktes ist die Beeinflussung der Diurese. Seit SHARPEY SCHAFER 1895 eine diuretische Wirkung im Tierversuch, VON DEN VELDEN 1913 eine mächtige Diuresehemmung bei mit Diabetes insipidus behafteten Menschen beschrieben haben, ist viel Arbeit an die Auf-klärung dieser Verhältnisse aufgewendet worden, ohne daß es bisher gelungen wäre, einen gesicherten einheitlichen Standpunkt zu gewinnen. Sogar am gleichen Versuchstier wurden widersprechende Resultate erhalten, so beobachteten am Hund HOUSSAY [3]) und seine Mitarbeiter lediglich eine Diuresesteigerung, MOLITOR und PICK [4]) bloß eine sehr ausgesprochene Diuresehemmung. Je nach der Art, der Ernährung und dem Zustande des Versuchstieres sowie nach der Dosierung und Reinheit des Extraktes scheinen beide Effekte in wechselndem Ausmaße und in verschiedenen Phasen entstehen zu können. ABEL konnte jedenfalls nachweisen, daß es die gleiche Substanz A ist, die im Tierversuch diuretisch wirkt und beim insipiduskranken Menschen die Harnflut hemmt. In der Mehrzahl der Versuche wurde eine nur kürzere Initialperiode gesteigerter Diurese mit nachfolgender Hemmung beobachtet. Die erste Phase pflegt mit einer Steigerung der Nierendurchblutung einherzugehen, doch kann auch während der ausgesprochenen Diuresehemmung das Nierenvolumen vergrößert sein, indem vielleicht, wie MOLITOR und PICK annehmen, das aus den benach-barten abdominellen Gebieten durch die mächtige Gefäßkontraktion verdrängte

---

[1]) Vgl. BORCHARDT, L.: Hypophyse. Im Lehrbuch der Organotherapie von v. WAGNER-JAUREGG u. G. BAYER. Leipzig: G. Thieme 1914.

[2]) Zit. nach BIEDL, A.: Physiol. u. Pathol. d. Hypophyse. München u. Wiesbaden: J. F. Bergmann 1922.

[3]) HOUSSAY, B.-A., J. S. GALAN u. J. NEGRETE: Cpt. rend. des séances de la soc. de biol. Tom. 83, Nr. 27, p. 1248. 1920 (Bd. 15, S. 364).

[4]) MOLITOR, H. u. E. P. PICK: Arch. f. exp. Pathol. u. Pharmakol. Bd. 101, S. 169. 1924 (Bd. 37, S. 128). Klin. Wochenschr. 1923. Nr. 49. S. 2242.

Blut in die Nieren abströmt, deren Gefäße auf den tonisierenden Reiz des Hypophysenextraktes weniger ansprechen als die Gefäße des übrigen Splanchnicusgebietes.

Übrigens hatte PAL [1]) an ausgeschnittenen Ringen der Nierenarterien eine Dilatation ihres distalen Abschnittes zum Unterschied vom proximalen unter dem Einfluß von Hypophysenextrakten feststellen können, während RICHARDS und SCHMIDT [1]) an der lebenden Froschniere in situ eine Sperrung der Glomeruli durch Hypophysensubstanz beobachteten. Es ist sicherlich nicht anzunehmen, daß die recht flüchtige Wirkung auf die Nierengefäße für die Diuresehemmung durch Hypophysensubstanz verantwortlich gemacht werden kann [1]). Wahrscheinlich spielt sie nur für die doch oft beobachtete initiale Zunahme der Harnabsonderung eine Rolle. Eine Vermehrung des O_2-Verbrauches und der CO_2-Abgabe durch die Niere wurde dabei übrigens nicht festgestellt (KNOWLTON und SILVERMANN [1])). Gegen eine nennenswerte Beteiligung der Gefäßwirkung des Hypophysenextraktes am Zustandekommen der Diuresehemmung spricht auch schon der Umstand, daß die Diuresehemmung auch bei oft hintereinander wiederholten Injektionen stets in unvermindertem Maße zu beobachten ist und sich auch quantitativ nicht erschöpft [1]), während doch die pressorische Wirkung des Hypophysenextraktes sehr oft bloß bei der ersten von bald nacheinander verabreichten Injektionen eintritt.

Die oft ganz erstaunliche Nierensperre durch Hypophysenextrakt im Tierversuch und am Menschen, insbesondere am insipiduskranken Menschen muß auf eine Beeinflussung der Nierenepithelien selbst bezogen werden [2]). Sie auf eine extrarenale Gewebswirkung zurückzuführen, in dem Sinne, daß die Gewebe unter dem Einfluß des Hypophysenextraktes mehr Flüssigkeit speichern und sie nicht abgeben [3]), ist meines Erachtens trotz der sorgfältigen Versuche von MOLITOR und PICK nicht begründet und eigentlich schon durch deren eigene, die Angaben ROWNTREEs und seiner Mitarbeiter [4]) bestätigende, interessante Beobachtung widerlegt, daß Zufuhr größerer Wassermengen während der Pituitrinwirkung bei unvermindert weiterbestehender Oligurie mächtige Speichelsekretion, bisweilen Erbrechen hervorruft. „Dieser vikariierenden Vorrichtungen muß sich der Organismus bedienen, um sich bei der mächtigen Diuresehemmung des überschüssigen Wassers zu entledigen" (l. c. S. 175). Es kann doch nur die bestehende Nierensperre diese Art der Entledigung und die Entstehung der „Wasservergiftung" (ROWNTREE) verständlich machen. Auch die von HOFFMANN [5]) bei Menschen mit Diuresehemmung durch Hypophysenextrakt und nur bei solchen beobachtete Gastrohydrorrhöe ist der Ausdruck einer derartigen Entledigung. Übrigens erscheint die direkte Nieren-

---

[1]) MOLITOR, H. u. E. P. PICK: l. c.

[2]) OEHME, C. u. M. OEHME: Dtsch. Arch. f. klin. Med. Bd. 127, 1918. — BAUER, J. u. B. ASCHNER: Wien. Arch. f. inn. Med. Bd. 1, S. 297. 1920 u. Zeitschr. f. d. ges. exp. Med. Bd. 27, S. 191. 1922. — FROMHERZ, K.: Klin. Wochenschr. 1925. Nr. 23. S. 1126 u. Arch. f. exp. Pathol. u. Pharmakol. Bd. 112, S. 359. 1926 (Bd. 44, S. 578).

[3]) Vgl. VEIL, W. H.: Ergebn. d. inn. Med. Bd. 23, S. 648. 1923.

[4]) LARSON, E. E., J. F. WEIR u. L. G. ROWNTREE: Transact. of the assoc. of Americ. physic. Vol. 36, p. 409. 1921 (Bd. 31, S. 109). — WEIR, J. F.: Arch. of internal med. Vol. 32, p. 617. 1923 (Bd. 33, S. 237).

[5]) HOFFMANN, H.: Zeitschr. f. d. ges. exp. Med. Bd. 12, S. 134. 1921 (Bd. 17, S. 205). — FRANK, E.: Klin. Wochenschr. 1924. S. 847 u. 895.

wirkung des Hypophysenextraktes durch die Versuche STARLINGs und VERNEYs[1]) an der durchspülten, überlebenden Hundeniere erwiesen. In diesen Versuchen bewirkte Pituitrin eine deutliche absolute und prozentuelle Vermehrung der Chlor- und Verminderung der Wasserausscheidung. Ähnliches ergaben NOGUCHIs Versuche an der überlebenden Froschniere [2]). Daß neben der direkten Nierenwirkung das Pituitrin auch auf indirektem Wege die Diurese hemmt, indem es auf ein bestimmtes „Wasserzentrum" am Boden des dritten Ventrikels einwirkt, haben MOLITOR und PICK [3]) bewiesen, indem sie zeigten, daß schon viel kleinere Mengen Hypophysenextrakt zur Diuresehemmung ausreichen, wenn sie intralumbal als wenn sie subcutan verabreicht werden [4]). Wie dieses „Wasserzentrum" die Diurese beeinflußt, darüber sagen die Versuche nichts aus, insbesondere bieten sie auch keinen Anhaltspunkt dafür, daß es auf dem Umweg über die Wasserbindung in den Geweben die Diurese hemmen könnte.

Am Kaltblüter ist allerdings eine Wirkung des Hinterlappenextraktes der Hypophyse auf das Wasserbindungsvermögen, die Quellungsfähigkeit der Gewebe erwiesen; Frösche (BRUNN [5])) und Kröten (BIASOTTI [6])) nehmen durch Wasseraufnahme an Gewicht beträchtlich zu, obwohl eine Diuresehemmung bei ihnen gar nicht stattfindet. Dieser Gegensatz zeigt ja deutlich, daß erhöhtes Wasserbindungsvermögen der Gewebe und Harnverminderung nicht unbedingt einander parallel gehen müssen und daß hier überhaupt ganz andere Verhältnisse vorliegen, die mit denen des Warmblüters nicht ohne weiteres zu vergleichen sind. Was die Pituitrinwirkung auf die Austauschvorgänge zwischen Blut und Geweben beim Menschen anlangt, so scheint sogar das Pituitrin den Austausch in der Richtung von den Geweben nach dem Blute zu fördern und jenen in umgekehrter Richtung eher zu hemmen. Während nämlich ST. WEISZ und TELBISZ[7]) die Resorptionszeit subcutan injizierter NaJ-Lösung unter Pituitrinwirkung beschleunigt fanden, sahen SAXL und DONATH [8]) eine ins Blut injizierte Fettemulsion unter Pituitrin länger im Blute verweilen, Exsudat- und Ödembildung bei der experimentellen Senföl-conjunctivitis des Kaninchens vermindert oder gar nicht auftreten. Ich sah in einem Falle von Diabetes insipidus die intermediären Austauschvorgänge nach intravenöser Infusion von 550 ccm physiologischer NaCl-Lösung unter

---

[1]) STARLING, E. H. u. E. B. VERNEY: Proc. of the roy soc. Ser. B. Vol. 97, B. 684, p. 321. 1925 (Bd. 40, S. 804).

[2]) NOGUCHI, J.: Arch. f. exp. Pathol. u. Pharmakol. Bd. 112, S. 343. 1926 (Bd. 44, S. 633).

[3]) MOLITOR, H. u. E. P. PICK: Arch. f. exp. Pathol. u. Pharmakol. Bd. 112, S. 113. 1926 (Bd. 44, S. 877).

[4]) Daß intralumbal eingebrachtes Hypophysenhinterlappenextrakt schon in viel kleineren Dosen wirksam ist als subcutan verabreichtes, weil es in höherer Konzentration an die nervösen Zentren gelangt, hat für andere Effekte des Hormons auch LEIMDÖRFER (Wien. klin. Wochenschr. 1926. Nr. 2, S. 41) und RAAB (vgl. S. 73) nachweisen können.

[5]) BRUNN, F.: Zeitschr. f. d. ges. exp. Med. Bd. 25, S. 170. 1921 (Bd. 21, S. 527). — JUNGMANN, P. u. H. BERNHARDT: Zeitschr. f. klin. Med. Bd. 99, S. 84. 1924.

[6]) BIASOTTI, A.: Cpt. rend. des séances. de la soc de biol. Tom. 88, Nr. 5, p. 361. 1923 (Bd. 29, S. 233).

[7]) WEISZ, St. u. A. TELBISZ: Wien. Arch. f. inn. Med. Bd. 10, S. 401. 1925 (Bd. 40, S. 759).

[8]) SAXL, P. u. F. DONATH: Klin. Wochenschr. 1925. Nr. 39, S. 1866.

Pituitrinwirkung ganz ebenso ablaufen, wie es auch ohne Pituitrin zu beobachten war (Bauer und Aschner). Die charakteristische Wirkung auf die Diurese der Warmblüter sowie auf die Gewebsquellung der Kaltblüter kommt nur den Hinter- und Zwischenlappenextrakten zu, wo Vorderlappenextrakte, wenn auch nur angedeutet, im gleichen Sinne wirksam waren, dort lagen offenbar keine ganz einwandfrei und rein getrennten Präparate, sondern Beimengungen von Hinter- und Zwischenlappensubstanz vor [1] [2].

Auch die sekretorische Tätigkeit anderer Organe wird durch die Substanz des Hypophysenhinter- und Zwischenlappens beeinflußt. So wurde eine hemmende Wirkung dieser Substanz auf die Sekretion des Magensaftes bei Tieren und am Menschen festgestellt. Sowohl Saftmenge wie der Gehalt an HCl nimmt ab [3]. Hoffmann hatte allerdings eine Saftzunahme durch Hydrorrhoea gastrica gefunden. Auch die Tätigkeit der Speicheldrüsen und des Pankreas wird gehemmt [3]. Ob bei der Hemmungswirkung auf die Magensekretion eine Erregung des hemmenden Sympathicus in Betracht kommt, wie Pal annimmt, und wieweit etwa die bloße Tonuszunahme der Splanchnicusgefäße hierbei eine Rolle spielt, ist nicht sicher. Die Palsche Beobachtung, daß der Hypophysenextrakt aus dem Hinter- und Zwischenlappen eine Kolloidanschoppung in der Schilddrüse zugleich mit dem Rückgang vorhandener Erscheinungen von Hyperthyreoidismus herbeiführt, spricht für eine Hemmungswirkung auf die Schilddrüsensekretion. Dagegen soll die Milchsekretion während der Lactationsperiode durch Hypophysenextrakt gesteigert werden. Ob der gesteigerte Liquorabfluß unter Hypophysenextrakt (Weed und Cushing) auf eine vermehrte Plexussekretion bezogen werden darf, ist noch unsicher. Der Lymphstrom im Ductus thoracicus wird durch Pituitrin verlangsamt [4].

Die Substanz des Hinter- und Zwischenlappens der Hypophyse übt, parenteral zugeführt, am Tier wie am Menschen ausgesprochene Wirkungen auf den Stoffwechsel aus. Der O_2-Verbrauch wird gesteigert, also der Grundumsatz erhöht. Ob dabei O_2-Verbrauch und CO_2-Abgabe gleichzeitig ansteigen, der respiratorische Quotient somit unverändert bleibt, oder ob er absinkt, wurde noch nicht übereinstimmend beantwortet [5]. Der Steigerung des Stoffwechsels entspricht die Vermehrung der N-Ausscheidung. Die Art der Beeinflussung des Purinstoffwechsels durch Hypophysenextrakte ist noch nicht geklärt [6]. Auch Salze und Phosphor werden in vermehrter Menge eliminiert. Von den meisten Beobachtern wurde nach Injektion von Hinter- bzw. Zwischenlappenextrakten Hyperglykämie, ausnahmsweise wohl auch Glykosurie beobachtet (vgl. Borchardt, Biedl, Zloczower u. a.), nur Falta bestreitet dies und konnte auch

---

[1] Molitor, H. u. E. P. Pick: Arch. f. exp. Pathol. u. Pharmakol. Bd. 101, S. 169. 1924 (Bd. 37, S. 128).

[2] Biasotti, A.: Cpt. rend. des séances. de la soc de biol. Tom. 88, Nr. 5, p. 361. 1923 (Bd. 29, S. 233).

[3] Pal, J.: Dtsch. med. Wochenschr. 1916. S. 1030. — Badylkes, S. O.: Arch. f. Verdauungskrankh. Bd. 34, S. 105. 1925.

[4] Meyer, E. u. R. Meyer-Bisch: Dtsch. Arch. f. klin. Med. Bd. 137, S. 225. 1921. — Bayley, E. C., J. C. Davis, W. Whitman u. F. H. Scott: Proc. of the soc. f. exp. biol. a. med. Vol. 22, p. 312. 1925 (Bd. 40, S. 491).

[5] Vgl. Zloczower, A.: Zeitschr. f. d. ges. exp. Med. Bd. 37, S. 68. 1923 (Bd. 32, S. 482) gegenüber Falta.

[6] Falta, W.: l. c. — Fleischmann, P. u. Salecker: Zeitschr. f. klin. Med. Bd. 80, S. 456. 1914.

am Menschen, weder am gesunden noch am diabetischen, eine Herabsetzung der Toleranzgrenze für Kohlenhydrate durch Hypophysenextrakt nicht erzielen. Das gleiche negative Resultat hatten Camus und Roussy [1]) an hypophysektomierten Tieren.

Eine höchst interessante Eigenschaft des Hypophysenzwischen- und Hinterlappenextraktes wurde in allerletzter Zeit entdeckt. Sie erstreckt sich auf den Fettstoffwechsel. An Kaninchen und Ratten führt nämlich Pituitrin zu einer rasch vorübergehenden Fettanreicherung in der Leber [2]), welche durch gleichzeitige Insulinverabreichung verhindert werden kann [3]). Raab [4]) konnte nun zeigen, daß der im Hungerzustand erhöhte Fettspiegel des Blutes bei Hunden durch Pituitrin und Pituglandol in spezifischer Weise bedeutend herabgedrückt werden kann. Während bei subcutaner Verabreichung enorme Dosen (bis zu 30 ccm) des Extraktes erforderlich sind, genügen bei Injektion in die Hirnventrikel schon 0,2—0,6 ccm. Dieser Pituitrineffekt bleibt aus bei Tieren mit durchschnittenem Halsmark oder nach mechanischer Zerstörung des Infundibulum und Tuber cinereum — hier kann er in abgeschwächtem Grade doch eintreten — sowie bei Phosphorvergiftung. Offenbar begünstigt also das Hypophysenextrakt die Verbrennung des Fettes in der Leber und übt diese Wirkung auf dem Wege nervöser Stoffwechselzentren am Boden des III. Ventrikels aus, von denen später noch ausführlich die Rede sein soll.

Etwas kompliziert gestaltet sich der Einfluß des Hypophysenextraktes auf die Wärmeregulation. An normalen Tieren und Menschen setzt Hinterlappenextrakt die Körpertemperatur deutlich herab. Diese zuerst von mir gemachte Beobachtung wurde von späteren Untersuchern durchwegs bestätigt [5]). An hypophysektomierten Tieren mit konsekutiver Temperatursenkung ruft dagegen Hinterlappenextrakt oder Extrakt aus der ganzen Hypophyse einen Temperaturanstieg hervor und stellt die durch die Hypophysenentfernung verlorengegangene Fieberfähigkeit wieder her. Cushings seinerzeitige Angabe, daß die nach Exstirpation der Hypophyse oder bei gewissen auf Unterfunktion der Hypophyse bezogenen menschlichen Erkrankungen herabgesetzte Körpertemperatur nur durch Vorderlappenextrakt zu steigern sei, konnte weder von Biedl, noch von mir, noch insbesondere durch Hashimoto bestätigt werden. Der letztgenannte Autor vertritt auf Grund umfangreicher Tierversuche die Anschauung, daß die Hypophysenhinterlappensubstanz die Erregbarkeit des Wärmezentrums steigert bzw. normalerweise erhält, und erklärt die temperaturherabsetzende Wirkung dieser Substanz am Normalen mit der Annahme einer Lähmung dieses Zentrums durch die übermäßig große, unphysiologische Menge des injizierten Extraktes. Eine Stütze dafür findet er in der Beobachtung, daß die durch Hypophysenextrakt maximal gesteigerte

<hr>

[1]) Camus, J. u. G. Roussy: Rev. neurol. Tom. 38, p. 622. 1922.

[2]) Coope, R. u. E. N. Chamberlain: Journ. of physiol. Vol. 60, p. 69. 1925. (Bd. 41, S. 832.)

[3]) Coope, R.: Journ. of physiol. Vol. 60, p. 92. 1925 (Bd. 42, S. 126).

[4]) Raab, W.: Zeitschr. f. d. ges. exp. Med. Bd. 49, S. 179. 1926 (Bd. 43, S. 898) u. Klin. Wochenschr. 1926. S. 1516.

[5]) Bauer, J.: Wien. klin. Wochenschr. 1913. Nr. 2, S. 85; Verhandl. d. 30. dtsch. Kongr. f. inn. Med. 1913. S. 111; Wien. med. Wochenschr. 1914. Nr. 25. — Döblin, A. u. P. Fleischmann: Zeitschr. f. klin. Med. Bd. 78. 1913. — Hashimoto, M.: Arch. f. exp. Pathol. u. Pharmakol. Bd. 101, S. 218. 1924.

Temperatur hypophysektomierter Tiere durch eine weitere folgende Injektion erniedrigt wird.

Durch den Extrakt des Hinterlappens der Hypophyse soll die Gerinnungsfähigkeit des Blutes verstärkt, die Ungerinnbarkeit des Blutes Hämophiler durch Zusatz des Extraktes in vitro behoben werden, während Vorderlappenextrakt gerade umgekehrt das Gerinnungsvermögen des Blutes herabsetzen soll [1]).

Wir haben im Vorangehenden eine ganze Reihe sehr charakteristischer Wirkungen der auf parenteralem Wege zugeführten Stoffe aus dem Hypophysenhinter- und Zwischenlappen kennen gelernt — bei Verabreichung per os sind die beschriebenen Effekte infolge der chemischen Veränderungen durch die Verdauungssäfte nicht zu erzielen — wir haben gesehen, daß diese Wirkungen in ihrer Gesamtheit etwas für diese Hypophysenabschnitte durchaus Spezifisches darstellen, was auch dem Vorderlappen des Hirnanhanges keineswegs zukommt, wir müssen uns aber dennoch klar sein darüber, daß all das noch kein überzeugender Beweis dafür ist, daß diese im akuten biologischen Versuch so hochaktiven Stoffe der Hypophyse auch im normalen Betrieb des Organismus eine Rolle spielen, also von der Hypophyse als Hormone produziert und abgegeben werden. Es könnte sich etwa, wie das auch von einzelnen neueren Forschern (Camus und Roussy, Bailey und Bremer) angenommen wird, um interessante pharmokodynamische Wirkungen von Substanzen handeln, die aus der Hypophysenmasse auf chemischem Wege gewonnen werden können, ohne ein Sekretionsprodukt dieses Organs darzustellen. Als Beweis ihrer hormonalen Natur könnten nur zwei Feststellungen gelten: erstens ihr Nachweis im Körper außerhalb des produzierenden Organs und zweitens die Gegenprobe durch experimentelle Entfernung der betreffenden Hypophysenabschnitte. Natürlich reiht sich an diese die Beobachtung von Krankheitsfällen, in welchen diese Hypophysenabschnitte durch krankhafte Prozesse zerstört sind.

Wenn bei Organismen ohne Hypophysenhinter- und Zwischenlappen in typischer Weise Symptome zum Vorschein kommen sollten, welche ein Gegenstück der durch die betreffenden Extrakte hervorrufbaren Erscheinungen darstellen und durch Verabreichung dieser Extrakte sich beheben lassen, dann wäre wohl ein stringenter Beweis für die hormonale Natur dieser Stoffe erbracht. Aber nur der positive Ausfall dieser Gegenprobe wäre beweisend, der negative dagegen nach keiner Richtung entscheidend. Es könnte sehr wohl der Fall sein, daß sich der Wegfall des Hinter- und Zwischenlappens der Hypophyse unter gewöhnlichen Lebensbedingungen klinisch gar nicht bemerkbar macht, obwohl diese Teile der Hypophyse im normalen Betrieb des Organismus eine ganz bestimmte Rolle spielen. Erinnern wir uns nur der im einleitenden Kapitel erörterten allgemeinen Verhältnisse der Hormonwirkungen, erinnern wir uns des Prinzips der mehrfachen Sicherungen der Organfunktionen und wir werden es verständlich finden, daß der Mangel eines physiologisch aktiven Organs oder Organteils durch entsprechende Kompensationseinrichtungen des Körpers verdeckt werden kann. Auch der Ausfall der Milz oder des Magens kann ohne

---

[1]) Weil, Emile P. et Boyé: Cpt. rend. des séances de la soc. de biol. 1909. 23. Okt. — Hanns, A., M. Stéfanovitch et V. Arnovljevitch: Presse méd. 1923. Tom. 31, Nr. 26, p. 302 (Bd. 28, S. 440).

Gesundheitsstörung, ohne gröbere klinische Symptome einhergehen und dennoch zweifelt niemand daran, daß diese Organe ganz bestimmte physiologische Funktionen erfüllen. Wir können nun gleich vorwegnehmend feststellen, daß der Fortfall des Hypophysenhinter- und Zwischenlappens tatsächlich keine besonderen klinischen Erscheinungen im Gefolge haben muß, daß wir aber aus dieser Tatsache keine Schlußfolgerung bezüglich der endokrinen Natur dieser Teile zu ziehen berechtigt sind.

Hingegen dürfen wir heute den oben als ersten angeführten Beweis wohl als erbracht ansehen. Es ist in der Tat gelungen, die physiologisch wirksame Substanz, welche sich aus dem Hypophysenhinter- und Zwischenlappen gewinnen läßt, auch außerhalb dieses Organs nachzuweisen und seine Abhängigkeit von der Gegenwart der Hypophyse festzustellen. DIXON [1]) und TRENDELEN-BURG [2]) konnten etwa gleichzeitig den Nachweis erbringen, daß der aus dem IV. Ventrikel gewonnene Liquor cerebrospinalis am isolierten Meerschweinchen- und Rattenuterus die gleiche Wirkung hervorruft wie Extrakte aus dem Hinter- und Zwischenlappen der Hypophyse. Eine Ionenwirkung kommt dabei sicher nicht in Betracht, da die Liquorasche unwirksam ist, auch zeigt die wirksame Liquorsubstanz ganz ebenso wie die Hypophysensubstanz eine auffallende Empfindlichkeit gegenüber Alkali, vor allem aber schwindet die Wirksamkeit des Liquors auf den Uterus, wenn vorher die Hypophyse entfernt oder auch bloß der Hypophysenstiel durchtrennt wurde. Es ist somit erwiesen, daß die Hypophyse auf dem Wege des Hypophysenstiels die uteruskontrahierende Substanz in die Cerebrospinalflüssigkeit abgibt. Da der durch Lumbalpunktion gewonnene Liquor viel weniger wirksam war als der Zisternenliquor, dürfte TRENDELENBURGs Annahme zutreffen, daß die wirksame Substanz aus dem Liquor resorbiert wird. A. MAYER [3]) konnte auch am Menschen die wehenerregende Wirkung des menschlichen Liquor nachweisen und zwar bemerkenswerterweise nur des Liquor von Schwangeren, sei es daß er intravenös oder intradural injiziert wurde. Wenn auch ABEL mit Recht fordert, daß mit Liquor auch die übrigen physiologischen Wirkungen der Hypophysenstoffe zu erzielen sein müßten, so dürfen wir angesichts der minimalen Konzentration des supponierten Hypophysenhormons im Liquor negative Versuche nach dieser Richtung keinesfalls als beweisend ansehen. Offenbar ist die Uterusreaktion die empfindlichste und schon mit weit geringeren Konzentrationen von Hypophysenhormon zu erzielen als alle seine übrigen physiologischen Effekte. Der Gehalt des Liquor an Hypophysensubstanz ist individuell überaus verschieden, nach MIURA-TRENDELENBURG entspricht im großen Durchschnitt 1 ccm Liquor bloß $1/2500$ mg ganz frischen Hypophysenhinterlappens, während DIXON eine erheblich größere Konzentration angibt.

Aber auch im Blute glauben KROGH und REHBERG das Hypophysenhormon nachgewiesen zu haben, denn eine von ihnen aus Säugetierblut dargestellte capillartonisierende Substanz hat die gleichen chemischen Eigenschaften wie

---

[1]) DIXON, W. E.: Journ. of physiol. Vol. 57, p. 129. 1923 (Bd. 31, S. 304).

[2]) TRENDELENBURG, P.: Klin. Wochenschr. 1924, Nr. 18, S. 777 (Bd. 37, S. 128). — MIURA, Y.: Pflügers Arch. f. d. ges. Physiol. Bd. 207, S. 76. 1925 (Bd. 40, S. 539).

[3]) MAYER, A.: Klin. Wochenschr. 1924, Nr. 40, S. 1805. — JÁNOSSY, J. u. B. HORVÁTH: Klin. Wochenschr. 1925. S. 2397. — MESTREZAT, W. u. VAN CAULAERT: Cpt. rend. hebdom. des séances de la soc. de biol. Tom. 95, p. 523. 1926 (Bd. 45, S. 525).

ein schon in minimaler Konzentration gleichartig wirksames Extrakt aus dem Hypophysenhinter- und Zwischenlappen.

So ist denn wohl das notwendige Postulat erfüllt, um die im Hinter- und Zwischenlappen der Hypophyse enthaltene, im biologischen Versuch so hochwirksame spezifische Substanz als physiologisches Hormon ansprechen zu dürfen und wir sind der Schwierigkeit enthoben, die eigenartigen biologischen Eigenschaften der Hypophysensubstanz als gewissermaßen rein zufällige, interessante pharmako-dynamische Effekte des Extraktes gerade dieses Körperteiles anzusehen, dessen physiologische Bedeutung uns im übrigen gänzlich rätselhaft bliebe. Dabei wäre es natürlich ganz falsch, einfach annehmen zu wollen, wir besäßen einen Hypophysenhinter- und Zwischenlappen, damit er die Entstehung eines Diabetes insipidus verhindere oder im gegebenen Falle Wehen anrege. Die Insipidus- und Uteruswirkung des injizierten Hypophysenhormons sind pharmako-dynamische Effekte, über deren physiologisches Korrelat im normalen Betrieb des Organismus wir noch nichts aussagen können. Wir wissen nur, daß der Insipidus keineswegs auf einem Mangel an Hypophysenhormon beruhen muß — davon wird ja später noch ausführlicher die Rede sein — und wissen, daß die typische Uteruswirkung auch dem Extrakt männlicher Hypophysen eigen ist. Es handelt sich bei dem Hormon des Hypophysenhinter- und Zwischen-lappens offenbar um einen von mehreren ähnlich wirkenden Mechanismen, um einen von mehreren Sicherungsfaktoren im komplizierten Räderwerk des Organismus, dessen Effekte auf den Tonus der Blutgefäße, glattmuskeliger Organe, auf den Stoffwechsel, die Wärmeregulation usw. infolge der vorhandenen Kompensationsmöglichkeiten unter Umständen entbehrlich sein mögen und nur unter gewissen pathologischen Bedingungen, bei abnormer Reaktions-fähigkeit gewisser Erfolgsorgane, bei Störung der Kompensationsmechanismen zum Vorschein kommen. So wäre gerade die Physiologie und Pathologie des Hypophysenhinter- und Zwischenlappens ein klares Beispiel für die ungeahnte Kompliziertheit der im Organismus herrschenden Verhältnisse und eine Warnung vor den heute noch ziemlich allgemein üblichen allzu simplen Vorstellungen über die Bedeutung hormonaler Einflüsse und die Erkennbarkeit hormonaler Störungen.

Welcher Abschnitt der Hypophyse produziert nun eigentlich das wirksame Hormon? Da bei der Präparation der Hypophyse zum Zwecke der chemischen Verarbeitung der Zwischenlappen immer am Hinterlappen haften bleibt, so enthalten die käuflichen sog. Hinterlappenextrakte regelmäßig auch das Extrakt aus der Pars intermedia, aber auch mit besonderer Sorgfalt hergestellte Trennungen der beiden Abschnitte ergeben prinzipiell gleichartige Extrakte. Nur soll nach BIEDL das Extrakt aus dem Zwischenlappen mehr uteruserregend wirken, dasjenige aus dem Hinterlappen eine stärkere Gefäßwirkung entfalten. Seit HERRING nimmt eine Reihe von Forschern (HOUSSAY, BIEDL, SWALE VINCENT u. a.) an, es seien die epithelialen Zellen der Pars intermedia, welche das Hormon produzieren und an den Hinterlappen abgeben, woselbst es vielleicht noch irgendwie modifiziert und durch den Hypophysenstiel in den Liquor des III. Ventrikels sezerniert wird. Denn auch im Stiel der Hypophyse [1]), ja

---

[1]) Vgl. TRENDELENBURG: l. c.

in der grauen Substanz am Boden des III. Ventrikels [1]) ließ sich das Hypophysenhormon unzweifelhaft nachweisen. Nun wurde von mancher Seite eingewendet, die Pars intermedia der Hypophyse sei beim Menschen so rudimentär entwickelt (PLAUT [2])) oder fehle ganz (ERDHEIM), daß man ihr eine innersekretorische Bedeutung nicht zuschreiben könne. Andererseits lasse aber die histologische Struktur des Hinterlappens, der nichts weniger als drüsig gebaut ist, eine solche Annahme auch nicht zu (ERDHEIM, BIEDL). Weder der erste noch der zweite Einwand scheint mir stichhaltig. Die Kleinheit eines innersekretorischen Organs läßt über seine physiologische Wichtigkeit keine Schlüsse zu, das hat die Geschichte der inneren Sekretion, insbesondere der Epithelkörperchen klar erwiesen und darin müssen wir BIEDL recht geben, aber auch die nichtdrüsige Struktur schließt die hormonale Funktion eines Organs keineswegs aus, wie z. B. das chromaffine System zeigt und wie ich mit ABEL, SCHIFF [3]) u. a. annehmen möchte. Einzelne Autoren meinten, das Hormon des Hinterlappens entstünde durch chemischen Umbau aus dem Vorderlappenhormon Tethelin, doch ist ihre Argumentation, wie ABEL ausführt, nicht zwingend. Aber selbst wenn ihre Meinung zu Recht bestünde, so wäre die Bildungsstätte des tonisierenden Hinterlappenhormons eben keinesfalls der Vorderlappen, denn dessen Substanz und Extrakt lassen alle typische Wirkungen des Hinterlappenhormons vermissen. Will man sich also nicht einfach darüber hinwegsetzen, daß der bei gewissen Tierspezies doch immerhin kräftig entwickelte und morphologisch eigenartig gebaute Zwischenlappen der Hypophyse irgendeine Bedeutung haben muß und daß er das wirksame Hinterlappenprinzip ja auch tatsächlich enthält, so muß man sich wohl der HERRING-BIEDLschen Anschauung als der am besten fundierten anschließen.

Die von zahlreichen Forschern durchgeführten Exstirpationsversuche an der Hypophyse haben wegen der methodischen Schwierigkeiten recht widersprechende Ergebnisse gezeitigt. Einerseits ist es die Schwierigkeit, eine auch im histologischen Sinne vollkommene Exstirpation auszuführen — es wurde geradezu die Möglichkeit bestritten, das dem Infundibulum eng anliegende Gewebe der Pars tuberalis sowie die in den Hypophysenstiel einwuchernden Anteile der Pars intermedia mit zu exstirpieren (BIEDL) — andererseits erschwert die unmittelbare Nachbarschaft der hochwichtigen trophisch-vegetativen Zentren am Boden des III. Ventrikels die Vermeidung ihrer unbeabsichtigten Nebenverletzung. Nicht einmal die Frage der Lebenswichtigkeit der Hypophyse erscheint heute eindeutig beantwortet.

Kaltblüter vertragen eine Totalexstirpation der Hypophyse, wie zahlreiche übereinstimmende Untersuchungen gelehrt haben. Eine typische Folgeerscheinung dieses Eingriffes bei Amphibien ist Hellfärbung der Tiere (Silberalbinos) durch Kontraktion der Melanophoren und Ausdehnung der Xantholeukophoren der Haut. Es handelt sich offenbar um eine Ausfallserscheinung von seiten der Pars intermedia, denn Extrakte aus dieser beheben in spezifischer Weise die Blässe und führen an normalen Tieren durch Ausdehnung der Melanophoron zu Schwarzfärbung (SMITH, ALLEN, HOGBEN, HOUSSAY). Die gleichen

---

[1]) Vgl. ABEL: l. c. — VAN DYKE, H. B.: Arch. f. exp. Pathol. u. Pharmakol. Bd. 114, S. 262. 1926 (Bd. 45, S. 350).

[2]) PLAUT, A.: Klin. Wochenschr. 1922. Nr. 31, S. 1557.

[3]) SCHIFF, A.: Wien. med. Wochenschr. 1923. Nr. 23, 32, 34—35, 36, 37.

Wirkungen haben Intermediaextrakte auch an isolierten Froschhautstreifen, so daß diese Eigenschaft zur Prüfung für Hypophysenextrakte empfohlen wurde [1]). Isolierte Vorderlappenexstirpation ändert die Hautfarbe der Frösche nicht [2]). Auch Verletzungen der Gegend des Infundibulum und der Zentren des Tuber cinereum sind in dieser Hinsicht wirkungslos [3]). Durchschneidung des Ischiadicus und gleichzeitige Zerstörung der sympathischen Ganglien am Axolotl ändert an der Pigmentreaktion nichts, woraus die vom Nervensystem unabhängige, rein hormonale Wirkung gleichfalls hervorgeht [2]). Diese Beeinflussung des Hautpigments durch die Hypophyse scheint nur den Amphibien eigen zu sein, während bei Fischen und Reptilien andere Mechanismen den Farbwechsel beherrschen [2]). Ob das Hypophysenhormon, welches die Pigmentationsverhältnisse der Amphibien reguliert, identisch ist mit jenem, welches die übrigen physiologischen Effekte hervorbringt, ist noch umstritten [1]) [3]). ABEL konnte jedenfalls mit seinem Tartrat (Substanz A) die typische Expansionswirkung der Melanophoren an albinotischen hypophysektomierten Kaulquappen feststellen. Von HOUSSAY wurde auch Atrophie der Hoden und bei vielen Weibchen verfrühte Ausstoßung der Eier als Folge der Hypophysenexstirpation beschrieben [3]).

Sehr bemerkenswert sind schließlich die Beziehungen der Hypophyse zur Osmoregulation der Gewebe, wie sie durch POHLE zuerst beobachtet, von JUNGMANN und BERNHARDT [4]) näher analysiert wurden. Exstirpation des glandulären Hypophysenabschnittes ist wirkungslos, Exstirpation des neuralen Hypophysenanteils führt dagegen zu starker Gewichtszunahme (Ödem) der Frösche und Polyurie. Es handelt sich um eine Störung des Salzstoffwechsels, deren hormonale Natur jedoch nicht erwiesen ist, denn Verletzungen des Zwischenhirns haben nach JUNGMANN und BERNHARDT die gleichen Störungen zur Folge und Zufuhr von Hinterlappenextrakt führt, wie wir schon oben gesagt haben, bei normalen Fröschen ebenfalls zu Gewichtszunahme und Ödem (BRUNN). Nach KROGH und REHBERG [5]) kommt es bei Fröschen nach Exstirpation der Hypophyse zu einer tage- und wochenlang anhaltenden Erweiterung der Hautcapillaren bei unveränderter Arterienweite, später abwechselnd zu Verengerung und Dilatation der Capillaren. An Amphibienlarven hemmt die Exstirpation der Hypophyse die Metamorphose, vielleicht auf dem Umweg über eine sekundär sich entwickelnde Atrophie der Schilddrüse. Die Organe solcher Tiere behalten ihren larvalen Charakter bei [6]).

Für den Warmblüter ist nach der Ansicht der meisten Experimentatoren die Hypophyse ein lebenswichtiges Organ (PAULESCO, CUSHING, BIEDL, ASCOLI und LEGNANI, HOUSSAY, BELL, DOTT, HASHIMOTO), aber eine ansehnliche Zahl von Autoren bestreitet dies (ASCHNER, CAMUS und ROUSSY, BAILEY und

---

[1]) HOGBEN, L. Th. a. F. R. WINTON: Biochem. journ. Vol. 16, p. 619. 1922 (Bd. 27, S. 444). — LOEWE, S. u. M. JLISON: Klin. Wochenschr. 1925, Nr. 35, S. 1692.

[2]) HOGBEN, L. TH.: Brit. journ. of exp. biol. Vol. 1, p. 249. 1924 (Bd. 36, S. 48).

[3]) GIUSTI, L. et B.-A. HOUSSAY: Cpt. rend. des séances de la soc. de biol. Tom. 91, p. 313. 1924 (Bd. 38, S. 234). — HOUSSAY, B.-A. et J. UNGAR: Cpt. rend. des séances de la soc. de biol. Tom. 91, p. 317 et 318. 1924 (Bd. 38, S. 234 u. 235).

[4]) JUNGMANN, P. u. B. BERNHARDT: Zeitschr. f. klin. Med. Bd. 99, S. 84. 1924.

[5]) l. c.

[6]) ALLEN, B. M.: Endocrinology. Vol. 8, Nr. 5, p. 639. 1924 (Bd. 39, S. 742).

BREMER, SACHS und MACDONALD [1]), DANDY und REICHERT [2]), ARCHANGELSKY [3]))
und meint, es seien die Nebenverletzungen des Tuber cinereum, welche den
Tod der Versuchstiere herbeiführen. Nun ist, wie schon oben bemerkt, der
von BIEDL, ABEL, HASHIMOTO erhobene Einwand gewiß berechtigt, daß eben
die sog. Totalexstirpationen der Hypophyse doch die den Hypophysenstiel
rings umgebende Epithelschichte der Pars intermedia zurücklassen, in Wirklichkeit also über die Lebenswichtigkeit der Hypophyse nicht entscheiden
können. ASCHNER selbst gibt das Zurückbleiben von Epithelsaumresten der
Pars intermedia zu, und auch CAMUS und ROUSSY sind in ihrer Angabe über
die Vollständigkeit ihrer Exstirpationen sehr zurückhaltend und gar nicht
sicher [4]). Seit uns SIMMONDS das klinische Bild der tödlich verlaufenden hypophysären Kachexie bei Schwund der Hypophyse kennen gelehrt hat, hat auch
die Lehre von der Lebenswichtigkeit der Hypophyse eine starke Stütze erhalten.
Andererseits ist auch eine breite Eröffnung des III. Hirnventrikels durchaus
nicht tödlich (BIEDL, HASHIMOTO), so daß auch die nach bloßer Durchtrennung
des Hypophysenstieles bei Katzen und Kaninchen auftretenden und zum Tode
führenden Erscheinungen keineswegs auf die bloße Eröffnung des Ventrikels
bezogen werden können. Im allgemeinen läßt sich wohl sagen, daß die totale
bzw. fast totale Exstirpation der Hypophyse bei erwachsenen Tieren schneller,
schon in 1—3 Tagen zum Tode führt als bei jungen, welche auch 2—3 Wochen
überleben können.

Die klinischen Erscheinungen werden unter der Bezeichnung Kachexia
hypophyseopriva zusammengefaßt. Die Tiere werden in ihren Bewegungen
träge, apathisch, verweigern die Nahrungsaufnahme, zeigen eine fortschreitende
Abmagerung und Entkräftung, gehen und stehen unsicher. Der Blutdruck,
vor allem aber die Körpertemperatur sinkt ab, der Puls wird schwach, die Atmung
verlangsamt, die Tiere zittern oder zeigen tonisch-klonische Krämpfe. Nach
HASHIMOTO führt bei Kaninchen auch die bloße Durchtrennung des Hypophysenstiels unter den gleichen Erscheinungen, nur in etwas längerer Zeit zum Exitus.
Dort wo dieser Eingriff nicht tödlich ist, wie beim Affen (MORAWSKI), sind
offenbar die anatomischen Verhältnisse der dem Infundibulum anliegenden
Pars intermedia hierfür maßgebend (HASHIMOTO). Wie der eben erwähnte
japanische Autor zeigte, verhalten sich die hypothermen Tiere nach Hypophysenexstirpation ähnlich poikilothermen, indem ihre Körpertemperatur von der
Außentemperatur wesentlich beeinflußt wird. Pyrogene Stoffe sind bei solchen
Tieren unwirksam infolge einer Herabsetzung der Erregbarkeit des Wärmezentrums. Durch Behandlung mit Hypophysenextrakt steigt, wie schon oben
gesagt wurde, die Körpertemperatur an, die Fieberfähigkeit wird wieder hergestellt. Vorübergehende Glykosurie oder Polyurie ist schon mit Rücksicht
auf die Inkonstanz bei hypophysektomierten Tieren sicherlich auf Schädigung
nervöser Zentren zu beziehen. Wenn auch in der Frage der Lebenswichtigkeit
der Hypophyse die nicht hinreichend vollkommenen Exstirpationsversuche

---

[1]) SACHS, E. a. M. E. MACDONALD: Arch. of neurol. a. psychiatry. Vol. 13, p. 335.
1925 (Bd. 40, S. 389).

[2]) DANDY, W. E. a. F. L. REICHERT: Bull. of Johns Hopkins hosp. Vol. 37, p. 1. 1925
(Bd. 41, S. 734).

[3]) ARCHANGELSKY, S.: Journ. médico-biologique. fascic. 4. p. 38. 1925 (russisch). (Bd. 45,
S. 688).

[4]) l. c. p. 626.

irregeführt haben, so sind doch die Beobachtungen an solchen längere Zeit überlebenden Tieren ungemein wertvoll und wir verdanken insbesondere Aschner eingehende Schilderungen derartig operierter Hunde.

Bei erwachsenen Tieren findet man nur sehr geringe, oft kaum merkliche Störungen: Neigung zu mäßiger Fettsucht, leichte Depression der Stimmung, geringes Absinken der Körpertemperatur unter die Norm, leichte Herabsetzung der Adrenalinglykosurie und geringfügige Schädigung der Keimdrüsen, ohne daß jedoch der offenbar schon infolge der depressiven Stimmungslage herabgesetzte Geschlechtstrieb erloschen wäre. Die Tiere zeigen eine allgemein herabgesetzte Widerstandsfähigkeit gegen Infektionen und sonstige Schädigungen.

Diesen gelegentlich kaum angedeuteten Krankheitssymptomen gegenüber sind die Erscheinungen bei jugendlichen Tieren viel ausgesprochener und eindrucksvoller. Die im jugendlichen Alter operierten Tiere bleiben beträchtlich im Wachstum und in der Entwicklung zurück, sind gegenüber ihren normalen Kontrollgeschwistern still und apathisch, bewegen sich weniger, spielen und bellen nicht, werden ganz auffallend fettleibig und haben eine subnormale Körpertemperatur. Sie behalten ihr weiches, krauses Lanugo-Wollhaar, ihre Krallen sind nur wenig entwickelt, die Haut zeigt mikroskopisch die zarte Struktur des Kindesalters. Das Milchgebiß persistiert zeitlebens, hinter ihm können allerdings gegen Ende des ersten Lebensjahres einzelne Schneide- und Eckzähne des 2. Gebisses hervorkommen, so daß dann eine doppelte Zahnreihe entsteht. Die Epiphysenfugen des Knochensystems bleiben dauernd unverknöchert, ohne daß sonst irgendwelche pathologische Veränderungen des Knochensystems mikroskopisch nachzuweisen wären. Das Skelett behält seine kindlichen Proportionen. Auch die Blutgefäße sind von infantiler, zarter Beschaffenheit, der Thymus bleibt abnorm lange groß. Die Geschlechtsorgane bleiben in ihrer Entwicklung bedeutend im Rückstand. Die stark verspätete Spermatogenese ist sehr spärlich und (histologisch) ganz atypisch, der Geschlechtstrieb auf ein Minimum herabgesetzt. Ebenso mangelhaft bleibt die Ausbildung des weiblichen Genitales. Die Zahl der sich stark verspätet entwickelnden Graafschen Follikel bleibt sehr gering, die Brunsterscheinungen treten nur in rudimentärer Form auf. Eine Gravidität kommt niemals zustande. Stoffwechseluntersuchungen zeigen, daß der Eiweißumsatz und O_2-Verbrauch erheblich herabgesetzt ist, die Adrenalinglykosurie und übrigen Adrenalineffekte [1]) wesentlich geringer ausfallen. So weit die Ergebnisse von Aschners grundlegenden Versuchen. Cushing und seine Mitarbeiter konnten zeigen, daß nach Hypophysenexstirpation auf eine temporäre Herabsetzung der Assimilationsgrenze für Kohlenhydrate, eventuell mit vorübergehender Glykosurie dann eine starke Erhöhung folgt. Durch Darreichung geringer Mengen von Extrakt aus dem Hinter- und Zwischenlappen läßt sich die erhöhte Assimilationsgrenze wieder herabdrücken. Auch isolierte Entfernung des Hinterlappens und Zwischenlappens, sowie bloße Durchtrennung des Hypophysenstieles haben nach Biedl dieselben Folgen bezüglich des Kohlenhydratstoffwechsels. Camus und Roussy konnten allerdings diese Befunde nicht bestätigen.

Welche Schlußfolgerungen bezüglich der genaueren Lokalisation dieser Krankheitserscheinungen sowie bezüglich der Physiologie der Hypophyse

---

[1]) Hashimoto fand nur die Glykosurie, nicht aber die Blutdruck- und Atmungsreaktion auf Adrenalin bei hypophysektomierten Kaninchen herabgesetzt.

gestatten nun diese und die Experimente der zahlreichen anderen Forscher? Was zunächst die Frage der Lebenswichtigkeit anlangt, so kann nach dem oben Gesagten nur der Vorderlappen oder die Pars intermedia, deren restlose Entfernung sehr schwer, ja eigentlich überhaupt nicht möglich ist, als lebenswichtig angesehen und mit den Erscheinungen der Kachexia hypophyseopriva in Zusammenhang gebracht werden. Andererseits geben BAILEY und BREMER an, durch bloße Verletzungen im Hypothalamusgebiete bei völlig intakter Hypophyse das gleiche charakteristische Syndrom erzeugt zu haben, wie es nach Exstirpation der Hypophyse, aber auch nach bloßer Durchschneidung des Hypophysenstieles beobachtet wird. Sie bestreiten daher auch die Lebenswichtigkeit der Hypophyse und machen für die Kachexia hypophyseopriva unbeabsichtigte Nebenverletzungen des Hypothalamus verantwortlich. Der genetische Mechanismus der tödlichen Kachexie ist allerdings auch diesen Autoren vollkommen unklar. Wir müssen wohl zugeben, daß eine restlose Klärung der ganzen Frage weiterer exakter Untersuchungen mit genauer mikroskopischer Kontrolle bedarf, daß aber das von SIMMONDS beschriebene Krankheitsbild der hypophysären Kachexie des Menschen sehr gegen die Richtigkeit der Anschauung BAILEY und BREMERs in die Wagschale fällt.

Wir können weiter als gesichert annehmen, daß es der drüsige Hypophysenvorderlappen ist, von dem die Wachstums- und Entwicklungsfunktion abhängig ist. Darin sind eigentlich alle Autoren mit Ausnahme BAILEYs einig und selbst sein Mitarbeiter BREMER [1]) widerspricht ihm hierin. Übrigens haben inzwischen Versuche von HOUSSAY und HUG gezeigt, daß selbst ausgedehnte Zerstörungen der infundibulo-hypothalamischen Region ohne Entfernung der Hypophyse bei jungen Hunden keinerlei Wachstumsstörungen zur Folge haben. Vor allem aber beweisen auch die Erfahrungen der Pathologie — Zwergwuchs, Riesenwuchs, Akromegalie und Rückbildung der letzteren nach operativer Entfernung von Adenomen des Vorderlappens —, daß der Vorderlappen der Hypophyse Wachstum und Entwicklung auf hormonalem Wege fördert.

Was die Stoffwechselwirkung und den hemmenden Einfluß auf die Genitalorgane oder kurz gesagt, die Erscheinungen der Dystrophia adiposogenitalis anlangt, so müssen wir folgendes festhalten: CAMUS und ROUSSY sowie BAILEY und BREMER ist es gelungen festzustellen, daß circumscripte Läsionen bestimmter Stellen im Bereiche des Hypothalamus ohne Berührung und bei mikroskopisch kontrollierter völliger Intaktheit der Hypophyse das typische Bild der Dystrophia adiposogenitalis hervorrufen können. Auch ASCHNER hatte beobachtet, daß eine raschere und intensivere Schädigung der Keimdrüsen dann eintritt, wenn das Gehirn mitlädiert war. Auf der anderen Seite können wir aber mit BIEDL als gesichert annehmen, daß Exstirpation der Hypophyse auch dann eine Dystrophia adiposogenitalis zur Folge haben kann, wenn jede Schädigung der nervösen Zentren am Boden des III. Ventrikels ausgeschlossen werden darf. Da isolierte Exstirpation des Hinterlappens der Hypophyse diese Erscheinungen ebensowenig wie andere Krankheitssymptome hervorruft (ASCHNER, BIEDL), so ist wohl nur zwischen Vorderlappen und Pars intermedia zu entscheiden. Nach ASCHNER ist nun die alleinige Exstirpation des Vorderlappens ebenso wirksam wie die Entfernung der ganzen Hypophyse.

---

[1]) BREMER, F.: Ann. et bull. de la soc. roy. des sciences méd. et natur. de Bruxelles. 1923, Nr. 86, p. 129 (Bd. 37, S. 240).

Dagegen erhebt allerdings Biedl den Einwand, es ließe sich bei Versuchen, den Vorderlappen isoliert zu exstirpieren, eine Läsion des Zwischenlappens kaum vermeiden. Auch Cushing bezieht die Fettsucht auf die Ausschaltung des Hormons von Zwischen- und Hinterlappen.

Wir werden in einem späteren Kapitel sehen, daß uns in diesem Punkte die Erfahrungen der Pathologie weiterführen können und wir diese von den Physiologen nicht entschiedene Frage mit einiger Wahrscheinlichkeit dahin beantworten dürfen, daß auch für die Trophik von Fettgewebe und Genitale trotz der interessanten Untersuchungen von Coope und Raab der Vorderlappen der Hypophyse maßgebend sein dürfte.

Was schließlich die vorübergehende Glykosurie sowie die gelegentlich vorkommende Polyurie und Polydipsie anlangt, so handelt es sich wohl unzweifelhaft um Effekte von Schädigungen der oberhalb der Hypophyse gelegenen hypothalamischen Zentren. Daß von diesen Zentren aus Glykosurie sowie Polyurie und Polydipsie ganz vom Charakter des Diabetes insipidus ausgelöst werden kann, ist durch Untersuchungen von Aschner, Camus und Roussy, Houssay sowie Bailey und Bremer erwiesen. Das Experimentum crucis stellten Camus und Roussy an, indem sie zunächst die Hypophyse exstirpierten und nach einigen Tagen die Hirnbasis lädierten. Erst nach diesem zweiten Eingriff stellte sich eine mächtige Polyurie ein. Ein experimenteller Beweis dafür, daß eine bloße Läsion der Hypophyse Glykosurie oder die Erscheinungen des Diabetes insipidus erzeugen kann, ist nicht erbracht. Dagegen dürfte nach dem oben Gesagten die im Anschluß an die Hypophysenentfernung beobachtete Erhöhung der Kohlenhydrattoleranz wohl auf dem Wegfall des Intermediahormons beruhen.

Wir haben erfahren, daß in unmittelbarer Nachbarschaft der Hypophyse hochbedeutsame trophisch-vegetative Nervenzentren am Boden des III. Ventrikels gelegen sind, von denen zum Teil die gleichen klinischen Symptome ausgehen können wie von der Hypophyse. Wir haben früher gehört, daß das vom Zwischen- und Hinterlappen gebildete Hormon auf dem Wege des Infundibulum in den Liquor des III. Ventrikels gelangt, um aus dem Liquor wieder zu verschwinden, denn in der durch Lumbalpunktion gewonnenen Cerebrospinalflüssigkeit ist es nicht mehr nachzuweisen. Es wäre kaum angängig, in dieser eigenartigen topischen Konstellation einen reinen Zufall erblicken zu wollen. In der Tat haben wir allen Grund, uns über eine Kooperation der Hypophyse mit den basalen Zentren bestimmte Vorstellungen zu machen.

Was zunächst die Lokalisation und Anatomie dieser Zentren anlangt, so können wir heute folgendes sagen[1]). Den Boden des III. Ventrikels bildet das sog. Tuber cinereum, das sich vom Chiasma opticum nach hinten bis zu den Corpora mamillaria erstreckt, wie dies Abb. 7 veranschaulicht. Das Infundibulum bildet die vorn und median gelegene, sich zum Hypophysenstiel verjüngende Ausstülpung des Ventrikelbodens. In der grauen Substanz der Ventrikelwand lassen sich hauptsächlich folgende in Abb. 7 schematisch

---

[1]) Spiegel, E. A. u. H. Zweig: Arb. a. d. neurol. Inst. d. Wiener Univ. Bd. 22, S. 278, 1919. — Greving, R. in L. R. Müller: Die Lebensnerven. Berlin: Julius Springer 1924. — Zeitschr. f. d. ges. Anat., Abt. 1: Zeitschr. f. Anat. u. Entwicklungsgesch. Bd. 75, S. 597. 1925 (Bd. 40, S. 408). — Dtsch. Zeitschr. f. Nervenheilk. Bd. 89, S. 179 1926 (Bd. 43, S. 146).

dargestellte Zellgruppen unterscheiden: 1. Nucleus paraventricularis, eine im Frontalschnitt vertikal angeordnete Zellsäule dicht an der Seitenwand des Ventrikels. 2. Der Nucleus supraopticus, der den Namen von seiner Lage knapp oberhalb des Tractus opticus erhalten, mit optischen Funktionen aber nichts zu tun hat und aus einem sogleich zu besprechenden Grunde nach einem Vorschlage Karys besser als Nucleus parahypophyseos zu bezeichnen wäre. Diese in ihrer Zellformation durchaus an den visceralen Vaguskern erinnernden Kerne sind phylogenetisch sehr alt und von anderen Hirnteilen relativ unabhängig. 3. Die Nuclei tuberis, das sind mehrere Gruppen an

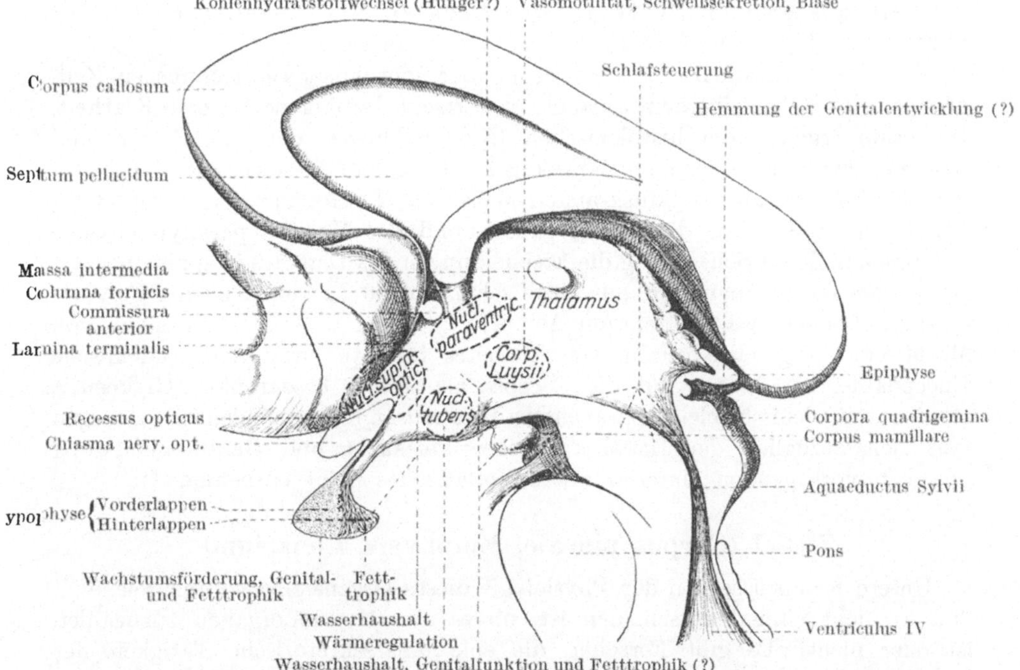

Abb. 7. Schema der Topographie der vegetativen Nervenzentren am Boden des III. Ventrikels. (Nach L. R. Müller.)

der ventralen Peripherie des Tuber gelegener, von Fasern umsponnener Kerne, die caudalwärts an den Nucleus mamillo-infundibularis, oral und lateral an den Nucleus pallido-infundibularis grenzen. 4. Einzelne mehr oder weniger dichte Ansammlungen kleiner Zellen im Tubergrau wurden als peri- fornicale Gruppen und Nucleus suprachiasmaticus bezeichnet.

Nachdem schon Cajal den Nachweis erbracht hatte, daß die Mehrzahl der Fasern des Hypophysenstiels keine Gliafasern, sondern Achsenzylinder darstellen, kam nun Kary [1]) auf Grund histologischer Untersuchung der retrograd degenerierenden Kerne nach Zerstörung des Hypophysenhinterlappens an Hunden zu dem Schlusse, daß der Nucleus supraopticus den Ursprung eines Faserbündels darstellt, das durch den Hypophysenstiel in den Hinterlappen zieht; daher der Vorschlag, diese Zellgruppe lieber als Nucleus parahypophyseos

---

1) Kary, Clara: Virchows Arch. f. pathol. Anat. u. Physiol. Bd. 252, S. 734. 1924.

zu bezeichnen. Auch einzelne Zellen des zentralen und oberen Tuberkerns scheinen ihre Ausläufer in den Hypophysenstiel und Hinterlappen zu entsenden[1]. Wenn also nach unseren obigen Ausführungen kaum zu bezweifeln ist, daß die Hypophyse ihr Hormon via Hypophysenstiel in den Liquor des III. Ventrikels abgibt, so ist nun andererseits sehr naheliegend anzunehmen, daß die von den Tuberkernen zur Hypophyse hinziehenden Nervenfasern wohl auch eine funktionelle Rolle zu spielen und zwar offenbar die sekretorische Tätigkeit der Hypophyse zu regulieren haben dürften. So ergibt sich denn eine sehr innige Zusammengehörigkeit, eine funktionelle Einheit des ganzen Systems, der basalen Nervenzentren auf der einen, der Hypophyse auf der anderen Seite.

Was die funktionelle Differenzierung der morphologisch trennbaren Zellgruppen des Tuber cinereum anlangt, so herrscht darüber noch keine Klarheit. Immerhin ergeben die histologischen Untersuchungen der von CAMUS und ROUSSY experimentell insipiduskrank gemachten Hunde sowie einzelne histologische Befunde an insipiduskranken Menschen (LHERMITTE, F. H. LEWY[2]), daß es in erster Linie die Nuclei tuberis und der Nucleus parahypophyseos sein müssen, deren Schädigung die Erscheinungen des Diabetes insipidus hervorruft. Vom Corpus mamillare aus hatte schon vor 50 Jahren ECKARDT Polyurie erzeugen können, was später von ASCHNER[3] bestätigt wurde. In einem von M. MEYER mitgeteilten Falle von Diabetes insipidus war eine epidemische Encephalitis gerade nur auf die Corpora mamillaria beschränkt. Glykosurie scheint mit dem Nucleus paraventricularis zusammenzuhängen[4]. Dagegen läßt sich bezüglich der Lokalisation der Fettsucht und Genitalschädigung aus dem vorliegenden Material etwas Verläßliches nicht entnehmen[5].

Zirbel (Corpus pineale, Epiphysis, Conarium).

Unsere Kenntnisse von der Physiologie dieses Organs sind so unzureichend, daß es nicht einmal entschieden ist, ob es den Hormonorganen zuzuzählen ist oder nicht. Es gibt Forscher, die eine innersekretorische Tätigkeit der Zirbel in Abrede stellen und ihren Drüsencharakter leugnen. Wenn auch diese Autoren eine Minorität bilden (KOLMER und LÖWY[6], WALTER[7], HORRAX und BAILEY[8]), so kennzeichnet ihr Standpunkt doch die Unsicherheit und

---

[1] PINES, J. L.: Zeitschr. f. d. ges. Neurol. u. Psychiatrie. Bd. 100, S. 123. 1925 (Bd. 44, S. 62). — STENGEL, E.: Arb. a. d. neurol. Inst. d. Wiener Univ. Bd. 28, S. 25. 1926 (Bd. 44, S. 524).

[2] KARY, CLARA: l. c.

[3] ASCHNER, B.: Münch. med. Wochenschr. 1917. Nr. 3, S. 81. — BOURQUIN, H.: Americ. journ. of physiol. Vol. 76, p. 181. 1926 (ref. Endocrinology. Vol. 10, H. 3, p. 340).

[4] CAMUS, J., J.-J. GOURNAY et A. LE GRAND: Bull. de l'acad. de méd. Tom. 92. Nr. 37, p. 1107. 1924 und Presse méd. Tom. 33, Nr. 16, p. 249. 1925 (Bd. 39, S. 911). — MARINESCU, G. u. D. E. PAULIAN: Spitalul. Vol. 45, p. 11. 1925 (Bd. 40, S. 262).

[5] Vgl. RAAB, W.: Wien. Arch. f. inn. Med. Bd. 7, S. 443. 1924.

[6] KOLMER, W. u. R. LÖWY: Klin. Wochenschr. 1922, Nr. 15, S. 758 u. Pflügers Arch. f. d. ges. Physiol. Bd. 196, S. 1. 1922 (Bd. 26, S. 84).

[7] WALTER, F. K.: Zeitschr. f. d. ges. Neurol. u. Psychiatrie. Bd. 83, S. 411. 1923 (Bd. 31, S. 37).

[8] HORRAX, G. a. P. BAILEY: Arch. of neurol. a. psychiatry. Vol. 13, Nr. 4, p. 423. 1925 (Bd. 40, S. 660).

Mangelhaftigkeit unserer Kenntnisse. DESCARTES hatte im 17. Jahrhundert die Zirbel als das spezifische Organ und den Sitz der Seele erklärt, MARBURG [1]) hat ihr 1909 eine innersekretorische Funktion im Sinne einer Regulation des körperlichen und seelischen Reifeprozesses sowie des Ernährungszustandes zugeschrieben, KOLMER und LÖWY, sowie WALTER halten sie wie schon früher v. CYON für ein Regulationsorgan der Zirkulationsverhältnisse in den Plexus, der Liquorproduktion und damit des intrakraniellen Drucks. Welche tatsächlichen Grundlagen besitzen wir nun, um uns eine Meinung über die Funktion der Zirbel bilden zu können? Anatomie und Entwicklungsgeschichte des Organs lassen hierbei im Stich. Aber wenn auch die Morphologie des Organs keine Stütze für die Annahme einer innersekretorischen Tätigkeit bietet, so ist sie doch gewiß kein Argument gegen sie, wie wir das ja von einem ganz allgemeinen Standpunkt früher schon mehrfach hervorgehoben haben. Bei der Zirbel um so weniger, als sie bei niederen Tieren bis hinauf zu den Vögeln tatsächlich einen ausgesprochen drüsigen Bau aufweist und auch im früh-embryonalen Zustand des Menschen eine acinöse Struktur erkennen läßt [2]). Freilich wäre es möglich, daß mit dem phylogenetischen Umbau auch ein Funktionswechsel eingetreten ist und A. KOHN, der auf den sonderbaren Befund von quergestreiften Muskelfasern in der Zirbel des Rindes hinweist, hat sicherlich recht, wenn er darin einen Hinweis auf eine solche Auffassung erblickt [3]). Indessen liefert die pathologische Anatomie der Zirbel ein immerhin beachtens-wertes Argument zugunsten der innersekretorischen Funktion dieses Organs. Die Zirbel partizipierte nämlich in einem von UEMURA [4]) unter HEDINGERs Leitung untersuchten Falle an der multiplen Atrophie innersekretorischer Drüsen. Auch die von LINDEBERG [5]) beschriebene prompte histologische Reaktion der Epiphyse auf die operative Thymusausschaltung bei jungen Tieren sowie die von TRAUTMANN [6]) beobachteten charakteristischen Zirbelveränderungen bei thyreoidektomierten Ziegen ließen sich eventuell als Argument für die innersekretorische Natur des Organs verwerten, wofern sich diese Befunde bestätigen sollten. Wie notwendig eine solche Bestätigung aber ist, zeigen die einander vollkommen entgegengesetzten Befunde an der Zirbel bei kastrierten Tieren. Nachdem zuerst BIACH und HULLES [7]) eine Atrophie der Zirbel beschrieben hatten, fand dann PELLEGRINI [8]) das gerade Gegenteil, während SARTESCHI, sowie KOLMER und LÖWY überhaupt keine Veränderung nach-weisen konnten.

Was die physiologischen Untersuchungen über die Zirbel anlangt, so haben Injektionsversuche mit Extrakten keine sicheren, irgendwie charakteristischen und sinnfälligen Wirkungen ergeben. Auch mit der Verfütterung von Zirbel-

---

[1]) MARBURG, O.: Ergebn. d. inn. Med. u. Kinderheilk. Bd. 10, S. 146. 1913 u. Arb. a. d. neurol. Inst. d. Wiener Univ. Bd. 23, S. 1. 1920.

[2]) Vgl. KRABBE, K.: Endocrinology. Vol. 7, Nr. 3. p. 379. 1923. — TILNEY, F.: Arch. of neurol. a. psychiatry. Vol. 13, Nr. 4, p. 468. 1925.

[3]) KOHN, A. in WAGNER-JAUREGG u. G. BAYER: Organotherapie. Leipzig: G. Thieme 1914.

[4]) UEMURA, SH.: Frankfurt. Zeitschr. f. Pathol. Bd. 20, S. 381. 1917.

[5]) LINDEBERG, W.: Folia neuropathol. Estoniana. Vol. 2, p. 42. 1924 (Bd. 40, S. 265).

[6]) TRAUTMANN, A.: Zeitschr. f. d. ges. Neurol. u. Psychiatrie. Bd. 94, S. 742. 1925 (Bd. 39, S. 745).

[7]) BIACH, P. u. E. HULLES: Wien. klin. Wochenschr. 1912. S. 373.

[8]) PELLEGRINI, R.: Arch. per le scienze med. Vol. 38, p. 121. 1914 (Bd. 11, S. 261).

substanz wurden keine einwandfreien Ergebnisse erzielt. Auf der einen Seite wollen amerikanische Autoren bei jungen Meerschweinchen und Kaninchen eine raschere Entwicklung erzielt und bei zurückgebliebenen Kindern sogar einen Fortschritt der geistigen Entwicklung beobachtet haben, auf der anderen Seite empfiehlt HOFSTÄTTER die Behandlung mit Pinealextrakten bei übermäßiger sexueller Erregbarkeit und vorzeitiger Geschlechtsentwicklung.

Ebenso unsicher und widerspruchsvoll sind die Ergebnisse der Exstirpationsversuche. An Kaulquappen führt die Exstirpation der Zirbel nach L. ADLER [1]) zu keinen regelmäßigen Anomalien der Entwicklung oder des Wachstums. An jungen Hähnen, denen im Alter von 3—5 Wochen die Zirbel exstirpiert worden war, beobachtete zuerst C. Foà nach einer vorübergehenden Wachstums- und Entwicklungshemmung eine schnellere und stärkere Entwicklung der Hoden und der sekundären Geschlechtsmerkmale (Krähen, sexuelle Instinkte, Kamm). Nach mehreren Monaten zeigten diese Tiere gegenüber den Kontrollen eine starke Hypertrophie der Hoden und des Kammes. Diese Befunde wurden vollkommen bestätigt von IZAWA [2]) und von CLEMENTE [3]). Während Foà an weiblichen Hühnern nach Exstirpation der Zirbel keinerlei Anomalien wahrnahm, sah IZAWA die vorzeitige Geschlechtsentwicklung auch hier und CLEMENTE behauptet sogar, daß sie sich auch bei den Nachkommen pinealektomierter Hähne einstelle (!) und daß die Feten pinealektomierter Tiere rascher wüchsen. Diesen Angaben gegenüber ist nun um so mehr Zurückhaltung notwendig, als CHRISTEA [4]) nicht nur keine Beschleunigung, sondern sogar eine Verzögerung der Entwicklung der Geschlechtscharaktere (Kamm, Sporen, Federn, Krähen) und ausgesprochene Hodenatrophie bei frühzeitig ihrer Zirbel beraubten Hähnen beobachtete. BADERTSCHER [5]) konnte schließlich bei solchen Tieren überhaupt keine Änderung in Wachstum und Entwicklung der Geschlechtsmerkmale oder im Hodengewicht feststellen, und zwar weder bei weiblichen noch bei männlichen.

Ist also die spezifische Beeinflussung des Wachstums und der Geschlechtsentwicklung durch die Pinealektomie schon bei Hühnern keineswegs bewiesen, so ist dies bei Säugetieren noch weniger der Fall. SARTESCHI, der 1910 Wachstumshemmung und Kachexie bei zwei überlebenden pinealektomierten Kaninchen beobachtet hatte, fand 1915 in neuerlichen Versuchen Hodenhypertrophie und einmal Fettsucht bei Kaninchen und Hunden, denen die Zirbel exstirpiert worden war. Auch Foà beschreibt raschere Entwicklung bei pinealektomierten jungen Ratten, ebenso IZAWA [6]). Diesen Angaben stehen vollkommen negative Ergebnisse von A. EXNER und BOESE an Kaninchen, von DANDY an Hunden und von KOLMER und LÖWY sowie HOFMANN [7]) an Ratten gegenüber. HORRAX

<hr>

[1]) ADLER, L.: Arch. f. Entwicklungsmech. d. Organismen. Bd. 40. 1914.

[2]) IZAWA, Y.: Transact. of the japan. pathol. soc. Tokyo. Bd. 12. S. 139. 1922 u. Bd. 13, S. 144. 1923 (ref. Endocrinology. Vol. 9, H. 4. p. 336). Americ. journ. of the med. sciences. Vol. 166, p. 185. 1923 (Bd. 33, S. 406).

[3]) CLEMENTE, G.: Atti d. Reale Accad. dei Lincei, rendiconto. Ser. 5. Vol. 32, p. 47. 1923 (Bd. 37, S. 242).

[4]) Zit. nach KRABBE, K.: l. c.

[5]) BADERTSCHER, J. A.: Anat. record. Vol. 28, p. 177. 1924 (ref. Endocrinology. Vol. 9, Nr. 3, p. 259.

[6]) IZAWA, Y.: Americ. journ. of physiol. Vol. 77, p. 126. 1926 (Bd. 45, S. 285).

[7]) HOFMANN, E.: Arch. f. Phys. Bd. 209, S. 685. 1925 (Bd. 43, S. 232).

scheint aus seinen eigenen Versuchen heute keinerlei Schlüsse mehr auf eine funktionelle Bedeutung der Zirbel zu ziehen. An erwachsenen Hunden sah auch BIEDL keine Folgeerscheinungen der Exstirpation der Epiphyse. So berechtigen also die bisher vorliegenden physiologischen Untersuchungsergebnisse zu keinerlei Schlußfolgerung in bezug auf die Funktion der Zirbel und sind nicht geeignet, als Stütze von Hypothesen herangezogen zu werden, zu denen die Beobachtungen am kranken Menschen Veranlassung gegeben haben.

Bauchspeicheldrüse (Pankreas).

Das von dem innersekretorischen Anteil der Bauchspeicheldrüse gebildete Hormon ist uns zwar noch nicht chemisch, wohl aber biologisch bekannt und faßbar. Es ist das im Jahre 1922 von BANTING und BEST dargestellte sog. Insulin[1]. Daß dieses tatsächlich das Pankreashormon darstellt, geht daraus hervor, daß es die tödlichen Ausfallserscheinungen nach Pankreasexstirpation zu verhindern vermag und pankreaslose Tiere, die sonst in längstens 2—4 Wochen unter dem klinischen Bilde des Diabetes mellitus zugrunde gehen, durch ständige Insulindarreichung beliebig lang symptomlos am Leben erhalten werden können.

Die Kenntnis der inkretorischen Funktion des Pankreas verdanken wir v. MEHRING und MINKOWSKI. Schon lange vorher war einzelnen Ärzten das Vorkommen von Pankreasveränderungen an Leichen von Diabeteskranken aufgefallen, als erstem anscheinend dem englischen Arzte COWLEY im Jahr 1788, später BRIGHT und vor allem BOUCHARDAT (1845). Aber erst im Jahre 1889 gelang es v. MEHRING und MINKOWSKI, sowie gleichzeitig und unabhängig von diesen DE DOMENICIS, durch vollständige Exstirpation der Bauchspeicheldrüse das typische Bild eines rasch tödlich verlaufenden Diabetes mellitus am Hund zu erzeugen. Zahllose Nachuntersuchungen haben diese Befunde bestätigt und gezeigt, daß die Pankreasexstirpation bei allen Tierspezies eine schwere Störung im Kohlenhydratstoffwechsel im Sinne eines Diabetes mellitus herbeiführt. Nur bei einzelnen Vogelarten kommt es bloß zu Hyperglykämie und nicht zu Glykosurie. Wird auch nur ein geringer Teil des Pankreas im Tierkörper zurückgelassen, so bleibt der Diabetes aus oder es kommt nur zu leichten Störungen des Kohlenhydratstoffwechsels im Sinne einer nur nach Kohlenhydratzufuhr eintretenden Zuckerausscheidung. Wenn aber das zurückgelassene Pankreasstück später einer Degeneration anheimfällt, so stellt sich dann allerdings ein schwerer Diabetes ein (sog. SANDMEYERscher Diabetes). Daß nicht der schwere Eingriff an sich oder eine Läsion der sympathischen Nervengeflechte den Diabetes hervorrufen, läßt sich dadurch beweisen, daß der Diabetes auch ausblieb, wenn eine teilweise Pankreasexstirpation ausgeführt und der Rest des Organs in Verbindung mit seinen Gefäßen in die Bauchwand verlagert worden war. Wurde nunmehr dieser Pankreasrest entfernt, so kam es nach dieser ganz geringfügigen Operation zum letalen Diabetes. In den letzten Jahren ist es vor allem F. M. ALLEN gelungen[2], Hunde mit einem Rest von

---

[1] STAUB, H.: Insulin. Berlin: Julius Springer 1925. 2. Aufl. — GREVENSTUK, A. u. E. LAQUEUR: Insulin. Ergebn. d. Physiol. Bd. 23. II. Abt. 1925.

[2] ALLEN, F. M., A. BARCLAY a. E. F. F. COPP: Transact. of the assoc. of americ. phys. Vol. 39, p. 364. 1924 (Bd. 40, S. 529).

$^1/_4-^1/_{10}$ des Pankreas jahrelang am Leben zu erhalten und festzustellen, daß
sie einen der Zuckerkrankheit des Menschen völlig analogen chronischen Zustand
darboten, der auch durch diätetische Behandlung entsprechend zu beeinflussen war.

Das klinische Bild der totalexstirpierten Hunde stellt sich im übrigen
folgendermaßen dar: Schon einige Stunden nach dem Eingriff tritt Glykosurie
auf, nach etwa 2—4 Tagen ist der Diabetes in stärkster Intensität entwickelt,
nur vor dem in längstens 3—4 Wochen erfolgenden Tod sinkt die Zuckerausscheidung wieder ab. MINKOWSKI zeigte, daß auf der Höhe der Stoffwechselstörung die Menge des ausgeschiedenen Zuckers zu der des ausgeschiedenen
Stickstoffes immer in einem bestimmten Verhältnis steht. Dieser Quotient
D : N beträgt 2,8—3, unabhängig davon, ob die Tiere hungern oder Eiweiß-
nahrung bekommen. Offenbar drückt also dieser Quotient aus, wieviel Zucker
der Organismus des pankreaslosen Hundes aus dem zugeführten Nahrungs-
eiweiß bildet. Zufuhr von Traubenzucker erhöht die Glykosurie um den zugeführten Betrag. Die Leber verliert sehr rasch ihren gesamten Glykogen-
vorrat und fällt einer Verfettung anheim. Die Muskeln bewahren ihren Glykogengehalt längere Zeit. Die Leber vermag aber trotzdem in gewissem Maße Glykogen
zu bilden, wie Fütterung mit Lävulose zeigt; dadurch wird auch die Leber-
verfettung aufgehalten (MINKOWSKI, EPPINGER und FALTA). In den Leukocyten
und Nierenepithelien ist auffallenderweise der Glykogengehalt vermehrt. Eine
chemische Blutuntersuchung ergibt eine beträchtliche Hyperglykämie und
als Folge des Fetttransportes aus den Fettlagern in die Leber Lipämie. Neben
der Glykosurie zeigen die Tiere Polyurie, Ketonkörperausscheidung, erhöhten
Eiweiß- und Grundumsatz, sowie vermehrte Salzausscheidung. Nur der Chlorid-
gehalt nimmt in Blut und Harn ab[1]). Eine gesteigerte Erregbarkeit des sympathischen Nervensystems verrät sich durch eine vermehrte glykosurische
Wirkung einer Adrenalininjektion, sowie durch die von O. LOEWI zuerst beobachtete Mydriasis auf eine conjunctivale Adrenalininstillation. Die ausgeschiedenen Zuckermengen sind recht beträchtlich, bei gemischter, also kohlen-
hydrathältiger Kost betragen sie in der Regel 8—10$^0/_0$. Trotz gesteigerter
Gefräßigkeit magern die Tiere rapid ab und gehen im Zustand höchstgradiger
Inanition zugrunde. Nur zum Teil ist diese Kachexie auch auf den Wegfall
des äußeren Sekretes der Bauchspeicheldrüse, also auf die Resorptionsstörung
zurückzuführen.

Daß diese schweren Ausfallerscheinungen von seiten des Pankreas nur durch
eine hormonale Funktion dieses Organs zu erklären sind, war schon den Ent-
deckern des Pankreas-Diabetes klar. Konnte doch später von FORSCHBACH
gezeigt werden, daß die parabiotische Vereinigung eines pankreas-exstirpierten
mit einem normalen Tier die Erscheinungen des Diabetes verhindert. Die
vielen Bemühungen, des Hormons habhaft zu werden, führten aber erst nach
mehr als 30 Jahren zu einem befriedigenden Resultat.

Da BIEDL die Beobachtung gemacht hatte, daß einerseits nach Unterbindung
des Ductus thoracicus am Halse oder Ableitung der Lymphe nach außen in
der Mehrzahl der Fälle Glykosurie auftritt, andererseits die Duktuslymphe
die Adrenalinglykosurie herabsetzt, so schloß er daraus, daß das Pankreas-

---

[1]) MEYER-BISCH, R.: 38. Kongr. d. dtsch. Ges. f. inn. Med. 1926.

hormon mit dem Lymphstrom in die Blutbahn gelange. Man hat auch schon seit längerer Zeit angenommen, daß es ausschließlich oder zum mindesten ganz vornehmlich die sog. LANGERHANSschen Inseln der Bauchspeicheldrüse sind, denen die innersekretorische Funktion zugeschrieben werden muß. Darauf hatten vor allem die Unterbindungsversuche am Pankreasausführungsgang hingewiesen (SCHULZE, SSOBOLEW 1900). Nach diesem Eingriff atrophieren nämlich nur die acinösen Teile des Organs, die Inseln bleiben dagegen unversehrt und ein Diabetes tritt nicht ein.

Diese Versuche sollten nach fast einem Vierteljahrhundert eine große Bedeutung erlangen, denn sie wurden zur Grundlage der Entdeckung bzw. Gewinnung des Pankreashormons durch BANTING und BEST, welches übrigens seinen Namen Insulin schon im Jahre 1909 durch J. DE MEYER in Brüssel erhalten hatte, noch ehe es isoliert und faßbar war. BANTING war der Überzeugung, daß die Gewinnung des Pankreashormons bis nun daran gescheitert war, daß es sehr rasch der Zerstörung durch das Trypsin anheimfällt. Deshalb suchte er es zu gewinnen einerseits aus Bauchspeicheldrüsen mit vorher unterbundenem Ausführungsgang und infolgedessen verödeten Acinis, andererseits aus dem Pankreas junger Rinderfeten, in denen nur die LANGERHANSschen Inseln, aber noch nicht die Acini entwickelt sind. Er hatte Erfolg. MACLEOD stellte es dann auch aus dem Inselorgan gewisser Fische dar, welches bei diesen Tieren von dem acinösen, Verdauungsfermente liefernden Pankreasanteil vollkommen getrennt liegt. Schließlich gelang es COLLIP, das Insulin auch aus dem Pankreas von Schlachttieren in größeren Mengen zu gewinnen, indem er die Trypsinwirkung durch Alkohol als Extraktionsmittel, durch Säure oder tiefe Temperatur auszuschalten versuchte. Es ist kein Zweifel, daß ZUELZER schon im Jahre 1908 das Insulin in Händen hatte. Auch er hatte schon Alkohol zur Extraktion verwendet. Es hat sicherlich, wie GREVENSTUCK und LAQUEUR hervorheben, etwas Tragisches an sich, daß nur wegen der vermeintlichen Giftigkeit seiner Extrakte ZUELZER nicht der gefeierte Entdecker des Insulins geworden ist. BANTING hat die volle Auswertung seiner Entdeckung vor allem der systematischen Anwendung der Mikro-Blutzuckerbestimmung zu verdanken, die allein es ermöglichte, die fabelhaften physiologischen Wirkungen des Insulins festzustellen und zu analysieren.

Das Insulin ist ein amorphes, weißes oder gelblichweißes Pulver von großer Haltbarkeit. Bei schwach saurer oder alkalischer Reaktion ist es in Wasser gut löslich. Es ist thermostabil und hat die Eigenschaften einer Albumose [1]. J. J. ABEL [2] ist es in allerletzter Zeit gelungen, das wirksame Prinzip in krystallisierter Form zu erhalten. Es ist ein schwefelhaltiges Polypeptid. Aus 1 kg Pankreas lassen sich etwa 0,2 g Reininsulin gewinnen. Die charakteristischen Erscheinungen des Pankreasdiabetes werden durch Insulin sofort zum Schwinden gebracht. Hyperglykämie und Glykosurie, Lipämie und Ketonurie verschwinden, die Leber verliert ihr Fett und setzt wieder Glykogen an, die pankreaslosen Tiere können durch regelmäßig wiederholte Insulininjektionen beliebig lang am Leben erhalten werden. Das Insulin ersetzt also zweifellos das fehlende eigene Pankreashormon. An normalen Individuen ist die charakteristischeste Wirkung

---

[1] LANGECKER, H. u. W. WIECHOWSKI: Klin. Wochenschr. 1925. S. 1339.
[2] ABEL, J. J.: Proc. of the nat. acad. of sciences (U. S. A.) Vol. 12, p. 132. 1926 (Bd. 44, S. 168).

des Insulins der Abfall des Blutzuckers, dessen Ausmaß ja auch zur Wertbestimmung des Präparates verwendet wird. Die ungeheure Wirksamkeit des Hormons geht aus der Angabe ABELs hervor, wonach 0,001 g seines Reininsulins ausreicht, um bei einer Kaninchenherde im Gesamtgewicht von $2^1/_2$ Zentnern in $1^1/_2$ Stunden den Blutzucker auf unter $0,05^0/_0$ herabzusetzen und Krämpfe zu erzeugen. Im nüchternen Zustand ist die blutzuckerherabsetzende Wirkung des Insulins proportional der Höhe des Ausgangsblutzuckerwertes (FALTA [1])).

Bei entsprechend höherer Insulindosis kommt es zu einem Vergiftungszustand, der nicht ganz mit Recht als „hypoglykämischer Komplex" bezeichnet zu werden pflegt. Die Tiere zeigen Unruhe, Dyspnoe, Cyanose, Erweiterung der Pupillen und Lidspalten, Abfall der Körpertemperatur, Zuckungen und schließlich allgemeine tonisch-klonische Krämpfe, die sich bis zur Erschöpfung und zum Exitus an Atemlähmung periodisch wiederholen. Am Menschen beobachtet man Heißhunger und Schwächegefühl, vasomotorische Störungen, profuse Schweißausbrüche, eventuell Krämpfe und Bewußtlosigkeit. Durch Zufuhr von Zucker lassen sich die Vergiftungserscheinungen rasch beheben. Der Ausdruck „hypoglykämisches Syndrom" ist deshalb unzutreffend, weil das Vergiftungsbild nicht immer mit extremer Hypoglykämie zusammenfällt. Es kann z. B. bei verhältnismäßig noch genügend hohem Blutzuckerspiegel eintreten und wir beobachten andererseits Fälle von Hypoglykämie, die diese Vergiftungserscheinungen völlig vermissen lassen. Übrigens erschöpft sich die therapeutische Wirksamkeit der Zuckerzufuhr bei wiederholt mit Insulin vergifteten Tieren.

Es soll hier nicht unsere Aufgabe sein, die ungemein zahlreichen, einander vielfach widersprechenden Einzeluntersuchungen über die sonstigen Wirkungen des Insulins im normalen und kranken Organismus oder an überlebenden Organen zu schildern, schon deshalb nicht, weil sie noch bei weitem nicht ausreichen, um ein geschlossenes, einheitliches und gesichertes Bild von dem Mechanismus und den Angriffspunkten der Insulinwirkung zu gewinnen. Sie sind übrigens in den zusammenfassenden Darstellungen von GREVENSTUCK und LAQUEUR sowie von STAUB in ausgezeichneter Weise gesichtet. Wir werden uns also nur darauf beschränken, anscheinend doch einigermaßen gesicherte Ergebnisse hier anzuführen, und daraus jene hypothetischen Anschauungen über das Wesen der Insulinwirkung abzuleiten, die auch von den maßgebenden Forschern heute für die wahrscheinlichsten gehalten werden.

Im Blute läßt sich nach Insulin außer einer Abnahme des Blutzuckers auch eine Abnahme des Phosphatgehaltes nachweisen, ebenso im Harn. In der Leber normaler Tiere nimmt das Glykogen unter Insulin ab, bei pankreasdiabetischen Tieren jedoch, und wahrscheinlich auch bei normalen, wofern gleichzeitig mit dem Insulin Zucker gegeben wird, nimmt es zu. Der Zuckergehalt der Gewebe und insbesondere der Muskulatur nimmt unter Insulin ab, dagegen findet man darin Glykogen [2]) und noch nicht näher bekannte kohlen-

---

[1]) FALTA, W.: Klin. Wochenschr. 1924. S. 1385 u. Wien. klin. Wochenschr. 1925, Sonderbeilage zu Nr. 40.

[2]) LESSER, E. J.: Krankheitsforschung. Bd. 2, S. 500. 1926 (Bd. 44, S. 678). — BEST, C. H., J. P. HOET a. H. P. MARKS: Proc. of the roy. soc. Ser. B. Vol. 100, Nr. B 700, p. 32. 1926 (Bd. 44, S. 571).

hydratartige Stoffe in vermehrter Menge. Es kommt zu einer auch am Menschen oft sehr eklatanten Wasserretention im Körper [1]. Insulin soll auch die Erregbarkeit des parasympathischen Nervensystems steigern, es senkt die Pulsfrequenz, den Blutdruck und die Körpertemperatur. Die Resorption aus dem Verdauungsschlauch wird beschleunigt (KOREF und MAUTNER [2]). Auch das Elektrokardiogramm zeigt charakteristische Veränderungen [3]. Mit dem Capillarmikroskop sieht man eine bessere Gewebsdurchblutung [4]. Allerdings sind mancherlei Wirkungen den in verschiedenem Ausmaß bestehenden Verunreinigungen der verschiedenen Insulinpräparate zur Last zu legen.

Wo soll man sich nun den Angriffspunkt und wie den Mechanismus der Insulinwirkung vorstellen? Die Frage erledigt sich mit der Lösung des Problems, wie das Absinken des Zuckergehaltes in Blut und Geweben unter Insulinwirkung zustande kommt und was mit dem verschwundenen Zucker geschieht? Ausgeschieden wird er aus dem Organismus nicht. Verbrannt wird er aber im Organismus auch nicht, zum mindesten nicht vollständig, wenigstens haben zahlreiche Bemühungen, dies festzustellen, fehlgeschlagen und auch die Vorstellung, daß das diabetische Individuum den Zucker nur mangelhaft verbrenne, läßt sich nicht aufrechthalten, da ja bei einem solchen Zustand der gesamte Muskelbetrieb in Frage gestellt sein müßte. Die im Muskel enthaltenen Kohlenhydrate werden auch im diabetischen Organismus ungestört verwertet. Der Zucker kann also nur in einen anderen Stoff umgewandelt werden, der entweder im Blut zirkuliert, oder in irgendwelchen Organen deponiert wird und keine reduzierenden Eigenschaften hat. Nun müssen wir uns zunächst vor Augen halten, daß nach unseren heutigen Anschauungen der im Blute zirkulierende Traubenzucker als solcher im Organismus gar nicht verbrennbar und verwertbar ist, sondern nur die leicht diffusible Transportform darstellt, in der das Kohlenhydrat im Blute zirkuliert und an die Gewebe herangebracht wird. Erst seine Polymerisierung im Gewebe zu Glykogen macht den Zucker zu einem verwertbaren Zellbestandteil.

Manches spricht dafür, daß die wenig reaktionsfähige Dextrose, aber auch die Lävulose und andere Zuckerarten hierbei in die besonders reaktionsfähige sog. Enolform mit einer doppelten Bindung zwischen zwei endständigen C-Atomen umgewandelt werden, die bei dem reversiblen Übergang von Zucker sowohl zu Glykogen als auch zu Milchsäure durchlaufen wird. ISAAC drückte dies durch folgendes Formelbild aus:

$$\text{Milchzucker}$$
$$\updownarrow$$
$$\text{Lävulose} \leftrightarrows \text{Enolform} \leftrightarrows \text{Dextrose}$$
$$\updownarrow$$
$$\text{Glykogen}$$

Die Enolform soll auch die esterartige Bindung an Phosphorsäure vermitteln, welche als das EMBDENsche Lactazidogen die Verbrauchsform des Zuckers für den Muskel darstellt. Man hat sich nun vorgestellt (MINKOWSKI, ISAAC),

---

[1] Vgl. KLEIN, O.: Klin. Wochenschr. 1926. S. 2364 u. 2414.
[2] KOREF, O. und H. MAUTNER: Arch. f. exp. Pathol. u. Pharmakol. Bd. 113, S. 151. 1926 (Bd. 44, S. 54).
[3] HAYNAL, E. v.: Klin. Wochenschr. 1925. S. 403 u. 1729 (Bd. 41, S. 502).
[4] REDISCH, W.: Klin. Wochenschr. 1924. S. 2235 (Bd. 39, S. 229).

daß für die Überführung des Zuckers in die Enolform das Pankreashormon erforderlich sei; wenn es fehlt, wäre also die Glykogenbildung aus Zucker (Dyszooamylie) und damit die Zuckerverwertung in den Organen gestört. Man hat auch von einer γ-Glucose [1]), in letzter Zeit von einer Neoglucose gesprochen, die unter der Einwirkung des Insulins aus dem zirkulierenden Blutzucker entstehen und bei gleicher Reduktionskraft eine geringere spezifische Drehung des polarisierten Lichtes und leichtere Oxydierbarkeit zeigen soll, als die im Blute kreisende α- und β-Glucose (LUNDSGAARD und HOLBØLL); beim Diabetiker wurde nun diese Neoglucose vermißt. Trotz aller Unsicherheit über die chemischen Details dieser Vorgänge dürfen wir aber als äußerst wahrscheinlich annehmen, daß es neben dem Glykogen als Stapelform des Zuckers, dem Lactazidogen als Verbrauchsform im Muskel, dem Blutzucker als Transportform noch eine besondere Reaktionsform gibt, deren Bildung aus der Transportform die Voraussetzung der Kohlenhydratverwertung im Organismus darstellt und offenbar von der Anwesenheit des Pankreashormons abhängig ist [2]).

Man hat auch daran gedacht, daß das Pankreashormon die Aufnahmsfähigkeit des Muskels für den Zucker steigert, indem es die Permeabilität der Zellen für Zucker erhöht. Auch dafür liegen mancherlei Anhaltspunkte vor und von dem antagonistisch wirkenden Adrenalin konnte EMBDEN zeigen, daß es die Durchgängigkeit der Muskelfasergrenzschichten für Dextrose vermindert. Bestimmt man am Tier oder Menschen gleichzeitig den Blutzuckergehalt im arteriellen und venösen Blut einer Extremität, so findet man normalerweise, insbesondere nach Kohlenhydratzufuhr etwas mehr Zucker im arteriellen als im venösen Blute, ein Zeichen dafür, daß ein Teil des zuströmenden Zuckers durch die Muskulatur aufgenommen wurde. Beim pankreasexstirpierten Tier und beim diabetischen Menschen fehlt diese Differenz, ja es kann sogar der Zuckergehalt des venösen Blutes den des arteriellen etwas übertreffen. Wird nun dem pankreaslosen Tier oder dem Diabetiker Insulin verabreicht, so stellt sich die physiologische Differenz zwischen dem Zuckergehalt des arteriellen und venösen Blutes wieder her, das heißt also, die Muskulatur des diabetischen Organismus besitzt nicht die normale Fähigkeit, den zirkulierenden Blutzucker zurückzuhalten, gewinnt diese Fähigkeit aber wieder unter dem Einfluß des Insulins. Diese bedeutsamen Feststellungen des Ehepaares CORI wurden nun schon von einer größeren Reihe verläßlicher Forscher bestätigt, so daß an ihrer Zuverlässigkeit nicht zu zweifeln ist [3]). Auch aus der Verteilung des Zuckers zwischen Blutplasma und Erythrocyten im normalen und diabetischen Organismus, sowie unter dem Einfluß des Insulins wurde auf eine Erhöhung der Zellpermeabilität für Zucker durch das Insulin geschlossen [4]). Selbst in vitro nehmen rote Blutkörperchen oder Arterienbrei mehr Zucker

---

[1]) PRINGSHEIM, H.: Biochem. Zeitschr. Bd. 156, S. 109. 1925 (Bd. 41, S. 536).

[2]) Vgl. LAQUER, F.: Klin. Wochenschr. 1925. Nr. 12. S. 560 u. Nr. 13, S. 604 (Bd. 39, S. 908).

[3]) CORI, C. F. a. G. T. CORI: Proc. of the soc. f. exp. biol. a. med. Vol. 22, p. 72. 1924 (Bd. 42, S. 425) u. Americ. journ. of physiol. Vol. 71, p. 688. 1925 (Bd. 41, S. 31). — WERTHEIMER, R.: Med. Klinik. 1924. Nr. 19. — FRANK, E., M. NOTHMANN u. A. WAGNER: Arch. f. exp. Pathol. u. Pharmakol. Bd. 110, S. 225. 1925 (Bd. 43, S. 43). — WIECHMANN, E.: Dtsch. Arch. f. klin. Med. Bd. 150, S. 186. 1926 (Bd. 43, S. 461).

[4]) WIECHMANN, E.: Zeitschr. f. d. ges. exp. Med. Bd. 41, S. 462. 1924 (Bd. 36, S. 242) u. l. c.

aus der Suspensionslösung auf, wenn Insulin zugesetzt wird [1]). Ein mit Zuckerlösung durchspültes Katzenherz von einem diabetischen Tier nimmt viel weniger Zucker aus der Durchspülungsflüssigkeit auf als das Herz eines normalen. Insulinzusatz vermag aber den Zuckerverbrauch des durchspülten diabetischen Herzens fast auf die Norm zu erhöhen [2]). Nur für die Niere scheinen andere Verhältnisse vorzuliegen. Die Niere ist beim menschlichen Diabetiker im Anfangsstadium abnorm zuckerdurchlässig bzw. zuckerempfindlich [3]). Sie speichert ja auch ganz im Gegensatz zur diabetischen Leber Glykogen. Zusatz von Pankreashormon vermindert bei künstlicher Durchspülung einer Niere mit Traubenzucker die durchtretende Zuckermenge.

Eine Reihe maßgebender Forscher (GEELMUYDEN, SHAFFER, GREVENSTUK und LAQUEUR) nehmen an, daß die Glucose im normalen Organismus an eine Reihe von Substanzen, vor allem Acetonkörper, Fettsäuren, Phosphorsäure, vielleicht auch Proteide [4]) gebunden und daß diese Bindung durch das Insulin vermittelt wird. Im diabetischen Organismus würden infolge Insuffizienz dieses Vorganges freie Ketonkörper auftreten und unverbrannt ausgeschieden. BRUGSCH [5]) bezeichnet das Insulin geradezu als Koferment der Phosphatese und schreibt ihm einen Hauptanteil an der Phosphorylierung des Zuckers, an der Bildung des Lactazidogens zu. In der Tat schwinden ja auf Insulin neben dem Blutzucker auch die Ketonkörper und der Phosphor.

Wie unklar und umstritten der Mechanismus der Insulinwirkung auch sein mag, so viel steht wohl heute fest, daß das Insulin den Kohlenhydratumbau und damit die Kohlenhydratverwertung im Organismus in entscheidender Weise fördert und daß es seinen Angriffspunkt offenbar mehr minder in allen Zellen besitzt, da alle Zellen auf die Verwertung von Kohlenhydraten angewiesen sind. Tatsächlich läßt sich auch Insulin in einer ganzen Reihe von Körpergeweben des normalen Individuums nachweisen. Am meisten wurde im Thymus, in der Submaxillaris und in der Leber gefunden, auch im Blut und im Harn ist es nachweisbar (BEST, BANTING). Im pankreasexstirpierten Organismus nimmt der Gehalt der Gewebe an Insulin rasch ab oder schwindet ganz (ASHBY), nur die Leber enthält auch dann noch eine gewisse Menge Insulin (MINKOWSKI), woraus die Schlußfolgerung zu ziehen ist, daß die Leber bis zu einem gewissen Grade auch Insulin zu erzeugen vermag. Tuberkulöses Gewebe scheint gleichfalls ein blutzuckersenkendes „Parainsulin" zu produzieren [6]). COLLIP und nach ihm eine ganze Reihe von Forschern konnten aus den verschiedensten Pflanzen, aus Zwiebel, Lattich, Kohl, Kartoffeln, Reis, Orangen, aus Hefe, Bakterienkulturen und vielen anderen stark blutzuckersenkende Substanzen gewinnen, die von COLLIP als Glukokinine bezeichnet wurden. Wenn sie auch nicht mit

---

[1]) HÄUSLER, H. u. O. LOEWI: Biochem. Zeitschr. Bd. 156, S. 295. 1925 (Bd. 40, S. 527) u. Arch. f. Physiol. Bd. 210, S. 238. 1925 (Bd. 43, S. 224) u. Klin. Wochenschr. 1926. S. 414.

[2]) MANSFELD, G. u. E. GEIGER: Arch. f. exp. Pathol. u. Pharmakol. Bd. 106, S. 276. 1925 (Bd. 41, S. 829).

[3]) Vgl. LICHTWITZ, L.: Diabetes mellitus. Im Handbuch d. inn. Med. Herausg. v. BERGMANN u. STAEHELIN. Berlin: Julius Springer 1926. 2. Aufl. 4. Bd. 1. Teil. — SCHUR, H. u. F. KORNFELD: Wien. klin. Wochenschr. 1925. S. 1153 (Bd. 42, S. 195).

[4]) CONDORELLI, L.: Policlinico, sez. med. Vol. 32, No. 7, p. 317. 1925 (Bd. 43, S. 223).

[5]) BRUGSCH, TH. u. H. HORSTERS: Klin. Wochenschr. 1925. S. 436 u. Med. Klinik. 1926, S. 81 (Bd. 42, S. 854).

[6]) LUNDBERG, E.: Acta tuberc. scandinav. Vol. 1, p. 179. 1925 (Bd. 42, S. 579) u. Acta med. scandinav. Vol. 62, p. 46. 1925 (Bd. 40, S. 791).

dem Pankreashormon identisch sind und dagegen sprechen vor allem die lange Latenzzeit ihrer Wirksamkeit, sowie die Übertragbarkeit mit dem Blute eines injizierten Tieres auf ein zweites und drittes Tier, so ist doch naheliegend, anzunehmen, daß selbst die Pflanzenzellen auf ein insulinähnliches Prinzip angewiesen sind, das anscheinend zu oxydationskatalytischen Fermenten in Beziehung steht (WASICKY). WIECHOWSKI leugnet allerdings die hormonal-physiologische Bedeutung dieser Glukokinine und meint, daß sie in der Natur nicht präformiert vorkommen. Der Inselapparat des Pankreas hat sich jedenfalls mit der fortschreitenden phylogenetischen Zelldifferenzierung und Arbeits-teilung für die Insulinbelieferung des Gesamtorganismus gewissermaßen spezia-lisiert und damit eine Aufgabe übernommen, die — im Prinzip gleichartig — ursprünglich jede Zelle für sich selbst besorgt hat. Beim höheren Wirbeltier scheint nur noch das Lebergewebe bis zu einem gewissen Grade dazu befähigt zu sein.

Auf Grund der oben kurz skizzierten Anschauungen über den Mechanismus der Insulinwirkung verstehen wir nunmehr, warum auf Insulin Hyperglykämie, Glykosurie und Ketonkörper beim Diabetiker verschwinden, warum der Phos-phorgehalt in Blut und Harn abnimmt, der Glykogenansatz in der Leber wieder stattfindet und warum auch die Eiweiß- und Fettumwandlung in Kohlenhydrat im zuckerkranken Organismus eingedämmt wird. Die letztere Erscheinung ist als sekundäre Folge der Beeinflussung des Kohlenhydratstoffwechsels durchaus verständlich [1]. Wenn Kohlenhydrat wieder in normaler Weise verwertet werden kann, kein Kohlenhydrat-Hunger mehr besteht, dann fällt offenbar auch der Anreiz für die überstürzte Kohlenhydratbildung aus Eiweiß und Fett weg. Der Glykogenschwund in der Leber normaler Tiere unter dem Einfluß des Insulins erklärt sich dadurch, daß die sehr rasch erfolgende Senkung des Blutzuckerspiegels einen so starken Reiz für die Glykogenolyse darstellt, daß auch die Förderung des Glykogenansatzes durch das Insulin hierdurch über-troffen wird. In der diabetischen Leber, insbesondere bei gleichzeitiger Zufuhr von Zucker und Insulin, erfolgt dagegen Glykogenansatz, weil einerseits die Hypoglykämie nicht jenen hohen Grad erreicht wie beim Normalen und anderer-seits die Glykogendepots ohnehin erschöpft sind. Jedenfalls wissen wir heute, daß der hypoglykämische Effekt des Insulins auch am leberlosen Tier eintritt, daß aber der Wiederanstieg des Blutzuckers von dem hypoglykämischen Wert aus durch die Entleberung verhindert wird (MANN und MAGATH [2]).

Damit gelangen wir von selbst zur Besprechung der automatischen Blut-zuckerregulation, wie sie durch das wohlabgestimmte Eingreifen hormonaler und nervöser Reize gewährleistet wird. Als der adäquate Reiz für die Glyko-genese und Zuckerausschüttung einerseits, für die Glykogenspeicherung und Zuckerretention in der Leber andererseits ist offenbar die jeweilige Höhe bzw. die Schwankung des Blutzuckerspiegels anzusehen (L. POLLAK [3], FALTA). Doch wirkt dieser adäquate Reiz nicht direkt auf das Lebergewebe, sondern durch Vermittlung des vegetativen Nervensystems (Zuckerzentren im ver-längerten Mark, am Boden des Zwischenhirns, wahrscheinlich auch im Streifen-

---

[1] Vgl. GIGON, A.: Zur Kenntnis des Insulins und des Diabetes mellitus. Würzburger Abhandl. a. d. Gesamtgeb. d. prakt. Med. Neue Folge. II. Bd. H. 6. 1925.

[2] MANN, F. C. u. TH. B. MAGATH: Americ. journ. of physiol. Vol. 65, p. 403. 1923 (Bd. 33, S. 180).

[3] POLLAK, L.: Ergebn. d. inn. Med. u. Kinderheilk. Bd. 23, S. 337. 1923 u. Wien. klin. Wochenschr. 1926. Sonderbeil. zu Nr. 17.

hügel) und vor allem bestimmter Hormonorgane (Nebennierenmark, Bauchspeicheldrüse). Dabei beeinflußt das vegetative Nervensystem die Zucker-
abgabe aus der Leber zum mindesten überwiegend auf dem Wege der
N. splanchnici und des chromaffinen Gewebes. Das gegenseitige Wechselspiel
zwischen Adrenalin und Insulin sorgt also für die nötige Konstanz des Blutzuckerspiegels. Nimmt ein normaler Mensch eine Kohlenhydratmahlzeit oder
Traubenzucker zu sich, so steigt bekanntlich das Blutzuckerniveau an. Diese
sehr rasch einsetzende alimentäre Hyperglykämie im Ausmaße von höchstens
etwa 2 g „Mehrzucker" pro Gesamtblutmenge ist, wie TRAUGOTT [1] gezeigt
hat, weitgehend unabhängig von der Menge der zugeführten Kohlenhydrate,
ist also dieselbe, ob etwa 20 g oder 150 g Dextrose verabreicht wurden; sie
beruht nicht auf einem Übertritt des genossenen Traubenzuckers ins Blut,
sondern auf einer wahrscheinlich reflektorischen Reizwirkung auf die Glykogenese
der Leber. Dieser Mehrzucker scheint überdies in irgendwie gebundener Form
zu kreisen, da er nicht durch die Niere ausgeschieden wird. Nun konnten
STAUB und TRAUGOTT weiter feststellen, daß gegen Ende oder gleich nach
Abklingen der alimentären Hyperglykämie eine neuerliche Zuckergabe selbst in
größerer Dosis keine Hyperglykämie mehr hervorruft. Nur im diabetischen Organismus tritt auch jetzt wieder eine neuerliche alimentäre Hyperglykämie ein.

Wir verstehen diese Tatsachen heute sehr gut. Die alimentäre Hyperglykämie stellt einen Reiz für die Insulinabgabe an das Blut dar, der Organismus
sorgt nach Kohlenhydrataufnahme selbsttätig für möglichst gute Verwertungs-
bedingungen des zugeführten Kohlenhydrats und bedient sich dazu der Kette:
alimentäre Reizhyperglykämie—Hyperinsulinämie. Eine Kohlenhydratmahlzeit
bedeutet also für den normalen Organismus zugleich eine Insulingabe. Wird
nun auf der Höhe dieser alimentären Hyperinsulinämie neuerlich Zucker ge-
nossen, dann entfällt eine alimentäre Reizhyperglykämie, weil sie eben durch
das vermehrt im Blut zirkulierende Insulin verhindert wird. Im diabetischen
Organismus mit gestörter Insulinproduktion dagegen ist die alimentäre Reizhyperglykämie abnorm hoch, dauert wegen der mangelnden Gegenregulation
von seiten des Inselorgans abnorm lang, und ist durch eine nachfolgende
Kohlenhydratmahlzeit immer wieder hervorzurufen. In jüngster Zeit hat
DEPISCH [2] darauf aufmerksam gemacht, daß sich nach Zufuhr von 75—100 g
Dextrose in 750—1000 ccm Wasser nach Abklingen der anfänglichen Hyperglykämie, etwa nach 3—4 Stunden, eine Hypoglykämie als Ausdruck über-
schießender Insulinproduktion nachweisen läßt. Namentlich bei Fällen von
essentiellem, arteriellen Hochdruck scheint diese alimentäre Hypoglykämie
ausgesprochen zu sein und kann hier sogar zu „hypoglykämischen Symptomen",
wie Zittern, Schweißausbruch, Herzklopfen, Heißhunger führen.

Auf der anderen Seite bedeutet aber auch jede Hyperinsulinämie einen
Reiz für die Adrenalinabgabe an das Blut. Im Tierversuch läßt sich durch
Insulinbehandlung sowohl eine Hyperplasie der Nebennieren, z. B. bei Tauben
(RIDDLE [3]), als auch eine vollkommene Erschöpfung des chromaffinen Gewebes

---

[1] TRAUGOTT, C.: Zeitschr. f. d. ges. exp. Med. Bd. 31, S. 282. 1923.

[2] DEPISCH, F. u. R. HASENÖHRL: Klin. Wochenschr. 1926. Nr. 30. S. 1396 u. Nr. 43.
S. 2011.

[3] RIDDLE, O., H. E. HONEYWELL a. W. S. FISHER: Americ. journ. of physiol. Vol. 68,
p. 461. 1924 (Bd. 37, S. 37).

erzielen (POLL [1])). Da Splanchnicusdurchschneidung die Nebennieren vor dieser Insulinwirkung schützt, so ist damit erwiesen, daß die Adrenalinausschüttung als Reaktion auf eine Insulinvermehrung im Blute auf nervösem Wege erfolgt (R. H. KAHN [2])). Infolge der mangelnden Gegenregulation durch vermehrte Adrenalinabgabe sind daher auch Tiere mit exstirpierten Nebennieren oder durchschnittenen Splanchnici [3]), ebenso wie Addisonkranke [4]) gegenüber dem Insulin viel empfindlicher. Auch Schilddrüsenexstirpation erhöht die Insulinempfindlichkeit [3]).

Wir sehen also einen recht komplizierten Regulationsmechanismus über die Verwertung der Kohlenhydrate und die Konstanz des Blutzuckerspiegels wachen und sollten auch hier, wie so oft, mehr über die Präzision der normalen Einrichtungen, als über ihr gelegentliches Versagen staunen. Dieses Versagen nach einer bestimmten Richtung aber scheint mir mit POLLAK richtiger das Wesen der diabetischen Stoffwechselstörung zu kennzeichnen, als die Annahme einer Insuffizienz des Inselorganes, wenn auch eine solche Insuffizienz in den allermeisten Fällen dem Versagen der Blutzuckerregulation zugrunde liegt. Es handelt sich aber offenbar nicht immer um eine absolute Unfähigkeit des Inselorganes zur Produktion des Hormons, sondern gelegentlich auch um dessen mangelhafte Empfindlichkeit für den adäquaten Reiz der jeweiligen Blutzuckerkonzentration, um eine Torpidität seiner Reaktion.

Seit den systematischen Untersuchungen WEICHSELBAUMs mehrten sich die Stimmen der Forscher, welche bei der Obduktion von Diabeteskranken mit einer großen Regelmäßigkeit Veränderungen des Inselorgans der Bauchspeicheldrüse feststellen konnten. In etwa 90% der Diabetesfälle sind die Inselepithelien sklerosiert, hydropisch oder hyalin degeneriert, vakuolisiert oder sonstwie krankhaft verändert, vor allem aber an Zahl vermindert [5]). Wir müssen aber — und LICHTWITZ hat das neuerdings im Anschluß an die ALLANschen Versuche wieder besonders betont — auch mit einem histologisch nicht nachweisbaren funktionellen Versagen des Inselorgans rechnen. Bei entsprechender Schonung des insuffizienten Inselorgans durch rationelle Diät und Insulinbehandlung kommt es im Tierversuch bei partiell pankreasexstirpierten Hunden sowohl als auch bei diabetischen Menschen gelegentlich zu einer erstaunlichen Besserung des Zustandes, zu einer Erhöhung des Kohlenhydrat-Toleranz, ja, wie ich dies gesehen habe, zu einem wenigstens vorübergehenden Schwinden der ursprünglich schweren diabetischen Stoffwechselstörung [6]). Es ist kein Zweifel, daß regenerative Vorgänge am Pankreas hier die Hauptrolle spielen. Wurden sie doch auch histologisch nachgewiesen und

[1]) POLL, H.: Med. Klinik. 1925. S. 1717 (Bd. 43, S. 417).

[2]) KAHN, R. H.: Arch. f. Physiol. Bd. 212, S. 54. 1926 (Bd. 43, S. 45).

[3]) LEWIS, J. T. et M. MAGENTA: Cpt. rend. des séances de la soc. de biol. Tom. 92, p. 821. 1925 (ref. Endocrinology. Vol. 10, Nr. 1, p. 83). — BURN, J. H. a. H. P. MARKS: Journ. of physiol. Vol. 60, p. 131. 1925 (Bd. 41, S. 831).

[4]) MARAÑON, G.: Presse méd. Tom. 33, Nr. 101, p. 1665. 1925 (Bd. 42, S. 633). — FALTA, W.: Klin. Wochenschr. 1925. S. 381.

[5]) NAKAMURA, N.: Virchows Arch. f. pathol. Anat. u. Physiol. Bd. 253, S. 286. 1924 (Bd. 39, S. 46).

[6]) Vgl. WAGNER, A.: Dtsch. med. Wochenschr. 1925, Nr. 36, S. 1489, Nr. 37, S. 1532, Nr. 38, S. 1576. — HEIMANN-TROSIEN, A. u. H. HIRSCH-KAUFFMANN: Klin. Wochenschr. 1925, S. 2016 (Bd. 42, S. 35). — JOHN, H. J.: Journ. of the Americ. med. assoc. Vol. 85, p. 1629. 1925 (Bd. 42, S. 489).

regeneratorische Hyperplasie bis zur Ausbildung richtiger Inseladenome ge-
funden [1]). Auch bei Neugeborenen diabetischer Mütter wurde eine enorme
Entwicklung und Hyperplasie der LANGERHANSschen Inseln beobachtet.
Trotzdem scheint mir durch die anatomisch nachweisbare Regeneration des
Inselapparates allein der mitunter sehr rasch erfolgende Rückgang der diabeti-
schen Stoffwechselstörung nicht erklärt, ebensowenig wäre dadurch ein ge-
legentlicher, ohne nachweisbare Ursache einsetzender Rückfall verständlich.
Hier müssen funktionelle Momente eine bedeutsame Rolle spielen, Differenzen
in der Ansprechbarkeit des gesamten Regulationsmechanismus — auch die
Insulinproduktion scheint einer nervösen Regulierung und zwar dem anregenden
Einfluß seitens des rechten Vagus zu unterstehen (MACLEOD [2])) — wahrscheinlich
auch Unterschiede in den Wirkungsbedingungen des Insulins in der Peripherie.
Hat man doch im Pankreas von Diabetikern, die im Coma gestorben waren,
noch erhebliche, wenn auch gegenüber der Norm stark herabgesetzte Insulinmengen nachweisen können (L. POLLAK [3])).

Daß aber mit verschiedenen Wirkungsbedingungen des Insulins im Organismus gerechnet werden muß und der Diabetes mellitus nicht immer als
bloße Insuffizienz der Insulinproduktion aufgefaßt werden darf, geht aus den
heute nicht mehr vereinzelten Beobachtungen an sog. insulinresistenten Diabetes-
fällen hervor. Man hat zunächst angenommen, daß mangelhafte Beeinflußbarkeit
durch Insulin die extrapankreatische Genese eines Diabetes beweise und es
ist zweifellos, daß Fälle von Glykosurie, die offenkundig primär anderen als
insulären Ursprungs sind, also Fälle von Glykosurie bei Affektionen der Hypophysengegend, des zentralen Nervensystems (Encephalitis), bei Hyperthyreoidismus usw. [4]) auf Insulin häufig nicht in der gewöhnlichen Weise ansprechen.
Auch die Fälle von sog. innozenten oder renalen Diabetes gehören dazu [5]),
ebenso manche Fälle von Diabetes bei permanentem arteriellen Hochdruck
und Arteriosklerose (FALTA [6])).

Indessen müssen wir namentlich UMBER und ROSENBERG gegenüber MIN-
KOWSKI [7]) unbedingt beipflichten, wenn er das refraktäre Verhalten gegenüber
Insulin nicht als Beweis für die extrapankreatische Genese eines Diabetes
gelten lassen will. Vor allem sieht man gelegentlich — und ich habe einen sehr
sonderbaren Fall dieser Art selbst beobachtet — daß ein vorher typischer
Diabetes mellitus schweren Grades ohne ersichtlichen Grund eines Tages auch
auf die größte Insulindosis kaum oder gar nicht mehr anspricht, sich bei

---

[1]) BOYD, G. L. a. W. L. ROBINSON: Americ. journ. of pathol. Vol. 1, p. 135. 1925 (Bd. 40,
S. 127). — Vgl. auch NUBOER, J. F.: Zentralbl. f. allg. Pathol. u. pathol. Anat. Bd. 34,
S. 585. 1924 (Bd. 36, S. 336).

[2]) CLARK, G. A.: Journ. of physiol. Vol. 59, p. 466. 1925 (Bd. 40, S. 656). — BRITTON,
S. W.: Americ. journ. of physiol. Vol. 74, p. 291. 1925 (Bd. 43, S. 462).

[3]) POLLAK, L.: Arch. f. exp. Pathol. u. Pharmakol. Bd. 116, S. 15. 1926 (Bd. 45, S. 344).
— Vgl. auch BAKER, S. L., F. DICKENS a. E. C. DODDS: Brit. journ. of exp. pathol.
Vol. 5, p. 327. 1924 (Bd. 39, S. 623).

[4]) ROSENBERG, M. u. W. B. MEYER: Dtsch. med. Wochenschr. 1925, S. 935 (Bd. 40,
S. 788). — PRIBRAM, H.: Wien. Arch. f. inn. Med. Bd. 10, S. 575. 1925 (Bd. 41, S. 93). —
FRANK, E.: Klin. Wochenschr. 1926, S. 688.

[5]) UMBER, F. u. M. ROSENBERG: Klin. Wochenschr. 1925, S. 583 (Bd. 39, S. 739). —
FRANK, E.: l. c.

[6]) Vgl. STRAUSS, H.: Klin. Wochenschr. 1925, S. 491 (Bd. 40, S. 50).

[7]) MINKOWSKI, O.: Med. Klinik. 1926, Nr. 12, S. 437 u. Nr. 13, S. 481 (Bd. 43, S. 523).

Weglassen des Insulins erholt [1]), um später seine Reaktionsfähigkeit gegenüber dem Insulin wieder zu gewinnen. Es ist wohl ausgeschlossen, daß der Diabetes während der insulinrefraktären Phase anderen Ursprunges ist, als zur Zeit seiner gewöhnlichen Reaktionsfähigkeit auf Insulin. Dann aber wurden von TSCHERNING [2]) zwei Fälle von refraktärem Verhalten gegen Insulin mitgeteilt, in denen der pankreatische Ursprung des Diabetes anatomisch absolut sichergestellt war: es handelte sich um eine Nekrose des Pankreas. Refraktäres Verhalten gegen Insulin beweist also keineswegs, daß der Diabetes nicht vom Pankreas ausgeht.

Es kann verschiedene Gründe haben, z. B. wie MINKOWSKI annimmt, eine zu starke Gegenregulation gegen das injizierte Insulin, eine Erhöhung der H-Ionenkonzentration in den Geweben (Acidose), oder eine sonstige, uns noch unbekannte Verschiebung des gegenseitigen Ionenverhältnisses. Wir wissen ja, daß der Wirkungswert des Insulins durch die H-Ionenkonzentration und das übrige Ionenmilieu beeinflußt wird. In der Praxis rechnen wir damit, daß bei einem Diabetes gewöhnlich eine zugeführte Insulineinheit etwa 1,5 bis 3 g Zucker aus dem Harn zum Schwinden bringt, also für den Stoffwechsel nutzbar macht. Übrigens steigt die verwertete Zuckermenge, das sog. Glucose-Äquivalent, nicht einfach proportional der verabreichten Insulinmenge, sondern wird mit steigenden Insulinmengen immer kleiner [3]). Bei bestehender Acidose oder bei einer fieberhaften Infektion sinkt nun das Glucose-Äquivalent erheblich ab, wir benötigen weit höhere Insulindosen für denselben Effekt als vorher. Es scheint auch, daß proteolytische Fermente, wie sie bei infektiösen Prozessen entstehen, das Insulin zerstören (MINKOWSKI) oder, wie wir dies vom Trypsin wissen, inaktivieren können. Hat man doch sogar einen Teil der Diabetesfälle mit einer derartigen Inaktivierung des Insulins durch das Trypsin des Pankreas erklären wollen [4]). Das Hineinspielen anderer Hormonorgane, also die Annahme einer pluriglandulären Störung beim Diabetes mellitus ist als Erklärung insulinrefraktären Verhaltens nicht gestützt, wenn wir von der oben erwähnten übermäßigen Gegenregulation von seiten des chromaffinen Systems absehen. Man findet zwar bei pankreasexstirpierten Tieren sowie bei Diabetikern stets mehr oder minder deutliche Veränderungen an verschiedenen Hormonorganen, sie sind aber inkonstant, nicht spezifisch und sicher sekundärer Natur (E. J. KRAUS [5])). Das gilt auch für die von E. J. KRAUS beschriebenen Veränderungen am Hypophysenvorderlappen von Diabetikern. Die Gewichtsverminderung der Hypophyse und die Abnahme sowie qualitative Strukturveränderung der eosinophilen Zellelemente konnten von anderen Untersuchern nicht bestätigt werden (VERRON [6])). Jedenfalls ist bei der Frage des insulinrefraktären Ver-

---

[1]) FOERSTER, E.: Med. Klinik. 1926, Nr. 22, S. 842.

[2]) TSCHERNING, R.: Arch. f. Verdauungskrankh. Bd. 35, S. 103. 1925 (Bd. 41, S. 43) u. Bd. 36, S. 109. 1925 (Bd. 42, S. 489).

[3]) ALLAN, F. N.: Americ. journ. of physiol. Vol. 71, p. 472. 1925 (Bd. 43, S. 44).

[4]) EPSTEIN, A. A. u. N. ROSENTHAL: Americ. journ. of physiol. Vol. 70, p. 225. 1924 a. Vol. 71, p. 316. 1925 (Bd. 40, S. 654).

[5]) KRAUS, E. J.: Virchows Arch. f. pathol. Anat. u. Physiol. Bd. 247, S. 1. 1923 (Bd. 32, S. 353).

[6]) SCHWAB, E.: Zentralbl. f. allg. Pathol. u. pathol. Anat. Bd. 33, S. 482. 1923 (Bd. 30, S. 26) u. Bd. 35, S. 426. 1925 (Bd. 39, S. 211). — SAKAKIBARA, J.: Virchows Arch. f. pathol. Anat. u. Physiol. Bd. 258, S. 430. 1925 (Bd. 43, S. 141).

haltens noch vieles unklar, aber nicht nur hier, sondern vor allem auch in der Frage des Coma diabeticum. Tatsache ist, daß ein tödliches Coma einen Diabetiker treffen kann, ohne daß eine Hyperglykämie, Glykosurie oder Ketonurie vorhanden wäre und trotz ausreichender Insulindarreichung [1]. Wissen wir doch nicht einmal, ob das Coma diabeticum wirklich primär eine Säurevergiftung oder vielleicht ein plötzliches vollkommenes Versagen der Kohlenhydratverwertbarkeit darstellt [2].

Keimdrüsen (Hoden, Testes und Eierstöcke, Ovarien).

Die Keimdrüsen sind ursprünglich dazu bestimmt, der geschlechtlichen Fortpflanzung durch Lieferung der Keimzellen (Gameten) zu dienen, die mit größtmöglichen Potenzen ausgestattete Generalrepräsentanten des Individuums darstellen. Mit der phylogenetischen Ausbildung eines hormonalen Korrelationsapparates haben die Keimdrüsen auch innersekretorische Funktionen übernommen, und zwar in erster Linie solche, welche auf das Fortpflanzungsgeschäft Bezug haben. Das Hormon der Keimdrüsen nimmt Einfluß auf die Entwicklung der Geschlechtsunterschiede, und zwar sowohl der eigentlichen Geschlechtsorgane und ihrer Hilfsapparate, als der außerhalb der Geschlechtsorgane bestehenden sog. akzessorischen oder sekundären Geschlechtsmerkmale, es dient aber auch insofern der Fortpflanzung, als es durch Beeinflussung der cerebralen Tätigkeit und speziell durch Förderung eines bestimmten Gemeingefühles, des Geschlechtstriebes, zur funktionellen Betätigung des Geschlechtsapparates anregt oder gar zwingt. Wenngleich die hormonalen Wirkungen der Keimdrüsen sich auch noch auf andere Funktionen erstrecken und die hormonale Beeinflussung des gesamten Geschlechtsapparates in seiner morphologischen und funktionellen Beschaffenheit nicht ein Monopol der Keimdrüsen allein darstellt, so sind doch die Keimdrüsen die Hormonlieferanten $\varkappa\alpha\tau'\ \dot{\varepsilon}\xi o\chi\dot{\eta}\nu$ für alle Organe und Funktionen, die mit der geschlechtlichen Fortpflanzung mittelbar oder unmittelbar zu tun haben.

Die chemische Struktur der von den Keimdrüsen produzierten Hormone ist uns derzeit noch nicht erschlossen, wenngleich wir bei dem weiblichen Keimdrüsenhormon immerhin schon einen hübschen Weg zu diesem Ziele zurückgelegt haben. Es ist auch noch umstritten, welcher Teil der Keimdrüsen mit der Hormonbildung betraut ist und ob etwa beim weiblichen Geschlecht ein einziges oder, wie LIPSCHÜTZ meint, eine Reihe verschiedener Hormone gebildet wird. Durch entsprechende Darreichung von Extrakten aus den Keimdrüsen, noch besser aber durch Implantation von Keimdrüsen lassen sich an Individuen, die der Keimdrüsen beraubt sind, unter bestimmten Voraussetzungen sehr charakteristische Wirkungen erzielen, die im allgemeinen auf den Ersatz der fehlenden Hormonwirkung hinauslaufen. Diese seit den ersten Ovarienüberpflanzungen KNAUERs (1896) feststehende Tatsache beweist mit voller Sicherheit, daß den Keimdrüsen eine innere Sekretion zukommt. Wir wollen nun im folgenden der Reihe nach besprechen die Folgeerscheinungen des

---

[1] PADDOCK, B. W.: Journ. of the Americ. med. assoc. Vol. 82, p. 1855. 1924 (Bd. 36, S. 452). — KLEMPERER, G.: Therapie d. Gegenw. Bd. 67, S. 49. 1926 (Bd. 43, S. 361). — THOMSON, A. P.: Brit. med. journ. Nr. 3405, p. 613. 1926 (Bd. 43, S. 522).

[2] THANNHAUSER, S. J. u. G. TISCHHAUSER: Münch. med. Wochenschr. 1924, S. 1419 u. 1469 (Bd. 38, S. 152).

Keimdrüsenausfalles, die Wirkungen der Keimdrüsenhormone bei keimdrüsenlosen und normalen Individuen des gleichen und des anderen Geschlechtes, die Natur und Produktionsstätte der Keimdrüsenhormone und werden schließlich auf Grund der vorliegenden Ergebnisse eine Übersicht über die biologische Stellung und Funktion der Keimdrüsenhormone zu gewinnen suchen.

1. Die Folgeerscheinungen des Keimdrüsenausfalles. Bei niederen Tieren hat der Ausfall der Keimdrüsen keinen Einfluß auf die anlagemäßig sich vollziehende geschlechtliche Differenzierung des Somas, es kommen also die sog. sekundären oder akzessorischen Geschlechtsmerkmale — und das sind alle Geschlechtsunterschiede, soweit sie nicht die Fortpflanzungsorgane selbst betreffen — unabhängig von den Keimdrüsen zur Entwicklung. Diese namentlich durch experimentelle Untersuchungen von MEISENHEIMER, KOPEĆ u. a. sichergestellte Tatsache ist auch für das Verständnis der Hormonfunktion bei höheren Tieren von Bedeutung, denn sie zeigt, daß sich die geschlechtliche Differenzierung ursprünglich völlig unabhängig von irgendeiner innersekretorischen Funktion bloß auf Grund einer bestimmten Geschlechtsanlage vollzieht. Am schlagendsten, beweist dies der grundlegende Versuch MEISENHEIMERs am Schwammspinner (Lymantria dispar). Bei diesem Schmetterling ist die Geschlechtsdrüse schon im frühen Raupenstadium vollkommen differenziert, lange ehe die ersten äußerlich erkennbaren sekundären Geschlechtsunterschiede des Tieres zur Entwicklung kommen. Diese sind hier übrigens außerordentlich ausgeprägt. Das große Weibchen hat weiße Flügel mit unscharfen, dunkeln Bändern, das kleine Männchen dagegen braune Flügel. Zerstörung der Keimdrüsen im Raupenstadium mit eventuell gleichzeitiger Transplantation der heterosexuellen Geschlechtsdrüse hat nun keinerlei Einfluß auf die Ausbildung der sekundären Geschlechtscharaktere, obwohl die andersgeschlechtliche Keimdrüse gut einheilt. Ja, selbst wenn bei einem so operierten Tier die Flügelanlage entfernt und deren Regeneration erzwungen wurde, so entwickelten sich immer die dem ursprünglich angelegten Geschlecht entsprechenden Flügel, auch das Regenerat blieb also von der Beschaffenheit der Keimdrüse unbeeinflußt. Eine Hormonwirkung der Keimdrüse ist somit bei Insekten nicht nachzuweisen [1]. Es liegt hier übrigens der sonderbare Fall vor, wo man darüber streiten könnte, was als Männchen und was als Weibchen zu bezeichnen ist. Hält man sich an die gewiß berechtigte Auffassung, nach der die Geschlechtszugehörigkeit durch die chromosomalen Geschlechtsfaktoren bestimmt wird — diese sind doch auch dafür verantwortlich, daß männliche oder weibliche Keimdrüsen zur Ausbildung gelangen — dann hat man es in den zitierten Versuchen mit auch äußerlich ganz einwandfreien Männchen zu tun, die lediglich weibliche Geschlechtsorgane besitzen und Eichen produzieren, und vice versa. Glaubt man aber, daß das Geschlecht von der Beschaffenheit der Geschlechtsdrüse abhängt, dann muß man die Tiere für Weibchen erklären und vice versa, obwohl sich außer den umgetauschten Geschlechtsorganen gar nichts an ihrer anlagemäßigen Männlichkeit und ihren äußeren männlichen Merkmalen geändert hat.

Bei Wirbeltieren läßt sich durchwegs eine hormonale Funktion der Keimdrüsen nachweisen. Bei kastrierten Fischen einer bestimmten Spezies

---

[1] Vgl. GOLDSCHMIDT, R.: Einführung in die Vererbungswissenschaft. 3. Aufl. 1920.

(Phoxinus laevis) konnte das Ausbleiben der zur Frühlingszeit normalerweise sich einstellenden hochzeitlichen Färbung beobachtet werden (Kopeć), bei Fröschen erweisen sich die sehr charakteristischen Brunsterscheinungen (Vergrößerung der sog. Daumenschwielen, Erstarkung der Vorderarmmuskeln, Vergrößerung der Samenblasen, Umklammerungsreflex) vom Vorhandensein der Keimdrüsen in mehr oder minder ausgeprägter Weise abhängig.

Sehr interessant und für die Theorie der Geschlechtsmerkmale überaus wichtig sind die Ergebnisse der Kastrationsversuche an Vögeln, die wir vor allem Foges, Sellheim, Poll, Pézard, Goodale u. a. verdanken. Werden junge Hähnchen einer gemischten Rasse kastriert, dann bleibt die normale Ausbildung des Kammes, der Bart- und Ohrlappen aus, diese persistieren vielmehr auf einer infantilen Entwicklungsstufe, ebenso wie das psychosexuelle Verhalten der Tiere. Vollkommen kastrierte Kapaune krähen nicht, kämpfen nicht, beachten die Hennen nicht und machen keine Tretversuche wie normale Hähne. Diese Geschlechtsmerkmale des männlichen Geschlechtes sind demnach von einer hormonalen Einwirkung der Hoden abhängig. Dagegen wird das Wachstum der Sporen und die Ausbildung des männlichen Federkleides durch die Kastration nicht beeinflußt. Auch nach der Mauserung erscheint beim Kapaun wiederum das männliche Federkleid. Auch die Kastration erwachsener Hähne zeitigt das entsprechende Resultat, es kommt zu rascher Rückbildung der männlichen Kopfanhänge und zum Verlust der sexuellen Instinkte, während Sporen und Federkleid sich nicht verändern. Diese sind demnach vom männlichen Keimdrüsenhormon unabhängige Geschlechtsmerkmale. Der kastrierte Hahn wird übrigens größer, sein Hals und Rumpf länger, vor allem aber wird er erheblich fetter. Das Vas deferens bildet sich zurück.

Werden dagegen jugendliche Hennen kastriert, dann entwickelt sich bei ihnen ein durchaus männliches Federkleid und männliche Sporen, sie zeigen keine weiblichen Sexualinstinkte, die Eileiter bleiben infantil. Dem äußeren Aussehen nach lassen also kastrierte Hühner ihr Geschlecht nicht anmerken. Die weiblichen Geschlechtsmerkmale, Hennenfedrigkeit und fehlende Sporen, sind demnach von der hormonalen Tätigkeit der Eierstöcke abhängig.

Ganz analoge Ergebnisse wurden auch an Fasanen und Enten gewonnen. Im letzteren Falle ist bemerkenswert, daß die bei normalen Erpeln im Frühsommer eintretende Mauserung mit Ausbildung eines sommerlichen Gefieders, welches bei der zweiten, im Herbste stattfindenden Mauserung wieder abgelegt wird, nach der Kastration nicht mehr in dieser Weise stattfindet. Die im Federkleid zum Ausdruck kommenden Brunsterscheinungen sind somit gleichfalls hormonal ausgelöst.

Eine sehr merkwürdige und theoretisch hochwichtige Erscheinung ist das von Morgan entdeckte Verhalten der Geschlechtsmerkmale bei einer bestimmten Hühnerrasse, den sog. Sebrights. Bei diesen Hühnern gleicht nämlich das männliche Gefieder dem weiblichen, die Hähne sind also de norma hennenfederig. Werden diese Hähne kastriert, dann kommt es zur Ausbildung eines Gefieders, wie es für normale oder kastrierte Hähne anderer Hühnerrassen und für kastrierte Hennen charakteristisch ist, die vorher hennenfederigen normalen Sebright-Hähne werden also nach der Kastration hahnenfederig. Die Hennenfederigkeit ist somit bei den Sebright-Hühnern durch die Hormone nicht nur der Ovarien, sondern auch der Hoden bedingt, von einem Geschlechtsmerkmal kann man aber hier nicht sprechen, so wenig etwa die Hemmung des Fettansatzes durch die Hormone der Keimdrüsen ein Geschlechtsmerkmal darstellt. Daß diese Eigentümlichkeit der Sebright-Rasse nicht in einer Besonderheit ihrer Hoden, sondern nur in einer konstitutionellen Besonderheit des betreffenden hormonalen Erfolgsorgans, also des Gefieders ihren Grund hat, ersehen wir aus Versuchen von ROXAS [1]. Werden bei Hähnen der Sebright- und der gewöhnlichen Leghorn-Rasse die Hoden gegenseitig· ausgetauscht, so ändert dies gar nichts an den Geschlechtsmerkmalen und insbesondere am Gefieder der beiden Rassen. LIPSCHÜTZ meint nicht mit Unrecht, daß analoge Verhältnisse auch bei anderen Vogelarten vorliegen dürften, so beim Rebhuhn. Andererseits besitzen bei manchen Spezies, z. B. beim Stieglitz, auch die Weibchen dasselbe Prachtkleid wie das Männchen, bei anderen tragen sie wie diese Sporen, so daß hier offenbar die Ausbildung, bzw. Hemmung dieser Merkmale dem hormonalen Einfluß der Ovarien entzogen erscheint. Natürlich tragen sie da auch nicht mehr den Charakter von Geschlechtsmerkmalen.

Sehr charakteristisch sind die Folgeerscheinungen des Keimdrüsenausfalles bei Säugetieren, die experimentell an den üblichen Laboratoriumstieren genau studiert sind, zum Teil aber auch schon längst in der Landwirtschaft ökonomischen Zwecken dienstbar gemacht werden. Der Landwirt übt die Kastration von Haustieren seit langem, um sie ruhiger und gefügiger, zu Arbeits- und Lasttieren geeigneter zu machen und um durch den vermehrten Fettansatz die Qualität ihres Fleisches zu verbessern. Die Kastration im jugendlichen, präpuberalen Alter hemmt die Weiterentwicklung des Geschlechtsapparates, Samenblasen und Prostata, Uterus, Tuben und Vagina bleiben auf der infantilen Entwicklungsstufe stehen, der Penis wächst nur sehr wenig. Wird die Kastration an schon geschlechtsreifen Tieren durchgeführt, so kommt es zur Rückbildung der Geschlechtsorgane. Das psychosexuelle Verhalten wird durch die Kastration in ausgesprochener Weise beeinflußt. Es macht sich zwar beim Frühkastraten zur Pubertätszeit eine gewisse heterosexuelle Neigung bemerkbar, doch beschränkt sie sich auf ein wenig aktives Interesse für das andere Geschlecht, die Intensität und Ausdauer des normalen Geschlechtstriebes, die Erektionsfähigkeit und sexuelle Betätigung fehlt. Beim Spätkastraten gehen Geschlechtstrieb und Begattungsfähigkeit nach mehr oder minder langer Frist verloren.

Sehr interessant und für die Auswertung von Hormonpräparaten wichtig ist die auf den früheren Untersuchungen von STOCKARD und PAPANICOLAU fußende Feststellung von DOISY, ALLEN und ihren Mitarbeitern [2], daß sich durch cytologische Untersuchung des Scheidenabstriches geschlechtsreifer Ratten und Mäuse ein Brunstzyklus beobachten läßt, der nach Entfernung der Ovarien fortfällt. Im Intervall enthält das Vaginalsekret Schleim, Leukocyten und Epithelzellen, welch letztere im Pro-Oestrus zunehmen, um auf der Höhe der Brunst (Oestrus) massenhaften, eigenartigen, kernlosen, mit Eosin gut färbbaren Zellschollen Platz zu machen. Bei der weißen Maus wiederholt sich der Zyklus

---

[1] ROXAS, H. A.: Proc. of the soc. f. exp. biol. a. med. Vol. 23, p. 789. 1926 (ref. Endocrinology. Vol. 10, Nr. 4, p. 428). — Vgl. gegenteilige Angaben bei V. HAECKER, Pluripotenzerscheinungen. S. 64. Jena: G. Fischer. 1925.

[2] DOISY, E. A., J. O. RALLS, E. ALLEN a. C. G. JOHNSTON: Journ. of biol. chem. Vol. 61, p. 711. 1924 (Bd. 39, S. 503). — ZONDEK, B. u. S. ASCHHEIM: Klin. Wochenschr. 1925, S. 1388 u. Arch. f. Gynäkol. Bd. 127, S. 250. 1926. — LÖWE, S.: Klin. Wochenschr. 1925. S. 1407 u. Zentralbl. f. Gynäkol. 1925.

etwa alle 6—10 Tage, das Brunststadium der eosinophilen Schollen dauert meist nur zwei Tage. Nur bei vollständiger Kastration bleibt dieser eigenartige Zyklus, wie auch ich mich überzeugt habe, aus.

Im Jugendalter kastrierte Tiere zeigen, wenn sie erwachsen sind, charakteristische Körperproportionen. Ihre Röhrenknochen sind länger als bei normalen Tieren, weil, wie TANDLER und GROSZ gezeigt haben, das Längenwachstum über die gewöhnliche Zeit hinaus anhält. Die Neigung zu stärkerem Fettansatz, das veränderte, ruhigere Temperament haben wir schon oben erwähnt. Die sekundären Geschlechtscharaktere bilden sich bei Frühkastration nur mangelhaft aus, bei Spätkastraten kommen sie teilweise zur Rückbildung. Auf diese Weise entstehen sexuell mangelhaft differenzierte Zwischenformen, wie sie beispielsweise FRANZ am Becken kastrierter Schafe, TANDLER und GROSZ an der Kopfform kastrierter Rinder studiert haben. Es kommt, wie die letzteren Autoren sich ausdrücken, zu einer Konvergenz der Geschlechter. Die Brustdrüse persistiert bei jungen kastrierten weiblichen Tieren auf dem infantilen Entwicklungszustand.

Sehr interessant ist das Verhalten der sehr ausgeprägten sekundären Geschlechtsmerkmale der Cerviden nach der Kastration (TANDLER und GROSZ). Doppelseitige Kastration führt bei Rehböcken zur Ausbildung eines sog. Perückengeweihs, bei Hirschen zur Entwicklung eines langen Stangengeweihs, welches niemals gefegt, niemals mehr abgeworfen wird. Dagegen ist die Kastration des weiblichen Rehes und der Hirschkuh ohne Einfluß auf die Geweihbildung. Beim kastrierten Renntier erneuert sich das Geweih auch beim männlichen Geschlecht alljährlich. Das sehr augenfällige sekundäre Geschlechtsmerkmal der Geweihbildung ist also dem Einfluß des Ovarialhormons entzogen, wogegen es in seiner maskulinen Form bei Reh und Hirsch vom innersekretorischen Einfluß der Hoden abhängig erscheint.

Die Folgen des Keimdrüsenausfalls beim Menschen entsprechen im allgemeinen jenen bei den Säugetieren. Den Anlaß zum Ausfall der Keimdrüsenfunktion geben traumatische, tuberkulöse oder sonstwie entzündliche Schädigungen, ferner neoplastische Erkrankungen, die die Entfernung der Keimdrüsen indizieren. Ein besonders lehrreiches Material liefern die von TANDLER und GROSZ, später auch von W. KOCH eingehend studierten Skopzen, eine besonders in Rumänien lebende Sekte, die die Kastration im frühen Knabenalter aus religiösen Motiven übt. Im präpuberalen Alter, also etwa im ersten Lebensdezennium stattfindender Verlust der Hoden führt zu einer mangelhaften Ausbildung des Geschlechtsapparates. Penis, Samenblasen und Prostata bleiben in der Entwicklung beträchtlich zurück, das Vas deferens ist dünn und faltenarm. Dabei betrifft die Hypoplasie des Penis fast nur die Corpora cavernosa penis, nicht das Corpus cavernosum urethrae.

Die sekundären Geschlechtsmerkmale entwickeln sich nicht in normaler Weise, so vor allem die sexuellen Charakteristica der Behaarung, der Verteilung des subcutanen Fettpolsters, die Beschaffenheit des Kehlkopfes, des Beckens. Der normale männliche Bartwuchs bleibt vollkommen aus, die sog. Terminalbehaarung am Stamm und an den Extremitäten gelangt nur sehr mangelhaft zur Ausbildung. Ad pubem sind die Crines mitunter nur äußerst spärlich entwickelt, aber auch wenn sie reichlicher vorhanden sind, zeigen sie nach oben zu eine horizontale Begrenzung, wie wir sie bei normalen

Adoleszenten und bei Frauen finden, niemals erstrecken sie sich in Dreiecksform
bis zum Nabel. Das Perineum bleibt unbehaart. Die Crines axillares sind nur
sehr mangelhaft entwickelt. Die normale männliche Brust- und Extremitäten-
behaarung fehlt vollkommen. Das subcutane Fettpolster ist bei vielen Frühkastraten auffallend reichlich, das Charakteristische ist aber nicht die quantitative Zunahme, sondern die Art seiner Verteilung, der Lokalisation des Fettansatzes, die Ansammlung von Fett in der Unterbauchgegend, insbesondere
am Mons pubis, ferner um die Hüften, am Gesäß, an der Brust, ganz wie wir es
im Knabenalter sowie bei Frauen beobachten. Die Fettpolsterung an Armen
und Oberschenkeln verleiht ihnen das rundliche Aussehen weiblicher Extremitäten. Der Kehlkopf männlicher Frühkastraten gleicht einem vergrößerten
kindlichen bzw. einem weiblichen Organ, womit ja auch die hohe Stimme
zusammenhängt. Das Becken ist breiter als das normaler männlicher Individuen, es behält die infantilen Charaktere und ähnelt mehr einem weiblichen
Becken. Die Haut der Frühkastraten ist zart, pigmentarm, die Talgsekretion
gering. Die Gesichtsfarbe zeigt in der Regel einen fahlgelblichen Ton, vor allem
aber sieht man auch bei jugendlichen Kastraten eine auffallend reichliche
Falten- und Runzelbildung, die dem Individuum ein ausgesprochen älteres
Aussehen verleiht. Man spricht mit Rücksicht darauf von einem „Geroderma".

Die Epiphysenfugen bleiben weit über die normale Zeit hinaus unverknöchert
und gestatten daher ein protrahiertes Längenwachstum. Viele Kastraten
sind daher übermittelgroß, charakteristisch ist aber weniger die Gesamtkörper-
länge als die besondere Proportionierung des Körpers. Die Extremitäten sind
nämlich im Verhältnis zum Rumpf oft besonders lang, woraus ein Überwiegen
der Unterlänge (Distanz vom oberen Rande der Symphyse zum Boden) über
die Oberlänge (Distanz vom Scheitel zum oberen Rande der Symphyse) sowie
ein Überwiegen der Spannweite (Distanz der Mittelfingerspitzen bei horizontal
ausgestreckten Armen) über die Körpergröße resultiert. Auch Hände und
Finger pflegen dann auffallend lang zu sein.

Schon aus dem bisher Gesagten geht hervor, daß beträchtliche individuelle
Unterschiede im Habitus männlicher Frühkastraten zu beobachten sind. Sie
lassen sich mit TANDLER und GROSZ nach ihren beiden Extremen als zwei
Hauptformen auseinanderhalten, als sog. eunuchoider Fettwuchs und als
eunuchoider Hochwuchs. Kontinuierliche Übergänge führen von dem einen
zum anderen, in ihrer typischen Ausbildung zeigen aber die beiden Formen in
die Augen springende erhebliche Differenzen. Diese sind, wie wir in einem
späteren Kapitel noch hören werden, in Unterschieden der individuellen
Reaktionsfähigkeit auf den Keimdrüsenausfall begründet, welche Unterschiede
konstitutioneller Natur, also erbanlagemäßig bedingt sind.

Die Funktion der Geschlechtsorgane sowie das psychosexuelle Verhalten
der Frühkastraten ist in hohem Grade beeinträchtigt, bzw. ganz aufgehoben.
Libido im eigentlichen Sinne des Wortes fehlt, höchstens die auch bei Knaben
zu beobachtende sexuelle Neugierde und Lüsternheit kann man gelegentlich
beobachten. Erektionen können in rudimentärem Ausmaße zweifellos vorkommen, ganz ebenso wie sie sich ja auch im Knabenalter einstellen. Angaben
über eine Potentia coeundi von Frühkastraten müssen mit Vorsicht aufgenommen
werden, indessen läßt sich nicht bezweifeln, daß Frühkastraten ebenso wie
Knaben lange vor der Geschlechtsreife zu Coitusversuchen befähigt sein können.

Wird die Kastration an geschlechtsreifen Männern durchgeführt, dann kommt es zu um so ausgeprägteren Veränderungen des Organismus, in je früheren Jahren das Individuum seiner Hoden beraubt wird. Atrophische Erscheinungen an den schon voll ausgebildeten Geschlechtsorganen sind meist nicht oder nur in geringem Ausmaße zu beobachten, dagegen kommt es zum Ausfall der Barthaare und Sistieren des Bartwuchses, eventuell auch zur Abnahme der Terminalbehaarung am Körper. Der Einfluß auf den Bartwuchs kann sich schon wenige Wochen nach Keimdrüsenausfall geltend machen (LICHTENSTERN). Der Fettansatz nimmt meist deutlich zu, vor allem aber zeigt er die Tendenz zu der sehr charakteristischen sog. eunuchoiden Fettverteilung, wie wir sie oben bei Frühkastraten geschildert haben, insbesondere kann auch bei Spätkastraten eine ausgesprochene Fettmamma zur Entwicklung kommen. Libido und Erektionsfähigkeit kann bis zu einem gewissen Grade noch längere Zeit erhalten bleiben, meist erlischt sie jedoch in kürzerer Frist, wobei das Überdauern der Libido über die Potentia coeundi begreiflicherweise mit dem Auftreten depressiver Gemütsstimmung und mehr minder schwerer neurasthenischer Zustände einhergeht. Eine seltene Ausnahme stellt jedenfalls ein von MELCHIOR [1]) beobachteter 36jähriger Mann dar, der vor fünf Jahren wegen doppelseitigen Sarkoms der retinierten Hoden kastriert worden war. Neben ausgesprochener eunuchoi der Umwandlung des Habitus zeigte sich eine Steigerung der Libido und Potenz, sowie gleichzeitig eine Zunahme der körperlichen und geistigen Leistungsfähigkeit. QUARANTA [2]) sah bei einem 45jährigen Mann, der mit 28 Jahren kastriert worden war, noch erhaltene Potenz, obwohl sich am Haarkleid und Fettpolster die typischen Kastrationserscheinungen eingestellt hatten.

Über die Folgen des frühzeitigen Keimdrüsenausfalls beim weiblichen Geschlecht sind wir nicht in zuverlässiger Weise unterrichtet, da eine therapeutische Kastration in der Zeit vor der Geschlechtsreife nur äußerst selten in Frage kommt und Beobachtungen über derartige Fälle nach Ablauf von Jahren nicht vorliegen. Wenn auch nicht sehr vertrauenswürdig, so doch gewiß interessant sind aber immerhin von TANDLER und GROSZ zitierte Angaben über weibliche Frühkastraten, die ein gewisser Dr. ROBERTS in einem indischen Reisebericht aus der ersten Hälfte des vorigen Jahrhunderts erwähnt. Diese etwa 25 Jahre alten Individuen waren groß und muskulös, hatten keinen Busen, keine Brustwarzen und keine Schamhaare. Der Schambogen war außerordentlich eng, die Schamgegend fettarm, ebenso die Hinterbacken. Menstruation bestand keine, Geschlechtstrieb fehlte. Die ROBERTSschen Angaben gewinnen namentlich deshalb an Interesse, weil sie mit den Befunden übereinstimmen, die an weiblichen Individuen mit hochgradiger Unterentwicklung der Eierstöcke, also an sog. weiblichen Eunuchoiden oder, wie sie SELLHEIM nennt, an Kastratoiden erhoben werden können [3]).

Weit mehr wissen wir über die Folgen des Keimdrüsenausfalles beim geschlechtsreifen Weibe. Hier kommt es nach Entfernung beider Ovarien zum Sistieren der Menstruation und der mit ihr verbundenen physiologischen Menstruationswelle und es kommt zu atrophischen Veränderungen des Genital-

---

[1]) MELCHIOR, E.: Klin. Wochenschr. 1923, S. 1524.
[2]) QUARANTA: Rif. med. 1924, Nr. 8 (Ref. Med. Klinik. 1924, Nr. 46, S. 1645).
[3]) SELLHEIM, H.: Arch. f. Frauenkunde u. Konstit. Bd. 10, S. 215. 1924.

apparates (Uterus, Vagina, Tuben, Bandapparat), wie sie sich normalerweise nach dem Klimakterium einstellen. Zu diesen konstanten Folgeerscheinungen gesellen sich eine Reihe anderer Symptome des Keimdrüsenausfalles, die nicht konstant sondern individuell variabel und in verschiedener Kombination in Erscheinung treten. Die Mammae zeigen entweder keinerlei Veränderung oder sie werden kleiner, parenchymärmer, die Brustwarze verliert ihr Pigment. Aber auch ein Anschwellen der weiblichen Brüste mit Produktion eines colostrumartigen Sekretes wurde nach Kastration beobachtet. In manchen Fällen stellt sich nach der Kastration mehr oder minder ausgesprochener Bartwuchs ein, gelegentlich werden Axillar- und Schamhaare spärlicher, nur selten sprießen um die Mamillen und am Sternum frische Terminalhaare. Diese Art des weiblichen Bartwuchses, besonders am Kinn und an den seitlichen Teilen der Oberlippe ist bekanntlich auch bei alten Frauen nicht selten wahrzunehmen und wird daher als „Altweiberbart" bezeichnet. Er ist von der normalen männlichen Bartbildung völlig verschieden und entwickelt sich häufig auch bei männlichen Frühkastraten in vorgeschrittenen Jahren. Es wurde auch mehrfach über Tiefer- und Rauherwerden der Stimme kastrierter Frauen berichtet. Obwohl ich trotz ziemlich reichlicher Erfahrung dies selbst nie beobachtet habe, möchte ich mit Rücksicht auf die Beobachtungen beim sog. Hirsutismus die Möglichkeit einer solchen individuellen Reaktionsweise auf den Keimdrüsenausfall keineswegs in Zweifel ziehen.

Bekannt ist die auch den weiblichen Spätkastraten eigene Neigung zum Fettansatz, zur Zunahme des Körpergewichts. Wichtig ist es jedoch, daß sich eine solche Gewichtszunahme keineswegs regelmäßig nach der Kastration einstellt — ich würde den Prozentsatz der nach Kastration fettleibig werdenden Frauen mit kaum mehr als $30-40\%$ einschätzen, es liegen diesbezüglich schwankende Angaben in der Literatur vor — und wichtig ist vor allem, daß der Typus der Fettverteilung an der Körperoberfläche durch die Kastration keine Änderung erfährt, gleichgültig ob eine quantitative Zunahme des Fettgewebes stattfindet oder nicht. Der Lokalisationstypus des subcutanen Fettes wird also nur von der inneren Sekretion der Hoden, nicht aber von jener der Ovarien beeinflußt[1]). Es gibt aber auch Frauen, die nach Entfernung der Eierstöcke nicht nur nicht dicker werden, sondern sogar beträchtlich abmagern. Wie ich schon seinerzeit zeigen konnte, hängt eben diese individuell verschiedene Reaktion des weiblichen Organismus auf den Fortfall seines Keimdrüsenhormons mit Verschiedenheiten der Konstitution, also mit erbanlagemäßigen Differenzen des Gesamtorganismus, vor allem seiner übrigen Blutdrüsen und des Nervensystems zusammen. Wegen der prinzipiellen Bedeutung dieser Frage seien die folgenden Beobachtungen ausführlicher mitgeteilt.

Eine junge Frau suchte die Poliklinik auf, um sich wegen ihrer rasch progredienten Fettleibigkeit Rat zu holen. Trotz äußerst mäßiger Lebensweise wiegt sie nahezu schon an die 100 kg, und zwar hat sich diese Fettsucht im Anschluß an die Entfernung beider cystisch degenerierten Ovarien zu entwickeln begonnen. Die Mutter dieser etwa 30 jährigen Frau steht im Alter von etwa 50 Jahren, hat vor Jahren die gleiche Operation wie ihre Tochter mitgemacht und ist damals ganz ebenso fettleibig geworden wie ihre Tochter.

---

[1]) BAUER, J.: Über Fettansatz. Klin. Wochenschr. 1922. Nr. 40, S. 1977.

Die gleichzeitige Betrachtung von Mutter und Tochter ergibt eine geradezu verblüffende Ähnlichkeit im Habitus und eine vollkommen übereinstimmende Lokalisation des mächtigen subcutanen Fettpolsters. Irgendwelche sonstige Ausfallserscheinungen, abgesehen natürlich von der Amenorrhöe, waren weder bei der Tochter noch bei der Mutter aufgetreten.

Zur gleichen Zeit sah ich pro consilio eine 30jährige Dame, der im Alter von 13 Jahren das eine Ovar wegen einer Dermoidcyste, im Alter von 26 Jahren das andere aus dem gleichen Grunde operativ entfernt worden war. Sie ist ein außerordentlich zartes, graziles, mageres und blasses Geschöpf, hat seit der zweiten Operation erheblich an Gewicht abgenommen, indem das Körpergewicht von 56 auf 44 kg gesunken war, und klagt über hochgradige Nervosität, Schwächegefühl, hartnäckige Kopfschmerzen, Herzklopfen, Schlaflosigkeit, psychische Depression und dyspeptische Beschwerden. Die Untersuchung ergibt eine konstitutionell-asthenische Enteroptose, Tachykardie und eine nur geringe hypochrome Anämie (Erythrocyten 4 690 000, Färbeindex 0,81) bei einem degenerativen weißen Blutbild (Leukocyten 6400, darunter $43^0/_0$ polynucleäre Neutrophile, $41,5^0/_0$ Lymphocyten, $11,5^0/_0$ Monocyten, $3,5^0/_0$ Eosinophile und $0,5^0/_0$ Mastzellen). Ihre Mutter hat vor Jahren wegen Myomatosis uteri eine Totalexstirpation der Gebärmutter durchgemacht, bei welcher Gelegenheit auch Cysten der Ovarien gefunden und operativ entfernt wurden. Die Mutter ist eine schlanke, magere Dame.

Die Gegenüberstellung der beiden Beobachtungen ist deshalb so lehrreich, weil sie mit nicht zu überbietender Klarheit zeigt, wie der Symptomenkomplex nach Wegfall der Keimdrüsen — und das gleiche gilt natürlich auch für andere Funktionsänderungen im Hormonapparat — mitbestimmt wird von der Gesamtkonstitution des Individuums, von seiner genotypisch festgelegten Reaktionsweise.

Die gleichen konstitutionellen Differenzen im Verhalten des Fettbestandes beobachten wir nach dem physiologischen Ausfall der Keimdrüsenfunktion. Eine analoge Betrachtung gilt auch für das individuell differente psychosexuelle Verhalten kastrierter oder klimakterischer Frauen. Während bei der Mehrzahl Geschlechtstrieb und Wollustgefühl nachlassen oder vollkommen aufhören, gibt es auch solche, bei denen die Libido durch Kastration oder Klimakterium unbeeinflußt bleibt oder gar gesteigert wird. Fälle letzterer Art, die unter dieser Steigerung des Geschlechtstriebes nach der Kastration schwer litten, habe ich mehrmals gesehen.

Zu den charakteristischen, wenn auch keineswegs konstanten Folgeerscheinungen des Fortfalls der weiblichen Keimdrüsenfunktion gehört ein Symptomenkomplex, der ebenfalls dem normalen Erlöschen der Ovarialtätigkeit, dem normalen Klimakterium eigen ist und der sich hauptsächlich aus den Folgeerscheinungen einer Übererregbarkeit des Nervensystems, vor allem des vegetativen Nervensystems und da wiederum in erster Linie der Vasomotoren ergibt. Die raschen Blutverschiebungen zwischen Splanchnicusgebiet und Peripherie, insbesondere Kopfgefäßen, führen zu den bekannten Kongestionen, den Hitzewellen, ferner zu Schwindelgefühl, Schweißausbrüchen, Ohnmachtsanwandlungen, Ohrensausen, Skotomen. Auch andere Erscheinungen, wie Schlaflosigkeit, Kopfschmerzen, rheumatoide Beschwerden, Parästhesien, Herzklopfen und ähnliches pflegen sich in verschiedener Kombination bei vielen

Frauen nach vorzeitigem oder regelrechtem Ausfall der Keimdrüsenfunktion einzustellen. Die individuelle Reaktionsfähigkeit bestimmt also wiederum die spezielle Symptomatologie des Keimdrüsenausfalls sowie diejenige jeder andersartigen hormonalen Störung oder, wie WIESEL [1]) das ausdrückte, jede Frau erlebt jene Form des Klimakteriums, die ihrer Konstitution entspricht.

Was die sonstigen Veränderungen der Organfunktionen nach Wegfall des Keimdrüsenhormons anlangt, so ist zunächst die Herabsetzung des Sauerstoffverbrauches, also des Grundumsatzes hervorzuheben. An Kaninchen beiderlei Geschlechtes wurde sie von TSUBURA [2]), an Frauen von KRAUL und HALTER [3]), R. PLAUT und TIMM [4]) festgestellt. Dabei sind folgende Tatsachen bemerkenswert. Erstens tritt die leichte oder mäßige Herabsetzung des Grundumsatzes nach Ausfall der Keimdrüsenfunktion erst einige Wochen später auf und erweist sich als vorübergehend. Jedenfalls greifen also kompensatorische Vorgänge im Organismus ein, die so wie andere auch diese Wirkung des Keimdrüsenausfalles auszugleichen geeignet sind. Ob die depressorische Wirkung auf den Grundumsatz nach Keimdrüsenausfall auf dem Wege über die Schilddrüse oder direkt erfolgt, ist unsicher. Zweitens konnte TSUBURA zeigen, daß beim Kaninchen die gleiche, ja sogar eine beträchtlichere Senkung des O_2-Verbrauches auch nach Exstirpation des einen Hodens und Samenstrangunterbindung auf der anderen Seite eintritt. Da unter diesen Umständen die spermatogenen Zellelemente veröden und das Zwischengewebe in Wucherung gerät und da dieser Eingriff weder an den sekundären Geschlechtsmerkmalen noch an dem psychosexuellen Verhalten der Tiere merkbare Änderungen herbeiführt, so dürfte der Autor im Rechte sein mit der Annahme, daß die spermatogenen Elemente für die Stoffwechselveränderung maßgebend seien. Eine gewisse Analogie hierfür bietet die Angabe KRAUL und HALTERS, daß auch die Entfernung des Uterus den Grundumsatz herabsetzte. Wichtig ist, daß TSUBURA den herabgesetzten Grundumsatz kastrierter Kaninchen durch Implantation von Keimdrüsen wieder steigern konnte, wobei Hoden und Eierstöcke promiscue bei beiden Geschlechtern wirksam waren. Ob es sich da überhaupt um eine Substitutionswirkung und nicht bloß um eine unspezifische parenterale Eiweißwirkung gehandelt hat, ist schwer zu sagen. A. LÖWY und KAMINER hatten bei einem Manne, der durch eine Schußverletzung seine Hoden verloren hatte und eunuchoiden Fettansatz bekam, eine Herabsetzung des Grundumsatzes gefunden, den sie durch spezifische Organtherapie wieder steigern konnten.

Die durch die Herabsetzung der Oxydationsvorgänge bedingte Disposition zum Fettansatz wurde natürlich zur Erklärung der Kastratenfettsucht herangezogen. Man dachte an eine mangelhafte Kompensation, ja will sogar bei den mageren Kastraten eine geringere oder ganz fehlende Abnahme des Stickstoffumsatzes [5]) und Gasstoffwechsels gefunden haben (KORENCHEVSKY [6])),

---

[1]) WIESEL, J.: Innere Klinik des Klimakteriums. In HALBAN-SEITZ: Biologie u. Pathologie des Weibes. 3. Bd. S. 1025. Berlin u. Wien: Urban & Schwarzenberg 1924.

[2]) TSUBURA, S.: Biochem. Zeitschr. Bd. 143, S. 291. 1923 (Bd. 34, S. 359).

[3]) KRAUL, L. u. G. HALTER: Wien. klin. Wochenschr. 1923, S. 538 (Bd. 30, S. 498); Zeitschr. f. Geburtsh. u. Gynäkol. Bd. 87, S. 606. 1924 (Bd. 39, S. 925).

[4]) PLAUT, R. u. H. A. TIMM: Klin. Wochenschr. 1924, S. 1664 (Bd. 39, S. 160).

[5]) ORITA, J.: Arch. f. Gynäkol. Bd. 123, S. 133. 1924 (Bd. 40, S. 31).

[6]) KORENCHEVSKY, V.: Brit. Journ. of exp. pathol. Vol. 6, p. 21. 1925 (Bd. 40, S. 265).

doch möchte ich hier zu großer Vorsicht raten und auf die in einem anderen Kapitel besprochenen komplizierten Entstehungsbedingungen einer Fettleibigkeit hinweisen, die sich keineswegs rein mathematisch bloß aus einer leichten Herabsetzung des Grundumsatzes erklären läßt. Gerade von diesem Gesichtspunkte verdient die Angabe Liebesnys [1]) Interesse, der bei Hypogenitalismus im Gegensatz zu einem primären Hypopituitarismus eine besonders hohe spezifisch-dynamische Nahrungswirkung beobachten konnte, ein Moment, das natürlich ceteris paribus die Bereitschaft zum Fettansatz vermindert.

Die Kohlenhydrattoleranz nimmt nach Ausfall der Keimdrüsen vorübergehend ab. Für die alimentäre Kohlenhydratbelastung wurde dies im Kaninchenversuch von Tsubura [2]), an der Frau von Cristofoletti, Stolper u. a. gezeigt. Auch die Adrenalinwirkung auf den Blutzucker ist nach Ausfall der Keimdrüsen gesteigert (Guggisberg [3]), Hürzeler [4]), Tsubura), doch wird auch diese Wirkung nach einiger Zeit kompensiert [5]). Auf Grund derselben Versuche, wie wir sie oben bei Besprechung der Grundumsatzveränderung nach Keimdrüsenausfall kennen gelernt haben, sowie doppelseitiger Samenstrangunterbindungen und Röntgenschädigung des Hodens gelangt Tsubura auch da zu dem Schlusse, daß dem spermatogenen Anteil des Hodens der Einfluß auf den Kohlenhydratstoffwechsel zukomme.

Die Regeneration des Blutes nach einer Blutentziehung erfolgt bei ovariumlosen Kaninchen verlangsamt, die phagocytäre Fähigkeit der weißen Blutkörperchen ist bei solchen Tieren herabgesetzt, beides allerdings nicht in dem Grade wie nach Exstirpation der Schilddrüse [6]). Durch Fütterung mit Ovariumpräparaten konnte das Phagocytosevermögen der kastrierten Kaninchen zur ursprünglichen Höhe wieder hergestellt werden.

2. Die Wirkungen der Keimdrüsenhormone sind am einwandfreiesten aus den Folgeerscheinungen gelungener Keimdrüsentransplantationen zu erschließen. Seit den fundamentalen Versuchen Bertholds in Göttingen im Jahre 1849, der zum ersten Male eine Auto- und Homoiotransplantation von Hoden an Hähnen durchführte und auf Grund seiner richtigen Beobachtung und Schlußfolgerung das Verdienst beanspruchen darf, als Erster die Existenz einer inneren Sekretion experimentell bewiesen zu haben, seit dieser Zeit wurde durch unendlich zahlreiche Transplantationsexperimente manches Licht auf die interessante Biologie der Keimdrüsenhormone geworfen. Dazu kam später, eingeleitet durch die berühmten Selbstversuche Brown-Séquards, das Studium der Keimdrüsenextrakte. Wir wollen die Grundtatsachen aller dieser kaum übersehbaren Untersuchungen im folgenden festhalten.

---

[1]) Liebesny, P.: Wien. klin. Wochenschr. 1926. Nr. 28, S. 780.

[2]) Tsubura, S.: Biochem. Zeitschr. Bd. 143, S. 248. 1923 (Bd. 35, S. 54).

[3]) Guggisberg, H.: Zentralbl. f. Gynäkol. 1919, Nr. 28.

[4]) Hürzeler, O.: Monatsschr. f. Geburtsh. u. Gynäkol. Bd. 54, S. 215. 1921 (Bd. 19, S. 152).

[5]) In bezug auf die Beeinflussung der Diuretinhyperglykämie durch die Kastration liegen sich widersprechende Befunde von S. Takakusu (Biochem. Zeitschr. Bd. 128, S. 1. 1922) u. S. Tsubura (l. c.) vor.

[6]) Asher, L. u. K. Furuya: Biochem. Zeitschr. Bd. 147, S. 390 u. 410. 1924 (Bd. 37, S. 450).

I. a) Transplantationsversuche. mit Keimdrüsen des gleichen Geschlechts (homosexuelle Transplantation [1])). In klarer Weise lassen sich die Wirkungen an vorher kastrierten Individuen beobachten, wo eine gut gelungene homosexuelle Transplantation tatsächlich alle Ausfallserscheinungen der Kastration, soweit sie eben hormonaler Natur sind und nicht schon zu lange bestanden haben, zu beheben, bzw. ihrer Ausbildung vorzubeugen vermag. Am leichtesten gelingt naturgemäß immer die Autotransplantation, also die Überpflanzung der eigenen Keimdrüsen des Individuums an eine andere Stelle; bei entsprechender Technik gibt aber auch die Homoio- bzw. Isotransplantation, also die Überpflanzung von anderen Individuen der gleichen Spezies verläßliche Resultate, wobei wenigstens beim Menschen die Aussichten für den Erfolg um so bessere zu sein scheinen, je näher miteinander verwandt Spender und Empfänger sind; aber auch Transplantate von anderen Spezies (Hetero-, Allotransplantate) können einheilen und selbst am Menschen sollen nach Voronoff die Hoden anthropoider Affen funktionsfähig zur Einheilung gelangen können.

An kastrierten männlichen Fröschen und Kröten konnten durch Hodenimplantation in die Bauchhöhle die Kastrationserscheinungen verhindert, bzw. abgeschwächt werden (Nussbaum, Ponse), an Hähnen hatte Berthold schon viel früher die gleiche Feststellung gemacht und aus ihr geschlossen, „daß die die sexuelle Reife charakterisierenden Merkmale bedingt werden durch das produktive Verhältnis der Hoden, d. h. durch die Einwirkung auf das Blut, und dann durch die entsprechende Einwirkung des Blutes auf den allgemeinen Organismus überhaupt, wovon allerdings das Nervensystem einen sehr wesentlichen Teil ausmacht." An Hühnern experimentierten später mit analogen Ergebnissen Foges und Pézard. Von den vielen Transplantationsversuchen an kastrierten Säugetieren waren diejenigen von Steinach am erfolgreichsten. Er konnte zeigen, daß männliche Ratten, bei denen die in die Bauchhöhle verpflanzten Hoden anheilten, somatisch und funktionell von normalen Männchen sich nicht unterschieden, ja sogar einen besonders intensiven Geschlechtstrieb zeigten, während Tiere, bei denen das Transplantat nicht anging sondern nekrotisch und resorbiert wurde, alle Charaktere von Kastraten aufwiesen. Zu analogen Ergebnissen gelangte Knud Sand [2]) an Meerschweinchen. Auch am Menschen lassen sich die gleichen Erscheinungen feststellen, wofern eine geeignete Technik der Transplantation befolgt wird, wie sie beim Manne insbesondere Lichtenstern [3]), Voronoff [4]) und Thorek [4]) üben. Zweifellos sind da negative Ergebnisse, wie dies auch die zitierten Autoren annehmen, meist einer mangelhaften Methodik zur Last zu legen. Seit der ersten derartigen Homoiotransplantation eines menschlichen Hodens auf einen

---

[1]) Wir verwenden diesen Terminus, um eventuellen Mißverständnissen vorzubeugen. Unter homologer und heterologer Transplantation versteht nämlich K. Sand (Endocrin. Vol. 7, H. 2, p. 275. 1923) die Überpflanzung der Geschlechtsdrüsen desselben, bzw. des anderen Geschlechts, während Lipschütz mit Heterotransplantation (= Allotransplantation nach Sand) zum Unterschied von Homoiotransplantation (= Isotransplantation nach Sand) die Verpflanzung auf ein Tier einer anderen Spezies bezeichnet.

[2]) Sand, K.: Endocrinology. Vol. 7, H. 2, p. 273. 1923.

[3]) Lichtenstern, R.: Die Überpflanzung der männlichen Keimdrüse. Wien: Julius Springer 1924.

[4]) Voronoff, S., M. Thorek u. a.: in „La funzione endocrina delle ghiandole sessuali". Milano. Istituto sieroterapico. 1925.

Mann, der infolge eines Unglücksfalles beide Hoden verloren hatte, durch LESPINASSE (1913) wurden zahlreiche erfolgreiche Überpflanzungen dieser Art vorgenommen. Nach den Erfahrungen LICHTENSTERNs tritt in der Regel schon 3—4 Tage nach der Einpflanzung des Hodens eine intensive Erotisierung auf, die vorübergehend abklingt, um nach etwa einer Woche wieder einzusetzen und langsam sich steigernd dauernd zu bleiben. Offenbar wird unmittelbar nach der Einpflanzung Geschlechtshormon von der Wundfläche aus resorbiert, während später erst die Funktion des neu vascularisierten Implantates sich geltend macht. Eine mittelbare Folgeerscheinung der Erotisierung ist das Schwinden der vorher meist vorhandenen psychischen Depression, die Wiederkehr der Lebenslust und Arbeitsfreude. Drei Wochen nach dem Eingriff beginnen die ausgefallenen Terminalhaare in der Linea alba, später auch die Haare an der Brust, in der Schamgegend und an den Extremitäten wieder zu wachsen. Zuerst kehrt der Bartwuchs wieder zurück. LICHTENSTERN beschreibt auch Ausfall des Kopfhaares nach Kastration und Wiederkehr nach Implantation eines fremden Hodens. In den nächsten Monaten bildet sich der charakteristische Fettansatz der Kastraten zurück, die Muskelkraft hebt sich. Die nach Keimdrüsenausfall atrophierende Prostata erhält wieder ihre ursprüngliche Beschaffenheit. LICHTENSTERN sah noch acht Jahre nach der Operation die volle Wirkung der Transplantate persistieren. Dort, wo nicht Menschenhoden, sondern Widder- oder Ziegenhoden, bzw. die Drüsen von Tieren anderer Gattungen, ausgenommen anthropoide Affen, zur Überpflanzung auf Menschen verwendet wurden, konnte stets nur ein vorübergehender, aber gelegentlich doch zweifellos erstaunlicher erotisierender Effekt beobachtet werden [1].

Für die Transplantation von Ovarien bei kastrierten weiblichen Tieren gelten die analogen Verhältnisse. Es konnte festgestellt werden, daß überpflanztes Ovarialgewebe der gleichen Spezies zur Anheilung und Funktion gebracht werden kann und auch im fremden Organismus seine zyklischen Veränderungen durchmacht. Die einer Kastration folgende Atrophie von Uterus und Tuben kann durch Ovarialtransplantation hintangehalten werden. Der Verlust des Geschlechtstriebes, der nach Entfernung der Keimdrüsen zu beobachten ist, wird durch Implantation fremder Ovarien verhindert. BUCURA [2] machte dabei die Beobachtung, daß kastrierte Häsinnen, die niemals den Bock zulassen, dies doch tun, wenn ihnen Kaninchenovarien, aber auch, wenn ihnen Meerschweinchenovarien eingepflanzt wurden, die einheilten. Es gelingt wie beim Manne die Erotisierung auch mit artfremden Keimdrüsen. Auch der in der Beschaffenheit des Vaginalabstriches zum Ausdruck kommende Brunstzyklus der Maus oder Ratte, der nach der Kastration verschwunden war, läßt sich schon 3—4 Tage nach Implantation auch artfremden Ovars, z. B. vom Rind oder Menschen wieder zum Vorschein bringen [3]. Leider sind die Einheilungsbedingungen von Ovarialtransplantaten beim Menschen ungünstig, so daß insbesondere bei therapeutischer Homoiotransplantation keine großen Hoffnungen gehegt werden dürfen. Für die Physiologie der weiblichen Keimdrüsen sind

---

[1] Vgl. LIPSCHÜTZ, A.: The internal secretions of the sex glands. Heffer, London; William and Wilkins, Baltimore. 1924, p. 88.

[2] BUCURA, C. J.: Geschlechtsunterschiede beim Menschen. Wien u. Leipzig: A. Hölder 1913.

[3] ZONDEK, B. u. S. ASCHHEIM: Klin. Wochenschr. 1925, Nr. 29. S. 1388.

aber auch die wenigen gelungenen Überpflanzungsversuche am Menschen von
Wert, die gleichfalls beweisen, daß die Kastrationserscheinungen, die Involution
des Genitalapparates durch das eingeheilte Ovarialgewebe verhindert, die
Menstruation erhalten bleiben kann. Allerdings erlischt infolge Resorption des
Implantates dessen inkretorischer Einfluß bei Autotransplantation meist schon
nach 1—3 Jahren, bei Homoiotransplantation schon nach einem Monat [1]).

Da durch alle diese Feststellungen erwiesen ist, daß das Keimdrüsenhormon,
wenn es durch Implantation einem gleichgeschlechtlichen kastrierten Individuum zugeführt wird, charakteristische und spezifische Wirkungen entfaltet,
so war es naturgemäß von Interesse zu erfahren, ob ein auf diese Weise herbei-
geführtes Übermaß an Keimdrüsenhormon bestimmte Effekte hervorzubringen
vermag. Kurz gesagt, es war von Interesse, die Folgen einer Keimdrüsenimplantation bei nicht kastrierten Individuen zu studieren und zu sehen, ob
sich ein hormonaler Hypergenitalismus erzeugen läßt und welche Erscheinungen er hervorbringt. An männlichen vollreifen Tieren liegen meines
Wissens derartige Versuche nicht vor [2]). An jungen weiblichen Kaninchen
gelang es LIPSCHÜTZ [3]) nicht, das Angehen von implantiertem Ovarialgewebe
anderer Kaninchen zu erreichen und irgendwelche besonderen Erscheinungen
festzustellen. Dagegen beobachteten sowohl HABERLANDT [4]) als auch J. BONDI
und NEURATH [5]) an derart „hyperfeminierten" geschlechtsreifen Kaninchen,
Meerschweinchen und Ratten, daß zwar auch hier das Implantat nur wenig
dauerhaft war (vgl. auch BIEDL, PETERS und HOFSTÄTTER [6])) und zum Unterschiede vom Verhalten in vorher kastrierten Tieren einer cystischen Degeneration
und baldigen Resorption verfiel, daß aber durch diese Operation eine vorübergehende Sterilisierung herbeigeführt wurde. Diese herabgesetzte Konzeptionsfähigkeit scheint, wie aus den Befunden von BONDI und NEURATH hervorgeht,
nicht so sehr auf einer Behinderung der Funktion der eigenen Ovarien der
Tiere, d. h. auf einer Hemmung der Eireifung, als vielmehr auf einer in ihrer
Genese durchaus unklaren Atrophie des Uterus zu beruhen. Vielleicht stellen
übrigens Beobachtungen von EVANS und LONG [7]) an Ratten, denen fein zerriebene
Hypophysenvorderlappensubstanz intraperitoneal einverleibt wurde, ein gewisses Analogon dazu dar. Die Tiere werden viel größer und dicker als die
Kontrolltiere, der vaginale Brunstzyklus tritt nicht oder nur in langen Intervallen ein, die Ovarien enthalten viele und große Corpora lutea aber keine
reifen, normalen GRAAFschen Follikel und der Uterus wiegt nur halb so viel
wie bei den Kontrolltieren.

b) Transplantationsversuche mit Keimdrüsen des anderen
Geschlechts (heterosexuelle Transplantation). Wir haben schon

---

[1]) UNTERBERGER, F.: Arch. f. Gynäkol. Bd. 110, S. 173. 1919. — SIPPEL, P.: Arch. f.
Gynäkol. Bd. 118, S. 445. 1923. — TUFFIER, T. u. D. BOUR: Presse méd. Tom. 33, p. 1073,
1925 (ref. Endocr. Vol. 9, Nr. 5. p. 427).

[2]) Über Transplantationsversuche an senilen Individuen soll später gesprochen werden.

[3]) l. c. 1924, S. 90. — Vgl. auch PETTINARI, V.: Rev. franç. d'endocrinol. Tom. 3,
p. 163. 1925 (Bd. 43, S. 233).

[4]) HABERLANDT, L.: Arch. f. Physiol. Bd. 194, S. 235. 1922 (Bd. 24, S. 177).

[5]) BONDI, J. u. R. NEURATH: Wien. klin. Wochenschr. 1922, S. 520.

[6]) BIEDL, A., H. PETERS u. R. HOFSTÄTTER: Zeitschr. f. Geburtsh. u. Gynäkol. Bd. 88,
S. 495. 1925.

[7]) EVANS, H. M. u. J. A. LONG: Proc. of the nat. acad. of sciences (U. S. A.). Vol. 8,
p. 38. 1922 (Bd. 24, S. 122).

oben erfahren, daß heterosexuelle Keimdrüsenüberpflanzungen bei Schmetterlingen, bzw. Raupen keinerlei Einfluß auf die sexuelle Differenzierung des Somas ausüben, daß also kein Grund vorliegt, den Keimdrüsen dieser Tiere eine inkretorische Funktion zuzuschreiben (MEISENHEIMER). Bei Amphibien ist die Geschlechtsspezifität der zweifellos wirksamen Keimdrüsenhormone noch nicht voll ausgebildet. Der Umklammerungsreflex und die Entwicklung der charakteristischen männlichen Daumenschwielen lassen sich bei kastrierten männlichen Fröschen nicht nur durch Hoden-, sondern bis zu einem gewissen Grade auch durch Eierstocksüberpflanzung bzw. Einbringung von Eierstocksubstanz erzielen (STEINACH, HARMS, MEISENHEIMER). Das somatische Substrat des kastrierten Männchens wird also durch das Hormon sowohl der männlichen wie der weiblichen Geschlechtsdrüse in qualitativ gleicher, nur quantitativ verschiedener Weise beeinflußt, indem es durch beide Hormone zur Ausbildung spezifisch männlicher Geschlechtsmerkmale veranlaßt wird. Dagegen konnte PONSE durch Hodenimplantation bei einer jungen kastrierten weiblichen Kröte nach sieben Monaten die Ausbildung männlicher Daumenschwielen erzielen. Es würde hier also eine geschlechtsspezifische Wirkung des Hodenhormons vorliegen.

Eine geschlechtsspezifische Wirkung der Keimdrüsenhormone ist wohl auch bei Vögeln sichergestellt. Durch Implantation von Ovarien bei kastrierten Hähnen läßt sich Hennenfedrigkeit und Hemmung der Sporenbildung erzeugen, beides Merkmale, die dem Kapaun, wie schon oben gesagt, nicht zukommen. Kastrierte Hennen mit erfolgreich implantierten Hoden bekommen männlichen Kamm und Bartanhänge, fangen an zu krähen und verfolgen, einem Hahn gleich, hartnäckig die weiblichen Tiere. Nach dem Alter der operierten Tiere, nach der Quantität des Implantates und seinen Einheilungsbedingungen lassen sich da verschiedene Kombinationen männlicher und weiblicher Geschlechtsmerkmale experimentell hervorrufen. Das haben seit den ersten Versuchen von FOGES im Jahre 1903 umfassende Untersuchungen von GOODALE, PÉZARD, SAND und insbesondere ZAWADOWSKY ergeben. Sehr interessant ist das Verhalten der Sebright-Hühner, deren Männchen, wie schon oben erwähnt wurde, hennenfederig sind, da bei dieser Rasse nicht nur Ovar, sondern auch Hoden das Gefieder in der Richtung der Hennenfederigkeit beeinflussen. Die Implantation eines Sebright-Hodens in einen Hahn gewöhnlicher Rasse veranlaßt nun bei diesem keineswegs die Entstehung weiblicher Federn, es ist also die Reaktionsweise des Erfolgssubstrates maßgebend für den hormonalen Effekt.

Trotz zahlreicher überzeugender Versuche über experimentelle „Umstimmung des Geschlechtes", über Maskulierung und Feminierung bei Vögeln durch heterosexuelle Transplantation ist bei diesen Tieren ebenso wie bei Amphibien eine gewisse Vorsicht und besondere Kritik am Platze. Wir haben nämlich in den letzten Jahren erfahren, daß diesen Tiergattungen de norma ein latenter Hermaphroditismus eigen ist [1]). HARMS konnte durch bloße Entfernung der Hoden bei männlichen Kröten innerhalb von 3—4 Jahren eine vollkommene Geschlechtsumwandlung erzielen. Die Tiere wurden zu kopulationsfähigen Weibchen. Beide Geschlechter dieser Tiere besitzen nämlich in dem sog. BIDDERschen Organ rudimentäre Reste einer

---

[1]) Vgl. WITSCHI, E.: Naturwissenschaften. Bd. 13, S. 877. 1925 (Bd. 42, S. 634).

Ovarialanlage, aus der sich nach Entfernung der Testikel Ovarien entwickeln können, die ihrerseits die entsprechende Umbildung der rudimentären MÜLLERschen Gänge zum Genitalschlauch und die Umwandlung der sekundären Geschlechtsmerkmale veranlassen.

Bei kastrierten Hennen hat man auch ohne Hodenimplantation schon früher gelegentlich das Auftreten männlicher Geschlechtsmerkmale beobachtet [1]. Bei den meisten Vogelarten entwickelt sich nämlich nur auf der linken Seite ein Ovar, neben dem sich auf beiden Seiten sog. Sexualstränge erhalten, welche sich nach Wegfall des Ovars zu Hodengewebe umwandeln können. So konnte BENOIT durch Entfernung des linken Ovars bei jungen Hühnern die volle Ausbildung eines funktionierenden rechtsseitigen Hodens mit entsprechenden männlichen Geschlechtscharakteren erzielen und CREW berichtete über die spontane Umwandlung einer eierlegenden Henne in einen geschlechtstüchtigen Hahn im Laufe von zwei Jahren, ein Ereignis, das auf eine tuberkulöse Zerstörung des Ovars zurückgeführt werden mußte [2]. Auch bei Tauben wurde eine solche Geschlechtsumwandlung durch tuberkulöse Erkrankung des Eierstocks beobachtet (RIDDLE [3]). Die Frage, warum sich nach Wegfall des Ovars aus den Sexualsträngen gelegentlich Hodengewebe differenziert, kann wohl nur damit zusammen hängen, daß die miteinander interferierenden chromosomalen Geschlechtsfaktoren zu dieser Zeit in einem anderen gegenseitigen Prävalenzverhältnis stehen, als dies zur Zeit der ursprünglichen Geschlechtsdifferenzierung der Fall gewesen war. Es würde also eine Art Dominanzwechsel vorliegen.

MINOURA hatte geglaubt, durch Implantation von Keimdrüsenstückchen auf die Allantoisoberfläche in Entwicklung begriffener Hühnereier die Ausbildung der Geschlechtsmerkmale des Embryos beeinflussen und Intersexe erzeugen zu können, doch wurden seine Angaben durch die Nachprüfung von GREENWOOD [4] nicht bestätigt.

Absolut einwandfrei ist die geschlechtsspezifische Hormonwirkung der Keimdrüsen bei Säugetieren erwiesen. An Meerschweinchen, Ratten und Damhirsch konnte von STEINACH, SAND, MOORE, LIPSCHÜTZ, ATHIAS, BRANDES gezeigt werden, daß das Hormon der männlichen und weiblichen Keimdrüse am gleichen Substrat verschiedene, eben geschlechtsspezifische Effekte hervorruft. Das dankbarste Objekt ist hier das Meerschweinchen. Durch Ovarienimplantation bei kastrierten männlichen Tieren läßt sich eine Feminierung erzielen. Die männlichen Geschlechtsorgane sind dann nur rudimentär entwickelt, dagegen zeigen die Tiere eine stark entwickelte weibliche Brustdrüse und -warze, mitunter selbst Milchsekretion und betätigen sich als Amme. Von Männchen werden sie wie Weibchen umworben, oft zeigen sie weibliche Sexualinstinkte. Im Körpergewicht und in ihren Proportionen ähneln solche Tiere durchaus weiblichen, feminierte Ratten bekommen statt des langen, rauhen und groben männlichen Haares ein kurzes, weiches und feines weibliches Fell. STEINACH spricht sogar von Hyperfeminierung, weil diese Tiere oft stärker

---

[1] Vgl. LIPSCHÜTZ: l. c. 1924. S. 312.

[2] Vgl. BRESSLAU, E.: Klin. Wochenschr. 1925. Nr. 1, S. 42.

[3] RIDDLE, O.: Americ. naturalist. Vol. 58, 1924 (Zit. nach HAECKER, V.: Pluripotenzerscheinungen. Jena: G. Fischer 1925).

[4] Vgl. WITSCHI, E.: Schweiz. med. Wochenschr. 1925. Nr. 27, S. 623.

ausgebildete weibliche Merkmale aufweisen (Milchsekretion) als jungfräuliche normale.

Andererseits konnte durch Hodenimplantation bei kastrierten Weibchen in einer immerhin ausreichenden Zahl gelungener Versuche gezeigt werden, daß sich die Klitoris durch Hypertrophie ihrer Corpora cavernosa zu einem penisähnlichen Gebilde entwickelt, das Körpergewicht wie bei männlichen Tieren erheblicher ansteigt, das Fell männliche Charaktere annimmt und auch das psychosexuelle Verhalten ausgesprochen männlich wird. All diese Tatsachen geben der seinerzeit von dem Physiologen S. Exner geäußerten Auffassung recht, daß zwei das gleiche Substrat in verschiedener Richtung beeinflussende Geschlechtshormone existieren müßten, ein Androl und ein Gynäkol.

Wir haben bisher von den heterosexuellen Transplantationen an kastrierten Tieren gesprochen. Wiederholt schon hatte man heterosexuelle Keimdrüsenüberpflanzung auch an vorher nicht kastrierten normalen Tieren versucht, aber keinerlei Wirkungen einer solchen Operation beobachten können. Und dennoch gelingt es bei entsprechender Technik, z. B. Überpflanzung von Ovarialgewebe in die Niere oder in den Hoden das Implantat zur Anheilung zu bringen, es bleibt viele Monate lang erhalten, sein hormonaler Einfluß aber macht sich nicht geltend (Sand, Lipschütz, Zawadowsky u. a.). Man hat es also offenbar mit einem Antagonismus der Geschlechtshormone zu tun. Lipschütz und seinen Mitarbeitern [1]) gebührt das Verdienst, diese Verhältnisse aufgeklärt zu haben. Er konnte nämlich zeigen, daß der hormonale Effekt der überpflanzten Keimdrüse in einem derart zwittrig gemachten Organismus von gegenseitigen Quantitätsverhältnissen der beiden Keimdrüsen abhängig ist. Das ovarielle Transplantat wird hormonal wirksam, wenn die eigene Testikelmasse über ein bestimmtes Maß hinaus operativ reduziert wird. Es kann aber auch nach monatelanger vollständiger Latenz ganz plötzlich in wenigen Tagen zur Wirksamkeit gelangen, wenn die Testikel entfernt werden. Dieser sog. „Entriegelungsversuch" wurde auch von Athias [2]) bestätigt. Es ist nun sehr interessant, daß die dem Ovarialhormon antagonistische Kraft der Hoden an deren Spermatogenese geknüpft erscheint, denn Lipschütz konnte sie nicht nur durch Partialkastration, sondern auch durch verschiedene Eingriffe einschränken, bzw. aufheben, welche bloß die Spermatogenese schädigen. ohne die übrige inkretorische Funktion zu verhindern (experimenteller Kryptorchismus, Resektion des Nebenhodens). Wenn der hormonale Effekt der gleichzeitig im Organismus befindlichen beidgeschlechtlichen Keimdrüsen ein Quantitätsproblem darstellt, so könnte a priori erwartet werden, daß sich unter gewissen Bedingungen, z. B. bei gleichzeitiger Einpflanzung von Hoden und Ovar an jungen kastrierten Tieren Interferenz- oder besser Kombinationsprodukte derart erzeugen lassen, daß verschiedene Erfolgsorgane auf verschiedene Sexualhormone ansprechen oder kurz, daß Intersexe, Zwitter experimentell hergestellt werden können. In der Tat ist es ja Steinach, Sand, Lipschütz u. a. gelungen, solche experimentelle Hermaphroditen zu erzeugen,

---

[1]) Lipschütz, A.: Klin. Wochenschr. 1924. Nr. 42, S. 1903 (Bd. 39, S. 132). — Lipschütz, A. mit H. E. von Voss, S. Vešnjakov, F. Lange, D. Švikul, M. Tiitso: Pflügers Arch. f. d. ges. Physiol. Bd. 207, S. 562 u. Bd. 208, S. 272. 1925.

[2]) Athias, M.: Cpt. rend. des séances de la soc. de biol. Tom. 91, Nr. 22, p. 232. 1924 (Bd. 40, S. 661).

wie z. B. Meerschweinchen mit weiblichen Mammae und Penis und einer wechselnden bisexuellen Triebrichtung.

Sehr wichtig ist die Feststellung von LIPSCHÜTZ [1]), daß die Latenzzeit bis zum Auftreten des heterosexuellen Hormoneffektes bei kastrierten Meerschweinchen mit heterosexuellen Keimdrüsenimplantaten nicht vom Alter der implantierten Keimdrüse, sondern von jenem des Empfängers abhängt. Es dauert also bei noch jungen kastrierten Tieren viel länger als bei schon erwachsenen, bis sich die Wirkung der implantierten heterosexuellen Keimdrüse bemerkbar macht, gleichgültig, ob diese Keimdrüse einem reifen oder noch unreifen Tier entstammt. Der Zeitpunkt der Reifung und vollen Funktionsfähigkeit der Ovarien — nur solche Versuche liegen bis jetzt vor — ist somit von irgendwelchen anderen im Organismus gelegenen Bedingungen abhängig und bestimmt nicht, wie man meinen könnte, selbst die Reifungszeit des übrigen Organismus. Wir erinnern uns hier der auf S. 65 erörterten Untersuchungen von ZONDEK und ASCHHEIM über die Förderung und Anregung noch unreifer Ovarien durch den Hypophysenvorderlappen.

II. Die Wirkungen von Extrakten aus den Keimdrüsen. Weniger befriedigend und klar sind die Ergebnisse, die man durch Beobachtung der Wirkungen von Keimdrüsenextrakten gewonnen hat. Auf peroralem Wege konnten niemals mit Keimdrüsenextrakten irgendwelche charakteristischen und spezifischen Hormonwirkungen erzielt werden. Die berühmten Selbstversuche BROWN-SÉQUARDs mit seinem liquide testiculaire halten einer strengen Kritik kaum stand und das von POEHL aus dem Hodenextrakt von Pferden gewonnene, schön krystallisierte, phosphorsaure Salz einer Base, dem der Name „Spermin" gegeben wurde, hat sich bei der exakten Nachprüfung durch BIEDL als im physiologischen Versuch wirkungslos erwiesen. Von einer Substitutionswirkung bei Wegfall der Keimdrüsen konnte keine Rede sein. Selbstverständlich müssen bei derartigen Versuchen unspezifische Effekte, etwa allgemeine Reizkörperwirkungen in Betracht gezogen werden. Durch subcutane, bzw. intraperitoneale Injektion von Hodenextrakt ist es dagegen zuerst BOUIN und ANCEL am Meerschweinchen (1906), später PÉZARD am Hahn gelungen, die Kastrationserscheinungen hintanzuhalten [2]). Auch am kastrierten Frosch lassen sich durch Injektion von Hodenextrakt Umklammerungsreflex und Daumenschwielen wieder hervorrufen. Der Effekt des Hodenextraktes erwies sich dabei keineswegs artspezifisch, am Hahn war z. B. Schweinehoden vollkommen wirksam. Über die chemische Natur des wirksamen Hormons wissen wir nichts.

Etwas besser sind wir diesbezüglich bei den weiblichen Keimdrüsen daran. FELLNER gelang es zuerst, durch Alkohol- und Ätherextraktion aus der Placenta, den Eihäuten und den interstitiellen Zellen des Ovars, insbesondere von trächtigen Tieren, ferner aus dem Corpus luteum ein Lipoid darzustellen, das bei subcutaner oder intraperitonealer Injektion bedeutendes Wachstum der Mamma und Mamillen (auch bei männlichen Tieren), starke Vergrößerung des Uterus, Brunst- bzw. prämenstruelle Erscheinungen an der Schleimhaut des Uterus, Vergrößerung und Graviditätserscheinungen an der Vagina, sowie

---

[1]) LIPSCHÜTZ, A.: Cpt. rend. des séances de la soc. de biol. Tom. 93, Nr. 31, p. 1066. 1925 (Bd. 43, S. 233).
[2]) Vgl. auch SSENTJURIN, B. S.: Zeitschr. f. d. ges. exp. Med. Bd. 48, S. 712. 1926 (Bd. 44, S. 267).

Ausbleiben des Wachstums ausrasierter Haare hervorrief. Auf diesen Arbeiten fußend gelang es später E. HERRMANN, durch weitere Reinigung des Extraktes ein dickflüssiges, öliges, gelbliches Cholesterinderivat zu gewinnen, das die von FELLNER beschriebenen Erscheinungen schon in viel geringerer Menge hervorbringt. Mit diesem Extrakt konnte auch die Kastrationsatrophie des Uterus verhindert und überstürzte Follikelreifung in jugendlichen Ovarien hervorgerufen werden. Diese Beobachtung einer regelrechten Pubertas praecox, die sich durch wenige Injektionen von Placentalipoid erzielen läßt, wurde kürzlich auch von amerikanischen Autoren bestätigt [1]. Am nächsten erscheinen der Isolierung des Ovarialhormons DOISY, ALLEN [2]) und ihre Mitarbeiter, FAUST [3]) und in jüngster Zeit B. ZONDEK und ASCHHEIM [4]) sowie LAQUEUR [5]) gekommen zu sein. Die Ersteren konnten aus dem Liquor folliculi von Schweineovarien, aus dem ganzen Ovarium und aus der Placenta eine hitzebeständige, eiweißfreie Substanz darstellen, von der schon 2 mg, einem acht Wochen alten Kaninchen injiziert, innerhalb von acht Tagen ein bedeutendes Uteruswachstum auslösen. An der kastrierten Ratte ruft diese Substanz schon in winzigen Mengen die oben beschriebene Erscheinung des Brunstzyklus hervor und die Autoren verwenden diese Eigenschaft zur Wertbestimmung ihrer Präparate. Sie bezeichnen als Ratteneinheit des Hormons jene kleinste Menge, die bei einer geschlechtsreifen kastrierten Ratte von 140 g den am Vaginalabstrich erkennbaren Östralzyklus eben auslöst. So berechneten sie den supponierten Hormongehalt pro Kilogramm im Liquor folliculi mit 2000, im ganzen Ovarium mit 80—175, in der Placenta mit 400—700 Ratteneinheiten. FAUST isolierte aus 50 kg Placenta nur wenige Gramm der reinen, in gleicher Weise schon in Dosen von einigen Milligramm wirksamen Substanz. Schon die winzigen Mengen, in denen die von DOISY und ALLEN sowie von FAUST hergestellte Substanz, ferner das eiweißfreie „Folliculin" B. ZONDEKs und „Menformon" LAQUEURs wirksam ist, spricht für ihre Spezifität und hormonale Natur. Für die früher aus Ovar und Placenta gewonnenen Lipoide läßt sich diese jedoch kaum behaupten.

So haben HERRMANN und STEIN [6]) durch eine längere Injektionsbehandlung männlicher Ratten, Meerschweinchen und Kaninchen mit dem Ovarial-Placentarlipoid eine Wachstumshemmung des gesamten Genitaltraktes, bzw. dessen Atrophie hervorgerufen, FELLNER [7]) aber behauptet, diese Wirkung sei auch mit anderen Lipoiden zu erzielen. Dieser Autor konnte übrigens aus Hoden das gleiche Lipoid wie aus Placenta und Ovarium herstellen und mit ihm die typischen Wachstumserscheinungen am jugendlichen Kaninchen-

---

[1]) FRANK, R. T., H. M. KINGERY a. R. G. GUSTAVSON: Journ. of the Americ. med. assoc. Vol. 85, Nr. 20, p. 1558. 1925.

[2]) DOISY, E. A., J. O. RALLS, E. ALLEN a. C. G. JOHNSTON: Journ. of biol. chem. Vol. 61, p. 711. 1924 (Bd. 39, S. 503).

[3]) FAUST, E. ST.: Schweiz. med. Wochenschr. 1925. Nr. 25, S. 575.

[4]) ZONDEK, B.: Klin. Wochenschr. 1926. S. 1218 (Bd. 45, S. 50). — ZONDEK, B. u. S. ASCHHEIM: Arch. f. Gynäkol. Bd. 127, S. 250. 1926 u. Klin. Wochenschr. 1926. S. 979 u. 2199.

[5]) LAQUEUR, E. u. Mitarbeiter: Dtsch. med. Wochenschr. 1926. S. 4 u. 52 (Bd. 44, S. 267). — LAQUEUR, E.: Klin. Wochenschr. 1927. Nr. 9, S. 390.

[6]) HERRMANN, E. u. MARIANNE STEIN: Zentralbl. f. Gynäkol. Bd. 44, S. 1449. 1920.

[7]) FELLNER, O. O.: Pflügers Arch. f. d. ges. Physiol. Bd. 189, S. 199. 1921.

uterus, aber auch die zerstörende Wirkung auf den generativen Anteil des Kaninchenhodens erzielen. Sollte doch auch das Pöhlsche Spermin nicht nur im männlichen, sondern auch im weiblichen Organismus enthalten sein. Fellner [1] konnte schließlich sein „weibliches Sexuallipoid" auch aus dem Thymus und in jüngster Zeit aus Hühner- und Fischeiern gewinnen. Dabei zeigten, an der wachstumsfördernden Wirkung am jugendlichen Kaninchenuterus beurteilt, 30 Hühnereier etwa den gleichen Gehalt an wirksamem Lipoid wie eine Placenta oder 90 Corpora lutea. Schröder und Goerbig [2] gewannen im Widerspruch zu Fellner auch aus der Leber ein dem Placentalipoid analoges, wenn auch schwächer wirksames Lipoid. Dabei sahen diese Autoren ganz im Gegensatz zu Herrmann und Stein sowie Fellner sogar eine Wachstumsförderung nicht nur des weiblichen, sondern auch des männlichen jugendlichen Genitales! Angesichts so widerspruchsvoller Ergebnisse mit dem „femininen Sexuallipoid" wird man sich fragen müssen, ob einerseits die mit ihm erzielte Wachstumsförderung des jugendlichen weiblichen Geschlechtsapparates überhaupt einen spezifischen Hormoneffekt darstellt, und andererseits, ob wir berechtigt sind, aus den vorliegenden Versuchen einen Schluß auf die Produktionsstätte dieses Stoffes zu ziehen.

Diesbezüglich erscheint Doisy und Allens Angabe besonders bemerkenswert, daß sie ihre so intensiv und in spezifischer Weise wirksame Substanz aus einem anderen Gewebe, insbesondere aber auch aus den Corpora lutea von Schwein und Rind nicht gewinnen konnten. Nur in jungen menschlichen Corpora lutea konnten sie es nachweisen [3]. In voller Übereinstimmung mit Doisy und Allens Feststellungen fanden B. Zondek und Aschheim [4], daß bei der kastrierten weißen Maus der Brunstzyklus durch folgende Maßnahmen wieder zum Vorschein gebracht werden kann: Injektion von menschlichem Follikelsaft, Implantation der Follikelwand noch vor dem Sprung des Follikels, einer nur Thecazellen enthaltenden Follikelcyste, der dicken Wand des prämenstruellen Corpus luteum, Implantation oder Verfütterung [5] menschlicher Placenta. Dagegen war nach der Menstruation, also im Corpus luteum postmenstruale keine wirksame Substanz nachweisbar, so wenig wie in irgendwelchen anderen drüsigen Organen. Nur im Corpus luteum graviditatis konnten die Autoren die wirksame Substanz gleichfalls finden. Früher hatte auch schon Okintschitz [6] die analoge Beobachtung gemacht, daß sich die Kastrationsatrophie des Uterus durch Verabfolgung von Corpus luteum-Extrakt in viel geringerem Maße aufhalten läßt als durch Extrakte aus dem Follikelapparat des Eierstockes und aus der Placenta. Die Frage ist gewiß sehr berechtigt, ob die bindegewebigen Theca-

---

[1] Fellner, O. O.: Klin. Wochenschr. 1925. Nr. 34, S. 1651.

[2] Schröder, R. u. F. Goerbig: Zeitschr. f. Geburtsh. u. Gynäkol. Bd. 83, S. 764. 1921.

[3] Allen, E., J. P. Pratt, E. A. Doisy: Journ. of the Americ. med. assoc. Vol. 85, p. 399. 1925 (ref. Endocr. Vol. 9, Nr. 5, p. 424). — Vgl. auch Parkes, A. S. u. C. W. Bellerby: Journ. of physiol. Vol. 61, p. 562. 1926 (Bd. 45, S. 351).

[4] Zondek, B. u. S. Aschheim: Klin. Wochenschr. 1925. Nr. 29, S. 1388.

[5] Schröder u. Goerbig vermissen bei peroraler Darreichung von Placentarlipoid eine Wirkung auf das Uteruswachstum junger Kaninchen, während Loewe (Zentralbl. f. Gynäkol. 1925. Nr. 31, S. 1735) in Übereinstimmung mit Zondek und Aschheim sein Hormon auch peroral wirksam fand. Allerdings sei dann die 20fache Dosis des Präparates erforderlich.

[6] Okintschitz: Arch. f. Gynäkol. Bd. 102. 1914.

zellen der Follikelwand sowie die Placenta das supponierte Hormon — jetzt dürfen wir es wohl so nennen — selbst produzieren oder, wie BUCURA [1]) wohl mit Recht annimmt, es nur speichern. Ist es doch LOEWE [2]) sowie FRANK und seinen Mitarbeitern [3]) und später auch anderen Forschern [4]) gelungen, dieses den Brunstzyklus der kastrierten Maus auslösende Hormon sogar im Blute weiblicher Individuen, insbesondere zur Brunstzeit und während der Schwangerschaft, zum Unterschiede von männlichen nachzuweisen.

Wir können also zusammenfassend sagen: Die weibliche Keimdrüse, und zwar, wie BUCURA als erster angenommen hat, die Follikelwand produziert ein Hormon, dem schon in kleinsten Mengen vor allem die Eigenschaft zukommt, Entwicklung und Wachstum des präpuberalen Geschlechtsapparates beim weiblichen Kaninchen intensiv zu fördern und den verschwundenen Brunstzyklus der kastrierten Ratte und Maus neuerdings auszulösen. Welche Wirkungen dieses nicht artspezifische, eiweißfreie Hormon im Organismus sonst noch ausübt, wissen wir nicht, aus den experimentell erwiesenen Effekten läßt sich aber in Übereinstimmung mit den Ergebnissen der Kastrationsversuche der Schluß ziehen, daß es für die Entwicklung und Trophik des weiblichen Geschlechtsapparates, sowie für dessen regelrechte zyklische Tätigkeit von größter Bedeutung sein muß. Das Hormon gelangt aus der Follikelwand jedenfalls in erster Linie in den Liquor folliculi, mit dem es beim Follikelsprung in die freie Bauchhöhle ergossen wird, es ist aber anzunehmen, daß es auch auf dem Blutwege zur Resorption kommt. Unter allen Umständen gestaltet sich demnach die Versorgung des Organismus mit dem weiblichen Geschlechtshormon nicht kontinuierlich, sondern diskontinuierlich, gewissermaßen in Hormonstößen, die zur Zeit des Follikelsprungs, beim Menschen also im Intermenstruum erfolgen. Ob dieses Hormon auch anderwärts, vor allem also in der Placenta gebildet oder ob es dort nur in besonderem Maße gespeichert wird, läßt sich nicht entscheiden.

Daß aus verschiedenen anderen Organen und selbst aus dem Hoden eine allerdings in weit größeren Quantitäten gleichfalls das Uteruswachstum junger Kaninchen anregende Substanz gewonnen werden konnte, spricht dafür, daß diese als Indikator der Hormonwirkung verwandte Eigenschaft der Entwicklungs- und Wachstumsförderung jugendlicher Kaninchenuteri offenbar nicht allein dem ovariellen Hormon, sondern auch bestimmten anderen lipoiden Substanzen zukommt, die diesbezüglich in größerer Menge dieselbe Wirkung besitzen wie das Ovarialhormon. Übrigens ist ja auch das ALLEN-DOISYsche Phänomen, die Hervorrufung des „Schollenstadiums" an kastrierten Nagetieren anscheinend

---

[1]) BUCURA, C. J.: Zentralbl. f. Gynäkol. Bd. 37, Nr. 51. 1913 u. Jahrb. f. Psychiatrie u. Neurol. Bd. 36. 1914.

[2]) LOEWE, S.: Klin. Wochenschr. 1925. Nr. 29, S. 1407.

[3]) FRANK, R. T., M. L. FRANK, R. G. GUSTAVSON a. W. W. WEYERTS: Journ. of the Americ. med. assoc. Vol. 85, p. 510. 1925 (Bd. 44, S. 268).

[4]) FELS, E.: Klin. Wochenschr. 1926. S. 2349. — Vgl. auch TRIVIÑO, F. G.: Klin. Wochenschr. 1926. S. 2022.

nicht für das Ovarialhormon absolut spezifisch, da es sich auch durch gewisse Pflanzenextrakte und durch Hefe erzeugen ließ (Löwe, Dohrn[1])). Analogien dafür haben wir ja schon früher kennen gelernt; wir brauchen uns nur der Effekte des Thyroxins, seiner chemischen Substitutionsprodukte und verschiedener jodhaltiger Substanzen auf die Entwicklung der Kaulquappen zu erinnern oder auf die Glukokinine Collips hinzuweisen. Nach dem oben Gesagten können wir eine Produktion dieses Ovarialhormons im Corpus luteum der Säugetiere nicht annehmen und werden eigentlich dadurch allein schon zu der Annahme gedrängt, daß dieses eigenartige, ungemein lipoidreiche Gebilde mit dem ausgesprochenen Bau einer innersekretorischen Drüse irgendwelche andere Funktionen ausüben muß, also ein anderes Hormon bildet. Gerade auf Grund der Ergebnisse Doisy und Allens, Zondeks und ihrer Mitarbeiter kommen wir im Gegensatz zu ihnen zu der Anschauung, daß es nicht nur ein Ovarialhormon geben kann, sondern daß zum mindesten das Corpus luteum die Aufgabe haben muß, ein zweites, anderen Zwecken dienendes Inkret herzustellen[2]). Hierüber geben nun eine Reihe von experimentellen Untersuchungen im Verein mit klinisch-anatomischen Erfahrungen einigen Aufschluß, wenn auch keineswegs Klarheit.

L. Fränkel hatte schon vor 25 Jahren zeigen können, daß bei Kaninchen die operative Ausschälung der gelben Körper zur Zeit der Eiwanderung, also bis zu sechs Tagen nach dem Coitus, bzw. dem durch ihn hervorgerufenen Follikelsprung ebenso die Eiinsertion und somit die Gravidität verhindert wie die Totalexstirpation des Ovars. Selbst in den ersten Tagen nach erfolgter Eiinsertion wird durch die Exstirpation der Corpora lutea die Weiterentwicklung der Frucht unmöglich gemacht. In der zweiten Hälfte der Schwangerschaft erweist sich die Entfernung der gelben Körper als wirkungslos. Die vielfachen Einwände gegen die Fränkelschen Experimente scheinen dessen gewaltiges Material doch kaum ernstlich erschüttert zu haben, so daß auch Biedl es für gesichert ansieht, daß das Corpus luteum zur Ansiedlung und Einnistung des Eies beim Kaninchen und daher wahrscheinlich auch bei anderen Gattungen erforderlich ist. Eine wertvolle Stütze und Ergänzung dieser Theorie brachte Leo Loeb, der zeigen konnte, daß beim Kaninchen und Meerschweinchen eine deziduale Reaktion der Uterusschleimhaut, also die Bildung placentaähnlicher Massen (sog. Placentome) statt durch das Eichen auch durch künstlich gesetzte mechanische Eingriffe (Einbringung von Glasröhrchen, Einschnitte) erzeugt werden kann, wofern Corpora lutea vorhanden sind. Nach Entfernung der Ovarien, aber auch nach bloßer Ausschälung der Gelbkörper reagiert die Uterusmucosa nicht mit der Bildung einer Decidua. Daß hier wirklich eine hormonale Wirkung der Gelbkörper vorliegt, ergab sich aus der gleichen Wirkung am transplantierten Uterus. Dagegen ist es bisher nicht gelungen, diese Funktion

---

[1]) Dohrn, M.: Klin. Wochenschr. 1927. Nr. 8, S. 359.

[2]) Mit dieser Annahme hat die seinerzeit von Seitz, Fingerhut und Wintz gemachte Angabe, das Corpus luteum erzeuge zweierlei Hormone mit verschiedenen Wirkungen, die sich isolieren ließen, nichts zu tun. Sie wurde auch von Fellner (Dtsch. med. Wochenschrift. 1924. Nr. 40, S. 1369) widerlegt. — Für die Verschiedenheit des vom Corpus luteum und von der Follikelwand produzierten Hormons sprechen auch Befunde von Dixon und Marshall (Journ. of physiol. Vol. 59, p. 276. 1924; ref. Bd. 41, S. 260), die fanden, daß Ovarialextrakte die Hypophysensekretion anregen, während Corpus luteum-Extrakte sie hemmen.

des Corpus luteum durch Injektion von Corpus luteum-Extrakten zu ersetzen. Die LOEBschen Feststellungen haben mehrfache Bestätigung erfahren.

Sehr umstritten sind die Beziehungen des Corpus luteum zur menstruellen Blutung beim Menschen. Es ist wohl fraglos, daß diese Blutung als ein brüsker, man könnte beinahe sagen, unnatürlicher Abschluß der prämenstruellen Schleimhautumwandlung gedeutet werden muß, die in zyklischem Turnus und abhängig von der Ovulation den Uterus für die Eiansiedlung vorbereitet (R. MEYER [1]). Diesen Zyklus in der Schleimhautbeschaffenheit des menschlichen Uterus zuerst nachgewiesen zu haben, ist das Verdienst HITSCHMANN und ADLERs. Tritt das gewissermaßen natürliche Ereignis, die Befruchtung der ausgestoßenen Eizelle ein, dann wäre die Einidation und die Bildung einer Placenta durch den hormonalen Einfluß des Corpus luteum gewährleistet. Tritt sie aber, wie in der überwiegenden Mehrzahl der Ovulationsperioden nicht ein, geht also das unbefruchtete Eichen zugrunde, dann hat die prämenstruelle Schleimhautwucherung und -auflockerung keinen Zweck mehr, dann geht diese seit der Ovulation neu gebildete Schleimhautpartie zugrunde, wird sequestriert und unter Blutungen abgestoßen, um nach der Menstruation einem Wiederaufbau der Uterusmucosa Platz zu machen (SCHRÖDER [2]). Mit dem Einsetzen der Menstruation hat aber offenbar auch das Corpus luteum keine Aufgabe mehr zu erfüllen und erfährt unter Lipoidspeicherung eine progrediente Rückbildung, die im Laufe von 6—9 Monaten zur Bildung des sog. Corpus candicans oder albicans führt.

Das Zusammentreffen von Menstruation und Einsetzen der Rückbildung des gelben Körpers hatte zu der Annahme geführt, die Blutung sei auf den Fortfall einer diese Blutung spezifisch hemmenden Wirkung des Gelbkörpers zu beziehen. HALBAN und KÖHLER [3]) sahen auch an Frauen, denen anläßlich irgendeiner Abdominaloperation im Intermenstruum das Corpus luteum entfernt wurde, regelmäßig schon 2—4 Tage später eine Uterusblutung eintreten, die ausblieb, wenn das entfernte Corpus luteum anderwärts reimplantiert oder in die freie Bauchhöhle versenkt wurde. In jüngster Zeit konnten sie aber auch durch vorzeitige Eröffnung von Follikeln Blutungen provozieren [4]). Die Beweiskraft dieser Versuche ist nicht unwidersprochen geblieben und auch die durch Exstirpation des Corpus luteum herbeigeführte Phasenverschiebung des Menstruationszyklus erwies sich keineswegs als für diesen Eingriff spezifisch [5]). Histologische Untersuchungen zeigen, daß die regressiven Veränderungen des Gelbkörpers durch eine mit der Menstruation einsetzende Blutung in diesen eingeleitet werden, daß also anscheinend die Menstruation die Involution des Corpus luteum auslöst und nicht umgekehrt. Da sich die durch die Lipoidspeicherung bedingte intensive gelbe Farbe erst zur Zeit der Rückbildung, also nach der Menstruation ausbildet, so schlägt ASCHOFF vor, besser von einem Corpus folliculare menstruationis, bzw. graviditatis zu sprechen und bei dem

---

[1]) MEYER, R.: Arch. f. Gynäkol. Bd. 122, S. 585. 1924. — Zentralbl. f. Gynäkol. S. 1345. 1925.

[2]) Vgl. ASCHOFF, L.: Ovulation und Menstruation. Vorträge über Pathologie. S. 112. Jena: G. Fischer 1925.

[3]) HALBAN, J. u. R. KÖHLER: Arch. f. Gynäkol. Bd. 103, S. 575. 1914.

[4]) HALBAN, J. u. R. KÖHLER: Wien. klin. Wochenschr. 1925. Nr. 23, S. 612.

[5]) HOFSTÄTTER, R.: Wien. klin. Wochenschr. 1925. Nr. 23, S. 618.

ersteren folgende Stadien zu unterscheiden: Das Corpus folliculare menstruationis efflorescens, haemorrhagicum, luteum und candicans.

Wenn also zweifellos das Schicksal des Corpus folliculare vom Schicksal des Eies abhängig ist[1]), so stünde damit, wie ich im Gegensatz zu Aschoff meinen möchte, nicht im Widerspruch, daß zunächst umgekehrt auch das Corpus folliculare das Schicksal des Eies mit bestimmen könnte, indem es dessen Nidation ermöglicht, wofern es befruchtet worden ist. In welcher Weise dieser Effekt zustande käme, d. h. den Wirkungsmechanismus dieses supponierten Corpus folliculare-Hormons wissen wir nicht. Die prämenstruellen, bzw. prägraviden Veränderungen der Uterusmucosa können wir ja im Gegensatz zu Fränkel u. a. nicht der Tätigkeit des Corpus folliculare, sondern müssen sie dem Follikel-hormon zuschreiben, wenn auch das Corpus folliculare aus jenen Zellkomplexen hervorgegangen ist, deren Aufgabe es war, das Follikelhormon zu erzeugen, nämlich aus den Zellen der Theca folliculi und den Granulosazellen. Es sei hier nochmals an die schon oben erwähnten Versuche von Evans und Long erinnert, in welchen sich zahlreiche Corpora lutea aber keine reifen Follikel vorfanden und der Brunstzyklus gehemmt war. Auch am Menschen wurde in vereinzelten Fällen Vorhandensein von Corpora lutea festgestellt, obwohl nie eine Menstruation eingetreten war. Dabei lag in einem Falle Momigliamos die Schuld gewiß nicht am Erfolgsorgan, also an einem hypoplastischen Uterus, denn die Implantation eines fremden Ovars brachte vollen Erfolg und die Menstruation stellte sich ein [2]).

Auf eine zweite Funktion des Corpus luteum, bzw. folliculare hat L. Loeb die Aufmerksamkeit gelenkt. Es scheint nämlich sein Vorhandensein die nächste Ovulation zu verhindern. In Meerschweinchenversuchen konnte er zeigen, daß nach Entfernung der Corpora lutea die nächste Ovulation verfrüht einsetzt. Während der Gravidität, also bei voll entwickeltem Corpus folliculare unterbleibt die Ovulation. Durch Exstirpation der Gelbkörper konnte Loeb [3]) aber selbst an graviden Meerschweinchen eine Ovulation auslösen. Weniger beweiskräftig ist diesbezüglich die hemmende Wirkung von Corpus luteum-Extrakt auf die Eireifung bei Hühnern (Pearl und Surface), sowie Kaninchen und Meerschweinchen (Herrmann und Stein [3])). Bei dem eigenartigen Zustand kleincystischer Degeneration der Ovarien, der mit intensiven Genitalblutungen einherzugehen pflegt, vermißt man regelmäßig Corpora lutea. Wenn auch der Schluß auf die unmittelbar blutungshemmende Wirkung dieser Körper nicht zulässig ist, so spricht diese Tatsache doch dafür, daß bei Fehlen von Corpora lutea eine überstürzte Follikelreifung stattfindet, die offenbar ihrerseits für die Beschaffenheit der Uterusschleimhaut verantwortlich zu machen ist. Diese Hemmungswirkung des Corpus folliculare auf die Eireifung wird auch von Aschoff anerkannt. Daß sie nicht hormonaler, sondern rein mechanischer, bzw. atreptischer Natur sein sollte, wie Fränkel annimmt, indem der Gelbkörper zu viel Raum und Blut für sich in Anspruch nehmen würde, ist angesichts der

---

[1]) Auch das Corpus luteum graviditatis bildet sich rasch zurück, wenn der Uterus mit dem Fetus entfernt wird, es bleibt aber erhalten, wenn nach diesem Eingriff wässerige Fetenextrakte eingespritzt werden (Verdozzi, C. e St. Stefani: Arch. ital. de biol. Vol. 75, p. 97. 1925; ref. Bd. 44, S. 268).

[2]) Vgl. Jaffé, R.: Zeitschr. f. d. ges. Anat., Abt. 2: Zeitschr. f. Konstitutionslehre. Bd. 11, S. 370. 1925.

[3]) Loeb, L.: Science. Bd. 48, S. 273. 1918. (Zit. nach Lipschütz, A.: l. c., 1924, S. 257).

Regelmäßigkeit des Sexualzyklus und des doch noch monatelangen Fortbestandes des Gelbkörpers ganz unwahrscheinlich.

So können wir zusammenfassend sagen: Das aus der Wand des geplatzten Follikels sich entwickelnde Corpus folliculare hat anscheinend die Aufgabe, auf hormonalem Wege den Uterus für das befruchtete Eichen aufnahmsfähig zu machen, indem es die schon durch das Follikelhormon vorbereitete, gewucherte und gequollene prämenstruelle, bzw. prägravide Schleimhaut zur Bildung einer Decidua, bzw. Placenta anregt. Es setzt also in seiner funktionellen Aufgabe die hormonale Tätigkeit der Follikelwand fort, so wie es auch morphologisch eine Fortsetzung und ein Derivat der Follikelwand darstellt. Daneben scheint das Hormon des Corpus folliculare die weitere Follikelreifung zu hemmen, es wirkt also regulierend auf die Produktion des Follikelhormons und ermöglicht durch diese Hemmung bzw. Unterbrechung des Sexualzyklus den ungestörten Ablauf der Schwangerschaft. Das Corpus folliculare menstruationis stellt eigentlich nur ein abortives Organ dar, das zugrunde geht, ohne daß es Gelegenheit fand, die ihm von der Natur zugewiesene Aufgabe voll zu erfüllen. Daß die weiblichen sekundären Geschlechtscharaktere so wie der Geschlechtstrieb von der Tätigkeit des Corpus luteum abhängen könnten, hat sogar FRÄNKEL selbst in Abrede gestellt. Wir werden hier wohl recht haben, sie dem Einfluß des Follikelhormons zuzuschreiben. Das gleiche gilt nach unseren obigen Ausführungen für die Trophik des Geschlechtsapparates. Hatte doch schon BUCURA zeigen können, daß transplantierte Ovarien die Kastrationsatrophie des Uterus nur dann verhindern können, wenn sie reifende Follikel enthalten; Corpora lutea sind hiezu nicht befähigt. Auch das interstitielle Gewebe transplantierter Ovarien ist entgegen einzelnen Angaben nicht imstande, die Kastrationsatrophie der Geschlechtsorgane aufzuhalten (ASCHNER, ASCHOFF, BIEDL, PETERS und HOFSTÄTTER). Es ist selbstverständlich, wenn man bedenkt, daß diese interstitiellen Zellen des Ovars genetisch dem Corpus luteum gleichzusetzen sind; stellen sie doch nichts anderes dar als die Summe der atresierenden Follikel.

Der dem Brunstzyklus der Tiere analoge menstruelle Zyklus umfaßt bekanntlich auch von den Genitalorganen weit abliegende Vorgänge. Auf die menstruelle hyperämische Leberschwellung hat als erster CHVOSTEK [1]) aufmerksam gemacht. Dazu kommt die Feststellung einer Indicanurie, Urobilinurie, Herabsetzung der Harnstoffausscheidung und alimentäre Dextrosurie und Lävulosurie im Prämenstruum durch LEONARDI [2]), die verstärkte alimentäre Hyperglykämie zu Beginn der Menstruation (HEILIG [3])), die zu dieser Zeit zu beobachtende Wasser- und Salzretention bei Anstellung des VOLHARDschen Trinkversuches, bzw. nach Salzzulage (HEILIG [4])), sowie die bedeutende Permeabilitätssteigerung des Plexus chorioideus und der Meningen (HEILIG und

---

[1]) CHVOSTEK, F.: Wien. klin. Wochenschr. 1909. S. 293.

[2]) LEONARDI, E.: Endocrinol. e patol. costituz. Vol. 2, p. 15. 1923.

[3]) HEILIG, R.: Klin. Wochenschr. 1924. S. 576 (Bd. 38, S. 441). — FREY, E.: Klin. Wochenschr. 1924. S. 1319 (Bd. 38, S. 442).

[4]) HEILIG, R.: Klin. Wochenschr. 1924. S. 1117 (Bd. 38, S. 445).

Hoff [1])). Bokelmann und Rother [2]) wiesen eine dem Menstruationszyklus entsprechende periodische Wellenbewegung der aciditätsregulierenden Funktion des geschlechtsreifen weiblichen Organismus nach, die von der Anwesenheit funktionstüchtiger Eierstöcke abhängig ist. Durch Beeinflussung der Capillarwände und Plättchenbildung kommt es zu einer prämenstruellen Disposition zu Blutungen aus den verschiedensten Gefäßgebieten [3]). Es ist kaum zweifelhaft, daß alle diese periodischen, dem Menstrualzyklus parallelgehenden Vorgänge im weiblichen Organismus letzten Endes der periodisch schwankenden inkretorischen Ovarialtätigkeit, und zwar dem Follikelhormon zugeschrieben werden müssen.

Es erhebt sich schließlich noch die Frage, woher das Hormon stammt, das die Schwangerschaftsveränderungen des weiblichen Organismus herbeiführt, das insbesondere die Umwandlung und Aktivität der Brustdrüse anregt. Daß dies tatsächlich auf hormonalem Wege geschieht, kann keinem Zweifel unterliegen, da sich die gleichen Veränderungen auch an einer transplantierten Brustdrüse sowie beim nicht schwangeren parabiotischen Partner einstellen. Auch an dem zusammengewachsenen Schwesternpaar Blažek hat man die analoge Beobachtung gemacht. Ovarien und Uterus sind, wie Halban [4]) zeigen konnte, für die Schwangerschaftsveränderungen der Brustdrüse nicht erforderlich. Diese stellen sich auch nach Kastration während der Gravidität und auch bei extrauteriner Gravidität ein. Auch die Anwesenheit eines Fetus ist keine notwendige Bedingung, denn auch bei Molenschwangerschaft sind sie vorhanden. Dies veranlaßte Halban, der Placenta die auslösende Rolle zuzuschreiben und anzunehmen, daß diese während der Schwangerschaft die innersekretorische Funktion der Eierstöcke übernehme. Tatsächlich läßt sich ja auch mit Placentarextrakten, wie schon oben dargelegt wurde, eine Hyperplasie und Milchsekretion der Mamma — selbst bei männlichen Tieren — hervorrufen (O. O. Fellner, Herrmann), dasselbe gelingt aber auch mit Extrakten aus dem Corpus luteum, aus Vogel- und Fischeiern (Fellner) und es gelingt, wie Starling zuerst zeigen konnte und seither wiederholt bestätigt worden ist, mit Extrakten aus Feten. Bei der schon oben erwähnten Pseudo-Gravidität der Kaninchen erfolgt gleichfalls neben dem Uteruswachstum eine Hypertrophie der Mamma. Werden die dabei auftretenden Corpora lutea zerstört, so bilden sich diese Veränderungen rasch zurück (Ancel und Bouin). Aber auch mit ganz anderen Organextrakten, z. B. solchen aus der Hypophyse läßt sich eine sehr beträchtliche Mammahypertrophie erzeugen. Es ist also bis heute nicht möglich Art und Produktionsstätte des Hormons anzugeben, dem die Graviditätsveränderungen der Brustdrüse zuzuschreiben sind. Es ist aber wahrscheinlich, daß es sich hiebei nicht um einen spezifischen sondern offenbar polyvalenten Reizstoff handelt, der auf das zur Zeit der Brunst, bzw. im Prämenstruum ohnehin proliferierende oder mindestens besonders proliferationsbereite Drüsengewebe einwirkt. Wurde doch auch an der normalen Mamma

---

[1]) Heilig, R. u. H. Hoff: Klin. Wochenschr. 1924. S. 2049 (Bd. 39, S. 409).

[2]) Bokelmann, O. u. J. Rother: Zeitschr. f. Geburtsh. u. Gynäkol. Bd. 87, S. 584, 1924 (Bd. 39, S. 547).

[3]) Morawitz, P.: Zeitschr. f. Geburtsh. u. Gynäkol. Bd. 87, S. 278. 1924 (Bd. 35, S. 190).

[4]) Halban, J.: Arch. f. Gynäkol. Bd. 75. 1905.

ein Brunst- und Menstruationszyklus beobachtet [1]), der, wie wir annehmen möchten, dem Follikelhormon zuzuschreiben ist. Warum die hyperplastische Brustdrüse erst nach dem Partus, bzw. nach der Unterbrechung der Schwangerschaft ihre eigentliche sekretorische Tätigkeit beginnt, dürfte sich am ehesten nach BIEDL in der Weise erklären lassen, daß der mit der Milchabsonderung verbundene dissimilatorische Zerfall so lange gehemmt ist, als das assimilatorische Wachstumshormon auf die Drüse einwirkt.

Was die übrigen Schwangerschaftsveränderungen des weiblichen Organismus, die Pigmentation, die Hypertrichosis, die akromegaloiden, tetanoiden und anderen Erscheinungen anlangt, so hängen sie offenbar mit den Schwangerschaftsreaktionen des übrigen Blutdrüsensystems zusammen, auf welche an anderer Stelle im Zusammenhange eingegangen werden soll. Wir dürfen jedenfalls annehmen, daß der wachsende Fetus die Placenta und damit auch das Corpus folliculare graviditatis erhält, welches seinerseits eine neuerliche Ovulation und dadurch eine Störung der Fetalentwicklung durch hormonale Veränderungen der Uterusschleimhaut verhindert.

Eigentümlich ist es, daß die Zufuhr größerer Mengen von Keimdrüsenhormon bei normalen Tieren die Keimdrüsen schädigt. Nach längerer Injektionsbehandlung mit Ovarialextrakten wurden atrophische Zustände, mitunter kleincystische Degeneration der Follikel und Sterilität beobachtet (BUCURA [2]), FLORIS [3]), BIEDL, PETERS und HOFSTÄTTER). Diese Erfahrungen stehen in Übereinstimmung mit den Hyperfeminierungsversuchen durch Ovarialimplantation, von denen oben die Rede war. Auch bei männlichen Tieren wurden nach Verfütterung außerordentlich großer Mengen Hodensubstanz atrophische Veränderungen der Hoden beschrieben (KAUDERS [4])). Ob in diesen Versuchen eine Inaktivitätsatrophie oder ob toxische Veränderungen vorliegen, ist nicht ohne weiteres zu entscheiden.

Wenn die bisher besprochenen innersekretorischen Wirkungen der Keimdrüsen sich durchwegs unmittelbar oder mittelbar auf die Fortpflanzungsfunktion bezogen haben, so müssen wir schließlich noch kurz auf eine Reihe von Effekten eingehen, die mit dieser Funktion und mit der geschlechtlichen Differenzierung in keinem besonderen Zusammenhang stehen. So wurde mehrfach über eine blutdrucksenkende, gefäßerweiternde und gerinnungshemmende Wirkung von Ovarialextrakten berichtet, indessen handelt es sich in diesen älteren Versuchen um keine spezifische Hormonwirkung, sondern um eine den Eiweißabbauprodukten auch anderer Organextrakte und Preßsäfte zukommende Eigenschaft (BIEDL). Blutdrucksenkung und Capillarerweiterung wurden aber auch nach Injektion von Ovoglandol (REDISCH [5])), Dilatation der Kopfgefäße des Kaninchens nach Luteoglandol (FRÄNKEL) beobachtet. Dagegen soll die Durchströmungsflüssigkeit isolierter Testikel in einer spezifischen, d. h. nur dieser Organdurchströmungsflüssigkeit zukommenden Weise leicht vasoconstrictorisch

---

[1]) POLANO, O.: Zeitschr. f. Geburtsh. u. Gynäkol. Bd. 87, S. 363. 1924 — MOSZKOWICZ, L.: Arch. f. klin. Chirurg. Bd. 142, S. 374. 1926.
[2]) BUCURA, C. J.: Zeitschr. f. Heilk. (Chir.). Bd. 28, S. 147. 1907.
[3]) FLORIS, M.: Wien. klin. Wochenschr. 1923. S. 814.
[4]) KAUDERS, O.: Wien. klin. Wochenschr. Nr. 32, S. 877 u. Nr. 33, S. 913. 1925.
[5]) REDISCH, W.: Münch. med. Wochenschr. 1923. S. 589 (Bd. 31, S. 220).

und blutdrucksteigernd wirken [1]). Auch eine Verstärkung der Herzsystolen, insbesondere beim ermüdeten oder vergifteten Herzen wurde mit dieser Testikelflüssigkeit, ferner mit einer analog gewonnenen Ovarialflüssigkeit [2]), sowie mit alkoholischen Extrakten aus Hoden und Ovarien erzielt [3]).

Abb. 8. 17 jähriger, vollkommen seniler Stier vor der Implantation. (Nach S. VORONOFF.)

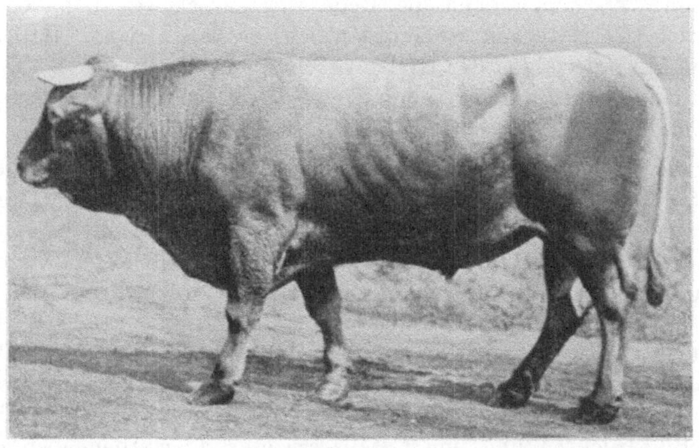

Abb. 9. Derselbe Stier wie in Abb. 8 ein Jahr nach der Hodenimplantation. (Nach S. VORONOFF.)

Nach Wegfall der Keimdrüsen wurde zuerst von A. LÖWY und RICHTER eine mäßige Herabsetzung des O_2-Verbrauches beobachtet, die sich durch subcutane oder perorale Verabreichung von Ovarialsubstanz sogar über die

[1]) SCHKAWERA, G. L. u. B. S. SSENTJURIN: Zeitschr. f. d. ges. exp. Med. Bd. 44, S. 748. 1925 (Bd. 40, S. 266).

[2]) KUDRJAWZEW, N. N. u. A. M. WOROBJEW: Zeitschr. f. d. ges. exp. Med. Bd. 48, S. 751. 1926 (Bd. 44, S. 686).

[3]) DANILEWSKY, B., E. K. PRICHODKOWA u. S. E. SCZAWINSKAJA: Zeitschr. f. d. ges. exp. Med. Bd. 44, S. 670. 1925 (Bd. 40, S. 396).

Norm hinaus ausgleichen läßt, während bei nicht kastrierten Tieren die Ovarialsubstanz keine Stoffwechselwirkung ausübt. Dabei soll das Ovarialhormon
sowohl bei männlichen wie bei weiblichen Kastraten wirksam sein. Hodensubstanz soll nur auf männliche Kastraten in geringem Grade, auf weibliche
dagegen gar nicht wirken. Spätere Untersucher sind zu recht verschiedenen
Ergebnissen gelangt. DE VEER [1] z. B. fand die stoffwechselsteigernde Wirkung
von Ovarialextrakten auch bei nichtkastrierten weiblichen und männlichen
Ratten, während Hodenextrakt unwirksam war. ASHER [2] leugnet überhaupt

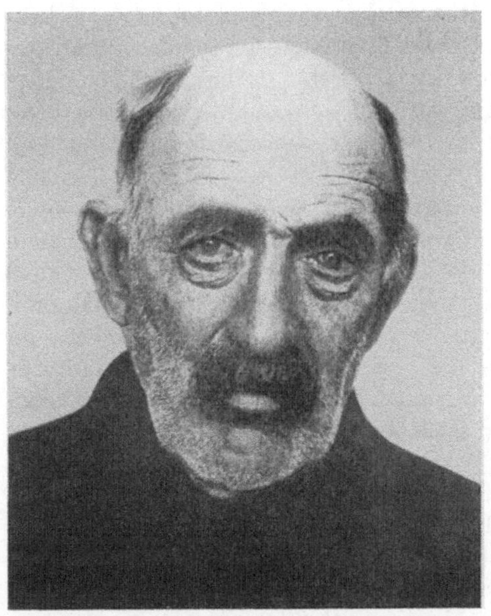

Abb. 10. 74 jähriger Greis vor der Implantation.
(Nach S. VORONOFF.)

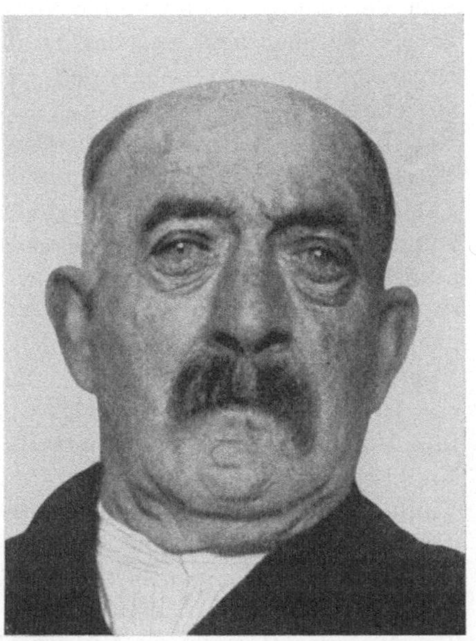

Abb. 11. Derselbe Greis wie in Abb. 10 ein Jahr
nach der Implantation eines Affenhodens.
(Nach S. VORONOFF.)

jede Wirkung sowohl der Kastration als der Verabreichung von Hoden- und
Ovarialextrakten bei kastrierten Kaninchen auf den respiratorischen Stoffwechsel. In jüngster Zeit wurde die stoffwechselsteigernde Wirkung des Ovarialhormons an kastrierten Frauen sogar als biologische Prüfungsmethode für
den Gehalt von Ovarialpräparaten an wirksamem Hormon in Anwendung
gezogen [3]. Fütterung oder Injektion von Ovarialsubstanz soll an Kaninchen
und Hunden eine Erhöhung der Kohlenhydrattoleranz und Verringerung der
Adrenalinglykosurie herbeiführen (STOLPER, CRISTOFOLETTI). Über die Beeinflussung des Mineralstoffwechsels durch Kastration und Zufuhr von Keimdrüsensubstanz liegen durchaus widersprechende Angaben vor.

Ein besonderes Interesse erregte die seinerzeitige Feststellung von ZOTH
und PREGL, daß subcutane Injektionen von Hodenextrakt zwar keine unmittelbare Beeinflussung der Muskelleistung hervorbringen, daß sie aber bei gleich-

<hr>

[1] DE VEER, A.: Zeitschr. f. d. ges. exp. Med. Bd. 44, S. 240. 1924 (Bd. 39, S. 631).
[2] ASHER, L. u. H. BERTSCHI: Biochem. Zeitschr. Bd. 106, S. 37. 1920 (Bd. 14, S. 43).
[3] ZONDEK, B. u. H. BERNHARDT: Klin. Wochenschr. 1925. Nr. 42, S. 2001.

zeitigen systematischen Muskelübungen eine sehr bedeutende Zunahme der Leistungen bewirken. Im Zusammenhang damit verdient der Nachweis Beachtung, daß auf Grund der Aktionsstromschwankungen der quergestreiften Muskulatur bei Kapaunen und Hähnen ein stimulierender Einfluß des Hodenhormons auf die cerebrospinalen motorischen Neurone anzunehmen ist [1].

Vor allem aber haben wir hier jener eigenartigen „verjüngenden" Wirkungen zu gedenken, welche das Hormon einer implantierten männlichen Keimdrüse in einem männlichen Organismus ausübt, der sich in der Phase seniler Involution, bzw. durch erschöpfende Krankheit herabgesetzter Vitalität befindet. Es kann nach den umfassenden Untersuchungen HARMS', VORONOFFs, THOREKs u. a. kein Zweifel darüber bestehen, daß an Tieren und Menschen der senile Verfall des Organismus in physischer und psychischer Hinsicht durch eine gelungene Hodenimplantation hintangehalten, bzw. zurückgeschraubt werden kann. Der Gewebsturgor, die Beschaffenheit der Haut und ihrer Anhänge, Muskeltonus und Muskelkraft, Leistungsfähigkeit und Arbeitskraft, Gedächtnis und intellektuelle Fähigkeiten erfahren nach der Hodenüberpflanzung unbestreitbar verjüngende Impulse, vor allem kommt es auch zur Neubelebung der bereits erloschenen sexuellen Funktionen. Potenz und Libido kehren wieder und es ist besonders erstaunlich zu hören, daß diese Verjüngungseffekte gelegentlich erst Monate nach der Operation sich einstellen können. So machte sich bei einem von VORONOFF operierten 63jährigen Manne die erste Neubelebung seiner Vitalität erst nach drei Monaten bemerkbar, die sexuellen Funktionen kehrten erst nach fünf Monaten zurück, ein Umstand, der auch jede Täuschung durch suggestive Einflüsse ausschließt. Nach PETTINARI [2] scheint übrigens dieser neubelebende Einfluß auf alte Tiere auch durch Überpflanzung der heterosexuellen Geschlechtsdrüse möglich zu sein. Von „verjüngenden" Eingriffen anderer Art, insbesondere der STEINACHschen Samenstrangsunterbindung soll an anderer Stelle die Rede sein, da es ja noch umstritten ist, in welcher Weise die innersekretorische Tätigkeit des Hodens durch diese Operation beeinflußt wird.

3. Die Produktionsstätte der Keimdrüsenhormone. Was zunächst das männliche Sexualhormon anlangt, so erscheint die Frage nach seiner Produktionsstätte heute mehr denn je umstritten. Die von ANCEL und BOUIN [3], TANDLER und GROSZ, STEINACH, LIPSCHÜTZ, SAND, MASSAGLIA [4], THOREK, BIEDL, MATHES [5] u. a. vertretene Auffassung geht dahin, den LEYDIGschen interstitiellen Zellen die innersekretorische Funktion des Hodens zuzuschreiben. Diese Autoren stützen sich auf folgendes Argument: Es gibt eine Reihe von Zuständen, bei welchen die sekundären männlichen Geschlechtscharaktere in normaler Weise entwickelt, Libido und Potenz erhalten sind und wo der generative Anteil des Hodenparenchyms hochgradig reduziert erscheint, die Samenkanälchen atrophiert sind, die Zeugungsfähigkeit erloschen ist. Das

---

[1] ATHANASIU, J. et A. PÉZARD: Cpt. rend. hebdom. des séances de l'acad. des sciences. Tom. 178, Nr. 10, p. 874. 1924 (Bd. 35, S. 250).

[2] PETTINARI, V.: Rev. franç. d'endocrinol. Tom. 3, p. 163. 1925 (Bd. 43, S. 233).

[3] ANCEL, P. et P. BOUIN: Cpt. rend. des séances de la soc. de biol. Tom. 89, Nr. 21, p. 175. 1923 (Bd. 31, S. 261). — Vgl. auch GOORMAGHTIGH, N.: Endocrinology. Vol. 8, Nr. 6, p. 757. 1924 (Bd. 40, S. 396).

[4] MASSAGLIA, A. C.: Endocrinology. Vol. 4, Nr. 4, p. 547. 1920.

[5] MATHES, P.: Konstitutionstypen des Weibes. In SEITZ-HALBANs Biol. u. Pathol. d. Weibes. Bd. 3. 1924.

ist der Fall beim spontanen oder experimentell erzeugten Kryptorchismus [1]), bei transplantierten Hoden, eine gewisse Zeit nach der Unterbindung der Vasa deferentia, bzw. Resektion der Epididymis und des Ductus deferens, sowie nach Röntgenbestrahlung der Hoden. Bei allen diesen Zuständen findet man nur die interstitiellen und die SERTOLISchen Zellen gut erhalten, eventuell sogar letztere beträchtlich vermehrt. Die hormonalen Effekte der männlichen Keimdrüse scheinen demnach nicht von den samenbildenden, sondern von den interstitiellen Zellen, oder, wie BUCURA annimmt, von den SERTOLISchen Zellen abhängig zu sein. Auch die Zerstörung der samenbildenden Zellen durch Röntgenstrahlen in frühem Alter verhindert nicht die Ausbildung der männlichen sekundären Geschlechtscharaktere. THOREK fand in Transplantationsversuchen an kastrierten Affen und am Menschen auch solche Affenhoden wirksam, welche vorher und nachher mit starken Röntgendosen belegt worden waren und histologisch eine vollkommene Degeneration der samenbildenden Elemente erkennen ließen. WHITEHEAT [2]) berichtet über einen Hengst, der trotz doppelseitiger Kastration seinen Hengstcharakter nicht verlor; in seinem Abdomen wurde ein dritter Hoden gefunden, der aus enorm vermehrten LEYDIGschen Zellen und spärlichen SERTOLISchen Zellen bestand.

Der von ANCEL und BOUIN inaugurierten Theorie steht die Auffassung jener zahlreichen Autoren gegenüber, die eine innersekretorische Rolle der LEYDIGschen Zellen in Abrede stellen und die hormonale Funktion des Hodens den samenbildenden Zellelementen zuschreiben (KYRLE [3]), KOHN [4]), STIEVE [5]), C. STERNBERG [6]), BERBLINGER [7]), TIEDJE [8]), ASCHOFF [9]), SCHMALTZ [10]), VORONOFF und RETTERER [11]), CHAMPY [12]), ROMEIS [13]) u. a.). Die Argumente, welche von diesen Forschern gegen die erste Theorie angeführt werden, sind in der Hauptsache folgende: Auch im kryptorchen, transplantierten oder röntgenbestrahlten Hoden sind immer noch Kanälchenbildungen mit Epithelresten vorhanden und es ist keineswegs von der Hand zu weisen, daß solche Samenmutterzellen hormonal tätig sein könnten, ohne daß sie zur Produktion von Samenzellen befähigt wären. Nach dem von PÉZARD und von LIPSCHÜTZ aufgestellten „Alles- oder Nichts-Gesetz" der inkretorischen Hodenwirkung würde ja schon ein minimales Quantum innersekretorisch wirksamen Hodengewebes für den vollen hormonalen Effekt ausreichend sein. Es gibt Hodenhypoplasie und -atrophie bei mangelhafter Entwicklung der Geschlechtsmerkmale und es gibt

---

[1]) Vgl. MOORE, C. R.: Endocrinology. Vol. 8, Nr. 4, p. 493. 1924 (Bd. 38, S. 882).

[2]) WHITEHEAT: zit. nach THOREK.

[3]) KYRLE, J.: Med. Klinik. 1921. Nr. 34, S. 1018 u. Nr. 35, S. 1050.

[4]) KOHN, A.: Med. Klinik. 1921. S. 804.

[5]) STIEVE, H.: Pflügers Arch. f. d. ges. Physiol. Bd. 200, S. 470. 1923 (Bd. 34, S. 223).

[6]) STERNBERG, C.: Beitr. z. pathol. Anat. u. z. allg. Pathol. Bd. 69, S. 262. 1921. — Zentralbl. f. allg. Pathol. u. pathol. Anat. Bd. 31, Erg.-H., S. 197. 1921.

[7]) BERBLINGER, W.: Zentralbl. f. allg. Pathol. u. pathol. Anat. Bd. 31, Erg.-H., S. 186. 1921.

[8]) TIEDJE, H.: Zentralbl. f. allg. Pathol. u. pathol. Anat. Bd. 31, Erg.-H., S. 200. 1921. — Veröff. a. d. Geb. d. Kriegs- u. Konstitutions-Pathol. Bd. 2, H. 4, S. 1. 1921.

[9]) ASCHOFF, L.: l. c.

[10]) SCHMALTZ: Berlin. tierärztl. Wochenschr. 1920. S. 405.

[11]) VORONOFF u. RETTERER: zit. nach THOREK: l. c.

[12]) CHAMPY: zit. nach GOORMAGHTIGH: l. c.

[13]) ROMEIS, B.: Klin. Wochenschr. 1922. Nr. 19—21, S. 960, 1005 u. 1064.

Pseudohermaphroditismus, beides mit Wucherung der LEYDIGschen Zwischenzellen, andererseits aber können Individuen mit normalen männlichen Sexualcharakteren eine Verminderung dieser Zellelemente aufweisen. Am zahlreichsten sind die Zwischenzellen im Kindesalter, sie nehmen unmittelbar vor der Pubertät und im Senium zu (ROMEIS). Ihre Ausbildung ist bei verschiedenen Tiergattungen durchaus verschieden, bei manchen zeigen sie mit der Ausbildung des generativen Anteiles alternierende jahreszeitliche östrale Schwankungen ihrer Quantität (sog. Saisondimorphismus nach TANDLER und GROSZ z. B. beim Maulwurf) und erweisen sich ganz allgemein vom Ernährungszustand, sowie vor allem von der Beschaffenheit der Samenkanälchen abhängig. Ihre Quantität ändert sich umgekehrt proportional der Quantität der Samenkanälchen. Diese und andere Gründe veranlaßten die Auffassung, es handle sich bei den LEYDIGschen Zellen um trophische Hilfsorgane der samenbildenden Zellen (PLATO, KYRLE).

Die STEINACHschen Angaben über den Untergang der generativen Elemente zugleich mit einer Proliferation der interstitiellen Zellen nach Ligatur des Vas deferens haben sich als ergänzungsbedürftig erwiesen. Das infolge der Sekretstauung anfangs degenerierende Samenepithel regeneriert sich nämlich nach einiger Zeit wieder vollkommen bis zur neuerlichen Spermatogenese (TIEDJE), so daß man 6—10 Monate nach der Ligatur des Samenstranges wieder normalen Hoden begegnet (MOORE). Im Gegensatz zu THOREK vermißte BOLOGNESI [1]) eine Transplantatwirkung, wenn er statt des normalen Hodens ein „Interstitialom", d. h. ein nach Nebenhoden-Samenstrangligatur fast ganz aus gewucherten LEYDIG-Zellen bestehendes Gewebsstück implantierte. Dazu kommt schließlich noch, daß selbst LIPSCHÜTZ, ein Verfechter der Zwischenzellentheorie, bei seinen heterosexuellen Ovarientransplantationen die die Auswirkung des Ovarialhormons hemmende Eigenschaft der Hodensubstanz an die spermatogenen Elemente geknüpft fand, ebenso wie TSUBURA zu dem Schlusse gelangte, daß der Ausfall des generativen Anteils der Hoden eine Herabsetzung des O_2-Verbrauches und der Kohlenhydrattoleranz bedinge [2]). Die LEYDIGschen Zwischenzellen sind, wie schon PLATO gezeigt und spätere Untersucher bestätigt haben, bindegewebigen Ursprungs, was gleichfalls gegen ihre führende Rolle bei der Produktion des männlichen Geschlechtshormons spricht. Andererseits kann aber gewiß nicht in Abrede gestellt werden, daß sie als trophisches Hilfsorgan der Samenmutterzellen, vielleicht auch als Durchgangsstation und Speicherungsstätte des Hormons (vgl. BUCURA, BERBLINGER) eine ganz besondere Bedeutung besitzen könnten.

Bezüglich der Produktionsstätte der weiblichen Geschlechtshormone ist im vorigen Abschnitte das Notwendige gesagt worden. Die Wandzellen des Eifollikels produzieren das für die Trophik des weiblichen Geschlechtsapparates, sowie für die der Vorbereitung zur Schwangerschaft dienenden zyklischen Veränderungen des Organismus (Brunstzyklus, Menstruationszyklus) notwendige Hormon. Das aus diesen Zellen nach dem Follikelsprung sich entwickelnde Corpus folliculare (luteum) setzt wahrscheinlich die hormonale Tätigkeit in einer besonderen Weise fort, indem sein Produkt die Ansiedlung der inzwischen etwa

---

[1]) BOLOGNESI, G.: Journ. d'urol. Tom. 12, p. 153. 1921.
[2]) Vgl. auch TAKECHI, K.: Zeitschr. f. Konstitutionslehre. Bd. 12, S. 247. 1926 (Bd. 44, S. 523).

befruchteten Eizelle im Uterus fördert und eine Störung der fetalen Entwicklung durch Hemmung der nächsten Follikelreifung verhindert. Ob der Placenta eine eigene spezifische hormonale Funktion zukommt, ist nicht sicher, daß sie, wie HALBAN annimmt, die innersekretorische Funktion des Ovars während der Schwangerschaft einfach übernimmt oder verstärkt, schon mit Rücksicht auf ihren völlig differenten morphologischen Bau unwahrscheinlich. Es könnte sich auch um bloße Speicherung des aus dem Ovar stammenden Hormons handeln. Ob und welche Rolle bei der Hormonproduktion die aus atretischen Follikeln hervorgegangenen interstitiellen Zellen spielen, ist ungewiß. Da sie den gleichen Ursprung haben wie das Corpus folliculare, so ist es verständlich, daß sie bei jenen Tiergattungen stark ausgebildet sind, bei welchen keine periodische Corpus luteum-Bildung erfolgt und vice versa (ANCEL und BOUIN). Es ist auch verständlich, daß sie wie bei einer Reihe höherer Säuger so auch beim Menschen in den Kinderjahren ihre höchste Ausbildung zeigen, während sie mit dem Eintritt der Menstruation, also mit der Bildung von Corpora lutea auf ein Minimum reduziert bleiben (ASCHNER). Da vor der Pubertät eine innersekretorische Tätigkeit der Ovarien nicht nachzuweisen ist, spricht dieser Umstand jedenfalls nicht für eine hormonale Funktion dieser Zellen. Über die Produktionsstätte jener ovariellen Reizstoffe, welchen die Wirkungen auf den Zirkulationsapparat, auf den Stoffwechsel usw. zukommen, wissen wir nichts, ebensowenig wissen wir, ob es sich hier um besondere Hormone handelt oder, was wahrscheinlicher ist, ob diese Wirkungen Nebeneffekte der oben besprochenen Eierstockhormone darstellen.

4. Allgemeine Biologie der Keimdrüsenhormone. Nachdem wir im Vorangegangenen die Ergebnisse der physiologischen Forschung auf dem Gebiete der inneren Sekretion der Keimdrüsen kennen gelernt haben, so erscheint es im Hinblick auf die besondere Stellung der Keimdrüsen im Hormonsystem, d. h. deren sexuelle Differenzierung in morphologischer und funktioneller Beziehung angebracht, die Bedeutung der Keimdrüsenhormone von einem allgemeineren biologischen Standpunkte aus einer kurzen Betrachtung zu unterziehen. Da die Keimdrüsen den prinzipiellsten und sinnfälligsten Geschlechtsunterschied repräsentieren und da ihre innersekretorische Funktion im Sinne einer Provokation und Intensivierung weiterer Geschlechtsunterschiede außer Frage steht, so hat man einst den innersekretorischen Zellelementen der Keimdrüsen sogar die Geschlechtsbestimmung selbst zuschreiben wollen. Davon kann natürlich heute keine Rede sein. Wir haben gehört, daß es bei phylogenetisch tieferstehenden Organismen Geschlechtsunterschiede ausgesprochenster Art gibt, wo eine innersekretorische Keimdrüsentätigkeit noch gar nicht vorhanden ist. Es ist auch angesichts erwiesener erbbiologischer Tatsachen völlig unberechtigt, mit LIPSCHÜTZ und UNTERBERGER [1]) die Bildungsstätte der „Sexualhormone" bei Arthropoden in irgendwelchen anderen unbekannten, von den Keimdrüsen selbst weit entfernten endokrinen Zellen suchen zu wollen. Wir haben nicht den geringsten Anhaltspunkt, derartige Sexualhormone im landläufigen Sinne bei den Arthropoden anzunehmen, so wenig wir daran denken können, daß auch bei höheren Tiergattungen für die primäre Differenzierung von Hoden und Ovarium aus dem zunächst indifferenten Keimepithel inner-

---

[1]) UNTERBERGER, F.: Monatsschr. f. Geburtsh. u. Gynäkol. Bd. 66, S. 41 u. 71. 1924 (Bd. 36, S. 148).

sekretorische Einflüsse maßgebend sind. Diese könnten doch immer nur wieder von sexuell schon differenzierten endokrinen Elementen ausgehen und der Urgrund der sexuellen Differenzierung dieser Elemente wäre abermals ein Rätsel.

Man spricht von einer asexuellen Speziesform (TANDLER und GROSZ), einem asexuellen Soma (LIPSCHÜTZ) oder einem bisexuellen Soma (STEINACH, KAMMERER), dem das Keimdrüsenhormon erst die sexuelle Entwicklungsrichtung aufprägt, vergißt aber dabei, daß auch die Keimdrüsen nur einen Teil dieses Somas darstellen und sich ursprünglich ohne die Einwirkung eines Hormons sexuell differenziert haben müssen, und vergißt auch, daß selbst beim Menschen eine sexuelle Differenzierung am Soma zu einer Zeit der Fetalentwicklung schon nachweisbar ist, zu der eine morphologische Differenzierung der Keimdrüsen noch gar nicht stattgefunden hat. KEIBEL und MALL konnten nämlich zeigen, daß die beim weiblichen Geschlecht vorhandene und beim männlichen fehlende Excavatio rectouterina das Geschlecht des Fetus schon verrät, wenn noch nicht einmal das Keimepithel sich zu Hoden oder Ovar differenziert hat. Wir können also auch heute nicht mehr die TANDLER-GROSZsche Auffassung akzeptieren, derzufolge all' das Geschlechtsmerkmal sei, was an einem gegebenen Organ unter der Einwirkung der Keimdrüsenhormone wandelbar ist. Wir müssen vielmehr als gesichert annehmen, daß mit der syngamen Geschlechtsbestimmung, d. h. mit der schon im Moment der Befruchtung auf Grund der chromosomalen Struktur der befruchteten Eizelle gegebenen Geschlechtsdeterminierung auch jede einzelne, aus dieser befruchteten Eizelle später hervorgehende Körperzelle sexuell determiniert ist. Es gibt also beim Organismus mit geschlechtlicher Fortpflanzung keine asexuelle Speziesform, kein asexuelles Soma, sondern nur ein genotypisch von vornherein sexuell differentes und mehr minder deutlich auch phänotypisch sexuell differenziertes Soma. Jede einzelne der befruchteten Eizelle entstammende Körperzelle ist wie diese selbst unter normalen Verhältnissen männlich oder weiblich, die Leberzelle oder Ganglienzelle ganz ebenso wie die Geschlechtsdrüsen- oder Brustdrüsenzellen. Der ganze Organismus ist Mann oder Weib kraft der chromosomalen Struktur der befruchteten Eizelle, aus der er hervorgegangen ist, und prinzipiell ist daher auch der Unterschied nicht, den wir zwischen primären und sekundären oder akzessorischen Geschlechtsmerkmalen machen (BUCURA).

Ganz ebenso aber wie bei allen übrigen Anlagen, die in der befruchteten Eizelle enthalten sind, so sehen wir auch bei der Geschlechtsanlage die phänotypische Manifestation dieser Potenz in bestimmten Zellkomplexen. So wie sich die Anlage für Rothaarigkeit, absolutes Gehör, blaue Augen oder Sechsfingerigkeit nur in gewissen Zellgruppen des Organismus tatsächlich auswirkt, obwohl sie in allen enthalten ist, so gibt sich die Geschlechtsanlage vor allem in der Beschaffenheit der Keimdrüsen, dann aber auch in jener des übrigen Geschlechtsapparates und schließlich in sehr verschiedenem Ausmaß auch an anderen Organen und Geweben kund.

Zu dieser rein chromosomalen oder zygotischen Geschlechtsdifferenzierung, wie wir sie etwa bei den Schmetterlingen beobachten, tritt in der Phylogenese erst später die Unterstützung durch Hormone. Zunächst sind es anscheinend die von uns im einleitenden Kapitel sog. Nahhormone, dann aber die auf dem

Blutwege zugeführten inkretorischen Hormone, welche in allererster Linie, aber nicht ausschließlich in den Keimdrüsen gebildet werden und die Ausbildung der Geschlechtsunterschiede fördern bzw. beeinflussen. Sie schaffen also keineswegs die Geschlechtscharaktere, sondern sie wirken nur formativ (HERBST), protektiv (HALBAN), intensivierend auf die schon anlagemäßig gegebenen und zum Teil schon ohne hormonale Mithilfe vorhandenen und zur Ausbildung gelangenden Geschlechtsmerkmale.

Auf die Wirkung von Nahhormonen ließe sich möglicherweise jene eigenartige Korrelation zwischen Eileiter, Samenblasen und Vasa deferentia zur gleichseitigen Keimdrüse zurückführen, welche WITSCHI[1]) bei Grasfröschen beobachten konnte. Bei diesen Tieren kommt es nämlich gelegentlich zu asymmetrischen Zwitterbildungen derart, daß die Keimdrüsenanlagen vor der endgültigen Differenzierung zum Hoden ein weibliches Stadium durchlaufen, wobei diese Umdifferenzierung auf der einen Seite früher als auf der anderen erfolgen kann. Auch erwachsene Froschweibchen können sich in dieser asymmetrischen Weise in Männchen verwandeln. Dabei geht die Reduktion der MÜLLERschen Gänge bzw. Eileiter sowie die Schnelligkeit der Samenblasenbildung ebenfalls asymmetrisch der Schnelligkeit der Keimdrüsenumwandlung auf der betreffenden Seite parallel. Diese morphologische Korrelation zwischen den genitalen Hilfsapparaten zur Keimdrüse der gleichen Seite kann unmöglich mit Hilfe eines auf dem Blutwege zugeführten Keimdrüsenhormons zustande kommen, da die Venen aus dem Ovar das Keimdrüsenhormon in die allgemeine Zirkulation ableiten, es also beiden Seiten gleichmäßig zuführen. Für die vermittelnde Rolle des Nervensystems bei dieser Korrelation, wie sie WITSCHI vorzuschweben scheint, besteht keine reelle Grundlage, dagegen besitzen wir für die Wirkung von Nahhormonen im Sinne einer sog. abhängigen Differenzierung Analogien genug. Freilich ist mir eine Korrelation anderer Art wahrscheinlicher, daß nämlich aus demselben Grunde, aus welchem sich die Umwandlung der Geschlechtsdrüse auf der einen Seite früher vollzieht als auf der anderen, auch die entsprechende Umwandlung der genitalen Hilfsapparate auf dieser Seite früher stattfindet. Es wäre das also kein kausales Abhängigkeits- sondern ein Koordinationsverhältnis. Das Problem wäre dann die Ursache dieser Asymmetrie, für die wir in einem späteren Kapitel bei Besprechung des Halbseitenzwittertums das notwendige Verständnis gewinnen werden.

Die auf dem Blutwege zugeführten inkretorischen Keimdrüsenhormone scheinen in der Phylogenese zunächst geschlechtsunspezifisch zu sein und erst später eine mehr oder minder ausgesprochene Sexualdifferenzierung anzunehmen. Wir erinnern an die oben bei den Amphibien beschriebenen Verhältnisse, an den Gehalt der Hoden an „weiblichem Sexuallipoid" oder an die Stoffwechselwirkungen der Keimdrüsenhormone. Wir erinnern an die von PETTINARI behauptete geschlechtsunspezifische Wirkung der Keimdrüsen auf den Greisenorganismus (vgl. S. 128). Amerikanische Autoren[2]) zeigten an Ratten, daß Injektionen von Follikelhormon das Gewicht normaler und kastrierter Männchen ebenso senken wie dasjenige normaler oder kastrierter Weibchen. Die Keimdrüsenhormone sind artunspezifisch und wurden offenbar erst während der phylogenetischen Entwicklung in fortschreitendem Maße geschlechtsspezifisch.

---

[1]) WITSCHI, E.: Schweiz. med. Wochenschr. 1925. Nr. 27, S. 623.
[2]) BUGBEE, E. P. a. A. E. SIMOND: Endocrinology. Vol. 10, Nr. 4, p. 361. 1926.

Wächst ein Wirbeltierorganismus auf, den man durch Frühkastration seiner Keimdrüsen beraubt hat, so ist er nicht asexuell, sondern er ist eben ein männlicher oder weiblicher Frühkastrat, bei dem, wie wir gehört haben, viele Geschlechtsunterschiede mangelhaft entwickelt, ja nur angedeutet bleiben, weil sie den protektiven Einfluß des Keimdrüsenhormons entbehrten. Wir haben, wie ich im Gegensatz zu anderen Autoren, z. B. Bucura, behaupten möchte, keinen Grund, eine innersekretorische Keimdrüsenfunktion vor dem Eintritt der Pubertät anzunehmen und es ist für eine solche niemals ein stichhaltiges Argument beigebracht worden [1]). Auch Thomas und Apert [2]) sprechen sich in diesem Sinne aus. Wie wäre es beispielsweise sonst zu verstehen, daß nach den Messungen von Reich [3]) an der Feerschen Klinik die Hodengröße von der Geburt bis zum 11. oder 12. Jahr normalerweise gar nicht zunimmt? Erst dann setzt plötzlich ein mächtiges Wachstum ein. Und dennoch gibt es schon lange vor der Geschlechtsreife ausgesprochene Geschlechtsunterschiede [4]). Sie sind für jeden Beobachter des kindlichen Charakters und Seelenlebens ohne weiteres erkennbar. Erfahrene Kinderärzte sind sogar imstande, männliche und weibliche Neugeborene an der Kopf- und Gesichtsform allein mit Sicherheit zu unterscheiden. Diese Geschlechtsunterschiede sind autochthon-chromosomal, sind rein zygotischen Ursprungs, d. h. bedingt durch die chromosomale Struktur, die autochthone Geschlechtsdifferenzierung der betreffenden Organzellen, ohne Zutun hormonaler Einflüsse. Erst mit dem Eintritt der Geschlechtsreife, mit der enormen Entwicklung der Geschlechtsdrüsen macht sich deren fördernder innersekretorischer Einfluß auf die Geschlechtsmerkmale geltend. Um nur ein praktisch besonders wichtiges Beispiel auch hier anzuführen, sei an das Aussehen fettwüchsiger Knaben erinnert. Der männliche Verteilungstypus des subcutanen Fettgewebes wird erst durch die Hormonwirkung des Hodens bedingt, vor der Pubertät sieht man daher auch bei sonst normalen Knaben jene Form der Fettlokalisation, die wir als eunuchoide und feminine kennen.

Auf die etwas komplizierten Vorstellungen näher einzugehen, die sich in der Vererbungswissenschaft über die Natur der Geschlechtsanlagen entwickelt haben, würde hier zu weit führen [5]), es sei nur bemerkt, daß wir spezielle, den Mendelschen Gesetzen folgende Erbfaktoren anzunehmen haben, welche für die sexuelle Differenzierung des sich entwickelnden Organismus verantwortlich sind und die an eine bestimmte Chromosomenstruktur (sog. Heterochromosom, X-Chromosom) geknüpft erscheinen. Wir haben ferner anzunehmen,

---

[1]) Die einzige Ausnahme bildet ein Befund Nukariyas (Klin. Wochenschr. 1925. S. 1307), der die typischen Kastrationsveränderungen an der Hypophyse auch schon bei ganz jungen, lange vor der Geschlechtsreife kastrierten Ratten fand.

[2]) Apert, E.: In Nouveau traité de médecine, 2e ed., Masson, Paris 1925. Fascic. VIII, p. 374.

[3]) Reich, H.: Jahrb. f. Kinderheilk. Bd. 105, S. 290. 1924.

[4]) Vgl. Halban, J.: Die Entstehung der Geschlechtscharaktere. Arch. f. Gynäkol. Bd. 70, S. 205. 1903. — Grosser, P.: Körperliche Geschlechtsunterschiede im Kindesalter. Ergebn. d. inn. Med. u. Kinderheilk. Bd. 22, S. 211. 1922. — Karplus, J. P.: Variabilität und Vererbung am Zentralnervensystem. 2. Aufl. Wien und Leipzig: F. Deuticke 1921.

[5]) Vgl. Bauer, J.: Vorlesungen über allgemeine Konstitutions- und Vererbungslehre. 2. Aufl. Berlin: Julius Springer 1923. — Haecker, V.: Pluripotenzerscheinungen. Jena: G. Fischer 1925. — Guyénot, E.: L'Hérédité. Paris: Doin 1924. — Meisenheimer, J.: Geschlechtsbestimmung. Handb. d. norm. u. pathol. Physiol. Bd. 14, 1. Hälfte, S. 326. 1926. Goldschmidt, R.: Physiolog. Theorie der Vererbung. Berlin: J. Springer 1927.

daß die Richtung der geschlechtlichen Differenzierung des Organismus durch das Prävalenzverhältnis der beiden Allelomorphen M (masculin) und F (feminin) bestimmt wird, die beide bei beiden Geschlechtern in verschiedener Quantität vorhanden sind und deren gegenseitiges Mengen- und Kräfteverhältnis für die Entwicklungsrichtung den Ausschlag gibt. In diesem Sinne kann allenfalls von einem bisexuellen Organismus gesprochen werden, wie dies ja schon BÜTSCHLI, SCHAUDINN u. a. getan haben, da eben jeder sexuell differenzierte Organismus auch die andersgeschlechtliche Entwicklungsanlage latent in sich birgt, für seine tatsächliche Entwicklungsrichtung war aber keineswegs ein inkretorisches Hormon, sondern eben seine zygotische, chromosomale Beschaffenheit, das Prävalenzverhältnis zwischen M und F maßgebend. Nun ist dieses Prävalenzverhältnis für bestimmte Quanten M und F gattungs-, art- und rassenmäßig festgelegt, der normale Organismus also tatsächlich ab ovo sexuell einsinnig determiniert.

Bei Kreuzungen von Individuen verschiedener Arten und Rassen kann nun das Prävalenzverhältnis zwischen den jeweils zusammentretenden Anlagen M und F eine derartige Verschiebung erfahren, daß keine bestimmte sexuelle Entwicklungsrichtung resultiert, sondern eine regelwidrige Mischung verschiedengeschlechtlicher Eigenschaften und Merkmale, also ein sog. Zwitter oder Intersex zustande kommt. Solche Intersexe hat bekanntlich R. GOLDSCHMIDT durch Kreuzung von Schwammspinnern verschiedener Rassen experimentell erzeugen können. Das phänotypische Interferenzprodukt der beiden Anlagen M und F kann, wie wir wissen, unter gewissen Umständen auch durch äußere Einwirkungen, wie die Außentemperatur, beeinflußt werden, was am niederen Tier sowie pflanzlichen Organismus erwiesen ist [1]) und WITSCHI auch an Froschzuchten zeigen konnte, die bei verschiedenen Temperaturen gehalten wurden. Schließlich gibt es ja Tiergattungen genug, die normalerweise kompletten Hermaphroditismus aufweisen und, wie wir oben gehört haben, solche, bei denen noch im erwachsenen Zustand unter gewissen Bedingungen eine vollkommene Geschlechtsumwandlung eintreten kann (Batrachier, Hühner), bei denen also die latente Geschlechtsanlage jederzeit aus ihrer Latenz in Aktivität treten kann. Für einen derartigen Dominanz- oder besser Prävalenzwechsel im Laufe des Lebens besitzen wir in der Erbbiologie Analoga genug. Er kann spontan oder infolge äußerer Einwirkungen zustande kommen. In unserem Falle ist eine solche äußere Einwirkung der Wegfall des Keimdrüsenhormons, welches vielleicht nicht nur die Ausbildung bestimmter Geschlechtscharaktere protektiv beeinflußt, sondern auch für das Prävalenzverhältnis unter den beiden Geschlechtsanlagen M und F im Sinne eines Verstärkungsfaktors, eines Multiplikators von Bedeutung sein mag [2]). So lassen sich alle die interessanten Tatsachen erklären, die wir oben kennen gelernt haben. Es ist klar, daß die Kenntnisse dieser etwas komplizierten physiologischen Verhältnisse, die Einsicht in die Beziehungen zwischen zygotisch-chromosomaler Geschlechtsbestimmung und inkretorisch-hormonaler Förderung der autochthon angelegten und auch spontan mehr minder deutlich zum Vorschein kommenden Geschlechtsmerkmale für das Verständnis pathologischer Vorgänge unerläßlich ist. Die Pathologie der Geschlechtsmerkmale gehört nicht bloß

---

[1]) Vgl. HARTMANN, M.: Münch. med. Wochenschr. 1925. Nr. 51, S. 2219.
[2]) Vgl. BAUER, J.: Vorlesungen über allgemeine Konstitutions- und Vererbungslehre 2. Aufl. Berlin: Julius Springer 1923.

in die Inkretionspathologie, sondern ebenso in die Chromosomal-
pathologie.

Pézard hatte auf Grund seiner Untersuchungen am Hahnenkamm ein
„Alles- oder Nichts- Gesetz" für die innersekretorische Hodenfunktion
aufgestellt. Das heißt, es besteht ein minimaler Grenzwert für die Testikelmasse (0,45—0,5 g), unter welchem ein inkretorischer Einfluß auf die Entwicklung
des Kammes nicht nachzuweisen ist und über welchem dessen volle männliche
Entwicklung stattfindet, gleichgültig, um wieviel der Minimumwert überschritten
wird. Dieses Gesetz wurde von Champy und Kitty Ponse an Amphibien,
von Lipschütz an Meerschweinchen bestätigt [1]). Pézard hat dann weiter
die Vorstellung entwickelt, es besäße jedes einzelne Geschlechtsmerkmal seinen
eigenen, bestimmten Schwellenwert, und Gley hat sogar den Versuch gemacht,
dieses Gesetz auch auf den Menschen und selbst auf dessen hormonale Eierstocksfunktion zu übertragen. Das ist sicherlich ganz verfehlt und Lugaro
hat schon ganz richtig bemerkt, es müßte dann jedes einzelne Haar am Stamme
seinen eigenen Schwellenwert besitzen. Damit hat natürlich das Alles- oder
Nichts-Gesetz seine Bedeutung vollkommen verloren. In der Tat sehen wir
ja auch die einzelnen Geschlechtsmerkmale in ihrer quantitativen Ausbildung
individuell außerordentlich variieren, was unmöglich wäre, wenn diese Ausbildung von einem Alles- oder Nichts-Gesetz diktiert würde. Es gibt eben da
kein Alles oder Nichts, sondern verschiedenste Abstufungen der Quantitäten
für jedes einzelne Merkmal, Abstufungen, die sich erklären aus der Interferenz
der autochthon-chromosomalen Beschaffenheit und Reaktionsfähigkeit des
Erfolgsorgans mit der Quantität des produzierten Keimdrüsenhormons.

Die nach einseitiger Kastration männlicher Tiere häufig aber nicht regelmäßig zu beobachtende Hypertrophie des zurückgebliebenen Hodens [2]) hat
Lipschütz nicht als kompensatorisch gelten lassen wollen, um ein Argument
gegen das Alles- oder Nichts-Gesetz zu entkräften. Doch sind seine Gründe
keineswegs zwingend. Für die Ovarien leugnet aber sogar Lipschütz ein derartiges Gesetz. Hier gibt es zweifellos eine kompensatorische Hypertrophie,
wie insbesondere auch die Parabioseversuche Matsuyamas und Gotos [3]) zeigten.
Diese Versuche sind übrigens von grundsätzlicher Bedeutung für das Problem
der kompensatorischen Hypertrophie überhaupt, weil sie in deren Mechanismus
einiges Licht bringen. Wird ein normales Rattenweibchen mit einem kastrierten
parabiotisch vereinigt, so kommt es meist zu einer beträchtlichen Vergrößerung
seiner Ovarien und zu einer Vergrößerung des dünnwandigen, mit Flüssigkeit
gefüllten Uterus. Dasselbe geschieht aber auch bei Vereinigung mit einem
kastrierten Männchen. Goto konnte nun die gleichen Veränderungen an
Rattenweibchen hervorrufen, wenn er ihnen eine Serie von Injektionen mit
dem Blute kastrierter Ratten, und zwar Weibchen oder Männchen machte,
niemals gelang ihm dies jedoch mit dem Blute normaler Tiere. So kam er denn
zu dem Schlusse, daß die Hypertrophie der Ovarien ausgelöst wird durch einen

---

[1]) Vgl. Champy, Ch., E. Gley, E. Lugaro: in „La funzione endocrina delle ghiandole
sessuali", l. c.

[2]) Vgl. Lipschütz, ferner Nakamura, H.: Transact. of the Japan. pathol. soc. Vol. 11,
p. 45. 1921 (Bd. 29, S. 228).

[3]) Goto, N.: Arch. f. exp. Pathol. u. Pharmakol. Bd. 94, S. 124. 1922 (Bd. 26, S. 135). —
Arch. f. Gynäkol. Bd. 123, S. 387. 1925.

im Blute der kastrierten Tiere zirkulierenden Stoff, den er Kastratohormon
nannte. L. Fränkel glaubt übrigens, diesen Stoff als das pluriglanduläre
Inkret der anderen Blutdrüsen ansehen zu dürfen, welches nun nicht mehr
vom Ovarialinkret „ausgeglichen" wird und sonst nicht zu beobachtende Wirkungen auslöst.

Ein kompensatorisches Eintreten eines Eierstockes für den anderen ist
auch aus der Erfahrung zu entnehmen, daß sich nach einseitiger Ovariektomie
der menstruelle Zyklus nicht ändert. Welcher Mechanismus dabei in Wirksamkeit tritt, wissen wir ebensowenig, als uns die Beeinflussung der Ovarialtätigkeit durch den Uterus oder durch klimatisch-tellurische Einwirkungen
klar ist. Dagegen verstehen wir die Abhängigkeit der Eierstocksfunktion von
psychischen Einflüssen, da das Ovar über eine reichliche vegetative Innervation
verfügt [1]. Von der quantitativ abstufbaren Wirkung des Ovarialhormons
wird ja sogar therapeutisch Gebrauch gemacht, zeigte sich doch nach operativer
Reduktion der Ovarialsubstanz eine Verringerung des hormonalen Effektes
im Sinne einer Abschwächung der Menstruation (Thaler, Köhler u. a.).

Nebennieren (Glandulae suprarenales).

Die Nebennieren sind ein lebenswichtiges innersekretorisches Organ mit
mannigfachen Funktionen, deren Verschiedenheiten dem Unterschied im
morphologischen Bau und entwicklungsgeschichtlichen Ursprung der beiden
Hauptanteile der Nebennieren entsprechen. Warum die in der Marksubstanz
vor sich gehende Bildung eines Reizhormons für das vegetative Nervensystem
mit seinen Auswirkungen auf nahezu alle Organe, vor allem auf Blutdruck
und Kohlenhydrat-Stoffwechsel, räumlich vereint erscheint mit einem morphologisch und funktionell ganz anders beschaffenen Apparat, der lebenswichtigen
Nebennierenrinde, die ein Zentralorgan des Lipoidstoffwechsels darstellt mit
gewissen morphogenetischen und jedenfalls auch entgiftenden Funktionen,
wissen wir nicht.

Chemisch faßbar ist vorläufig nur eine vom Nebennierenmark produzierte
und in den Kreislauf abgegebene Substanz, das Adrenalin, das erste und
einzige Hormon, dessen Struktur wir kennen und das wir auch synthetisch
darzustellen imstande sind. Nach zahlreichen wichtigen Vorarbeiten anderer
Biochemiker (S. Fränkel, v. Fürth u. a.) gelang es im Jahre 1901 dem Japaner
Takamine und etwa gleichzeitig dem Amerikaner Aldrich, das Adrenalin
in reiner krystallinischer Form zu gewinnen. Bald darauf folgte die chemische
Charakterisierung und dann die Darstellung der Substanz auf synthetischem
Wege durch Stolz. Die Konstitutionsformel des Adrenalins (Epinephrins,
Suprarenins) ist folgende:

$$OH\diagup\!\!\!\!\diagdown\!\!-C\!<^H_{OH}$$
$$OH\diagdown\!\!\!\!\diagup\quad CH_2\cdot NH\cdot CH_3$$

Es ist also ein substituiertes Orthodioxybenzol (Brenzcatechin), an
dessen Seitenkette insbesondere eine Methylimidogruppe hängt. Das Brenzcatechin allein wirkt übrigens auch schon blutdrucksteigernd und eine Reihe

---

[1] Dahl, W., in L. R. Müller: Die Lebensnerven. Berlin: Julius Springer 1924.

der üblichen chemischen Reaktionen auf Adrenalin sind lediglich Reaktionen auf Brenzcatechin. Während die aus der Nebenniere gewonnene Substanz polarisiertes Licht nach links dreht, ist das synthetische Produkt optisch inaktiv und besteht aus gleichen Teilen d- und l-Suprarenin. Das d-Suprarenin ist physiologisch weit weniger aber im gleichen Sinne wirksam wie das natürliche Nebennierenhormon und das l-Suprarenin. Das Adrenalin läßt sich durch eine Reihe charakteristischer Farbreaktionen nachweisen und auch annähernd quantitativ bestimmen (VULPIAN, FRÄNKEL, ALLERS, COMESSATI, ZANFROGNINI, BORBERG, FOLIN u. a.). Die wichtigsten dieser Farbreaktionen sind die Grünfärbung mit Eisenchlorid und die Rotfärbung mit Jod, Sublimat, Mangansuperoxyd, Natriumnitrit, sowie die Blaufärbung mit dem FOLINschen Phosphorwolframsäurereagens auf Harnsäure.

Das Adrenalin übt im tierischen Organismus außerordentlich charakteristische Wirkungen aus. Am hervorstechendsten ist die Blutdrucksteigerung, die im Tierversuch nach einer intravenösen Darreichung von Adrenalin momentan einsetzt, in ihrer Höhe und Dauer bis zu einem gewissen Grade von der Quantität des injizierten Adrenalins abhängt, jedenfalls aber nach ganz wenigen Minuten wieder abklingt, um nicht selten einem Druckabfall unter das ursprüngliche Niveau zu weichen. Durch kontinuierliche Infusion einer verdünnten Adrenalinlösung läßt sich der arterielle Blutdruck stundenlang stark erhöht erhalten (BIEDL). Die Drucksteigerung erfolgt durch Verengerung der peripheren Gefäße, insbesondere im Splanchnicusgebiet, wobei diese Verengerung unabhängig vom Zentralnervensystem stattfindet, denn auch die Zerstörung des ganzen Zentralnervensystems und die Durchschneidung der Nervi splanchnici verhindert sie nicht. Sie erfolgt also durch eine periphere Erregung der Gefäße und zwar an ihren Vasoconstrictorenendigungen. An der Gefäßverengerung beteiligen sich die kleinen und kleinsten Arterien sowie die Capillaren, wie dies zuerst STEINACH und KAHN mikroskopisch beobachten konnten [1]. Die außerordentlich intensive gefäßverengernde Wirkung des Adrenalins dient auch in einer besonderen Versuchsanordnung zum biologischen Nachweis selbst äußerst geringer Spuren dieser Substanz. Am gebräuchlichsten ist das LAEWEN-TRENDELENBURGsche Verfahren der Durchspülung der Froschgefäße mit der Adrenalin enthaltenden Flüssigkeit von der Bauchaorta aus und die Bestimmung der Tropfenzahl der aus der Bauchvene abfließenden Spülflüssigkeit. Schon minimalste Adrenalinmengen machen sich durch eine Abnahme der Tropfenzahl infolge der Gefäßkontraktion bemerkbar. TRENDELENBURG konnte mit dieser Methode noch Verdünnungen des Adrenalins von 1 : 400 Millionen nachweisen, d. h. also bei einem Gehalt von 0,000 0025 mg im Kubikzentimeter. O. B. MEYER benützt ausgeschnittene, überlebende Streifen arterieller Gefäße, die in warmer Ringerlösung und bei O_2-Zufuhr ausgespannt werden. Schon auf winzigste Adrenalinmengen verkürzt sich der Gefäßstreifen, was mittels Hebelübertragung registriert wird. Die konstringierende Wirkung des Adrenalins an ausgeschnittenen Gefäßstreifen läßt sich für alle Gefäße nachweisen mit Ausnahme der Kranzgefäße des Herzens, die auf Adrenalin gerade umgekehrt mit Erweiterung reagieren. Daher läßt sich auch eine Steigerung der Durchblutung des Herzens unter Adrenalin feststellen. An den Coronararterien ist

---

[1] Vgl. MOOG, O. u. W. AMBROSIUS: Klin. Wochenschr. 1922. Nr. 19, S. 944.

also der regelmäßige Adrenalineffekt eine Erregung der Dilatatoren. Diese Wirkung ist nun auch an anderen Gefäßgebieten unter gewissen Bedingungen zu konstatieren, sie wird dort nur durch die Constrictorenwirkung überdeckt und ist nicht auf so einfache Weise am überlebenden Gefäßstreifen demonstrierbar wie bei den Coronargefäßen. Eine genauere Kenntnis dieser Verhältnisse ist für das Verständnis der physiologischen Bedeutung des Adrenalins für die Blutdruckregulierung sowie gewisser klinischer Tatsachen unentbehrlich.

Zunächst ist die interessante Tatsache festzuhalten, daß im Tierversuch subcutane Adrenalininjektionen überhaupt keine Blutdrucksteigerung hervorrufen, selbst wenn sehr hohe Dosen verwendet werden. Intraspinale Injektionen sind dagegen wirksam (AUER und MELTZER), intraperitoneale wirken schwach und langsam, intramuskuläre inkonstant. Am Menschen wirken bekanntlich auch subcutane Adrenalininjektionen in individuell verschiedenem Ausmaße drucksteigernd. Der Grund dafür, daß subcutane Adrenalininjektionen im Tierversuch den Blutdruck nicht ändern, obwohl schon weit geringere Adrenalinmengen, subcutan injiziert, den Kohlenhydratstoffwechsel beeinflussen und eine Hyperglykämie erzeugen, liegt darin, daß das Adrenalin aus der Subcutis infolge der lokalen Gefäßconstriction nur sehr langsam resorbiert wird und der Konzentrationsschwellenwert des Adrenalins im Blute für den Kohlenhydrateffekt tiefer liegt als für den Blutdruckeffekt. Beim Menschen sind diese Schwellenwerte absolut und im Verhältnis zueinander verschieden. Dagegen kommt die früher angenommene rasche Zerstörung des Adrenalins im Gewebe oder im zirkulierenden Blute nicht in Betracht, wie die Versuche HARADAs [1] gezeigt haben. Auch bei peroraler Verabreichung beeinflußt das Adrenalin im Tierversuch den Blutdruck nicht, den Blutzucker nur in sehr hohen Dosen. Eine lokale Verengerung der Magen-Darmgefäße findet statt. Zerstört wird aber das Adrenalin weder durch Pepsin-HCl noch durch die Pankreasfermente oder die Bakterienflora, vielleicht allerdings in der Leber [2]), und daß es auch beim Kaninchen resorbiert wird, zeigen überdies die charakteristischen sklerotischen Veränderungen der Gefäße nach Adrenalinfütterung (BIEDL), von denen später noch die Rede sein wird. Beim Menschen wirken dagegen größere Adrenalindosen, etwa 3—4 ccm der gebräuchlichen $1^0/_{00}$igen Lösung, auch auf peroralem Wege blutdrucksteigernd (BERTA ASCHNER und H. PISK [3])). Diese unsere Feststellung wurde auch von anderer Seite bestätigt [4]).

Die Blutdruckwirkung des Adrenalins stellt aus einer Reihe von Gründen keineswegs die einfache Folge einer Vasoconstrictorenreizung dar. Vor allem zeigt es sich, daß bei der ganz besonders intensiven Verengerung der Gefäße des Splanchnicusgebietes das von dort verdrängte Blut nach anderen Gefäßbezirken abzuströmen sucht und eine passive Erweiterung dieser um so eher

---

[1]) HARADA, Y.: Mitt. a. d. med. Fak. d. Kais. Univ. Tokyo. Bd. 31, S. 339. 1924 (Bd. 40, S. 395) u. Bd. 32, S. 409. 1925 (Bd. 41, S. 733).

[2]) OGAWA, M.: Acta scholae med. univ. imp. Kioto. Vol. 7, p. 291. 1925 (Bd. 43, S. 230).

[3]) ASCHNER, B. u. H. PISK: Klin. Wochenschr. 1924. Nr. 28, S. 1265.

[4]) HEPNER, J. u. J. ČERVENKA: Biol. listy. Bd. 10, S. 129. 1924 (Bd. 38, S. 300). — MENNINGER, W. C.: Journ. of the Americ. med. assoc. Vol. 84, p. 1101. 1925 (Bd. 40, S. 760). — Vgl. auch LANDSBERG, M.: Cpt. rend. des séances de la soc. de biol. Tom. 89, p. 1342. 1923 (Bd. 35, S. 112). — BREMS, A.: Acta med. scandinav. Bd. 64, S. 69. 1926 (Bd. 44, S. 685).

hervorruft, je weniger sie selbst durch das Adrenalin aktiv verengt werden. Zu diesen an der aktiven Adrenalinconstriction relativ wenig beteiligten Gefäßbezirken gehören die Gefäße des Gehirns und der Netzhaut, die Gefäße der Lungen und diejenigen der Extremitäten (BIEDL). Die Kranzgefäße des Herzens nehmen eo ipso eine größere Menge Blutes auf. Wichtig ist auch das Verhalten der Nebennierendurchblutung, die ebenso wie der O_2-Verbrauch des Organs im Gegensatz zum Verhalten der Niere unter Adrenalin zunimmt (K. O. NEUMAN [1])), weil sich die Nebennierengefäße erweitern [2]). Auch die an der Brachialarterie des Menschen gemessene Drucksteigerung nach Adrenalin ist keineswegs bloße Folge einer lokalen Gefäßverengerung, denn, wie ich zeigen konnte [3]) und seither allgemein bestätigt worden ist, sinkt der diastolische Druck gleichzeitig mindestens ebenso konstant und ausgiebig, wie der systolische ansteigt.

Das Adrenalin kann aber unter gewissen Bedingungen auch eine Blutdrucksenkung verursachen, und zwar nicht nur als Nachwirkung des primären Druckanstieges, sondern auch ohne einen solchen. Dies ist z. B. bei intravenöser Injektion sehr kleiner Adrenalinmengen im Tierversuch [4]), aber auch bei subcutanen Injektionen am Menschen der Fall. Im letzteren Falle eine genaue Dosis angeben zu wollen, unter der Drucksenkung und über der Drucksteigerung erfolgt (WEINBERG [5])), ist deshalb unzulässig, weil diese Dosis individuell durchaus verschieden ist. Auch die im allgemeinen drucksteigernd wirkenden Adrenalinmengen können bei einzelnen Individuen eine primäre Drucksenkung hervorrufen [6]), was anscheinend bei alten Leuten häufiger vorkommt [7]). Übrigens sollen kleinste Adrenalinmengen auch den Zuckerspiegel des Blutes drücken. HEPNER und ČERVENKA fanden Druck- und Blutzuckersenkungen auch nach peroraler Darreichung kleinster Adrenalinmengen. Die arterielle Drucksenkung hat in jüngster Zeit eine einleuchtende Erklärung erfahren. DEICKE und HÜLSE [8]) fanden nämlich gleichzeitig einen Anstieg des Venendruckes und deuten nun beide Erscheinungen als Folge der Kontraktion der Lungengefäße, die einerseits zu einer Rückstauung im Venensystem, andererseits zu einer Abnahme des Schlagvolums des linken Ventrikels führt. Der Grad der Ansprechbarkeit der Constrictorenendigungen in den Lungengefäßen wäre somit entscheidend für den Blutdruckeffekt. Wenn aber schon die inverse Wirkung kleinster Adrenalinmengen auf den Blutzucker eher auf einen prinzipiell verschiedenen Wirkungsmechanismus verschiedener Adrenalindosen hinweist, so geht die unmittelbare Reizwirkung des Adrenalins auf die Vasodilatatorenendigungen aus folgenden Tatsachen hervor. Die drucksenkende Adrenalinwirkung läßt sich nämlich auch am TRENDELENBURGschen Froschpräparat feststellen, wenn die Vasoconstrictoren durch Ergotoxin gelähmt

[1]) NEUMAN, K. O.: Journ. of physiol. Vol. 45, p. 188. 1912.
[2]) WERTHEIMER, E.: Pflügers Arch. f. d. ges. Physiol. Bd. 196, S. 412. 1922 (Bd. 27, S. 455). — Vgl. auch BIEDL.
[3]) BAUER, J.: Dtsch. Arch. f. klin. Med. Bd. 107, S. 39. 1912. — Vgl. auch ROSENOW, G.: Dtsch. Arch. f. klin. Med. Bd. 127, S. 136. 1918.
[4]) Vgl. BAUER, J. u. A. FRÖHLICH: Arch. f. exp. Pathol. u. Pharmakol. Bd. 84, S. 33. 1918.
[5]) WEINBERG, F.: Verhandl. d. 34. Kongr. d. dtsch. Ges. f. inn. Med. 1922. S. 406 (Bd. 27, S. 536).
[6]) BAUER, J.: Dtsch. med. Wochenschr. 1919. Nr. 44.
[7]) ARNSTEIN, A. u. H. SCHLESINGER: Wien. klin. Wochenschr. 1919. S. 1179.
[8]) DEICKE, E. u. W. HÜLSE: Klin. Wochenschr. 1924. Nr. 38, S. 1724.

wurden (DALE) oder durch prolongierte Einwirkung erheblicher Adrenalinmengen eine Verminderung ihrer Erregbarkeit erfahren haben (BAUER und
FRÖHLICH [1])). Unter diesen Umständen wirken dann verschiedenste, sonst
drucksteigernde Mittel dilatatorisch, so außer Adrenalin auch faradische Nervenreizung, Hypophysenzwischen- und Hinterlappenextrakte, Cholin oder Strychnin.
Aber auch durch Acetylcholin [2]), Atropin oder bei Durchspülung mit kalk-
freier Ringer-Lösung [3]) läßt sich eine vasodilatierende Wirkung des Adrenalins
erzielen.

Diese recht komplexen Wirkungen des Adrenalins auf die Blutgefäße zeigen,
daß es einerseits keineswegs so einfach möglich ist, dem Adrenalin die Rolle
des physiologischen Aufrechterhalters des normalen Blutdrucks zuzuschreiben,
und daß andererseits der Verlauf der Blutdruckkurve beim Menschen nach einer
Adrenalininjektion zwar manche Aufschlüsse über Grad und Verteilung der
Ansprechbarkeit der Gefäßconstrictoren und -dilatatoren zu geben vermag,
mit den Begriffen Vagotonie und Sympathikotonie aber nichts zu tun hat,
wie denn überhaupt der Gegensatz sympathisch und parasympathisch nicht
überschätzt werden darf und in seine richtigen, von der experimentellen Pharmakologie einst aufgerichteten, heute aber nicht mehr unerschütterten Grenzen
gewiesen werden sollte [4]). Am kranken Menschen entscheidet über die Blutdruckwirkung des Adrenalins, wie ich schon wiederholt betont habe, neben
dem Tonus und der Ansprechbarkeit der Gefäßnervenendigungen vor allem
die Reaktionsbereitschaft der Gefäßwandmuskulatur selbst. Dieses endgültige
Erfolgsorgan kann auf den gleichen Reiz, also auch auf den gleichen Nervenreiz
in sehr verschiedenem Ausmaße reagieren. Daher denn auch die enorme „Hyper-
tensionsbereitschaft" auf Adrenalin, die ich bei einem keineswegs sympathi-
kotonischen Rekonvaleszenten nach einer Kriegsnephritis beschrieben habe [5]),
daher die Beobachtung ANITSCHKOWs [6]), daß sich menschliche Fingerarterien
arteriosklerotischer Individuen bei postmortaler Durchströmung mit Adrenalin
stärker kontrahieren als solche normaler. Selbstverständlich beeinflußt auch
das Ionen-Milieu und der Säuerungsgrad [7]) im Erfolgsorgan dessen Ansprechbarkeit, und wir wissen, daß sich auch beim Menschen durch Ca eine intensivere
Adrenalindrucksteigerung erzielen läßt, während K gerade umgekehrt zu wirken
pflegt [8]). Die Blutdrucksteigerung nach intravenöser Adrenalinzufuhr als
„wahre Adrenalinreaktion" einer „falschen" nach subcutaner Applikation
gegenüberzustellen, wie es mit CSÉPAI insbesondere ungarische Autoren tun,
ist unberechtigt und praktisch zwecklos (vgl. ASCHNER und PISK, v. BERG-
MANN und BILLIGHEIMER [9])).

[1]) l. c. — Ferner SCHILF, E. u. W. FELDBERG: Biochem. Zeitschr. Bd. 156, S. 206. 1925
(Bd. 40, S. 596).
[2]) KOLM, R. u. E. P. PICK: Pflügers Arch. f. d. ges. Physiol. Bd. 184, S. 79. 1920.
[3]) WEHLAND, N.: Cpt. rend. des séances de la soc. de biol. Tom. 87, p. 774. 1922 (Bd. 26,
S. 53).
[4]) Vgl. ASCHNER, BERTA: Klin. Wochenschr. 1923. Nr. 23, S. 1060.
[5]) BAUER, J.: Dtsch. med. Wochenschr. 1919. Nr. 44.
[6]) ANITSCHKOW, S.: Verhandl. d. Petersburger therap. Ges. Febr. 1922 (Bd. 26, S. 149).
[7]) Vgl. SNYDER, C. D. u. L. E. MARTIN: Americ. journ. of physiol. Vol. 62, p. 185. 1922
(Bd. 31, S. 467).
[8]) SCOVILLE, H. D.: Zeitschr. f. Konstitutionslehre. Bd. 10, S. 625. 1925.
[9]) BERGMANN, G. v. u. E. BILLIGHEIMER: Im Handb. d. inn. Med. von v. BERGMANN
u. STÄHELIN. 2. Aufl. 5. Bd. 1926.

Man pflegt die mannigfachen Wirkungen des Adrenalins im Organismus als Ausdruck einer Erregung der sympathischen Nervenendigungen anzusehen und das Adrenalin als elektives Erregungsmittel des Sympathicus aufzufassen. In der Tat stimmt der Adrenalineffekt in vielfacher Hinsicht mit dem Effekt einer Sympathicusreizung überein, so in bezug auf die Erregung der Herzaktion, die Förderung der Reizleitung des Herzens, die Hemmung des Tonus und der Bewegungen im Magen-Darmtrakt, in bezug auf die Harnblase, die bei verschiedenen Tiergattungen verschiedene Innervationsverhältnisse aufweist, sowie den Uterus. Die Tonussteigerung des herausgeschnittenen, überlebenden Kaninchenuterus auf Adrenalin benützte A. FRÄNKEL als biologische Methode zum Nachweis von Adrenalin, das selbst in Mengen von 1:20 Millionen auf diese Weise noch nachgewiesen werden kann. In analoger Weise wurde auch die hemmende Wirkung des Adrenalins auf Tonus und Peristaltik des ausgeschnittenen Katzendarms verwendet (DITTLER). Auch die erschlaffende Wirkung des Adrenalins auf die glatte Bronchialmuskulatur, die Erregung der Musculi arrectores pilorum und der mydriatische Effekt durch Erregung des Dilatator pupillae entsprechen einer Sympathicusreizung. Die letztere Wirkung wird auch als biologische Reaktion auf Adrenalin in Anwendung gezogen. Früher wurde dazu die Pupillenerweiterung am herausgeschnittenen Froschauge verwendet (MELTZER, R. EHRMANN), doch stellte es sich heraus, daß diese sehr empfindliche Reaktion keineswegs für Adrenalin spezifisch ist und durch verschiedene organische Substanzen, insbesondere auch mannigfache Organextrakte hervorgerufen wird. Dagegen scheint die Dilatation der Kaninchenpupille nach Exstirpation des oberen Cervicalganglion ein außerordentlich feines und spezifisches Reagens auf den Adrenalingehalt des zirkulierenden Blutes zu sein (P. TRENDELENBURG, F. A. HARTMAN). MELTZER und AUER hatten nämlich gezeigt, daß die Empfindlichkeit des Dilatator pupillae gegenüber Adrenalin nach Entfernung des oberen Halsganglion erheblich ansteigt, wobei es noch nicht entschieden erscheint, ob der Angriffspunkt des Adrenalins an den entnervten Muskelfasern des Dilatators selbst oder an den sympathischen Nervenendigungen in ihm zu suchen ist. Am Menschen kommt es nach Einträufelung von Adrenalin in den Bindehautsack bei intakter Hornhaut und sonst normalen Bedingungen zu keiner Pupillenerweiterung. Ist jedoch der Halssympathicus jenseits des oberen Cervicalganglion gelähmt, so erweitert sich die betreffende Pupille auf Adrenalin. O. LOEWI hatte gefunden, daß eine Adrenalinmydriasis im Tierversuch auch nach Pankreasexstirpation eintritt und viele Fälle von menschlichem Diabetes mellitus und Morbus Basedowii, aber, wie ZAK beobachtete, auch Fälle verschiedenartiger Affektionen des Peritoneums zeigen gleichfalls Mydriasis auf Instillation von Adrenalin in den Conjunctivalsack. Diese sog. LOEWIsche Adrenalinreaktion zeigt somit eine Übererregbarkeit des Dilatator pupillae gegenüber Adrenalin an, über deren nähere Bedingungen wir noch nichts Genaueres wissen. Eine praktische Bedeutung kommt der Reaktion nicht zu.

Einer Sympathicuserregung entspricht auch die Wirkung des Adrenalins auf den **Kohlenhydratstoffwechsel**. F. BLUM hatte 1901 die bedeutsame Feststellung machen können, daß das Adrenalin, intravenös oder subcutan appliziert, eine Gykosurie hervorrufen kann, die auch am Hungertier oder bei Kohlenhydratkarenz zu erzielen ist. Der Glykosurie geht eine Hyperglykämie voraus, und man kann auf Grund sehr zahlreicher Untersuchungen über den Mechanismus dieser Adrenalinwirkung sagen, daß sie durch eine Erregung jener peripheren Sympathicusendigungen zustande kommt, deren zentrale Reizung den Effekt des Zuckerstichs (Piqûre) bewirkt (BIEDL). Daß aber sehr kleine Adrenalindosen den Blutzucker beim Menschen senken können, wurde schon oben erwähnt (WEINBERG, HEPNER und ČERVENKA) und es ist nur selbstverständlich, daß es auch hiebei keine allgemein gültigen Grenzwerte gibt, sondern daß bei gewissen Individuen auch sonst hyperglykämisch wirkende Adrenalinmengen den Blutzucker erniedrigen können oder eine diphasische Wirkungskurve zum Vorschein kommt [1]. Schließlich könnte auch noch die Adrenalinwirkung auf Grundumsatz und Eiweißstoffwechsel mit einer Sympathicuserregung in Zusammenhang gebracht werden. Es ist heute erwiesen, daß das Adrenalin eine Steigerung des Eiweißumsatzes mit vermehrter N-Ausfuhr (EPPINGER, FALTA und RUDINGER, UNDERHILL) und schon in sehr geringen Mengen eine Erhöhung des Grundumsatzes herbeiführt (BERNSTEIN und FALTA), bei gleichzeitigem Anstieg des respiratorischen Quotienten [2]. Die Steigerung des Grundumsatzes ist kaum bloß von der vermehrten Muskeltätigkeit unter Adrenalin abhängig und wurde am Menschen selbst nach peroraler Adrenalinverabreichung festgestellt [3]. Nach FALTA steigert das Adrenalin die Ausfuhr der Purinkörper. Auch Phosphor, Kalium, Natrium und Calcium werden nach Adrenalin in vermehrter Menge ausgeschieden, und zwar erstere durch die Nieren, das Calcium durch den Darm.

Nur zum Teil läßt sich die Adrenalinwirkung auf verschiedene sekretorische Organe als Sympathicuserregung auffassen, so die beobachtete Anregung der Speichel-, Magen- und Gallensekretion. Beim Menschen kommt es unter Adrenalin nur ausnahmsweise zu Salivation oder zu Schweißsekretion [4]. Das Blutbild erfährt nach einer Adrenalininjektion insofern eine Veränderung, als in der Regel die Erythrocytenzahl ansteigt, ebenso die Zahl der Leukocyten, und zwar der neutrophilen polynucleären bei gleichzeitiger relativer Verminderung der einkernigen und der eosinophilen Elemente. Nur teilweise ist dies die Folge einer Milzkontraktion, welche man bei Kranken mit Milzschwellung gelegentlich in verblüffendem Ausmaße eine kurze Zeit nach einer Adrenalininjektion bobachten kann [5]. Im übrigen wurden eine Zunahme der Gerinnbarkeit, wechselnde Veränderung der Eiweißkonzentration des Blutes, sowie häufig eine Abnahme des NaCl-Gehaltes im Serum beobachtet [6]. Es scheint, daß die Abgabe des NaCl aus den Depots der Gewebe, insbesondere der Haut an die Gewebsflüssigkeit und das Blut unter Adrenalineinwirkung gehemmt ist (F. BOENHEIM, BAUER und ASCHNER).

Wenn schon verschiedene der bisher angeführten Adrenalineffekte nicht mit einer Erregung von Sympathicusfasern zu erklären sind, so erweisen noch manche andere Wirkungen, daß das Adrenalin kein elektives Sympathicusreizmittel darstellt. So die Beeinflussung des Elektrokardiogramms im Sinne

---

[1] KYLIN, F.: Klin. Wochenschr. 1925. Nr. 11, S. 501.
[2] BOOTHBY, W. M. a. IRENE SANDIFORD: Americ. journ. of physiol. Vol. 66, p. 93. 1923.
[3] HITCHCOCK, F. A.: Americ. journ. of physiol. Vol. 69, p. 271. 1924 (Bd. 38, S. 410).
[4] BAUER, J.: Dtsch. Arch. f. klin. Med. Bd. 107, S. 39. 1912.
[5] Vgl. A. HITTMAIR: Zeitschr. f. klin. Med. Bd. 102, S. 420. 1925.
[6] BAUER. J. u. B. ASCHNER: Zeitschr. f. d. ges. exp. Med. Bd. 27, S. 191. 1922.

einer Vaguserregung (R. H. KAHN), die gelegentlich beobachtete Pulsverlangsamung durch Vagusreizung, die Verstärkung einer respiratorischen Puls-
irregularität oder eines ASCHNERschen Bulbusdruckreflexes, die Atemfrequenz-
steigerung durch zentrale Erregung des bulbären Atemzentrums, die allgemeine
Steigerung der Reflexerregbarkeit einschließlich der Sehnenphänomene, der
Adrenalintremor, die gelegentlich zu beobachtende Schweißsekretion u. a.
(vgl. J. BAUER 1912). Den häufig zu beobachtenden Temperatursteigerungen
nach Adrenalin stehen auch Temperatursenkungen gegenüber. Die Magen-
symptome, wie ich sie nach subcutaner Injektion von Adrenalin in einzelnen
Fällen beschrieben habe und wie sie insbesondere nach peroraler Darreichung
häufig auftreten (Supersekretion, Schmerz, Erbrechen) (DANIÉLOPOLU und
CARNIOL, ASCHNER und PISK), sind gleichfalls keine Folgen einer Sympathicuserregung. Zu erwähnen sind schließlich noch die kontrahierenden Wirkungen
des Adrenalins auf die Pigmentzellen der Haut und der Retina des Frosches,
vor allem aber die toxisch-degenerativen Effekte auf die Herzmuskelfasern
und die Gefäßwand. Seit JOSUÉ im Jahre 1902 zuerst die Adrenalinsklerose
des Gefäßsystems beim Kaninchen beschrieb, wurden diesen mit Verkalkung
der Gefäßwand endigenden hyperplastisch-degenerativen Veränderungen der
Media und Intima eine Unzahl von Untersuchungen gewidmet.

· So einschneidend und mannigfaltig die Wirkungen des Adrenalins im
Organismus auch sind, ein Beweis dafür, daß das Adrenalin tatsächlich ein
physiologisches Hormon darstellt, wäre damit allein noch nicht geliefert und
tatsächlich sind in den letzten Jahren gewichtige Stimmen hervorragender
Physiologen laut geworden, die die Hormonnatur des Nebennierenextraktes
bestreiten (GLEY, STEWART, HOSKINS, SWALE VINCENT) oder zum mindesten
eine physiologische Bedeutung des Adrenalins bei vollkommener Ruhe des
Organismus in Abrede stellen (TRENDELENBURG [1])). Ihr Hauptargument ist,
daß das Adrenalin nur in so geringer Menge in die Blutbahn gelangt, daß es für
die physiologische Ausübung der ihm im Experiment zukommenden Wirkungen
gar nicht ausreicht.

Untersuchungen auf den Adrenalingehalt des Blutes müssen mit un-
geronnenem Blute ausgeführt werden, da O'CONNOR gezeigt hat, daß bei der
Blutgerinnung vasoconstrictorische Stoffe entstehen, die für Adrenalin gehalten werden können. Zahlreiche Bestimmungen, vor allem der blutdruck-
steigernden und inhibitorischen Wirkung des aus den Nebennierenvenen
abfließenden Blutes auf den überlebenden Kaninchendarm haben ziemlich
übereinstimmend ergeben, daß bei den üblichen Versuchstieren Kaninchen,
Katze und Hund pro Minute und pro Kilogramm Körpergewicht etwa 0,0002 bis
0,00025 mg Adrenalin aus den Nebennieren in den Kreislauf gelangen (TREN-
DELENBURG, STEWART und ROGOFF [2])). Da diese Werte an gefesselten, narkotisierten, abgekühlten und operierten Tieren gefunden wurden und alle diese
Manipulationen die Adrenalinabgabe zweifellos erhöhen, so liegt der Ruhewert
für die Adrenalinabgabe noch weit tiefer, wofern überhaupt eine solche Abgabe
bei vollkommener Ruhe stattfindet. Der beobachtete Adrenalinwert im Nebennierenvenenblut entspricht etwa der von TRENDELENBURG im Carotisblut

---

[1]) TRENDELENBURG, P.: Ergebn. d. Physiol. Bd. 21, II. Abteil., S. 500. 1923.
[2]) STEWART, G. N. a. J. M. ROGOFF: Americ. journ. of physiol. Vol. 66, p. 235. 1923
(Bd. 37, S. 125).

gefundenen Konzentration von 1:1 bis 2 Milliarden. Mit der Froschdurch-
blutungsmethode läßt sich eine derart geringe Konzentration des Adrenalins
nach dem oben Gesagten freilich nicht nachweisen [1]), mit der empfindlicheren
Darmmethode wurde es dagegen von Högler[2]) auch im normalen menschlichen
Blut gefunden. Nun hat Weinberg [3]) gezeigt, daß bei gesunden Menschen
eine mäßige Blutdrucksteigerung durch intravenöse Infusion einer Adrenalinlösung schon zu erzielen ist, wenn pro Minute und Kilogramm Körpergewicht
0,0001 mg Adrenalin in die Vene einfließt. Dieser Wert liegt also unter jenem,
der im Tierversuch als durchschnittlich geliefertes Quantum gefunden wurde.
Damit erscheint der Wert jener rechnerischen Erwägungen einigermaßen
erschüttert, die die Experimentalphysiologen zu der Feststellung veranlaßten,
daß die in der Ruhe von der Nebenniere abgegebenen Adrenalinmengen weder
den Blutdruck noch den Blutzucker zu beeinflussen vermögen (Trendelenburg).

Daß aber auf dem Wege der Nervi splanchnici die Nebennieren zur Abgabe
weit größerer Adrenalinmengen veranlaßt werden, wird heute von keinem
einzigen Forscher geleugnet und wurde insbesondere durch die sinnreiche
Versuchsanordnung von Tournade und Chabrol [4]) mit Sicherheit bewiesen.
Damit ist zugleich gesagt, daß die im lebenden Organismus fast ständig auf
dem Wege des Splanchnicus zugeführten Reize die Nebennieren zur Abgabe
physiologisch wirksamer Adrenalinmengen veranlassen. Tournade und Chabrol
legten eine Anastomose zwischen der rechten Vena suprarenalis eines Hundes A
mit der rechten Vena jugularis eines zweiten Hundes B an, exstirpierten die
linke Nebenniere des Hundes A und erreichten damit die Möglichkeit, mit
Hilfe der Reizung des rechten Nervus splanchnicus des Hundes A die direkten,
unmittelbaren Wirkungen der Nervenreizung von ihren mittelbaren Wirkungen
infolge der Adrenalinausschüttung einwandfrei auseinander zu halten, denn am
Hunde A konnten zunächst nur die ersteren, am Hunde B nur die letzteren
eintreten, da die auf Splanchnicusreizung beim Hunde A erfolgende Adrenalinausschüttung zunächst nur in den Kreislauf des Hundes B erfolgen konnte.
Dabei zeigte sich nun, daß auf die Splanchnicusreizung Blutdrucksteigerung
und Hyperglykämie bei beiden Hunden eintrat. An Hunden und Katzen
wurde bei der gleichen Versuchsanordnung auch eine der Adrenalinausschüttung
entsprechende Hyperglykämie, Mydriasis am entnervten Auge, Pulsbeschleunigung am entnervten Herzen, sowie Hemmung der Darmmotilität beim Tier B
beobachtet [5]). Es ließ sich auf diese Weise auch feststellen, daß die Adrenalin-
menge, welche bei einer Splanchnicusreizung von einer Minute Dauer abgegeben
wird, im Mittel $^1/_{20}$ mg beträgt, wodurch sich der Adrenalingehalt des Blutes
im transfundierten Hunde B auf 1:10 Millionen erhöht [6]). Während durch

---

[1]) Hess, Fr. O.: Münch. med. Wochenschr. 1922. S. 1297 (Bd. 25, S. 449).

[2]) Högler, F.: Wien. Arch. f. inn. Med. Bd. 6, S. 343. 1923 (Bd. 32, S. 178).

[3]) Weinberg, F.: Klin. Wochenschr. 1925. Nr. 20, S. 967 (Bd. 40, S. 759).

[4]) Tournade, A. et M. Chabrol: Rev. de méd. Tom. 40, p. 222. 1923 (Bd. 32, S. 480).—
Vgl. auch Zunz, E. et P. Govaerts: Arch. internat. de physiol. Tom. 22, p. 87. 1923
(Bd. 34, S. 302).

[5]) Tournade, A. et M. Chabrol: Cpt. rend. des séances de la soc. de biol. Tom. 91,
p. 176. 1924 (Bd. 37, S. 50). — Tournade, A.: Journ. méd. franç. Tom. 14, p. 206. 1925
(Bd. 42, S. 267).

[6]) Tournade, A. et M. Chabrol: Cpt. rend. des séances de la soc. de biol. Tom. 88,
p. 6. 1923 (Bd. 29, S. 398).

Einspritzung von 25 ccm Blut vom Hunde B auf der Höhe der Blutdrucksteigerung bei einem dritten Hunde C kein Blutdruckanstieg mehr auftrat, die sicher beim Hunde B vorhandene außergewöhnliche Adrenalinämie auf diese Weise demnach nicht demonstriert werden konnte, gelang es GAUTRELET [1]) mit einer etwas anderen Versuchsanordnung, die durch die Adrenalinausschüttung bedingte Blutdrucksteigerung auch bei einem dritten Hunde zu erzielen, dessen Jugularvene an die Carotis des Hundes B angeschlossen war.

Daß trotz sicher vorhandener Adrenalinämie der Nachweis des Adrenalins im Blute solche Schwierigkeiten bietet — dies ist ja auch nach einer intravenösen Adrenalininjektion der Fall [2]) —, hängt mit seiner auch da noch sehr geringen Konzentration zusammen. Daß intraarteriell am Arm injiziertes Adrenalin schwächer wirkt als intravenös gegebenes (F. O. HESS [2])), dürfte sich dagegen mit einer Retention im Capillargebiet erklären, da wir eine Zerstörung des Adrenalins im Gewebe nicht annehmen können [3]). Es ist bei Berücksichtigung dieser Verhältnisse nicht nötig, zu der Hypothese von LICHTWITZ Zuflucht zu nehmen, der den Widerspruch zwischen allgemeinem Postulat einer physiologischen Adrenalinwirksamkeit und den unbefriedigenden Versuchen des Adrenalinnachweises im Blute durch die Annahme zu überbrücken suchte, das Adrenalin gelange nicht auf dem Blutwege, sondern auf dem Wege der sympathischen Nerven aus der Nebenniere an seine Erfolgsorgane [4]). Liefert doch auch die Morphologie keine Stütze für die LICHTWITZsche Hypothese, sie spricht vor allem für eine Abgabe des Adrenalins in die Blutbahn [5]). TRENDELENBURG, der den normalen Adrenalingehalt des arteriellen Blutes auf 1 : 1 bis 2 Milliarden schätzt, errechnet für gewisse pathologische Bedingungen die Möglichkeit einer Adrenalinkonzentration von 1 : 100 Millionen. Injizieren wir einem Menschen mit vier Liter Blut 0,01 mg Adrenalin intravenös, so erreichen wir damit doch nur eine Zunahme der Konzentration um maximal 1 : 400 Millionen, also jenen Wert, der sich eben gerade mit dem TRENDELENBURGschen Verfahren am Froschpräparate nachweisen läßt.

Als Vorgänge und Mittel, welche via Splanchnicus die Adrenalinabgabe steigern, kommen vornehmlich in Betracht Muskelarbeit (F. A. HARTMAN, HOUSSAY und MOLINELLI) starke Erregung afferenter Nerven und schwere psychische Emotionen (CANNON, MELTZER, ELLIOT), ferner O_2-Mangel, Nicotin, Strychnin, Morphium, Coffein, Diuretin, Campher u. a. [6]). Auch der Zuckerstich

---

[1]) GAUTRELET, J.: Cpt. rend. des séances de la soc. de biol. Tom. 88, p. 566. 1923 (Bd. 28, S. 249).

[2]) HESS, F. O.: Arch. f. exp. Pathol. u. Pharmakol. Bd. 91, S. 303. 1921 (Bd. 21, S. 375) u. Münch. med. Wochenschr. 1922. S. 1297 (Bd. 25, S. 449).

[3]) Vgl. HARADA, Y.: l. c.

[4]) Vgl. auch AVERJANOV, P.: Ref. Bd. 44, S. 522. 1926 (Orig. russ.).

[5]) ASCHOFF, L.: Vorträge über Pathologie. S. 85. Jena: G. Fischer 1925.

[6]) Vgl. TRENDELENBURG, P.: l. c. — ASHER, L. u. C. SCHNEIDER: Biochem. Zeitschr. Bd. 133, S. 373. 1922 (Bd. 27, S. 536). — HARTMAN, F. A., R. H. WAITE a. H. A. MC. CORDOCK: Americ. journ. of physiol. Vol. 62, p. 225. 1922 (Bd. 30, S. 459). — HARTMAN, F. A., H. A. MC. CORDOCK a. M. M. LODER: Americ. journ. of physiol. Vol. 64, p. 1. 1923 (Bd. 20, S. 413). — SEARLES, J.: Americ. journ. of physiol. Vol. 66, p. 408. 1923 (Bd. 40, S. 538). — KODAMA, S.: Tohoku journ. of exp. med. Vol. 4, p. 166. 1923 (Bd. 32, S. 479, u. Bd. 5, S. 47. 1924 (Bd. 38, S. 158). — SHIMIDZU, K.: Arch. f. exp. Pathol. u. Pharmakol. Bd. 103, S. 52. 1924 (Bd. 39, S. 628). — HOUSSAY, B. A. et E. A. MOLINELLI: Cpt. rend. des séances de la soc. de biol. Tom. 91, Nr. 31, p. 1056. 1924 (Bd. 39, S. 566) et Tom. 93,

führt zu einer Adrenalinausschwemmung, wenn auch diese nicht allein für die Glykosurie verantwortlich gemacht werden kann. Die Insulinhypoglykämie führt gleichfalls zur Anregung der Adrenalinabgabe, was offenbar als kompensatorischer Schutzvorgang aufzufassen ist[1]). Der Adrenalingehalt der menschlichen Nebenniere jenseits des Alters von 10 Jahren wurde im Durchschnitt mit 4,59 mg bestimmt (SCHMORL und INGIER) und es ist interessant, daß er zur Zeit der Hungerblockade in Deutschland wesentlich niedriger gefunden worden ist[2]).

Es ist also, wenn wir das Gesagte überblicken, erwiesen, daß die Nebennieren physiologisch wirksame Mengen Adrenalin in die Blutbahn abgeben, und unentschieden bliebe lediglich, ob sie dies ständig und kontinuierlich, auch bei vollkommener Ruhe des Organismus tun oder ob sie nur unter besonderen Umständen durch die auf dem Wege des Nervus splanchnicus ihnen zufließenden innervatorischen Impulse dazu veranlaßt werden. Sichergestellt scheint ein Zentrum in der Hypothalamusgegend sowie eines am Boden des vierten Ventrikels zu sein, von denen aus die Nebennieren via Splanchnicus zur Adrenalinabgabe veranlaßt werden[3]). Dabei sind die Splanchnicusfasern für die Nebennieren ganz besonders empfindlich (TOURNADE). So hat man daran gedacht, daß die Adrenalinproduktion etwa nur bei intensiver Muskelarbeit zum Zwecke ihrer Förderung stattfindet (HOSKINS und MC CLURE, P. TRENDELENBURG). Die Glykogen mobilisierende Wirkung des Adrenalins würde ja diesen Mechanismus äußerst zweckmäßig erscheinen lassen. Sehr zugunsten einer solchen Auffassung würde sprechen, daß nach Durchschneidung der Nervi splanchnici das Nebennierenvenenblut fast gar kein Adrenalin mehr enthält (STEWART und ROGOFF, TOURNADE und CHABROL[4])) und daß nach Enervation das Nebennierenmark eine progrediente Atrophie erfährt, wie sie PENDE zuerst gezeigt hat. Die Nebennieren selbst scheinen dagegen auch viele Wochen nach Splanchnicusdurchschneidung an Adrenalingehalt nichts einzubüßen[5]), der Einfluß der Innervation würde sich also weniger auf die Produktion als auf die Ausschüttung des Adrenalins beziehen. Die Frage, ob der normale Blutdruck in der Ruhe durch das von der Nebenniere gelieferte Adrenalin überhaupt beeinflußt sein kann, wird, wie gesagt, von einer Reihe von Physiologen auf Grund rechnerischer Erwägungen verneint (P. TRENDELENBURG). Wenn W. TRENDELENBURG vor und nach Nebennierenexstirpation an nicht narkotisierten Katzen die gleichen Blutdruckwerte fand, so stehen dem die Versuche von TOURNADE und CHABROL[6]) gegenüber, die am Hunde nach Entfernung der Nebenniere starke Blutdrucksenkung, Tachykardie und Milzschwellung beobachteten und diese Symptome durch Zuleitung des Blutes aus der Nebennierenvene eines anderen Hundes

---

Nr. 28, p. 884. 1925 (Bd. 42, S. 268). — CANNON, W. B. a. S. W. BRITTON: Americ. journ. of physiol. Vol. 72, p. 283. 1925 (Bd. 42, S. 269). — KUSNETZOW, A. J.: Zeitschr. f. d. ges. exp. Med. Bd. 48, S. 671. 1926 (Bd. 42, S. 738 u. Bd. 43, S. 883).

[1]) Vgl. HOUSSAY, B. A.: Presse méd. Tom. 33, Nr. 15, p. 233. 1925 (Bd. 40, S. 201).

[2]) PEISER, B.: Münch. med. Wochenschr. 1921. S. 521.

[3]) HOUSSAY, B. A. u. E. A. MOLINELLI: Cpt. rend. des séances de la soc. de biol. Tom. 93, Nr. 36, p. 1454. 1925 (Bd. 43, S. 615). — TOURNADE: Paris méd. Tom. 16, p. 423. 1926 (Bd. 44, S. 61).

[4]) TOURNADE, A. et M. CHABROL: Rev. de méd. Tom. 40, p. 222. 1923 (Bd. 32, S. 480).

[5]) HIRAYAMA, S.: Tohoku journ. of exp. med. Vol. 5, p. 573. 1925 (Bd. 41, S. 545).

[6]) TOURNADE, A. et M. CHABROL: Cpt. rend. des séances de la soc. de biol. Tom. 92, Nr. 8, p. 587. 1925 (Bd. 40, S. 54) und l. c. — Vgl. auch MANISCALCO, G.: Ann. di clin. med. e di med. sperim. Vol. 14, p. 351. 1924 (Bd. 40, S. 202).

mittels Gefäßanastomose wieder zum Schwinden bringen konnten. Bedingung
für diese Erholung nach der Gefäßanastomose war die Intaktheit des Splanchnicus
beim Blutspender. Es ist sicher, daß bei derartigen Versuchen das im Körper
zurückgebliebene restliche chromaffine Gewebe den Wegfall des Nebennierenmarkes vielfach noch halbwegs ausreichend ersetzen kann.

Für die menschliche Physiologie wird übrigens das Tierexperiment allein
die Entscheidung nicht bringen können und es wäre geradezu absurd, wollte
man zur Klärung dieser physiologischen Frage einen der eindruckvollsten
klinisch-pathologischen Tatbestände — arterielle Drucksenkung, gelegentlich
extremster Art auf der einen, Zerstörung des Nebennierenmarks ohne sonstigen
pathologisch-anatomischen Befund auf der anderen Seite, sowie das Gegenstück: arterieller Hochdruck bei Hyperplasie des chromaffinen Gewebes —
völlig außer acht lassen. Wir werden also kaum fehlgehen anzunehmen, daß
dem Adrenalin unter physiologischen Bedingungen ein wesentlicher Einfluß,
vor allem auf den Kontraktionszustand der Splanchnicusgefäße und den
arteriellen Blutdruck, auf die Glykogenmobilisierung, die Oxydationsgröße,
den Erregungszustand vor allem des sympathischen Nervensystems und viele
andere Funktionen zukommt, daß dieser Einfluß durch die weitgehende Abhängigkeit der Adrenalinabgabe von innervatorischen Impulsen den jeweiligen
und rasch wechselnden Bedürfnissen des Organismus in promptester Weise
dienstbar gemacht erscheint und daß in der nervös regulierten, diskontinuierlichen
Adrenalinbelieferung dem Organismus ein Apparat zur Verfügung steht, der
es ihm gestattet, sich gewissen Änderungen der Lebensbedingungen augenblicklich
in zweckmäßiger Weise anzupassen. Ob dieser Apparat angesichts des Prinzips
der mehrfachen Sicherungen lebenswichtig ist und welche Störungen sich bei
seinem Fortfall bemerkbar machen, haben wir nun zunächst zu beantworten,
und kommen damit zu der Besprechung der Ausfallserscheinungen, welche sich
nach Exstirpation der Nebennieren einstellen.

Seit den ersten derartigen Versuchen von Brown-Séquard (1856) und
Nothnagels Bestrebungen, experimentell Schädigungen der Nebenniere zu
setzen (1879), haben sich außerordentlich zahlreiche Forscher mit dieser Frage
beschäftigt und wir dürfen aus diesen mühevollen Untersuchungen heute folgende
Ergebnisse ableiten. Die einseitige Entfernung der Nebenniere wird ohne
Störung der Gesundheit vertragen. Die zuerst von H. Stilling festgestellte
und dann von den meisten Beobachtern bestätigte Hypertrophie der zurückgebliebenen Nebenniere [1]) spricht für eine kompensatorische Mehrleistung des
Organs. An Menschen, denen erst die linke, später die halbe rechte Nebenniere
entfernt worden war, wurde keine Blutdrucksenkung und nur eine leichte
polynucleäre Leukocytose konstatiert [2]), indessen kann diese auch höhere
Grade erreichen, wobei die Eosinophilen schwinden, und es kann wohl ausnahmsweise auch zu einer Hypoglykämie kommen [3]). Die vollständige Entfernung beider Nebennieren führt bei allen untersuchten Tiergattungen innerhalb
von Stunden oder wenigen Tagen zum Tode. Ganz junge, von der Mutter
gesäugte Tiere bleiben nach totaler Nebennierenexstirpation etwas länger, bis

---

[1]) Kisch, B.: Klin. Wochenschr. 1924. S. 1661.
[2]) Laqua, K.: Mitt. a. d. Grenzgeb. d. Med. u. Chirurg. Bd. 36, S. 566. 1923 (Bd. 32,
S. 479).
[3]) Schmieden, V. u. H. Peiper: Arch. f. klin. Chir. Bd. 118, S. 845. 1921.

zu 15 Tage am Leben. Wird die Exstirpation der Nebennieren nicht in einem Akt sondern zweizeitig ausgeführt, so überleben die Tiere länger, offenbar, weil inzwischen akzessorisches Nebennierengewebe Zeit zu kompensatorischer Hypertrophie gehabt hat. Bei Tieren, die die doppelseitige Nebennierenexstirpation länger überleben, wie dies beispielsweise bei Ratten der Fall zu sein pflegt, erklärt sich dies durch das regelmäßige Vorkommen akzessorischen Nebennierengewebes, welches ausreicht, um das Leben zu erhalten. Die Menge der zum Leben unentbehrlichen Nebennierensubstanz gibt BIEDL für Hund und Kaninchen mit etwa $^1/_8$ des gesamten Nebennierengewebes an.

Es hat sich weiter gezeigt, daß die Lebenswichtigkeit nicht dem Nebennierenmark, sondern der Rindensubstanz zukommt. Wenn schon die Tatsache darauf hinwies, daß die akzessorische Nebennierensubstanz, welche bei beiderseits exstirpierten Tieren die Erhaltung des Lebens ermöglichte, ausschließlich aus Rindengewebe bestand und dieses kompensatorisch hypertrophierte, so konnte BIEDL an Selachiern, wo Interrenal- und Adrenalgewebe anatomisch getrennt und ersteres isoliert exstirpierbar ist, den sicheren Nachweis erbringen, daß nicht das chromaffine, Adrenalin produzierende, sondern das Rindengewebe als lebenswichtiger Anteil der Nebennieren anzusehen ist. An höheren Tieren konnte mit einer besonderen Versuchsanordnung das gleiche festgestellt werden. So konnte PENDE eine junge Katze am Leben erhalten, der er die eine Nebenniere entfernt, die andere ihrer nervösen Versorgung beraubt hatte. Als er diese enervierte Nebenniere nach sechs Monaten entfernte, ging das Tier unter den typischen Erscheinungen zugrunde. Diese enervierte Nebenniere aber zeigte eine hochgradige Atrophie des Markes bei wohlerhaltener Rindensubstanz. Diese letztere war also offenbar lebenswichtig. An Hunden gelingt es, unter Erhaltung der Nebennierenrinde die Marksubstanz vollkommen zu entfernen. Solche Tiere können monatelang am Leben erhalten werden, ohne irgendwelche krankhafte Erscheinungen oder pathologische Befunde darzubieten (HOUSSAY [1]), BORNSTEIN [2])). Die Nebennierenrinde ist also sicher lebenswichtig, das Nebennierenmark ist es nicht, was jedoch bei der völligen Unmöglichkeit, das gesamte chromaffine Gewebe des Körpers zu entfernen, nichts darüber aussagt, ob das chromaffine Gewebe lebenswichtig ist oder nicht. Daher weist natürlich auch die Tatsache, daß Tiere ohne Nebennierenmark keinerlei Anomalien zeigen, nur darauf hin, daß bei ihnen die Funktion des Nebennierenmarkes durch das restliche chromaffine Gewebe im Körper ersetzt werden kann. WISLOCKY und CROWE [3]) zeigten übrigens, daß selbst Hunde, denen 1—2 mm breite Streifen akzessorischen chromaffinen Gewebes zwischen den beiden Aa. mesentericae entfernt worden waren, eine Nebennierenzerstörung (partielle Exstirpation, Einheilung von Radiumröhrchen in den zurückbleibenden Rest) so lange überlebten, als ein Rest von Rindensubstanz erhalten blieb.

Wie und woran gehen nun nebennierenexstirpierte Tiere zugrunde? Solche Tiere erholen sich zunächst von dem operativen Eingriff vollkommen und

---

[1]) HOUSSAY, B. A. a. J. T. LEWIS: Americ. journ. of physiol. Vol. 64, p. 512. 1923 (Bd. 31, S. 113).

[2]) BORNSTEIN, A. u. H. GREMELS: Virchows Arch. f. pathol. Anat. u. Physiol. Bd. 254, S. 409. 1925 (Bd. 44, S. 173).

[3]) WISLOCKY, G. B. a. S. J. CROWE: Bull. of Johns Hopkins hosp. Vol. 35, Nr. 400, p. 187. 1924 (Bd. 38, S. 156).

verlieren erst nach einem freien Intervall ihre normale Frische. Die Freßlust
nimmt ab und hört schließlich vollkommen auf, die Tiere magern stark ab,
bewegen sich nicht, werden apathisch, vorher wilde und bissige Tiere werden
ruhig und zahm, zeigen eine zunehmende Muskelschwäche, die sich bis zur
schlaffen Parese der Hinterbeine steigert, und liegen mit gestreckten Vorder-
und Hinterbeinen mit dem Bauche glatt auf dem Boden. Die Körpertemperatur
sinkt, die Respiration wird angestrengt, die Herztätigkeit nimmt ab, präterminal
beobachtet man zuweilen einzelne Muskelzuckungen oder gar Konvulsionen.
Bei etwas länger überlebenden Tieren wurden auch Haarausfall, Anämie,
Temperatursteigerungen und Hyperalgesie beobachtet (PENDE). Bei Hunden
kommt es zu Brechdurchfall mit blutiger und galliger Entleerung, zu Entzündung des Zahnfleisches und Conjunctivitis [1]). Der Grundumsatz nebennierenloser Tiere sinkt, wie GRADINESCU zuerst gezeigt hat, regelmäßig ab [2])
und zeigt nur anfangs entsprechend der Ventilationssteigerung mitunter einen
vorübergehenden Anstieg [3]). Der Zuckergehalt des Blutes nimmt, wie PORGES
zuerst gezeigt hat, ab, auch das Leberglykogen schwindet (PORGES, O. SCHWARZ,
KAHN und STARKENSTEIN) und Eingriffe, die de norma Hyperglykämie bzw.
Glykosurie erzeugen, bringen diese Wirkung nur in vermindertem Ausmaße
hervor, so der Zuckerstich, Asphyxie, Diuretin, Coffein, Aderlaß, Fesselung
des Tieres u. a. [4]). Das Adrenalin erzeugt dagegen auch bei nebennierenlosen
Tieren Glykosurie (STARKENSTEIN). Es liegen Angaben über eine besondere
Toxizität von Blut und Harn nebennierenloser Tiere vor, die man mit der
Anhäufung vor allem bei der Muskeltätigkeit entstehender giftiger Produkte
zu erklären suchte.

Die Autopsie nebennierenloser Tiere ergibt meist eine Hyperämie, eventuell
mit Ödem, Blutungen und Ulcusbildung an Magen- und Darmschleimhaut
(PENDE, FINZI, STEWART und ROGOFF, BANTING [1])). Die Milz ist zuweilen
vergrößert, ihre Follikel ebenso wie der gesamte lymphatische Apparat des
Körpers hyperplastisch, der Thymus hyperämisch und vergrößert (AULD, PENDE,
CROWE und WISLOCKY, JAFFE [5]), BANTING). Das Genitale zeigt bei länger überlebenden weißen Ratten ausgesprochene Atrophie bzw. Hypoplasie (J. NOVAK),
während bei Kaninchen Wucherung der Zwischenzellen des Ovars, dagegen
keine charakteristischen Hodenveränderungen gefunden wurden (H. L. JAFFE
und D. MARINE [6])).

Wenn wir nun fragen, ob diese zum Tode führenden Ausfallserscheinungen
Mark- oder Rindensymptome darstellen, so ergibt sich ja schon aus dem oben
Gesagten die strikte Beantwortung: Es sind Rindensymptome. Dementsprechend

---

[1]) STEWART, G. N. a. J. M. ROGOFF: Proc. of the soc. f. exp. biol. a. med. Vol. 22, p. 394.
1925 (Bd. 42, S. 270). — BANTING, F. G. u. S. GAIRNS: Americ. journ. of physiol. Vol. 77,
p. 100. 1926 (Bd. 44, S. 880).

[2]) AUB, J. C., J. FORMAN a. E. M. BRIGHT: Americ. journ. of physiol. Vol. 61, p. 326.
1922 (Bd. 28, S. 373). — SCOTT, W. J. M.: Journ. of exp. med. Vol. 36, p. 199. 1922
(Bd. 26, S. 427). — BARLOW, O. W.: Americ. journ. of physiol. Vol. 70, p. 453. 1924 (Bd. 40,
S. 537). — ASHER, L. u. K. NAKAYAMA: Biochem. Zeitschr. Bd. 155, S. 413. 1925 (Bd. 40,
S. 201).

[3]) BORNSTEIN, A. u. H. GREMELS: l. c.

[4]) Vgl. BIEDL, BARLOW, B. KISCH.

[5]) JAFFE, H. L.: Journ. of exp. med. Vol. 40, p. 325. 1924 (Bd. 38, S. 232).

[6]) JAFFE, H. L. a. D. MARINE: Journ. of exp. med. Vol. 38, p. 93. 1923 (Bd. 31, S. 393).

läßt sich auch durch Dauerinfusion mit Adrenalin am bilateral epinephrektomierten Hunde weder das Symptomenbild wesentlich beeinflussen noch das Leben verlängern (BORNSTEIN und HOLM). Höchstens der Blutdruckabfall läßt sich beheben und der sinkende Grundumsatz erhöhen (AUB), vielleicht auch das Auftreten der Magen-Darmulcera verhindern (FINZI). Daß Muskelschwäche, Apathie und Freßunlust durch den Ausfall der Nebennierenrinde bedingt sind, zeigen übrigens am besten die BIEDLschen Rochen ohne Interrenalorgane, welche diese Symptome in unverkennbarer Weise zeigen, ehe sie etwa drei Wochen nach dem Eingriff unter den Erscheinungen allgemeiner Prostration zugrunde gehen. Die Regelmäßigkeit, mit welcher diese bis zur Lähmung der hinteren Extremitäten sich steigernde Muskelschwäche von Fischen und Fröschen an bis zu den höchsten Säugetieren (KAHNs Versuche an Affen) zu beobachten ist, weist auf eine fundamentale, lebenswichtige Funktion der Nebennierenrinde bei der Muskeltätigkeit hin. Tiere, welche wie die meisten Ratten dank ihrem akzessorischen Nebennierengewebe die beiderseitige Entfernung der Nebenniere gut und anscheinend symptomlos vertragen, offenbaren ihre Nebenniereninsuffizienz erst, wenn ihnen eine größere Muskelanstrengung zugemutet wird. Dann ermüden sie auffallend rasch und in bedrohlicher Weise, ja sie können unter diesen Umständen plötzlich zugrunde gehen (ALBANESE, MAUERHOFER [1])), wie Analoges ja auch in der menschlichen Pathologie vorkommt. Man hat zwar wiederholt behauptet, das Adrenalin könne die herabgesetzte Leistungsfähigkeit der Muskulatur steigern, mit einem Adrenalinmangel sind aber diese Erscheinungen gewiß nicht zu erklären, wenn auch die geänderte Blutversorgung, die gesteigerte nervöse Erregbarkeit, der erhöhte Blutzucker einen gewissen fördernden Einfluß des Adrenalins in dem erwähnten Sinne gewiß verständlich macht. Hohe Dextrosegaben sollen zwar mitunter einen günstigen Einfluß auf die Adynamie bei Nebenniereninsuffizienz ausüben und können anscheinend sogar die Lebensdauer nebennierenloser Hunde gelegentlich verlängern (STEWART und ROGOFF), der Zuckermangel allein ist es aber ganz gewiß nicht, der die Muskelschwäche und den Tod herbeiführt [2]).

So gewinnt denn die schon von ABELOUS und LANGLOIS vertretene Anschauung sehr an Wahrscheinlichkeit, daß die Nebennierenrinde gewisse giftige Produkte der Muskeltätigkeit zu entgiften hat, welche die Ermüdungserscheinungen hervorrufen. Daß in der tätigen Muskulatur nebennierenloser Tiere tatsächlich Giftstoffe enthalten sind, die bei normalen Tieren fehlen, konnte ERNI [3]) auch experimentell nachweisen. Preßsaft von Muskeln arbeitender nebennierenloser Ratten ruft, anderen nebennierenlosen Ratten intraperitoneal injiziert, schwere lebensbedrohliche Ermüdungserscheinungen hervor, während er für Normaltiere unschädlich ist. Muskelpreßsaft ruhender und arbeitender normaler Ratten ist auch für nebennierenlose Tiere ungiftig. Der Umstand, daß es nicht gelingt, durch Injektion von Nebennierenrindenextrakt die Muskeltätigkeit zu fördern und die Adynamie aufzuhalten [4]), spricht lediglich dafür, daß es sich nicht um irgendeine einfache Neutralisation der giftigen Produkte

---

[1]) MAUERHOFER, E.: Zeitschr. f. Biol. Bd. 74, S. 147. 1922.
[2]) Vgl. BAUER, J.: Dtsch. med. Wochenschr. 1922. Nr. 26.
[3]) ASHER, L. u. M. ERNI: Zeitschr. f. Biol. Bd. 78, S. 315. 1923 (Bd. 31, S. 393).
[4]) HAUPTFELD, R.: Cpt. rend. des séances de la soc. de biol. Tom. 90, p. 1083. 1924 (Bd. 38, S. 157).

durch die Rindensubstanz selbst, sondern wahrscheinlich um eine kompliziertere vitale Funktion der Nebennierenrinde handelt. Wie sich diese Funktion abspielt, ist uns vollkommen unbekannt.

Wir besitzen jedoch Anhaltspunkte, daß die Nebennierenrinde auch nach anderen Richtungen gewisse entgiftende Funktionen entfaltet. An Fröschen (GIUSTI) und Ratten (LEWIS [1])) hat man eine spezifische Steigerung der Empfindlichkeit der Tiere gegenüber verschiedenen Giften, insbesondere gegenüber Morphium feststellen können, nach verschiedenartigen Vergiftungen und Infektionen, sowie nach Verbrennungen [2]) lassen sich charakteristische histologische Veränderungen der Nebennierenrinde nachweisen, die vor allem in einer Verarmung an Fett und Lipoiden bestehen [3]). Bei den bekannten entgiftenden Eigenschaften des Cholesterins unter bestimmten Bedingungen [4]) und angesichts der unzweifelhaften Bedeutung der Nebennierenrinde für den Lipoidstoffwechsel des Organismus hat man hier den Schlüssel zum Verständnis dieser lebenswichtigen Funktionen der Nebennierenrinde gesucht, ohne ihren Mechanismus weiter aufklären zu können.

Wahrscheinlich hängt mit dieser den Lipoidstoffwechsel maßgebend beeinflussenden Tätigkeit der Nebennierenrinde auch die sehr charakteristische und rapide Abmagerung nebennierenloser Individuen zusammen. Diese erklärt sich, wie ganz besonders PENDE und BIEDL hervorheben, nicht bloß aus der mangelhaften Nahrungsaufnahme, tritt doch auch nach einseitiger Nebennierenexstirpation vorübergehend ein erheblicher Gewichtsverlust ein. Auch hierüber wissen wir nichts Genaueres, wie ja auch die sehr zahlreichen und eingehenden chemischen und histochemischen Untersuchungen über die Rindensubstanz der Nebenniere für das Verständnis ihrer Funktion keine Aufklärung gebracht haben. Wir wissen lediglich, daß die Nebennierenrinde Neutralfette und Fettsäuren, daß sie freies und verestertes Cholesterin und daß sie schließlich noch eine ganze Anzahl anderer, nicht doppeltbrechender lipoider Substanzen, Phosphatide, Cerebroside u. a. enthält. Gegenüber der ursprünglichen Annahme CHAUFFARDs, GRIGAUTs u. a. scheint heute der Standpunkt ASCHOFFs und seiner Schule als richtig erwiesen zu sein, nach dem die Nebenniere das Cholesterin nicht selbst bildet, sondern es bloß speichert. Nach Entfernung beider Nebennieren kommt es nämlich zu einem Anstieg des Cholesterins und seiner Ester im Blut (LANDAU und ROTHSCHILD [5])). Bei Inanition, aber auch bei andersartigem Gewebszerfall, wie Tuberkulose, Avitaminose, Carcinom wird durch Mobilisierung der Fettlager auch Cholesterin in Freiheit gesetzt und in der Nebennierenrinde gespeichert, denn Cholesterin findet sich auch stets in einer gewissen Quantität an die Neutralfette gebunden in den allgemeinen Fettdepots und ist anscheinend ein unerläßlicher Bestandteil aller Zellen. Ob die Nebennierenrinde bloß die zweckmäßige Abgabe der gespeicherten Fettstoffe und Lipoide in die Blutbahn zu besorgen hat, ob sie Umwandlungen dieser Substanzen

---

[1]) LEWIS, J. T.: Americ. journ. of physiol. Vol. 64, p. 506. 1923 (Bd. 32, S. 479).

[2]) NAKATA, T.: Beitr. z. pathol. Anat. u. allg. Pathol. Bd. 73, S. 439. 1925 (Bd. 41, S. 178).

[3]) ASCHOFF, L.: Vorträge über Pathologie. Jena: G. Fischer 1925. — BAGINSKI, ST.: Ref. Kongreßzentralbl. Bd. 41, S. 733 (Orig. poln. 1925).

[4]) Vgl. GROSS, O.: Klin. Wochenschr. 1923, Nr. 5, S. 217 (Bd. 28, S. 285).

[5]) Vgl. auch BAUMANN, E. J. a. O. M. HOLLY: Journ. of biol. chem. Vol. 55, p. 457. 1923 (Bd. 30, S. 412).

vornimmt[1]) und welche Bedeutung diese Vorgänge für den Betrieb des Organismus besitzen, wissen wir nicht. Zulage von Cholesterin steigert im Tierversuch das Körpergewicht, Entziehung führt beim wachsenden Tier zu einem Gewichtssturz und schließlich zum Tode (STEPP). Ob diese Tatsache in irgendeinem Zusammenhange mit der auffälligen Abmagerung nebennierenloser Tiere steht, ist vorderhand nicht zu beurteilen. PENDE betrachtet die Nebennierenrinde als die hauptsächliche „adipogenetische" Drüse, ohne deren Funktion die Fettsynthese in den Zellen des Fettgewebes stark beeinträchtigt sei.

Dagegen scheint die wichtige Stellung, welche die Nebenniere im Lipoid- und Fettstoffwechsel des Organismus einnimmt, in irgendeiner gleichfalls noch unklaren Beziehung zur Gehirnentwicklung zu stehen. Zunächst spricht vielleicht dafür schon der Umstand, daß die Ausbildung des Interrenalgewebes im Gegensatz zum Adrenalgewebe in der Wirbeltierreihe mit der aufsteigenden phylogenetischen Entwicklung zunimmt (ELLIOTT und TUCKETT), vor allem deuten aber darauf die merkwürdigen Beziehungen zwischen gestörter Hirnentwicklung und abnormen Befunden an den Nebennieren, wie sie schon seit langem bekannt und in der Literatur erörtert worden sind. Bei Anencephalie, Hemicephalie, Encephalocele, Cyclopie, Mikrocephalie, angeborenem Hydrocephalus und anderen Hirndefekten wurden sehr oft „hypoplastische" Nebennieren gefunden[2]). Wir verdanken THOMAS[3]) das Verständnis dieser Nebennierenbefunde. Während normalerweise die enorme Rindensubstanz des menschlichen Neugeborenen durch einen plötzlich zentral einsetzenden Einschmelzungsprozeß mit Hyperämie und Verfettung der inneren und mittleren Schichten im Laufe der ersten zwei Lebensmonate beträchtlich reduziert wird, um sich bis etwa zum zweiten Lebensjahr neu zu rekonstruieren, zeigen Individuen mit den genannten Hirnmißbildungen regelmäßig Nebennieren, wie sie etwa einem sechs Monate alten Säugling entsprechen. Sie sind klein und an der Oberfläche gefältelt. Der nur beim Menschen zu beobachtende postnatale Einschmelzungsprozeß der Nebennierenrinde weist im Zusammenhang mit den eben erwähnten Befunden bei Hirnmißbildungen auf einen kausalen Zusammenhang in der Entwicklung der beiden lipoidreichen Organe hin. Es ist aber noch nicht entschieden, ob die Hirnentwicklung leidet, weil die Nebenniere nicht normal ausgebildet ist und die erforderlichen Lipoide für den Hirnaufbau nicht liefert, oder ob die ursprüngliche, nun auch von THOMAS geteilte Anschauung ZANDERs richtig ist, derzufolge die vorderen Partien des Großhirns für die normale Entwicklung der Nebenniere unentbehrlich sind. Bei Tauben beobachtete CENI[4]) nach Entfernung des Vorderhirns eine Hypertrophie der Nebenniere, welche einer Atrophie der Generationsdrüsen parallel geht; beide Veränderungen können sich wieder zurückbilden. Auch für diesen Befund steht eine befriedigende Erklärung noch aus.

Wenn schon diese Beziehungen zwischen Nebennierenrinden- und Gehirnentwicklung wenigstens die Möglichkeit morphogenetischer Wirkungen der Nebennierenrinde in unseren Gesichtskreis rücken, so können wir heute auf

---

[1]) Vgl. THOMAS, E.: Monatsschr. f. Kinderheilk. Bd. 27, S. 343.

[2]) Vgl. BAUER, J.: Zeitschr. f. d. ges. Neurol. u. Psychiatrie. Ref. u. Erg. Bd. 3, S. 279. 1911.

[3]) THOMAS, E.: l. c. — ASCHOFF, L.: l. c.

[4]) CENI, C.: Arch. f. Entwicklungsmech. d. Organismen. Bd. 49, S. 491. 1921.

innersekretorischem Wege zustandekommende morphogenetisch - trophische Effekte der Nebennierenrinde auf dem Gebiete der Geschlechtsmerkmale als vollkommen gesichert ansehen. Die Physiologie lehrt uns allerdings hier weit weniger als das Naturexperiment der klinischen Pathologie. Schon älteren Autoren wie MECKEL war ein gewisser Parallelismus in der Größenentwicklung der Nebenniere und des Sexualapparates bei verschiedenen Tiergattungen aufgefallen, KOLMER hatte morphologische Geschlechtsdifferenzen der Nebennierenrinde beim Meerschweinchen aufgedeckt, so daß die Beschaffenheit dieser Organe geradezu einen sekundären Geschlechtscharakter des Meerschweinchens darstellt; in der Gravidität und während der Menstruation kommt es zu einer Vergrößerung der Nebenniere, vor allem in ihrem Rindenanteil (O. STOERK und v. HABERER) und auch nach Kastration wurde das gleiche beobachtet[1]. Für die normale Differenzierung der Samenepithelien und der Spermiogenese scheint ein entsprechender Gehalt der Nebennierenrinde an Lipoiden, speziell an Cholesterinestern erforderlich zu sein (LEUPOLD [2]). All das weist ebenso wie die nahen entwicklungsgeschichtlichen Beziehungen zwischen Nebennierenrinde und Keimdrüsen — beide entwickeln sich ja aus knapp benachbarten Partien des mesodermalen Cölomepithels — und wie die dementsprechende, fast regelmäßige embryonale Versprengung von akzessorischem Rindengewebe in das Gebiet der Geschlechtsdrüsen auf funktionelle Korrelationen dieser Organe hin. Das richtige Verständnis für das Wesen und die Bedeutung dieser Funktion der Nebennierenrinde ermöglicht aber nur die Pathologie, denn nur sie zeigt uns in einwandfreier Weise die Wirkungen einer übermäßigen derartigen Tätigkeit, während eine mit der Lebensfähigkeit vereinbarte Insuffizienz dieser Funktion merkbare Veränderungen nicht hervorzubringen scheint.

Was lehrt uns nun die Pathologie der mit Überfunktion einhergehenden Nebennierenrindenhyperplasien und Geschwülste [3]? Zunächst zeigt sie, daß solche Zustände wesentlich häufiger beim weiblichen als beim männlichen Geschlecht vorkommen. Dann ergibt sie die Tatsache, daß derartige Rindenhyperplasien und Tumoren der Nebennieren die Geschlechtsmerkmale in sehr charakteristischer und eigenartiger Weise beeinflussen. Entwickeln sie sich bei geschlechtsreifen Individuen, so kommt es zu einem Umschlagen gewisser sekundärer Geschlechtsmerkmale in das andere Geschlecht, zu einer teilweisen geschlechtlichen Umstimmung, unter gleichzeitiger Funktionshemmung und Atrophie der Keimdrüsen. Solche Frauen verlieren die Menses, werden fettleibig, bekommen einen mitunter vollkommen virilen Bartwuchs und eine Hypertrichose an Brust, Bauch und Extremitäten, gelegentlich wird auch die Stimme tiefer, die heterosexuelle Libido schwindet, die Klitoris kann hypertrophisch sein. Beim männlichen Erwachsenen liegen über eine derartige, mit morphogenetischer Beeinflussung der Geschlechtscharaktere einhergehende Nebennierenhyperplasie nur zwei Beobachtungen von

[1] ALTENBURGER, H.: Arch. f. Physiol. Bd. 202, S. 668. 1924 (Bd. 35, S. 366).

[2] LEUPOLD, E.: Verhandl. d. dtsch. pathol. Ges. Bd. 18, S. 206. 1921.

[3] Vgl. MATHIAS, E.: Virchows Arch. f. pathol. Anat. u. Physiol. Bd. 236, S. 446. 1922. — SCABELL, A.: Dtsch. Zeitschr. f. Chirurg. Bd. 185, S. 1. — SCHMIDT, H.: Virchows Arch. f. pathol. Anat. u. Physiol. Bd. 251, S. 8. 1924. — HALBAN, J.: Zeitschr. f. Konstitutionslehre. Bd. 11, S. 294. 1925. — SCHWARZ, E.: In Halban-Seitz, Biologie und Pathologie des Weibes. Bd. 5, Teil 3, S. 897. 1927 u. Wien. klin. Wochenschr. 1927. Nr. 7 u. 8.

Bittorf-Mathias und P. Weber[1]) vor. Ein 26jähriger Mann zeigte eine fortschreitende beträchtliche Vergrößerung der Brüste (Gynäkomastie) und einige Monate später Potenzabnahme und hochgradige Hodenatrophie. Die Behaarung blieb in der ursprünglichen reichlichen männlichen Ausbildung erhalten. Mit Recht spricht Mathias von einer Feminierung, Halban von einer geschlechtlichen Umstimmung in diesem Falle[2]). Im zweiten, von P. Weber beschriebenen Falle wuchsen bei einem 27jährigen Koch seit zwei Monaten die Mammae, aus deren gut entwickelten Mamillen sich einige Tropfen milchiger Flüssigkeit ausdrücken ließen. Mikroskopisch Drüsengewebe wie bei weiblicher Mamma. Tod an metastasierendem Hypernephrom der linken Nebennierenrinde.

Daß diese eigenartigen Erscheinungen tatsächlich durch eine Überfunktion der Nebennierenrinde hervorgerufen sind, beweisen die allerdings seltenen Beobachtungen an operierten Fällen[3]). Im Falle Bovin kehrte nach der Entfernung eines in der Ovarialgegend gelegenen hypernephroiden Tumors[4]) die jahrelang ausgebliebene Menstruation wieder, die Hypertrichose blieb bestehen, im Falle Thornston schwand die Hypertrichose nach Exstirpation des rechtsseitigen Nebennierentumors und Holmes[5]) sah schon 36 Tage nach Entfernung einer rechten Nebennierenrindengeschwulst, die seit neun Jahren ausgebliebene Menstruation bei der 26jährigen Kranken wiederkehren, die Haare im Gesicht und später auch am Rumpf ausfallen. Während vor der Operation die heterosexuelle Einstellung des Geschlechtstriebes geschwunden war, der Uterus atrophierte, die Klitoris sich vergrößerte, zeigte die Frau bei einer Nachuntersuchung sechs Jahre später ein vollkommen normales weibliches Verhalten in physischer und psychischer Beziehung. Bertolotti[6]) sah nach Röntgenbestrahlung eines rechtsseitigen Hypernephroms bei einem jungen Mädchen die neu entstandene Hypertrichose von virilem Typus schwinden, während Kopf-, Achsel- und Schamhaare unverändert blieben.

Kommen Rindenhyperplasien bzw. Tumoren der Nebennierenrinde mit morphogenetischer Wirkung im präpuberalen Alter zur Entwicklung, dann beobachtet man die Erscheinungen ausgesprochenster Frühreife, sog. Makrogenitosomia praecox, bei der iso- und heterosexuelle Geschlechtscharaktere zu vorzeitiger und übermäßiger Ausbildung gelangen und meistens eine Hypertrichosis, häufig auffallende Fettleibigkeit besteht.

Bei Mädchen entwickelt sich das äußere Genitale, insbesondere die Klitoris mächtig, sie kann zu einem penisähnlichen Gebilde auswachsen, Menstrual-

---

[1]) Weber, F. Parkes: Brit. journ. of dermatol. a. syphil. Vol. 38, p. 1. 1926.

[2]) Faltas Einwand, es handle sich um keine Verweiblichung sondern bloß um einen Späteunuchoidismus, erscheint nicht berechtigt, denn erstens kam die weibliche Brust noch vor der Hodenatrophie zur Entwicklung, zweitens stünde die erhaltene männliche Behaarung mit einem Späteunuchoidismus ebenso in Widerspruch wie mit einer „Verweiblichung" und drittens rechtfertigt die Analogie mit den weiter unten zu besprechenden frühinfantilen Fällen bei Knaben diese letztere Auffassung. Der Behaarung scheint allerdings, wie wir hören werden, eine gewisse Sonderstellung zuzukommen (Falta, W.: Wien. klin. Wochenschr. 1925, Nr. 45, S. 1203).

[3]) Vgl. Rolleston, H.: West London med. journ. Vol. 30, Nr. 3, p. 105. 1925.

[4]) Vielleicht gehört auch der an anderer Stelle erwähnte analoge Fall Bingels mit Luteinzellentumor in diese Reihe, ebenso ein Fall Sellheims (Arch. f. Frauenk. u. Konstit. Bd. 12, S. 433. 1926.)

[5]) Holmes, G.: Quart. journ. of med. Vol. 18, Nr. 70, p. 143. 1925 (Bd. 39, S. 629).

[6]) Bertolotti: Zit. nach Pende, N.: Rev. franç. d'endocrinol. Tom. 3, p. 9. 1925.

blutungen können vorübergehend auftreten und wurden selbst bei dreijährigen Mädchen beobachtet, die Mammae entwickeln sich nur ausnahmsweise (Fälle Tilesius, Bulloch und Sequeira), die Crines wachsen, in den meisten Fällen

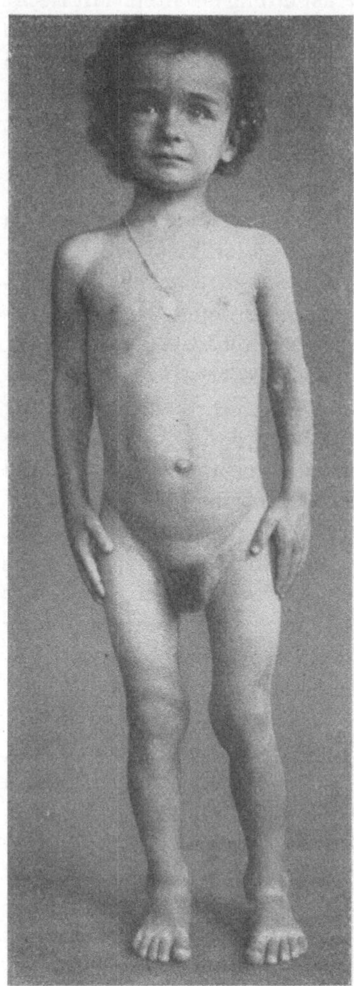

Abb. 12. Makrogenitosomia praecox bei 3 jährigem Mädchen mit malignem, metastasierendem Tumor der Nebennierenrinde. Körpergröße eines 6 jährigen Mädchens. Rauhe, tiefe Stimme. Hypertrophie der Klitoris. (Nach Ambrožič und Baar: Zeitschr. f. Kinderheilk. Bd. 27, S. 135. 1921.)

kommt es zu ausgesprochenem virilem Bartwuchs und Hypertrichose des übrigen Körpers, die Haut ist infolge der hyperplastischen Talgdrüsen oft mit Acnepusteln und Furunkeln übersät, der Kehlkopf nimmt männliche Charaktere an, die Stimme wird tief. Die Muskulatur kann eine besonders starke Entwicklung aufweisen, das Wachstum erfolgt beschleunigt, das Körpergewicht ist infolge des Fettansatzes häufig übernormal.

Bei Knaben wächst insbesondere der Penis mächtig, die Prostata entwickelt sich, die Hoden können dabei klein bleiben, Crines, Bart und übrige Körperbehaarung können schon im frühen Kindesalter zum Vorschein kommen. Die Muskulatur ist oft besonders kräftig entwickelt, die Stimme kann schon mit drei Jahren mutieren, das zweite Gebiß vorzeitig erscheinen. Manche derartige Knaben wachsen sehr rasch, so entsprach der $5^1/_2$ jährige, von Linser und Dietrich beobachtete Fall seiner Größe von 138 cm nach dem Alter von fast 12 Jahren, andere wieder können fettleibig werden. Von den wenigen einschlägigen Fällen dieser Kategorie, also unter den Knaben, welche eine morphogenetisch wirksame Rindenwucherung der Nebennieren bekamen, zeigte keiner einen Umschlag ins andere Geschlecht [1]).

Daß auch bei den infantilen Fällen die Überfunktion der Nebennierenrinde als Ursache der eigenartigen morphogenetischen Wirkung auf die Geschlechtsmerkmale anzusprechen ist, beweist der Erfolg der Tumorexstirpation im Falle Colletts [2]), wo bei dem neun Monate alten Mädchen die Genitalhyperplasie zurückging, die Hypertrichose verschwand, der Fettansatz geringer wurde und der kindliche Habitus wiederkehrte.

Besonders bemerkenswert sind nun aber jene Fälle von Nebennierenrindenhyperplasie, bzw. Tumoren der Nebennierenrinde, welche bei kongenitalen

---

[1]) Es gehören hierher die Beobachtungen von Guthrie-d'Este Emery, Linser-Dietrich, Adams, Baldwin, Tschernobrow.

[2]) Collett, A.: Americ. journ. of dis. of childr. Vol. 27, p. 204. 1924 (ref. Endocrinology-Bd. 8, Nr. 5, S. 681).

Intersexen höheren Grades, d. h. bei sog. Pseudohermaphroditismus gefunden werden. Seit der ersten Beschreibung MARCHANDS wurde eine große Anzahl obduzierter Fälle von Pseudohermaphroditismus bekannt, bei denen abnorme Rindenproliferation in der Nebenniere gefunden worden ist. In der Mehrzahl der Fälle handelt es sich um einen Pseudohermaphroditismus femininus [1]), doch existiert auch schon eine Reihe von Beobachtungen, welche einen Pseudohermaphroditismus masculinus betreffen, so die Fälle MEIXNER, RAUBITSCHEK, MITTASCH-SCHMORL, BRUTSCHY, HELMBOLD-NEUGEBAUER, KRABBE [2]). Wenn auch die Fälle von Pseudohermaphroditismus ohne Nebennierenrindenhyperplasie wesentlich häufiger sind als solche mit diesem Befund, so erscheint es mir angesichts der analogen Effekte der bei Erwachsenen auftretenden Nebennierenrindenwucherungen auf die Ausbildung der Geschlechtscharaktere doch gezwungen, hier einen kausalen Zusammenhang in Abrede zu stellen und von einer bloßen Koordination der beiden Bildungsfehler, des Pseudohermaphroditismus einerseits, der Nebennierenrindenhyperplasie andererseits zu sprechen, wie dies FALTA getan hat. Hat sich doch sogar HALBAN zu der nicht weiter erklärten Annahme veranlaßt gesehen, Individuen mit hermaphroditischer Anlage besäßen relativ häufig eine Disposition zu Nebennierenrindentumoren. Ist es aber zulässig, bei der unbestrittenen Koinzidenz von heterosexuellen Merkmalen und Nebennierenrindenhyperplasie dort, wo angeborene Zustände vorliegen, einen kausalen Zusammenhang ganz zu leugnen (FALTA) oder die heterosexuellen Merkmale als das anlagemäßige Primäre, die Nebennierenrindenhyperplasie als die, wenn auch mittelbare Wirkung, als das, wenn auch akzidentelle Sekundäre anzusehen (HALBAN), während in jenen Fällen, wo es sich um später erworbene Zustände handelt, die primär kausale Bedeutung der Nebennierenhyperplasie unzweifelhaft erwiesen ist? Wir müssen hier unbedingt der Anschauung APERTS, BIEDLS, E. SCHWARZS u. a. zustimmen, die die Entstehung des Pseudohermaphroditismus in den betreffenden Fällen als Folge der fetalen Überfunktion der Nebennierenrinde angesprochen haben. Damit ist natürlich durchaus nicht gesagt, daß alle Fälle von Pseudohermaphroditismus diese Genese haben, im Gegenteil! Wir haben in einem früheren Kapitel den Bildungsmechanismus intersexueller Zwischenstufen verschiedener Grade ausführlich auseinandergesetzt, und können unter Berufung auf diese Ausführungen, auf das Gesetz der mehrfachen Sicherungen und auf die ganz allgemeine Stellung der innersekretorischen Organe als Verstärker und Multiplikatoren bestimmter Anlagen folgende Theorie formulieren.

Die Nebennierenrinde produziert ein Hormon, das analog dem Keimdrüsenhormon fördernd, provozierend und intensivierend auf die Ausbildung der Geschlechtsmerkmale einwirkt. Zum Unterschied vom Keimdrüsenhormon unterstützt aber das Nebennierenhormon in besonderem Ausmaße die Manifestation der überdeckten, normalerweise latent bleibenden heterosexuellen Geschlechtsmerkmale. Es aktiviert somit zum Teile die de norma überdeckte Geschlechtsanlage, es verhilft dieser zu einer abnormen Prävalenz, wirkt daher in dieser Beziehung dem Keimdrüsenhormon entgegen. Besteht die Hyperfunktion der Nebennierenrinde schon im Embryonalzustand, dann kann das sonst

---

[1]) FELDMANN, E.: Virchows Arch. f. pathol. Anat. u. Physiol. Bd. 259, S. 608. 1926 (Bd. 44, S. 268).
[2]) KRABBE, KNUD H.: Ref. Kongreßzentralbl. Bd. 39, S. 37 (Orig. dän. 1924).

normale Prävalenzverhältnis von F und M zugunsten des überdeckten anderen Geschlechtes derart verschoben werden, daß sich trotz der ursprünglich normal angelegten Keimdrüse die später erfolgende Differenzierung der genitalen Hilfsapparate in größerem oder geringerem Ausmaß im Sinne des anderen Geschlechtes vollzieht; es resultiert ein Pseudohermaphroditismus. Kommt es zur Hyperfunktion der Nebennierenrinde am voll entwickelten, ausgewachsenen Individuum, dann erfolgt die oben erörterte und reversible Geschlechtsumstimmung.

Unter dem Einfluß des übermäßig gelieferten Rindenhormons der Nebenniere ist ein teilweiser und reversibler Prävalenz- (Dominanz-) Wechsel erfolgt. wie er in der allgemeinen Biologie Analogien genug besitzt. Wir erinnern nur an den analogen, aber ohne hormonale Einflüsse sich abspielenden Prävalenzwechsel der Geschlechtsanlagen bei Batrachiern und Hühnern (vgl. S. 114 u. 135). Das Rindenhormon übt gewissermaßen Minoritätenschutz, indem es die sonst überdeckte, latent bleibende Geschlechtsanlage zur phänotypischen Auswirkung befähigt, den hormonalen Effekten der Keimdrüse entgegenwirkt, ja diese selbst meist zur Atrophie bringt. Als Stütze unserer Auffassung können Versuchsergebnisse von ASHER und KICHIKAWA [1]) herangezogen werden: Bei nebennierenlosen, kastrierten Ratten erfolgt die Rückbildung der Geschlechtsmerkmale langsamer, ihre Geschlechtsumstimmung nach Implantation heterosexueller Keimdrüsen weniger deutlich als bei Tieren mit Nebennieren. Also gewissermaßen ein Hinweis auf die Förderung der heterosexuellen Merkmale durch die Nebenniere.

Warum bei jener Gruppe von Fällen, bei welchen die Rindenüberfunktion im präpuberalen Alter, aber nach schon vollkommener Ausbildung der genitalen Hilfsorgane einsetzt, die weiblichen Individuen nicht konstant, die bisher bekannt gewordenen fünf männlichen Individuen überhaupt nicht heterosexuelle Merkmale bekommen, sondern nur die äußeren Erscheinungen der Pubertas praecox, freilich meist ohne entsprechende Entwicklung der Keimdrüsen darbieten, das erfordert eine besondere Erklärung, die ich hypothetisch darin suchen möchte, daß im präpuberalen Alter aus unbekannten Gründen — vielleicht aber zum Zwecke einer möglichst einwandfreien und störungslosen sexuellen Differenzierung des Organismus in der Pubertätsperiode — das konstitutionell gegebene Prävalenzverhältnis der Geschlechtsfaktoren F und M in besonderem Maße stabil, Beeinflussungen gegenüber besonders widerstandsfähig ist. Wieder stünden wir da vor dem alten Prinzip der Interferenz anlagemäßiger, chromosomaler Potenzen und hormonaler Einflüsse. Widersteht das Prävalenzverhältnis von F und M dem umkehrenden Einfluß des Rindenhormons der Nebenniere, kommt ein Prävalenzwechsel in diesem Alter also nicht oder nur sehr schwer zustande, dann wirkt sich das Nebennierenhormon trotzdem an den gleichen Erfolgsorganen aus, diese reagieren aber dann nicht im heterosexuellen, sondern im isosexuellen Sinne, die protektive Wirkung wird analog der Wirkung des Keimdrüsenhormons, es kommt nur zu abnormer Frühreife und nicht oder nur andeutungsweise zur Geschlechtsumstimmung. Das Prävalenzverhältnis der Geschlechtsfaktoren entscheidet also über den Effekt der fördernden Wirkung des Hormons der Nebennierenrinde auf die Geschlechtscharaktere. In diesem Punkte sind wir mit HALBAN einig. Der fundamentale

---

[1]) ASHER, L. u. W. KICHIKAWA: Biochem. Zeitschr. Bd. 163, S. 176. 1925 (Bd. 44, S. 172).

Gegensatz zu seiner Auffassung besteht darin, daß nach unserer Theorie diese protektive Wirkung auf die Geschlechtscharaktere geknüpft erscheint an die Tendenz, das bestehende konstitutionelle Prävalenzverhältnis der Geschlechtsfaktoren zum Teil zugunsten des überdeckten latenten Faktors im Sinne eines Dominanzwechsels zu verschieben. Von der Ansprechbarkeit des Erfolgsorgans hängt auch hier der Effekt ab. Widersteht die sexuelle Konstitution der Erfolgsorgane, also das konstitutionelle Prävalenzverhältnis von F und M der invertierenden Tendenz des Nebennierenhormons, wie dies namentlich im Knabenalter der Fall zu sein pflegt, dann tritt nur Frühreife und keine Geschlechtsumstimmung ein.

Eine unserer Theorie bis zu einem gewissen Grade nahestehende Auffassung über den Einfluß der Nebennierenrinde auf die Geschlechtsdifferenzierung hat kürzlich E. Schwarz eingehend zu begründen versucht. Wir dürfen auf eine ausführliche Darstellung der Schwarzschen Lehre schon aus dem Grunde verzichten, weil sie sich auf die noch nicht genügend geklärten Verhältnisse der Geschlechtschromosomen und ihrer Beziehungen zu den übrigen sog. Autosomen aufbaut, somit eine Hypothese auf noch allzu schwankendem Boden errichtet, vor allem aber deshalb, weil in ihrem Rahmen die Geschlechtsumstimmung männlicher Individuen nicht erklärbar wäre. Im Gegensatz zu Schwarz halten wir aber eine solche in gewissen Fällen für gesichert — man denke nur an die oben erwähnten Fälle von Pseudohermaphroditismus masculinus mit Wucherungen des Rindengewebes der Nebenniere.

Es gibt demnach einerseits Intersexe zygotischen, autochthon-chromosomalen Ursprungs und andererseits solche hormonaler Natur durch metagame Umstimmung eines primär normalen Prävalenzverhältnisses der Geschlechtsfaktoren. Daß es daher Pseudohermaphroditismus mit und ohne Rindenhyperplasie der Nebenniere gibt, ist somit ebenso verständlich wie das Vorkommen morphologischer Rindenwucherungen der Nebenniere ohne Intersexualität, denn nur bei einer Gruppe von Fällen

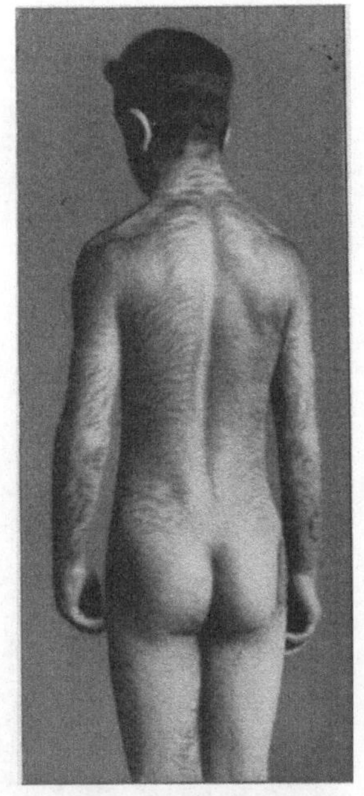

Abb. 13. Hypertrichosis bei 14 jährigem Knaben. Vorzeitige Geschlechtsentwicklung. Vorzeitige Ossification der Epiphysenfugen, dem Alter von 17 Jahren entsprechend. Körpergröße 143 cm, dem Alter von 12½ Jahren entsprechend. Wird zweimal wöchentlich rasiert. Tiefe Stimme. Imbezillität. Blutdruck 106 RR.

bedeutet die morphologische Hyperplasie der Nebenniere auch eine übermäßige Belieferung des Organismus mit dem morphogenetisch wirksamen Hormon. L. Fränkel hatte einmal die Hypothese aufgestellt, es gebe männliche und weibliche Rindentumoren der Nebenniere und von der Übereinstimmung oder Nichtübereinstimmung mit der Keimdrüse des Trägers hänge eben der morphogenetische Effekt ab. Zweifellos gibt es männliche und weibliche Rindentumoren der Nebenniere, sowie jede einzelne Körperzelle männlich oder weiblich ist, die Vorstellung Fränkels jedoch läuft auf etwas ganz anderes hinaus und steht mit erwiesenen Tatsachen der Biologie in Widerspruch.

Es ist auffällig, daß unter allen morphogenetischen Effekten von seiten der Nebennierenrinde gerade die Hypertrichose ganz besonders in den Vordergrund tritt. Unter den heterosexuellen Merkmalen bei weiblichen Individuen mit Rindentumoren ist sie ebenso am charakteristischesten wie unter den Zeichen der vorzeitigen Reife bei männlichen Individuen, und der oben erwähnte männliche Fall Bittorfs mit Erscheinungen von Feminierung behielt seine männliche, dichte Behaarung trotz Hodenatrophie bei. Veranlaßte doch dieses Symptom Apert, das ganze genito-suprarenale Syndrom mit dem Namen Hirsutismus zu belegen. Die Annahme, daß das Rindenhormon der Nebenniere unter allen anderen sexuell differenzierten Erfolgsorganen gerade zu den Haarbälgen

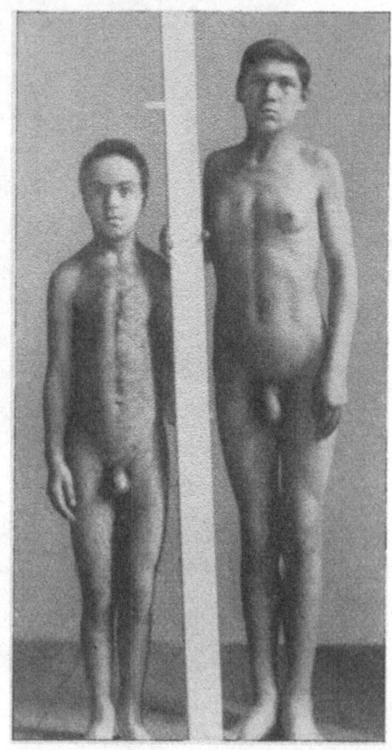

eine besondere Affinität aufweist (Falta) und diese, unbeschadet seiner sonstigen geschlechtsumstimmenden Tendenz, stets im fördernden Sinne beeinflußt, hat meines Erachtens nichts Befremdendes an sich, um so mehr als auch die Fettsucht vieler Fälle von Hirsutismus auf eine sexuell nicht differenzierte, allgemeinere Zellwirkung des Hormons hinweist. Diese Fettsucht bei Überfunktion der Nebennierenrinde steht der Abmagerung und Kachexie nach Wegfall der Nebennierenrinde in sehr charakteristischer Weise gegenüber (Pende [1])). Es ist mehr als wahrscheinlich, daß die sehr eklatante Beeinflussung des Terminalhaarkleides durch die Nebennierenrinde gelegentlich auch in solchen Fällen zur Geltung kommt, in denen die Intensität der Rindenfunktion der Nebenniere kaum die Grenze ihrer normalen Variationsbreite überschreitet, jedenfalls aber zu gering ist, um das volle genito-suprarenale Syndrom auszulösen. Kurz, die Hypertrichose scheint mir unter Berücksichtigung des Prinzips der mehrfachen Sicherungen ein besonders frühzeitig eintretendes und besonders konstantes Zeichen einer interrenalen Überfunktion darzustellen, um das sich die übrigen Symptome gruppieren und welches in erster Linie den Übergang herstellt von

Abb. 14. Links der 14 jährige Knabe der Abb. 13, rechts gleichalteriger Knabe mit linksseitiger Gynäkomastie. Die Marke am Maßstab gibt die Normalgröße für 14 Jahre an.

der Norm über die rudimentären Fälle übermäßiger Nebennierenrindenfunktion bis zum voll entwickelten genitosuprarenalen Syndrom. Hierher gehören Fälle wie der in Abb. 13—14 dargestellte 14jährige Knabe, der in der Größe einem $12^1/_2$jährigen entsprach und eine dichte Hypertrichose aufwies [2]). Hierher gehören aber wahrscheinlich auch manche der gar nicht seltenen Fälle von meist erst nach dem Klimakterium auftretender Gesichtsbehaarung bei Frauen, wenn auch aus der relativen Gewichtsverschiebung zwischen Nebenniere und Ovarium zugunsten der ersteren, wie sie Berblinger [3]) in diesen Fällen

[1]) Pende, N.: Rev. franç. d'endocrinol. Tom. 3, p. 9. 1925.
[2]) Ein analoger Fall wurde von Apert, E., Stévenin u. R. Broca mitgeteilt. Bull. et mém. de la soc. méd. des hôp. de Paris. Tom. 38, Nr. 37, p. 1750. 1922 (Bd. 27, S. 537).
[3]) Berblinger, W.: Zeitschr. f. Konstitutionslehre. Bd. 12, S. 193. 1926.

gefunden hat, keine bindenden Schlußfolgerungen gezogen werden können. Darin aber können wir BERBLINGER zustimmen, daß die Entfaltung des von der Nebennierenrinde ausgehenden fördernden Einflusses auf die Behaarung vielfach erst dann möglich wird, wenn die ovarielle Tätigkeit erlischt oder stark abgeschwächt wird. Dem entspricht auch eine Beobachtung WERESCHINSKIS[1]) an einer 29jährigen Frau mit typischem Pseudohermaphroditismus femininus und Hypernephrom. Die Implantation normalen menschlichen Ovarialgewebes hatte einen hemmenden Einfluß auf den bestehenden Bartwuchs. Hierher können wir schließlich mit FALTA auch einzelne Fälle von Akromegalie zählen, bei welchen sich eine Hypertrichose entwickelt, wenn auch noch nicht festgestellt erscheint, daß dies gerade in jenen Fällen vorkommt, in welchen bei der Autopsie eine hyperplastische Nebennierenrinde zu finden ist.

Andere Organe, denen eine innere Sekretion zugeschrieben wird.

Hier ist zunächst die sog. Carotisdrüse, die Glandula carotidea, oder das Glomus carotideum anzuführen, ein beim Menschen etwa erbsengroßes Organ, das an der Bifurkationsstelle der Carotis liegt und schon von A. v. HALLER beschrieben worden ist. Das Organ entwickelt sich ohne epitheliale Anlage aus einer umschriebenen Wucherung der Gefäßwand der Carotis interna (R. PALTAUF 1891). A. KOHN, der Verbände chromaffiner Zellen in ihm nachweisen konnte, reihte es den Paraganglien des Adrenalsystems an, indessen spricht schon die Embryogenese sowie die Struktur des Organs für eine Sonderstellung. Es überwiegen nämlich die keine Chromreaktion gebenden Zellen, die zum Teil eosinophilen Charakter zeigen (PENDE). Das Organ enthält zahlreiche Nervenfasern und ist reichlich vascularisiert. Exstirpationsversuche zur Klarstellung der Funktion wurden wiederholt unternommen. Positiven Angaben über trophische und Wachstumsstörungen, Osteoporose und morphologische Veränderungen an den Hormonorganen[2]) stehen jedoch durchaus negative Untersuchungen gegenüber[3]), so daß wir über die Rolle der sog. Carotisdrüse im Organismus gar nichts aussagen können. Es ist nicht einmal sichergestellt, ob das Organ eher dem chromaffinen System oder vielleicht dem Thymus zur Seite zu stellen ist (KLUG). Auch die gelegentlich vorkommenden Tumoren dieses Organs gestatten keine Schlußfolgerung auf seine physiologische Funktion. Jedenfalls ist also eine Hormonproduktion durch die Carotisdrüse nicht erwiesen.

Ganz unwahrscheinlich ist dies auch bei dem sog. Steißknötchen, dem Glomus coccygeum, welches zum ersten Male von LUSCHKA an der Steißbeinspitze als ein an den Endverzweigungen der Arteria sacralis media hängendes, kleinerbsengroßes Knötchen gefunden wurde. Auch dieses Organ entwickelt sich aus der Gefäßwand (v. SCHUMACHER), enthält aber überhaupt keine chromaffinen Zellen (O. STOERK). PENDE denkt an einen Konnex des Glomus carotideum und coccygeum mit dem Sympathicus, es läßt sich aber nicht einmal eine Vorstellung über die Art dieses Konnexes entwickeln. Nicht ganz unwahrscheinlich ist mir, daß das Steißknötchen an den heftigen Schmerzen

---

[1]) WERESCHINSKI, A. O.: Arch. f. klin. Chirurg. Bd. 129, S. 810. 1924.
[2]) FISCHER, W.: Zeitschr. f. exp. Med. Bd. 39, S. 477. 1924 (Bd. 37, S. 48).
[3]) KLUG: Beitr. z. klin. Chirurg. Bd. 131, S. 531. 1924 (Bd. 38, S. 8).

der sog. Coccygodynie Schuld tragen könnte, was nur ganz nebenbei bemerkt sein mag.

In der Nähe der Schilddrüse und des Thymus, namentlich aber in der Höhe der oberen Epithelkörperchen wurden von PENDE [1]), PEPERE u. a. kleine und kleinste, bis zu 2—3 mm im Durchmesser messende, rötliche Läppchen und Inselchen im Zellgewebe beschrieben, die bei Haustieren und auch beim Menschen nachzuweisen sind und die histologische Struktur eines endokrinen Organs besitzen sollen. PENDE spricht von einer Glandula insularis cervicalis. In der Tat zeigen PENDEs Präparate feingranulierte, polyedrische Epithelzellen mit großem, bläschenförmigen Kern und reichlichem Lipoidgehalt. Diese reichlich durchbluteten Zellgruppen sind am stärksten in den zwei letzten Fetalmonaten sowie einige Tage nach der Geburt ausgebildet, um dann rasch sich in Fettgewebe umzuwandeln. Von A. KOHN wurden diese Gebilde mit dem sog. braunen Fettgewebe HAMMARs identifiziert. PENDE meint, es handle sich um eine mit dem Fettstoffwechsel eng verknüpfte innersekretorische Drüse, ähnlich wie etwa das innersekretorische Gewebe des Thymus zum lymphatischen Gewebe in Beziehung stünde. Die Funktion dieses Gewebes ist uns gänzlich unbekannt, eine inkretorische Tätigkeit durchaus unwahrscheinlich.

Etwas besser fundiert ist die Anschauung, daß die Speicheldrüsen, die Parotis und Submaxillaris auch eine hormonale Funktion ausüben. Gewisse Hinweise in dieser Richtung bot zunächst die klinische Beobachtung. Man findet eine Hyperplasie der Ohrspeicheldrüsen nicht selten bei fettleibigen Männern (SPRINZELS), ferner gelegentlich bei Hypoplasie der Keimdrüsen (L. MOHR, J. BAUER [2]), HÄMMERLI) und im Klimakterium (MOHR, DALCHÉ), selten bei Morbus Basedowii. BAUMSTARK beschreibt eine 27jährige Frau mit Myxödem, bei welcher unmittelbar nach Implantation einer Schilddrüse in die Tibia eine doppelseitige Schwellung der Speicheldrüsen aufgetreten war. HÄMMERLI fand einen gewissen Parallelismus zwischen Submaxillardrüsen- und Schilddrüsengewicht bei endemischem Kropf. Auch die selektive Reaktion der Speicheldrüsen, Hoden und des Pankreas auf das Mumpsvirus deutet auf eine engere Beziehung dieser Organe hin. Freilich lassen alle diese Tatsachen um so weniger einen Schluß auf die Art einer eventuellen inkretorischen Funktion der Speicheldrüsen zu, als deren Beteiligung an den oben angeführten endokrin bedingten Zuständen nichts weniger denn regelmäßig vorkommt, und es auch eine konstitutionelle, hereditäre Speicheldrüsenhyperplasie gibt, die keinerlei Beziehungen zu hormonalen Störungen erkennen läßt [2]). Nach HAMMETT [3]) bewirkt die Entfernung der Epithelkörperchen bei albinotischen Ratten regelmäßig eine Vergrößerung der submaxillaren Speicheldrüsen, die ausbleibt, wenn gleichzeitig mit den Epithelkörperchen die Schilddrüse exstirpiert wurde. Tierversuche von GOLJANITZKI [4]) ergaben, daß die doppelseitige Entfernung der Parotis und Submaxillaris oder Unterbindung sämtlicher zuführender Gefäße dieser Drüsen zu Glykosurie, Abmagerung, Krämpfen und Exitus innerhalb

---

[1]) PENDE, N.: Arch. f. mikroskop. Anat. Bd. 86. 1914.
[2]) Vgl. Lit. bei BAUER, J.: Konstit. Dispos. l. c. S. 480. — KEHL: Klin. Wochenschr. 1924. S. 861.
[3]) HAMMETT, F. S.: Americ. journ. of anat. Vol. 31, p. 103. 1922 (Bd. 27, S. 443).
[4]) GOLJANITZKI, J. A.: Arch. f. klin. Chirurg. Bd. 130, S. 763. 1924 (Bd. 38, S. 522) u. Dtsch. Zeitschr. f. Chirurg. Bd. 191, S. 79. 1925 (Bd. 41, S. 256).

weniger Tage führt. Bei Transplantation der Drüsen in die Bauchhöhle vertragen die Tiere die Entfernung der vier Organe von ihrer physiologischen Stelle. Hyperglykämie und Glykosurie nach Exstirpation der Speicheldrüsen war schon früher mehrfach beobachtet worden [1]).

Der Milz hat man eine hormonale Beeinflussung der Knochenmarkstätigkeit und zwar in hemmendem Sinne zugeschrieben (H. Hirschfeld) und die Berechtigung hierzu aus dem Verhalten des Blutbildes nach Milzexstirpation unter normalen und pathologischen Bedingungen abgeleitet. Andererseits hat man aber auch Substanzen aus der Milz, wahrscheinlich aus zerstörten Erythrocyten gewonnen, welche — aktiviert durch die Leber — die Hämatopoëse im Knochenmark anregen [2]) und hat Anämien mit solchen Extrakten behandelt. Wie wenig gesichert unsere Kenntnisse auf diesem Gebiete sind, geht daraus hervor, daß man einerseits auch bei Erythrämie schon Erfolge mit Milzextrakten beschrieben hat [3]), andererseits aber Mayo [2]) über einen durch Milzexstirpation angeblich geheilten Fall von Erythrämie verfügt. Fernwirkungen auf die Leber übt die Milz zweifellos aus, so bleibt z. B. bei entmilzten Tieren der autolytische Eiweißabbau in der Leber nach parenteraler Darreichung von artfremdem Eiweiß aus. Die peristaltikfördernde Eigenschaft wässeriger Milzextrakte, welche Zülzer zur Darstellung seines Hormonals veranlaßte, wird von ihm selber auf eine bloße Speicherung jener Substanz zurückgeführt, die aus der Schleimhaut des in der Verdauungsarbeit begriffenen Magens und Darmes schon von Enriquez und Hallion extrahiert worden war. Wir haben allen Grund anzunehmen, daß — wie schon Bayer betont hat — die Wirkung des Hormonals auf seinem Cholingehalt beruht. Asher hat auf Grund von Untersuchungen des Stoffwechsels und der Blutbildung einen hormonalen Antagonismus zwischen Milz und Schilddrüse angenommen, doch wurden seine Befunde bezüglich der Umsatzsteigerung nach Splenektomie nicht bestätigt [4]) und auch seine neueren Ergebnisse [5]) scheinen mir nicht im Sinne seiner Annahme zu sprechen.

Nachdem schon vor langen Jahren französische Autoren (Gilbert, Carnot u. a. [3])) Leberpräparate zur Organotherapie der Lebercirrhose, des Diabetes u. a. Erkrankungen herangezogen hatten, ohne die entsprechende, wissenschaftlich fundierte Grundlage hierfür geschaffen zu haben, wurden in den letzten Jahren von physiologischer Seite Befunde mitgeteilt, die die Annahme einer hormonalen Funktion der Leber immerhin in Erwägung ziehen lassen. E. P. Pick [6]) gelangte hauptsächlich auf Grund von Coffein-Diureseversuchen

---

[1]) Vgl. Hämmerli, A.: Dtsch. Arch. f. klin. Med. Bd. 133, S. 111. 1920 (Bd. 14, S. 318). — Cahane, T. et M. Cahane: Cpt. rend. des séances de la soc. de biol. Tom. 91, p. 1232. 1924 (Bd. 39, S. 797).

[2]) 75. Kongr. d. Americ. med. Assoc. Chicago. 1924. Journ. of the Americ. med. assoc. Vol. 83, Nr. 11. 1924.

[3]) Vgl. Bayer, G.: Im Lehrbuch der Organotherapie von Bayer u. Wagner-Jauregg. 1914. S. 437.

[4]) Marine, D. a. E. J. Baumann: Journ. of metabolic research. Vol. 2, p. 341. 1922 (Bd. 30, S. 191).

[5]) Asher, L. u. K. Nakayama: Biochem. Zeitschr. Bd. 155, S. 436. 1925 (Bd. 40, S. 198).

[6]) Molitor, H. u. E. P. Pick: Arch. f. exp. Pathol. u. Pharmakol. Bd. 97, S. 317. 1923 (Bd. 28, S. 447). — Pick, E. P. u. R. Wagner: Wien. med. Wochenschr. 1923. S. 695 (Bd. 28, S. 448).

an Fröschen, die durch Leberexstirpation in entscheidender Weise beeinflußt
wurden, zu der Anschauung, daß die Leber nicht nur mechanisch durch Retention
großer Flüssigkeitsmengen in ihrem Gewebe, sondern auch durch die Abgabe
eines Hormons an die Blutbahn den Wasserstoffwechsel reguliere und die Aufgabe
habe, „den Zustand optimaler Quellbarkeit und Quellung der Gewebs- und
Blutkolloide zu gewährleisten". Es ist ja auch bekannt, daß bei Erkrankungen
des Leberparenchyms eine größere getrunkene Wassermenge verzögert ausgeschieden wird. Allerdings müssen wir mit MAUTNER [1]) auch in Erwägung
ziehen, daß bei Störungen der Leberfunktion eine Einschränkung in der Bildung
des diuretisch wirkenden Harnstoffes eintritt und diuresehemmende Substanzen
vom Typus des Peptons oder Histamins im Blute erscheinen, Umstände, welche
den geänderten Wasserstoffwechsel bei Leberstörungen vielleicht allein erklären
können. ASHER [2]) kam auf Grund umfangreicher Tierversuche zu der Annahme,
daß die Leber auf hormonalem Wege die Herztätigkeit beeinflusse. Dieses
supponierte Leberhormon, welches auch in Leberextrakten enthalten ist, vergrößert das Schlagvolum des Herzens und wirkt dem vagotropen Cholin entgegengesetzt.

Wir wissen heute, daß die Magensaftsekretion nach Nahrungsaufnahme
physiologischerweise nicht bloß durch nervöse Impulse, sondern auch auf
humoralem Wege angeregt wird. Am schlagendsten beweisen dies die neuen
Versuche von IVY [3]) und seinen Mitarbeitern, die einen aus dem Magenfundus
von Hunden gebildeten Blindsack in Verbindung mit der zugehörigen Arteria
und Vena epiploica in die Mamma des Tieres überpflanzten, das kurz vorher
geworfen haben muß, also günstige Vascularisationsbedingungen darbietet.
Nach einigen Wochen wurde dann die ursprüngliche Gefäßverbindung des
transplantierten Blindsackes durchtrennt. Dieser nunmehr vollständig isolierte
Mamma-Magen zeigt 2—5 Stunden nach einer Mahlzeit vermehrte Sekretion
mit Anstieg der Gesamtacidität, eventuell auch der freien Salzsäure. Nun hatte
schon im Jahre 1906 EDKINS gefunden, daß aus Pylorusschleimhaut gewonnene,
insbesonders salzsaure Extrakte intravenös injiziert die Magensaftsekretion
anregen. Dieses Gastrin oder Magensecretin sollte nur in der Pylorusschleimhaut, nicht im Fundusteil des Magens enthalten sein. Während
POPIELSKI und TOMASZEWSKI diese Spezifität auf Grund ihrer Untersuchungen
anzweifelten, wurde sie doch später weitgehend, wenn auch nicht absolut bestätigt [4]). Damit ist aber noch nicht gesagt, daß die als Gastrin bezeichnete
Substanz auch tatsächlich ein physiologisches Hormon darstellt. Histamin
z. B. übt ähnliche Wirkungen auf die Magensekretion aus. IVY und LIM [5])
stellten durch Verbindung der Speiseröhre mit dem Duodenum einen isolierten
Magen her, dessen Sekretion 1—3 Stunden nach Nahrungsaufnahme einsetzte.
Sie beziehen diese vom Darm aus in Gang gebrachte „intestinale Phase" der
Magensekretion auf die Wirkung der resorbierten Peptone, Aminosäuren und

---

[1]) MAUTNER, H.: Wien. med. Wochenschr. 1924. S. 1055 (Bd. 36, S. 154).
[2]) ASHER, L.: Pflügers Arch. f. d. ges. Physiol. Bd. 209, S. 605. 1925 (Bd. 42, S. 806)
u. Klin. Wochenschr. 1926. Nr. 27, S. 1236.
[3]) JVY, A. C. a. J. J. FARRELL: Americ. jour. of physiol. Vol. 74, p. 639. 1925 (Bd. 43,
S. 148).
[4]) LIM, R. K. S.: Quart. journ. of exp. physiol. Vol. 13, p. 79. 1922 (Bd. 31, S. 39).
[5]) IVY, A. C., R. K. S. LIM a. J. E. MC. CARTHY: Quart journ. of exp. physiol. Vol. 15,
p. 55. 1925 (Bd. 40, S. 541).

Amine. Diese Auffassung ist um so wahrscheinlicher, als Pylorusextrakte eine geringere Magensaftsekretion und geringere Blutdrucksenkung hervorrufen, wenn sie in den Pfortaderkreislauf, als wenn sie in die Jugularis injiziert werden, es ist also anzunehmen, daß die wirksame Substanz in der Leber zurückgehalten wird [1]). Es gelingt auch nicht, mit dem Carotis- und Magenvenenblut eines gefütterten Tieres bei einem hungernden Magensekretion auszulösen [2]). Es ist also zwar die humorale Anregung der Magensekretion heute erwiesen, ob sie aber durch ein physiologisches Hormon im Sinne von EDKINS und nicht bloß durch resorbierte Verdauungsprodukte hervorgerufen wird, ist noch sehr fraglich.

Ähnlich wie mit dem Secretin des Magens steht es mit dem schon seit 1902 von BAYLISS und STARLING beschriebenen Secretin des Pankreas. Nachdem schon früher von POPIELSKI festgestellt worden war, daß durch Einbringung von Säure ins Duodenum auch nach völliger Durchtrennung aller nervösen Verbindungen des Duodenums Pankreassekretion ausgelöst wird, konnten BAYLISS und STARLING durch salzsaure Extrakte der abgeschabten Schleimhaut des oberen Dünndarms eine thermostabile, also nicht fermentartige Substanz gewinnen, die intravenös injiziert, eine starke Pankreassekretion auslöst. Sie stellten sich vor, daß durch hydrolytische Wirkung der ins Duodenum gelangenden Säure ein in der Schleimhaut enthaltenes Prosecretin zum Secretin aktiviert wird, das auf dem Blutwege die Pankreassekretion anregt. Eine wesentliche Stütze erfuhr diese Anschauung, als ENRIQUEZ und HALLION, sowie später MATSUO an Hunden mit gekreuzter Zirkulation (Anastomose zwischen Carotis des Hundes A mit der Vena jugularis des Hundes B und vice versa) den Nachweis erbringen konnten, daß Salzsäureinjektion in das Duodenum des Hundes A auch beim Hund B Pankreassekretion hervorrief [3]). Aber auch beim Pankreassecretin wurde die Spezifität in Frage gestellt, von v. FÜRTH und SCHWARZ wurde es als ein Gemenge mehrerer Stoffe angesehen, unter denen namentlich das Cholin bedeutsam sein soll. Es wurde Secretin auch aus anderen Organen gewonnen, in Nahrungsmitteln z. B. im Spinat oder in Molke gefunden und durch Erhitzen von säurehydrolysiertem Eiweiß hergestellt [4]).

Es ist also fraglich, welche Rolle die von BAYLISS und STARLING gefundene Eigenschaft des sauren Duodenalextraktes, die Sekretion des Pankreas anzuregen, physiologischerweise im Organismus spielt, und es ist sehr zweifelhaft, ob eine derartige Hormonwirkung de norma stattfindet, ja überhaupt zustandekommen kann, wenn man bedenkt, daß gewiß nicht viel freie Salzsäure mit der Duodenalschleimhaut in Berührung kommen dürfte und daß auch bei Achlorhydrie des Magensaftes meistens keine Anzeichen für eine mangelhafte Pankreasfunktion vorhanden sind.

Hingegen wissen wir heute dank den Untersuchungen von MAGNUS [5]) und seinen Schülern (WEILAND, LE HEUX), daß dem oben erwähnten Cholin

---

[1]) LIM, R. K. S. a. S. E. AMMON: Quart. journ. of exp. physiol. Vol. 13, p. 115. 1923 (Bd. 34, S. 224).

[2]) LIM, R. K. S.: Quart. journ. of exp. physiol. Vol. 13, p. 79. 1922 (Bd. 31, S. 39).

[3]) Vgl. auch IVY, A. C.: Americ. journ. of physiol. Vol. 76, p. 178. 1926 (Bd. 45, S. 239).

[4]) BICKEL, A. u. C. VAN EWEYK: Sitzungsber. d preuß. Akad. d. Wiss. 1921. H. 7, S. 325 (Bd. 19, S. 229). — Vgl. auch BOENHEIM, F.: Med. Klinik. 1925. Nr. 31.

[5]) MAGNUS, R.: Münch. med. Wochenschr. 1925. S. 249 (Bd. 40, S. 58).

eine bedeutsame Rolle in der Regulierung der Magen-Darmbewegungen zukommt. Es läßt sich aus Magen, Dünn- und Dickdarm gewinnen und wird vom isolierten Darm nach außen abgegeben. Der Cholingehalt in der Wand des Magen-Darmkanals wird mit großer Konstanz festgehalten, es findet sich hauptsächlich in der Mucosa und Submucosa [1]). Ein gereiztes Darmstück mit intensiven Spontanbewegungen gibt mehr Cholin ab als ein ungereiztes [1]). Die durch den AUERBACHschen Plexus vermittelte Automatie des Darmes wird durch das Cholin aufrechterhalten. Atropin ist Antagonist des Cholins, das auch schon in Form vorsichtiger intravenöser Infusionen in der Therapie Eingang gefunden hat [2]). Die Quelle des Cholins ist nicht bekannt. Die Darmwand selbst scheint nicht die Fähigkeit zu besitzen, Cholin neu zu bilden, wenn es durch Auswaschen entfernt worden ist, und auch die Nebennieren haben mit dem Cholingehalt des Darmes nichts zu tun [3]).

Schließlich haben wir noch kurz auf die schon im Jahre 1869 von BROWN-SEQUARD inaugurierte Lehre von der inneren Sekretion der Niere einzugehen. BROWN-SEQUARD hatte mit D'ARSONVAL beobachtet, daß nephrektomierte Tiere viel rascher zugrunde gehen, als solche, denen nur die Ureteren unterbunden wurden, und bezog diesen Unterschied auf den Wegfall eines angenommenen renalen Hormons. Injektionen von Nierenextrakten derselben Tierart sollten durch Ersatz dieses Hormons zur Folge haben, daß die Erscheinungen der Urämie später und in geringerem Maße auftreten als bei unbehandelten Kontrolltieren und die Lebensdauer hinausgeschoben wird. Diese Angaben haben der Kritik zahlreicher Nachuntersucher nicht stand gehalten (BIEDL). Später wurde festgestellt, daß Nierenextrakte eine blutdrucksteigernde und lymphtreibende Wirkung ausüben. Erstere ist sicher nicht spezifisch und läßt sich auch mit anderen Organextrakten erzielen. Bezüglich der letzteren hält es BIEDL für unentschieden, ob ein Hormon oder nur Zerfallsprodukte des Nierengewebes diesen Effekt hervorrufen. Auffallenderweise entfalten Nierenextrakte auch eine starke diuretische Wirkung, die schon BINGEL und CLAUS [4]) festgestellt und RICHET fils [5]) bestätigt haben, und es ist gewiß zuzugeben, daß die auf blutchemische Untersuchungen gestützte Hypothese GIGONs [6]), die Niere hätte vermittels eines Hormons das Blut „harnfähig" zu machen, vieles für sich hat. GIGON bezieht sogar manche Albuminurien auf die Ausscheidung von Schlacken nicht harnfähig gemachten Blutes und gibt an, durch perorale Darreichung von Nierenpräparaten relativ häufig den Eiweißgehalt des Harnes bei Nephrosen beträchtlich vermindert und die Leistungsfähigkeit der Niere verbessert zu haben, übrigens eine Bestätigung von zahlreichen Mitteilungen vorwiegend französischer Autoren, die auf DIEULAFOY (1892) zurückgehen [7]).

---

[1]) ABDERHALDEN, E. u. H. PAFFRATH: Arch. f. Physiol. Bd. 207, S. 228. 1925 (Bd. 40, S. 397).

[2]) KLEE, PH. u. O. GROSSMANN: Münch. med. Wochenschr. 1925. S. 251 (Bd. 40, S. 58).

[3]) GIRNDT, O.: Arch. f. Physiol. Bd. 207, S. 464. 1924 (Bd. 39, S. 860) u. Bd. 207, S. 469. 1925 (Bd. 40, S. 58).

[4]) BINGEL, A. u. R. CLAUS: Dtsch. Arch. f. klin. Med. Bd. 100, S. 412. 1910.

[5]) RICHET fils, CH.: Cpt. rend. des séances de la soc. de biol. Vol. 91, p. 2. 1924 (Bd. 38, S. 176).

[6]) GIGON, A.: Schweiz. med. Wochenschr. 1926. Nr. 2.

[7]) Vgl. Lit. bei BAYER, G.: l. c.

Wechselwirkungen der Hormonorgane.

Da der gesamte hormonliefernde Apparat des Organismus eine funktionell zusammengehörige Einheit darstellt, und wohl fast alle hormonal beeinflußten Gewebe, Organe und Funktionen nicht nur dem Einflusse eines einzigen, sondern mehrerer Inkrete unterstellt sind, so ist es angesichts der ganzen Organisation eines mehrzelligen Lebewesens wohl verständlich, daß bei Ausfall oder Änderung der Arbeitsweise eines einzelnen endokrinen Organs kompensatorische Vorgänge von seiten der anderen Teile dieses Systems einsetzen, die für die klinische Symptomatologie des Zustandes von Bedeutung sind. Natürlich kann es sich da nicht etwa um die Übernahme der Funktion eines Hormonorganes durch ein anderes handeln, denn wie schon FALTA gebührend hervorgehoben hat, erfüllt ja jede Blutdrüse ihre eigenartigen, ganz spezifischen Aufgaben, zu denen keine andere in der gleichen Weise befähigt ist.

Es ist auch ganz unberechtigt, wie das von klinischer Seite vielfach geschieht, bei jedem nachweislich an einem einzelnen Hormonorgan sich abspielenden Krankheitsprozeß von einem pluriglandulären Krankheitsbild zu sprechen, nur weil sich auch die Arbeitsweise anderer Hormonorgane durch die primäre Störung in einem von ihnen geändert hat, weil die Beschaffenheit der ganzen Kette durch eine Alteration eines einzelnen ihrer Glieder eine andere geworden ist. Die Folgeerscheinungen einer solchen monoglandulären Alteration hängen von der individuell verschiedenen Reaktionsweise der Erfolgsorgane, allerdings auch von jener der korrelierten übrigen Hormonorgane ab. Daher sieht man auch in der Pathologie durchaus verschiedene hormonale Reaktionstypen bei monoglandulären Alterationen. Es sei hier nur daran erinnert, daß nach dem Ausfall der weiblichen Keimdrüsenfunktion im Klimakterium sehr oft hyperthyreoide, nicht gar selten aber auch hypothyreoide Symptome auftreten, oder daß bei Akromegalie ein Myxödem (PINELES), mitunter aber auch ein Hyperthyreoidismus sich hinzugesellen kann [1]). Die verschiedene Ansprechbarkeit der korrelierten Inkretionsorgane, überschießende Reaktionen, Erschöpfung der Leistungsfähigkeit sind für die so verschiedenen klinischen Effekte maßgebend. Trotzdem gibt es gewisse Gesetzmäßigkeiten im Reaktionsbild des gesamten Hormonsystems bei Änderung der Arbeitsweise eines einzelnen seiner Glieder, Gesetzmäßigkeiten, die sich morphologisch und funktionell erfassen lassen und unter Berücksichtigung individueller Differenzen in der Ansprechbarkeit und dem Reaktionsausmaß doch eine gesicherte Basis liefern.

EPPINGER, FALTA und RUDINGER sind in ihren grundlegenden Untersuchungen zu einem später von ASCHNER vervollständigten, berühmt gewordenen Schema gelangt, in dem die einzelnen Hormonorgane gruppiert erscheinen in solche, die sich gegenseitig hemmen, und solche, die sich fördern. Wir können ein solches Schema heute ebensowenig gelten lassen, wie die ZONDEKsche Einteilung in Sympathicus- und Vagus-(Parasympathicus-) Drüsen und müssen WEIL vollkommen beipflichten, wenn er eine schematische Darstellung der Wechselwirkungen der innersekretorischen Drüsen immer nur in bezug auf

---

[1]) ANDERS, J. M. a. H. L. JAMESON: Transact. of the assoc. of Americ. phys. Vol. 36, p. 314. 1921 (Bd. 30, S. 316).

eine einzelne, bestimmte physiologische Funktion, nicht aber in einer so allgemeinen Form für möglich hält [1]). Beifolgendes Schema möge das Gesagte erläutern. Natürlich kommt einer derartigen, stets ungenauen und anfechtbaren schematischen Darstellung bloß ein gewisser didaktischer Wert zu. Wir verstehen aber aus dem Schema, daß das Schilddrüsenhormon (ASHER und FLACK) und Hypophysenhormon (KEPINOW) die Adrenalinglykosurie verstärken, für das Adrenalin also sensibilisierend wirken [2]), daß daher die Adrenalinglykosurie bei schilddrüsenlosen und hypophysektomierten Tieren herabgesetzt, nach Wegfall der Epithelkörperchen oder Keimdrüsen dagegen verstärkt sein kann. Wir verstehen, daß der nach gleichzeitiger Entfernung von Pankreas und Schilddrüse entstehende Diabetes leichter und milder verläuft als bei erhaltener Schilddrüse (FALTA) — es wurde sogar für schwere Diabetesfälle eine Thyreoidektomie in Erwägung gezogen [3]) —, daß ihn dagegen Epithelkörperchenausfall

	Eiweiß-stoffwechsel	Kohlen-hydrat-stoffwechsel	Calcium-stoffwechsel	Wachs-tum	Geschlechts-entwicklung	Erregbarkeit des vegetativen Nervensystems	Blut-bildung
Schilddrüse	+	+		+		+	+
Epithelkörperchen .		−	−			−	
Thymus			−	+			
Hypophyse		+		+	+		
Keimdrüsen . . .	+	−		−	+	−	+
Nebennieren . . .		+			+		
Pankreas		−					

+ fördernde Wirkung; — hemmende Wirkung.

ungünstig beeinflußt. Freilich kann auch ein Myxödem glykosurisch werden, wenn sich eine Pankreasschädigung hinzugesellt (FALTA). Wir verstehen schließlich auch, daß Insulin und Adrenalin einerseits, Insulin und Hypophysenextrakt andererseits [4]) sich bezüglich ihrer Wirkung auf den Zuckerstoffwechsel entgegenwirken. Aber schon die histologischen Veränderungen, welche POLL [5]) im Tierversuch nach Insulininjektionen an den Nebennieren fand — Verlust der Chromierbarkeit, Hyperämie, Veränderungen der Lipoidverteilung und völlige Umgestaltung des Gesamtorgans — zeigen, daß die Beziehungen zwischen Pankreas und Nebennieren nicht einfach mit dem Schlagwort Synergismus oder Antagonismus zu erfassen sind (POLL). Das Gleiche gilt auch für gewisse andere einander entgegengesetzte Wirkungen von Insulin und Pituitrin, z. B.

---

[1]) Vgl. auch MENDEL, B.: Münch. med. Wochenschr. 1925. S. 218.
[2]) Vgl. auch ASHER, L. u. K. NAKAYAMA: Biochem. Zeitschr. Bd. 155, S. 387. 1925 (Bd. 40, S. 198).
[3]) FRIEDMAN, G. A. a. J. GOTTESMAN: Journ. of the Americ. med. assoc. Vol. 79, p. 1228. 1922 (Bd. 26, S. 360).
[4]) JOACHIMOGLU, G. u. A. METZ: Dtsch. med. Wochenschr. 1924. S. 1787 (Bd. 39, S. 34).
[5]) POLL, H.: Med. Klinik. 1925. Nr. 46, S. 1713.

in bezug auf den Wasserstoffwechsel [1]) oder die Fettspeicherung in der Leber unter dem Einfluß von Pituitrin, die durch Insulin gehemmt wird [2]), und es gilt schließlich auch für die verschiedenartige Beeinflussung des Insulineffektes durch andere Hormone [3]).

Als einigermaßen sichergestellt lassen sich folgende Wechselwirkungen der Hormonorgane bezeichnen. Zunächst einmal liegt bezüglich der Beziehungen zwischen Schilddrüse und Epithelkörperchen die Erfahrung vor, daß sich nach Schilddrüsenexstirpation eine Hypertrophie der Epithelkörperchen, nach Entfernung der Epithelkörperchen eine Hypertrophie der Schilddrüse einstellt und daß Schilddrüsenmedikation den Verlauf der parathyreopriven Tetanie günstig beeinflußt. Es spricht dies trotz der gegensinnigen Beeinflussung des Kohlenhydratstoffwechsels und der Erregbarkeit des vegetativen Nervensystems durch die beiden Organe doch für eine gewisse Gleichsinnigkeit ihrer Funktion (BIEDL).

Die Hypophyse erfährt, wie ROGOWITSCH schon im Jahre 1886 zeigen konnte, nach Schilddrüsenexstirpation regelmäßig eine Volumzunahme durch Hyperplasie der Hauptzellen, zum geringeren Teile auch der Eosinophilen, sowie insbesondere der Pars intermedia. Verschiedene Tierspezies zeigen da mancherlei Unterschiede. Auch bei Kaulquappen, deren Schilddrüsenanlagen zerstört wurden, kommt es zu einer starken Vergrößerung der Hypophyse und des Thymus [4]). Bei der Hypothyreose des Menschen sind Hypophysenveränderungen nicht so regelmäßig zu sehen [5]), zum mindesten nicht solche, welche als Folgeerscheinungen der Hypothyreose und nicht, wie beim Kretinismus, als ihr beigeordnet aufzufassen sind. Allerdings kenne ich aus eigener Beobachtung zwei Fälle von Hypothyreose, die sich im klinischen Sinn „akromegalisiert‟, das heißt gewisse charakteristische Züge der Akromegalie angenommen haben. Der eine betrifft den weiter unten erwähnten Fall von infantilem Myxödem, der seit 3 Dezennien mit bestem Erfolg unter Schilddrüsentherapie steht, der andere eine etwa 50jährige Dame. Auch am Hund mit kropfig entarteter Schilddrüse wurden analoge Veränderungen wie nach Thyreoidektomie in der Hypophyse gefunden, und eigene, auffallend große „Strumazellen‟ beschrieben [6]). Sehr bemerkenswert ist die von L. LOEB beobachtete Tatsache [7]), daß die nach ausgiebiger Reduktion der Meerschweinchenschilddrüse meist eintretende kompensatorische Hyperplasie des Restes ausbleibt, wenn die Tiere mit Hypophysenvorderlappen gefüttert werden. Es hat also hier der verfütterte Hypophysenvorderlappen die gleiche Wirkung wie Schilddrüsensubstanz, was die Annahme einer bis zu einem gewissen Grade synergistischen Tätigkeit von Schilddrüse und Hypophyse stützt.

---

[1]) Vgl. KLEIN, O.: Zeitschr. f. klin. Med. Bd. 100, S. 458. 1924 (Bd. 38, S. 442). — KLISSIUNIS, N.: Biochem. Zeitschr. Bd. 160, S. 246. 1925 (Bd. 41, S. 903).

[2]) COOPE, R.: Journ. of physiol. Vol. 60, p. 92. 1925 (Bd. 42, S. 126).

[3]) HOUSSAY, B. A.: Endocrinology. Vol. 9, Nr. 6, p. 456. 1925.

[4]) SCHULZE, W.: Arch. f. Entwicklungsmech. d. Organismen. Bd. 52, S. 232. 1922 (Bd. 28, S. 298).

[5]) ROGGEN, A.: Jahrb. f. Kinderheilk. Bd. 100, S. 317. 1923 (Bd. 29, S. 531).

[6]) ROMEIS, B.: Virchows Arch. f. pathol. Anat. u. Physiol. Bd. 251, S. 237. 1924 (Bd. 38, S. 525).

[7]) LOEB, L. a. E. E. KAPLAN: Journ. of med. research. Bd. 44, S. 557. 1924 (Bd. 38, S. 447).

Über die Beziehungen von Schilddrüse und Keimdrüsen läßt sich sagen, daß die Entfernung der weiblichen Keimdrüsen eine Anregung der Schilddrüsenfunktion bedeutet (ENGELHORN [1])). Dementsprechend kommt es bei kastrierten weiblichen Tieren nach Entfernung einer halben Schilddrüse zu einer wesentlich stärkeren Gewichtszunahme des Restes, als bei normalen weiblichen oder normalen und kastrierten männlichen Tieren [2]). Diese Tierversuche illustrieren die den Klinikern geläufige Tatsache, daß nach Kastration und im physiologischen Klimakterium hyperthyreoide Symptome und Schilddrüsenvergrößerung nicht selten auftreten. Freilich kann unter diesen Umständen bei entsprechender konstitutioneller Insuffizienz des Organs die Anregung der Schilddrüsentätigkeit auch zu einer übermäßigen Belastung, Erschöpfung ihrer Leistungsfähigkeit und damit zu Myxödem führen. In der Schwangerschaft kommt es ebenso wie bei manchen Frauen zur Zeit der Menstruation zu einer Vergrößerung der Schilddrüse (ENGELHORN), die von KNAUS [3]) als Ausdruck herabgesetzter Funktion gedeutet wird, da die Graviditätsstruma durch Anschoppung mit jodarmem Kolloid gekennzeichnet ist. Der Grundumsatz bei Schwangeren weicht allerdings nicht von der Norm ab (KNIPPING). Die Schwangerschaftsveränderungen der Schilddrüse werden durch das Corpus luteum ausgelöst.

Über das morphologische Verhalten von Schilddrüse und Nebenniere bei experimenteller Funktionsänderung des einen der beiden Organe liegen nicht übereinstimmende Angaben vor. Man fand nach Schilddrüsenexstirpation die Nebennieren vergrößert (GLEY), ebenso nach Röntgenbestrahlung der Schilddrüse [4]), aber auch bei experimentell erzeugtem Hyperthyreoidismus [5]). Schilddrüsenlose Tiere sollen die beiderseitige Nebennierenexstirpation dreimal so lange überleben wie andere, während Schilddrüsenfütterung die Lebensdauer solcher Tiere herabsetzt [6]).

Über die Beziehung zwischen Epithelkörperchen und den anderen Hormonorganen liegt eine bemerkenswerte Angabe von Mrs. THOMPSON [7]) vor, die nach alleiniger Entfernung der Epithelkörperchen die gleichen Hypophysenveränderungen, namentlich die starke Kolloidanhäufung in der Pars intermedia nachweisen konnte wie nach Thyreoidektomie. Die Korrelation des Thymus zum übrigen Hormonsystem haben wir schon auf S. 62 besprochen. Die Beziehungen zwischen Keimdrüsen und Nebennieren finden auf S. 154ff. und das Verhalten der Keimdrüsen bei primären Läsionen der Hypophyse auf S. 80 eine eingehende Würdigung.

Aber auch primäre Funktionsänderungen der Keimdrüsen führen zu charakteristischen morphologischen Reaktionen an der Hypophyse. Seit

---

[1]) Vgl. DEMEL, R., ST. IATROU u. AD. WALLNER: Mitt. a. d. Grenzgeb. d. Med. u. Chirurg. Bd. 36, S. 306. 1923 (Bd. 29, S. 392).

[2]) ASHER, L. u. K. FURUYA: Biochem. Zeitschr. Bd. 147, S. 425. 1924 (Bd. 37, S. 451).

[3]) KNAUS, H.: Arch. f. Gynäkol. Bd. 119, S. 459. 1923 (Bd. 33, S. 37).

[4]) COULAUD, E.: Cpt. rend. des séances de la soc. de biol. Tom. 87, p. 1072. 1922 (Bd. 27, S. 535).

[5]) HERRING, P. T.: Endocrinology. Vol. 4, Nr. 4, p. 577. 1920. — DAL COLLO, P. G.: Policlinico, sez. med. Vol. 32, p. 191. 1925 (Bd. 39, S. 912).

[6]) ZWEMER, R. L.: Proc. of the soc. f. exp. biol. a. med. Vol. 23, p. 31. 1925 (Bd. 43, S. 52).

[7]) Zit. nach BIEDL, A.

FICHERAs ersten diesbezüglichen Angaben im Jahre 1905 ist von fast allen Nachuntersuchern die Volumzunahme der Hypophyse kastrierter Individuen festgestellt worden. Die histologischen Befunde an der vergrößerten Kastratenhypophyse variieren je nach der Tierspezies. Im allgemeinen handelt es sich um eine Hyperämie des Organs und eine Vermehrung der eosinophilen Zellelemente des Vorderlappens. Bei Ratten fehlt die Vermehrung der Eosinophilen, dagegen treten eigenartige voluminöse, mit Vakuolen versehene „Kastrationszellen" auf (BIEDL-ZACHERL), die anscheinend durch Umwandlung basophiler Zellen entstehen [1]. NUKARIYA fand diese Hypophysenveränderungen sonderbarerweise auch nach Kastration ganz jugendlicher Tiere, also nach Entfernung der noch unreifen Keimdrüsen. Durch subcutane Injektion von Hodenextrakt konnte FICHERA die Hypophysenveränderungen bei Kapaunen rückgängig machen. Auch bei menschlichen Eunuchoiden und Kastraten beiderlei Geschlechts wurde häufig, aber nicht konstant, eine Vergrößerung der Hypophyse und Vermehrung der Eosinophilen beobachtet (TANDLER und GROSZ, RÖSSLE, JUTAKA KON [2]).

Andersartig sind die Veränderungen, welche die Hypophyse während der Schwangerschaft erfährt. Durch ERDHEIM und STUMME wissen wir, daß auch in der Gravidität die Hypophyse größer wird, aber nicht wie nach Kastration durch Vermehrung der Eosinophilen, sondern durch Vermehrung und eigenartige Umwandlung der chromophoben Hauptzellen zu den sog. „Schwangerschaftszellen". Diese Zellen zeigen große, helle, unregelmäßige Kerne und ein reichliches, mit Eosin färbbares, deutlich granuliertes Protoplasma. Mitunter imponieren die Ansammlungen dieser Schwangerschaftszellen geradezu als adenomatöse Hyperplasien. Nach Ablauf der Schwangerschaft erfolgt eine Rückbildung dieser Zellen. Sie erlangen größtenteils wieder das Aussehen von Hauptzellen, deren Vermehrung ein bleibendes Zeichen einer ehemaligen Schwangerschaft darstellt. Der Grad der Schwangerschaftsveränderung der Hypophyse wächst mit der Zahl der Graviditäten. Bemerkenswert ist, daß BERBLINGER durch Injektion wässeriger Extrakte aus Placenten und Feten, aber auch von unspezifischen Eiweißabbauprodukten und Witte-Pepton ähnliche Hypophysenveränderungen erzeugen konnte, wie sie in der Schwangerschaft zu sehen sind [3].

In jüngster Zeit konnte auch auf physiologischem Wege die Einflußnahme der Keimdrüsen auf die Hypophysenfunktion demonstriert werden. DIXON [4] konnte nämlich durch Prüfung der Cerebrospinalflüssigkeit auf ihren Gehalt an Hypophysenhormonen (Uteruswirkung!) zeigen, daß die Hypophyse zur Abgabe ihres Hormons an den Liquor veranlaßt werden kann einerseits durch ihr eigenes Hormon, andererseits aber durch Ovarialextrakte. Corpus luteum hemmt dagegen die Hypophysensekretion. DIXON und MARSHALL [5] fanden demnach auch, daß Ovarien trächtiger Tiere bis zum Ende der Gravidität

---

[1] NUKARIYA, S.: Klin. Wochenschr. 1925. S. 1307.
[2] ROESSLE, R.: Virchows Arch. f. pathol. Anat. u. Physiol. Bd. 216, S. 240. 1924. — Vgl. auch den Fall RANDERATH: Virchows Arch. f. pathol. Anat. u. Physiol. Bd. 254, S. 798.
[3] Vgl. auch KOYANO, T.: Mitt. a. d. med. Fak. d. Kais. Univ. Tokyo. Bd. 30, S. 385. 1923 (Bd. 38, S. 526).
[4] DIXON, W. E.: Journ. of physiol. Vol. 57, p. 129. 1923 (Bd. 31, S. 304).
[5] Vgl. FROMHERZ, K.: Klin. Wochenschr. 1925. S. 1551.

wirkungslos waren, während sie zu dieser Zeit, sowie beim Beginn der Brunstperiode die Hypophysensekretion stark anregten. Ob diese sehr interessanten
Befunde damit in irgendeinem Zusammenhang stehen, daß die Uteruskontraktionen bei der Geburt an eine hormonale Auslösung durch die Hypophyse
denken lassen, ist allerdings noch durchaus ungewiß. Noch viel weniger als
die DIXONschen Ergebnisse gestatten natürlich die morphologischen Schwangerschaftsveränderungen der Hypophyse, einen solchen Zusammenhang anzunehmen, wie SCHÖNDUBE [1]) gegenüber hervorgehoben sei. Auch die in der
Schwangerschaft herabgesetzte spezifisch-dynamische Nahrungswirkung läßt
keine Schlußfolgerung auf eine geänderte Hypophysenfunktion zu [2]).

IV. Allgemeine Ätiologie und Pathogenese inkretorischer Störungen.

Die biologische Sonderstellung des inkretorischen Systems bringt auch
gewisse Besonderheiten gegenüber anderen Organsystemen in bezug auf Ätiologie
und Pathogenese seiner Störungen mit sich, die es gerechtfertigt erscheinen lassen,
sie kurz einer besonderen Betrachtung zu unterziehen. Was zunächst die
Ätiologie anlangt, so konkurrieren und interferieren auch hier exo- und endogene Faktoren miteinander in wechselndem Ausmaße, doch stehen in den
meisten Fällen die endogenen stärker im Vordergrund, als wir es bei anderen
Organsystemen zu sehen gewohnt sind. Traumatische, toxische und infektiöse
Schädigungen der Hormonorgane sind uns wohl bekannt, aber nur ausnahmsweise sind sie unter den ätiologischen Momenten der wohl charakterisierten,
typischen, mehr oder minder chronisch verlaufenden Erkrankungen dieser Organe
festzustellen. Viel häufiger gewinnen wir Anhaltspunkte für die Annahme, daß
das erkrankte Hormonorgan schon früher abnorm beschaffen, konstitutionell
minderwertig und in besonderem Maße krankheitsbereit gewesen ist. Wir
werden im folgenden eingehend auf diese Tatsache zurückkommen.

Physische Traumen spielen in der Ätiologie inkretorischer Störungen nur
selten eine Rolle. Am ehesten sind ihnen noch aus topographischen Gründen
die männlichen Keimdrüsen ausgesetzt, welche in seltenen Fällen auch bei
Hernienoperationen durch Schädigung ihrer Gefäßversorgung in Mitleidenschaft
gezogen oder durch Torsion des Samenstranges nekrotisch werden können [3]).
Die Hypophyse und die über ihr liegenden basalen Hirnzentren sind schon
wiederholt durch Kopfschüsse betroffen worden. Blutungen durch das Geburtstrauma kommen in typischer Weise in den Epithelkörperchen und Nebennieren
zur Beobachtung. Es ist interessant, daß schwere traumatische Schädigungen
an beliebigen Körperstellen, wie sie verschiedenartige Operationen darstellen,
bei vielen Individuen die Funktion der Epithelkörperchen zu beeinträchtigen
scheinen, wie der Nachweis eines vorübergehenden latent-tetanischen Zustandes auch nach schilddrüsenfernen Operationen zeigt (MELCHIOR und
NOTHMANN [4])). Selbstverständlich können aber die Epithelkörperchen auch

[1]) SCHOENDUBE, W.: Klin. Wochenschr. 1925. S. 640.
[2]) KNIPPING, H. W.: Arch. f. Gynäkol. Bd. 116, S. 520. 1923 (Bd. 27, S. 400).
[3]) GRUND, W.: Dermatol. Wochenschr. 1924. Nr. 49, S. 1589.
[4]) MELCHIOR, E.: Klin. Wochenschr. 1923. S. 818 (Bd. 30, S. 315).

anläßlich einer Kropfoperation, eventuell sogar durch Druck einer mächtig wuchernden Struma Schaden leiden. Tierversuche zeigten, daß auch die Keimdrüsen durch schwere Verletzung an irgendeiner Stelle des Körpers ganz ebenso wie durch anderweitige schwere Allgemeinschädigung des Organismus in Mitleidenschaft gezogen werden können [1]).

Infektionen akuter und chronischer Art können den Hormonapparat in mehr oder minder schwerem Grade schädigen. Bestimmte Erreger scheinen eine besondere Affinität zu bestimmten inkretorischen Organen zu besitzen, so die Erreger des Typhus und Paratyphus zur Schilddrüse [2]), jene der Parotitis epidemica zu Hoden und Pankreas, diejenigen des Scharlachs und der Diphtherie, sowie die Spirochäten der Rattenbißkrankheit (Sodoku) [3]) zur Nebenniere. Die chronisch-embolische Entzündung der Epithelkörperchen, welche namentlich bei Endocarditis lenta gefunden worden ist, scheint keinerlei Ausfallserscheinungen hervorzurufen [4]). Bemerkenswert ist die ausgesprochene Erkrankungsbereitschaft der sehr großen Säuglingsnebennieren gegenüber akuten Infektionen des Organismus, sowie die Involutionstendenz des Thymus bei Allgemeininfektionen des kindlichen Körpers.

Die chronischen Infektionskrankheiten Tuberkulose und Syphilis spielen in der Ätiologie endokriner Störungen eine bedeutsame Rolle. Der Tuberkulose fallen gelegentlich die Hoden sowie die Nebennieren zum Opfer, auch in der Hypophyse kann sich ein tuberkulöser Prozeß lokalisieren. Die jedenfalls ungewöhnliche Lokalisation einer verkäsenden Tuberkulose in beiden Nebennieren sowie in der Hypophyse setzt eine besondere individuelle Erkrankungsbereitschaft dieser Organe voraus, die in der Regel auf einer konstitutionell minderwertigen Anlage beruht [5]). Die Syphilis kann insbesondere die Schilddrüse, Hypophyse, Nebennieren, Keimdrüsen und das Pankreas befallen. Gummöse oder entzündlich-cirrhotische Prozesse können eine Beeinträchtigung der Drüsenfunktion bedingen, und es ist, wie wir später hören werden, in der Regel eine prognostisch erfreuliche Feststellung, wenn die luetische Genese eines Myxödems, einer hypophysär-nervösen Dystrophie, eines Diabetes insipidus oder mellitus erwiesen erscheint [6]). Interessant ist, daß auch Überfunktionszustände der Schilddrüse durch Lues bedingt sein können, wie ich mich selbst in unzweifelhafter Weise überzeugen konnte. Offenbar kann ein geringfügiger syphilitischer Prozeß in der Schilddrüse bei gegebener Disposition den Anlaß zu krankhaft gesteigerter Funktion abgeben. Wahrscheinlich gilt dies auch in seltenen Fällen für die Hypophyse.

Ich habe einmal leichte akromegaloide Veränderungen nach einer Encephalitis auftreten gesehen. Selbstverständlich können Infektionen verschiedener Natur auch unspezifische, nicht durch Lokalisation der Erreger im betreffenden

---

[1]) Vgl. STIEVE, H.: Klin. Wochenschr. 1924. S. 1153.

[2]) SABRAZÈS, J., F. S. MARIE et P. ALAIN: Cpt. rend. des séances de la soc. de biol. Tom. 92, Nr. 2, p. 101. 1925 (Bd. 39, S. 485).

[3]) VAN LOOKEREN CAMPAGNE, J.: Nederlandsch maandschr. v. geneesk. Bd. 10, S. 573. 1921.

[4]) DIETRICH, H.: Mitt. a. d. Grenzgeb. d. Med. u. Chirurg. Bd. 38, S. 114. 1924 (Bd. 38, S. 637).

[5]) Vgl. BAUER, J.: Konstitutionelle Disposition usw. l. c. 3. Aufl. 1924. S. 155 u. 317.

[6]) Vgl. LENNMALM, F.: Svenska läkaresällskapets handlingar. Bd. 48, S. 257. 1922 (Bd. 27, S. 441).

Organ bedingte Blutdrüsenveränderungen hervorrufen, so z. B. die Tuberkulose in den Keimdrüsen [1]). Dazu kommen noch funktionelle Alterationen des Hormonapparates, die durch dessen Beteiligung an der Abwehr der Infektion hervorgerufen sind; hierher gehört wohl auch die nicht seltene Anschwellung der Schilddrüse beim akuten Gelenkrheumatismus.

Tierische Parasiten als Erreger inkretorischer Störungen, etwa durch Lokalisation von Echinokokken oder Cysticercen in gewissen Hormonorganen gehören wohl zu den allergrößten Raritäten. RATNER[2]) beschreibt den Rückgang von Myxödem, Dystrophia adiposogenitalis und des genitosuprarenalen Syndroms nach Beseitigung von Helminthen, deren Toxinen er eine ätiologische Bedeutung zuschreibt. Ich habe Ähnliches nie gesehen und bin dieser Auffassung gegenüber höchst skeptisch.

Von Giftschädigungen des endokrinen Systems spielt in der Klinik wohl hauptsächlich die spezifische Jodwirkung auf die Schilddrüse eine Rolle, von der später ausführlich die Rede sein wird. Ferner findet man in manchen Fällen von Tetanie Vergiftungen verschiedener Art, vor allem aber den Genuß schlechten, Secale enthaltenden Mehls (A. FUCHS) als wahrscheinlichen ätiologischen Faktor. Der Alkohol kann, wie schon WEICHSELBAUM, KYRLE, STIEVE u. a. gezeigt haben, anatomische Veränderungen der Keimdrüsen und des Pankreas hervorrufen, im Tierversuch wurden aber auch am übrigen Blutdrüsensystem histologische Veränderungen bei experimenteller Alkoholvergiftung gefunden [3]). Sehr charakteristisch ist die den endokrinen Apparat und namentlich die Epithelkörperchen schädigende Wirkung des Thallium, auf welche BUSCHKE und PEISER[4]) aufmerksam gemacht haben.

Eine große Bedeutung für das inkretorische System kommt zweifellos den Ernährungsverhältnissen zu, und die Erfahrungen der Kriegs- und Nachkriegsjahre haben einerseits die Folgen des Hungerzustandes und der chronischen Unterernährung, Forschungen gerade der letzten Zeit die Rolle der Vitamine kennen gelehrt. Anatomisch wurden an durch Unterernährung und Hunger Verstorbenen schon in den letzten Kriegsjahren atrophische Veränderungen der Schilddrüse, der Keimdrüsen und anderer endokriner Organe festgestellt (PALTAUF), Befunde, die später in Rußland in großem Maßstabe bestätigt und ergänzt werden konnten [5]). Die Nebennieren erwiesen sich dagegen nicht als verkleinert, im Gegenteil, sie zeigten, wie MC CARRISON zuerst fand, eine Rindenhyperplasie. Ihr Adrenalingehalt dagegen war herabgesetzt (PEISER). Es ist nicht zu zweifeln, daß die Minderwertigkeit der käuflichen Schilddrüsenpräparate in den ersten Nachkriegsjahren mit der insuffizienten Schilddrüsentätigkeit der unterernährten Rinder zusammenhing, von denen die Präparate gewonnen wurden. Auch den Klinikern [6]) fiel überall das Auftreten hypothyreoider

---

[1]) BRACK, E.: Beitr. z. Klin. d. Tuberkul. Bd. 60, S. 579. 1925 (Bd. 40, S. 27).

[2]) RATNER, J.: Med. Klinik. 1925. S. 775 (Bd. 41, S. 35).

[3]) HION-JON, V.: Folia neuropathol. estoniana. Vol. 3/4. p. 288. 1925 (Bd. 40, S. 51).

[4]) BUSCHKE, A. u. B. PEISER: Klin. Wochenschr. 1923. S. 1458.

[5]) STEFKO, W. H.: Virchows Arch. f. pathol. Anat. u. Physiol. Bd. 252, S. 385. 1924 (Bd. 39, S. 631) u. Russkaja Klinika. Vol. 3, p. 147. 1925 (Bd. 40, S. 316). — SEDLEZKY, S. K.: Zeitschr. f. d. ges. Anat., Abt. 2: Zeitschr. f. Konstitutionslehre. Bd. 10, S. 356. 1924 (Bd. 39, S. 745).

[6]) TALLQUIST, T. W.: Acta med. scandinav. Bd. 56, S. 640. 1922 (Bd. 27, S. 306). — LICHTWITZ, L.: Verhandl. d. 35. Kongr. d. Deutsch. Ges. f. inn. Med. 1923. S. 185 (Bd. 31, S. 295). — CURSCHMANN, H.: Münch. med. Wochenschr. 1923. S. 1379 u. 1412 (Bd. 32, S. 79).

Symptome, das Häufigerwerden des Myxödems auf, während die Zahl der Basedowfälle deutlich abnahm. Auch eine Hungertetanie wurde beschrieben und die sog. Kriegsamenorrhöe war wenigstens bei uns in Wien ein überaus häufiges Vorkommnis. Der Diabetes mellitus wurde offenbar wegen der Hungerkost seltener und verlief harmloser. Ganz besonders ist es der Mangel an den sog. akzessorischen Nährstoffen, den Vitaminen, der auf das inkretorische System deletär wirkt. Bei experimentell erzeugten Avitaminosen wird anatomisch eine Atrophie der endokrinen Organe gefunden, nur die Nebennieren, und zwar deren Rindensubstanz ist bei Mangel an Vitamin B, also bei experimenteller Beri-Beri ebenso wie im Hungerzustand auffallend hypertrophisch (Mc Carrison [1])). Diese Nebennierenhypertrophie hat aber wohl nichts mit einer kompensatorischen Mehrproduktion von Adrenalin gegenüber der Acidose der avitaminotischen Tiere zu tun, wie Mc Carrison annahm, sondern hängt wie beim Hunger wahrscheinlich mit der Lipoidämie solcher Tiere zusammen, die durch den vermehrten Gewebsabbau zustande kommt (Kellaway). Kawakita und seine Mitarbeiter fanden übrigens auch eine Hypertrophie der Langerhansschen Inseln des Pankreas an Hunden, die bei Vitamin B-armer Kost gehalten wurden. Auch Hunger führt zu Wucherung der Langerhansschen Inseln (Watrin [2])). Dagegen fand Scheer [3]) bei reichlicher B-Vitamin-Fütterung von Ratten auffallende Kleinheit der Nebennieren bei Hyperplasie des Thymus und des lymphatischen Apparates.

Verzár konnte durch eine sinnreiche Versuchsanordnung unmittelbar zeigen, daß die Schilddrüse bei Mangel an Vitamin B weniger Hormon produziert. An Ratten konnte die Abhängigkeit der Geschlechtsreife und des Brunstzyklus von der Ernährung im allgemeinen und von den Vitaminen A und B im besonderen festgestellt werden [4]). Es ist verständlich, daß Inanitionsschädigungen des Blutdrüsenapparates auch durch eine primäre Verdauungs- und Resorptionsstörung zustande kommen können, wie sie im Kindesalter zur Beobachtung gelangt [5]). Der Mangel an Jodzufuhr mit der Nahrung wird bekanntlich von vielen Autoren mit der Entstehung des endemischen Kropfes in Zusammenhang gebracht. Erwähnung verdient schließlich noch, daß auch übermäßige Nahrungszufuhr endokrine Organe zu schädigen vermag, wie Stieves Versuche an Gänsen zeigen, die er „steril zu mästen" vermochte.

---

[1]) Murata, M.: Transact. of the Japan. path. Soc. Vol. 11, p. 1. 1921 (Bd. 29, S. 224). — Kawakita, Sh., S. Suzuki a. Sh. Kagoshima: Ibid. Vol. 11, p. 23. 1921 (Bd. 29, S. 225). — Meyerstein, A.: Virchows Arch. f. pathol. Anat. u. Physiol. Bd. 239, S. 350. 1922 (Bd. 27, S. 344). — Glanzmann, E.: Jahrb. f. Kinderheilk. Bd. 101, S. 1. 1923 (Bd. 29, S. 385). — Plaut, A.: Zeitschr. f. d. ges. exp. Med. Bd. 32, S. 300. 1923 (Bd. 29, S. 277). — Mc Carrison, R.: Brit. med. journ. 1923, Nr. 3238, p. 101 (Bd. 28, S. 373). — Hintzelmann, U.: Arch. f. exp. Pathol. u. Pharmakol. Bd. 100, S. 353. 1924 (Bd. 33, S. 349). — Verzár, F. u. F. Péter: Pflügers Arch. f. d. ges. Physiol. Bd. 206, S. 659. 1924 (Bd. 40, S. 123). — Verzár, F. u. B. Vásárhelyi: Ibid. Bd. 206, S. 675. 1924 (Bd. 40, S. 123).

[2]) Watrin, J.: Cpt. rend. des séances de la soc. de biol. Tom. 91, p. 788. 1924 (Bd. 39, S. 202).

[3]) Scheer, K.: Monatsschr. f. Kinderheilk., Orig. Bd. 31, S. 430. 1926 (Bd. 42, S. 677).

[4]) Evans, H. M. a. K. S. Bishop: Journ. of metabolic research. Vol. 1, p. 335. 1922 (Bd. 28, S. 365).

[5]) Schick, B. u. R. Wagner: Zeitschr. f. Kinderheilk. Bd. 30, S. 223. 1921 (Bd. 22, S. 419) u. Bd. 35, S. 263. 1923 (Bd. 30, S. 416).

In der Ätiologie innersekretorischer Störungen spielen auch **primäre Erkrankungen anderer Organsysteme** des Körpers eine gewisse Rolle, die sekundär zu Schädigungen der Hormonorgane führen können. Ich erwähne bloß Erkrankungen des Zirkulationsapparates mit embolischen oder thrombotischen Prozessen etwa in der Hypophyse oder in den Nebennieren, Systemerkrankungen des blutbildenden Apparates, wie Leukämie, Lymphogranulom, Lymphosarkom mit infiltrativer Schädigung der Hypophyse, wie ich dies gesehen habe, der Nebennieren, wie dies mehrfach beschrieben wurde, oder auch in anderen Blutdrüsen. Eine Amyloidose kann insbesondere die Nebennieren zerstören. Sogar xanthomatöse Infiltration der Hypophysengegend mit konsekutivem Diabetes insipidus wurde beobachtet [1]).

Geschwulstbildungen kommen an allen Hormonorganen vor, ihre Ätiologie fällt mit derjenigen anderer Tumoren zusammen. Doch ist an der die Lokalisation der Geschwulstbildung determinierenden besonderen konstitutionellen Beschaffenheit des betreffenden innersekretorischen Organs kaum zu zweifeln [2]). Es ist gar nicht so selten, daß die Koinzidenz eines abnormen endokrinen Zustandes und einer Geschwulstbildung in einem Hormonorgan nicht in dem üblichen Sinne aufgefaßt werden darf, als hätte die Geschwulst den abnormen endokrinen Zustand hervorgerufen, sondern gerade umgekehrt, der schon längst bestehende und unzweifelhaft konstitutionell bedingte abnorme endokrine Status kann der Ausdruck einer unter anderem auch zu Geschwulstbildung disponierenden biologischen Organminderwertigkeit sein.

Eine solche **konstitutionelle Organminderwertigkeit** spielt überhaupt in der überwiegenden Anzahl inkretorischer Krankheitsfälle eine mehr oder minder bedeutsame Rolle und fließende Übergänge führen von jenen Fällen, in denen sie nur die Lokalisation eines bestimmten Erkrankungsprozesses infektiöser, toxischer oder neoplastischer Natur determiniert, zu denjenigen, in welchen sie allein die eigentliche Ursache des Leidens darstellt, indem sie zur prämaturen Seneszenz und Involution des betreffenden Organs führt mit Atrophie des Parenchyms und bindegewebigem Ersatz des entstehenden Parenchymdefektes. Diesen Vorgang des vorzeitigen Aufbrauchs, der vorzeitigen Funktionserschöpfung eines Organs oder Organsystems infolge von mangelhafter Lebensenergie, konstitutioneller Minderwertigkeit bezeichnen wir seit WILLIAM GOWERS als Abiotrophie. Er spielt in der Ätiologie inkretorischer Erkrankungen keine geringe Rolle. Das instruktivste Beispiel ist die meist bei einer ganzen Reihe von Mitgliedern einer Familie beobachtete vorzeitige Menopause. Es gibt Familien, deren weibliche Mitglieder regelmäßig schon mit 40 Jahren und früher ins Klimakterium eintreten, deren Ovarien also gewissermaßen konstitutionell eine gegenüber der Norm verringerte Funktions- und Lebensdauer besitzen. Gelegentlich manifestiert sich die konstitutionelle Minderwertigkeit auch schon in dem verspäteten Einsetzen der Menstruation, in Anomalien derselben oder in den charakteristischen Auswirkungen eines Hypogenitalismus im äußeren Körperbau. Ich sah einmal eine eunuchoid proportionierte Frau von etwa 27 Jahren ihre Menstruation dauernd verlieren, nachdem sie einen normalen Partus überstanden

---

[1]) WEBER, F. P.: Brit. journ. of dermatol. a. syphil. Vol. 36, p. 335. 1924 (Bd. 38, S. 263).
[2]) BAUER, J.: Zeitschr. f. d. ges. Anat., Abt. 2: Zeitschr. f. Konstitutionslehre. Bd. 11, S. 147. 1925 u. Konstitutionelle Disposition. l. c.

hatte. Die Menses waren bei ihr erst im 20. Lebensjahr eingetreten, stets unregelmäßig und dürftig. Die physiologisch gesteigerten Anforderungen der Gravidität bedeuteten für sie eine komplette Erschöpfung der Keimdrüsen und führten zu einem extrem vorzeitigen Klimakterium.

Viele Fälle von Myxödem haben den gleichen abiotrophischen Mechanismus zur Grundlage, ebenso gewisse Fälle von familiärem Pankreasdiabetes oder Morbus Addisonii. Die von Haus aus hypoplastischen Nebennieren können geradezu unglaubliche Grade von Atrophie darbieten. Ganz besonders aber sind es die Fälle von pluriglandulärer Insuffizienz, von sog. multipler Blutdrüsenatrophie bzw. Blutdrüsensklerose, welche in der Regel nicht anders gedeutet werden können als mit der Annahme eines abiotrophischen Unterganges. Ich führe hier eine sehr lehrreiche Beobachtung von ZONDEK an, der über sechs Schwestern berichtete, die sämtlich um das 35. Lebensjahr ausgesprochene Erscheinungen von Senilismus darboten. Die Menses blieb aus, das Genitale atrophierte, die Haare wurden grau, die Zähne fielen aus, die Haut wurde welk und trocken. Durch einen Zufall — Tod an operiertem Ulcus pepticum — konnte bei einer dieser Schwestern der autoptische Befund erhoben werden: hochgradige sklerotische Atrophie der Hypophyse, Ovarien und Nebennieren, während die Schilddrüse nur wenig verändert war. Der Beweis für die konstitutionelle Grundlage solcher Zustände liegt in der Heredität und in dem völligen Mangel einer exogenen Ätiologie.

Es kann ein einzelnes Hormonorgan oder es können ihrer mehrere konstitutionell abnorm beschaffen sein, die Konstitutionsanomalie kann sich auch bei verschiedenen Mitgliedern einer Familie verschieden äußern. Daher sieht man auch gelegentlich Basedow und Diabetes, Akromegalie und Myxödem, Basedow und Myxödem, Hypogenitalismus und Myxödem in der gleichen Familie alternieren. Über gleichartige Blutdrüsenerkrankungen bei eineiigen Zwillingen liegen nur ganz vereinzelte Erfahrungen[1] vor, sie sind dafür ein um so wichtigerer Hinweis auf die konstitutionelle Grundlage dieser Leiden. Selbstverständlich kann die konstitutionelle Minderwertigkeit eines Hormonorgans so weit gehen, daß sie in einer morphologisch erkennbaren Dysplasie oder Hypoplasie zum Ausdruck kommt. Wir erinnern an die Fälle, in welchen sich der Schilddrüsenbestand des Organismus auf die mangelhaft descendierte, rudimentäre Anlage am Zungengrund beschränkt, die unter Umständen den Bedarf des Organismus an Schilddrüsenhormon allein zu decken vermag. Wir erinnern an Entwicklungsstörungen der Hypophyse mit konsekutiven Ausfallserscheinungen, an solche der Keimdrüsen, Nebennieren, der Zirbel.

Es ist wahrscheinlich, daß inkretorische Anomalien der Mutter sich auch am Fetus auszuwirken vermögen und dessen Entwicklung und Beschaffenheit mitbeeinflussen[2]. So hatte ISELIN[3] gezeigt, daß die Nachkommen parathyreopriver tetanischer Mütter eine erhöhte Disposition für die gleiche

---

[1] SIEMENS, H. W.: Zwillingspathologie. Berlin: Julius Springer 1924 u. Münch. med. Wochenschr. 1924. S. 1789 (Bd. 39, S. 681). — WEITZ, W.: Zeitschr. f. klin. Med. Bd. 101, S. 115. 1924. — MØLLER, E.: Ugeskrift f. laeger. Bd. 86, S. 639. 1924 (Bd. 38, S. 838).

[2] LEIDENIUS, L.: Acta societatis medicorum Fenicae „Duodecim". Bd. 6, S. 1. 1925 (Bd. 40, S. 317). — SEITZ, A. u. L. LEIDENIUS: Zeitschr. f. d. ges. Anat., Abt. 2: Zeitschr. f. Konstitutionslehre. Bd. 10, S. 559. 1925 (Bd. 40, S. 317).

[3] ISELIN, H.: Dtsch. Zeitschr. f. Chirurg. Bd. 93, S. 397. 1908.

Erkrankung und als Ausdruck derselben gesteigerte elektrische Erregbarkeit der peripheren Nerven aufweisen.

Schließlich haben wir eines für gewisse inkretorische Störungen höchst bedeutsamen ätiologischen Faktors zu gedenken und das ist das psychische Trauma oder, allgemeiner gefaßt, die Störung der Innervation des betreffenden Hormonorgans. Da so gut wie für alle innersekretorischen Organe eine mehr oder minder reichliche Versorgung mit Fasern des vegetativen Nervensystems erwiesen ist, da für gewisse Hormonorgane wie das Nebennierenmark die Abhängigkeit ihrer Tätigkeit von innervatorischen Impulsen durch das physiologische Experiment sichergestellt ist, während z. B. bei der Hypophyse durch Experiment, Klinik und pathologische Anatomie höchst bedeutsame Wechselbeziehungen zwischen gewissen vegetativ-nervösen Zentren an der Hirnbasis und dem Hormonorgan aufgedeckt wurden, so ergibt sich eigentlich schon aus diesen Umständen, daß psychische Vorgänge und auch Alterationen des vegetativen Nervensystems nicht psychogener Natur an den Hormonorganen sich auswirken können. Das Hormonorgan kann also zum Erfolgsorgan einer Störung der vegetativen Innervation werden, es kann eine Organneurose determinieren. In diesem Sinne habe ich schon im Jahre 1912 von Blutdrüsenneurosen gesprochen [1]), und es ist gar kein Zweifel, daß dieser Mechanismus inkretorischer Störungen nicht selten zur Beobachtung kommt. Wir werden vor allem bei der Pathologie der Schilddrüse eingehend davon zu sprechen haben. Die Abhängigkeit der weiblichen Keimdrüsenfunktion, des Menstruationsrhythmus von psychischen Einwirkungen ist allgemein bekannt, und STIEVE konnte diese Abhängigkeit nicht nur für die weibliche sondern auch für die männliche Keimdrüsenfunktion in Tierversuchen nachweisen und morphologisch belegen. Aber auch beim Menschen glaubt er schwere morphologische Rückbildungserscheinungen am Hoden Hingerichteter auf hochgradige seelische Erregungen beziehen zu müssen [2]). LÜTZENKIRCHEN [3]) teilte die sehr interessante Beobachtung an einer 23 jährigen Frau mit, die im Anschluß an schweres seelisches Leid eine typische FRÖHLICHsche Dystrophia adiposogenitalis samt einem Diabetes insipidus bekommen hatte und bei der nach einer glücklichen Wiederverehelichung alle Krankheitserscheinungen wieder schwanden.

Bezüglich der Pathogenese inkretorischer Störungen haben wir zunächst die mangelhafte und die übermäßige Hormonlieferung, also die Hypo- und Hyperfunktionszustände der Hormonorgane zu unterscheiden. Ob daneben auch noch qualitative Störungen der Hormonproduktion, also Dysfunktionszustände in dem Sinne vorkommen, daß das Organ ein nicht normales, sondern ein qualitativ anders beschaffenes, ein pathologisches Hormon produziert, ist eine noch umstrittene Frage. Es scheint mir aber doch vieles dafür zu sprechen, daß derartige Dysfunktionszustände tatsächlich vorkommen, daß also der Organismus unter bestimmten Umständen gewissermaßen mit unfertigen und dadurch anders wirksamen Produkten inkretorischer Drüsen beliefert wird. Gewiß, das Adrenalin, welches vom chromaffinen System gebildet wird, hat immer die gleiche chemische Struktur, ob aber nicht in gewissen Fällen

---

[1]) BAUER, J.: Dtsch. Arch. f. klin. Med. Bd. 107, S. 39. 1912.

[2]) STIEVE, H.: l. c. u. Zeitschr. f. mikrosk. anat. Forsch. Bd. 1, S. 491. 1924 (Bd. 39, S. 631).

[3]) LÜTZENKIRCHEN, S.: Münch. med. Wochenschr. 1924. S. 1577 (Bd. 39, S. 630).

neben oder statt Adrenalin irgendeine andere, chemisch verwandte, uns aber noch unbekannte Substanz vom chromaffinen System abgegeben wird, wissen wir nicht. Für das Thyroxin der Schilddrüse ist etwas Analoges sogar durchaus wahrscheinlich und wurde von KENDALL selbst auf Grund chemischer Untersuchungen angenommen. Im übrigen ist der Begriff Hypo-, Hyper- und Dysfunktion keineswegs immer so einfach zu fassen. Wir sehen doch z. B. bei der weiblichen Keimdrüse, wie Hypo- und Hypereffekte zusammen vorkommen können, wenn infolge mangelhafter Ausreifung der Follikel und mangelhafter Bildung von Corpora lutea die Hemmung für das Heranreifen immer neuer Follikel wegfällt und infolgedessen die Uterusschleimhaut ständig unter der Einwirkung verstärkter Hormonbelieferung steht.

Wie kommen nun die Funktionsstörungen der inkretorischen Organe zustande? In erster Linie natürlich durch eine anatomisch nachweisbare Erkrankung oder Anomalie der betreffenden Organe, dann infolge abnormer innervatorischer Impulse, welche die Tätigkeit der betreffenden Organe regulieren, schließlich aber auch dadurch, daß die uns in ihrem Wesen noch höchst unklare Regulation der Organfunktion nach dem jeweiligen Bedarf des Organismus an dem betreffenden Hormon Schaden leidet. Wir wissen ja, daß auch an den Blutdrüsen unter gewissen Bedingungen eine kompensatorische Hyperplasie vorkommt, wir wissen vor allem von der Schilddrüse, wie präzise nach einer partiellen Resektion ihres Parenchyms der zurückbleibende Rest die Mehrarbeit aufnimmt, wie aber dieser zurückbleibende Rest von der erfolgten Resektion und dem dadurch eingetretenen relativen Mangel des Organismus an Schilddrüsenhormon erfährt, das wissen wir nicht. Ob diese Regelung der inkretorischen Tätigkeit nach Maßgabe des jeweiligen Bedarfes auf nervösem Wege erfolgt, ob eine chemische Vermittlung zwischen Geweben und dem Hormonorgan stattfindet, wissen wir nicht. Am ehesten sind wir diesbezüglich noch über die Regulation der Insulin- und Adrenalinabgabe an das Blut unterrichtet. Absinken des Blutzuckers regt anscheinend die Adrenalinausschwemmung, Ansteigen des Zuckergehaltes im Blute die Insulinabgabe an. Das bedeutet also zugleich, daß Adrenalin und Insulin einander gegenseitig hervorlocken und der Organismus jedenfalls die Fähigkeit besitzt, einer einseitigen, übermäßigen Hormonwirkung mit einer kompensatorischen und in gewissem Sinne wenigstens entgegengesetzt wirkenden Funktionsänderung eines anderen Hormonorgans zu begegnen. Daß dabei hormonale Nebeneffekte zum Vorschein kommen können, die demgemäß der primär eingetretenen Störung fernliegen, ist wohl verständlich. Der Tierversuch und die Pathologie haben uns ja schon manche Kenntnis der typischen kompensatorischen Veränderungen des Blutdrüsenapparates bei Wegfall einzelner bestimmte Glieder vermittelt. PINELES gebührt das Verdienst, als erster erkannt zu haben, daß in diesem Sinn eigentlich jede Erkrankung eines Hormonorganes eine pluriglanduläre Störung bedeutet.

Doch möge hier mit allem Nachdruck vor der heute üblichen Verwässerung dieses Terminus gewarnt werden. Klinische Erscheinungen, die zwar einzelne Züge abnormer inkretorischer Vorgänge aufweisen, sich einem typischen hormonalen Krankheitsbild aber nicht einordnen lassen, dürfen nicht einfach mit der Diagnose „pluriglanduläre Störung" abgefertigt werden, nur weil man die tieferen genetischen Zusammenhänge nicht versteht. Hier ist die Kenntnis der Konstitutionslehre und wenigstens einiger Grundbegriffe der Erbbiologie meist unerläßlich und nur zu oft dient die ebenso bequeme als in jeder Hinsicht wertlose Diagnose „pluriglanduläre Störung" lediglich zur Maskierung dieses Unverständnisses. Die Genese einer ganzen Reihe derartiger Krankheitszustände — wir nennen als markantestes Beispiel bloß die Fettsucht — ist nicht zu verstehen, wenn man in der Analyse bei den Hormonorganen halt macht und nicht auf die ihnen übergeordneten konstitutionellen Anlagekomplexe zurückgreift, in deren Erfassung und Isolierung wir freilich noch am Anfange stehen. Hier braucht die Endokrinologie die Konstitutionspathologie, denn ohne sie gelangt sie auf ein falsches Geleise, wie das leider so oft geschieht. Die Diagnose pluriglanduläre Störung ist für jene Fälle zu reservieren, in denen eine mehrere Hormonorgane gleichzeitig betreffende Unter- oder Überfunktion in einer unseren heutigen Kenntnissen entsprechenden exakten Weise begründet werden kann. Kompensatorische Funktionsänderungen einzelner Hormonorgane bei primärer Alteration eines einzelnen Gliedes aus der ganzen Kette gehören zum Bilde dieser primären monoglandulären Erkrankung, wofern sie eben das übliche und typische Ausmaß der kompensatorischen Funktionsänderung nicht weit überschreiten.

Da also zweifellos eine Regelung der Hormonlieferung sowohl auf nervösem als auf hormonalem, bzw. in dem oben erörterten allgemeineren Sinne auf chemischem Wege existiert, so muß auch mit einer Störung dieses Regulationsmechanismus gerechnet werden, die nicht das betreffende inkretorische Organ direkt betreffen muß, sondern sich nur auf den Regulationsmechanismus erstrecken kann. Freilich wird sich die nähere Analyse und Diagnose derartiger krankhafter Mechanismen vorderhand noch kaum durchführen lassen.

Die Aufklärung und das Verständnis endokriner krankhafter Zustände erfordert aber nicht nur die Kenntnis der am Hormonapparat sich abspielenden Abweichungen, sondern auch die Berücksichtigung des sehr verschiedenen Verhaltens und der durchaus variablen Reaktionsweise der Erfolgsorgane auf die gestörte Hormonbelieferung. Wenn wir sehen, daß der gleiche Grad von Hyperthyreoidismus, soweit er im histologischen Bilde der Schilddrüse und in der Umsatzsteigerung zum Ausdrucke kommt, bei dem einen das klinische Bild des Vollbasedow hervorruft, bei dem anderen nur einige Symptome, bei dem dritten etwa bloß ein einzelnes Symptom, wie Tachykardie oder Diarrhöe oder hochgradige nervöse Erregbarkeit auslöst, so müssen wir zu der Schlußfolgerung kommen, daß der gleiche Hyperthyreoidismus sehr verschiedene Zustände zur Folge haben kann, je nach der Beschaffenheit und Reaktionsweise der Erfolgsorgane, deren Reizschwelle gegenüber dem Hyperthyreoidismus eben individuell und zeitlich durchaus verschieden sein kann. Wenn der Ausfall der Keimdrüsenfunktion im Knabenalter die künftige Entwicklung des Habitus in so verschiedene Formen lenken kann, wie sie der sog. eunuchoide Fettwuchs und der eunuchoide Hochwuchs darstellen, wenn nach der Kastration die einen Frauen dick werden und die anderen abmagern, wenn der eine auf die gleiche Adrenalininjektion nur mit einer Blutdrucksteigerung, der andere mit Glykosurie, der dritte nur mit Tremor, Blässe und Magensymptomen, ein vierter aber überhaupt nicht reagiert, dann ist wohl die Bedeutung des Erfolgsorgans und seiner Reaktionsart evident.

Die Ursache der verschiedenen Reizschwelle an den einzelnen Erfolgsorganen eines Individuums gegenüber demselben Hormon, sowie die Ursache der durchaus verschiedenen Reaktionsarten des Gesamtorganismus auf dieselbe Änderung der hormonalen Tätigkeit eines einzelnen inkretorischen Organs liegt meist in nachweisbar konstitutionellen Differenzen und Besonderheiten der betroffenen Individuen. Fast regelmäßig ergibt die darauf gerichtete Nachforschung, daß die bestimmte Reaktionsweise — etwa die Verfettung, Abmagerung oder der Hochwuchs nach Keimdrüsenausfall, die Tendenz zu Tachykardie oder zu Diarrhöe bei Hyperthyreoidismus usw. — sich in mehr oder minder ausgesprochener Form bei anderen Mitgliedern der Familie wiederfindet. Es besteht eine meist nachweisbare heredofamiliäre, konstitutionelle Anlage zu Fett- oder Hochwuchs, zu Herz- oder Darmbeteiligung aus verschiedensten Anlässen. Der konstitutionelle Charakter der Organdisposition oder, wie man das auch nennen kann, Organminderwertigkeit läßt sich meist ohne weiteres demonstrieren.

Ob sie dagegen, wie manche Autoren in jüngster Zeit annehmen, auf Verschiedenheiten des Ionenmilieus beruht, indem geringe Verschiebungen insbesondere zwischen K und Ca, minimale Differenzen der Acidität in den Geweben die ganz verschiedene Reaktion der gleichen Organe auf das gleiche Hormon, bzw. dessen Ausfall bedingen würden, das ist vorläufig noch nicht erwiesen und auch die zahlreichen Untersuchungen, die sich mit der Änderung der Hormonwirkung unter dem Einfluß verschiedener Ionen beschäftigen, sind als Stütze für diese Hypothese kaum ausreichend, da es doch fraglich erscheint, ob derart große Differenzen des Ionenmilieus an den einzelnen Organen eines Körpers auch tatsächlich vorkommen. Was diese Versuche bisher ergeben haben, ist folgendes: Die Adrenalinwirkung wird unter gewissen Bedingungen durch Ca verstärkt, durch K gehemmt [1]). Indessen ergibt schon eine andere Versuchsanordnung (intravenöse Adrenalininjektion) ein ganz anderes Verhalten [2]). Auch für den Hypophysenhinterlappenextrakt wurden widersprechende Resultate erhalten [3]). Die Thyroxinwirkung wird dagegen ebenso wie die Insulinwirkung durch bestimmte Dosen von K verstärkt, von Ca vermindert [4]). Indessen konnten HASENÖHRL und HÖGLER [5]) für Insulin diese Angabe nicht bestätigen. Außerdem beeinflussen aber auch andere Ionenkombinationen den Effekt des Adrenalins, Thyroxins und Insulins in verschiedener Weise [6]). Auch andere chemische Substanzen fördern oder hemmen den Effekt der einzelnen Hormone. So verstärken Aminosäuren den Adrenalin-

---

[1]) SCOVILLE, H. D.: Zeitschr. f. d. ges. Anat., Abt. 2: Zeitschr. f. Konstitutionslehre. Bd. 10, S. 625. 1925. — KYLIN, E.: Klin. Wochenschr. 1925. S. 260 (Bd. 39, S. 565) u. Med. Klinik. 1925. S. 1580 (Bd. 42, S. 264).

[2]) WEISZ, ST. u. Z. BENKOVICS: Zeitschr. f. d. ges. exp. Med. Bd. 46, S. 784. 1925 (Bd. 42, S. 404). — LEITES, S.: Zeitschr. f. d. ges. exp. Med. Bd. 45, S. 641. 1925 (Bd. 41, S. 341).

[3]) KYLIN, E.: l. c. u. ZONDEK, H. u. H. BERNHARDT: Zeitschr. f. klin. Med. Bd. 101, S. 312. 1925 (Bd. 40, S. 320). — MARTINESCU, G. u. G. POPOVICIU: Cpt. rend. des séances de la soc. de biol. Tom. 93, Nr. 23, p. 250. 1925 (Bd. 42, S. 862).

[4]) ZONDEK, H. u. T. REITER: Klin. Wochenschr. 1923. S. 1344 (Bd. 31, S. 388). — ZONDEK, H.: Dtsch. med. Wochenschr. 1924. S. 364 (Bd. 35, S. 49). — SJOLLEMA, B. u. L. SEEKLES: Ref. Bd. 35, S. 358 (Orig. holl.). — KYLIN, E.: Med. Klinik. 1925. S. 1262 (Bd. 41, S. 374). — ZONDEK, H. u. H. UCKO: Klin. Wochenschr. 1925. S. 2014 (Bd. 42, S. 264).

[5]) HASENÖHRL u. F. HÖGLER: Klin. Wochenschr. 1927. Nr. 9, S. 399.

[6]) BEUMER, H.: Klin. Wochenschr. 1924. S. 2103. — ZONDEK, H. u. H. UCKO: Klin. Wochenschr. 1924. S. 1752 u. 2009 (Bd. 39, S. 130). — ABELIN, J. u. E. GOLDENER: Klin. Wochenschr. 1925. S. 2446. — LEITES, S.: Zeitschr. f. d. ges. exp. Med. Bd. 44, S. 319. 1925 (Bd. 40, S. 102) u. Ref. Bd. 40. S. 489 (Orig. russ.).

effekt und machen unterschwellige Adrenalindosen wirksam [1]). ZONDEK [2]) glaubt sogar ganz allgemein von einer Zweiphasenwirkung der Hormone sprechen zu dürfen in dem Sinne, daß der ersten, für das betreffende Hormon charakteristischen Wirkung, etwa der Drucksteigerung auf Adrenalin oder dem Blutzuckerabfall auf Insulin, eine zweite entgegengesetzte Wirkung nachfolgt, die dadurch zustande kommen soll, daß die physiko-chemische Veränderung der Zellbeschaffenheit während des Ablaufes der ersten Phase den Effekt des betreffenden Hormons nun umkehrt. Allerdings sind auch diese Anschauungen noch nicht genügend begründet [3]).

Änderungen des Ionenmilieus können jedenfalls die Wirkungen eines Hormons oder Hormonausfalls verändern. Ob sie aber die Ursache der individuell verschiedenen und nachweislich konstitutionell bedingten Reaktionsweise auf inkretorische Einflüsse darstellen, ist vorläufig vollkommen hypothetisch.

Aus der allgemein biologischen Stellung und funktionellen Bedeutung des endokrinen Apparates, wie wir sie im einleitenden Kapitel erörtert haben, ergibt sich eigentlich schon das, was ich als Prinzip der dreifachen Sicherung bezeichnet habe. Der regelrechte Ablauf jedes vitalen Mechanismus wird durch die Tätigkeit des Erfolgsorgans selbst, durch jene des Nervensystems und durch die Steuerung von seiten des endokrinen Apparates gewährleistet [4]). Das Beispiel, welches ich schon seinerzeit angeführt habe, wird dies am besten verständlich machen. Ein Mensch hat konstitutionell eine ganz auffallende Neigung zum Schwitzen, seine Haut ist stets feucht, geringste körperliche Anstrengungen, eine mäßige Erhöhung der Außentemperatur treiben ihm die Schweißperlen ins Gesicht. Diese funktionelle Besonderheit seiner Konstitution kann zurückzuführen sein auf eine besondere Leistungsfähigkeit, eine besondere Ansprechbarkeit und Reaktivität der Schweißdrüsen, sie kann aber ebenso gut die Folge einer konstitutionellen Reizbarkeit und Übererregbarkeit des vegetativen Nervensystems oder aber die Konsequenz einer übermäßigen Schilddrüsentätigkeit darstellen. Von der individuell verschiedenen Valenz der drei Sicherungen hängen die Folgen bei Ausfall oder Störung einer einzelnen von ihnen ab. Dieses Prinzip, sowie das Einsetzen kompensatorischer Vorgänge auf allen Linien und die individuell verschiedene Bereitschaft hierzu erklären die überaus differenten klinischen Bilder, mit denen wir es bei den inkretorischen Erkrankungen zu tun bekommen. Ich erwähne bloß, wovon ja später ausführlicher die Rede sein soll, wie weitgehend das Nebennierenparenchym durch Atrophie oder sonstige Erkrankungsprozesse reduziert sein kann, ohne daß manifeste Krankheitserscheinungen zum Vorschein kommen, ich erinnere an die eigentümliche Erscheinung, daß die anatomisch vollkommen gleichartige Erkrankung des Hypophysenvorderlappens ebenso gut zum FRÖHLICHschen Fettwuchs wie zur SIMMONDSschen Kachexie zu führen vermag. All das zeigt, wie nur die Berücksichtigung und Betrachtung der Gesamtpersönlichkeit vom Standpunkt ihrer konstitutionellen Eigenart ein richtiges Verständnis der Pathogenese inkretorischer Störungen ermöglicht.

---

[1]) ABDERHALDEN, E. u. E. GELLHORN: Pflügers Arch. f. d. ges. Physiol. Bd. 206, S. 154. 1924 (Bd. 39, S. 628).

[2]) ZONDEK, H. u. H. UCKO: Klin. Wochenschr. 1925. S. 6 (Bd. 39, S. 207) u. Zeitschr. f. physiol. Chem. Bd. 148, S. 111. 1925 (Bd. 42, S. 426).

[3]) KARGER, K.: Klin. Wochenschr. 1925. S. 1165 (Bd. 40, S. 876).

[4]) Vgl. auch MOGILNITZKI, B. N.: Virchows Arch. f. pathol. Anat. u. Physiol. Bd. 257, S. 765. 1925.

V. Allgemeine Therapie der Inkretionsstörungen.
Organotherapie.

Wir wollen in diesem Kapitel zunächst die allgemeinen Prinzipien der Behandlung inkretorischer Störungen festlegen, dann die allgemeinen Richtlinien für die Indikationsstellung zur Anwendung dieser Art von Behandlung erörtern und schließlich einige grundsätzliche Bemerkungen über die Organotherapie vorbringen.

Das prinzipielle Ziel jeder Art von Therapie inkretorischer Störungen ist die Änderung der jeweils vorliegenden abnormen Quantität der Hormonbelieferung des Organismus und die entsprechende Beeinflussung des Reaktionsausmaßes der peripheren Erfolgsorgane auf das betreffende, in abnormer Quantität zufließende Hormon. Wir haben also zunächst jene Maßnahmen zu besprechen, welche eine mangelhafte Hormonbelieferung des Organismus zu steigern, eine übermäßige einzudämmen geeignet sind, und dann alle Versuche ins Auge zu fassen, welche auf eine Änderung der Reaktionsweise und Ansprechbarkeit der Erfolgsorgane gegenüber einer gegebenen Hormonmenge abzielen.

I. Maßnahmen zur Steigerung der Hormonmenge. Dieses Ziel läßt sich auf zwei verschiedenen Wegen anstreben, erstens durch künstlichen Ersatz des in zu geringer Menge im Organismus vorhandenen Hormons mittels Zufuhr von außen und zweitens durch Anregung der Funktion des insuffizienten Hormonorgans. Demnach können wir unterscheiden: 1. eine Substitutionstherapie und 2. eine Stimulationstherapie.

1. Die Substitutionstherapie. Diese Behandlungsart ist die am längsten und meisten geübte, sie bildet das wohlfundierte Hauptindikationsgebiet der Organotherapie. Wie aus unseren folgenden Ausführungen und auch aus den früheren Kapiteln klar hervorgeht, deckt sich aber der Begriff der Organotherapie nicht mit dem der Substitutionstherapie. Organotherapie kann auch in Krankheitsfällen von Nutzen sein, in denen es sich nicht um die Substitution in zu geringer Menge vorhandenen eigenen Hormons handelt. Andererseits ist aber auch nicht jede Substitutionstherapie Organotherapie im eigentlichen Sinne des Wortes, denn zur Substitutionstherapie gehört auch ihre chirurgische Form, die Implantation fremder Hormonorgane. Seit den ältesten Zeiten der Medizin hat man in naiver Weise versucht, die mangelhafte Funktion eines erkrankten Organs durch Verfütterung des betreffenden tierischen Organgewebes zu ersetzen. In der heute üblichen Thyreoidintherapie bei Hypothyreose hat dieses Verfahren seine Krönung und Rechtfertigung erfahren, wenn dies auch die einzige Form der peroralen Organotherapie ist, die sich bisher tatsächlich als erfolgreich und absolut verläßlich herausgestellt hat. Bei anderen Hormonorganen sind wir auf den Ersatz ihres Produktes in Form von parenteralen Injektionen angewiesen und auch da haben wir im Insulin und, wie es scheint, im Parathyrin einwandfreie Substitutionsmittel erhalten. Mit Schilddrüsensubstanz, Insulin und offenbar auch mit Parathyrin lassen sich die Ausfallserscheinungen der betreffenden Hormonorgane, der Schilddrüse, des Pankreas und der Epithelkörperchen anscheinend für eine beliebig lange Zeit kompensieren. Bei den übrigen Drüsen mit innerer Sekretion ist eine Substitutionstherapie

durch Verabreichung von Extrakten, getrockneten Drüsensubstanzen u. dgl. nicht möglich, wenn wir auch im Hypophysenhinterlappenextrakt und im Adrenalin pharmakodynamisch äußerst wirksame Präparate in der Hand haben und auch auf dem besten Wege sind, ein verwendbares Ovarialhormon zu erhalten. Bisher sind wir aber nicht imstande, Ausfallserscheinungen von seiten der Hypophyse, der Keimdrüsen oder der Nebennieren durch Organotherapie wirklich zuverlässig und prompt zu beheben oder zu verhindern.

Es ist von größtem Interesse zu erfahren, wie sich bei Einleitung einer Organotherapie die betreffenden eigenen Inkretorgane des behandelten Individuums verhalten und wie sie darauf reagieren. Wir dürfen heute als gesichert annehmen, daß der insuffizient gewordene Inselapparat der Bauchspeicheldrüse des partiell pankreatektomierten Hundes oder diabeteskranken Menschen durch Insulinbehandlung funktionell entlastet wird und damit Gelegenheit findet, sich zu erholen, ja zu regenerieren. Hier wirkt also die substituierende Organotherapie zugleich auch als Schonungstherapie günstig auf das kranke Organ. Etwas anders ist es, wenn kleine Schilddrüsendosen an ein Versuchstier verfüttert werden, dem eine Hälfte der Schilddrüse entfernt wurde. Hier verhindert die Organotherapie die sonst regelmäßig eintretende kompensatorische Hyperplasie (BREITNER, L. LÖB), d. h. sie schafft den Reiz für diese Hyperplasie fort und stellt das Organ ruhig (vgl. auch S. 46). Ganz anders ist es, wenn Keimdrüsenextrakte Mäusen oder Ratten verabreicht werden. Hier findet man nach Ovarialextrakten ausgesprochen atrophische Veränderungen der Ovarien (FLORIS [1])), nach Hodenextrakten schwere Schädigungen der Hoden (KAUDERS [2])). Auch weitgehend abgebaute Eiweißbestandteile von Hoden oder Nebennieren rufen bei den damit injizierten Meerschweinchen in spezifischer Weise degenerative Veränderungen in den entsprechenden Organen hervor [3]). Diese Feststellungen sind deshalb von praktischer Bedeutung, weil sie von der wahllosen, unbedachten, ich möchte beinahe sagen reflektorischen Verordnung von organotherapeutischen Präparaten abhalten sollten. Ich habe da speziell die Anwendung der Organotherapie bei etwas fettleibigen Knaben vor dem Pubertätsalter im Auge. Eine Substitutionstherapie ist hier nicht angezeigt, eine Stimulationstherapie in der Regel überflüssig, aber selbst wenn sie beabsichtigt wäre, könnte man von der Verabreichung von Hodenpräparaten nach den vorliegenden experimentellen Grundlagen das gerade Gegenteil einer Stimulation erwarten. Eigentlich ein Glück, daß die Hodenpräparate allesamt nichts taugen und daher ebenso harmlos wie nutzlos sind.

Die chirurgische Form der Substitutionstherapie stellt die Überpflanzung fremden Drüsengewebes in den kranken Organismus dar. Diese Implantationstherapie hat heute immerhin schon sehr bemerkenswerte Resultate zu verzeichnen. Schilddrüse, Epithelkörperchen, Hoden und Eierstöcke hat man schon mit mehr oder minder eklatantem und anhaltendem Erfolg präperitoneal, in die Milz, die Tibia, die Tunica vaginalis u. a. Stellen verpflanzt. Verläßlich und sicher sind diese Erfolge freilich niemals. Während sie z. B. LEXER [4]) selbst bei Überpflanzung artgleicher drüsiger Organe überhaupt in

---

[1]) FLORIS, M.: Wien. klin. Wochenschr. 1923. S. 814 (Bd. 34, S. 283).
[2]) KAUDERS, O.: Wien. klin. Wochenschr. 1925. S. 877 u. 913 (Bd. 43, S. 369).
[3]) SAGGIORO, O. J.: Arch. di biol. Vol. 1, p. 161. 1924 (Bd. 42, S. 306).
[4]) LEXER, E.: 49. Vers. d. dtsch. Ges. f. Chirurg. 1925 (Klin. Wochenschr. 1925. S. 993).

Zweifel zieht und die Wirkungen einer derartigen Operation nur auf die Resorption des Implantates, nicht auf dessen Funktion zurückführt, haben andere erfahrene Chirurgen sogar bei heteroplastischer Überpflanzung, also bei Verwendung artfremder Drüsen mitunter selbst anhaltende Erfolge gesehen. Beim Hoden scheint aber nur das Gewebe anthropoider Affen einheilungsfähig zu sein (VORONOFF), während KOCHER Vater und Sohn[1]) sogar mit der Transplantation von Schafs- und Ziegenschilddrüsen bei kongenitaler Schilddrüseninsuffizienz des Menschen reussiert haben wollen.

2. Die Stimulationstherapie verfolgt ein anderes, man möchte sagen physiologischeres Ziel. Sie versieht den kranken Organismus nicht mit einer wenn auch noch so ausgezeichneten Prothese, die ihm sein insuffizientes Hormonorgan ersetzen soll, sondern sie strebt die Wiederherstellung, die Funktionssteigerung dieses Organs selbst an. Das kann geschehen: a) durch Steigerung seiner Durchblutung und b) durch unmittelbare Anregung seiner Zelltätigkeit mit Hilfe verschiedenartiger Reize.

a) Die Steigerung der Durchblutung läßt sich am einfachsten durch Wärmeapplikationen erzielen und ist ja für die Ovarien (Moor- und Schlammpackungen und -Bäder) längst in Gebrauch. Diathermie wird nicht nur für die Ovarien, sondern auch für Hoden und insbesondere für die Hypophyse (SZENES [2])) in Anwendung gezogen. Das chirurgische Verfahren zur Steigerung der Durchblutung eines Organs, die periarterielle Sympathektomie ist zwar von LERICHE [3]) auch für Drüsen mit innerer Sekretion in Erwägung gezogen worden, aber es liegen, soviel mir bekannt ist, bisher keine Berichte hierüber vor. Dagegen empfahl DOPPLER [4]) die Pinselung der Hodenarterien mit Phenollösungen, welche zu einer anhaltenden Hyperämie des Organs führt. Auch für die Arterien des Pankreas scheint er die Anwendung dieses Verfahrens in Aussicht genommen zu haben [5]).

b) Eine unmittelbare Anregung der Zelltätigkeit läßt sich auf verschiedene Weise herbeiführen. Zunächst kommen da physiologische, mehr oder minder adäquate Reize in Betracht, z. B. Sexualverkehr bei hypoplastischen Ovarien, oder fleischreiche Kost bei mangelhafter Schilddrüsentätigkeit. Ferner steht uns das ganze Register der sog. unspezifischen Reiztherapie, also vor allem der Proteinkörpertherapie zu Gebote, wenn wir auch in unserem Falle keine großen Hoffnungen in sie setzen können. Zum großen Teil gehören wohl auch Erfolge der Injektionstherapie mit den verschiedensten Organextrakten zur unspezifischen Reiztherapie (R. KÖHLER [6])). Wenn nach Quarzlampenbestrahlung bei Kaninchen eine Epithelkörperchenhyperplasie beobachtet worden ist [7]), so gehört auch diese Wirkung in die gleiche Kategorie.

Wir verfügen aber auch über Verfahren zur spezifischen und direkten Anregung der Zelltätigkeit gewisser inkretorischer Organe. Die Pharmakologie

---

[1]) KOCHER, A.: Brit. med. journ. 1923. Nr. 3274, S. 560 (Bd. 35, S. 50).

[2]) SZENES, A.: Wien. klin. Wochenschr. 1925. S. 330 (Bd. 40, S. 569). — SZENES, A. u. J. PALUGYAY: Wien. klin. Wochenschr. 1925. S. 503 (Bd. 41, S. 631). — GRÜNBAUM, R.: Wien. klin. Wochenschr. 1925. S. 959 (Bd. 42, S. 494).

[3]) LERICHE, R.: Presse méd. Tom. 30, p. 1105. 1922 (Bd. 27, S. 555).

[4]) DOPPLER, K.: Wien. klin. Wochenschr. 1925. S. 1327 (Bd. 42, S. 635).

[5]) DOPPLER, K.: Wien. klin. Wochenschr. 1926, Nr. 16, S. 441.

[6]) ZONDEK, B.: Zeitschr. f. Geburtsh. u. Gynäkol. Bd. 86, S. 238. 1923 (Bd. 32, S. 393).

[7]) GRANT, J. H. B. a. F. L. GATES: Journ. of gen. physiol. Vol. 6, p. 635. 1924 (Bd. 38, S. 638) u. Proc. of the soc. f. exp. biol. a. med. Vol. 21, p. 230. 1924 (Bd. 38, S. 850).

hat uns allerdings in dieser Richtung bisher noch nicht beschenkt. Nur dem Jod kommen unter gewissen Bedingungen stimulierende Eigenschaften in bezug auf die Schilddrüsentätigkeit zu. Mit Hilfe kleinster Röntgendosen gelingt es aber, die darniederliegende Funktion mancher Blutdrüsen zu heben, wie das Auftreten der Menstruation bei mangelhafter Ovarialtätigkeit nach Röntgenbestrahlung der Ovarien (THALER [1])) oder der Hypophyse beweist (WERNER, BORAK, SZENES u. a.). Viele Röntgenologen, vor allem HOLZKNECHT und seine Schule, lehnen zwar eine Reizwirkung der Röntgenstrahlen prinzipiell ab und beziehen alle Röntgeneffekte auf eine lähmende, destruierende Wirkung der Bestrahlung [2]), Tatsache bleibt aber, daß sich einerseits mit ganz schwacher Röntgendosis eine ausgebliebene Menstruation provozieren, also das Gegenteil dessen erzielen läßt, was eine große Röntgendosis herbeiführt[3]) und daß andererseits der Röntgeneffekt bei Hypophysenbestrahlung mit dem zweifellos stimulierenden Diathermie-Effekt übereinstimmt. An jungen Kaninchen wurde die Beobachtung gemacht, daß kleine Röntgendosen, auf die Hypophyse appliziert, das Wachstum beschleunigen, große es hemmen [4]). Auch nach schwacher Radiumbestrahlung wurden Reizeffekte von seiten der bestrahlten Blutdrüsen beschrieben [5]).

Am Hoden und Pankreas hat man versucht, durch Unterbindung der Ausführungsgänge des außensekretorischen Drüsenanteiles eine Steigerung der innersekretorischen Funktion zu erzielen. Am Hoden heißt dieser Eingriff STEINACHsche Operation. Man weiß heute, daß die dann zu beobachtende Hyperplasie der LEYDIGschen Zellen nicht den Ausdruck gesteigerter Hormonbildung darstellt, daß es aber nach der Unterbindung des Samenstranges zu gesteigerter Resorption des Zellmaterials aus dem der Atrophie verfallenden samenbildenden Hodenanteil kommt, die dann von einer Regeneration der Samenkanälchen gefolgt ist. Klinisch machen sich zweifellos oft genug Zeichen gesteigerter Hormonbelieferung aus dem ligierten Hoden bemerkbar. Am Pankreas kommt es nach Unterbindung des Ausführungsganges zu Atrophie des acinösen Gewebes und Hyperplasie des Inselapparates und es hat den Anschein, daß sich auch am Versuchstier auf diese Weise eine Hyperinsulinämie hervorrufen und klinisch nachweisen läßt (MANSFELD [6])).

II. Maßnahmen zur Herabsetzung der Hormonmenge. 1. Die medikamentöse Therapie ist auch in diesem Punkte noch nicht sehr erfolgreich, wenn wir von der ausgezeichneten Wirkung des Jods in gewissen Fällen von schwerem Hyperthyreoidismus absehen. Von dieser Therapie wird an anderer Stelle eingehend gesprochen. Während wir die Jodwirkung beim Hyperthyreoidismus in das Drüsenparenchym selbst verlegen müssen, wirken Brom, Valeriana, Calcium, Chinin und die verschiedensten Nervina durch die Herabsetzung der nervösen Erregbarkeit in gewissen Fällen von Hyperthyreoidismus

---

[1]) GÀL, F.: Strahlentherapie. Bd. 18, S. 573. 1924 (Bd. 39, S. 82).

[2]) BORAK, J.: Strahlentherapie. Bd. 20, S. 232 u. 441. 1925 u. Bd. 21, S. 31. 1926.

[3]) Vgl. auch WAGNER, G. A. u. CLARA SCHÖNHOF: Strahlentherapie. Bd. 22, S. 125. 1926 (Bd. 44, S. 17).

[4]) RAHM, H.: Beitr. z. klin. Chirurg. Bd. 126, S. 642. 1922 (Bd. 26, S. 132).

[5]) WOLF, W.: Americ. journ. of roentgenol. a. radium therapy. Vol. 15, p. 520. 1926.

[6]) MANSFELD, G.: Klin. Wochenschr. 1924. S. **2378** (Bd. 39, S. 207). — NATHER, K., R. PRIESEL u. R. WAGNER: Klin. Wochenschr. 1926. S. 932.

vielleicht auch hemmend auf die übermäßige Hormonproduktion der Schilddrüse. Was die Anwendung der Organotherapie zur Herabsetzung der Hormonmenge anlangt, so kann sie in drei Formen in Betracht kommen.

Zunächst die Homo-Organotherapie, d. h. die Verabreichung desjenigen Hormons, von dem der Organismus ohnehin zu viel besitzt. Wenn man
für eine derartige Behandlung überhaupt eine theoretische Begründung sucht,
so wäre es folgende Überlegung: Die oben zitierten Tierversuche zeigen, daß
Verabreichung eines wirksamen Hormons die eigene Produktionsstätte des
Organismus für dieses Hormon ruhig stellt, da der normale Organismus die
Hormonproduktion seinem Bedarf offenbar sehr genau anpaßt und dieser
Bedarf bei Verabreichung des Hormons von außen sinkt oder ganz wegfällt.
Nun liegen aber in den Krankheitszuständen, welche unser therapeutisches
Vorgehen erfordern, durchaus andere Verhältnisse vor. Beim Hyperthyreoidismus
ist z. B. der normale Regulationsmechanismus der Hormonbelieferung durchbrochen und wenn wir dem Hyperthyreoiden Schilddrüsensubstanz zuführen, so
drosseln wir damit nicht die eigene Schilddrüsentätigkeit, indem wir den Bedarf
des Organismus an Schilddrüsenhormon herabsetzen — dieser Bedarf war ja schon
vorher bis zum krankhaften Übermaß gedeckt — sondern wir schütten nur Öl
in die Flammen und verstärken den schon bestehenden Hyperthyreoidismus.
Wir dürfen also mit LISSER[1]) den Grundsatz aufstellen, daß die Homo-
Organotherapie bei inkretorischen Überfunktionszuständen kontraindiziert ist.

Die zweite Form der Organotherapie wollen wir als Hetero-Organotherapie bezeichnen. Sie bezweckt die indirekte Beeinflussung eines Hormonorgans durch Verabreichung des von einem anderen Hormonorgan gebildeten
Inkretes. Wenn man z. B. bei Hyperthyreoidismus mit Hypophysenextrakt,
Nebennierensubstanz oder Insulin Erfolge erzielt haben will, so gehört diese,
allerdings noch wenig fundierte Behandlungsmethode in diese Kategorie.
Ebensowenig zuverlässig ist vorderhand die dritte Form der Organotherapie,
die wir mit BORCHARDT[2]) als hormonale Immunotherapie bezeichnen
können. Es handelt sich da um die Behandlung des Basedow mit dem Serum
(Antithyreoidin nach MÖBIUS) oder mit der Milch (Rodagen nach LANZ) schilddrüsenloser Tiere. Man hat auch durch intravenöse Vorbehandlung mit wässerigem Schilddrüsenextrakt bei Schafen ein Serum gewonnen, das an Kaninchen
Schilddrüsenveränderungen hervorrief und bei Basedowkranken günstig gewirkt
haben soll[3]).

2. Die physikalisch-diätetische Therapie zum Zwecke der Herabsetzung der Hormonproduktion umfaßt allerhand hydro- und elektro-therapeutische Maßnahmen, die im allgemeinen geeignet erscheinen, die nervöse
Erregbarkeit herabzusetzen, oder die Durchblutung zu verringern, wie z. B.
Kälteapplikationen auf die Schilddrüse. Galvanisierung der Schilddrüse oder
des Halssympathicus bei Basedow, die auch von manchen kritischen Beobachtern
warm empfohlen wird[4]), gehört ebenso hierher wie die eiweißarme Kohlenhydrat-Fettkost, welche eine Schonungstherapie für die Schilddrüse darstellt.

---

[1]) LISSER, H.: Endocrinology. Vol. 9, Nr. 1, p. 1. 1925.

[2]) BORCHARDT, L.: Ergebn. d. inn. Med. u. Kinderheilk. Bd. 18, S. 318. 1920.

[3]) COULAUD, E. et SUAU: Bull. et mém. de la soc. méd. des hôp. de Paris. Tom. 41, p. 52.
1925 (Bd. 39, S. 679).

[4]) MURRI, A.: Über Organotherapie. Würzburger Abhandl. a. d. Gesamtgeb. d. prakt.
Med. Bd. 12, H. 1. 1911.

3. **Die Röntgentherapie** feiert auf diesem Gebiet ihre Triumphe. Bei einer Reihe von Hormonorganen gelingt es mit Sicherheit, durch eine entsprechend hohe Röntgendosis eine Funktionseinschränkung, ja Atrophie des Parenchyms zu erzielen. So bei der Schilddrüse, den Keimdrüsen, dem Thymus. Dabei ist besonders zu beachten, daß sich z. B. die Schilddrüse um so röntgenempfindlicher erweist, in einem je höhergradigen funktionellen Aktivitätszustand sich ihr Gewebe befindet, d. h. je stärker der Hyperthyreoidismus, auf eine desto geringere Röntgendosis spricht er an. Auch eine hyperfunktionierende Hypophyse läßt sich durch Röntgenstrahlen drosseln, wie Stoffwechseluntersuchungen THANNHAUSERS [1]) an einem Akromegalen ergaben. Von dem die Drüsenfunktion herabsetzenden, organspezifischen Einfluß der Röntgenstrahlen ist natürlich der Röntgeneffekt auf Tumoren der Hypophyse zu unterscheiden, die, ebenso wie Carcinome der Schilddrüse, oft besonders gut auf Röntgenstrahlen reagieren. Was die Röntgenbestrahlung der Nebenniere anlangt, so hat sie wohl deshalb zu keinem praktisch brauchbaren Resultat geführt, weil die Nebennierenrinde weit empfindlicher gegen die Strahlen ist als das chromaffine Gewebe [2]). Analog den Röntgenstrahlen wirkt das Radium, hat aber den großen Nachteil der schwierigeren Dosierung.

4. **Die chirurgische Therapie** ist zur Erzielung einer Verminderung der von einem Hormonorgan gelieferten Inkretmenge zweifellos die erfolgreichste und verläßlichste. Freilich scheitert ihre allgemeine Anwendung an dem Gefahrenmoment. Die moderne Chirurgie hat sich fast alle Hormonorgane zugänglich gemacht. Ihre prinzipiellen Wege zur Einschränkung der inkretorischen Organfunktion sind die Herabsetzung der Durchblutung des Organs durch Ligatur der zuführenden Gefäße, die Sperrung der nervösen Sekretionsimpulse durch Unterbrechung der zuführenden Nerven und schließlich vor allem die Reduktion des Parenchyms durch mehr oder minder ausgiebige Entfernung der Drüsensubstanz.

III. Von Maßnahmen, die auf eine Änderung der Reaktionsweise und Ansprechbarkeit der Erfolgsorgane abzielen, werden wir zwar keinen durchschlagenden therapeutischen Erfolg erwarten dürfen, werden sie aber zur Unterstützung der übrigen Behandlung in geeigneten Fällen mit heranziehen können. Vor allem besitzen wir keine ausreichende Kenntnis darüber, wie und auf welche Weise sich die Ansprechbarkeit der peripheren Erfolgsorgane den Hormonen gegenüber beeinflussen läßt. Von der Bedeutung des Ionenmilieus, insbesondere also der H-Ionenkonzentration und dem gegenseitigen Verhältnis zwischen K- und Ca-Ionen war schon früher die Rede. Therapeutische Auswertung haben diese experimentellen Feststellungen bisher nicht erfahren, sie sind aber zweifellos in Zukunft zu gewärtigen. Jedenfalls enthalten die hier entdeckten Tatsachen Hinweise auf zweckmäßige diätetische Verordnungen und eine eventuell in Frage kommende Balneotherapie. Die Proteinkörperbehandlung nimmt als umstimmende Maßnahme zweifellos auch Einfluß auf die Reaktivität der Gewebe gegenüber den ihnen zugeführten Hormonen. Die

---

[1]) THANNHAUSER, S. J. u. F. CURTIUS: Dtsch. Arch. f. klin. Med. Bd. 143, S. 287. 1924 (Bd. 33, S. 477).

[2]) HOLFELDER, H. u. H. PEIPER: Strahlentherapie. Bd. 15, S. 1. 1923 (Bd. 29, S. 201). — ZIMMERN, A.: Bull. de l'acad. de méd. Tom. 91, p. 739. 1924 (Bd. 37, S. 51).

praktische Konsequenz ist die kombinierte Schilddrüsen-Proteinkörperbehandlung der Fettsucht nach R. Schmidt[1]). Offenbar setzt die Proteinkörperbehandlung den Schwellenwert für die Thyreoidinwirkung gerade am Stoffwechsel herab[2]). Es ist anzunehmen, daß alle Bestrebungen, die allgemein gesteigerte Erregbarkeit des Nervensystems bei Hyperthyreoidismus zu dämpfen, auch in dem Sinne wirksam sind, daß sie die Ansprechbarkeit des Substrates für das übermäßig zuströmende Hormon herabsetzen. In diesem Sinne wirken also die verschiedenen Nervina, allerhand physikalische, hydro- und klimatotherapeutische Maßnahmen. Das Arsen setzt die stoffwechselsteigernde Wirkung des Schilddrüsenhormons herab (Liebesny, Kowitz[3])), gehört also gleichfalls in diese Gruppe. Seeklima steigert den Grundumsatz[4]), im Höhenklima erhöht sich die Toleranz für Kohlenhydrate[5]), Effekte, deren Mechanismus vorderhand nicht aufgeklärt ist. Wahrscheinlich ist hier auch einzureihen die therapeutische Verordnung von Bettruhe einerseits, sportlicher Betätigung andererseits, Quarzlichtbestrahlung usw.

Wenn wir nun die Indikationsstellung für die Anwendung der die Hormonbelieferung und Hormonwirkung beeinflussenden Therapie zu besprechen haben, so könnte es scheinen, als wäre diese Frage sehr rasch erledigt und ihre spezielle Erörterung eigentlich überflüssig. Wo das klinische Zustandsbild eine mangelhafte oder übermäßige Hormonwirkung erkennen läßt, dort hat die im Vorangehenden besprochene Therapie einzusetzen. Das ist selbstverständlich vollkommen richtig, es ist aber nicht alles. Diese Therapie kann sich auch bei solchen Erkrankungen bewähren, deren Sitz nicht in einem bestimmten Inkretionsorgan, ja vielleicht überhaupt nicht im Bereiche der inneren Sekretion zu suchen ist. In solchen Fällen hat diese Therapie nicht den Zweck, ein Zuviel oder Zuwenig an eigener Hormonversorgung zu beheben, sondern hier wirkt sie zum Teil als unspezifische, pharmakodynamische Behandlung, zum Teil als Mittel zur künstlichen Änderung der Körperverfassung, welche Änderung für den jeweiligen Krankheitszustand des betreffenden Individuums vorteilhaft erscheint. Es soll hier nicht unsere Aufgabe sein, etwa alle jene Krankheitszustände Revue passieren zu lassen, in denen man mit irgendeiner Art von Hormontherapie mehr oder minder überzeugende Erfolge erzielt haben will[6]), es sollen vielmehr lediglich die prinzipiellen Grundlagen einer derartigen Behandlung festgehalten werden.

Es ist keine Substitutions- oder Stimulationstherapie sondern eine einfache pharmakodynamische Therapie, wenn wir Adrenalin gegen eine Blutung oder gegen Bronchialasthma, wenn wir Hypophysenhinterlappenextrakte in der Geburtshilfe, gegen dyspnoische Zustände verschiedener Art[7]), gegen Raynaudsche Gangrän oder Obstipation verwenden, oder mit einem Zirbelextrakt einen

---

[1]) Lorant, J. St.: Wien. Arch. f. inn. Med. Bd. 9. 1924.

[2]) Bauer, J.: Wien. klin. Wochenschr. 1926. Nr. 9.

[3]) Kowitz, H. L.: Verhandl. d. dtsch. Ges. f. inn. Med. 34. Kongr. 1922. S. 340 (Bd. 28, S. 299).

[4]) Kestner, O., F. Peemoeller u. R. Plaut: Klin. Wochenschr. 1923. S. 2018.

[5]) Aggazzotti, A.: Arch. di scienze biol. Vol. 5, p. 1. 1923 (Bd. 35, S. 435).

[6]) Vgl. Wagner-Jauregg u. G. Bayer: Lehrb. d. Organotherapie. G. Thieme 1914. — Borchardt, L.: l. c.

[7]) Brunn, F.: Med. Klinik. 1924. S. 1497 (Bd. 38, S. 410).

abnorm hohen Hirndruck zu bekämpfen suchen [1]). Das gleiche gilt für viele,
wenn nicht die meisten Fälle, in denen eine Schilddrüsentherapie gegen Obstipation, Anämie, nephrotische Ödeme, Metrorrhagien, Arthritiden, gegen
Haarausfall, chronische Ekzeme und andere Dermatosen, zur Beschleunigung
der Wundheilung oder Callusbildung, gegen die Erscheinungen vorzeitiger
Ergreisung usw. in Anwendung gezogen wird [2]). Auch das Indikationsgebiet
der Parathyrin- und ganz besonders der Insulinbehandlung hat sehr rasch
die Grenzen der Substitutionstherapie überschritten. Von amerikanischen
Autoren werden die Parathyreoidea-Extrakte gegen verschiedenartige chronisch-
entzündliche Zustände, wie variköse Geschwüre, Ulcera des Verdauungstraktes,
Cysto-Pyelitis, Osteomyelitis u. a. empfohlen [3]). Die allerdings mehr als fraglichen Erfolge einer Epithelkörperchenimplantation bei Paralysis agitans und
Parkinsonismus [4]) gehören gleichfalls hierher. Das Insulin hat sich bei der
Behandlung einer ganzen Reihe von Krankheitszuständen bewährt, ohne daß
es hier einen Mangel an Insulin im Organismus zu ersetzen hätte, also nicht
als hormonales Substitutionsmittel, sondern als pharmakodynamisch wirksames,
überaus wertvolles Medikament [5]). An erster Stelle steht hier die Insulinmast
nach FALTA [6]). So groß das Verdienst dieses Autors einzuschätzen ist, diese
Insulinwirkung entdeckt zu haben, so wenig halte ich seine Argumentation
für berechtigt, den Begriff einer pankreatogenen Fettsucht zu konstruieren.
Durch die Förderung der KH-Verwertung im Organismus unter dem Einfluß
des Insulins, sowie durch das im hypoglykämischen Zustand auftretende in-
stinktive Hungergefühl wird der Fettansatz unter gleichzeitiger Wasserretention
gefördert. Übrigens gibt es trotz verblüffender Erfolge in einzelnen Fällen
auch bei der Insulinmast Versager. Auf gleichem Prinzip beruht auch die
gelegentlich beobachtete günstige Beeinflussung Basedowkranker durch Insulin,
wie sie von verschiedenen Seiten empfohlen wurde [7]). Einen durchschlagenden
Erfolg habe ich freilich nicht erlebt. Symptomatisch bewährt sich ferner das
Insulin in Kombination mit Zuckerdarreichung bei der alimentären Intoxikation [8]) und bei der Spasmophilie [9]) der Säuglinge, vor allem aber bei hepatar-
gischen Zuständen infolge von degenerativen und atrophischen Prozessen
des Leberparenchyms (P. F. RICHTER [10])). Bei hartnäckiger Furunculose und
Pyodermien, bei manchen Ekzemen [11]), schwierig heilenden Wunden und Fuß-

---

[1]) MARBURG, O.: Wien. klin. Wochenschr. 1924. S. 1017 (Bd. 39, S. 464).

[2]) Vgl. OSWALD, A.: Klin. Wochenschr. 1926. Nr. 35, S. 1618.

[3]) HANSON, A. M.: Milit. surgeon. Vol. 55, p. 701. 1924 (Bd. 41, S. 438). — ELLINGSON,
E. O., A. W. BELL a. A. M. HANSON: Proc. of the soc. f. exp. biol. a. med. Vol. 21, p. 274.
1924 (Bd. 36, S. 190).

[4]) KÜHL, W.: Dtsch. Zeitschr. f. Chirurg. Bd. 187, S. 328. 1924 (Bd. 43, S. 504). —
BERGMANN, E. ref. Kongreßzentralbl. Bd. 32, S. 176 (Orig. schwed.).

[5]) Vgl. BERNHARDT, H.: Med. Klinik. 1926. Nr. 15, S. 585.

[6]) FALTA, W.: Wien. klin. Wochenschr. 1925. S. 757 (Bd. 41, S. 312).

[7]) JAKSCH-WARTENHORST, R.: Wien. med. Wochenschr. 1924. S. 1101 (Bd. 36, S. 144). —
LAWRENCE, R. D.: Brit. med. journ. 1924, Nr. 3330. S. 753 (Bd. 39, S. 914), vgl. BERN-
HARDT, H.: l. c.

[8]) PRIESEL, R. u. R. WAGNER: Klin. Wochenschr. 1925. S. 489.

[9]) ADAM, A.: Klin. Wochenschr. 1925. S. 1551 (Bd. 41, 197).

[10]) RICHTER, P. F.: Med. Klinik. 1924, S. 1381 (Bd. 38, S. 453). — KLEIN, O.: Zeitschr.
f. klin. Med. Bd. 102, S. 229. 1925 (Bd. 42, S. 337).

[11]) STÖRMER, A.: Klin. Wochenschr. 1925. S. 477.

geschwüren[1]) hat man von einer symptomatischen Insulinbehandlung Nutzen gesehen.

Was die Keimdrüsen anlangt, so hat hier insbesondere die chirurgische Therapie ihr Indikationsgebiet mit mehr oder weniger ausgesprochenem Erfolg beträchtlich zu erweitern versucht. Nicht immer genügend kritisch wurden bei verschiedenartigen Psychosen, insbesondere bei der Schizophrenie Kastrationen, ebenso aber auch Ovarialtransplantationen oder die STEINACHsche Operation vorgenommen. Über die Zweck- und Sinnlosigkeit derartiger Eingriffe bei konträrer Sexualempfindung haben wir an anderer Stelle schon gesprochen. Mehr Berechtigung hat die auch experimentell gut gestützte Indikation zu Keimdrüsenimplantation, eventuell STEINACHscher Operation bei vorzeitigen und übermäßigen Altersbeschwerden[2]). Hierher gehören die Erfolge, welche ein norwegischer Autor[3]) mit einem Glycerinextrakt aus Eber- und Ziegenbockhoden bei Frauen mit Dysmenorrhöe, Hyperemesis gravidarum oder klimakterischen Beschwerden, ferner bei afebrilen Tuberkulosen und Rheumatismen erzielt haben will. Ähnliches hatte man auch schon früher beobachtet[4]). Die einstmals von H. FISCHER empfohlene Nebennierenexstirpation bei Epileptikern ist als völlig wertlos allgemein aufgegeben worden. Mit einigem Staunen vernimmt man, daß CRILE[5]) die Nebennierenexstirpation auch bei Fällen von RAYNAUDscher Krankheit und bei schwerer Neurasthenie vornahm — selbstverständlich ohne Erfolg.

Die Organotherapie, soweit sie sich über die Anwendung der Schilddrüsenpräparate und des Insulins hinaus erstreckt, erfreut sich keines soliden Rufes. Ganz mit Recht! Indikationsstellung und Fabrikation haben es an der notwendigen Kritik fehlen lassen und dabei bilden beide einen bösen Circulus vitiosus. Mit je geringerem Verständnis sich der Arzt der Organotherapie zuwendet, mit um so größerem Erfolg kann die chemisch-pharmazeutische Industrie und zwar nicht nur die seriöse und verdienstvolle, sondern auch die verschiedentliche Winkelindustrie auf Absatz hoffen. Würde die Ärzteschaft den Boden der wissenschaftlich begründeten und gestützten Therapie nicht verlassen, dann wäre den mannigfachen Auswüchsen der Industrie von vornherein der Boden entzogen. Läßt sich denn über Organpräparate wissenschaftlich diskutieren, die beispielsweise aus der Gefäßwand von Schlachttieren gewonnen sind und gegen Arteriosklerose empfohlen werden (Animasa), oder die zur Verbesserung von Hoden- und Ovarialextrakten auch noch einen Extrakt aus dem Corpus cavernosum penis enthalten? Diese ebenso lächerlichen, wie bedauernswerten Verirrungen können nur durch eine entsprechende Schulung und tieferes wissenschaftliches Verständnis der Ärzte beseitigt und verhindert werden.

---

[1]) AMBARD, L. et F. SCHMID: Bull. et mém. de la soc. méd. des hôp. de Paris. Tom. 41, p. 904. 1925 (Bd. 41, S. 31).

[2]) HARMS, W.: Zeitschr. f. d. ges. Anat., Abt. 1: Zeitschr. f. Anat. u. Entwicklungsgesch. Bd. 71, S. 319. 1924 (Bd. 38, S. 7). — PETTINARI, V.: Boll. d. soc. med.-chirurg. di Pavia. Vol. 36, p. 163. 1924 (ref. Endocrin. Vol. 9, Nr. 1, p. 90). — STEINACH, E.: l. c. — VORONOFF, S.: l. c. — BENJAMIN, H.: Bruns' Beitr. z. klin. Chirurg. Bd. 135, S. 58. 1925 (Bd. 43, S. 529). — MÜHSAM, R.: Arch. f. Frauenkunde u. Konstit. Bd. 12, S. 181. 1926 (Bd. 44, S. 424).

[3]) KROGH M. VON: Ref. Kongreßzentralbl. Bd. 35, S. 443. 1924 (Orig. norweg.).

[4]) STANLEY, L. L.: Endocrinology. Vol. 6, Nr. 6, p. 787. 1922 (Bd. 30, S. 415).

[5]) CRILE, G. W.: Endocrinology. Vol. 9, Nr. 4, p. 301. 1925.

Aber auch dort, wo es sich um unentbehrliche Organpräparate höchst ernst zu nehmender Firmen handelt, sind noch außerordentliche Schwierigkeiten zu überwinden, da die biologischen Wertbestimmungen, die ja für die rein chemisch nicht faßbaren Hormone allein in Betracht kommen, nicht immer angewendet werden und auch ihre Zuverlässigkeit noch manches zu wünschen übrig läßt. Wenn man bedenkt, wie verschieden die Wertigkeit der Organpräparate — einwandfreie, mikroskopisch kontrollierte Organgewinnung und chemische Verarbeitung natürlich vorausgesetzt — je nach dem Alter, dem Ernährungszustand, der Geschlechtsphase der Spendertiere sein muß, so ergibt sich daraus allein schon die Notwendigkeit derartiger Wertbestimmungen.

Für die Eichung von Schilddrüsenpräparaten ist die Steigerung des Grundumsatzes und die Beeinflussung des Allgemeinzustandes am myxödemkranken Menschen das sicherste und zuverlässigste biologische Merkmal. Davon habe ich mich an einer Patientin überzeugt, die seit vielen Jahren ständig auf eine kleine Menge von außen zugeführter Schilddrüsensubstanz angewiesen ist und schon geringe Schwankungen im Werte verschiedener Präparate nach 10 bis 14 Tagen selbst bemerkt. Als Ersatz sollten sich meines Erachtens die chemischen Fabriken an schilddrüsenlose Tiere halten, wenn sie sich nicht besser ein menschliches Testobjekt zu verschaffen in der Lage sind. Der Jodgehalt der verschiedenen Schilddrüsenpräparate schwankt erheblich, er eignet sich aber, wie ich mit ZONDEK und SWINGLE [1]) gegenüber LIEBESNY [2]) betonen möchte, nicht zur Wertbestimmung des Präparates, da es nicht auf den absoluten Jodgehalt, sondern auf die Art der organischen Bindung des Jods ankommt. Auch der Kaulquappenversuch ist völlig ungeeignet (SWINGLE). STRAUB [3]) beurteilt die Wirksamkeit von Schilddrüsenpräparaten nach der Steigerung der Acetonitrilresistenz von Mäusen. Nach diesem Verfahren sind die Thyreoidea-dispert-Tabletten geeicht. FREUD und NOBEL [4]) sind der Meinung, daß die Bestimmung der für Meerschweinchen tödlichen Dosis ein geeigneter Maßstab des Wirkungswertes wäre. Hypophysenhinterlappenextrakte werden gewöhnlich am Meerschweinchenuterus ausgewertet [5]). Für das Epithelkörperchenhormon kommt die Steigerung des Blutkalkes, für das Insulin die Senkung des Blutzuckerspiegels und das Auftreten von Krämpfen bei Kaninchen als Wertmaßstab in Betracht, doch sind die erheblichen individuellen Verschiedenheiten der Tiere, ihr Ernährungszustand und ihre wechselnde Empfindlichkeit zu berücksichtigen [6]). Für die Wertbestimmung von Ovarialpräparaten eignet sich die von DOISY und ALLEN zuerst in Anwendung gezogene Methode. Man bestimmt jene minimale Menge des Präparates, welche eben ausreicht, um an kastrierten Mäusen oder Ratten den am Scheidenabstrich erkennbaren Brunstzyklus wieder auszulösen. B. ZONDEK hielt sich an die den O_2-Verbrauch der kastrierten Frau steigernde Wirkung als Wertmaßstab eines Eierstockpräparates.

Es ist erwiesen, daß eine große Reihe von im Handel befindlichen und alltäglich verordneten sog. Organpräparaten die an sie zu stellenden

[1]) SWINGLE, H. W.: Endocrinology. Vol. 8, Nr. 6, p. 832. 1924 (Bd. 40, S. 319).

[2]) LIEBESNY, P. u. E. LENK: Wien. klin. Wochenschr. 1926. Nr. 27.

[3]) STRAUB, W.: Dtsch. med. Wochenschr. 1925. S. 4 (Bd. 40, S. 129).

[4]) FREUD, P. u. E. NOBEL: Klin. Wochenschr. 1924. S. 1849 (Bd. 39, S. 36).

[5]) TRENDELENBURG, P.: Klin. Wochenschr. 1925. S. 9 (Bd. 39, S. 744).

[6]) Vgl. LANGECKER, H. u. W. STROSS: Biochem. Zeitschr. Bd. 161, S. 295. 1925 (Bd. 43, S. 357).

Anforderungen nicht erfüllen und entweder vollkommen wertlos sind oder bloß unspezifische pharmakodynamische Wirkungen entfalten, die je nach ihrer Herstellungsart verschieden sind (R. KÖHLER, B. ZONDEK). In manchen z. B. sind Aminosäuren, in anderen wieder ihr Cholingehalt wirksam. Wenn aber schon die Herstellung einwandfreier Organpräparate solche Schwierigkeiten bereitet, wie soll man dann die verschiedentlichen Gemenge von Organpräparaten einschätzen, wie sie z. B. im Lipolysin oder Leptormon zu Entfettungszwecken empfohlen werden, oder wie sie in zahllosen Kombinationen als sog. Hormoglandpräparate im Handel sind? Die „plurihormonalen" Entfettungsmittel wirken dort, wo sie überhaupt einen Effekt haben, ausschließlich durch ihren Gehalt an Schilddrüsensubstanz, sie sind also zum mindesten entbehrlich. Von einer Wirksamkeit der mannigfachen Hormoglandpräparate habe ich mich niemals überzeugen können, wofern nicht ebenfalls bloß ihre Schilddrüsenkomponente zur Geltung kam. Vor allem aber läßt sich, worin ich LISSER durchaus beistimme, eine „pluriglanduläre" Therapie in der überwiegenden Mehrzahl der Fälle nicht einmal theoretisch begründen. Die Zahl der Fälle pluriglandulärer Erkrankungen ist verschwindend klein gegenüber den uniglandulären und die korrelativen Störungen im übrigen Hormonapparat bei Ausfall eines Gliedes in der Kette müßten ja verschwinden, wenn es gelänge, eben diesen einen Ausfall zu decken.

Schließlich darf man nicht außer acht lassen, daß wir selbst bei tadellosen Hormonpräparaten in der Applikationsweise die physiologischen Verhältnisse mit ihrem präzisen Regulationsmechanismus niemals werden ganz nachahmen können. Weder auf oralem, noch auf parenteralem Weg können wir jemals diese Präzision in der physiologischen Hormonbelieferung erreichen. Nebenbei bemerkt, hat man ja auch den rectalen, perlingualen [1]) und Inhalationsweg [2]) bei der Anwendung des Insulins beschritten. Aber welch ein Optimismus gehört dazu, sogar an spezifische Wirkungen und Erfolge von Hormonsalben zu glauben [3]), etwa von in die Haut eingeriebenen Thymusextrakten, wo doch Thymusextrakte selbst in sehr großen Dosen, oral oder parenteral gegeben, spezifische Wirkungen vermissen lassen.

VI. Spezielle Pathologie und Therapie der Inkretionsstörungen.

Schilddrüse.

Hypothyreoidismus. Myxödem.

Nachdem WILLIAM GULL im Jahre 1873 als erster fünf typische Fälle von „cretinoid state supervening in adult life of women" beschrieben und WILLIAM ORD einige Jahre später für dieses Krankheitsbild die Bezeichnung „Myxödem"

---

[1]) MENDEL, B., A. WITTGENSTEIN u. E. WOLFENSTEIN: Klin. Wochenschr. 1924. S. 470. (Bd. 38, S. 59) u. S. 2341 (Bd. 39, S. 853). — BLUM, L.: Cpt. rend. hebdom. des séances de l'acad. des sciences. Tom. 178, p. 1225. 1924 (Bd. 38, S. 60).

[2]) HEUBNER, W.: Klin. Wochenschr. 1924. S. 2342. — ROBITSCHEK, W.: Med. Klinik. 1925. S. 19 (Bd. 39, S. 502).

[3]) LANGSTEIN, L. u. H. VOLLMER: Zeitschr. f. Kinderheilk. Bd. 38, S. 415. 1924 (Bd. 41, S. 409).

vorgeschlagen hatte, waren es in den Jahren 1882—1883 die Schweizer Chirurgen
REVERDIN und TH. KOCHER, die zuerst den Nachweis eines Zusammenhanges
dieses Leidens mit dem Ausfall der Schilddrüsenfunktion erbrachten, da sie
dessen volle Übereinstimmung mit den Folgezuständen erkannten, die sich
bei einer Reihe ihrer Kropfkranken nach vollkommener Entfernung der kropfigen
Schilddrüse eingestellt hatten. REVERDIN nannte diesen Zustand „Myxoedème
postoperatoire", KOCHER „Kachexia strumipriva". Die von M. SCHIFF (1884)
und VON EISELSBERG inaugurierten Transplantationsversuche am Tier, vor
allem aber die therapeutischen Erfolge beim Myxödem mit subcutanen Injektionen von Glycerinextrakten aus der Schilddrüse (MURRAY 1891) und bald
darauf mit peroraler Darreichung von Schilddrüsensubstanz (HOWITZ) schlossen
die Beweiskette endgültig.

Ehe wir uns der Schilderung des Krankheitsbildes der Schilddrüseninsuffizienz
zuwenden, wollen wir als prinzipiell bedeutsam folgendes festhalten: Das
Symptomenbild entspricht durchaus und vollkommen den im Tierversuch
künstlich hervorgerufenen Ausfallserscheinungen, wie wir sie in einem früheren
Kapitel kennen gelernt haben; es ist naturgemäß different je nach dem Alter,
in welchem der Ausfall der Schilddrüsentätigkeit einsetzt. Dies kann beim voll
entwickelten, erwachsenen Individuum (Myxoedema adultorum), es kann
im Kindesalter (Myxoedema infantum) und es kann schließlich schon im
Embryonalleben (Myxoedema congenitum) der Fall sein. Die Unterschiede
ergeben sich selbstverständlich aus dem Umstand, daß die der Schilddrüsen-
regulierung unterworfenen Entwicklungs- und Wachstumsfunktionen nur in
den beiden letzteren Fällen, und hier in verschiedenem Ausmaß, betroffen
sind. Das Symptomenbild ist aber auch different je nach dem Grade der
Schilddrüseninsuffizienz, die zwischen Norm und vollkommener Athyreose
alle Übergänge umfassen kann, und schließlich different je nach der Reaktionsweise der Erfolgsorgane auf die mangelhafte Thyroxinbelieferung.

Natürlich spielt der letztere Punkt eine um so größere Rolle, je geringfügiger
die Insuffizienz der Schilddrüsenfunktion ist. Angesichts eines totalen Schild-
drüsenausfalls versagen die übrigen Sicherungen des normalen Organbetriebes
unter allen Umständen, da spielt die individuelle Reaktionsweise der Erfolgsorgane keine nennenswerte Rolle, alle erliegen sie der überwältigenden Wirkung
des Thyroxinmangels, die individuellen Unterschiede im Krankheitsbild sind
kaum zu merken, die Krankheitsfälle gleichen sich wie ein Ei dem andern.
Besteht aber nur ein leichtes, eventuell minimales Defizit an Schilddrüsenhormon, dann kommen die individuellen Unterschiede in der Reaktionsweise
und im Sicherungsmechanismus der einzelnen Erfolgsorgane und ihrer Funktionen
zum Vorschein, dann beobachten wir die verschiedenartigen Schattierungen
und Varianten der oligosymptomatischen Krankheitsbilder, die in kontinuierlichen Übergängen von der kompletten Athyreose bis zum monosymptomatischen
Hypothyreoidismus und zur Norm führen. Man hat derartige oligosymptomatische, leichte Fälle als Myxoedème fruste oder Hypothyréoidie
bénigne bezeichnet (HERTOGHE, LÉOPOLD-LEVI und H. DE ROTHSCHILD).
Wir wollen aber gleich hier grundsätzlich feststellen, daß in einem supponierten
Falle monosymptomatischer Hypothyreose das Besondere und Krankhafte
offenbar gar nicht die mangelhafte Schilddrüsentätigkeit, sondern die besondere
Reaktionsweise gerade des jeweils betroffenen Organs darstellt, das anders

als alle übrigen zu seinem normalen Betrieb mehr Thyroxin benötigt, als der Organismus ihm zur Verfügung stellt. Da aber für die überwiegende Mehrzahl der Organe diese tatsächlich gelieferte Thyroxinmenge vollkommen ausreicht, so handelt es sich demnach gar nicht mehr um eine Hypothyreose, sondern um eine konstitutionelle oder konditionelle Besonderheit dieses einen Erfolgsorgans und seines Sicherungsmechanismus. Daran ändert natürlich auch nichts, daß therapeutische Zuführung von Schilddrüsenhormon Erfolg hat. Wir können also sagen, daß wir von monosymptomatischen Formen eines Hypothyreoidismus lieber gar nicht sprechen sollen, denn dort, wo wir einen Hypothyreoidismus zu diagnostizieren imstande und berechtigt sind, müssen wenigstens mehrere Ausfallserscheinungen nachweisbar sein, die die Annahme einer mangelhaften Schilddrüsenfunktion rechtfertigen. Ohne Berücksichtigung der gesamten Persönlichkeit des erkrankten Individuums, seiner konstitutionellen und konditionellen Besonderheit, ist eben, wie wir sehen werden, nicht nur die Klinik des Hypothyreoidismus, sondern auch jene der anderen endokrinen Störungen und schließlich die gesamte Klinik überhaupt nicht voll zu verstehen. Allen didaktischen Zwecken dienenden Systemen zum Trotz will und muß jeder Krankheitsfall individuell analysiert und erfaßt werden.

In der Symptomatologie des Hypothyreoidismus nimmt die eigenartige Veränderung der Haut schon deshalb eine hervorragende Stellung ein, weil nach ihr das Krankheitsbild seinen Namen erhielt. Die Haut verdickt sich und nimmt eine ganz charakteristische, pralle und pastöse Beschaffenheit an, die gelegentlich mit einem chronischen renalen Ödem verwechselt werden kann, aber bei Fingereindruck nicht wie dieses eine Delle hinterläßt. Das kommt daher, weil die Myxödemhaut nicht nur mit Flüssigkeit durchtränkt ist, sondern eine ganz spezifische Strukturveränderung mit Einlagerung einer mucinartigen Substanz erfährt. Dabei wird die Haut trocken, kühl, schuppt stark und ist auf der Unterlage schlecht verschieblich. Am bezeichnendsten sind diese Hautveränderungen meist im Gesicht, am Nacken, in den Supraclaviculargruben und an den distalen Extremitätenabschnitten. Die die Lidspalten verengernden, verdickten, oft sackartig vorgewölbten Augenlider, die wulstigen Lippen, die plumpe Nase, die ausgefüllten, tief herabhängenden Wangen und das Verstreichen der Gesichtskonturierung führen zu einer vollkommenen Änderung der Physiognomie, die zusammen mit der geistigen und mimischen Trägheit den Eindruck der Schläfrigkeit und Stupidität hervorruft. Die Stirnfalten treten trotz der Hautverdickung meist besonders stark hervor. Die Hand- und Fußrücken erscheinen dick ausgepolstert, die Finger plump verdickt und klobig, die Supraclaviculargruben sind mit einem Fettpolster ausgefüllt. Die Haut der Myxödemkranken ist meist blaß, oft wachsartig durchscheinend, oft aber auch meiner Erfahrung nach gelblich bis hellbräunlich pigmentiert. Dabei können Nase und Lippen mehr oder minder deutlich cyanotisch verfärbt sein.

Die trockene und schilfernde Haut gibt für die Entwicklung chronischer, ekzematöser Entzündungsprozesse einen günstigen Boden ab, besonders aber disponiert sie im Verein mit der gestörten Temperaturregulierung dieser Kranken zu schweren Frostschäden. Ich konnte vor einigen Jahren in der Wiener Gesellschaft der Ärzte drei Myxödemfälle demonstrieren, die durchwegs schwere Erfrierungen der Finger aufwiesen, welche seit der Einleitung der Schilddrüsenbehandlung schwanden und auch in den folgenden Wintern nicht mehr wiederkehrten. Die kalten, roten Hände und Füße der Hypothyreotiker unterscheiden sich von jenen der nervösen Vasomotoriker nicht nur durch ihre Plumpheit und Dicke, sondern auch durch ihre Trockenheit.

Meist greifen die myxödematösen Veränderungen auch auf die Schleimhäute über und dies führt zu Schwellung und Trockenheit der Mundhöhle, der Uvula, des Kehlkopfes mit konsekutiver Veränderung der Stimme, zu Verlegung der Nasenatmung und infolge Beteiligung der Tuba Eustachii sowie der Paukenhöhle und des Trommelfells zu Schwerhörigkeit (v. WAGNER-JAUREGG). Die Zunge kann beim kindlichen Myxödem so stark vergrößert sein, daß sie im Munde keinen Platz findet und zwischen den Zahnreihen hervorragt. Auch eine myxödematöse Schwellung der Schleimhaut der Blase und Urethra mit konsekutiven Harnbeschwerden wurde beschrieben[1]).

Die Haare werden am ganzen Körper spröde und trocken und fallen leicht aus. Am charakteristischesten ist der großfleckige Haarausfall oberhalb der Ohren und in der Hinterhauptgegend[2]), besonders aber der Verlust der Augenbrauen im seitlichen Anteil. Diesem letzteren, auch als HERTOGHES Zeichen bezeichneten Symptom kommt aber meiner Erfahrung nach keine größere diagnostische Dignität zu, denn es findet sich viel häufiger auch ohne Schilddrüseninsuffizienz, ja selbst bei Hyperthyreoidismus. Die Nägel werden oft brüchig und längs gestreift.

Nächst den Hautveränderungen treten die psychischen Veränderungen am meisten hervor. Die Kranken werden träge im Denken, im Sprechen und in den Bewegungen, energie- und willenlos und brüten ohne jede Beschäftigung stundenlang vor sich hin. CHARCOT verglich diesen Zustand mit dem Winterschlaf der Tiere. Eine aufgetragene Arbeit wird nicht beendet. Auch Intellekt und Gedächtnis, besonders für die Ereignisse der letzten Zeit, pflegen bei längerer Dauer beeinträchtigt zu sein. Nicht selten sieht man im Verlaufe der Erkrankung ausgesprochene Psychosen auftreten, insbesondere halluzinatorische und melancholische Zustände, die bei Schilddrüsenbehandlung wieder schwinden. Beim kindlichen Myxödem kann, muß aber nicht die Intelligenzstörung höchste Grade erreichen und zu vollständiger Idiotie führen.

Der klinische Befund am Nervensystem pflegt meist keine Besonderheiten aufzuweisen. Nur Geschmack-, Geruch- und Gehörstörungen werden nicht selten vermerkt. Die größte Seltenheit stellt eine Neuritis optica dar[3]). SÖDERBERGH hat ein typisches Kleinhirnsyndrom bei Myxödem beschrieben, mit cerebellarer Ataxie, Adiadochokinese, Hypotonie, Asynergie und Dysmetrie, das auf Schilddrüsenbehandlung schwindet. Ähnliche Beobachtungen wurden auch von anderen schwedischen Autoren gemacht[4]). Von manchen Beobachtern wurde auf den trägen Ablauf der Reflexe hingewiesen. Subjektiv klagen die Kranken über ein Gefühl der Schwere im ganzen Körper, Druckgefühl im Kopf, besonders an den Schläfen, über Parästhesien und rheumatoide Schmerzen in den Gliedern, im Rücken, im Kreuz. Die Leitfähigkeit der Haut für den elektrischen Strom ist infolge ihrer Trockenheit herabgesetzt. Auch die

<hr>

[1]) STERN, H.: Berlin. klin. Wochenschr. 1914. S. 394.
[2]) STURGIS, C. C.: Med. clin. of North America. Vol. 5, Nr. 5, p. 1251. 1922.
[3]) MUSSIO-FOURNIER, J. C.: Ann. d'oculist. Tom. 156. 1918.
[4]) BARKMAN, A.: Dtsch. Zeitschr. f. Nervenheilk. Bd. 78, S. 293. 1923 (Bd. 31, S. 479). — LUNDBERG, R.: Acta med. scandinav. Bd. 61, S. 240. 1924 (Bd. 38, S. 705).

Erregbarkeit des gesamten vegetativen Nervensystems ist vermindert, daher auch die Reaktion auf injiziertes Adrenalin und Pilocarpin gering. Vasomotorische Reaktionen erfolgen äußerst träge und mangelhaft.

Was die Kreislauforgane anlangt, so hat man entsprechend den Erfahrungen des Tierexperimentes öfters auffallende Grade von Atherosklerose beobachtet, ebenso besonders auch bei Thyreoaplasie hochgradige Gefäßveränderungen gefunden. In den letzten Jahren hat ZONDEK charakteristische Veränderungen des Herzens beschrieben und sie unter der Bezeichnung „Myxödemherz" zusammengefaßt. Perkutorisch und röntgenologisch läßt sich eine oft sehr beträchtliche Dilatation beider Herzhälften konstatieren, die Kontraktionen erfolgen oberflächlich, langsam, fast wurmförmig. Die Trägheit des ganzen Menschen spiegelt sich, wie ZONDEK sich ausdrückt, in seinem Herzen wieder. Die Herztöne sind leise, die Pulsfrequenz oft verlangsamt, der Blutdruck meist normal. Das Elektrokardiogramm zeigt Fehlen oder nur die Andeutung einer Vorhofszacke und Nachschwankung. Unter Schilddrüsenbehandlung bildet sich die Herzvergrößerung rasch zurück, die Kontraktionen werden lebhafter, Vorhof- und Nachschwankung treten wieder auf. Gerade diese Herzwirkung des Thyreoidins soll zum Unterschied von anderen Myxödemsymptomen eine besonders lang anhaltende sein. Als Ursache des Herzbefundes sieht ZONDEK einerseits die Abnahme des Sympathicustonus, andererseits eine myxödematöse Durchtränkung des Myokards an. Die Richtigkeit dieser Angaben ist von mehreren Seiten bestätigt worden [1]) und auch ich kann mich diesen Autoren anschließen und den ablehnenden Standpunkt der MAYO-Klinik [2]) nicht teilen. Die Veränderungen am Elektrokardiogramm will übrigens NOBEL [3]) auf den abnorm hohen Hautwiderstand und nicht auf einen pathologischen Arbeitsmechanismus des Herzmuskels zurückführen. Selbst stenokardische Zustände, die nur einer Schilddrüsentherapie weichen, wurden bei Schilddrüseninsuffizienz beschrieben [4]).

Im Bereich des Verdauungstraktes fielen auch mir gelegentlich Zahnveränderungen auf. So sah ich ganz entsprechend einer Beobachtung FALTAs bei einem 16jährigen Myxödemkranken ganz abgeschliffene Zahnkronen, die Schneidezähne waren nur mehr ganz kurze Stümpfe mit breiter Kaufläche statt mit scharfer Schneide. Oft werden die Zähne rasch cariös oder fallen aus. Beim frühinfantilen Myxödem ist die Dentition stark verzögert und mangelhaft, häufig bleibt das Milchgebiß mindestens teilweise erhalten.

Typische Veränderungen der Magensekretion kommen beim Hypothyreoidismus anscheinend nicht vor, dagegen ist die gelegentlich hohe Grade erreichende atonische Obstipation recht konstant. Namentlich jugendliche bzw. kindliche Myxödemfälle pflegen einen stark meteoristisch aufgetriebenen Bauch zu haben

---

[1]) ASSMANN, H.: Münch. med. Wochenschr. 1919. Nr. 1, S. 9. — MEISSNER, R.: Münch. med. Wochenschr. 1920. S. 1316 (Bd. 16, S. 361). — CORI, G.: Wien. klin. Wochenschr. 1921. S. 485. — FAHR, G.: Journ. of the Americ. med. assoc. Vol. 84, p. 345. 1925. — ZINS, B. u. H. RÖSLER: Wien. klin. Wochenschr. 1926. Nr. 47.

[2]) WILLIUS, F. A. a. S. F. HAINES: Americ. heart journ. Vol. 1, p. 67 a. 123. 1925 (Bd. 42, S. 737).

[3]) NOBEL, E.: Monatsschr. f. Kinderheilk. Bd. 29, S. 474. 1925. — NOBEL, E., A. ROSENBLÜTH u. B. SAMET: Zeitschr. f. d. ges. exp. Med. Bd. 43, S. 332. 1924 (Bd. 38, S. 819).

[4]) LAUBRY, CH., MUSSIO-FOURNIER et J. WALSER: Bull. et mém. de la soc. méd. des hôp. de Paris. Tom. 48, Nr. 34. 1924.

mit Hypotonie der Bauchwand, Diastase der Recti und offenem Nabelring, eventuell Nabelhernie.

Die Harnmenge pflegt vermindert, das spezifische Gewicht hoch zu sein, der Harn kann namentlich bei länger dauernden schwereren Fällen kleine Mengen Eiweiß, eventuell auch Zylinder enthalten. Am Genitalapparat haben wir zwischen den kindlichen Fällen und den Erwachsenen zu unterscheiden. Bei hypothyreotischen Kindern bleibt häufig, entsprechend der allgemeinen Entwicklungsverzögerung, auch das Genitale in seiner Entwicklung gehemmt und macht die Pubertätsentwicklung verspätet oder mangelhaft oder auch gar nicht mit. Entsprechend der Hypoplasie der Keimdrüsen bleiben auch die sekundären Geschlechtsmerkmale unvollkommen. Mitunter sieht man aber auch bei hypothyreotischen Zwergen auffallend große Geschlechtsorgane und lebhaften Geschlechtstrieb. Die Crines pubis sind auch in solchen Fällen meist nicht entwickelt. Tritt die Schilddrüseninsuffizienz beim Erwachsenen auf, so beschränkt sich die Genitalstörung des Mannes auf das Erlöschen der Libido und Potenz, die nach Schilddrüsenbehandlung wiederkehren können, bei der Frau treten meist profuse und langdauernde Menstruationsblutungen auf. Anscheinend nur bei länger bestehender und hochgradiger Insuffizienz der Schilddrüsenfunktion kommt es zur Atrophie der Ovarien und Amenorrhöe. Übrigens kann diese im Rahmen einer pluriglandulären Erkrankung der Schilddrüsenatrophie voran- oder ihr parallel gehen. Myxödemkranke Frauen können konzipieren und normale Kinder zur Welt bringen. Die physiologische Anregung der Schilddrüsenfunktion während der Gravidität soll sogar gelegentlich eine Besserung der Myxödemsymptome mit sich bringen [1]).

Im Blute [2]) findet man häufig eine Anämie, die aber, wie ich betonen möchte, auch in solchen Fällen fehlen kann, die wegen ihrer fahlgelben Hautfarbe daraufhin untersucht werden. Die Zahl der roten Blutkörperchen kann bis auf 2 Millionen, der Hämoglobingehalt bis auf $40\,^0/_0$ absinken. Poikilocytose oder Ausschwemmung unreifer Elemente ist jedenfalls sehr selten. Die Gesamtzahl der Leukocyten ist meist vermindert, kann aber auch über die Norm erhöht sein. Oft begegnet man jenem weißen Blutbild, das ich als konstitutionell-degenerativ bezeichnet habe, das heißt die Zahl der Granulocyten ist vermindert, die der Lymphocyten oder Monocyten mehr oder minder stark vermehrt. Auch die Zahl der Eosinophilen kann vermehrt sein. Mit der herabgesetzten Schilddrüsenfunktion hat aber dieses Blutbild unmittelbar nichts zu tun; es ist dementsprechend weder konstant, noch für diesen Zustand irgendwie spezifisch, noch läßt es sich regelmäßig durch Schilddrüsenbehandlung zur Norm bringen [3]). Das wurde erst kürzlich wieder von SCHÖNBERGER bestätigt. Von KOTTMANN stammt die Angabe über die beschleunigte Gerinnungsfähigkeit des Blutes bei Hypothyreosen. Ich habe sie jedoch nicht bestätigen können und fand

---

[1]) AUDEBERT et CLAVERIE: Bull. de la soc. d'obstétr. et de gynécol. Tom. 20, p. 79. 1921 (Ref. Endocrin. Vol. 7, Nr. 3. p. 501).

[2]) DEUSCH, G.: Münch. med. Wochenschr. 1921. S. 297. — EMERY, jun. E. S.: Americ. journ. of the med. sciences. Vol. 165, p. 577. 1923 (Bd. 30, S. 202). — SCHÖNBERGER, M.: Zeitschr. f. Kinderheilk. Bd. 38, S. 688. 1924 (Bd. 39, S. 144). — NIEDERBERGER, A.: Schweiz. med. Wochenschr. 1924. S. 886 (Bd. 38, S. 247).

[3]) BAUER, J. u. J. HINTEREGGER: Zeitschr. f. klin. Med. Bd. 76, S. 115. 1912. — BAUER, J.: Konstit. Disposit. l. c. S. 250.

oft genug verzögerte Gerinnung in Fällen mangelhafter Schilddrüsenfunktion [1]). Viscosität und Refraktometerwert des Serums pflegen vermehrt zu sein (DEUSCH), dementsprechend findet man auch eine gelegentlich enorm beschleunigte Sinkgeschwindigkeit der Erythrocyten (SCHÖNBERGER). Alle diese Werte kehren unter dem Einfluß der Schilddrüsentherapie wieder zur Norm zurück. Es wurden aber auch unabhängig von der Eiweißkonzentration Veränderungen der Serumkolloide festgestellt, die vom Funktionszustand der Schilddrüse abhängig sein sollen. HELLWIG und NEUSCHLOSZ [2]) fanden die spezifische Viscosität, d. h. die zu seinem Eiweißgehalt in Beziehung gebrachte Viscosität des Blutserums bei Hypothyreoidismus erhöht, bei Hyperthyreoidismus herabgesetzt. KOTTMANN hat eine theoretisch sehr interessante Photoreaktion des Blutserums angegeben, die ebenfalls vom Aktivitätsgrad der Schilddrüse abhängig sein soll. Sie beruht auf der Schwärzung einer belichteten und mit Hydrochinon reduzierten Jodsilberdispersion in Blutserum. Der Grad der Schwärzung ist nämlich vom Dispersionsgrad des Jodsilbers abhängig, und das Dispergierungsvermögen des Serums für Jodsilber soll eben bei Hypothyreoidismus verringert, bei Hyperthyreoidismus verstärkt sein. Dementsprechend findet KOTTMANN die Schwärzung bei Hypothyreoidismus beschleunigt und verstärkt, bei Hyperthyreoidismus verlangsamt und abgeschwächt. Wir konnten jedoch auch diese Angabe KOTTMANNs nicht bestätigen [3]). Vielleicht wird uns eine Verbesserung und Verfeinerung der Methodik noch umstimmen können [4]).

Der Stoffwechsel zeigt beim Hypothyreoidismus die interessanteste und wichtigste Veränderung. Wie MAGNUS-LEVY im Jahre 1897 zuerst entdeckt und die zahllosen Nachuntersucher von STEYRER und v. BERGMANN bis zum heutigen Tage bestätigt haben, ist der Stoffwechsel beim Myxödem in einem Maße verlangsamt, wie es bei keiner anderen Erkrankung vorkommt. Der Grundumsatz kann um $40-50^0/_0$ gegenüber der Norm vermindert sein, MAGNUS-LEVY fand eine solche Herabsetzung um $58^0/_0$. Der O_2-Verbrauch pro Kilogramm Körpergewicht und Minute kann unter 2 ccm absinken. Die spezifisch-dynamische Nahrungswirkung ist normal. Es ist klar, daß bei gleichbleibender Nahrungszufuhr und Energieabgabe — diese ist ja sogar infolge der Trägheit und Bewegungsarmut solcher Kranker entschieden herabgesetzt — das nur mangelhaft verbrannte Nahrungsmaterial gespeichert und zum Ansatz gebracht werden muß. Daher die Neigung zu Gewichtszunahme, die Disposition zur Fettsucht. Der N-Umsatz ist vermindert, die täglich im Harn ausgeschiedenen N-Mengen betragen nur etwa 5—9 g und steigen auch bei vermehrter N-Zufuhr nicht entsprechend an, es kommt also ganz im Gegensatz zum Verhalten des normalen Menschen zu N-Ansatz. Dieser retinierte N wird mit einer bestimmten

---

[1]) BAUER, J. u. MARIANNE BAUER-JOKL: Zeitschr. f. klin. Med. Bd. 79, S. 13. 1913.

[2]) NEUSCHLOSZ, S. M.: Klin. Wochenschr. 1924. S. 1013.

[3]) SCHUR, M.: Zeitschr. f. d. ges. Anat., Abt. 2: Zeitschr. f. Konstitutionslehre. Bd. 9, S. 412. 1924. — PIGHINI, G. et G. MATTEI: Biochem. e terap. sperim. Vol. 12, p. 241. 1925 (Bd. 41, S. 313). — ETIENNE, G., G. RICHARD, KRALL et F. CLAUDE: Cpt. rend. des séances de la soc. de biol. Tom. 94, Nr. 10, p. 667. 1926 (Bd. 44, S. 880) u. Rev. franç. d'endocrin. Tom. 4, p. 175. 1926 (Bd. 44, S. 522). — KASANIN, J. a. E. KNAPP: Arch. of internal med. Vol. 38, p. 129. 1926 (Bd. 44, S. 522).

[4]) QUERVAIN, F. DE: Ergebn. d. Physiol. Bd. 24, S. 701. 1925. — WALDER, E.: Mitt. a. d. Grenzgeb. d. Med. u. Chirurg. Bd. 39, S. 626. 1926 (Bd. 45, S. 45).

Wassermenge im Körper des Myxödemkranken zurückgehalten und läßt sich unter Schilddrüsenbehandlung mit dieser zusammen prompt wieder hinausbefördern. Wie Boothby und seine Mitarbeiter[1]) gezeigt haben, ist das Verhältnis zwischen diesem N und dem Wasser ein ganz konstantes, es ist höher als im Blutserum und entspricht etwa demjenigen des Eiereiweißes (etwa $2\,^0/_0$). Der qualitative Eiweißabbau scheint gegenüber der Norm nicht verändert zu sein.

Die Neigung zur Wasserretention äußert sich auch in der habituellen Oligurie und in der mangelhaften Ausscheidung einer Flüssigkeitszulage im Volhardschen Trinkversuch. Auch die Perspiratio insensibilis pflegt beträchtlich herabgesetzt zu sein. Eine Störung im Salzstoffwechsel, insbesondere in der Elimination des NaCl, Ca und Mg ist nicht nachzuweisen. Der verminderten Verbrennungsgröße entspricht die Hypothermie und das lästige, subjektive Kältegefühl, welches diese Kranken gewöhnlich zeigen. Ganz analog den entsprechenden Tierversuchen ist auch die Wärmeregulationsfähigkeit Myxödemkranker gegenüber Schwankungen der äußeren Temperatur herabgesetzt, sie nähern sich also in diesem Verhalten bis zu einem gewissen Grade einem poikilothermen Organismus (G. Cori).

In bezug auf den Kohlenhydratstoffwechsel verhält sich nur eine gewisse Anzahl von Fällen entsprechend den Ergebnissen der Tierversuche, d. h. sie zeigen eine erhöhte Toleranz, reagieren auch auf hohe Zuckergaben und große Adrenalindosen nicht mit Glykosurie. In anderen Fällen findet man normales Verhalten, nur selten verminderte Toleranz oder gar spontane Glykosurie. Mit Recht vermutet Falta, daß in solchen Fällen keine reine Schilddrüseninsuffizienz, sondern eine Kombination mit einer koordinierten anderen Störung, etwa einer Insuffizienz des Inselapparates vorliegt. Der Blutzucker Myxödemkranker ist normal. Nach neuesten Befunden englischer Autoren[2]) soll aber auch die alimentäre Hyperglykämiekurve beim Myxödem ebenso wie beim Hyperthyreoidismus höher und länger dauernd sein als bei Normalen.

Skelettveränderungen und konsekutive Wachstumsstörungen kommen nur bei denjenigen Fällen in Betracht, die im Kindesalter einsetzen. Hier sieht man eine hochgradige Entwicklungshemmung im Bereiche des Skelettsystems. Die Knochenkernbildung ist stark verspätet, Sechsjährige können diesbezüglich den Entwicklungsstand normaler Neugeborener zeigen, die Fontanellen schließen sich spät und können mit 20 Jahren noch offen sein, die Epiphysenfugen verknöchern in seltenen Fällen überhaupt nicht, meist erfolgt die Ossification nur stark verspätet. Die Wachstumshemmung des Keilbeines führt zu der Einziehung der Nasenwurzel, die dem Gesicht den charakteristischen kretinoiden Ausdruck verleiht. Die Knorpelwucherungszone ist verschmälert. Die verlangsamte Apposition und Resorption bei normalen Verkalkungsprozessen bedingt die auffallende Härte der Knochen (Dieterle). Durch Thyreoidinbehandlung kann der Wachstumsprozeß eine bedeutende Anregung erfahren und, da die Epiphysenfugen abnorm lang knorpelig bleiben, so kann dies auch noch in einem Alter geschehen, in dem normale Menschen nicht mehr wachsen

---

[1]) Boothby, W. M., J. Sandiford, K. Sandiford u. J. Slosse: Ergebn. d. Physiol. Bd. 24, S. 728. 1925.

[2]) Gardiner-Hill, H., P. C. Brett a. J. Forrest-Smith: Quart. journ. of med. Vol. 18, p. 327. 1925 (Ref. Endocrin. Vol. 9, Nr. 6, p. 527).

können. Leider pflegt sich aber meiner Erfahrung nach unter den Symptomen der Schilddrüseninsuffizienz gerade die Wachstumshemmung der Behandlung gegenüber am refraktärsten zu verhalten und so sieht man oft genug behandelte Fälle von kindlichem Hypothyreoidismus, die außer ihrem Minderwuchs bzw. Zwergwuchs keine klinischen Symptome der mangelhaften Schilddrüsenfunktion aufweisen. Nur ausnahmsweise dürfte es geschehen, daß ein seit frühester Kindheit andauernd behandelter Myxödemkranker eine überdurchschnittliche Größe erlangt, wie ich dies in einem Falle gesehen habe. Es handelt sich um einen 31 jährigen, großen, kräftigen Mann, bei dem schon in seinem 2. Lebensjahr von KASSOWITZ die Diagnose Myxödem gestellt und die Schilddrüsentherapie eingeleitet worden war. Wiederholte Versuche, diese Behandlung auszusetzen, führten regelmäßig zum Auftreten eines typischen Myxödems. Das Kind entwickelte sich vollkommen befriedigend, auch die Intelligenz ist durchaus normal und so schützte den jungen Mann auch sein Zustand nicht vor dem Militärdienst. Er brachte es zum Fähnrich. Als er während seiner Felddienstzeit in Rumänien eine begreifliche Sehnsucht nach der Heimat bekam, warf er seinen gesamten Vorrat an Schilddrüsentabletten ins Wasser und erreichte so das gewünschte Ziel, da sich sehr bald das Myxödem wieder einstellte. Vor kurzem heiratete dieser Mann, der seine Schilddrüse gewissermaßen in der Tasche trägt. Seine auffallende Größe erklärt sich zweifellos durch eine gleichzeitige Überfunktion der Hypophyse, die aus den deutlichen akromegaloiden Zügen, den plumpen Akren, der Auseinanderdrängung der Zähne am Unterkiefer und vor allem aus der bedeutenden Vergrößerung der Sella turcica zu entnehmen ist. Wir werden auf die Hypophysenveränderungen bei Schilddrüseninsuffizienz sogleich näher zu sprechen kommen.

Der klinische Befund an der Schilddrüse, soweit er sich durch Inspektion und Palpation erheben läßt, zeigt in der weitaus überwiegenden Mehrzahl der schweren Fälle eine Verkleinerung des Organs, d. h. meist ist eine Schilddrüse überhaupt nicht oder nicht deutlich zu tasten. Selbstverständlich bedeutet schon angesichts der verdickten Haut und des meist kurzen, dicken Halses ein solcher Befund nicht, daß auch wirklich keine Drüse vorhanden ist. Leichteren Graden von insuffizienter Schilddrüsenfunktion begegnet man allerdings auch oft genug bei kropfig entartetem, vergrößertem Organ.

Der anatomische Befund ist selbstverständlich je nach der Ätiologie des Leidens verschieden. Wo es sich beispielsweise nach operativer Entfernung der ganzen oder fast der ganzen Drüse eingestellt hat, oder wo etwa traumatisch entstandene Eiterungen mit Absceß- und Narbenbildung in der Schilddrüse, wie in einem Falle ZONDEKs, die Ursache eines Myxödems abgeben, dort ist ja der Sachverhalt vollkommen klar. In den meisten Fällen findet man atrophische Veränderungen des Parenchyms, die mit einer fibrösen Sklerose einhergehen. Bei einem Teil der Fälle handelt es sich um eine reine, primäre Atrophie, bei einem zweiten um entzündliche, degenerative Vorgänge, wie sie akute und chronische Infektionskrankheiten, insbesondere Typhus, akuter Gelenksrheumatismus und Sepsis, sodann Lues, Tuberkulose und Aktinomykose hervorrufen können. Eine nicht geringe Anzahl der Fälle von Myxödem ist abiotrophischen Ursprungs, worauf schon ihr heredofamiliäres Vorkommen, ihre Entwicklung auf dem Boden einer ab ovo bestehenden und auch klinisch nachweisbaren konstitutionellen Schilddrüsenschwäche [1]), ihre Kombination mit koordinierten, anderweitigen endokrinen Anomalien, sowie das Fehlen aller exogenen ätiologischen Momente hinweisen. Bei solchen konstitutionellen Schilddrüsenschwächlingen können dann besondere physiologische oder krankhafte Vorgänge an den weiblichen Geschlechtsorganen, etwa eine Schwangerschaft, sonstige Erkrankungen oder selbst seelische Einwirkungen als auslösender Faktor der Erkrankung in Betracht kommen. Manchmal sieht man einen Basedow spontan, nach der Operation, insbesondere aber nach einer im übrigen durchaus sachkundigen Röntgenbehandlung in ein Myxödem umschlagen.

Den kongenitalen Fällen von Myxödem liegt, wie wir durch PINELES (1902) wissen, eine Thyreoaplasie zugrunde. THOMAS bezeichnete als dystopische Thyreohypoplasie jene Fälle, in welchen rudimentäres Schilddrüsengewebe am Zungengrund den einzigen Bestand des Organismus an Thyreoidea ausmacht. Manche derartige Fälle bieten alle Zeichen des kongenitalen Hypothyreoidismus dar, weil dieses Rudiment eben nicht ausreicht, um den Bedarf des Körpers an Schilddrüsenhormon zu decken. In anderen Fällen kann das betreffende Individuum im Laufe der Entwicklung einzelne hypothyreotische Züge präsentieren oder auch vollkommen normal sein [2]). Wird aber, wie ich das gesehen habe, eine aus einem solchen Schilddrüsenrudiment am Zungengrund sich entwickelnde Struma oder Cyste operativ entfernt — und in meinem Falle zwang eine Hämorrhagie in eine derartige Cyste zu raschem Eingreifen — dann können sich mit einem Schlage alle Symptome des typischen Myxödems einstellen. In dem Falle meiner Beobachtung hätte vor der Operation nur ein auffallender Minderwuchs auf eine gewisse Schilddrüseninsuffizienz hinweisen können, manifeste Krankheitserscheinungen bestanden bis zu diesem Zeitpunkte nicht, auch die Pubertätsentwicklung hatte sich in normaler Weise vollzogen.

Von Interesse sind die anatomischen Befunde, welche an den übrigen Hormonorganen Myxödemkranker erhoben werden können. Oft, aber keineswegs regelmäßig, findet man die Hypophyse vergrößert, wobei ganz besonders die Hauptzellen, seltener auch die Eosinophilen wuchern [3]). Bei diesen individuellen Verschiedenheiten in der Reaktionsweise der Hypophyse auf den Schilddrüsenmangel erscheint es verständlich, daß gelegentlich einmal diese kompensatorische Hyperplasie der Hypophyse einen solchen Grad erreicht, daß sich das Myxödem gewissermaßen akromegalisiert. Seit PINELES (1899) sind mehrfach solche Fälle beschrieben worden und auch ich kenne außer dem oben angeführten einen derartigen Fall bei einer etwa 50jährigen Dame. An den Epithelkörperchen kommen keine besonderen Veränderungen bei Myxödem vor. Bei Thyreoaplasie leidet ihre Entwicklung keinen Schaden, wie wir seit der ersten diesbezüglichen Feststellung von MARESCH wissen. Dagegen hemmt Schilddrüsenmangel das Wachstum des Thymus und bringt ihn zu vorzeitiger Involution. Auch die Keimschicht der Nebennierenrinde, die Zona glomerulosa, erscheint in ihrem Wachstum gehemmt und bindegewebig sklerosiert (WEGELIN).

---

[1]) BAUER, J.: Konstitut. Dispos. l. c. S. 118.
[2]) ROSSTEUSCHER, M.: Dtsch. Zeitschr. f. Chirurg. Bd. 182, S. 217. 1923 (Bd. 37, S. 296).
[3]) ROGGEN, A.: Jahrb. f. Kinderheilk. Bd. 100, S. 317. 1923 (Bd. 29, S. 531). — WEGELIN, C.: Im Handb. d. spez. pathol. Anat. u. Histol. Herausg. v. F. HENKE u. O. LUBARSCH. 8. Bd. Berlin: Julius Springer 1926.

Über die verschiedenen Formen des Myxödems brauchen wir nach dem Gesagten nicht viel Worte zu verlieren. Das kongenitale und infantile Myxödem unterscheidet sich vom Myxödem des Erwachsenen durch die Wachstums- und Entwicklungshemmung, sowie die meist weit schwerere Beeinträchtigung der psychischen Funktionen. Eine Trennung zwischen kongenitalem (Thyreoaplasie) und infantilem Myxödem ist, wie ich mit FALTA annehmen möchte, klinisch häufig undurchführbar, zumal ja an dem Aufbau des kindlichen Organismus im Mutterleib seine eigene Schilddrüse nicht nachweisbar beteiligt ist (THOMAS [1])) und daher auch die Erscheinungen des Schilddrüsenmangels erst im frühen Kindesalter und nicht schon bei der Geburt manifest werden können. Wir müssen uns hüten — und darauf hat speziell THOMAS wieder mit Recht hingewiesen — alle klinischen Besonderheiten, die wir etwa bei einem Kinde mit Myxödem vorfinden, auf den Mangel der Schilddrüse zurückzuführen. Es handelt sich vielfach um koordinierte Entwicklungsanomalien und Bildungsfehler, die von leichtesten degenerativen Stigmen, etwa ungewöhnlicher Lanugobehaarung, irregulärer Zahnstellung, Kryptorchismus u. a. bis zu schweren Entwicklungsstörungen des Gehirns mit aus dieser allein schon resultierender Idiotie führen. Die Fälle von kongenitalem und infantilem Myxödem werden auch als sporadischer Kretinismus bezeichnet.

Während das klassische Myxödem diagnostisch kaum Schwierigkeiten bietet, werden leichtere und rudimentäre Formen von Schilddrüseninsuffizienz oft nicht erkannt, weil man nicht an sie denkt. Klagen über auffallende Mattigkeit und Trägheit, Kältegefühl, Kopfdruck und rheumatoide Schmerzen, Gewichtszunahme, hartnäckige Obstipation oder Menorrhagien werden stets das Krankheitsbild des Hypothyreoidismus in unseren Gesichtskreis rücken. Die eigenartigen Hautveränderungen, auch wenn sie eben nur angedeutet sind und nur eine gewisse Verdickung und Trockenheit oder ein gelbliches Gesichtskolorit zu bemerken ist, werden die Diagnose außerordentlich unterstützen oder gar sichern.

Es gibt Menschen, die mit einem an der untersten Grenze der normalen Variationsbreite sich bewegenden Ausmaß von Schilddrüsenaktivität ausgestattet sind, deren minderwertige Schilddrüse unter Anspannung ihrer Reservekräfte gewissermaßen maximal statt optimal arbeitet, die nicht krank sind, aber doch gewisse Besonderheiten ihres Körperbaues, ihres Temperamentes, ihrer ganzen Persönlichkeit erkennen lassen, die offenbar mit der geringen Lebhaftigkeit ihrer Schilddrüsenfunktion zusammenhängen und durch sie bedingt sind. Wir sprechen in solchen Fällen von einer hypothyreoiden Konstitution (WIELAND), einem hypothyreoiden Temperament (LÉVI-ROTHSCHILD). Meist sind es kleine, stämmige, kurz- und dickhalsige, wohlbeleibte, phlegmatische Leute mit kurzen Extremitäten, kurzen, dicken, plumpen Fingern, gut ausgepolsterten Handrücken, die in verschiedener Reihenfolge und Kombination bald diese, bald jene mehr oder minder charakteristischen Ausfallserscheinungen von seiten der Schilddrüse darbieten und schließlich eines Tages auch an einem ausgesprochenen Myxödem erkranken können. Immer wird der einwandfreie Nachweis eines um mehr als $10-15\%$ herabgesetzten Grundumsatzes das sicherste objektive Kriterium für die Richtigkeit der Diagnose

---

[1]) THOMAS, E.: Innere Sekretion in der ersten Lebenszeit vor und nach der Geburt. Jena: G. Fischer 1926. — Zeitschr. f. exp. Med. Bd. 50, S. 1. 1926.

bleiben, wenn ich auch der Ansicht bin, daß die Bestimmung des Grundumsatzes in den meisten Fällen entbehrlich sein dürfte und die Diagnose Hypothyreoidismus keinesfalls ausschließlich auf Grund eines Gaswechselbefundes zu stellen ist. Der klinische Befund ist stets wichtiger als eine Laboratoriumsuntersuchung. Natürlich ist auch das Argument ex juvantibus mit den früher dargelegten Einschränkungen diagnostisch von höchstem Wert.

Die typischen Verwechslungen, die auch mir aus Erfahrung bekannt, aber durchwegs ohne Schwierigkeit zu vermeiden sind, sobald man nur an den Hypothyreoidismus denkt, betreffen bei Erwachsenen folgende Zustände: Neurasthenie mit Rücksicht auf die Klagen der Patienten über allerhand Schmerzen, Kopfdruck, Mattigkeit, Arbeitsunfähigkeit; Rheumatismus bzw. Myalgie oder Neuralgie; Anämie, eventuell Chlorose oder Anaemia perniciosa; Nephritis mit Rücksicht auf die pastöse Hautbeschaffenheit, die Oligurie, die gelegentliche leichte Albuminurie; primäre Herzmuskelerkrankung, welche durch die oft beträchtliche Dilatation des Herzens mit Dyspnoë und mit gleichzeitiger Hautschwellung vorgetäuscht werden kann; QUINCKEsches angio-neurotisches Ödem und genuiner arterieller Hochdruck mit eigenartigen Schwellungen des Gesichtes und der Extremitäten, wie dies in Abb. 15 zu sehen ist. Beachtenswert ist in denjenigen Fällen, in welchen die Herzerscheinungen das führende Symptom darstellen, die meist auffallende Pulsverlangsamung. — Bei Kindern liegt die Verwechslung mit Mongolismus und anderen Minderwuchs- und Zwergwuchsformen nahe.

Abb. 15. Pseudo-Myxödem. 54 jährige Frau mit Kolloidkropf, gedunsenem Gesicht, arteriellem Hochdruck, (systol. über 250, diastol. 150 Riva-Rocci), eiweißfreiem Harn. Gewicht 90 kg. Thyreoidin ohne Erfolg.

Die Differentialdiagnose gegenüber diesen letzteren ergibt sich unschwer aus den Darlegungen späterer Kapitel. Für den Mongolismus sind die schrägen Lidspalten, der Epicanthus, das eigentümlich flache Gesicht mit dem kleinen, knopfförmigen Näschen, das Fehlenmyxödematöser Hautveränderungen, die meist normale Knochenkernbildung und das vollkommene Versagen der Schilddrüsentherapie charakteristisch.

Die Prognose des Hypothyreoidismus ist, seit wir die spezifische Substitutionstherapie in Anwendung bringen, durchaus günstig. Ohne Therapie führt allerdings totaler Ausfall der Schilddrüsenfunktion in etwa 7 Jahren zum Tode (TH. KOCHER). Unbehandelte Fälle von Thyreoaplasie erreichen niemals das Pubertätsalter. Das höchste Alter (11 Jahre) scheint der Fall von MARESCH erlebt zu haben. Gerade wegen der Zuverlässigkeit und der oft verblüffenden Wirksamkeit der Therapie ist die rechtzeitige Diagnose und richtige Durchführung der Behandlung von größter praktischer Wichtigkeit. Die Sicherheit, mit der wir alle die oben geschilderten Erscheinungen der Schilddrüseninsuffizienz durch die spezifische Substitutionstherapie zu beheben imstande sind, macht eine langatmige Darstellung der Therapie des Myxödems an dieser Stelle überflüssig. Es gibt eben hier nur ein einziges richtiges Behandlungsverfahren und Schwierigkeiten in seiner Durchführung kommen

Abb. 16. 20 jähriges Mädchen mit Myxödem vor der Behandlung. (Nach KENDALL.)

Abb. 17. Derselbe Fall nach 18 tägiger Behandlung mit im ganzen weniger als 25 mg Thyroxin. (Nach KENDALL.)

kaum in Betracht. Seit der ersten Schilddrüsenüberpflanzung von Mensch zu Mensch, die im Jahre 1889 BIRCHER sen. vorgenommen hatte, ist dieses Verfahren mit den verschiedensten Modifikationen immer wieder versucht worden;

Abb. 18. Seitliche Aufnahme des Falles Abb. 16.

Abb. 19. Seitliche Aufnahme des Falles Abb. 17.

die Erfolge waren zwar unmittelbar nach der Operation oft überraschend, sie erwiesen sich aber meist als nicht dauerhaft, weil das Transplantat doch schließlich der Resorption anheimzufallen pflegt. Die Unverläßlichkeit des Erfolges, das doch immerhin vorhandene Gefahrenmoment des chirurgischen Eingriffes und die vollkommen zureichende Verläßlichkeit der peroralen Substitutionstherapie rechtfertigt daher vorläufig nicht die weitere Anwendung dieser Art der Behandlung. Da ferner das Schilddrüsenhormon auf peroralem Wege schon in sehr kleinen Gaben voll wirksam ist, erübrigt sich auch jeder Versuch einer parenteralen Injektionstherapie mit irgendwelchen Extrakten oder Produkten, wie sie von der chemisch-pharmazeutischen Industrie in den Handel gebracht werden. Das injizierbare Thyreoglandol, Thyreoideaopton u. dgl. ist also zum mindesten zwecklos, anscheinend aber auch wenig oder gar nicht wirksam (ZONDEK). Anorganisches Jod oder irgendwelche organische Jodverbindungen sind nicht imstande, die Erscheinungen des Myxödems zu beheben, obwohl dem Jod an sich eine gewisse stoffwechselsteigernde Wirkung zukommt. Auch das BAUMANNsche Jodothyrin bietet keinen Ersatz für den Ausfall der Schilddrüsenfunktion, wohl aber, wie es scheint, das OSWALDsche Thyreoglobulin und vor allem das KENDALLsche Thyroxin. Die KENDALL entnommenen Abbildungen (Abb. 16—21) lassen wohl über die erstaunliche Wirksamkeit dieser Substanz keinen Zweifel aufkommen. Wenn kaum 25 mg Thyroxin innerhalb von 18 Tagen eine derartige Veränderung im Habitus zugleich mit dem Rückgang aller übrigen Myxödemsymptome hervorrufen, wenn ein 10 jähriges myxödematöses Mädchen, das nicht mehr als 0,4 mg Thyroxin täglich bekommt, derartig wächst, alle Myxödemsymptome verliert, insbesondere eine so erstaunliche geistige Entwicklung durchmacht, daß sie die Normalschule besuchen kann, so bedarf es keiner weiteren Begründung, daß das zugeführte Thyroxin tatsächlich das mangelnde Schilddrüsenhormon ersetzt. Diese wundervolle Tatsache ist aber mehr von theoretischer, als von praktischer Bedeutung. Wir

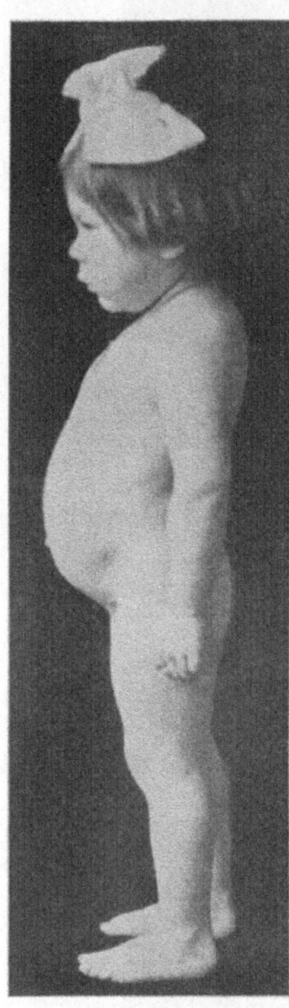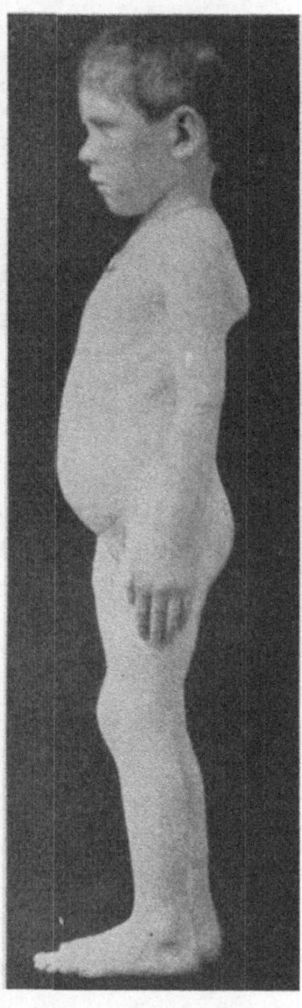

Abb. 20. 10 jähriges Mädchen mit Myxödem vor und 6 Monate nach der Behandlung mit täglich 0,4 mg Thyroxin. Körpergröße vorher 93,6 cm, nachher 103,7 cm. (Nach KENDALL.)

müssen es gar nicht bedauern, daß wir vorderhand noch nicht in der Lage sind, unseren Kranken Thyroxin zu verordnen, denn wir besitzen in der getrockneten Schilddrüsensubstanz einen absolut vollwertigen Ersatz, der gegenüber dem Thyroxin nur den einen Nachteil hat, daß er sich schwer exakt dosieren läßt, weil die quantitative Auswertung seiner biologischen Wirksamkeit noch manches zu wünschen übrig läßt. Davon war ja in einem früheren Kapitel die Rede. Es gibt eben Schilddrüsenpräparate von verschiedener Wirksamkeit. Die meist gebräuchlichen Präparate von Merck, Burroughs-Wellcome & Co., Parke-Davis, Armour, bei uns in Österreich das Thyreosan Sanabo sind aber jetzt fast immer tadellos und vollkommen einwandfrei. Das Thyreoidinum siccatum wird durch Pulverisierung von Schafschilddrüsen gewonnen, welche bei niederer Temperatur getrocknet wurden. Ein Teil dieses Pulvers entspricht etwa fünf Teilen der frischen Drüse. Das Thyreoidin ist unbegrenzt haltbar und kommt als Pulver oder in Tabletten zu 0,1, 0,3 und 0,5 in Handel. Selbstverständlich sind aber auch die Präparate vieler anderer deutschen und ausländischen Firmen wirksam.

Fälle von ausgesprochenem Myxödem vertragen in der Regel auch hohe Dosen von Thyreoidin. Trotzdem empfiehlt es sich, die Behandlung stets mit dem eben erforderlichen Minimum an Schilddrüsensubstanz durchzuführen, um Überdosierungen mit Sicherheit auszuweichen. Man beginnt bei Erwachsenen mit 0,2 oder 0,3 Thyreoidin, bei Kindern mit 0,1 pro Tag und steigert die Dosis bei guter Verträglichkeit nach etwa 5—7 Tagen. Mit einer Dosis von 0,6 bei Erwachsenen, von 0,3 bei Kindern wird man fast immer sein Auslangen finden, über drei Tabletten zu 0,3 oder zwei Tabletten zu 0,5 hinauszugehen besteht niemals eine Veranlassung. Für die Behandlung myxödemkranker Kinder hat NOBEL[1]) eine Dosierung nach der Sitzhöhe angegeben, sie setzt aber die absolute Gleichheit im Wirkungswert der Schilddrüsenpräparate voraus, die in praxi nicht immer vorhanden ist. Im Laufe von wenigen Tagen ist der Erfolg sichtbar, nach 2—4 Wochen pflegen die Symptome des Myxödems in befriedigender Weise beseitigt zu sein und nun muß die Dosis des verabreichten Präparates herabgesetzt werden. Die Menge Schilddrüsensubstanz, welche ausreicht, um das Wiederauftreten neuerlicher Myxödemsymptome zu verhindern, sobald einmal der Normalzustand wieder hergestellt ist, pflegt außerordentlich gering zu sein. Täglich 0,1 Thyreoidin oder 2—3 mal in der Woche eine Tablette zu 0,3 kann vollständig genügen, um das Gleichgewicht zu erhalten. Dabei erweist sich aber die Fortsetzung dieser Behandlung auf unbestimmte Zeit hin meistens notwendig. Schon 2—3 Wochen langes Aussetzen dieser minimalen Thyreoidindosen kann das Wiederauftreten von Ausfallserscheinungen zur Folge haben.

Eine Erholung und Wiederherstellung der eigenen, insuffizient gewordenen Schilddrüsenfunktion während der Substitutionstherapie habe ich nur dort

Abb. 21. Dasselbe Mädchen wie auf Abb. 20 vor und 1 Jahr nach der Thyroxinbehandlung. Längenzunahme um 15,2 cm. (Nach KENDALL.)

[1]) NOBEL, E.: Klin. Wochenschr. 1925. Nr. 17.

gesehen, wo ein postoperatives Myxödem vorlag, wo also das bei der Operation eines Kropfes zurückgelassene Stück Schilddrüse zwar anfangs zu gering war, um den Bedarf des Organismus zu decken, wo aber — ich möchte sagen: trotz der Substitutionsbehandlung — der zurückgebliebene Schilddrüsenrest proliferierte und ein, wenn auch rudimentäres Kropfrezidiv eintrat. Selbstverständlich kann man versuchsweise für eine gewisse kurze Zeit die Schilddrüsentherapie aussetzen, um sich davon zu überzeugen, ob die Fortsetzung der Therapie notwendig ist oder nicht. Wo man aber nach jahrelanger Beobachtung die Erfahrung gemacht hat, daß die therapeutische Zuführung der Schilddrüsensubstanz unentbehrlich ist, dort wird sich der Kranke damit abfinden müssen, eventuell bis an sein Lebensende den Gebrauch der Tabletten fortzusetzen. Eine Gewöhnung an das Thyreoidin tritt der Natur dieser Behandlung nach nicht ein. Bei fortgesetztem Gebrauch verhält sich auch der Kranke vollkommen normal und bezüglich der Prognose seiner Lebensdauer nicht anders als ein Normaler. Man kann zwar zur exakten Kontrolle des Zustandes und der Dosierung des Thyreoidins die Bestimmung des Grundumsatzes heranziehen, in der Praxis ist das aber immer entbehrlich. Klinisches Bild und subjektives Befinden sind ein ebenso verläßlicher Maßstab. Ständige Kontrolle der Kranken bis zur Erreichung des Normalzustandes und zur Ausprobung und Festsetzung der Erhaltungsdosis, wenn wir diese der früheren Heildosis gegenüberstellen wollen, ist freilich nötig und wird sich vor allem auf die Kontrolle der Pulsfrequenz und des Gewichtes sowie auf den Nachweis gesteigerter nervöser Erregbarkeit, vor allem eines Tremors richten.

Mit solchen Überdosierungserscheinungen wird man insbesondere in jenen Fällen zu rechnen haben, in denen kein ausgesprochenes Myxödem sondern nur ein leichter oligosymptomatischer Hypothyreoidismus vorliegt, oder wo eine Schilddrüsentherapie überhaupt nicht von vornherein absolut indiziert erscheint, sondern nur versuchsweise in Anwendung gezogen wird, also etwa in Fällen von Fettleibigkeit, Obstipation, Menorrhagien, Rheumatismus, Anämie, bei Dermatosen, usw. In solchen Fällen ist stets mit einer kleinen Dosis, also mit 0,2—0,3 g täglich zu beginnen und unter vorsichtiger Kontrolle erst nach 8 Tagen zu steigen. Die Dosis von zweimal täglich 0,3 g wird man hier kaum je überschreiten, weil sich entweder der gewünschte Erfolg inzwischen einstellt, oder weil Intoxikationserscheinungen, Tachykardie, Palpitationen, Tremor, Nervosität, Schweiße, Diarrhöen, starke Abmagerung usw. auftreten. Bei Säuglingen kann eine Überdosierung gefährlich werden, wie gelegentliche Todesfälle erweisen [1]). Man gibt Schilddrüsentabletten am besten auf nüchternen Magen, also früh beim Erwachen, eventuell auch abends vor dem Schlafengehen.

Es gibt Ausnahmsfälle, in welchen die Schilddrüsentherapie versagt, ja wo Überdosierungserscheinungen auftreten, ohne daß die bestehenden Ausfallssymptome behoben worden wären. In einem Teil dieser Fälle — vor allem handelt es sich da um das infantile Myxödem — wird mit der Therapie in einem so späten Stadium begonnen, daß inzwischen irreparable Störungen eingetreten sind. Es ist ja klar, daß es insbesondere für den in Entwicklung begriffenen Organismus nicht gleichgültig ist, wie lange er mit einer unzureichenden Menge Schilddrüsenhormons wirtschaften mußte und daß von einer Substitutions-

---

[1]) Schiff, E.: Monatsschr. f. Kinderheilk. Bd. 27, S. 359. 1924 (Bd. 36, S. 110).

therapie niemals auch der volle Ersatz für die Vergangenheit erwartet werden kann. Wird also die Behandlung zu spät begonnen, dann ist die Unmöglichkeit einer vollkommenen Normalisierung nicht der Therapie zur Last zu legen. Man beginne also die Behandlung des Myxödems und, wie das NOBEL mit Recht gefordert hat, ganz besonders des kindlichen Myxödems, möglichst frühzeitig und führe sie, wie es die Sachlage erfordert, ununterbrochen durch, dann wird man manche Menschen lebenstüchtig machen und erhalten können, die sonst als Insassen von Pflege- und Idiotenanstalten der Gesellschaft zur Last fallen. In einem anderen Teil der therapeutischen Versager handelt es sich gar nicht um ein reines Myxödem, sondern um koordinierte bzw. konsekutive Begleiterscheinungen, sei es von seiten anderer Blutdrüsen[1]), sei es, daß Entwicklungshemmungen und Bildungsfehler des Gehirns oder anderer Organe, eine abnorme Wachstumsanlage u. a. das Bild des kongenitalen Myxödems komplizieren. Derartige Verhältnisse liegen, wie wir hören werden, auch beim endemischen Kretinismus vor.

Hyperthyreoidismus. Morbus Basedowii.

Nachdem schon der englische Arzt PARRY gegen Ende des 18. Jahrhunderts, der Italiener FLAJANI im Jahre 1802, GRAVES 1835 Beobachtungen über diesen eigenartigen Symptomenkomplex mitgeteilt hatten, beschrieb 1840 der Merseburger Arzt KARL VON BASEDOW in klassischer Weise das nach ihm benannte Krankheitsbild, als dessen charakteristische Merkmale er den Exophthalmus, die Struma und die Pulsbeschleunigung erkannte. MÖBIUS gebührt das Verdienst, im Jahre 1886 die Theorie der übermäßigen Schilddrüsenfunktion aufgestellt zu haben, eine Auffassung, die auch heute unerschüttert und fest gestützt dasteht, wenn sie auch gewisse Ergänzungen erfordert. Nicht nur Tierversuche, auch Beobachtungen am Menschen haben gezeigt, daß künstliche Zufuhr von Schilddrüsenhormon in gewissen Fällen das charakteristische Krankheitsbild erzeugen kann. Am bekanntesten ist in dieser Beziehung ein fettleibiger 43jähriger Patient von v. NOTTHAFT [2]), der — selbstverständlich ohne ärztlichen Rat — im Laufe von 5 Wochen an 1000 Schilddrüsentabletten zu 0,3 g konsumiert hatte und nun einen ganz schweren typischen Basedow einschließlich der Augensymptome und der Schilddrüsenschwellung bekam. Nach Aussetzen der „Kur“ bildeten sich die Krankheitserscheinungen allmählich wieder zurück, Augensymptome und Struma aber blieben ein halbes Jahr lang bestehen. Wenn auch dieses Vollbild eines künstlich erzeugten Basedow, ebenso wie die Quantität zugeführter Schilddrüsensubstanz einen höchst seltenen Ausnahmsfall darstellt, so begegnen wir doch einzelnen Teilsymptomen aus diesem Bilde bei Überdosierung von Schilddrüsentabletten sehr häufig. Wir können also auf Grund dieser Tatsache, vor allem aber auf Grund klinischer Erfahrungen behaupten, daß eine scharfe Abgrenzung des sog. klassischen Morbus Basedowii gegenüber den verschiedenen Graden von Hyperthyreoidismus nicht möglich ist, daß vielmehr fließende Übergänge von der Norm über diese verschiedenen Stufen von Hyperthyreoidismus hinweg zur Basedowschen

---

[1]) FALTA, W.: l. c. S. 119. — ZONDEK, H.: l. c. S. 95. — FAHR, TH.: Klin. Wochenschr. 1923. Nr. 23, S. 1109.

[2]) v. NOTTHAFT: Zentralbl. f. inn. Med. 1898. Nr. 15.

Krankheit hinüberleiten. Auch der schärfste Verfechter einer Trennung zwischen Hyperthyreoidismus und Basedow, CHVOSTEK, ist nicht imstande, wirklich prinzipielle und verläßliche Unterscheidungsmerkmale anzuführen und immer wieder begegnet man Krankheitszuständen, in denen weder das momentane Krankheitsbild, also gewissermaßen der Querschnitt, noch die Entwicklung und der Verlauf des Leidens, also der Längsschnitt, eine ganz sichere Einreihung gestatten. Damit soll freilich nicht gesagt sein, daß sich alle diese klinisch ineinander übergehenden Zustände lediglich durch die Quantität des Hyperthyreoidismus, d. h. durch die bloße Menge des in den Kreislauf abgegebenen Thyroxins voneinander unterscheiden. Der Unterschied liegt vielmehr weitgehend in der individuell verschiedenen Ansprechbarkeit und Reaktionsfähigkeit der peripheren Erfolgsorgane auf das überschüssige Thyroxin, liegt in den konstitutionellen Verhältnissen des betroffenen Individuums.

Symptomatologie. Die Schilddrüse kann klinisch die allerverschiedensten Befunde aufweisen. Für den klassischen Basedow charakteristisch ist eine mehr minder bedeutende, diffuse Vergrößerung des Organs von anfangs weich elastischer, später derberer Konsistenz mit einem, durch die enorme Durchblutung bedingten hörbaren Gefäßgeräusch und fühlbaren Schwirren über den Seitenlappen. Auf dem Gefäßreichtum beruht auch die gelegentlich vorhandene sog. Expansivpulsation, sowie der starke Wechsel in der Größe des Kropfes. Diese weiche, blutreiche, parenchymatöse Basedowstruma erzeugt, wie schon KOCHER mit Recht hervorhob, kaum jemals eine Verengerung der Luftröhre. Wenn wir auch behaupten dürfen, daß bei Vorhandensein eines derartigen typischen Basedowkropfes, als dessen Hauptmerkmal demnach der diffuse Charakter, das Schwirren und die Gefäßgeräusche anzusehen sind, immer auch die Erscheinungen eines höhergradigen Hyperthyreoidismus vorhanden sind, so läßt sich dieser Satz doch keineswegs umkehren. Das klinische Bild eines gleich schweren Hyperthyreoidismus, eines Vollbasedow, kann auch in Fällen vorhanden sein, in denen Schwirren und Gefäßgeräusche nicht zu finden, in denen nur ein Seitenlappen (und zwar häufiger der rechte) vergrößert, ein adenomatöser Knotenkropf vorhanden, oder aber überhaupt keine Schilddrüsenvergrößerung nachzuweisen ist. In letzteren Fällen wird man allerdings beachten müssen, ob eine solche Vergrößerung nicht früher vorhanden war, ob sie sich nicht durch willkürliche Steigerung des intrathorakalen Druckes doch sichtbar machen läßt, oder ob nicht eine substernal gelegene Struma vorhanden ist.

Das anatomisch-histologische Substrat der typischen Basedow-Schilddrüse ist ganz konform dem klinischen Zustand des hochgradigen Hyperthyreoidismus ein hyperrhoisch-hypertrophischer Kropf im Sinne BREITNERs. Zum erstenmal wurden die histologischen Veränderungen der Basedow-Schilddrüse anscheinend von F. MÜLLER im Jahre 1893 beschrieben, der auch schon auf ihre außerordentliche Ähnlichkeit mit dem Bilde des kindlichen Organs hinwies. Der Kolloidgehalt ist vermindert, das vorhandene spärliche Kolloid ist verflüssigt, das Epithel der Drüsenbläschen in Proliferation begriffen und füllt stellenweise das Bläschenlumen mit papillomatösen Wucherungen aus. Auch desquamierte Epithelien sind in den Bläschen reichlich zu sehen. Durch die Ungleichmäßigkeit dieser Veränderungen kommt eine sehr charakteristische Polymorphie der Bläschen zustande. Im Interstitium findet man die hochgradige Hyperämie und Wucherungen von lymphatischem Gewebe. Dieser histologische Befund ist durchaus nicht in allen Fällen von Basedow zu erheben. Oft sieht man den hyperrhoischen Charakter, dann wieder die Hypertrophie zurücktreten, es kann der Befund einer Kolloidstruma, oder einer adenomatös-nodösen Struma erhoben werden, vor allem aber kann der histologische Charakter an verschiedenen Stellen desselben Organs variieren. Trotz dieses Mangels an Einheitlichkeit im histologischen Bilde stellt eine krankhaft veränderte Schilddrüse den einzigen konstanten, in jedem Falle faßbaren und anscheinend ausnahmslos wiederkehrenden anatomischen Befund bei Morbus Basedowii dar (KOCHER, WEGELIN [1])). Einem verminderten Kolloidgehalt entspricht chemisch die Herabsetzung des Jodgehaltes der Basedow-Schilddrüse. Die nicht konstante Kongruenz zwischen histologischem und klinischen Bild zeigt einerseits die Grenzen der Leistungsfähigkeit der morphologischen Untersuchung bei der Beurteilung des funktionellen Aktivitätsgrades eines Organs und weist andererseits darauf hin, daß offenbar nicht nur der Grad der Hyperaktivität der Schilddrüse, sondern auch die Reaktionsweise der Erfolgsorgane auf die übermäßige Hormonbelieferung für das Zustandekommen des klinischen Bildes maßgebend ist.

Die wichtigsten und am meisten hervortretenden Manifestationen eines Hyperthyreoidismus finden wir im Bereiche des Nervensystems und des Stoffwechsels. Die Erregbarkeit des Nervensystems kann enorme Grade erreichen und in verschiedenen Abschnitten in besonderem Maße zum Ausdruck kommen. Das objektiv am leichtesten nachweisbare und wohl konstanteste Symptom dieser Übererregbarkeit ist der meist sehr feinschlägige Tremor der ausgestreckten, gespreizten Finger, eventuell auch der Zunge, der Augenlider oder größerer Muskelgruppen. Die große Unruhe und Rastlosigkeit dieser Kranken, die außerordentliche Labilität ihrer Stimmung, die Reizbarkeit und Schlaflosigkeit sind typische Äußerungen eines Hyperthyreoidismus. In selteneren Fällen kann sich diese affektive Labilität und Ideenflucht zu maniakalen Erregungszuständen steigern. Auch depressive Verstimmungen, Halluzinationen, Verwirrtheitszustände, Angstzustände und verschiedenartige andere psychische Störungen kommen bei Basedowkranken zur Beobachtung, doch sind sie hier wohl weniger Ausdruck des Hyperthyreoidismus an sich, als einer besonderen Veranlagung zu der geistigen Störung, die durch den Hyperthyreoidismus bloß manifest geworden ist. Während der Tremor nach künstlicher Zufuhr von Schilddrüsensubstanz einen sehr häufigen Befund darstellt, hat man den Ausbruch von Psychosen unter diesen Umständen auch nur ganz ausnahmsweise beobachtet (FALTA). Schmerzen aller Art, oft rheumatoiden Charakters, Kopfschmerzen, neuralgiforme Zustände sind gleichfalls Ausdruck der Überempfindlichkeit und lassen sich auch durch Thyreoidin (FALTA, NEWBURGH und NOBEL) bzw. Thyroxin experimentell erzeugen. Die tiefen Reflexe können gesteigert sein. Choreatische Unruhe, Epilepsie, Hysterie, allerlei Lähmungszustände und Myatrophien sind dort, wo sie sich zum Bilde eines Basedow gesellen, größtenteils koordinierte Begleiterkrankungen und nicht Folgen des Hyperthyreoidismus. Dagegen gehört zum Bilde des Basedow das außerordentliche Schwächegefühl insbesondere in den Beinen. Wahrscheinlich hängt es in diesen Fällen nicht unmittelbar vom Hyperthyreoidismus, sondern von der sekundären

---

[1]) SAUER. H.: Virchows Arch. f. pathol. Anat. u. Physiol. Bd. 254, S. 354. 1925 (Bd. 40, S. 52).

Beteiligung der Nebennieren und des Thymus ab, die wir weiter unten noch erörtern werden.

Ganz besonders markant ist die nervöse Übererregbarkeit im Bereiche des vegetativen Nervensystems. Sie ist zum größten Teil auch die Ursache der mannigfaltigen Organsymptome (Augen, Zirkulations-, Verdauungsapparat usw.), von denen im folgenden die Rede sein soll. Dabei handelt es sich um eine Übererregbarkeit sowohl des Sympathicus als des Parasympathicus. Dementsprechend fallen auch die pharmakodynamischen Funktionsprüfungen des vegetativen Nervensystems aus. In Amerika hat sich vor einigen Jahren die Prüfung der Reaktionsweise auf kleine Adrenalindosen als sog. GOETSCHs test zum Nachweis eines Hyperthyreoidismus eingebürgert. Das einzige, was an dieser bei uns längst bekannten Prüfung neu ist und mit GOETSCHs Namen verknüpft werden dürfte, ist falsch; denn eine auf diese Art festgestellte Übererregbarkeit auf Adrenalin beweist durchaus keinen Hyperthyreoidismus; sie kann, muß aber nicht hyperthyreoiden Ursprungs sein, in den meisten Fällen ist sie es jedenfalls nicht, sondern ist bloß Ausdruck der allgemeinen reizbaren Schwäche konstitutioneller Neuropathen.

Zu den eindruckvollsten Symptomen des Basedow gehören die Augensymptome und unter diesen vor allem der Exophthalmus, der dem Leiden auch die Bezeichnung Glotzaugenkrankheit eingetragen hat. Das Vorstehen der Augäpfel (Protrusio bulbi) kann in einzelnen Fällen so hochgradig sein, daß es zu Ulceration der Cornea, ja zu einer Luxatio bulbi kommt. In der überwiegenden Mehrzahl der Fälle ist der Exophthalmus doppelseitig, seltener ist er asymmetrisch oder gar nur einseitig. Subjektiv empfinden die Kranken mitunter einen Druck in der Augenhöhle. Über die Erklärung des Phänomens gehen die Meinungen noch auseinander. BASEDOW selbst hatte eine Vermehrung des retrobulbären Fettgewebes, GRÄFE, SATTLER u. a. eine Erweiterung der retrobulbär gelegenen Venen der Orbita, KOCHER, F. KRAUS u. a. eine Erweiterung der arteriellen Gefäße in der Orbita mit sekundärer Hypertrophie des orbitalen Fettgewebes als Ursache des Exophthalmus angesprochen. Gegen alle diese Theorien spricht das Fehlen entsprechender Gefäßveränderungen am Augenhintergrund, vor allem aber die Tatsache, daß ein Exophthalmus in Ausnahmsfällen ganz plötzlich, gewissermaßen über Nacht zur Entwicklung kommen kann. Es muß auch berücksichtigt werden, daß wir seit CLAUDE BERNARDs wiederholt bestätigten Versuchen wissen, daß sich durch experimentelle Reizung des Halssympathicus bei Hunden, Katzen und Kaninchen eine Protrusio bulbi erzeugen läßt und daß auch der sehr treffende Vergleich von MÖBIUS mit dem Gesichtsausdruck dauernden Entsetzens eine derartige, unmittelbare Sympathicusreizwirkung nahelegt, zumal eine Lähmung des Halssympathicus regelmäßig mit einem Einsinken des Bulbus, einem Enophthalmus einhergeht. Wir werden also schon durch diese Erwägung auf eine muskuläre Theorie des Exophthalmus gelenkt, wie sie anscheinend zuerst von JABOULAY geäußert worden ist. Zunächst dachte man an eine Contractur der sympathisch innervierten glatten Muskelfasern, welche H. MÜLLER im Jahre 1858 an der Fissura orbitalis inferior als Musculus orbitalis beschrieben hatte und die den Bulbus nach vorne drängen sollte. Einleuchtender war da schon die Wirkung der 1907 von LANDSTRÖM beschriebenen, ebenfalls sympathisch innervierten glatten Muskelfasern, die zylinderförmig den vorderen Bulbusabschnitt einschließen, indem sie vorne am Septum orbitale, also an der Aponeurose der Lider, hinten am Aequator bulbi inserieren. Dieser sog. LANDSTRÖMsche Muskel wäre somit ein Antagonist der vier geraden, quergestreiften Augenmuskeln und würde den Bulbus nach vorne ziehen. Die LANDSTRÖMsche Theorie erfuhr aber durch sorgfältige anatomische Untersuchungen von W. KRAUSS [1]) eine starke Erschütterung, da der Verlauf dieser in den Lidern und am vorderen Abschnitt des orbitalen Bindegewebes eingelagerten glatten Muskelfasern nicht den LANDSTRÖMschen Angaben entspricht und nicht geeignet ist, eine Vordrängung des Bulbus als Kontraktionsfolge erscheinen zu lassen. Überdies bestehen hier sehr wesentliche Unterschiede in den anatomischen Verhältnissen der gewöhnlichen Laboratoriumstiere einerseits, des Menschen und Affen andererseits. Dementsprechend ließ sich daher weder beim Affen, noch beim Menschen durch elektrische Reizung des Halssympathicus jemals Exophthalmus hervorrufen. So kam man denn zu der Auffassung, es könne sich beim Exophthalmus des Basedowkranken nur um ein Ödem im retrobulbären Zellgewebe handeln, das nach Art des QUINCKESchen angioneurotischen Ödems durch unmittelbare Einwirkung des „Basedowgiftes" entstehen und den Augapfel nach vorwärts drängen sollte (FR. MÜLLER, SATTLER, KLOSE). Dafür spräche auch das von SÄNGER bei Basedow beschriebene Symptom des Lidödems, sowie der Erfolg der DOLLINGERschen Operation bei hochgradigem Exophthalmus, die in einer Resektion des äußeren Orbitalrandes besteht und dem sekundär hypertrophierten und indurierten Zellgewebe Platz schafft. Diese sekundären Veränderungen des primär ödematösen Gewebes würden auch erklären, warum sich der Exophthalmus auch nach Abklingen der übrigen Basedowsymptome meist nicht vollständig oder selbst gar nicht zurückbildet.

Aber wiederum stellen sich die oben angeführten Argumente zugunsten einer muskulären Entstehung des Exophthalmus entgegen, zumal wenn wir bedenken, daß erstens Zustände, die zu hochgradiger Stauung und Ödem des Kopfes führen, etwa Kompressionen der oberen Hohlvene durch Tumoren oder Nephropathien, kaum jemals einen Exophthalmus hervorrufen, daß zweitens ein wirkliches, akutes, angioneurotisches Ödem dieser Lokalisation zu den allergrößten Seltenheiten gehört, das retrobulbäre Zellgewebe also keine besondere Disposition zu einem solchen besitzen dürfte, daß drittens die sonderbare und absolute Elektivität gerade dieses Gewebes dem „Basedowgift" gegenüber nicht gut zu verstehen wäre und daß schließlich viertens die Persistenz des Ödems einer besonderen Aufklärung bedürfte. So möchte ich mich denn entschiedenst der schon von KRAUSS angedeuteten Anschauung anschließen, daß eine durch Sympathicusreizung bedingte Contractur der glatten Orbitalmuskulatur, insbesondere des die Fissura orbitalis inferior überdeckenden MÜLLERschen Muskels, zwar weniger unmittelbar durch Vortreibung des Bulbus, wie man sich dies ursprünglich vorgestellt hatte, wohl aber durch Versperrung der Lymphbahnen und kleineren Venenstämme zum Exophthalmus führen dürfte. Die anatomische Untersuchung von KRAUSS hat ja ergeben, daß durch die muskulöse Platte über der Fissura orbitalis inferior die orbitalen Lymphbahnen und kleineren orbitalen Venen hindurchtreten, um in die Fossa pterygopalatina zu gelangen und KRAUSS selbst hatte schon darauf hingewiesen,

---

[1]) KRAUSS, W.: Münch. med. Wochenschr. 1911. S. 1993. — Arch. f. Augenheilk. Bd. 71, S. 277. 1912 u. Bd. 72, S. 20. 1912.

daß eine Contractur dieses Müllerschen Muskels eine Stauung der orbitalen Flüssigkeit erwarten läßt. Unsere Anschauung erklärt, warum ein Exophthalmus zwar sehr rasch zur Entwicklung kommen und den Gesichtsausdruck des starren Entsetzens fixieren kann, warum aber die etwa im Verlauf einer Kropfoperation ausgeführte kurz dauernde elektrische Sympathicusreizung doch nicht ausreicht, eine Protrusio bulbi zu erzielen [1]. Diese Theorie scheint mir die vorliegenden Tatsachen jedenfalls am besten erklären zu können, weil sie die neuromuskuläre und die Ödemtheorie in sich vereinigt und vom anatomischen sowie physiologischen Standpunkt durchaus gut begründet ist.

Der Exophthalmus kann auch bei schweren und schwersten Basedowfällen vermißt werden und nur durch eine auffallende Weite der Lidspalten und starken Glanz der Augen ersetzt sein. Das Klaffen der Lidspalten, auch Dalrymples Symptom genannt, ist die Folge eines erhöhten Tonus jener sympathisch innervierten glatten Muskelfasern, die H. Müller als M. tarsalis in den Augenlidern beschrieben hat und deren oberer mit dem Levator palpebrae verläuft. Bei Fixierung eines Gegenstandes in gerader Blickrichtung sieht man häufig ein ruckartiges Zurückweichen des oberen Augenlides. Das sog. Gräfesche Zeichen besteht darin, daß beim Blick nach abwärts das obere Augenlid dem Bulbus nicht wie normalerweise gleichmäßig, sondern ruckweise nachfolgt, so daß zwischen Lidrand und oberem Hornhautrand ein mehr oder minder breiter Streifen weißer Sclera sichtbar wird. Diese Dissoziation zwischen Abwärtsbewegung von Bulbus und Lid beruht wohl gleichfalls auf dem erhöhten Spannungszustand des glatten Lidhebers, ebenso die gelegentlich vorkommende gleichsinnige Dissoziation beim Blick nach aufwärts, wobei das Lid dem Bulbus vorauseilt. Als Joffroys Zeichen ist eine andere Form einer gestörten Synergie bekannt: während der Normale beim Aufwärtsblicken durch gleichzeitige Kontraktion des Musculus frontalis die Stirn runzelt, fehlt diese Mitbewegung bei Basedowkranken nicht selten. Allerdings fehlt sie auch gelegentlich bei Menschen ohne Hyperthyreoidismus. Der als Stellwags Symptom bekannte seltene Lidschlag ist meiner Erfahrung nach bei höchstens einem Drittel der Fälle von Basedow zu sehen (vgl. auch Eppinger, Lucien-Parisot-Richard), gelegentlich beobachtet man sogar auffallend häufiges Blinzeln. Ebenso inkonstant und unspezifisch ist das Möbiussche Symptom der Konvergenzschwäche. Bei Fixation eines nahen Gegenstandes, also etwa des vorgehaltenen Fingers, weicht der eine oder andere Bulbus sehr bald von der Blickrichtung nach außen ab. Es ist, soferne keine höhergradige Myopie seine Ursache darstellt, ebenso wie der mitunter beobachtete Nystagmus als konstitutionell-degeneratives Stigma und nicht als Symptom eines Hyperthyreoidismus anzusehen (J. Bauer). Die Schwierigkeit der Umstülpung des oberen Augenlides findet man auch als Cliffords Zeichen in der Literatur registriert [2]. Das Löwische Symptom, die auf Adrenalininstillation in den Bindehautsack eintretende Mydriasis ist Ausdruck der Übererregbarkeit der sympathischen Nervenendigungen. Eine zuweilen erhöhte Bulbusspannung wird auch von Sattler angegeben. In manchen Fällen klagen die Kranken

---

[1] Wölfflin, E.: Monatsbl. f. Augenheilk. Bd. 68, S. 460. 1922 (Bd. 27, S. 125). — Unverricht, H.: Klin. Wochenschr. 1925. S. 878 (Bd. 41, S. 200).

[2] Bram, J.: Goiter. Nonsurgical types and treatment. New York: The Macmillan Comp. 1924.

über Tränenträufeln, in anderen über abnorme Trockenheit der Augen. Stauungspapille und Opticusatrophie gehören jedenfalls zu den größten Seltenheiten.

Am Kreislaufapparat kommt die hochgradige Übererregbarkeit des vegetativen Nervensystems besonders eklatant zum Ausdruck. Die Pulsbeschleunigung, die in manchen Fällen enorme Grade, 160 und mehr erreichen kann, gehört ja zu den regelmäßigsten Erscheinungen auch des künstlich erzeugten Hyperthyreoidismus. Eine Pulsfrequenz von 100—120 kann bei vielen Menschen viele Jahre lang fortbestehen. Mir ist es immer wieder aufgefallen, daß die hyperthyreoide Tachykardie zum Unterschied von der primär nervösen eine nur geringe Beeinflußbarkeit durch Lagewechsel zeigt, ja es kann der Puls beim Niederlegen frequenter werden. Der Reizzustand des Sympathicus ist so beträchtlich, daß auch die bei übererregbarem Herzvagus sonst zu Pulsverlangsamung führende tiefe Kniebeuge oder Nachvornbeugen (ERBEN), bzw. Druck auf die geschlossenen Bulbi (ASCHNER) kaum eine Verlangsamung, letzterer gelegentlich sogar noch eine weitere Beschleunigung des Pulses hervorruft. Auch das Fehlen der respiratorischen Irregularität des frequenten Pulses kann mit einigem Vorbehalt als Unterscheidungsmerkmal zwischen hyperthyreoider und primär-nervöser Tachykardie verwertet werden.

Das Herz zeigt außerordentlich lebhafte Pulsationen, also einen erethischen Aktionstypus. Dementsprechend auch die physikalischen Symptome, also vor allem ein verstärkter Spitzenstoß, verstärkte Pulsationen präkordial, im Epigastrium, an der Bauchaorta, an den Halsgefäßen. Diese Erscheinungen werden noch verstärkt durch den geringen Spannungszustand der peripheren Gefäße mit der konsekutiven Erhöhung des Stromgefälles vom Herzen zur Peripherie (F. KRAUS). Dadurch kommt ein Pulsus celer, eventuell sogar ein Netzhautpuls oder eine pulsatorische Erschütterung des Kopfes wie bei Aorteninsuffizienz (sog. MUSSETsches Zeichen) zustande. Der systolische Blutdruck ist meist normal (J. DONATH), nur selten steigt er, wofern nicht Komplikationen vorhanden sind, über 140 mm Hg an. Dagegen ist der Pulsdruck, d. h. also die Amplitude zwischen systolischem und diastolischem Druckwert, wiederum ähnlich wie bei Aorteninsuffizienz, oft erhöht [1]. Akzidentelle systolische Geräusche über dem Herzen gehören zur Regel. Auch eine funktionelle Pseudomitralstenose, wie sie BICKEL [2] bei Basedow beschreibt, habe ich mehrmals gesehen. Nur in einem verhältnismäßig nicht großen Prozentsatz der länger dauernden Basedowfälle sieht man Veränderungen des Herzmuskels, vor allem eine mitunter sehr beträchtliche Dilatation, seltener Hypertrophie, beides Veränderungen, die als Folgen der ganz unzweckmäßigen Arbeitsweise des übermäßig angepeitschten Herzens wohl verständlich sind. Von der individuell verschiedenen konstitutionellen Beschaffenheit des Herzmuskels selbst, sowie von den begleitenden toxischen Schädigungen des Herzmuskels wird es dann abhängen, ob das monate- und jahrelang jagende Herz die zwecklose Mehrarbeit zunächst mit einer Arbeitshypertrophie beantwortet, oder ob es versagt und dilatiert. In diesem Sinne entscheiden die konstitutionellen Verhältnisse

---

[1] WAHLBERG, J.: Das Thyreotoxikosesyndrom und seine Reaktion bei kleinen Joddosen. Helsingfors 1926. — TRÖLL, A.: Zentralbl. f. inn. Med. 1926. Nr. 1, S. 2 (Bd. 43, S. 144).

[2] BICKEL, G.: Presse méd. 1925. p. 1154 (Bd. 41, S. 456).

des Kranken über sein Schicksal[1]), denn sicherlich sterben Basedowkranke, wie das schon Möbius ausgedrückt hat, an ihrem Herzen. Derart bedrohliche Schwächezustände von seiten des Herzmuskels haben aber immer Vorläufer in Gestalt von Rhythmusstörungen, die wir seit Wenckebach nicht mehr bloß als Folgen, sondern auch als Ursachen des versagenden Kreislaufmechanismus anzusehen gewohnt sind. Hartnäckiges Vorhofflimmern, seltener Extrasystolien vermitteln so den durch die nervöse Übererregbarkeit angebahnten Zusammenbruch des Herzens. Welche Bedeutung dem Hyperthyreoidismus am Zustandekommen des Vorhofflimmerns zukommt, beleuchtet eine Äußerung F. Müllers[2]), nach der etwa ein Drittel aller Fälle von Arhythmia perpetua in München thyreogenen Ursprungs sein soll. Da in einem Falle von Herzblock unter der Einwirkung des Hyperthyreoidismus nur die Vorhoffrequenz zunahm, die Ventrikel aber im gleichen Rhythmus weiterschlugen, so ist der Angriffspunkt des Thyroxins wohl in den Sinus zu verlegen[3]). Mitunter kann diese thyreogene Sinustachykardie auch paroxysmal gesteigert auftreten[4]). Es ist wohl kein Zweifel, daß die meisten plötzlichen Todesfälle bei Basedow durch Übergreifen des Flimmerns von den Vorhöfen auf die Kammern zu erklären sein dürften[5]), ein Ereignis, das G. Bickel[6]) auch im Tierversuch durch große, intravenös verabreichte Thyreoidindosen imitieren konnte.

Übrigens zeigt auch bei leichteren Fällen das Elektrokardiogramm eine Besonderheit: Vorhof- und Nachschwankung sind im geraden Gegensatz zum Verhalten des Myxödemherzens oft auffallend hoch (Zondek). Neben diesen neurogenen Störungen der Herzarbeit dürfte die toxisch bedingte organische Myokardschädigung eine geringe Rolle spielen. Es kommen da degenerative Veränderungen der Muskelfasern, herdförmige Nekrosen und lymphocytäre Infiltrate in Frage[7]), wie sie auch durch Schilddrüsenverfütterung an Tieren experimentell erzeugt werden konnten.

Die subjektiven Beschwerden, welche durch diese Veränderungen im Zirkulationsapparat hervorgerufen werden, hängen natürlich weitgehend von der individuell verschiedenen Empfindlichkeit, von der Reizschwelle gegenüber den durch diese Veränderungen bedingten Sensationen ab. Dazu gesellen sich noch die Folgeerscheinungen der enorm erhöhten vasomotorischen Erregbarkeit mit dem konsekutiven Wechsel zwischen Erröten und Erblassen, den lästigen Wallungen und Hitzewellen, den Schweißausbrüchen. Herzklopfen und das Fühlen der Pulsation am Hals, im Kopf, im Bauch, gehört zu den häufigsten Klagen bei Hyperthyreoidismus. Dennoch sieht man gar nicht selten hyperthyreoide Individuen mit erheblicher Tachykardie und hochgradigem Dermo-

---

[1]) Vgl. Chiari, R.: Zeitschr. f. Konstitutionslehre. Bd. 1, S. 280. 1914. — Chvostek, F.: l. c.

[2]) Müller, F.: Therapie d. Gegenw. 1925. S. 1, 49 u. 97.

[3]) Aub, J. C. a. N. S. Stern: Arch. of internal med. Vol. 21, p. 130. 1918.

[4]) Bickel, G. et E. Frommel: Arch. des maladies du coeur, des vaisseaux et du sang. Tom. 18, p. 378. 1925 (Bd. 41, S. 54).

[5]) Vgl. Oswald, A.: Schweiz. med. Wochenschr. 1925. S. 50 (Bd. 39, S. 913).

[6]) Bickel, G. et E. Frommel: Arch. des maladies du coeur, des vaisseaux et du sang. Tom. 18, p. 451. 1925 (Bd. 41, S. 382).

[7]) Vgl. Wegelin, C.: l. c. — Bickel, G. u. E. Frommel: Schweiz. med. Wochenschr. 1926. S. 251 (Bd. 43, S. 487). — Takane, K.: Virchows Arch. f. pathol. Anat. u. Physiol. Bd. 259, S. 737. 1926 (Bd. 44, S. 748).

graphismus, denen diese Anomalien niemals subjektive Sensationen verursacht haben. Es gibt übrigens seltene Fälle von Basedow, bei denen infolge einer konstitutionellen Besonderheit gerade dieses Erfolgsorgans (konstitutionelle Bradykardie) der Hyperthyreoidismus keine Tachykardie verursacht.

Von seiten der Atmungsorgane beobachtet man bei Basedowkranken häufig eine auffallend frequente, oberflächliche und ungleichmäßige Respiration, die mit dem Gefühl der Kurzatmigkeit einhergehen kann. Als BRYSONsches Zeichen wird auch die Unfähigkeit zur normalen inspiratorischen Ausdehnung des Brustkorbes solcher Kranken bezeichnet. Offenbar handelt es sich um ein Symptom der allgemeinen Muskelschwäche, die auch die Inspirationsmuskeln betrifft. Häufig begegnet man einem trockenen, lästigen Reizhusten, wohl nur ganz ausnahmsweise einer übermäßigen Expektoration vom Charakter einer Bronchorrhöe (MURRAY), die sicherlich als nervöses Reizsymptom den wässerigen Diarrhöen oder dem Speichelfluß mancher Kranken zur Seite zu stellen ist. Auch die Kombination mit Bronchialasthma kommt gelegentlich zur Beobachtung [1]).

Im Bereich des Verdauungsapparates sind die häufigste Manifestation des Hyperthyreoidismus Diarrhöen. Extreme Grade dieser Störung sind allerdings nicht oft zu sehen, wo 20—30 wässerige Stuhlentleerungen im Tage vorkommen und ähnlich wie bei Cholera zu kahnförmiger Einziehung des Abdomens führen. In seltenen Fällen wurden Blutbeimengung, etwas häufiger Fettstühle (SALOMON, FALTA) beobachtet. Charakteristisch ist das refraktäre Verhalten dieser oft paroxystisch auftretenden und spontan wieder schwindenden Diarrhöen gegen therapeutische Maßnahmen. Dagegen lassen sich die Fettstühle, die auch ohne Diarrhöen vorkommen, durch Pankreon leicht bekämpfen. Psychische Emotionen pflegen die Diarrhöen zu steigern. Gleichzeitig mit den Diarrhöen tritt gelegentlich äußerst hartnäckiges und qualvolles Erbrechen schleimig-wässeriger Massen auf. Gegen diese, an tabische Krisen erinnernden, die Kranken äußerst schwächenden, mitunter auch lebensbedrohlichen gastrointestinalen Paroxysmen ist die später zu besprechende Jodtherapie die Behandlung der Wahl. Der Appetit ist meist ungestört, ja oft auffallend groß, ebenso das Durstgefühl. Die Säurewerte des Magens sind ganz uncharakteristisch. Neben superaciden und normalen Werten findet man auch häufig Achlorhydrie; hierfür sind konstitutionelle Verhältnisse maßgebend [2]). Schließlich gibt es auch hartnäckig spastisch obstipierte Basedowkranke. Man hat in manchen Basedowfällen Störungen der Leberfunktion beschrieben [3]), doch ist es unsicher, ob etwa eine Herabsetzung der Galaktosetoleranz hier als Ausdruck einer insuffizienten Lebertätigkeit im Sinne von R. BAUER gewertet werden darf [4]). Der in der Literatur in ganz seltenen Fällen erwähnte Ikterus beruht wohl stets auf Komplikationen mit anderen Erkrankungen, oder, wie ich das gesehen habe, auf hochgradiger kardialer Stauung. Sicherlich ist er prognostisch höchst ungünstig

---

[1]) DANIÉLOPOLU, D.: Bull. et mém. de la soc. méd. des hôp. de Paris. Tom. 41, p. 234. 1925 (Bd. 40, S. 393).

[2]) Vgl. BAUER, J.: Konst. Disp. l. c. — HERZFELD, E.: Dtsch. med. Wochenschr. 1923. S. 1436 (Bd. 32, S. 85).

[3]) WARFIELD, L. M. a. J. B. YOUMANS: Transact. of the ass. of Americ. physic. Vol. 39, p. 130. 1924 (Bd. 39, S. 863) u. Arch. of internal med. Vol. 37, p. 1. 1926 (Bd. 43, S. 154).

[4]) Vgl. BAUER, J.: Konst. Disp. l. c. S. 283 u. 537.

zu bewerten, wenn auch der von mir beobachtete, eben erwähnte Fall durch eine Operation und zwar die durch v. HABERER ausgeführte Thymusreduktion gerettet werden konnte. Die anatomische Untersuchung des Verdauungstraktes ergibt in schweren Fällen von Basedow entzündliche Schwellung der Schleimhaut mit Blutungen, ganz ähnlich, wie sie sich im Tierversuch durch Schilddrüsenverfütterung erzeugen läßt. In leichteren Fällen ist sicherlich die nervöse Hyperperistaltik und Hypersekretion die Ursache der Diarrhöen.

Die Haut der Basedowkranken ist stets feucht, leicht gerötet und meist zart. Manche Kranke sind kontinuierlich in Schweiß gebadet. Der elektrische Hautwiderstand ist entsprechend der starken Durchfeuchtung herabgesetzt (Symptom von VIGOUROUX). In manchen Fällen entwickelt sich eine addisonähnliche Pigmentierung besonders um die Augen, am Hals, an den Brustwarzen, entsprechend

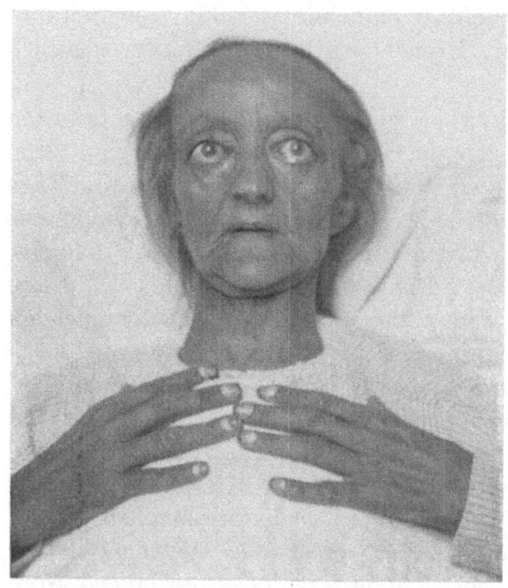

Abb. 22. Leukonychie bei Morbus Basedowii.

der Linea alba, am Genitale, aber auch an der übrigen Körperoberfläche. Nur höchst selten ist sie auch an den Schleimhäuten wahrzunehmen, wie ich dies einmal in ausgesprochenster Weise gesehen habe. In rudimentärer Form, nur an den Augenlidern lokalisiert, ist diese nicht seltene Pigmentierung als JELLINEKsches Symptom bekannt. Die von SÄNGER beschriebene Schwellung der Lider, welche später zu einem schlaffen, sackartigen Herabhängen derselben führen kann, wurde oben schon erwähnt. Mitunter findet man bei Basedowkranken eine derbelastische Schwellung an der Haut der Extremitäten, besonders der Beine, die keinen Fingereindruck hinterläßt. Zum Teil handelt es sich um Lipomatosen, zum Teil um Trophödem oder sklerodermatische Veränderungen. Manche Basedowkranke werden von Pruritus oder Urticaria gequält. Leichter bis mäßiger Haarausfall am Kopf gehört zu den häufigen Symptomen, in schweren Fällen kann es aber sogar zu fleckweiser Kahlheit, zum Ausfall des Bartes, der Augenbrauen, Wimpern und Körperbehaarung kommen. In einem ganz schweren Fall von Jodbasedow bei einem etwa 35jährigen Mann meiner Beobachtung war das Kopfhaar an jenen Stellen, welche dem Kissen aufliegen, büschelweise vollkommen ausgefallen, um aber, wie fast immer in solchen Fällen, mit der Besserung des Zustandes wieder zu wachsen. Frühzeitiges Ergrauen sieht man bei Basedowkranken nicht selten, es ist aber nicht die Folge des Basedow, sondern eine koordinierte Manifestation einer allgemeinen degenerativen Konstitution und findet sich oft genug schon vor der Erkrankung, vor allem aber regelmäßig auch bei basedowfreien Familienmitgliedern. Die Nägel werden mitunter brüchig, zweimal sah ich die in Abb. 22 dargestellte Leukonychie. Übrigens können auch die Zähne rasch cariös werden.

Zu den wichtigsten und charakteristischesten Äußerungen des Hyperthyreoidismus gehören die Veränderungen des Stoffwechsels. Schon die bloße klinische Beobachtung dieser Kranken, die trotz reichlicher Nahrungszufuhr an Gewicht abnehmen, deutet auf die Steigerung der Stoffwechselvorgänge hin. In manchen Fällen kommt es periodenweise zu rapiden Gewichtsstürzen, die zu höchstgradiger Kachexie führen können. In der Tat zeigt die Untersuchung des Stoffwechsels bei Basedowkranken eine derartig hochgradige Steigerung des Verbrennungsprozesses, wie sie bei keiner anderen Erkrankung vorkommt. Der Grundumsatz kann, wie das F. MÜLLER (1893), sowie MAGNUS-LEVY als erste gezeigt haben, gegenüber der Norm eine Steigerung bis zu 100% und weit darüber erfahren, der O_2-Verbrauch pro Minute und Kilogramm, der bei Normalen etwa $3,5-4$ ccm beträgt, wird oft genug mit $6-7$ ccm bestimmt. Der Hyperthyreoide verhält sich also in der Ruhe so wie ein schwer arbeitender Normaler. Es ist klar, daß unter diesen Umständen ceteris paribus Abmagerung eintreten muß und nur eine sehr beträchtliche Überernährung der fortschreitenden Abmagerung vorbeugen kann. Von F. MÜLLER war auch eine Steigerung des Eiweißumsatzes mit einer gegebenenfalls negativen N-Bilanz festgestellt worden. Nun wissen wir heute, daß sich diese Umsatzsteigerung nur auf das sog. Vorrats- oder Depoteiweiß der Zellen erstreckt, das für den Zellbetrieb unumgänglich notwendige Minimumeiweiß, die sog. Abnützungsquote dagegen unberührt läßt [1]). Schon RUDINGER [2]) und erst in letzter Zeit wieder LAUTER [3]) konnten zeigen, daß es auch beim schwersten Basedowkranken gelingt, bei äußerst N-armer Kost und sehr reichlicher Kohlenhydrat- und Fettzufuhr die tägliche N-Ausscheidung durch den Harn auf dasselbe Minimum, den sog. LANDERGREENschen Minimalstickstoff von $4-5$ g pro Tag herabzudrücken wie beim Normalen. Allerdings dauert es beim Basedowkranken länger, ehe dieses Minimum erreicht ist. Der qualitative Eiweißabbau des Basedowikers unterscheidet sich nicht von dem des Normalen [4]). Die spezifisch-dynamische Wirkung der Nahrung ist gelegentlich besonders hoch, vor allem aber erfordert, ganz entsprechend den Erfahrungen im Tierversuch, jede Muskelarbeit mehr Energieaufwand als bei Normalen. Der durch Muskelarbeit bedingte O_2-Mehrverbrauch des Hyperthyreoiden übersteigt den des Normalen oft sehr erheblich [5]), vor allem weil die Rückkehr zu den Ruhewerten länger dauert [6]). Der Steigerung der Verbrennungsprozesse entspricht auch die Neigung Basedowkranker zu Hyperthermie. Subfebrilen Temperaturen begegnet man bei Hyperthyreoiden gar nicht selten, vor allem aber reagieren solche Kranke aus den geringfügigsten Anlässen oder bei interkurrenten Erkrankungen viel leichter und ausgiebiger mit Fieber als Normale.

Auf Abweichungen im Kohlenhydratstoffwechsel Basedowkranker haben zuerst F. KRAUS und LUDWIG (1891) sowie CHVOSTEK aufmerksam gemacht,

---

[1]) BOOTHBY, W., J. SANDIFORD, K. SANDIFORD a. J. SLOSSE: l. c.

[2]) RUDINGER, K.: Wien. klin. Wochenschr. 1908. Nr. 46.

[3]) Vgl. MÜLLER, F.: Therapie d. Gegenw. 1925. l. c.

[4]) BOOTHBY, W. M. a. J. SANDIFORD: Journ. of the Americ. med. assoc. Vol. 81, p. 795. 1923.

[5]) BOOTHBY, W. M. a. SANDIFORD: l. c. — KISCH, F.: Klin. Wochenschr. 1926. Nr. 16. S. 697 (Bd. 45, S. 347).

[6]) GLOSE, W.: Zeitschr. f. klin. Med. Bd. 102, S. 1. 1925 (Bd. 41, S. 802).

die auf die Häufigkeit einer alimentären Glykosurie bei diesem Leiden hingewiesen haben. Seltener findet man spontane Glykosurie bei gewöhnlicher Kost. Der Blutzuckerwert ist in der Regel normal, die alimentäre Hyperglykämiekurve aber meistens höher und protrahiert [1]). Auch auf Adrenalin steigt der Blutzucker besonders hoch an. GROTE hat auf die meist gesteigerte Phlorizinglykosurie bei Hyperthyreoidismus im Gegensatz zum Verhalten bei Hypothyreoidismus hingewiesen, ein Befund, den ich im allgemeinen bestätigen konnte [2]). Alle diese Veränderungen des Kohlenhydratstoffwechsels sind auch bei nicht thyreogener Übererregbarkeit des vegetativen Nervensystems gelegentlich zu erheben, erklären sich also wohl auf diese Weise. In manchen Fällen handelt es sich allerdings um eine Kombination von Basedow mit echtem Diabetes, wie dies auch die anatomischen Befunde am Pankreas erweisen.

Polyurie mit konsekutiver Polydipsie als Gegenstück der Oligurie der Myxödemkranken ist bei Badesow häufig zu finden, dagegen sind leichte Albuminurie oder Funktionsstörungen der Niere [3]) ein seltenerer Befund.

Das Blutbild zeigt bezüglich der roten Blutkörperchen keine typischen Veränderungen. Bei der von ZONDEK an einer Reihe von Mitgliedern derselben Familie beobachteten Kombination von Basedowerscheinungen und Erythrämie handelt es sich um zufälliges Zusammentreffen zweier krankhafter Anlagen, wie es in dem degenerativen Milieu des Basedow wohl verständlich ist. Das weiße Blutbild weist sehr oft, aber nicht konstant und in zeitlich schwankender Intensität die von KOCHER 1908 beschriebenen Merkmale auf: Neutrophile Leukopenie bei relativer oder auch absoluter Vermehrung der Lymphocyten, eventuell auch der Monocyten. Auch die Eosinophilen können vermehrt sein. Wie ich zeigen konnte, handelt es sich hier um ein nicht für die Schilddrüsenstörung irgendwie spezifisches, konstitutionell-degeneratives Blutbild, wie es unter den verschiedensten anderen Umständen angetroffen werden kann [4]). Auch die von KOTTMANN zuerst gefundene herabgesetzte Gerinnungsfähigkeit des Blutes gehört in den Rahmen der allgemeinen Konstitutionsanomalien dieser Kranken, ebenso die großen Tonsillen und die Neigung zu lymphatischen Hyperplasien, die sich insbesondere an den Drüsen in der Nähe der Schilddrüse, am Thymus, gelegentlich auch an der Milz dokumentieren. Eine leicht bis mäßig vergrößerte Milz gehört bei Basedowkranken meiner Erfahrung nach zu den häufigeren Befunden. Die Viscosität des Blutserums ist auch unter Berücksichtigung seines Eiweißgehaltes oft herabgesetzt (HELLWIG und NEUSCHLOSZ), also ein Gegenstück zum Hypothyreoidismus.

Mit der Besprechung der Genitalsymptome kommen wir zu den Auswirkungen des Hyperthyreoidismus auf den übrigen Hormonapparat. Abnahme der Libido und Potenz ist in den schweren Fällen die Regel. Bei Frauen werden oft die Menses unregelmäßig oder bleiben monatelang ganz aus, nur selten werden sie abnorm stark. Zweimal habe ich gesehen, daß die Menstruation erst im Anschluß an die operative Heilung des Basedow ausblieb und zwar in dem einen Fall sieben Jahre lang, im anderen, bei einer etwa 30 jährigen Frau,

---

[1]) Vgl. WAHLBERG, J.: l. c.

[2]) BAUER, J. u. F. KERTI: Klin. Wochenschr. 1923. Nr. 20.

[3]) ETIENNE, G., M. VERAIN et R. PETITJEAN: Rev. franç. d'endocrin. Tom. 4, p. 85. 1926 (Bd. 43, S. 672).

[4]) Vgl. BAUER, J.: Konstit. Disposit. l. c.

dauernd. Hier kam es auch zu einer vorzeitigen Atrophie der Geschlechtsorgane. In manchen Fällen beteiligen sich die Mammae in besonderem Maße
an dem allgemeinen Gewebsschwund. Zweifellos hängen auch die Genitalsymptome oft weniger von der gestörten Schilddrüsentätigkeit, als von der
präexistenten, konstitutionellen Beschaffenheit ab. Spätes Einsetzen und
irreguläres Auftreten der Menses schon vor der Erkrankung, sowie anatomische
Hypoplasie der Keimdrüsen fügen sich in das allgemein degenerative konstitutionelle Milieu dieser Kranken ein.

Während der Schwangerschaft tritt bei vielen Frauen eine Schwellung der
Schilddrüse mit hyperthyreotischen Symptomen auf, auch die Symptome
eines bestehenden Basedow pflegen durch die Schwangerschaft eine gelegentlich
bedrohliche Verschlimmerung zu erfahren, so daß die Unterbrechung der
Schwangerschaft notwendig werden kann. Von einer Verallgemeinerung in
dieser Richtung kann aber gar keine Rede sein und es gibt Basedowkranke,
die eine Gravidität sehr gut überstehen. Ich kenne eine Frau, die seit vielen
Jahren an einem ausgesprochenen Hyperthyreoidismus mittleren Grades leidet
und sich immer in den Zeiten ihrer mehrfachen Schwangerschaften am wohlsten
befunden hat. Hier muß individualisiert und vor allem auch das psychische
Moment berücksichtigt werden. Es ist ein ganz gewaltiger Unterschied, ob sich
etwa eine basedowkranke junge Ehefrau in guten materiellen Verhältnissen
sehnlichst ein Kind wünscht, oder ob einem unverheirateten, auf seine Arbeitskraft angewiesenen Mädchen eine uneheliche Schwängerung widerfährt. Etwas
anderes ist es freilich mit der Eheberatung vor eingetretener Gravidität. Hier
wird man schon aus eugenischen Rücksichten von der Zeugung von Nachkommen abraten, wofern es sich um einen schweren Basedow handelt, der
entweder einmal bestanden hat oder noch besteht.

Einer der häufigsten anatomischen Befunde bei schweren Basedowfällen
ist eine Vergrößerung des Thymus. Es ist auf Grund der vorliegenden Stati-
stiken gewiß nicht zu hoch gegriffen, wenn wir annehmen, daß etwa $75^0/_0$ der
auf der Höhe der Krankheit, etwa im Anschluß an die Operation verstorbenen
Basedowkranken eine Hyperplasie des Thymus aufweisen. Diese Tatsache
verdient um so größere Beachtung, als mitunter sehr bedeutende Vergrößerungen
dieses Organs mit Gewichten von weit über 100 g auch bei sehr abgemagerten
Kranken vorkommen können. Wenn es auch feststeht, daß ein konstitutioneller
Status thymicus in vielen Fällen von Basedow schon vor der Erkrankung bestanden
hat (HART, CHVOSTEK u. a.), so ist doch meines Erachtens kaum zu bezweifeln,
daß diese hochgradige Hyperplasie des Thymus erst im Laufe der Basedow-
erkrankung vor sich geht, daß sie also in irgendeinem unmittelbaren, kausalen
Zusammenhang mit dem Hyperthyreoidismus stehen muß und, wie wir hören
werden, in manchen Fällen auch für die Ausbildung des klinischen Krankheitszustandes von Bedeutung ist. Man hat die Thymushyperplasie als kompensatorische, entgiftende Gegenmaßnahme des Organismus, man hat sie auch
gerade umgekehrt als dem Hyperthyreoidismus funktionell gleichsinnige Veränderung aufgefaßt. Es ist aber MATTI [1]) beizupflichten wenn er sie nicht als
bloße korrelative Folge des Hyperthyreoidismus, sondern als eine dem Hyperthyreoidismus koordinierte Erscheinung ansieht, die zweifellos geeignet ist,
das Krankheitsbild zu beeinflussen, es zu steigern und gefährlicher zu gestalten.

---

[1]) MATTI, H.: Dtsch. Zeitschr. f. Chirurg. Bd. 116, S. 425. 1912.

Ich will allerdings hinzufügen, daß diese Hyperplasie des Thymus offenbar nur auf Grund einer besonderen konstitutionellen Bereitschaft des Organs, also wohl auf Grund eines präexistenten Status thymicus zur Entwicklung kommt, dessen übrige konstitutionell-degenerative Begleitsymptome bei Basedowkranken ja geradezu regelmäßig zu finden sind (CHVOSTEK, BAUER [1])). Aus unseren späteren Ausführungen wird hervorgehen, daß die Thymushyperplasie als solche nicht die unmittelbare Schuld an den unerwarteten Todesfällen Basedowkranker trägt und es sind mehrfach Fälle von plötzlichem Tode nach der Operation einer Basedowstruma beobachtet worden, die eine Vergrößerung des Thymus vermissen ließen.

Die Nebennieren sind bei vielen Fällen von Basedow hypoplastisch und zwar im Mark- und Rindenanteil. Das entspricht ja durchaus den gegenteiligen Befunden am Thymus. Ganz ausnahmsweise kann sich auch ein echter Morbus Addisonii mit Zerstörung des Nebennierenparenchyms zu einem Basedow hinzugesellen. Es ist möglich, daß die hochgradige Adynamie und Muskelschwäche der Basedowkranken, die sich in manchen Fällen, wie auch ich das mehrmals gesehen habe, zu einer regelrechten Myasthenia gravis gestalten kann, mit den Veränderungen des Thymus und der Nebennieren in Zusammenhang steht. Haben doch SCHUMACHER und ROTH in einem Falle von Myasthenia gravis mit Basedow nach Thymusexstirpation die myasthenischen Erscheinungen schwinden gesehen. Freilich ist da auch an die degenerativen und atrophischen Veränderungen der quergestreiften Muskulatur mit den Rundzellenanhäufungen zu denken, wie sie für Basedow typisch sind [2]). Sie stehen in einer Reihe mit den degenerativen Prozessen am Herzmuskel, aber auch in Leber und Nieren und sind offenbar toxischer Natur.

Am Pankreas wurden wiederholt atrophische Veränderungen insbesondere des Inselapparates beschrieben und auch die Hypophyse zeigt nicht selten, zwar sicher unspezifische, aber deutliche Veränderungen. Sie pflegt verhältnismäßig klein zu sein, spärliche Eosinophile und reichlich Hauptzellen zu enthalten (E. J. KRAUS). Adenome der Hypophyse bei Morbus Basedowii sind eine Rarität (CUSHING).

Im übrigen begegnen wir bei Basedowkranken vielfachen Symptomen und begleitenden Krankheitszuständen, die nur in losem oder gar keinem kausalen Zusammenhang mit der Schilddrüsenstörung stehen und lediglich die konstitutionell-degenerative Grundlage mit ihr gemeinsam haben. Auslösend und verschlimmernd kann dann allerdings der Hyperthyreoidismus auch auf solche, neben ihm hergehende Erkrankungen einwirken. Hierher gehören: Hysterie, Epilepsie, Chorea, die namentlich den kindlichen Basedow relativ häufig begleitet, Tetanie, Akromegalie, Chlorose, Osteomalacie, sowie chronische deformierende Gelenkserkrankungen, die mitunter durch den Rückgang der Basedow-Erkrankung günstig beeinflußt werden [3]).

Ätiologie. Als ätiologische Faktoren eines Leidens dürfen wir alle jene Einwirkungen und Einflüsse ansehen, die mit einer gewissen Regelmäßigkeit

---

[1]) Vgl. auch BITTORF, A.: Beitr. z. klin. Chirurg. Bd. 131, S. 317. 1924.

[2]) SCHÜTZ, H.: Beitr. z. pathol. Anat. u. z. allg. Pathol. Bd. 71, S. 451. 1923 (Bd. 34, S. 220).

[3]) DEUSCH, G.: Klin. Wochenschr. 1922. S. 2226. — CURSCHMANN, H.: Dtsch. Zeitschr. f. Chirurg. Bd. 192, S. 13. 1925.

dem Ausbruch dieses Leidens vorauszugehen pflegen, deren kausaler Zusammenhang mit dem Leiden auf Grund des vorliegenden pathologisch-anatomischen und pathologisch-physiologischen Tatsachenmaterials verständlich erscheint und eventuell ex juvantibus sich erhärten läßt. Beim Hyperthyreoidismus kommen da recht verschiedene Vorgänge in Betracht: akute Infektionskrankheiten, insbesondere akuter Gelenkrheumatismus, Typhus, Scharlach, septische Zustände u. a., ferner Tuberkulose, Lues, dann medikamentöser Jod- oder Thyreoidingebrauch, Neoplasmen der Schilddrüse und zwar primäre oder auch metastatische, ferner besonders physiologische und pathologische Vorgänge im Bereiche der weiblichen Geschlechtsorgane, wie Pubertät, Gravidität, Klimakterium, Kastration, Uterusmyom und schließlich seelische Erschütterungen und Traumen. So verschieden diese ätiologischen Faktoren sind, und es können noch andere hinzukommen [1]), so wenig spezifisch sind sie gerade für den Hyperthyreoidismus. Nur bei einer sehr geringen Minderheit der Menschen sind sie tatsächlich von einem Hyperthyreoidismus gefolgt, es ist also sicherlich eine besondere Beschaffenheit gerade dieser Menschen erforderlich, um unter der Einwirkung der angeführten ätiologischen Faktoren an einem Hyperthyreoidismus zu erkranken. Mit anderen Worten: alle die angeführten ätiologischen Faktoren sind lediglich auslösendes Moment, fakultative Bedingung; obligate Bedingung ist eine besondere Beschaffenheit des Organismus. Die besondere konstitutionelle Disposition zum schweren Hyperthyreoidismus, also zum Basedow, hatten schon CHARCOT, EULENBURG, TH. KOCHER u. a. vorausgesetzt, in jüngerer Zeit hat insbesondere CHVOSTEK ein großes Belegmaterial zusammengetragen und zeigen können, daß wir diese besondere Veranlagung der Basedowkranken aus einer Häufung konstitutionell-degenerativer Stigmen und Erkrankungen an den Betroffenen selbst und in ihrer Blutsverwandtschaft wohl regelmäßig nachzuweisen in der Lage sind. Insoweit also die Disposition zur Basedowkrankheit in den Rahmen eines allgemeinen Status degenerativus fällt, teilt sie diese Eigenschaft mit den allerverschiedensten anderweitigen Erkrankungen, die dem Boden einer konstitutionellen Abartung zu entsprießen pflegen.

Wir können aber oft genug eine speziellere Form dieser Abartung konstatieren, die sich einerseits auf eine besondere nervöse Übererregbarkeit (konstitutionelle Neuropathie), andererseits auf eine besondere Reaktionsweise der Schilddrüse erstreckt. Was den letzteren Punkt anlangt, so läßt sich fast immer feststellen, daß in der betreffenden Familie eine solche besondere Reaktionsweise, oder, wie wir es nennen können, eine Organminderwertigkeit der Schilddrüse, in gewissem Sinne eine reizbare Schwäche derselben sich forterbt. Gehäufter Kropf verschiedener Art in der Familie ist fast die Regel, mehrfache Basedowerkrankungen durchaus keine Seltenheit (vgl. Abb. 23), aber auch Myxödemen begegnet man gelegentlich bei den Angehörigen [2]). So erwähnt z. B. ZONDEK einen 22jährigen Basedowkranken, dessen Vater an schwerem Myxödem leidet, während eine Schwester des Vaters ebenfalls an schwerem Basedow erkrankt war.

Eine im Rahmen des Status degenerativus vorkommende konstitutionelle Minderwertigkeit der Schilddrüse, zusammen mit einer neuropathischen Veranlagung bilden die konstitutionelle Grundlage, auf welcher die oben angeführten

---

[1]) Vgl. STARLINGER, F.: Mitt. a. d. Grenzgeb. d. Med. u. Chirurg. Bd. 35, S. 480. 1922 (Bd. 29, S. 56).

[2]) Vgl. BAUER, J.: Konst. Disp. l. c. S. 123.

ätiologischen Faktoren wirksam werden können. Ihre Bedeutung und ihr Anteil an dem Zustandekommen der Erkrankung steht naturgemäß in umgekehrtem Verhältnis zu dem Grade der konstitutionellen Veranlagung. Was Wunder, wenn diese oft genug allein schon ausreicht, bloß unter dem auslösenden Einfluß der gewöhnlichen Lebensvorgänge und normaler Erlebnisse der Erkrankung zum Ausbruch zu verhelfen. Und das ist eigentlich das allerhäufigste. Der konstitutionelle Faktor ist so weitaus überragend, daß die vielfachen und verschiedenen banalen auslösenden Momente neben ihm meist ganz in den Hintergrund geraten. Wenn wir uns aber vor Augen halten, wie TH. KOCHER die seiner Erfahrung nach zum Basedow disponierende Konstitutionsbeschaffenheit beschrieben hat, so haben wir eigentlich schon vor der Erkrankung eine hyperthyreoide Einstellung des betreffenden Menschen vor uns, auf die wir im folgenden als die „hyperthyreoide Konstitution" nochmals zurückkommen werden.

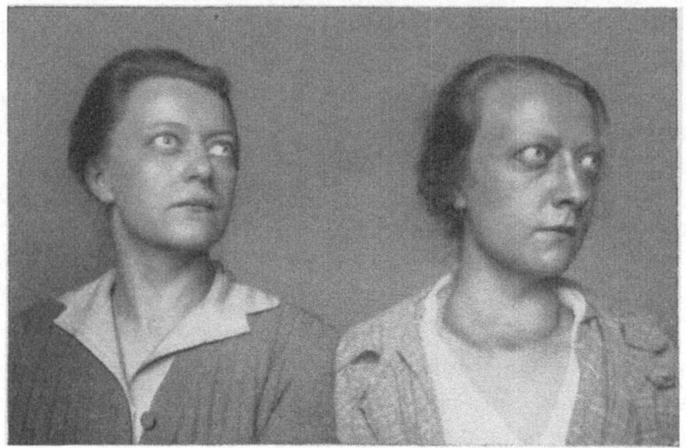

Abb. 23. Schwestern mit Morbus Basedowii.
Links: 36 Jahre alt, G.U. + 35,8%; rechts: 28 Jahre alt, G.U. + 88,7%.

„Diese Basedowkonstitution . . . stellt in reinster Form dasjenige dar, was man früher als sanguinisches Temperament bezeichnet hat. Die leicht beweglichen, leicht erregbaren, stets unruhigen Typen von Individuen, bei welchen bei geringster Gelegenheit das Blut in das Gesicht schießt, die Augen glänzen, der Schweiß austritt und Zittern eintritt, geringe Ursachen starke psychische Reaktionen hervorrufen, haben die Anlage zur Basedowkrankheit und je mehr Fälle ich sehe, desto deutlicher wird es mir, daß gewisse Nationen und Rassen mehr Fälle der Krankheit aufweisen als andere." Frauen werden wesentlich häufiger befallen als Männer. Das Verhältnis dürfte etwa 1:5 bis 6 betragen.

Formen des Hyperthyreoidismus, ihr Verlauf, ihre Prognose und Pathogenese. Wenn wir gleich eingangs die Behauptung aufgestellt haben, daß keine prinzipiellen, scharfen Grenzen zwischen Norm, leichten und schweren Hyperthyreosen bis zum klassischen Basedow zu ziehen sind, so soll damit beileibe nicht gesagt sein, daß alle diese, durch fließende Übergänge miteinander verbundenen Zustände gleicher Genese, und prognostisch sowie therapeutisch auch nur annähernd gleich zu bewerten sind. Der Kliniker muß hier eine Reihe von Typen auseinanderhalten, die an sein ärztliches Handeln durchaus verschiedene Aufgaben stellen, wenn auch die pathologische Physiologie ihre

Zusammengehörigkeit und Einheitlichkeit lehrt. Wir werden als Einteilungsprinzip der Hyperthyreosen 1. die Schwere des klinischen Bildes, 2. den primären Angriffspunkt der ätiologischen Faktoren, also den primären Sitz der Störung, 3. den morphologischen Befund an der Schilddrüse wählen.

I. Nach der Schwere des klinischen Bildes können wir unterscheiden: 1. den klassischen oder Vollbasedow, 2. die formes frustes des Basedow, 3. die hyperthyreoide Konstitution.

Zum klassischen oder Vollbasedow gehört vor allem die sog. Merseburger Trias, Exophthalmus, Struma und Tachykardie, ferner das von P. MARIE hinzugefügte Kardinalsymptom, der Tremor. Natürlich kommen alle die oben geschilderten Symptome des Hyperthyreoidismus, vor allem die Stoffwechselstörungen und die Übererregbarkeit des vegetativen Nervensystems hinzu. Aber schon mit der Merseburger Trias hat es seine Schwierigkeit. Fehlt doch der Exophthalmus in $20-30^0/_0$ der sonst völlig typischen schweren Basedowfälle und auch die Struma kann gelegentlich, wenigstens für die klinische Untersuchung, nicht nachweisbar sein. Die formes frustes oder unvollkommenen Formen des Basedow im Sinne P. MARIEs betreffen Kranke mit mehr oder minder ausgesprochenen Symptomen des Hyperthyreoidismus, die aber nicht das so typische, klassische Vollbild darbieten, insbesondere keinen Exophthalmus aufweisen. Es ist verständlich, daß bei diesen oligosymptomatischen leichteren Typen des Hyperthyreoidismus der individuell verschiedenen konstitutionellen Organkonstellation ein weiterer Spielraum gesteckt erscheint. So sehen wir denn diese formes frustes bald unter dem Bild eines sog. KRAUSschen thyreotoxischen Kropfherzens, bald unter dem einer vegetativ-vasomotorischen Neurose, allgemeiner Neurasthenie, hartnäckiger Diarrhöen, unmotivierter hochgradiger Abmagerung usw. verlaufen. Alle diese klinisch so verschiedenen Manifestationen eines mäßigen bis leichten Hyperthyreoidismus sind als Ausdruck der konstitutionell verschiedenen Reaktionsfähigkeit der betreffenden Erfolgsorgane anzusehen und oft genug ist man in der Lage, aus der Familienanamnese diesen Nachweis zu erbringen. Individuen mit dem hyperthyreoiden KRAUSschen Herzen stammen fast immer aus Familien, in denen mehrere Familienmitglieder mit nervösen oder organischen Herzstörungen zu tun hatten, hyperthyreoide Diarrhöen sieht man bei Mitgliedern von Familien, in denen auch sonst eine Minderwertigkeit des Verdauungstractus evident ist. Andere deutliche oder mehr unscheinbare Symptome des Hyperthyreoidismus, die sich um den betreffenden führenden Symptomenkomplex (kardial, vasculär, gastrointestinal, cerebral usw.) gruppieren, ermöglichen die Agnoszierung derartiger oligosymptomatischer Hyperthyreosen.

Hatten wir es bisher jedenfalls mit Kranken zu tun, die ärztliche Hilfe in Anspruch nehmen mußten, so handelt es sich bei der hyperthyreoiden Konstitution zunächst um Gesunde. Es sind in bestimmter Richtung gekennzeichnete und zu hyperthyreoiden Krankheitszuständen, wie schon oben gesagt, disponierte Menschen, in deren Inkretionssystem die Schilddrüse die führende Rolle spielt und die Neigung hat, die durch die wechselseitige Zusammenarbeit gebotene Harmonie der Hormonorgane durch übermäßiges Hervortreten zu stören. Diese Menschen sind meist groß und grazil, mager, nervös und reizbar, haben eine warme, feuchte und oft reichlich pigmentierte Haut, neigen zu Schweißen, Tachykardie und Diarrhöen, fiebern leicht aus geringfügigen Anlässen, haben große, glänzende Augen mit weiten Lidspalten und häufig während eines angeregten Gespräches über den oberen Cornealrand ruckweise sich retrahierenden Oberlidern. Sie haben ein lebhaftes Temperament und ein unstetes Wesen, sind mehr hitze- als kälteempfindlich, haben ein übererregbares animales und vegetatives Nervensystem, oft genug auch eine deutliche Vergrößerung der Schilddrüse.

II. Nach dem primären Angriffspunkt der ätiologischen Faktoren, also dem primären Sitz der Störung, haben wir zu unterscheiden: 1. den autochthonen Hyperthyreoidismus; 2. den nervösen Hyperthyreoidismus; 3. den dysregulatorischen Hyperthyreoidismus. Es gibt seltene Fälle von Basedow, die sich im Verlaufe einer akuten infektiösen Thyreoiditis, eines primären oder metastatischen malignen Neoplasmas in der Schilddrüse entwickeln. In derartigen Fällen liegt der autochthon-thyreogene Ursprung des Leidens auf der Hand. Aus dem Umstande, daß auch metastatische Geschwülste, etwa Hypernephromknoten in der Schilddrüse den Anlaß zu einer Basedow-Erkrankung abgeben können [1]), dürfte der Schluß erlaubt sein, daß vielleicht auch die primären Carcinome nicht selbst die unmittelbare Quelle der Mehrproduktion des Hormons darstellen, sonden nur als Reiz für das übrige Organ wirken. Daß es allerdings auch Schilddrüsenkrebse gibt, die Hormon produzieren, zeigt in schönster Weise der vielzitierte Fall v. Eiselbergs mit postoperativem Myxödem nach vollkommener Entfernung der krebsigen Schilddrüse, bei dem das Myxödem schwand, als sich eine Metastase entwickelt hatte, und wieder auftrat, als diese Metastase operativ entfernt worden war. Wir haben die Basedowfälle auf Grund einer infektiösen Thyreoiditis ausdrücklich als selten bezeichnet, um damit speziell Tröll [2]) entgegenzutreten, denn weder die lymphocytäre Infiltration, noch die Schwellung der perithyreoidealen Lymphdrüsen ist für die Annahme einer infektiösen Thyreoiditis beweisend.

Auch der in der letzten Zeit so häufig gewordene Jodbasedow ist zweifellos autochthon-thyreogenen Ursprungs. Seit Coindet in Genf im Jahre 1820 das Jod in die Therapie eingeführt und selbst schon über das eigenartige Vergiftungsbild des Jodhyperthyreoidismus berichtet hatte, hat man erfahren, daß manche kropfige Individuen schon auf winzigste Joddosen mit einem gelegentlich sogar tödlichen Jodbasedow reagieren können, daß diese Jodempfindlichkeit mit der Verbreitung des Kropfes regionär wechselt (P. Fleischmann) und ganz besonders neuropathisch veranlagte (Pineles, Oswald) Menschen von hyperthyreotischer Konstitution gefährdet. Die den Hyperthyreoidismus auslösenden bzw. extrem steigernden Jodmengen können minimal sein. Ganz kurzer Gebrauch einer Jodsalbe, Mund- oder Wundspülung mit Preglscher Lösung, eine Kur in Hall, vielleicht sogar jene winzigen Jodmengen, welche in dem zur Kropfprophylaxe verwendeten sog. Vollsalz [3]) enthalten sind (etwa 2,5—5 mg JK pro Kilogramm NaCl, entsprechend einem Tageskonsum von etwa 50 γ täglich), können für disponierte Individuen ausreichen, um die Erscheinungen des Hyperthyreoidismus hervorzurufen. Gelegenheit zum unbewußten Jodgebrauch ist übrigens infolge des verschleierten Jodgehaltes

---

[1]) Klose, H.: Arch. f. klin. Chirurg. Bd. 134, S. 439. 1925 (Bd. 40, S. 53).
[2]) Tröll, A.: Ref. Kongreßzentralbl. Bd. 40, S. 794. 1925 (Orig. schwedisch).
[3]) Wiesel, J.: Med. Klinik. 1925. S. 1445 (Bd. 42, S. 39).

vieler Präparate [1]) häufig gegeben. Ein derartiger, selbst tödlich verlaufender Jodbasedow kann auch bei Individuen zum Ausbruch kommen, die früher Jod ohne Schaden vertragen haben [2]). Es ist also offenbar der jeweilige Funktionszustand der Schilddrüse maßgebend für die Folgen des Jods [3]), das in einer kropfig veränderten Schilddrüse gespeichert wird [4]), und das eine Mal zur raschen Verflüssigung und Resorption des aufgestapelten Kolloids führt bei Verkleinerung des Organs und den eventuellen klinischen Zeichen des Hyperthyreoidismus, das andere Mal aber in parenchymreichen, übermäßig funktionierenden und kolloidarmen Drüsen eine Abfuhrhemmung, Speicherung und Eindickung des Kolloids mit Abflachung der Epithelien und Verminderung der Durchblutung, also Vergrößerung des Organs und Rückgang hyperthyreoider Symptome bewirkt [5]). Diese differenten Jodeffekte auf die normale und in verschiedener Weise krankhaft veränderte Schilddrüse sind histologisch vollkommen sichergestellt und praktisch, wie wir noch hören werden, von allergrößter Bedeutung. Dazu kommt wahrscheinlich auch noch eine Jodwirkung außerhalb der Schilddrüse an den peripheren Geweben, die im Sinne einer Aktivierung der Thyroxinwirkung gedeutet werden könnte [6]). Ist doch der Nachweis erbracht worden, daß auch am schilddrüsenlosen Tier Jodzufuhr eine Umsatzsteigerung hervorruft, wenn es in größeren Dosen gegeben wird, während es in kleinen den Umsatz noch hemmt (HILDEBRANDT [7])).

Bei diesen komplizierten Verhältnissen, wo direkte Gewebswirkung und Schilddrüsenwirkung des Jods miteinander interferieren, die ihrerseits wieder von der Dosis des Jods und vor allem vom jeweiligen Funktionszustand der Drüse abhängig ist, wird es verständlich, warum das Jod das eine Mal so gefährlich werden und einen schweren Basedow erzeugen kann, während es das andere Mal, wie wir später erfahren werden, zu den segensreichsten Mitteln in der Therapie der Schilddrüsenerkrankungen gehört. Selbstverständlich ist die konstitutionelle Ansprechbarkeit der Erfolgsorgane für das Hormon, sowie die Güte und Verläßlichkeit des die Schilddrüsentätigkeit den Bedürfnissen des Organismus nach Möglichkeit anpassenden Regulationsmechanismus auch hier von maßgebender Bedeutung, vor allem auch dafür, ob ein Jodhyperthyreoidismus nach Aussetzen des Jods in kurzer Zeit abklingt, oder ob er die Jodzufuhr viele Monate überdauert, oder selbst tödlich endigt. Im allgemeinen läßt sich sagen, daß ältere Menschen mit Kropf durch Jod viel stärker gefährdet werden

---

[1]) KOFLER, L.: Wien. klin. Wochenschr. 1926. S. 386 (Bd. 43, S. 659).

[2]) ROTH, O.: Schweiz. med. Wochenschr. 1924. S. 741 (Bd. 36, S. 454).

[3]) BREITNER, B.: Wien. klin. Wochenschr. 1923. Nr. 34.

[4]) Vgl. TOBLER, TH.: Mitt. a. d. Grenzgeb. d. Med. u. Chirurg. Bd. 37, S. 622. 1924 (Bd. 36, S. 453).

[5]) ASCHOFF, L.: Vorträge über Pathologie. Jena: G. Fischer 1925. S. 290 u. 304. — RIENHOFF, W. F.: Bull. of Johns Hopkins hosp. Vol. 37, p. 285. 1925 (Bd. 43, S. 145). — CATTELL, R. B.: Boston med. a. surg. journ. Vol. 192, p. 989. 1925 (Ref. Endocrinology. Vol. 9, Nr. 6, p. 526). — JACKSON, A. S.: Ann. of clin. med. Vol. 3, p. 487. 1925 (Bd. 40, S. 200). — HELLWIG, A.: Klin. Wochenschr. 1926. S. 2356 (Bd. 45, S. 687). — GIORDANO, A. S.: Arch. of pathol. a. labor. med. Vol. 1, p. 881. 1926 (Bd. 45, S. 347). — Eigene Beobachtungen. — Vgl. auch NAKAMURA, H.: Transact. of the Japan. pathol. soc. Vol. 11, p. 45. 1921 (Bd. 29, S. 228) u. dieses Buch S. 247.

[6]) DE QUERVAIN, F.: Ergebn. d. Physiol. Bd. 24, S. 709. 1925.

[7]) HESSE, E.: Arch. f. exp. Pathol. u. Pharmakol. Bd. 102, S. 63. 1924 (Bd. 35, S. 87). — HILDEBRANDT, F.: Klin. Wochenschr. 1924. S. 1634 (Bd. 39, S. 475).

als jugendliche, wenn auch Roth selbst bei einer 21 jährigen Kropfkranken einen tödlichen Jodbasedow beschrieben hat, nebenbei bemerkt auch mit Exophthalmus, der nur beim ganz schweren Jodbasedow vorzukommen pflegt, und mit Status thymolymphaticus, einschließlich einer Hypoplasie von Herz und Aorta.

Anders liegt der pathogenetische Mechanismus in einem Falle von mehr oder minder schwerem Hyperthyreoidismus, der sich rasch und unmittelbar nach einem schweren psychischen Trauma entwickelt hat. In derartigen Fällen von „Schreckbasedow" ist der primäre Angriffspunkt des ätiologischen Faktors, also der primäre Sitz der Störung selbstverständlich im Nervensystem zu suchen. Hier handelt es sich um einen nervösen Hyperthyreoidismus, dessen Mechanismus unserem Verständnis keinerlei Schwierigkeiten bereitet, da wir wissen, daß die Schilddrüse unter Nerveneinflüssen steht, also ein Erfolgsorgan des vegetativen Nervensystems darstellt und demzufolge bei entsprechender Veranlagung als Auswirkungsort einer neurotischen Störung in Betracht kommen kann. In solchen Fällen, wo die Schilddrüse das bevorzugte Erfolgsorgan darstellt, welches die Lokalisation einer primären vegetativ-neurotischen Störung determiniert, habe ich von einer Schilddrüsenneurose gesprochen [1]) und damit, wie ich glaube, als erster im Jahre 1912 die Streitfrage in befriedigender Weise geklärt, ob der Basedow eine Neurose (Charcot) oder eine Schilddrüsenerkrankung (Möbius) ist. Eigentlich erscheint es unbegreiflich, wie auch heute noch über diesen Punkt debattiert werden kann. Der Basedow ist zweifellos eine Schilddrüsenerkrankung, aber das eine Mal eine autochthone, das andere Mal eine nervöse Erkrankung dieses Organs. Freilich ist diese Unterscheidung in praxi nicht immer zu treffen, wenn nicht gerade ein Jodbasedow, eine Thyreoiditis oder ein Neoplasma der Schilddrüse vorliegt, oder eine evidente psychische Ätiologie, eine schwere seelische Erschütterung, etwa Sturz ins Wasser, räuberischer Überfall, Granatschock u. dgl. in der Anamnese nachzuweisen ist. Und was ist denn eigentlich eine „schwere" seelische Erschütterung? Ist denn der Begriff dieser Schwere nicht durchaus subjektiv und von der individuell-konstitutionellen Reaktionsweise abhängig? Ist für den einen nicht Anlaß zu höchstgradigen Affektausbrüchen, was einen andern seelisch kaum berührt? So erklärt sich auch die Verschiedenheit der Angaben über die Häufigkeit eines psychischen Traumas in der Anamnese Basedowkranker. Zweifellos spielt es oft eine große Rolle [2]), aber behalten wir im Auge, daß die Basedowkranken von Haus aus nicht nur zum Basedow, sondern auch zu dessen psychogener Ätiologie besonders disponiert erscheinen!

Einen ungewöhnlichen Fall von klassischem Basedow mit ausgesprochen psychogener Auslösung und nachweisbarer familiärer Disposition habe ich kürzlich gesehen. Es handelte sich um eine 30 jährige, stets sehr nervöse Russin, die über den Anblick ihrer schwer an Basedow erkrankten und später auch von Kocher operierten Cousine derart entsetzt war, daß sie fortan in ständiger Angst lebte, gleichfalls an diesem Leiden zu erkranken. Wiederholt am Tage wurden Hals und Augen sorgfältig im Spiegel betrachtet und zweimal Professor

---

[1]) Bauer, J.: Dtsch. Arch. f. klin. Med. Bd. 107, S. 39. 1912. — Fortschritte in der Klinik der Schilddrüsenerkrankungen. Med. Klinik. 1913. Beiheft Nr. 5.

[2]) Marañon, G.: Ann. de méd. Tom. 9, p. 81. 1921. — Liek, E.: Dtsch. Zeitschr. f. Chirurg. Bd. 193, S. 246. 1925 (Bd. 43, S. 415).

MINOR in Moskau konsultiert, der von dem befürchteten Leiden gar nichts nachweisen konnte und die Dame beruhigte. Eine spätere dritte Konsultation ergab aber schließlich doch einen ganz regelrechten Basedow mit Struma, Exophthalmus, 120 Pulsen und rascher Abmagerung.

Nur die Anamnese, nicht das klinische Bild vermag also in der Regel die Entscheidung autochthoner oder primär nervöser Hyperthyreoidismus herbeizuführen, denn wenn einmal die Erkrankung entwickelt und der Circulus vitiosus geschlossen ist, dann unterscheiden sich die beiden Formen von Hyperthyreoidismus nicht mehr voneinander. Die Schilddrüse stellt ja gewissermaßen einen Multiplikator dar, der in den Stromkreis des vegetativen Nervensystems eingeschaltet ist, in dem sie einerseits vom vegetativen Nervensystem aus zur Tätigkeit angeregt und eventuell angepeitscht wird, andererseits durch ihr Hormon die Erregbarkeit des vegetativen und animalen Nervensystems wiederum steigert. Für die Therapie wird es aber oft nicht gleichgültig sein, wo dieser einmal entstandene Circulus vitiosus am zweckmäßigsten zu unterbrechen ist, an der Schilddrüse oder am Nervensystem, und da eigentlich die Mehrzahl der Fälle von Hyperthyreoidismus gemischter, neuro-thyreogener Genese ist, wie ja aus unseren obigen Ausführungen über die Ätiologie hervorgeht, so ergibt sich schon daraus die außerordentliche Wichtigkeit, auch dem Seelenleben der Basedowkranken sein Augenmerk zuzuwenden.

Unsere eben dargelegte und seit 14 Jahren vertretene Auffassung wird auch von OSWALD, GOLDSCHEIDER [1]) u. a. geteilt. Es ist meines Erachtens ebenso unrichtig, den nervösen Ursprung des Basedow auf Grund von pathologisch-histologischen Untersuchungen des Nervensystems oder ganz ungeeigneter Tierversuche in Abrede zu stellen, wie das HOLST [2]) getan hat, wie die Beteiligung der Schilddrüse als nebensächlich und uncharakteristisch hinzustellen, weil man sich nur an das vegetative Nervensystem [3]) oder nur an die degenerative Konstitution hält. Auch hier ist eben eine umfassende Betrachtung und pathologisch-physiologische Analyse der Gesamtpersönlichkeit erforderlich.

Wir haben im Kapitel über die Physiologie der Schilddrüse erfahren, daß die normale Schilddrüse ihre Tätigkeit nach dem Bedarf des Organismus an Thyroxin einstellt und daß sie wahrscheinlich auf dem Blutwege von diesem Bedarf Kenntnis erhält, wenn wir es in dieser Weise ausdrücken dürfen. Es muß ein sehr präziser Regulationsmechanismus über diese Anpassung an den Bedarf wachen und es ist a priori zu erwarten, daß auch dieser Regulationsmechanismus einmal krankhaft verändert sein wird. Es muß also wohl einen Zustand geben, bei dem sowohl Schilddrüse, als auch vegetatives Nervensystem im Rahmen der konstitutionellen Variationsbreite an sich gesund sind und dennoch ein Hyperthyreoidismus entstanden ist, weil die Tätigkeit der Schilddrüse dem Bedarf des Organismus eben nicht angepaßt ist, ihn mehr oder minder erheblich übersteigt, sei es, daß die Erfolgsorgane weniger Thyroxin benötigen,

---

[1]) GOLDSCHEIDER, A.: Dtsch. med. Wochenschr. 1923. S. 335 u. 371 (Bd. 29, S. 87).
[2]) HOLST, J.: Acta med. scandinav. Vol. 58, p. 396, 1923 (Bd. 31, S. 111). — Vgl. auch SCHILF, E. u. K. A. HEINRICH: Dtsch. med. Wochenschr. 1924. S. 1756 (Bd. 31, S. 53). — REINHARD, W.: Virchows Arch. f. pathol. Anat. u. Physiol. Bd. 254, S. 507. 1925 (Bd. 31, S. 52).
[3]) KESSEL, L., CH. C. LIEB, H. T. HYMAN a. H. LANDE: Arch. of internal med. Vol. 31, p. 433. 1923 (Bd. 31, S. 301).

oder weil falsche Alarmnachrichten über einen in Wirklichkeit nicht bestehenden Mehrbedarf die Schilddrüse erreichen. Das wäre ein dysregulatorischer Hyperthyreoidismus, dessen fiktive Konstruktion eine ebensolche logische Notwendigkeit, wie seine sichere diagnostische Erfassung vorläufig eine Unmöglichkeit darstellt. Manche seltenen Basedowfälle ohne histologische Zeichen einer hyperaktiven Schilddrüse, viele Hyperthyreoidismen der Pubertätsjahre, in der Gravidität, im Klimakterium, lassen an eine derartige Genese denken. Ein Gegenstück wäre eine histologisch ganz typische Basedowschilddrüse ohne die geringsten Zeichen von Hyperthyreoidismus, wie sie z. B. Holzweissig [1]) bei einer graviden Frau beobachtete.

III. Nach dem morphologischen Verhalten der Schilddrüse wird namentlich in Amerika [2]) eine scharfe Unterscheidung in 1. echten Basedow und 2. das sog. toxische Adenom vorgenommen. Diese Differenzierung ist für das therapeutische Vorgehen, vor allem für die Beurteilung der Jodtherapie, von Wichtigkeit. Die Unterscheidungsmerkmale sind aber, wie schon aus der folgenden Tabelle zu entnehmen ist, nicht absolut verläßlich und es ist häufig ganz unmöglich zu sagen, in welche Kategorie ein Fall gehört. Es gibt Fälle mit Knotenkropf, die alle für den echten Basedow als charakteristisch angeführten Merkmale aufweisen, und es gibt gefäßreiche, diffuse, parenchymatöse Kröpfe ohne Adenome mit allen sonstigen Merkmalen des toxischen Adenoms. Es ist auch die ursprüngliche Voraussetzung Plummers gewiß nicht zutreffend, daß der Ausgangspunkt des Hyperthyreoidismus beim toxischen Adenom eben nur dieses Adenom sei, während die restliche Schilddrüse normal funktioniere, weshalb in diesen Fällen die Ausschälung des Adenoms die einzig richtige Therapie wäre.

Echter Basedow.	Toxisches Adenom.
Struma diff. parench. vascul. (Mit Schwirren und Gefäßgeräuschen.)	Struma nodosa (nicht pulsierend, ohne Schwirren und Gefäßgeräusche).
Durchschnittsalter 30 Jahre.	Durchschnittsalter 44 Jahre.
Struma erst während der Erkrankung entstanden.	Struma seit Jahren bestehend.
Rasche Entwicklung im Laufe weniger Monate.	Langsame, allmähliche Entwicklung im Laufe von Jahren.
Exophthalmus regelmäßig vorhanden.	Exophthalmus regelmäßig fehlend.
Psychische Veränderungen häufig.	Psychische Veränderungen fehlen.
Gastrointestinale Krisen häufig.	Gastrointestinale Krisen fehlen.
Trachealkompression sehr selten.	Trachealkompression häufig.
Blutdruck meist nicht erhöht.	Blutdruck oft erhöht.

Im übrigen sind meist alle Symptome des Hyperthyreoidismus, wie insbesondere die Steigerung des Grundumsatzes, der Gewichtsverlust, die Tachykardie, die Schweißausbrüche, die vasomotorische Übererregbarkeit, der Tremor usw. beim toxischen Adenom weniger hochgradig als beim echten Basedow. Alle diese Kriterien lassen aber, wie gesagt, oft genug im Stich, ebenso wie die praktische Konsequenz dieser Gruppierung keinen sicheren Verlaß bietet;

---

[1]) Holzweissig, H.: Dtsch. Zeitschr. f. Chirurg. Bd. 193, S. 276. 1925 (Bd. 43, S. 143).
[2]) Mayo, Ch. H.: Ann. of surg. Aug. 1920. — Bram, J.: Goiter. Non surgical types and treatment. New York 1924. — Jackson, A. S.: Endocrinology. Vol. 8, Nr. 4, p. 525. 1924 (Bd. 37, S. 294) u. Goiter and other diseases of the thyroid gland. New York: P. B. Hoeber 1926.

der echte Basedow wird durch eine entsprechende Jodtherapie bis zu einem gewissen Grade gebessert, das toxische Adenom durch Jod von vornherein verschlechtert.

Die Einteilung in echten Basedow und toxisches Adenom deckt sich nicht ganz mit der von Möbius in primären und sekundären Morbus Basedowii, je nachdem sich der Hyperthyreoidismus in einer vorher normalen oder in einer kropfig veränderten Schilddrüse entwickelt, denn diese kropfige Veränderung braucht nicht immer adenomatöser, sie kann auch kolloider Natur sein. Dem Möbiusschen sekundären Basedow entspricht dagegen der Begriff der „goître basedowifié" (Revilliod, P. Marie), der Struma basedowificata (Th. Kocher). Es ist kein Zweifel, daß die häufigste Ursache der Basedowifizierung eines bestehenden Kropfes das Jod ist, wie dies schon Kocher, Eppinger u. a. angenommen haben.

Wie gestaltet sich nun der klinische Verlauf und die Prognose der verschiedenen Formen von Hyperthyreoidismus? Im allgemeinen läßt sich mit den aus den folgenden Ausführungen sich ergebenden Einschränkungen sagen: je akuter das Einsetzen, desto schwerer und ernster das Krankheitsbild, je schleichender Beginn und Verlauf, desto geringer ist meistens der Grad des Hyperthyreoidismus. Sein geringster Grad, die hyperthyreoide Konstitution, ist in der Regel das ganze Leben hindurch an seinen Merkmalen kenntlich und braucht unter Umständen niemals mit dem Begriff der Gesundheit unvereinbar zu werden. In der überwiegenden Mehrzahl der Fälle aber pflegen sich gelegentlich die geringfügigen Erscheinungen des Hyperthyreoidismus mehr oder minder paroxystisch zu steigern, die der Konstitutionsanomalie eigenen Neigungen manifest zu werden und bei der nervösen Erregbarkeit dieser Individuen zu ausgesprochenen Krankheitsepisoden zu führen. Aus der hyperthyreoiden Konstitution wächst zeitweilig eine forme fruste von Basedow hervor, die nach kürzerer oder längerer Dauer, nach einigen Wochen oder Monaten wieder abklingt, um in einer späteren Zeit wieder einmal aufzutauchen. Das sind die Fälle, welche R. Stern als Basedowoide bezeichnet und eingehend geschildert hat. Die hereditäre Belastung, die neuropathischdegenerative Veranlagung verschiedenster Art, wie sie Stern als typisch für das Basedowoid angibt, geht ja aus der allgemeinen konstitutionellen Grundlage des Zustandes ohne weiteres hervor. Die allgemeine Konstitutionsanomalie erklärt auch verschiedene Abweichungen vom Typus der hyperthyreoiden Konstitution, wie eventuelle Kleinheit der Gestalt, habituelle Obstipation, profuse Menses und verschiedenes andere. Daß die basedowoiden Krankheitsepisoden nicht nur durch äußere Einflüsse, wie Infektionen, Überarbeitung, Anstrengung, seelische Erschütterungen, sondern vor allem auch durch jene großen endokrinen Umwälzungen ausgelöst zu werden pflegen, wie sie die verschiedenen Phasen des normalen Geschlechtslebens, vor allem die Pubertät mit sich bringen, ist leicht verständlich.

Neben diesen meist leichteren, kurz dauernden und intermittierenden Formen von formes frustes gibt es aber auch solche, die sich verhältnismäßig schnell entwickeln und dann meist Jahre und Jahrzehnte lang dauern können. Dazu gehören viele Fälle von toxischen Adenomen. Allerdings pflegt der Grad der klinischen Erscheinungen Schwankungen zu zeigen und schließlich meist eine Art von Resthyperthyreoidismus leichteren Grades zu resultieren.

Der klassische oder Vollbasedow entwickelt sich meist rasch, im Laufe einiger Wochen, ja Tage. Letzteres ist wohl immer bei den primär nervösen Formen („Schreckbasedow") der Fall. Es kann aber auch Monate dauern, bis aus einigen wenig charakteristischen subjektiven Allgemeinbeschwerden, wie Müdigkeit und Schwächegefühl, gesteigerter Nervosität, Menstruationsbeschwerden, Herzklopfen usw. das typische Krankheitsbild hervorgeht. Zweimal habe ich ein anhaltendes Ödem der oberen Augenlider der Entwicklung des Basedow um Monate vorausgehen gesehen. Daß aus einem Basedowoid niemals ein Vollbasedow hervorgehe, wie STERN angab, ist so allgemein gewiß nicht zutreffend. Das hat auch schon FALTA hervorgehoben. Immerhin aber pflegen Individuen mit hyperthyreoider Konstitution, wofern sie überhaupt in dieser Richtung erkranken, in der Regel entweder im Sinne des Basedowoids, also der intermittierenden, kürzeren Episoden von leichterem Hyperthyreoidismus, oder aber im Sinne des klassischen Basedows, das heißt des einmaligen, schweren Hyperthyreoidismus befallen zu werden. Der Vollbasedow kann in einigen Monaten zur vollen Ausheilung kommen, oder unter stürmischen Erscheinungen, mit gastrointestinalen Krisen, Delirien und Temperatursteigerungen zum Tode führen. Beide Verlaufsformen sind nicht häufig. Meistens geht der akut entstandene Vollbasedow in ein jahre-, eventuell sogar jahrzehntelang dauerndes chronisches Stadium von milderem Hyperthyreoidismus über, der bei der einen Gruppe von Fällen remittierend verläuft, insbesondere im Frühjahr oder nach körperlichen und seelischen Allgemeinschädigungen des Organismus exazerbiert, bei einer zweiten Gruppe einen mehr stationären Restzustand darstellt. Selbstverständlich gibt es auch da keine schärferen Grenzen. Ein gewisser Grad von Exophthalmus pflegt auch bei den sonst völlig geheilten Fällen öfters bestehen zu bleiben. Die Gründe hierfür haben wir ja früher kennen gelernt. So kann also das Bild einer forme fruste auch dem Restzustand eines Vollbasedow entsprechen. Auch nach jahrelangem Bestand eines solchen Resthyperthyreoidismus mäßigen Grades kann noch Ausheilung, oder aber ein schweres, eventuell tödliches Rezidiv des Vollbasedow erfolgen.

Die soziale Lage, d. h. also die Möglichkeit eines sorglosen Daseins, ausreichende Erholung und Ruhe, genügende Ernährung usw. sind für die Prognose des schweren Hyperthyreoidismus von entscheidender Bedeutung (v. NOORDEN). Die in der Literatur vorliegenden Zahlen über die Mortalität bei Hyperthyreoidismus haben einen sehr beschränkten Wert, da es sich um verschiedene Formen und vor allem doch nicht um unbehandelte Fälle handelt. Immerhin gewinnt man aus den von A. KOCHER angeführten Zahlen ein gewisses Bild. Beim klassischen Vollbasedow tritt der Tod als direkte Folge der Krankheit in ungefähr 11% der Fälle ein, bei den akut auftretenden Fällen erhöht sich dieser Prozentsatz bis auf $30-40\%$. Rechnet man den Exitus an interkurrenten Krankheiten hinzu, gegen welche Basedowkranke eine geringe Widerstandsfähigkeit zeigen, so beläuft sich die Mortalität auf $20-25\%$ aller Fälle.

Daß es zwischen den verschiedenen Formen von Hyperthyreoidismus Übergänge gibt, ist nun schon zur Genüge hervorgehoben worden. Trotzdem erscheint der klassische Basedow durch die Art und Schwere des Krankheitsbildes, durch die ernste Prognose, vor allem aber durch sein Verhalten gegenüber einer Jodmedikation so eigenartig, daß man immer wieder in ihm etwas anderes als bloß einen extremen Grad von Hyperthyreoidismus erblicken wollte. Speziell der letzte Punkt, der Umstand, daß das Jod, welches doch aus einem gewöhnlichen Kolloid- oder Knotenkropf einen basedowifizierten Kropf machen kann, bei einem Basedow eine ausgesprochene, wenn auch vorübergehende Besserung herbeiführt, veranlaßte PLUMMER wieder zu der Hypothese eines Dysthyreoidismus zurückzugreifen, wie sie seit MÖBIUS schon längst von manchen Autoren, z. B. auch von KLOSE und früher von ZONDEK vertreten wurde. PLUMMER stellt sich vor, daß beim echten Basedow außer einer übermäßigen Menge Thyroxins auch noch ein unfertiges, mangelhaft jodiertes und ganz besonders giftig wirkendes Para-Thyroxin, wenn ich diesen Ausdruck hierfür gebrauchen darf, in den Kreislauf gelangt. Es bestünde also beim Basedow neben einem Hyper- auch noch ein Dysthyreoidismus und Zufuhr von Jod vermöchte eben diesen Dysthyreoidismus zu beseitigen. Übrig bliebe dann nur der Hyperthyreoidismus und, wenn das Jod weiter genommen wird, so würde dieser Hyperthyreoidismus sogar noch gesteigert, der Zustand verschlimmert sich wiederum, wie das ja tatsächlich der Fall ist. So geistvoll diese Argumentation anmutet, so wenig Wahrscheinlichkeit hat sie für sich und bei den oben erörterten, höchst komplizierten, von dem Funktionszustand der Schilddrüse abhängigen Wirkungsbedingungen des Jods dürfte die PLUMMERsche Erklärung auch entbehrlich sein. Mangel an Jod leidet die Basedowschilddrüse gewiß nicht.

Ebenso können wir die Argumente der früheren Autoren zugunsten eines Dysthyreoidismus, eine verschiedene Wirksamkeit der Extrakte von Basedowkröpfen einerseits und normalen Schilddrüsen bzw. Kolloidkröpfen andererseits im Tierversuch, sowie das gleichzeitige Vorkommen von Basedow- und Myxödemsymptomen an ein- und demselben Kranken nicht als zwingend anerkennen. Es ist, wie schon FALTA betont hat, höchst fraglich, ob es sich in derartigen Fällen der Literatur tatsächlich um Erscheinungen von Myxödem und nicht um ganz andere Dinge gehandelt hat. Es sind jedenfalls auch die verschiedenen Reaktionsschwellen der einzelnen Erfolgsorgane gegenüber dem Thyroxin in Betracht zu ziehen, wenn man z. B. den allmählichen Übergang eines Basedow in ein Myxödem beobachtet. Augensymptome, Tremor und Tachykardie können noch als Residuen der hyperthyreotischen Übererregbarkeit des Nervensystems vorhanden sein, während schon Gewichtszunahme und Schwellung der Haut die eintretende Insuffizienz der Schilddrüse ankündigen. Veränderte Färbbarkeit des Kolloids in Basedowstrumen ist gewiß auch kein ausreichender Grund, einen Dysthyreoidismus zu postulieren [1]. Ein sicherer Anhaltspunkt für die Annahme eines Dysthyreoidismus läßt sich also auch heute nicht gewinnen und wir dürften noch immer auf der sichersten Grundlage bauen, wenn wir mit KOCHER, BIEDL, FALTA, EPPINGER u. a. beim Hyperthyreoidismus bleiben, freilich unter Berücksichtigung der ganz besonders stürmischen und intensiven Reaktionsweise dieser stets konstitutionell besonders veranlagten, degenerativen Individuen. Nicht nur die maximalen Ausschläge an den Erfolgsorganen, wohl auch das Versagen jeglicher adaptativer Regulation der aus dem funktionellen Zusammenhang der Organe geratenen, maximal arbeitenden Schilddrüse beruhen auf der abnormen konstitutionellen Beschaffenheit dieser schon von vornherein nicht im normalen Gleichgewicht befindlichen Menschen.

---

[1] TRÖLL, A.: Arch. f. klin. Chirurg. Bd. 124, S. 700. 1923 (Bd. 30, S. 24) u. Bd. 129, S. 709. 1924 (Bd. 36, S. 47).

Die Hauptargumente zugunsten eines bloßen Hyperthyreoidismus sind, um es nochmals an dieser Stelle hervorzuheben 1. die kontinuierlichen Übergänge von den leichtesten Formen des auch durch Schilddrüsenzufuhr erzeugbaren Hyperthyreoidismus bis zum schwersten Basedow, 2. die günstige Beeinflussung des Basedow durch operative Reduktion des Schilddrüsenparenchyms bzw. alle Maßnahmen, welche dessen Aktivität herabsetzen, und 3. die Gegensätzlichkeit im Symptomenbild des Morbus Basedowii und des Myxödems. Am besten wird die letztere durch die beifolgende Tabelle KOCHERs illustriert.

Kachexia thyreopriva.	Morbus Basedowii.
Fehlen oder Atrophie der Gl. thyreoidea.	Schwellung der Schilddrüse — meist diffuser Natur, Hypervascularisation.
Langsamer, kleiner, regelmäßiger Puls.	Frequenter, oft gespannter, schnellender, hie und da unregelmäßiger Puls.
Fehlen jeglicher Blutwallungen mit Kälte der Haut.	Überaus erregbares Gefäßnervensystem.
Teilnahmsloser ruhiger Blick ohne Ausdruck und Leben.	Ängstlicher unsteter, bei Fixation zorniger Blick.
Enge Lidspalten.	Weite Lidspalten, Exophthalmus.
Verlangsamte Verdauung und Excretion. Schlechter Appetit, wenig Bedürfnisse.	Abundante Entleerungen, meist abnormer Appetit, vermehrte Bedürfnisse.
Verlangsamter Stoffwechsel.	Gesteigerter Stoffwechsel.
Dicke, undurchsichtige, gefaltete, trockene bis schuppende Haut.	Dünne, durchscheinende, fein injizierte feuchte Haut.
Kurze, dicke, am Ende oft verbreiterte Finger.	Lange, schlanke Finger mit spitzer Endphalanx.
Schläfrigkeit und Schlafsucht.	Schlaflosigkeit und aufgeregter Schlaf.
Verlangsamte Empfindung, Apperception und Aktion.	Gesteigerte Empfindungen, Apperception und Aktion.
Gedankenmangel, Teilnahmslosigkeit und Gefühlslosigkeit.	Gedankenjagd, psychische Erregung bis zur Halluzination, Manie und Melancholie.
Ungeschicklichkeit und Schwerfälligkeit.	Stete Unruhe und Hast.
Steifigkeit der Extremitäten.	Zitternde Extremitäten, vermehrte Beweglichkeit der Gelenke.
Zurückbleiben des Knochenwachstums — kurze und dicke, oft deforme Knochen.	Schlanker Skelettbau, hie und da weiche und dünne Knochen.
Stetes Kältegefühl.	Unerträgliches Hitzegefühl.
Verlangsamte schwere Atmung.	Oberflächliche Atmung mit mangelhafter inspiratorischer Ausdehnung des Thorax.
Zunahme des Körpergewichtes.	Abnahme des Körpergewichtes.
Greisenhaftes Aussehen auch jugendlicher Kranker.	Jugendliche üppige Körperentwicklung — wenigstens in den Anfangsstadien.

Dabei gibt es freilich Symptome, die sowohl beim Basedow als beim Myxödem vorkommen können, wie manche Formen von Ödem, Haarausfall, trophische Nagelveränderungen oder das Versiegen der Speichel- und Tränensekretion.

Ich halte es auch für unzulässig, den Basedow als pluriglanduläres Krankheitsbild aufzufassen, wie das manche Autoren tun. Die anatomischen Veränderungen an den Ovarien, Nebennieren, am Pankreas, an der Hypophyse sind nichts für den Basedow Spezifisches und Konstantes. Größtenteils handelt es sich da um Merkmale der abnormen Allgemeinkonstitution, zum Teil auch um korrelative Veränderungen infolge der primären Alteration der Schilddrüse, jedenfalls haben sie aber an sich nichts mit der Pathogenese der Kardinalsymptome des Basedow zu tun. Eine Ausnahme macht hier bloß die eigenartige, hyperplastische Veränderung des Thymus, die bei entsprechender konstitutioneller Veranlagung sicherlich erst im Verlaufe der Basedow-Krankheit vor sich geht.

Trotz aller Unsicherheit und Unklarheit in dieser Frage müssen wir anerkennen, daß in manchen Fällen von Basedow-Krankheit die veränderte Funktion des Thymus für das Krankheitsbild von maßgebender Bedeutung sein kann. Die Gründe, auf welche sich eine solche Annahme stützt, sind folgende: Erstens gibt es seltene Basedowfälle, in welchen die anatomisch-histologische Untersuchung der Schilddrüse keinerlei Zeichen einer Überfunktion [1]), vielleicht sogar überhaupt keine pathologischen Veränderungen [2]) erkennen läßt und nur eine mächtige Thymushyperplasie gefunden wird. Zweitens kommen seltene Fälle von Basedowkrankheit zur Beobachtung, welche durch eine noch so ausgiebige und wiederholte Schilddrüsenreduktion nicht gebessert werden, nach einer Reduktion des hyperplastischen Thymus jedoch ausheilen (v. HABERER, HOLZWEISSIG). Ich muß gestehen, daß ich ohne persönliche Kenntnis des von HABERER mitgeteilten und auch von mir untersuchten Falles, der trotz wiederholter, von TH. KOCHER ausgeführter Schilddrüsenoperationen in völlig trostlosem Zustande, mit schwerster Herzinsuffizienz und Ikterus, unmittelbar nach der Reduktion seines hyperplastischen Thymus vollkommen genas und wieder Bergtouren machen konnte, derartigen Angaben gegenüber die größte Skepsis entgegenbringen würde. Nur wer diesen verblüffenden Effekt selbst einmal gesehen hat, wird sich davon überzeugen lassen, daß hier kein bloßes post hoc, sondern wirklich ein propter hoc vorliegen muß. Daran kann ich bei aller kritischen Zurückhaltung nicht zweifeln. Dieser Auffassung entspricht es auch, daß SUDECK [3]) selbst bei radikalster Parenchymreduktion an der Schilddrüse 1,1 % ungebesserte Basedowfälle verzeichnet. Drittens sprechen für die Bedeutung der Thymusfunktion am Zustandekommen des Basedowkrankheitsbildes die Tierversuche BIRCHERs [4]). Er konnte nämlich durch Implantation parenchymreicher menschlicher Thymen in eine Bauchfellfalte bei Hunden das klinische Symptomenbild eines Basedow erzeugen mit Glanzaugen, klaffenden Lidspalten, GRÄFEschem Symptom, Tachykardie, Struma und Lymphocytose.

Wir müssen uns also auf Grund dieser Tatsachen jenen Autoren (KLOSE, MATTI, NORDMANN, v. HABERER, BIRCHER) anschließen, welche mit HART einen rein thyreogenen, einen thyreo-thymogenen und einen rein thymogenen Morbus Basedowii unterscheiden, und es ist meines Erachtens nur ein Spiel mit Worten, wenn man für diese letztere Gruppe den Namen Basedow nicht gebrauchen und lieber von Hyper- oder Dysthymismus sprechen will, weil eben die Struma zum Basedow gehöre, wie das Rad zum Wagen (WEGELIN). Denn bestimmend für den Terminus Basedow-Krankheit war und ist noch immer das klinische Bild und, was wir gelernt haben, ist, daß ein- und dasselbe klinische

---

[1]) Vgl. HART, C.: Die Lehre vom Status thymico-lymphat. München: J. F. Bergmann 1923. — PRIBRAM, B. O.: Arch. f. klin. Chirurg. Bd. 114, S. 202. 1920. — KLOSE, H. u. A. HELLWIG: Arch. f. klin. Chirurg. Bd. 128, S. 175. 1924 (Bd. 33, S. 481).

[2]) HOLZWEISSIG, H.: Dtsch. Zeitschr. f. Chirurg. Bd. 193, S. 276. 1925 (Bd. 43, S. 143).

[3]) SUDECK, P.: Die Chirurgie. Herausg. v. M. KIRSCHNER u. O. NORDMANN. Berlin-Wien: Urban u. Schwarzenberg 1925. Bd. 3.

[4]) BIRCHER, E.: Dtsch. Zeitschr. f. Chirurg. Bd. 182, S. 229. 1923 (Bd. 32, S. 176).

Krankheitsbild in seltenen Fällen einmal auch durch eine übermäßige Thymusfunktion statt durch Hyperthyreoidismus hervorgerufen sein kann. Da unsere Kenntnisse von den Funktionen des Thymus höchst spärliche sind, so müssen wir uns auf das oben Gesagte beschränken und weitere Erklärungen künftigen Forschungen überlassen. Es wäre aber immerhin denkbar, daß ein der Schilddrüse entwicklungsgeschichtlich so nahe verwandtes Organ wie der Thymus unter den besonderen Bedingungen, wie sie eine Basedowkrankheit mit der schrankenlosen Überproduktion von Schilddrüsenhormon darstellt, Fähigkeiten erst bekommen oder manifest werden lassen könnte, die ihm vorher abgegangen sind, oder nur potentiell in ihm geschlummert haben. Es wäre das in gewissem Sinne eine Art funktioneller Metaplasie, für die, wie ich glaube, sich auch sonst Beispiele finden ließen.

KASPAR und SUSSIG [1]) haben in jüngster Zeit einen Fall von Pseudohyperthyreoidismus beschrieben, der nach einer erfolglosen Strumektomie erst abheilte, als ein zerfallendes, mannsfaustgroßes Neuroblastom im Bereiche des Ischiadicusstammes operativ entfernt worden war. Vielleicht handelt es sich da, wie die Autoren annehmen, um toxische Wirkungen des resorbierten Tumormaterials, vielleicht auch um ganz ungewöhnliche reflektorische Wirkungen auf das vegetative Nervensystem der zweifellos von Haus aus schwer neurotischen und konstitutionell-degenerativ veranlagten Kranken. Jedenfalls läßt aber dieser operative Erfolg keinen Vergleich mit den Wirkungen der Thymusreduktion in pathogenetischer Hinsicht zu, wie ich einem naheliegenden eventuellen Einwand gegenüber vorwegnehmen möchte.

Diagnose und Differentialdiagnose. Die Diagnose des Hyperthyreoidismus wird sich immer und in allen Fällen auf eine sorgfältige klinische Untersuchung und Beobachtung des Kranken selbst und eine individuelle Analyse seiner Symptome stützen müssen, alle Laboratoriumsuntersuchungen und funktionellen Prüfungen kommen erst in zweiter Linie und sind, bis auf die Bestimmung des Grundumsatzes, durchwegs unverläßlich und entbehrlich. Aber selbst die Steigerung des Grundumsatzes ist nicht ohne weiteres ein Beweis von Hyperthyreoidismus. Bedenken wir bloß, daß auch fieberhafte Krankheiten verschiedener Art, Anämien, Leukämien, arterieller Hochdruck (MANNABERG) den Grundumsatz erhöhen, daß ihn anscheinend auch eine Trachealkompression durch eine nicht hyperfunktionierende Struma bedeutend steigern (MERKE [2])) und psychische Erregung bei nervösen Menschen sehr erheblich in die Höhe treiben kann (ZIEGLER und LEVINE [3])). Man wird also geringere Grundumsatzsteigerungen, etwa $15-20\,^0/_0$, zur Differentialdiagnose: Hyperthyreoidismus — reine Neurose nur mit größter Vorsicht, bei technisch ganz einwandfreier und diese Fehlerquelle sorgsam berücksichtigenden Untersuchung heranziehen dürfen. Höhergradige Grundumsatzsteigerungen sind allerdings für Hyperthyreoidismus entscheidend [4]). Ich kenne aber bei ziemlich reicher Erfahrung nur wenige Fälle, wo in praxi die Bestimmung des Grundumsatzes

---

[1]) KASPAR, F. u. L. SUSSIG: Beitr. z. klin. Chirurg. Bd. 133, S. 120. 1925 (Bd. 39, S. 627).
[2]) MERKE, F.: Schweiz. med. Wochenschr. 1925. S. 488 (Bd. 42, S. 332).
[3]) ZIEGLER, L. H. a. B. S. LEVINE: Americ. journ. of the med. sciences. Vol. 169, p. 68. 1925 (Bd. 39, S. 547).
[4]) GMELIN, E. u. H. L. KOWITZ: Arch. f. klin. Chirurg. Bd. 137, S. 340. 1925 (Bd. 42, S. 537).

für die Diagnose erforderlich und wirklich entscheidend gewesen wäre. Sie ist von Wert zur zahlenmäßigen Festlegung des Grades von Hyperthyreoidismus und eventuell zur exakten Verfolgung des Krankheitsverlaufes und der Wirkungen der Therapie.

Den Jodgehalt des Blutes hält VEIL [1]) sogar für den zuverlässigeren Maßstab der Schilddrüsenfunktion als den Grundumsatz, indessen kommt seine Bestimmung schon wegen der methodischen Schwierigkeiten für die diagnostische Verwertung nicht in Betracht. Überdies ist er auch von der Erregung des vegetativen Nervensystems weitgehend abhängig. Nebenbei sei auch auf eine kleine Diskrepanz hingewiesen. Der Jodgehalt des Blutes ist nach VEIL stets im Winter tiefer als im Sommer (durchschnittlich etwa 8,3 γ gegenüber 12,8 γ), der Grundumsatz ist dagegen im Winter am höchsten, im Sommer am tiefsten [2]).

Alle anderen physikalisch-chemischen, chemischen und biologischen Untersuchungsmethoden des Blutes[3]), wie Refraktometrie, Viscosimetrie, KOTTMANNsche Photoreaktion, die Verstärkung der Adrenalinwirkung am Froschgefäßpräparat nach EIGER [4]) oder am isolierten Dünndarmstreifen, die Beeinflussung der Empfindlichkeit der mit dem Serum injizierten Ratten gegen Sauerstoffmangel (DE QUERVAIN [5])), oder der Mäuse gegen Acetonitrilvergiftung nach REID HUNT, Komplementbindungsreaktionen und ganz besonders die mit verschiedenen Methoden ausgeführten ABDERHALDENschen Schutzfermentreaktionen kommen für diagnostische Zwecke in praxi nicht in Frage.

Was speziell diese letzteren anlangt, so sei hier ein für allemal auch für alle übrigen Krankheiten des inkretorischen Systems, wie wir sie im folgenden zu besprechen haben werden, dieser ablehnende Standpunkt ausdrücklich hervorgehoben. Trotz aller Verbesserungen der Technik und Einführung der Interferometrie durch P. HIRSCH sind wir über den Standpunkt meines Erachtens noch nicht hinausgekommen, den ich im Jahre 1913 auf Grund eigener Erfahrungen mit dem Dialysierverfahren präzisiert habe [6]). Selbst Forscher, welche sich für die Verwendung der ABDERHALDENschen Reaktion in der Endokrinologie so warm einsetzen wie GROTE [7]), müssen zugeben, daß wir seit damals eigentlich nicht weiter gekommen sind, daß bei ein- und demselben Kranken unaufklärbare Schwankungen im serologischen Befund vorkommen, obwohl das klinische Bild keine Änderung erfahren hat, und daß natürlich ein positiver Befund nur einen Hinweis auf das eventuell erkrankte Organ bedeutet, über die Art seiner Funktionsstörung aber nichts aussagt. In der ärztlichen endokrinologischen Praxis halte ich die Verwertung der ABDERHALDENschen Reaktion geradezu für schädlich, weil sie unkritische Ärzte oft zu therapeutischen Maßnahmen verleitet, die ganz und gar unbegründet sind und ihnen vielleicht gar nicht in den Sinn gekommen wären, wenn die Blutuntersuchung zufällig einige Tage früher oder später angestellt worden wäre.

---

[1]) VEIL, W. H.: Münch. med. Wochenschr. 1925. S. 636 (Bd. 41, S. 315). — VEIL, W. H. u. A. STURM: Dtsch. Arch. f. klin. Med. Bd. 147, S. 166. 1925 (Bd. 40, S. 519). — MAURER, E. u. ST. DIEZ: Münch. med. Wochenschr. 1926. S. 17 (Bd. 43, S. 594).

[2]) GESSLER, H.: Arch. f. Physiol. Bd. 207, S. 370. 1925 (Bd. 40, S. 355).

[3]) Vgl. KOWITZ, H. L.: Ergebn. d. inn. Med. u. Kinderheilk. Bd. 27, S. 307. 1925.

[4]) CSILLAG, E.: Arch. f. Physiol. Bd. 202, S. 588. 1924 (Bd. 35, S. 50).

[5]) DE QUERVAIN, F.: Schweiz. med. Wochenschr. 1923. S. 10 (Bd. 28, S. 439) u. l. c.

[6]) BAUER, J.: Med. Klinik 1913. Nr. 44.

[7]) GROTE, L. R.: Klin. Wochenschr. 1926. Nr. 22, S. 971.

Ich weiß von Fällen, die man durch entsprechende Behandlung erfolgreich „ABDERHALDEN-normal" gemacht hat, ohne daß sich auch nur das geringste an ihrem subjektiven oder objektiven Zustande geändert hätte, ebenso wie andere Fälle etwa mit fehlender sog. spezifisch-dynamischer Nahrungswirkung durch Behandlung mit Hypophysenvorderlappenextrakten in diesem Punkte normalisiert wurden, während sich an ihrem klinischen Bild sonst nicht das mindeste geändert hatte. Der Biochemiker und Stoffwechselmann mag damit zufrieden sein, für den behandelnden Arzt aber ist es beschämend, daß er sich von diesen „Spezialisten" hatte bestimmen lassen. In der praktischen Diagnostik und Therapie innersekretorischer Störungen hat nur der Kliniker, kein anderer zu entscheiden, die anderen haben sich zunächst noch auf die Forschung zu beschränken. Natürlich sind auch die Prüfungen der Kohlenhydrattoleranz, oder pharmakodynamische Prüfungen des vegetativen Nervensystems für die Diagnose eines Hyperthyreoidismus überflüssig, eine Reihe anderer, von französischen Autoren [1]) angegebenen Reaktionen auf Schilddrüsen- oder Hypophysenextrakt, oder die BRAMsche Probe auf Chinintoleranz überdies ganz unverläßlich.

Die Differentialdiagnose des Hyperthyreoidismus kann in manchen Fällen auf Schwierigkeiten stoßen. Leichte bis mäßige Protrusio bulbi kann gelegentlich eine konstitutionelle Familieneigentümlichkeit sein, weite Lidspalten, das MÖBIUSsche und selbst das GRÄFEsche Symptom sind ebenfalls als konstitutionelle Zeichen bei Neuropathen anzutreffen [2]). Wenn ein mit einem Kropf behafteter Mensch aus ganz anderen Gründen einen Exophthalmus bekommt, dann liegt eine Verwechslung besonders nahe. Solche Gründe sind beispielsweise retrobulbäre Tumoren, Aneurysmen, Blutungen, Thrombosen, leukämische Infiltrate u. a. Ich entsinne mich einer etwa 45jährigen Dame, die mir als ein seltener Fall von einseitigem Exophthalmus bei Basedow zugeschickt wurde. Es handelte sich um ein Gumma der Orbita bei einer mit einem Kropf und arteriellem Hochdruck behafteten Frau. Die Herz- und Gefäßerscheinungen des Hyperthyreoidismus sind gegen eine reine kardiovasculäre Neurose im Sinne CHVOSTEKs manchmal schwer abzugrenzen. In vielen derartigen Fällen spielt ein Hyperthyreoidismus wenigstens als erschwerendes Begleitmoment eine Rolle. Namentlich jugendliche, hoch aufgeschossene Astheniker mit einem hypoplastischen Cor pendulum und oft beträchtlicher Tachykardie können zu Verwechslungen mit Hyperthyreoidismus Veranlassung geben, zumal bei dem seltenen kindlichen Basedow die Augensymptome meistens fehlen und Individuen, deren Hyperthyreoidismus schon in der Kindheit eingesetzt hat, oft ein besonderes Längenwachstum zeigen (HOLMGREN). Kommen auch noch subfebrile Temperaturen, eine Milzvergrößerung oder orthostatische Albuminurie hinzu, dann kann auch eine Verwechslung mit Endokarditis passieren, wie sie mir gleichfalls begegnet ist. Der elende Allgemeinzustand, die Blässe und Schwäche, die Tachykardie, das laute systolische Geräusch über dem Herzen erklären diese Verwechslungsmöglichkeit zur Genüge, wenn man auf den feinschlägigen Tremor, die vasomotorische Labilität, die Schweißausbrüche und vor

---

[1]) Vgl. LUCIEN, M., J. PARISOT, G. RICHARD: Traité d'endocrinologie. La thyroïde Paris: G. Doin 1925. — PARISOT, J. u. G. RICHARD: Rev. franç. d'endocrinol. Tom. 4, p. 115. 1926 (Bd. 44, S. 522).
[2]) Vgl. EPPINGER, H.: l. c. — BAUER, J.: Konstit. Disp. l. c. S. 174.

allem auf die Gefäßsymptome an der Schilddrüse nicht achtet. Augensymptome können fehlen und die Schilddrüse braucht gar nicht nennenswert vergrößert zu sein.

Eine der häufigsten Differentialdiagnosen ist die zwischen Hyperthyreoidismus und beginnender Lungentuberkulose. Sorgfältige und wiederholte Untersuchungen der Lungen und Berücksichtigung aller Erscheinungen werden die Entscheidung stets treffen lassen. Dabei ist zu berücksichtigen, daß ein gewisser Grad von Hyperthyreoidismus offenbar als Abwehrmaßnahme eine günstig verlaufende Spitzentuberkulose begleiten kann. Bei älteren Leuten können hyperthyreoide Herzerscheinungen, wofern sie mit Vorhofflimmern einhergehen, für eine arteriosklerotische Herzmuskelerkrankung angesehen werden. In der Regel sind aber auch andere Symptome eines Hyperthyreoidismus, meist eines Resthyperthyreoidismus nachzuweisen. Selbst bei einer 70jährigen habe ich noch einen recht schweren Hyperthyreoidismus zugleich mit einer Osteomalacie entstehen gesehen. Das Versagen der Digitalistherapie in Fällen von thyreogener Tachykardie wird gerade in solchen Fällen auch diagnostisch von Wert sein. Tachykardie und Tremor können durch chronischen Alkoholismus, vor allem aber auch durch Nicotinabusus bedingt sein. Die Anamnese und der eventuelle Nachweis eines zentralen Skotoms kann hier entscheiden. Ich kenne dieses Syndrom bei einem sehr nervös veranlagten und überdies mit einer Kolloidstruma behafteten Rechtsanwalt seit vielen Jahren. Der Tremor scheint mir hier entschieden von gröberem Charakter zu sein als beim Basedow. Auch chronische Bleivergiftung kann, wie F. MÜLLER hervorhebt, formes frustes des Basedow imitieren. Gastrointestinale Krisen haben auch schon zur Verwechslung mit allerhand Abdominalerkrankungen sowie mit Tabes Veranlassung gegeben. Die Differentialdiagnose gegenüber einer Anämie oder gegenüber ADDISONscher Krankheit [1]) wird nur selten Schwierigkeiten machen.

Therapie. Gibt es eine kausale Therapie des Hyperthyreoidismus? Da in der weitaus überwiegenden Mehrzahl der Fälle von Hyperthyreoidismus eine besondere konstitutionelle Veranlagung eine mehr oder minder gewichtige Rolle spielt und diese konstitutionelle, anlagemäßige Beschaffenheit des Organismus lediglich einer Prophylaxe, nicht aber einer kausalen Therapie zugänglich ist, so wird für die wirklich kausale Therapie von vornherein kein weites Feld zu erwarten sein. Wenn wir dort, wo Jodgebrauch oder Schilddrüsenpräparate einen Hyperthyreoidismus erzeugt haben, diese auslösenden Momente ausschalten, so treiben wir kausale Therapie. Dasselbe ist der Fall, wenn wir eines der seltenen malignen Neoplasmen, die zu Hyperthyreoidismus führen, oder ein toxisches Adenom im strengsten Sinne PLUMMERs, wofern ein solches gelegentlich einmal vorkommt, operativ entfernen. Die Beseitigung von Infektionsherden (chronische Tonsillitis, Nebenhöhleneiterungen, Zahnwurzeleiterungen usw.), auf welche die Amerikaner einen zweifellos weit übertriebenen Wert legen, wäre gleichfalls kausale Therapie, wenn man sich auf den Standpunkt stellt, der Hyperthyreoidismus sei eine übermäßige Abwehrmaßnahme des Organismus gegen die bakterielle Infektion. Schließlich möchte ich noch eine Form der kausalen Therapie beim Hyperthyreoidismus nicht unerwähnt lassen, das ist die antiluetische. Es gibt seltene Fälle von Hyperthyreoidismus

---

[1]) Vgl. ETIENNE, G. u. G. RICHARD: Rev. franç. d'endocrinol. Tom. 4, p. 1. 1926 (Bd. 45, S. 165).

syphilitischen Ursprungs [1]) und ich habe noch als Assistent der Innsbrucker
Klinik einen allerschwersten Vollbasedow bei einem etwa 28jährigen Mädchen
gesehen, der sich trotz interner Behandlung sehr rasch bis zu einem ganz
bedrohlichen Zustand verschlimmert hatte, bis auf Grund eines zufällig erhobenen
positiven Wassermann eine Quecksilberkur eingeleitet wurde. Von da ab erholte
sich die Patientin rasch und genas vollkommen. Die Kenntnis dieser Tatsache
ist naturgemäß von großer praktischer Bedeutung. Daß gerade diese Fälle
von syphilitischem Basedow es sein sollten, die auf Jod günstig reagieren, ist
aber gewiß unzutreffend, denn die Jodwirkung beim Basedow hat mit der
Ätiologie der Erkrankung nichts zu tun.

Die symptomatische Therapie des Hyperthyreoidismus umfaßt drei
prinzipiell verschiedene Behandlungsarten: 1. die medikamentös-physikalisch-
diätetisch-psychische Behandlung, oder kurz, das internistische Regime,
2. die chirurgische Therapie und 3. die Strahlentherapie.

1. Das internistische Regime hat in jedem Falle von krankhaftem Hyperthyreoidismus unter allen Umständen zunächst einzusetzen und hat, wenn sich
die für eine chirurgische oder Strahlentherapie geltenden Indikationen ergeben,
auch diese Behandlungsarten zu begleiten und ihnen nachzufolgen. Worin
besteht nun dieses internistische Regime und wie ist es in Anwendung zu bringen?
Ehe wir an diese Erörterung schreiten, wollen wir hervorheben, daß seine Anwendung und die Auswahl der Methoden dem individuellen Krankheitsfall
angepaßt werden müssen, sowohl was dessen Schwere, als auch was dessen
ursächliche Bedingtheit anlangt, ganz besonders aber mit Rücksicht auf die
sozialen Verhältnisse, die Erwerbsnotwendigkeit, Schonungsmöglichkeit usw.
Man wird also z. B. mit der Verordnung einer Liegekur in Höhenklima, die bei
entsprechender Ausdauer gewiß von Vorteil sein kann, sicher mehr schaden
als nützen, wenn sich der Kranke diese Kur nur unter großen materiellen Opfern
leisten kann und während der Kur die materiellen Sorgen nicht los wird. Praktische Erfahrungen zeigen mir, daß diese Dinge gar nicht stark genug betont
werden können.

Bei der starken Beteiligung des Seelenlebens in der Ätiologie und dem
klinischen Bild des Hyperthyreoidismus erscheint es unter allen Umständen
notwendig, diesem Faktor Rechnung zu tragen, seelische Konflikte zu beseitigen
und sie ständig von den Kranken fernzuhalten. Um diese seelische Aus-
geglichenheit zu erzielen, wird man sich auch um Details der Lebensführung
und kleine Sorgen des Alltags kümmern und eine erzieherische Tätigkeit entfalten müssen. Ruhe in jeder Beziehung ist bei schweren Fällen das dringendste
Erfordernis, also Ausschaltung von Beruf, Bettruhe oder Liegekur, wenn möglich
in einem Höhenkurort von etwa 1000 m, schon um einen vollständigen Milieu-
wechsel zu erzielen. Nur selten vertragen Basedowkranke Höhenklima schlecht
und fühlen sich an der See wohler; in der Regel wirkt der Aufenthalt an der
See bei Hyperthyreoidismus ungünstig, mitunter direkt schädlich. Natürlich
ist auch auf das eventuell sich einstellende Gefühl der Einsamkeit und des
Heimwehs Bedacht zu nehmen und für entsprechende Zerstreuung und Gesellschaft zu sorgen. Genügender Schlaf ist ebenfalls von größter Wichtigkeit.

---

[1]) BRAM, J.: l. c. — ROSENFELD, G.: Mediz. Sekt. d. Schles. Ges. f. vaterländische
Kultur zu Breslau. 16. Mai 1924. Klin. Wochenschr. 1924. S. 1290. — KOOPMAN, J.: Wien.
klin. Wochenschr. 1925. S. 1159.

Wenn Brom, Adalin, Abasin usw. nicht ausreichenden Schlaf verschaffen, dann ist es besser, zu energischeren Schlafmitteln zu greifen, als die Kranken durch schlaflose, unruhige Nächte sich erschöpfen zu lassen. CRILE meint, für den Basedowkranken wäre es eigentlich am besten, wenn man ihn in einen Winterschlaf versetzen könnte.

Die Ernährung muß ausreichend sein, um den gesteigerten Energieverbrauch zu decken. Dabei soll die Kost möglichst eiweißarm beschaffen sein, weil das Eiweiß die größte spezifisch-dynamische Wirkung ausübt, also die Verbrennungsvorgänge am stärksten anfacht und weil es offenbar für die Schilddrüse als funktioneller Reiz wirkt. Bei Vögeln konnte man sogar durch Fütterung mit Fleisch eine wesentliche Hyperplasie der Drüse erzeugen. Selbstverständlich sind auch eiweißhältige Nährpräparate nicht am Platze. Fett und insbesondere Kohlenhydrate sind dagegen in möglichst großen Mengen zuzuführen. Von BÁLINT [1]) stammt die einleuchtende Empfehlung, tryptophanreiche Nahrungsmittel, wie Fleisch, Milch, Eier, Käse und Weizen zu vermeiden, da das Tryptophan die Muttersubstanz des Thyroxins darstellen soll. Die tryptophanärmsten eiweißhältigen Nahrungsmittel sind Mais, Roggen, Kartoffeln, ferner die grünen Gemüse und Obst. Geringe Mengen Kaffee oder Tee, Alkohol und Nicotin schematisch zu verbieten empfiehlt sich nicht, wofern diese Genußmittel von den Kranken sehr entbehrt werden und ihre Lebensfreude erhöhen.

Von hydrotherapeutischen Maßnahmen sollten Kälteapplikation auf die Schilddrüse und eventuell prolongierte lauwarme Bäder angewendet werden. Diese setzen auch an Gesunden den Grundumsatz herab [2]). Ein Kühlschlauch für 2—4 Stunden täglich auf die Struma appliziert, wird der übermäßigen Durchblutung entgegenwirken. Dagegen sind eingreifende Wasserprozeduren, insbesondere mit kaltem Wasser, zu unterlassen. Für die Galvanisierung des Halssympathicus und der Schilddrüse setzen sich namentlich CHVOSTEK und MURRI warm ein: eine Elektrode hinter dem Kieferwinkel, die andere am Sternum, oder zwei Plattenelektroden zu beiden Seiten der Struma, langsames Einschleichen des galvanischen Stromes bis auf 1—3 MA. durch 2—4 Minuten täglich. Da die Fortsetzung der Therapie durch Monate empfohlen wird, so dürfte eine gewisse Skepsis gegenüber ihrer Wirksamkeit angesichts der spontanen Besserungen der Krankheit wohl angebracht erscheinen.

Das Medikamentenregister, welches in der Behandlung des Hyperthyreoidismus zur Anwendung kommt, ist nicht gering, ein Zeichen, daß von einem irgendwie verläßlichen Heilmittel gegen diese Krankheit keine Rede ist. An erster Stelle stehen die Beruhigungsmittel des Nervensystems, wie Brom, Valeriana, Adalin, Adamon und ähnliches. Namentlich gegenüber dem Brom, das in Tagesdosen bis zu 3 g gegeben wird, erscheint die Verwendung von Antipyrin, Phenacetin u. ä. überflüssig. Arsenkuren in irgendeiner, dem individuellen Falle angepaßten Form sind oft vorteilhaft, drückt doch Arsen den Grundumsatz herab (LIEBESNY und VOGL [3]), KOWITZ [4])). Calcium in größeren Dosen vermindert die Erregbarkeit des vegetativen Nervensystems.

---

[1]) BÁLINT, R.: Klin. Wochenschr. 1925. S. 1263.

[2]) DELCOURT-BERNARD et A. MAYER: Ann. de physiol. et de physicochim. biol. Tom. 1, p. 536. 1925 (Bd. 44, S. 309).

[3]) LIEBESNY, P. u. A. VOGL: Klin. Wochenschr. 1923. S. 689 (Bd. 28, S. 407).

[4]) KOWITZ, H. L.: Zeitschr. f. d. ges. exp. Med. Bd. 34, S. 457. 1923 (Bd. 30, S. 368).

Ich pflege es als Calc. bromat. 10,0 : 200,0, 2—3 Eßlöffel täglich zu verschreiben, man kann aber auch täglich 3—5 g Ca. lactic. oder 3 Kaffeelöffel einer Mischung von Calc. phosph., Calc. carb. aa verwenden, letzteres namentlich bei bestehender Neigung zu Durchfällen. Mitunter geben wir das Calcium intravenös (am besten als Harnstoffverbindung = Afenil Knoll), wenn es vom Magen aus nicht gut vertragen wird. KOCHER führte den Phosphor, besonders in Form von Natr. phosphor. (6 g täglich) in die Therapie des Basedow ein, LOEPER und OLLIVIER [1]) verwenden Natriumborat 2—3 g in 5% wässeriger Lösung per os oder per Klysma.

Das Chinin wurde schon von älteren Autoren warm empfohlen. Es soll den gesteigerten Stoffwechsel herabsetzen, der Thyroxinwirkung auf Kaulquappen entgegenwirken [2]), vor allem aber bewährte es sich gegen den Herzerethismus manchmal ausgezeichnet (WENCKEBACH). Meiner Erfahrung nach muß es in möglichst hohen Dosen verabreicht werden. Ich pflege Chinin. hydrobromicum 3 mal täglich 0,3 zu geben und habe in einzelnen Fällen von formes frustes einen verblüffenden Rückgang der Tachykardie bis nahezu zur Norm innerhalb weniger Tage erlebt. Leider ist es nicht vorauszusehen, ob der Kranke in dieser befriedigenden Weise auf Chinin ansprechen wird oder nicht. Das Mittel der Wahl ist Chinin, wenn es sich um Vorhofflimmern handelt. In diesen Fällen ist auch das Chinidin zu verwenden, wenn Chinin versagt. Da aber das Chinidin (dreimal täglich 0,2) kein harmloses Mittel darstellt und ich zwei selbst erlebte Herztodesfälle der vorausgegangenen Chinidinmedikation zuschreiben muß, so halte ich die Chinidintherapie nur dann für gerechtfertigt, wenn 1. das ungefährliche Chinin vorher versucht und wirkungslos befunden wurde, und 2. wenn der Patient Bettruhe einhält und unter sorgfältiger Kontrolle steht. Länger als 4 Tage hintereinander sollte Chinidin keinesfalls verabreicht werden.

Digitalis und Strophantin, die immer wieder gegen die thyreogene Tachykardie verordnet zu werden pflegen, sind absolut zu vermeiden. Sie sind hier nicht nur völlig nutzlos und werden schlecht vertragen, häufig genug hat man den Eindruck, daß sie den Zustand direkt verschlechtert haben. Meine Erfahrungen decken sich da mit jenen vieler anderer Autoren. Digitalis kommt nur dort in Betracht, wo aus der thyreogenen Tachykardie schon eine mehr oder minder schwere Herzdilatation mit Kreislaufinsuffizienz hervorgegangen ist. Nebenbei warnte TROUSSEAU auch vor der Anwendung von Eisenpräparaten bei Basedowkranken, da diese die Tachykardie steigern können. EPPINGER schließt sich ihm hierin an.

Belladonna und Atropin werden namentlich in England viel verwendet, EPPINGER gibt es vor allem, um die Erregbarkeit des parasympathischen Systems herabzudrücken und empfiehlt es speziell gegen Schweißausbrüche, Oppressionsgefühl, Erbrechen und Diarrhöen und zwar in kleinen Dosen (2—3 Pillen zu 0,00025 g). Gegen die Basedow-Diarrhöen empfiehlt derselbe Autor Einläufe mit Adrenalinzusatz. Das Ergotin wurde bei der Behandlung des Basedow schon im Jahre 1855 von WILLEBRAND verwendet, später von einer Reihe

---

[1]) LOEPER, M. et J. OLLIVIER: Bull. et mém. de la soc. méd. des hôp. de Paris. Tom. 41, p. 734. 1925 (Bd. 40, S. 725).

[2]) KROSZCZYNSKI, ST. et G. MODRAKOWSKI: Cpt. rend. des séances de la soc. de biol. Tom. 93, p. 939. 1925 (Bd. 43, S. 230).

von Autoren empfohlen, so beispielsweise von WINTERNITZ in Pillen zusammen mit Chinin verschrieben (enthaltend je 0,1 g von beiden Substanzen; 2—4 Pillen täglich). In den letzten Jahren führten dann ADLERSBERG und PORGES [1]) das Ergotamin in die Basedowtherapie ein. Da es die peripheren Sympathicus-endigungen lähmt, also ein Antagonist des Adrenalins ist [2]), so erscheint seine Verwendung bei Hyperthyreoidismus ebenso wie die des Atropins theoretisch gut begründet. Es setzt auch den Grundumsatz herab [3]). PORGES gibt 2—3mal täglich 0,5 ccm (= 0,25 mg) subcutan durch 1—3 Wochen. Bei empfindlichen Patienten soll mit 0,3 ccm begonnen und die optimale Dosis gesucht werden; sie kann auch 2mal 1 ccm betragen. Eventuell gibt man peroral Tabletten zu 1 mg. Bei vorsichtig tastender Dosierung kommen unangenehme Neben-erscheinungen wie Herzklopfen, Schwindel, Übelkeiten, Präkordialangst, nicht vor. Immerhin wurde auch schon eine Gangrän der Zehen nach größeren Ergotamindosen bei Basedow beschrieben [4]). Auch ich konnte mich wiederholt, insbesondere von der pulsverlangsamenden Wirkung des Ergotamins überzeugen. Leider ist die Wirkung rasch vorübergehend.

Sehr umstritten sind die Ansichten über die Wirksamkeit des MÖBIUSschen Antithyreoidins und des LANZschen Rodagens. Nach den jüngsten Erfahrungen der UMBERschen Abteilung [5]) kann man sehr großen Dosen (täglich 5—10 ccm Serum per os bzw. 2—4 Tabletten „stark") immerhin einen Einfluß nicht absprechen, zumal es auch den Grundumsatz herabdrücken und im Kaulquappen-versuch dem Thyroxin antagonistisch wirken soll [6]). Auch Injektionen mit Antithyreoidin wurden empfohlen [7]).

Schließlich wurden zur Behandlung des Basedow verschiedene Hormon-präparate empfohlen, in erster Linie Thymussubstanz, die seit MIKULICZ vielfach in Gebrauch steht. Ich habe nie eine Wirkung davon gesehen [8]). Ferner Ovarial- und Hodenpräparate, Nebennierenrindensubstanz [9]), Pituitrininjektionen, vor allem aber Insulin, das sich zweifellos zu Mastzwecken in vielen Fällen außer-ordentlich bewährt. Es soll bei Basedowkranken auch eine Senkung des Grund-umsatzes herbeiführen [10]) und erniedrigt den Blutjodwert (VEIL), was sogar eine spezifischere, gegen den Hyperthyreoidismus gerichtete Wirkung andeuten würde. Schilddrüsenpräparate sind selbstverständlich streng zu meiden, ebenso meines Erachtens das Jod im Rahmen des internistischen Regimes.

Es scheint mir von größter Wichtigkeit, hervorzuheben, daß die segensreiche Wirkung des Jods bei Basedowkranken nur in der Kombination mit der chirurgischen Behandlung liegt. Die Jodbehandlung des Basedow gehört also

---

[1]) ADLERSBERG, D. u. O. PORGES: Klin. Wochenschr. 1925. Nr. 31, S. 1489 (Bd. 43, S. 50).

[2]) ROTHLIN, E.: Klin. Wochenschr. 1924. Nr. 30, S. 1437 (Bd. 41, S. 873).

[3]) MERKE, F.: Schweiz. med. Wochenschr. 1925. S. 488 (Bd. 42, S. 332).

[4]) SCHÖNBAUER, L.: Dtsch. Zeitschr. f. Chirurg. Bd. 198, S. 99. 1926 (Bd. 45, S. 47).

[5]) GRAWITZ, E. R.: Klin. Wochenschr. 1926. S. 140 (Bd. 43, S. 144).

[6]) GESSNER, O: Klin. Wochenschr. 1926. S. 917 und Arch. f. exp. Pathol. u. Pharmakol. Bd. 113, S. 237. 1926 (Bd. 45, S. 553).

[7]) RAAB, L.: Münch. med. Wochenschr. 1923. S. 909 (Bd. 31, S. 301).

[8]) Vgl. auch ZONDEK, H.: l. c. — LIEBESNY, P.: Wien. klin. Wochenschr. 1924. S. 754 u. 783 (Bd. 41, S. 436). — SCHLESINGER, H.: Wien. klin. Wochenschr. 1925. S. 513 (Bd. 41, S. 34). — BRAM, J.: l. c.

[9]) SHAPIRO, S. a. D. MARINE: Endocrinology. Vol. 5, Nr. 6, p. 699. 1921. — SHAPIRO, S.: Endocrinology. Vol. 8, Nr. 5, p. 666. 1924 (Bd. 38, S. 879).

[10]) MEYER, H.: Zeitschr. f. klin. Med. Bd. 102, S. 250. 1925 (Bd. 42, S. 432).

als spezifisch vorbereitende Maßnahme zur chirurgischen Therapie, nicht zum internistischen Regime. Nur mit dem Messer in der Hand darf und soll man in bestimmten Fällen Jod geben.

Wenn wir nochmals die Reihe der medikamentösen Maßnahmen überblicken, so können wir sagen, daß Brom, Calcium, Chinin und Gynergen diejenigen Mittel sind, die in erster Linie in Anwendung gezogen werden sollten.

2. Die chirurgische Therapie in der heute fast allgemein geübten Form der weitgehenden Parenchymreduktion verfügt zweifellos über Erfolge, die der internen Therapie in dieser Vollständigkeit und vor allem in so kurzer Zeit versagt sind. Eppinger hat diesbezüglich eine sehr lehrreiche Tabelle gebracht, die die internen und chirurgischen Behandlungsresultate einander gegenüberstellt. Es ist schwer verständlich, wie sich auch heute noch jemand dieser Einsicht verschließen und prinzipiell die operative Behandlung eines Basedow ablehnen kann, wie es z. B. der Amerikaner Bram[1] tut. Vor allem ist es eine eminent soziale Frage, ob man einen Fall der Operation zuführen soll oder nicht, wenn selbst Bram meint, daß die interne Behandlung eines Falles sich auf 6—18 Monate erstrecken müsse.

Das Schreckgespenst war freilich bis vor kurzem die relativ hohe Mortalität der Basedowoperationen, die selbst in der Hand erster und erfahrener Chirurgen gegen 5% betrug. Der Tod erfolgte meist im Anschluß an den Eingriff unter einem sehr eigentümlichen Symptomenkomplex, den wir als perakute Steigerung des Hyperthyreoidismus durch Ausschwemmung des Hormons in den Kreislauf infolge der Operation zu deuten bemüßigt sind, zumal auch ein temporärer Anstieg des Grundumsatzes hierbei gefunden worden ist (Gmelin und Kowitz[2]). Unter schweren Erregungszuständen, jagendem Puls, Oppressionsgefühl, allgemeinem Zittern, Erbrechen, Diarrhöe und Schweißausbrüchen erfolgte häufig der Tod. In anderen Fällen starben die Patienten in der Narkose oder selbst schon unter der schweren psychischen Erschütterung durch die Operationsvorbereitungen. Entsprechend der Häufigkeit des hyperplastischen Thymus beim Basedow überhaupt, kann man auch bei solchen Todesfällen meist diesen Befund erheben. Es können aber auch Basedowkranke ohne Thymusbeteiligung in der gleichen Weise zugrunde gehen[3].

Nun haben wir durch die Jodvorbehandlung nach den Vorschriften der Mayo-Klinik diese Gefahren der Basedowoperation nahezu vollkommen beherrschen gelernt und stehen damit einer ganz anderen Situation gegenüber. Heute beträgt die Operationsmortalität beim Vollbasedow nach Jodvorbereitung an der Mayo-Klinik weniger als 1%[4], bei Jackson unter den letzten 100 Fällen sogar 0%. Die Operationsmortalität der toxischen Adenome bewegt sich an denselben Kliniken zwischen $2-3\%$. Der Prozentsatz der völlig befriedigenden Heilerfolge bei operativer Behandlung des schweren Hyperthyreoidismus beträgt übereinstimmend bei Kocher und den Mayos etwa 86%. Vergleichen wir damit Eppingers Zahlen bei interner Behandlung des Basedow — Exitus bei $5,1\%$, Erfolg der Behandlung einschließlich der leicht gebesserten Fälle

---

[1] Bram, J.: Endocrinology. Vol. 10, Nr. 2, p. 181. 1926.

[2] Kowitz, H. L.: Klin. Wochenschr. 1924. S. 2242 (Bd. 39, S. 502).

[3] Melchior, E.: Beitr. z. klin. Chirurg. Bd. 131, S. 331. 1924 (Bd. 37, S. 294).

[4] Pemberton, J.: Ann. of surg. Vol. 7, p. 37. 1923 (Bd. 31, S. 112) und Journ. of the Americ. med. assoc. Vol. 85, p. 1882. 1925 (Bd. 43, S. 468).

in 74,1 % der Fälle — so ergibt sich daraus zwingend, daß es gefährlicher ist, gewisse Fälle von Hyperthyreoidismus intern zu behandeln, als sie zu operieren.

Welche Fälle von Hyperthyreoidismus und wann sind sie also zu operieren? Eine Indikation zur chirurgischen Behandlung ergibt sich unter folgenden Umständen:

a) Eine absolute Indikation zu dem chirurgischen Eingriff stellen jene Fälle von Hyperthyreoidismus dar, bei welchen eine mechanische Kompression der Trachea vorliegt. Das geschieht nur in den seltensten Fällen von Vollbasedow, meist beim toxischen Adenom bzw. basedowifizierten Kolloidkropf und die Indikation ist hier vom Hyperthyreoidismus unabhängig.

b) Zu operieren ist jeder Vollbasedow, der sich im Laufe von 2—3 Monate langer interner Behandlung nicht bessert oder gar verschlimmert. Unter diesen Umständen halte ich den Eingriff für absolut indiziert, würde ihn aber unter Berücksichtigung der individuellen Lage des Falles oft schon früher in Erwägung ziehen. Die Technik der Jodvorbehandlung soll weiter unten besprochen werden. Je früher der Chirurg einen Basedowfall in die Hand bekommt, desto geringer die Gefahr des Eingriffes und ist einmal eine Dilatation des Herzens eingetreten, so ist eine völlige Rückbildung zur Norm auch nach der Operation nicht zu erwarten.

c) Zu operieren sind ferner Fälle von formes frustes bei größeren Knotenkröpfen, also toxische Adenome, wofern eine 6 Monate lange interne Behandlung keinen entsprechenden Erfolg gebracht hat. Soziale und kosmetische Gesichtspunkte sind für diese Indikationsstellung jedenfalls mit von Bedeutung.

Nicht zu operieren sind jene leichteren formes frustes, die wir oben als Basedowoide kennen gelernt haben und die in einem periodisch wiederkehrenden Aufflackern ihrer von Haus aus bestehenden konstitutionellen Veranlagung bestehen. Nicht zu operieren sind auch die allermeisten Fälle von Jodhyperthyreoidismus, die in der Regel auch bei schwerem Verlauf gut ausgehen. Sie gehören wohl immer zu den basedowifizierten Knoten- oder Kolloidkröpfen. Nicht zu operieren sind schließlich auch die jahrelang bestehenden Resthyperthyreoidismen leichteren Grades nach abgeklungenem Vollbasedow. Vorhofflimmern ist meines Erachtens keine Kontraindikation gegen die Operation, wie das auch G. BICKEL hervorhebt.

Immer schon haben Chirurgen und Internisten auf eine entsprechende Vorbereitung zur Operation Wert gelegt. Mehrwöchige Gewöhnung an das Spitalsmilieu wurde neben dem internistischen Regime zur Verminderung des psychischen Schocks der Operation gefordert. Der berühmte Clevelander Schilddrüsenchirurg CRILE geht ja so weit, daß er die Kranken an die Narkoseinstrumente gewöhnt und die Kranken dann eines Tages ohne ihr Wissen am Krankenzimmer operiert. Chinin und insbesondere Ergotamin wurden als vorbereitende Maßnahmen empfohlen [1]). Man hat auch der Resektion eine Ligatur der Schilddrüsenarterien vorausgeschickt, um den Operationsschock möglichst zu vermindern. Es war nun zweifellos eine Großtat PLUMMERs und seiner Mitarbeiter an der MAYO-Klinik [2]) gezeigt zu haben, daß die Jodvorbereitung des Vollbasedow alle die übrigen Maßnahmen zur Herabsetzung der Operationsmortalität weit in den Schatten stellt.

---

[1]) HOTZ, G.: Dtsch. med. Wochenschr. 1926. Nr. 15.
[2]) PLUMMER, H. S. a. W. M. BOOTHBY: Illinois med. journ. Vol. 46, p. 401. 1924 (Bd. 39, S. 564). — BOOTHBY, W. M.: Endocrinology. Vol. 8, Nr. 6, p. 727. 1924 (Bd. 39, S. 680).

Jodbehandlung des Basedow ist von jeher immer wieder versucht und immer wieder aufgegeben worden. Überraschenden anfänglichen Besserungen folgten stets arge Rückschläge und so wurde auch die von NEISSER angegebene einschleichende Jodbehandlung mit KJ 1 : 20, täglich 3×3 bis eventuell 20, ja 30 Tropfen steigend, mit Recht von der Mehrzahl der Autoren abgelehnt. Das Jod eignet sich eben, wie wir heute wissen, nicht zur Behandlung, sondern nur zur Vorbehandlung des Morbus Basedowii. Wer wie ich Gelegenheit hatte, die Fälle der MAYO-Klinik selbst zu sehen und die dort gewonnenen Erfahrungen dann nachzuprüfen, wird von der Richtigkeit dieses Standpunktes überzeugt sein. Das Jod wird am besten nach PLUMMERs Vorschrift als LUGOLsche Lösung (5% Jod, 10% Jodkalium) gut mit Wasser verdünnt genommen und dann $^1/_2$ Glas Wasser nachgetrunken. Die individuell variable optimale Dosis muß erprobt werden, indem man von 2 mal 5 Tropfen täglich auf eventuell $3-4$ mal 10 Tropfen steigt. Namentlich in den schwersten Fällen mit gastrointestinalen Krisen sind mitunter diese hohen Dosen für ganz wenige Tage erforderlich, worauf man wieder auf 10 Tropfen täglich zurückkehrt. Wird die LUGOLsche Lösung vom Magen aus nicht vertragen, so wird sie per rectum in der gleichen Dosis verabreicht. Der optimale Effekt tritt nach etwa $8-10$ Tagen, mitunter aber auch erst in der dritten Woche ein, worauf die Operation vorzunehmen ist. Denn ist einmal die optimale Besserung, kenntlich am subjektiven Befinden, am Herabgehen des Grundumsatzes, der Pulsfrequenz und eventuell an der Gewichtszunahme, erreicht, so führt sowohl die Fortsetzung, als auch die Unterbrechung der Jodtherapie eine Verschlimmerung herbei. Namentlich die Unterbrechung kann dann von einer ganz bedrohlichen Verschlimmerung gefolgt sein. Die Jodbehandlung ist auch nach der Operation einige Tage fortzusetzen und dann allmählich wegzulassen. Eine Heilung mit Jod allein kommt trotz der mitunter verblüffend schnell eintretenden Besserung nicht zustande. Dieser hier geschilderte und von mir auf Grund eigener Erfahrungen übernommene Standpunkt der MAYO-Klinik wird heute auch von anderen Autoren geteilt, nicht nur in Amerika [1]), sondern auch in der Schweiz [2]) und in Finnland [3]).

Nun gibt es Fälle von Hyperthyreoidismus, die auf die Jodmedikation nicht in der geschilderten Weise reagieren sondern eventuell auch eine ausgesprochene Verschlimmerung erfahren. Nach der Ansicht der MAYO-Schule sind das die Fälle von toxischem Adenom, welche demnach von der Jodvorbereitung ausgeschaltet werden müssen. Wir haben aber schon oben auseinandergesetzt, daß eine strenge und sichere Abgrenzung zwischen Vollbasedow und toxischem Adenom oft nicht möglich ist (vgl. auch WAHLBERG). Es hat sich auch herausgestellt, daß es Fälle von Vollbasedow gibt, die gleichfalls die gewünschte Reaktion auf Jod vermissen lassen und daß andererseits auch Fälle von toxischem Adenom gelegentlich durch Jod gebessert werden können [4]). Wie soll man nun diesem Dilemma ausweichen, um die durch Jod besserungs-

---

[1]) JACKSON, A. S.: l. c. — Vgl. auch STARR, P., H. P. WALCOTT, H. N. SEGALL a. J. H. MEANS: Arch. of internal med. Vol. 34, p. 355. 1924 (Bd. 38, S. 448). — FRASER, F. R.: Brit. med. journ. Vol. 1, p. 1. 1925 (Ref. Endocrinology Vol. 9, Nr. 4, p. 343).

[2]) HOTZ, G.: l. c. — MERKE, F.: Schweiz. med. Wochenschr. 1926. S. 78 (Bd. 43, S. 659).

[3]) WAHLBERG, J.: l. c.

[4]) BOOTHBY, W. M.: l. c. — MASON, E. H.: Transact. of the assoc. of Americ. physic. Vol. 39, p. 167. 1924 (Bd. 39, S. 857).

fähigen Fälle zu erkennen und eine Schädigung unter allen Umständen zu vermeiden? Wir werden uns vor allem an die Erfahrungstatsache halten, daß die Jodremission umso sicherer und schneller eintritt, je schwerer der Hyperthyreoidismus ist. Das sind ja auch gerade die Fälle, die sonst durch den operativen Eingriff am meisten gefährdet erscheinen. Die bei kropfigen Individuen langsam zur Entwicklung gekommenen Hyperthyreosen, also die basedowifizierten Strumen, seien es nun toxische Adenome oder basedowifizierte Kolloidstrumen [1]), sind für die Jodvorbehandlung weniger geeignet. Bei ihnen bedeutet aber der operative Eingriff auch nicht die hohe Gefahr wie bei der ersten Kategorie. Da aber unter allen Umständen die Jodbehandlung von der Resektion der Struma gefolgt wird, so kann auch bei sich verschlechternden Fällen kein nennenswerter Schaden angerichtet werden (BOOTHBY). Wir werden also die Jodvorbehandlung vor allem in den Fällen von klassischem Vollbasedow ohne vorausgegangenen Kolloidkropf und mit relativ schneller Entwicklung heranziehen, also dort, wo wir mit dem Vorhandensein einer hyperrhoischen Struma ohne Kolloid rechnen dürfen, und werden mit dem Jod um so vorsichtiger sein, je eher wir größere Kolloidbestände in der Schilddrüse vermuten. Denn das Jod hebt die Hyperrhöe momentan auf wie kein anderes Mittel, es speichert Kolloid, wo keines vorhanden war, es mobilisiert aber Kolloid, wenn es da ist, und stimuliert dann überdies die Tätigkeit der Schilddrüsenepithelien. Die Jodwirkung ist also nach dem Funktionszustand der Drüse durchaus verschieden (BREITNER [2])). In vereinzelten Ausnahmsfällen mag es dementsprechend auch einmal gelingen, durch Jodbehandlung allein, ohne nachfolgende Operation des Krankheitszustandes Herr zu werden (BIEDL [1])), aber doch wohl nur dann, wenn die dem Basedow zugrundeliegende maßlose Überfunktion der Schilddrüse ohnehin im Abklingen ist, die Regulationsstörung aufgehört hat. In manchen Fällen kann wohl auch die Röntgentherapie an Stelle der Operation treten, um die Jodvorbehandlung abzulösen.

Wir haben gehört, daß auch eine weitgehende Parenchymreduktion nicht immer eine volle Heilung des Hyperthyreoidismus gewährleistet, zum Teil sicherlich deshalb, weil sie nicht genügend ausgiebig vorgenommen worden ist. KOCHERS Behauptung, daß die Heilung des Basedow mit um so größerer Sicherheit zu erwarten ist, eine je größere Masse der kranken Schilddrüse entfernt wird, ist zweifellos im allgemeinen richtig und SUDECK, sowie auch manche andere Autoren befürworten eine subtotale Schilddrüsenexstirpation mit Belassung bloß kleiner Stümpfe zur Schonung der Epithelkörperchen. Auch in diesen Fällen erfolgt, trotz Ligatur aller vier Arterien, erfahrungsgemäß eine prompte Regeneration von Schilddrüsengewebe, welches den Ausbruch eines Myxödems verhindert und, wie man hofft, normal funktioniert. Nicht selten aber werden mehrfache Reduktionen notwendig, um den gewünschten Erfolg zu erzielen, und selbst dann bleibt ein gewisser, sehr kleiner Prozentsatz ungeheilter und durch Schilddrüsenoperationen absolut unheilbarer Fälle übrig. Das dürften, soviel ich sehe, diejenigen Fälle sein, wo ein thymogener Basedow vorliegt und wo eine operative Reduktion des hyperplastischen Thymus indiziert ist. Eine Indikation zu dieser Operation erblicke ich demnach mit SUDECK nur in jenen Fällen, in denen trotz ausgiebiger, eventuell mehrfacher Reduktion des

---

[1]) BIEDL, A. u. W. REDISCH: Med. Klinik. 1925. S. 1371 u. 1413 (Bd. 41, S. 487).
[2]) Vgl. auch S. 227.

Schilddrüsenparenchyms keine Besserung des Krankheitsbildes eingetreten und ein hyperplastischer Thymus nachzuweisen ist. Dagegen halte ich den von den meisten Chirurgen heute vertretenen Standpunkt für vollkommen richtig, die gleichzeitige Reduktion von Schilddrüse und Thymus im Sinne von GARRÉ und HABERER [1]) abzulehnen, weil sie das Gefahrenmoment durch die Schwere des Eingriffes erheblich steigert und weil wir wissen, daß es nicht der hyperplastische Thymus an sich ist, der an den postoperativen Todesfällen die Schuld trägt. Heilt der Basedow nach einer Schilddrüsenoperation aus, so bildet sich auch die starke Thymushyperplasie zurück. Da wir auch bei sicherem Nachweis einer Thymushyperplasie ihren Anteil an dem klinischen Bild des Basedow nicht abzuschätzen vermögen, so kommt eine primäre Thymusoperation überhaupt nicht in Betracht.

Die günstigen Ergebnisse dieser heute geübten chirurgischen Basedowtherapie lassen andere chirurgische Verfahren, wie Injektion von heißem Wasser, Glycerin, Jod, Ergotin u. a. in den Kropf oder Resektion des Halssympathicus nach JABOULAY-JONNESCU nicht nur überflüssig [2]), sondern unter Umständen auch schädlich erscheinen. Gelegentlich berichtete Erfolge der Sympathicusoperation [3]) können auch spontane Besserungen darstellen, mit denen wir beim Basedow unbedingt zu rechnen haben [4]). ,,Nur ganz massige Besserungen, nur ein völliger, schneller Umschwung ist daher im Sinne eines therapeutischen Erfolges zu verwerten" (LIEK). Auch im Tierversuch fehlen charakteristische Veränderungen der Schilddrüse nach Resektion des Halssympathicus [5]). Die bloße Unterbindung der Schilddrüsenarterien ist zwar weit weniger gefährlich als die Resektion des Parenchyms ohne Jodvorbereitung, sie reicht aber in der Regel für einen befriedigenden Erfolg nicht aus und kommt daher als vorbereitende Operation in Betracht, wo Jodvorbehandlung nicht angezeigt erscheint.

3. Die Strahlentherapie. Es gibt Radiologen, welche die Röntgentherapie des Basedow in ihrer Wirksamkeit der chirurgischen an die Seite stellen und in jedem Falle eine Bestrahlungsbehandlung durchgeführt wissen wollen, ehe man an eine chirurgische Behandlung schreitet [6]). Daß die später eventuell notwendige Operation durch hochgradige Verwachsungen des Kropfes mit der Umgebung erschwert wird (v. EISELSBERG), soll sich durch eine entsprechende Technik vermeiden lassen [7]). Es ist nicht zu bestreiten, daß viele Fälle von Hyperthyreoidismus durch Röntgenbestrahlung günstig beeinflußt

---

[1]) HABERER, H.: Wien. klin. Wochenschr. 1925. Nr. 34, S. 949.

[2]) Vgl. KLOSE, H. u. A. HELLWIG: Klin. Wochenschr. 1923. S. 627 (Bd. 30, S. 24). — GMELIN, E. u. H. L. KOWITZ: l. c.

[3]) REINHARD, W.: Virchows Arch. f. pathol. Anat. u. Physiol. Bd. 254, S. 507. 1925 (Bd. 40, S. 52). — PARTSCH, F.: Dtsch. Zeitschr. f. Chirurg. Bd. 192, S. 28. 1925 (Bd. 41, S. 33).

[4]) LIEK, E.: l. c. — HYMAN, H. TH. a. L. KESSEL: Arch. of surg. Vol. 8, Nr. 1, p. 149. 1924 (Bd. 35, S. 51).

[5]) KIYONO, H.: Virchows Arch. f. pathol. Anat. u. Physiol. Bd. 257, S. 430. 1925 (Bd. 41, S. 314).

[6]) SIELMANN, R.: Strahlentherapie. Bd. 15, S. 450. 1923 (Bd. 30, S. 315) u. Bd. 19, S. 690. 1925 (Bd. 40, S. 763). — SCHWARZ, G.: Ergebn. d. ges. Med. Herausg. v. TH. BRUGSCH. Bd. 5, H. 1. Urban u. Schwarzenberg 1923. — MEANS, J. H. a. G. W. HOLMES: Arch. of internal med. Vol. 31, p. 303. 1923 (Bd. 28, S. 439). — JENKINSON, E. L.: Americ. journ. of roentgenol. Vol. 10, p. 814. 1923 (Bd. 36, S. 46). — KLEWITZ, F.: Klin. Wochenschr. 1925. S. 1734 (Bd. 41, S. 781). — BORAK, J.: Strahlentherapie. Bd. 23, S. 519. 1926.

[7]) Vgl. HOLFELDER, H.: Med. Klinik. 1925. Nr. 49—51.

oder geheilt werden und unzweifelhaft ist das unmittelbar durch die Behandlung gegebene Gefahrenmoment bei der Röntgentherapie geringer als bei der chirurgischen. Aber durchaus nicht alle Autoren berichten über so günstige Erfolge wie die oben zitierten [1]). Auch durch Röntgenbestrahlungen sind Verschlimmerungen ausgelöst, gelegentlich sogar Todesfälle veranlaßt worden. Meines Erachtens sind vor allem folgende Umstände zu berücksichtigen: Je schwerer und akuter der Hyperthyreoidismus, je lebhafter und fieberhafter die Zelltätigkeit in der Schilddrüse vor sich geht, desto strahlenempfindlicher ist das Organ, desto leichter kann überdosiert und aus einem Hyperthyreoidismus ein Hypothyreoidismus gemacht werden. Eine jedem Einzelfall angepaßte richtige Dosierung können wir vorher nicht angeben und ich kann KLEWITZ nicht beistimmen, wenn er meint, daß sich Verbrennungen und ein durch Überdosierung unerwünschter, zu starker Funktionsausfall der Schilddrüse bei sorgfältiger Technik immer vermeiden lassen. Beides habe ich erlebt bei Kranken, die von allerersten Röntgenologen behandelt worden waren [2]). Auch die Hautempfindlichkeit gegen Röntgenstrahlen scheint nämlich bei Basedowkranken oft gesteigert zu sein [3]). Diese Unmöglichkeit der exakten Dosierung bei der unberechenbar hohen individuellen Empfindlichkeit solcher Kranker, sodann der Umstand, daß wir mit der Röntgentherapie das gesamte Parenchym, jede einzelne Zelle treffen und eventuell übermäßig schädigen, während wir bei der operativen Behandlung einen beliebig gewählten Anteil des Organs unberührt zurücklassen und von ihm eine entsprechende Regeneration erwarten können, diese Gründe veranlassen mich, die Röntgentherapie beim akut entstandenen Vollbasedow nicht zu empfehlen und sie für jene Fälle vorzubehalten, bei denen eine chirurgische Behandlung nicht in Betracht kommt und die beim internistischen Regime allein sich nicht in befriedigender Weise bessern. Der Röntgentherapie sind somit zuzuführen:

1. Formes frustes vom Typus des Basedowoid, wofern sie höhere Grade annehmen und längere Zeit anhalten;

2. Hyperthyreoidismen höheren Grades bei alten Leuten oder Individuen, deren dilatiertem und insuffizientem Herzmuskel eine Operation nicht zugemutet werden kann;

3. seit Jahren bestehende Resthyperthyreoidismen nach Vollbasedow;

4. Fälle, die schon eine oder mehrere Schilddrüsenoperationen ohne genügenden Erfolg überstanden haben und bei denen ein hyperplastischer Thymus nicht nachzuweisen ist;

5. Fälle von Vollbasedow, welche eine Operation ablehnen.

Die gleichen Gesichtspunkte wie für die Röntgenbestrahlung gelten für die in letzterer Zeit von GUDZENT [4]) empfohlene Radium-Mesothoriumbehandlung bei Hyperthyreoidismus. Die vor Jahren von E. STOERK [5]) zuerst angewendete Thymusbestrahlung und die von MANNABERG [6]) eingeführte Ovarial- und Hodenbestrahlung haben sich nicht durchsetzen können, weil die Erfolge zu wenig

---

[1]) PARRISIUS, W.: Strahlentherapie Bd. 14, S. 860. 1923 (Bd. 28, S. 474).
[2]) Vgl. CURSCHMANN, H.: Münch. med. Wochenschr. 1925. S. 1453 (Bd. 42, S. 432).
[3]) DANZIN: Arch. méd. belges. Tom. 77, p. 453. 1924 (Bd. 38, S. 305).
[4]) GUDZENT, F.: Klin. Wochenschr. 1924. S. 2329 (Bd. 38, S. 878).
[5]) STOERK, E.: Mitt. d. Ges. f. inn. Med. u. Kinderheilk., Wien. Bd. 12, S. 231. 1913.
[6]) MANNABERG, J.: Wien. klin. Wochenschr. 1913. S. 693.

überzeugend waren. Überdies sollte man meines Erachtens die Röntgenbestrahlung der Keimdrüsen geschlechtsreifer Menschen aus eugenischen
Gründen nicht vornehmen, wenn keine absolute Indikation hierfür vorliegt[1]).

Kropf und Kretinismus.

Unter Kropf (Struma) versteht man eine chronische Volumzunahme
der Schilddrüse, deren anatomische Natur verschieden sein kann. Man unterscheidet im Anschluß an ASCHOFF, WEGELIN u. a. am besten folgende anatomische Formen des Kropfes:

I. Struma diffusa, Hyperplasie.

1. Struma diffusa parenchymatosa:
   a) Struma congen. neonator.,
   b) Struma adolescentium, Pubertätsstruma [2]),
   c) Struma adultorum, Basedowstruma.
2. Struma diffusa colloides:
   a) großfollikuläre Form,
   b) kleinfollikuläre Form.

II. Struma nodosa, Adenom.

1. Struma nodosa parenchymatosa,
2. Struma nodosa colloides.

III. Struma diffusa et nodosa. Hyperplastisch-adenomatöse Form.

1. Struma diffusa parenchymatosa plus Struma nodosa parenchymat.
2. Struma diffusa parenchymatosa plus Struma nodosa colloides.
3. Struma diffusa colloides plus Struma nodosa parenchymat.
4. Struma diffusa colloides plus Struma nodosa colloides.

Dazu· kommen dann noch andere Formen, wie die Struma cystica, vas-
culosa und maligna. Unsere früheren Ausführungen gestatten ohne weiteres,
dieses rein anatomische System mit dem BREITNERschen funktionellen System
zur Deckung zu bringen. Freilich dürfen wir nicht vergessen, daß auch das
histologische Bild nur mit großer Reserve als Indicator der funktionellen
Aktivität gelten kann und daß die klinischen Erfahrungen oft genug mit dem
histologischen Bild in Widerspruch stehen [3]), weil sie eben nicht bloß von der
absoluten zirkulierenden Hormonmenge, sondern auch vom wechselnden Bedarf
an Hormon und vom wechselnden Reaktionszustand der Erfolgsorgane abhängen.

---

[1]) BAUER, J.: Praktische Folgerungen aus der Vererbungslehre. Med. Klinik. 1925.
Beiheft 1.

[2]) Der sog. Pubertätskropf, der in Wien diesem Typus der Struma diffusa parenchymatosa
zu entsprechen pflegt (GOLD, E. u. V. ORATOR: Virchows Arch. f. pathol. Anat. u. Physiol.
Bd. 252, S. 671. 1924), zeigt in anderen Gegenden (Schweiz, Süddeutschland, Amerika)
den Charakter der Struma diffusa colloides und zwar scheint sich letztere Form aus der
ersteren zu entwickeln, so daß anzunehmen ist, daß die Kropfentwicklung in Wien später
einsetzt, als in den genannten anderen Gegenden (MÜLLER, F.: Therapie d. Gegenw. 1925.
S. 5. — ASCHOFF, L.: Vorträge über Pathol. Jena: G. Fischer 1925).

[3]) Vgl. z. B. KLOSE, H. u. AL. HELLWIG: Arch. f. klin. Chirurg. Bd. 124, S. 347. 1923
(Bd. 29, S. 331), deren Deutung ich übrigens ablehne.

Alle die anatomischen Schilddrüsenveränderungen, die wir unter der Bezeichnung Kropf subsumieren, können aber müssen nicht mit Funktionsstörungen der Schilddrüse einhergehen. Es gibt also: hypothyreotische, hyperthyreotische und euthyreotische Kröpfe. Ihre Symptomatologie und Beurteilung, soweit sie sich aus der Störung der Hormonproduktion ergibt, haben wir in den vorangegangenen Abschnitten ausführlich erörtert, es bleibt uns daher nur eine kurze Besprechung der durch den Kropf als solchen, also durch seine mechanischen Wirkungen hervorgerufenen Symptome übrig. Beim euthyreotischen Kropf formieren natürlich diese allein das klinische Bild. Ein entsprechend gelagerter und entsprechend großer Kropf kann zur Kompression der Luftröhre, des Oesophagus, der am Hals verlaufenden Nerven und Gefäße führen. Namentlich die intrathoracische Struma und der sog. Tauchkropf, der bei kräftiger Exspiration oder Schluckbewegung aus dem Jugulum emportaucht, um im Inspirium wieder hinter dem Sternum zu verschwinden, pflegt solche Druckwirkungen auszuüben. Das klinische Bild dieser natürlich nicht gerade für eine Struma spezifischen Druckerscheinungen im Detail zu schildern, erübrigt sich, da es ja mit der Pathologie der inneren Sekretion nichts zu tun hat. Es seien nur die sehr häufig und bald eintretende Veränderung der Stimme, die meist kombinierte in- und exspiratorische Dyspnoe, Stridor, Reizhusten, die gestauten Venen, kongestive Rötung des Gesichts, Neigung zu Nasenbluten und Stauungskatarrhen der Nase, eventuell Schwindel, Kopfschmerz, Anisokorie, HORNERscher Symptomenkomplex durch Druck auf den Sympathicus hervorgehoben. Sehr häufig findet man bei Trägern großer Kröpfe, auch wenn sie keine nennenswerte Atmungsbehinderung und kein Emphysem hervorgerufen haben, hartnäckige chronische Bronchitiden [1]). Übrigens steht auch das subjektive Gefühl der Atembehinderung nicht immer in einem Verhältnis zur Schwere der Trachealkompression [2]) [3]).

Die jahrelang dauernde Trachealstenose und Dyspnoe, die chronischen Katarrhe und das konsekutive Emphysem führen bei vielen Kropfträgern zu Herzveränderungen, die als mechanisches, dyspnoisches oder pneumisches Kropfherz (ROSE, MINNICH, KOCHER) bezeichnet werden. Sie betreffen naturgemäß das rechte Herz, welches mehr oder minder stark vergrößert ist. Mit der Ablehnung der Existenz eines mechanischen Kropfherzens steht O. STEINER [3]) allein da [2]) [4]). Selbstverständlich hängt es aber auch bei ausgesprochen mechanischen Druckwirkungen des Kropfes von der Beschaffenheit und Widerstandskraft des Herzmuskels selbst ab, ob er der Mehrarbeit gewachsen ist oder Schaden nimmt [4]). Praktisch wichtig ist es, daß das einmal dilatierte Herz sehr oft auch durch operative Beseitigung des Kropfes nicht mehr zu beeinflussen ist und die Vergrößerung nicht mehr zurückgeht [2]). Das mechanische Kropfherz kann natürlich auch mit einem hyperthyreoiden Kropfherzen (F. KRAUS) kombiniert sein, oder es können die durch Insuffizienz der Schilddrüsenfunktion bedingten Herzveränderungen, also ein

---

[1]) BAUER, J.: Dtsch. med. Wochenschr. 1912. Nr. 42, S. 1966; Med. Klinik. 1913. Beih. 5. Konstitut. Disp. l. c.

[2]) MEYER, A. W. u. E. SULGER: Med. Klinik. 1926. S. 834.

[3]) STEINER, O.: Mitt. a. d. Grenzgeb. d. Med. u. Chirurg. Bd. 35, S. 39. 1922.

[4]) ROMBERG, E.: Lehrb. d. Krankh. d. Herzens u. d. Blutgefäße. 4. u. 5. Aufl. Stuttgart: F. Enke 1925.

Myxödemherz, hinzutreten. Dazu kommt noch ein weiterer Typus eines bei Kropfträgern häufig vorkommenden Herzbefundes, das von mir im Gegensatz zum erethischen hyperthyreoiden Herzen sog. torpide Kropfherz [1]). Es ist vor allem charakterisiert durch eine leichte Vergrößerung des linken Herzens, ein akzidentelles systolisches Geräusch über der Pulmonalis und einen akzentuierten, klappenden, oft gespaltenen II. Pulmonalton. Wie ich zeigen konnte, steht aber dieser Herzbefund, ebenso wie der oft im Röntgenbild sichtbare Hochstand des Aortenbogens, die Enge der Aorta und die Vorwölbung des mittleren linken Herzschattenbogens (Mitralkonfiguration) nicht mit dem Kropf als solchem, d. h. weder mit seiner mechanischen, noch mit seiner hormonalen Wirkung in Zusammenhang, sondern ist neben einer Reihe anderer Merkmale der äußeren Körperform und inneren Organisation nur Ausdruck der allgemeinen degenerativen Körperkonstitution der Kropfträger. Daneben spielen beim endemischen Kropf vielleicht auch direkte und unmittelbare Schädigungen des Herzmuskels durch jenes unbekannte Agens eine Rolle, über dessen Natur wir bisher nicht im klaren sind (E. BIRCHER). Ist ein Kranker einmal so weit gekommen, dann kann unter gehäuften Husten- und Erstickungsanfällen, bei Oppressionsgefühl und Orthopnoe schwerste Herzinsuffizienz mit allgemeinen Stauungserscheinungen und schließlich Exitus eintreten.

Ätiologie. Man unterscheidet der Ätiologie nach einen sporadischen von einem endemischen Kropf. Beim sporadischen, d. h. außerhalb einer Endemiegegend vorkommenden Kropf gibt es nur eine obligate Krankheitsbedingung und das ist eine besondere konstitutionelle Veranlagung zur Kropfbildung, wie sie sich aus dem regelmäßigen Vorkommen des Kropfes bei einer ganzen Reihe von Mitgliedern einer Familie und aus dem Fehlen jeglicher nachweisbarer exogener ätiologischer Faktoren ohne weiteres ergibt. Weist doch schon die wesentlich größere Häufigkeit der Struma beim weiblichen Geschlecht auf die endogene Bedingtheit hin. Beim endemischen Kropf spielt das gleiche ätiologische Moment ebenfalls eine gewichtige Rolle, denn wie ich zeigen konnte, erwerben auch in der Endemiegegend durchaus nicht alle Individuen in gleicher Weise den Kropf, sondern es sind konstitutionell abgeartete, degenerativ veranlagte Menschen in besonderem Maße dazu prädisponiert, und auch beim endemischen Kropf spielt das hereditäre Moment eine sehr bedeutsame Rolle (A. KOCHER). Sie ist um so gewichtiger, je weniger wirksam der zweite, der exogene ätiologische Faktor ist, der ja das Wesen der Endemie ausmacht, also für den endemischen Kropf eine obligate Bedingung darstellt. So ergeben sich naturgemäß kontinuierliche Übergänge zwischen dem ganz sporadischen und demnach ausschließlich konstitutionellen Kropf über jene Gruppe von Fällen, die in leichten Endemiegegenden in zahlreichen disponierten Familien zu finden sind, bis zu der ganz schweren Endemie nahezu vollständig verseuchter Bezirke der Alpenländer, der Karpathen, des Himalaia usw., in denen das konstitutionelle Moment gegenüber der hohen Wirksamkeit des exogenen endemischen Agens vollständig in den Hintergrund tritt. Nur in diesem Sinne können wir zugeben, daß ein grundsätzlicher Unterschied zwischen sporadischem und endemischem Kropf eigentlich nicht besteht, wie das z. B.

---

[1]) BAUER, J.: Dtsch. med. Wochenschr. 1912. Nr. 42, S. 1966; Med. Klinik. 1913. Beih. 5; Konstit. Disp. l. c.

Pfaundler [1]) und Wegelin hervorheben, diese Feststellung enthebt uns aber nicht der Notwendigkeit, die obligate exogene Krankheitsbedingung zu suchen, welche eben mit dem Begriff „endemisch" untrennbar verknüpft ist. Von einer Lösung dieser Frage sind wir auch heute noch weit entfernt.

Die noch vor einigen Jahren ziemlich allgemein anerkannte Trinkwasser- oder hydrotellurische Theorie, wie sie namentlich von H. und E. Bircher ausgebaut worden war, ließ sich in dieser Form nicht halten und wurde vor allem durch die sorgfältigen Arbeiten der schweizerischen Kropfkommission (Dieterle, Hirschfeld und Klinger) widerlegt. Ein Zusammenhang des endemischen Kropfes mit einer bestimmten geologischen Formation oder einer

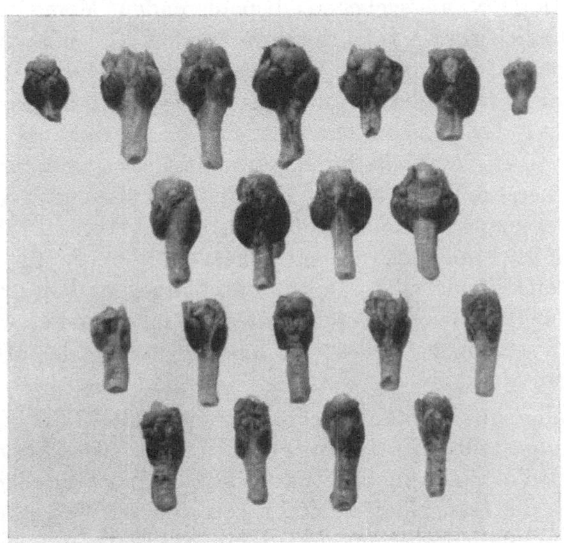

Abb. 24. Obere zwei Reihen: Kropfbildung bei Wiener Ratten, die 3 Monate in einem schweren Endemiegebiet in Vorarlberg gehalten und mit dem dortigen Wasser getränkt wurden. Untere zwei Reihen: Schilddrüsen der Wiener Ratten, welche zur Kontrolle an der Innsbrucker Klinik gehalten wurden. (Eigene Versuche aus den Jahren 1912—1913.)

bestimmten Wasserversorgung läßt sich nicht nachweisen. Die vielen Versuche, bei kropffreien Ratten durch Tränkung mit „Kropfwasser" eine Struma zu erzeugen, ergaben, daß sich an Kropforten tatsächlich bei diesen Tieren Strumen entwickeln, daß es aber gleichgültig ist, ob sie mit frischem oder abgekochtem oder gar mit zugeführtem Wasser aus kropffreier Gegend getränkt werden. Davon konnte ich mich in nicht veröffentlichten eigenen Rattenversuchen aus dem Jahre 1913, die in Vorarlberg ausgeführt worden waren, überzeugen. Dagegen scheint Tränkung mit Wasser aus einer Kropfgegend, an kropffreien Orten durchgeführt, keine Struma erzeugen zu können. Das Kropfagens ist also offenbar an die Örtlichkeit gebunden und speziell v. Kutschera und Taussig haben in sorgfältigen Untersuchungen den Nachweis erbringen können, daß es sogar an bestimmte Häuser und Familien fixiert erscheint. Es sind wiederholt akute Kropfepidemien in Kasernen, Lehranstalten, Instituten usw. beobachtet worden. Menschen und Tiere bekommen in bestimmten Häusern,

---

[1]) Pfaundler, M.: Zeitschr. f. Kinderheilk. Bd. 105, S. 223. 1924.

bei Kontakt mit bestimmten Familien ihren Kropf. Gegen eine solche Kontakt-
infektionstheorie spricht allerdings die Erfahrung, daß kropfige Menschen
und Tiere in kropffreier Gegend bestimmt nicht kontagiös sind.

Am eifrigsten wurde die infektiöse Ätiologie des endemischen Kropfes von
Mc Carrison verfochten. Mc Carrison, der den endemischen Kropf in Gilgit
(Indien) seit Jahren studierte, scheint aber ein von unserem alpenländischen
Kropf recht abweichendes Krankheitsbild vor sich gehabt zu haben. Dort ist
es eine viel akuter, speziell im Frühjahr und Herbst gehäuft auftretende Erkrankung. Wir könnten hierzulande nicht wie Mc Carrison die Dauer der
Erkrankung an endemischem Kropf in Wochen oder gar Tagen angeben. Auch
die von Mc Carrison angegebenen disponierenden Momente wie Schreck,
Aufregung, akute fieberhafte Infektionskrankheiten, Gelenkrheumatismus, sind
für unsere Gegenden jedenfalls so allgemein nicht bekannt. Und in diesen
seinen Fällen konnte der englische Autor die Anwesenheit des Erregers einerseits
im Filterrückstand des Wassers, andererseits im Darmkanal der erkrankten
Individuen nachweisen, ja er will durch Darmantiseptica und durch eine aus den
Darmbakterien hergestellte Vaccine Kropfige im frischen Stadium heilen,
Gesunde vor einer experimentellen Infektion prophylaktisch schützen. Später
wurde die Darminfektionstheorie von Messerli[1]) auch für die Schweizer
Endemie vertreten. Bemerkt sei noch, daß entgegen den Angaben Sasakis
und Mc Carrisons[2]) Versuche, durch Fütterung mit den Faeces Kropfiger bei
Ratten Kropf zu erzeugen, weder mir noch Grassi oder Hirschfeld und
Klinger gelungen sind.

Im letzten Jahrzehnt wurde die schon vor mehr als 70 Jahren von Prevost
und Chatin aufgestellte Jodmangeltheorie wieder hervorgeholt. Die
Schweizer Hunziker, Bayard und Eggenberger suchten den Nachweis zu
erbringen, daß es die mangelhafte Zufuhr von Jod sei, welche die Schilddrüse
zur Anpassung an diesen Zustand und damit zu Epithelwucherung und Vergrößerung veranlaßt, um genügende Mengen Jod aus dem Blut aufnehmen
zu können. Meines Erachtens hat aber Wegelin ganz recht, daß unter diesen
Umständen viel eher eine Inaktivitätsatrophie als eine Wucherung des Parenchyms zu erwarten wäre. Die in Amerika bestätigten Untersuchungen von
v. Fellenberg, der in einer Kropfgegend erheblich weniger Jod in Boden,
Wasser, Nahrungsmitteln und Luft nachweisen konnte als an kropffreien Orten,
sind zwar eine gewichtige Stütze dieser Theorie, Beweiskraft in ätiologischer
Hinsicht kommt ihnen aber ebensowenig zu, wie der alten Erfahrung, daß
Jodzufuhr bei Menschen und Tieren der Ausbildung eines Kropfes entgegenwirkt, sie eventuell verhindert. Es gibt endemischen Kropf auch in Gegenden,
wo gewiß kein Jodmangel herrscht, z. B. in dem stark verseuchten Tal von
Aosta (Grassi), in Norwegen, an manchen Küstenstrichen Englands u. a.[3]).
Selbst in Danzig fand Liek[4]) etwa $15-16^0/_0$ aller Schulkinder mit Kröpfen

---

[1]) Messerli, F.: Zentralbl. f. Bakteriol., Parasitenk. u. Infektionskrankh. Bd. 98,
S. 378. 1926.

[2]) Mc Carrison, R.: Proc. of the New York pathol. soc. Vol. 21, p. 154. 1921 (Bd. 27,
S. 41).

[3]) Pfaundler, M.: l. c. — Schrötter, H.: Wien. klin. Wochenschr. 1925. S. 72 (Bd. 39,
S. 502).

[4]) Liek, E.: Dtsch. med. Wochenschr. 1925. S. 1779 (Bd. 45, S. 347).

behaftet und es entspricht vollständig unserer Auffassung, wenn die konstitutionelle Veranlagung, das heißt also hier das familiäre Auftreten des Kropfes z. B. in Kiel (8,6% weibliche Schulkröpfe) stärker hervortritt, als etwa in Tübingen (30,6% weibliche Schulkröpfe [1])). Während also einzelne Autoren die Existenz eines „Jodhungerkropfes" überhaupt ablehnen [2]), findet die Jodmangeltheorie warme Fürsprecher in so erfahrenen und maßgebenden Forschern wie WAGNER-JAUREGG oder MARINE. Es ist fraglos, daß in den letzten Jahren der endemische Kropf in den verschiedensten Gegenden gewaltig an Frequenz zugenommen hat und daß auch der sporadische Kropf erheblich häufiger geworden ist (LIEK). Es ist gewiß zu erwägen, ob nicht der Mangel an jodhaltigen Dungmitteln, welche den unter Blockade stehenden Ländern während des Krieges und in den ersten Nachkriegsjahren nicht zugänglich waren, für die Zunahme der Kropfhäufigkeit verantwortlich zu machen ist; auch durch die Allgemeinschädigungen des Körpers infolge der mangelhaften Nahrung könnte sich die vermehrte Neigung zur Kropfbildung vielleicht erklären lassen (WAGNER-JAUREGG).

Schließlich wurde neben dem Jod auch anderen Elementen eine Bedeutung für die Ätiologie des endemischen Kropfes zugesprochen, so dem Kalkgehalt des Wassers [3]), dem Magnesium, Silicium, Fluor u. a. Die Radioaktivität des Wassers und Bodens (RÉPIN) und in letzter Zeit auch irgendwelche vom Radium verschiedenen und von der Bodenbeschaffenheit abhängigen aktinischen Schäden (PFAUNDLER) wurden für die Endemie verantwortlich gemacht.

So kommt denn auch WEGELIN resumierend zu der gleichen Anschauung, die ich schon 1913 formuliert habe, daß es sich beim endemischen Kropf nicht um ein einheitliches schädigendes Agens handeln kann, daß es vielmehr eine ganze Reihe „thyreotroper" infektiöser, toxischer und sonstwie schädigender Einwirkungen geben muß, die in verschiedenen Endemiegegenden verschiedener Natur sein dürften. Die Thyreotropie dieser ätiologischen Faktoren muß man sich keineswegs so vorstellen, als ob die betreffende Schädlichkeit, etwa das Produkt eines Mikroorganismus, unmittelbar an der Schilddrüse angreifen und hier eine nichteitrige Thyreoiditis simplex (DE QUERVAIN, BAYON) erzeugen würde. Es kann sich um Allgemeinschädigungen des Organismus handeln, gegen welche die Hyperplasie der Schilddrüse eine Abwehrmaßnahme darstellt, es könnten die Wirkungsbedingungen des Thyroxins an den Erfolgsorganen derart verschlechtert werden, daß eine Mehrarbeit der Schilddrüse als Anpassungsvorgang erscheint. Vieles spricht für eine solche Auffassung. Der endemische Kropf umfaßt alle oben angeführten Arten einer Struma, die diffus parenchymatöse, kolloide und nodöse, ja auch die maligne Degeneration [4]) kommt im Endemiegebiet wesentlich häufiger zur Beobachtung. Es sei beispielsweise erwähnt, daß nach HUGUENIN [5]) in Bern jeder 4. über 8 Jahre alte Hund an einem Schilddrüsenkrebs zugrunde geht.

---

[1]) FRANCK, H.: Dtsch. med. Wochenschr. 1923. S. 1084 (Bd. 31, S. 479).

[2]) ECKSTEIN, A.: Arch. f. Kinderheilk. Bd. 77, S. 14. 1925 (Bd. 42, S. 679). — ECKSTEIN, A. u. M. NUELLE: Zeitschr. f. Kinderheilk. Bd. 40, S. 488. 1925 (Bd. 43, S. 659).

[3]) TANABE, H.: Beitr. z. pathol. Anat. u. z. allg. Pathol. Bd. 73, S. 415. 1925 (Bd. 40, S. 725).

[4]) Vgl. BREITNER, B. u. E. JUST: Mitt. a. d. Grenzgeb. d. Med. u. Chirurg. Bd. 38, S. 262. 1924 (Bd. 40, S. 392).

[5]) HUGUENIN: Klin. Wochenschr. 1925. S. 1665.

Die primäre Reaktion auf die endemische Noxe ist aber allemal eine epitheliale Hyperplasie, eine Parenchymzunahme, aus der sich im weiteren Verlauf durch Hervortreten anlagemäßiger Blastompotenzen (Adenom) und durch degenerative Veränderungen die verschiedenen Kropfformen ergeben [1]). Auch bei frischen Rattenkröpfen sieht man die Zeichen gesteigerter Aktivität und Vermehrung des sezernierenden Parenchyms (v. WAGNER-JAUREGG, LANDSTEINER und SCHLAGENHAUFER). Sekundär erst, offenbar durch Erschöpfung der Leistungsfähigkeit des Organs, kommt es zu degenerativen Prozessen im Kropf, an den Epithelien, im Bindegewebe, an den Gefäßen, zu hyaliner Degeneration oder Kalkablagerungen. Die Adenome nehmen an Häufigkeit mit dem Alter erheblich zu. Möglich, daß darauf allein die größere Häufigkeit des arthritischen Habitus bei Knotenkröpfen zurückzuführen ist, während die lebhaft funktionierenden Kolloidstrumen eher den asthenischen Körperbau bevorzugen sollen [2]). Jedenfalls läßt sich auch für die Bildung von Knotenkröpfen eine familiäre Disposition nachweisen [3]).

Selbstverständlich machen sich auch bei Einwirkung der endemischen Schädlichkeiten jene funktionellen Momente geltend, die für den Aktivitätszustand jeder normalen Schilddrüse maßgebend sind. Die Neugeborenenschwellung mit folgender Rückbildung in der Kindheit, die Präpubertäts- und Pubertätsschwellung mit nachfolgendem Rückgang, die gelegentliche Schwellung zur Zeit der Menstruation, Gravidität und des Klimakteriums sind physiologische Reaktionen, die sich naturgemäß sowohl in der Entwicklung des sporadischen, als auch des endemischen Kropfes besonders geltend machen. In diesem Zusammenhang erscheint eine Beobachtung ASHERs [4]) besonders interessant. Bei kastrierten weiblichen Kaninchen erfährt nach Entfernung einer halben Schilddrüse die zurückbleibende Hälfte eine weit größere Gewichtszunahme als bei normalen weiblichen oder kastrierten männlichen Tieren.

So spielen naturgemäß auch endogene Einflüsse anderer Art, vor allem das Verhalten des übrigen Hormonapparates eine mehr oder minder gewichtige Rolle und Störungen dieses Betriebes sind bei der allgemein degenerativen Veranlagung der Kropfträger keine Seltenheit. In den schon physiologischerweise bevorzugten Lebensphasen macht sich die endemische Schädlichkeit besonders geltend. Je schwerer die Endemie, desto frühzeitiger kommt ihre Wirkung zum Vorschein und kann schon beim Neugeborenen manifest sein.

Therapie. Der Therapie des euthyreoiden Kropfes — und nur von diesem soll hier die Rede sein — stehen zwei äußerst wirksame Mittel zur Verfügung: das Jod und das Messer des Chirurgen. Von der möglichen Gefahr der Jodverabreichung an Kropfkranke haben wir im vorigen Kapitel das Nötige gesagt und auch betont, daß sie mit dem Alter des Kranken und dem Grad seiner nervösen Veranlagung an Wahrscheinlichkeit zunimmt. Aus dem Grundumsatzwert die eventuelle Jodgefährdung zu entnehmen, halte ich für überflüssig; der klinische Nachweis hyperthyreoider Symptome ist hier viel verläßlicher. Wir haben aber auch erfahren, daß das Jod bei einem diffusen Parenchymkropf

---

[1]) Vgl. WEGELIN, C.: Wien. klin. Wochenschr. 1925. Nr. 1, S. 5.

[2]) ORATOR, V. u. H. PÖCH: Mitt. a. d. Grenzgeb. d. Med. u. Chirurg. Bd. 36, S. 393. 1923 (Bd. 29, S. 396).

[3]) BREITNER, B.: Acta chirurg. scandinav. Vol. 57, p. 207. 1924 (Bd. 37, S. 452).

[4]) ASHER, L. u. K. FURUYA: Biochem. Zeitschr. Bd. 147, S. 425. 1924 (Bd. 37, S. 451).

Kolloidspeicherung herbeiführt, was an sich natürlich eine Volumzunahme bedeuten muß und eigentlich dagegen sprechen könnte, das Jod zur Verkleinerung schon bestehender größerer Parenchymstrumen zu verwenden. Anders wäre es freilich mit der prophylaktischen Anwendung bei beginnenden Fällen und bei Fortsetzung der Jodtherapie über das Stadium der Kolloidanschoppung und damit vorübergehenden Vergrößerung des Organs hinaus. Adenome sind in der Regel durch Jod nur wenig oder gar nicht beeinflußbar. Die Jodtherapie ist also anzuwenden bei den Kröpfen des Kindes- und Jugendalters und sie kann mit allen Kautelen versucht werden bei den diffusen Kröpfen Erwachsener, die keinerlei Zeichen von Hyperthyreoidismus aufweisen. Bei Anzeichen einer Rezidivstruma nach vorangegangener Operation bewährt sich die Jodbehandlung oder besser Jodprophylaxe besonders gut. In Fällen von substernaler Struma kann, wenn die Gefahren einer Operation infolge etwa bestehender schwerer Herzveränderungen oder höhergadiger Bronchitis zu groß erscheinen, die Jodtherapie sehr nützlich sein. Je älter der Patient, mit desto kleineren Joddosen soll die Behandlung begonnen werden.

Bei Jugendlichen bis zu 18 Jahren wird man unbedenklich pro Tag 0,001 g Jodkalilösung oder das entsprechende Äquivalent anderer Jodpräparate verordnen und bei 1—2 wöchentlicher Kontrolle von Puls, Gewicht und Tremor eventuell auf höhere Dosen steigen dürfen. Bei älteren Individuen sollte man sich unbedingt an die von Kaspar [1]) empfohlenen Mikrodosen halten und mit 0,001 g Jodkali pro Monat, das ist also Kal. jod. 0,001 : 150,0, täglich früh nüchtern 1 Kaffeelöffel, beginnen. Wenn möglich und nötig, so kann die Dosis allmählich bis auf das 5- und 10fache erhöht werden. Ich kann aus eigener Erfahrung bestätigen, daß einerseits mitunter schon diese erstaunlich kleinen Joddosen wirksam und andererseits Jodschädigungen bei diesem vorsichtigen Vorgehen wohl immer vermeidbar sind. Jodsalben sind wegen der Unmöglichkeit einer genauen Dosierung bei Erwachsenen zu meiden. Selbstverständlich kann auch bei Kindern überdosiert werden. So berichtet Hamburger [2]) über ein Neugeborenes mit großem Kropf, das nach 8tägiger Verabreichung von 0,01 Natr. jod. unter großem Gewichtssturz und Verschwinden des Kropfes zugrunde ging. Es wird sich also empfehlen, auch im Kindesalter sich an die oben bezeichnete initiale Tagesdosis von 0,001 zu halten.

Wo Kompressionserscheinungen vorhanden sind, muß operiert werden. Wo die Jodbehandlung erfolglos war, oder wegen hyperthyreoider Symptome abgebrochen werden mußte, sowie in den Fällen, wo von der Jodbehandlung mehr Nachteil als Vorteil zu erwarten ist (Knoten- und Cystenkröpfe älterer Leute), dort ist entweder eine Therapie überhaupt zu unterlassen oder zu operieren. Die Indikation zur Operation ist hier eine relative, hängt von sozialen und kosmetischen Momenten, vor allem aber davon ab, ob ein Wachstum des Kropfes und damit die Gefahr einer späteren Kompression zu erwarten ist. Denn es ist klar, daß eine Operation bessere Chancen gibt und eine geringere Gefahr bedeutet, in je jüngerem Alter sie vorgenommen wird. Röntgenbestrahlung bei euthyreotischem Kropf ist zu verwerfen. Gold und Orator [3])

---

[1]) Kaspar, F.: Wien. klin. Wochenschr. 1924. S. 713 (Bd. 39, S. 680) u. Wien. med. Wochenschr. 1924. S. 1757 (Bd. 37, S. 238).

[2]) Hamburger, F.: Münch. med. Wochenschr. 1924. S. 1815.

[3]) Gold, E. u. V. Orator: Wien. klin. Wochenschr. 1924. S. 329 (Bd. 35, S. 364).

empfehlen in letzter Zeit folgerichtig die Kombination von Jodmedikation mit Thyreoidindarreichung bei Jugendkröpfen, da ja dieser Kropf der Ausdruck eines gesteigerten Bedürfnisses an Thyroxin darstellt. Führt man also solchen Leuten täglich etwa 0,1 Thyreoidin zu, so fiele die Notwendigkeit der kompensatorischen Hyperplasie fort, die Schilddrüse müßte nicht mehr maximal, sondern könnte bei diesem Zuschuß von außer her wieder mit einer gewissen Reserve optimal arbeiten. Von der Wirksamkeit einer Ovarialextrakttherapie bei Kropf, wie sie mehrfach empfohlen wurde [1]), habe ich mich nie überzeugen können. Ebensowenig sah ich in Tirol von der Darmdesinfektionstherapie mit Thymol, Salol u. dgl., wie sie Mc Carrison für Indien empfohlen hat, auch bei Anwendung großer Dosen einen Erfolg.

Sozial von größter Bedeutung ist die jetzt in der Schweiz, in Österreich, in Süddeutschland und Amerika geübte Kropfprophylaxe durch Verkauf von jodiertem Kochsalz, das etwa 5 mg JK pro 1 kg NaCl enthält. Die geniale Idee einer derartig großzügigen prophylaktischen Maßnahme verdanken wir Wagner-Jauregg, der sie schon vor langen Jahren geäußert hat [2]). Über die Erfolge einer derartigen Prophylaxe mit so kleinen Jodmengen liegen noch keine genügenden Erfahrungen vor. Größere Dosen für diese Kollektivprophylaxe zu verwenden verbietet aber die Möglichkeit von Jodschädigungen bei älteren kropfigen Personen, die natürlich das jodierte Salz gleichfalls anwenden, obwohl es ja ihnen nicht zugedacht ist. So sind natürlich der Kollektivprophylaxe Grenzen gesetzt. In der angewendeten Dosis kommen jedenfalls Schädigungen nicht in Frage, das hat Wagner-Jauregg überzeugend dargelegt, übersteigt doch beispielsweise der Jodgehalt des in Bordeaux in Verwendung stehenden Kochsalzes den Gehalt unseres jodierten Salzes um das Zwei- bis Vierfache, ohne daß hierdurch Jodschäden entstehen würden. Es wird sich aber wohl empfehlen, die Kollektivprophylaxe mit einer entsprechenden Individualprophylaxe zu kombinieren, wo es die Verhältnisse erfordern.

Der endemische Kropf hat wenig Neigung, Erscheinungen von Hyperthyreoidismus hervorzurufen, um so mehr dagegen pflegen sich in schweren Endemiegegenden Ausfallserscheinungen von seiten der Schilddrüsenfunktion bemerkbar zu machen, die im Verein mit einer Reihe von koordinierten Defekten des Organismus mehr oder minder schwerer Art dasjenige ausmachen, was wir endemischen Kretinismus nennen. Wenn man längere Zeit in einem Kropfland lebt, insbesondere aber wenn man Gelegenheit hat, ganze Familien, in welchen Kretinismus vorkommt, zu sehen und zu untersuchen, wird es einem bald klar, daß es eine schärfere Grenze zwischen endemischem Kropf und Kretinismus eigentlich nicht gibt. Zahllose Übergangsformen zwischen ausgesprochenem Kretinismus, leicht hypothyreotischem und gewöhnlichem symptomlosen, also euthyreoiden Kropf speziell in solchen Familien, in welchen einzelne Mitglieder kretinisch sind, machen die Entscheidung über die Zugehörigkeit derartiger Individuen zu einer der beiden Krankheiten unmöglich und rechtfertigen den Terminus „Kretinoid". Es sind oft nur einzelne kretinische Symptome angedeutet, bald eine auffallende Kleinheit oder dicke gewulstete

¹) Bauer, R.: Wien. klin. Wochenschr. 1923. S. 416 (Bd. 32, S. 86). — Coulaud, E.: Ann. de méd. Tom. 14, p. 517. 1923 (Bd. 35, S. 247).
²) Wagner-Jauregg, J.: Wien. klin. Wochenschr. 1924. Sonderbeil. H. 16 u. Wien. klin. Wochenschr. 1925. S. 1277 (Bd. 43, S. 145).

Haut, bald eine Schwerhörigkeit, in der Regel eine auffällige Intelligenzstörung im Sinne einer trägen, verlangsamten Auffassung und eines ebensolchen Vorstellungsablaufes. BIRCHER schildert solche Kretinoide als Durchschnittstypus der Bevölkerung in Kropf- und Kretinengegenden und KOCHER bezieht das phlegmatische Temperament dieser Bevölkerungskreise direkt auf die mangelhafte Schilddrüsenfunktion. Es ist kein Zweifel, daß endemischer Kropf und endemischer Kretinismus zusammengehören, so wie etwa syphilitischer Primäraffekt und gummöse Zerstörung der Nase oder progressive Paralyse zusammengehören. Kein endemischer Kretinismus ohne endemischen Kropf. Und doch ist der Kretinismus nicht einfach identisch mit den Folgeerscheinungen einer insuffizient gewordenen Schilddrüsenfunktion, er deckt sich nicht mit einer Hypothyreose, wenn auch eine solche im Vordergrund des kretinischen Krankheitsbildes steht und eine kardinale Erscheinung des Kretinismus darstellt. Nun darf man nicht vergessen, daß die endemische Schädlichkeit, welcher Art immer sie sein mag, nicht nur zur Ausbildung eines Kropfes Veranlassung gibt, sondern offenbar auch eine Generationen hindurch kumulierte Keimschädigung, sei es direkt, sei es auf dem Wege der Schilddrüsenschädigung, mit sich bringen und damit Ursache werden kann einer allgemeinen, ausgebreiteten und mehr oder minder schweren Degeneration der Bevölkerung, wie wir sie in Kropfländern zu sehen Gelegenheit haben und wie sie im Circulus vitiosus mit der exogenen endemischen Noxe selbst in letzter Konsequenz zu dem führt, was als kretinische Degeneration bezeichnet wird. Es besteht keine Veranlassung, den gut eingebürgerten und sehr bezeichnenden Namen „kretinische Degeneration" durch die von KUTSCHERA [1]) vorgeschlagene Bezeichnung „endemische Dystrophie" zu ersetzen, wenn man sich das Wesen und die Genese dieser Dystrophie vor Augen hält.

Es ist eine ganze Reihe von klinischen Erscheinungen, die einerseits zweifellos einen integrierenden Bestandteil der Endemie und damit der kretinischen Degeneration ausmachen, andererseits aber nicht die Folge insuffizienter Schilddrüsenfunktion darstellen, so die Taubstummheit, reine, d. h. nicht mit Myxödem kombinierte Idiotie, gewisse Zwergwuchsformen, die zum Teil mit einer hypophysären Störung, zum Teil auch mit der frühzeitigen Involution des Thymus zusammenhängen, vor allem aber auf einer ab ovo verminderten Wachstumsanlage beruhen [2]), die abnorm weite, in hohen Falten abhebbare Cutis laxa (SCHOLZ), die vollkommen unregelmäßige Zahnstellung, das allgemein gleichmäßig verengte Becken u. a. Diese Erscheinungen reagieren auch auf die Schilddrüsenbehandlung nicht entsprechend, sie sind Ausdruck eines weitreichenden, in der Population verbreiteten, endemischen Konstitutionsdefektes, einer schweren Degeneration der überdies in abgeschlossenen Gebirgstälern in ständiger Inzucht lebenden Bevölkerung. Mit dieser Extensität der Keimschädigung durch die endemische Noxe hängt die Verbreitung des Status degenerativus und vieler, aus degenerativem Boden emporwachsenden Erkrankungen, so insbesondere des chronischen Gelenkrheumatismus, des Krebses u. a. zusammen. Meine an Tiroler Krankenmaterial gewonnene Auffassung fand· dann in der Schweiz Bestätigung, doch ist es ganz und gar unzulässig,

---

[1]) KUTSCHERA-AICHBERGEN, A.: Wien. klin. Wochenschr. 1926. Nr. 26, S. 741 (Bd. 45, S. 45).

[2]) BAUER, J.: Konstit. Disp. l. c. S. 310.

mit FINKBEINER [1]) die Kretinen als sitzengebliebene Reste eines verschwundenen, niedrig organisierten oder degenerierten Volksstammes anzusehen, weil ihr Skelett primitive Merkmale aufweist. Dieser sonderbare Einfall FINKBEINERs hat ja auch schon von maßgebender Seite Ablehnung erfahren [2]).

Das klinische Bild des endemischen Kretinismus in diesem Zusammenhang im Detail zu schildern, scheint überflüssig. Es genügt der nochmalige Hinweis, daß es sich zusammensetzt aus den uns schon bekannten Symptomen des Hypothyreoidismus mehr oder minder schweren Grades einerseits, aus mannigfachen und variablen Konstitutionsdefekten andererseits. Die Annahme, die der Endemie zugrundeliegenden Noxen könnten keimschädigende Wirkungen entfalten, stützt sich auf klinische Beobachtungen, epidemiologische Feststellungen und Einordnung derselben in unseren biologischen Erfahrungsschatz. Eine experimentelle Überprüfung dieser Frage ist gewiß durchführbar, liegt aber bisher nicht vor.

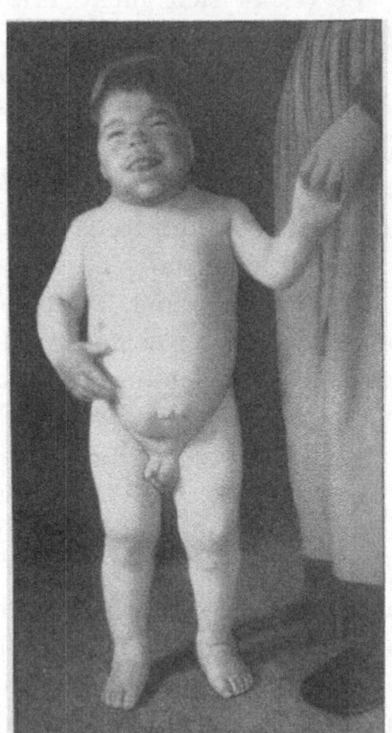

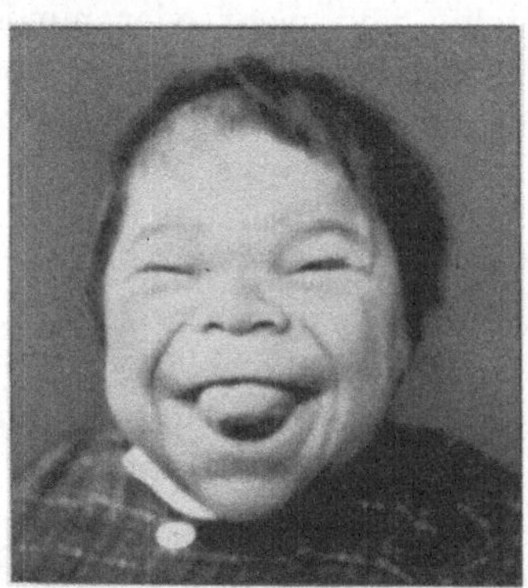

Abb. 25. Endemischer Kretin aus Steiermark[3]).   Abb. 26. Endemischer Kretin aus Steiermark[3]).

Dagegen haben wir Anhaltspunkte dafür, daß die endemische Noxe nicht allein und ausschließlich thyreotroper Natur ist, sondern auch andere Wirkungen im Körper entfaltet. Es hat nämlich den Anschein, daß das Kropfherz nicht nur durch mechanische Druckwirkungen des Kropfes, durch Funktionsstörungen der Schilddrüse im Sinne des Hyper- oder Hypothyreoidismus, sowie durch konstitutionell-degenerative Momente zustande kommt, daß vielmehr, wie E. BIRCHER zuerst angenommen hat, die endemische Noxe, welche zur Kropfbildung führt, gleichzeitig auch den Herzmuskel schädigt [4]). Auch bei Ratten, die durch Aufenthalt in einer Kropfgegend kropfig wurden, findet man eine

---

[1]) FINKBEINER, E.: Die kretin. Entartung nach anthropol. Methode. Berlin: Julius Springer 1923 (Bd. 29, S. 501) u. Klin. Wochenschr. 1924. S. 517 (Bd. 35, S. 298).

[2]) WAGNER-JAUREGG, J.: Wien. klin. Wochenschr. 1924. Nr. 2, S. 44. — DE QUERVAIN, F.: Naturwissenschaften. Bd. 13, S. 277. 1925 (Bd. 40, S. 755).

[3]) Die Photographie verdanke ich Herrn Hofrat Dr. KUTSCHERA-AICHBERGEN in Graz.

[4]) FAHR, TH. u. J. KUEHLE: Virchows Arch. f. pathol. Anat. u. Physiol. Bd. 233, S. 286. 1921.

Dilatation, eventuell auch Hypertrophie des Herzens (E. Bircher, Wegelin). Kropfige Neugeborene und Säuglinge zeigen in der Endemiegegend nicht selten schon erhebliche Vergrößerungen des Herzens (Feer [1])), und zwar mit oder ohne begleitenden Status thymolymphaticus.

Das anatomische Bild der Schilddrüse entspricht bei Vollkretins wohl immer schweren degenerativen, atrophisch-sklerotischen Veränderungen in einem strumös entarteten Organ. Allerdings kommen auch da noch gelegentlich Stellen von annähernd normaler histologischer Struktur vor.

Was die Therapie des endemischen Kretinismus anlangt, so kommt außer eugenisch-prophylaktischen Maßnahmen und der kollektiven und individuellen Kropfprophylaxe nur die von Wagner-Jauregg inaugurierte substitutive Schilddrüsentherapie in Betracht. Daß sie nur beschränkte Erfolge aufzuweisen hat, fällt nicht ihrem Prinzip zur Last und hat folgenden Grund: Vor allem mangelt es immer oder fast immer an der richtigen und konsequenten Durchführung der Schilddrüsendarreichung, dann setzt aber die Behandlung regelmäßig schon zu einem Zeitpunkte ein, wo durch die kongenitale oder frühinfantile Hypothyreose schon irreparable Schäden entstanden sind, und schließlich kann man von dieser Therapie natürlich nur den Ersatz der Schilddrüsenfunktion, nicht aber eine Beeinflussung der verschiedenartigen degenerativen Konstitutionsdefekte erwarten, die mit einem Hypothyreoidismus unmittelbar nichts zu tun haben und nur insoweit mit ihm zusammenhängen, als beide auf die gleiche schwere endemische Schädigung zurückzuführen sind.

Epithelkörperchen.

Die Tetanie.

Das Krankheitsbild der menschlichen Tetanie entspricht durchaus den Folgezuständen, welche sich im Tierversuch nach Epithelkörperchen-Exstirpation einstellen und ist in erster Linie charakterisiert durch eine mehr oder minder hochgradige Übererregbarkeit der nervösen Apparate, in zweiter Linie durch eine Reihe trophischer Störungen, wie wir sie gleichfalls bei parathyreopriven Tieren beobachten können. Die typische und spezifische Manifestation der tetanischen Übererregbarkeit des Nervensystems ist der tetanische Anfall, das sind tonische Muskelkrämpfe, welche am häufigsten die oberen Extremitäten, mitunter auch die unteren Extremitäten, nur selten die Gesichtsmuskulatur befallen. Häufiger erstrecken sich namentlich bei Kindern die Krämpfe auf die Schlund- und Kehlkopfmuskulatur und führen zu dem sog. Laryngospasmus, gelegentlich sind wohl auch verschiedene glatte Muskeln betroffen.

Die Krämpfe in den oberen Extremitäten ergreifen charakteristischerweise ganz bestimmte Muskelgruppen, was der krampfenden Extremität eine bestimmte, nicht zu verkennende Stellung verleiht. Die Finger sind in den Metakarpophalangealgelenken leicht gebeugt, sonst vollkommen gestreckt, der Daumen etwas opponiert und adduziert, wird gegen die übrigen Finger gepreßt. Diese von Trousseau als „Geburtshelferstellung" bezeichnete Eigentümlichkeit der Krampfform ist ein fast untrügliches Zeichen der Tetanie, welches nur gelegentlich bei hysterischen Reizerscheinungen imitiert wird. Zum Unterschied

---

[1]) Feer, E.: Monatsschr. f. Kinderheilk. Bd. 25, S. 88. 1923 (Bd. 30, S. 202).

von diesen wird der tetanische Krampf durch Kriebeln, Ameisenlaufen, kurz durch Parästhesien eingeleitet und ist namentlich bei Erwachsenen häufig ausgesprochen schmerzhaft, was bei hysterischen Muskelkrämpfen nicht der Fall ist. Bei sehr hochgradigen und lang dauernden Krämpfen wurde durch das ständige Anpressen des Daumens an die übrigen Finger an den Berührungsstellen sogar Decubitus beobachtet. Nur ausnahmsweise kommt anstatt der Geburtshelferstellung krampfhafter Faustschluß mit eingezogenem Daumen oder krampfhafte Hyperextension der Finger in sämtlichen Gelenken vor.

An den unteren Extremitäten äußern sich die Tetaniekrämpfe in tonischer Extension in Hüft- und Kniegelenk, sowie maximaler Plantarflexion und Supination des Fußes bei gleichzeitiger Beugung der Zehen. Dazu können sich Adductorenspasmen gesellen. Die besondere Bevorzugung der distalen Extremitätenabschnitte durch die Tetaniekrämpfe hat zu der Bezeichnung Karpopedalspasmen geführt. Die Rumpfmuskulatur beteiligt sich nur sehr selten und in allerschwersten Fällen an den tonischen Krämpfen. Auch im Gesicht treten meist keine eigentlichen Krämpfe auf, indessen verleiht die ständige Hypertonie der mimischen Muskulatur dem Gesicht eine eigenartige Starre und einen ängstlichen Ausdruck. Man spricht geradezu von einem „Tetaniegesicht“ und wegen des leicht zugespitzten Mundes von „Fischmaulstellung“. Der Laryngospasmus ist besonders bei der kindlichen Tetanie eine gefürchtete Manifestationsform und kann sich mit einem Krampf der gesamten Atmungsmuskulatur kombinieren, was gelegentlich einen vollkommenen Atmungsstillstand, eventuell auch Herzstillstand und Tod zur Folge haben kann.

Lid- oder Masseterenkrämpfe, Gähnkrämpfe, Störungen der Sprache durch tonische Starre der Sprachmuskulatur, Krämpfe der äußeren oder inneren Augenmuskeln gehören zu den seltenen Erscheinungsformen der Tetanie. Gelegentlich nehmen die tonischen Kontraktionen den Charakter von Intentionskrämpfen an und können myotonischen Erscheinungen sehr ähnlich werden.

Zu den tonischen Erscheinungen der Übererregbarkeit gesellen sich gelegentlich faszikuläre Muskelzuckungen, unter Umständen aber auch klonische Krämpfe cerebraler Herkunft, wie sie eine reine Eklampsie kennzeichnen. Kontinuierliche Übergänge führen von da zum vollen Bilde der Tetanieepilepsie. In einzelnen Fällen sieht man die Krämpfe regelmäßig nur auf einer Körperseite oder nur in einer Extremität auftreten, ein Vorkommnis, das auf die Bedeutung der autochthonen Reaktionsfähigkeit und des selbständigen Erregbarkeitsgrades der einzelnen Abschnitte des Zentralnervensystems ein klares Licht wirft (Spiegel).

Besonders im Anschluß an Krampfanfälle kann eine ausgesprochene Herabsetzung der Muskelkraft, gelegentlich sogar ausgesprochene Parese vorkommen. Dieselbe Beobachtung läßt sich auch bei der parathyreopriven Tetanie der Tiere insbesondere beim Affen machen. Tetaniekranke ermüden auch bei körperlicher Arbeit rascher.

Von sensiblen Störungen stehen häufig Parästhesien und das Gefühl von Ziehen und Spannen in den Extremitäten im Vordergrund. Diese Sensationen, welche einen Tetanieanfall regelmäßig einzuleiten pflegen, können auch ohne einen solchen die Hauptklage der Kranken bilden. Nach stärkeren tetanischen Anfällen wird gelegentlich auch über Schmerzen in den Knochen oder Gelenken geklagt [1]). In einer Reihe von Fällen wurden auch ausgesprochene psychische Störungen in· Gestalt einer halluzinatorischen Verwirrtheit oder tiefer Depressionszustände beobachtet.

Die Übererregbarkeit des vegetativen Nervensystems kann zu mehr oder minder ausgesprochenen Krankheitserscheinungen führen. Pylorospasmus mit Dilatation des Magens, spastische, sanduhrförmige Einziehungen des Magenkörpers, Hypersekretion, Diarrhöen, ferner Sphincterkrampf der Blase mit hochgradiger Harnverhaltung bei Kindern, Neigung zu Schweißen, zu Tachykardie und Herzklopfen sowie angiospastischen Erscheinungen sind die Manifestationen dieser vegetativen Übererregbarkeit. Selbstverständlich läßt sich diese auch durch die üblichen physikalischen und pharmakodynamischen Untersuchungsmethoden feststellen.

Die Pilocarpin- und Adrenalinreaktion pflegt bei Tetaniekranken verstärkt zu sein. Eine besondere Form der tetanischen Übererregbarkeit stellt die von R. LEDERER beschriebene Bronchotetanie dar. Der tetanische Bronchospasmus kann bei Säuglingen unter Umständen zu mehr oder minder ausgedehnten Atelektasen des Lungengewebes und ihren Folgen, eventuell zum letalen Ausgang führen.

Störungen der Trophik bei Tetanie betreffen ausschließlich ektodermale Abkömmlinge: Zahnschmelz, Linse, Haut, Haare und Nägel. Die Schmelzdefekte der Zähne sind

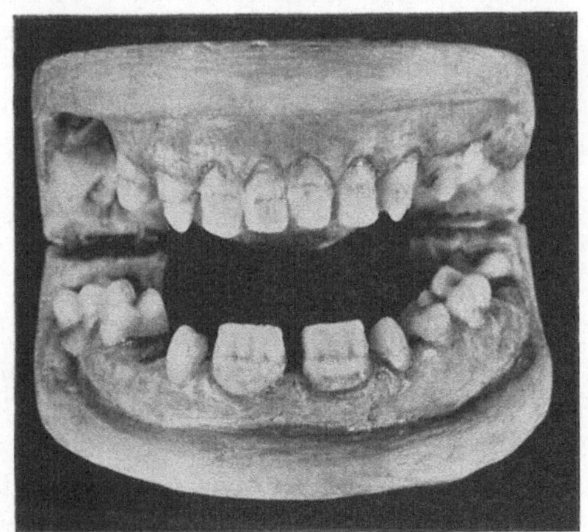

Abb. 27. Defekt im Zahnschmelz bei Tetanie.
(Nach W. FALTA.)

meist als horizontale, streifenförmige oder aber kleine, grubige Vertiefungen der Zahnoberfläche, insbesondere der Schneidezähne erkennbar. Ihr Zusammenhang mit Tetanie ist in einer großen Anzahl von Fällen sichergestellt, wenngleich derartige Defekte sich auch im Anschluß an schwere akute Infektionskrankheiten entwickeln können. Ob hierbei die Epithelkörperchen gleichfalls eine Rolle spielen, ist fraglich. Linsentrübungen, bei jugendlichen Individuen meist als Cataracta perinuclearis, gehören zu den häufigeren Symptomen der Tetanie. Sehr schütterer Haarwuchs, rascher Haarausfall, brüchige, gefurchte Nägel, die in seltenen Fällen auch vollkommen abgestoßen werden können, um nach Abklingen des akuten Tetaniestadiums rasch wieder ersetzt zu werden, sind gleichfalls unter den trophischen Störungen der Tetanie zu erwähnen. Die rachitisch-osteomalacischen Knochenveränderungen Tetaniekranker sind an anderer Stelle ausführlicher gewürdigt.

Vereinzelt wurde über Neuritis optica mit konsekutiver Atrophie berichtet. Das Herz kann bei spasmophilen Kindern beträchtlich erweitert sein, im Elektrokardiogramm soll die R-Zacke niedrig, die T-Zacke abnorm hoch sein. Der plötzliche Tod tetanischer Kinder wurde auch als Herztetanie

---

[1]) FALTA, W. u. FR. KAHN: Zeitschr. f. klin. Med. Bd. 74, S. 2. 1911.

angesprochen. Im Blute findet man nach den Anfällen eine gelegentlich sehr beträchtliche Polyglobulie. Die Zahl der Erythrocyten kann sieben Millionen übersteigen, die Leukocyten können erheblich vermehrt sein, wobei die Lymphocyten sich an der Vermehrung besonders stark beteiligen. Die Körpertemperatur ist in vereinzelten Fällen von Tetanie mit häufigen Anfällen nicht unerheblich gesteigert. Im akuten Stadium der Tetanie besteht eine beträchtliche Steigerung des Stoffwechsels, die sich auf eine vermehrte Eiweißeinschmelzung mit Störung des intermediären Eiweißabbaues, gesteigerte Wärmebildung, gesteigerten Kohlehydratumsatz und Störungen des Ionenhaushaltes, vor allem eine Herabsetzung der Ca-Ionen sowie Vermehrung der K-Ionen und des anorganischen Phosphors im Blute erstreckt.

Eine Reihe charakteristischer Untersuchungsbefunde sind zum Nachweise der Übererregbarkeit Tetaniekranker von Wert. Am bekanntesten ist die mechanische Übererregbarkeit der motorischen Nervenstämme, die zumeist am Nervus facialis geprüft zu werden pflegt. Wir bezeichnen als Chvostek I den stärksten Grad des Phänomens, wobei das Beklopfen der Gegend vor dem Gehörgang bzw. deren bloßes Bestreichen mit dem Hammergriff eine Zuckung im Bereiche des gesamten Facialisgebietes mit Einschluß des Stirnastes herbeiführt. Chvostek II nennt man das Ansprechen der Mund- und Nasenflügelmuskulatur, während bei Chvostek III lediglich die Muskulatur des Mundwinkels in Kontraktion gerät. Das CHVOSTEKsche Zeichen gehört zu den regelmäßigen Symptomen der menschlichen Tetanie und fehlt bei dieser nur ausnahmsweise dauernd. Andererseits ist eine geringgradige mechanische Übererregbarkeit des Faciàlis so häufig, daß man wohl nur den Chvostek I oder II bzw. die Auslösbarkeit der Kontraktion durch bloßes Bestreichen mit dem Hammerstiel oder mit dem Fingernagel als verläßliches Symptom der Tetanie anzusehen berechtigt ist. Der Zusammenhang mit Tetanie ergibt sich interessanterweise auch daraus, daß zu Zeiten von Tetanieepidemien auch die Häufigkeit des Facialisphänomens bei Individuen zunimmt, die sonst keinerlei Zeichen von Tetanie aufweisen. Die mechanische Übererregbarkeit läßt sich auch an anderen Nervenstämmen feststellen, so am Peroneus (LUSTsches Symptom) oder am Tibialis (SCHLESINGER). Da man gelegentlich durch Beklopfen des Nervenstammes eine Zuckung auch in der entsprechenden kontralateralen Muskulatur auslösen kann, so wurde neben der mechanischen Übererregbarkeit mit Recht wohl auch an eine reflektorische Übererregbarkeit gedacht.

Meist ist bei Tetanie auch eine Steigerung der direkten mechanischen Muskelerregbarkeit vorhanden, die jedoch nur in der Form des SCHULTZEschen Zungenphänomens klinische Bedeutung hat. Bei vielen Fällen von Tetanie läßt sich nämlich durch Beklopfen der Zunge mit dem Perkussionshammer eine umschriebene Dellenbildung erzeugen. Durch mehrfaches Beklopfen an verschiedenen Stellen der Zunge kann man, wie sich SCHULTZE ausdrückte, „die Substanz der Zunge gewissermaßen so umformen wie der Bildhauer seinen Ton“.

Die Steigerung der elektrischen Erregbarkeit der motorischen Nervenstämme wird nach ihrem Entdecker als das ERBsche Phänomen bezeichnet. Der Schwellenwert für das Auftreten der K. S. Z. ist mehr oder minder stark herabgesetzt, bei verhältnismäßig geringen Strömen erhält man einen K. S. Tetanus. Auch die A. S. Z. und die A. Oe. Z. treten schon bei geringer

Stromstärke auf. Besonders charakteristisch ist eine bei verhältnismäßig geringer Stromstärke erzielbare K. Oe. Z. Die Herabsetzung des Schwellenwertes für die K. S. Z. ist allerdings stets mit großer Vorsicht zu beurteilen, da schon unter normalen Verhältnissen große individuelle Differenzen der Erregbarkeit vorhanden sind. Wenn also beispielsweise für den N. ulnaris als Normalwerte der K. S. Z. 0,6 bis über 3 MA., für den Radialis 0,9 bis 3,4 MA. als normal angegeben werden, so kann begreiflicherweise ein Wert, der noch innerhalb dieser normalen Variationsbreite gelegen ist, für das betreffende Individuum im Vergleiche zu seinem früheren Habitualwert eine Erhöhung bedeuten. Man wird also vor allem auf die leichte Auslösbarkeit des K. S. T., eventuell der K. Oe. Z. besonderen Wert legen. Bei der Tetanie der Kinder spielt das ERBsche Zeichen eine ganz besonders wichtige Rolle. Hier wird eine anodische Übererregbarkeit (A. Oe. Z. unter 5 MA.) als mittlerer Grad und eine kathodische Übererregbarkeit (K. Oe. Z. oder K. S. T. unter 5 MA.) als hoher Grad unterschieden. Die elektrische Übererregbarkeit der Nervenstämme ist ein nahezu konstantes Symptom der menschlichen Tetanie und es sind nur ganz vereinzelte Fälle beschrieben worden, in denen es insbesondere auch unmittelbar nach tetanischen Krampfanfällen dauernd fehlte. Bei Halbseitentetanie kann es auch gelegentlich bloß auf einer Seite beobachtet werden (v. FRANKL-HOCHWART).

Das TROUSSEAUsche Phänomen ist die Auslösbarkeit eines typischen tetanischen Krampfanfalles mit Geburtshelferstellung der Hand durch Umschnürung des Oberarms mit einer elastischen Binde. Nach mehr oder minder kurzer Zeit pflegt diese Prozedur zu der charakteristischen Krampfstellung zu führen. Eine analoge Bedeutung hat das SCHLESINGERsche Beinphänomen. Bei Beugung des im Kniegelenk gestreckten Beines im Hüftgelenk kann man mitunter schon nach wenigen Sekunden, meist nach zwei bis drei Minuten einen tonischen Krampf der Beinmuskulatur unter Parästhesien und Schmerzen auftreten sehen. Als POOLsches Phänomen bezeichnet man die Auslösung eines typischen Krampfes der Armmuskulatur bei starkem Zug am senkrecht in die Höhe gehaltenen Arm. Allen diesen Phänomenen liegt nicht nur die Übererregbarkeit der betreffenden motorischen Nerven, sondern auch eine Erhöhung der zentralen Reflexerregbarkeit zugrunde, denn einerseits kann gelegentlich bei Druck auf den Nervenplexus einer Extremität der Krampf auch in der kontralateralen Extremität auftreten, andererseits beteiligt sich bei dem SCHLESINGERschen Beinphänomen gelegentlich auch die Femoralismuskulatur, wiewohl der Reiz nur den gedehnten Ischiadicus betroffen hat [1]. Daß beim TROUSSEAUschen Phänomen die Anämisierung keinesfalls die Hauptsache darstellt und der Druckreiz auf die Nervenstämme das Wesentliche bedeutet, ergibt sich ja aus der Analogie des TROUSSEAUschen mit den Phänomen von POOL und SCHLESINGER, bei welchen ja eine Anämisierung nicht stattfindet [2].

Als HOFFMANNsches Zeichen bezeichnet man die Übererregbarkeit der sensiblen Nerven gegenüber mechanischen und elektrischen Reizen. Beklopfen oder elektrische Reizung von Nervenaustrittspunkten wie z. B. des Trigeminus löst nicht nur eine auffallend starke Schmerzempfindung, sondern auch eine ungewöhnliche Ausbreitung dieser Empfindung im Versorgungsgebiete des gereizten Nerven aus. Dabei entspricht die Intensität der Empfindung der

---

[1] TEZNER, O.: Monatsschr. f. Kinderheilk. Bd. 29, S. 20. 1924 (Bd. 39, S. 57).
[2] BEHRENDT, H. u. H. KLONK: Klin. Wochenschr. 1924. S. 1311 (Bd. 38, S. 597).

Zuckungsformel für den galvanischen Strom. Auch die sensorischen Hirnnerven lassen Übererregbarkeit erkennen. Chvostek jun. beschrieb sie für den Acusticus, indem er schon bei Strömen von 2,5 MA. eine K. S. Klangempfindung bzw. Klangdauerempfindung auftreten sah. Eine analoge Übererregbarkeit wurde auch von v. Frankl-Hochwart für die Geschmacksempfindung nachgewiesen.

Als auslösendes Moment für die einzelnen Krampfanfälle sowie auch für das Auftreten der tetanischen Erscheinungen überhaupt werden wiederholt körperliche Traumen oder stärkere seelische Insulte angegeben. Wichtiger als das ist die allgemeine Tetaniebereitschaft im Frühjahr sowie die sonderbare Häufung der Tetanie an bestimmten Orten (Wien, Heidelberg), während in anderen Gegenden, z. B. in Japan, die Tetanie zu den größten Seltenheiten gehört.

Nach der Ätiologie und dem klinischen Gesamtbilde lassen sich mehrere Gruppen auseinanderhalten, die wohl allesamt durch den gemeinsamen, charakteristischen und soeben geschilderten Symptomenkomplex der Tetanie miteinander verbunden sind, pathogenetisch aber offenbar doch keine Einheit darstellen. Die wichtigste Gruppe bildet die

1. Parathyreoprive Tetanie nach Kropfoperation, weil sie den ursächlichen Zusammenhang zwischen Tetanie und mangelhafter Epithelkörperchenfunktion in unzweifelhafter Weise dartut. Seit den ersten Beobachtungen aus der Billrothschen Klinik in Wien durch Nathan Weiss und den systematischen Studien v. Eiselsbergs, Kochers, Erdheims, Pineles' u. a. weiß man, daß sich im Anschluß an Kropfoperationen Tetanie entwickeln kann und daß diese Tetanie immer nur dann eintritt, wenn durch die Operation außer dem Schilddrüsen- auch Epithelkörperchengewebe in entsprechendem Ausmaße entfernt wurde. Von den schwersten, schon wenige Stunden nach der Operation auftretenden tetanischen Zuständen mit Übergreifen der Krämpfe auf nahezu die gesamte Körpermuskulatur, mit epileptiformen Anfällen, Laryngospasmus, Aussetzen der Atmung und eventuell tödlichem Ausgang gibt es alle Übergänge zu jenen leichtesten Formen chronischer latenter Tetanie, welche nur durch bestimmte Untersuchungsmethoden (Prüfung auf mechanische und galvanische Übererregbarkeit usw.) zu erkennen sind und nennenswerte Krankheitserscheinungen bei normaler Lebensweise gar nicht hervorrufen. Es ist klar, daß mit der Erkenntnis des Wesens dieser Tetanieform ihre Vermeidung in der überwiegenden Mehrzahl der Fälle möglich geworden ist. Es genügt, bei Kropfoperationen die beiden Unterlappen der Schilddrüse zu schonen, um der Gefahr einer postoperativen Tetanie zu entgehen. Allerdings wird bei der Operation maligner Strumen dieser Forderung gelegentlich nur schwer entsprochen werden können.

2. Tetanie durch mechanische Schädigung der Epithelkörperchen. Eine solche Schädigung kann unter Umständen akut eintreten, wenn durch ein Trauma eine Zerstörung von Epithelkörperchensubstanz erfolgt ist. Es sind Fälle bekannt, in denen kurz nach einem schweren Sturz typische Tetanieerscheinungen einsetzten. In einem solchen Falle ergab die Autopsie zahlreiche frische Blutungen im Parenchym der an und für sich hypoplastischen Epithelkörperchen[1]. Auch die Tetanie der Säuglinge dürfte zum Teile wenigstens

---

[1] Proescher, F. a. Th. Diller: Americ. journ. of the med. sciences. Vol. 143, p. 696. 1912.

einen ähnlichen Ursprung haben, denn ERDHEIM und YANASE fanden in den Epithelkörperchen von Säuglingen, die an Tetanie gelitten oder mindestens eine elektrische Übererregbarkeit ihrer Nerven gezeigt hatten, fast regelmäßig Blutungen oder Reste von solchen. Wahrscheinlich sind derartige Hämorrhagien auf das Geburtstrauma zurückzuführen. Sie werden weniger durch Zerstörung von Parenchym als durch die sekundär durch sie verursachte Wachstumshemmung verhängnisvoll (HABERFELD).

Eine mechanische Schädigung der Epithelkörperchen kann aber auch chronisch entstehen, wenn infolge der eigentümlichen topographischen Beziehungen der Epithelkörperchen zur Schilddrüse strumöse Veränderungen oder schrumpfende Prozesse der Thyreoidea zu Druck und Zerrung der anliegenden kleinen Beischilddrüsen mit folgender Atrophie ihres Gewebes führen. Bei einfachem Kropf, vor allem aber bei Basedow, können auf diese Weise Tetaniesymptome zustande kommen. Beim endemischen Kropf in Indien beobachtete MC CARRISON sehr häufig Tetanie und bei dem operativen Kropfmaterial der Klinik EISELSBERG fand JATROU [1]) in 32,3°/₀ der Fälle ein positives CHVOSTEKsches Phänomen, das er als Symptom einer latenten Tetanie anspricht.

3. Tetanie durch Übergreifen von Entzündungsprozessen auf die Epithelkörperchen. Es ist klar, daß entzündliche Prozesse, die sich in der Schilddrüse abspielen, gelegentlich auf das Gewebe der Epithelkörperchen übergreifen und bei entsprechender Beeinträchtigung ihrer Funktion tetanische Symptome erzeugen können. Allerdings wird man mit diesem Ereignis wohl nur höchst ausnahmsweise zu rechnen haben. Durch Terpentinölinjektion in die Schilddrüse ist es übrigens bei Hunden und Ratten gelungen, eine akute Entzündung auch der Epithelkörperchen, also eine Parathyreoiditis und vereinzelt selbst Tetanie zu erzeugen [2]).

4. Tetanie bei Infektionen und Vergiftungen. Tetanieerscheinungen sind bei oder im Anschluß an Anginen, Influenza, Pneumonie, akuten Gelenkrheumatismus, Typhus, Dysenterie u. a. Infektionskrankheiten beschrieben worden. In der Mehrzahl aller dieser Beobachtungen handelt es sich wohl nur um das Manifestwerden einer latenten Tetanie unter dem Einfluß der betreffenden Allgemeinerkrankungen, wobei der Infektionskrankheit lediglich eine unspezifisch auslösende Rolle zuzuschreiben ist. Wie oft dabei doch eine degenerative oder entzündliche Parenchymschädigung von Bedeutung ist, läßt sich nach dem vorliegenden Material nicht sagen. Für die Tuberkulose ist es erwiesen, daß sie Erscheinungen tetanischer Übererregbarkeit verhältnismäßig häufig hervorruft — das CHVOSTEKsche Symptom z. B. ist bei Phthisikern durchaus gewöhnlich — nur in seltenen Fällen wird man aber eine spezifisch tuberkulöse Affektion der Nebenschilddrüsen hierfür verantwortlich machen können. Allerdings wurde auch schon Tuberkelbildung in den Epithelkörperchen mit konsekutiver Tetanie beschrieben.

Was für die Infektion, gilt in noch stärkerem Maße für die Intoxikation. Alle die Gifte, die gelegentlich einmal Tetaniesymptome hervorrufen können, wie Kohlenoxyd, Morphium, Atropin, Blei, Phosphor, Chloroform, Äther, Ergotin u. a., alle üben sie diese Wirkung nur ganz ausnahmsweise, bei

---

[1]) JATROU, ST.: Mitt. a. d. Grenzgeb. d. Med. u. Chirurg. Bd. 36, S. 356. 1923 (Bd. 29, S. 464).

[2]) DIETERICH, H.: Beitr. z. klin. Chirurg. Bd. 131, S. 511. 1924 (Bd. 37, S. 239).

bestimmten Individuen und nicht etwa generell aus. Auch im Tierversuch beeinflussen sie die elektrische Erregbarkeit der Nervenstämme nicht, bei Katzen jedoch, die durch partielle Parathyreoidektomie in den Zustand latenter Tetanie versetzt wurden, können sie tetanische Krämpfe auslösen (RUDINGER). Zur Gruppe der Intoxikationstetanie gehört auch die sehr seltene Nephritis-tetanie, bei der die urämische Autointoxikation zweifellos auch nur bei disponierten, also latent tetanischen Individuen die Rolle des auslösenden Faktors übernimmt [1]). Hier lassen sich wohl auch am zwanglosesten die Beobachtungen von MELCHIOR und NOTHMANN [2]) einreihen, denen zufolge gelegentlich im unmittelbaren Anschluß an operative Eingriffe, und zwar auch an kropfferne Operationen wie Appendektomie, Hodenoperationen u. a. rasch vorübergehende tetanische Symptome wie typische Muskelkrämpfe, Zuckungen, CHVOSTEKsches, ERBsches, TROUSSEAUsches Phänomen auftreten können. Mit Recht machen die Autoren eine besondere individuelle Disposition für diese eigenartige Reaktionsweise verantwortlich und meinen, daß bei deren Vorhandensein vielleicht jede beliebige Noxe und nicht nur der gerade vorgenommene operative Eingriff bzw. die durch ihn gesetzte Allgemeinschädigung des Organismus die Tetanieerscheinungen ausgelöst hätte.

5. Tetanie bei Magen-Darmkrankheiten. In dieser Gruppe sind zunächst jene Fälle auszuscheiden, bei denen gastrointestinale Symptome eine Folgeerscheinung der Tetanie darstellen, also keineswegs als Ausdruck einer primären, für die Tetanie ätiologisch bedeutsamen Magen-Darmerkrankung angesprochen werden können. Eine weitere Kategorie stellen die Fälle dar, in welchen eine akute Dyspepsie, eine Enteritis, Cholelithiasis, ein Icterus catarrhalis oder Helminthiasis tetanische Symptome auslösen. Diese Fälle gehören naturgemäß wieder zu der großen Gruppe latenter Tetanie bzw. ständiger Tetaniebereitschaft, wo verschiedenartigste unspezifische exogene und endogene Schädigungen des Gesamtorganismus das auslösende Moment für die Manifestation dieser Bereitschaft darstellen können. Für diese Auffassung spricht auch die schon von v. FRANKL-HOCHWART nachgewiesene Häufung solcher Fälle in der charakteristischen Tetaniejahreszeit, im Frühling.

Eine besondere Form der Tetanie repräsentieren dagegen jene meist sehr schweren Tetaniefälle, die gelegentlich bei länger dauernden Stenosen des Pylorus oder Dünndarms mit Dilatation des Magens vorkommen und dann in der Regel ein Signum mali ominis bedeuten. Schwerste, protrahierte tetanische Muskelkrämpfe pflegen dann die gesamte Körpermuskulatur zu ergreifen und meist von einem letalen Ausgang gefolgt zu sein. KUSSMAUL, der erste Beschreiber dieser schweren Tetanieform, hatte für sie die hochgradige Bluteindickung und Austrocknung infolge der Magendilatation verantwortlich gemacht, eine Auffassung, der auch BIEDL nicht abgeneigt ist, da er bei einem Falle von Diabetes insipidus während einer Einschränkung der Wasserzufuhr einen Anfall schwerster Tetanie auftreten sah. Dennoch kann diese Erscheinung keine allgemeine Gültigkeit beanspruchen, da man

---

[1]) BAUER, J.: Wien. klin. Wochenschr. 1912. Nr. 45.
[2]) MELCHIOR, E. u. M. NOTHMANN: Mitt. a. d. Grenzgeb. d. Med. u. Chirurg. Bd. 37, S. 9. 1923 (Bd. 33, S. 185). — MELCHIOR, E.: Zentralbl. f. Chirurg. Bd. 50, S. 1423. 1923 (Bd. 32, S. 314). — Vgl. dem gegenüber STEICHELE, H. u. A. SCHLOSSER: Arch. f. klin. Chirurg. Bd. 134, S. 176. 1925 (Bd. 39, S. 913).

sonst bei Insipiduskranken auch während eines streng durchgeführten Durstversuches mit ausgesprochener Eintrocknung des Organismus Tetanie nicht auftreten sieht. Auch zum Symptomenkomplex des ·Verdurstens gehört die Tetanie keineswegs. Auch die Theorie, daß toxische Substanzen aus dem gestauten Magen-Darminhalt zur Resorption gelangen und auf diese Weise eine Tetanie hervorrufen bzw. auslösen, läßt sich nicht leicht stützen. Die Epithelkörperchen wurden bei tödlich verlaufender Tetania gastrica mehrfach untersucht. Gelegentlich wurden wohl degenerative und entzündliche Veränderungen, Hypoplasie oder Reste von Blutungen in ihnen gefunden, in anderen Fällen erwiesen sie sich aber als vollkommen normal, ja als besonders groß und schön ausgebildet.

Die neuere Erkenntnis, daß eine Alkalose des Blutes und der Gewebe durch eine konsekutive Verminderung der Ca-Ionenkonzentration tetanische Übererregbarkeitserscheinungen hervorzurufen vermag, hat auch auf die Genese der Tetania gastrica ein neues Licht geworfen. Man hat angenommen, daß der starke Verlust an sauren Valenzen, wie er bei einer länger bestehenden hochgradigen Magendilatation eintreten kann, durch die konsekutive Alkalose des Blutes und der Gewebe die Tetanie hervorrufen könne. Die Magentetanie hätte also den gleichen pathogenetischen Mechanismus wie die als nächste Gruppe angeführte Hyperventilations- oder Atmungstetanie und hätte vor allem mit den Epithelkörperchen höchstens insofern etwas zu tun, als deren Suffizienzgrad mitbestimmend wäre für den Zeitpunkt des Eintrittes und die Schwere der tetanischen Erscheinungen. Es ist aber wohl mehr als fraglich, ob in allen Fällen dieser schweren gastrointestinalen Tetanieform tatsächlich ein so bedeutender Säureverlust und eine nennenswerte Alkalose zustande kommt. Auch die besondere Schwere und Gefährlichkeit dieser Tetanieform sowie ihre verhältnismäßig doch große Seltenheit bedarf vom Standpunkt der Alkalosetheorie einer Erklärung.

6. Die Hyperventilations- oder Atmungstetanie. Diese bezüglich ihrer Pathogenese schon in einem früheren Kapitel besprochene Tetanieform, welche mit den Epithelkörperchen nichts zu tun hat, kommt, abgesehen von der willkürlichen experimentellen Erzeugung anscheinend auch spontan in seltenen Fällen zur Beobachtung. Einerseits ist es die funktionell-nervöse Tachy- und Polypnoe, wie sie gelegentlich im Rahmen funktioneller Neurosen eintritt, andererseits scheinen nach ADLERSBERG und PORGES [1]) auch auf encephalitischer Grundlage Atmungsstörungen vorzukommen, welche zu vereinzelten tetanischen Erscheinungen Veranlassung geben. Selbstverständlich wird gerade in derartigen Fällen die Differenzierung gegenüber einer hysterischen Pseudotetanie mit besonderer Sorgfalt erwogen werden müssen. Die unter Parästhesien und Schmerzen einsetzenden Krämpfe mit der charakteristischen Muskellokalisation, die Unabhängigkeit von suggestiven Einflüssen, das ERB sche Phänomen sichern vor dieser Verwechslung. Bei Herzkranken, vor allem dekompensierten Mitralfehlern mit Hyperpnoe, wurden nur das CHVOSTEK sche, einmal auch das TROUSSEAU sche Phänomen, aber keine Spontankrämpfe beobachtet. Der Funktionszustand der Epithelkörperchen entscheidet bei der

---

[1]) ADLERSBERG, D. u. O. PORGES: Die neurotische Atmungstetanie, eine neue klin. Tetanieform. Berlin u. Wien: Urban u. Schwarzenberg 1924 (Bd. 38, S. 326).

Atmungstetanie lediglich über die größere oder geringere Disposition zum Auftreten der tetanischen Symptome.

7. **Die Maternitätstetanie** ist auch in Gegenden, wo die Tetanie der Erwachsenen nur sehr vereinzelt zur Beobachtung kommt, verhältnismäßig noch die häufigste Tetanieform. Sie tritt im Laufe der Schwangerschaft oder Lactation ein, ohne an eine bestimmte Phase derselben gebunden zu sein. In den Tetaniemonaten ist auch sie häufiger als sonst. Bei Frauen, die im Anschluß an eine Kropfoperation früher einmal Tetanieerscheinungen dargeboten hatten, kann die Gravidität den neuerlichen Ausbruch der Krankheit zur Folge haben. Manche Frauen erkranken bei wiederholten Schwangerschaften jedesmal an Tetanie, wobei die Erkrankung einen immer schwereren Charakter annehmen und eventuell auch nach Beendigung der Generationsphase als chronische Tetanie fortbestehen kann. Von den schwersten, letal verlaufenden tetanischen Krampfanfällen, die gelegentlich epileptiformen Charakter annehmen, von den Fällen mit rasch zur Entwicklung gelangenden trophischen Störungen (Katarakt, Ausfall der Haare und Nägel) führen kontinuierliche Übergänge zu jenen leichtesten Fällen von Übererregbarkeit, die sich bei sehr vielen sonst gesunden Frauen im Laufe einer Schwangerschaft einstellt und in einem nur während der Gravidität bestehenden CHVOSTEKschen oder ERBschen Zeichen zum Ausdruck kommt. Die manche Schwangere heimsuchenden Parästhesien sind wohl auf den gleichen Ursprung zurückzuführen.

Daß die Maternitätstetanie mit größter Wahrscheinlichkeit auf einer Insuffizienz der Epithelkörperchen beruht, geht auch aus den systematischen Untersuchungen von ADLER und THALER hervor. Ratten, bei denen eine partielle Schädigung bzw. Exstirpation der Epithelkörperchen vorgenommen worden war und die diesen Eingriff symptomlos überstanden hatten, bekamen Tetanie, sobald sie eine Gravidität und Lactation durchmachten. Offenbar erheischt schon eine normale Schwangerschaft eine gesteigerte Funktion von seiten der Epithelkörperchen; können diese einer solchen gesteigerten Inanspruchnahme nicht voll entsprechen, dann kommt es zu den Erscheinungen einer Epithelkörperchen-Insuffizienz; bestand also schon vor der Schwangerschaft eine latente, d. h. also kompensierte Tetanie bzw. Tetaniebereitschaft, so kann Gravidität und Lactation die Tetanie zum Ausbruch bringen. Für die Richtigkeit dieser Auffassung sprechen auch die anatomischen Befunde an den Epithelkörperchen während der Schwangerschaft. Es wurde nicht nur eine stärkere Durchblutung und Vermehrung der chromophilen Zellen der Drüsen während der Gravidität beschrieben (SEITZ), sondern auch eine Vergrößerung auf das 3—4fache ihres Umfanges bei Schwangeren beobachtet [1]. Dem entspricht es wohl auch, wenn HABERFELD bei Graviditätstetanie die Epithelkörperchen narbig und cystisch atrophiert bzw. entzündlich verändert vorfand.

Eine nicht ohne weiteres verständliche Tatsache ist die gelegentlich gemachte Erfahrung, daß auch bei sicher vorhandener latenter Tetanie die Maternität nicht immer den Ausbruch der Tetanie zur Folge haben muß, ja daß gelegentlich sogar eine vorher manifeste Tetanie während der Schwangerschaft sistieren kann, um nach Beendigung derselben neuerdings aufzutreten [2]. Am ehesten

---

[1] HAAS, W.: Zentralbl. f. Chirurg. 1920. S. 171.
[2] STENVERS, H. W.: Münch. med. Wochenschr. 1922. S. 1458 (Bd. 28, S. 230).

könnte man derartige Fälle so deuten, daß die insuffizient arbeitenden Epithelkörperchen durch den funktionellen Reiz der Schwangerschaft in einem so starken Maße zur Mehrleistung angefacht werden, daß sie nunmehr sogar den gesteigerten Ansprüchen des Organismus besser gerecht werden als vorher den gewöhnlichen. Es handelt sich also hier offenbar um das Problem der Reaktionsfähigkeit und Ansprechbarkeit der Epithelkörperchen auf einen physiologischen Anreiz zur Arbeitssteigerung. Das Ausmaß und die Art dieser Reaktionsfähigkeit wären also maßgebend dafür, ob eine vorher gesunde Schwangere eine Maternitätstetanie in irgendeiner Form bekommt oder nicht oder ob gar ausnahmsweise eine vorher tetaniekranke Frau während der Gravidität ihre Tetanie verliert.

Man hat wiederholt darauf hingewiesen, daß Tetanieanfälle eine auffällige Abhängigkeit von Uteruskontraktionen aufweisen können, sei es daß diese im Verlaufe der normalen Wehentätigkeit sich einstellen oder durch ärztliche Manipulation herbeigeführt werden. Öfters kommt es bei schwerer Graviditätstetanie zu spontaner **Frühgeburt** und damit zum Schwinden der Tetanie; in anderen Fällen zwingen bedrohliche Tetanieerscheinungen zu künstlicher Unterbrechung der Schwangerschaft. In dieser Hinsicht ist übrigens auch die Tatsache von Bedeutung, daß die **Nachkommen** parathyreopriver tetaniekranker Muttertiere eine eklatant erhöhte Disposition für die gleiche Erkrankung und als Ausdruck derselben eine gesteigerte elektrische Erregbarkeit der peripheren Nerven aufweisen (ISELIN), d. h. daß die experimentell erzeugte Insuffizienz der Epithelkörperchenfunktion bei der Mutter auch zu einer Insuffizienz der Epithelkörperchen bei deren Nachkommen führen kann. Als eine Abart der Maternitätstetanie ist die in seltenen Fällen beobachtete **Menstruationstetanie** anzusehen, bei der die Symptome der latenten oder manifesten Tetanie vom menstruellen Zyklus abhängig sind.

8. **Die idiopathische Tetanie.** In diese Kategorie sind alle jene Tetaniefälle einzureihen, in welchen keiner der ätiologischen Faktoren in Betracht kommt, die in den übrigen Gruppen besprochen wurden, wo vielmehr die Tetanie ohne nachweisbare Ursache oder Auslösung spontan auftritt. Freilich gehört eine größere Reihe von Fällen, die in eine der früheren Kategorien eingereiht wurden, vor allem jene, wo eine banale Infektion oder sonst harmlose Giftwirkung den Anlaß zum Ausbruch der Erkrankung abgab, eigentlich eher in diese Gruppe idiopathischer Tetanie. Die überwiegende Mehrzahl der Repräsentanten dieser Gruppe weist eine Anzahl gemeinsamer, anscheinend ätiologisch bedeutsamer Merkmale auf, welche auch zu der Bezeichnung **endemisch-epidemischer Arbeitertetanie** Veranlassung gegeben haben. Die Erkrankung betrifft nämlich ganz vorzugsweise jugendliche Erwachsene, überwiegend männlichen Geschlechtes, Arbeiter, insbesondere Vertreter des Schuhmacherhandwerkes und zeigt einen ausgesprochenen endemisch-epidemischen Charakter, indem, wie schon früher bemerkt, bestimmte Städte, so Wien, Heidelberg, aber auch Paris, Graz, Prag, Krakau u. a. in einer bestimmten Jahreszeit, vor allem in den Monaten Februar bis April eine auffällige Häufung der Erkrankung aufweisen, während in anderen Gegenden diese Tetanieform zu den allergrößten Raritäten gehört. Ganz sonderbar ist die Bevorzugung der Schuhmacherlehrlinge, da wir eine Erklärung hierfür vorderhand vermissen. Während unter 57 000 Kranken eines Wiener Spitals 3% Schuster waren, fanden sich unter den aufgenommenen Tetaniekranken nicht weniger als 40%

Angehörige dieses Berufes. Es scheint, daß hygienisch nicht einwandfreie Wohnungen, insbesondere Schlafstellen und mangelhafte Ernährung eine gewisse ätiologische Rolle spielen. Dabei erkranken z. B. in Wien fast nur zugewanderte Elemente slawischer Nation und nicht die eingeborene Bevölkerung (v. FRANKL-HOCHWART). Es ist naheliegend, die endemisch auftretende Tetanie mit dem endemischen Kropf in Analogie zu setzen oder wenigstens zu vergleichen und ähnliche ätiologische Mechanismen für beide Erkrankungen verantwortlich zu machen (CHVOSTEK, FALTA). Gestützt wird eine derartige Auffassung durch die Beobachtung MC CARRISONs, der in gewissen Tälern des Himalaja neben einer eigenartigen endemischen Kropfform, wie wir sie in einem früheren Kapitel kennen gelernt haben, auch eine endemisch auftretende Tetanie beobachten konnte. Ihre Frequenz ist auch dort im Frühjahr am größten. Hingegen werden im Himalaja fast nur Frauen von der Tetanie befallen, die häufig auch Zeichen eines leichten Hypothyreoidismus aufweisen. Tetaniekranke, die in eine tetaniefreie Gegend übersiedeln, sollen dort ihre Tetanie verlieren, um sie eventuell wieder zu bekommen, wenn sie an den ursprünglichen Ort zurückkehren.

Die endemisch-epidemische Arbeitertetanie pflegt in der überwiegenden Mehrzahl der Fälle einen gutartigen Verlauf zu nehmen. Gelegentlich bleibt es überhaupt beim Auftreten von Parästhesien und lästigen Sensationen in den Extremitäten, welche sich erst bei genauerer Untersuchung durch den Nachweis der typischen Symptome nervöser Übererregbarkeit als tetanisch herausstellen. Mit Eintritt der wärmeren Jahreszeit pflegen auch bei schweren Formen die Krampfanfälle zu sistieren, um eventuell in den nächsten Jahren wiederzukehren. Häufig haben diese Kranken schon als Kinder an spasmophilen Manifestationen, an „Fraisen" oder Stimmritzenkrampf gelitten.

In diesen Fällen idiopathischer Tetanie eine andere als eine parathyreogene Genese anzunehmen, wäre gezwungen. Daß Individuen mit von Haus aus minderwertigen Epithelkörperchen mehr Gefahr laufen, an einer derartigen Tetanie zu erkranken, ist leicht verständlich, mag das die Epithelkörperchen schädigende (epidemisch-endemische) Agens welcher Art und Natur immer sein. Es ist aber auch klar, daß bei gegebener Minderwertigkeit der Epithelkörperchen die Einwirkung einer derartigen Schädlichkeit durchaus keine conditio sine qua non darstellen muß und eine idiopathische Tetanie auch ganz ohne jede exogene Einwirkung, lediglich auf Grund der den normalen Anforderungen des Organismus nicht gewachsenen Epithelkörperchen zum Ausbruch kommen kann. Besonders anschaulich ist diese Art der Tetanieätiologie in jenen Fällen, wo mehrere Mitglieder einer Familie zu verschiedenen Zeiten und an verschiedenen Orten von der Krankheit befallen werden, wo also offenbar eine konstitutionelle Minderwertigkeit, eine Hypoplasie der Epithelkörperchen vorliegt. Mehr oder minder zahlreiche Zeichen auch sonst abnormer Konstitution, insbesondere Stigmen abwegiger Beschaffenheit auch einzelner Teile des übrigen Blutdrüsenapparates sind regelmäßige, wenn auch nicht obligate Befunde bei solchen Kranken.

Therapie. Dort, wo eine ätiologische Therapie, also eine Beseitigung der Ursache des Leidens in Betracht kommt und möglich ist, steht sie selbstverständlich im Vordergrund. Hierher gehört die Magentetanie (Magenspülungen, Operation), die Gravidiätstetanie (wenn nötig, Unterbrechung der

Schwangerschaft), die Behebung und Verhinderung von Infektionen und Intoxikationen usw. Im übrigen hat die Therapie den Ersatz der Epithelkörperchenfunktion anzustreben, wofern eine sicher parathyreogene Tetanie vorliegt. Bis vor kurzem war man zu diesem Zwecke auf die Implantation von Epithelkörperchen angewiesen, wie sie seit v. EISELSBERGs ersten erfolgreichen Versuchen im Jahre 1890 wiederholt vorgenommen worden ist. Daß die Schwierigkeiten dieser Operation, vor allem wegen der Materialbeschaffung, nicht gering und die Aussichten nicht allzu verlockend sind, sei aber besonders hervorgehoben. Um so bedeutungsvoller ist die Entdeckung des Parathyrins durch die amerikanischen Autoren, das sich schon in einer ganzen Reihe von Tetaniefällen als äußerst wirksam bewährt hat und zweifellos berufen ist, in den nächsten Jahren an die Seite des Schilddrüsenextraktes und Insulins als spezifisches organotherapeutisches Heilmittel zu treten und allgemeine Verwendung zu finden. Vorderhand sind die materiellen Schwierigkeiten noch zu überwinden.

Wir besitzen aber auch genug wirksame Mittel, um eine Tetanie symptomatisch zu bekämpfen. In erster Linie kommt hierfür das Calcium in Betracht, das peroral in großen Dosen verordnet werden muß, also etwa Ca lactic. mindestens 4—8 g pro die oder Ca chlorat., eventuell kombiniert mit einer entsprechend geringeren Menge (3 g) Ca bromat. in wässeriger Lösung 10,0 bis 20,0 : 150,0, 3—4 Eßlöffel täglich, verdünnt in Wasser oder Tee, da es einen schlechten Geschmack hat. Die Ca-Dosen können aber auch bis auf 15 g und mehr im Tage erhöht werden. Ca phosphoric. ist bei Tetanie zu vermeiden. Dagegen wird man, namentlich in schweren Fällen, meist zu den überaus wirksamen intravenösen Ca-Injektionen greifen, entweder Ca chlorat. oder Ca bromat. 5—10%, 20 bzw. 10 ccm, oder Afenil Knoll (Ca-Harnstofflösung) 1 Ampulle. Diese intravenösen Injektionen können durch einige Zeit täglich wiederholt werden. Zur Herabsetzung der nervösen Erregbarkeit bedient man sich natürlich auch des Broms, Adalins, kleinerer Luminaldosen, nur in schweren Fällen etwa des Veronals oder Chloralhydrats. Körperliche und geistige Ruhe, protrahierte warme Bäder dienen ebenfalls diesem Zwecke, Strontium-Bromid und Strontium-Chlorid 3mal täglich 1,0 g ist mitunter von bester Wirkung [1]. Als Mittel, welche einer Alkalose entgegenwirken, werden Salmiak, vor allem aber das Monoammoniumphosphat empfohlen [2]. ADLERSBERG und PORGES geben 18 g pro die in 1 Liter Wasser gelöst unter Zusatz von Himbeersirup. Allerdings habe ich auch einen Fall von Tetanie gesehen, in dem diese zweifellos oft wirksame Therapie völlig versagte.

Tetaniekranke sollen mit viel Milch bzw. laktovegetabilischer Kost ernährt werden und Alkoholgenuß vermeiden. Bei kindlicher Tetanie wird man neben all diesen symptomatischen Mitteln jedenfalls auch zum Lebertran greifen und Quarzlampenbestrahlung anwenden [3], deren Wirksamkeit ja auch im Tierversuch erwiesen ist [4]. Tetaniekranke Mütter sollen ihre Kinder nicht selbst stillen.

---

[1] HIRSCH, S.: Klin. Wochenschr. 1924. S. 2284.

[2] ADLERSBERG, D. u. O. PORGES: Wien. klin. Wochenschr. 1923. S. 517 (Bd. 31, S. 202) u. Zeitschr. f. d. ges. exp. Med. Bd. 42, S. 678. 1924 (Bd. 38, S. 873).

[3] BIRK, W.: Therapie d. Gegenw. 1924. S. 337.

[4] SWINGLE, W. W. a. J. G. RINHOLD: Americ. journ. of physiol. Vol. 75, p. 59. 1925 (Ref. Endocrinology. Vol. 10, Nr. 1, p. 90).

Thymus.
Mangelhafte Thymusfunktion.

Wenn schon unsere Kenntnisse von der Thymusfunktion, soweit sie uns durch die Experimentalphysiologie vermittelt wurden, höchst unbefriedigende sind, so gilt dies noch viel mehr von der pathologischen Physiologie des Thymus. Es liegen vereinzelte Beobachtungen über einen mehr oder minder typischen klinischen Symptomenkomplex vor, der einem angeborenen Fehlen, bzw. einer hochgradigen Hypoplasie des Thymus entsprechen soll und der zweifellos sehr an das Bild der thymektomierten Tiere erinnert [1]). Allerdings wurde die Verläßlichkeit der anatomischen Befunde in diesen Fällen in Zweifel gezogen. Es handelt sich um zwergwüchsige Kinder mit hochgradigen Veränderungen des Skelettes, die als eine Kombination von Rachitis mit Osteoporose anzusehen sind. Die Brüchigkeit der Knochen führt oft zu multiplen Frakturen. Idiotie (Fälle VOGT, KLOSE, KRAMER), myxödematöse Beschaffenheit der Haut (Fälle VOGT, GARRÉ), Muskelcontracturen besonders an den unteren Extremitäten (Fälle VOGT, KLOSE, KRAMER), schlaffe, teigige Beschaffenheit der Muskulatur, sowie merkwürdige Anfälle von allgemeinem Muskelzittern (Fall VOGT), wie sie auch beim thymopriven Hunde beobachtet werden, scheinen keine konstanten Symptome darzustellen. Die von KLOSE verzeichnete Lymphopenie hat wohl mit dem Mangel der Thymusfunktion nichts zu tun. Diagnostisch wichtig ist die absolute Wirkungslosigkeit der Schilddrüsentherapie.

Ich halte es mit KLOSE und BIRCHER für durchaus wahrscheinlich, daß in manchen Fällen von endemischem Kretinismus eine funktionell untüchtige Thymusdrüse die Hauptrolle spielt, und würde speziell in solchen Fällen an diese Möglichkeit denken, wo schwere Skelettveränderungen mit eigenartigen spastischen Contracturen der Extremitäten im Rahmen des endemischen Kretinismus vorkommen [2]). BIRCHER [3]) hat bei einer Reihe von Fällen, die im frühen Kindesalter wegen einer Tracheostenosis thymica mit einer Teilresektion des Thymus behandelt worden waren, 5—7 Jahre später eine erhebliche Störung des Längenwachstums, sowie verzögerte Knochenkernbildung, eventuell auch mangelhafte geistige Entwicklung feststellen können, die er auf die mangelhafte inkretorische Thymusfunktion bezieht. Hierin möchte ich allerdings vorsichtiger sein, denn es ist mir nicht unwahrscheinlich, daß die einstmals mit Thymushyperplasie behafteten Kinder auch ohne die operative Reduktion ihres Thymus Anomalien ihres Wachstums und ihrer Entwicklung gezeigt hätten.

Status thymicus.

Wir wählen diese Bezeichnung für einen Zustand der morphologischen Hyperplasie der Thymusdrüse und vermeiden es mit Absicht, von einer Überfunktion des Thymus zu sprechen, da die beim Status thymicus beobachteten klinischen Symptome uns nicht dazu berechtigen, sie auf eine übermäßige

---

[1]) KLOSE, H.: Chirurgie der Thymusdrüse. Neue Dtsch. Chirurg. Herausg. von v. BRUNS: Bd. 3, 1912. — SAUERBRUCH, F.: Die Chirurgie der Brustorgane. Bd. 2. Berlin: Julius Springer 1925. S. 491.

[2]) BAUER, J.: Konstitut. Dispos. usw. l. c. S. 317.

[3]) BIRCHER, E.: Schweiz. Arch. f. Neurol. u. Psychiatrie. Bd. 8, S. 208. 1921 (Bd. 21, S. 26).

inkretorische Thymustätigkeit zurückzuführen, wie wir denn überhaupt kein Zustandsbild kennen, das entsprechend unseren geringen physiologischen Kenntnissen von der Thymusfunktion als Ausdruck eines Hyperthymismus gedeutet werden könnte.

Im Jahre 1889 hatte A. PALTAUF darauf aufmerksam gemacht, daß plötzliche Todesfälle im Kindesalter, die bis dahin auf eine Erstickung infolge von Trachealkompression durch den hyperplastischen Thymus zurückgeführt worden waren, aber auch nicht genügend motivierte plötzliche Todesfälle Erwachsener mit einer Abweichung ihrer Gesamtkonstitution zusammenhängen dürften, die in einer über das normale Maß weit hinausgehenden Vergrößerung des Thymus, sowie einer generellen Hyperplasie des lymphatischen Apparates zum Ausdruck kommt. Lymphdrüsen, Tonsillen, Zungen- und Rachenfollikel, Lymphfollikel der Milz und Darmschleimhaut sind mehr oder minder beträchtlich vergrößert. Diese als Status thymolymphaticus bezeichnete generelle Konstitutionsanomalie sollte für die in vielfacher Hinsicht abwegige Reaktionsweise ihrer Träger auf verschiedenartigste Einflüsse exo- und endogener Natur verantwortlich sein.

Die Lehre A. PALTAUFs wurde zur Grundlage einer immensen Zahl von Untersuchungen und Forschungen [1]). Es stellte sich bald heraus, daß mit den beiden Kriterien der Hyperplasie des Thymus und lymphatischen Gewebes der Gesamtbefund an konstitutionellen Anomalien bei diesem Zustand nicht erschöpft war. Man fand, daß sich um diese Hauptmerkmale in variabler Zahl und Intensität eine ganze Reihe weiterer, teils anatomisch, teils schon klinisch feststellbarer konstitutioneller Abweichungen von der Norm gruppiert, daß eine regelwidrige Enge der Aorta und des Gefäßsystems, eine Hypoplasie des Genitales, eine solche des chromaffinen Systems, daß partielle Infantilismen und Bildungsfehler verschiedenster Art, kurz die mannigfachsten konstitutionellen Anomalien morphologischer oder funktioneller Natur das Syndrom des PALTAUFschen Status thymolymphaticus zu ergänzen und komplizieren pflegen (ORTNER, BARTEL, WIESEL, v. NEUSSER, KOLISKO u. a.). Dies veranlaßte BARTEL, den Status thymolymphaticus als Teilerscheinung einer viel umfassenderen Konstitutionsanomalie anzusehen, die er als „hypoplastische Konstitution" oder „Status hypoplasticus" bezeichnete. Galten für BARTEL die PALTAUFschen Kriterien zunächst als unerläßliche Teilsymptome, die jeweils wechselnden übrigen Anomalien als „Nebenbefunde" der hypoplastischen Konstitution, so verschob sich der Standpunkt allmählich dahin, daß auch die Hyperplasie des Thymus und lymphatischen Gewebes nicht mehr als konstant und obligat, sondern nur mehr als häufigste und wichtigste Symptome der hypoplastischen Konstitution angesehen wurden.

Aber auch eine Dissoziation der Hauptkriterien wurde festgestellt und ein Status thymicus von einem Status lymphaticus strenge geschieden (HEDINGER, WIESEL). Eine Hypoplasie des chromaffinen Systems sollte nur zum Bilde des letzteren, nicht aber zur isolierten Thymushyperplasie gehören. Dieser HEDINGER-WIESELschen Lehre gegenüber vertraten MATTI und HORNOWSKI die Anschauung, daß gerade umgekehrt die Thymushyperplasie und nicht der Status lymphaticus mit Hypoplasie des chromaffinen Apparates einhergehe.

---

[1]) Vgl. HART, C.: Die Lehre vom Status thymico-lymphaticus. München: J.F. Bergmann 1923. — BAUER, J.: Konstitut. Dispos. usw. l. c.

Bartel und Stein hatten schon früher ein „atrophisches Stadium" des Lymphatismus beschrieben und gezeigt, daß kontinuierliche Übergänge von stark hyperplastischen Lymphdrüsen des jugendlichen Alters zu atrophischen, fibrösen, sklerosierten Drüsen des jenseits der Pubertät stehenden Alters vorkommen, und Bartel konnte dieselbe Neigung zu Bindegewebsproliferation in Gemeinschaft mit Herrmann für die Ovarien, mit Kyrle für die Hoden und mit v. Wiesner für die Arterien lymphatischer Individuen nachweisen.

Nun hatte schon vor vielen Jahren M. Richter die Ansicht vertreten, daß der sog. Status lymphaticus bei gesunden jungen Leuten etwas durchaus Gewöhnliches darstelle und der von uns als Norm angesehene Befund eigentlich einer pathologischen Involution des lymphatischen Apparates infolge der jeweils tödlichen Erkrankung entspreche. Erfahrungen des Weltkrieges an plötzlich durch Verletzung gestorbenen jungen Kriegsteilnehmern bestätigten diese Annahme (Groll, Löwenthal, Torsten Hellman, Fahr u. a.), die auch den früheren Befunden an Selbstmördern oder sonstwie plötzlich aus voller Gesundheit Verstorbenen durchaus entspricht. Und doch hieße es das Kind mit dem Bade ausschütten, wie Sternberg richtig bemerkt und auch Lubarsch, F. Kraus, Schmincke u. a. annehmen, wollte man den Status thymolymphaticus ganz über Bord werfen [1]. Wir wissen eben heute, daß für die Beurteilung, ob eine Hyperplasie der lymphatischen Apparate vorliegt oder nicht, eine ganz andere Norm gelten muß, als sie etwa Bartel angenommen hat, und daß dementsprechend eine Hyperplasie zu den Seltenheiten gehört. Daß sie aber tatsächlich vorkommt, ist eigentlich angesichts der allenthalben vorhandenen quantitativen Variabilität morphologischer Merkmale a priori zu erwarten. In der Regel dürfte eine solche Hyperplasie allerdings nicht primär vorhanden sein, sondern sich als eine sekundäre Begleiterscheinung und Reaktion auf anderweitige primäre Vorgänge im Organismus erweisen, wofern die die Konstitutionsanomalie kennzeichnende besondere Reaktionsfähigkeit der lymphatischen Apparate und des Thymus als Voraussetzung der hyperplastischen Reaktion vorhanden ist.

Als derartige auslösende primäre Vorgänge kommen in Betracht erstens infektiös-toxische Schädigungen des Organismus, zweitens Resorptions- und Ernährungsschäden, wie sie Lubarsch und Kuczynski im Tierversuch demonstrieren konnten, und drittens gewisse Erkrankungen bzw. Anomalien im Bereiche des innersekretorischen Systems. Wir erinnern nur an die Eigentümlichkeiten des Basedowthymus und an die in einem früheren Kapitel erörterten Wechselwirkungen zwischen Thymus einerseits und Keimdrüsen sowie Nebennierenrinde andererseits. Exstirpation der Nebennierenrinde und Keimdrüse führt ja zu abnormer Persistenz und Hyperplasie des Thymus sowie des lymphatischen Apparates. Die bemerkenswerten Befunde Nissens [2], der bei parabiotisch vereinigten Ratten stets bei dem einen, verfettenden und anämischen Partner einen Status thymolymphaticus entstehen sah, stellen wohl das Moment abnormer Resorption blutfremder Eiweißzerfallsprodukte in den Vordergrund. Daß aber eine besondere konstitutionelle Beschaffenheit von Thymus und lymphatischem Apparat auch bei gegebenem primär auslösenden Moment zur Entstehung der Hyperplasie erforderlich ist, erweist einerseits die Inkonstanz

---

[1] Vgl. Jaffé, R. u. H. Wiesbader: Klin. Wochenschr. 1925. S. 493 (Bd. 40, S. 754).
[2] Nissen, R.: Zeitschr. f. d. ges. exp. Med. Bd. 35, S. 251. 1923.

der Hyperplasie bei Vorhandensein der im übrigen gleichen kausalen Faktoren und andererseits die oben geschilderte typische Kombination des Zustandes mit Bildungsfehlern aller Arten im Rahmen des BARTELschen Status hypoplasticus.

Für die klinische Diagnose eines Status thymolymphaticus muß stets der Nachweis der vergrößerten Thymusdrüse das Hauptkriterium bilden. Ein solcher läßt sich meiner Erfahrung nach ausschließlich durch eine sachgemäße Perkussion halbwegs sicher erbringen. Findet man bei mittelstarker oder leiser Perkussion im 1. und 2. Intercostalraum, von der Seite gegen die Mittellinie zu fortschreitend, eine mehr oder minder ausgesprochene Schalldämpfung 1—3 Querfinger breit linkerseits neben dem Sternum, eine Dämpfung, die auf der rechten Seite parasternal fehlt und sich vom 1. Intercostalraum nach abwärts bis in die relative Herzdämpfung verfolgen läßt, in welche sie unmittelbar übergeht, so ist die Annahme eines hyperplastischen Thymus gerechtfertigt, vorausgesetzt, daß das Vorhandensein einer substernalen Struma, einer erheblichen Vergrößerung der mediastinalen Lymphdrüsen oder einer sonstigen Geschwulst im Mediastinum ausgeschlossen oder zum mindesten für höchst unwahrscheinlich erklärt werden kann. Mit Röntgen läßt sich eine hyperplastische Thymusdrüse nicht immer zur Anschauung bringen, selbst wenn sie perkutorisch deutlich nachzuweisen ist [1]). Auch eine Lymphocytose im Blute ist, wie aus unseren früheren Darlegungen hervorgeht, kein obligates Zeichen eines Status thymolymphaticus, wie manche (z. B. HART) annehmen. Der Befund eines hyperplastischen lymphatischen Rachenringes, vor allem hyperplastischer Lymphfollikel am Zungengrund, der durch Betasten oder mittels Kehlkopfspiegels erhoben werden kann (v. NEUSSER, SCHRIDDE), ferner der Nachweis einer auch sonst degenerativen Konstitution wird die Diagnose eines Status thymolymphaticus weiter stützen. Der Habitus erwachsener Träger des Status thymolymphaticus ist keineswegs so charakteristisch, wie z. B. L. MOHR annimmt. Es sind nicht immer nur pastös und blaß aussehende, aber rüstig gebaute Menschen mit gut entwickeltem Fettpolster, welche diese Konstitutionsanomalie besitzen.

Uns interessiert nun in diesem Zusammenhange in erster Linie die Frage, ob und wie weit eine krankhaft veränderte inkretorische Funktion der übermäßig großen Thymusdrüse in dem klinischen Bilde des Status thymicus bzw. thymolymphaticus zum Ausdruck kommt, ob sie für bestimmte Symptome dieses Zustandes, insbesondere für die abnorme Reaktionsweise seiner Träger und für deren besondere Gefährdung durch sonst harmlose äußere oder innere Einflüsse verantwortlich gemacht werden kann. Wir haben diese Frage schon einleitend im negativen Sinne beantwortet und uns hierbei auf die heute halbwegs sichergestellten Kenntnisse von der Physiologie des Thymus gestützt. Diese berechtigen uns nicht, mit HART, SCHMINCKE, SCHRIDDE[2]) u. a. einen thymotoxischen Herztod anzunehmen, von einer Labilisierung und übermäßigen Vaguserregung durch ein Thymushormon zu sprechen. Erinnern wir uns bloß,

---

[1]) Vgl. auch LEVY, D. M.: Nederlandsch tijdschr. v. geneesk. Bd. 67, 1. Hälfte, S. 871. 1923 (Bd. 29, S. 438).

[2]) SCHRIDDE, H.: Münch. med. Wochenschr. 1924. S. 1533 (Bd. 39, S. 71) u. S. 1674 (Bd. 38, S. 836). — WERNECK, C.: Dtsch. Zeitschr. f. Chirurg. Bd. 187, S. 133. 1924 (Bd. 38, S. 409). — STALLKAMP, K.: Klin. Wochenschr. 1924. S. 1724.

daß eine Herzdilatation ja auch bei Hunden nach experimenteller Thymusausschaltung zu finden ist, daß also zu viel und zu wenig von dem Hormon
des Thymus denselben Effekt am Herzen hervorbringen müßte. Auch die bei
Status thymolymphaticus gelegentlich beobachteten lymphocytären Infiltrate
im Herzmuskel haben, wie ich schon seinerzeit begründet habe, unmittelbar
nichts mit der Neigung zum Herztod dieser Individuen zu tun. Sie scheinen
nach neueren Untersuchungen VISCHERs [1]) vielleicht nicht einmal zum Bilde
des Status thymolymphaticus zu gehören, sondern eher zufällige Komplikationen
darzustellen. Gegen die pathogenetische Bedeutung eines Hyper- oder Dysthymismus bei der Entstehung derartiger plötzlicher Todesfälle spricht ja schon
der Umstand, daß die gleiche abnorme Reaktionsweise und die gleichen plötzlichen
Todesfälle auch bei Individuen ohne Thymushyperplasie beobachtet werden
können, die etwa nur einen Status lymphaticus, nur eine Hypoplasie des Gefäßsystems, nur eine solche des chromaffinen Systems oder auch keinen dieser
Befunde aufweisen. Zu der gleichen Ablehnung eines direkten kausalen Zusammenhanges zwischen Thymushyperplasie und plötzlichem Tod, wie ich
sie schon vor Jahren formuliert habe, gelangt auch eine zum Studium dieser
Fragen eingesetzte englische Untersuchungskommission [2]). Die hyperplastische
Thymusdrüse ist eben bloß eine Teilerscheinung einer mehr oder minder die
gesamte Organisation des Körpers betreffenden Konstitutionsanomalie und der
wesentliche Faktor beim Zustandekommen solcher Todesfälle ist offenbar
die Minderwertigkeit des Zirkulationsapparates und speziell des Herzens selbst,
die die Neigung zum akut tödlichen Kammerflimmern in sich birgt.

Es gibt zweifellos Fälle von Asthma thymicum durch Kompression der
Luftröhre zwischen Wirbelsäule und mächtig vergrößerter Thymusdrüse.
Diese Kinder leiden an ständiger oder anfallsweiser Dyspnoe, Stridor, Husten,
Cyanose, gelegentlich erleichtern sie ihre Atmung durch Rückwärtsbeugen
des Kopfes. Durch Thymektomie, bzw. Reduktion der vergrößerten Thymusdrüse können sie rasch von ihrem Leiden befreit werden [3]). Ob die namentlich
von amerikanischen Autoren [4]) empfohlene Röntgen- und Radiumbehandlung
des Thymus tatsächlich, wie BIRCHER meint, Schädigungen des Wachstums
und der Entwicklung mit sich bringen kann, müssen weitere Beobachtungen
noch erweisen. Jedenfalls wird man mit der Bestrahlungstherapie bei Kindern
stets sehr vorsichtig umgehen müssen. Toxische Effekte einer derart hyperplastischen Thymusdrüse anzunehmen, ist aber selbst in denjenigen unerwarteten
und nicht genügend motivierten Todesfällen von Kindern unberechtigt, in denen
keine mechanische Druckwirkung des vergrößerten Thymus festgestellt werden
kann. LEBSCHE und SAUERBRUCH haben gewiß recht, wenn sie sagen, das
Schicksal des Kindes entscheide nicht die Vergrößerung der Drüse, sondern
die Abartung der gesamten Verfassung seines Körpers, seine erhöhte Krankheits-

---

[1]) VISCHER, M.: Jahrb. f. Kinderheilk. Beih. 2. 1924 (Bd. 36, S. 68).

[2]) Journ. of pathol. a. bacteriol. Vol. 28, p. 132. 1925 (Ref. Endocrinology. Vol. 9, Nr. 4,
p. 337). — Vgl. auch FOKKE MEURSING: Geneesk. bladen. Vol. 22, S. 347. 1921 (Bd. 20,
S. 182).

[3]) BIRCHER, E.: Dtsch. Zeitschr. f. Chirurg. Bd. 176, S. 362. 1922 (Bd. 30, S. 83). —
SAUERBRUCH, F.: l. c.

[4]) BLISS, G. L.: Arch. of pediatr. Vol. 42, p. 213. 1925 (Endocrinology. Vol. 9, Nr. 4,
p. 337). — GRIER, G. W.: Atlantic med. journ. Vol. 28, p. 502. 1925 (Endocrinology. Vol. 9,
Nr. 4, p. 338).

bereitschaft und geschwächte Krankheitsabwehr. Welche Bedeutung der Hyperplasie des Thymus an sich zukommt, welche unmittelbaren Folgen für den Organismus sie mit sich bringt, wissen wir nicht. Über die eigenartigen Beziehungen zwischen Thymushyperplasie und Basedow haben wir schon früher gesprochen.

Hypophyse.

Die Akromegalie.

Das von PIERRE MARIE im Jahre 1886 zum ersten Male eingehend beschriebene und mit einer Erkrankung der Hypophyse in Zusammenhang gebrachte Leiden erhielt seinen Namen von den überaus charakteristischen Veränderungen der akralen Körperabschnitte, durch deren Wachstum eine eigenartige Vergröberung und Verplumpung der äußeren Körperformen zustandekommt. Daneben finden sich, weniger offensichtlich zutage liegend, Wachstumssteigerung auch an den Geweben innerer Organe, trophische Veränderungen, funktionelle Beeinträchtigung der Genitalorgane, Änderungen des Stoffwechsels, der cerebralen Tätigkeit u. a. Da zum mindesten der überwiegende Teil der Fälle von Akromegalie auf dem Vorhandensein eines Tumors im Hypophysenvorderlappen beruht, so gesellen sich je nach der Ausdehnung und Wachstumstendenz dieser Geschwulst zu den spezifischen endokrinen Hypophysensymptomen einerseits die mit der intrakraniellen Geschwulstbildung als solcher zusammenhängenden cerebralen Allgemeinerscheinungen und andererseits lokale Druckwirkungen auf die umgebende Knochenmasse, die Hirnbasis und vor allem den Sehnerven.

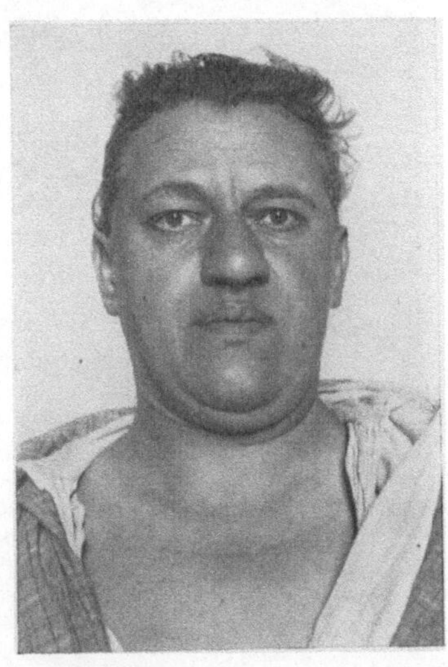

Abb. 28. Akromegalie bei 48jähriger Frau. Quertypus der Nase. Intrasellarer Hypophysentumor s. Röntgenbild Abb. 40. Grundumsatz $+ 37,5\,^0/_0$. Mäßige Oligurie und Wasserretention im Trinkversuch. Uterus myomatosus.

Die typisch ausgebildete Akromegalie ist schon aus der Gesichtsform auf den ersten Blick zu erkennen. Die mächtig vortretende, plumpe, entweder sehr dicke (Abb. 28) oder aber besonders lange Nase (Abb. 29), der vorspringende, übermäßig entwickelte Unterkiefer mit dem vorragenden Kinn, die stark vorgewölbten Augenbrauenbogen, die mächtigen Processus zygomatici sowie die meist verdickte, gewulstete Unterlippe sind ganz unverkennbare Charakteristica des Leidens. An dem mächtig verdickten Schädel ist die vortretende Protuberantia occipitalis besonders auffallend. Die Ohrmuscheln sind gleichfalls vergrößert. Sehr kennzeichnend sind die durch das Wachstum der Kiefer entstandenen Lücken zwischen den Zähnen, die namentlich im Unterkiefer schon ein Frühsymptom darstellen können. Die Zunge ist dick, fleischig und breit, läßt abnorm große Zungenpapillen erkennen, auch die Mundschleimhaut erscheint verdickt, das Zäpfchen gelegentlich vergrößert und durch die Verdickung der Kehlkopfschleimhaut und Stimmbänder kann eine auffällige Veränderung

(Tieferwerden) der Stimme zustandekommen, die sich insbesondere bei weiblichen Kranken in vereinzelten Fällen schon frühzeitig bemerkbar macht. Die allmählich sich entwickelnde Prognathie des Unterkiefers mit dem Vorrücken der unteren Zahnreihe kann ebenso wie die Volumzunahme der Zunge das Kauen, gelegentlich sogar die Artikulation erschweren. Der Kopfumfang kann sowohl durch die Verdickung der Weichteile als insbesondere durch Apposition von Knochensubstanz derart zunehmen, daß die Kranken ihre Hüte nicht mehr tragen können. Im Röntgenbild kommen diese Veränderungen, vor allem aber auch die mächtige Erweiterung der pneumatischen Nebenhöhlen der Nase deutlich zum Ausdruck. In vereinzelten Fällen wurde durch diese Wachstumssteigerung des Knochens sogar Verengerung der Orbita mit konsekutiver Protrusio bulbi oder Verengerung des Gehörganges mit Beeinträchtigung des Hörapparates hervorgerufen.

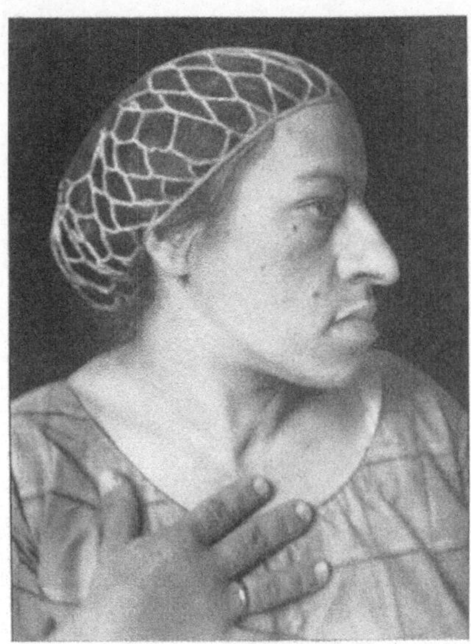

Abb. 29. Akromegalie bei 35jähriger Frau mit intrasellarem Hypophysentumor. Längstypus der Nase. Zahlreiche Fibrome und Angiome der Haut. Menses in langen Pausen auftretend.

Am Brustkorb kommt es regelmäßig zu einer cervicodorsalen Kyphoskoliose mit Lordose im Lendenanteile, Schlüsselbeine, Rippen und Sternum sind mächtig verdickt. An den Extremitäten nehmen nur die distalen Abschnitte an den charakteristischen Wachstumsveränderungen teil. Sowohl durch Knochenapposition wie durch Dickerwerden der Weichteile kommen die tatzenförmigen Hände und gewaltigen Füße mit den breiten plumpen Fingern bzw. Zehen zustande. Die Kranken können ihre Ringe nicht mehr tragen und sind genötigt, Schuhwerk und Handschuhe gegen größere Nummern einzutauschen. Die wurstförmig dicken, an den Enden viereckig konturierten Finger tragen meist kurze, breite und platte, längs geriffte Nägel. Mitunter sieht man neben diesem type en large (MARIE) auch ein vermehrtes Längenwachstum der Hand, MARIES type en long, der insbesondere bei den mehr oder minder hoch- und riesenwüchsigen Akromegalen vorkommt. Das Röntgenbild zeigt die Verdickungen der Finger- und Zehenphalangen, ferner osteophytenartige Auflagerungen entsprechend den Muskelansätzen [1]. Bemerkenswert ist übrigens die in weit vorgeschrittenen Fällen röntgenologisch erkennbare und autoptisch erwiesene osteoporotische Atrophie mit Rarefizierung der Spongiosa.

Die Haut ist bei Akromegalen meist verdickt und stark gefurcht. Gelegentlich sieht man ein dem Myxödem ähnliches, fahlgelbes bis bräunlichgelbes Kolorit, die Haut pflegt trocken zu sein, doch leiden manche Kranke auch unter lästigen Schweißausbrüchen, die, wie FALTA mit Recht betont, keineswegs immer mit einem begleitenden Hyperthyreoidismus zusammenhängen. Kleine und größere

---

[1] Multiple cartilaginäre Exostosen, wie sie ZONDEK in einem Falle abbildet, sind dagegen ein Leiden sui generis, autochthonen Ursprungs und haben nichts mit Akromegalie zu tun.

Fibrome und Warzen sind bei Akromegalen häufig zu sehen. Was die Beschaffenheit des Haares anlangt, so ist jedes einzelne dick und hart, Kopfhaar und Augenbrauen in der Regel dicht, die Terminalbehaarung bei Männern über das gewöhnliche Maß hinaus, gelegentlich auch ganz exzessiv entwickelt. Aber auch weibliche Akromegale zeigen nicht selten Hypertrichosis der Extremitäten, virile Behaarungsgrenze ad pubem und mehr oder minder ausgesprochenen stoppeligen Bartwuchs.

Auch an den inneren Organen beobachtet man mitunter Massenzunahmen, und eine derartige Splanchnomegalie kann Herz, Leber, Milz, Nieren, Nebennieren, Pankreas, Magen und Darm, Geschlechtsorgane, Gehirn, Spinalganglien und sogar periphere Nerven betreffen. Mikroskopisch findet man Bindegewebsvermehrung in den inneren Organen. Am Gefäßsystem kommt es meistens zur Ausbildung einer Arteriosklerose. Starke Varicen werden wiederholt hervorgehoben. Die Blutdruckwerte pflegen durch die Akromegalie als solche nicht in typischer Weise verändert zu sein. Die in vorgeschritteneren Stadien vorkommende Ermüdbarkeit und Muskelschwäche beruht zum Teile jedenfalls auf der histologisch nachweisbaren Degeneration und Atrophie der Muskulatur mit Bindegewebsvermehrung. Die Geschlechtsfunktionen pflegen gelegentlich schon frühzeitig eine Beeinträchtigung zu erfahren. Libido und Potenz verschwinden — mitunter nach einer initialen Steigerung, die Menstruation kann ausbleiben, die Konzeptionsfähigkeit erlischt. Diese allerdings nicht immer in Erscheinung tretenden Symptome sind in unkomplizierten Fällen zunächst von keinen klinisch nachweisbaren morphologischen Veränderungen der Geschlechtsorgane begleitet, diese können im Gegenteil sogar ein hyperplastisches Aussehen darbieten. Histologisch findet man allerdings atrophische Veränderungen an den Keimdrüsen. Bei akromegalen Frauen läßt sich bisweilen Colostrum aus der Brustdrüse auspressen.

Was den Stoffwechsel anlangt, so scheint der Grundumsatz nicht in konstanter Weise verändert zu sein, wenn auch aus zahlreichen Beobachtungen eine Tendenz zur Steigerung des Sauerstoffverbrauches hervorgeht. Es wurden Steigerungen bis zu 30% und mehr gefunden (vgl. Abb. 28[1])). Vereinzelt wurde über erhöhte Stickstoffausscheidung, aber auch über Neigung zu Stickstoffretention sowie über Retention von Calcium, Phosphor und Chlor berichtet. Die endogene Harnsäureausscheidung ist bei Akromegalie vermehrt (FALTA, THANNHAUSER und CURTIUS[2])). Nach Röntgentiefenbestrahlung des Kopfes sahen die letztgenannten Autoren die endogene Harnsäureausscheidung sowie den erhöhten Umsatz zur Norm zurückkehren. Auch einen erhöhten Harnsäurespiegel im Blute habe ich beobachtet. Die Assimilationsgrenze für Kohlenhydrate ist herabgesetzt, bei mehr als einem Viertel der Fälle auch dauernde Glykosurie vorhanden. Interessant und theoretisch wichtig ist, daß die anfangs herabgesetzte Kohlenhydrattoleranz im späteren Verlaufe in das Gegenteil umschlagen und aus einem Diabetes eine gegenüber der Norm sogar auffallend hohe Zucker-

---

[1]) CUSHING, H.: Rev. neurol. Tom. 38. 1922. — LABBÉ, M., H. STÉVENIN et L. VAN BOGAERT: Cpt. rend. des séances de la soc. de biol. Tom. 88, p. 1283. 1923 (Bd. 30, S. 204) et Ann. de méd. Tom. 17, p. 258. 1925 (Bd. 40, S. 130). — DAVIDOFF, L. M.: Endocrinology. Vol. 10, Nr. 5, p. 461. 1926.

[2]) THANNHAUSER, S. J. u. F. CURTIUS: Dtsch. Arch. f. klin. Med. Bd. 143, S. 287. 1924 (Bd. 33, S. 477).

assimilationsfähigkeit (z. B. für 150 g Traubenzucker) sich entwickeln kann. Die von einzelnen Kranken ausgeschiedenen Zuckermengen können geradezu phantastische Werte erreichen und jahrelang täglich um 500 bis 1000 g betragen [1]. Allerdings sind das Raritäten, wie auch die gewöhnlichen klinischen Begleiterscheinungen eines Diabetes sowie der Tod im diabetischen Koma relativ selten vorkommen. Nur eine gelegentlich extreme Polyphagie gehört mit zu den typischen Symptomen der Akromegalie. Polydipsie mit Polyurie vom Typus eines Diabetes insipidus ist ebenso wie die Entwicklung einer höhergradigen Fettleibigkeit zusammen mit Genitalatrophie Begleiterscheinung größerer, ihre Umgebung komprimierender oder zerstörender Geschwülste. Dagegen ist die Glykosurie der Akromegalen nicht durch Druckwirkungen auf das betreffende Zentrum am Boden des III. Ventrikels zu erklären, denn erstens verlaufen die viel stärker gegen die Hirnbasis zu wachsenden Tumoren der Infundibularregion, insbesondere die Plattenepithelcarcinome meist ohne Glykosurie und zweitens gehört zum Bilde einer Dystrophia adiposogenitalis geradezu eine erhöhte Kohlenhydrattoleranz. Ob die Glykosurie der Akromegalen auf eine korrelative Funktionsstörung des Pankreas bezogen werden darf (PINELES), ist nicht sicher. Bindegewebswucherung im Pankreas wurde allerdings wiederholt gefunden. Dagegen spricht aber eine von ELLIS und TURNBULL [2] mitgeteilte Beobachtung, die nach operativer Entfernung eines Vorderlappentumors bei einem Falle von Akromegalie eine enorme Glykosurie von $10\,^0/_0$ vollkommen verschwinden sahen [3]. Ebenso spricht dagegen der vollkommen normale Befund am Pankreas, der z. B. in einem Falle HETZELS [4] erhoben wurde, obwohl hier die Akromegalie mit einem schweren Diabetes einhergegangen und dieser durch Insulin zum Rückgang gebracht worden war. Gelegentlich beobachtet man leichte Albuminurie.

Das Blutbild zeigt bei schwereren Fällen eine mäßige Anämie. Vermehrung der Eosinophilen, Lympho- und Monocytose wurde wiederholt beschrieben. Das vegetative Nervensystem zeigt bei Akromegalie kaum charakteristische Abweichungen von der Norm, nur vereinzelt wird auch bei nicht mit Hyperthyreoidismus komplizierten Fällen Übererregbarkeit angegeben. Neigung zu Obstipation ist allerdings ein recht häufiges Symptom.

Ebenso praktisch wichtig als theoretisch interessant sind einerseits recht charakteristische Schmerzsymptome, die mitunter wohl nur angedeutet, in einzelnen Fällen aber auch äußerst heftig sein und die Nachtruhe stören können, andererseits eine eigenartige Veränderung des Temperaments. Was die Schmerzen anlangt, so haben diese einen rheumatoiden Charakter, betreffen die Knochen, die Gelenke, die Muskeln und gehen oft mit Akroparästhesien einher (STERNBERG). Sie können ein Frühsymptom darstellen, doch scheinen sie mir nicht, wie französische Autoren annehmen, mit dem Knochenwachstum als solchem zusammenzuhängen. In vorgeschritteneren Stadien können die Schmerzen neuralgiformen Charakter annehmen, so daß man von einer Pseudotabes

---

[1] Vgl. LÉRI, A.: Im Handb. d. Neurol., herausg. von LEWANDOWSKY. 1913.

[2] ELLIS, A. W. M. a. H. M. TURNBULL: Lancet. Vol. 206, Nr. 24, p. 1200. 1924 (Bd. 37, S. 51).

[3] Vgl. auch MARINESCU, G. u. D. E. PAULIAN: Spitalul. Vol. 45, p. 11. 1925 (Bd. 40, S. 262).

[4] HETZEL, K. S.: Lancet. Vol. 210, Nr. 9, p. 440, 1926 (Bd. 44, S. 63).

pituitaria gesprochen hat. Gelegentlich werden auch vorübergehende oder dauernde Gelenkschwellungen beobachtet. Von diesen zu unterscheiden ist die bei Akromegalie mitunter vorkommende Vergrößerung der Gelenkkapseln mit konsekutiver Überstreckbarkeit der Fingergelenke (HERZOG[1])). Wenn wir an dieser Stelle die fast regelmäßigen Kopfschmerzen der Akromegalen hervorheben, so geschieht es deshalb, weil sie nicht nur die Folge einer intrakraniellen Geschwulstbildung darstellen, sondern offenbar durch die vermehrte Spannung der die Sella nach oben abschließenden Duraplatte zustande kommen (vgl. S. 343). Dementsprechend sieht man auch sonstige Symptome gesteigerten Hirndrucks wie Schwindel und Erbrechen bei Akromegalie nur selten. Die Kopfschmerzen der Akromegalen pflegen hauptsächlich im Hinterkopf, nicht selten aber auch in der Stirn- oder Schläfengegend lokalisiert zu werden.

Sehr kennzeichnend ist die Veränderung des Temperaments. Die Kranken werden eigentümlich gleichgültig, phlegmatisch, apathisch, fühlen sich müde und schläfrig. Gelegentlich steht die Unfähigkeit zur Konzentration bei geistiger Arbeit im Vordergrunde. Ausgesprochene psychotische Zustände, die insbesondere den Charakter depressiver oder zirkulärer Psychosen aufzuweisen pflegen, stehen mit der Hypophysenerkrankung wohl nur in mittelbarem Zusammenhang, d. h. werden bei dazu Veranlagten durch diese Organerkrankung bzw. durch den wachsenden intrakraniellen Tumor zur Auslösung gebracht.

Ebenso gehören ausgesprochene Symptome eines Hyperthyreoidismus oder solche eines Myxödems nicht eigentlich zum Bilde der Akromegalie, sondern stellen aus der besonderen individuellen Konstitution und speziellen Blutdrüsenkonstellation sich ergebende Komplikationen bzw. koordinierte Krankheitszustände dar. Hyperplasie des Thymus wird bei Akromegalie häufig angegeben.

Die aus der intrasellaren Geschwulstbildung resultierenden radiologischen und Opticussymptome sowie die allgemeinen Hirndruckerscheinungen sollen, da sie auch den nicht mit Akromegalie einhergehenden Tumoren der Hypophyse zukommen, in einem späteren Kapitel im Zusammenhang besprochen werden.

Was die verschiedenen Formen, den Verlauf und Ausgang des Leidens anlangt, so kommen hier die allergrößten Unterschiede vor. Die überwiegende Mehrzahl der Fälle nimmt einen außerordentlich chronischen, nur sehr langsam progredienten, eventuell jahrzehntelang stationären Verlauf. Im Alter von 20 bis 30 Jahren pflegen sich am häufigsten die ersten charakteristischen Habitusveränderungen einzustellen, die dem Kranken selbst anfangs kaum zum Bewußtsein kommen. Kopfschmerz, rheumatoide Beschwerden und psychische Veränderungen können in diesem Stadium die ersten subjektiv wahrgenommenen Krankheitserscheinungen sein und unter Umständen zu Fehldiagnosen verleiten. Handelt es sich wie sehr häufig um gutartige Adenome, deren Wachstum begrenzt ist, so kann auch ohne Beeinträchtigung des Sehnerven und der übrigen vitalen Funktionen ein stationärer Zustand jahrzehntelang ohne eigentliche Krankheit bestehen. Bemerkenswert ist das gelegentlich vorkommende schubweise Einsetzen des pathologischen Wachstums sowie das vorzugsweise Betroffensein ganz bestimmter Körperabschnitte, etwa der Zunge oder der großen Zehe (ZONDEK). Handelt es sich um malign degenerierende oder von vornherein malign wachsende Adenocarcinome, dann kann unter Umständen auch eine akut verlaufende, unter den Erscheinungen eines

---
[1]) HERZOG, F.: Klin. Wochenschr. 1925. Nr. 32, S. 1545.

intrakraniellen Tumors verhältnismäßig rasch zum Tode führende Akromegalie
die Folge sein (M. Sternberg).

Es gibt Fälle, in denen eigentlich seit jeher, oder besser seit Abschluß der
Entwicklung die die Akromegalie kennzeichnenden Merkmale der äußeren Körperform in mehr oder minder ausgeprägtem Maße vorhanden sind, ohne daß Zeichen
einer eigentlichen Erkrankung jemals sich einstellen würden. Diese meist
ausgesprochen familiäre Eigenheit habe ich als akromegaloide Konstitution
bezeichnet. Es ist schwer zu entscheiden, wie weit hier konstitutionelle Abweichungen der Hypophysenfunktion und wie weit autochthone Besonderheiten des Skelettes und der übrigen Erfolgsorgane vorliegen. Seit meiner
Beschreibung wurden zahlreiche derartige Familien in der Literatur mitgeteilt [1]. Fließende Übergänge führen von dieser Akromegaloidie zur ausgesprochenen, gutartigen, im Laufe des Lebens sich entwickelnden Akromegalie
und von dieser zur rasch letalen akuten Form des Leidens.

Eine besondere Form der Akromegalie wurde von Falta als sog. Frühakromegalie mit Recht hervorgehoben. Es sind das jene seltenen Fälle, in
welchen ausgesprochen akromegale Veränderungen schon im Kindesalter auftreten. Das besondere Interesse dieser Fälle liegt darin, daß wir gewohnt sind,
die Überfunktion des Hypophysenvorderlappens vor der Pubertät bzw. vor
Abschluß des Knochenwachstums in ganz anderer Weise sich manifestieren zu
sehen. Hier pflegt die bei Erwachsenen zur Akromegalie führende anatomische
und offenbar auch funktionelle Veränderung der Hypophyse zu einer Steigerung
des Längenwachstums zu führen, zu einer Form des Hoch- und Riesenwuchses also, der sein Charakteristicum dadurch erhält, daß nach Abschluß
des Längenwachstums akromegale Züge und Veränderungen hinzutreten. Diese
Fälle von Riesenwuchs „akromegalisieren" sich und dokumentieren dadurch
ihre hyperpituitäre Genese. Die schon dem Anatomen Langer bekannte
Erweiterung des Türkensattels, die zuerst von Launois und Roy gefundene
Hyperplasie und Adenombildung der Hypophyse, die Tatsache der späteren
Akromegalisierung einer Reihe von Riesen, die Erfahrungen, daß die Akromegalie überhaupt häufig große Individuen befällt, all das spricht wohl für die
von Brissaud vertretene Auffassung, der Gigantismus — wir müssen allerdings
einschränkend sagen, eine Gruppe des Gigantismus — sei die Akromegalie
der Wachstumsperiode, die Akromegalie der Riesenwuchs nach beendetem
Wachstum und der akromegale Gigantismus das Ergebnis eines pathologischen
Prozesses, welcher in der Wachstumsperiode beginnt und in die Zeit des vollendeten Wachstums hinüberreicht. Solange die Epiphysenfugen offen sind,
treibt die Hypophyse das Längenwachstum an, sind sie verstrichen, dann führt
sie zur periostalen Hyperossification. Und nun kommen die zwar sehr seltenen
aber doch einwandfrei festgestellten Fälle von Frühakromegalie! Wie sollen
diese gedeutet, muß ihretwegen die Brissaudsche Auffassung aufgegeben
werden? Soll man mit Petényi [2] und Biedl einfach erklären, es gebe mehrere
Hyperpituitarismen, je nach dem, ob die das enchondrale Längen- oder die das

[1] Ehrmann, R.: Zeitschr. f. physikal. u. diät. Therapie. 1918. Nr. 8/9. — Ehrmann, R.
u. L. Dinkin: Fortschr. a. d. Geb. d. Röntgenstr. Bd. 30, S. 431. 1923 (Bd. 30, S. 316). —
Oehme, C.: Dtsch. med. Wochenschr. 1919. S. 207. — Nobbe: Arch. f. Psych. Bd. 71,
S. 236. 1924.
[2] Petényi, G.: Fortschr. d. Med. Bd. 40, Nr. 10. 1922.

periostale Dickenwachstum fördernde Hypophysentätigkeit gesteigert ist und soll man sich BIEDLs Vermutung anschließen, es könnten etwa die Hauptzellen für den Weichteilwuchs, die Eosinophilen für das periostale und die Basophilen für das enchondrale Knochenwachstum Sekrete liefern? Möglich, aber meines Erachtens nicht sehr wahrscheinlich. Schon die in der Regel erfolgende Sukzession von Riesenwuchs und Akromegalie spricht dagegen. Viel wahrscheinlicher dünkt mich die Berücksichtigung der autochthonen Reaktivität des Knochensystems, seine verschiedene Empfänglichkeit und Ansprechbarkeit für Wachstumsreize, die de norma in der Wachstumsperiode offenbar überwiegende Empfindlichkeit der enchondralen Längenwachstumszonen gegenüber den periostalen Ossificationszonen und den anliegenden Weichteilen für das Wachstumshormon der Hypophyse. Die Reaktivität des Erfolgsorgans ist bestimmend für den Effekt der normalen oder übermäßigen hormonalen Anregung. Die in der differenten Biologie des wachsenden unfertigen und ausgewachsenen fertigen Knochens begründete Verschiedenheit dieser Reaktivität erklärt meines Erachtens, warum der Hyperpituitarismus vor Abschluß des Wachstums in der Regel abnormes Längenwachstum, nachher aber Akromegalie hervorruft. Individuelle Varianten in dieser Empfindlichkeit gegenüber dem Wachstumshormon, genotypisch-konstitutionelle Abweichungen vom typischen Verhalten werden uns ebensowenig wundernehmen, wie die genotypisch-konstitutionell bedingten Differenzen des Gesamthabitus und der Skelettproportionierung im besonderen. Daher mag es kommen, daß in seltenen Ausnahmsfällen auch der frühinfantile Hyperpituitarismus schon zu abnormen Steigerungen des periostalen Dickenwachstums der Knochen und zur Anregung des Weichteilwachstums an den Akren führt.

Von der Frühakromegalie zu unterscheiden ist der schon BRISSAUD und MEIGE bekannte, von STICKER besonders hervorgehobene Zustand, welchen ich als Pubertätsakromegaloidie bezeichnet habe. Bei gewissen auch sonst konstitutionell als abnorm stigmatisierten Individuen (konstitutionelle Albuminurie, Chlorose u. a.) kommt es in der Pubertätszeit zu einem vorübergehenden Auftreten mehr oder minder deutlicher akromegaler Symptome. STICKER konnte sich überzeugen, daß die tatzenförmige Plumpheit der Hände und Füße nicht durch einfachen Wachstumsstillstand, sondern durch wirkliche Rückbildung wieder verschwindet. Hier liegt offenbar eine der mannigfachen Formen von konstitutionell bedingter Wachstumsinkongruenz vor, eine unproportionierte, relativ zu intensive Hypophysenvorderlappentätigkeit, welche sich erst allmählich, nach Abklingen der puberalen Umwälzungen und Korrelationsverschiebungen im Organismus seinen Bedürfnissen anpaßt.

Gleichfalls vorübergehende Symptome von Akromegalie sind gelegentlich bei Schwangeren zu beobachten. Von einer leichten Vergröberung der Gesichtszüge mit Dickerwerden der Nase und Lippen führen Übergänge zur ausgesprochenen Akromegalie. Ich selbst sah eine 34jährige Frau, bei der sich während zweier Graviditäten jedesmal schon in den ersten Wochen so ausgesprochene akromegale Erscheinungen einstellten, daß sie Ringe, Handschuhe und Schuhe nicht mehr tragen und sich größere anschaffen mußte. Beidemal wurden ihr diese nach Beendigung der Schwangerschaft wieder viel zu groß. Von einer derartigen Schwangerschaftsakromegaloidie und -akromegalie kann allerdings auch eine irreversible, progrediente Akromegalie ihren Ausgang nehmen. Die von Erdheim und Stumme nachgewiesene Hyperplasie der Hypophyse während der Schwangerschaft ist das zweifellose anatomische Substrat der akromegalen Schwangerschaftsveränderungen. Sie scheint mitunter so mächtig werden zu können, daß selbst vorübergehende typische Einschränkungen des Gesichtsfeldes durch Druck auf das Chiasma in der Schwangerschaft beobachtet wurden (Löhlein). Ja selbst vorübergehende Amaurose durch die Hypophysenvergrößerung in der Gravidität wurde beschrieben[1]. Die aus den Hauptzellen hervorgegangenen, mit einem reichlichen, granulierten Protoplasma ausgestatteten Schwangerschaftszellen verfallen post partum der Atrophie und werden wieder zu Hauptzellen, indessen tritt diese Rückbildung nur unvollkommen ein und so läßt sich ja schon aus der Anatomie der Hypophyse eine durchgemachte Gravidität erkennen (Erdheim).

Der Tod erfolgt bei Akromegalie, wofern nicht komplizierende anderweitige Erkrankungen im Spiele sind, entweder durch den fortschreitenden Tumor unter Hirndruckerscheinungen, eventuell im epileptischen Krampfanfall, oder aber infolge einer zur Akromegalie hinzutretenden progredienten Kachexie.

Die Diagnose der Akromegalie ist nach dem Gesagten gewiß nicht schwierig, nur im Anfangsstadium erfordert sie gelegentlich sorgfältige Beobachtung und Berücksichtigung der im Vorangehenden angegebenen subjektiven und objektiven Symptome. Differentialdiagnostisch könnte dann wohl Neurasthenie, ein sog. Rheumatismus, bei zufällig etwa positivem Wassermann ein luischer oder metaluischer Prozeß in Frage kommen. Im ausgebildeten Stadium wird die Abgrenzung gegenüber gleichfalls mit hyperplastischen Skelettveränderungen einhergehenden Krankheitszuständen kaum schwer fallen.

Die Pagetsche Ostitis deformans befällt hauptsächlich den Hirnschädel und nicht die akralen Gesichtsteile, befällt die Diaphysen der langen Röhrenknochen, die sich krümmen, und nicht die Finger und Zehen. Die Mariesche Ostéoarthropathie hypertrophiante läßt den Kopf frei, führt zu der bekannten Trommelschlägelform der Finger mit der charakteristischen Krümmung der Nägel, die Kyphose betrifft den dorsolumbalen und nicht wie bei Akromegalie den cervicodorsalen Anteil der Wirbelsäule. Überdies ist sie meist, wenn auch nicht immer, Begleiterscheinung einer primären chronischen Affektion der Atmungsorgane. Die sehr seltene Virchowsche Leontiasis ossea läßt wiederum die Extremitäten sowie die Weichteile vollkommen frei und bedingt durch die meist diffuse, aber doch asymmetrische Hyperostose einen von der Akromegalie sehr verschiedenen Gesichtsausdruck. Die Nase ragt keineswegs hervor, sondern ist im Gegenteil zwischen den Knochenmassen eingesunken (Facies leontina). Die in seltenen Fällen zu Cheiro- und Podomegalie führende Syringomyelie wird bei Berücksichtigung des neurologischen Befundes (Sensibilitätsstörungen, Reflexe usw.) kaum verkannt werden. Verwechslungen mit Diabetes mellitus, Myxödem, Hyperthyreoidismus kommen zweifellos vor, werden aber bei sorgfältiger Erhebung und Erwägung des Befundes leicht vermieden werden können; in gewissen Fällen werden sich diese Zustände als koordinierte Begleiterscheinungen einer Akromegalie unschwer herausstellen[2].

---

[1] Frankl, O.: Zeitschr. f. d. ges. Anat., Abt. 2: Zeitschr. f. Konstitutionslehre. Bd. 11, S. 166. 1925.

[2] Vgl. Anders, J. M. a. H. L. Jameson: Transact. of the assoc. of Americ. physic. Vol. 36, p. 314. 1921 (Bd. 30, S. 316).

Pathogenese. Auf Grund des heute schon recht zahlreichen Obduktions-
materiales läßt sich wohl mit Sicherheit sagen, daß die seinerzeit von MARIE
erkannte Beziehung des Leidens zur Hypophyse zu Recht besteht, daß die Akromegalie mit Veränderungen des Vorderlappens zusammenhängt, die unzweifelhaft
hyperplastischen Charakters sind und offenkundig zu Überfunktion führen.
Es ist, wie B. FISCHER [1]) mit Recht meint, bisher noch kein Fall von zweifel-
loser, echter Akromegalie beschrieben worden, bei dem der Nachweis einwandfrei .
erbracht wurde, daß die spezifischen Hypophysenveränderungen fehlten. Diese
spezifischen Hypophysenveränderungen haben, wie gesagt, einen morphologischen
Charakter, wie er als Ausdruck eines Überfunktionszustandes erwartet werden
darf. In der Mehrzahl der Fälle handelt es sich um Adenome, um sog. Hypo-
physisstrumen, mitunter um malign degenerierende Adenocarcinome, aber auch
um einfache Hyperplasien des Vorderlappens. Metastasen von Hypophysis-
carcinomen kommen nur äußerst selten zur Beobachtung. In der überwiegenden
Mehrzahl der Fälle von Akromegalie findet man speziell die eosinophilen Zellen
des Vorderlappens an der einfachen oder adenomatösen Hyperplasie beteiligt
und eine Reihe von Autoren (BENDA, ERDHEIM [2]), BAILEY [3])) stehen auf dem
Standpunkt, die Akromegalie sei ausschließlich auf eine vermehrte Funktion
dieser eosinophilen Vorderlappenzellen zu beziehen, sei also gewissermaßen ein
Partialhyperpituitarismus. Indessen liegen doch auch Fälle von Akromegalie
vor, in welchen keine eosinophilen, sondern Tumoren aus basophilen oder
chromophoben Zellen gefunden wurden. Auch die, wie oben erwähnt, mit deutlich
akromegalen Veränderungen einhergehende Hypophysenvergrößerung während
der Schwangerschaft betrifft nicht die eosinophilen, sondern die Hauptzellen,
welche sich in die sog. Schwangerschaftszellen umwandeln. Es ist also wohl
anzunehmen, daß eine so strenge funktionelle Trennung der morphologisch
differenten Zellen nicht besteht.

Die scheinbaren Gegenargumente, welche der hyperpituitären Theorie der
Akromegalie entgegengehalten werden, sind nicht stichhaltig. Einerseits beruft
man sich auf Fälle von Akromegalie, in welchen weder röntgenologisch noch
autoptisch ein hyperplastischer Zustand des Vorderlappens zu finden ist, andererseits auf Fälle von eosinophilen Adenomen des Vorderlappens ohne Akromegalie.
Für beide Argumente gilt die Tatsache, daß anatomische Zustandsbilder über
die funktionelle Aktivität der betreffenden Gewebe nicht immer eine verläßliche
Auskunft geben. In der überwiegenden Mehrzahl der Fälle entsprechen sie
einander wohl und das gilt auch für den Spezialfall der Akromegalie, unter
gewissen Umständen kann aber eine sehr wesentliche Diskrepanz vorkommen,
morphologische Hyperplasien und Adenombildung können bei funktioneller
Insuffizienz der Einzelelemente sogar Kompensationsbestrebungen des Organismus darstellen, die kaum den normalen Bedarf decken, geschweige denn
zuviel des Guten leisten. Beispiele dafür kennen wir ja genügend, ich erinnere
nur an die Schilddrüse oder Epithelkörperchen.

Was aber den ersterwähnten Einwand anlangt, so darf auch daran
nicht vergessen werden, daß aus Resten der embryonalen Hypophysenanlage

---

[1]) FISCHER, B.: Frankfurt. Zeitschr. f. Pathol. Bd. 11, S. 130. 1912.
[2]) ERDHEIM, J.: Ergebn. d. allg. Pathol. u. pathol. Anat., Bd. 21, II. Abt., S. 482.
[3]) BAILEY, P. a. L. M. DAVIDOFF: Americ. journ. of pathol. Vol. 1, p. 185. 1925 (Bd. 40,
S. 659).

(Hypophysengang im Keilbein, Rachendachhypophyse) Tumoren, eventuell eosinophilen Charakters sich entwickeln können, die eine Akromegalie hervorrufen (ERDHEIM). Zum zweiten Einwand wäre dagegen wiederum auf das so wichtige Prinzip der mehrfachen Sicherungen hinzuweisen. Hier wie überall kommt es für den manifesten Effekt einer hormonalen Störung nicht auf diese allein, sondern auch auf die autochthone Beschaffenheit des Erfolgsorganes, auf seine Empfänglichkeit gegenüber jener an. Dazu kommt die durch die übrigen endokrinen Organe sowie durch das Nervensystem — man erinnere sich der Cheiro- und Podomegalie bei Syringomyelie! — bestimmte Reaktionsfähigkeit der Erfolgsorgane.

Wenn schon die pathologische Anatomie so gewichtige Argumente zugunsten der von TAMBURINI angebahnten und von BENDA ausgebauten hyperpituitären Theorie liefert, so erscheint der wiederholt beobachtete Rückgang der akromegalen Erscheinungen nach operativer Entfernung des Hypophysentumors (HOCHENEGG, EISELSBERG, O. HIRSCH) als ihre ebenso wertvolle Stütze. Auch der Rückgang der Schwangerschaftsakromegaloidie zusammen mit der Rückbildung der Hypophysenhyperplasie sei hier erwähnt. Einer experimentellen Begründung scheint die hyperpituitäre Theorie der Akromegalie schwer zugänglich zu sein. Immerhin liegt eine Angabe von CHIASSERINI [1]) vor, der durch eine experimentelle Infektion der bloßgelegten Hypophyse von Hunden mit Tuberkelbacillen Wucherungen des Hypophysengewebes erzeugt haben will, die von akromegalieähnlichen Veränderungen der Haut und Knochen begleitet gewesen sein sollen.

Handelt es sich um eine durch Geschwulstbildung des Hypophysenvorderlappens hervorgerufene Akromegalie, dann ist es nur selbstverständlich, daß je nach der Größe und Wachstumstendenz der Geschwulst Nachbarschaftssymptome von seiten der übrigen Hypophyse, des Infundibulum und der basalen Zentren zur Akromegalie hinzutreten können, die an und für sich nichts mit ihr zu tun haben. Der Übergang bzw. die Kombination der Akromegalie mit Fettsucht, Genitalatrophie und konsekutiver Verwischung der Geschlechtscharaktere, mit den Erscheinungen eines Diabetes insipidus sowie der Ausgang einer Akromegalie in progrediente Kachexie sind unzweifelhaft Folgen solcher Sekundärwirkungen der ursprünglich mit Überfunktion einhergehenden Vorderlappentumoren. BIEDL bezieht auch den nicht selten schon initial auftretenden Funktionsverlust der Genitalorgane sowie die Störung des Kohlenhydratstoffwechsels bei Akromegalie auf eine Beteiligung der Nachbarschaft. Wir haben oben schon bezüglich des Kohlenhydratstoffwechsels Gegengründe angeführt.

Was die Ätiologie der Akromegalie anlangt, so ergibt sie sich aus deren Natur. Einerseits ist es die Ätiologie von Adenomen und Tumoren überhaupt, andererseits die Ätiologie innersekretorischer Korrelationsstörungen im allgemeinen, die hier Berücksichtigung erfordern. Daß physiologische und krankhafte Änderungen im endokrinen System die Entwicklung einer Akromegalie auslösen können, ist ja bekannt. Wir erinnern nur an die Schwangerschaft. Aber auch nach Kastration oder nach der Operation eines Basedow hat man eine Akromegalie entstehen gesehen. Psychische Traumen sind gelegentlich

---

[1]) Zit. nach BIEDL.

einer Akromegalie vorangegangen. Die Lues, die so oft für alles Unbekannte herhalten muß, kommt als unmittelbares ätiologisches Moment nicht in Betracht. Als auslösend kann allerdings vielleicht einmal eine infektiöse Erkrankung oder selbst ein Trauma der Hypophysengegend (NOBBE) in Frage kommen. Ich selbst sah eine Akromegalie nach einer wahrscheinlich als Grippeencephalitis anzusprechenden schweren fieberhaften Erkrankung zur Entwicklung kommen. Hingegen erhält die schon aus allgemeinen Erwägungen sich ergebende Forderung einer besonderen konstitutionellen Disposition zur Akromegalie eine wertvolle Stütze durch die Tatsache, daß hereditäres Vorkommen der Akromegalie doch nicht ganz selten ist, sowie daß die Akromegalie häufig mit Riesenwuchs und anderweitigen endokrinen Störungen bei anderen Familienmitgliedern alterniert [1]).

Die hypophysär-nervösen Dystrophien.

In diesem Abschnitt soll eine Reihe wohlcharakterisierter Krankheitszustände besprochen werden, die alle durch bestimmte Störungen der Trophik gekennzeichnet sind und an pathologische Veränderungen im Bereiche der Hypophyse, der trophisch-vegetativen Zentren am Boden des III. Ventrikels bzw. beider geknüpft erscheinen. Die eigenartigen trophischen Störungen erstrecken sich auf die Keimdrüsen und die Geschlechtsorgane in ihrer morphologischen und funktionellen Beschaffenheit, auf den Ansatz bzw. Schwund des Fettgewebes, bei vor dem Abschluß des Wachstums erkrankenden Individuen auf eine Hemmung der Wachstumsfunktion sowie schließlich auf bestimmte Besonderheiten des Stoffwechsels. Eine Reihe weiterer Symptome wie subnormale Körpertemperatur, allgemeine Muskelschwäche, trophische Veränderungen der Haut, Besonderheiten der psychischen Funktionen reihen sich an die genannten Symptome an. Die engen funktionellen Wechselbeziehungen zwischen der Hypophyse und den knapp dorsal angrenzenden nervösen Zentren, wie wir sie in einem früheren Kapitel kennen gelernt haben, lassen es verständlich erscheinen, daß gleichartige klinische Syndrome sowohl von der Hypophyse wie von den Zentren ihren Ausgang nehmen können und daß die lokalisatorische Unterscheidung mitunter größte Schwierigkeiten bereiten, ja unmöglich werden kann. Wenn wir auch im folgenden erfahren werden, daß die einzelnen Kardinalsymptome derartiger Zustände in verschiedener Kombination miteinander in Erscheinung treten und auch dissoziiert zur Beobachtung kommen können, so wird es doch zweckmäßig sein, die Darstellung auf bestimmte, wohlcharakterisierte Syndrome aufzubauen, wie sie sich auf Grund reicher klinischer und anatomischer Kasuistik in der Literatur eingebürgert haben. Wir werden dreierlei Typen hypophysär-nervöser Dystrophien auseinander halten: a) den Typus FRÖHLICH oder die sog. Dystrophia bzw. Degeneratio adiposogenitalis, den hypophysär-nervösen Fettwuchs, b) den Typus SIMMONDS bzw. die sog. hypophysär-nervöse Kachexie oder, wie man sie auch nennen könnte, die Dystrophia marantogenitalis [2]) oder den hypophysär-nervösen Fettschwund und schließlich c) den hypophysären Zwergwuchs. Der letztere fällt insofern aus dem

---

[1]) Vgl. BAUER, J.: Konstitut. Disposition. l. c. — DAVIDOFF, L. M.: l. c.
[2]) Auch ZONDEK hat den Ausdruck „Dystrophia kachektogenitalis" gebraucht (Klin. Wochenschr. 1923. S. 1622).

System heraus, als er nach unseren heutigen Kenntnissen anscheinend lediglich hypophysären, nicht auch zentral-nervösen Ursprunges sein kann.

a) Dystrophia adiposogenitalis, Degeneratio adiposogenitalis, Typus Fröhlich.

Dieses Leiden wurde in seiner Einheitlichkeit und seinem Wesen zuerst im Jahre 1901 von A. Fröhlich erkannt, nachdem schon früher einzelne kasuistische Beobachtungen über einschlägige Fälle von verschiedenen Autoren mitgeteilt worden waren. Es ist charakterisiert durch eine mehr oder minder beträchtliche Zunahme des Fettgewebes mit einer bei männlichen Kranken typischen Art der Lokalisation des subcutanen Fettansatzes, in zweiter Linie durch eine Atrophie der Geschlechtsorgane mit entsprechenden funktionellen Ausfallserscheinungen und schließlich durch eine Wachstumshemmung bei im jugendlichen Alter befallenen Individuen. Dazu gesellen sich eine Reihe weiterer Symptome, die im folgenden eingehender besprochen werden sollen.

Je nach der Art und dem Verlauf des die Beeinträchtigung der Hypophysenfunktion bzw. der trophischen Zentren herbeiführenden krankhaften Prozesses (Tumoren, Entzündungen, Gefäßprozesse, Hydrocephalus, Entwicklungsstörungen u. a.) wird in verschiedenem Tempo und Ausmaß der Fettwuchs zur Entwicklung gelangen. Von jenen Fällen, in denen ganz bizarre Fettmassen im Verlaufe einer verhältnismäßig kurzen Zeit zur Anlagerung kommen, bis zu den Fällen, in denen die Zunahme des Fettpolsters eben nur angedeutet erscheint, gibt es alle Übergänge. Die Übergänge bestehen aber interessanterweise auch zu jener zweiten Kategorie hypophysär-nervöser Dystrophien, bei denen ein progredienter Schwund des Fettgewebes, eine zunehmende Kachexie das führende Symptom darstellt. Nicht ganz vereinzelte Fälle, die als Fröhlichscher Typus begonnen haben und jahrelang verlaufen sind, scheinen als Simmondsscher Typus oder auf dem Wege der Umwandlung in diesen ihr Ende zu finden (Rath, Nazzari, Finkelnburg[1]), Marinesco und Goldstein[2]), Faltas Fall XXXVII, S. 241, Zondek[3]), Josephy[4]), Domanig[5])). Was die Verteilung des subcutanen Fettgewebes anlangt, so zeigt sie nur bei männlichen Kranken eine charakteristische Eigenart. Hier sehen wir in typischer Weise die sog. eunuchoide Fettverteilung mit der Lokalisation der Fettmassen um die Hüften, in der Unterbauch- und Schamgegend, an Gesäß, Oberschenkeln und Brust. Selbst dort, wo die Quantität des Fettansatzes keine höheren Grade erreicht, weist diese charakteristische Lokalisationsart auf den Ursprung des Zustandes hin. Es steht außer Zweifel, daß diese Verteilung des subcutanen Fettgewebes mit dem Ausfall der innersekretorischen Hodenfunktion zusammenhängt. Bei weiblichen Kranken ist dagegen ganz entsprechend unseren sonstigen Erfahrungen über die Beziehungen zwischen Fettverteilung und innersekretorischer Ovarialfunktion eine typische Art des Fettansatzes nicht zu beobachten. Dieser wird

---

[1]) Vgl. Bauer, J.: Zeitschr. f. d. ges. Neurol. u. Psychiatrie. Ref. u. Ergebn. Bd. 3, S. 193. 1911.

[2]) Marinesco et Goldstein: Nouv. Iconogr. de la Salpetrière. Tom. 22. 1909.

[3]) Zondek, H.: Dtsch. med. Wochenschr. 1923. Nr. 11.

[4]) Josephy, H.: Virchows Arch. f. pathol. Anat. u. Physiol. Bd. 254, S. 439. 1925 (Bd. 40, S. 131).

[5]) Domanig: Wien. klin. Wochenschr. 1925. Nr. 27, S. 762.

vielmehr ganz wie bei Frauen, die nach der Kastration Fett ansetzen, durch die individuelle Konstitution bzw. die individuell verschiedene Lipophilie der einzelnen Abschnitte der Körperdecke bestimmt. So sieht man denn auch entsprechend der Häufigkeit des „Rubens-Typus" diese Verteilungsart bei solchen Kranken am häufigsten. Etwas Charakteristisches oder gar Spezifisches für den hypophysären Fettansatz stellt aber dieser Rubens-Typus (die Amerikaner sprechen von girdle type obesity) nicht dar, wie ich im Gegensatze namentlich zu amerikanischen Autoren hervorheben möchte. Es können auch ganz andere Typen von Fettansatz, so z. B. der Typus inferior mit fast ausschließlicher Lokalisation an den unteren Extremitäten, wie in einem Falle von Peritz [1]) zur Beobachtung kommen. Auch am Hals sind manchmal mächtige Fettmassen zu sehen.

Die Beeinträchtigung des Geschlechtsapparates erscheint naturgemäß unter einem verschiedenen Bilde, je nachdem es sich um erwachsene oder noch jugendliche bzw. kindliche Individuen handelt. Bei Erwachsenen machen sich in der Regel zuerst die Funktionsstörungen bemerkbar. Potenzstörungen, Azoospermie, Verlust der Libido bei männlichen Individuen, Amenorrhöe und Verlust der Libido bei weiblichen Individuen sind meistens Symptome, die der morphologisch feststellbaren Atrophie der Keimdrüsen und des übrigen Geschlechtsapparates (Penis, Prostata, Samenblasen, Uterus, Vulva) vorangehen. Auch über abnorme Milchsekretion wurde bei solchen Kranken berichtet. Im präpuberalen Alter einsetzende Fälle zeigen naturgemäß nebst der abnormen Persistenz des entsprechenden Entwicklungsstadiums die aufgepfropften regressiven Veränderungen, woraus dann die gelegentlich ganz exzessiven Grade von Hypogenitalismus resultieren. Im Zusammenhang mit der Atrophie der inner-sekretorischen Keimdrüsenanteile kommt es bei Erwachsenen zur Rückbildung sekundärer Geschlechtscharaktere, während sich diese bei im Kindesalter erkrankten Individuen gar nicht ausbilden. Den eunuchoiden Fettansatz männlicher Kranker haben wir ja soeben als Ausdruck des Verlustes eines sekundären Geschlechtsmerkmales kennen gelernt. Der Bartwuchs wird schütter und sistiert unter Umständen vollständig, die Stammbehaarung fällt aus, zunächst an der Brust, dann in den Achseln und in der Schamgegend, wo sich allerdings meist eine spärliche Behaarung nach juvenil-weiblichem Typus zu erhalten pflegt. Auch die Haare an den Extremitäten fallen aus. Die Haut nimmt eine zarte, durchsichtige, meist glatte Beschaffenheit an, ist trocken, kühl und blaß, mitunter leicht gelblich und schilfernd. Bei im kindlichen Alter erkrankten Individuen männlichen Geschlechtes findet man die weiblich breite Beschaffenheit des Beckens, bei weiblichen das mangelnde Drüsengewebe der fettreichen Brust mit den kleinen, oft eingezogenen Brustwarzen. Der Stimmwechsel in der Pubertätszeit bleibt aus, die Epiphysenfugen persistieren unverknöchert, um eventuell in entsprechenden Fällen nach vielen Jahren endlich doch zu ossifizieren. Bei sehr frühzeitiger, eventuell schon intrauterin einsetzender Erkrankung begegnet man auch einem mangelhaften Descensus testiculorum recht häufig.

Die Hemmung des Längenwachstums gehört bei in frühem Alter erkrankenden Individuen zu den Kardinalsymptomen des Typus Fröhlich. Die Verzögerung der Knochenkernbildung ist im Röntgenbilde solcher Kranker

---

1) Vgl. Bauer, J.: Über Fettansatz. Klin. Wochenschr. 1922. Nr. 40, S. 1977.

deutlich wahrnehmbar und unterscheidet sich nicht von der gleichen Wachstumshemmung jugendlicher Hypothyreosen. Die hypophysäre Wachstumshemmung
bei verzögertem Epiphysenschluß ist von differentialdiagnostischer Bedeutung
gegenüber einem primären Eunuchoidismus, dem ja gleichfalls die Persistenz
der Epiphysenfugen zukommt. Die Wachstumshemmung ist die Folge einer
Beeinträchtigung der Hypophysenvorderlappenfunktion vor Abschluß des
Wachstums und findet sich demnach in den Fällen, welche in dieser Lebens

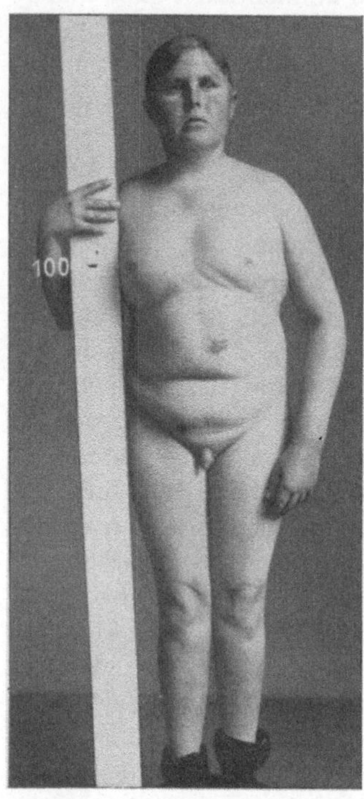

Abb. 30. Fröhlichsche Dystrophia
adiposogenitalis mit Zwergwuchs
bei 18jährigem Jüngling. Hoden
erbsengroß, also extrem klein. Keine
Stammbehaarung. Hohe Stimme.
Körperlänge 138 cm (entspricht
einem Alter von noch nicht
12 Jahren), Körpergewicht 48 kg.
Sella turcica normal. GU − 15,5%,
sog. spez. dyn. Nahrungswirkung
normal. Hohe Intelligenz, spricht
mehrere Sprachen, ausgezeichneter
Musiker.

phase erkranken, regelmäßig. Nur dort, wo das
Fröhlichsche Syndrom durch krankhafte Prozesse
hervorgerufen wird, welche in erster Linie die
trophisch-vegetativen Zentren und weniger oder
erst in späteren Phasen die Hypophyse selbst
beeinträchtigen[1]), oder dort, wo die Art des krankhaften Prozesses in der Hypophyse eine dazu
immerhin noch ausreichende Funktion des Vorderlappens gestattet[2]), nur dort vermissen wir eine
Wachstumsstörung.

Die Dimensionierung des Skelettes entspricht in den mit Zwerg- bzw. Minderwuchs
verlaufenden Fällen in der überwiegenden Mehrzahl den kindlichen Verhältnissen, da es sich ja
um die Persistenz einer bestimmten Wachstumsstufe handelt. Gelegentlich sieht man allerdings
auch bei minderwüchsigen Kranken mit Dystrophia
adiposogenitalis eunuchoide Körperproportionen,
also abnorm lange Extremitäten im Verhältnis
zur Rumpflänge. Falta machte schon auf diese
Tatsache aufmerksam[3]). Ich kann sie auf Grund
meiner eigenen Beobachtungen durchaus bestätigen, wenn ich auch die Erklärung Faltas
nicht akzeptiere, daß die verschiedenen Wuchsformen einfach durch Interferenz zweier Faktoren
zustande kommen: die hypopituitäre Wachstumshemmung einerseits, die hypogenitale Neigung
zum Hochwuchs mit Überlänge der Extremitäten
andererseits. Hier spielen wohl auch noch andere
kompliziertere Momente, vor allem die anlagemäßige Wuchstendenz eine bestimmende Rolle[4]).
Bemerkenswert ist gelegentlich ein relativ besonders mächtiger Brustumfang (vgl. Abb. 30).
Hände und Füße pflegen bei Kranken mit Fröhlichscher Dystrophie meist
klein und zart, die Finger zugespitzt zu sein. Wenn man auch noch den

---

[1]) Vgl. Babinski et Onanoff: Rev. neurol. Tom. 8, p. 531. 1900. — Falta: l. c.
Fälle XXXVII, S. 241 u. XXXVIII, S. 243.

[2]) Vgl. Pechkranz, S.: Neurol. Zentralbl. Bd. 18, S. 203. 1899. — Eiselsberg, A. v.
u. L. v. Frankl-Hochwart: Neurol. Zentralbl. 1907. Nr. 21.

[3]) l. c. S. 254.

[4]) Vgl. Bauer, J.: Endocrinology. Vol. 8, p. 297. 1924.

meist zarten Unterkiefer und vorspringenden Oberkiefer (CUSHING, SCHÜLLER) in Betracht zieht, so ist es gewiß naheliegend, hierin ein gegensätzliches Verhalten zur Akromegalie zu erblicken[1]. Indessen haben mich eigene Erfahrungen überzeugt, daß die zugespitzten Finger — die Amerikaner nennen sie tapering fingers, man könnte auch von einer Akromikrie (TIMME) sprechen — nichts für eine hypophysäre Störung Spezifisches darstellen und außer als konstitutionelle Besonderheit vor allem bei Fettwüchsigen aller Arten vorkommen, offenbar deshalb, weil die Lipophilie des subcutanen Gewebes an den Endphalangen schon von Haus aus geringer ist als an den Grundphalangen, eine Erscheinung, die begreiflicherweise bei Fettleibigen besonders auffällig zum Ausdrucke kommt. An der Zuspitzung der Finger bei Kranken mit FRÖHLICHscher Dystrophie beteiligen sich nämlich ausschließlich die Weichteile [2].

Coxa vara und Genu valgum sieht man besonders bei Kranken mit eunuchoider Proportionierung nicht selten.

Mangelhafte Schweißsekretion bis zu völliger Anhidrosis ist ein häufiges Symptom. In manchen Fällen beobachtet man auch Ausfall bzw. von Haus aus sehr schüttere Beschaffenheit des Kopfhaares. Gegenüber dem dichten Kopfhaar der Eunuchoiden ist dieses Merkmal differentialdiagnostisch nicht unwichtig. Trophische Nagelveränderungen kommen bei FRÖHLICHscher Dystrophie wohl nur sehr selten vor.

Was die Stoffwechselverhältnisse anlangt, so zeigt der Grundumsatz in der Regel keine stärkere Abweichung von der Norm[3], zumal wenn man die Schwierigkeit der Anwendung der Normalwerte auf die Körperform derartig fettleibiger Individuen in Betracht zieht. Leichte Herabsetzungen des O_2-Verbrauches[4] kommen da ebenso vor wie geringe Steigerungen. Häufig findet man dagegen die von KESTNER und seinen Mitarbeitern R. PLAUT und KNIPPING, sowie von LIEBESNY beschriebene Herabsetzung oder Verzögerung der spezifisch-dynamischen Wirkung einer aus Eiweiß und Kohlenhydraten bestehenden Mahlzeit. Nach letzterem Autor wäre dieses Verhalten gegenüber primär eunuchoider Fettsucht differentialdiagnostisch verwertbar. Indessen habe ich doch auch Fälle von unzweifelhafter typischer FRÖHLICHscher Dystrophie gesehen, in welchen dieses Symptom gefehlt hat, und andererseits in Übereinstimmung mit LIEBESNY Fälle mit herabgesetzter, bzw. verzögerter spezifisch-dynamischer Nahrungswirkung, in welchen eine FRÖHLICHsche Dystrophie bzw. irgendeine Form hypophysärer Störung nicht vorlag. Neben Fällen mit vegetativ-nervösen Störungen und einzelnen Kranken mit M. Basedowii waren insbesondere auch Fälle von Fettsucht darunter, in welchen keine sonstigen Argumente zugunsten einer hypophysären Genese zu finden waren[5].

Der endogene Harnsäurewert bewegt sich nach FALTA an der unteren Grenze

---

[1] Vgl. TIMME, W.: Lectures on Endocrinology. New York: Paul B. Hoeber 1924. — KESTNER, O.: Klin. Wochenschr. 1924. S. 1149.

[2] KESTNER, O.: l. c.

[3] KLEIN, W., E. MÜLLER, A. SCHEUNERT u. M. STEUBER: Arch. f. Kinderheilk. Bd. 73, S. 263. 1923 (Bd. 33, S. 150).

[4] CUSHING, H.: Rev. neurol. Tom. 38. 1922. — LABBÉ, M., H. STÉVENIN u. L. VAN BOGAERT: Cpt. rend. des séances de la soc. de biol. Tom. 88, p. 1283. 1923 (Bd. 30, S. 204) et Ann. de méd. Tom. 17, p. 258. 1925 (Bd. 40, S. 130).

[5] Vgl. auch PLAUT, R.: Dtsch. Arch. f. klin. Med. Bd. 142, S. 266. 1923 (Bd. 31, S. 30). — KNIPPING, H.: Klin. Wochenschr. 1925. S. 2047.

der Norm, zugesetzte Purinkörper werden verschleppt ausgeschieden. Die Kohlenhydrattoleranz ist bei FRÖHLICHscher Dystrophie regelmäßg sehr hoch, wofern durch den Krankheitsprozeß nicht eine Schädigung der betreffenden cerebralen Zentren mit konsekutiver Herabsetzung der Toleranz und alimentärer oder auch spontaner Glykosurie erfolgte. Eine ausgesprochen hohe Kohlenhydrattoleranz, z. B. bei Verabreichung von 300 g Dextrose in einem halben Liter Wasser mit nachfolgender intramuskulärer Injektion von Hypophysenhinterlappenextrakt nach dem Vorschlage von PARISOT und RICHARD kann demnach als ein Argument zugunsten einer hypophysären Dystrophie gegenüber einer eunuchoiden Fettsucht angesehen werden. Die Beobachtung FALTAs, daß die Kohlenhydrattoleranz in einem Falle nach der Operation gleichzeitig mit der Besserung anderer Symptome absank, bestätigt diese Auffassung. Der Blutzuckerspiegel pflegt meist niedrig zu sein. Dort, wo die Kohlenhydrattoleranz herabgesetzt ist und wie etwa in einem Falle ZONDEKs (2. Aufl., S. 187) eine einzige Adrenalininjektion eine wochenlange Hyperglykämie und Glykosurie auszulösen vermag, liegt offenbar eine zentral-nervöse Störung vor. Auch in zwei eigenen Fällen mit positiver Adrenalinglykosurie sprach der Gesamtbefund von vornherein für eine primär zentrale Affektion. DIETRICH[1]) meint sogar den Verlauf der Blutzuckerkurve nach einer Adrenalininjektion als differentialdiagnostisches Hilfsmittel gegen primären Hypogenitalismus verwerten zu können. Verzögerung oder Verminderung der Hyperglykämie oder beides zusammen erweise eine hypophysäre Dystrophie, während bei primär ovarieller Unterfunktion die Adrenalinhyperglykämie eher gegenüber der Norm erhöht sei. Selbstverständlich kann auch eine gleichzeitige Pankreasaffektion das typische Verhalten des Kohlenhydratstoffwechsels bei FRÖHLICHscher Dystrophie abändern[2]).

Subnormale Temperatur ist bei FRÖHLICHscher Dystrophie häufig zu beobachten. ZONDEK[3]) macht auf die Neigung zu Temperatursteigerungen bei gewissen Fällen von „hypophysär-cerebral-peripherischer Fettsucht" aufmerksam, die sich auf die Darreichung von Schilddrüsen- oder Thymussubstanz, ja sogar auf die bloße Zulage von 10 g NaCl einstellen und selbst 38° übersteigen sollen. Das sind sicherlich keine rein hypophysären, sondern zentral-nervös bedingte Fälle von Fettleibigkeit. Von der durch CUSHING angegebenen und vielfach zitierten „Thermoreaktion", d. i. einer auf Hypophysenvorderlappenextrakt erfolgenden Temperatursteigerung, konnte ich mich niemals überzeugen.

Die Erregbarkeit des vegetativen Nervensystems ist in der Regel gering, was auch bei der pharmakodynamischen Prüfung zum Ausdrucke kommt.

Sehr charakteristisch ist die Kombination der FRÖHLICHschen Dystrophie mit den Erscheinungen eines Diabetes insipidus. Es handelt sich da wohl immer um Fälle, bei denen der krankhafte Prozeß die Hirnbasis in Mitleidenschaft gezogen hat oder überhaupt nur dort lokalisiert ist. Sicherlich gilt dies aber für jene Fälle (ZONDEK), in welchen man einer Art Gegenstück des Diabetes insipidus begegnet, das ist einer habituellen Oligurie mit meist hohem spezifischen Gewicht des Harnes. Bei Prüfung der Ausscheidungs- und Verdünnungs-

---

[1]) DIETRICH, H. A.: Zeitschr. f. Geburtsh. u. Gynäkol. Bd. 87, S. 146. 1924.
[2]) GIBSON, H. J. C.: Edinburgh med. journ. Vol. 31, p. 82. 1924 (Bd. 35, S. 54).
[3]) ZONDEK, H.: Dtsch. med. Wochenschr. 1925. Nr. 31, S. 1267.

fähigkeit der Nieren nach Einnahme größerer Flüssigkeitsmengen (1000 bis
1500 ccm), also bei Anstellung des sog. VOLHARDschen Wasserversuches sieht
man dann oft eine beträchtliche Verzögerung in der Ausscheidung, die sicherlich
nicht auf eine renale Insuffizienz bezogen werden kann. In anderen Fällen kann
auch eine Zulage von 10 g NaCl nach mehrtägiger salzarmer Kost verschleppt
ausgeschieden werden, wobei sich Wasser- und Salzretention kombinieren oder
auch dissoziiert in Erscheinung treten können.

Das Blutbild zeigt in der Regel eine hypochrome Anämie, die Leukocytenzahl ist öfters herabgesetzt, wobei die Verminderung die polynucleären Zellelemente betrifft. Lymphocyten und Monocyten, nicht selten auch die Eosinophilen pflegen relativ oder auch absolut vermehrt zu sein.

Allgemeines Schwächegefühl, Kraftlosigkeit und Ermüdbarkeit gehören zu
den typischen Symptomen. Knochenschmerzen und rheumatoide Beschwerden
sind gelegentlich auf eine Osteoporose zurückzuführen. Einer Herzdilatation
begegnet man wohl nur bei vorgeschrittenen und schweren Fällen. Das
psychische Verhalten der Kranken ist von der Art des krankhaften Prozesses
abhängig, der der Dystrophie zugrunde liegt. Bei Tumoren findet man die
eigenartige phlegmatische Ruhe, Interesselosigkeit und Resigniertheit, die
unmotiviert heitere Stimmungslage und Schlafsucht, die v. FRANKL-HOCHWART
als Hypophysärstimmung bezeichnet hat, die aber doch zum Teil wenigstens
eine allgemeine Reaktionsform intrakranieller Geschwulstbildungen darstellt.
Liegt der Dystrophie keine Tumorbildung, sondern irgendein andersartiger
krankhafter Prozeß zugrunde, so fehlt meistens diese „Hypophysärstimmung“,
höchstens sieht man mitunter die Fettwüchsigen ganz allgemein zukommende
Schwerfälligkeit. Bei jugendlichen Dystrophien, deren Erkrankung nicht auf
Tumorbildung beruht und auch nicht mit sonstigen cerebralen Hemmungs-
bildungen vergesellschaftet ist, begegnet man gelegentlich einer ganz besonderen
Intelligenz und Begabung. Psychosen bei FRÖHLICHscher Dystrophie sind
als nicht zu diesem Krankheitsbilde gehörige zufällige Komplikationen anzusehen. Von den durch Tumoren bedingten Augenstörungen, allgemeinen Hirndruckerscheinungen, sowie von den radiologischen Symptomen bei FRÖHLICHscher
Dystrophie soll später im Zusammenhange die Rede sein.

Wie bei verschiedenen anderen Krankheitsformen, so gibt es auch bei
der Dystrophia adiposogenitalis atypische rudimentäre Fälle, die auch
einzelne der Kardinalsymptome vermissen lassen. Die Diagnose derartiger
Zustände kann dann naturgemäß auf große Schwierigkeiten stoßen. Zunächst
einmal kann, wie wir schon oben erwähnt haben, eine eigentliche Fettsucht
vollkommen fehlen (FALTA). Während bei männlichen Individuen dann
wenigstens die charakteristische eunuchoid-infantil-feminine Fettverteilung, wie
sie sich als Folge des Ausfalls der innersekretorischen Keimdrüsentätigkeit
einstellt, dem Habitus ein bestimmtes Gepräge verleiht, kommt bei weiblichen
Individuen gar keine besondere Veränderung des Exterieurs zustande. Von
solchen Fällen führen, wie gesagt, Übergänge zu der zweiten Kategorie der
hypophysär-nervösen Dystrophien, zur SIMMONDSschen Kachexie; wofern es
sich um in frühen Jahren einsetzende Krankheitsprozesse handelt, zur dritten
Kategorie, dem hypophysären Zwergwuchs. SCHÜLLER [1]) meint, daß eine Gruppe

---

[1]) SCHÜLLER, A.: Wien. klin. Wochenschr. 1924, S. 1041 (Bd. 38, S. 235).

von Fällen mit sexueller Impotenz als alleinigem Krankheitssymptom hypophysären Ursprunges sei.

Dann aber gibt es auch Fälle, in denen eine Genitalstörung fehlt. Ganz abgesehen von im frühen Jugendalter einsetzenden und schon vor der Pubertät zum Tode führenden oder von den im höheren Lebensalter, jenseits der 50 und 60 zur Entwicklung gelangenden Fällen, sowie von denjenigen, bei welchen die Genitalsymptome erst im späteren Verlaufe sich einstellen, ganz abgesehen von diesen kommen immerhin auch Fälle hypophysär-nervöser Dystrophie im geschlechtsreifen Alter zur Beobachtung, in welchen lediglich eine zunehmende Adipositas das Bild beherrscht. GOTTLIEB [1]) gibt eine gute Zusammenstellung derartiger anatomisch verifizierter Fälle. Es ist klar, daß sich hier große diagnostische Schwierigkeiten ergeben können. Die Heranziehung aller einzelnen, im Vorangehenden geschilderten Symptome wird allerdings in vielen Fällen auch da die Diagnose ermöglichen. Daß auch bei Fällen, deren Beginn ins jugendliche Alter zurückreicht, gelegentlich das dritte Kardinalsymptom, die Wachstumshemmung, fehlen kann, wurde oben schon erwähnt.

Verlauf und Ausgang der FRÖHLICHschen Dystrophie wird durch die Art des ihr zugrunde liegenden anatomischen Prozesses bestimmt. Nicht die Dystrophie als solche, sondern ob maligner oder benigner Tumor, ob Cyste, Gumma oder Tuberkel, ob Hydrocephalus, Bildungsanomalie, entzündlicher oder Gefäßprozeß zur Dystrophie geführt hat, ist hier entscheidend. Ganz ebenso wie wir es bei der Akromegalie gesehen haben, führen alle Übergänge von akut, in einigen Monaten letal verlaufenden Fällen zu jenen mehr minder harmlosen Habitualzuständen, in denen kaum die Bezeichnung Krankheit gerechtfertigt erscheint. Bemerkenswert ist übrigens gelegentlich ein remittierender Verlauf mit Schwankungen des Sehvermögens und Allgemeinbefindens — vielleicht, wie SCHÜLLER meint, als Folge der Berstung cystischer Geschwülstchen.

Wenn die Diagnose der FRÖHLICHschen Dystrophie in typischer Ausbildung, insbesondere dort, wo sie auf einer Geschwulstbildung beruht, zu den einfachsten Dingen gehört, so können sich in atypischen und rudimentären Fällen, die nicht durch Tumoren bedingt sind, erhebliche Schwierigkeiten ergeben. Die häufigste Differentialdiagnose wird gegenüber einem eunuchoiden Fettwuchs zu stellen sein, sei es, daß ein seit Jugend bestehender Eunuchoidismus, ein temporärer Pubertätseunuchoidismus oder ein im späteren Leben einsetzender Hypogenitalismus (sog. Späteunuchoidismus) in Betracht kommt. Dort, wo Tumorsymptome nicht zu erwarten sind, wird gegenüber dem seit Kindheit bestehenden eunuchoiden Fettwuchs die Wachstumshemmung ein wichtiges, wenn auch nicht absolut verläßliches Argument darstellen. Der Eunuchoidismus als solcher bedingt keine Wachstumshemmung, im Gegenteil, in vielen Fällen besteht hier sogar eine erhöhte Wachstumstendenz (sog. eunuchoider Hochwuchs). Wo also das Syndrom der Dystrophia adiposo-genitalis mit Minderwuchs einhergeht, muß neben dem Hypogenitalismus noch eine andere Störung vorliegen, die wohl allermeistens in einer insuffizienten Tätigkeit des Hypophysenvorderlappens gefunden wird. Allerdings kann ein mit primärem Hypogenitalismus behafteter Mensch auch ohne gleichzeitigen Hypopituitarismus klein bleiben, wenn eine konstitutionelle, genotypische Anomalie in dieser Richtung

---

[1]) GOTTLIEB, K.: Ergebn. d. allg. Pathol. u. pathol. Anat. Bd. 19, 2. Abt., S. 575. 1921.

vorliegt, bzw. wenn die normale konstitutionelle Wachstumsanlage durch äußere Schädigungen an ihrer phänotypischen Auswirkung gehemmt wurde. So beschreibt RANDERATH [1]) eine 61jährige, bloß 1,45 m hohe Frau mit angeborenem Mangel beider Eierstöcke, deren Hypophyse ähnlich wie die Kastratenhypophyse sogar eine Vermehrung der eosinophilen Zellelemente aufwies. Also trotz anscheinend mindestens normaler Hypophysenfunktion Zwergwuchs bei fehlender innersekretorischer Keimdrüsentätigkeit. Die Anlage zu einer bestimmten Körpergröße wirkt sich eben nicht nur via Hypophyse oder Schilddrüse aus. Eine ähnliche Vorstellung scheint übrigens auch schon OLIVET [2]) vorgeschwebt zu haben, der einen dem RANDERATHschen ganz analogen Fall von Aplasie der Ovarien bei einer nur 1,48 m großen, 38jährigen Frau beschrieb. Er spricht von „verminderter Wachstumsenergie", da der Minderwuchs trotz fehlender Keimdrüsen und gesteigerter Tätigkeit der Hypophyse zustande kam. Andererseits können, wie wir oben hervorgehoben haben, auch jugendliche Fälle von FRÖHLICHscher Dystrophie normal wachsen, wofern noch eine hierzu ausreichende Menge von Hypophysenparenchym erhalten ist.

Eine gar nicht seltene Fehldiagnose ist die Verkennung fetter, aber sonst normaler Kinder, welche für eine FRÖHLICHsche Dystrophie gehalten und auch dementsprechend organotherapeutisch behandelt werden — natürlich hier mit glänzendem Erfolge, denn sie entwickeln sich mit und ohne eine Therapie zur richtigen Zeit oder etwas verspätet, das Genitale erreicht nach der Pubertät seine normale Größe, die Fettleibigkeit kann sich in mehr oder minder befriedigender Weise verringern [3]). Von der Beurteilung solcher Fälle und ihrer Abgrenzung gegenüber einem eunuchoiden Fettwuchs soll in einem späteren Kapitel noch gesprochen werden.

Die Anhidrosis, das gelegentlich sehr schüttere Kopfhaar, die subnormale Temperatur, bzw. die bei zentral-nervös lokalisierten Prozessen vorhandene Neigung zu Fiebertemperaturen, der geringe endogene Purinwert mit verschleppter Ausscheidung zugeführten Purins, die herabgesetzte spezifisch-dynamische Nahrungswirkung, die erhöhte Kohlenhydrattoleranz, die herabgesetzte Adrenalinreaktion quoad Zuckerstoffwechsel, all das sind Symptome, denen differentialdiagnostische Bedeutung zukommt, wenngleich auch sie nicht immer eine unbedingte Entscheidung bringen können. Diabetes insipidus oder sein oben geschildertes Gegenstück, Störungen im Salz-Wasserstoffwechsel werden ebenso wie Glykosurie bei FRÖHLICHscher Dystrophie auf eine zentral-nervöse Lokalisation des Krankheitsprozesses hinweisen. Dort, wo Genitalsymptome fehlen und nur die hypophysär-nervöse Fettsucht das Bild beherrscht, werden alle die angeführten Symptome zur Unterscheidung gegenüber andersartiger Fettleibigkeit, vor allem also gegenüber einer konstitutionellen, anlagemäßig sich entwickelnden, nicht allein hypophysär-zentralen Adipositas herangezogen werden müssen. Die gleichartige Familienbelastung ist, wofern sie in ausgeprägtem Maße nachzuweisen ist, ein wichtiges, aber wiederum kein ganz

---

[1]) RANDERATH, E.: Virchows Arch. f. pathol. Anat. u. Physiol. Bd. 254, S. 798. 1925.

[2]) OLIVET, J.: Frankfurt. Zeitschr. f. Pathol. Bd. 29, S. 477. 1923.

[3]) In ZONDEKs 2. Aufl. der „Krankheiten der endokrinen Drüsen" illustrieren die Abb. 74 und 75 wunderschön das eben Gesagte. Der von ZONDEK als Dystrophia adiposogenitalis aufgefaßte 14jährige Knabe hat sich in 2 Jahren vollkommen normal entwickelt. Dies wäre meiner Überzeugung nach auch ohne die Schilddrüsenbehandlung der Fall gewesen.

verläßliches Argument. Man denke daran, daß die Hypophyse auch zu den Erfolgsorganen der Anlage zur Fettleibigkeit gehört, in ihrer Beschaffenheit also auch von dieser mit abhängt, daß also in Familien mit konstitutioneller Anlage zu Fettsucht die Hypophyse eine größere Erkrankungsdisposition aufweist und daß daher wohl einmal auch mehrere Familienmitglieder eine Hypophysenerkrankung mit konsekutiver Fettsucht oder mit besonderer Prononcierung ihrer konstitutionellen Fettsucht bekommen können. Die DERCUMsche Adipositas dolorosa ist gegenüber einer allgemeinen oder lokalisierten Lipomatose nicht scharf abgegrenzt. Sie wird gelegentlich auch bei einer hypophysären Affektion sich entwickeln können.

Eine Hypothyreose, die nicht selten zu einer Verwechslung Anlaß geben kann, da ihr eine ganze Reihe von Symptomen der FRÖHLICHschen Dystrophie gleichfalls zukommt und da auch die FRÖHLICHsche Dystrophie mitunter eine geringe Herabsetzung des Grundumsatzes aufweist, wird wohl meist an der charakteristischen myxödematösen Hautbeschaffenheit, der pastösen Schwellung des Gesichtes, dem Fehlen einer Genitalatrophie, der weit bedeutenderen Herabsetzung des Grundumsatzes bei normaler spezifisch-dynamischer Nahrungswirkung zu erkennen sein. Die überaus zarte, weiche und weiße Haut der Dystrophiker unterscheidet sich auch meist von der gröberen, rauhen Haut der Hypothyreosen mit ihrer Neigung zu erworbenen Hauterkrankungen und Frostschäden. Allerdings kommt auch die Kombination von FRÖHLICHscher Dystrophie mit Hypothyreose vor, wie ich dies kürzlich bei einer etwa 28jährigen Patientin der Frauenklinik PEHAM gesehen habe. Hier war ein dem FRÖHLICH-schen Syndrom ursächlich zugrunde liegender Tumor der Hypophysengegend schon aus dem typischen Röntgenbild mit Sicherheit zu entnehmen, dazu kam ein Diabetes insipidus, leichte akromegale Züge, vor allem aber ein mit beträchtlicher Herabsetzung des Grundumsatzes einhergehendes hochgradiges Myxödem. Auch der erste von FRÖHLICH beschriebene Fall von Dystrophie zeigte diese Kombination mit leichtem Myxödem.

Von einem universellen Infantilismus unterscheidet sich eine seit der Kindheit bestehende Dystrophie außer durch alle oben angeführten Symptome bei männlichen Kranken auch durch eine weit höhergradige Reduktion der Geschlechtsorgane, die infolge der Kombination von Hypoplasie und Atrophie regelmäßig viel kleiner sind, als es selbst dem der Größe entsprechenden Alter zukommen würde. Zwergwüchsige Dystrophiker unterscheiden sich körperlich und geistig durchaus von normalen Kindern, vor allem zeigen sie aber meistens ein charakteristisches älteres Aussehen, jene eigenartig schlaffe, gerunzelte und gefurchte Gesichtshaut, welche als Geroderma bezeichnet wird und die für frühinfantile hypophysäre Insuffizienz so charakteristisch ist (BAUER, BIEDL). Die pastöse Blässe, Menstruationsstörungen mit eventuellen Sehstörungen könnten vielleicht auch einmal zu einer Verwechslung mit Chlorose führen. Akromegalen Symptomen begegnet man bei FRÖHLICHscher Dystrophie gelegentlich; meist gesellt sich dann die Dystrophie zu den vorher schon vorhandenen akromegalen Erscheinungen. Die Schlafsucht mancher·Dystrophiker kann zunächst an anderweitige Hirntumoren, progressive Paralyse oder auch an Narkolepsie denken lassen. Sorgfältige Untersuchung wird da leicht Klarheit schaffen. Wenn im Verlaufe einer tabischen bzw. luischen Opticus-atrophie vorübergehend ein Stadium bitemporaler Gesichtsfeldeinschränkung zur Beobachtung kommt, das womöglich noch von sexueller Impotenz begleitet wird, dann liegt wiederum eine Verwechslungsmöglichkeit vor [1]).

In gewissen Fällen kann das klinische Bild der Dystrophia adiposogenitalis durch einen Hydrocephalus hervorgerufen sein, der seinerseits die Folge eines anderweitigen Prozesses (Hirntumor, Meningitis serosa) darstellt. Selbst eine schüssel- und kugelförmige Erweiterung des Türkensattels im Röntgenbilde kann auf einem Hydrocephalus beruhen. Hier wird im Rahmen des übrigen neurologischen Befundes das verhältnismäßig stärkere Hervortreten von Hirndruckerscheinungen, Stauungspapille, eventuell konzentrische Einengung des Gesichtsfeldes zugunsten eines Hydrocephalus verwertbar sein [2]). Unter den sog. Fettkindern vor dem Pubertätsalter sind Zeichen eines Hydrocephalus gelegentlich deutlich nachweisbar (NEURATH).

Ob einer Reihe klinischer Symptome tatsächlich eine gewisse diagnostische Dignität zukommt, wie dies ihre Beschreiber behaupten, müßte vorerst einwandfrei bewiesen werden. Bis dahin wird man diesen Angaben sehr skeptisch gegenüberstehen müssen. So hält ENGELBACH z. B. das auffallend frühzeitige Auftreten der ersten Zähne (noch vor dem 6. Monat), die gute Auffassungsgabe und den Ehrgeiz solcher Kinder in der Schule, die Neigung zu hartnäckiger Migräne, meist mit Augensymptomen, und die geringe Empfänglichkeit für banale Infektionen der oberen Luftwege für Zeichen eines Hypopituitarismus. Allgemeine Mattigkeit, mangelhafte Konzentrationsfähigkeit, Neigung zu neuralgiformen Kopfschmerzen, Kreuzschmerzen, Ischias, zu Polyurie und Enuresis sind für FLIESS Symptome einer durch Hypophysenvorderlappenextrakt beeinflußbaren „Hypophysenschwäche".

Auch der Wert von Hautreaktionen mit Hypophysenextrakt oder die Bestimmung der zur Auslösung von Darmperistaltik und Stuhlentleerung erforderlichen Menge Pituitrin hat sich als durchaus unsicher erwiesen.

Auf Pathogenese, Ätiologie und Therapie der Dystrophia adiposo-genitalis soll nach Schilderung der übrigen Formen hypophysär-nervöser Dystrophie im Zusammenhange eingegangen werden.

b) Kachexia hypophyseopriva (pituitaria), Dystrophia marantogenitalis, Typus SIMMONDS.

Obwohl das Bild der Kachexia hypophyseopriva aus zahlreichen Tierversuchen schon länger bekannt war, einzelne entsprechende klinische Beobachtungen auch in der Literatur verstreut niedergelegt waren und auch der „cerebrale Marasmus" bei gewissen Hirngeschwülsten ebenso der pathogenetischen Aufklärung bedurft hätte, wie sie die im Verlaufe von Hirntumoren sich entwickelnde FRÖHLICHsche Dystrophie bereits erfahren hatte, war es doch erst M. SIMMONDS, der im Jahre 1914 das charakteristische Krankheitsbild beschrieb und mit einem Funktionsausfall der Hypophyse in Zusammenhang brachte. Es handelt sich um einen sonst durch nichts erklärbaren, progredienten und häufig zur schwersten Kachexie führenden Fettschwund, der sich an einen Funktionsausfall mit Atrophie der Geschlechtsdrüsen anschließt und mit

---

[1]) Vgl. SCHÜLLER, A.: Im Handbuch der Neurologie. Herausg. v. M. LEWANDOWSKY. Berlin: Julius Springer 1913. Bd. 4.

[2]) Vgl. GOLDSTEIN: Arch. f. Psychiatrie u. Nervenkrankh. Bd. 47. 1910.

ausgesprochenen Zeichen eines prämaturen Seniums, sowie mit einer Reihe anderweitiger Symptome einhergeht [1]).

Der zum extremsten, ja meist letalen Marasmus führende **Fettschwund** ist das Kardinalsymptom dieses Zustandes [2]), jedoch auch die **Genitalatrophie** scheint nach den vorliegenden Beobachtungen ein obligates Symptom darzustellen. Dazu gesellt sich von **Symptomen der Seneszenz** eine Atrophie der Haut, die eine trockene, schilfernde Beschaffenheit annimmt, ihre Elastizität verliert, mitunter auch einer Sklerodermie ähnlich wird, ferner öfters Ergrauen oder Ausfall der Haare, und zwar können auch Augen-

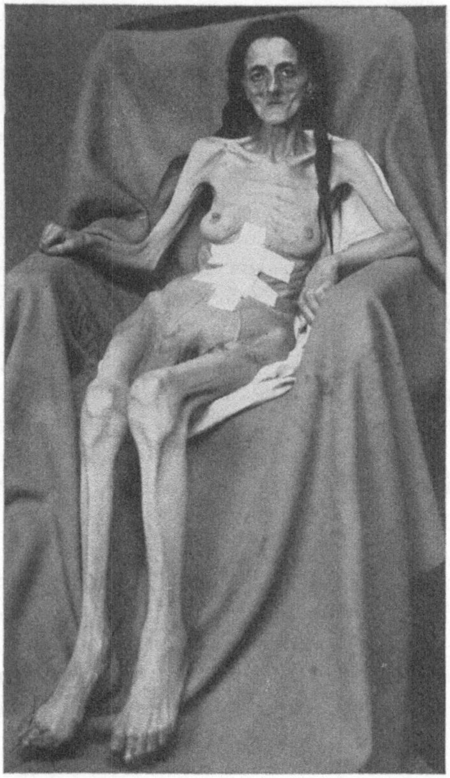

Abb. 31. Kachexia hypophyseopriva Simmonds bei 42 jähriger Frau, die seit dem 34. Jahr nicht mehr menstruiert, die Haare in den Achselhöhlen und am Mons pubis verliert und der sämtliche Zähne ausgefallen sind. (Nach H. Zondek.)

Abb. 32. Dieselbe Kranke wie in Abb. 31, im Alter von 34 Jahren, vor Beginn des Leidens. (Nach H. Zondek.)

brauen und Wimpern ausfallen, Verlust der Zähne, Atrophie der Kiefer, eventuell auch trophische Veränderungen der Nägel. Die Atrophie betrifft auch die Eingeweide und führt so zu einer Art Splanchnomikrie. Im Anfangsstadium sehen die Kranken oft eigentümlich fahlgelb und pastös aus, ähnlich etwa einer perniziösen Anämie oder Nephritis [3]). Die große körperliche Schwäche und **Adynamie** sind bei der hochgradigen Abmagerung nicht verwunderlich,

---

[1]) Vgl. Graubner, W.: Zeitschr. f. klin. Med. Bd. 101, S. 249. 1925.

[2]) Fälle hypophysärer Erkrankungen ohne Fettschwund, ohne Kachexie sollten, wie ich gegenüber Lichtwitz und Jakob (Virchows Arch. f. pathol. Anat. u. Physiol. Bd. 246, S. 151. 1923) bemerken möchte, nicht als Simmondssche Krankheit bezeichnet werden. Mattigkeit, psychische Schwächezustände, Ohnmachten, Blässe, kalte, trockene, schuppende Haut finden sich auch bei der Fröhlichschen Dystrophie.

[3]) Reye: Münch. med. Wochenschr. 1926. S. 902.

ebenso gelegentliches Schwindelgefühl oder Anfälle von Bewußtlosigkeit. Vielfach klagen die Kranken über Kältegefühl, die Körpertemperatur pflegt unter die Norm abzusinken. Häufig besteht eine beträchtliche Herabsetzung des arteriellen Druckes, die zunächst an eine ADDISONsche Krankheit denken läßt. Appetitlosigkeit, Üblichkeiten, Erbrechen, gelegentlich auch Diarrhöen, Achlorhydrie bzw. Achylie des Magensaftes werden in den Krankengeschichten dieser Patienten erwähnt. Psychische Veränderungen sind regelmäßig vorhanden. Meist sind es eine allgemeine geistige Trägheit, Apathie, Abnahme der Intelligenz und des Gedächtnisses, mitunter aber auch halluzinatorische Verwirrtheitszustände, die das Bild der SIMMONDSschen Krankheit vervollständigen.

Die große Schlafsucht dieser Kranken kann sich zu extremen Graden steigern. So kam es in einem sehr charakteristischen, postpuerperal aufgetretenen Falle PRIBRAMS [1]) zu periodischen, selbst wochenlang dauernden Schlafzuständen, die geradezu an eine Art Winterschlaf erinnerten. Übrigens beschreiben ENGELBACH und TIERNEY [2]) unter der Bezeichnung „pituitary somnolence or hibernation" derartige unüberwindliche Schlafzustände und bringen sie mit einer Insuffizienz der gesamten Hypophyse im Verein mit einer sekundären Insuffizienz der Schilddrüse in Zusammenhang. Tatsächlich erwies sich auch in PRIBRAMS Fall Hypophysenvorderlappen und Schilddrüse hochgradig sklerosiert. Der Kranke von ENGELBACH und TIERNEY zeigte allerdings nicht den SIMMONDSschen sondern den FRÖHLICHschen Typus der Dystrophie, kombiniert mit Myxödem und war enorm fettleibig (346 Pfund). Während er ähnlich den Kranken mit Encephalitis lethargica bei Tage selbst im Stehen und Gehen einschlief, litt er nachts an Schlaflosigkeit und unruhigen Träumen. Bemerkenswert ist, daß es sich hier um keine Tumorbildung handelte und durch Thyreoidin-Pituitrinbehandlung eine auffällige Besserung zu erzielen war. In seltenen Fällen kann Schlafsucht und Koma als alleiniges charakteristisches Symptom einer Zerstörung des Hypophysenvorderlappens beobachtet werden, so daß man sich veranlaßt sah, von einem Coma pituitarium und einer Lethargia pituitaria zu sprechen (MIEREMET [3])).

Im Blutbild findet man bei SIMMONDSscher Krankheit regelmäßig eine mäßige Anämie, ich sah in einem Falle eine Leukopenie mit beträchtlicher Eosinophilie (14,5$^0/_0$ unter 3600 Leukocyten); allerdings handelte es sich da um eine luische Erkrankung.

Was die Stoffwechselverhältnisse anlangt, so wird gelegentlich eine ganz extreme Herabsetzung des N-Umsatzes und O_2-Verbrauches beobachtet. Ein so geringer Grundumsatz, wie ihn beispielsweise ZONDEK in einem Falle feststellen konnte (69 ccm O_2 pro Minute), ist bisher bei keiner anderen Krankheit und keiner andersartigen Kachexie gefunden worden. In meinem oben erwähnten Falle bestand dagegen keine Herabsetzung des Grundumsatzes. Die spezifischdynamische Nahrungswirkung wurde als herabgesetzt angegeben (R. PLAUT [4])). In meinem Falle war sie etwas verzögert. Bemerkenswert ist der enorme Wasser- und Salzhunger der Gewebe in dem daraufhin untersuchten Falle ZONDEKS:

---

[1]) PRIBRAM, B. O.: Verhandl. d. dtsch. Kongr. f. inn. Med. Bd. 34, S. 361. 1922.

[2]) ENGELBACH, W. a. J. L. TIERNEY: In TICEs Practice of medicine, publ. by W. F. Prior Comp., Hagerstown (Maryland).

[3]) MIEREMET, C. W. G.: Geneesk. bladen. Bd. 23, S. 235. 1922 (Bd. 27, S. 156).

[4]) PLAUT, R.: Dtsch. med. Wochenschr. 1922. S. 1413.

beträchtliche Retention im VOLHARDschen Wasserversuch und bei Salzzulage. Dabei bestand hier kein ungewöhnliches Durstgefühl, dementsprechend auch keine Hyperosmose, d. h. abnorme Konzentration krystalloider Stoffe im Blute, wohl aber eine besondere Hypalbuminose, d. h. Eiweißarmut des Blutes.

Was die verschiedenen Formen, Verlauf und Ausgang der SIMMONDSschen Dystrophie anlangt, so ergeben sich wiederum Verschiedenheiten aus den der Erkrankung zugrunde liegenden pathologischen Prozessen. Symptomatologie, Verlauf und Prognose sind verschieden, je nachdem es sich um langsam oder schnell wachsende Tumoren, um entzündliche oder ischämische Prozesse, um Abscesse, Blutungen oder Cysten handelt, die ganz oder teilweise, plötzlich oder schubweise zur Vernichtung der Hypophyse, bzw. der an sie angeschlossenen basalen Zentren geführt haben. Sie sind vor allem verschieden, je nach dem Alter, in welchem die Vernichtung der Hypophysenfunktion einsetzt. Die überwiegende Mehrzahl der Fälle von SIMMONDSscher Krankheit befällt geschlechtsreife Individuen im dritten und vierten Jahrzehnt. Das Leiden kann aber auch wesentlich später und es kann schon im Kindesalter auftreten. So sah es SIMMONDS [1]) bei einem neunjährigen Mädchen, dessen Hypophyse durch ein haselnußgroßes, basophiles Adenom vollkommen ersetzt war. Auch in dem später noch zu erörternden Falle FORMANEKS [2]) handelte es sich um ein im Wachstum zurückgebliebenes 18jähriges Mädchen. Natürlich findet man dann ähnlich wie in den entsprechenden Fällen FRÖHLICHscher Dystrophie oder rein hypophysären Zwergwuchses extremste Kleinheit des Geschlechtsapparates, da sich zur Hypoplasie auch noch die Atrophie hinzu gesellt.

Schließlich hängt aber das Schicksal des Erkrankten auch von seiner gesamten konstitutionellen Reaktionsfähigkeit ab, es hängt davon ab, in welchem Grade seine Sicherungsvorrichtungen bei Wegfall der Hypophysenfunktion oder bei Störung der betreffenden nervösen Zentren, bzw. bei Ausfall beider funktionieren. Wenn bei SIMMONDSscher Dystrophie die Schilddrüse meist atrophisch, eventuell sklerotisch angetroffen wird, so ist diese Atrophie vielleicht nicht nur Folge der allgemeinen Atrophie, sondern auch eine nicht unwesentliche Mitbedingung für das Zustandekommen des klinischen Komplexes. Es ist wohl kein Zufall, daß die Differenzierung der SIMMONDSschen Kachexie von gewissen Fällen pluriglandulärer Atrophie und Sklerose mitunter kaum möglich ist. Es sei hier auch an die Kachexie und prämature, rasche Ergreisung gewisser Fälle von ADDISONscher Krankheit erinnert, deren anatomisches Substrat nur eine Vernichtung der Nebennieren darstellt (vgl. S. 375). Auch die größere Frequenz der SIMMONDSschen Krankheit beim weiblichen Geschlecht mag mit seiner im allgemeinen geringeren Ausbildung der Sicherungsvorrichtungen, bzw. mit der größeren Erschöpfbarkeit des endokrinen Systems zusammenhängen. Daher wohl auch die häufige Beziehung des Leidens zu einer unmittelbar vorangegangenen Gravidität.

Von den Fällen SIMMONDSscher Kachexie, die aus einer ursprünglichen FRÖHLICHschen Form hypophysär-nervöser Dystrophie hervorgehen, war oben schon die Rede. Die meisten schweren Fälle der Krankheit gehen im Verlaufe einiger Jahre durch die unaufhaltsam progrediente Kachexie zugrunde, leichtere

---

[1]) SIMMONDS, M.: Dtsch. med. Wochenschr. 1916. S. 190.
[2]) FORMANEK, F.: Wien. klin. Wochenschr. 1909. S. 603.

Fälle können jahrelang stationär bleiben. Handelt es sich um syphilitische Prozesse, die durch Schädigung der Hypophyse und Infundibulargegend zur SIMMONDSschen Kachexie geführt haben, dann kann allerdings auch in weit vorgeschrittenen Fällen, wie ich selbst gesehen habe, eine antiluische Therapie noch vollkommene Heilung bringen. Diese günstige Chance bei einem so bösartigen Leiden sich entgehen zu lassen, wäre ein unverzeihlicher Kunstfehler, weshalb auf diese typische Gruppe von Fällen [1] und auf die Notwendigkeit eingehendster Exploration nach syphilitischen Symptomen (Liquor!) eindringlichst hingewiesen sei. Allerdings werden auch von einer organotherapeutischen Behandlung mit Extrakten aus Hypophysenvorderlappen Erfolge berichtet [2], doch wird es gut sein, hier möglichste Skepsis walten zu lassen.

Die Diagnose einer Dystrophie vom SIMMONDSschen Typus kann in voll ausgebildeten Fällen sehr leicht und gewissermaßen auf den ersten Blick zu stellen sein. Trotzdem ist stets große Vorsicht am Platze und zunächst jede andere Art von Kachexie auszuschließen, vor allem also Kachexie durch maligne Tumoren, Tuberkulose, insbesondere solche der Mesenterialdrüsen, vorgeschrittenen Diabetes, Schrumpfniere, marantische Tabes, progressive Paralyse usw. Dabei ist die Frage gewiß berechtigt, wie weit derartige kachektische Zustände vielleicht gleichfalls auf dem Wege einer Schädigung der Hypophyse oder der ihr anliegenden basalen Zentren zustande kommen. Die Beantwortung dieser Frage behalte ich mir für später vor. Bemerkenswert ist diesbezüglich ein von FALTA [3] mitgeteilter Fall beträchtlicher Kachexie bei alter Lues, in welchem die anatomisch-histologische Untersuchung ganz lokalisierte, endarteriitische und periarteriitische Veränderungen im Gebiet der Corpora mamillaria ergab, während im Bereiche des gesamten Blutdrüsensystems eine dem allgemeinen Marasmus entsprechende hochgradige Atrophie gefunden wurde. Auch Fälle von konstitutioneller Magersucht mit Genitalhypoplasie könnten gelegentlich einmal zur Verwechslung Anlaß geben.

Außerordentlich schwierig, gelegentlich auch unmöglich kann die Abgrenzung der hypophysär-nervösen Kachexie vom SIMMONDSschen Typus gegenüber einer sog. pluriglandulären Insuffizienz durch Atrophie und Sklerose einer Reihe anderer Drüsen werden. Allerdings ist diese Schwierigkeit nicht nur vom klinisch-diagnostischen Standpunkte, sondern oft auch dem Wesen des Prozesses nach gegeben. Wenn auch die Atrophie der Keimdrüsen als gewissermaßen physiologische, d. h. zwangsläufige Folge der primären Störung im Bereiche der Hypophyse oder der entsprechenden basalen Zentren anzusprechen ist, so ist doch schon die so häufig vorhandene Atrophie der Schilddrüse nicht mehr als einfache Folge dieser Störung zu buchen, sondern als Ausdruck einer weiter reichenden, koordinierten Affektion, sei es, daß die gleiche Schädigung Hypophyse und Schilddrüse betroffen hat, sei es, daß eine von Haus aus abnorm beschaffene und wenig leistungsfähige Schilddrüse auf die von seiten der Hypophyse eingetretene Störung im endokrinen Gleichgewicht in dieser abnormen Weise reagiert und infolge der Mehranforderung sich erschöpft hat. Wir haben ja oben schon angedeutet, daß vielleicht sogar eine derartige abnorme Reaktionsweise der Schilddrüse, vielleicht auch anderer Drüsen mit maßgebend sein mag

---

[1] Vgl. BAUER, J.: Verhandl. d. dtsch. Ges. f. inn. Med. Bd. 35, S. 119. 1923.

[2] REYE, E.: Dtsch. Zeitschr. f. Nervenheilk. Bd. 68 u. 69, S. 153. 1921.

[3] FALTA, W.: Ges. d. Ärzte in Wien. v. 19. 6. 1925, Wien. klin. Wochenschr. 1925. S. 741.

für das Zustandekommen der SIMMONDSschen hypophysär-nervösen Dystrophie, wobei eine funktionelle Insuffizienz des Drüsenparenchyms wohl nicht immer auch im anatomischen Bilde zum Ausdruck zu kommen brauchte. Freilich, in gewissen Fällen läßt sich die pluriglanduläre Insuffizienz von der SIMMONDS-schen Krankheit auch schon klinisch abgrenzen. Wenn etwa neben anderen typischen Erscheinungen auch noch eine myxödematöse Gedunsenheit des Gesichtes, tetanische Krämpfe, Glykosurie oder eine abnorme Pigmentierung zu beobachten sind, dann liegt die der SIMMONDSschen Krankheit an sich nicht zukommende Mitbeteiligung anderer Organe mit innerer Sekretion auf der Hand. Schließlich sei hier nochmals an die im Gefolge eines Morbus Addison gelegentlich sich einstellende, überstürzte senile Involution und Kachexie erinnert, die dann auch zu differentialdiagnostischen Schwierigkeiten führen kann.

c) Der hypophysäre Zwergwuchs.

In diese Kategorie sind jene Fälle einzureihen, in welchen ein im Kindes-alter oder gar schon in der Fetalzeit einsetzender krankhafter Prozeß im Bereiche der Hypophyse in Analogie zu den Erfahrungen des Tierexperimentes zum Zwergwuchs geführt hat. Selbstverständlich gehören auch die entsprechenden, aus dem präpuberalen Alter stammenden Fälle von FRÖHLICHscher Dystrophie hierher, wofern die Wachstumshemmung ausgesprochen ist (vgl. Abb. 30 u. 33). Auch eine ausnahmsweise schon im Kindesalter einsetzende SIMMONDSsche Kachexie würde auf Grund einer gleichzeitigen Wachstumshemmung prin-zipiell hierzu zählen (vgl. Fall FORMANEK, eigene Beobachtungen, Abb. 34). Es gibt aber, wie wir schon oben auseinandergesetzt haben, auch Fälle von hypophysärer Wachstumshemmung, in denen weder der Fettwuchs des FRÖHLICHschen noch die Kachexie des SIMMONDSschen Typus vorhanden ist und neben der zwerghaften Gestalt nur die Genitaldystrophie, sowie einige andere inobligate Symptome das Bild beherrschen (Abb. 35). Da wir bei der Schilderung der Dystrophia adiposogenitalis Erwachsener von dem Vorkommen einer Dissoziation selbst der Kardinalsymptome Fettsucht und Genitalatrophie erfahren haben, so verschwimmen naturgemäß die Grenzen des FRÖHLICHschen Typus gegenüber diesem dritten Typus hypophysärer Dystrophien vollkommen.

Gibt es auch eine Dissoziation zwischen hypophysärer Wachstumshemmung und Genitalstörung? Aus dem Wesen der frühinfantil einsetzenden, zum Zwergwuchs mit oder ohne Beteiligung des Fettgewebes führenden hypophysären Dystrophie ergibt sich schon, daß eine solche Dissoziation nicht vorkommt. Wo eine hypophysäre Insuffizienz zum Zwergwuchs geführt hat, dort ist, ganz entsprechend den Erfahrungen an hypophysektomierten Tieren, die puberale Entwicklung der Geschlechtsorgane ausgeblieben; dabei sind diese nicht nur auf ihrer infantilen Entwicklungsstufe stehen geblieben sondern sind, ganz entsprechend den Vorgängen an im geschlechtsreifen Alter dystrophisch er-krankten Personen, gleichzeitig atrophiert [1]), woraus sich, wie schon oben betont wurde, gerade die extreme Kleinheit der Genitalorgane mit mangelhafter Ausbildung der sekundären Geschlechtsmerkmale ergibt. Dieses Kardinal-

---

[1]) Vgl. STERNBERG, C.: Beitr. z. pathol. Anat. u. z. allg. Pathol. Bd. 67, S. 275, 1920 (Bd. 15, S. 386).

symptom ist somit für den hypophysären Zwergwuchs obligatorisch und gegenüber anderen Zwergwuchsformen differentialdiagnostisch von größter Bedeutung. Gerade die extreme Kleinheit des Genitales pflegt, wie ich dies schon seinerzeit betont habe [1), den hypophysären Zwergwuchs vom thyreogenen und kretinischen, sowie vom Infantilismus universalis zu unterscheiden. Wo bei zwergwüchsigen Individuen, die eine Genitalhypoplasie vermissen lassen und deren Epiphysenfugen in normaler Weise zur üblichen Zeit verknöchert

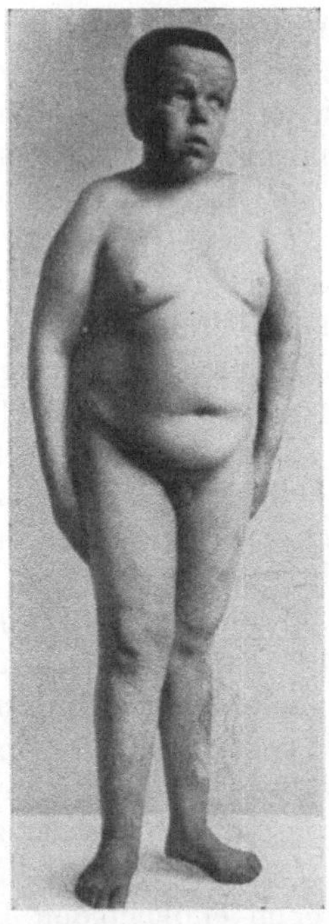

Abb. 33. Hypophysärer Zwergwuchs mit FRÖHLICHscher Dystrophie bei 30 jährigem Manne. Größe 144 cm, offene Epiphysenfugen. Winziges Genitale. Kopfschmerzen, epileptiforme Anfälle, Vertiefung und unscharfe Begrenzung der Sella. Bilaterale Hemianopsia superior durch Läsion der basal liegenden, von den unteren Netzhauthälften stammenden Opticusfasern. Geroderma, Thymusdämpfung, kaum tastbare Schilddrüse. Die Wachstums- und Entwicklungshemmung hat im 14. Lebensjahr eingesetzt.

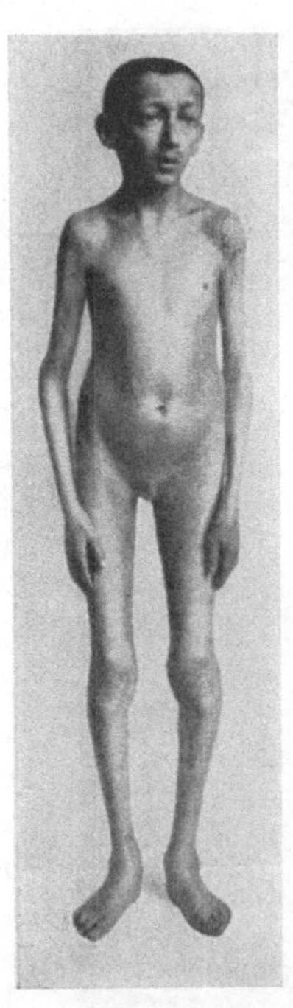

Abb. 34. Hypophysärer Zwergwuchs mit SIMMONDSscher Dystrophie. 22 jähriger Mann. Größe 142 cm, Gewicht 27,5 kg. Offene Epiphysenfugen, winziges Genitale. „Eunuchoide" Proportionen: Spannweite 149 cm, Oberlänge 67 cm, Unterlänge 75 cm. Verkleinerte, etwa erbsengroße Sella turcica. Thymusdämpfung, kleine Schilddrüse. Gelblichbraune Pigmentierung der Gesichtshaut an Stirn und Oberlippe. Imbezillität. Blutzucker 0,124 mg%. Leichte alimentäre Dextrosurie.

sind, Tumoren der Hypophysengegend beobachtet wurden, dort war der Zwergwuchs keineswegs hypophysären Ursprungs und die Tumorbildung in keinem unmittelbaren Kausalzusammenhang mit der Wachstumsstörung. Es sind meines Wissens drei derartige Fälle in der Literatur beschrieben, einer von S. BONDI [2]), zwei von A. LÉRI [3]). Ersterer hat den Zusammenhang richtig

---

[1]) BAUER, J.: Konstitutionelle Disposition zu inneren Krankheiten. Berlin: Julius Springer 1917.

[2]) BONDI, S.: Ges. d. Ärzte in Wien. 23. Nov. 1917. Wien. klin. Wochenschr. 1917. S. 1562.

[3]) LÉRI, A.: Presse méd. Tom. 30, Nr. 72, p. 774. 1922 (Bd. 25, S. 238).

gedeutet, letzterer hat ihn verkannt. Einen hypophysären Zwergwuchs mit normaler Genitalentwicklung und normalen Ossificationsverhältnissen gibt es nicht. Daß aber das Zusammentreffen eines nicht hypophysären Zwergwuchses mit einer späteren Geschwulstbildung in der Hypophysengegend doch vielleicht keinen bloßen Zufall darstellt, soll in einem späteren Kapitel noch zur Sprache kommen.

Wir haben uns soeben darauf bezogen, daß beim hypophysären Zwergwuchs die Knochenkernbildung gehemmt ist und die Verknöcherung der Epiphysenfugen verspätet eintritt. Es gilt ja diesbezüglich ganz ebenso wie für die verschiedene Dimensionierung des Skelettes — infantile, normale oder eunuchoide Proportionen — und ebenso wie für die Stoffwechselverhältnisse und die subnormalen Körpertemperaturen all das, was schon bei der Darstellung der FRÖHLICHschen Dystrophie gesagt wurde. Hervorgehoben sei hier aber ein Symptom, das zwar nicht konstant aber doch häufig vorkommt und dann für den hypophysären Zwergwuchs ungemein charakteristisch ist: Eine selbst bei ganz jugendlichen Fällen zu beobachtende schlaffe und runzelige Beschaffenheit der Gesichtshaut, welche dem Gesichte ein ausgesprochen älteres, ja gelegentlich selbst greisenhaftes Aussehen (vgl. besonders Abb. 36) verleiht und daher als Geroderma bezeichnet wird. Ich habe seinerzeit auf die differentialdiagnostische Wichtigkeit dieses Symptoms hingewiesen, BIEDL hat sie später vollkommen bestätigt. Das Geroderma wird, wie wir noch hören werden, nicht bloß bei hypophysärer Insuffizienz, sondern auch bei primärem Hypogenitalismus beobachtet. Da es speziell auch beim eunuchoiden Hochwuchs vorkommt, wo zum mindesten keine Insuffizienz des Hypophysenvorderlappens anzunehmen ist, so dürfte das Geroderma auch bei hypophysären Zwergen nicht ein unmittelbar hypophysäres, sondern ein hypogenitales Symptom darstellen, das durch den extremen Grad von Hypogenitalismus hier besonders markant zur Ausbildung kommt und mit der zwerghaften Gestalt besonders auffällig kontrastiert. Das Geroderma bildet einen deutlichen Berührungspunkt mit dem SIMMONDSschen Typus

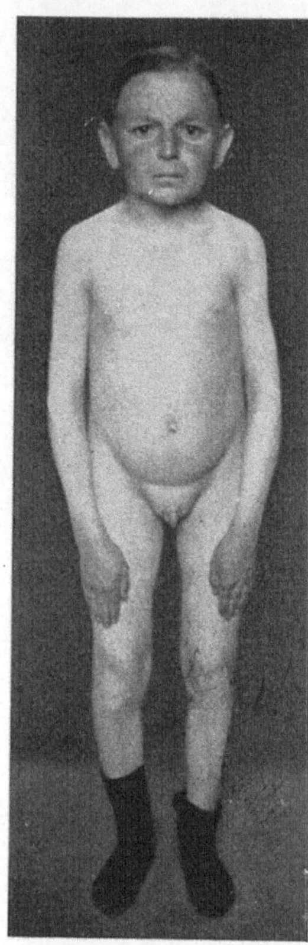

Abb. 35. Hypophysärer Zwergwuchs bei 22 jährigem Artisten. Größe 119 cm, Gewicht 27 kg. Offene Epiphysenfugen, Sella normal. Winziges Genitale. Geroderma. Gelbbräunliche Pigmentierung der Gesichtshaut. Normale Intelligenz.

der hypophysär-nervösen Dystrophie. Indessen kann man nicht ohne weiteres und ganz allgemein von einem vorzeitigen Altern hypophysärer Zwerge sprechen. Ich selbst konnte am Deutschen Kongreß für innere Medizin in Wien (1923) einen typischen 62 jährigen Zwerg vorstellen, PRIESEL hat sogar einen 91 jährigen derartigen Fall beschrieben, dessen Zustand auf eine embryonale Mißbildung der Hypophyse zurückzuführen war.

Auch was die Kombination von hypophysärem Zwergwuchs mit Diabetes insipidus oder Glykosurie anlangt, gilt das bei der FRÖHLICHschen Dystrophie

Gesagte. Dort, wo Tumorbildung dem hypophysären Zwergwuchs zugrunde liegt, werden naturgemäß auch charakteristische Veränderungen des Opticus und des Röntgenbildes sowie allgemein cerebrale Drucksymptome zu erwarten sein, wie sie auf S. 337 ff. Erörterung finden. Differentialdiagnostisch sind natürlich diese Symptome von größter Bedeutung. Hier sei nur erwähnt, daß bei hypophysären Zwergen gelegentlich auch eine winzig kleine Sella turcica im Röntgenbilde zu sehen ist, der offenbar eine hypo- bzw. dysplastische Hypophyse entspricht.

In psychischer Hinsicht sind hypophysäre Zwerge keineswegs infantil, mitunter sogar auffällig klug und verständig, in der Schule waren sie oft besonders gute Schüler. Wo sich allerdings koordinierte Entwicklungsstörungen

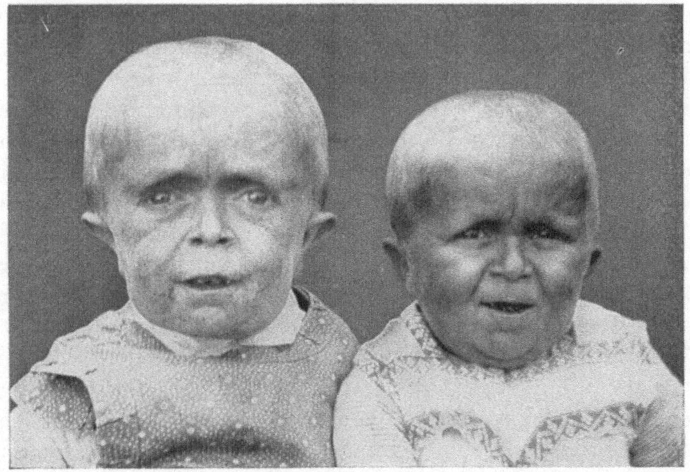

Abb. 36. Geroderma bei hypophysärem Zwergwuchs. Links 16 jähriger, rechts 9 jähriger hypophysärer Zwerg. Der greisenhaft aussehende 16 jährige Knabe hatte die Größe von 81 cm, sein 9 jähriger Bruder von 72,2 cm [1]).

des Gehirns oder ein höhergradiger Hydrocephalus hinzu gesellen, dort können naturgemäß auch schwerste Intelligenzdefekte bei hypophysären Zwergen vorkommen.

Prognose und Ausgang des hypophysären Zwergwuchs hängt wie bei der FRÖHLICHschen Dystrophie in erster Linie von der Natur des zugrunde liegenden Prozesses ab. Naturgemäß sind aber auch die nicht mit einem Tumor behafteten derartigen Individuen biologisch minderwertig, wenig anpassungs- und widerstandsfähig und verfallen daher in besonderem Maße der natürlichen Auslese. Sie gehen in der Regel an irgendwelchen exogen oder endogen bedingten, vor allem an Infektionskrankheiten zugrunde, ohne ein höheres Alter erreicht zu haben. Fälle wie die beiden oben erwähnten von 62 oder gar 91 Jahren sind seltene Ausnahmen.

Die Differentialdiagnose des hypophysären Zwergwuchs gegenüber anderen Formen von Zwergwuchs wird in einem anderen Zusammenhange später noch besprochen werden. Sie ergibt sich übrigens unschwer aus dem Gesagten.

---

[1]) Eingehendere Beschreibung der Fälle bei BAUER, J.: Konstit. Dispos. l. c. 3. Aufl. S. 312 ff.

Wir kommen nun zur Besprechung der Pathogenese, Ätiologie und Therapie der hypophysär-nervösen Dystrophien. Was zunächst die Pathogenese anlangt, so können wir auf Grund der vorliegenden klinisch-pathologischen Kasuistik im Einklang mit den Ergebnissen des Tierexperiments annehmen, daß von den Kardinalsymptomen 1. die Wachstumshemmung durch eine Insuffizienz des Hypophysenvorderlappens, 2. die Genitalhypoplasie und -atrophie ebenso wie 3. der abnorme Fettansatz des FRÖHLICHschen und der abnorme Fettschwund des SIMMONDSschen Typus sowohl von der Hypophyse wie von den basalen Zentren ihren Ausgang nehmen können. Für die Wachstumshemmung der im jugendlichen Alter erkrankenden Individuen ist die hypophysäre Genese durch Vorderlappeninsuffizienz wohl unbestritten. Selbstverständlich ist hier auch an jene oben erwähnten Fälle von andersartigem Zwergwuchs zu erinnern, in denen es später „zufällig“ zur Entwicklung einer Hypophysenerkrankung kommt. Daß eine Wachstumshemmung von den basalen Zentren des dritten Ventrikels aus hervorgerufen sein könnte, ist nicht erwiesen [1]). Da dort, wo eine pituitäre Wachstumshemmung besteht, ausnahmslos auch eine Hypoplasie und Atrophie der Genitalorgane zu beobachten ist, so wird eigentlich schon dadurch deren hypopituitäre Genese und zwar ihr Zusammenhang mit einer Insuffizienz des Vorderlappens äußerst wahrscheinlich. Es ist aber ebenso sicher, daß Prozesse, die die Hypophyse nicht schädigen und nur die basalen Zentren affizieren — vor allem sind da encephalitische Prozesse beweisend — Genitalatrophie bedingen können, die ebensowohl mit Fettsucht wie mit Fettschwund einhergehen kann. In den allermeisten Fällen, in welchen Tumoren der Hypophysengegend zu Genitalatrophie geführt haben, läßt sich eine Entscheidung nicht treffen, ob eine Schädigung der Hypophyse oder eine solche des Zentrums, bzw. eine Unterbrechung ihrer Verbindung und damit eine Störung ihrer physiologischen Kooperation vorliegt.

Der Fettschwund der SIMMONDSschen Krankheit kann unzweifelhaft sowohl von der Hypophyse selbst als auch von einem nervösen Zentrum an der Basis des dritten Ventrikels ausgelöst sein [2]). Dort, wo eine hypophysäre Affektion vorliegt, ist es jedesmal eine Destruktion des Vorderlappens, die mit dem SIMMONDSschen Syndrom verknüpft erscheint, Hinterlappen und auch Pars intermedia [3]) können intakt sein. Die vielfach geäußerte Vorstellung, es führe eine Vorderlappenzerstörung im präpuberalen Alter zum Zwergwuchs, bei Erwachsenen dagegen zur SIMMONDSschen Krankheit, ist in dieser Form gewiß unzutreffend, da auch Kinder, wenn auch selten, an SIMMONDSscher Kachexie zugrunde gehen können.

Am unsichersten sind wir in der Beurteilung der Genese der Fettsucht beim FRÖHLICHschen Typus. Daß die Fettsucht lediglich als Folge der Genitalatrophie anzusehen wäre, wie dies noch FALTA angenommen hat, können wir

---

[1]) Im Falle FORMANEKs (Wien. klin. Wochenschr. 1909. S. 603), wo eine 18jährige zwergwüchsige Idiotin mit hochgradiger Genitalhypoplasie unter den Erscheinungen einer SIMMONDSschen Kachexie (Abmagerung von 37,7 auf 18,5 kg!) zugrunde ging, wurde ein Hypophysengangstumor gefunden, der die Hirnbasis schwer beschädigte, während die Hypophyse makroskopisch anscheinend unverändert war. Mikroskopisch wurde sie aber nicht untersucht.

[2]) Vgl. BALÓ, J.: Frankfurt. Zeitschr. f. Pathol. Bd. 30, S. 512. 1924 (Bd. 38, S. 348).

[3]) SIMMONDS, M.: Dtsch. med. Wochenschr. 1918. S. 852.

auf Grund der nicht so seltenen Dissoziation dieser Symptome glatt ausschließen. Daß die Fettsucht von einem supponierten Zentrum an der Hirnbasis ihren Ausgang nehmen kann, ist heute ganz sichergestellt und damit eine ausschließlich aus pathologisch-anatomischen Erfahrungen abgeleitete Forderung ERDHEIMs erfüllt und auch experimentell erwiesen. Schwieriger ist der Beweis, daß die Fettsucht des FRÖHLICHschen Typus auch ohne Beteiligung des Zentrums lediglich durch eine Affektion der Hypophyse bedingt sein kann. Es wird allerdings eine Reihe von Fällen zu diesem Beweise herangezogen, in welchen die basalen Zentren unbeteiligt und der pathologische Prozeß auf das Bereich der Sella turcica allein beschränkt gewesen sein soll. Betrachtet man diese Fälle näher, so erweist sich ihre Mehrzahl als nicht beweiskräftig.

So enthalten die von RAAB [1]) angeführten und von GOTTLIEB unter der Rubrik „Schädigung nur der Hypophyse ohne irgendwelche Beteiligung der benachbarten Gehirngegend" zusammengestellten Fälle zum größten Teil Angaben über Hirndruckerscheinungen (Kopfschmerzen, Erbrechen) und Sellaerweiterung, sie lassen also ebenso wie der RAABsche Fall 2 eine Beteiligung der benachbarten infundibularen Hirnzentren kaum sicher ausschließen. Freilich läßt sich eine solche Beteiligung bei rein intrasellar sich ausbreitenden Tumoren auch nicht beweisen. Von den restlichen Fällen GOTTLIEBs entfällt derjenige HUETERs, weil er neben dem pathologischen Hypophysenbefund einen Blutungsherd im Thalamus opticus aufwies, derjenige von E. KRAUS, weil er dysplastische Störungen des Gehirns zeigte, ferner der Fall von GOTTLIEB, weil man bei einem bloß 50 kg schweren Manne und auch nach der Abbildung [2]) nicht von einem abnormen Fettansatz sprechen kann, schließlich wohl auch der Fall TH. BAUER-WASSING, weil diese Autoren selbst angeben, eine Druckschädigung des Infundibulums durch den intrasellar gelegenen Tumor nicht ausschließen zu können.

Es bleibt also nur der mehrfach zitierte Fall von MARAÑON mit typischer FRÖHLICHscher Dystrophie [3]) bei einem 40jährigen Manne, wo ein alter hämorrhagischer Herd drei Viertel des drüsigen Hypophysenanteiles zerstört hatte. Makroskopisch erschien die Hypophyse normal. Eine Untersuchung der basalen Zentren scheint nicht vorgenommen worden zu sein. Es ist mir nicht klar geworden, ob der kürzlich von MARAÑON [4]) beschriebene Fall von Fettsucht mit Verlust der Libido bei normalem Genitale, der einen 39jährigen Mann betraf, mit dem eben angeführten Falle identisch ist oder nicht. Hier fand sich eine Blutung im Hinter- und Mittellappen, während das Infundibulum normal gewesen sein soll. Als ursächliches Moment dürfte arterieller Hochdruck (Nebennierenhyperplasie) in Betracht kommen. Dazu kommt auch noch eine von v. MONAKOW [5]) publizierte, sehr wichtige Beobachtung. Typische Dystrophia adiposogenitalis mit schütterem Kopfhaar, erhöhter Toleranz für Kohlenhydrate, herabgesetztem Stoffumsatz, abnorm geringer Reaktion auf Adrenalin, mit Apathie und Oligurie, bei dem die Obduktion eine hochgradige Atrophie der Pars anterior und intermedia infolge eines Gefäßprozesses ergab, während die Pars posterior nahezu intakt war. Auch hier liegt zwar keine mikroskopische Untersuchung der basalen Zentren vor, es ist aber der ganzen Sachlage nach wohl berechtigt, die schwere Hypophysenveränderung selbst für die Genese

---

[1]) RAAB, W.: Wien. Arch. f. inn. Med. Bd. 7, S. 443. 1924.

[2]) Zeitschr. f. d. ges. Anat., Abt. 2: Zeitschr. f. Konstitutionslehre. Bd. 7, S. 60. 1920.

[3]) Der Fall ist übrigens bei GOTTLIEB unrichtig rubriziert, da auch eine Beteiligung des Genitales vorlag.

[4]) MARAÑON, G.: Dtsch. Arch. f. klin. Med. Bd. 151, S. 129. 1926 (Bd. 43, S. 784).

[5]) v. MONAKOW, P.: Schweiz. Arch. f. Neurol. u. Psychiatrie. Bd. 8, S. 200. 1921.

der FRÖHLICHschen Dystrophie verantwortlich zu machen. Die pathologisch-anatomischen Verhältnisse liegen eben gerade bei den Fällen von Dystrophia adiposo-genitalis so ungünstig, daß eine sichere Entscheidung der Frage hypophysär oder nervös nur in den allerseltensten Fällen möglich ist. Immerhin können da auch schon ein oder zwei Fälle entscheidend sein. Dazu kommt noch als ein nicht unwichtiges Argument zugunsten der Möglichkeit einer rein hypophysären Genese einer Fettsucht ihre nahe Beziehung zum Fettschwund, dessen rein hypophysäre Genese im Rahmen der SIMMONDSschen Krankheit für gewisse Fälle außer Zweifel steht. So können wir denn in Übereinstimmung mit BIEDL, PENDE, ZONDEK, SCHIFF, SJÖVALL [1]) u. a. annehmen, daß auch die Fettsucht sowohl von der Hypophyse wie von einem nervösen Zentrum am Boden des dritten Ventrikels ihren Ausgang nehmen kann.

Nun erhebt sich die Frage, welcher Teil der Hypophyse für den pathologischen Fettwuchs verantwortlich zu machen ist. In Analogie mit den Feststellungen beim SIMMONDSschen Fettschwund wäre auch für den Fettwuchs an den Vorderlappen zu denken. Diesbezüglich findet man übrigens in der Literatur alle Möglichkeiten vertreten. Für den Vorderlappen treten vor allem GOTTLIEB, BERBLINGER [2]), E. KRAUS [3]), SCHIFF, ASCHNER [4]) u. a. ein, den Zwischenlappen beschuldigen BIEDL [5]) und ZONDEK und selbst die Hinterlappentheorie hat seit B. FISCHER noch Anhänger (VEIT [6])). ENGELBACH bezieht ohne weiteres die Genitalatrophie auf den Vorder- und die Fettsucht auf den Hinterlappen. Größer könnte die Auswahl also nicht mehr sein. Sehen wir zu, welche Auffassung die größte Wahrscheinlichkeit für sich hat.

Die Hinterlappentheorie könnte sich allenfalls auf jene Fälle stützen, in welchen Infundibulartumoren — meistens sind es ja ERDHEIMsche Hypophysen-ganggeschwülste — zu einer Destruktion des Hinterlappens geführt haben. Da diese Fälle offenbar ganz anders zu deuten sind und hier die Fettsucht entweder durch eine direkte Schädigung der basalen Zentren oder aber durch deren Absperrung von den sie tonisierenden Hormonen aus dem drüsigen Hypophysenabschnitt (GOTTLIEB) zu erklären ist, da die Hinterlappentheorie weder die oben zitierten zwei Fälle (MARAÑON und v. MONAKOW) noch die Ergebnisse der Tierversuche zu erklären vermag und da schließlich auch für das Gegenstück der Fettleibigkeit, für den Fettschwund der drüsige Abschnitt der Hypophyse verantwortlich gemacht werden muß, so haben wir diese Theorie abzulehnen und wohl nur zwischen Vorder- und Zwischenlappen zu entscheiden. Daß Extrakte aus dem Zwischenlappen ausgesprochene pharmakodynamische Wirkungen entfalten, die den Vorderlappenextrakten abgehen, ist natürlich kein Argument zugunsten der Zwischenlappentheorie, da die meisten dieser Wirkungen zu der Entstehung einer Fettsucht kaum irgendwelche Beziehungen aufweisen. Im Gegenteil könnte sogar die steigernde Wirkung von Vorder-

---

[1]) SJÖVALL, E.: Acta med. scandinav. Bd. 59, S. 406. 1925.

[2]) BERBLINGER, W.: Zentralbl. f. allg. Pathol. u. pathol. Anat. Bd. 33, Erg.-H., S. 584, 1923 (Bd. 38, S. 374).

[3]) KRAUS, E. J.: Med. Klinik. 1924. Nr. 37, S. 1290, Nr. 38, S. 1328 (Bd. 38, S. 159). — Vgl. auch RAAB, W.: Med. Klinik. 1925. Nr. 3, S. 87 (Bd. 39, S. 211).

[4]) ASCHNER, B.: Med. Klinik. 1924. S. 1681 (Bd. 39, S. 744).

[5]) BIEDLs Schüler RAAB drückt sich allerdings sehr reserviert aus und betrachtet die Frage noch nicht als endgültig geklärt (l. c. S. 454 u. 522).

[6]) VEIT, B.: Frankfurt. Zeitschr. f. Pathol. Bd. 28, S. 1. 1922.

lappenextrakten auf die herabgesetzte spezifisch-dynamische Nahrungswirkung bei hypophysären Störungen (PLAUT, LIEBESNY) eher zugunsten des Vorderlappens sprechen. Selbst die früher erwähnten, interessanten Feststellungen RAABs[1]) über die Beeinflussung des Fettstoffwechsels durch sehr große Pituitrinmengen scheinen mir vorderhand noch in keiner Weise einen Zusammenhang zwischen Pars intermedia und Fettsucht zu beweisen. Auch daß der Übergang in den Liquor nur für das Hormon des Zwischenlappens erwiesen ist, ist kein solches Argument, da wir ja das für die Fettrophik verantwortliche Hormon ebenso wenig wie aus dem Vorderlappen stammende Hormone überhaupt chemisch oder biologisch fassen können und daher auch nicht wissen, ob es nicht gleichfalls via Hypophysenstiel an die nervösen Zentren gelangt, mag es auch aus dem Vorderlappen stammen. Es bleibt also wohl nur BIEDLs Argument, die gelegentliche Kombination von Akromegalie mit Zeichen der FRÖHLICHschen Dystrophie. Er hat sicherlich darin recht, daß GOTTLIEBs Annahme eines Dyspituitarismus bei der Akromegalie mit konsekutivem Wegfall des das Fett-Genitalzentrum tonisierenden normalen Vorderlappenhormons keinesfalls befriedigt, und seine Erklärung ist gewiß viel einleuchtender: Die Akromegalie erlangt adiposogenitale Züge, wenn der ihr zugrunde liegende Tumor des Vorderlappens die Funktion des Zwischenlappens einschränkt. Andererseits wäre aber bei derartigen größeren Geschwülsten doch auch die Möglichkeit einer unmittelbaren Schädigung der Zentren gegeben und damit das Zusammentreffen von Akromegalie mit FRÖHLICHscher Dystrophie ebenfalls befriedigend erklärt. Wir können also nun dahin resumieren, daß die Frage, ob Vorder- oder Zwischenlappen für die Trophik des Fettgewebes maßgebend ist, für den Fettwuchs des FRÖHLICHschen Typus nicht sicher entschieden, für den Fettschwund des SIMMONDSschen Typus zugunsten des Vorderlappens beantwortet erscheint. Die genetische Zusammengehörigkeit der beiden antagonistischen Symptome spricht also wohl sehr dafür, daß auch die hypophysäre Fettsucht vom Vorderlappen ihren Ausgang nehmen dürfte. Sehr zugunsten dieser Auffassung und Argumentation sprechen zwei von JAKOB unter der Bezeichnung SIMMONDSsche Krankheit beschriebene Fälle mit Zerstörung des Hypophysenvorderlappens bei gut erhaltener Pars intermedia. Diese Fälle sind, wie schon oben bemerkt, meines Erachtens nicht zum SIMMONDSschen, sondern zum FRÖHLICHschen Typus zu rechnen oder stellen zum mindesten eine Übergangsform zwischen beiden dar, da sie noch im Tode ein reichliches Fettpolster besaßen. Wir haben somit alle Kardinalsymptome der hypophysären Dystrophien, die Wachstumshemmung, Genitalatrophie und die Störung des Fettansatzes auf die Insuffizienz des Vorderlappens zurückgeführt, wobei die zwei letzteren auch von den basalen trophischen Zentren ihren Ausgang nehmen können.

Wie sollen wir uns nun die Entstehung der äußerlich so verschiedenen Syndrome, wie sie die drei Typen der hypophysär-nervösen Dystrophie darstellen, von ein und derselben gemeinsamen Herderkrankung aus denken? BIEDL hatte sich allerdings die Sache recht einfach vorgestellt: Insuffizienz des Vorderlappens allein bei jugendlichen Individuen macht infantilen Zwergwuchs mit lediglich hypoplastischer Störung des Genitales infolge der Wachstums- und

---

[1]) RAAB, W.: Klin. Wochenschr. 1926. S. 1516.

Entwicklungshemmung, Insuffizienz der Pars intermedia allein macht Dystrophia adiposogenitalis mit degenerativ-atrophischer Störung des Genitales, Kombination von Vorder- und Zwischenlappeninsuffizienz führt ebenso wie die Exstirpation der Hypophyse im Tierversuch zu einer Kombination der beiden klinischen Syndrome[1]). Auf Grund unserer obigen Darlegungen können wir diese Auffassung nicht teilen. Ebensowenig fühlen wir uns aber durch eine allzu einseitig morphologisch orientierte und geradezu naiv anmutende Hypothese befriedigt, derzufolge etwa die verschiedenen Zellformen des Vorderlappens verschiedene Hormone produzieren würden, deren eines etwa für das Wachstum, deren zweites für die Genitaltrophik und deren drittes für die Fettrophik bestimmt wäre. Eine solche Hypothese wäre ja auch aus den Tatsachen nicht zu begründen.

Halten wir uns nun nochmals folgendes vor Augen: Genau die gleichen anatomischen Veränderungen der Hypophyse, und zwar eine Atrophie ihres Vorderlappens kann gefunden werden: 1. bei dem FRÖHLICHschen Typus der Dystrophie (Fall von MONAKOW), 2. bei dem SIMMONDSschen Typus der Dystrophie, 3. bei Fällen, die als Übergangsform zwischen FRÖHLICHschem und SIMMONDSschem Typus aufgefaßt werden können, da sie sich von beiden nur durch die fehlende Beteiligung des Fettgewebes unterscheiden (Fälle JAKOB), 4. bei Fällen von reinem Zwergwuchs und schließlich auch 5. bei Fällen, die klinisch überhaupt keinerlei krankhafte Symptome erkennen ließen (z. B. JAKOB) oder nur an Schlafsucht oder einem komatösen Zustand litten (MIEREMET). Nebenbei bemerkt, wurden auch Fälle mit schwerer Destruktion der Pars intermedia und nervosa beobachtet, die keinerlei klinische Erscheinungen darboten (BERBLINGER[2])). Aus diesen Tatsachen ergibt sich meines Erachtens zwingend, daß außerhalb der Hypophyse gelegene Faktoren in maßgebender Weise mitbestimmend sind für den Effekt einer insuffizienten Vorderlappenfunktion. So wie der Ausfall der innersekretorischen Hodenfunktion im Kindesalter zwei äußerlich ganz verschiedene Zustände zur Folge haben kann — wir werden ja in einem späteren Kapitel vom eunuchoiden Hochwuchs und vom eunuchoiden Fettwuchs noch sprechen — deren Bedingungskomplex gleichfalls abseits von den mangelhaft funktionierenden Keimdrüsen gesucht werden muß, so entscheiden auch beim Funktionsausfall des Hypophysenvorderlappens extrahypophysäre Faktoren über die Art des sich entwickelnden Zustandes. Die Ganzheit des Organismus, das Prinzip der mehrfachen Sicherungen tritt auch hier in seine Rechte. Auch JAKOB hat schon auf die Bedeutung der Kompensationsvorgänge von seiten der übrigen Blutdrüsen und des Nervensystems hingewiesen. Ob die Leistungsfähigkeit der nervösen Zentren genügend groß ist, um auch bei Verminderung oder gar Ausfall ihres physiologischen Tonicums, also bei Ausfall der Hypophysenfunktion den Anforderungen des Organismus zu entsprechen, ob die Leistungsfähigkeit der einzelnen Zentren (für Genital- und Fettrophik) gleich oder verschieden groß

---

[1]) Für die von STERNBERG nachgewiesenen atrophischen (nicht bloß hypoplastischen) Hodenveränderungen bei hypophysären Zwergen ohne FRÖHLICHsche Dystrophie macht BIEDL die bloße Seneszenz der nicht reif gewordenen Organe verantwortlich (Physiologie u. Pathologie der Hypophyse, S. 62), eine doch schwerlich befriedigende Erklärung.

[2]) BERBLINGER, W.: Zentralbl. f. allg. Pathol. u. pathol. Anat. Bd. 33, Erg.-H., S. 584. 1923 (Bd. 38, S. 374).

ist, ob die übrigen Bestandteile des endokrinen Systems über eine ausreichende Adaptationsfähigkeit dem Ausfall der Hypophysenfunktion gegenüber verfügen oder nicht, wie die Reaktionsfähigkeit der peripheren Erfolgsapparate (Genitale, fettbildende Gewebe, gesamtes Nervensystem sowie eigentlich fast alle Zellen des Organismus) beschaffen, in welchem Ausmaße sie sich in verschiedenen Altersstufen und bei den beiden Geschlechtern von den hormonalen und nervösen Regulatoren abhängig erweist, kraft ihrer erbanlagemäßigen, konstitutionellen Beschaffenheit und kraft besonderer konditioneller, etwa das Ionenmilieu im Sinne von ZONDEK beeinflussender Faktoren, all das entscheidet über den Symptomenkomplex, den ein brüsk einsetzender oder schleichend sich entwickelnder Hypopituitarismus im Gefolge hat. So wie Diabetes insipidus und die oben angeführte und später noch zu besprechende Oligurie mit Wasser-Salzretention Gegenstücke darstellen, denen anscheinend eine gemeinsame Sedes morbi zukommt, so sind Fettsucht und Fettschwund, wie JAKOB sich ausdrückt, extreme Pole einer Stoffwechselstörung, die in einheitlicher Lokalisation ihren Ausgang offenbar von den gleichen Zentren aber mit konträr gerichteter Einstellung nehmen können. Es kann doch, wie wir schon oben bemerkten, kein Zufall sein, daß beim SIMMONDSschen Typus der Dystrophie die Schilddrüse regelmäßig atrophiert und daß kontinuierliche Übergänge von dieser primär hypophysären oder nervösen Erkrankung zur pluriglandulären Insuffizienz hinüberleiten. Mehr über diesen Mechanismus auszusagen, ist unmöglich, ohne den Boden reeller Tatsachen zu verlassen. Bisher aber haben wir nur zwingende Schlußfolgerungen aus dem vorliegenden Tatsachenmaterial gezogen, ein Vorgang, der nicht nur gestattet, sondern auch notwendig erscheint.

Was die Ätiologie der hypophysär-nervösen Dystrophien anlangt, so sind es naturgemäß die verschiedenartigsten pathologischen Vorgänge, welche zu einer Beeinträchtigung, bzw. Destruktion der Hypophyse und der ihr angelagerten basalen Zentren führen können. Vasculäre Prozesse mit Blutungen, Thrombosen, Embolien, Cystenbildung, entzündliche Erkrankungen akuter oder chronischer Natur (Hypophysitis [1])), vor allem Abscesse, Tuberkel, Gummen, entwicklungsgeschichtliche Bildungsanomalien [2]), in erster Linie aber Geschwülste verschiedener Art, Adenome, Carcinome, Sarkome, Gliome, Teratome, Fibrome, insbesondere aber die von Resten des Hypophysenganges abstammenden Plattenepithelcarcinome können die Ursache der Einschränkung der Hypophysenfunktion abgeben. Die basalen Zentren des Gehirns werden am häufigsten durch Tumoren, encephalitische Prozesse und vor allem die meningoencephalitische Form der Lues geschädigt. Ein aus verschiedenen Gründen entstandener Hydrocephalus führt durch Druckwirkungen auf den dem Knochen aufliegenden dünnen Boden des dritten Ventrikels, dann später wohl auch durch Druckwirkung auf Infundibulum und Hypophyse selbst zu den Erscheinungen der hypophysär-nervösen Dystrophie. Wie bedeutend die Schädigung der basalen Nervenzentren hierbei sein kann, geht schon aus den röntgenologisch nachweisbaren Sellaveränderungen bei Hydrocephalus hervor. RAAB [3]) ist der Ansicht, daß

---

[1]) Vgl. FAHR, TH.: Zentralbl. f. allg. Pathol. u. pathol. Anat. Bd. 33, H. 18, S. 481. 1923 (Bd. 29, S. 333).

[2]) PRIESEL, A.: Beitr. z. pathol. Anat. u. z. allg. Pathol. Bd. 67, S. 220. 1920 (Bd. 15, S. 493).

[3]) RAAB, W.: Klin. Wochenschr. 1923. S. 1984 (Bd. 33, S. 150) u. l. c.

ein von Haus aus abnorm hohes und steil gestelltes, massives Dorsum sellae
zu einer Druckschädigung der basalen Zentren und damit zur Dystrophie zu
führen vermag.

Daß in einzelnen Fällen die zum Zwergwuchs führende Insuffizienz des
Vorderlappens der Hypophyse konstitutionellen Ursprungs ist, geht aus den
mehrfachen Beobachtungen über familiäres Vorkommen des hypophysären
Zwergwuchses hervor [1]. Ich selbst habe zwei Brüder mit hypophysär bedingter Nanosomie beschrieben und abgebildet [2] (vgl. Abb. 36) und kenne
Bruder und Schwester, beide mit typisch hypophysärer Nanosomie. Auch ein
17jähriges, mit hypophysärem Zwergwuchs behaftetes Zwillingsbrüderpaar, das
mit Rücksicht auf die außerordentliche Ähnlichkeit wohl als eineiig angesehen
werden darf, habe ich beobachtet und den einen der Brüder abgebildet [3].
Sogar bei drei Brüdern wurde hypophysärer Zwergwuchs beschrieben [4]. Welcher
Art eine derartige, zum Zwergwuchs führende konstitutionelle Anomalie des
Hypophysenvorderlappens ist, ob es sich um Bildungsfehler, einfache Hypoplasie oder gar nur um eine funktionelle Unterwertigkeit ohne anatomisches
Substrat handelt, ist ohne autoptische Untersuchung nicht zu entscheiden,
nur die konstitutionelle Ursache der hypophysären Insuffizienz, die ist sicher.

Auch dem FRÖHLICHschen Dystrophie-Typus kann in gewissen Fällen eine konstitutionelle Anomalie zugrunde liegen, da der Zustand bei mehreren Mitgliedern
einer Familie zur Entwicklung kommen kann (vgl. RAAB). Es liegen z. B. eine
ganze Reihe von Beobachtungen über das familiäre Vorkommen eines eigenartigen
Syndroms vor, bestehend aus Fettsucht, Genitalhypoplasie, geistiger Minderwertigkeit, Retinitis pigmentosa und Polydaktylie [5]. Ich selbst habe das
Syndrom bei einem siebenjährigen Mädchen beobachten können, das aus einer
Vetternehe stammte. Eine polydaktyle Schwester der Kranken war mit einem
halben Jahr gestorben, ehe sich das volle Syndrom hatte entwickeln können.
In einem zweiten Falle eigener Beobachtung veranlaßte mich die Kombination
von FRÖHLICHscher Dystrophie und Polydaktylie, eine evtl. vorhandene
Retinitis pigmentosa zu suchen, obwohl der Knabe über keinerlei Sehstörungen
klagte. Tatsächlich war sie auch vorhanden. Wenn auch über die Natur und
Genese dieser Fälle von Fettsucht derzeit nichts Sicheres ausgesagt werden kann,
da ein autoptischer Befund noch nicht vorliegt, werden sie doch von allen
neueren Beschreibern als FRÖHLICHscher Typus aufgefaßt. Da der Retinitis
pigmentosa eine recessiv, der Polydaktylie eine überwiegend dominant men-
delnde krankhafte Erbanlage zugrunde liegt und diese beiden Anomalien
natürlich auch unabhängig von den übrigen Teilerscheinungen des Syndroms
vorkommen, so ist es klar, daß dem eigenartigen Syndrom eine Abweichung

---

[1] BLUMGARTEN, A. S.: Med. clin. of North America. New York. Vol. 4, Nr. 5, p. 1437.
1921 (Bd. 18, S. 456). — BERLINER, M.: Zeitschr. f. exp. Pathol. u. Therapie. Bd. 22, S. 152.
1921 (Bd. 21, S. 4); Klin. Wochenschr. 1923. Nr. 3, S. 126.

[2] BAUER, J.: Konstitutionelle Disposition zu inneren Krankheiten. Berlin: Julius
Springer 1917.

[3] BAUER, J.: Endocrinology. Vol. 8, p. 297. 1924.

[4] BALLMANN, E. u. J. HOCK: Zeitschr. f. Konstitutionslehre Bd. 12, S. 540. 1926.
(Bd. 44, S. 881).

[5] Vgl. BIEDL, W. RAAB: l. c. — DENZLER, E.: Jahrb. f. Kinderheilk. Bd. 107, S. 35.
1924 (Bd. 39, S. 211). — SOLIS-COHEN, S. a. E. WEISS: Americ. journ. of the med. sciences.
Vol. 169, p. 489. 1925 (Bd. 40, S. 660).

einer Reihe von Erbanlagen von der Norm zugrunde liegen muß, deren eine oder mehrere für die Ausbildung der Fröhlichschen Dystrophie verantwortlich sind. Ob dies nun durch eine Mißbildung des Schädelskelettes mit konsekutivem Hydrocephalus zu erklären ist, wie Biedl und Raab annehmen, oder ob die pathologische Erbanlage sich auf die Beschaffenheit der Hypophyse oder der betreffenden basalen Nervenzentren erstreckt, ist ungewiß.

Die Therapie der hypophysär-nervösen Dystrophien wird zunächst durch deren Ätiologie bestimmt werden müssen. Eine solche kausale Therapie wird allerdings nur in zwei Fällen in Frage kommen: Bei Lues und bei Geschwulstbildung. Wie wir schon oben bei der Schilderung der Simmondsschen Krankheit hervorgehoben haben, kann die Aufdeckung des syphilitischen Ursprungs von größter praktischer Bedeutung, unter Umständen lebensrettend sein. Aus einem schwer herabgekommenen, kachektischen Individuum kann nach einer antiluetischen Behandlung wieder ein gesunder, blühender Mensch werden. Die kausale Therapie der Tumoren soll später im Zusammenhang besprochen werden.

Das uns vorschwebende Ideal einer funktionellen Ersatztherapie durch Verabreichung des mangelnden Hormons ist gerade bei den hypophysär-nervösen Dystrophien vorläufig noch unerreichbar. In der Literatur finden sich zwar Angaben genug über therapeutische Erfolge mit parenteraler oder peroraler Darreichung von Hypophysenvorderlappensubstanz, Hinter- und Zwischenlappenextrakten oder mit Präparaten aus der ganzen Hypophyse und zwar sowohl bei Fröhlichscher Dystrophie als auch insbesondere bei der Simmondsschen Kachexie (Reye[1])) und beim reinen hypophysären Zwergwuchs. Indessen müssen derlei Angaben mit größter Skepsis aufgenommen werden angesichts der überwiegenden Zahl negativer Berichte. Ich selbst konnte mich trotz heißen Bemühens niemals von einem solchen Erfolge überzeugen und glaube nicht, daß hier nur mangelhafte Dosierung, zu kurze Behandlungsdauer oder mangelhafte Organpräparate die Schuld tragen. Wenn man bedenkt, daß ein so optimistischer Therapeut wie Engelbach[2]) die Behandlung der Fettsucht mit Hypophysenextrakten speziell dann für aussichtsreich hält, wenn sie schon vor der Pubertät einsetzt — bei einer Anzahl von Fällen, nicht bei allen, soll es dann gelingen, die Fettsucht zu beseitigen und eine normale Genitalentwicklung herbeizuführen — wenn man bedenkt, daß die Fälle von Simmondsscher Dystrophie, speziell wo sie luetischen Ursprungs sind, auch spontan bis zu einem gewissen Grade rückbildungsfähig sein können, wenn wir schließlich hören, daß Biedl die wachstumsfördernde Wirkung der Hypophysenvorderlappenverfütterung bei hypophysären Zwergen nur in einer bestimmten Wachstums- und Entwicklungsphase für wirksam hält, so werden unsere Zweifel über den Wert der Organtherapie der hypophysär-nervösen Dystrophien nur noch gesteigert, denn, wie wir schon früher hervorgehoben haben, sind wir der Ansicht, daß alle diese Fälle, die mit Erfolg behandelt wurden, auch ohne diese Behandlung sich genau so verhalten hätten. Die Engelbachschen Fälle waren eben sonst normale fette Kinder, die sich auch ohne Darreichung von Hypophysenextrakten normal entwickelt hätten, die Biedlschen Zwerge wären auch ohne Behandlung in diesen Jahren gewachsen, wissen wir doch, daß ohne jedes äußere Zutun sprunghafte Wachstumsschübe bei verschiedenen

---

[1]) Reye: Münch. med. Wochenschr. 1926. S. 902 (Bd. 44, S. 882).
[2]) Engelbach, W.: Ann. of clin. med. Vol. 3, Nr. 3, p. 198. 1924.

Zwergwuchsformen vorkommen. Auch mit unspezifischen Reizkörperwirkungen müßte gelegentlich vielleicht gerechnet werden. Welcher Optimismus gehört dazu, wenn GLANZMANN [1]) bei seinen Kleinkindern mit Fettwuchs und Genitalhypoplasie, die er auf eine Störung der Neurohypophyse zurückführt, schon mit einer einzigen Pituitrintablette täglich eine deutliche Besserung erzielt haben will.

Ein Umstand könnte allerdings die versuchsweise Behandlung mit Hypophysenvorderlappensubstanz bei aller Zurückhaltung gelegentlich geboten erscheinen lassen, d. i. die Angabe von PLAUT und LIEBESNY, derzufolge eine herabgesetzte spezifisch-dynamische Wirkung bei hypophysärer Insuffizienz durch Vorderlappenextrakte in spezifischer Weise gesteigert werden kann. Indessen kann man diese Erscheinung beobachten, ohne daß sie von einer Besserung des Gesamtzustandes begleitet wäre. Wir haben eben nicht das Symptom der herabgesetzten spezifisch-dynamischen Nahrungswirkung, sondern das Krankheitsbild der hypophysären Dystrophie zu behandeln und dabei versagt die Organotherapie. Auch wäre zu bedenken, ob die übliche Art der Organotherapie bei hypophysären Dystrophien überhaupt wirksam sein kann und ob nicht von einer intralumbalen Einbringung des Hormons bei der FRÖHLICHschen und SIMMONDSschen Dystrophie ein Erfolg zu erhoffen wäre. Daß bei den primär nervös lokalisierten Dystrophien von einer Organotherapie von vornherein nichts zu erwarten ist, erscheint selbstverständlich.

Auch den Wert einer Röntgenbehandlung der Hypophysengegend möchte ich bei den hypophysären Dystrophien nicht für erwiesen halten, soweit es sich nicht um Röntgenwirkungen auf Tumoren, sondern um funktionelle Beeinflussungen der Hypophyse handelt. Sie ist in einem anderen Zusammenhange an anderer Stelle besprochen. Wir werden uns also meist mit einer unspezifischen, symptomatischen Behandlung der Krankheitserscheinungen begnügen müssen, deren Besprechung gleichfalls an anderer Stelle zu finden ist.

Diabetes insipidus [2]).

Unter Diabetes insipidus (D. i.) versteht man einen Zustand mehr oder minder beträchtlicher, gegenüber der Norm vermehrter Harnausscheidung und entsprechend gesteigerter Flüssigkeitsaufnahme, bei dem der Harn weder Eiweiß noch Zucker (daher insipidus = geschmacklos) enthält und entsprechend seiner großen Menge von niedrigem spezifischem Gewichte ist, bei dem die Niere frei von wesentlichen pathologischen Veränderungen und der Blutdruck normal gefunden wird.

Die täglichen Harnmengen solcher Kranker pflegen meist 4—10 Liter zu betragen, sie können aber auch gelegentlich 20 Liter und mehr erreichen. TROUSSEAU beschrieb gar einen Fall, der 43 Liter im Tag urinierte. Das spezifische Gewicht des Harns kann auf 1002—1001 herabsinken. Der enormen Harnausscheidung entspricht das imperative Flüssigkeitsbedürfnis. Bei Mangel an anderer Flüssigkeit greifen solche Kranke sogar zu Schmutzwasser oder zum eigenen Urin. PIDOUX erwähnt einen Kranken, der am Tag 20 Liter Wein konsumierte. Suchen sich Insipiduspatienten der Flüssigkeitsaufnahme zu enthalten, so treten quälende Verdurstungserscheinungen auf, Trockenheit und

---

[1]) GLANZMANN, E.: Jahrb. f. Kinderheilk. Bd. 110, S. 253. 1925 (Bd. 42, S. 860).
[2]) Vgl. BAUER, J.: Klin. Wochenschr. 1926. Nr. 23, S. 1017.

Brennen im Mund und Rachen, Hitzegefühl, Übelkeiten, Brechreiz, Kopfschmerzen, Unruhe, Temperatursteigerungen, ja Delirien. Diese Kranken
pflegen, wofern es sich nicht um grob anatomische Herderkrankungen im
Bereiche der Hirnbasis, also um die sog. symptomatische Form von D. i. handelt,
sondern wofern ein sog. idiopathischer D. i. vorliegt, meist schwer nervöse,
psychopathische, degenerativ veranlagte Individuen zu sein. Ihr Grundumsatz,
Zirkulationsapparat sowie alle anderen Organsysteme zeigen bei den idiopathischen Fällen keinerlei charakteristische Abweichungen von der Norm,
die mit der Erkrankung in kausalem Zusammenhang stünden, nur die verschiedenartigsten Zeichen und Merkmale abgearteter Konstitution auch im
Bereiche des endokrinen Systems pflegen wir hier anzutreffen. Die subjektiven
Klagen solcher Kranker tragen daher meist den Stempel der Neuropathie,
wenngleich wir sicher ein Großteil der Beschwerden mit den abnormen Verhältnissen des Wasser-Salzstoffwechsels, mit den leicht entstehenden, häufigen
Schwankungen im Flüssigkeitsgehalt der Gewebe in Zusammenhang bringen
müssen. So dürfte wohl auch die Neigung zu Temperatursteigerungen mit
diesen Schwankungen und mit den nachfolgenden Reizzuständen der Tempe-
raturzentren zusammenhängen [1]).

Über die Systematik und Pathogenese des D. i. besteht eine außerordentlich
große Literatur, ohne daß bisher eine genügende Einigung selbst über die Haupt-
fragen erzielt worden wäre. Ich glaube aber doch, daß die im folgenden gegebene
Darstellung den vorliegenden Tatsachen am ehesten entsprechen, wenn auch
gewiß noch nicht endgültig sein dürfte.

Dem pathogenetischen Mechanismus nach können wir 3 Formen
von D. i. unterscheiden: 1. Diejenigen Fälle von D. i., welche auf
einer primär herabgesetzten Konzentrationsfähigkeit der Niere
vor allem für NaCl beruhen; 2. die Fälle, welche auf eine primär
gesteigerte Wasserdiurese, und 3. die Fälle, welche auf eine primäre
Polydipsie zurückzuführen sind.

1. Primäre Konzentrationsinsuffizienz der Niere. Es ist das Verdienst E. MEYERs, gezeigt zu haben, daß bei der Mehrzahl der Insipidusfälle
die Niere die Fähigkeit nicht besitzt, einen vor allem an NaCl normal konzen-
trierten Harn zu produzieren. Infolge dieser Unfähigkeit benötigt sie zur Elimination der harnfähigen Substanzen und speziell des NaCl größerer Wassermengen
als normal, da sie sie ja nur in sehr verdünnter Lösung, bei einem niedrigen
spezifischen Gewicht überhaupt zur Ausscheidung bringen kann. Die Steigerung
der Harnmenge bedeutet unter solchen Umständen einen für den Betrieb des
Organismus zweckmäßigen, ja erforderlichen Kompensationsvorgang. Von der
Existenz einer derartigen Konzentrationsinsuffizienz kann man sich am besten
durch eine Belastungsprüfung mit NaCl überzeugen. Werden bei einem auf
konstanter NaCl-Zufuhr gehaltenen Individuum zu seiner gewöhnlichen Kost
10 g NaCl zugelegt, so scheidet sie ein Normaler unter Konzentrationszunahme
des Harnes innerhalb von 24 Stunden wieder aus, ein Insipiduskranker dagegen

---

[1]) Bei einer Kranken mit D. i. sah ich jedesmal nach einer Novasurolinjektion Temperaturen bis 39° auftreten, die wohl mit einer plötzlichen Entsalzung der betreffenden
cerebralen Zentren zusammenhängen dürften (vgl. J. BAUER u. B. ASCHNER: Zentralbl.
f. inn. Med. 1924. Nr. 34, S. 682). Übrigens erzeugte Novasurol auch bei einem Falle hochgradiger kardialer Dekompensation mit Wassersucht regelmäßig Fieber bis gegen 40°.

hält das zugeführte NaCl erheblich länger zurück und eliminiert es ohne
nennenswerten Anstieg des spezifischen Harngewichts durch eine entsprechend
vermehrte Harnmenge. Selbstverständlich kommt es gleichzeitig zu einer
Steigerung des Durstgefühls, der Polydipsie.

Nun wissen wir, daß sich der Organismus an eine längere Zeit bestehende
Erhöhung der Flüssigkeitsdurchspülung, also an eine wie immer entstandene
Polyurie-Polydipsie gewissermaßen gewöhnen kann, daß also aus einer ursprünglich kompensatorischen oder aber experimentell erzwungenen Polyurie
leicht eine zwangläufige Polyurie-Polydipsie wird, selbst wenn die Voraussetzung einer Kompensation oder der Zwang des Experimentes weggefallen sind.
Das zeigen am schönsten die Selbstversuche REGNIERs, der 11 Tage hindurch
zu seiner gewöhnlichen Kost 4200 ccm Wasser zulegte und dann nach Aussetzen
der Wasserzulage äußerst lästiges Durstgefühl empfand, dem auch im intermediären Wasser- und Salzstoffwechsel der gleiche Befund entsprach, wie er
bei durstenden Insipiduskranken der von uns besprochenen Kategorie mit
primärer Konzentrationsschwäche der Niere beobachtet wird. REGNIER erfuhr
beim plötzlichen Entzug der von ihm 11 Tage lang konsumierten 4200 ccm
Flüssigkeit eine beträchtliche Gewichtsabnahme; die gesteigerte Flüssigkeits-
abgabe, welche zunächst eine der gesteigerten Zufuhr entsprechende kompensatorische gewesen war, erfolgte also zwangläufig weiter, dabei kam es ganz
wie bei dem durstenden Insipiduskranken zu einer erheblichen Konzentrationszunahme, Hyperosmose und vor allem NaCl-Anhäufung im Blute. Freilich
spielen auch bei dieser „Gewöhnung‟ des Organismus an willkürlich gesteigerte
Durchspülung individuelle Unterschiede eine Rolle, denn H. STRAUSS [1]) konnte
sie bei zwei Versuchspersonen nicht nachweisen, und mit dem Aufhören der
abnormen Flüssigkeitszufuhr hörte bei ihnen auch die abnorme Flüssigkeits-
abgabe auf. Es ist ja leicht einzusehen, daß die gegenseitigen intermediären
Austauschvorgänge zwischen Blut und Geweben durch eine Änderung des
Durchspülungsausmaßes, also durch eine beliebig entstandene Polyurie-Polydipsie
beeinflußt werden müssen, denn wir wissen ja, daß die aufgenommene Flüssigkeit
keineswegs etwa unmittelbar ausgeschieden wird, also gewissermaßen den
kürzesten Weg vom Darm zur Niere bzw. zur Lunge und Haut, die die extrarenale Wasserabgabe besorgen, wählt; die enteral oder parenteral aufgenommene
Flüssigkeit gelangt vielmehr zunächst in die Gewebe, vor allem, wie es nach
den Untersuchungen E. P. PICKs und seiner Mitarbeiter den Anschein hat,
in die Leber, um erst dann wieder auf Grund eines uns vorläufig unbekannten
Regulationsmechanismus an das Blut abgegeben und zur renalen und extra-
renalen Ausscheidung bereitgestellt zu werden. Unter solchen Umständen ist
es begreiflich, daß jede länger dauernde Polyurie-Polydipsie eingreifende Änderungen in diesen uns noch recht unklaren intermediären Austauschvorgängen
mit sich bringen wird, die zunächst adaptativer Natur sind, später aber auch
bei Wegfall des die Polyurie-Polydipsie verursachenden Momentes noch eine
Zeit fortbestehen und ihrerseits zu einem Circulus vitiosus führen können.
Die sicherlich mit einer Konzentrationserhöhung krystalloider Stoffe in bestimmten Hirnzentren zusammenhängende Durstempfindung ist jenes Bindeglied in diesem Circulus vitiosus, an welchem er sich in dem Selbstversuch
von REGNIER durch eine energische Willensanspannung unschwer unterbrechen

---

[1]) STRAUSS, H.: Klin. Wochenschr. 1922. S. 1302.

läßt. Sind aber nicht die willkürlich gewählten Bedingungen eines Selbstversuches gegeben, handelt es sich also nicht um eine absichtlich herbeigeführte, sondern um eine irgendwie anders, also wie bei unserer ersten Insipiduskategorie kompensatorisch entstandene Polyurie-Polydipsie, dann wird auch beim Fortfall der Kompensationsursache eine solche Willensanspannung nicht zur richtigen Zeit und im notwendigen Ausmaß erfolgen, bei längerer Dauer des Zustandes wohl auch nicht mehr zum Ziele führen, aus einer kompensatorischen ist eine sekundär zwangläufige Harnflut entstanden. Wir können demnach 2 Formen von D. i. durch primäre Konzentrationsinsuffizienz der Niere unterscheiden:

a) **Die kompensatorische Polyurie- Polydipsie und b) die sekundär zwangläufige Polyurie- Polydipsie.**

Es ist selbstverständlich, daß die erste Gruppe von Fällen die leichtere darstellt. Hier wird die von TALLQUIST eingeführte Therapie der molenarmen Kost, also der NaCl- und wohl auch Eiweißeinschränkung, Erfolge zeitigen. Diese Therapie trägt ja symptomatisch der Konzentrationsschwäche der Niere Rechnung, kommt ihrer spezifischen Leistungsinsuffizienz durch Schonung dieser Funktion entgegen. Mit der Herabsetzung der auszuscheidenden Molenmenge sinkt auch das für die Ausscheidung erforderliche Flüssigkeitsquantum. So kann durch eine entsprechende diätetische Therapie ein manifester D. i. in einen latenten übergehen. Bei der Rückbildung der primären Störung, der Konzentrationsunfähigkeit der Niere für NaCl, kann, wie LICHTWITZ zeigen konnte [1]), dieses Stadium des latenten D. i. durchlaufen werden. Folgende Berechnung WAGNERs [1]) macht dies ohne weiteres verständlich. Hat etwa die Niere, welche ja normalerweise einen im Vergleich zum NaCl-Gehalt des Blutes hypertonischen Harn produziert, die maximale Fähigkeit, bis zu $0,5\,^0/_0$ NaCl zu konzentrieren, also einen in bezug auf den NaCl-Gehalt des Blutes nahezu isotonischen Harn auszuscheiden, dann können mit 1500 ccm Harn 7,5 g NaCl täglich eliminiert werden. Übersteigt die tägliche NaCl-Zufuhr diesen Betrag nicht, so besteht kein D. i., oder besser der D. i. ist latent und wird nur dann manifest, wenn die Niere eine größere Menge von NaCl auszuscheiden hat.

Leider sind solche Fälle der Gruppe a) mit ausschließlich kompensatorischer Polyurie-Polydipsie selten und stehen im Hintergrund gegenüber der Gruppe b) mit sekundär zwangläufiger Polyurie-Polydipsie. Hier hält aus den oben dargelegten Gründen die krankhafte Harnflut an, auch wenn die Molenzufuhr gedrosselt wird oder wenn sich die Konzentrationsfähigkeit der Niere wieder gebessert haben sollte, Polyurie-Polydipsie haben sich gewissermaßen automatisiert, unabhängig gemacht von dem sie ursprünglich auslösenden kompensatorischen Mechanismus. Die TALLQUISTsche diätetische Therapie versagt, wenngleich eine gewisse Abhängigkeit der Harnmengen von der Quantität der zugeführten Molen bei herabgesetzter Konzentrationsfähigkeit der Nieren sich wohl immer geltend macht.

2. **Primäre Polyurie.** Gegenüber der von E. MEYER [2]) auch heute noch vertretenen Anschauung, daß allen Fällen von D. i. eine renale Konzentrations-

---

[1]) WAGNER, A.: Klin. Wochenschr. 1924. Nr. 11, S. 444; MEYER, E. u. R. MEYER-BISCH: Klin. Wochenschr. 1924. Nr. 40, S. 1799.

[2]) MEYER, E. u. R. MEYER-BISCH: Zeitschr. f. klin. Med. Bd. 96, S. 469. 1923; Klin. Wochenschr. 1924. Nr. 40, S. 1799. — MEYER, E.: Diabetes insipidus. Im Handb. d. norm. u. pathol. Physiol. Bd. 17. Berlin: Julius Springer 1926.

störung zugrunde liege, hat eine Reihe von Forschern stets die Ansicht verfochten, beim D. i. handle es sich um eine primäre Steigerung der Wasserabscheidung (Forschbach und Weber, Finkelnburg, Grote, Oehme). Eine solche primäre Wasserpolyurie führt natürlich automatisch zu vermehrtem Flüssigkeitsbedürfnis, zu Polydipsie. Daß es eine solche primäre Polyurie gibt, zeigen Tierversuche, bei welchen Läsionen der Infundibular- und Tubergegend zu monatelang dauerndem D. i. geführt haben. Bei diesen Fällen von experimentell erzeugtem D. i. ist die Konzentrationsfähigkeit der Niere erhalten [1]. Die Niere der Kranken dieser Gruppe kommt aber, wie Grote das ausgedrückt hat, gewöhnlich nicht dazu, ihre Konzentrationsfähigkeit auszunützen, weil sie immer unter überschießendem Wasserangebot steht. Wird aber im Durstversuch der Ersatz der ausgeschiedenen Flüssigkeitsmengen verhindert, dann kommt es naturgemäß ebenso wie bei der ersten Kategorie der Insipidusfälle zu Wasserverarmung des Körpers, also auch des Blutes mit konsekutiver Konzentrationszunahme und Hyperosmose. Bei einem energisch durchgeführten Durstversuch kann sich das Blut bis auf über 10% Serumeiweiß- und bis über 1% NaCl-Konzentration eindicken. Daß dann äußerst schwere Verdurstungssymptome sich einstellen, ist begreiflich. Ist die NaCl-Konzentrationsfähigkeit der Niere erhalten, so wird natürlich im protrahierten Durstversuch das spezifische Gewicht und der prozentuelle NaCl-Gehalt des Harnes steigen, es ist aber sehr wahrscheinlich, daß, wie dies auch Schwenkenbecher angenommen hat, bei dauernder übermäßiger Durchschwemmung die Niere sich an diese Art Tätigkeit gewöhnt und das ursprünglich erhaltene Konzentrationsvermögen in mehr oder minder hohem Grade einbüßt. Damit verschwimmen für die klinische Diagnose die Grenzen zwischen der ersten und zweiten Kategorie des D. i. Wie ich das schon seinerzeit formuliert habe, erscheint es daher bei länger bestehendem D. i. müßig und aussichtslos, primäre Konzentrationsschwäche der Niere und primäre Polyurie streng voneinander trennen zu wollen, weil beide Störungen so eng miteinander verknüpft sind, daß bei längerem Bestande der einen die andere von selbst sich einstellen kann.

3. Primäre Polydipsie. Noch schwieriger als die Unterscheidung zwischen den Gruppen 1 und 2 kann gelegentlich die Differenzierung der primären Polydipsie von der primären Polyurie werden. Alle hierfür in Betracht kommenden Kriterien, vor allem nachweisbare psychopathische Züge, hysterische, paranoide, schizoide Merkmale können wohl einen gewichtigen Hinweis auf eine primäre Polydipsie bieten, verläßliche differentialdiagnostische Symptome sind sie keineswegs (Ellern). Nur ein geschickt durchgeführter Suggestionsversuch wird bei positivem Ausfall für eine primäre Polydipsie entscheidend sein können [2]. Wie aus dem Gesagten schon hervorgeht, ob primäre Polyurie oder primäre Polydipsie, die zwangläufige Bindung der beiden aneinander führt in beiden Fällen zum gleichen Symptomenkomplex eines D. i., hat man doch auch in den oben zitierten Tierversuchen oft die Polydipsie der Polyurie vorangehen gesehen. So sehen wir denn auf 3 verschiedenen Wegen ein und dasselbe typische Krankheitsbild

---

[1] Bailey, P. u. F. Bremer: Cpt. rend. des séances de la soc. de biol. Tom 86, Nr. 16, p. 925. 1922 u. Arch. of internal med. Vol. 28, p. 773; Curtis, G. M.: Arch. of internal med. Vol. 34, p. 801. 1924 (Bd. 39, S. 856).

[2] Bauer, R.: Wien. Arch. f. inn. Med. Bd. 11, S. 201. 1925.

des D. i. zustande kommen und dürfen kaum hoffen, in allen Fällen von jahrelangem Bestande des Leidens den jeweils zugrunde liegenden Mechanismus auch mit Sicherheit feststellen zu können. Trotzdem werden wir an der prinzipiellen Geltung des von uns vorgeschlagenen Systems der D. i.-Fälle festhalten und müssen die pathogenetische Systemisierung nach anderen Gesichtspunkten ablehnen.

Vor allem gilt dies für VEILS [1]) Unterscheidung einer hyperosmotischen (hyperchlorämischen) von einer hyposmotischen (hypochlorämischen) Form von D. i. Die Gründe dieser Ablehnung sind an anderem Orte dargelegt (BAUER u. ASCHNER [2])) und behalten auch heute ihre Gültigkeit. Hierin sind unserem Standpunkte unter anderem auch E. MEYER und MEYER-BISCH sowie E. FRANK [3]) beigetreten. Übrigens hat VEIL seinen Standpunkt völlig geändert, wenn er jetzt den fundamentalen Unterschied zwischen seinem hyperosmotischen und hyposmotischen D. i. in der NaCl-Eliminationsfähigkeit erblickt und eine scharfe Unterscheidung zwischen renalen und intermediären Austauschvorgängen nicht für angängig hält. Diese, wie gesagt, vollkommen neue Auffassung VEILs vom hyper- und hyposmotischen D. i. würde ja unserer Unterscheidung der Gruppe 1 von den Gruppen 2 und 3 entsprechen, als Einteilungsprinzip aber ein sekundäres und nicht das wesentliche Merkmal benutzen.

Aber auch die Theorie von E. MEYER und MEYER-BISCH ist abzulehnen, derzufolge jedem D. i. eine Konzentrationsschwäche der Niere zugrunde liegt, wobei der hypochlorämische Insipidustypus auf diese Störung beschränkt bliebe, während beim hyperchlorämischen eine Störung in den Geweben, bzw. in den Austauschvorgängen zwischen Blut und Gewebe hinzukäme. Diese Austauschvorgänge passen sich, wie wir schon oben hervorgehoben haben, den völlig geänderten Bedingungen des D. i. an, ihr Ablauf unter verschiedenen, künstlich gesetzten Bedingungen (Durstversuch, Pituitrin, Theocin, NaCl-Infusion usw.) wird dementsprechend Besonderheiten gegenüber der Norm aufweisen, die in ihrer Art von dem jeweiligen Zustand des Individuums, von seinem Flüssigkeits- und Salzbestand sowie von der Art und dem Grad der Insipidusstörung abhängig, jedenfalls aber sekundärer Natur sind (vgl. auch SIEBECK [4])).

Gewissermaßen das Gegenstück der MEYERschen Theorie stellt die jetzige Auffassung VEILs dar, der beim D. i. eine primär verminderte Haftung des Wassers in den Geweben annimmt und nach der NaCl-Eliminationsfähigkeit der Niere seine 2 Gruppen aufstellt. Diese Anschauung, der D. i. sei aus einer primären Störung der Wasserbindungsfähigkeit der Gewebe zu erklären, wird auch von E. P. PICK vertreten, sie läßt sich aber meines Erachtens nicht aufrecht erhalten. Abgesehen von unseren schon seinerzeit vorgebrachten Einwänden ist nicht einmal ohne weiteres einzusehen, warum eine solche Störung ceteris paribus überhaupt zu den Erscheinungen eines D. i. führen müßte. Würde eine solche Störung, also eine herabgesetzte Wasserbindungsfähigkeit der Gewebe existieren, so könnte ebensogut eine Herabsetzung der physiologischen Durchspülungsgröße, also eine habituelle Oligurie erwartet werden. Doch das sind reine Spekulationen, die uns nicht weiter führen. Ein weit wertvolleres, ja schlagendes Argument gegen die Gewebstheorie stellt die von mir und BERTA ASCHNER gefundene, seither auch an anderen Fällen bestätigte Novasurolwirkung beim D. i. dar [5]).

Durch Novasurol, eines unserer wirksamsten Diuretica, lassen sich Polyurie und Polydipsie in überraschendem Ausmaße hemmen, eine paradoxe Erscheinung, die wir mit der erzwungenen hochgradigen NaCl-Diurese bei hoher NaCl-Konzentration des Harnes erklärten. Cessante causa cessat effectus. Steigt die herabgesetzte Konzentrationsfähigkeit der Niere unter Novasurol, dann sinkt ihr Wasserbedarf, wird das Durstzentrum entsalzt, dann nimmt das Durstgefühl ab. Es ist gewissermaßen das Gegenstück des NaCl-Belastungsversuches. Wie sollte man diesen von uns im voraus erwarteten Effekt erklären, wenn man

---

[1]) VEIL, W. H.: Ergebn. d. inn. Med. u. Kinderheilk. Bd. 23, S. 648. 1923.

[2]) BAUER, J. u. B. ASCHNER: Wien. Arch. f. inn. Med. Bd. 1, S. 297. 1920.

[3]) FRANK, E.: Klin. Wochenschr. 1924. S. 847 u. 895.

[4]) SIEBECK, R.: Physiol. d. Wasserhaushaltes. Handb. d. norm. u. pathol. Physiol Bd. 17. Berlin: Julius Springer 1926.

[5]) BAUER, J. u. B. ASCHNER: Zentralbl. f. inn. Med. 1924. Nr. 34, S. 682.

sich auf den Standpunkt einer primär herabgesetzten Wasserbindungsfähigkeit des Gewebes stellt? Mobilisierte Novasurol bloß das NaCl aus den Geweben, warum würde dann die Insipidusniere dieses NaCl-Angebot in so ganz außergewöhnlich hoher Konzentration zur Ausscheidung bringen, während sie sonst eine derartige Konzentration nicht aufbringt? Hier ist doch eine Nierenwirkung des Novasurols kaum zu leugnen. Teilte man die Anschauung VEILs, das NaCl werde beim Insipidus von den Geweben infolge der Reduktion ihrer Wasserdepots retiniert, dann müßte man eine Gewichtszunahme und Wasseranschoppung in den Geweben, aber keine kompensatorische Polyurie erwarten. Es gibt einen derartigen Zustand; mit dem pathogenetischen Mechanismus eines D. i. aber hat er nichts zu tun.

Für die Gewebstheorie des D. i. haben sich auch BAILEY und BREMER ausgesprochen. Ihr Argument scheint zunächst zwingend. Eine Läsion der basalen Hirnzentren des dritten Ventrikels führt zum D. i., auch wenn vorher die Hypophyse exstirpiert (CAMUS und ROUSSY, HOUSSAY) und die Nieren entnervt wurden (vgl. OEHME). Da also ein D. i. von den nervösen Zentren aus unterhalten werden kann, obwohl die nervöse Verbindung zur Niere unterbrochen und der hormonale Weg über die Hypophyse ausgeschaltet ist, so könne sich, wie BAILEY und BREMER annehmen, der krankhafte Einfluß der betreffenden Nervenzentren bloß auf die Gewebe im VEILschen Sinne geltend machen. Doch dem ist nicht so. Die Autoren selbst betonen ja, und CURTIS hat das bestätigt, daß beim experimentell erzeugten D. i. die Polydipsie häufig das primäre Symptom zu sein pflegt, dem die Polyurie erst nachfolgt. Wenn also im Tierversuch ein Insipidus vom Typus unserer dritten Kategorie (primäre Polydipsie) erzeugt wird, dann entfällt die Berechtigung der BAILEY-BREMERschen Argumentation.

Hinsichtlich des primären Sitzes der funktionellen Störung beim D. i. ist dessen zentral-nervöse Auslösbarkeit als vollkommen erwiesen anzusehen. Strittig und, wie wir sehen werden, mit Recht angezweifelt ist der hypophysäre Ursprung eines D. i., sehr wahrscheinlich ist dagegen eine autochthon-renale Form von D. i., die unabhängig von Einflüssen der nervösen Zentren die Arbeitsweise der Nieren betrifft.

1. **Der zentral-nervöse Ursprung des D. i.** ist nicht nur durch die zahlreichen experimentellen Forschungen der letzten Jahre sichergestellt, er läßt sich auch in einer nicht geringen Anzahl von Krankheitsfällen anatomisch begründen, in welchen eine Läsion gerade jener Hirnabschnitte vorliegt, deren experimentelle Schädigung beim Tier D. i. erzeugt. Tumoren der Hirnbasis, basale meningoencephalitische luetische Prozesse, Tuberkel u. dgl. sind da infolge ihrer häufig unberechenbaren Nachbarschaftswirkungen (Hypophyse) wenig beweisend, es gibt aber Fälle, in denen sich die entzündlichen Vorgänge einer epidemischen Encephalitis gerade auf diese Zentren erstrecken[1]). In dem Falle M. MEYERs entsprach z. B. dem D. i. eine nur auf die Corpora mamillaria begrenzte Encephalitis. Schon die verhältnismäßig große Ausdehnung der Zentren, von welchen ein Insipidus ausgelöst werden kann, spricht eigentlich dafür, daß es sich da keineswegs um ganz einfache Verhältnisse handeln dürfte. Den im Tierversuch erzeugbaren Formen von Insipidus — primäre Polyurie und primäre Polydipsie — stehen in der klinischen Pathologie neben vollkommen analogen Fällen (BERINGER und GYÖRGY, HALL) auch solche aus der ersten Kategorie mit einer primär renalen Konzentrationsschwäche gegenüber, für welche ebenfalls der zentrale Ursprung kaum in Zweifel gezogen werden kann (Fälle von LICHTWITZ, A. WAGNER, MEYER und MEYER-BISCH und STÄMMLER).

---

[1]) BERINGER, K. u. P. GYÖRGY: Klin. Wochenschr. 1923. S. 1493 (Bd. 35, S. 344); HALL, G. W.: Americ. journ. of the med. sciences. Vol. 165. p. 551. 1923 (Bd. 29, S. 19); SIGNORELLI, E.: Arch. di patol. e clin. med. Vol. 2, p. 89. 1923 (Bd. 28, S. 206).

Es scheinen offenbar mehrere Zentren mit verschiedenen Teilfunktionen zu sein, welche alle räumlich dicht nebeneinander gelegen, auch funktionell zusammengehörige Aufgaben erfüllen, indem sie durch Beeinflussung der Konzentrationsfähigkeit der Niere — man denke an den JUNGMANN-MEYERschen Salzstich vom Boden des vierten Ventrikels aus —, der Wasserdiurese und des im Durstgefühl zum Ausdruck kommenden Flüssigkeitsbedürfnisses des Organismus die Durchspülungsgröße des Körpers regeln. Wie wir später hören werden, dürften diesen Zentren auch solche angegliedert sein, welche in den intermediären Wasser- und Salzstoffwechsel in den Geweben eingreifen, deren Schädigung aber andere Krankheitserscheinungen als die des D. i. zur Folge haben. Tierversuche UCKOS [1]) an Katzen sprechen dafür, daß wohl auch von übergeordneten corticalen Zentren aus ein D. i. zustande kommen kann, wie ich dies schon seinerzeit angenommen habe, da ja die Durstempfindung an irgendein corticales Zentrum geknüpft sein dürfte. Wir haben damals schon, um die enge Zusammengehörigkeit der einzelnen Formen und die gelegentliche psychogene Entstehung eines D. i. verständlich zu machen, in Analogie mit anderen zentral-nervösen Mechanismen angenommen, es könnten offenbar primär funktionelle Alterationen dieses corticalen Durstzentrums automatisch gleichsinnige Änderungen der Arbeitsweise auch der subcorticalen „Diuresezentren" veranlassen, was natürlich eine Differenzierung der primären Störung später außerordentlich erschwert. Eine wertvolle Stütze für unsere Annahme brachten die interessanten Hypnoseversuche von MARX [2]).

2. Die hypophysäre Theorie des D. i. stützt sich einerseits auf die anatomischen Befunde bei gewissen Fällen von D. i. und andererseits auf den geradezu wunderbaren therapeutischen Effekt des Intermedia- und Hinterlappenextraktes der Hypophyse in den meisten Fällen von D. i. Nachdem schon seit langem das nicht seltene Vorkommen von D. i. bei Geschwülsten der Hypophyse und der Hirnbasis bekannt gewesen war, zog E. FRANK auf Grund eines bemerkenswerten Falles von Schußverletzung der Hypophysengegend die damals (1910) gerechtfertigte Schlußfolgerung, der D. i. beruhe auf einer Überfunktion des durch das Projektil gereizten Hirnanhangs. Nun hat aber insbesondere LESCHKE [3]) darauf hingewiesen, daß die zahlreich vorliegenden anatomischen Befunde bei Fällen von D. i. keineswegs für einen hypophysären Ursprung beweisend sind, da durchwegs eine Beteiligung der suprahypophysären basalen Hirnzentren anzunehmen sei. Das gleiche gilt nach der vorliegenden Beschreibung auch für die von v. HANN [4]) und von NEUBÜRGER [5]) beschriebenen Fälle, welche v. HANN zu einer vielfach zitierten und anerkannten, sonderbaren Theorie verleiteten, auf die wir weiter unten zu sprechen kommen. Tuberkulose der Hypophyse mit Beteiligung der Meningen oder carcinomatöse Metastasen im Hypophysenstiel wie in den Fällen der zitierten Autoren sind ohne histologische Untersuchung der basalen Nervenzentren kein Beweis für die hypophysäre Genese des D. i. Im übrigen erkennt auch der strengste Verfechter der hypophysären Insipidustheorie, E. FRANK, an, daß die pathologisch-anatomischen Befunde

---

[1]) UCKO, H.: Zeitschr. f. d. ges. exp. Med. Bd. 36, S. 211. 1923 (Bd. 32, S. 170).
[2]) MARX, H.: Klin. Wochenschr. 1926. S. 92 (Bd. 44, S. 212).
[3]) LESCHKE, E.: Zeitschr. f. klin. Med. Bd. 87. 1919.
[4]) v. HANN, F.: Frankfurt. Zeitschr. f. Pathol. Bd. 21, S. 337. 1918.
[5]) NEUBÜRGER, K.: Berlin. klin. Wochenschr. 1920. Nr. 1, S. 10.

als Beweise dieser Theorie ungeeignet sind. Nur MARAÑON [1]) berichtet von einem Insipidusfall, bei dem nur eine Blutung im Hinterlappen ohne Beteiligung der Zentren vorgelegen haben soll.

Viel schwerwiegender ist diesbezüglich das zweite Argument. Wer jemals die zuerst im Jahre 1913 von VON DEN VELDEN entdeckte verblüffende Wirkung des Hypophysenextraktes bei Insipiduskranken gesehen hat, wer beobachten konnte, wie die durch keinerlei andere Maßnahmen — von der Novasurolwirkung abgesehen — beeinflußbare Harnflut sistiert, der kann sich in der Tat dem Eindruck schwer entziehen, daß hier eine spezifische Wirkung vorliegt, die auf die hypophysäre Pathogenese des Leidens hinweist. Es ist begreiflich, wenn FRANK angesichts dieser Tatsache meint, es hieße den Wald vor lauter Bäumen nicht sehen, wollte man aus dieser frappanten Wirkung des Hypophysenextraktes keine Schlußfolgerung auf die Pathogenese des D. i. ziehen (vgl auch SCHIFF). Die auf der Hand liegende Schlußfolgerung hat man ja auch alsbald gezogen und angenommen, der D. i. sei die Folge einer Unterfunktion des Zwischen- und Hinterlappens der Hypophyse. Gegen diese auch heute von einer Reihe von Autoren vertretene Theorie lassen sich folgende Einwände erheben:

a) Die Pituitrinwirkung ist nicht bei allen Fällen von D. i. zu beobachten. Nach ENGELBACH und TIERNEY wäre sie nur bei etwa der Hälfte der Fälle zu erwarten. Sie kann bei Insipiduskranken fehlen, bei welchen eine Hypophysenschädigung anatomisch sichergestellt erscheint [2]), und sie kann vorhanden sein, wo für eine Hypophysenaffektion sonst kein Anhaltspunkt vorliegt.

b) Die diuresehemmende Wirkung des Pituitrins ist nicht nur bei Insipiduskranken, sondern auch unter anderen Umständen zu beobachten [3]), trägt also keinen spezifischen Charakter. Zunächst läßt sie sich — und zwar besonders schön durch die Beeinflussung des VOLHARDschen Trinkversuches — auch beim Gesunden anschaulich machen. Dann aber konnte LHERMITTE [4]) auch in manchen Fällen von Schrumpfniere dieselbe Wirkung wie beim Insipidus feststellen, wenngleich sie in der Mehrzahl der Fälle von Polyurie durch Schrumpfniere, sowie durch Diabetes mellitus oder Ödemkrankheit fehlt (LESCHKE, EISNER, SCHIFF, eigene Erfahrungen).

c) Ich konnte mit BERTA ASCHNER zeigen, daß in einem typischen Insipidusfall Novasurol eine noch weit stärkere diuresehemmende Wirkung entfaltete als Pituitrin, ein Effekt, der sich aus den pharmakodynamischen Eigenschaften des Mittels erklärt. Es ist also trotz der schwerwiegenden Verdachtsmomente aus der Pituitrinwirkung nicht einfach der Schluß abzuleiten, es handle sich um eine Substitutionstherapie, der D. i. beruhe auf einem Mangel an Hypophysenhormon. Die diuresehemmende Eigenschaft des Pituitrins, von deren Mechanismus weiter unten noch die Rede sein soll, macht sich nur bei Fällen von D. i. in besonders eklatanter Weise geltend.

d) Es gibt Fälle von totaler Zerstörung der Hypophyse ohne die Erscheinungen eines D. i., ja man kann gelegentlich Fälle von Tumoren der Hypophysengegend

[1]) MARAÑON, G.: Dtsch. Arch. f. klin. Med. Bd. 151, S. 129. 1926 (Bd. 43, S. 784).
[2]) Vgl. ENGELBACH u. TIERNEY: In Tices Practice of medicine; ROUSSY, G.: Rev. neurol. Tom. 38, p. 770. 1922; MEYER, E. u. R. MEYER-BISCH: Klin. Wochenschr. 1924. S. 1796.
[3]) Vgl. ABEL, J.: Bull. of the Johns Hopkins Hospit. Vol. 35, Nr. 404, p. 319. 1924.
[4]) LHERMITTE, J.: Rev. neurol. Tom. 38, p. 761. 1922.

beobachten, in denen ein vorhandener D. i. mit dem Fortschreiten des Tumorwachstums wieder verschwindet. Dieses Faktum hat man auf zweierlei Weise mit der hypophysären Theorie des D. i. in Einklang zu bringen versucht. v. HANN meinte auf Grund des Studiums der vorliegenden Kasuistik, zum Zustandekommen eines D. i. sei der Vorderlappen notwendig: Der Vorderlappen produziere ein diureseförderndes, der Hinterlappen ein diuresehemmendes Hormon. Wird neben dem Hinterlappen auch der Vorderlappen zerstört, dann könne kein Insipidus mehr zustande kommen. Es ist sonderbar, daß diese den Ergebnissen der physiologischen Forschungen nicht Rechnung tragende Hypothese ernste Anhänger finden konnte (NEUBÜRGER, SCHIFF u. a.). Die von v. HANN hervorgehobene Tatsache, daß mit fortschreitendem Tumorwachstum und Destruktion des Vorderlappens ein D. i. wieder schwinden kann, dürfte sich weit eher in der Weise erklären, daß durch einen solchen Tumor auch die basalen Nervenzentren in ausgedehnterem Maße destruiert werden, und sei es durch eine qualitative Änderung ihrer Arbeitsweise oder durch Interferenz mehrerer, hintereinander ergriffener, zueinander antagonistisch eingestellter Zentren die Erscheinungen des D. i. schwinden. Das Maßgebende für das Verschwinden des D. i. ist offenbar nicht die Destruktion des Vorderlappens, sondern die fortschreitende Destruktion der basalen Zentren.

Daß wirklich die Zentrenwirkung und nicht die Schädigung der Hypophysenfunktion für das Entstehen eines D. i. verantwortlich ist, zeigt die Gegenüberstellung zweier Fälle mit Zerstörung des Vorderlappens und intaktem Hinterlappen: Im Falle von MONAKOW [1]) vasculär bedingte hochgradige Atrophie — kein D. i., im Falle LAUNOIS-CLERET Basophilzellenadenom der Hypophyse mit Erweiterung des Türkensattels — D. i.

Ebensowenig gestützt erscheint E. FRANKs neueste Parasekretionstheorie, die annimmt, das Hormon der „Infundibulardrüse" (Pars intermedia + tuberalis) wirke zwar, wenn es auf physiologischem Wege durch das Infundibulum in den Liquor des III. Ventrikels gelangt, diuresehemmend, es wirke aber diuretisch und erzeuge D. i., wenn es an der Abgabe in den dritten Ventrikel verhindert, „stoßweise unmittelbar in die Blutbahn abgegeben wird". Hierbei wird der Pars tuberalis eine Funktion zugesprochen, für die keinerlei Beweis vorliegt, und auch FRANKs auf diese Annahme gestützte Deutung der zahlreichen Tierexperimente mit Erzeugung eines D. i. von den basalen Nervenzentren aus entbehrt der Wahrscheinlichkeit. Im Falle von E. MEYER und MEYER-BISCH war überdies die Hypophyse in ihrem infundibularen Anteil vollkommen zerstört und doch war ein D. i. vorhanden, eine Tatsache, die mit FRANKs Parasekretionstheorie unvereinbar erscheint.

Ein Kompromiß zwischen der zentral-nervösen und der hypophysären Theorie stellt die Auffassung BIEDLs dar, der in Analogie mit dem Mechanismus der FRÖHLICHschen Dystrophie annimmt, der Hypophysenzwischenlappen produziere ein Hormon, das auf kürzestem Lymphwege an die regulatorischen Zentren der Hirnbasis gelange und sie gewissermaßen tonisiere. Primäre Läsion der Zentren wie deren mangelhafte Tonisierung durch das Intermediahormon könnten also einen D. i. hervorrufen. ZONDEK, SCHIFF, PENDE, MOTZFELD [2])

---

[1]) MONAKOW, P. v.: Schweiz. Arch. f. Neurol. u. Psychiatrie. Bd. 8, S. 200. 1921.
[2]) MOTZFELD, K.: Norsk magaz. f. laegevidenskaben. Bd. 85, Beih. 9, S. 1. 1924 (Bd. **38**, S. 229).

u. a. teilen diese Anschauung. Für sie könnte die Beobachtung von MOLITOR und PICK [1]) sprechen, daß intralumbal schon kleinere Dosen des Extraktes wirksam sind als subcutan. Gegen sie ist anzuführen, daß einerseits C. und M. OEHME den Nachweis erbracht haben, daß das Hypophyseninkret seine Nierenwirkung nicht via nervöse Zentralapparate, sondern unmittelbar auf dem Blutwege entfaltet und daß andererseits ein stringenter Beweis für die hypophysäre Genese eines D. i. noch nie erbracht wurde. Da der diuresehemmende Effekt des Hypophysenextraktes auch nach Durchschneidung des Halsmarkes unverändert bestehen bleibt (JANSSEN [2])), so spricht auch diese Feststellung gegen die BIEDLsche Theorie. Immerhin kann man der eklatanten Wirkung des Hypophysenhormons beim D. i. Rechnung tragen, und muß sie nicht gewissermaßen als bloßen pharmakodynamischen Zufall ansehen, wie dies CAMUS und ROUSSY, BAILEY und BREMER u. a. tun, und kann dabei auch allen übrigen Tatsachen gerecht werden.

Ich habe mit BERTA ASCHNER seinerzeit schon die Anschauung vertreten, die Pituitrinwirkung sei kein bloßes Spiel der Natur, sondern ordne sich in das organische Gefüge der die Diurese beherrschenden Mechanismen befriedigend ein. Es ist gewiß unwahrscheinlich, daß der Organismus die mächtige Wirkung des Hypophysenhormons auf die Diurese nicht verwerten, nicht brauchen sollte. Sie stellt aber offenbar nur einen von mehreren Sicherungsfaktoren dar, welche über den Wasser-Salzstoffwechsel, über die Durchspülungsgröße des Organismus zu wachen haben. Den einen von diesen Sicherungsfaktoren haben wir in den Nervenzentren am Boden des dritten Ventrikels kennengelernt, der andere ist in der autochthonen Beschaffenheit der Niere selbst zu suchen, die, selbst wenn sie entnervt oder an andere Stelle transplantiert und beispielsweise an die Milzgefäße angeschlossen wird, über einen verhältnismäßig hohen Grad von Adaptationsfähigkeit (Konzentrations- und Diluierungsvermögen) verfügt (LOBENHOFFER). Wenn also auch schwer zu leugnen ist, daß dem so ungemein wirkungsvollen Hypophysenhormon im Wasserhaushalt des Organismus eine physiologische Bedeutung zukommt, so muß doch andererseits bezweifelt werden, daß durch den Ausfall dieses Hormons allein, also bei intakter Funktion der übrigen beiden Sicherungen ein D. i. entstehen kann.

Wie eigentlich das Pituitrin in den Wasser-Salzhaushalt des Organismus eingreift, ist vorderhand noch recht umstritten und soll weiter unten noch zur Sprache kommen.

3. Die autochthon-renale Form des D. i. Ich habe auf Grund des soeben angeführten Prinzips der mehrfachen Sicherungen und mit Rücksicht auf eine bestimmte Gruppe rein konstitutioneller, heredofamiliärer Fälle von D. i. die Ansicht ausgesprochen, es dürfte in gewissen Fällen ein D. i. auch in der Weise zustande kommen, daß unabhängig von nervösen und hormonalen Einflüssen die Niere solcher Menschen selbst gewissermaßen auf ein anderes Niveau eingestellt ist und unter gewöhnlichen Verhältnissen so arbeitet wie die Niere eines Normalen unter dem Einfluß eines besonderen Reizes (von seiten der nervösen Zentren, nach abundanter Flüssigkeitsaufnahme). Wie alle morphologischen und funktionellen Merkmale, so muß auch die physiologische Durchspülungsgröße des Organismus und die habituelle, sie wesentlich mit-

---

[1]) MOLITOR, H. u. E. PICK: Arch. f. exp. Pathol. u. Pharmakol. Bd. 112, S. 113. 1926.
[2]) JANSSEN: Klin. Wochenschr. 1926. S. 1252.

bestimmende Konzentrationsgröße der Nieren um einen Mittelwert herum variieren. Wenn die Mehrzahl der gesunden Menschen die Elimination der harnfähigen Stoffwechselschlacken durch Produktion eines Harnes von einer bestimmten, zeitlich natürlich wechselnden Durchschnittskonzentration besorgt, so gibt es entsprechend der überall herrschenden Variabilität Extremvarianten auch in bezug auf diese Durchschnittskonzentration. Ist die Niere normalerweise, sagen wir auf ein spezifisches Durchschnittsgewicht des Harns von 1016 eingestellt, so gibt es offenbar auch gesunde Leute, deren spezifisches Durchschnittsgewicht 1026 und solche, bei denen es 1006 beträgt. Von der ersteren Gruppe werden wir später noch sprechen — es sind Individuen mit konstitutioneller Oligurie —, die letztere repräsentiert die autochthon-renale Form eines D. i. Es ist klar, daß sich einer primär renalen Anomalie dieser Art der übrige Organismus anpaßt, ganz wie wir es oben des Näheren erörtert haben. Das Bedürfnis nach Wasseraufnahme, also das Durstgefühl, die intermediären Austauschvorgänge, all das stellt sich auf das von der Niere diktierte Niveau ein. In solchen Fällen von Polyurie-Polydipsie, welche Generationen hindurch eine bekannte Familieneigentümlichkeit darstellen können, von frühester Jugend bis ins höchste Alter bestehen bleiben, ohne eigentlich die Gesundheit und das Wohlbefinden ihrer Träger zu beeinträchtigen, in solchen Fällen, wo der D. i. keine Krankheit im wahren Sinne des Wortes, sondern eine Konstitutionsanomalie darstellt, da fällt es schwer, eine andere als die von uns vertretene autochthon-renale Genese anzuerkennen, dies um so mehr, als wir die Existenz eines solchen Zustandes geradezu voraussetzen und ihn suchen müßten, würde er sich uns nicht genau wie sein Gegenstück, die konstitutionelle Oligurie, in so einfacher Weise präsentieren. Der konstitutionelle D. i. hat in den bisher bekannt gewordenen Familien einen dominanten Erbgang [1]). Am bekanntesten ist die von WEIL Vater und Sohn durch fünf Generationen verfolgte Familie, in der der D. i. schon im Säuglingsalter manifest zu werden pflegte und bei einem der Mitglieder bis zum 92. Lebensjahr unverändert fortbestand. Meiner Auffassung von der Natur und Genese dieser hereditären Form von D. i. hat sich auch PENDE [2]) angeschlossen. VEIL hat sie ohne zureichende Begründung abgelehnt.

In bezug auf die Ätiologie können wir einen symptomatischen von einem idiopathischen D. i. unterscheiden. Von einem symptomatischen D. i. sprechen wir dann, wenn er sich als Herdsymptom im Verlaufe einer organischen Affektion an der Hirnbasis einstellt. Am häufigsten wird es sich da wohl um Tumoren der Hypophyse, insbesondere um extrasellar wuchernde Hypophysengangtumoren handeln. Sehr charakteristisch sind die Fälle von D. i., welche durch eine Carcinommetastase im Hinterlappen der Hypophyse und im Infundibulum hervorgerufen sind (SIMMONDS). Entwickelt sich im Laufe eines Krebsleidens ein D. i., so darf man mit größter Wahrscheinlichkeit eine solche Metastase annehmen. Eine besondere Rarität dieser Art konnte ich einmal beobachten. Es handelte sich um einen plötzlich entstandenen D. i. bei einer Dame, die vor vielen Jahren eine Nephrektomie durchgemacht hatte, vor zwei Jahren wegen eines Uteruscarcinoms operiert worden

---

[1]) Vgl. JUST, G.: Arch. f. Rassen- u. Gesellschaftsbiol. Bd. 16, S. 312; GÄNSSLEN u. FRITZ: Klin. Wochenschr. 1924. Nr. 1, S. 22.

[2]) PENDE, N.: Endocrinologia. 3. ed. F. Vallardi 1923—1924.

war und nun auch ein lokales Rezidiv aufwies. Eine Carcinommetastase im Infundibulum hatte offenbar bei der Frau, die nur eine Niere besaß, zum Insipidus geführt. Nächst den Tumoren ist wohl die häufigste Ursache der symptomatischen Formen von D. i. eine an der Hirnbasis lokalisierte luische Meningitis bzw. Meningoencephalitis. Es ist gleichzeitig die praktisch wichtigste Form von D. i., weil sie einer kausalen Therapie zugänglich ist. Tuberkulöse Prozesse an der Hirnbasis, eine epidemische Encephalitis, Schußverletzungen, Blutungen, Erweichungsprozesse können bei entsprechender Lokalisation zu einem D. i. Veranlassung geben. Ich konnte einen Fall von Lymphogranulomatose beobachten, bei dem sich in weit vorgeschrittenem Stadium neben einer Pyramidenläsion und einer peripheren Hypoglossusparese ganz plötzlich ein D. i. entwickelte. Die Autopsie bestätigte die Diagnose: lymphogranulomatöse Wucherungen an der Hirnbasis mit Beteiligung der Hypophysengegend.

Von einem idiopathischen D. i. sprechen wir dann, wenn er als selbständiges Leiden, nicht als lokale Begleiterscheinung einer anderen Grundkrankheit auftritt. Als Ursache solcher idiopathischer Fälle kommen in Betracht eine besondere konstitutionelle Veranlagung bei den oben näher erörterten familiären Formen von D. i. sowie alle jene Momente, welche geeignet sind, die Funktion der basalen „Wasser-Salzzentren" zu alterieren. Nicht ganz vereinzelt findet man mehr minder intensive Traumen in der Anamnese verzeichnet, die dem Ausbruch des Leidens unmittelbar vorangingen. Es ist wohl denkbar, daß eine kommotionelle Schädigung, wenn sie zu vorübergehender Glykosurie führen kann, bei entsprechend labiler Reaktionsweise der Zentren auch einen D. i. auszulösen vermag. Psychogenie und Angewöhnung an ein übermäßiges, inadäquat ausgelöstes Durstgefühl ist sicherlich einer der häufigsten Mechanismen. Eine besondere konstitutionelle Veranlagung, einerseits in bezug auf den Ablauf psychischer Funktionen, andererseits in bezug auf eine besondere Labilität der betreffenden basalen Nervenzentren ist wohl eine unerläßliche Voraussetzung für die Entstehung solcher Fälle. Es ist anzunehmen, daß bei gegebener Disposition gelegentlich auch von seiten des innersekretorischen Systems der Funke in das Pulverfaß fliegen und ein D. i. zur Auslösung gebracht werden kann. So sah UMBER[1]) einen D. i. gleichzeitig mit der Entwicklung eines doppelseitigen Ovarialtumors entstehen und nach dessen Exstirpation wieder verschwinden. Es kann eben alles, was die Erregbarkeit des vegetativen Nervensystems und seiner Zentren irgendwie beeinflußt, bei vorhandener Krankheitsbereitschaft zum auslösenden Moment eines D. i. werden.

Die Prognose des symptomatischen D. i. richtet sich natürlich nach dem Grundleiden, die des idiopathischen D. i. ist quoad vitam durchaus günstig, quoad sanationem je nach dem pathogenetischen Mechanismus wechselnd. Die rein konstitutionell-familiären Fälle scheinen auf die Dauer einer Therapie unzugänglich zu sein, die psychogenen und durch Angewöhnung entstandenen Fälle sind mehr oder minder leicht heilbar. Die nichtpsychogen und nicht durch Angewöhnung entstandenen funktionell-nervösen Formen geben wohl stets eine schlechte Prognose. Die Tatsache, daß jahrzehntelanges Bestehen eines D. i. mit enormer Durchspülungsgröße des Organismus keinerlei nachteilige

---

[1]) UMBER, F.: Münch. med. Wochenschr. 1925. S. 525.

Folgen für den Zirkulationsapparat mit sich bringt, verdient, nebenbei bemerkt, auch vom Gesichtspunkt der Ätiologie und Therapie des arteriellen Hochdrucks volle Beachtung.

Die Therapie des D. i. hat wieder zwischen symptomatischem und idiopathischem D. i. zu unterscheiden. Bei der erstgenannten Form wird sie in erster Linie durch das Grundleiden bestimmt. Daß der D. i. an sich keine Indikation zur operativen Therapie eines Tumors der Hypophysengegend abgibt, bedarf kaum besonderer Hervorhebung. Wichtig ist die auch von mir beobachtete Tatsache, daß bei gewissen, auf einem luischen Prozeß der Hirnbasis beruhenden Fällen von D. i. eine spezifische Behandlung den D. i. zum Verschwinden bringen kann.

Was nun die idiopathischen Fälle sowie die symptomatische Behandlung auch aller übrigen Fälle von D. i. anlangt, so verfügen wir über folgende therapeutische Maßnahmen. Die von TALLQUIST eingeführte diätetische Behandlung mit Einschränkung der Salz-, weniger auch der Eiweißzufuhr wird als Kompensations- und Schonungstherapie in jenen Fällen Erfolg bringen, in welchen der D. i. auf einer primären Konzentrationsschwäche der Niere, vor allem für NaCl beruht. Wie wir schon oben gehört haben, kann bei dieser Behandlung aus einem manifesten ein latenter D. i. werden. Obwohl in anderen Fällen von D. i. mit zwangläufiger Polyurie die diätetische Therapie allein niemals zur Beseitigung der krankhaften Erscheinungen ausreichen kann, so lassen sich doch immerhin auch da Besserungen erzielen[1]), und es wird sich empfehlen, eine kohlenhydrat- und fettreiche, eiweißarme und vor allem NaCl-arme Kost zunächst in allen Fällen von D. i. zu versuchen.

Eine entsprechende Psychotherapie mit oder ohne Zuhilfenahme suggestiver Maßnahmen sowie ein systematischer Entwöhnungsversuch wird nur bei der oben näher gekennzeichneten Kategorie von Fällen Erfolg bringen. Es kann aber kein Zweifel darüber herrschen, daß die Psychogenie und suggestive Beeinflußbarkeit mancher Fälle nicht ohne weiteres zu erkennen ist und erst durch geschickt angeordnete Suggestivmaßnahmen und Kniffe nach jahrelangem Bestande des Leidens aufgedeckt werden kann. So erwies sich in einem Falle von R. BAUER der unbemerkte Ersatz des Hypophysenextraktes durch physiologische NaCl-Lösung als gleich wirksam. Hier hatte die wunderbare Wirkung des Pituitrins auf die Harnflut zur Einleitung der Suggestionstherapie einen ausgezeichneten Dienst geleistet. Im übrigen ist wohl auch in anderen Fällen, wo durch Behandlung mit Hypophysenextrakten ein Dauererfolg erzielt worden sein soll, eine Suggestivwirkung anzunehmen[2]).

Der Pituitrineffekt ist nämlich beim D. i. nur von mehrstündiger Wirkung, und will man einen D. i., der auf Hypophysenextrakte anspricht, ständig unter dessen Einfluß halten, dann muß man mindestens zweimal, wenn nicht dreimal in 24 Stunden die Pituitrindosen wiederholen. Eine kausale Substitutionstherapie stellt die Behandlung mit Hypophysenextrakten keinesfalls dar. Art und Mechanismus seiner diuresehemmenden Wirkung ist uns vielfach noch unklar, nur das dürfen wir wohl als gesichert ansehen, daß die frappante Wirkung

---

[1]) ALLEN, F. M. a. J. W. SHERRILL: Journ. of metabolic research. Vol. 3, p. 479. 1923 (Bd. 32, S. 427).

[2]) DENÉCHAU, D. et J. MANDROUX: Bull. et mém. de la soc. méd. des hôp. de Paris. Tom. 40, Nr. 14, p. 564. 1924 (Bd. 35, S. 300); Vgl. auch BAUER, R.: l. c.; MARX, H. l. c.

beim D. i. ohne eine primäre „Nierensperre", also eine renale Funktionsänderung, nicht zu erklären ist. Die zuerst von VEIL, dann von E. MEYER und MEYER-BISCH und nun auch von MOLITOR und PICK [1]) sowie SCHIFF vertretene Anschauung, die Gewebe des Insipiduskranken erhielten durch das Hypophysenhormon die ihnen abhanden gekommene Fähigkeit wieder, Wasser zu binden und festzuhalten, haben OEHME und dann ich schon seinerzeit aus mehrfachen Gründen abgelehnt (vgl. BAUER und ASCHNER[2])). Die meisten Autoren haben sich meiner Auffassung angeschlossen (DIENA [3]), WEIR [4]), MOTZFELD, KLEIN[5]), MACKENSIE [6]), SIEBECK [7]), STEHLE und BOURNE [8]), F. MIURA [9]), WEISS und TELBISZ [10]) vgl. auch S. 70), und namentlich die Untersuchungen der letztgenannten Autoren zeigen in analoger Weise wie unsere seinerzeitigen eigenen Befunde deutlich, daß von einer gesteigerten Wasserbindungsfähigkeit der Gewebe unter Pituitrinwirkung schwerlich die Rede sein kann. Sie fanden nämlich, daß subcutan injizierte isotonische NaJ-Lösung sowohl bei Normalen wie bei Insipiduskranken unter Pituitrineinfluß schneller resorbiert und durch den Speichel ausgeschieden wird als ohne Pituitrin.

Wenn also die therapeutische Insipiduswirkung des Pituitrins sicher mit dessen renalen Angriffspunkten erklärt werden muß, so sollen damit keineswegs extrarenale Wirkungen des Pituitrins mit Beeinflussung der Blutkonzentration und Blutzusammensetzung in Abrede gestellt werden [11]), mit dem mächtigen diurese- und dursthemmenden Effekt bei D. i. haben sie aber nichts zu tun. Bei fortgesetzter Zufuhr großer Flüssigkeitsmengen während einer Pituitrinsperre der Nieren eines Insipiduskranken konnte WEIR sogar Ödeme auftreten sehen (vgl. ROWNTREEs Wasservergiftung).

Wie die Nierensperre durch Hypophysenextrakte zustande kommt, wissen wir nicht. Daß es kaum durch die bloße Zunahme des Gefäßtonus geschehen dürfte (MOTZFELD im Anschluß an eine alte NOTHNAGELsche Lehre), ist mehr als wahrscheinlich. Die Dichtung der Capillaren durch das Hypophysenhormon [12]) mag das längere Verweilen in die Blutbahn injizierter Substanzen in dieser (SAXL und DONATH) erklären, für das Verständnis der Nierenwirkung reicht sie nicht aus, sind wir doch noch gar nicht in der Lage vorauszusehen, in welchen Fällen von D. i. das Hypophysenhormon seine überraschende Wirkung entfalten und in welchen es vollkommen versagen wird. Die Angabe VEILs, Hypophysenextrakt sei nur in Fällen von hyperchlorämischem, nicht aber bei hypochlorämischem D. i. wirksam, trifft ebensowenig zu (UMBER, FRANK, eigene

---

[1]) Vgl. auch PICK, E. P.: Wien. med. Wochenschr. 1924. S. 334.
[2]) BAUER J. und B. ASCHNER: Wien. Arch. f. inn. Med. Bd. 1, 297. 1920.
[3]) DIENA, G.: Arch. per le scienze med. Vol. 46, Nr. 7. 1923.
[4]) WEIR, J. F.: Arch. of internal med. Vol. 32, p. 617. 1923 (Bd. 33, S. 237).
[5]) KLEIN, O.: Zeitschr. f. klin. Med. Bd. 100, S. 458. 1924 (Bd. 38, S. 442).
[6]) MACKENSIE, W. G.: Journ. of pharmacol. a. exp. therapeut. Vol. 24, p. 83. 1924 (Bd. 38, S. 639).
[7]) SIEBECK, R. Physiol. d. Wasserhaushaltes. Handb. d. norm. u. pathol. Physiol. Bd. 17, Berlin: Julius Springer 1926.
[8]) STEHLE, R. L. u. W. BOURNE: Journ. of physiol. Vol. 60, p. 229. 1925 (Bd. 42, S. 271).
[9]) MIURA, F.: Arch. f. exp. Pathol. u. Pharmakol. Bd. 107, S. 1. 1925 (Bd. 43, S. 160).
[10]) WEISS, ST. u. A. TELBISZ: Wien. Arch. f. inn. Med. Bd. 10, S. 401. 1925 (Bd. 40, S. 759).
[11]) BAUER, J. u. B. ASCHNER: Zeitschr. f. d. ges. exp. Med. Bd. 27, S. 191. 1922; DIENA, G.: l. c.; FRANK, E.: l. c.; SAXL, P. u. F. DONATH: Klin. Wochenschr. 1925. S. 1866.
[12]) PICK, E. P.: Wien. med. Wochenschr. 1924. S. 334.

Erfahrung), wie jene MOLITOR und PICKs [1]), das Pituitrin sei in Fällen primärer NaCl-Konzentrationsstörung der Niere unwirksam. E. MEYER und MEYER-BISCH [2]) bemerken sogar, das Pituitrin könne gelegentlich die NaCl-Konzentration im Harn steigern, ohne die Diurese zu beeinflussen. VEIL [3]) selbst hat übrigens in jüngster Zeit einen hypochlorämischen Diabetes insipidus mitgeteilt, in dem Hypophysenextrakt eine ausgesprochene Wirkung zeigte. Wir können nur feststellen, daß Hypophysenextrakt bei Fällen von D. i. manchmal die Harnflut und das Durstgefühl ganz unbeeinflußt läßt, manchmal nur die Wasserdiurese hemmt (DIENA), manchmal zugleich die NaCl-Konzentration im Harn erheblich steigert und manchmal nur diese letztere Wirkung hervorbringt, ohne daß wir die Verschiedenheiten der Wirkung des Hypophysenextraktes mit Verschiedenheiten des D. i. in bezug auf pathogenetischen Mechanismus, primären Sitz der funktionellen Störung oder Ätiologie in irgendeinen Zusammenhang zu bringen imstande wären. Daß man schließlich dort, wo etwa eine momentane Wirkung des Hypophysenextraktes auf das Durstgefühl in die Augen springt (z. B. in einem Falle VEILs [4])), in der Beurteilung sehr vorsichtig sein und an suggestive Einwirkung denken muß, hat R. BAUER gezeigt.

Wir wissen nur, daß auch die Wirkung des Hypophysenextraktes auf Diurese und Flüssigkeitsbedürfnis vom Ionenmilieu mit abhängt, daß es z. B. beim Normalen im VOLHARDschen Wasserversuch diuresehemmend wirkt, wenn aber statt Wasser eine NaCl-Lösung getrunken wird, die Diurese sogar steigert (BRUNN, STEUDING [5])), und wir wissen, daß auch die Funktionen des Großhirns den Diureseeffekt des Hypophysenextraktes beeinflussen können (MOLITOR und PICK [6]), CRAIG); über weitere Einzelheiten sind wir noch vollständig im unklaren. Immerhin wird man in Fällen von D. i., in welchen Hypophysenextrakt die Harnflut hemmt, wenigstens zeitweilig diese symptomatische Wirkung therapeutisch auszunützen versuchen und eventuell als wichtiges Unterstützungsmittel einer psychischen Therapie in Verwendung ziehen. Die Hypophysenpräparate sind subcutan oder intramuskulär zu injizieren, peroral verabreicht sind sie unwirksam, dagegen soll sich auch eine nasale [7]) oder rectale [8]) Zufuhr bewähren. Intravenöse Applikation bietet keinerlei Vorteile und ist daher zu vermeiden.

Das Novasurol, welches die Harnflut eines D. i. noch stärker hemmen kann als Hypophysenextrakt und dessen Wirkung länger anhält, wird zur Behandlung eines D. i. höchstens gelegentlich zur Unterstützung einer Suggestions- bzw. Entwöhnungstherapie herangezogen werden können, da seine fortgesetzte Anwendung im Gegensatz zu Hypophysenpräparaten nicht harmlos genug ist. In letzter Zeit hat allerdings HITZENBERGER [9]) auch von peroralem Gebrauch des Novasurol Nutzen gesehen. Er gibt einmal wöchentlich in einem halbstündigen Intervall 0,2 g Novasurol in Geloduratkapseln.

---

[1]) MOLITOR, H. u. E. P. PICK: Arch. f. exp. Pathol. u. Pharmakol. Bd. 101, S. 188. 1924.

[2]) Zeitschr. f. klin. Med. Bd. 96, S. 478.

[3]) VEIL, W. H.: Dtsch. Arch. f. klin. Med. Bd. 149, S. 289. 1925.

[4]) Ergebn. d. inn. Med. u. Kinderheilk. Bd. 23, S. 648. 1923.

[5]) Vgl. FRANK, E.: Klin. Wochenschr. 1924. S. 896.

[6]) MOLITOR, H. u. E. P. PICK: Arch. f. exp. Pathol. u. Pharmakol. Bd. 107. 1925.

[7]) ALLEN, F. M. a. J. W. SHERILL: l. c.

[8]) WEIL: Wien. klin. Wochenschr. 1925. Nr. 40, S. 1085.

[9]) HITZENBERGER, K. u. L. KAUFTHEIL: Wien. klin. Wochenschr. 1926. Nr. 47, S. 1365.

Auch durch **Fiebertherapie** mittels parenteraler Milchinjektionen läßt sich eine vorübergehende Eindämmung der Harnflut erzielen[1]), weiß man ja seit langem, daß die Erscheinungen eines D. i. während einer interkurrenten fieberhaften Erkrankung vorübergehend zurücktreten, die Konzentration des Harnes steigen kann. Ich habe übrigens einen D. i. für immer schwinden sehen, als der Patient an einer Dysenterie erkrankte. Vielversprechend sind die Versuche VILLAS[2]) an einem Falle von D. i. Er konnte durch **Insulininjektionen** eine erhebliche Reduktion der Harnflut mit Anstieg der Harnkonzentration erzielen, die längere Zeit anhielt.

In der Beurteilung therapeutischer Maßnahmen beim D. i. kann man gar nicht vorsichtig genug sein, um nicht durch suggestive Einflüsse irregeführt zu werden. Dies gilt z. B. für die Erfolge, die mit dem dursthemmenden Cesol und Neucesol[3]), mit Urotropin, Röntgenbestrahlung der Hypophyse[4]) oder mit den alten Mitteln Opium, Valeriana u. a. erzielt werden. Wurde doch sogar die Behandlung des D. i. mit Hodenextrakten empfohlen, obwohl eine Änderung der Harnflut gar nicht festzustellen war[5]). In manchen Fällen von D. i. scheint die Lumbalpunktion eine günstige Wirkung auf die Harnflut ausüben zu können[6]), so in einem postencephalitischen Falle SIGNORELLIS[7]), der auf Pituitrin nicht ansprach, vielleicht überhaupt nur in Fällen mit erhöhtem Liquordruck. Jedenfalls sind aber solche Fälle selten[8]).

Anhang: Habituelle Oligurie[9]).

Es schien mir zweckmäßig, an dieser Stelle einige Worte über einen Zustand zu sagen, der der klinischen Erscheinungsform nach ein Gegenstück des D. i. darstellt, wiewohl sein Zusammenhang mit dem Blutdrüsensystem noch viel zweifelhafter ist. Es handelt sich um jene Individuen, die, ohne herz- oder nierenkrank zu sein, eine habituelle Oligurie aufweisen. Wir können der verschiedenen Pathogenese nach folgende Kategorien habitueller Oligurie auseinanderhalten:

1. Die **konstitutionelle, primär renale Oligurie**, wie ich sie im Jahre 1917 zuerst an 2 Fällen beschrieben habe[10]). Seither habe ich den Zustand noch wiederholt gesehen und einmal sogar bei Mutter und Tochter beobachten können. Es handelt sich um das vollkommene Gegenstück jener Gruppe von Fällen, die wir als konstitutionelle, „autochthon-renale Form des Diabetes

---

[1]) HATZIEGANU, J. et M. HANGANUTIU: Bull. et mém. de la soc. méd. des hôp. de Paris. Bd. 41, S. 373. 1925 (Bd. 39, S. 777).

[2]) VILLA, L.: Klin. Wochenschr. 1924. S. 1949.

[3]) Vgl. ENZINGER, E.: Dtsch. Arch. f. klin. Med. Bd. 145, S. 1. 1924 (Bd. 38,S. 230).

[4]) TOWNE, R. B.: Journ. of the Americ. med. assoc. Vol. 83, Nr. 26, p. 2085. 1924 (Bd. 39, S. 745).

[5]) ROTHMANN, H.: Med. Klinik. 1925. Nr. 41, S. 1537.

[6]) Vgl. MOTZFELD: l. c.; HALL: l. c.

[7]) SIGNORELLI, E.: Arch. di patol. e clin. med. Vol. 2, p. 89. 1923 (Bd. 28, S. 206).

[8]) VIDAL, J. J.: Arch. de med., cirurg. y especialid. Vol. 12, p. 111. 1923 (Bd. 32, S. 123); LARSON, E. E., J. F. WEIR a. L. G. ROWNTREE: Transact. of the assoc. of Americ. physic. Vol. 36, p. 409. 1921 (Bd. 31, S. 109).

[9]) Vgl. BAUER, J.: Klin. Wochenschr. 1926. S. 1308.

[10]) BAUER, J.: Konstitutionelle Disposition zu inneren Krankheiten. Berlin: Julius Springer. 1. Aufl. 1917.

insipidus" bezeichnet haben. Es sind Leute, deren Nieren auf ein höheres spezifisches Durchschnittsgewicht des Harnes eingestellt sind, die habituell die harnfähigen Stoffwechselschlacken in konzentrierter Lösung ausscheiden, zu deren renaler Ausscheidung also weniger Flüssigkeit benötigen. Die Harnmengen pflegen 300—800 ccm täglich, das spezifische Gewicht des Harnes 1026—1040 zu betragen. In den ersten von mir beobachteten Fällen kam es vor, daß die betreffenden jungen Mädchen einen ganzen Tag überhaupt keinen Harn produzierten. Dann ist wohl die vikariierende Excretion durch Darm, Haut und Lungen kompensatorisch gesteigert. Funktionsstörungen der Nieren sind in solchen Fällen nicht vorhanden. Salzzulagen werden prompt in überaus hoher Konzentration ausgeschieden. So sah ich nach Zulage von 10 g NaCl einen Harn von 1041 spez. Gew. Beim VOLHARDschen Wasserversuch findet man annähernd normales Verhalten. Gesundheitsschädigungen werden durch eine derartige Konstitutionsanomalie nicht hervorgerufen. Nur allerhand sonstige degenerative Konstitutionsmerkmale, insbesondere solche einer neuropsychopathischen Konstitution pflegt man bei solchen Menschen anzutreffen; mit Anomalien der inneren Sekretion hat der Zustand nichts zu tun.

2. Die konstitutionelle primäre Oligodipsie. Dieser zuerst von R. SCHMIDT[1]) beschriebene Zustand entspricht als Gegenstück der durch primäre Polydipsie bedingten Form von D. i. Die Harnmengen sind hier nur sekundär infolge der primär herabgesetzten Flüssigkeitsappetenz herabgesetzt.

3. Oligurie durch Wasserretention in den Geweben. Bei Anstellung des VOLHARDschen Wasserversuches findet man eine mehr oder minder erhebliche Retention der zugeführten Flüssigkeit, obwohl für eine renale Funktionsstörung gar kein Anhaltspunkt vorliegt. Die Gewebe haben eine besonders große Wasseravidität und namentlich die Fettlager dieser meist adiposen Menschen halten offenbar große Wassermengen zurück. Von einer leicht pastösen Hautbeschaffenheit führen da alle Übergänge über eine gewisse Gedunsenheit zum ausgesprochenen Ödem. An den ersten Menstruationstagen fand HEILIG[2]) physiologischerweise eine gewisse Retention beim VOLHARDschen Wasserversuch. Eine zweite Gruppe von Fällen mit abnormer extrarenaler Wasserretention stellen die diffusen Parenchymerkrankungen der Leber dar, die, wie wir wissen, gleichfalls eine verzögerte Ausscheidung im VOLHARDschen Versuch zeigen. Eine Salzretention ist bei dieser dritten Kategorie von Oligurien nicht vorhanden, d. h., wenn sie nachzuweisen ist (ZONDEK[3])), dann liegt schon eine Kombination mit der nächsten Gruppe vor.

4. Oligurie durch Salzretention in den Geweben. P. JUNGMANN[4]) hat als erster eine eigenartige isolierte Störung des Salzstoffwechsels beschrieben, die er auf eine Schädigung eines bestimmten nervösen Zentrums an der Basis des dritten Ventrikels zurückführte. Eine Zulage von 10 g NaCl zur gewöhnlichen Kost wurde vollkommen retiniert unter erheblichem Gewichtsanstieg und Abnahme der Harnmenge. Es bestanden eine ausgesprochene Hydrämie und Hypochlorämie, sowie die infolge der Salzretention in den Geweben zu

---

[1]) SCHMIDT, R.: Med. Klinik. 1911. Nr. 49, S. 1883.
[2]) HEILIG, R.: Klin. Wochenschr. 1924. Nr. 25, S. 1117.
[3]) ZONDEK, H.: Dtsch. med. Wochenschr. 1925. S. 1267.
[4]) JUNGMANN, P.: Klin. Wochenschr. 1922. S. 1546.

crwartenden mächtigen Ödeme. Eine Wasserzulage wurde prompt eliminiert. Seither ist eine Reihe von analogen Fällen beschrieben worden, denen allen gemeinsam ist die Salzretention in den Geweben, die Ödeme, bzw. Ödembereitschaft, die Hydrämie und die Achlorhydrie des Magensaftes [1]). Der NaCl-Gehalt des Blutes muß nicht immer herabgesetzt sein (Meyer-Bisch). Die Gewichtsschwankungen durch die Salz- und konsekutive Wasserretention können dabei ganz enorm sein. So nahm eine Patientin Veils in 17 Tagen um 19 kg zu, um dann rasch wieder abzunehmen. Ich habe mehrere einschlägige Fälle von Ödembildung beobachten können, bei denen der gleiche Entstehungsmechanismus sehr wahrscheinlich ist. In einem Falle Thaysens [2]) gingen die Retentionsperioden mit Heißhunger einher.

Eine besondere Kategorie unter diesen Fällen von Oligurie mit Salzretention bilden solche, bei welchen eigentliche Ödembildung fehlt und mächtige Fettlager die retinierten Salz- und Wassermengen beherbergen. Ich habe in diesen Fällen von einer Hydrolipomatose gesprochen [3]), um die abnorme Avidität der Gewebe für Salz und Wasser einerseits, für das Fett andererseits zum Ausdruck zu bringen. Zondek gebraucht die Bezeichnung „Salz - Wasser - Fettsucht". Die Hydro- oder besser Chloridophilie der Gewebe ist hier mit abnormer Lipophilie kombiniert, ein Umstand, der dem klinischen Bild sein charakteristisches Gepräge gibt. Statt Ödeme findet man hier schwammige Fettlager. Übrigens führen alle Übergänge vom Ödem über eine pastös gedunsene Hautbeschaffenheit zur eigentlichen Fettsucht.

In einem Falle eigener Beobachtung handelte es sich um ein sehr fettes, 104 kg schweres, schwammig aufgedunsenes 15jähriges Mädchen, bei dem sich im Anschluß an eine schwere Scharlacherkrankung im 6. Lebensjahr die pathologische Gewichtszunahme allmählich entwickelt hatte. Es bestand keinerlei verläßliches Zeichen einer endokrinen Störung, das Mädchen menstruiert seit seinem 12. Jahr, zeigt normale Körpergröße, Intelligenz und Entwicklung, normales Röntgenbild des Schädels und normalen Grundumsatz. Die sog. spezifisch-dynamische Nahrungswirkung fehlte hier vollkommen (Liebesny), doch gestattet dieser Befund keinerlei Schlußfolgerung auf die Natur des Leidens. Die täglichen Harnmengen bewegten sich zwischen 300 und 700 ccm, der Volhardsche Wasserversuch verlief normal, eine Zulage von 10 g NaCl wurde dagegen unter mächtigem Gewichtsanstieg von 1,20 kg retiniert.

Kürzlich konnte ich auch eine sonst vollkommen gesunde junge Dame beobachten, bei der eine für sie sehr lästige lokalisierte Lipomatose der unteren Körperhälfte mit einer derartigen Oligurie und Chloridophilie einherging. Auf 1 ccm Salyrgan intramuskulär stieg die Harnmenge von 480 ccm auf 2000 ccm, die NaCl-Ausscheidung von 8 g auf über 26 g, während das Körpergewicht innerhalb von 24 Stunden um 2,70 kg absank.

Wie schon oben erwähnt wurde, gibt es Kombinationsformen der Gruppe 3 und 4, also Oligurie mit Wasser- und mit Salzretention.

---

[1]) Veil, W. H.: Dtsch. Arch. f. klin. Med. Bd. 139, S. 192. 1922; Csépai, K.: Klin. Wochenschr. 1923. S. 1988; Bernhardt, H.: Klin. Wochenschr. 1925. S. 472; Meyer-Bisch, R.: Klin. Wochenschr. 1925. S. 588; Zondek, H.: Dtsch. med. Wochenschr. 1925. S. 1267.

[2]) Thaysen, Th. E. Hess: Acta med. scandinav. Bd. 52, S. 142. 1925 (Bd. 41, S. 372).

[3]) Bauer, J.: Wien. klin. Wochenschr. 1926. Nr. 9.

Was die Genese dieser eigenartigen Störungen des intermediären Mineralstoffwechsels anlangt, so hat JUNGMANN, wie ·gesagt, an die Schädigung des
nervösen „Salzzentrums" am Boden des dritten Ventrikels gedacht und auch
ich würde in meinem oben angeführten Falle von allgemeiner Hydrolipomatose
nach Scharlach eine solche für nicht unwahrscheinlich halten. ZONDEK und
BERNHARDT meinen aber, wie ich glaube, mit Recht, daß auch primäre Anomalien
der Gewebe selbst an einer derartigen Salzretention schuld sein können. Für
unseren zweiten Fall von lokalisierter Lipomatose mit Chloridophilie ist diese
Annahme wohl die nächstliegende.

Wieweit innersekretorische Anomalien dabei eine Rolle spielen, ist noch
unklar. JUNGMANN und ZONDEK denken vor allem an die Hypophyse, seit
EPPINGERs Untersuchungen wäre jedenfalls die Schilddrüse nicht außer acht
zu lassen, und CSÉPAI vermutet auf Grund einer eigenen autoptischen Beobachtung und des im JUNGMANNschen Falle nach dessen Publikation erhobenen
Obduktionsbefundes eine pluriglanduläre Störung. In beiden Fällen wurden
nämlich Veränderungen in der Schilddrüse, im Pankreas und Hoden gefunden.
Es muß aber ausdrücklich hervorgehoben werden, daß, wie dies auch MEYER-
BISCH angibt, derartige Fälle von Salzretention auch alle Zeichen einer innersekretorischen Störung vermissen lassen können. In diesem Zusammenhange
sei auch an HEILIGS [1]) Befund einer physiologischen teilweisen NaCl-Retention
an den ersten Menstruationstagen normaler Frauen erinnert.

Es scheint, daß in seltenen Fällen ein malignes Neoplasma, insbesondere
ein Magencarcinom auf irgendeine uns unbekannte Weise diese charakteristische Salzstoffwechselstörung auszulösen vermag. Ob es sich da um toxische
Schädigungen im Bereich des innersekretorischen Systems, im Bereiche gewisser
vegetativer Nervenzentren oder, was mir am wahrscheinlichsten ist, in den
peripheren Geweben handelt, wissen wir nicht. CSÉPAIs Fall scheint für erstere
Möglichkeit zu sprechen. Ich habe anfangs 1919 einen derartigen Fall mit
ätiologisch vollkommen unklarer gewaltiger Ödembildung und Oligurie beobachten können, bei dem eine enorme Hydrämie bis zu $3{,}126^0/_0$ Serumeiweißgehalt und eine Hypochlorämie von $0{,}408^0/_0$ vorhanden war. Das Transsudat
im Pleura- und Abdominalraum war NaCl-reicher als das Serum. Eine Kachexie
bestand nicht. Die Autopsie (Prof. C. STERNBERG) deckte ein klinisch vollkommen
verborgen gebliebenes Magencarcinom auf. Am Blutdrüsensystem wurden
makroskopisch gröbere Veränderungen nicht gefunden, eine mikroskopische
Untersuchung ist leider unterblieben. STERNBERG [2]) veröffentlichte später
einen, wie mir scheint, klinisch ganz analogen Fall, in dem dem Kliniker (Prof.
JAGIĆ) gleichfalls das Magencarcinom entgangen war. Hier fand STERNBERG
im Hypophysenhinterlappen ein kleines Blastom aus unausgereiften neurogenen
Elementen, das er für die Ödembildung verantwortlich zu machen sucht. Da
aber, wie er selbst angibt, PRIESEL einen gleichartigen Tumor der Hypophyse
ohne Ödembildung beobachten konnte, sowie auf Grund unserer obigen Ausführungen möchte ich diese Annahme nicht für wahrscheinlich halten. Alles
in allem, es handelt sich da um noch recht aufklärungsbedürftige Zustände,
die jedoch auch in unserem Zusammenhang kein geringes Interesse beanspruchen.

---

[1]) l. c.

[2]) STERNBERG, C.: Zentralbl. f. allg. Pathol. u. pathol. Anat. Bd. 31, S. 585. 1920—1921.

Therapeutisch scheinen intravenöse Calciuminjektionen günstig zu wirken und die Diurese zu steigern. Auch von der Verabreichung minimalster Joddosen ($^1/_4$ mg pro Tag) sah VEIL Nutzen.

Vor allem aber kommen namentlich für die Fälle von Fettsucht mit Oligurie und Salzretention Wasser- und Salzbeschränkung in der Kost, Schwitzprozeduren sowie Entwässerung mit Novasurol oder Salyrgan, eventuell abwechselnd mit kurzen Perioden von Schilddrüsenextraktdarreichung, unter Umständen bei gleichzeitiger Verabfolgung von Milchinjektionen in Betracht. Für diese Zwecke ist es besser, größere Thyreoidindosen, etwa 2—3mal täglich 1 Tablette zu 0,3 g, wenige Tage zu geben, als kleinere Dosen zu verzetteln. In dem oben erwähnten, therapeutisch sonst absolut refraktären Falle allgemeiner Hydrolipomatose ließ sich durch Novasurol und Salyrgan eine verhältnismäßig rasche Gewichtsabnahme von über 20 kg erzielen. ZONDEK empfiehlt auch die Anwendung von Thymustabletten per os, die gleichfalls entwässernd wirken sollen. Ich habe mich von dieser Wirkung nicht überzeugen können.

Zum Schlusse sei noch ausdrücklich auf den prinzipiellen Unterschied zwischen einer Salzretention durch Konzentrationsschwäche der Nieren und einer solchen durch primär gesteigerte Salzavidität der Gewebe hingewiesen. Im ersten Falle kommt es zu kompensatorischer Polyurie und mit Hilfe dieser zu einer prolongierten Ausscheidung einer NaCl-Zulage, im zweiten Falle dagegen kommt es zu Achlorhydrie des Magens [1]), zu gesteigerter Wasserbindung in den Geweben, zu Quellung und eventueller Ödembildung, sowie konsekutiver Oligurie.

Hypophysentumoren,
die nicht unter dem Bilde der Akromegalie, hypophysär-nervösen Dystrophie
oder des Diabetes insipidus verlaufen.

Hier sollen jene praktisch wichtigen Fälle von Tumoren der Hypophysengegend besprochen werden, die zu keinem der oben geschilderten typischen Syndrome geführt haben, sei es, daß trotz der Geschwulstbildung genügend funktionsfähiges Hypophysengewebe erhalten geblieben, sei es, daß dessen Ausfall mit Hilfe anderer Kompensationsvorrichtungen des Organismus ausgeglichen worden ist. Hier ist es also weniger die Hypophyse als der Tumor, der Krankheitserscheinungen hervorruft, und die Diagnose wird auf Grund dieser Tumorsymptome zu stellen sein. Erst in zweiter Linie kann dieses oder jenes Symptom einer spezifisch hormonalen Funktionsstörung von seiten der Hypophyse zur Diagnose mit herangezogen werden. Es ist klar, daß fließende Übergänge von solchen in bezug auf die Hypophysentätigkeit „symptomlosen" Tumoren hinüberleiten zu jeder einzelner der oben geschilderten Kategorien hypophysärer Krankheitsbilder, die ja sämtliche unter anderem auch durch Geschwülste der Hypophysengegend bedingt sein können. Wir haben ja auch in den früheren Kapiteln die Erörterung der allen Kategorien gemeinsamen Tumorsymptome unterlassen, um Wiederholungen zu vermeiden, und es gelten daher die im folgenden zu besprechenden Symptome der in der Hypophysen-

---

[1]) Ein ganz anderer Mechanismus liegt der verzögerten Ausscheidung einer NaCl-Zulage bei Superaciden zugrunde, welche B. MOLNÁR u. L. CSÁKI beschrieben haben (Verhandl. d. dtsch. Ges. f. inn. Med., 35. Kongr. 1923. S. 83, ref. Kongreßzentralbl. Bd. 32, S. 89).

gegend lokalisierten Geschwülste auch für alle jene Tumorfälle, in welchen eines der spezifischen hypophysär-nervösen Krankheitsbilder zur Entwicklung gekommen ist.

Die Tumorsymptome der in der Hypophysengegend lokalisierten Geschwülste sind Folgen der Druckwirkung bei der gegebenen topographisch-anatomischen Situation. Sie erstrecken sich also vor allem auf den Opticus und auf die knöcherne Wand des Türkensattels, in zweiter Linie auf die weitere Umgebung, die umgrenzenden Partien der Hirnbasis, die Augenmuskelnerven, die basalen Hirngefäße und selbstverständlich auch auf die durch den allgemeinen Hirndruck bedingten Fernsymptome. Dazu gesellen sich in manchen Fällen Erscheinungen, die man auf eine toxische Wirkung der Geschwulst zu beziehen versucht hat.

Störungen des Sehvermögens sind bei Tumoren der Hypophysengegend sehr häufig ein Initialsymptom, späterhin das führende und bedeutungsvollste, gelegentlich sogar fast das einzige Krankheitszeichen. Durch Druck der aus dem Türkensattel emporwachsenden Geschwulst auf die medialen Teile des Chiasma opticum und die dortselbst verlaufenden kreuzenden Fasern von beiden nasalen Retinahälften (Abb. 37) kommt es zu der so charakteristischen bitemporalen Hemianopsie. Es ist klar, daß bei einer ungleichmäßigen Ausbreitung der Geschwulst verschiedenste Abweichungen von diesem Typus der bitemporalen Hemianopsie vorkommen können, daß kompletter oder partieller Ausfall der temporalen Gesichtsfeldhälfte bloß auf einer Seite, komplette Amaurose einer oder beider Seiten oder, wie ich es als große Seltenheit in dem auf S. 305 abgebildeten Fall (Abb. 33) beobachtet habe, eine bilaterale Hemianopsia superior durch Läsion der basal verlaufenden, von den unteren Netzhautpartien herkommenden Opticusfasern zustande kommen kann. Selbst eine homonyme Hemianopsie kann durch Druck auf einen Tractus opticus hervorgerufen werden. Initial findet man bisweilen zentrale oder parazentrale Skotome. Die Perimeteruntersuchung, womöglich auch mit Farben, gehört somit zu den wichtigsten Hilfsmitteln bei der Diagnose der Hypophysengeschwülste, sie ermöglicht auch die objektivste und genaueste Verfolgung des Verlaufes der Krankheit, ihres Fortschreitens oder ihrer Rückbildung nach therapeutischen Maßnahmen. Man hüte sich bloß vor einer Verkennung konzentrischer Gesichtsfeldeinschränkungen funktionell-nervöser Natur, die, wie ich das mehrmals gesehen habe, im Verein mit anderen verdächtigen, aber nicht sicheren Symptomen zu Irrtümern verleiten können. Die Kranken bemerken nicht immer selbst die Einengung ihres Gesichtsfeldes, häufig führt sie aber doch die Amblyopie zuerst zum Augenarzt. Mit der bitemporalen Hemianopsie kann eine hemianopische Pupillenreaktion verbunden sein.

Ein zweites ebenso wichtiges diagnostisches Hilfsmittel ist der Augenspiegel. Er deckt in der überwiegenden Mehrzahl der Fälle von Tumoren der Hypophysengegend eine einfache Atrophie des Nervus opticus auf, anfangs kann auch bloß eine temporale Abblassung der Papillen vorhanden sein. Selten ist eine Neuritis optica und nur ganz ausnahmsweise eine Stauungspapille zu finden. Wo letztere vorhanden ist, dürfte sie die Folge eines Hydrocephalus darstellen, der allerdings selbst wieder durch einen suprasellaren Tumor bedingt sein kann [1]). Offenbar verhindert der die Sehnerven komprimierende Tumor

---

[1]) Cassirer, R. u. F. H. Lewy: Monatsschr. f. Psychiatrie u. Neurol. Bd. 54, S. 267. 1923.

das Eindringen von Liquor in die Sehnervenscheide und verhindert so die Entstehung einer Stauungspapille, selbst dann, wenn der intrakranielle Druck beträchtlich erhöht ist [1]). Die Beeinträchtigung des Sehnerven durch Tumoren der Hypophysengegend stellt stets das gefürchtetste Symptom dar, denn, wo es vorhanden ist, bedeutet es drohende Erblindung. Es ist daher auch in allererster Linie bestimmend für die Indikation zur operativen Therapie.

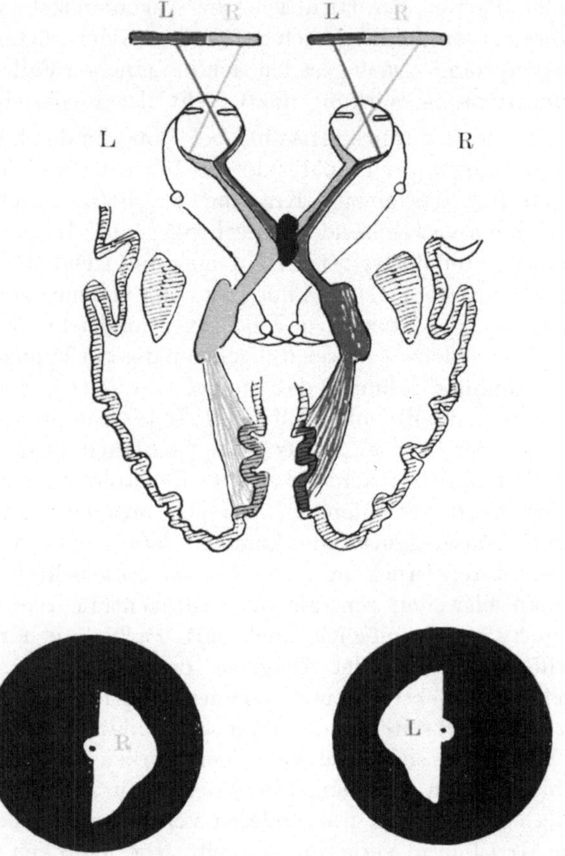

Abb. 37. Zustandekommen bitemporaler Hemianopsie bei Zerstörung der medialen Chiasmapartie. (Nach R. Bing.)

Was die Druckwirkungen der Tumoren der Hypophysengegend auf die knöcherne Wand des Türkensattels anlangt, so sind uns ihre Folgen durch die Röntgenuntersuchung diagnostisch zugänglich. Herr Prof. A. Schüller, wohl einer der besten Kenner der Materie, war so liebenswürdig, mir die folgende knappe Darstellung der Hypophysenröntgendiagnostik zur Verfügung zu stellen.

Die für die Darstellung der Sella turcica geeignetste Aufnahme ist das Profilröntgenogramm des Kopfes: Die Medianebene des Kopfes liegt parallel

---

[1]) Cushing, H.: Rev. neurol. Tom. 38, p. 779. 1922.

zur photographischen Platte, der Fokus der Röntgenröhre steht über dem
Mittelpunkt der Verbindungslinie des äußeren Orbitalrandes mit dem äußeren
Gehörgang. Man sieht auf dieser Aufnahme die vertikale und sagittale Ausdehnung der Sattelgrube, die Form und Struktur des Sellabodens, den Kontur
des Tuberculum sellae und des Sulcus chiasmatis, sowie die Konfiguration der
Processus clinoidei anter. und des Dorsum sellae mit seinen Processus clin. post.,
gelegentlich auch den Processus clinoid. medius. Die transversale Aufnahme
gibt ferner Aufschluß über die Struktur des Keilbeinkörpers und die Beschaffenheit der Keilbeinhöhle, wie auch über die topographischen Beziehungen der Keilbeinhöhlen zur Hypophysengrube. Endlich zeigt die Profil-

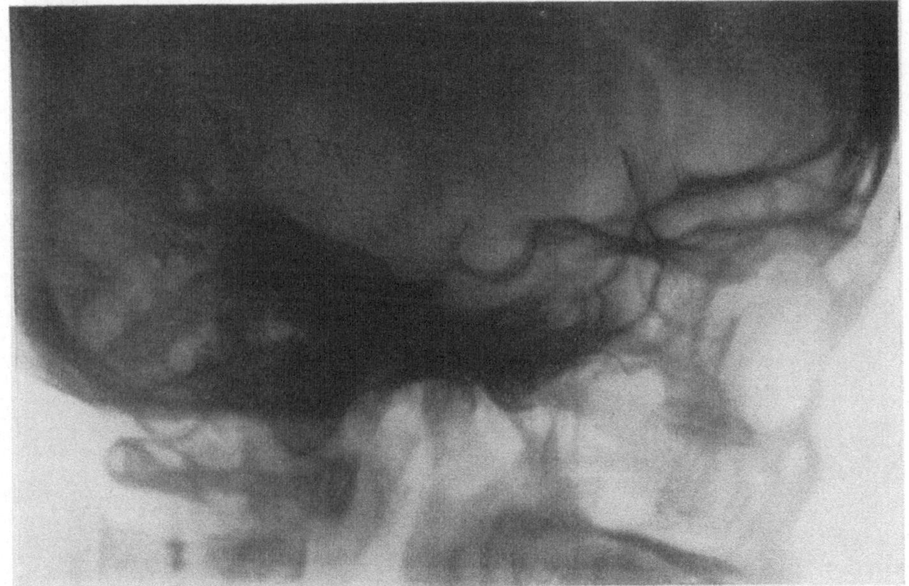

Abb. 38. Normale Sella turcica im Röntgenbild.

aufnahme die so häufig im Bereich der Sella vorkommenden Knochenspangen, welche die Fortsätze der Sella miteinander und mit der Crista
petrosa verbinden.

Auf der sagittalen (postero-anterioren) Aufnahme projiziert sich die Sella
in den Gesichtsschädel und zwar in die Gegend zwischen den beiden Augen-
höhlen; der Sellaboden stellt sich als Kreisbogen mit dorsal gerichteter Kon-
vexität dar. Die sellaren Fortsätze sind auf dieser Aufnahme nicht erkennbar,
wohl aber die Umrisse und der Inhalt der Keilbeinhöhlen. Für die Darstellung
der letzteren eignet sich auch vorzüglich die Aufnahme mit vertikaler Strahlen-
richtung. Zur Darstellung gewisser Details der Sellagegend verwendet man
Spezialaufnahmen der Sella in geneigter, bzw. gedrehter Stellung des Kopfes.
Endlich empfiehlt es sich in jedem Fall, den gesamten Schädel auf Übersichts-
bildern zu analysieren.

Unter den pathologischen Veränderungen der Sella kommen am häufigsten
Usuren zur Beobachtung, die durch hirndrucksteigernde Prozesse (Hydrocephalus

internus), durch Hypophysentumoren und anderweitige intrakranielle Geschwülste hervorgerufen sind.

Die genannten Affektionen erzeugen eine Vergrößerung der Sattelgrube
sowie Veränderungen ihrer Form und ihrer Fortsätze. Beim Hydrocephalus
internus (insbesondere des III. Ventrikels) und bei den suprasellaren Geschwülsten (Hypophysengangtumoren, Cysten und Gummen der Cisterna
chiasmatis, Meningismen der mittleren Schädelgrube usw.) pflegen im Beginn
der Erkrankung bloß die Sella-Fortsätze, das Dorsum und Tuberculum sellae

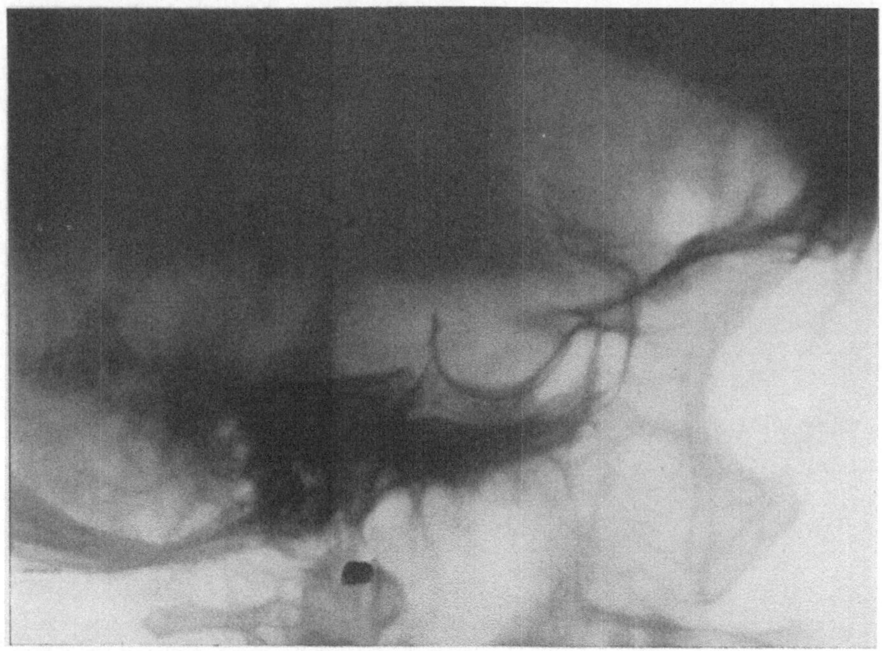

Abb. 39. Sella turcica bei suprasellar wachsendem Tumor. Schüsselform des Türkensattels.

sowie die Proc. clin. anter. usuriert zu sein; erst in weiterer Folge wird auch
der Boden der Sella erweitert und vertieft. Auf diese Art kommen flach-
schüsselförmige Usuren der Sella zustande. Bei Vergrößerung der Hypophyse,
bei intrasellaren Hypophysengeschwülsten, ebenso wie bei den vom Sinus
cavernosus ausgehenden Geschwülsten (Aneurysma der Carotis interna) pflegt
frühzeitig eine Vertiefung des Sellabodens vorhanden zu sein, während das
Dorsum sellare, das Tuberculum und die Proc. clinoid. ant. im Anfangsstadium
intakt zu sein pflegen. Erst im weiteren Verlauf wird das Dorsum verdünnt
und verkleinert, schließlich vollkommen zerstört, während die Proc. clin. ant.
lange Zeit erhalten zu sein pflegen.

Da die intrasellaren Geschwülste sehr häufig extramedian gelegen sind,
so pflegt auch die Usur der Sella einseitig zu beginnen, was in einem Doppel-
kontur des Sella-Bodens zum Ausdruck kommt. Nicht selten verrät sich ein
Tumor der Hypophysengegend, bzw. ein Aneurysma durch das Vorhandensein
von Kalkschatten innerhalb oder oberhalb der Sella. Dieses Symptom spricht

ebenso wie der Nachweis eines Doppelkonturs der Sella für einen in der Hypophysengegend lokalisierten Prozeß, während Verstärkung der Impressiones
digitatae an der Innenfläche des Schädeldaches, Erweiterung der Schädel-
nähte und Vergrößerung der diploetischen Venen sowie der PACCHIONISchen
Gruben für die Annahme eines hirndrucksteigernden Prozesses verwertet
werden kann.

Zerstörungen der Sella können auch durch entzündliche Affektionen und
Tumoren des Keilbeines selbst verursacht sein. Es handelt sich dabei meist um

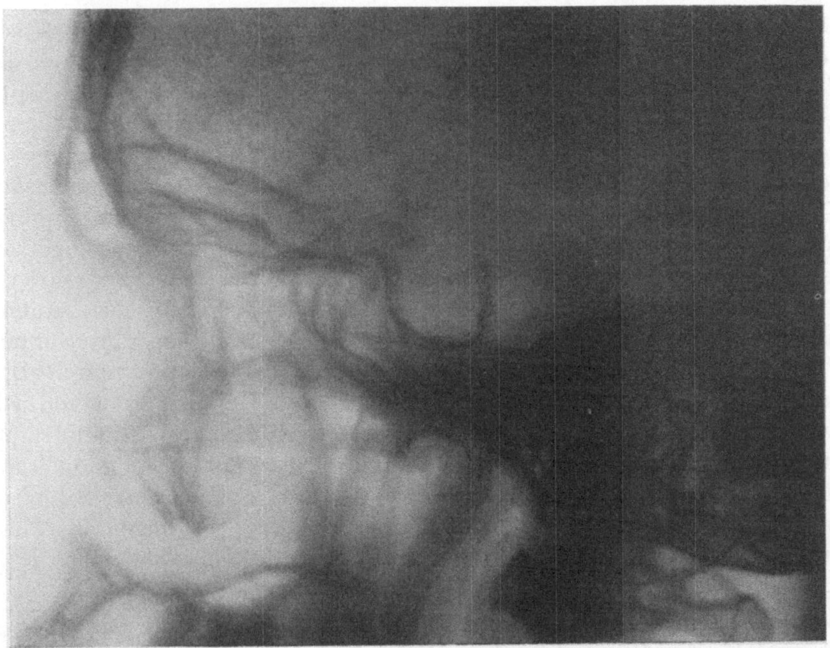

Abb. 40. Sella turcica bei intrasellarem Tumor, vertieft, mit verdünntem und rekliniertem Dorsum.
Fall von Akromegalie, Abb. 28, S. 279.

metastatische Sarkome des Keilbeines, Fibrosarkome des Pharynx, Carcinome
der Keilbeinhöhlen, Tuberkulose des Keilbeins u. a. Das Röntgenbild der
Sella turcica unterscheidet sich in solchen Fällen sehr wesentlich von dem
der Sella-Usur bei intrakraniellen Prozessen: die Sella ist nicht vergrößert
oder deformiert, aber ihre Konturen sind unscharf, der Schatten des Keilbeinkörpers ist aufgehellt, die Ränder der Keilbeinhöhle sind verwaschen, ihr Luft-
gehalt herabgesetzt. Diese Veränderungen sind im Beginn der Erkrankung
nur an einzelnen Stellen des Keilbeinkörpers erkennbar, im späteren Verlauf
wird allmählich der ganze Keilbeinkörper destruiert, so zwar, daß in diesem
Stadium die Unterscheidung gegenüber Usuren des Keilbeins durch große
Hypophysentumoren kaum mehr durchgeführt werden kann.

Weit seltener als die Usuren der Sella kommen anderweitige pathologische
Prozesse dieser Gegend am Röntgenbild zur Beobachtung.

Gelegentlich begegnet man einer abnormen Kleinheit der Sella. Sie ist zumeist
bedingt durch Hyperostosen ihrer Wände (als Teilerscheinung einer basalen

Hyperostose bei Idiotie und Epilepsie). Soweit Prof. SCHÜLLER, dem ich auch an dieser Stelle für seine Mühe danken möchte.

Wichtig ist es zu wissen, daß die Sella gesunder Individuen in Gestalt und Form außerordentlich variiert[1]) und daß Knochenspangen und Brücken zwischen vorderen und hinteren Processus clinoidei degenerative Varianten darstellen können, die keinerlei Schlußfolgerung auf eine gestörte Hypophysenfunktion zulassen, die allerdings bei auch sonst vorliegender schwerer konstitutioneller Degeneration, wie etwa bei idiotischen Kindern von vornherein häufiger zu erwarten sind[2]).

Druckwirkungen auf die weitere Umgebung und destruktives Wachstum der die Dura-Barrière durchbrechenden Hypophysentumoren führen je nach der Ausbreitungstendenz nach aufwärts gegen die Fossa interpeduncularis, seitlich gegen die Temporallappen oder nach abwärts gegen die Keilbeinhöhle zu Lähmung der Augenmuskeln — ich habe zweimal Doppelbilder als Initialsymptom von Hypophysentumoren beobachten können —, zu Störungen des Geruchsinnes, des Gehörs, selten wohl auch zu Schädigung des Trigeminus, ferner zu Pyramidensymptomen, Nystagmus u. a. Die infolge der topographischen Lage leicht zustande kommende Kompression der Carotis interna kann zu schwereren Allgemein- und Fernsymptomen, wie Ohnmachten, epileptischen Anfällen, aphatischen und vor allem psychischen Störungen verschiedener Art führen[3]). Die Schlafsucht ist dagegen nicht, wie ERDHEIM[4]) annimmt, durch Druck auf die großen Hirnarterien bedingt, sondern wohl Herdsymptom von seiten des zentralen Höhlengraus, zum Teil vielleicht auch direktes Ausfallssymptom der Hypophyse. Erinnern wir uns bloß, daß auch atrophische Veränderungen der Hypophyse, wie im Falle PRIBRAM oder MIEREMET zu schwerer Schlafsucht führen können. Selbst Exophthalmus kann durch das Vordringen des Tumors gegen die Orbita zu entstehen. Liquorträufeln aus der Nase habe auch ich bei einem vorgeschrittenen Hypophysentumor beobachten können.

Von allgemeinen Hirndrucksymptomen ist der Kopfschmerz das ständigste und hartnäckigste, oft initiale und durch längere Zeit einzige, während Erbrechen und Schwindel sowie Bradykardie nicht gerade häufig sind[5]). CUSHING meint, daß die Kopfschmerzen nicht erst bei allgemeiner Hirndrucksteigerung, sondern auch schon bei einer Spannung und Dehnung der Durakapsel entstehen können, welche den Inhalt des Türkensattels nach oben abschließt. Er sah auch prompte Beseitigung des Kopfschmerzes nach bloßer Spaltung der gespannten Kapsel. Meist ist dieser Kopfschmerz an den Schläfen lokalisiert, doch kann er auch in besonderem Grade in der Stirngegend oder am Hinterhaupt empfunden werden. Tritt der Kopfschmerz, wie ich das gesehen habe, besonders heftig nachts auf, dann kann er zu Verwechslungen mit einem luetischen Prozeß führen. Übrigens wird auch der Kopfschmerz von manchen Autoren nicht bloß als Drucksymptom

---

[1]) ENFIELD, C. D.: Journ. of the Americ. med. assoc. Vol. 79, p. 934. 1922 (Bd. 26, S. 520). — GOLDHAMMER, K. u. A. SCHÜLLER: Fortschr. a. d. Geb. d. Röntgenstr. Bd. 33, S. 894. 1925 (Bd. 42, S. 869). — HAAS, L.: Fortschr. a. d. Geb. d. Röntgenstr. Bd. 33, S. 419 u. 469. 1925 (Bd. 42, S. 606).

[2]) WIESER, WO.: Klin. Wochenschr. 1925. S. 789.

[3]) HERRMANN, G.: Med. Klinik. 1923. Nr. 24, S. 826 (Bd. 30, S. 414).

[4]) ERDHEIM, J.: Wien. med. Wochenschr. 1924. Nr. 9.

[5]) MEGGENDORFER, F.: Dtsch. Zeitschr. f. Nervenheilk. Bd. 55, S. 1. 1916.

sondern auch als hypophysäres Herdsymptom angesehen, da er auch bei hypophysären Krankheitszuständen ohne Tumorbildung zu beobachten sei [1]), indessen scheint mir der hypophysäre Ursprung der hier in Frage kommenden Krankheitszustände keineswegs erwiesen, ebenso wenig wie ich einen Zusammenhang zwischen Migräne und Hypophyse, wie er schon vor langer Zeit von DEYL angenommen worden war und in letzter Zeit wieder aufgetaucht ist, für halbwegs begründet halte. Eine gewisse Benommenheit, epileptische Krampfanfälle sowie psychische Störungen sind bei Tumoren der Hypophysengegend nicht selten zu beobachten. Es können hier paranoide, schizoide, zykloide, korsakoffähnliche und mit Demenz einhergehende Geistesstörungen vorkommen, wohl ein Zeichen dafür, daß der Tumor nur als auslösender Faktor für den Ausbruch der jeweils verschiedenen, der konstitutionellen Veranlagung des betreffenden Individuums entsprechenden Psychose anzusehen ist.

Hier mögen wohl auch schon jene ungeklärten toxischen Einflüsse im Spiele sein, die man Hirntumoren im allgemeinen, solchen der Hypophyse im besonderen zugeschrieben hat, um eigentümliche Fernwirkungen zu erklären, wie Verlust der Sehnenreflexe, eventuell auch der Bauchdeckenreflexe, rheumatoide, neuritische und neuralgiforme Schmerzen, Paresen und Muskelatrophien, als deren Grundlage degenerative Hinterstrangveränderungen und atrophische Vorgänge im Gebiete der Vorderhörner des Rückenmarks im Sinne einer chronischen Poliomyelitis anterior gefunden wurden (vgl. MEGGENDORFER). Wieweit da etwa neben toxischen Einwirkungen der Geschwulst als solcher noch spezifische Einflüsse von seiten der in ihrer Funktion irgendwie beeinträchtigten Hypophyse in Betracht kommen, entzieht sich vorderhand unserer Beurteilung. Vielleicht kommen aber solche Einflüsse in Frage, wenn wir uns z. B. daran erinnern, daß JAKOB [2]) eine diffuse Parenchymerkrankung des Zentralnervensystems bei Fällen von Atrophie des Hypophysenvorderlappens beschrieben hat, die er den von ihm bei Morbus ADDISONII gefundenen Veränderungen an die Seite stellt und als Ausdruck einer Stoffwechselstörung anspricht. Sie wären ja auch die Grundlage psychotischer Störungen bei diesen Zuständen. Dazu kommen ferner offenkundig toxische Schädigungen des Knochen- und Gefäßsystems, die auch ohne Tumorbildung bei hypophysären Krankheitszuständen vorkommen können. Es ist das einerseits eine den rheumatoiden Beschwerden solcher Kranker häufig zugrunde liegende Knochenatrophie, eine Osteoporose, die auf bestimmte Skelettabschnitte lokalisiert oder diffus auftretend zu beträchtlicher Kyphoskoliose zu führen vermag (vgl. S. 434), und es sind andererseits spontan auftretende Blutungen in der Haut und in inneren Organen (MEGGENDORFER, HOCHSTETTER [3])).

Es ist nach dem Gesagten nur zu verständlich, daß Tumoren der Hypophysengegend, welche nicht unter dem Bilde eines der typischen hypophysären Syndrome verlaufen, nicht immer leicht zu erkennen sind, vor allem deshalb, weil gar nicht an sie gedacht und die Untersuchung mit Perimeter, Augenspiegel und Röntgen gar nicht vorgenommen wird. Die jeweils führenden Symptome eines Hypophysentumors können in einer solchen Konstellation auftreten,

---

[1]) ENGELBACH, W. a. J. L. TIERNEY: In TICES Practice of Medicine. W. F. Prior Comp., Hagerstown Md. — FLIESS, W.: Med. Klinik. 1920. Nr. 30, S. 774.

[2]) JAKOB, A.: Virchows Arch. f. pathol. Anat. u. Physiol. Bd. 246, S. 151. 1923.

[3]) HOCHSTETTER, F.: Med. Klinik. 1922. Nr. 21, S. 647.

daß mehr oder minder typische Fehldiagnosen unterlaufen. So kann eine Tabes oder progressive Paralyse vorgetäuscht werden, wenn Opticusatrophie, lichtstarre Pupillen, rheumatoide Schmerzen, Abschwächung der Sehnenreflexe, eventuell auch noch psychische Störungen zusammen kommen (Oppenheim, Meggendorfer). Freilich wird der negative Ausfall der serologischen Reaktionen und ein oder das andere sonstige kleine Zeichen, etwa eine Cessatio mensium, eine charakteristische Hautveränderung und ähnliches auf die richtige Spur weisen können. Eine multiple Sklerose, arteriosklerotische Hirnveränderungen, eine Apoplexie, primäre Epilepsie oder primäre Psychosen, Hysterie, ja sogar amyotrophische Lateralsklerose oder eine Meningitis kann durch einen Tumor der Hypophysengegend imitiert werden, wenn wir uns der verschiedenartigen oben angeführten Fernsymptome erinnern. Vor allem aber ist die Verwechslung mit anderwärts lokalisierten Hirngeschwülsten, insbesondere mit Kleinhirn- und Kleinhirnbrückenwinkeltumoren wiederholt vorgekommen und hat auch schon zu Fehloperationen an der Hypophyse geführt [1]. Namentlich bei Kindern kann der im Gefolge eines im Kleinhirn sitzenden Tumors sich entwickelnde Hydrocephalus zu röntgenologischen und klinischen Symptomen führen, wie sie für Geschwülste der Hypophysengegend charakteristisch sind. Wenn bei einem Kleinhirntumor eine Stauungspapille schon in Atrophie übergegangen ist oder wenn sich zu der primären Opticusatrophie eines Hypophysentumors später noch ein Papillenödem infolge des Hydrocephalus hinzugesellt, so kann auch dieses differentialdiagnostische Argument versagen (Cushing).

Um so wichtiger ist angesichts dieser Schwierigkeiten die Berücksichtigung einer Reihe von Symptomen, die mehr oder minder charakteristisch, als Rudimente der oben geschilderten typischen hypophysären Syndrome Beachtung verdienen. Bald ist es eine Unregelmäßigkeit oder Ausbleiben der Menstruation, bald Impotenz oder Nachlassen der Libido, bald ist es ein Aufhören der Schweißsekretion, Haarausfall, Hypothermie, Oligurie mit mangelhafter Ausscheidung beim Volhardschen Trinkversuch, herabgesetzte spezifisch-dynamische Nahrungswirkung [2], extreme Lymphocytose oder Eosinophilie, welche an eine innersekretorische Störung und speziell an die Hypophyse denken lassen. So sah ich bei einer 24 jährigen Patientin mit einem Hypophysentumor, der radiologisch, okulistisch und auch bioptisch (Operation durch O. Hirsch) sichergestellt war, der aber weder zu Akromegalie noch zu einer Dystrophieform geführt hatte, unter 7300 Leukocyten 44 % Lymphocyten und 17 % Eosinophile, eine deutlich herabgesetzte sog. spezifisch-dynamische Nahrungswirkung, Oligurie mit starker Retention im Volhardschen Versuch, Hypothermie, Haarausfall und vor allem Ausbleiben der Menstruation. In manchen Fällen sieht man eine äußerst charakteristische Hautbeschaffenheit im Gesicht. Die Haut ist fahlgelb oder blaßbräunlich und mit zahllosen, feinen und gröberen Fältchen und Runzeln durchsetzt; diese Hautbeschaffenheit erinnert an das früher als Geroderma beschriebene Symptom hypophysärer Vorderlappeninsuffizienz.

Eine ganz andersartige Hautveränderung hat in seltenen Fällen von Hypophysentumoren Reichmann [3] beobachtet. Auch ich habe sie in einem

---

[1] Rhein, J. H. W.: Arch. of neurol. a. psychiatry. Vol. 13, p. 71. 1925 (Bd. 40, S. 287).
[2] Liebesny, P.: Wien. klin. Wochenschr. 1925. Nr. 28.
[3] Reichmann, V.: Dtsch. Arch. f. klin. Med. Bd. 130, S. 133. 1919.

operativ sichergestellten und in einem wahrscheinlichen Falle von Hypophysentumor gesehen. Das Gesicht ist rot oder bläulichrot, prall gedunsen und glänzend, die Haut ganz glatt und fühlt sich sulzig-derb an. Auch an der Dorsalseite der Finger fand ich diese glänzend-glatte Hautbeschaffenheit. Rheumatoide Schmerzen quälendster Art, die wohl mit der nachgewiesenen Osteoporose der Wirbelsäule mit konsekutiver Kyphosenbildung in Zusammenhang standen, sowie hochgradige allgemeine Schwäche und Mattigkeit waren auch bei REICHMANNs Fall im Vordergrund der Beschwerden. Auf die Wichtigkeit dieser rheumatoiden und neuritischen Schmerzen bei Hypophysentumoren haben wir ja oben schon nachdrücklich aufmerksam gemacht [1]). In einem Falle meiner Beobachtung hatten sich solche „rheumatische" Beschwerden in den Beinen gegen jede Therapie refraktär erwiesen, sie wichen aber vollkommen nach operativer Behandlung der Hypophysencyste, die sich sonst nur durch eine Sehstörung verraten hatte.

In manchen Fällen kann das Vorhandensein anderweitiger „endokriner" Symptome, die etwa schon von Jugend an vorhanden und konstitutionellen Ursprunges sind, den Verdacht in die richtigen Bahnen lenken und auf eine hypophysäre Affektion hinweisen. Ich nenne von solchen Symptomen auf Grund persönlicher Erfahrungen: einen seit den Pubertätsjahren bestehenden Bartwuchs bei einer älteren Dame, fehlende Achselhaare, Fettleibigkeit, ausgesprochene Parotishyperplasie, CHVOSTEKsches Facialisphänomen, Struma u. a. Selbstverständlich können derartige und ähnliche endokrine Symptome von seiten anderer Hormonorgane auch erst durch den wachsenden Hypophysentumor ausgelöst sein und als Ausdruck des gestörten Gesamtbetriebes im innersekretorischen Apparat bei besonders veranlagten Individuen mit einer von der Norm abweichenden Reaktionsfähigkeit ihrer Hormonorgane zum Vorschein kommen. Das heißt also, der primäre blastomatöse Prozeß im Bereich der Hypophyse kann bei entsprechender konstitutioneller Disposition auch den Anstoß zu pluriglandulären Störungen geben [2]).

Die Prognose der Tumoren der Hypophysengegend hängt naturgemäß von der Art und Wachstumstendenz sowie von ihrem Sitz ab. Die weitaus häufigste Geschwulstart in der Hypophysengegend ist das Adenom. Nach den reichen Erfahrungen CUSHINGs machen die Hypophysenadenome etwa 20% aller intrakraniellen Tumoren aus, ihre Wachstumstendenz ist recht verschieden, aber selbst malign degenerierende Adenocarcinome sind verhältnismäßig gutartig, breiten sich nicht allzu schnell aus und metastasieren nur sehr selten. Diese Geschwülste sind naturgemäß zunächst intrasellar gelegen. Es gibt aber auch Geschwülste, die von Überresten der embryonalen Vorderlappenanlage herrühren, welche auf dem Wege zwischen Rachendach und Sella liegen und erhalten geblieben sind. Solche Geschwülste finden sich subsellar in der Spongiosa des Keilbeinkörpers oder in äußerst seltenen Fällen am Rachendach. Wie wir schon oben bemerkt haben, können solche subsellare Tumoren, wofern sie funktionsfähige Adenome darstellen, unter dem Bilde einer Akromegalie verlaufen. Die suprasellar sitzenden Geschwülste sind nur selten Adenome, welche von Vorderlappendrüsengewebe abstammen, in der überwiegenden Mehrzahl sind es die ERDHEIMschen Hypophysengangstumoren, welche von

---

[1]) DOMANIG: Wien. klin. Wochenschr. 1925. Nr. 27, S. 762.
[2]) ZONDEK, H.: Dtsch. med. Wochenschr. 1923. Nr. 11.

Plattenepithelresten des einstmaligen Hypophysenganges ihren Ursprung nehmen. Dazu kommen noch die aus den Resten der RATHKEschen Tasche stammenden Cysten und Teratome, die von der sellaren Durabekleidung ausgehenden Endotheliome und die basalen Gliome.

Die Therapie der Tumoren der Hypophysengegend kann, wenn man sich nicht auf eine bloß symptomatische Linderung jeweiliger Krankheitssymptome beschränken will, bloß eine chirurgische oder Bestrahlungstherapie sein. Die Fortschritte der chirurgischen Technik haben es ermöglicht, intrasellar und auch suprasellar sitzende Geschwülste zu entfernen und lange dauernde wesentliche Besserungen, ja Heilungen zu erzielen. Auch von der Röntgenbestrahlung namentlich rasch wachsender Tumoren wurden in jüngster Zeit günstige Erfolge berichtet. Durch die Entlastung des Opticus, der restlichen Hypophyse und der basalen Zentren können auch höhergradige Sehstörungen zurückgehen, die Kopfschmerzen verschwinden, die funktionellen Ausfallserscheinungen bzw. Störungen sich bessern. Sowohl die Symptome einer Dystrophie als diejenigen einer Akromegalie sind, wofern sie nicht allzu lange bestanden haben, bis zu einem gewissen Grade besserungsfähig, wenn wir auch diesbezüglich keine großen Hoffnungen hegen dürfen. Die Hauptsache bleibt die Erhaltung des Sehvermögens, die Befreiung von den gelegentlich sehr lästigen Kopfschmerzen und schließlich die Besserung des Allgemeinzustandes, der psychischen Trägheit, die Wiedererlangung der Arbeitsfähigkeit. Gerade diese aus den praktischen Erfahrungen entspringende Erkenntnis ist für die Indikationsstellung bei der Behandlung von Hypophysentumoren ungemein wichtig. Da die operative Behandlung von Hypophysentumoren selbst in der Hand der besten und erfahrensten Chirurgen doch noch eine recht gefährliche Angelegenheit darstellt — CUSHING [1]) beziffert seine Gesamtmortalität bei 164 operierten Hypophysentumoren mit $9,1 \%$ —, so darf man sich bei der Indikationsstellung zur Operation bloß von einer progredienten Sehnervenschädigung, von unerträglichen Kopfschmerzen und von ausgesprochenen, die Berufsfähigkeit beeinträchtigenden Veränderungen bestimmen lassen. Die klinischen Erscheinungen einer Akromegalie, einer hypophysär-nervösen Dystrophie oder eines Diabetes insipidus sind auch bei erwiesenem Tumor an sich keine Indikation zu einem operativen Eingriff. In solchen Fällen wird man eventuell eine Röntgentherapie versuchen können, wenngleich es für mich immer ein unsympathisches Gefühl ist, nicht sicher zu sein, ob man mit der Röntgenbestrahlung nicht etwa das Wachstum eines bis dahin verhältnismäßig harmlosen Tumors anregt, statt ihn zu schädigen und zu zerstören. Gerade da haben wir uns das primum non nocere besonders vor Augen zu halten.

Wenn ich also in solchen gutartig verlaufenden Fällen auch vor der Anwendung der Röntgenstrahlen eine gewisse Scheu empfinde, so halte ich doch die Röntgentherapie unter folgenden Umständen für geboten: Erstens in jenen Fällen, in welchen nach unseren obigen Ausführungen eine Operation in Betracht kommt, der Patient aber wegen der Gefahr oder aus anderen Gründen den Eingriff ablehnt; zweitens in jenen Fällen, in welchen eine Operation nicht mehr durchführbar ist, sei es, daß die Ausdehnung der Geschwulst, soweit eine solche Beurteilung natürlich halbwegs möglich ist, zu bedeutend ist, sei es,

---

[1]) CUSHING, H.: Arch. of neurol. a. psychiatry. Vol. 10, p. 605. 1923 (Bd. 39, S. 350).

daß der Allgemeinzustand des Patienten den Eingriff kontraindiziert oder kein genügend geschulter und erfahrener Chirurg zur Hand ist; drittens in jenen Fällen, in welchen eine Operation durchgeführt wurde, bei der aber nur eine partielle Entfernung der Geschwulst vorgenommen werden konnte; viertens schließlich beim Auftreten neuerlicher Symptome, also eines Rezidivs nach einem operativen Eingriff, wofern man hier nicht eine neuerliche Operation in Erwägung zieht. In den letzten beiden Fällen kann, wie ich das gesehen habe, auch eine lokale Radiumbehandlung durch Heranbringung entsprechender Träger an den Tumor Erfolge zeitigen.

Steht die Indikation zur operativen Therapie eines Hypophysentumors fest, dann ist die Frage nach der Art des Eingriffes zu erwägen [1]). Es gibt zwei prinzipiell verschiedene chirurgische Verfahren, um an einen Hypophysentumor heranzukommen, den transsphenoidalen Weg, der die Eröffnung der Sella turcica ohne eine solche der großen Schädelhöhle ermöglicht, da ja die Sella nach oben zu durch die Dura gedeckt ist, und den transkraniellen Weg, der sich unter breiter Eröffnung der vorderen Schädelhöhle zur Hirnbasis Zugang verschafft. Es ist klar, daß der transkranielle Weg mit Rücksicht auf die größere Gefahr von vornherein nur dort in Betracht kommt, wo man mit ziemlicher Sicherheit einen suprasellar sich ausbreitenden Tumor (gewöhnlich ERDHEIMsche Hypophysengangsgeschwulst mit FRÖHLICHschem Syndrom) annehmen kann. Solche Geschwülste sind von der Keilbeinhöhle aus nicht so gut zugänglich wie bei breiter Freilegung vom Schläfelappen oder, wie dies jetzt meist geübt wird (CUSHING, FRAZIER), vom Stirnhirn her [2]). Wo ein mit Wahrscheinlichkeit intrasellar sitzender Tumor zu operieren ist, wird man jedenfalls eines der transsphenoidalen Verfahren wählen.

Von diesen Verfahren sind folgende gebräuchlich: 1. die ursprünglich von SCHLOFFER angegebene, von EISELSBERG modifizierte und verbesserte Methode mit Umklappen der Nase von außen und Ausräumung des Naseninnern. 2. Die von CHIARI beschriebene Methode von der Augenhöhle aus durch das Siebbein. 3. Die CUSHINGsche sublabial-septale und 4. die von O. HIRSCH begründete und geübte endonasal-septale Methode. Bei den beiden letzteren Verfahren gewinnt man den Zugang zum Keilbein nach Resektion des Septum nasi, zwischen den beiderseitigen Schleimhautblättern der Nase. Diese Methoden haben den großen Vorteil, keine Narben, keine Entstellung zu hinterlassen. Auffallenderweise ist die Gefahr einer von der Nase ausgehenden meningealen Infektion nicht groß.

Für cystische Tumoren ist die HIRSCHsche Methode die geeignetste und gefahrloseste, dagegen lassen sich solide Geschwülste bei diesem Verfahren kaum je vollständig entfernen. Wesentliche Besserungen kommen aber auch hier bei bloß teilweiser Exstirpation der Geschwulst vor. Offenbar ist schon die Eröffnung der Sella von Wert, da dem wachsenden Tumor nach unten zu gegen das Keilbein Raum geschaffen und die Hirnbasis entlastet wird. Immerhin beträgt auch HIRSCHs Mortalität etwa 10% und die Zahl der Rhinologen, welche über die für die HIRSCHsche Operation notwendige Technik und Erfahrung verfügen, ist wohl an den Fingern abzuzählen. Einen besseren

---

[1]) OEHLECKER, F.: Die Chirurgie der Hypophyse. In „Chirurgie", herausg. v. KIRSCHNER, M. u. O. NORDMANN: Bd. 3, S. 349. 1925. Berlin u. Wien: Urban u. Schwarzenberg.

[2]) PUSSEP, L.: Zeitschr. f. d. ges. Neurol. u. Psychiatrie. Bd. 87, S. 388. 1923 (Bd. 35, S. 79).

Zugang, freiere Sicht und die Entfernung auch größerer, suprasellar sich ausbreitender Tumoren ermöglichen die beiden erstgenannten Verfahren. Es ist wohl Sache des Operateurs, sich für die eine oder andere Methode zu entscheiden.

Palliativoperationen wie subtemporale Dekompressionstrepanation nach CUSHING werden nur dort in Frage kommen, wo eine sellare Trepanation aus irgendeinem Grunde undurchführbar erscheint. Auch als Rezidivoperation wurde sie schon mit befriedigendem Erfolge ausgeführt. Der Balkenstich ist wohl nur in jenen Fällen in Erwägung zu ziehen, in welchen ein höhergradiger Hydrocephalus das Bild einer hypophysär-nervösen Dystrophie verursacht hat, ohne daß eine primäre Geschwulstbildung der Hypophysengegend anzunehmen wäre.

Zirbel.

Die einzigen krankhaften Veränderungen der Zirbel, welche sich als klinisch diagnostizierbar erweisen, sind Tumoren. Andersartige pathologische Prozesse dieses Organs sind zwar klinisch zur Zeit ohne Bedeutung, unter Umständen aber nicht unwichtig, um einer auf die Erfahrungen der klinischen Pathologie aufgebauten Theorie von der Funktion der Zirbel als Stütze zu dienen. Daß wir aber eine solche Theorie vorläufig nur auf diese Basis stellen können, da die Ergebnisse der Experimentalphysiologie bisher versagt haben, wurde schon in einem früheren Abschnitt hervorgehoben. Betrachten wir also zunächst die Symptomatologie der Zirbeltumoren. Wir können mit MARBURG [1] dreierlei Symptomengruppen unterscheiden: 1. Allgemeine Hirntumor-, bzw. Hirndrucksymptome, 2. lokale Druckerscheinungen von seiten der benachbarten Teile des Zentralnervensystems, 3. Symptome, die, wie MARBURG annimmt, auf die funktionelle Beeinträchtigung der Zirbel selbst zu beziehen sind, die KRABBE [2] allgemeiner dysendokrine Symptome nennt und die ich, ohne ihrer Deutung vorzugreifen, rein deskriptiv als Symptome von seiten der Entwicklung und geschlechtlichen Reifung bzw. Differenzierung bezeichnen möchte.

Ad 1. Unter den allgemeinen Hirndruckerscheinungen findet sich nur wenig Charakteristisches. Der Kopfschmerz tritt bei jugendlichen Kranken oft erst spät auf, ist nicht selten im Hinterkopf lokalisiert und mit Nackenempfindlichkeit, Opisthotonus und Intensitätswechsel beim Vornüberbeugen verknüpft. Stauungspapille fehlt nur ausnahmsweise. Gelegentlich kann eine temporale Abblassung der Papillen zur irrigen Annahme einer Sclerosis multiplex verleiten, auch konzentrische Gesichtsfeldeinschränkung kann vorkommen. Tonische, gelegentlich auch klonische epileptiforme Krämpfe sind bei vielen Fällen vermerkt. Auffallend ist oft auch die gesteigerte Schlafsucht dieser Kranken, ein Symptom, das aber vielleicht schon zu der nächsten Gruppe gehört.

Ad 2. Zu den Druckerscheinungen von seiten der Nachbarschaft der Zirbel gehören in erster Linie die Vierhügelsymptome: Augenmuskellähmungen, Blicklähmungen, Störung der Pupillenreaktion, selbst ARGYLL-ROBERTSONsches Pupillenphänomen [1]. Auch Konvergenzkrämpfe der Bulbi wurden beobachtet [3]. Seltener deuten Sensibilitätsstörungen, Tremor, Athetose auf eine Läsion der Hirnschenkelhaube, spastische Paresen auf eine Beteiligung

---

[1] MARBURG, O.: Ergebn. d. inn. Med. u. Kinderheilk. Bd. 10, S. 146. 1913.
[2] KRABBE, K.: Endocrinology. Vol. 7, Nr. 3, p. 379. 1923.
[3] DE MONCHY, S. J. R.: Brain. Vol. 46, Pt. 2, p. 179. 1923 (Bd. 32, S. 180).

des Hirnschenkelfußes. Dazu kommen noch gelegentlich Hörstörungen, Facialis-
parese, Nystagmus, cerebellare Symptome. Da Zirbelgeschwülste infolge ihrer
Topographie sehr bald zum Verschluß des Aquaeductus Sylvii führen, kommt es
fast immer zu beträchtlichem Hydrocephalus, der, wie wir mit einer Reihe von
Autoren (B. FISCHER, JELLIFFE [1]), LUCE, KRABBE, RAAB [2]), HORRAX und
BAILEY u. a.) annehmen dürfen, auch für die gelegentlich beobachtete Fettleibigkeit oder die Erscheinungen eines Diabetes insipidus verantwortlich zu
machen ist. Eine „pineale Fettsucht" im Sinne MARBURGs ist demnach heute
nicht mehr aufrecht zu erhalten. Das gleiche gilt auch für die Kachexie, welche
manche Fälle von Zirbeltumoren darbieten.

Ad 3. Am wichtigsten und interessantesten sind für uns die eigenartigen
Anomalien der Entwicklung und Geschlechtsreife, welche bei Zirbeltumoren beobachtet werden — selbstverständlich nur, soweit diese kindliche,
bzw. vor dem Pubertätsalter stehende Individuen befallen. Es handelt sich um
die Erscheinungen, welche PELIZZI als Makrogenitosomia praecox bezeichnet
hat, um eine somatische, eine geschlechtliche und oft auch psychische Frühreife, eine Pubertas praecox. Knaben von 3—4 Jahren zeigen ein mächtiges
Wachstum des Genitales, bekommen Schamhaare, haben kräftige Erektionen
und masturbieren lebhaft. Das Körperwachstum pflegt ebenfalls beschleunigt
zu erfolgen, die Stimme wird tiefer und öfters sind unverkennbare Anzeichen
einer psychischen Frühreife vorhanden. v. FRANKL-HOCHWARTs $5^{1}/_{2}$ jähriger
Knabe interessierte sich z. B. für die Unsterblichkeit. Seit den ersten Fällen
dieser Art von GUTZEIT (1896) und OESTREICH-SLAWYK (1899) sind bis heute,
soweit ich sehen konnte, 14 Fälle von autoptisch sichergestellten Tumoren der
Zirbel bekannt geworden, in denen die Erscheinungen der Pubertas praecox
vorhanden waren [3]). Alle diese Fälle betreffen Knaben im Alter von 3 bis
12 Jahren. Schon diese verhältnismäßig große Zahl analoger Beobachtungen —
es handelt sich ja nur um die obduzierten Fälle — erweist eigentlich schon,
daß das Symptom der vorzeitigen Reifung des Organismus in irgendeiner
Beziehung zur Zirbel stehen muß, denn es gibt keine anderwärts lokalisierten
intrakraniellen Geschwülste, welche mit dieser Häufigkeit das gleiche Symptom aufweisen würden. Die Beziehung kann entweder derart sein, daß die
Erscheinungen der Pubertas praecox auf eine Alteration der supponierten innersekretorischen Tätigkeit der blastomatös erkrankten Epiphyse zurückzuführen
wären, sie könnte aber auch darin gesucht werden, daß ein der Zirbel unmittelbar
benachbartes und durch deren Volumvergrößerung beeinträchtigtes nervöses
Zentrum, etwa am Aquaeductus Sylvii, die vorzeitige Reifung veranlassen
würde. Dieses supponierte Zentrum mit dem bekannten, auch experimentell
sichergestellten Zentrum am Boden des III. Ventrikels zu identifizieren, geht
deshalb nicht an, weil Druckschädigung dieses letzteren durch basale Prozesse
niemals Erscheinungen der Frühreife, sondern immer nur Genitalatrophie
hervorruft und nicht einzusehen wäre, warum Druckschädigung von dorsal
her das Gegenteil verursachen sollte.

Die Mehrzahl der Autoren nimmt mit MARBURG den ersteren Standpunkt
ein und bezieht die Frühreife auf den Ausfall einer innersekretorischen Zirbel-

---

[1]) JELLIFFE, S. E.: New York med. journ. Vol. 111, p. 235 u. 269. 1920.
[2]) RAAB, W.: Wien. Arch. f. inn. Med. Bd. 7, S. 443. 1924.
[3]) Vgl. HORRAX, G. u. P. BAILEY: l. c.

tätigkeit infolge der Geschwulstbildung. Die Tatsache, daß durchaus nicht alle Zirbelgeschwülste des Kindesalters mit den Erscheinungen der Pubertas praecox einhergehen — nach BAILEY und JELLIFFE waren es von 20 Fällen nur sieben, unter den fünf Fällen von HORRAX und BAILEY nur zwei, welche diese Erscheinungen darboten —, wäre mit der MARBURGschen Theorie in Einklang zu bringen, wenn sich nachweisen ließe, daß es die Art und Ausbreitung des Tumors, sowie die verschiedene Menge erhalten gebliebenen normalen Epiphysengewebes ist, welche für diese Differenz im klinischen Bilde verantwortlich gemacht werden könnte. Es fehlt nicht an Versuchen, einzelne Tumorfälle ohne Pubertas praecox damit zu erklären, daß kleine Teile der Zirbel durch den Tumor funktionsfähig belassen wurden (BRUSA [1])), ja KLAPPROTH [2]) deutete den Infantilismus samt Hodenhypoplasie bei einem $15^1/_2$jährigen Kranken mit Zirbelteratom plus -adenom als Folge eines Hyperpinealismus, um im Rahmen der geltenden Lehre zu bleiben.

Ob nun eine entsprechende Deutung des pathologisch-anatomischen Befundes auch in den anderen Fällen von Zirbeltumoren möglich ist oder nicht, an die Beweiskraft jener seltenen Fälle reichen sie nicht heran, in welchen eine Aplasie oder ausgesprochene Hypoplasie der Zirbel gefunden wurde. KRABBE fand eine solche komplette Zirbelaplasie bei einem einjährigen Mädchen mit Hydrocephalus; von Erscheinungen einer Frühreife war aber keine Spur vorhanden. ZANDRÉN erhob den gleichen Befund an einem $16^1/_2$jährigen, in der Entwicklung zurückgebliebenen, infantilen Knaben mit hypoplastischem Genitale, der nach der Operation eines fälschlich angenommenen peptischen Magengeschwüres starb. ZANDRÉN war auch mit einer neuen Theorie rasch zur Hand: Nicht Hypo-, sondern Hyperpinealismus rufe die Erscheinungen der Pubertas praecox in den Fällen von Zirbeltumoren hervor, Hypo- bzw. Apinealismus verhindere dagegen die Reifung des Organismus. Ganz abgesehen davon, daß es sich in den Fällen von Pubertas praecox mit Zirbeltumoren meist um Teratome oder Sarkome handelt, denen man schwerlich eine übermäßige innersekretorische Zirbelfunktion zumuten kann, liegt auch eine Beobachtung von ASKANAZY und BRACK vor, wo eine hochgradige Hypoplasie der Zirbel bei einem idiotischen Mädchen mit vorzeitiger Reife einherging. Wir gelangen demnach zu folgender Schlußfolgerung: Die Koinzidenz von Frühreife mit Anomalien der Zirbel ist keinesfalls auf einen supponierten hormonalen Hyperpinealismus zu beziehen, beruht aber möglicherweise auf der Herabsetzung, bzw. dem Ausfall der supponierten innersekretorischen Zirbelfunktion. Auch in diesem Falle wäre jedoch die Ausbildung der Frühreife keine unbedingte Folgeerscheinung, sondern vom Vorhandensein noch anderer, vorläufig unbekannter Voraussetzungen abhängig. Läßt sich nun über die Art dieser Voraussetzungen etwas aussagen?

Mit Rücksicht auf die bekannten Beziehungen der Nebennierenrinde zur Pubertas praecox könnte zunächst daran gedacht werden, daß die Ausbildung der Frühreife bei Erkrankungen der Zirbel auf dem Umwege über eine Überfunktion der Nebennierenrinde zustande käme. Tatsächlich wurden in

---

[1]) BRUSA, P.: Riv. di clin. pediatr. Vol. 22, p. 73. 1924 (Bd. 35, S. 301).
[2]) KLAPPROTH, W.: Zentralbl. f. allg. Pathol. u. pathol. Anat. Bd. 32, S. 617. 1922 (Bd. 26, S. 133).

vereinzelten Fällen hyperplastische Nebennieren beobachtet, in anderen dagegen vermißt, in der Mehrzahl der Fälle wurde ihr Verhalten nicht näher beachtet. Da aber die Fälle primär suprarenaler Frühreife bei Mädchen regelmäßig ein Umschlagen in den heterosexuellen Geschlechtstypus zeigen, da sie ferner ganz überwiegend weibliche Individuen, die pinealen Fälle dagegen mit Ausnahme des Falles von ASKANAZY und BRACK durchwegs Knaben betreffen, so wird diese Annahme wohl als mindestens sehr unwahrscheinlich angesehen werden dürfen. Daran ändert sich auch nichts, wenn wir hören, daß der von OESTREICH und SLAWYK beschriebene vierjährige Knabe mit Zirbeltumor und vorzeitiger Körperreife als einziger Fall dieser Art hypertrophische Mammae bekam, aus denen sich Colostrum ausdrücken ließ, zumal gerade bei ihm normale Nebennieren gefunden wurden.

Es wäre aber auch daran zu denken, daß die Entstehung der Frühreife bei pinealen Krankheitsprozessen vom Zustande gewisser nervöser Zentren abhängig ist, welche die somatische Reifung des Organismus, vor allem aber die Trophik der Keimdrüsen beherrschen und regulieren. Am Boden des III. Ventrikels ist ein derartiges Zentrum, wie wir in einem früheren Kapitel gehört haben, auch experimentell nachgewiesen worden. Will man dieses Zentrum zur Erklärung heranziehen, so müßte man annehmen, daß es durch das supponierte Inkret der Zirbel in entgegengesetztem Sinne beeinflußt wird wie durch das Inkret der Hypophyse und daß auch das Zirbelinkret analog dem der Hypophyse vielleicht auf dem kurzen Wege des Liquor cerebrospinalis [1]) dieses basale Zentrum für die Genitaltrophik gewissermaßen detonisiert. Wir hätten es wiederum mit zwei Sicherungen einer Lebensfunktion zu tun, einer nervösen und einer hormonalen, und die Entstehung der Frühreife bei Ausfall der Zirbel wäre von der verschiedenen Stabilität der zweiten, der nervösen Sicherung abhängig.

Ebenso hypothetisch ist eine schon oben in Erwägung gezogene andere Annahme, daß neben diesem basalen Genitalzentrum noch ein zweites, dorsaler gelegenes mesencephales existiert, das, ein funktioneller Antagonist des ersteren, Druckschädigungen von seiten der Zirbeldrüse leicht ausgesetzt wäre. Diese gleichfalls durchaus hypothetische Annahme würde erklären, warum zahlreiche, wenn auch nicht alle Tumoren gerade der Zirbel zu Frühreife führen, und stünde mit der Auffassung jener Autoren im Einklang, die eine innersekretorische Funktion der Zirbel völlig leugnen. Daß auch einmal in einem Falle von hochgradiger Hypoplasie der Zirbel Frühreife beobachtet wurde (ASKANAZY und BRACK), müßte auf eine der Zirbelmißbildung koordinierte Anomalie des supponierten Zentrums bezogen werden, was bei dem idiotischen Mädchen gewiß nicht unwahrscheinlich wäre, zumal auch sonst mehrfach Fälle von Frühreife durch cerebrale Erkrankungen beobachtet worden sind, bei denen die Zirbel anatomisch unbeteiligt war. So bei tuberöser Hirnsklerose (KRABBE [2])), bei einem im III. Ventrikel sich entwickelnden, den Aquaeductus Sylvii abplattenden Hirntumor (SCHMALZ [3])), bei epidemischer Encephalitis (F. STERN [4]), JOHN [5])).

---

[1]) Vgl. LOEWY, P.: Arb. a. d. neurol. Inst. d. Wiener Univ. Bd. 20, S. 130. 1912.
[2]) KRABBE, K. H.: Encéphale. Tom. 17, p. 281, 437 u. 496. 1922 (Bd. 26, S. 544).
[3]) SCHMALZ, A.: Beitr. z. pathol. Anat. u. z. allg. Pathol. Bd. 73, S. 168 (Bd. 39, S. 523).
[4]) STERN, F.: Med. Klinik. 1922. S. 842.
[5]) JOHN: Dtsch. Zeitschr. f. Nervenheilk. Bd. 80, S. 299. 1924 (Bd. 35, S. 223).

Die Frühreife in solchen Fällen nur als zufällig dem Hirnprozeß koordinierte allgemeine Konstitutionsanomalie anzusehen, wie KRABBE das in seinen Fällen angenommen hat, geht wohl nicht an. Hier ist doch ein unmittelbarer kausaler Zusammenhang zwischen den sehr differenten Hirnerkrankungen und der Frühreife viel näherliegend. Damit soll natürlich nicht geleugnet werden, daß es Fälle von konstitutioneller, d. h. schon erbanlagemäßig bedingter Frühreife gibt, im Gegenteil! Ich selbst habe ja auf diese Fälle mit allem Nachdruck aufmerksam gemacht [1]) und es ist nicht zu bezweifeln, daß im Keimplasma Gene existieren, welche für das Tempo des Entwicklungsverlaufes, also auch für den Eintritt der Pubertät und die Reifungszeit der Keimdrüsen maßgebend sind. Das beweisen die gar nicht so seltenen heredofamiliären Fälle von abnormer Frühreife [2]) (vgl. Abb. 48—49, S. 402). Die Wirksamkeit dieser Gene erstreckt sich offenbar in mehr oder minder ausgesprochener Weise auf alle Gewebe und Organe, die an diesem Reifungsprozeß beteiligt sind und ihn regulierend beeinflussen. Für die nähere Aufklärung der Genese der Frühreife, d. h. also zur Analyse der verschiedenen endokrinen und eventuell nervösen Mechanismen sind aber solche Fälle nicht geeignet. ASKANAZY hatte ursprünglich die Ansicht vertreten, es sei nicht der pineale Sitz eines Tumors sondern dessen Teratomcharakter, dem die Entstehung der Frühreife zuzuschreiben wäre. Diese Auffassung, so geistvoll sie begründet wurde, steht jedoch mit den Tatsachen derart in Widerspruch, daß sie heute wohl allgemein abgelehnt wird. Wir kommen somit zu der weiteren Schlußfolgerung: Es ist sehr wahrscheinlich, daß Frühreife durch die Alteration eines nervösen Zentrums zustande kommen kann. Ob die sog. pineale Frühreife durch Druckschädigung oder hormonale Beeinträchtigung dieses Zentrums, bzw. unmittelbar durch Ausfall des supponierten Zirbelinkretes entsteht, läßt sich nicht entscheiden. Demnach erscheint es auch nicht erwiesen, daß die Zirbel eine inkretorische Tätigkeit ausübt.

Als Argument hierfür scheint mir auch BERBLINGERs [3]) Befund übergewichtiger, also wohl hyperplastischer Hoden bei einem 35jährigen Manne mit Zirbelgliom nicht in Betracht zu kommen. Abgesehen von erheblichen individuellen Größenunterschieden normaler Hoden käme ja gleichfalls eine Druckwirkung auf das supponierte Genitalzentrum in Frage. Ebensowenig beweisend sind Potenzstörungen und involutive Veränderungen am Hoden erwachsener Männer, die an metastasierenden malignen Adenomen („Pinealomen") der Zirbel zugrunde gehen. Die somatische und speziell genitale, sowie eventuell auch psychische Frühreife erscheint demnach als ein diagnostisch sehr wichtiges, häufig vorhandenes und pathognomonisches Symptom von Zirbeltumoren, die sich im präpuberalen Alter entwickeln. Auch diese Tatsache ist jedoch kein Beweis einer innersekretorischen Funktion dieses Organs.

---

[1]) BAUER, J.: Konstitutionelle Disposition. 3. Aufl. l. c. S. 151 u. Endocrinology. Vol. 8, Nr. 3, p. 297. 1924.

[2]) Literatur bei BAUER, J.: l. c., ferner FEIN, A.: Münch. med. Wochenschr. 1923. S. 772 (Bd. 31, S. 38); SIEGEL, A. E.: Arch. of pediatr. Vol. 41, p. 265. 1924.

[3]) BERBLINGER, W.: Virchows Arch. f. pathol. Anat. u. Physiol. Bd. 227, Beih., S. 38, 1920 u. Zeitschr. f. d. ges. Neurol. u. Psychiatrie. Bd. 95, S. 741. 1925 (Bd. 40, S. 727).

Die Therapie ist den Fällen von Zirbeltumoren gegenüber bis heute machtlos. Eine operative Entfernung etwa mit Durchtrennung des Balkens [1]) ist bisher der ungeheuren Schwierigkeiten und Gefahren wegen nicht versucht worden. Eine spezifische Organotherapie in Fällen von pinealer Frühreife hat bisher niemals die Erscheinungen zum Rückgang gebracht.

Keimdrüsen.

Hypogenitalismus (die Unterfunktion der Keimdrüsen).

Die Folgeerscheinungen des Wegfalls der innersekretorischen Keimdrüsenfunktion haben wir in einem früheren Kapitel eingehend geschildert und dort die Veränderungen kennen gelernt, die eine Früh- oder Spätkastration bei männlichen und weiblichen Individuen hervorruft. Wir werden daher die klinische Symptomatologie des Ausfalles der innersekretorischen Keimdrüsentätigkeit hier nicht mehr vollständig darzustellen brauchen und können uns darauf beschränken, sie nach einigen Richtungen hin zu ergänzen, sowie folgende Grundsätze nochmals hervorzuheben und festzuhalten: Wir begegnen in der Klinik allen Zwischenstufen zwischen einem Normalindividuum und dem kompletten Kastratentypus und zwar nicht nur bezüglich der quantitativen Ausbildung jeder einzelnen von der innersekretorischen Keimdrüsenfunktion abhängigen Eigenschaft, sondern auch bezüglich der individuell verschiedenen Mischungen aller dieser Einzelmerkmale. Diese Erscheinung ist abhängig 1. von dem Grade der Beeinträchtigung der innersekretorischen Keimdrüsenfunktion, sei sie nun durch eine krankhafte Zerstörung und Reduktion des funktionsfähigen Parenchyms, durch eine toxische Schädigung oder primäre konstitutionelle Minderwertigkeit des Drüsengewebes bedingt; 2. von der Schnelligkeit, mit welcher die inkretorische Keimdrüsenfunktion abnimmt bzw. aussetzt; 3. von dem Alter, in welchem die Unterfunktion der Keimdrüsen einsetzt und 4. von der autochthon-chromosomalen, konstitutionellen Beschaffenheit und Reaktionsfähigkeit der betreffenden Erfolgsorgane.

Der erste Punkt bedarf keiner weiteren Erläuterungen, von einem „Alles- oder Nichts-Gesetz" kann beim Menschen keine Rede sein, mit dem variablen Ausmaß der Hormonproduktion variieren auch die Hormonwirkungen. Was das Tempo der Funktionseinstellung anlangt, so scheint es klar, daß Anpassungsvorgänge und Gewöhnung um so eher die Folgeerscheinungen des Hypogenitalismus mildern werden, je langsamer es ist. Die verhältnismäßig brüske Unterbrechung der Ovarialtätigkeit zur Zeit des Klimakteriums mit seinen vielfachen subjektiven Beschwerden und Krankheitserscheinungen steht da der sehr langsam fortschreitenden senilen Involution der männlichen Keimdrüsen gegenüber. Da das Keimdrüsenhormon nur eine protektive Wirkung auf anlagemäßig schon vorhandene Merkmale ausübt, so werden die Folgen eines Funktionsausfalles der Keimdrüsen verschieden sein, je nach der Zeitdauer, welche sie diese protektive Wirkung bereits ausgeübt und ob sie sie überhaupt schon ausgeübt haben und je nach der individuell differenten Anlage dieser Merkmale also je nach der qualitativen und quantitativen Reaktionsfähigkeit der Erfolgsorgane.

---

[1]) Vgl. ODERMATT, W.: Schweiz. med. Wochenschr. 1925. S. 474 (Bd. 40, S. 883).

Da, wie wir in einem früheren Kapitel einleitend bemerkt haben, die innersekretorische Keimdrüsentätigkeit als unterstützender Faktor ihrer außensekretorischen Funktion im Dienste der geschlechtlichen Fortpflanzung im allgemeinsten Sinne steht, so werden wir uns nicht wundern, daß eine solche inkretorische Funktion nur zu Zeiten der Geschlechtsreife vorhanden ist, daß sie mit ihr einsetzt und mit ihr schwindet. Wir haben keinen Grund, eine inkretorische Keimdrüsenfunktion vor der Pubertät oder nach dem Klimakterium anzunehmen, eine Kastration in diesen Lebensperioden bringt keine unmittelbaren Folgeerscheinungen mit sich, diese werden im ersteren Falle erst bemerkbar, wenn das im Kindesalter kastrierte Individuum in die Pubertätsjahre tritt. Im Kindes- und Greisenalter macht sich also das Fehlen der Keimdrüsen durch keine hormonalen Ausfallserscheinungen bemerkbar. Die Kenntnis dieser Tatsache ist, wie wir hören werden, auch in der ärztlichen Praxis von großer Bedeutung.

Zunächst einmal eröffnet sie uns das Verständnis für gewisse Formen von Hypogenitalismus, die nichts anderes sind als die krankhafte Persistenz des gewissermaßen physiologischen Hypogenitalismus der Kindheit oder das präzipitierte, prämature Einsetzen des physiologischen Hypogenitalismus des Seniums. Im ersteren Falle handelt es sich um einen Infantilismus, im zweiten um einen Senilismus, wobei jedesmal die Entscheidung zu treffen sein wird, ob ein universeller Infantilismus, bzw. Senilismus oder ob ein nur die Keimdrüsen betreffender Partialinfantilismus, bzw. -senilismus vorliegt. Als Infantilismus und Senilismus bezeichnen wir bestimmte pathologische Formen des Entwicklungs- und Rückbildungsablaufes. Der Infantilismus stellt einen Stillstand der Entwicklungsfunktion dar mit längerer Persistenz eines de norma rascher vorübergehenden infantilen Entwicklungsstadiums, der Senilismus ist eine vorzeitige und übermäßige Altersinvolution. Beide können den Gesamtorganismus gleichmäßig oder bloß einzelne seiner Teile betreffen. In diesem Sinne sprechen wir von universellem und partiellem Infantilismus und Senilismus. Beim universellen Infantilismus und Senilismus betrifft die Evolutions-, bzw. Involutionsanomalie den Gesamtorganismus mehr oder minder gleichmäßig, das betroffene Individuum gleicht in jeder Beziehung einem entsprechend jüngeren, bzw. älteren. Beim universellen Infantilismus ist demnach der Hypogenitalismus nur eine selbstverständliche Teilerscheinung des abnormen Gesamtzustandes, er ist nur ein Begleitsymptom, beileibe nicht die Ursache, so wenig der physiologische Hypogenitalismus des Kindesalters die Ursache der Kindlichkeit darstellt.

Differentialdiagnostisch wird demnach gegenüber einem nur die Keimdrüsen betreffenden Partialinfantilismus vor allem das Verhalten des Wachstums und des Seelenlebens von Belang sein. Persistiert beim universellen Infantilismus ein bestimmtes Entwicklungsstadium des Gesamtorganismus abnorm lang, dann wird das Individuum auch im Wachstum und im psychischen Verhalten einem entsprechend jüngeren gleichen; es wird die Körperproportionen, den Habitus eines Jüngeren aufweisen, während beim Partialinfantilismus, also bei alleiniger Entwicklungsverzögerung der Keimdrüsen das Wachstum nicht stehen bleibt und der Habitus die charakteristische Gestaltung des eunuchoiden Hochwuchses oder Fettwuchses, bzw. einer Kombination der beiden annimmt, die seelische Entwicklung fortschreitet und nur insofern der kindlichen

Psyche gleicht, als auch die Erotisierung, der Geschlechtstrieb und die damit zusammenhängenden Eigentümlichkeiten des Seelenlebens in der Regel fehlen. Intellekt und Charakter entwickeln sich aber dem Alter vollkommen entsprechend.

Vom universellen Senilismus unterscheidet sich der Partialsenilismus der Keimdrüsen dadurch, daß nur die früher geschilderten Folgeerscheinungen der Spätkastration, keineswegs aber die typischen allgemeinen Alterserscheinungen von seiten der Haut, Haare, Muskulatur, des Skelettsystems, Zirkulationsapparates, Nervensystems, der Sinnesorgane usw. sich einstellen. Das vorzeitige Ergreisen der Keimdrüsen beruht wie jeder Partialsenilismus auf einer Abiotrophie, einer geringen Lebensenergie, die zu einer vorzeitigen Erschöpfung mit Parenchymatrophie führt. Es ist verständlich, daß äußere Schädigungen verschiedenster Art, schwere Allgemeinerkrankungen, infektiöse und toxische Noxen der Abiotrophie Vorschub leisten und die vorzeitige Atrophie begünstigen und beschleunigen können. Es mag dann gelegentlich schwer sein, den Anteil dieses exogenen Faktors und jenen des endogen-konstitutionellen richtig einzuschätzen, denn es führen alle Übergänge von der völlig spontanen vorzeitigen Involution zu der etwa im Anschluß an eine Dysenterie, wie ich dies gesehen habe, an Typhus, Scharlach oder bei Lues eintretenden Atrophie der Keimdrüsen.

Wenn auch Infantilismus und Senilismus Gegenpole eines abnormen Entwicklungsablaufes darstellen, so haben sie doch eine biologisch minderwertige hypoplastische Anlage des betreffenden Organs gemeinsam, denn auch die isolierte Verzögerung in der Entwicklung des betreffenden Organs, also der Partialinfantilismus ist Ausdruck einer derartigen konstitutionellen Hypoplasie, die in ihren Auswirkungen gegebenenfalls durch äußere Schädigungen des Organs unterstützt werden, kann. Es kann daher auch ein Partialinfantilismus der Keimdrüsen in der aufsteigenden Lebensphase von einem Partialsenilismus in der absteigenden abgelöst werden, d. h. die Keimdrüsentätigkeit setzt verspätet ein und erschöpft sich zu früh. So sah ich eine etwa 27jährige Frau von ausgesprochen eunuchoidem Hochwuchs mit mangelhaft ausgebildeten sekundären Geschlechtsmerkmalen, die erst im Alter von 20 Jahren unregelmäßig zu menstruieren begonnen hatte, immerhin aber mit 24 Jahren ein lebendes Kind auszutragen vermochte, um aber im Anschluß an die Lactation die Menstruation für immer zu verlieren und eine hochgradige „senile" Atrophie der Geschlechtsorgane zu bekommen; also Partialinfantilismus und Partialsenilismus der offenkundig minderwertigen, durch die normale Belastung einer einzigen Gravidität bereits erschöpften Eierstöcke. Verspätete Menarche und vorzeitige Klimax treffen ja auch sonst nicht gerade selten zusammen, wenn auch nicht in dieser exzessiven Form. Die konstitutionelle Grundlage dieser Zustände geht aus ihrer ausgesprochenen Heredität unzweifelhaft hervor. Ich kenne eine ganze Reihe von Familien, in denen die Menses fast durchwegs erst mit 17 bis 19 Jahren einsetzten oder mit 42 bis 38 Jahren und früher aussetzten.

Beim männlichen Geschlecht pflegt die isolierte Entwicklungsverzögerung und Rückbildungsbeschleunigung der Keimdrüsen nicht so ausgeprägte, in die Augen springende Symptome hervorzurufen, im Prinzip kann man aber bei Beachtung der Verhältnisse ganz analoge Erscheinungen beobachten.

Nun kann es auch vorkommen, daß die Lebensenergie der Keimdrüsen so gering, ihre Hypoplasie also derart hochgradig ist, daß ihre Pubertätsentwicklung überhaupt nicht oder nur in sehr mangelhafter Weise eintritt, ihr infantiler Zustand also dauernd erhalten bleibt und sie der Greisenatrophie verfallen, ohne jemals das normale Reifestadium erreicht zu haben. In diesen Fällen spricht man von Eunuchoidismus (GRIFFITH, DUCKWORTH, TANDLER und GROSZ), welche Bezeichnung die Ähnlichkeit mit dem Eunuchen, also Frühkastraten zum Ausdruck bringt. Man hat übrigens Fälle von vorzeitiger Keimdrüsenatrophie mit konsekutiver Rückbildung des übrigen Geschlechtsapparates und der sekundären Geschlechtsmerkmale auch als Späteunuchoidismus bezeichnet (FALTA), insofern sie eben teilweise wenigstens ähnlich den Spätkastraten eunuchoide Merkmale annehmen, dem eunuchoiden Typus zustreben. Wenn wir den Eunuchoidismus als Partialinfantilismus oder, wofern es sich um eine ganz besonders hochgradige morphologische Hypoplasie handelt, als Partialfetalismus der Keimdrüsen auffassen, so dürfen wir uns hiebei auf die vorliegenden anatomischen Befunde stützen, die durchwegs die morphologischen Zeichen einer hochgradigen Unterentwicklung der Keimdrüsen ergeben haben (TANDLER und GROSZ, STERNBERG [1]), GARFUNKEL, SELLHEIM [2])). Die Hodenkanälchen „gleichen bis zu einem gewissen Grade den Hodenkanälchen von Kindern" (TANDLER und GROSZ, l. c. S. 65). Daß die Übereinstimmung der histologischen Bilder eunuchoider und kindlicher Keimdrüsen keine vollkommene sein kann, ergibt sich aus der bloßen Erwägung, daß auch ein in der Entwicklung zurückgebliebenes, also partialinfantilistisches Organ Altersveränderungen unterliegt, die hier sogar früher und in stärkerem Ausmaße sich geltend machen dürften. In gewissen Fällen begegnet man auch einem mangelhaften Descensus testiculorum (Kryptorchismus), bzw. ovariorum (Fall SELLHEIM) als Ausdruck der Persistenz eines fetalen Entwicklungsstadiums. Schließlich sei der äußerst seltenen Fälle gedacht, in welchen überhaupt kein Keimdrüsengewebe zu finden ist. Nur die wenigsten derartigen Beobachtungen halten wirklich der Kritik stand und KERMAUNER [3]) sowohl wie R. MEYER [4]) bezweifeln überhaupt das Vorkommen einer primären Aplasie der Keimdrüsen. Es solle sich um frühfetalen Untergang ursprünglich doch angelegter Keimdrüsen handeln.

Der Eunuchoidismus ist ein nicht allzu seltenes Vorkommnis und eigentlich mehr eine bloße Konstitutionsanomalie denn ein Krankheitszustand, da subjektive Beschwerden oder objektive, die Lebensfähigkeit des Individuums beeinträchtigende Betriebsstörungen im Organismus durch den Hypogenitalismus als solchen nicht hervorgerufen werden. Auch die Lebensdauer wird, wie ich gegenüber VORONOFF u. a. ausdrücklich hervorheben möchte, durch den Hypogenitalismus keineswegs verkürzt, liegen doch Obduktionsbefunde an einem 74jährigen Skopzen (KOCH [5])) oder einem 77jährigen Eunuchoiden

---

[1]) STERNBERG, C.: Beitr. z. pathol. Anat. u. z. allg. Pathol. Bd. 69, S. 262.

[2]) SELLHEIM, H.: Arch. f. Frauenk. u. Konstitutionslehre. Bd. 10, S. 215. 1924.

[3]) KERMAUNER, F.: In HALBAN-SEITZ' Biol. u. Pathol. d. Weibes. Bd. 3, S. 281. Berlin-Wien: Urban u. Schwarzenberg 1924.

[4]) MEYER, R.: Virchows Arch. f. pathol. Anat. u. Physiol. Bd. 255, S. 33. 1925. — Vgl. auch RANDERATH, E.: Virchows Arch. f. pathol. Anat. u. Physiol. Bd. 254, S. 798. 1925.

[5]) KOCH, W.: Veröff. a. d. Geb. d. Kriegs- u. Konstitutions-Pathol. Bd. 2, H. 3. 1921.

(GARFUNKEL[1])) vor. Dabei können sich freilich einzelne Alterserscheinungen, wie vor allem das Geroderma schon in frühen Jahren bemerkbar machen. Das Haupthaar ergraut sicherlich nicht früher als bei Individuen mit normaler Keimdrüsentätigkeit. KOCH hebt sogar das auffallend späte Ergrauen der Skopzen hervor.

Der Eunuchoidismus unterscheidet sich vom Zustande nach Frühkastration in zwei prinzipiellen Dingen. Erstens gibt es beim Eunuchoidismus quantitative Abstufungen der Hypoplasie und damit der Pubertätsentwicklung der Keimdrüsen, daher also auch quantitative Abstufungen des klinischen Bildes eines Hypogenitalismus mit verschiedensten Symptomenkombinationen und zweitens figuriert unter den ursächlichen Momenten des Eunuchoidismus nicht selten auch eine abnorme Geschlechtsanlage, ein konstitutionell abnormes Verhältnis zwischen den Geschlechtsfaktoren M und F, das nach unseren obigen Ausführungen sich nicht allein an den Keimdrüsen sondern auch an allen jenen Organen auswirkt, welche Träger von Geschlechtsmerkmalen darstellen. Haben wir es also beim Frühkastraten nur mit dem totalen Ausfall des Keimdrüsenhormons zu tun, so müssen wir beim Eunuchoidismus in Erwägung ziehen, erstens, in welchem Ausmaß doch noch eine innersekretorische Funktion der Keimdrüsen stattfindet, und zweitens, ob nicht die Keimdrüsenhypoplasie selbst nur Folge und Hauptsymptom einer zygotisch-chromosomalen Anomalie darstellt, die sich ihrerseits außer in den Ausfallserscheinungen von seiten der Keimdrüsen auch in koordinierten Begleitsymptomen äußern kann. Damit kommen wir zu einem Verständnis gewisser Übergangs- und Kombinationsformen von Eunuchoidismus mit Intersexualität, von welch letzteren im folgenden Abschnitt ausführlicher die Rede sein soll. Wir müssen im Auge behalten, daß die kausalen Bedingungen des Eunuchoidismus verschiedener Natur sein können. Eine fetale oder frühinfantile exogene Schädigung (Parotitis, Typhus, Scharlach und andere Infektionen, traumatische Schädigungen, z. B. auch anläßlich einer Hernienoperation[2])) kann die Pubertätsentwicklung der Hoden ebenso verhindern wie eine konstitutionelle, anlagemäßige Unterentwicklung. Nun unterstehen aber die Keimdrüsen ebenso wie andere Organe zweifellos nicht einer einzigen Erbanlage, sondern sind das Produkt des Zusammenwirkens einer Reihe von anlagemäßigen Potenzen, die unmittelbar oder mittelbar das Schicksal der werdenden Keimdrüsen mitbestimmen. Nur eine von diesen anlagemäßigen Potenzen stellt das Prävalenzverhältnis zwischen M und F dar, so daß nur in gewissen Fällen von Eunuchoidismus auch Erscheinungen zygotisch-chromosomaler Intersexualität erwartet werden dürfen.

Alle diese Umstände sind für das Verständnis der differenten Symptomatologie des Eunuchoidismus von Bedeutung. Auf die symptomatologischen Dissoziationen im Sexualgebiet hat namentlich STERLING[3]) hingewiesen. Bei ausgesprochenster Hypoplasie des Genitales kann Libido oder selbst die Potenz erhalten sein und umgekehrt kann funktioneller Defekt ohne gröbere morphologische Hypoplasie bestehen. Auch bloße Azoospermie bei vorhandener Libido

---

[1]) GARFUNKEL, B.: Beitr. z. pathol. Anat. u. z. allg. Pathol. Bd. 72, S. 475. 1924 u. Schweiz. med. Wochenschr. Nr. 22, S. 500. 1924.

[2]) LICHTENSTERN, R.: Die Überpflanzung der männlichen Keimdrüse. Wien: Julius Springer 1924. — STEINDL, H.: Wien. klin. Wochenschr. 1925. Nr. 42. (Beilage.)

[3]) STERLING, W.: Zeitschr. f. d. ges. Neurol. u. Psychiatrie. Bd. 16, S. 235. 1913.

und Potenz kann meiner Erfahrung nach den Ausdruck eines rudimentären Eunuchoidismus darstellen.

Einmal sah ich einen 40 jährigen, sehr großen, deutlich eunuchoid proportionierten Mann mit nur äußerst spärlichem und mangelhaftem Bartwuchs, juveniler Anordnung der Crines pubis und im übrigen völlig fehlender Stammbehaarung, der ein geradezu auffällig großes Genitale aufwies. Ich kenne einen 38 jährigen Mann mit typischem eunuchoidem Hochwuchs (182 cm groß, 101,5 cm Unterlänge, 184,5 cm Spannweite) mit bohnengroßen, matschen Hoden, einem Penis von kindlichen Dimensionen, mit hoher Stimme, ohne Bartwuchs und Stammbehaarung, der an schier unerträglicher Libido mit heterosexuell-erotischen Träumen und Erektionen zu leiden vorgab und der nur aus Furcht vor Verspottung keinen ·Geschlechtsverkehr versuchte. Ejaculationen hatte der Patient nie gehabt. Bemerkenswert ist dabei, daß eine an der Klinik EISELSBERG auf meine Veranlassung vorgenommene Implantation eines Affenhodens (Macacus) an dem somatischen Zustand nicht das mindeste änderte, die libidinösen Vorstellungen aber zur Freude des Patienten sogar nachließen.

Bei einem typischen Fall von weiblichem Eunuchoidismus sah ich gleichfalls normale Libido mit sexueller Betätigung. Es war dies eine 24 jährige, niemals menstruierte Studentin mit dem Habitus des eunuchoiden Hochwuchses (Größe 170 cm, Unterlänge 92 cm, Spannweite 172, 5 cm), mit hochgradiger Genital-hypoplasie und ganz rudimentär entwickelten Mammae und Mamillae. Die konstitutionelle Natur des Eunuchoidismus ergab sich daraus, daß die jüngere Schwester der Patientin erst mit 19 Jahren zu menstruieren begann, eine zweite, jetzt 18 jährige Schwester noch nicht menstruiert und die Mutter von ihrem 16. bis zum 20. Lebensjahr nur sehr unregelmäßige Blutungen hatte. Alle Familienmitglieder sollen groß sein und besonders lange Beine haben. Auch bei einer von GALANT [1]) beschriebenen konstitutionellen Eunuchoiden — ihre 24 jährige Schwester hatte nie menstruiert — war Libido und sexuelle Befriedigung normal.

Der weibliche Eunuchoidismus oder, wie ihn SELLHEIM zutreffender nennt, Kastratoidismus ist weit seltener als der männliche. Anatomisch-histologisch durch den Nachweis hochgradigster Ovarialhypoplasie beglaubigt ist nur ein Fall SELLHEIMs. Neben der Genitalhypoplasie sind die wichtigsten Merkmale des weiblichen Kastratoidismus die hochgradige Unterentwicklung der Brustdrüse und Brustwarze, spärliche Ausbildung der Crines pubis, eventuell auch axillares, infantiles Becken, Fehlen der MICHAELISschen Raute, sowie eunuchoide Körperproportionen. Diese letzteren sind allerdings, wie wir gleich hören werden, allein keineswegs beweisend für Hypogenitalismus und sind nach BUCURA auch nicht obligatorisch. Das Fettpolster kann sehr spärlich (TANDLER und GROSZ, SELLHEIM), es kann aber auch recht reichlich (STERLING) vorhanden sein. Ich habe beide Typen beobachten können. In dem oben angeführten Falle war z. B. um die Hüften und an den Oberschenkeln eine ziemlich ausgiebige Fettpolsterung vorhanden. Die Verteilung des subcutanen Fettes an der Körperoberfläche wird durch den Mangel an weiblichem Keimdrüsenhormon nicht beeinflußt.

---

[1]) GALANT, J. S.: Zeitschr. f. d. ges. Anat., Abt. 2: Zeitschr. f. Konstitutionslehre. Bd. 12, S. 70. 1925.

Wenn gelegentlich bei Frauen mit Hypogenitalismus ein männlicher Behaarungstypus im Gesicht, am Bauch und an den Beinen vorkommt (BUCURA, eigene Beobachtung), so liegt hier schon kein reiner Kastratoidismus, sondern zum mindesten ein Übergang zum Intersex vor, wie wir dies oben theoretisch abgeleitet haben. Das gleiche gilt für die seltenen Fälle von Eunuchoidismus mit sexueller Inversion (homosexueller Triebrichtung [1])). Da ein konstitutioneller Partialinfantilismus, bzw. -fetalismus der Keimdrüsen häufig nicht das einzige Merkmal einer konstitutionellen Anomalie des Individuums darstellt, sondern sich mit den verschiedensten anderweitigen Partialinfantilismen und sonstigen degenerativen Anomalien kombiniert, so kommt es insbesondere beim weiblichen Geschlecht nicht selten zu jenen Symptomenbildern, die zum Teil auf die konstitutionelle innersekretorische Keimdrüseninsuffizienz, zum anderen Teil aber auf autochthone Entwicklungshemmungen von Organen und Organsystemen zu beziehen sind, die dem Partialinfantilismus der Keimdrüsen koordiniert und von ihm unabhängig sind. Zu solchen koordinierten Infantilismen bzw. anderweitigen degenerativen Anomalien gehört z. B. die recht häufige, wenn auch nach meinen Erfahrungen nicht konstante Mononucleose des Blutes (GUGGENHEIMER, FALTA), die Hypoplasie des Zirkulationsapparates, die konstitutionelle Enteroptose u. a. Auch die Häufigkeit der Imbezillität und die Neigung zu degenerativen „Pfropf"-Psychosen ist hier anzuführen.

In umkomplizierten reinen Fällen von Eunuchoidismus, bzw. Kastratoidismus ist dagegen die Intelligenz vollkommen normal. Gewisse Charakterzüge der Eunuchoiden, wie scheues Wesen, Neigung zu Zurückgezogenheit und geringe Mitteilsamkeit, gelegentlich auch sonderbare Liebhabereien sind wohl nur mittelbare Konsequenzen des Hypogenitalismus, die sich aus der psychologischen Einstellung des Individuums zu seiner Anomalie, sowie aus dem Wegfall der das normale Seelenleben entscheidend beeinflussenden psychosexuellen Gedankenwelt ergeben. Eine gewisse schizoide Färbung der geistigen Persönlichkeit Eunuchoider (vgl. KRETSCHMER [2])) ist oft nicht zu verkennen. Meiner Erfahrung nach pflegen sich Eunuchoide aus den niederen Gesellschaftsklassen oft auffallend gewählt und geschraubt auszudrücken. Ein 38jähriger Eunuchoider meiner Beobachtung, Fabrikarbeiter von Beruf, zeichnete sehr geschickt mit farbigen Stiften allerhand Girlanden, verschnörkelte Inschriften u. dgl. Der oben angeführte hochwüchsige Eunuchoide mit vorhandener Libido betätigte sich berufsmäßig als höchst phantastischer und farbenfreudiger Illustrator von Märchenbüchern.

Der Stoffwechsel Eunuchoider zeigt keine typische Abweichung von der Norm, die Kohlenhydrattoleranz scheint regelmäßig recht hoch zu sein (FALTA). Gehen doch auch die nach Kastration zu beobachtenden Stoffwechselveränderungen bald wieder zurück.

Sehr interessant ist es zu verfolgen, von welchen Bedingungen es abhängt, ob ein primärer Hypogenitalismus unter dem Bilde des eunuchoiden Hochwuchses oder unter jenem des Fettwuchses in Erscheinung tritt. Man hat in einleuchtender Weise den Zustand der Hypophyse hierfür verantwortlich gemacht, die sich bei den Hochwüchsigen in einem aktiveren Zustand befinden sollte als bei den

---

[1]) Vgl. FRÄNKEL, F.: Zeitschr. f. d. ges. Neurol. u. Psychiatrie. Bd. 80, S. 560. 1923.
[2]) KRETSCHMER, E.: Körperbau und Charakter. 4. Aufl. Berlin: Julius Springer 1925.

Fettwüchsigen (Novak, Koch). Wenigstens scheint das gesteigerte Längenwachstum eine ausgiebige Hypophysentätigkeit vorauszusetzen. Tatsächlich lassen sich große individuelle Unterschiede in der hyperplastischen Reaktion der Hypophyse auf den Ausfall der Keimdrüsen anatomisch feststellen (Rössle). In jüngster Zeit von Garfunkel erhobene Befunde stehen jedoch mit dieser Auffassung in Widerspruch, sie muß aber auch aus einer Reihe anderer Gründe in dieser Form aufgegeben und modifiziert werden.

Wie ich[1]) gezeigt habe, finden sich nämlich eunuchoide Skelettproportionen nicht bloß bei Hochwüchsigen, sondern gar nicht selten bei hypopituitären Zwergen mit konsekutivem Hypogenitalismus (vgl. Abb. 34, S. 305), ferner bei gesunden, sonst normalen Individuen vor der Pubertätszeit, wo also keineswegs ein bei offenen Epiphysenfugen länger mögliches und anhaltendes Wachstum der Röhrenknochen die Ursache für die disproportionale Extremitätenlänge abgeben kann. Auch als Rassenmerkmal kommen unverhältnismäßig lange Extremitäten bei gewissen Negerstämmen vor, deren Pubertät dabei schon frühzeitig einsetzt. Die Ursache der disproportionalen Extremitätenlänge kann also in gewissen Fällen gar nicht anders als erbanlagemäßig, konstitutionell, autochthon-chromosomal bedingt sein, wobei allerdings eine Insuffizienz der innersekretorischen Keimdrüsenanteile diese eunuchoide Skelettproportionierung protektiv fördert. Anders wäre ja die eunuchoide Skelettproportionierung bei Frühkastraten, aber auch bei einem mit Gumma der Hypophyse behafteten Zwerg[2]) mit sekundärem extremem Hypogenitalismus, also bei konditionellen Vegetationsanomalien nicht zu verstehen.

Das genaue Gegenstück sind übrigens die kurzen Extremitäten der chondrodystrophischen Zwerge und Chondrohypoplasten, welche so häufig mehr oder minder ausgesprochene Zeichen von besonders intensiver innersekretorischer Keimdrüsentätigkeit erkennen lassen. Nicht der Hypergenitalismus macht die Extremitätenkürze, sondern beide sind einander sicherlich koordiniert. Auch hier finden wir als Gegenstück der Neger das Verhalten der Japaner — frühzeitiger Abschluß des Längenwachstums und erst weit späterer Eintritt der Pubertät. Einerseits scheinen also die Anlagen für disproportional lange Extremitäten und Hypogenitalismus ebenso wie die Anlagen für disproportional kurze Extremitäten und Hypergenitalismus korreliert zu sein, andererseits muß aber auch dem Keimdrüsenhormon ein hemmender Einfluß auf das enchondrale Längenwachstum der Röhrenknochen zugeschrieben werden. Der vom Funktionszustand der Keimdrüsen abhängige Zeitpunkt des Epiphysenschlusses ist also keinesfalls allein maßgebend für die relative Extremitätenlänge. Wiederum sehen wir hier die Interferenz autochthonchromosomaler Potenzen, der erbanlagemäßigen chromosomalen Längenwachstumstendenz der Röhrenknochen mit protektiven Einwirkungen seitens der Keimdrüsen.

Wie hoch die Rolle der konstitutionellen Reaktionsfähigkeit des Organismus bei der Ausbildung des eunuchoiden Hochwuchses sowie der eunuchoiden

---

[1]) Bauer, J.: Chromosomale und inkretorische Hormone. Med. Klinik. 1923. Nr. 13. — Erbanlagen und innere Sekretion. Wien. biol. Ges. 1923. 18. Juni. Klin. Wochenschr. 1923.

[2]) Nonne, M.: Über die hypophysäre Form der Hirnlues, besonders der kongenitalen Hirnlues. Verhandl. d. 11. Jahresversamml. d. Ges. dtsch. Nervenärzte. 1921. S. 168.

Körperproportionen einzuschätzen ist, zeigt die Betrachtung der Familien solcher Individuen. Wir verweisen nochmals auf die oben erwähnte junge Dame mit Kastratoidismus, in deren Familie hochwüchsige, eunuchoide Proportionen und Hypogenitalismus gehäuft zu finden sind. Der 32jährige Eunuchoid auf Abb. 41 ist 202 cm hoch und repräsentiert auch nach seinen Körperproportionen einen eunuchoiden Hochwuchs in typischester Form.

Er entstammt einer Familie, in der fast alle Mitglieder die normale Körpergröße weit überschritten. Sein Vater ist nahezu so groß wie er, sein Bruder mißt 1,96 m, natürlich ohne irgendwelche Abweichungen der Genitalorgane von der Norm. Auch 2 Schwestern sind weit über mittelgroß und sexuell normal. Er selbst hatte nie Libido, nie eine Ejaculation, gelegentlich einmal eine leichte Erektion. Kein Bartwuchs, keine Crines.

Aber auch die Bedingungen zum eunuchoiden Fettwuchs sind ganz vorwiegend in der individuellen Konstitution zu suchen. Wir begegnen fettwüchsigen Eunuchoiden, wie ich seit langem immer wieder betone, besonders in solchen Familien, in welchen andere Mitglieder gleichfalls fettleibig sind, ohne etwa auch hypogenital zu sein. Natürlich kann aber auch der Eunuchoidismus selbst, wofern er konstitutionellen Ursprungs ist, in einer Familie gehäuft vorkommen (SAINTON, FURNO u. a. [1])). Die individuelle Konstitution im Sinne der Summe aller Erbanlagen eines Individuums kann demnach nicht bloß Ursache eines Eunuchoidismus sein, sie ist auch in ausgesprochenster Weise bestimmend für die Reaktionsweise des Individuums auf den Mangel an Keimdrüsenhormon, sie lenkt die Entwicklung des Eunuchoiden ebenso wie des Frühkastraten in die Richtung des Hochwuchses oder Fettwuchses. Stammt ein Eunuchoider zufällig aus einer ausgesprochen kleinwüchsigen Familie, dann kann er wohl ausnahmsweise trotz persistierender Epiphysenfugen und trotz eunuchoider Proportionierung des Körpers untermittelgroß bleiben, wie ich dies einige Male gesehen habe. Erinnert sei auch an die auf S. 297 erwähnten Fälle von OLIVET und RANDERATH: Angeborener Mangel der Eierstöcke, hyperplastische Hypophyse vom Kastratentypus und dennoch ausgesprochener Zwergwuchs.

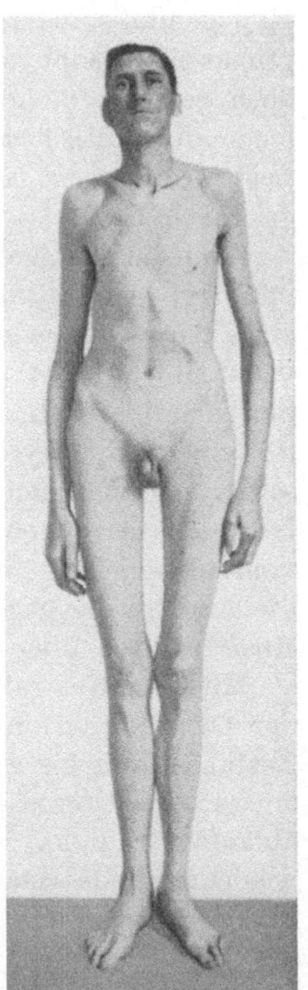

Abb. 41.
Eunuchoider Hochwuchs
bei 32jährigem Mann aus
hochwüchsiger Familie.
Körperlänge 202 cm.

Die Diagnose des Hypogenitalismus ist in ausgesprochenen, typischen Fällen natürlich nicht schwierig. Eine Reihe von Schwierigkeiten, die sich bei rudimentären oder komplizierten Fällen ergeben, haben wir im vorangehenden schon kennen gelernt. Bei Konstatierung eines Hypogenitalismus wird immer als Erstes die Frage zu beantworten sein, ob es sich um einen primären oder einen sekundären Hypogenitalismus handelt, wie er vor allem als Folgeerscheinung einer primären hypophysär-nervösen Affektion zustande kommen kann. Dort,

---

[1]) Vgl. BAUER, J.: Konstitutionelle Disposition. l. c.

wo ein eunuchoider Hochwuchs vorliegt, wird die Entscheidung zugunsten einer primären Keimdrüseninsuffizienz nicht schwierig sein, denn eine zu Genitalatrophie bzw. -hypoplasie führende hypophysär-nervöse Affektion wird häufig die Wachstumstendenz des Organismus herabsetzen, keinesfalls aber steigern. Wo der Hypogenitalismus mit Fettwuchs einhergeht, kann die Entscheidung manchmal größte Schwierigkeiten bereiten und selbst, wo der Hypogenitalismus mit Minderwuchs kombiniert ist, wird die Diagnose einer primären hypophysären Störung zwar wahrscheinlich, aber, wie wir schon oben bemerkten, keineswegs sicher sein. Man wird also jedenfalls zu allen jenen diagnostischen Hilfsmitteln greifen müssen, die uns ein hypophysäres Leiden erkennen lassen und die wir in einem früheren Abschnitt kennen gelernt haben.

Auch im Gefolge eines M. Addisonii oder Basedowii kann es zu Symptomen von Hypogenitalismus kommen, zweimal habe ich nach operativer Heilung eines Basedow Amenorrhöe bei jugendlichen Frauen einsetzen gesehen. Selbstverständlich kann ein Späteunuchoidismus auch bloß Teilerscheinung einer pluriglandulären Insuffizienz und Atrophie sein. Insbesondere die Kombination mit einer Hypothyreose scheint bei Frauen um das 40. Lebensjahr nicht ganz selten vorzukommen und wurde von BORCHARDT als „thyreosexuelle Insuffizienz" besonders hervorgehoben. Die Unterscheidung des isolierten Hypogenitalismus vom universellen Infantilismus und Senilismus haben wir oben besprochen, die Abgrenzung gegenüber der Intersexualität wird sich aus unseren späteren Ausführungen über diesen Zustand ergeben.

Mit dem Kastratoidismus nicht zu verwechseln ist eine isolierte, d. h. von der Ovarialfunktion unabhängige autochthone Uterushypoplasie. Bei diesem Zustand kann bis auf die menstruelle Blutung, zu der der hochgradig unterentwickelte Uterus nicht fähig ist, der Menstrualzyklus in geordneter Weise ablaufen (BUCURA, eigene Beobachtung) und sich geltend machen. Periodisch wiederkehrende Krämpfe in der Unterbauchgegend, eventuell mit Steigerung der sexuellen Libido, Kopfschmerzen oder mit vikariierenden Blutungen aus der Nase, in die Haut usw. habe ich bei solchen Individuen beobachten können.

Aus unserer Auffassung des Eunuchoidismus ergibt sich auch eine praktisch sehr wichtige Konsequenz, nämlich in der Mehrzahl der Fälle die Unmöglichkeit der Diagnose vor dem Pubertätsalter. Immer wieder sehe ich fettleibige Knaben, bei denen wegen der eunuchoiden Fettlokalisation und eines eventuell etwas kleinen Genitales die Diagnose Eunuchoidismus gestellt und eine entsprechende Organtherapie, zweimal sogar eine Hodenimplantation in Aussicht genommen wurde. Die Diagnose ist, wie ich aus eigenen Beobachtungen sicher weiß, meistens falsch, jedenfalls aber unmöglich. Auch ein kleines kindliches Genitale — es kommen ja da sehr große individuelle Unterschiede vor und überdies täuscht das Fettbürzel ad pubem bei dicken Knaben nicht selten eine Kleinheit des hineinversenkten Penis nur vor — also auch ein kleines kindliches Genitale kann sich in kürzester Zeit, in einigen Monaten zu einem vollwertigen auswachsen. Hat etwa vorher eine entsprechende Therapie eingesetzt, dann hält man die normale Entwicklung für deren Effekt — natürlich ganz zu Unrecht, denn, wie ich mich überzeugt habe, tritt diese Entwicklung auch ohne jede Therapie spontan ein, die sekundären Geschlechtscharaktere kommen zur vollen Ausbildung, der eunuchoide Fettverteilungstypus verschwindet.

Freilich muß es auch künftige Eunuchoide vor dem Pubertätsalter geben, wir haben aber, wofern nicht eine sehr hochgradige Hypoplasie der Testikel vorliegt, nicht die Möglichkeit, ihnen klinisch anzumerken, wie weit sie aus Samenkanälchen, Zwischenzellen oder aber Bindegewebe bestehen und ob sie die Pubertätsentwicklung mitmachen werden oder nicht, so wenig wir einem Individuum zu dieser Zeit etwa anmerken können, ob es später eine konstitutionell, erbanlagemäßig bedingte Psychose oder einen Star bekommen wird. Die Manifestationszeit des Eunuchoidismus ist eben das Pubertätsalter. Es werden denn auch in der Literatur vielfach Fälle ganz zu Unrecht als Eunuchoide beschrieben, so bei STERLING oder der $13^{1}/_{2}$ jährige Fall XLVIII von FALTA (S. 326 [1])), welcher nach zwei Jahren ein dem Alter entsprechendes Genitale aufwies und gerade das sehr schön beweist, was ich soeben auseinandergesetzt habe. Solche Fälle zeigen, wie wichtig die Berücksichtigung der Familienanamnese sein kann, welche fast ausnahmslos eine konstitutionelle Veranlagung zur Fettleibigkeit bei solchen Knaben aufdeckt (vgl. auch S. 297). Übrigens wäre ja, da nach unseren Ausführungen die Keimdrüsen vor dem Pubertätsalter gar keine erkennbare innersekretorische Funktion ausüben, schon aus diesem Grunde eine abnorme Fettleibigkeit infolge von Hypogenitalismus im präpuberalen Alter unmöglich.

Man spricht von **Pubertätseunuchoidismus**, wenn in den Pubertätsjahren vorübergehend das Bild des eunuchoiden Fett- oder Hochwuchses in Erscheinung tritt, das sich im Laufe der weiteren Entwicklung wieder ausgleicht. Es handelt sich da um eine bloße Verzögerung der Pubertätsentwicklung der Keimdrüsen, also um einen Partialinfantilismus leichten Grades.

Die **Therapie** des Hypogenitalismus ist keineswegs dankbar. Die Substitutionstherapie in der Form von peroral oder parenteral verabreichten Extrakten aus Keimdrüsen hat im großen und ganzen versagt. Weder die im Handel befindlichen Hoden- noch die zahllosen Eierstockpräparate haben sich bisher als sicher wirksam erwiesen. Daran hat auch die Kombination der Organpräparate mit Yohimbin nichts geändert. Wo ausgesprochene Erscheinungen von Hypogenitalismus vorlagen, ist es nie gelungen, sie durch Organotherapie zu beseitigen, und wo anscheinende Erfolge zu verzeichnen waren, dort lagen offenkundig Suggestivwirkungen vor. Ganz vereinzelt steht hier eine einzige Beobachtung von BIEDL [2]), der einem 32jährigen Eunuchoiden täglich etwa 15 g frischen Stierhoden oder den Ätherextrakt aus der doppelten Menge verabreichte. Nach $1^{1}/_{2}$ Jahren sah der Mann aus, als wäre er bloß 20 bis 22 Jahre alt. Während vor der Behandlung der linke Hoden erbsengroß, der rechte bohnengroß war, erschienen beide schon nach $^{3}/_{4}$ jähriger Behandlung über taubeneigroß. Mehrfach wurde Thyreoidinbehandlung zur Anregung der Keimdrüsenfunktion empfohlen (H. ZONDEK). Die Gynäkologen verwenden Hitzeapplikation, kleinste Röntgendosen auf die Ovarien (THALER) oder auf die

---

[1]) Übrigens ist wohl auch der FALTAsche Fall XLIX (S. 329) kein Eunuchoidismus, sondern eine hypophysäre Dystrophie (Verkalkungsherd im vorderen Teil der Sella turcica!).

[2]) BIEDL, A.: Handbuch der normal. u. pathol. Physiol. Bd. 14, 1. Hälfte, 1. Teil. 1926. S. 357.

Hypophysengegend (P. Werner, Borak) und berichten über ermutigende Resultate bei der Behandlung hypovarieller Amenorrhöe. Wie vorsichtig man in der Beurteilung dieser Erfolge sein muß, lehrte mich eine eigene Beobachtung. Die eine von den oben erwähnten Basedowkranken, welche durch die Operation zwar vom Basedow geheilt worden war, seit sieben Jahren aber überhaupt nicht mehr menstruierte, hätte sich auf meine Veranlassung einer Röntgenbestrahlung der Hypophysengegend unterziehen sollen. Die 25jährige nervöse Dame hatte Angst vor dieser Behandlung und ehe sie noch den Röntgenologen aufsuchte, war zum ersten Male seit sieben Jahren eine profuse Menstruationsblutung aufgetreten, die fünf Tage lang anhielt. Wäre die Blutung eine Woche später erfolgt, so hätte niemand an dem verblüffenden und raschen Erfolg der Röntgentherapie gezweifelt. Im übrigen bin ich aus prinzipiellen Gründen wegen der Möglichkeit einer Keimschädigung [1]) gegen eine Röntgenbestrahlung der Keimdrüsen bei Individuen, von denen eine Kinderzeugung noch zu gewärtigen ist. In einem typischen Falle von weiblichem Hypogenitalismus, bei der oben erwähnten hochwüchsigen Studentin, versagte die Bestrahlung der Hypophyse ebenso wie jede noch so forcierte Organtherapie.

Aussichtsreicher ist die chirurgische Behandlung des Hypogenitalismus mittels Transplantation von Keimdrüsen, und zwar scheint die Transplantation männlicher Keimdrüsen bessere Aussichten zu bieten als die weiblicher. Wenn auch begreiflicherweise die Erfolge der Hodenimplantation beim Eunuchoidismus nicht so befriedigende sind wie bei Verlust der Hodenfunktion im späteren Leben, so liegen doch Berichte über unzweifelhaft günstige Wirkungen vor (Lichtenstern, Thorek u. a.). Nach Lichtenstern scheint das eingepflanzte Hodengewebe einen Wachstumsreiz auf die eigene unterentwickelte Keimdrüse auszuüben. Mit Recht verlangt dieser Autor, daß beim Eunuchoidismus in jugendlichem Alter, jedenfalls vor dem 30. Lebensjahr operiert werde, ich möchte aber hinzufügen, daß aus den oben angeführten Gründen mindestens bis zum 17. oder 18. Jahr mit der Operation zugewartet werden soll.

Bei einer etwa 25jährigen, wegen cystischer Geschwülste doppelseitig ovariektomierten Frau sah ich von einer Ovarienimplantation nicht das mindeste Resultat.

Hypergenitalismus (die Überfunktion der Keimdrüsen).

Die klinische Feststellung eines Hypergenitalismus im Sinne einer übermäßigen Hormonproduktion von seiten der Keimdrüsen ist recht schwierig. Die Erscheinung der vorzeitigen Geschlechtsreife (Pubertas praecox) ist ja ebenso wie der verspätete Eintritt des Klimakteriums kein wirklicher, absoluter, sondern nur relativer Hypergenitalismus, d. h. die Hormonproduktion setzt zu bald ein oder hört zu spät auf. Von diesem relativen Hypergenitalismus wird ja in anderem Zusammenhange gesprochen. Die zu postulierenden Kriterien eines wirklichen Hypergenitalismus wären übermäßig großes Genitale, besonders starke Ausprägung der sekundären Geschlechtsmerkmale, besonders mächtige Libido und Aktivität in sexueller Hinsicht. Nun sind alle diese

---

[1]) Bauer, J.: Praktische Folgerungen aus der Vererbungslehre. Med. Klinik. 1925. Beih. Nr. 1.

Eigenschaften nichts weniger denn verläßliche Kennzeichen einer übermäßigen innersekretorischen Keimdrüsenfunktion. Die Größe der Genitalorgane und die Ausprägung der sekundären Geschlechtscharaktere hängt, wie wir oben zur Genüge hervorgehoben haben, nicht bloß von dieser Funktion, sondern auch von der anlagemäßigen chromosomalen Beschaffenheit der betreffenden Erfolgsorgane ab, sie wird aber auch von der Funktion anderer Blutdrüsen (Nebennierenrinde, Zirbeldrüse?) in maßgebender Weise beeinflußt. Libido und sexuelle Tätigkeit stehen überdies in engstem Zusammenhang mit dem Milieu und den Gewohnheiten des Individuums und sind von der primären Erregbarkeit gewisser Nervenzentren mehr abhängig als von dem Ausmaß der hormonalen Erotisierung. Wir erinnern nur an die starke Libido mancher kastrierter Frauen oder einzelner Eunuchoide. Ich kenne einen fettleibigen Herrn in den 40er Jahren mit einem MADELUNGschen Fetthals, der auf Grund seiner geradezu enormen sexuellen Aktivität doch wohl zu Unrecht als hypergenital zu bezeichnen wäre.

Auch wenn z. B. ein Ovarialtumor in einem seltenen Ausnahmsfall zu einer mächtigen Vergrößerung und Verdickung des Uterus geführt hat, der seiner Größe nach dem 4. bis 5. Schwangerschaftsmonat entspricht (KONSCHEGG [1])), läßt sich nicht eine bloße Überfunktion des Ovars als Ursache ansehen. Das gleiche Bedenken bezüglich der Terminologie gilt für jene krankhaften Zustände von seiten des Uterus, die in einer Hypertrophie und Hyperplasie der Schleimhaut, sowie in profusen und lange dauernden Blutungen bestehen (Metropathia haemorrhagica). Nach den im physiologischen Abschnitt dargelegten Anschauungen dürfen wir wohl diese Erscheinungen auf eine übermäßige Hormonisierung durch das Follikelinkret zahlreicher, überstürzt sich entwickelnder Follikel zurückführen, diese selbst aber ist offenbar die Folge einer mangelhaften Corpus luteum-Bildung, die ja als hemmender Regulator der Follikelreifung von größter Wichtigkeit ist. So stellt die Persistenz von Follikelcysten, bzw. die kleincystische Degeneration der Ovarien mit den mangelnden Corpora lutea, der glandulären Hyperplasie der Uterusmucosa und den oft bedrohlichen, ja ausnahmsweise sogar tödlichen Blutungen [2]) ebensowohl eine ovarielle Unterfunktion (von seiten der Corpora lutea) als eine Überfunktion (von seiten der Follikelwand) dar.

Intersexualität (Zwittertum).

Unter Intersexualität (Zwittertum) verstehen wir das gleichzeitige Vorkommen, bzw. die Interferenz von Geschlechtsmerkmalen beider Geschlechter an einem Individuum. So sonderbar es nun klingt, es führen kontinuierliche Übergänge vom kompletten echten Hermaphroditismus, der Hoden und Eierstöcke zugleich besitzt, über alle Arten somatischer und psychischer sexueller Zwischenstufen zur Norm, ohne daß wir auch diese scharf abzugrenzen vermöchten. Einzelne heterosexuelle Merkmale sind jedenfalls auch bei normalen Individuen nicht selten, wenn wir uns auch nicht zu der Auffassung von MATHES [3]) bekennen möchten, daß kein Normaler von ihnen frei und jeder Mensch zum mindesten ein rudimentärer Intersex sei.

---

[1]) KONSCHEGG, T.: Virchows Arch. f. pathol. Anat. u. Physiol. Bd. 242, S. 212.

[2]) WITT: Klin. Wochenschr. 1925. Nr. 1, S. 43.

[3]) MATHES, P.: In Biologie und Pathologie des Weibes, herausg. v. HALBAN u. SEITZ, Bd. 3, S. 1. 1924. Urban u. Schwarzenberg.

Die vollkommenste Form von Intersexualität stellt natürlich der echte Hermaphrodit dar, bei dem also schon das primitivste Geschlechtsmerkmal, die Keimdrüsen, bisexuell sind. Diese Fälle und namentlich solche von sog. Ovotestis, wo Eierstocks- und Hodengewebe in verschieden weit vorgeschrittener Differenzierung in einer Zwitterdrüse vereinigt sind, wurden in den letzten Jahren wiederholt beschrieben. Bis heute scheinen 12 derartige, literarisch festgelegte Beobachtungen vorzuliegen [1]). Meist überwiegt quantitativ der Hodenanteil der Zwitterdrüse, während das Eierstockgewebe in der Regel weiter differenziert erscheint. In allen Fällen besteht eine verschiedenartige Mischung männlicher und weiblicher Geschlechtsmerkmale, allerdings pflegt trotz dieses

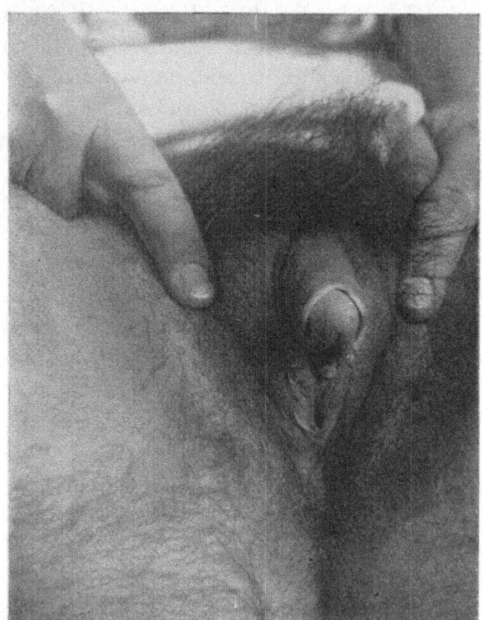

Abb. 42. Genitale eines Intersexes.

„Mischmasch" von sekundären Geschlechtsmerkmalen, wie HEGAR sich ausdrückt, der weibliche Habitus im allgemeinen so weit zu dominieren, daß diese Träger eines Sexus anceps, d. h. eines zweifelhaften, fraglichen Geschlechtes (KERMAUNER) regelmäßig als weiblich aufzuwachsen und erzogen zu werden pflegen.

Der folgende, selbst beobachtete Fall, der mir von der Wiener städtischen Berufsberatungsstelle (Dr. KAUTSKY) zugewiesen wurde, illustriert diese Verhältnisse sehr gut. Es handelte sich um ein 19jähriges weiblich erzogenes Individuum, das in der Schule unter seinen Kameradinnen als auffallend rauflustig und wild berüchtigt war, mit 14 Jahren eine tiefe Stimme bekam und nun erst merkte, daß irgend etwas mit ihm „nicht stimmt". Nie menstruiert. Angeblich keine Libido, hat sich gelegentlich von Burschen küssen lassen und bekommt mitunter spontane Erektionen. Will unter allen Umständen als Frau weiterleben und Schneiderei lernen, ist sehr scheu und gibt nur sehr ungern und stark gehemmt Auskunft.

Mittelgroße, kräftig gebaute, muskulöse Person, keine Brustdrüse, sehr kleine braune Brustwarzen. Mäßig langes, dunkelblondes Kopfhaar, spärlicher Bartwuchs, etwa entsprechend demjenigen eines 17jährigen Jünglings, doch wird der Bart stets sorgfältig entfernt, reichliche Behaarung ad pubem nach virilem Typus, auch ad anum und an den Ober- und Unterschenkeln. Viriler Kehlkopf. Reichliche Comedonen und Acne des Gesichtes. Das Genitale (Abb. 42) zeigt ein etwa 5 cm langes penisartiges Gebilde mit einer ventralen Furche (Hypospadie), eine 6 cm lange, ganz enge und blind endigende Vagina.

Der Fall zeigt wohl auch, daß eine sichere Entscheidung über die Art der Geschlechtsdrüse durch bloße klinische Untersuchung unmöglich sein kann, es könnten ebensowohl ein abdominaler Kryptorchismus, wie Ovarien oder eine Kombination beider erwartet werden. Trotz des hier eher männlichen

[1]) Vgl. SCHAUERTE, O.: Zeitschr. f. d. ges. Anat. Abt., 2: Zeitschr. f. Konstitutionslehre. Bd. 9, S. 373. 1923. — KERMAUNER: l. c. — REIFFERSCHEID, K.: Klin. Wochenschr. 1925. Nr. 40, S. 1939.

Habitus verlangt das Individuum als Weib zu leben und kein Mensch wird ihr dieses Recht der eigenen Wahl bestreiten wollen, wie denn überhaupt bei Erwachsenen ihre eigene Entscheidung maßgebend sein sollte, wie immer die anatomischen Verhältnisse des Falles liegen mögen (Kolisko). Anders, wenn bei Sexus anceps in frühinfantilem Alter wegen der Erziehung und der gesetzlichen Konsequenzen die Entscheidung zu treffen ist. Dann wird man die Frage oft nur mit Hilfe einer Probelaparotomie exakt zu beantworten vermögen, wie sie insbesondere Meixner befürwortet. Doch sollte man sich meines Erachtens nicht allzu einseitig auf die Beschaffenheit der Keimdrüsen festlegen[1]) und sich vor Augen halten, daß es eben neben voll männlichem und weiblichem Geschlecht auch noch Intersexe verschiedenster Grade gibt, die mehr oder minder männlich oder weiblich sein können.

Die Möglichkeit, daß alle Zwitterfälle mit Hodenbefund ursprünglich einmal Eierstocksgewebe besessen hätten, das vorzeitig zugrunde gegangen wäre, ist von Sauerbeck, Kolisko, Kermauner erwogen worden. Sie erscheint aber gegenüber der heute feststehenden Tatsache von nebensächlicherer Bedeutung, daß das Geschlecht nicht durch die Keimdrüsen bestimmt wird, sondern mit ihnen zusammen und ihnen übergeordnet von der zygotisch-chromosomalen Struktur, von der Konstitution der befruchteten Eizelle abhängig ist. Die Keimdrüsen sind nur wegen ihrer besonderen Funktionen das fundamentalste Geschlechtsmerkmal, neben dem die übrigen aber doch keineswegs belanglos erscheinen. Ein Ovotestis ist nur der extremste Grad eines abnormen Prävalenzverhältnisses der beiden Sexualfaktoren M und F, gewissermaßen Folge ihrer abnormen Äquipotenz, bei geringeren Graden dieser zygotisch-chromosomalen Anomalie werden zwar nur einerlei Keimdrüsen zur Entwicklung gelangen, am Soma aber können je nach den dort geltenden endogenen Bedingungen, nach dem zeitlichen Ablauf der Morphogenese und eventuell zeitlichen Schwankungen des geringfügigen und variablen Prävalenzgrades von F und M beiderlei Geschlechtsmerkmale zum Vorschein kommen, die ihrerseits dem protektiven, bzw. inhibitorischen Einfluß des betreffenden Keimdrüsenhormons unterliegen.

Diesen hormonalen Einfluß der Keimdrüsen auf die Geschlechtsmerkmale hat man auf Grund von Beobachtungen an den sog. Zwicken oder free-martins der Rinder schon in die Fetalzeit verlegen wollen (Keller und Tandler, Lillie u. a.[2])). An Rindern, Ziegen und Schafen sieht man nämlich, daß bei verschieden-geschlechtlichen Zwillingen das männliche Tier normal, das weibliche dagegen häufig mehr oder minder ausgesprochen zwittrig und steril ist (sog. Zwick der Schweizer, free-martin der englischen Züchter). Man erklärte diese Bildungsstörung der weiblichen Tiere mit dem Vorhandensein von Gefäßanastomosen zwischen den beiden Chorionsäcken, welche bei der früheren Differenzierung der männlichen Keimdrüsen eine hormonale Hemmung der Ausbildung der weiblichen Geschlechtsmerkmale des Partners gestatten. Abgesehen von mancherlei anatomischen Schwierigkeiten und triftigen Einwänden, die gegen diese Theorie erhoben wurden[2]), möchte ich nur folgende Bedenken

---

[1]) Vgl. auch Blair Bell, W.: Lancet. Vol. 199, Nr. 18, S. 879. 1920.

[2]) Vgl. Lipschütz, A.: l. c. 1924. — Keller, K.: Zentralbl. f. Gynäkol. 1922. Nr. 9, S. 364. — Halban, J.: Ibid., S. 367. — Beller, K. F.: Z. f. Tierzücht. u. Züchtungsbiol. Bd. 7, S. 365.

gegen sie äußern: Die Erscheinung des Halbseitenzwittertums, auf die wir im folgenden zu sprechen kommen werden, steht in vollkommenem Widerspruch zu ihr; da wir sonst keinen Grund haben, eine innersekretorische Funktion der Keimdrüse schon im Fetalzustand anzunehmen, wäre ihre Erschließung aus der Erscheinung der Zwicken eine petitio principii; wir beobachten auch keine Hemmung der männlichen Geschlechtsentwicklung durch die im mütterlichen Blute kreisenden weiblichen Geschlechtshormone, obwohl ein Übertritt von mütterlichen Hormonen auf den Fetus mit großer Wahrscheinlichkeit angenommen werden darf.

Die Intersexualität bei Vorhandensein von nur einer Art Keimdrüsen wird je nach dem Geschlecht dieser Drüsen bekanntlich als Pseudohermaphroditismus masculinus oder femininus bezeichnet, wenn die Geschlechtsorgane selbst betroffen sind, wenn sich also schon bei der Differenzierung der WOLFFschen und MÜLLERschen Gänge das abnorme Prävalenzverhältnis von F und M bemerkbar gemacht hat. An der Symptomatologie der Intersexualität können natürlich alle Organe und Funktionen beteiligt sein, an denen eine sexuelle Differenzierung vorkommt, die also Träger sekundärer Geschlechtsmerkmale darstellen und je nach ihrer autochthonen Entwicklungspotenz auf die abnorme Sexualanlagenkombination verschieden ansprechen.

Es gibt eine große Reihe von somatischen Merkmalen, welche in ganz eindeutiger Weise geschlechtlich differenziert sind und an denen Intersexualität ohne weiteres zu erkennen ist; wir nennen bloß die Brustdrüse, die Behaarung, den Fettansatz, den Skelettbau, vor allem die Beckenform, die Stimme und verschiedenes andere. Selbstverständlich ist nach unserer Auffassung zwischen hypogenital-heterosexuellen und rein heterosexuellen Merkmalen zu unterscheiden, denn nur letztere sind verläßliche Zeichen von Intersexualität. Es ist also mangelhaftes Brustdrüsengewebe bei der Frau, sog. eunuchoide Fettverteilung oder mangelnder Bartwuchs beim Mann kein eindeutiges Zeichen von Intersexualität, sondern nur ein Symptom von Hypogenitalismus, dagegen ist Gynäkomastie, also eine entwickelte Brustdrüse beim Mann oder richtiger Bartwuchs bzw. Hypertrichosis am Stamm bei der Frau zweifellos Ausdruck von Intersexualität. Dabei ist ja, wie schon oben hervorgehoben wurde, auch nicht jedes etwa mangelhaft ausgebildete Geschlechtsmerkmal schon als Indikator insuffizienter Keimdrüsentätigkeit zu werten, sondern oft genug bloß Ausdruck einer konstitutionell gegenüber der Norm herabgesetzten Ansprechbarkeit des Erfolgsorgans auf das Keimdrüsenhormon. Ich nenne bloß den weiblichen Behaarungstypus in der Schamgegend, der eigentlich die Persistenz eines Adoleszentenstadiums darstellt, oder die fehlende Brustbehaarung beim Manne [1]), das schmale Becken oder die fehlende MICHAELISsche Raute beim Weibe.

Es gibt eine noch weit größere Reihe von Merkmalen, deren sexuelle Differenzierung nicht so eindeutig und konstant ist, rassenmäßig auch stark variiert und deren Korrelation zum Geschlecht daher unter Umständen nur gering, mitunter sogar fraglich erscheint. Ich nenne z. B. die kürzeren Beine, die Ausladung der Oberschenkel im oberen Anteile nach vorne, den vollkommenen Schenkelschluß des weiblichen Geschlechtes (MATHES) oder nenne

---

[1]) Vgl. auch GIGON, A.: Schweiz. med. Wochenschr. 1922. Nr. 13.

die intracutanen Venenbüschel an den Oberschenkeln von Frauen (Novak [1])).
Diese sollen nach Novak bei etwa $80^0/_0$ der Frauen nach dem 20. Lebensjahr vorhanden sein, während sie bei etwa ebenso viel Perzent der Männer
vermißt werden. Hier kann man also gewiß von einem weiblichen Geschlechtsmerkmal sprechen. Weniger sicher ist es schon beim Verlauf der
Kopfhaargrenze an der Stirn. Nach R. O. Stein [2]) bildet nämlich die zu
beiden Seiten eckig einspringende Haargrenze einen männlichen Geschlechtscharakter, Frauen, Kinder beiderlei Geschlechtes und eunuchoide Männer
sollen einen bogigen Verlauf der Haargrenze aufweisen. Nach meinen Beobachtungen kommt aber die eckige Haargrenze oft genug auch bei ganz
normalen Frauen, bei Kindern und eunuchoiden Männern vor. Buschke [3])
erkennt den Verlauf der Haargrenze nicht als sekundären Geschlechtscharakter
an, wiewohl er die „Geheimratsecken" immerhin bei $62,5^0/_0$ erwachsener Männer,
bei $33,3^0/_0$ adoleszenter Männer zwischen 17. und 20. Lebensjahr und bloß bei
$9,5^0/_0$ der Frauen feststellen konnte. Allerdings ist Buschkes Begründung
seines ablehnenden Standpunktes irrig. Die Ohrmuschel [4]) oder das Gebiß
zeigen gleichfalls Geschlechtsunterschiede. So sind beim weiblichen Geschlecht
die oberen mittleren Schneidezähne in der Regel relativ größer als beim männlichen, beim Manne dagegen die Eckzähne im Verhältnis zum oberen mittleren
Schneidezahn stärker entwickelt als bei der Frau [5]). Auch darüber sind wir nicht
ausreichend unterrichtet und können aus all dem lediglich ersehen, daß jedem
Geschlechtsmerkmal je nach dem Grade seiner Korrelation zum Geschlechte
eine mehr oder minder große Wertigkeit als Sexualcharakter zukommt. Selbstverständlich schwankt dementsprechend auch die Beurteilung des Grades und
Ausmaßes der Intersexualität eines Individuums.

Sprachen wir bisher von somatischen Geschlechtsmerkmalen, so dürfen
wir unter den mannigfachen psychischen [6]) die sexuelle Triebrichtung zum
anderen Geschlecht als das fundamentalste Geschlechtsmerkmal ansprechen.
Konstitutionelle Homosexualität ist die Inversion dieses führenden psychischen Geschlechtscharakters, sie ist auf seelischem Gebiet etwa das, was die
Gynäkomastie des Mannes auf somatischem darstellt. Die konstitutionelle
Homosexualität ist beim Menschen keine unmittelbare Angelegenheit der
inneren Sekretion, sondern ausschließlich eine solche der zygotisch-chromosomalen Hirnstruktur, seiner autochthonen Ansprechbarkeit und Reaktionsweise
auf das erotisierende Keimdrüsenhormon. Die von Steinach behauptete Einsprengung weiblicher Keimdrüseninkretzellen im Hoden homosexueller Männer
sind von verschiedensten Seiten als histologischer Irrtum erwiesen worden und
damit fällt auch die Begründung der von Steinach inaugurierten chirurgischen

---

[1]) Novak, J.: Zeitschr. f. d. ges. Anat., Abt. 2: Zeitschr. f. Konstitutionslehre. Bd. 11,
S. 439. 1925.

[2]) Stein, R. O.: Wien. klin. Wochenschr. 1924. Nr. 1.

[3]) Buschke, A. u. M. Gumpert: 14. Kongr. d. dtsch. dermatol. Ges. 1925. Klin. Wochenschrift. 1926. Nr. 1, S. 18.

[4]) Bauer, J. u. C. Setin: Ohrenheilkunde. In J. Bauers Konstitutionspathologie
in den medizinischen Spezialwissenschaften. H. 2. Berlin: Julius Springer 1926.

[5]) Dobkowsky, Th.: Zeitschr. f. d. ges. Anat., Abt. 2: Zeitschr. f. Konstitutionslehre.
Bd. 10, S. 191. 1924.

[6]) Bucura, C. J.: Geschlechtsunterschiede beim Menschen. Wien-Leipzig: A. Hölder
1913.

Therapie der männlichen Homosexualität: Kastration und Ersatz der Testikel durch Hoden normal empfindender Individuen. Die ganz ausnahmsweise beobachteten Erfolge dieser Operation sind offenbar Suggestivwirkungen. Von einem kompletten Mißerfolg des Verfahrens habe ich mich an einem von anderer Seite der Operation zugeführten Manne selbst überzeugen können.

Daß das Hormon implantierter Hoden lediglich erotisiert, die Triebstärke steigert, ohne die Triebrichtung zu beeinflussen, zeigen folgende beiden Beobachtungen. KREUTER [1]) implantierte einem vorher normal empfindenden Manne, der wegen doppelseitiger Hodentuberkulose kastriert werden mußte, Hoden eines Homosexuellen. Danach steigerte sich die Libido, von einer homosexuellen Einstellung war aber keine Spur vorhanden. FISCHER [2]) erwähnt einen Eunuchoiden, dem vorher jeder Geschlechtstrieb gefehlt hatte und bei dem die Implantation eines normalen Hodens von einem normal empfindenden Manne ausgesprochen homosexuelle Triebregungen hervorrief. Daraus ergibt sich, daß der konstitutionellen Homosexualität eine primäre Anlageanomalie zugrunde liegt und daß sich die Mitwirkung der Geschlechtsdrüse an der Homosexualität darauf beschränkt, daß ihre Reifung diese von Haus aus gegebene krankhafte Triebrichtung durch Erotisierung manifest macht.

Wie ein Vergleich mit den in einem früheren Kapitel besprochenen Tierversuchen zeigt, unterscheidet sich also die menschliche Homosexualität von der durch heterosexuelle Keimdrüsentransplantation bei kastrierten Tieren experimentell hervorgerufenen Inversion des Sexualtriebes. Da der konstitutionellen Homosexualität eine Anlageanomalie in bezug auf die Geschlechtsfaktoren zugrunde liegt, so kann es nicht wundernehmen, wenn Homosexuelle diese Anlageanomalie nicht nur in gewissen Partien ihres Gehirns, sondern

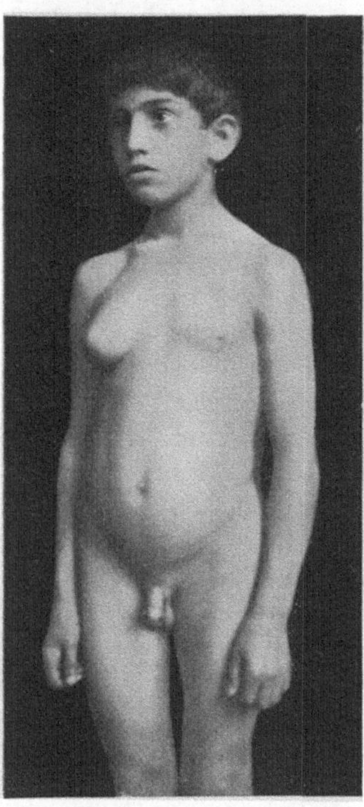

Abb. 43. Halbseitige Gynäkomastie bei 13jährigem Knaben mit normal entwickeltem Genitale.

wenn sie sie öfters auch in ihren Körperformen und übrigen Geschlechtsmerkmalen manifest werden lassen. Sogar an den Zähnen glaubt DOBKOWSKY die intersexuelle Konstitution der Homosexuellen erweisen zu können. Schließlich begreifen wir auch ganz gut, daß bei Homosexuellen nicht selten eine Neigung zu eunuchoiden Körperproportionen angetroffen wird (WEIL [3])).

Wenn wir in Fällen von Intersexualität aller Grade und Formen eine abnorme Anlage im Sinne eines abnormen Prävalenzverhältnisses zwischen den Geschlechtsfaktoren F und M angenommen haben, so muß sich dieser Zustand als vererbbar erweisen. Das ist nun in der Tat der Fall, wie zahlreiche Beobachtungen

[1]) KREUTER, E.: Zentralbl. f. Chirurg. Bd. 46, S. 954. 1919.
[2]) FISCHER, H.: Zeitschr. f. d. ges. Neurol. u. Psychiatrie. Bd. 87, S. 314. 1923.
[3]) WEIL, A.: Zeitschr. f. Sexualwiss. Bd. 8, S. 145. 1921.

erweisen[1]), und es ist besonders bemerkenswert, daß in gewissen Familien Angehörige beider Geschlechter ausgesprochene Intersexe, also auch Homosexuelle sein können. Über den Erbgang der Intersexualität wissen wir noch gar nichts, haben wir doch noch nicht einmal genauere Vorstellungen über das Wesen und den Mechanismus des supponierten abnormen Prävalenzverhältnisses von F und M.

Wenn es noch eines weiteren Beweises dafür bedürfte, daß die konstitutionelle Intersexualität bei Menschen nicht inkretorisch sondern autochthon-chromosomal, d. h. also durch eine besondere anlagemäßige Beschaffenheit und Reaktionsweise der Erfolgsorgane bedingt ist, so wäre ein solcher Beweis die in seltenen Fällen zu beobachtende halbseitige Intersexualität, wie ich sie z. B. als halbseitige Gynäkomastie oder als streng halbseitige Entwicklung der männlichen Brustbehaarung beschrieben habe [2]) (vgl. Abb. 43, 14 u. 44). Seither habe ich die gleichen Anomalien noch mehrmals beobachten können. Sie entsprechen per analogiam dem Halbseitenzwittertum (Lateralhermaphroditismus), welches wiederholt bei Vögeln (Gimpeln, Buchfink, Fasan u. a.) beschrieben wurde und bei dem die eine Hälfte des Individuums einschließlich der Geschlechtsdrüse vollkommen männlich, die andere weiblich ist[3]). In diesen Fällen versagt trotz LIPSCHÜTZs völlig unbefriedigender Erklärungsversuche jede hormonale Theorie, hier muß, wie ich[4]) dies angenommen und auch HAECKER ausführlich dargelegt hat, eine autochthon-chromosomale Differenz der beiden Körperhälften in toto oder, wie in unseren oben erwähnten Fällen beim Menschen an dem betreffenden Erfolgsorgan (Mamma, Brusthaare) vorliegen. Tatsächlich wurde auch schon gefunden, daß bei Halbseitenzwittertum die Zellen der einen Körperhälfte 2 X-Chromosomen, die der anderen nur eines enthalten. Durch was

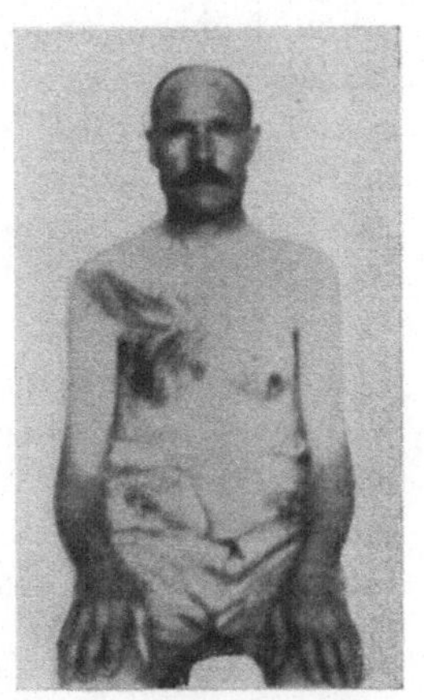

Abb. 44.
Halbseitige Brustbehaarung
bei sonst normalem Mann[7]).

für eine Störung der mitotischen Zellteilung diese Seitendifferenzen zustande kommen können, brauchen wir hier nicht näher zu besprechen[5]), jedenfalls gehören solche Fälle in das Gebiet der Chromosomal- und nicht in das der Inkretionspathologie. Auch die ganz seltenen Fälle, in welchen eineiige Zwillinge, bzw. Doppelmißbildungen verschiedenen Geschlechtes waren[6]),

---

[1]) Vgl. KERMAUNER, F.: l. c., S. 590ff. — MATHES, P.: l. c., S. 70. — LICHTENSTERN, R.: l. c., S. 91 u. 98. — WOLF, W.: Arch. f. Psychiatrie u. Nervenkrankh. Bd. 73, S. 1. 1925. — Eigene Beobachtungen. — LIPSCHÜTZ (l. c., 1924. S. 303 Anm.) sah hereditäre Intersexualität auch bei Meerschweinchen. — JORDAN, H. E.: Americ. journ. of anat. Vol. 31, p. 27. 1922. (Ref.: Endocrin. Vol. 7. Nr. 3. p. 479).—BONHOFF F.: Zeitschr. f. Konstitutionslehre. Bd. 12, S. 528. 1926 (Bd. 44, S. 269).

[2]) BAUER, J.: Endocrinology. Vol. 8, p. 297. 1924. — Vgl. auch WAGNER, A.: Virchows Arch. f. pathol. Anat. u. Physiol. Bd. 101, S. 385. 1885. — NOVAK, J.: Zentralbl. f. Gynäkol. 1919. S. 253.

[3]) Vgl. HÄCKER, V.: Pluripotenzerscheinungen. Jena: G. Fischer 1925.

[4]) BAUER, J.: Vorlesungen. l. c.

[5]) Vgl. HÄCKER, V.: l. c., S. 71ff. über somatische Mutationen und erbungleiche Teilungen.

[6]) Vgl. KERMAUNER, F.: l. c., S. 594.

[7]) Für die Überlassung der Photographie bin ich meinem Freunde, Prof. L. R. GROTE, zu Dank verpflichtet.

gehören als Analoga des Lateralhermaphroditismus hierher. Wenn schließlich
BONHOFF einseitige Gynäkomastie bei zwei Vettern feststellen konnte, so
beweist dies, daß sich sogar diese eigenartige Symmetriestörung in der Ausbildung eines bestimmten Organs vererben kann.

Da die Hoden die Manifestation einer Gynäkomastie als Ausdruck einer
zygotisch-intersexuellen Veranlagung hemmen, so ist es verständlich, daß sich
in manchen Fällen eine Gynäkomastie nach Kastration einstellt. Daß aber
selbst die Entwicklung einer einseitigen Gynäkomastie nach Hodenverlust
beobachtet wurde (APERT), weist wiederum auf die Bedeutung der autochthonen
Reaktionsfähigkeit des Erfolgsorgans hin.

Wir haben bisher von der konstitutionellen Intersexualität gesprochen
als einem Zustand, der anlagemäßig bedingt ist und dementsprechend vom
Zeitpunkte der sexuellen Differenzierung an besteht. Es gibt aber, wie wir
schon früher gehört haben, noch eine zweite besondere Form von Intersexualität, die sich bei einem vorher normal gebauten und sexuell differenzierten Individuum eines Tages entwickeln kann, die mit einer Geschwulstbildung von seiten der Nebennierenrinde oder der Keimdrüsen einhergeht
und sich nach operativer Entfernung der Geschwulst als reversibel erweist.
Es gibt also auch beim Menschen eine inkretorisch-hormonale Intersexualität, welche durch die genannten Merkmale charakterisiert erscheint.
Fälle einer derartigen reversiblen Vermännlichung vorher normaler erwachsener
weiblicher Individuen durch Ovarialtumoren wurden in der Literatur wiederholt beschrieben [1]). Es kommt zum Verlust der Menstruation und zu einer
mächtigen virilen Behaarung im Gesicht, am Stamm und an den Extremitäten. Auch die Stimme verändert sich und die Gesichtszüge werden gröber.
Gelegentlich wurde Wachstum der Klitoris beschrieben. Nach Entfernung
des Ovarialtumors können sich diese männlichen Geschlechtsmerkmale wieder
vollkommen zurückbilden. BINGEL [2]) bringt in seinem Falle den Tumor mit einem
Corpus luteum in Zusammenhang und spricht von „Luteinzellentumor". SELL-
HEIM läßt es unentschieden, ob die Geschwulst in seiner Beobachtung vom
Corpus luteum oder von versprengten Nebennierenrindenkeimen ausgeht. Sicherlich stehen diese Ovarialgeschwülste den hyperplastischen Wucherungen der
Nebennierenrinde morphogenetisch wie in ihren funktionellen Folgezuständen
sehr nahe, wenn sie nicht überhaupt mit ihnen identisch sind. Ich wage sogar
per analogiam die Vermutung auszusprechen, daß auch der von MONASCHKIN [3])
beschriebene Hodentumor auf versprengte Rindensubstanz der Nebenniere
zurückzuführen und nicht aus einer Wucherung der LEYDIGschen Zwischenzellen hervorgegangen sein dürfte, wie der Autor annimmt. Es hatte sich
nämlich zugleich mit dem Hodentumor eine Gynäkomastie entwickelt, die
nach Exstirpation der Geschwulst wieder schwand. Es kommt also unter
dem Einfluß derartiger abnormer Hormonproduktion zu einer Änderung im
konstitutionell gegebenen Prävalenzverhältnis zwischen den Geschlechtsfaktoren M und F.

---

[1]) HALBAN, J.: Zeitschr. f. d. ges. Anat., Abt. 2: Zeitschr. f. Konstitutionslehre. Bd. 11,
S. 294. 1925; Wien. klin. Wochenschr. 1925. Nr. 18, S. 475 u. 495. — SELLHEIM, H.: Zentral-
blatt f. Gynäkol. 1925. Nr. 31, S. 1722.; Z. f. mikrosk. anatom. Forsch. Bd. 3, S. 382.
1925 (Bd. 42, S. 274); Arch. f. Frauenkunde u. Konstitutionslehre. Bd. 12, S. 433. 1926.
[2]) BINGEL, A.: Dtsch. med. Wochenschr. 1924. Nr. 11.
[3]) MONASCHKIN, G. B.: Zeitschr. f. Urologie Bd. 20. S. 8. 1926.

Sowohl bei diesen hormonalen als auch bei den konstitutionellen, zygotisch-chromosomalen Fällen von Intersexualität spielt die Reaktivität der einzelnen Erfolgsorgane eine wichtige Rolle. So gibt es beispielsweise Familien, in denen eine ganze Reihe von weiblichen Mitgliedern trotz sonst völlig normalen Verhaltens gerade die virile Hypertrichose als einziges Merkmal ihrer konstitutionellen Intersexualität aufweisen [1]). Die familiäre Gynäkomastie ist gleichfalls hier anzuführen (BONHOFF), ebenso die familiäre Homosexualität.

HALBAN, der sich in jüngster Zeit die Klärung dieser recht komplizierten und eigenartigen Verhältnisse zur Aufgabe gemacht hat, meint, die Tumoren des Ovars und der Nebennieren wirkten aus unbekannten Gründen im Übermaß protektiv oder, wie er sich ausdrückt, hyperprotektiv auf die Entfaltung der in der Anlage bereits schlummernden Geschlechtscharaktere. Handle es sich um ein unisexuell angelegtes weibliches Individuum, dann kämen durch solche Tumoren Zeichen von geschlechtlicher Überreife, etwa wie in der Schwangerschaft zustande (Hypertrophie der Mamma, Colostrumbildung, Pigmentation der Brustwarzen, ja sogar Hypophysenveränderungen wie in der Gravidität). Werde aber ein hermaphroditisch angelegtes Individuum von der Geschwulstbildung betroffen, dann entstünde eben jene Geschlechtsumstimmung, jene hormonale Intersexualität, die wir oben geschildert haben. HALBAN unterscheidet demnach ,,dreierlei Eier, nämlich männliche, weibliche und hermaphroditische". Ganz so einfach ist wohl die Sachlage nicht [2]). Einerseits könnte nur von männlichen, weiblichen und hermaphroditischen Früchten, bzw. befruchteten Eizellen gesprochen werden, andererseits gibt es zwischen männlich und weiblich determinierten Früchten, wie wir oben auseinandergesetzt haben, alle intersexuellen Zwischenstufen der zygotisch-chromosomalen Geschlechtskonstitution. Warum sollte aber ein bis dahin normal erscheinendes Individuum durch eine bloß verstärkte (hyperprotektive) Hormonwirkung plötzlich heterosexuelle Anlagen manifest werden lassen? Das läßt sich mit HALBANs Theorie nicht erklären. Hier kann kein bloßer Quantitätseffekt, keine bloße hyperprotektive Wirkung auf schlummernde Anlagen vorliegen, das muß als Qualitätswirkung, als wirkliche Umstimmung der Geschlechtsdifferenzierung, etwa im Sinne eines Prävalenzwechsels aufgefaßt werden, wie wir dies ja schon auf S. 158 ausführlicher begründet haben.

Nebennieren.

Die Insuffizienz der Nebennierenfunktion.   Die ADDISONsche Krankheit (Bronzekrankheit).

Das im Jahre 1855 von TH. ADDISON gezeichnete klinische Bild, unter dem sich eine beiderseitige Nebennierenzerstörung präsentiert, gehört zu den eindruckvollsten, denen wir am Krankenbett begegnen. Die braune Pigmentierung der Haut und Schleimhäute, die hochgradige Schwäche und Ermüdbarkeit, die Abmagerung, die arterielle Drucksenkung zusammen mit den mannigfachen gastrointestinalen Erscheinungen, den nervösen und anderen Symptomen sind so charakteristisch, daß die Diagnose des vollentwickelten Krankheitsbildes

---

[1]) Vgl. KERMAUNER, F.: l. c., S. 598.
[2]) Vgl. BAUER, J.: Wien. klin. Wochenschr. 1925. S. 496.

keinerlei Schwierigkeiten bietet. Diese ergeben sich nur im Beginne des Leidens, sowie bei rudimentären und atypischen Fällen. Betrachten wir zunächst die Entwicklung und den Verlauf des typischen Morbus Addisonii.

Die Erkrankung befällt meist Erwachsene um das 40. Lebensjahr, wenngleich auch Kinder und Greise nicht verschont bleiben, Männer scheinen etwas häufiger betroffen zu werden als Frauen[1]). In der Regel handelt es sich um von Haus aus zart gebaute, schwächliche Menschen mit alten Spuren einer überstandenen Tuberkulose. Mitunter im Anschluß an eine Grippe oder eine sonstige Infektionskrankheit, selten nach einem Trauma, einem psychischen Schock oder in der Gravidität, meistens ohne nachweisbaren Anlaß entwickelt sich eine auffällige Ermüdbarkeit und Kraftlosigkeit, die sich später zu höchstgradiger Adynamie steigern kann. Dazu tritt auch eine

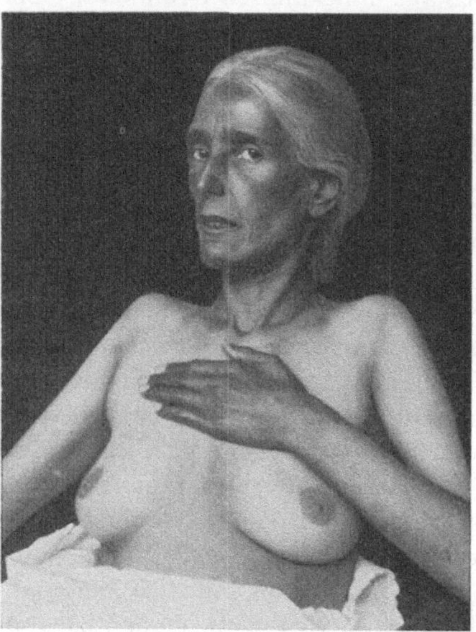

Abb. 45. Morbus Addisonii bei 44jähriger Frau. Krankheitsdauer 2 Jahre. Gewichtsabnahme 20 kg. Blutdruck 64 — 72 RR. Blutzucker 0,025 %. Rapide Ergreisung. Konstitutionelle Hypoplasie der Ovarien. Menses nur zwischen dem 17. und 33. Lebensjahr, stets unregelmäßig. Kinderlos. Anatomisch: Beiderseitige Tuberkulose der Nebennieren.

Abb. 46. Fall von M. Addisonii der Abb. 45. Vor der Erkrankung.

psychische Adynamie, eine Psychasthenie mit Arbeitsunlust, Gedankenträgheit, Abulie und Apathie. Die Kranken schlafen meist viel.

Die dunkelbraune Pigmentierung kann mitunter sehr rasch zur Entwicklung kommen und befällt insbesondere die unbedeckten Körperpartien, sowie jene Stellen, die schon physiologischerweise einen stärkeren Pigmentgehalt aufweisen, wie Augenlider, Warzenhöfe, Anal- und Genitalregion, Linea alba, oder die durch den Druck geschnürter Kleider, durch Pflaster, Thermophor u. dgl. gereizt sind. Hohlhand, Fußsohle und Nagelbett bleiben meist, wenn auch nicht immer von der Pigmentierung verschont und kontrastieren dadurch mit ihrer Umgebung. In manchen Fällen wurde auch ein Dunklerwerden der Haare beobachtet. Viel wichtiger ist jedoch das Auftreten von mehr oder minder zahlreichen, kleineren oder größeren Pigmentflecken an der Mundschleimhaut, den Wangen, Lippen, der Zunge, am Gaumen. Auch Rectal- und Vaginalschleimhaut können Pigmentationen aufweisen.

---

[1]) ROWNTREE, L. G.: Journ. of the Americ. med. assoc. Vol. 84, p. 327. 1925.

Die Abmagerung und zunehmende Kachexie scheint zu den konstantesten Symptomen der Krankheit zu gehören. Mitunter begegnet man einem rasch fortschreitenden Senium praecox, welches neben der Pigmentation dem Habitus der Kranken ein charakteristisches Gepräge verleiht. Abb. 45—46 zeigt diese im Laufe von zwei Jahren erfolgte Ergreisung. Sie ist namentlich an der atrophisch gerunzelten Haut und dem ergrauten Haar deutlich zu sehen. Sonstige Anomalien der Behaarung stellen sich in der Regel bei Addison-Erkrankung nicht ein. Zweimal fand ich angeblich von Haus aus fehlende Crines axillares bei weiblichen Kranken.

Die Blutdrucksenkung kann beängstigende Grade erreichen. So hatte ich vor kurzem eine addisonkranke Frau in Beobachtung, bei der der Radialispuls überhaupt nicht fühlbar und der Druck nur in der Arteria brachialis bestimmbar war. Er bewegte sich zwischen 65 und 40 mm Hg RR. Eine Erscheinung, die mir bei zwei in dieser Weise untersuchten Addisonkranken auffiel und die bei zahlreichen anderen Personen nicht beobachtet werden konnte [1]), war das starke Ansteigen des am Unterschenkel gemessenen Blutdrucks im Stehen nach der Mahlzeit, während dieser Druck im Liegen durch die Mahlzeit nicht nennenswert beeinflußt wurde und auch der Druck an der oberen Extremität weder im Liegen noch im Stehen durch die Nahrungsaufnahme sich wesentlich änderte. Diese Erscheinung weist offenbar auf eine Hypotonie im Gefäßgebiet des Splanchnicus hin, das sich beim Addisonkranken nach eingenommener Mahlzeit besonders ausgiebig füllt. Die kompensatorische Gefäßverengerung in der Peripherie addiert sich an den unteren Extremitäten des stehenden Individuums zu der Wirkung der Schwerkraft und führt so zum arteriellen Druckanstieg.

Die Symptome von seiten des Magen-Darmtraktes sind recht verschiedenartig: Von bloßer Appetitlosigkeit, Übelkeiten, Aufstoßen, Sodbrennen, Druck in der Magengegend bis zu heftigsten epigastrischen Krämpfen und Bauchkoliken, hartnäckigem wässerigen Erbrechen, schwerer Obstipation oder unstillbaren, krisenartig auftretenden Diarrhöen, die wie bei einer Cholera mit Wadenkrämpfen einhergehen können. Die eingezogenen, gespannten Bauchdecken mit dem kleinen, kaum fühlbaren Puls können eine Peritonitis vortäuschen. Häufig findet man Fehlen freier HCl und Versiegen der Fermentproduktion im Magen. Auch Fettstühle durch Insuffizienz der Pankreastätigkeit kommen vor (ZONDEK).

Auch die nervösen Symptome lassen an Mannigfaltigkeit nichts zu wünschen übrig. Abgesehen von den oben schon erwähnten können auch hartnäckige Schlaflosigkeit, nervöse Reizbarkeit, Kopfschmerz, Schwindel, rheumatische und neuralgiforme Schmerzen, depressive Verstimmung, Abnahme des Gedächtnisses, Singultus, Ohnmachtsanfälle, epileptiforme Krämpfe, schließlich auch delirante Verwirrtheitszustände und Koma beobachtet werden. Die tiefen Reflexe sind mitunter schwach auslösbar, mehrmals sah ich einen Pseudo-Babinski. Die Erregbarkeit des vegetativen Nervensystems zeigt, wie ich gegenüber ZONDEK und CSÉPAI [2]) bemerken möchte, keine regelmäßige Herab-

---

[1]) Noch unveröffentlichte Untersuchungen von H. PISK.

[2]) CSÉPAI, K.: Adrenalinempfindlichkeit, innere Sekretion und vegetatives Nervensystem. Abhandl. a. d. Grenzgeb. d. inn. Sekretion. H. 3. Herausg. v. L. SZONDI. Budapest und Leipzig: R. Novak 1924.

setzung. Ich sah ausgiebige Adrenalinreaktion auf 1 mg subcutan (Blutdruckanstieg von 94 auf 130 RR in 20 Minuten, Puls von 80 auf 100, Tremor) bei schwacher Pilocarpinreaktion und sah auch primäre Drucksenkung ohne nachfolgenden Anstieg auf Adrenalin (von 70 auf 60 RR) bei starker Pilocarpinwirkung. Auch andere Autoren [1] haben beobachtet, daß die Adrenalinwirkung bei Addisonkranken genau so ausfällt wie bei Gesunden. Glykosurie wurde allerdings bei Addisonkranken nach Adrenalininjektion niemals [2] gefunden, selbst wenn 2 mg intramuskulär verabreicht wurden, dagegen kommt es wie beim Normalen zu einer Hyperglykämie [3]. Addisonkranke bekommen ja auch auf hohe perorale Zuckerdosen keine Glykosurie (EPPINGER, FALTA und RUDINGER), die alimentäre Hyperglykämiekurve nach 50 g Dextrose kann aber, wie ich mich überzeugt habe, vollkommen normal verlaufen [1]. Seit PORGES die Hypoglykämie als charakteristisches Symptom des Morbus Addisonii beschrieben hat, wurde es von den meisten Autoren bestätigt. Allerdings ist es nicht in allen Fällen vorhanden [1] und kann bei einem und demselben Kranken Schwankungen unterliegen [3]. Meiner Erfahrung nach ist es jedenfalls ein sehr häufiges Symptom. Der tiefste Blutzuckerwert, den ich gesehen habe, belief sich auf $0,025^0/_0$ (nach der BANGschen Mikromethode), doch wurde sogar ein Wert von $0,012^0/_0$ beobachtet (FORSCHBACH und SEVERIN [3]). Auf Phlorizin erhielt ich in zwei Fällen nur eine sehr geringe Zuckerausscheidung.

Bezüglich des Eiweißstoffwechsels und Grundumsatzes liegen verschiedene Befunde vor. In manchen Fällen ist der Grundumsatz mäßig gesteigert, wie auch ich das einmal gesehen habe, in anderen herabgesetzt [4] oder normal [5] [6] und auch die N-Bilanz kann positiv oder negativ sein [7]. Die spezifischdynamische Nahrungswirkung kann verringert sein [6], dagegen fand ROWNTREE normale Werte für den O_2-Mehrverbrauch bei Muskelarbeit. Charakteristische Abweichungen des O_2-Verbrauches und N-Stoffwechsels liegen also bei Addisonscher Krankheit nicht vor. Bemerkenswert ist die negative Kalk- und positive Phosphorbilanz, welche GYOTOKU und MOMOSE bei Addison beschreiben. ROWNTREE beobachtete bei manchen Addisonkranken vermehrte Harnstoff- und Harnsäurewerte im Blute. Interessant ist die Störung der Nierenfunktion in bezug auf Wasserausscheidung und Konzentrationsfähigkeit (A. MÜLLER-DEHAM [8]), ROSENOW [9]), ROWNTREE). Auch die NaCl- und N-Ausscheidung kann sich bei Belastungsprüfungen gestört erweisen. Ich sah regelmäßig bei Addisonkranken Oligurie. Daß diese Funktionsstörung der Niere nicht bloß eine Folge der arteriellen Drucksenkung und mangelhaften Nierendurchblutung oder der Kachexie darstellt, hat ROSENOW wahrscheinlich machen können.

---

[1] GYOTOKU, K. u. M. MOMOSE: Mitt. a. d. med. Fak. d. Kais. Univ. Tokyo. Bd. 30, S. 1. 1922 (Bd. 31, S. 303). — REDISCH, W.: Münch. med. Wochenschr. 1923. S. 1338.

[2] Die einzige Ausnahme scheint ein Fall von POENSGEN darzustellen. Klin. Wochenschr. 1924. S. 249.

[3] ROSENOW, G. u. JAGUTTIS: Klin. Wochenschr. 1922. S. 358.

[4] Vgl. ROWNTREE, L. G.: l. c.

[5] MARAÑON, G. et E. CARRASCO: Ann. de méd. Tom. 13, p. 124. 1923 (Bd. 28, S. 84).

[6] SZONDI, L.: Ärzteverein Budapest, 29. März 1924. Klin. Wochenschr. 1924. S. 1244.

[7] GYOTOKU, K. u. M. MOMOSE: l. c.

[8] MÜLLER-DEHAM, A.: Wien. Arch. f. inn. Med. Bd. 3, S. 323. 1922.

[9] ROSENOW, G.: Med. Klinik. 1925. S. 202 (Bd. 40, S. 142).

Leichte Albuminurie mit einzelnen hyalinen Zylindern im Harn kommt, wenn auch selten, vor. Die Körpertemperatur ist häufig subnormal, gelegentlich kommen aber auch leichte Temperatursteigerungen vor, wie das bei dem meist bestehenden Grundprozeß, der Tuberkulose, nicht verwunderlich ist.

Im Blut findet man häufig, aber durchaus nicht regelmäßig, wie ich FALTA gegenüber bemerken möchte, eine mäßige Herabsetzung der roten Blutkörperchen und des Hämoglobins [1]). Von den letzten fünf Fällen meiner Beobachtung hatten z. B. nur zwei eine mäßige Anämie. Es wurden sogar Fälle mit Vermehrung der Erythrocyten mitgeteilt. Die auf S. 374 abgebildete Patientin hatte 5,2 Millionen Erythrocyten und 85 Sahli. Die Leukocytenzahl ist meist normal, kann aber auch gelegentlich vermehrt sein (ROWNTREE). Eine meiner autoptisch verifizierten Addisonkranken hatte z. B. 12 600 Leukocyten. Sehr häufig findet man dagegen eine relative oder auch absolute Lymphocytose bei entsprechender Herabsetzung der Zahl der Polynucleären, ferner eine Vermehrung der Eosinophilen, seltener eine solche der Monocyten. Von meinen fünf letzten Fällen hatten zwei eine Eosinophilie von $5^0/_0$, einer von $8^0/_0$. Manchmal scheint der Wassergehalt des Blutes herabgesetzt zu sein (BROWN und ROTH, eigene Beobachtung [2])). Die Blutmenge weicht nach den Untersuchungen der zitierten amerikanischen Forscher nicht von der Norm ab.

Das Herz erscheint gelegentlich in Gestalt eines hypoplastischen Tropfenherzens. FALTA hebt mit Recht die geringe Neigung der Addisonkranken zu Arteriosklerose und zu Ödemen hervor. Um so bemerkenswerter ist die Beobachtung von ROWNTREE, daß manche Kranke trotz niedrigem Blutdruck über stenokardiforme Schmerzen klagen. Auch der amerikanische Pharmakologie-Professor MUIRHEAD, der seinen eigenen Krankheitsfall an Morbus Addisonii beschrieb, litt an solchen Beschwerden. Namentlich in den krisenhaften Perioden der vollkommenen Prostration sieht man manchmal Atmungsstörungen vom Typus des sog. BIOTschen Atmens, welches durch periodisches Aussetzen der Atembewegung charakterisiert ist (ROWNTREE).

Das Genitale pflegt funktionell und später auch anatomisch beeinträchtigt zu sein. Amenorrhöe, Verlust der Libido, Impotenz, später Atrophie der Keimdrüsen gehören zu den regelmäßigen Symptomen eines schweren Addison. Ebenso auch eine Hyperplasie des gesamten lymphatischen Apparates, der Drüsen, follikulären Einlagerungen der Schleimhäute und inneren Organe, insbesondere auch am Zungengrund. Neben diesem Status lymphaticus wird häufig auch ein Status thymicus bei Addisonkranken beobachtet (WIESEL, HEDINGER, v. NEUSSER u. v. a.). Wie weit hier ein präexistenter, zum Morbus Addisonii disponierender Konstitutionszustand vorliegt und wie weit der Ausfall der Nebennierenfunktion konform den in einem früheren Kapitel angeführten Tierversuchen erst sekundär zu einem solchen Status thymolymphaticus geführt hat, läßt sich nicht sicher abschätzen, doch scheint mir eine besondere Reaktivität und Neigung zu Hyperplasie sowohl des Thymus als der Lymphdrüsen jedenfalls erforderlich zu sein, da es auch Fälle von Addison ohne Status thymolymphaticus und solche mit Status lymphaticus aber ohne Thymushyperplasie gibt.

---

[1]) Vgl. auch ROWNTREE, ferner BROWN, G. E. a. GRACE M. ROTH: Americ. journ. of the med. sciences. Vol. 169, p. 47. 1925 (Bd. 40, S. 538).

[2]) Der Serumeiweißgehalt betrug $9{,}12^0/_0$.

Der voll ausgebildete Morbus Addisonii verläuft tödlich, im großen Durchschnitt etwa innerhalb von 2—3 Jahren, mitunter aber auch im Laufe weniger Wochen oder gar Tage, ausnahmsweise kann er sich wohl auch zehn Jahre lang hinziehen. Das hängt ebenso wie Besonderheiten des klinischen Bildes im wesentlichen von der Natur des Prozesses ab, dem die Nebennieren zum Opfer gefallen sind. Wir werden also zunächst die pathologische Anatomie des Morbus Addisonii einer kurzen Betrachtung unterziehen, um dann an Hand dieser und der Ergebnisse der Nebennierenphysiologie eine Erklärung des klinischen Bildes zu versuchen, d. h. die Pathogenese und pathologische Physiologie des Leidens nach dem heutigen Stande unseres Wissens darzustellen. Dabei wird sich von selbst die Gelegenheit ergeben, besondere Verlaufsformen, rudimentäre und atypische Formen der Nebenniereninsuffizienz ins Auge zu fassen.

Was zunächst die pathologisch-anatomischen Befunde beim Morbus Addisonii anlangt, so ist der weitaus häufigste die Tuberkulose, und zwar in der überwiegenden Mehrzahl der Fälle beider Nebennieren. Die verkäsende, das Parenchym destruierende Tuberkulose befällt Rinde und Mark in gleichem Maße und selbst akzessorische Rindenkeime können ihr zum Opfer fallen. Wenngleich natürlich ein solcher Prozeß die primäre Ansiedlung der Kochschen Bacillen an anderer Stelle des Organismus zur Voraussetzung hat, so ist es doch auffallend, daß schwerere Organtuberkulosen, insbesondere ausgebreitetere phthisische Lungenprozesse regelmäßig vermißt werden, so daß wir für das doppelseitige, bis zu einem gewissen Grade elektive Befallensein der Nebennieren besondere Gründe suchen müssen. Selbstverständlich können bei einer miliaren Tuberkulose auch die Nebennieren von Knötchen durchsetzt sein, ein Ereignis, welches klinisch keinerlei bemerkenswerte, besondere Erscheinungen bedingen muß. Die Tuberkulose der Nebennieren ist an sich kein häufiges Ereignis, Schwarz [1]) fand sie unter 19 000 Sektionen des Prager Materiales in 0,34 %.

Nächst der Tuberkulose findet man bei Morbus Addisonii am häufigsten eine Atrophie der Nebennieren, die in manchen Fällen extreme Grade erreichen und zu papierdünner Beschaffenheit des Organs führen kann. Dabei können entzündliche Erscheinungen vermißt werden oder lediglich resorptiven Charakters sein oder aber es handelt sich um einen von vornherein entzündlichen, zu cirrhotischer Atrophie des Organs führenden Prozeß (Bittorf). Die Ursache derartiger, regelmäßig in den Rindenschichten beginnender, mit Hämorrhagien einhergehender Entzündungen, die zu starker Verdickung der Kapsel und allmählicher Verödung der Rinde führen, das Mark dagegen verhältnismäßig wenig schädigen, ist unbekannt. Man hat an Syphilis und auch an andere infektiöse Schädigungen gedacht, ohne Beweise dafür zu besitzen. Insbesondere eine Beobachtung von Fahr und Reiche [2]), welche diesen pathologischen Prozeß bei drei Brüdern beobachten konnten, weisen bei aller Unklarheit zwingend auf die Bedeutung einer besonderen konstitutionellen Veranlagung der davon betroffenen Individuen hin. Ein Teil der Fälle von Nebennierenatrophie gehört meiner Überzeugung nach in die große Gruppe des abiotrophischen Parenchym-

---

[1]) Schwarz, F.: Zeitschr. f. Tuberkul. Bd. 37, S. 169 u. 271. 1922 (Bd. 28, S. 277).
[2]) Fahr, Th. u. F. Reiche: Frankfurt. Zeitschr. f. Pathol. Bd. 22, S. 231. 1919—1920.

schwundes, wo ein von Haus aus minderwertiges, hypoplastisch angelegtes Organ einer vorzeitigen Abnutzung und senilen Involution unterliegt.

Nicht zu unterschätzen sind ferner Kreislaufstörungen durch arteriell-embolische und thrombotische Vorgänge [1]. Primäre Hämorrhagien kommen namentlich im frühen Kindesalter vor und führen unter wenig charakteristischen Erscheinungen zum Tode. Schließlich gibt es, wenn auch äußerst selten, Addison-Fälle, in denen Syphilis, leukämische Infiltration, primäre oder metastatische Tumoren, Amyloidose [2], Typhus [3], Mycosis fungoides, Echinokokken usw. zu einer Schädigung der Nebennierenfunktion geführt haben.

Die eigenartige Elektivität der doch immerhin seltenen Lokalisation des tuberkulösen Prozesses in beiden Nebennieren hat ebenso wie das eben erwähnte familiäre Vorkommen einer nicht tuberkulösen Nebennierenatrophie eine besondere konstitutionelle Beschaffenheit des Individuums und speziell seiner Nebennieren in den Mittelpunkt der ätiologischen Betrachtung gerückt [4]. Gewiß muß diese individuelle Veranlagung zur Erkrankung der Nebennieren nicht immer nur in einer morphologisch faßbaren Hypoplasie des gesamten chromaffinen Systems bestehen, wie sie WIESEL, VON NEUSSER, HEDINGER, GOLDZIEHER u. v. a. im Rahmen des BARTELschen Status hypoplasticus gefunden haben, zumal in den Fällen nicht tuberkulöser Ätiologie gerade die Rinde die besondere Anfälligkeit erkennen läßt. Angesichts der FAHR-REICHEschen Fälle wird man logischerweise zum Begriff einer besonderen Organminderwertigkeit gelangen, also einer erbanlagemäßig bedingten Abweichung und biologisch minderwertigen Beschaffenheit der Nebennieren gegenüber der Norm. Ob diese partielle Konstitutionsanomalie der Nebennieren auch morphologisch in der Form einer Hypoplasie zum Ausdruck kommt oder nicht, erscheint mir als eine Frage von geringerer Bedeutung.

Wir können unsere Ausführungen über die pathologische Anatomie des Addison nicht schließen, ohne zu erwähnen, daß es einerseits Fälle gibt, in welchen eine Zerstörung der Nebennieren ohne Addisonsymptome verlief, andererseits aber anscheinend auch Fälle von klinischem Addison, in denen eine oder selbst beide Nebennieren intakt gefunden wurden. Die ersterwähnten Fälle sind leicht verständlich, denn das individuell sehr verschieden ausgebildete akzessorische Nebennierengewebe kann hier zum normalen Betrieb des Organismus immerhin ausgereicht haben, ganz wie wir es auch bei nebennierenexstirpierten Ratten beobachten, und ebenso wie solche Tiere können auch Individuen mit fast völlig zerstörten Nebennieren eines Tages unerwartet und plötzlich sterben, ohne daß das typische Bild des Addison sich vorher bemerkbar gemacht hätte (z. B. Fall BOYD). Schwieriger zu deuten sind die allerdings sehr selten Addison-fälle mit erhaltenen Nebennieren. Freilich muß eine zu Kachexie führende und mit Pigmentation einhergehende Erkrankung noch kein Morbus Addisonii sein, wie v. NEUSSER und WIESEL mit Recht hervorheben. Ich möchte sogar

---

[1] FURUTA, SH.: Virchows Arch. f. pathol. Anat. u. Physiol. Bd. 251, S. 553. 1924 (Bd. 37, S. 456).

[2] BAUER, J.: Klin. Wochenschr. 1922. Nr. 32, S. 1595. — MC CUTCHEON, M.: Americ. journ. of the med. sciences. Vol. 166, p. 197. 1923 (Bd. 32, S. 178). — SCHMIDT, M. B.: Virchows Arch. Bd. 254, S. 606. 1925 (Bd. 40, S. 320.)

[3] BITTORF, A.: Münch. med. Wochenschr. 1926. Nr. 46, S. 1928.

[4] Vgl. BAUER, J.: Konstitutionelle Disposition. l. c.

bezweifeln, daß in derartigen, mit Adynamie und Asthenie, Magendarmerscheinungen und Schleimhautpigmentation einhergehenden Fällen ohne Nebennierenbefund ein Addison vorgelegen hat, und möchte insbesondere an eine Verwechslung mit M. Basedowii denken, wie sie mir aus eigener Erfahrung bekannt ist. Wir wollen aber trotz unseres Zweifels annehmen, es gebe wirklich Addisonfälle mit anatomisch intakten Nebennieren. In Fällen, wo eine Nebenniere affiziert, die andere intakt war, dachte man an eine reflektorische (v. NEUSSER) oder chemische (BITTORF) Beeinflussung des gesunden Organs durch das kranke, in solchen, wo beide Nebennieren unversehrt gefunden wurden, hat zuerst v. NEUSSER und dann insbesondere PENDE den schon von ADDISON ausgesprochenen Gedanken aufgenommen, es könnte auch eine primäre Schädigung des die Nebennieren versorgenden Sympathicus, peripher oder zentral, zum Symptomenkomplex des Addison führen.

Die neueren Ergebnisse der Physiologie scheinen.nun, soweit es sich um die chromaffine Marksubstanz handelt, der Auffassung NEUSSERs Recht zu geben. Die Adrenalinproduktion erfolgt unter dem Reize der im Splanchnicus verlaufenden Erregungen und das Adrenalin erhöht wiederum die Erregbarkeit der sympathischen Nervenendigungen. Eine Schädigung dieses Mechanismus ist also von jeder beliebigen Stelle des Systems Sympathicus-Nebennierenmark-Sympathicus denkbar. Wie wir aber schon früher gehört haben und weiter unten nochmals wiederholen werden, der tödliche Addison ist vor allem eine Rindenerkrankung, und wir wissen nicht, ob auch die Rindentätigkeit dem Nerveneinfluß untersteht, und wir wissen nicht, ob und in welcher Weise eine Beeinträchtigung der Funktion des Markes eine solche der Rinde mit sich bringt und umgekehrt. Jedenfalls gibt es Addison-ähnliche Fälle, in welchen bei weitgehend intakten Nebennieren der Plexus coeliacus histologische Veränderungen mehr oder minder schwerer Natur aufwies (PENDE und VARVARO [1])). In der Regel führen aber Läsionen der präaortal gelegenen sympathischen Geflechte nicht zum voll entwickelten Bilde des Morbus Addisonii, sondern nur zu einzelnen seiner Symptome, zum Addisonisme fruste, wie er in der französischen Literatur genannt und namentlich bei Tuberkulose beobachtet wird (LAIGNEL-LAVASTINE). Wir werden im folgenden auf die Symptomatologie dieser Fälle zurückkommen. In typischen Fällen von Morbus Addisonii mit Zerstörung der Nebennieren wurden im Sympathicus keine oder bloß belanglose anatomische Veränderungen gefunden. Denkbar ist vielleicht auch eine funktionelle Beeinträchtigung der Nebennieren ohne anatomisches Substrat und selbst ZONDEKs Erwägung, es könnte etwa durch eine Milieuänderung die Ansprechbarkeit der Erfolgsorgane für das gelieferte Hormon gesunken sein, verdient in bezug auf das Nebennierenmark Beachtung.

Versuchen wir nun an Hand der gewonnenen Kenntnisse eine Darstellung der **pathologischen Physiologie und Pathogenese**, also eine Erklärung der Symptomatologie der Addisonschen Krankheit zu geben, so stoßen wir schon beim ersten Kardinalsymptom, der Pigmentierung auf größte Schwierigkeiten. Wir wissen hierüber nur, daß dieses Pigment eisenfrei, also nicht hämatogenen Ursprungs ist und daß es autochthon in den Zellen des Stratum Malpighi

---

[1]) PENDE, N. e G. B. VARVARO: Rif. med. Vol. 29, Nr. 40, p. 1093 et Nr. 41, p. 1124. 1913 (Bd. 8, S. 319).

der Epidermis gebildet wird. Wir wissen ferner, daß frisch entnommene Hautstücke im Brutschrank eine Pigmentvermehrung erfahren und daß die Haut von Addisonkranken oder von nebennierenlosen Hunden besonders intensiv nachdunkelt (MEIROWSKI, H. KÖNIGSTEIN). Da den physiologischen Chemikern Beziehungen gewisser aromatischer Spaltprodukte des Eiweißes wie Tyrosin, Tryptophan und auch Adrenalin zur Melaninbildung bekannt sind, indem durch Einwirkung spezifischer oxydativer Fermente aus diesen Eiweißspaltprodukten Melanine entstehen, so hat man den Prozeß der Pigmentbildung in der Haut als einen oxydativen Fermentvorgang aufgefaßt und die Hyperpigmentierung des Addison mit einer Speicherung oxydabler Melanogene in der Haut erklären wollen, die vielleicht wegen der mangelhaften Adrenalinproduktion des chromaffinen Systems im Überschuß vorhanden waren (BLOCH, LÖFFLER). BITTORF[1]) wiederum meint eine Steigerung der Oxydasebildung in den Epithelien des Addisonkranken bewiesen zu haben. Da aber schon KÖNIGSTEIN und neuerlich HEUDORFER[2]) feststellen konnten, daß das postmortale Nachdunkeln der Haut auch nach Kochen erfolgt, so kann es sich da um keine fermentative Pigmentbildung aus unpigmentierten Vorstufen handeln, wiewohl das Pigment zweifellos durch Oxydation unpigmentierter und durch ihre reduzierende Eigenschaft mit Silbernitrat histochemisch leicht nachweisbarer Granula entsteht. Warum sich aber dieser Vorgang beim Morbus Addisonii in verstärktem Maße abspielt, wissen wir nicht; es lassen sich nur dem vermehrten Pigmentgehalt der Haut entsprechend auch die unpigmentierten Granula in vermehrter Menge nachweisen (HEUDORFER).

Ebenso wenig wissen wir, ob der funktionelle Ausfall des Markes (PENDE, FALTA[3])) oder der Rinde (FAHR und REICHE) der Nebennieren hierfür verantwortlich zu machen ist. Da aber diese Pigmentation mit Sicherheit auch ohne Beeinträchtigung der Nebennieren durch eine bloße Affektion des Sympathicus zustande kommen kann, so möchte ich die Auffassung von v. NEUSSER und WIESEL für die zur Zeit am besten begründete halten, wonach die Melanodermie als „indirektes" Nebennieren-Symptom anzusehen und auf eine inhibitorische Beeinflussung der Sympathicusinnervation zu beziehen ist[4]). Dabei könnte die Schädigung der für die Pigmentierung maßgebenden sympathischen Fasern möglicherweise nicht bloß durch die Erkrankung des chromaffinen Gewebes, wie v. NEUSSER und WIESEL annehmen, sondern auch durch eine Affektion der Rinde zustande kommen. Man hat nämlich die Melanodermie gelegentlich auch bei solchen Addison-Fällen beobachtet, in denen ganz vorwiegend die Rinde geschädigt, das Mark dagegen verhältnismäßig intakt war. Doch wissen wir, wie schon oben bemerkt, hierüber gar nichts Gewisses. Da uns auch unbekannt ist, auf welche Weise eine Sympathicusläsion zur Melanodermie führt, so erscheint es ohne Lösung dieser Vorfragen zunächst müßig, die eine Gleichung mit zwei Unbekannten auflösen zu wollen. Die Pigmentierung des Addisonkranken müssen wir also als Ausdruck der Sympathicusschädigung ansprechen und es ist klar, daß sie allein nicht die Diagnose einer primären

---

[1]) BITTORF, A.: Dtsch. Arch. f. klin. Med. Bd. 136, S. 314. 1921.

[2]) HEUDORFER, K.: Arch. f. Dermatol. u. Syphilis. Bd. 134, S. 339. 1921.

[3]) FALTA, W.: Wien. klin. Wochenschr. 1925. S. 1203.

[4]) Vgl. auch SERGENT, E.: Presse méd. Tom. 29, Nr. 82, p. 813. 1921.

Nebennierenaffektion, geschweige denn eine Differenzierung zwischen Mark- und Rindenbeteiligung gestattet.

So wichtig und wertvoll das Symptom der Melanodermie bei Addison auch sein mag, es gibt doch auch Fälle, welche es vermissen lassen. Meist sind das Fälle, die schon nach kurzer Krankheitsdauer zugrunde gehen. Manchmal entwickelt sich die Pigmentierung auch erst nach jahrelangem Bestande der übrigen, für Addison charakteristischen Krankheitserscheinungen. Die gleiche Art von Melanodermie kann aber auch ohne morphologisch nachweisbare Läsion der Nebennieren zustande kommen, wenn der vor der Bauchaorta liegende sympathische Nervenplexus durch Tumoren, etwa ein Pankreascarcinom, oder leukämische bzw. lymphogranulomatöse Drüsenpakete, wie ich dies in Übereinstimmung mit BRAMWELLs Angabe beobachten konnte, oder durch ein Aneurysma der Bauchaorta (JÜRGENS) gedrückt wird. Die Melanodermie kann auch auf einer toxischen Schädigung des Plexus coeliacus beruhen, wie dies bei Tuberkulose von LAIGNEL-LAVASTINE, von PENDE und VARVARO wahrscheinlich gemacht werden konnte. Die Pigmentierung bei Pellagra, die Arsenmelanose hatte schon v. NEUSSER auf diese Weise zu erklären versucht. Wahrscheinlich gehört auch die RIEHLsche Kriegsmelanose hierher. Besonders interessant sind aber die allerdings sehr seltenen Fälle, in welchen eine schwere seelische Erschütterung zu einer plötzlich entstandenen Melanodermie geführt hat [1]). Es ist nicht wahrscheinlich, daß die die abnorme Pigmentierung bedingende Sympathicusschädigung immer einfach als Lähmung oder wenigstens als Herabsetzung seiner Funktion aufzufassen ist [2]), es scheinen da vielmehr weit komplizertere Mechanismen vorzuliegen. Natürlich ist auch beim Symptom der Melanodermie der dritte Sicherungsfaktor, das ist neben dem Sympathicus und der ihn beeinflussenden Nebenniere auch die autochthone Beschaffenheit der Epidermis bzw. des Schleimhautepithels selbst nicht außer acht zu lassen. Darauf weisen ja schon die ungeheueren Rassendifferenzen und konstitutionellen Unterschiede der Pigmentierungsintensität hin. Auch Pigmentationen der Mundschleimhaut können gelegentlich bei ganz gesunden Individuen vorkommen (v. NEUSSER und WIESEL [3])).

In einer ganz analogen Situation befinden wir uns auch beim Versuch, die sehr häufigen gastrointestinalen Symptome des M. Addisonii genetisch zu erklären. Von vielen Autoren werden sie auf den Wegfall der entgiftenden Rindenfunktion zurückgeführt (v. NEUSSER und WIESEL, FALTA), von anderen eher als Marksymptome und als Ausdruck einer Sympathicushypotonie und konsekutiven relativen Vagotonie angesprochen (PENDE). Zweifellos können die gleichen Magen-Darm-Symptome, wie sie bei Morbus Addisonii beobachtet werden, auch bei völlig intakten Nebennieren vorkommen und insbesondere durch eine Läsion des Plexus coeliacus hervorgerufen werden. CASTELLINO und PENDE führen in der von ihnen aufgestellten Symptomatologie des Plexus coeliacus an: krisenartige heftigste Schmerzen im Epigastrium von spannendem Charakter, unstillbares Erbrechen mit Hyper- oder auch Achlorhydrie, schleimige

---

[1]) Vgl. BAUER, J.: Konstitutionelle Disposition. l. c. 3. Aufl. S. 610.

[2]) Vgl. den Fall GILBERT, A. et A. COURY: Bull. et mém. de la soc. méd. des hôp. de Paris. Tom. 38, Nr. 34, p. 1596. 1922 (Bd. 27, S. 279).

[3]) Vgl. PICHLER, K.: Wien. med. Wochenschr. 1916. Nr. 6 (bei Tabakkauern). — REICHE, F.: Med. Klinik. 1924. S. 206 (Bd. 34, S. 226). — JESSNER, M.: Schles. Dermatol. Ges., 14. 2. 1925. Klin. Wochenschr. 1925. S. 1665.

Diarrhöe oder Obstipation mit Tachy- aber auch mit Bradykardie, mit arterieller Drucksteigerung oder auch mit Drucksenkung, Schwindel und Nausea, großes Schwäche- und Vernichtungsgefühl, gelegentlich auch mit Singultus und stark pulsierende Bauchaorta [1]). Völlegefühl im Magen, Schweißausbrüche, Krisen von Sialorrhöe und Pollakisurie, eine Druckhyperästhesie des Plexus coeliacus bei Palpation der Bauchaorta können dieses auch mir wohl bekannte Bild einer Coeliacusstörung vervollständigen (PENDE und VARVARO). Ob die Reaktionslosigkeit auf Adrenalin im Sinne der italienischen Autoren diagnostisch verwertbar ist, möchte ich dahingestellt sein lassen; auch die einfache Annahme einer bloßen Vagotonie durch Wegfall der Sympathicusinnervation befriedigt nicht. Sicher scheint mir nur zu sein, daß man zur Erklärung der gastro-intestinalen Symptome des Morbus Addisonii ganz ähnlich wie bei der Melano-dermie die Alteration des Bauchsympathicus berücksichtigen muß und sich nicht mit der bloßen Entgiftungsfunktion der Nebennierenrinde begnügen darf. Mehr wissen wir vorläufig darüber nicht.

Wenn wir unter den Symptomen einer Coeliacusläsion auch dem großen Schwächegefühl begegnet sind, so ist wohl auch dieses Kardinalsymptom des Addison unter dem gleichen Gesichtswinkel zu betrachten. Die große Ermüd-barkeit und Muskelschwäche, die mitunter ganz enorme Adynamie ist im übrigen keineswegs ein Marksymptom (v. NEUSSER und WIESEL, FALTA u. a.) und nicht bloß auf den Mangel an Adrenalin, die Hypotension und Hypo-glykämie zurückzuführen, sondern ist ganz vornehmlich durch den Ausfall der Rindenfunktion bedingt, wie wir dies schon bei der Besprechung der Physiologie der Nebenniere hervorgehoben haben. In einem Falle paroxysmal auftretender schwerster Adynamie ohne sonstige Addisonsymptome ergab die Autopsie als anatomisches Korrelat eine schwere Destruktion der Nebennierenrinde durch Amyloid, während die Marksubstanz relativ intakt war [2]). Sympathicusalteration und Adrenalinmangel dürften allerdings der durch Wegfall der entgiftenden Rindenfunktion bedingten Muskelschwäche weiteren Vorschub leisten.

An der medullären, d. h. durch den Ausfall der Adrenalinproduktion von seiten des chromaffinen Gewebes bedingten Genese der arteriellen Hypo-tension und der Hypoglykämie ist wohl ein Zweifel kaum möglich. Auch für die Herabsetzung bzw. das gelegentliche Erlöschen der Sehnenreflexe dürfte die gleiche Erklärung zutreffen. Hat doch HÖGLER im Blute von Addison-kranken im Gegensatz zu anderen Individuen kein Adrenalin im Blute nach-weisen können. Die zur Kachexie führende Abmagerung, die Genitalatrophie und vorzeitige senile Involution wird man dagegen bei Berücksichtigung der physiologischen Tatsachen auf den Ausfall der Rindenfunktion beziehen müssen. Die schweren Symptome von seiten des Nervensystems, die psychischen Ver-änderungen, Delirien, Konvulsionen usw. werden wohl mit Recht als Intoxi-kationssymptome durch Wegfall der Rindenfunktion aufgefaßt, für die es übrigens auch an einem anatomischen Substrat im Zentralnervensystem nicht fehlt (KLIPPEL, JAKOB [3])). Alles in allem erscheinen unsere Kenntnisse vom Zustande-

---

[1]) Vgl. VALOBRA, J. N.: Endocrinol. e patol. costituz. Vol. 1, Fasc. 2, p. 35. 1922.

[2]) BAUER, J.: Klin. Wochenschr. 1922. Nr. 32, S. 1595.

[3]) JAKOB, A.: Beitr. z. pathol. Anat. u. z. allg. Pathol. Bd. 69. 1921. — Vgl. auch SIEMERLING, E. und H. G. CREUTZFELD: Arch. f. Psychiatrie u. Nervenkrankh. Bd. 68, S. 217. 1923 (Bd. 40, S. 221).

kommen der meisten Addisonsymptome noch recht unbefriedigend. Vor allem deshalb, weil uns die sicherlich irgendeinen funktionellen Zweck erfüllende morphologische Vereinigung von Nebennierenmark und -Rinde bis heute unverständlich ist, weil wir ohne näheren Einblick in ihren Mechanismus zu der Annahme einer Kooperation von Rinde und Mark greifen müssen (BIEDL) und schließlich weil wir von den Beziehungen zwischen Nebennierenrinde und Sympathicus nichts wissen. Aber gerade bei der Analyse des Morbus Addisonii wird einem die Berechtigung des PENDEschen Standpunktes klar, der von einem „sistema endocrino-simpatico“ spricht.

Wir haben nun noch einige besondere Verlaufsformen einer Insuffizienz der Nebennieren zu besprechen, soweit wir nicht schon mit ihnen bekannt gemacht wurden, um dann kurz auf einige differentialdiagnostische Schwierigkeiten hinweisen zu können. Zunächst einmal die ganz akut verlaufenden Fälle von Nebenniereninsuffizienz, wie sie durch Blutungen in die Nebenniere hervorgerufen werden. Bei Neugeborenen sind derartige, offenbar traumatisch bedingte Blutungen keine Seltenheit, aber auch in den späteren Lebensmonaten bis etwa zum dritten Jahr kommen Nebennierenblutungen gelegentlich zur Beobachtung [1]), während sie bei Erwachsenen zu den größten Seltenheiten gehören. Die Nebennierenblutungen des Kleinkindalters werden jetzt meist auf eine perakut verlaufende septische Infektion zurückgeführt. Die Kinder erkranken plötzlich unter hohem Fieber, mit schwerer Cyanose, mühsamer Atmung, kaum fühlbarem, kleinem, weichem, irregulärem Puls, sind benommen, verfallen in Krämpfe und zeigen meist kurz vor dem Exitus multiple Hautblutungen. Offenbar sind die durch Infektionen ohnehin regelmäßig in Mitleidenschaft gezogenen Nebennieren [2]) in den ersten Lebensmonaten ein ganz besonderer Locus minoris resistentiae. Bei Erwachsenen verleitet die Symptomatologie der akuten Nebennierenblutung zur Fehldiagnose Ileus oder Peritonitis und zu einem natürlich ganz zwecklosen operativen Eingreifen [3]). Intensive Darmkoliken, eventuell mit Erbrechen, zunächst normaler, später erhöhter Temperatur, anfangs langsamem und vollgespanntem [4]) Puls kennzeichnen den wenig charakteristischen Zustand. Eine Laparotomie ergibt hier strangartige Kontraktionen der Dünndarmschlingen, später hochgradige Blähung der abdominalen Hohlorgane. Mag sein, daß manche Fälle von postoperativem spastischem Darmverschluß auf einer Thrombose der Nebennierenvenen beruhen (BRODNITZ).

Einen besonderen Typus stellen jene Formen von Nebenniereninsuffizienz dar, welche sich gelegentlich bei Rindentumoren im Laufe der Erkrankung einstellen und das ursprüngliche, früher schon ausführlich geschilderte Bild des genito-interrenalen Syndroms oder Hirsutismus (Fettsucht, Hypertrichose, Amenorrhöe) ablösen. Aus der Fettsucht entwickelt sich eine Kachexie — nebenbei sei an die nahen Beziehungen von Fettsucht und Kachexie bei den

---

[1]) FRIDERICHSEN, C.: Jahrb. f. Kinderheilk. Bd. 87, S. 109. 1918. — VICTOR, M.: Zeitschr. f. Kinderheilk. Bd. 30, S. 44. 1921.

[2]) Vgl. WÜLFING, M.: Virchows Arch. f. pathol. Anat. u. Physiol. Bd. 253, S. 239. 1924 (Bd. 38, S, 881).

[3]) BRODNITZ: Münch. med. Wochenschr. 1910. S. 1591. — BRASSER, A.: Klin. Wochenschrift. 1924. S. 738. — SCHNITZLER, J.: Wien. med. Wochenschr. 1926. S. 646 (Bd. 44, S. 173).

[4]) BRASSERs Fall hatte trotz Endokarditis einen Druck von 180.

hypophysär-nervösen Dystrophien erinnert — die Hypertrichose verschwindet, Adynamie, Psychasthenie, Melanodermie und andere Symptome der Nebenniereninsuffizienz können sich hinzugesellen [1]). Übrigens pflegt in Fällen von genitointerrenalem Syndrom durch Rindentumoren das Nebennierenmark ab ovo hypoplastisch zu sein (MATHIAS).

Schließlich haben wir jener Fälle zu gedenken, in welchen die insuffiziente Nebennierentätigkeit nicht einer organischen Erkrankung, sondern einer konstitutionellen, morphologischen oder nur funktionellen Minderwertigkeit der Nebennieren zur Last fällt, wo die Symptome der Nebenniereninsuffizienz in so geringem Grade ausgeprägt sind, daß sie nicht die Lebensdauer, oft nicht einmal die Gesundheit ihres Trägers beeinträchtigen. Solche Individuen mit einer „hyposuprarenalen Konstitution" (J. BAUER, PENDE) sind zart gebaute, schwache, magere Menschen mit habitueller Hypotension, kleinem schwachem Puls, niedrigem Blutzuckerspiegel, herabgesetzter Phlorizinglykosurie, hypotonischer Muskulatur, allgemeiner Kraftlosigkeit und Ermüdbarkeit, Neigung zu Hypothermie und Bradykardie, sowie zu Ohnmachtsanwandlungen. Zeitweise kann es zu wenig charakteristischen Magen-Darmstörungen, zu kolikartigen Attacken mit Erbrechen, eventuell auch Diarrhöen kommen. Dunkles Hautkolorit, sowie Lymphocytose im Blute ist häufig aber nicht charakteristisch [2]). Naturgemäß sind diese Menschen durch alle jene Zustände gefährdet, welche normalerweise an die Funktion der Nebennieren besondere Anforderungen stellen und sie zu gesteigerter Leistung veranlassen, bzw. eine Schädigung ihres Parenchyms hervorrufen. Dahin gehören also größere Muskelanstrengungen, der Geburtsakt, epileptische und eklamptische Anfälle einerseits, akute und chronische Infektionsprozesse, wie vor allem Scharlach, Diphtherie, Typhus, Tuberkulose u. a., sowie chemische Giftwirkungen verschiedener Art, insbesondere auch Chloroformnarkose und Salvarsan andererseits. Bei unerwarteten und plötzlichen Todesfällen aus ganz inadäquaten, oft geringfügigsten Anlässen hat man wiederholt eine Hypoplasie des Nebennierenmarkes, bzw. des gesamten chromaffinen Gewebes feststellen können (WIESEL, HEDINGER, KOLISKO, GOLDZIEHER, BARTEL u. a.), aber auch eine Hypoplasie der Nebennierenrinde wurde von LANDAU bei sonstigen abnormen konstitutionellen Zuständen beobachtet.

Was die Differentialdiagnose der Nebenniereninsuffizienz bzw. des Morbus Addisonii anlangt, so kommen mit Rücksicht auf gleichartige oder ähnliche Pigmentierungen, auf die Reduktion des Allgemeinzustandes, die Schwäche und Kraftlosigkeit, zum Teil auch mit Rücksicht auf die Symptome von seiten des Verdauungstraktes vor allem okkulte Carcinome der Bauchorgane, perniziöse Anämie, Leukämie und andere Systemerkrankungen des lymphatischen Apparates, Tuberkulose, insbesondere eine solche der Abdominalorgane, Lebercirrhose, Bronzediabetes, Hämochromatose, chronische Malaria, Pellagra, Arsenvergiftung in Betracht. Abnormen Pigmentierungen begegnet man überdies bei verschiedenen juckenden Dermatosen, bei der sog. Vagabundenhaut, bei Sklerodermie, chronischen Herzfehlern, vor allem aber bei Morbus Basedowii (CHVOSTEK) und Erkrankungen der weiblichen Geschlechtsorgane. Bei

---

[1]) LAUNOIS, P. E., M. PINARD et A. GALLAIS: Gaz. des hôp. civ. et milit. 1911, Nr. 43, p. 649. — PENDE, N.: l. c.

[2]) Vgl. BAUER, J.: Konstitutionelle Disposition. l. c. 3. Aufl., S. 406. — BOENHEIM, F.: Klin. Wochenschr. 1925. S. 1159 (Bd. 41, S. 35).

Basedow sah ich einmal auch ausgedehnte Pigmentierung der Mundschleimhaut. In seltenen Fällen kann eine addisonartige Pigmentierung nach Entfernung von Ovarialtumoren verschwinden (v. NEUSSER). Auch die Argyrie ist nicht zu vergessen. Richtlinien für die Differenzierung dieser Zustände anzuführen, scheint mir überflüssig. Wer an sie denkt und mit ihrer Symptomatologie vertraut ist, wird einem Irrtum nur selten verfallen.

Im Symptomenkomplex pluriglandulärer Erkrankungen können naturgemäß auch Insuffizienzerscheinungen von seiten der Nebennieren zu finden sein und es mag tatsächlich manchmal schwer fallen, besonders im Beginne eine hypophysär-nervöse Dystrophie vom SIMMONDSschen kachektischen Typus, eine primäre pluriglanduläre Insuffizienz bzw. Atrophie und einen Morbus Addisonii auseinanderzuhalten. Wir haben oben erfahren, daß ein Status thymolymphaticus einerseits mit einer Hypoplasie des chromaffinen Systems einherzugehen pflegt und den Boden für die Entstehung eines Morbus Addisonii abgeben, andererseits durch dessen Auftreten in seiner Manifestation gefördert werden dürfte. Es bestünde also eine Art Circulus vitiosus zwischen Insuffizienz der Nebennieren und zwar offenbar des Markes einerseits und Hyperplasie des Thymus andererseits. ZONDEK bemerkt, er habe bei Status thymolymphaticus neben Hypoplasie des Gefäßsystems und Blutdrucksenkung so hochgradige Hypoglykämien beobachtet, wie sie selbst bei Addison nur selten angetroffen werden.

Die Adynamie bei Nebenniereninsuffizienz kann mitunter ganz den Charakter einer richtigen Myasthenie annehmen (LAUNOIS, PINARD und GALLAIS) und in Fällen, die klinisch das vollkommene Bild der Myasthenia gravis pseudo-paralytica dargeboten hatten, fand man bald mächtige Hyperplasie des Thymus, bald ein Adenom der Nebennierenrinde (TIETZ [1])). In jenen seltenen Fällen, in welchen sich die Adynamie anfallsweise einstellt, wird man, wie ich es in dem von mir beschriebenen Falle von Amyloidose der Nebennierenrinde auseinander-gesetzt habe [2]), auch die sog. paroxysmale Lähmung sowie die bei Tumoren des Schläfelappens und Kleinhirns von KNAPP beschriebene „apoplektiforme Hypotonie" in den Kreis der differentialdiagnostischen Erwägungen einbeziehen müssen. Selbstverständlich werden derartige adynamische Erschöpfungszustände besonders leicht für Neurasthenie und Hysterie gehalten. Nur eine eingehende Analyse des Einzelfalles wird vor einer solchen nicht immer leicht zu ver-meidenden Verwechslung bewahren.

Was die Prognose der Nebenniereninsuffizienz anlangt, so ergibt sich aus dem Gesagten, daß progrediente, zur Zerstörung der Nebennieren führende Prozesse, wie Tuberkulose, Tumoren, hämorrhagische Entzündungen als absolut infaust anzusehen sind, wobei allerdings bezüglich der Lebensdauer recht weite individuelle Schwankungen vorkommen. Wo aber pathologische Prozesse nur zu einer partiellen Schädigung der Nebennieren geführt haben, dort werden wir meist keinen ausgesprochenen klinischen Erscheinungen begegnen. Eine seltene Ausnahme stellt da ein von BITTORF [3]) beobachteter Fall von Addison dar, der sich im Anschluß an eine typhöse Erkrankung entwickelt hatte und spontan

---

[1]) TIETZ, L.: Klin. Wochenschr. 1924. S. 1862.
[2]) BAUER, J.: Klin. Wochenschr. 1922. Nr. 32, S. 1595.
[3]) BITTORF, A.: Münch. med. Wochenschr. 1926. S. 1928.

abheilte. Die konstitutionelle Insuffizienz der Nebennieren, das hyposuprarenale Temperament, bedeutet an sich keine Lebensgefährdung, sie setzt aber die Adaptationsfähigkeit und Widerstandskraft des Organismus herab, bedeutet also eine gesteigerte Krankheitsbereitschaft.

Die Therapie der Nebenniereninsuffizienz ist keine dankbare Aufgabe. Die Gelegenheit zu einer kausalen Therapie ergibt sich nur höchst selten einmal in einem besonderen Ausnahmsfall. So berichtet Oestreich [1]) über einen Fall von Morbus Addisonii, der nach Exstirpation einer tuberkulös erkrankten Nebenniere ausheilte. In der überwiegenden Mehrzahl der Fälle handelt es sich aber um doppelseitige Prozesse und selbst bei einseitiger Tuberkulose haben wir kaum je die Möglichkeit, die erkrankte Seite zu erkennen. Auch die schon zur Diagnose von Nebennierengeschwülsten herangezogene Röntgenographie nach O_2-Einblasung ins Nierenlager (Löser und Israel [2])) würde hier wohl nur ausnahmsweise zum Ziele führen. Dort, wo Tumoren zu den Erscheinungen eines Addison geführt haben, wird eine Operation zum mindesten zu erwägen sein. Wo eine Syphilis als Ursache der Nebennierenerkrankung in Betracht kommen könnte, wird man natürlich eine antiluetische Kur durchzuführen versuchen, meist aber auch keinen befriedigenden Erfolg erzielen. Daß man zur Beförderung einer immerhin möglichen Heilungstendenz und zur Hebung der Widerstandskraft des Patienten Tonika wie Arsen, Eisen, Kalkpräparate, eventuell Tuberkulininjektionen, Lichttherapie und klimatische Faktoren heranzieht, ist natürlich; viel Hoffnung ist aber nicht auf sie zu setzen.

Wenn man schon gegenüber der Ursache der Nebennierenzerstörung in der weitaus überwiegenden Mehrzahl der Fälle machtlos ist, so könnte man versuchen, die Funktion der Nebennieren durch irgendeine Art von Substitutionstherapie zu ersetzen. Am aussichtsreichsten erscheint da zunächst die Transplantation. Transplantationsversuche mit Nebennieren haben aber bisher auch im Tierversuch immer nur dann zu Dauerresultaten geführt, wenn eine Autotransplantation der Nebennieren unter Belassung und Dislozierung ihres Gefäßstieles in das Nierengewebe vorgenommen wurde (v. Haberer und O. Stoerk). Auf diese Weise konnten Hunde mit einer einzigen transplantierten Nebenniere jahrelang am Leben erhalten werden und verhielten sich vollkommen normal. Weibliche Tiere warfen gesunde Junge, die sie selbst säugten. Bemerkenswert ist, daß solche funktionsfähige Nebennieren anatomisch vollkommen neu- und umgebaut sind und sowohl Rinden- als Marksubstanz intakt, ja hypertrophiert enthalten. Darin liegt ein gewisser Widerspruch zu den früher erwähnten Pendeschen Befunden von Markatrophie nach Nervendurchschneidung. Einer Beeinträchtigung der Blutversorgung gegenüber ist übrigens das Markgewebe weit weniger resistent als die Nebennierenrinde. v. Haberer [3]) zieht auch die Möglichkeit in Betracht, Nebennieren eben verstorbener Neugeborener mit ihren Gefäßen und mit dem entsprechenden Stück der Aorta auf den Menschen zu transplantieren. Jede andere Art von Transplantation hat bei den Nebennieren bisher versagt. Busch und Wright [4]) implantierten Schweinenebennieren in die Hoden eines Addison-Kranken,

---

[1]) Oestreich, R.: Zeitschr. f. klin. Med. Bd. 31, S. 123. 1897.
[2]) Löser, A. u. W. Israel: Zeitschr. f. urol. Chirurg. Bd. 13, S. 75. 1923.
[3]) v. Haberer: Arch. f. klin. Chirurg. Bd. 94, S. 606. 1911.
[4]) Busch, F. C. a. Th. Wright: Arch. of internal med. Vol. 5, p. 30, 1910.

Conybeare[1]) nahm fetale Nebennieren, ich selbst ließ in drei Fällen eine Nebennierentransplantation vornehmen — stets ohne ausgesprochenen, nachhaltigeren Erfolg. In zweien meiner Fälle implantierte Prof. Eiselsberg die einem Epileptiker entnommene Nebenniere in mehreren Stückchen präperitoneal sowie in die Marksubstanz des Sternums, im dritten Falle wurde, ebenfalls an der Klinik Eiselsberg, die Nebenniere eines Macacus verwendet. Wie die Autopsie eines dieser Fälle durch Prof. Erdheim zeigte, wird auch die implantierte menschliche Nebennierensubstanz in überraschend kurzer Zeit nekrotisch[2]).

Wesentlich einfacher als die Transplantation und schon längst geübt ist die Organotherapie auf oralem, rectalem und subcutanem Wege. Doch läßt sich mit Adrenalin, selbst wenn es in hohen Dosen und etwa dreimal täglich subcutan appliziert wird, naturgemäß kein voller Ersatz der Nebennierenfunktion erreichen, wenngleich einzelne Symptome, insbesondere auch die Adynamie gelegentlich etwas gebessert werden. Peroral muß das Adrenalin in größeren Dosen verabreicht werden, um zu wirken, dann verursacht es aber epigastrische Schmerzen und Brechreiz. Präparate aus der Gesamtnebenniere, etwa die Glandula suprarenalis Merck, sind auch in größerer Dosis nicht imstande die Ausfallserscheinungen zu beheben. Ich habe einen Patienten längere Zeit hindurch frische, rohe Kalbsnebenniere mit Pfeffer und Salz auf Brot essen lassen, ohne mich von einem sicheren Erfolg zu überzeugen. Der Kranke selbst glaubte allerdings eine Besserung seines Allgemeinzustandes feststellen zu können. Angaben der Literatur über Beseitigung der Myasthenie und Psychasthenie, sowie Abnahme der Pigmentation durch frische Kalbsnebenniere liegen zwar vor (Launois, Pinard und Gallais), doch wird man in der Beurteilung und Erwartung ähnlicher Erfolge sehr zurückhaltend sein müssen. In jüngster Zeit empfiehlt Rowntree[3]) eine besonders massive Organotherapie, die er nach ihrem Begründer, der sie an sich selbst erprobte, trotz anfänglicher Besserung aber schließlich doch an seinem Addison zugrunde ging, das Muirhead-Regime nennt. Es wird Adrenalin dreimal täglich subcutan, außerdem auch per Klysma verabreicht und daneben ebenfalls dreimal täglich ganze Nebenniere oder nur Rindensubstanz bis zur Toleranzgrenze gegeben. Die Toleranz ist nämlich infolge der gastrointestinalen Störungen beschränkt. Mit diesem forcierten Regime wurde immerhin bei einigen Fällen eine überraschende Besserung und auch Rückgang der Pigmentierung erzielt.

Natürlich wird man je nach der individuellen Sachlage von symptomatisch wirkenden Mitteln Gebrauch machen. Als solche werden beim Addison vor allem Salzsäure und Pepsin, eventuell Calcium und Pankreon, Strychnin, Papaverin, Atropin und dessen Derivate in Betracht kommen. Reichliche Kohlenhydratzufuhr ist in der Diätetik der Nebenniereninsuffizienz stets anzustreben, eventuell kommen auch Zuckerklistiere (unter Umständen mit Adrenalinzusatz) oder Zuckerinfusionen in Frage. Ich habe in den letzten

---

[1]) Conybeare, J. J.: Guy's hosp. reports. Vol. 74, p. 369. 1924 (Bd. 38, S. 524).

[2]) In dem von Dmitrijew mitgeteilten Fall von erfolgreicher Transplantation einer Hundenebenniere ist die Diagnose eines Morbus Addisonii mehr als unsicher. Zentralbl. f. Chirurg. 1925. Nr. 20, S. 1082.

[3]) Rowntree, L. G.: Transact. of the assoc. of Americ. physic. Vol. 39, p. 426. 1924 (Bd. 41, S. 317) u. l. c.

Monaten sehr günstige Wirkungen, wenn auch natürlich keinen Heileffekt, von der vorsichtig durchgeführten Insulinbehandlung gesehen, wie sie von ROBITSCHEK zuerst empfohlen wurde. Da wegen der insuffizienten Gegenregulation mittels Adrenalinausschwemmung Addisonkranke sehr empfindlich gegen Insulin zu sein pflegen und der Gefahr des „hypoglykämischen Symptomenkomplexes" in besonderem Maße ausgesetzt sind, müssen kleine Insulindosen (5—15 Einheiten) gleichzeitig mit Adrenalin injiziert und von einer Kohlenhydratmahlzeit gefolgt werden. Keinesfalls kann ich ZONDEK beipflichten, der sogar bei Addisonkranken, die gleichzeitig an Diabetes mellitus leiden, Insulin für „streng kontraindiziert" hält. SERGENT [1]) empfiehlt Injektion öliger Cholesterinlösung. Man wird aber angesichts spontaner Schwankungen im Verlaufe eines Morbus Addisonii in der Beurteilung therapeutischer Erfolge stets sehr vorsichtig sein müssen, hat man doch sogar nach Magenspülungen Erfolge beschrieben (GRAWITZ).

Die übermäßige Funktion der Nebenniere.

Die Überfunktionszustände von seiten der Nebennierenrinde haben wir in einem früheren Kapitel bereits kennen gelernt. Es handelt sich da um Tumoren der Nebennierenrinde mit morphogenetischer Wirkung auf die Genitalsphäre und Geschlechtsmerkmale. Sie verlaufen unter dem Bilde des sog. genitosuprarenalen oder besser genitointerrenalen Syndroms bzw. des APERTschen Hirsutismus. Die Rückbildung der Erscheinungen nach operativer Entfernung solcher Tumoren beweist, daß es sich um die Folge einer übermäßigen Rindenfunktion der Nebennieren handelt. Es gibt aber auch pathologische Zustände, die auf eine übermäßige Funktion des Nebennierenmarkes, bzw. des chromaffinen Systems bezogen werden müssen. v. NEUSSER hat als erster im Jahre 1897 das klinische Bild einer solchen Überfunktion des chromaffinen Systems aufzustellen versucht. Diese Fälle betreffen mitunter noch sehr jugendliche Individuen, welche unter den Erscheinungen einer Schrumpfniere oder, wie wir heute richtiger sagen, eines genuinen permanenten arteriellen Hochdruckes, sei es an Hirnhämorrhagien oder an Insuffizienz des mächtig hypertrophierten linken Herzventrikels zugrunde gehen und bei der Autopsie eine gröbere Nierenaffektion vermissen lassen, dagegen Tumoren der Nebenniere, und zwar des Markes oder aber Tumoren des akzessorischen chromaffinen Gewebes, sog. Paragangliome aufweisen. Es liegen heute immerhin schon genügend zahlreiche derartige Fälle in der Literatur vor [2]), um ein zufälliges Zusammentreffen auszuschließen und NEUSSERs Standpunkt zu rechtfertigen.

Wenn wir berücksichtigen, daß bei mit arteriellem Hochdruck und Herzhypertrophie einhergehenden Nephritiden WIESEL regelmäßig eine Hyperplasie

---

[1]) SERGENT, E.: Presse méd. Tom. 29, Nr. 82, p. 813. 1921.

[2]) Vgl. OPPENHEIMER B. S. a. A. M. FISHBERG: Arch. of internal med. Vol. 34, p. 631. 1924 (Bd. 38, S. 882). — HAUSMANN, M. u. S. GETZOWA: Schweiz. med. Wochenschr. 1922. Nr. 36, S. 889 u. Nr. 37, S. 911 (Bd. 26, S. 501). — LABBÉ, M., J. TINEL et DOUMER: Bull. et mém. de la soc. méd. des hôp. de Paris. Tom. 38, Nr. 22, p. 982. 1922 (Bd. 24, S. 422). — ROLLESTON, H.: West London med. journ. Vol. 30, Nr. 3, p. 105. 1925. — BIEBL, M. und P. WICHELS: Virchows Arch. f. pathol. Anat. u. Physiol. Bd. 257, S. 182. 1925 (Bd. 42, S. 633).

des chromaffinen Gewebes im Nebennierenmark und in den Paraganglien feststellen konnte und daß dieser Befund von zahlreichen Nachuntersuchern, insbesondere SCHMORL und GOLDZIEHER bestätigt wurde, welch letztere auch einen vermehrten Adrenalingehalt in solchen Nebennieren fanden, so spricht auch diese Tatsache für einen Zusammenhang der klinischen Erscheinungen mit einer übermäßigen Funktion des chromaffinen Systems. Stellt doch die klinische Symptomatologie, der arterielle Hochdruck mit Herzhypertrophie, die Polyurie, die häufige Hyperglykämie (E. NEUBAUER) und gelegentliche Glykosurie geradezu das Gegenstück der Insuffizienzsymptome von seiten des chromaffinen Gewebes dar. Daß der Nachweis einer Hyperadrenalinämie, wie ihn SCHUR und WIESEL ursprünglich erbracht zu haben glaubten, bisher nicht einwandfrei gelungen ist, berechtigt ebensowenig zur Ablehnung eines Zusammenhanges zwischen arteriellem Hochdruck und Hyperchromaffinose wie die Tatsache, daß die Mehrzahl der chromaffinen Tumoren keine entsprechenden klinischen Erscheinungen hervorrufen (HAUSMANN und GETZOWA), denn ganz wie bei den Adenomen der Nebennierenrinde und wie bei anderen Geschwülsten ist auch hier nicht immer mit einer funktionellen Mehrleistung des blastomatös erkrankten Organs zu rechnen.

Selbstverständlich wird man auch nicht etwa für alle Fälle von arteriellem Hochdruck eine Überfunktion des chromaffinen Gewebes verantwortlich machen wollen. Sicherlich kommen hierfür sehr verschiedene pathogenetische Faktoren in Betracht. Wir werden also daran festhalten dürfen, daß einerseits anatomischen Hyperplasien des chromaffinen Systems in einer gewissen Anzahl von Fällen ein klinischer Symptomenkomplex entspricht, der auf eine übermäßige Adrenalinwirkung hinweist, und daß andererseits unter den mannigfachen pathogenetischen Faktoren des genuinen arteriellen Hochdrucks auch die Überfunktion des chromaffinen Systems eine gewichtige Rolle spielt. Es wird notwendig sein, bei Autopsien solcher Fälle künftighin auch das akzessorische chromaffine Gewebe (vgl. Fall ROLLESTON), vor allem das ZUCKERKANDLsche Organ (Fall HAUSMANN-GETZOWA) einer genauen Untersuchung zu unterziehen.

Wie beim Morbus Addisonii krisenartige Kollapszustände vorkommen, so gibt es Fälle von Tumoren des chromaffinen Systems, bei welchen paroxysmale Blutdrucksteigerungen mit vasomotorischen Störungen, Herzklopfen, Pulsbeschleunigung, Üblichkeiten und Erbrechen sowie Schweißausbrüchen das klinische Bild beherrschen (LABBÉ, TINEL und DOUMER). Im Beginn findet man häufig eine geringe Vermehrung der roten Blutkörperchen und auch die Zahl der neutrophilen Leukocyten pflegt sich an der oberen Grenze der Norm zu halten (FALTA), also gleichfalls ein Gegenstück zur Insuffizienz der Nebennierenfunktion. |

Daß sich das „hyperadrenale Temperament" — zweifellos müssen wir die Existenz eines solchen ins Auge fassen — vom hyperthyreoiden dadurch unterscheiden ließe, daß nur bei ersterem der Blutdruck erhöht wäre und daß der Hyperadrenale keine Hyperhidrosis, dagegen Subacidität des Magens, der Hyperthyreoide dagegen Hyperhidrosis und Superacidität des Magens sowie Neigung zu Diarrhöen aufweise, wie TIMME [1]) angibt, ist eine theoretische Konstruktion, die mit den Tatsachen nicht im Einklang steht. Der Grund-

---

[1]) TIMME, W.: Lectures on Endocrinology. p. 60. New York: Paul B. Hoeber 1924.

umsatz, der ja auch beim Gesunden durch eine Adrenalininjektion gesteigert wird, ist bei den meisten Kranken mit genuinem arteriellem Hochdruck erhöht (MANNABERG). Allerdings soll damit keineswegs gesagt sein, daß es die Hyperadrenalinämie sein muß, welche diese Steigerung des Grundumsatzes bei arteriellem Hochdruck hervorruft.

Die übermäßige Funktion des chromaffinen Systems scheint sich auch noch in einer anderen Form manifestieren zu können. Ganz entsprechend den durch Adrenalininjektionen im Tierversuch produzierbaren Gefäßveränderungen hat man wiederholt bei Tumoren des chromaffinen Gewebes schwere, histologisch der experimentellen Adrenalinsklerose vollkommen gleichende Mediasklerose der Arterien beobachtet (WIESEL, KOLISKO). Am bekanntesten ist diesbezüglich das von WIESEL beschriebene zweijährige Kind mit schwerer Arteriosklerose.

Wie weit in gewissen Fällen von Diabetes eine übermäßige Adrenalinproduktion pathogenetisch in Betracht kommt, ist bisher nicht sicher bekannt, die Möglichkeit muß aber in Übereinstimmung mit FALTA gewiß zugegeben werden. In vereinzelten Fällen können die Erscheinungen der Überfunktion sowohl des Markes als der Rinde vereinigt auftreten und das genito-suprarenale Syndrom kann mit arteriellem Hochdruck und dessen Konsequenzen einhergehen (OPPENHEIMER und FISHBERG). Das experimentum crucis zum Beweis der chromaffinen Genese des arteriellen Hochdrucks liegt bisher nicht in einwandfreier Weise vor: Nach Entfernung bzw. Reduktion des chromaffinen Gewebes müßte der Hochdruck zurückgehen. Den Versuch dieses Beweises hat allerdings HAUSMANN schon unternommen. Auch die Röntgenbestrahlung der Nebennieren hat bisher einen greifbaren Erfolg nicht gebracht. Vielleicht ist er von dem mit aller Reserve von PENDE vorgebrachten Vorschlag zu erhoffen, bei schwerem arteriellem Hochdruck den linken Nervus splanchnicus zu durchschneiden, um die Adrenalinproduktion der Nebennieren einzuschränken.

Pluriglanduläre Erkrankungen.

Wir haben in den vorangehenden Abschnitten mehrfach Krankheitszustände kennen gelernt, die mehrere Hormonorgane betroffen haben. Man denke nur an die funktionellen und anatomischen Alterationen, die die Keimdrüsen bei Erkrankung der Schilddrüse oder der Hypophyse erfahren können, man erinnere sich, daß die Genitalatrophie zu den Kardinalsymptomen der hypophysär-nervösen Dystrophie gehört, man rufe sich das genito-suprarenale Syndrom, die Kombination von Akromegalie mit Myxödem u. a. ins Gedächtnis zurück. In allen diesen Fällen konnten wir die Einreihung zu den Erkrankungen eines bestimmten Hormonorganes ohne weiteres vornehmen, denn diese primäre Affektion eines einzelnen Organs war anatomisch sicher begründet, die sekundäre Beteiligung der anderen Hormonorgane auch auf Grund der physiologischen Erfahrungen am Tier entweder als typische Ausfallserscheinung, z. B. bei den hypophysär-nervösen Dystrophien, oder aber als kompensatorische Reaktion anzusehen. Alle derartigen Affektionen, bei denen die primäre Erkrankung eines einzelnen inkretorischen Organes festzustellen ist und in denen andere inkretorische Organe entweder als unmittelbare Folge oder im Sinne einer kompensatorischen Reaktion auf diese primäre Erkrankung nur sekundär betroffen sind, alle derartigen Affektionen wollen wir in Übereinstimmung mit BIEDL, FALTA, CLAUDE, HIRSCH [1]) u. a. nicht mit der Bezeichnung pluriglanduläre Erkrankungen belegen. Diese reservieren wir vielmehr für jene nicht häufigen Fälle, in welchen ein und derselbe Krankheitsprozeß koordiniert mehrere Hormonorgane annähernd gleichzeitig befällt, ohne daß wir in der Lage wären, die Affektion des einen Hormonorganes als Folgeerscheinung oder kompensatorische Reaktion auf die Affektion eines anderen anzusprechen.

Im allgemeinen ist für diese Gruppe von Erkrankungen der von CLAUDE und GOUGEROT 1907 gewählte Name „pluriglanduläre Insuffizienz" zutreffend, da aber auch einzelne Fälle beobachtet worden sind, in denen u. a. akromegaloide Züge, also Zeichen der Überfunktion einer Blutdrüse vorhanden waren, so ist es zweckmäßiger, von pluriglandulären Erkrankungen oder Syndromen zu sprechen, obwohl die Überfunktion einer Drüse hier nicht mehr als direkte Folge des anatomisch gleichartigen Krankheitsvorganges in mehreren Gliedern des Hormonapparates, sondern nur als kompensatorische Reaktion oder zufällige Komplikation aufgefaßt werden kann. Dieser anatomisch gleichartige Krankheitsvorgang, dem mehrere Teile des inkretorischen Systems zum Opfer fallen, ist die Atrophie des Parenchyms. In der Mehrzahl der Fälle ist sie verbunden mit einer fibrösen Sklerose, was FALTA zu der Bezeichnung des Krankheitsbildes als „multiple Blutdrüsensklerose" veranlaßt hat, ausnahmsweise kann aber eine derartige Sklerose auch fehlen und die Atrophie führt dann zu einer extremen Verkleinerung der betroffenen Organe [2]). In seltenen Fällen kommt auch das klinische Bild einer pluriglandulären Insuffizienz ohne wesentlichen anatomischen Befund an den Hormonorganen zur Beobachtung und muß dann wohl als funktionelle Insuffizienz infolge des bestehenden Grundleidens (z. B. Tuberkulose) aufgefaßt werden [3]).

Es liegt in der Natur der Sache, daß je nach den von der Atrophie betroffenen Hormonorganen verschiedene klinische Bilder resultieren müssen. Am häufigsten sind wohl die Schilddrüse, dann die Keimdrüsen, Nebennieren, die Hypophyse betroffen, aber auch Pankreas und Epithelkörperchen, ja sogar die Zirbel (Fall UEMURA) können beteiligt sein. Die Leber nimmt an der cirrhotischen Atrophie nicht selten teil [4]). Bemerkenswert erscheint mir ein kaum allgemein beachteter Befund MURRIS [5]) zu sein, der in seinem Falle auch Atrophie und Fibrose in den Sympathicusganglien beschreibt.

Trotz der Mannigfaltigkeit des klinischen Bildes lassen sich immerhin einige mehr minder typische Syndrome unter den pluriglandulären Erkrankungen abgrenzen. Zunächst das von CLAUDE und GOUGEROT beschriebene thyreotesticulo-suprarenale bzw. thyreo-testiculo-hypophyseo-suprarenale Syndrom. Im Vordergrund des klinischen Bildes stehen die Erscheinungen der Keimdrüsenatrophie, oder des sog. Späteunuchoidismus, d. h. Abnahme und Erlöschen der sexuellen Funktionen, Atrophie der Hoden, Ausfall

<hr>

[1]) Vgl. HIRSCH, S.: Münch. med. Wochenschr. 1923. S. 1449 (Bd. 34, S. 38).
[2]) LINDEMANN, E.: Virchows Arch. f. pathol. Anat. u. Physiol. Bd. 240, S. 11. 1923 (Bd. 28, S. 437).
[3]) PETSCHACHER, L. u. H. HOENLINGER: Med. Klinik. 1922. S. 1462.
[4]) LANDSTEINER, K. u. A. EDELMANN: Frankfurt. Zeitschr. f. Pathol. Bd. 24, S. 339. 1920.
[5]) MURRI, A.: Rif. med. 1911. Nr. 4.

der Körperbehaarung und des Bartes. Dazu gesellen sich hypothyreotische Symptome, Gedunsenheit der Haut bis zu ausgesprochenem Myxödem, Schütterwerden, eventuell fleckweises Ausfallen des Kopfhaares, Ausfallen der Augenbrauen und Wimpern, Frösteln, geistige Trägheit, Vergeßlichkeit, Apathie. Die Haut kann eine deutliche Atrophie aufweisen, wird trocken und schilfrig. Großes Schwächegefühl bis zur Prostration, Herabsetzung des Blutdruckes, eventuell auch des Blutzuckerspiegels sowie abnorme Pigmentierungen weisen auf die Beteiligung der Nebennieren hin. Die auffällige Ergreisung und zunehmende Kachexie werden ebenfalls durch die Nebennierenatrophie erklärt, beruhen aber vielleicht auch auf dem Betroffensein der Hypophyse. Ein sicherer Hinweis auf die Mitbeteiligung der Hypophyse ist somit in der Regel nicht vorhanden, auch wenn die Autopsie eine solche aufdeckt[1]). Von sonstigen Symptomen des Leidens werden noch erwähnt eine ausgesprochene Anämie, Lockerung der Zähne und starkes Abschleifen der Zahnkronen, gelegentlich trophische Veränderungen der Nägel, rheumatoide Schmerzen und Kopfschmerz. ZONDEK weist auf die allgemeine Splanchnomikrie in den schwer kachektischen Fällen hin. Osteomalacie oder osteoporotische Skelettveränderungen können zu kyphotischer Haltung führen und starke „rheumatoide" Schmerzen verursachen. Leukocytose, eventuell mit Monocytose oder Eosinophilie sowie Achylia gastrica wurden mehrfach festgestellt. In dem von JUNGMANN und ZONDEK beobachteten Falle konnte auch eine Osmoregulationsstörung mit Retention von Kochsalz nachgewiesen werden.

Das analoge Krankheitsbild kommt allerdings viel seltener auch bei der Frau vor und bildet als thyreo-ovario-suprarenales Syndrom zusammen mit dem eben besprochenen die thyreo-genital-suprarenale Gruppe unter den pluriglandulären Erkrankungen. Die Rückbildung der Achsel- und Schambehaarung bei weiblichen Kranken ist, wie FALTA mit Recht hervorhebt, bei bloßem Ausfall der Keimdrüsen meist nur sehr wenig ausgesprochen, so daß dieses Symptom allein schon auf Beteiligung anderer Hormonorgane hinweist, nach FALTA auf die Atrophie der Nebennieren, meines Erachtens aber ebenso auf die Hypophyse. Sehen wir doch auch bei den hypophysär-nervösen Dystrophien, vor allem beim SIMMONDSschen kachektischen Dystrophietypus den gleichen Haarverlust. Wie sehr aber auch hier das Prinzip der mehrfachen Sicherungen mitspielt, zeigt eine Beobachtung von HOCHSTETTER [2]) und VEIT [3]), wo trotz sklerotischer Atrophie der Hoden, Schilddrüse, Hypophyse, Nebennieren und Epithelkörperchen die Körperbehaarung des 38jährigen Mannes fast normal blieb. Dagegen ist die in manchen Fällen beobachtete und stets nur vorübergehende Polyurie kaum mit einiger Wahrscheinlichkeit auf die Hypophyse zurückzuführen. Wie weit Schädigungen des Sympathicus und seiner Zentren im Krankheitsbild der pluriglandulären Insuffizienz eine Rolle spielen, ist schwer zu sagen. Da wir aber auch die Addison-Pigmentierung auf eine Sympathicus-Störung zurückführen, so werden wir vielleicht nicht fehlgehen, auch allerhand trophische Veränderungen der Haut, Nägel und Zähne

---

[1]) Vgl. HIRSCH, S.: Dtsch. Arch. f. klin. Med. Bd. 140, S. 323. 1922 (Bd. 27, S. 155). — CLAUDE, H. et A. BAUDOUIN: Syndromes pluriglandulaires. In Nouveau traité de médecine, herausg. v. ROGER, WIDAL et TEISSIER. 2. ed. Masson, Paris 1925.

[2]) HOCHSTETTER, F.: Med. Klinik 1922. S. 661 (Bd. 24, S. 22).

[3]) VEIT, B.: Frankf. Zeitschr. f. Pathol. Bd. 28, S. 1. 1922 (Bd. 25, S. 540).

mit dem Sympathicus in Beziehung zu bringen. In einzelnen Fällen wurden asthmoide Beschwerden, in anderen ausgesprochene psychotische Zustände beobachtet (vgl. LINDEMANN). Manchmal kann — wie schon oben erwähnt — der atrophische Prozeß auch die Epithelkörperchen oder das Pankreas ergreifen und sich dementsprechend klinisch bemerkbar machen. Auch die Milz kann von der allgemeinen Atrophie betroffen sein und sich durch zahlreiche Kernkugeln oder sog. JOLLY-Körperchen in den Erythrocyten verraten [1]).

Während die Beteiligung der Nebennieren und Hypophyse infolge der konsekutiven Ergreisung und Kachexie des Betroffenen dem ganzen Krankheitsbilde einen prognostisch ernsten Charakter verleiht, ist die kombinierte Atrophie von Schilddrüse und Keimdrüsen, die von BORCHARDT [2]) speziell beschriebene thyreo-sexuelle Insuffizienz ein wesentlich harmloserer Zustand, da das Erlöschen der Keimdrüsenfunktion gefahrlos und die Schilddrüseninsuffizienz durch Organotherapie prompt behebbar ist. Ich kenne eine Frau, die mehrere Kinder geboren hatte, mit 37 Jahren die Menstruation für immer verlor, eine klimakterische Atrophie ihres Genitales bekam und gleichzeitig die typischen Erscheinungen eines Myxödems darbot. Ich halte sie nun schon seit 6 Jahren unter ständiger Thyreoidea-Therapie, wobei sie sich vollkommen wohl fühlt und arbeitsfähig ist. Wird die Schilddrüsentherapie auch nur für kurze Zeit unterbrochen, so sind die ausgesprochenen Zeichen des Hypothyreoidismus sogleich wieder da.

Außer den oben geschilderten, klinisch und anatomisch immerhin einheitlichen und klar gekennzeichneten Syndromen hat man auch noch eine Reihe anderer Krankheitszustände unter die pluriglandulären Erkrankungen einzureihen versucht, für die freilich eine gesicherte Grundlage zum Teil noch aussteht. Am meisten berechtigt dürfte es noch für gewisse Fälle von Pädatrophie sein, wie dies FALTA annimmt. Bei der zuerst von J. HUTCHINSON beschriebenen eigentümlichen Kombination von Infantilismus und Senilismus, welche seit H. GILFORD als Progerie bezeichnet wird, liegt entsprechend der den ganzen Organismus des noch nicht völlig entwickelten Individuums befallenden senilen Involution auch eine Atrophie und Sklerose der Blutdrüsen vor. Doch ist hier die Sklerose der Hormonorgane kaum mehr als eine Teilerscheinung des den ganzen Organismus betreffenden Krankheitsvorganges, was in gleicher Weise wohl auch für gewisse Fälle von Hämochromatose mit inkretorischen Symptomen Geltung hat (FALTA).

In seltenen Fällen kann wohl auch ein anderes Grundleiden, z. B. eine Endarteriitis und Arteriosklerose bei entsprechender Lokalisation den Hormonapparat befallen. Dann sieht man, wie im Falle MOOSERs [3]) neben dem arteriellen Hochdruck verschiedenartige inkretorische Symptome auftreten und findet neben einer genuinen Schrumpfniere auch einen gleichartigen atrophisch-cirrhotischen Prozeß in Schilddrüse, Epithelkörperchen, Hoden,

---

[1]) SCHILLING, V.: Klin. Wochenschr. 1924. S. 1960 (Bd. 38, S. 536).

[2]) BORCHARDT, L.: Dtsch. Arch. f. klin. Med. Bd. 143, S. 35. 1923 (Bd. 31, S. 34). — Monatsschr. f. Geburtsh. u. Gynäkol. Bd. 64, S. 253. 1923. — Klin. Konstitutionslehre. Berlin u. Wien: Urban & Schwarzenberg 1924. — Übrigens gehören durchaus nicht alle von BORCHARDT mitgeteilten und so gedeuteten Beobachtungen wirklich zur „thyreosexuellen Insuffizienz".

[3]) MOOSER, H.: Virchows Arch. f. pathol. Anat. u. Physiol. Bd. 229, S. 247. 1920 (Bd. 16, S. 337).

Thymus usw. Die Fettsucht im Falle Moosers dürfte meines Erachtens auf vasculäre Schädigung der basalen Zentren im dritten Ventrikel zu beziehen sein. Gelegentlich mag auch eine Amyloidose durch Lokalisation im Hormonapparat das Bild einer pluriglandulären Erkrankung hervorrufen.

Ganz ungeklärt ist mangels eines autoptischen Befundes der von v. Noorden[1]) als Degeneratio genito-sclerodermica beschriebene Zustand. Junge, bis dahin gesunde Mädchen werden im Anschluß an eine akute Infektionskrankheit amenorrhoisch, magern stark ab, sehen auffallend alt aus und bekommen trophische Veränderungen der Haut, mehrfach eine typische Sklerodermie. In einem daraufhin untersuchten Fall war der Uterus atrophisch. Das Blutbild zeigte zweimal eine leichte Hyperglobulie.

Was die Ätiologie pluriglandulärer Erkrankungen anlangt, so ist es gewiß von Bedeutung, daß der Erkrankung in manchen Fällen akute Infektionskrankheiten verschiedener Art unmittelbar vorangingen, in einzelnen eine Tuberkulose oder eine Lues vorhanden war. Von französischen Autoren werden auch Vergiftungen mit Alkohol oder Blei unter den ätiologischen Faktoren angeführt. Trotzdem erscheint es angesichts der Häufigkeit dieser ätiologischen Momente und der Seltenheit pluriglandulärer Krankheitszustände zwingend, eine besondere Veranlagung für die Entwicklung der Drüsenatrophie anzunehmen, zumal es sich trotz der Verschiedenheit der jeweils nachweisbaren exogenen ursächlichen Schädigungen doch stets um einen gleichartigen, unspezifischen Krankheitsvorgang handelt. Es haben daher schon die ersten Beschreiber der pluriglandulären Insuffizienz, Claude und Gougerot, eine ab origine minderwertige Anlage des Hormonapparates angenommen, eine Auffassung, die dann auch von Falta, Biedl, mir selbst, Curschmann[2]) u. a. vertreten worden ist. Oft genug ist eine solche minderwertige Anlage schon vor Einsetzen der Erkrankung aus allerhand inkretorischen Symptomen erkennbar, oder verrät sich durch familiäres Vorkommen endokriner Erkrankungen. Für Wiesel ist die multiple Blutdrüsensklerose nur eine besondere Ausdrucksform des Status hypoplasticus.

Die Differentialdiagnose der pluriglandulären Erkrankungen bietet nur gegenüber dem Simmondsschen Typus der hypophysär-nervösen Dystrophie Schwierigkeiten. Wir haben ja schon in dem betreffenden Kapitel auf diese Schwierigkeit, ja oft Unmöglichkeit[3]) hingewiesen, die hypophysär-nervöse Kachexie und die pluriglanduläre Insuffizienz auseinanderzuhalten. Wird doch das klinische Bild einer primären Destruktion der Hypophyse durch das Verhalten der übrigen Hormonorgane mitbestimmt und es scheint, daß eine gewisse Atrophie der Schilddrüse eine der Voraussetzungen für die Entwicklung des Simmondsschen Krankheitsbildes darstellt. Die Differentialdiagnose gegenüber dem Späteunuchoidismus, Hypothyreoidismus, M. Addisonii u. a. uniglandulären Krankheitsbildern ergibt sich aus der Beschreibung des klinischen Bildes ohne weiteres. Übrigens gehören auch manche der in der Literatur unter der Bezeichnung pluriglanduläre Insuffizienz oder Blutdrüsensklerose beschriebenen Fälle durchaus nicht in diese Gruppe. So ein Fall von Landsteiner

---

[1]) C. v. Noorden: Med. Klinik. 1910. Nr. 1.

[2]) Curschmann, H.: Zeitschr. f. Neurol. u. Psychiatrie. Bd. 59, S. 264. 1920.

[3]) Lindemann, Vgl. l. c. — Hirsch, S. u. J. Berberich: Klin. Wochenschr. 1924. S. 483 (Bd. 36, S. 452).

und EDELMANN [1]), ferner ein Fall von DONATH und LAMPL[2]), den ich — auch der histologischen Beschreibung nach — unbedingt als Morbus Addisonii bezeichnen möchte, oder ein Fall von ZONDEK. Dieser Autor beschreibt nämlich auch einen extrem fettwüchsigen Typus der pluriglandulären Insuffizienz, doch möchte ich seinen Fall deswegen nicht zu den pluriglandulären Erkrankungen in unserem Sinne rechnen, weil hier ein Hypophysentumor vorlag, also jedenfalls kein einheitlicher, gleichartiger Prozeß Hypophyse, Ovarien und Schilddrüse betroffen hatte. Der Fall ist, ebenso wie eine eigene, klinisch ganz analoge Beobachtung, zur Gruppe der hypophysär-nervösen Dystrophien zu zählen.

Die Therapie der schweren pluriglandulären Erkrankungen ist nicht aussichtsreich. Soweit es sich um Ausfallserscheinungen von seiten der Schilddrüse handelt, sind sie allerdings durch Schilddrüsenpräparate zu beheben, aber nicht einmal die eigentümliche, pastöse Schwellung des Gesichtes pflegt in diesen Fällen auf Schilddrüsentherapie vollständig zurückzugehen (FALTA). Nach den Erfahrungen REYES bei der hypophysären Kachexie wird man wohl auch von einer systematischen Anwendung guter Hypophysen-Vorderlappen-Präparate einigen Erfolg erwarten dürfen [3]), dagegen stehe ich den Angaben über günstige Wirkung einer kombinierten Organotherapie mit Hypophysen-, Keimdrüsen- und Nebennierenpräparaten, eventuell auch Thyreoidea und Pankreas, wie sie von französischen Autoren und auch von ZONDEK empfohlen wird, vorderhand noch recht skeptisch gegenüber. Selbstverständlich wird man jede Form einer symptomatischen Therapie, sowie allgemeine und unspezifisch wirksame physikalische Behandlungsverfahren in Anwendung bringen.

VII. Der Anteil der inneren Sekretion an der Pathologie des Gesamtorganismus und einzelner Organsysteme.

Die im einleitenden Kapitel näher besprochene allgemeine Bedeutung der inneren Sekretion für die Lebensvorgänge der höher organisierten Metazoen, die mehr oder minder ausgesprochene Abhängigkeit nahezu aller Funktionen von der Tätigkeit der Hormonorgane bringt es mit sich, daß sich die Pathologie der Inkretion nicht mit den eigentlichen Erkrankungen der Hormonorgane, wie wir sie im vorigen Abschnitt kennen gelernt haben, erschöpft, sondern daß vielfache Abweichungen der inneren Sekretion, selbst wenn sie geringfügiger Natur sind und vielleicht nur auf funktionellen Anomalien der betreffenden Hormonorgane beruhen, in krankhaften Erscheinungen zum Ausdruck kommen können, die unter den gegebenen individuellen Bedingungen des Prinzips der mehrfachen Sicherungen durch eine solche inkretorische Abweichung zur Auslösung gebracht werden. Es handelt sich also darum, daß bei von Haus aus mangelhafter oder durch vorausgegangene Schädigung des betreffenden Organsystems herabgesetzter autochthoner Sicherung einer Organfunktion schon geringfügige Störungen des endokrinen Sicherungsfaktors einen pathologischen

---

[1]) Auch LINDEMANN lehnt dessen Einreihung unter die Fälle multipler Blutdrüsenerkrankungen ab (l. c., S. 15).
[2]) DONATH, J. u. H. LAMPL Wien. klin. Wochenschr. 1920. S. 962.
[3]) Vgl. HIRSCH u. BERBERICH: l. c.

Ablauf dieser Funktion herbeiführen können, während de norma weder die Herabsetzung der autochthonen noch die der hormonalen Sicherung allein ausreichen würde, derartige Krankheitserscheinungen hervorzurufen.

Ein Beispiel möge das Gesagte verständlicher machen. Der normale Ablauf der Blutbildung, die Harmonie zwischen Blutzerfall und Blutregeneration ist gewährleistet durch eine gewisse Reservekraft und Anpassungsfähigkeit des Knochenmarks an jeweils etwa schwankende Bedürfnisse des Organismus. Arbeiten doch alle Organe de norma mit einer gewissen Adaptationsgröße, d. h. optimal und nicht maximal. Ist nun diese Reservekraft des Knochenmarks infolge einer konstitutionellen Insuffizienz oder infolge erworbener, etwa infektiöser oder toxischer Schädigungen vermindert, arbeitet also dieses Organ bei einem Menschen nicht optimal, sondern maximal, d. h. an der Grenze seiner Leistungsfähigkeit, dann kann ein an sich geringfügiger Anlaß die Insuffizienzerscheinungen manifest werden lassen. Ein solcher Anlaß kann z. B. die an sich vielleicht völlig belanglose und klinisch sonst kaum in die Erscheinung tretende Herabsetzung der hormonalen Förderung der Knochenmarkstätigkeit sein, wie sie zweifellos die Schilddrüse und das Ovar, wahrscheinlich auch andere Blutdrüsen ausüben. Das Resultat ist die Anämie, an deren Genese demnach endokrine Störungen beteiligt sein können.

Es handelt sich also eigentlich um den Mechanismus mono- oder oligosymptomatischer inkretorischer Störungen, wie wir sie ja im vorangehenden oft genug schon kennen gelernt haben, bei denen demnach weniger die Abweichung des Inkretionsapparates als die Reaktion eines bestimmten Erfolgsorgans das Krankhafte darstellt. Ob es sich nun um eine isolierte thyreogene Obstipation, um einen hyperthyreoiden Herzerethismus, ob es sich um eine suprarenale Adynamie oder eine hypophysäre Impotenz handelt, immer liegt der gleiche Mechanismus einer Insuffizienz mindestens zweier Sicherungen der betreffenden Organfunktion vor, und es ist gewiß für das Verständnis und die Beurteilung alltäglich vorkommender Krankheitserscheinungen von größter Wichtigkeit, in ihren komplizierten Entstehungsmechanismus Einblick zu gewinnen. Dieser ist immer nur vom Standpunkte einer Gesamtbeurteilung der Persönlichkeit unter Berücksichtigung der individuellen Konstitution möglich. Hüten wir uns aber wohl, die innere Sekretion etwa für alles das verantwortlich machen zu wollen, was uns genetisch unklar und unbekannt ist. Den Boden gesicherter Kenntnisse dürfen wir auch bei einer derartigen Betrachtung nicht verlieren. Von diesem Gesichtspunkte und gestützt auf unsere bisherigen Darlegungen über die normale und pathologische Physiologie der inneren Sekretion wollen wir nun die einzelnen krankhaften Störungen des Gesamtorganismus und einzelner Organsysteme einer kurzen Betrachtung unterziehen.

Entwicklungs-, Wachstums- und Rückbildungsstörungen des Organismus.

Die Geschwindigkeit des Lebensablaufes, sowohl das Erreichen des für die Spezies bzw. Rasse charakteristischen Entwicklungshöhepunktes innerhalb einer bestimmten Zeit als auch das Tempo der Abnützung, des Verbrauches, der Altersrückbildung ist schon in der befruchteten Eizelle potentiell vorausbestimmt, genotypisch festgelegt [1]). Es können daher Störungen dieses Geschehens dadurch zustande kommen, daß die offenbar mannigfaltigen, die Geschwindigkeit des Lebensablaufes regulierenden Erbanlagen (Gene) von der Norm abweichen, oder aber dadurch, daß sie zwar an und für sich ab ovo normal beschaffen sind, in ihrer phänotypischen Auswirkung jedoch durch irgendwelche äußere oder innere Momente gehindert werden. Wir hatten schon in den früheren Kapiteln ausreichende·Gelegenheit zu sehen, wie gerade diese in Rede stehenden Erbanlagen in besonderem Maße auf die Vermittlung durch das inkretorische System angewiesen sind und welch wichtige Rolle gerade auf diesem Gebiete der Lebenserscheinungen höher organisierter Tiere gewisse Hormonorgane als „Multiplikatoren" bestimmter Gene spielen.

Betrachten wir zunächst die aufsteigende Entwicklungsphase des Organismus, also die Anomalien der Evolution. Sie kann verzögert oder verfrüht erfolgen. Im ersteren Falle sprechen wir ganz allgemein von Infantilismus im Sinne der abnormen Persistenz eines bestimmten, de norma in kürzerer Zeit vorübergehenden Entwicklungsstadiums, sei es des gesamten Organismus (Infantilismus universalis) oder nur bestimmter Teile, Organe oder Organsysteme (Infantilismus partialis). Das Nichterreichen des normalen Entwicklungsgipfels kann man wohl auch mit H. GILFORD als Ateleiosis bezeichnen. Im zweiten Falle haben wir es mit vorzeitiger Reife oder Pubertas praecox zu tun.

Erkrankungen oder Anomalien der kindlichen Schilddrüse, Hypophyse und Keimdrüse, wahrscheinlich auch des Thymus und der Nebennierenrinde können, wie wir gehört haben, den normalen Entwicklungsgang des Individuums sehr wesentlich beeinträchtigen, also Erscheinungen von Infantilismus zur Folge haben. Die im Kindesalter einsetzende Hypothyreose hemmt Evolution und Wachstum des Organismus. Vom Grade der Hypothyreose hängt es ab, ob und in welchem Maße eine Pubertätsentwicklung stattfindet, die sekundären Geschlechtscharaktere entwickeln sich bei verhältnismäßig guter Ausbildung der Geschlechtsorgane meist nur mangelhaft. Die charakteristischen Begleiterscheinungen dieser Entwicklungs- und Wachstumshemmung, das Myxödem, der Intelligenzdefekt, die dicke, plumpe, eventuell gar vortretende Zunge, die wulstigen Lippen, die dicken, kurzen, zu Erfrierungen disponierenden Finger, der vorgewölbte Bauch, das ständige Kältegefühl, vor allem aber der herabgesetzte Grundumsatz, sowie die schon in einem früheren Kapitel geschilderten Symptome sind untrügliche Kennzeichen des hypothyreotischen Zwergwuchses und Infantilismus.

Ebenso charakteristisch sind die Symptome jener Formen von Zwergwuchs und Infantilismus, die durch eine im Kindesalter eingetretene Insuffizienz des Hypophysenvorderlappens bedingt sind. Von einer Pubertät ist in diesen Fällen keine Rede. Die infolge von Hypoplasie plus Atrophie besonders exzessive Kleinheit der Keimdrüsen und des Genitales, die mangelhafte Ausbildung der sekundären Geschlechtscharaktere, die in unkomplizierten Fällen normale psychische Entwicklung und das Geroderma sind die wichtigsten Merkmale des hypophysären Infantilismus und Zwergwuchses. Dazu gesellen

---

[1]) BAUER, J.: Konstitutionelle Disposition, l. c., Vorlesungen, l. c. u. Handb. d. norm. u. pathol. Physiol. Bd. 17, S. 1040. 1925.

sich öfters Fettwuchs mit dem charakteristischen eunuchoiden Verteilungs-
typ (Fröhlichsche Dystrophie), mitunter auch eunuchoide Skelettproportionen.
Von der Art und Ausdehnung des in der Hypophyse sich abspielenden Krankheitsprozesses (Bildungsfehler, Nekrose, Entzündung, Cyste, Tumor usw.) hängt
es ab, ob das Röntgenbild der Sella turcica sowie die Augenuntersuchung noch
charakteristische Symptome aufdeckt oder nicht, ob der Zustand etwa mit
einem Diabetes insipidus, mit Glykosurie oder cerebralen Druckerscheinungen
einhergeht. Die hypophysär-infantilen Zwerge sind in der Regel im Wachstum
ganz besonders stark zurückgeblieben.

Während eine schon im Kindesalter bestehende Insuffizienz der Schilddrüse
und des Hypophysenvorderlappens sowohl Entwicklung als Wachstum beeinträchtigt — es kommt sowohl zu Erscheinungen von Infantilismus als auch
zu Zwergwuchs — führt eine mangelhafte Ausbildung der Keimdrüsen lediglich
zu einer Evolutionsstörung, während das Wachstum ungestört abläuft. Die
Differentialdiagnose dieser Fälle von sog. Eunuchoidismus gegenüber den
thyreogenen und hypophysären Evolutionsstörungen ergibt sich aus den Darlegungen früherer Kapitel ohne weiteres, ebenso die Unterscheidung aller
dieser drei Arten hormonal bedingter partialinfantilistischer Störungen von den
Fällen des sog. Infantilismus universalis. Störungen inkretorischer Organe
bedingen immer nur Entwicklungshemmung auf einzelnen Teilgebieten des
Organismus, die ganz allgemein und gleichmäßig verzögerte und gehemmte
Entwicklung des Gesamtorganismus, also der sog. Infantilismus universalis,
kann dagegen nicht auf der bloßen Insuffizienz einer einzelnen oder mehrerer
Drüsen mit innerer Sekretion beruhen, sondern ist, wie wir schon oben sagten,
durch die Störung eines den Hormonorganen übergeordneten Prinzips, der
anlagemäßigen Entwicklungstendenz verursacht. Diese Entwicklungstendenz
kann konstitutionell, ab ovo eine mangelhafte sein oder sie kann durch ungünstige
äußere Umweltbedingungen, wie schwere Unterernährung, langdauernde,
erschöpfende Krankheiten u. dgl. an ihrer Manifestation gehemmt werden.
Letztere Fälle werden auch als dystrophischer Infantilismus (Lorain)
bezeichnet. Der keimplasmatische Ursprung gewisser Fälle von Infantilismus
ergibt sich schon aus dem Fehlen jeder anderen Ätiologie, aus dem gelegentlichen
familiären Vorkommen, sowie aus dem Umstande, daß selbst den Pflanzen-
biologen die genotypische Bedingtheit analoger Erscheinungen an Pflanzen
geläufig ist. So wenig es aber jemandem einfallen wird zu behaupten, ein
Kind unterscheide sich von einem Erwachsenen nur durch die mangelhafte
Funktion der Keimdrüsen und eventuell anderer Hormonorgane, so wenig läßt
sich der wirklich universelle Infantilismus auf eine bloße Störung der Inkretion
zurückführen. Dieser Form einer generellen gleichmäßigen Hypevolution
begegnet man übrigens nur vor dem 25. Lebensjahr, später scheint sich die
Störung dann doch regelmäßig auszugleichen und eine, wenn auch oft etwas
mangelhafte Reifung einzutreten. Eine Ausnahme machen bloß die äußerst
seltenen, eigenartigen Fälle von Progerie, in denen noch vor erfolgter Reifung
eine rapid fortschreitende Seneszenz einsetzt. Ein Kind stirbt an Alterserscheinungen, nachdem es die normale Periode der Reife übersprungen hat.

Biedl [1]) hat — allerdings in der Form einer Arbeitshypothese — kürzlich die einzelnen
Entwicklungsphasen mit der relativen Präponderanz gewisser Hormonorgane in Beziehung

---

[1]) Biedl, A.: Monatsschr. f. Kinderheilk. Bd. 31, S. 347. 1926.

gebracht. Am Neugeborenen sind Nebennierenrinde und Keimdrüse am mächtigsten entwickelt, während die Schilddrüse ebenso wie die Epithelkörperchen und wahrscheinlich der Thymus relativ zurückstehen. Im zweiten Lebensjahre soll dann eine relative Steigerung der Schilddrüsentätigkeit eintreten. Die Pubertät lasse drei Stadien unterscheiden: 1. die Präpubertät oder Pubescenz, in welcher die Schilddrüse und der Hypophysenvorderlappen ihre Aktivität steigern, wodurch einerseits das rapide Längenwachstum, andererseits die Keimdrüsenreifung erfolge; 2. die Adolescenz, in welcher die Keimdrüsen um die Prävalenz kämpfen, während Adrenalsystem, Inselapparat, Hypophysenzwischenlappen und die nervösen Regulationszentren des Stoffwechsels in zunehmendem Ausmaß Einfluß gewinnen; 3. die Maturität, in welcher die Keimdrüsen die Melodie im endokrinen Konzert führen.

Als Arbeitshypothese ist diese Auffassung BIEDLs gewiß sehr anregend, auch wenn sie durch Tatsachen noch nicht ausreichend gestützt erscheint. Immerhin zeigen auch sehr interessante Beobachtungen von LIPSCHÜTZ, daß der Zeitpunkt, zu dem die Follikel des Ovariums zu reifen beginnen, durch innere Faktoren bestimmt wird, die außerhalb des Ovars gelegen sind. Bei Transplantation jugendlicher Ovarien in erwachsene kastrierte Tiere, sowie bei Transplantation eines reifen Ovars in jugendliche Tiere richtet sich nämlich die Follikelreifung im transplantierten Eierstock nach dem Alter des Wirtstieres. Hinter allen Verschiebungen in der Melodieführung im endokrinen Konzert, um bei dem BIEDLschen Bilde zu bleiben, muß aber jedenfalls die genotypische, konstitutionelle Entwicklungs- und Wachstumstendenz als übergeordneter Regulationsfaktor stehen und an ihn dürfen wir nicht vergessen, auch wenn die dem Kliniker leichter zugänglichen, sicht- und greifbaren inkretorischen Organe seinen Blick fesseln. Es gibt gewissermaßen eine Evolutionsstörung erster Ordnung, bei welcher die Anomalien der Hormonorgane die Folge und nicht die Ursache dieser Störung darstellen, weil sich eben die hier gestörte Entwicklungsanlage zu ihrer phänotypischen Manifestation in so weitgehendem Maße der Vermittlung des Hormonapparates bedient, und es gibt Evolutionsstörungen zweiter Ordnung, die durch primäre konstitutionelle oder konditionelle Anomalien der Hormonorgane verursacht sind. Was für die Entwicklungsfunktion der konstitutionelle Infantilismus universalis, das ist für die Wachstumsfunktion die sog. Nanosomia primordialis, eine Form von proportioniertem Zwergwuchs, dessen Träger sich von einem Normalmenschen in nichts anderem als in seiner verminderten Körpergröße unterscheidet. Diese primordiale Nanosomie ist konstitutionell bedingt, denn sie findet sich in bestimmten Familien gehäuft vor und kann zu einem Rassenmerkmal werden. Die Entwicklung vollzieht sich bei diesen Zwergen normal, die Blutdrüsen zeigen keinerlei Abweichungen ihrer Funktion von der Norm, die Geschlechtsreife wird in normaler Weise erreicht. Es handelt sich um eine Miniaturausgabe des Genus homo. Es gibt aber schließlich auch Evolutions- und Wachstumsstörungen dritter Ordnung, welche lediglich an den peripheren Erfolgsorganen ihren Sitz haben und die wiederum konstitutionell und konditionell bedingt sein können. Zu derartigen Evolutionsstörungen dritter Ordnung wären beispielsweise zu zählen der auf das Seelenleben beschränkte, sog. reine psychische Infantilismus, die mangelhafte Ausbildung sekundärer Geschlechtsmerkmale, wie etwa des Bartwuchses, der Stammbehaarung beim Manne, der Mammae bei der Frau trotz ansonsten normaler Tätigkeit der Keimdrüsen und anderer inkretorischer Organe, schließlich die verschiedenartigsten Partialinfantilismen, denen wir an einem Individuum begegnen und die unabhängig von hormonalen Störungen auftreten. Zu den Wachstumsstörungen dritter Ordnung gehört die Chondrodystrophie oder Achondroplasie, eine unproportionierte Zwergwuchsform, die auf einer vererbbaren, also konstitutionellen Anomalie des enchondralen Längenwachstums infolge abnormer Beschaffenheit des Knorpelgewebes beruht. Wie ich schon an anderer Stelle ausführlich begründet habe, liegt hier weder eine Anomalie der allgemeinen Wachstumsanlage, noch eine Anomalie des Blutdrüsensystems, sondern bloß eine solche des betreffenden Erfolgsorgans, der enchondralen Ossificationszonen vor. Handelt es sich in diesem Falle um eine konstitutionelle Form einer Wachstumsstörung dritter Ordnung, so liegt in einem Falle, wo der Zwergwuchs durch eine frühinfantil abgelaufene, mit teilweiser Ankylosierung ausgeheilte Polyarthritis bedingt ist, eine konditionelle Form dieser Art vor [1]. Auch die Rachitis kann in manchen Fällen die Wachstumstendenz des Skelettes hemmen, wäre also gleichfalls hier anzureihen. Das beigegebene Schema möge das Gesagte veranschaulichen.

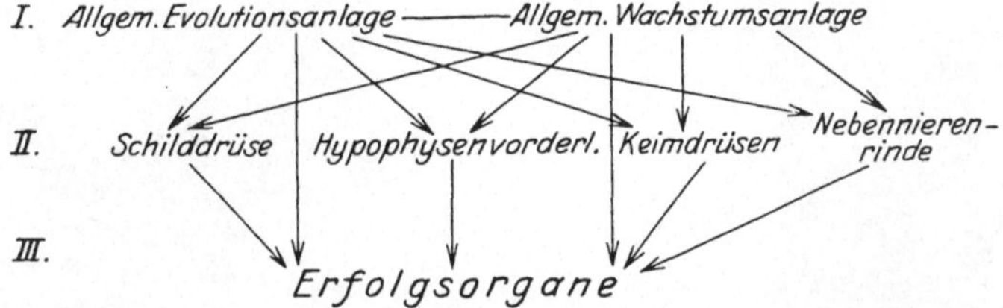

Abb. 47. Schema des Entwicklungs- und Wachstumsvorganges.

Da Anomalien der Evolutions- und Wachstumsanlage zum Teil wenigstens auch durch Vermittlung des Hormonapparates zur Auswirkung kommen, so könnte man gewiß nicht bestreiten, daß in derartigen Fällen pluriglanduläre Anomalien vorliegen, sie sind aber, wie gesagt, Folge einer umfassenderen, übergeordneten primären Störung und nur teilweise die Vermittler des klinischen Zustandsbildes. Es ist aber wohl verständlich, daß unter diesen Umständen einerseits Kombinationen und Mischformen der verschiedenartigsten, einander nahe verwandten Evolutions- und Wachstumsstörungen nicht selten vorkommen, da schließlich alle drei Glieder des im Schema dargestellten Systems eine biologisch zusammengehörige Einheit darstellen, und da andererseits in Fällen von Evolutions- und Wachstumsstörung erster Ordnung die beteiligten Hormonorgane einen locus minoris resistentiae darstellen, der sie für spätere Erkrankungen besonders empfänglich macht. So gibt es z. B. seltene Fälle von Tumoren, Cysten, tuberkulösen Erkrankungen der Hypophyse bei Individuen mit Evolutions- und Wachstumsstörungen, wo der Kausalzusammenhang nicht in der üblichen Weise derart angenommen werden kann, daß die betreffende Erkrankung der Hypophyse die Störung der Entwicklung und des Wachstums verursacht hat, sondern wo die Hypophyse wegen einer zunächst von ihr unabhängigen, konstitutionellen, primären Anomalie der Entwicklung und des Wachstums eine besondere Erkrankungsbereitschaft aufweist. Auf die Belege für diese Anschauung werden wir später noch zurückkommen, an dieser Stelle

---

[1] Vgl. BAUER, J.: Verhandl. d. 35. dtsch. Kongr. f. inn. Med. 1923. S. 119.

genüge die prinzipielle Festlegung der Betrachtungsweise, die für die Beurteilung des Anteiles der inneren Sekretion an der Pathologie der Entwicklung und des Wachstums meines Erachtens unentbehrlich ist und die wir auch auf andere Zusammenhänge im folgenden anwenden werden.

Das Gegenstück des Infantilismus bildet die vorzeitige Reife oder Pubertas praecox, das Gegenstück des Zwergwuchses der Riesenwuchs. Wiederum können wir uns an unser Schema halten. Es gibt eine vorzeitige Reife erster Ordnung durch eine Anomalie der Evolutionsanlage und es gibt

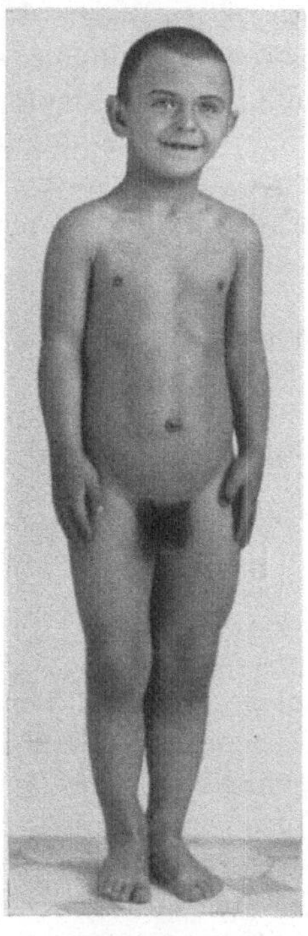

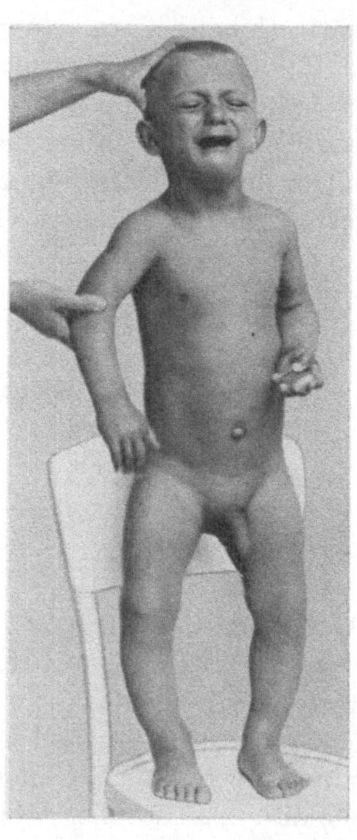

Abb. 48. Pubertas praecox bei 3¹/₂jährigem Knaben. (Klinik PIRQUET.)

Abb. 49. Pubertas praecox bei 3jährigem Knaben, dem Bruder von Abb. 48. (Klinik PIRQUET.)

eine solche zweiter Ordnung infolge einer primären Erkrankung der Keimdrüsen, der Nebennierenrinde oder der Zirbel. Der erste Typus liegt z. B. bei zwei Brüdern vor, die ich selbst an der Klinik PIRQUET untersuchen konnte, die beide keinerlei Zeichen einer Erkrankung der Keimdrüsen, Nebennieren oder der Zirbel aufwiesen und deren Photographie ich der Liebenswürdigkeit der Kollegen NOBEL und R. WAGNER verdanke (Abb. 48—49). Es ist eine ganze Reihe von Beobachtungen über heredofamiliäre Frühreife bekannt, die somit in diesen Fällen unzweifelhaft durch eine abnorme Anlage hervorgerufen erscheint [1]. Auch hier alternieren infolge ihrer biologischen Zusammengehörigkeit verschiedene Formen von Frühreife bei verschiedenen

[1] BAUER, J.: Konstitutionelle Disposition, l. c., S. 151. — FEIN, A.: Münch. med. Wochenschr. 1923. S. 772 (Bd. 31, S. 38). — MACNEILL, N. M.: New York medic. journ. Vol. 118, p. 478. 1923 (Bd. 33, S. 150). — SIEGEL, A. E.: Arch. of pediatr. Vol. 41, p. 265. 1924 (Bd. 37, S. 243).

Familienmitgliedern. Es ist meines Erachtens heute nicht mehr berechtigt, in Fällen von Pubertas praecox, die eine Erkrankung des Blutdrüsensystems vermissen lassen, den Ursprung als unbekannt zu bezeichnen [1]), denn die Feststellung, daß es Fälle von Frühreife gibt, denen nicht eine Erkrankung eines Hormonorgans, sondern eine abnorme Evolutionsanlage zugrunde liegt, gibt eine ausreichende und völlig befriedigende Erklärung für derartige Vorkommnisse.

Auch für den Riesenwuchs gilt das Schema. Es gibt einen Riesenwuchs erster Ordnung infolge primär gesteigerter Wachstumsanlage, bei dem die Hormonorgane wiederum nur die Vermittler dieser primär abnormen Anlage darstellen. Der konstitutionelle Charakter wird schon durch das familien- und rassenmäßige Vorkommen dieser Riesen- bzw. Hochwuchsform bewiesen. Beim Riesen- und Hochwuchs zweiter Ordnung ist ein infantil-juveniler Hyperpituitarismus die Ursache. Als Riesenwuchs dritter Ordnung wären alle Formen von sog. partiellem Riesenwuchs anzusprechen.

Beim Riesenwuchs kommt öfters ganz besonders schön das oben schon hervorgehobene Prinzip zum Ausdruck, demzufolge der Kausalzusammenhang zwischen Wachstums- und Blutdrüsenanomalie nicht immer der zu sein braucht, daß erstere die Folge der letzteren darstellt; es kann vielmehr die Blutdrüsenanomalie auch die Manifestation einer Organminderwertigkeit darstellen, die durch die primär abnorme Wachstumsanlage geschaffen wurde. Wir haben oben einen 202 cm hohen Eunuchoiden abgebildet, der aus einer riesenwüchsigen Familie stammt (Abb. 41, S. 361). JÖDICKE [2]) hatte eine ganz analoge Beobachtung mitgeteilt: Ein eunuchoider Riesenwuchs, dessen Vater und Großvater väterlicherseits ebenso wie eine ganze Reihe weiterer Verwandter gleichfalls Riesen waren. Da durchaus nicht alle Eunuchoide über das normale Ausmaß hinaus wachsen, der Eunuchoidismus also nur zum Hochwuchs disponiert, ohne ihn zu verursachen, da andererseits in diesen Fällen eine familiäre, konstitutionelle, abnorme Wuchsanlage unzweifelhaft vorlag, so kann man gewiß in Erwägung ziehen, ob die Hypoplasie der Keimdrüsen bei je einem Mitglied dieser Familien bloß reiner Zufall oder ob sie nicht eher der Ausdruck einer Organminderwertigkeit gewesen ist, die durch die abnorme allgemeine Wachstumsanlage an Hypophyse, Schilddrüse, Keimdrüse und anderen beim Wachstum beteiligten Hormonorganen geschaffen wird. Die gleiche Erwägung gilt für eine Beobachtung ANTONS [3]), der bei einem Falle von familiärem Riesenwuchs einen Hypophysentumor vorfand und selbst schon bemerkt, die Gefahr einer späteren geschwulstartigen Erkrankung der Hypophyse sei bei solchen familiären Anlagen größer als bei Normalen.

Die biologische Einheit aller beim Wachstums- und Entwicklungsvorgang beteiligten Faktoren dokumentiert sich, wie ich schon vor zehn Jahren betont habe, in manchen Familien durch das Alternieren verschiedener Formen von Wachstums- und Entwicklungsfehlern bei verschiedenen Mitgliedern. Die folgenden, großenteils schon 1917 von mir zusammengestellten Beobachtungen

---

[1]) FLORES, A.: Lisboa méd. Vol. 1. p. 22. 1924 (Bd. 38, S. 708). — Vgl. auch REUBEN, M. S. a. G. R. MANNING: Arch. of pediatr. Vol. 39, p. 769. 1922 u. Vol. 40, p. 27. 1923 (Bd. 28, S. 437). — STRANSKY, E.: Klin. Wochenschr. 1926. S. 2358.

[2]) JÖDICKE, P.: Zeitschr. f. Neurol. u. Psychiatrie. Bd. 44, S. 385. 1919.

[3]) ANTON, G.: Monatsschr. f. Psychiatrie u. Neurol. Bd. 39, S. 319. 1916.

aus der Literatur illustrieren sehr deutlich, worum es sich da handelt und wie Erkrankungen von Hormonorganen nicht nur Ursache von Entwicklungs- und Wachstumsstörungen sein, sondern auch als mittelbare Folge abnormer Entwicklungs- und Wachstumsanlagen auftreten können [1].

So berichtet P. STEWART über einen 20jährigen Mann mit allgemeiner Myoklonie, bei dem mit 14 Jahren das Wachstum sistiert hatte, das Genitale sich zwar entwickelte, die Körperbehaarung jedoch mangelhaft blieb. Eine Schwester des Patienten hatte mit zwölf Jahren zu wachsen aufgehört, menstruierte jedoch seit dem 14. Jahre regelmäßig. Fünf Geschwister der beiden wurden wegen ihrer abnormen Größe vorzeitig geboren, weitere sieben waren gleichfalls bei der Geburt abnorm groß und starben gleich. Bei Beschreibung eines 21jährigen Riesen von 210 cm mit typisch eunuchoiden Skelettproportionen, offenen Epiphysen, infantilem Genitale, mangelnder Stammbehaarung, zugleich aber mit akromegalen Symptomen und Opticusstörungen erwähnt LEMOS, daß dessen beide Eltern von ganz auffallender Kleinheit waren. ROSENTHAL [2] beschreibt einen Fall von „eunuchoid-hypophysärem Riesenwuchs" (1,97 m), in dessen Familie Generationen hindurch schwere Wachstumsanomalien und zwar meist angeborene Wirbelsäulenverkrümmungen mit Zurückbleiben im Längenwachstum gehäuft vorkamen. Sehr merkwürdig ist eine Beobachtung ALLARIAS, einen partiellen Riesenwuchs der drei mittleren Finger der rechten Hand eines Zwillingskindes betreffend, dessen Mutter akromegal ist, einen Kropf hat und Erscheinungen einer insuffizienten Schilddrüse darbietet. In einem Falle CUSHINGS bekam eine an Akromegalie erkrankte Frau ein Kind, das schon bei der Geburt überentwickelt und fett war, mit zwei Jahren regel- mäßig zu menstruieren begann und mit sechs Jahren sämtliche sekundären Geschlechtscharaktere entwickelt aufwies. KÖHLER sah zwei Schwestern, deren eine einen partiellen Riesenwuchs der beiden ersten Zehen des rechten Fußes aufwies, deren andere ein Zwerg war. In dem in der Literatur übrigens meist ganz falsch aufgefaßten Fall von HUETER ging ein Individuum mit anscheinend primordialer Nanosomie an einer auch die Hypophyse und die Nebennieren ergreifenden Tuberkulose zugrunde. SCHLAGENHAUFER fand bei einer 27jährigen, sehr kleinen Frau, die an zunehmender Kachexie gestorben war, außer einer ganz leichten Spitzeninfiltration und Drüsentuberkulose eine Tuberkulose der Hypophyse und Epiphyse. v. RECKLINGHAUSEN fand bei einem 18jährigen, 95 cm hohen, vollständig einem vierjährigen Kinde gleichenden Zwerg, der unter Krämpfen zugrunde gegangen war, eine „käsige Entzündung beider Nebennieren". Solche Beobachtungen illustrieren die Disposition dieser zwergwüchsigen Individuen zu der ungewöhnlichen Lokalisation eines tuber- kulösen Prozesses in den Blutdrüsen und verraten damit zugleich deren Organ- minderwertigkeit im Bereiche des endokrinen Systems.

LUGER [3] erwähnt einen Fall von operativ sichergestelltem Hypophysentumor bei einem 14jährigen Mädchen mit Zwergwuchs und FRÖHLICHscher Dystrophie, dessen ganze Familie auffallend klein ist. Ein Bruder, der untersucht werden konnte, zeigte eine kleine Sella mit unverhältnismäßig dickem und plumpem Dorsum.

---

[1] BAUER, J.: Wien. klin. Wochenschr. 1917. Nr. 24 u. Konstitutionelle Disposition. l. c. — RÖSSLE, R.: Ergebn. d. allg. Pathol. u. pathol. Anat. Bd. 20, 2. Abtl., 1. Teil. S. 369. 1923.

[2] ROSENTHAL, C.: Zeitschr. f. Neurol. u. Psychiatrie. Bd. 97, S. 148. 1925.

[3] LUGER, A.: Fortschr. a. d. Geb. d. Röntgenstr. Bd. 21, S. 605.

Abb. 50 zeigte eine Mutter mit ihren drei Töchtern, deren zwei ebenso wie ihre Mutter zwerghafte Gestalten sind. Die vom Beschauer aus links stehende 38jährige Tochter ist normal groß (165,5 cm) und etwas fettleibig, ebenso wie die Mutter (die dritte von links). Dabei ist die Art der Fettverteilung, insbesondere die manschettenförmige Fettanhäufung an den Unterarmen bei beiden völlig identisch. Diese Tochter hat übrigens eine Oxycephalie und litt früher an epileptischen Anfällen. Die 62jährige Mutter ist nur 140 cm groß und zeigt außer einer leichten diffusen Schwellung der Schilddrüse keinerlei endokrine Anomalien. Sie hatte die Anlage zu Kleinwuchs und Fettleibigkeit von ihren beiden Eltern geerbt, ihre Großmutter mütterlicherseits war sogar extrem fettleibig gewesen. Von ihren vier Kindern erbten die eben erwähnte Tochter die Anlage zu Obesitas, die drei übrigen die Anlage zu Kleinwuchs. Die auf dem Bilde rechts stehende 36jährige Tochter zeigte eine leichte rachitische Kyphoskoliose, die aber allein keineswegs den Minderwuchs verständlich macht. Endokrine Störungen sind bei ihr nicht nachweisbar.

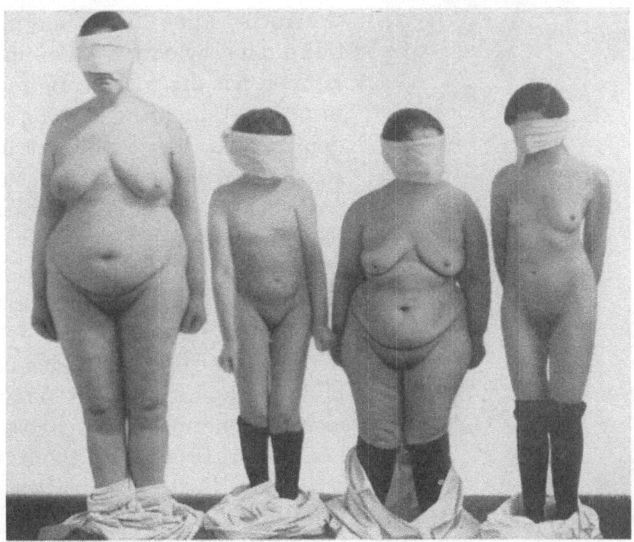

Abb. 50. Familie mit verschiedenen Formen von Minderwuchs. Erklärung im Text.

Die dritte 40jährige Tochter (im Bilde links von der Mutter) dagegen zeigt die Erscheinungen eines hypophysären Zwergwuchses. Sie mißt 134,5 cm, die Unterlänge (80,5 cm) übertrifft erheblich die Oberlänge (54 cm), die Spannweite (140,5 cm) übertrifft die Körpergröße. Sie menstruierte niemals, hat ein extrem hypoplastisches Genitale, keine Crines ad pubem und in axilla, keine Brüste und eben erkennbare winzige Brustwarzen. Fahlgelbe Gesichtsfarbe, sehr zarte, weiche, fettreiche Haut. Reichliches, langes Kopfhaar. Schilddrüse nicht sehr deutlich zu tasten, CHVOSTEKsches Facialisphänomen II., Thymusdämpfung. Diese Tochter ist ganz besonders intelligent, sehr scheu, zurückhaltend und mißtrauisch. Ein 34jähriger Sohn soll ebenfalls sehr klein sein und an Krampfanfällen leiden.

In diesem Falle läßt sich nicht sicher entscheiden, ob eine Nanosomia pituitaria vorliegt oder ob der Zustand durch die Interferenz eines Kastratoidismus (Eunuchoidismus) mit einer anlagemäßigen, konstitutionellen Wachstumsstörung erster Ordnung zustande kam. Sicher ist aber und das zeigt diese Familie wohl zur Evidenz, daß sich hier die Anlage zu Minderwuchs forterbt und daß diese abnorme Anlage offenbar erst den Locus minoris resistentiae an den das Wachstum regulierenden Hormonorganen schafft, welche bei der einen Tochter in so ausgesprochener Weise pathologisch verändert sind.

Es gibt freilich Fälle genug, wo hypophysärer Zwergwuchs in einer Familie gehäuft auftritt, und ich selbst habe das wiederholt gesehen. In der beschriebenen Familie erstreckt sich aber die vererbbare abnorme Anlage nicht bloß auf die Hypophyse, sondern eben auf den Minderwuchs, der verschiedener Genese sein kann.

Die Rachitis führt nicht häufig zu Zwergwuchs, gelegentlich aber tut sie dies bei einer ganzen Reihe von Mitgliedern einer Familie [1]). Dabei ist es oft schwer zu sagen, wie weit die Rachitis bei der vorhandenen familiären Anlage zu Minderwuchs als auslösender Faktor gewirkt und wie weit etwa die Organminderwertigkeit, welche bei der abnormen Wachstumsanlage deren hauptsächlichstes Erfolgsorgan, das Skelett, in erster Linie betrifft, wie weit also diese Organminderwertigkeit das Skelet zur rachitischen Erkrankung prädisponiert. Meist wird wohl beides der Fall sein und es wird sich um einen Circulus vitiosus in diesem Sinne handeln. Abb. 51 zeigt drei zwergwüchsige Geschwister mit Rachitis. Von links nach rechts vorne: 8 jähriger Knabe 109,5 cm (entspricht dem Alter von 6 Jahren), 12- und 13 jähriges Mädchen, beide 114 cm (entspricht dem Alter von 7 bis $7^1/_2$ Jahren). Hinten steht links die ebenfalls sehr kleine Mutter ohne ausgesprochene Zeichen von Rachitis (148 cm, entspricht dem Alter von $13—13^1/_2$ Jahren), rechts neben ihr ein normales 13 jähriges Mädchen.

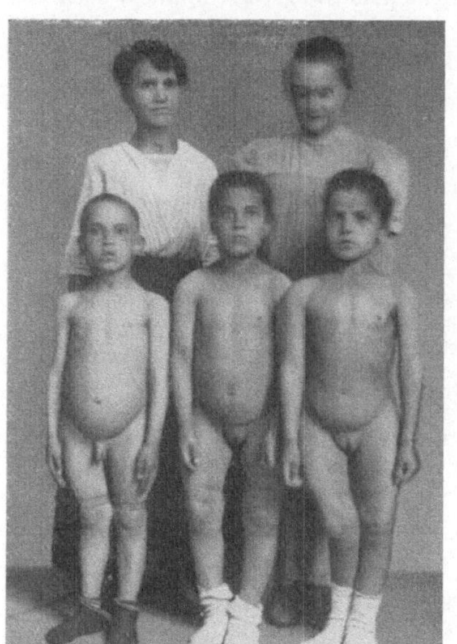

Abb. 51. 3 Geschwister mit rachitischem Minderwuchs. Erklärung im Text.

Auch auf die abnormen Rückbildungsvorgänge im Organismus können wir die gleiche Betrachtungsweise in Anwendung bringen. Von klinischer Bedeutung ist hier wohl nur die vorzeitige Involution, der sog. Senilismus, wiewohl natürlich auch eine Verspätung der Ergreisung gegenüber dem normalen Durchschnitt gelegentlich vorkommt. Es gibt eine vorzeitige Involution erster Ordnung auf Grund einer Störung der das Rückbildungsalter bestimmenden und die Rückbildungsgeschwindigkeit des Gesamtorganismus beherrschenden Erbanlage. Diese kann von Haus aus abnorm beschaffen sein, dann liegt ein konstitutioneller Senilismus erster Ordnung vor — es gibt bekanntlich lang- und kurzlebige Familien und Rassen — oder aber konditionelle Faktoren wie langdauernde Infektionskrankheiten, chronische Vergiftungen, mangelhafte Ernährung, langer Aufenthalt im Gefängnis, Kummer und Sorgen, Aufgeben des Berufes und der gewohnten Beschäftigung u. dgl. greifen störend in den Ablauf eines anlagemäßig normalen Rückbildungsprozesses ein. Die Hormonorgane fungieren hier nur als Überträger und Vermittler einer ihnen übergeordneten primären Anlagestörung. Beim Senilismus zweiter Ordnung sind sie dagegen der Ausgangspunkt und Sitz der primären Störung. Wir haben ja die abnorme Ergreisung kennen gelernt, wie sie bei Ausschaltung der Hypophysenfunktion, gelegentlich auch beim Morbus Addisonii und vor allem bei pluriglandulärer Insuffizienz zu beobachten ist. Auch für diese Fälle gilt die Unterscheidung in konstitutionell und konditionell.

Als ein besonders schönes Beispiel der konstitutionellen Kategorie sei eine Beobachtung H. ZONDEKs angeführt: Sechs Schwestern bekamen sämtliche um das 35. Lebensjahr ohne einen besonderen äußeren Anlaß ausgesprochene

---

[1]) Vgl. TALLQUIST, T. W.: Acta med. scandinav. Suppl. Bd. 7, S. 74. 1924 (Bd. 39, S. 626).

Erscheinungen von Senilismus. Die Menses hörten auf, die Haare wurden grau, die Zähne fielen aus, die Haut wurde welk und trocken. Bei einer dieser Schwestern, die zufällig an einer Magenoperation starb, fand sich eine hochgradige sklerotische Atrophie der Hypophyse, Ovarien und Nebennieren, während die Schilddrüse verhältnismäßig nur wenig verändert war.

Als Senilismus dritter Ordnung wären alle jene Partialsenilismen anzusprechen, die offenkundig bloß eine Anomalie der betreffenden Erfolgsorgane darstellen; so das abnorm vorzeitige, sehr oft familiäre Auftreten von Weißhaarigkeit, Arcus corneae senilis, Linsentrübung, Genitalinvolution, Arthritis deformans, Geroderma usw. TALBOT [1] beschreibt ein 12jähriges Mädchen, das mit seiner gerunzelten Haut schon seit seinem sechsten Lebensmonat einer alten Frau gleicht, ohne daß eine sehr sorgfältige Untersuchung irgendwelche Anhaltspunkte für eine innersekretorische Störung ergeben hätte. Ihre Mutter soll seit ihrer Kindheit das gleiche Verhalten gezeigt haben. Auch ich habe kürzlich ein 30jähriges Mädchen untersucht, dessen tief gefurchte und gerunzelte Gesichtshaut den Eindruck einer 55—60jährigen machte. Alles das sind Partialsenilismen oder Rückbildungsanomalien dritter Ordnung.

Das physiologische Altern des Organismus erfolgt nicht etwa deshalb, weil eine oder die andere Drüse mit innerer Sekretion atrophiert, bzw. ihre Funktion einstellt, denn auch niedere Organismen, die über keine Hormonorgane verfügen, unterliegen dem Altersprozeß, wohl aber spielen die Hormonorgane ähnlich wie beim Evolutionsprozeß auch in der Involutionsphase des Lebens eine besondere Rolle, indem ihre jeweils verschiedene Beteiligung an dem allgemeinen, anlagemäßig sich einstellenden Rückbildungsvorgang das klinische Bild des Seniums nud seine Symptomatologie beeinflußt. Keimdrüse, Schilddrüse, Hypophyse, Nebenniere geben je nach ihrer Einstellung im konstitutionellen Konzern und je nach der Reihenfolge und Intensität ihrer Involution der individuellen Form des Ergreisens ein charakteristisches Gepräge. Diese Feststellung steht nicht in Widerspruch mit den überaus interessanten Versuchen, welche seit STEINACH [2] insbesondere durch HARMS [3], VORONOFF [4], BENJAMIN [5], THOREK [4] u. a. angestellt worden sind und heute immerhin schon die Schlußfolgerung gestatten, daß eine ganze Reihe von Alterserscheinungen durch künstliche Wiederherstellung, bzw. den Ersatz der innersekretorischen Keimdrüsenfunktion aufgehalten, ja sogar rückgängig gemacht werden kann. So wie nicht jedes durch Thyreoidin behebbare Symptom auf einer Schilddrüseninsuffizienz beruhen, so wie nicht das durch Adrenalin coupierbare Asthma oder der durch Pituitrin vorübergehend beeinflußbare Diabetes insipidus durch eine entsprechende inkretorische Störung bedingt sein muß, so brauchen auch die durch neues Keimdrüsenhormon vorübergehend reparablen Alterserscheinungen keineswegs unmittelbare Folgen einer Keimdrüseninsuffizienz darzustellen. Das Keimdrüsenhormon wirkt als gewissermaßen unspezifisches Tonikum höchster Potenz, ohne daß man berechtigt wäre, diesen Effekt als eine

---

[1] TALBOT, F. B.: Monatsschr. f. Kinderheilk. Bd. 25, S. 643. 1923 (Bd. 32, S. 200).
[2] STEINACH, E.: Verjüngung durch experimentelle Neubelebung der alternden Pubertätsdrüse. Berlin: Julius Springer 1920.
[3] HARMS, W.: Zeitschr. f. Anat. u. Entwicklungsgesch. Bd. 71, S. 319. 1924 (Bd. 38, S. 7).
[4] La funzione endocrina delle ghiandole sessuali. Milano 1925.
[5] BENJAMIN, H.: Americ. med. Vol. 17, p. 435. 1922.

wirkliche Verjüngung im wahren Sinne des Wortes zu bezeichnen (vgl. auch THOREK). Trotz der scheinbar verjüngenden Wirkung der Keimdrüsenimplantation auf den alternden Organismus ist der Ablauf der Lebensuhr nicht aufzuhalten. Die glänzenden Erfolge, insbesondere VORONOFFs, rechtfertigen jedoch, wofern sie sich bestätigen, vollauf die Anwendung dieser Therapie in geeigneten Fällen. Somatisch und psychisch scheinen manche alternde Individuen durch die Keimdrüsenimplantation „verjüngt" zu werden. Ihr Turgor und Tonus nimmt zu, sie werden wieder frisch, kräftig und lebhaft, ihre Energie kehrt wieder, das Gedächtnis bessert sich, die intellektuelle und körperliche Arbeitsfähigkeit zeigt einen deutlichen Aufschwung. Gelegentlich soll der Erfolg erst drei Monate nach der Transplantation sich bemerkbar machen und erst fünf Monate nachher können die erloschenen sexuellen Funktionen wiederkehren. Fettleibige können an Gewicht abnehmen, Hochdruckkranke eine Herabsetzung ihres Blutdruckes, Prostatiker eine Besserung ihres Zustandes erfahren. Mehrere Jahre soll der hormonale Effekt eines gut eingeheilten Implantates andauern können.

So überzeugend auch dem kritischen Beurteiler manche Erfolge dieser chirurgischen „Verjüngungstherapie" erscheinen, so wenig beweisend sind die Angaben über eine erfolgreiche „Wachstums- und Entwicklungstherapie", wofern wir von den unzweifelhaften spezifischen Wirkungen einer Schilddrüsenbehandlung in Fällen von reiner Hypothyreose absehen. Aber selbst in diesen erweist sich gerade die Wachstumsstörung als das refraktärste Symptom des Hypothyreoidismus. Infantile Hypothyreosen können durch die Schilddrüsenbehandlung alle ihre Krankheitserscheinungen verlieren, ein normales Wachstum wird sich dennoch häufig nicht erzielen lassen. Ist aber schon der Thyreoidineffekt in bezug auf die hypothyreotische Wachstumshemmung nicht immer voll befriedigend, so ist dies noch viel weniger bei der Anwendung von Hypophysen-, Nebennieren-, Keimdrüsen-, Thymuspräparaten und verschiedenartigen Kombinationen der Fall. Angaben über therapeutische Erfolge mit solchen Präparaten bei Wachstums- und Entwicklungsstörungen [1]) sind deshalb mit besonderer Skepsis aufzunehmen, weil in dem Lebensalter, in welchem derartige Patienten behandelt zu werden pflegen, auch bei schweren Entwicklungs- und Wachstumsstörungen spontane Wachstumsschübe erfolgen können und auch schon oft genug in der Literatur mitgeteilt worden sind. Ich selbst habe mich niemals davon überzeugen können, daß wir — abgesehen vom Thyreoidin in Fällen hypothyreotischer Wachstumshemmung — mit irgendeiner Art von Organotherapie Wachstum und Entwicklung anzuregen vermöchten.

Infektionskrankheiten.

Bei der großen Bedeutung der Hormonorgane für den normalen Ablauf der Lebensvorgänge ist es von vornherein zu erwarten, daß sie auch in den Kampf eingreifen, der sich bei einer Infektionskrankheit zwischen den Krankheitserregern und dem befallenen Organismus entspinnt. Wir haben gehört, daß schilddrüsenlose und besonders thymektomierte Tiere gegen banale Infektionen sehr empfindlich sind und auch die Beobachtung kranker Menschen gibt uns

---

[1]) MC GRAW, TH. A.: Endocrinol. Vol. 8, Nr. 2, p. 196. 1924 (Bd. 36, S. 453). — BIEDL, A.: l. c.

mancherlei Hinweise in dieser Richtung. Verlauf und Ausgang einer Infektionskrankheit hängen ganz allgemein ab von der lokalen Widerstandskraft der geschädigten Gewebe, sowie von der Mobilisierungsfähigkeit der Abwehrkräfte (Bactericidie, Phagocytose, Bildung von Antikörpern). Alle diese Faktoren zeigen eine gewisse Abhängigkeit von der Funktion der Hormonorgane, wenn auch nicht übersehen werden darf, daß gerade dieser Mechanismus auch ohne inkretorische Organe sehr gut gesichert erscheint. Daher sind auch die experimentellen Forschungsergebnisse recht widersprechend. Nach Schilddrüsenexstirpation wurde die bactericide Kraft des Blutserums, sowie die phagocytäre Tätigkeit der Leukocyten vermindert gefunden, durch Schilddrüsenfütterung läßt sie sich wieder steigern [1]). Auch Kastration, weniger stark die Thymektomie [2]), sowie die Entfernung der Nebennieren [3]) setzen die Phagocytose herab, während sie durch Insulin gefördert wird [4]).

Man hat gefunden, daß sich thyreoidektomierte Tiere durch artfremdes Eiweiß nicht sensibilisieren lassen, d. h. bei der entsprechenden Reinjektion keinen anaphylaktischen Schock zeigen (Képinow, Lanzenberg, Pistocchi, Lüttichau, de Waele u. a.), doch sind diese Befunde nicht unwidersprochen geblieben [5]). Auch Fütterung mit einer eben entsprechenden Dosis Schilddrüsensubstanz vor der Reinjektion des Antigens soll den anaphylaktischen Schock verhindern (Savini). Die Bildung von Antikörpern wurde dagegen bei thyreoidektomierten, kastrierten [6]) und auch nebennierenlosen [7]) Tieren gegenüber der Norm unverändert gefunden. Thyreoidektomierte Tiere sollen nicht nur gegenüber spontaner Infektion, sondern auch gegenüber einer Impftuberkulose [8]), ja sogar für die Überimpfung von Syphilis [9]) empfänglicher sein, während andererseits die Resistenz gegen eine Infektion mit Shiga-Bacillen erhöht gefunden wurde [10]). Hunde, denen drei Epithelkörperchen entfernt wurden, sollen dagegen einer experimentell erzeugten Tuberkuloseinfektion größeren Widerstand entgegensetzen (Salvioli [8])). Klar und eindeutig sind also, wie

---

[1]) Literatur bei Bauer, J.: Konstitutionelle Disposition, ferner Asher, L. u. Y. Abe: Biochem. Zeitschr. Bd. 157, S. 103. 1925 (Bd. 41, S. 255).

[2]) Bierstein, R. M. u. A. M. Rabinovitsch: Klin. Wochenschr. 1925. S. 2013 (Bd. 42, S. 66).

[3]) Seitz, A.: Zentralbl. f. Bakteriol., Parasitenk. u. Infektionskrankh., Abt. I, Orig. Bd. 93, Beih., S. 227. 1924 (Bd. 40, S. 538).

[4]) Bayer, G. u. O. Form: Deutsch. med. Wochenschr. 1926. 784 (Bd. 43, S. 777).

[5]) Parhon, C. J. et L. Ballif: Cpt. rend. des séances de la soc. de biol. Tom. 89, p. 1063. 1923 (Bd. 34, S. 137). — Appelmans, R.: Cpt. rend. des séances de la soc. de biol. Tom. 88, p. 1216. 1923 (Bd. 32, S. 86). — Houssay, B. A. et A. Sordelli: Cpt. rend. des séances de la soc. de biol. Tom. 88, p. 354. 1923 (Bd. 28, S. 201). — De Gasperi, F.: Riv. di biol. Vol. 7, p. 486. 1925 (Bd. 43, S. 113).

[6]) Glusman, M.: Zeitschr. f. Hyg. u. Infektionskrankh. Bd. 102, S. 428. 1924 (Bd. 36, S. 434). — Weyrauch: Zeitschr. f. klin. Med. Bd. 101, S. 524. 1925 (Bd. 41, S. 238).

[7]) Marine, D.: Proc. of the soc. f. exp. biol. a. med. Vol. 21, p. 497. 1924 (Bd. 39, S. 538).

[8]) Salvioli, G.: Sperimentale. Vol. 78, p. 133. 1924 (Bd. 37, S. 170) u. Boll. dell' istit. sieroterap. Milanese. Vol. 3, p. 197. 1924 (Bd. 37, S. 105).

[9]) Pierce, L. a. C. M. van Allen: Proc. of the soc. f. exp. biol. a. med. Vol. 21, p. 319. 1924 (Bd. 37, S. 125).

[10]) Melnik, M.: Cpt. rend. des séances de la soc. de biol. Tom. 92, p. 474. 1925 (Bd. 40, S. 429).

wir sehen, die Ergebnisse keineswegs, die uns die experimentelle Medizin hier zur Verfügung stellt.

Der Kliniker wird jedenfalls damit zu rechnen haben, daß bestimmte Infektionen Veränderungen und Reaktionen an gewissen Hormonorganen auszulösen pflegen, die je nach der individuellen Ansprechbarkeit und Leistungsfähigkeit des betreffenden Organs im klinischen Bilde zur Geltung kommen können. Vor allem handelt es sich da um die degenerativen Veränderungen und den Lipoidschwund in den Zellen der Nebennierenrinde (DIETRICH) bei verschiedenartigen akuten Infektionen, insbesondere Scharlach, Diphtherie und Sepsis [1]), sodann um die Schwellung und Hyperaktivität der Schilddrüse, wie sie bei manchen Fällen von Typhus (FLECKSEDER [2])) und bei akutem Gelenkrheumatismus (VINCENT, SERGENT [3])) vorkommt. Die französischen Autoren beschreiben sogar eine Schmerzhaftigkeit und regionäre Hyperästhesie der Schilddrüsengegend und fassen diese Schilddrüsenreaktion als Ausdruck der Abwehr des Organismus auf. Wo sie fehlt, sei die Prognose der Erkrankung weniger günstig. Die vorher erfolglose Salicylbehandlung könne aber durch Kombination mit Thyreoidindarreichung wirksam gemacht werden. Basedowerkrankungen, die im Anschluß an akuten Gelenkrheumatismus nicht so selten sein sollen, wären als übermäßige Abwehrreaktion aufzufassen. Zweifellos aber hängt die individuell recht verschiedene Fieberreaktion bei akuten Infektionskrankheiten stark vom Zustande der Schilddrüse ab. Exzessive Fiebersteigerung hyperthyreotischer Individuen bei harmlosen Infekten, kaum nennenswerte Temperaturen Hypothyreotischer, selbst bei schweren Infektionskrankheiten kennzeichnen diese Zusammenhänge [4]).

Auch die Beziehungen zwischen Tuberkulose und Schilddrüse sind, wie ich dies schon vor Jahren dargelegt habe, von dem gleichen Gesichtspunkte zu betrachten. Eine parenchymatöse Vergrößerung der Drüse mit Zeichen von Hyperaktivität bedeutet offenbar einen Abwehrvorgang und gestaltet den Verlauf der tuberkulösen Erkrankung günstig. Diese Auffassung wird auch von den Autoren, die sich in letzter Zeit über diese Frage geäußert haben, bestätigt [5]). Sowohl die Temperaturreaktion [6]) als die Hautreaktion [7]) auf Tuberkulin ist bei mangelhafter Schilddrüsenfunktion herabgesetzt und kann durch Thyreoidin verstärkt werden. Schließlich sei noch erwähnt, daß auch der Funktionszustand der Keimdrüse nicht ohne Einfluß auf den Verlauf der Tuberkulose ist. Ich habe schon 1917 betont, daß eine Insuffizienz der inkretorischen Keimdrüsenfunktion für die Prognose einer Tuberkulose günstig ist, sei es, daß sie primär vorhanden ist oder daß sie erst im Verlauf der tuberkulösen Erkrankung, vielleicht gleichfalls im Sinne einer Abwehrmaßnahme

---

[1]) DEUCHER, G. W.: Arch. f. klin. Chirurg. Bd. 125, S. 578. 1923 (Bd. 31, S. 481). — WÜLFING, M.: Virchows Arch. f. pathol. Anat. u. Physiol. Bd. 253, S. 239. 1924.

[2]) FLECKSEDER, R.: Wien. klin. Wochenschr. 1922. S. 34.

[3]) SERGENT, E.: Monde méd. Tom. 35, p. 537. 1925.

[4]) SCHERESCHEWSKY, N.: Klin. Wochenschr. 1923. S. 2041 (Bd. 32, S. 174).

[5]) HOKE, E.: Med. Klinik. 1924. Beih. Nr. 37, S. 1 (Bd. 38, S. 189). — HITTMAIR, A.: Zeitschr. f. klin. Med. Bd. 102, S. 412. 1925.

[6]) KÉPINOW, L. et S. METALNIKOW: Cpt. rend des séances de la soc. de biol. Tom. 87, p. 210. 1922 (Ref. Endocrin. Vol. 7, Nr. 3, p. 506).

[7]) NOBEL, E. u. AL. ROSENBLÜTH: Zeitschr. f. Kinderheilk. Bd. 38, S. 564. 1924 (Bd. 38, S. 197).

des Organismus zur Entwicklung kommt. Meine klinisch gewonnene Anschauung fand dann Bestätigung durch das Tierexperiment, denn es zeigte sich, daß kastrierte Tiere eine geringere Empfänglichkeit für Tuberkulose aufweisen als normale [1]).

Vergiftungen und Nährschäden.

Die Empfindlichkeit gegenüber gewissen Giftstoffen ist in hohem Grade vom Funktionszustand der Schilddrüse abhängig. Für das Jod bedarf es diesbezüglich keiner weiteren Darlegungen. Gegen Quecksilber sollen thyreoidektomierte Tiere eine geringere Resistenz besitzen als normale (Perrin und Jeandelize). Übrigens wurden nach Hg-Vergiftung schwere degenerative Parenchymveränderungen in den Nebennieren und in der Hypophyse mit Verlust der Hormonbildung festgestellt [2]). So wie der anaphylaktische Schock bei schilddrüsenlosen Tieren weniger leicht eintritt, so erweisen sie sich auch gegen Pepton weniger empfindlich [3]). Am interessantesten sind die eigenartigen Beziehungen zwischen Schilddrüse und Resistenz gegenüber Acetonitril- und Morphiumvergiftung. R. Hunt konnte zeigen, daß die Fütterung weißer Mäuse mit minimalen Mengen Schilddrüsensubstanz ihre Resistenz gegenüber dem Acetonitril sehr erheblich steigert, gegenüber dem Morphium dagegen herabsetzt. Wie wir gehört haben, wird ja diese typische Acetonitrilreaktion weißer Mäuse zur Standardisierung von Schilddrüsenpräparaten in Anwendung gezogen (Tyreoideadispert Krause) und Hunt empfiehlt sie zum Nachweis von Schilddrüsensubstanz in „Entfettungsmitteln" und anderen Geheimmitteln, da ihr ein hoher Grad von Spezifität zukommt. Sonderbarerweise wirkt Schilddrüsensubstanz bei Ratten und Meerschweinchen gerade umgekehrt wie bei Mäusen auf ihre Acetonitrilempfindlichkeit [4]). Schilddrüsengefütterte Tiere sind, wie gesagt, gegenüber Morphium empfindlicher, sie zerstören das Morphium schwerer, während thyreoidektomierte Tiere Morphium rascher zerstören und besser vertragen (Gottlieb). Wuth [5]) glaubt, vielfache Analogien im klinischen Bilde der Morphiumgewöhnung und der Hypothyreose einerseits, der Morphiumabstinenzperiode und des Hyperthyreoidismus andererseits zu finden, und meint, daß das Morphium die Schilddrüsenfunktion herabsetze. J. Bram [6]) hat darauf hingewiesen, daß Basedowkranke viel größere Chinindosen vertragen als Gesunde und diese Toleranzprüfung mit hohen Chinindosen sogar zur Diagnose des Hyperthyreoidismus empfohlen. Ich kann diese Angabe im Gegensatz zu französischen Nachprüfern (Sainton und Schulmann) im allgemeinen bestätigen. R. Wagner [7]) konnte zeigen, daß die durch den Mangel an A-Vitamin hervorgerufene Xerophthalmie viel rascher eintritt, wenn Schilddrüsensubstanz verfüttert wird, offenbar weil bei der Stoffwechselbeschleunigung die im Körper befindlichen Vorräte an A-Vitamin schneller verbraucht werden. Dagegen soll die alimentäre

---

[1]) Mautner, H.: Monatsschr. f. Kinderheilk. 1921. H. 1 u. Wien. klin. Wochenschr. 1921. Nr. 25. — Bricker, F. M.: Zeitschr. f. Tuberkul. Bd. 40, S. 198. 1924 (Bd. 38, S. 215).
[2]) Hesse, E.: Arch. f. exp. Pathol. u. Pharmakol. Bd. 107, S. 43. 1925 (Bd. 42, S. 7).
[3]) Houssay, B. A. et A. D. Cisneros: Cpt. rend. des. séances de la soc. de biol. Tom. 93, p. 886. 1925 (Bd. 42, S. 632).
[4]) Hunt, R.: Americ. journ. of physiol. Vol. 63, p. 257. 1923 (Bd. 29, S. 330).
[5]) Wuth, O.: Münch. med. Wochenschr. 1923. S. 1266 (Bd. 36, S. 298).
[6]) Bram, J.: New York med. journ. a. med. record. Vol. 118, p. 339. 1923 (Bd. 33, S. 148).
[7]) Wagner, R.: Arch. f. exp. Pathol. u. Pharmakol. Bd. 97, S. 441. 1923 (Bd. 29, S. 163).

Dystrophie bei einseitig mit Reis gefütterten thyreoidektomierten Meerschweinchen schwerer verlaufen als bei normalen [1]). Auch für nebennierenlose Tiere wurde eine Änderung ihrer Giftempfindlichkeit festgestellt. Sie sollen Morphium und Veratrin gegenüber empfindlicher sein als normale (GIUSTI, LEWIS). ROGOFF [2]) konnte das freilich nicht bestätigen. Sicherlich hängen die großen individuellen Unterschiede im pharmakodynamischen Effekt der mannigfachen Heilmittel zum Teil wenigstens mit Verschiedenheiten der individuellen Blutdrüsenkonstellation zusammen und es fehlt auch nicht an dem Versuch einer Analyse dieser Zusammenhänge (GHEDINI, DURAND).

Neoplasmen.

Es gibt kaum ein Gebiet der experimentellen Medizin, auf dem so widersprechende Resultate erzielt worden wären wie gerade hier. Man untersuchte das Wachstum von Impftumoren und Teercarcinomen an Versuchstieren, denen einzelne Hormonorgane entfernt worden waren oder die mit Extrakten bestimmter Hormonorgane behandelt wurden, doch läßt sich aus diesen ungemein zahlreichen Untersuchungen vorläufig auch nicht die mindeste unbestrittene Schlußfolgerung ableiten [3]). Dem Kliniker drängen sich allerdings einige Beziehungen zwischen Blastombildung und Funktionszustand des endokrinen Apparates auf. Zunächst einmal die gelegentlich ganz enorme Förderung blastomatöser Prozesse durch die Schwangerschaft (G. A. WAGNER [4]), ODERMATT [5]), F. KASPAR, H. H. SCHMID [6]), KROTKINA [7]) u. a.), ein Zusammenhang, in den die inkretorischen Organe freilich nur mittelbar eingeschaltet sind. Ferner ein gewisser Parallelismus zwischen Häufigkeit des Krebses und des endemischen Kropfes, wie er kürzlich in der Schweiz festgestellt werden konnte [8]), ganz analog den Beobachtungen, die ich im Tiroler Endemiegebiet gemacht habe [9]). Bei dieser Beziehung kommt aber meines Erachtens dem Funktionszustand des Hormonapparates keine kausale Bedeutung zu, sie beruht vielmehr darauf, daß die zu Kropf und Kretinismus führende unbekannte endemische Noxe allmählich zu einer Schädigung des Erbanlagenbestandes der bodenständigén Bevölkerung geführt und dadurch zu einer Häufung konstitutioneller Anomalien und konstitutionell-degenerativer Erkrankungen aller Arten Veranlassung

---

[1]) ABDERHALDEN, E.: Pflügers Arch. f. d. ges. Physiol. Bd. 198, S. 164. 1923 (Bd. 29, S. 222).

[2]) ROGOFF, J. M. a. J. DE NECKER: Journ. of pharmacol. a. exp. therapeut. Vol. 26, p. 243. 1925 (Bd. 43, S. 106).

[3]) Literatur bei BAUER, J.: Konstitutionelle Disposition. l. c. 3. Aufl. S. 109ff.; ferner PEARCE, L. a. C. M. VAN ALLEN: Transact. of the assoc. of Americ. physic. Vol. 38, p. 315. 1923 (Bd. 36, S. 420) u. Proc. of the soc. f. exp. biol. a. med. Vol. 21, p. 319. 1924 (Bd. 37, S. 125). — ASADA, T.: Mitt. a. d. med. Fak. d. Kais. Univ. Kyushu, Fukuoka. Bd. 8, S. 155. 1923 (Bd. 39, S. 469). — PARODI, U.: Pathologica. Vol. 16, p. 175. 1924 (Bd. 38, S. 488). — SEEL, L.: Zeitschr. f. Krebsforsch. Bd. 22, S. 1. 1924 (Bd. 39, S. 168). — FELLNER, O. O.: Münch. med. Wochenschr. 1925. S. 676 u. Arch. f. Gynäkol. Bd. 124, S. 771. 1925. — ELSNER, H.: Zeitschr. f. Krebsforsch. Bd. 23, S. 28. 1926.

[4]) WAGNER, G. A.: Med. Klinik. 1924. S. 466.

[5]) ODERMATT, W.: Schweiz. med. Wochenschr. 1924. S. 385.

[6]) SCHMID, H. H.: Arch. f. Gynäkol. Bd. 121, S. 168. 1924.

[7]) KROTKINA, N.: Zeitschr. f. Krebsforsch. Bd. 21, S. 450. 1924 (Bd. 38, S. 486).

[8]) STINER, O.: Schweiz. med. Wochenschr. 1924. S. 605 (Bd. 38, S. 485).

[9]) BAUER, J.: Konstitutionelle Disposition. l. c. 3. Aufl. S. 128.

gegeben hat. Zum Teil mag wohl auch der Kropf- und der Krebsbildung eine gemeinsame neoplastische Tendenz zugrunde liegen.

Schließlich ist ein Zusammenhang zwischen übermäßiger Hypophysenvorderlappenfunktion und Blastombildung nicht zu verkennen. Bei Akromegalie findet man, wie wir dies schon oben erwähnt und auch durch eine Abbildung illustriert haben (Abb. 29, S. 280), eine auffällige Tendenz zu multiplen kleinen gutartigen Tumoren der Haut. Gelegentlich kommen wohl auch größere Geschwulstbildungen zur Beobachtung [1]. Die Kombination von Akromegalie mit Neurofibromatosis RECKLINGHAUSEN scheint häufiger gesehen zu werden [2]. Mir ist öfters, wenn auch natürlich keineswegs regelmäßig, ein akromegaloider Habitus bei Krebskranken aufgefallen. Es handelt sich bei all dem offenbar um Beziehungen, die durch die Verwandtschaft zwischen Blastomanlage und allgemeiner abnormer Wachstumsanlage einerseits, durch die Einschaltung der Hypophyse in den Wirkungskreis der abnormen Wachstumsanlage andererseits, hergestellt werden [2].

Erkrankungen des Stoffwechsels.

Hier ist an erster Stelle die Fettsucht (Adipositas, Obesitas) zu nennen, an deren Genese mannigfache Teile des Hormonapparates beteiligt sein können. Die früheren Kapitel haben uns darüber belehrt, daß mangelhafte Funktion der Schilddrüse, Keimdrüse, Hypophyse, bzw. eine Störung im Bereiche des der Hypophyse anliegenden trophisch-vegetativen Nervensystems, daß schließlich auch eine übermäßige Tätigkeit der Nebennierenrinde zu Fettleibigkeit führen kann. Um in den Mechanismus dieser Beziehungen zwischen Hormonorganen und abnormem Fettansatz klareren Einblick zu gewinnen, empfiehlt es sich, das Problem der Fettsucht von einem allgemeineren Standpunkt aus ins Auge zu fassen.

Im allgemeinen pflegt man die Fettsucht als ein rechnerisches Bilanzproblem zu betrachten. Wenn die Zufuhr von Energiequellen die Ausgaben und damit den Bedarf des Individuums überschreitet, dann muß der zugeführte Überschuß gespeichert, als Depotfett angesetzt werden. Ein solches Mißverhältnis zwischen Nahrungszufuhr und Energiebedarf zugunsten der ersteren tritt entweder dann ein, wenn zu viel gegessen (Mastfettsucht) oder dann, wenn zu wenig Bewegung gemacht (Faulheitsfettsucht), zu wenig verbrannt wird. Woran erkennen wir aber dieses Zuviel oder Zuwenig? Beide Größen hängen ja innig miteinander zusammen und lassen sich schwer voneinander trennen. Zwischen 22 und 60 Calorien pro Kilogramm Körpergewicht und Tag bewegen sich die Werte des Nahrungsbedarfes, je nachdem der Organismus sich in vollkommener Ruhe, das ist im Schlafe befindet oder aber schwere körperliche Arbeit leistet. Wir sehen also außerordentlich große, vom Energieverbrauch abhängige Schwankungen des Nahrungsbedarfes. Nun behält bekanntlich die überwiegende Mehrzahl erwachsener Menschen jahrelang annähernd ihr Körpergewicht bei, ohne sich um den Calorienwert ihrer Nahrung

<hr>

[1] PARHON, C. J., A. STOCKER et ALICE STOCKER: Journ. de neurol. Vol. 21, p. 21. 1921 (Bd. 18, S. 328). — ELLIS, A. W. M. a. H. M. TURNBULL: Lancet. Vol. 206, Nr. 24, p. 1200. 1924 (Bd. 37, S. 51).

[2] ASCHNER, BERTA: Zeitschr. f. d. ges. Anat., Abt. 2: Zeitschr. f. Konstitutionslehre. Bd. 10, S. 609. 1925.

und um das Maß ihrer Arbeitsleistung zu kümmern und wir müssen angesichts dieser Tatsache die Präzision des Regulationsmechanismus bewundern, der ohne unser bewußtes Zutun dieses staunenswerte Gleichgewicht in der Bilanz aufrecht erhält. Dieser Regulationsmechanismus setzt sich hauptsächlich aus zwei Sicherungsvorrichtungen zusammen: aus gewissen, die Nahrungsaufnahme und die Arbeitsleistung automatisch regulierenden sog. Gemeingefühlen (vgl. FALTA) und aus einer durch die normale Schilddrüsenfunktion gewährleisteten Akkommodationsbreite der Verbrennungsgröße.

Was die erste Sicherungsvorrichtung anlangt, so hat insbesondere UMBER auf die Bedeutung der Dysorexie, wie er das dem Bedarf nicht angepaßte Hungergefühl nannte, für die Genese der Fettsucht hingewiesen. Der Grad des Hungergefühls, das Maß von Appetit, welches die Energiezufuhr automatisch bestimmt, ist unter normalen Verhältnissen dem Bedürfnis des Organismus in überraschender Weise angepaßt. Erinnern wir uns nur des kaum zu befriedigenden Appetits rasch wachsender, lebhafter Kinder oder des automatisch sinkenden Nahrungsbedürfnisses lange Zeit bettlägeriger Individuen. Aber auch die Energieausgabe wird durch Gemeingefühle dirigiert. Ermüdungsgefühl und Ruhebedürfnis auf der einen Seite, das Gefühl der kraftvollen Vitalität, des Bewegungs- und Betätigungsdranges, einer gewissermaßen hypertonischen Einstellung des Organismus sind Gemeingefühle, welche das Ausmaß der Arbeitsleistung unabhängig von unserem Willen mitbestimmen. Gemeingefühle sind als Summe verschiedener Empfindungen in hohem Grade von psychischen Einflüssen, von Affekten und Stimmungen und damit auch vom individuellen Temperament, mit diesem aber auch von gewissen endokrinen Einflüssen (Schilddrüse, Keimdrüse, Nebenniere, Hypophyse) abhängig. Es ist daher nur selbstverständlich, daß sich Störungen dieser für den geordneten Betrieb des Organismus so wichtigen Sicherungsfaktoren so häufig im Rahmen funktioneller Neurosen vorfinden. Abnorm gesteigertes, nicht adäquat ausgelöstes Ermüdungsgefühl und Anorexie sind die häufigsten Begleiterscheinungen der Psychoneurosen. Der nervös-psychische und, wie gesagt, vom Blutdrüsenapparat mit abhängige Sicherungsmechanismus der Gemeingefühle ist demnach auf die Regulation der Nahrungszufuhr und Energieausgabe gerichtet.

Der endokrine Sicherungsmechanismus von seiten der Schilddrüse gewährt dem Organismus die Möglichkeit, bei übermäßiger oder unzureichender Nahrungszufuhr die Verbrennungsprozesse bis zu einem gewissen Grade anzupassen, sie nach Bedarf zu steigern oder zu drosseln, um sich dadurch vor Gewichtsschwankungen zu bewahren. GRAFE und sein Mitarbeiter ECKSTEIN konnten zeigen, daß der tierische wie der menschliche Organismus die Fähigkeit besitzt, durch eine starke Steigerung der Verbrennungen bei Überernährung einer übermäßigen Fettansammlung entgegenzuarbeiten. Sie konnten weiter feststellen, daß diese Fähigkeit an die Schilddrüsenfunktion geknüpft ist. Bei fehlender Schilddrüsenfunktion bleibt diese Anpassung des Energieumsatzes an habituelle Überernährung, also die Luxuskonsumption aus; es kommt zu einem weit rascheren übermäßigen Fettansatz. Den Ovarien scheint hierbei nach GRAFES Versuchen der Schilddrüse gegenüber nur eine ganz untergeordnete Bedeutung zuzukommen. Es ist demnach leicht einzusehen, daß eine Mastfettsucht bei einem Individuum mit relativ herabgesetzter, wenn auch noch innerhalb physiologischer Grenzen sich bewegender Schilddrüsenfunktion viel leichter zustande kommen kann als etwa bei einem Individuum mit besonders lebhafter Schilddrüsentätigkeit. Die Anpassungsfähigkeit an Überernährung ist also in erster Linie von dem individuell verschiedenen Funktionszustand der Thyreoidea abhängig. Auf der anderen Seite haben Löwy und Zuntz feststellen können, daß unter dem Einfluß der Kriegskost der Energieumsatz stärker gesunken war, als der Gewichtsabnahme entsprach, d. h. also, daß sich der Organismus an die zu geringe Nahrungsmenge bis zu einem gewissen Grade angepaßt, seine Verbrennungen gedrosselt und nicht in dem Maße an Gewicht verloren hat, als es bilanzmäßig zu errechnen gewesen wäre. Die habituelle Unterernährung hat auf dem Wege der Anpassung zur Ausbildung einer relativen Hypothyreose geführt.

Von diesem Gesichtspunkte der weitgehenden Adaptationsvorgänge im Organismus müssen auch jene individuellen Unterschiede des Nahrungsbedarfes beurteilt werden, die sich aus Differenzen der cellulären Verbrennungsgröße, des sog. Grundumsatzes sowie aus Differenzen der sog. spezifisch dynamischen Nahrungswirkung ergeben.

Wenn wir schon bei der Regulation von Nahrungsaufnahme und Energieabgabe das Blutdrüsensystem beteiligt fanden, so ist seine Rolle hier, bei der Bestimmung der Oxydationsgröße des Individuums ausschlaggebend. Die Schilddrüse ist, wie wir gehört haben, der Hauptregulator für den Ofen, den der Organismus darstellt. Sie kann durch ihr Hormon die Flamme auf „groß" stellen und den Grundumsatz um 50, 100 und noch weit mehr Prozent über die Norm steigern, schränkt sie die Hormonbelieferung ein oder setzt sie damit ganz aus, dann brennt der Ofen mit kleiner Flamme, der Grundumsatz kann bis auf -40% gegenüber der Norm vermindert sein. Das bedeutet also, daß weit weniger Brennmaterial gebraucht und bei gleichbleibender Zufuhr daher eingespart, ceteris paribus also Fettansatz erzielt wird. Ceteris paribus! Es werden eben doch nicht alle Hypothyreosen fett und auch nicht alle Basedowkranken mager. Ich habe erst kürzlich eine 32jährige Dame mit richtigem Basedow, schwirrender Struma, Exophthalmus, Gräfe, Tremor, Tachykardie, hochgradiger nervöser Erregung usw. gesehen, die bei ihrem ausgezeichneten Appetit im Laufe des letzten Jahres um 18 kg zugenommen hatte. Und wie oft sehen wir Fettleibige, die mit künstlich zugeführtem Schilddrüsenhormon entfettet werden sollen und die schließlich alle Zeichen von Hyperthyreoidismus, vor allem Umsatzsteigerung, Tachykardie, Tremor, Nervosität aufweisen, aber gerade die ersehnte Gewichtsabnahme vermissen lassen.

Auch die Keimdrüsen üben einen wenn auch geringfügigeren Einfluß auf den Grundumsatz aus. Nach Ausfall ihrer Funktion kommt es vorübergehend zu einer Herabsetzung der Oxydationsgröße, vielleicht indirekt auf dem Wege über die Schilddrüse. Nach einiger Zeit gleicht sich diese Stoffwechselalteration wieder vollständig aus. Wenn bekanntlich ein Teil der Individuen mit Ausfall der Keimdrüsenfunktion, also Kastraten, Eunuchoide oder im Klimakterium stehende Frauen fett werden, so reicht zur Erklärung dieses Fettansatzes die Eigenschaft des Keimdrüsenhormons, den Grundumsatz auf seiner Höhe zu erhalten, keinesfalls aus. Es gibt zahlreiche Fettleibige mit und ohne Hypogenitalismus, die einen ganz normalen O_2-Verbrauch aufweisen.

Die Hypophyse scheint die Verbrennungsvorgänge im Organismus in einer eigenartigen Weise zu beeinflussen. Ist nämlich ihre Tätigkeit mangelhaft, dann verbraucht zwar der Organismus im nüchternen Zustande und in der Ruhe ebenso viel O_2 wie ein normaler, die nach Nahrungsaufnahme de norma eintretende Stoffwechselsteigerung, die sog. spezifisch-dynamische Nahrungswirkung scheint aber in vielen solchen Fällen herabgesetzt zu sein (KESTNER, R. PLAUT, LIEBESNY). Das zugeführte Brennmaterial verbrennt also bei gleicher Flamme und facht sie nicht an wie unter normalen Verhältnissen. Auch dieser Zustand spart natürlich Material ein, schafft also eine Disposition zu Fettansatz. Deswegen allein werden aber die Fälle von hypophysärer Dystrophia adiposogenitalis gewiß nicht fett, denn einerseits gibt es Fälle dieses Leidens ohne Verminderung der spezifisch-dynamischen Nahrungswirkung und andererseits Fälle mit anscheinend fehlender spezifisch-dynamischer Nahrungswirkung ohne eine Spur von Fettsucht (manche hypophysäre Zwerge, gewisse vegetative Neurosen).

Aus unseren Erörterungen ersehen wir, wie komplexe Vorgänge ineinandergreifen, um das Körpergewicht eines Individuums annähernd konstant zu erhalten und wie mannigfach die Adaptationsvorrichtungen sind, über welche der Organismus äußeren Änderungen der Energiezufuhr oder Energieabgabe gegenüber verfügt. Alle diese Vorgänge erschweren ungemein die rein bilanzmäßige Erfassung des Fettsuchtproblems sowohl, was die pathogenetische Erklärung als was die therapeutischen Auswirkungen anlangt. Vollends versagt aber eine solche rechnerische Betrachtung angesichts der gar nicht seltenen Fettsuchtsfälle, die wenig essen, genug Bewegung machen, normalen Grundumsatz und normale spezifisch-dynamische Nahrungswirkung aufweisen. Es gibt Fälle, welche bei sehr beträchtlicher Einschränkung der Calorienzufuhr hartnäckig ihr Gewicht beibehalten. Wenn man das übertrieben so ausdrücken darf, ein Fettsüchtiger kann an Inanition leiden oder gar verhungern, ohne nennenswert abzumagern. Sein Fett ist ihm nicht Reservedepot, sondern Ballast. Ich bin überzeugt, daß die große körperliche Schwäche und Müdigkeit, der man bei manchen Fettleibigen begegnet, zum Teil eine solche Inanitionserscheinung darstellt, hervorgerufen durch eine Art Atrepsie der arbeitenden Organe infolge der abnormen Nahrungsavidität des fettbildenden Gewebes. Damit gelangen wir zu der Notwendigkeit einer Ergänzung der üblichen Bilanzformel der Fettsucht.

Wir dürfen neben dem energetischen Problem das Eigenleben des Fettgewebes nicht übersehen und nicht vergessen, daß der „lipomatösen Tendenz" (v. BERGMANN), der „Lipophilie" (H. GÜNTHER) der Gewebe eine sehr bedeutsame Rolle zukommt. Daß eine solche Lipophilie existiert und daß sie im subcutanen Gewebe regionär verschieden ist, davon kann man sich leicht überzeugen. Man vergleiche nur die diesbezüglichen Differenzen etwa an der Haut der Stirn und des Gesäßes. Jede Hautpartie hat ihre eigene Lipophilie und behält sie selbst nach Transplantation Jahre hindurch bei. Es sind mehrere Fälle in der Literatur bekannt, in welchen ein in der Kindheit durch Transplantation vom Bauche her gedeckter Hautdefekt am Handrücken in späteren Jahren höchst lästig geworden ist, indem die auf den Handrücken überpflanzte Bauchhaut an der generellen Fettzunahme in gleicher Weise teilnahm, wie sie es an ihrem Ursprungsort getan hätte; es kam zu „Fettbauchbildung am Handrücken" (E. HOFFMANN). Auch chemisch und physikalisch zeigt ja das Fettgewebe verschiedener Körperpartien Unterschiede.

Die regionären Differenzen der Lipophilie an der Körperoberfläche sind namentlich beim weiblichen Geschlecht ein recht charakteristisches konstitutionelles Habitusmerkmal[1]). Wir begegnen neben dem gewöhnlichen weiblichen Fettverteilungstypus, den ich auch als „Rubenstypus" bezeichnet habe, Fettanhäufungen in der Trochantergegend — „Reithosentypus" —, wir sehen Frauen mit fettem Oberkörper und dünnen Beinen und solche mit magerem Oberkörper und unförmig dicken Beinen. Alle diese individuellen Unterschiede beruhen auf konstitutionellen Unterschieden der regionären Lipophilie des Unterhautzellgewebes und sind dementsprechend vererbbar. Solche Konstitutionsmerkmale können naturgemäß auch zu Rassenmerkmalen werden, man denke nur an die Steatopygie, den Fettsteiß der Hottentottenweiber (Ahb. 52), man erinnere sich der durch rationelle Züchtung gewonnenen sog. Fettsteißschafe usw.

Das Blutdrüsensystem nimmt auf die regionären Unterschiede der Lipophilie an der Körperoberfläche nur insofern Einfluß, als das Hodenhormon die Lipophilie an gewissen Körperstellen, an der Unterbauchgegend, am Gesäß, an den Hüften, Brüsten, Oberschenkeln hemmt. Daher finden wir die charakteristische, sog. eunuchoide Fettverteilung bei Kastraten und Eunuchoiden, aber auch bei dicken männlichen Individuen, deren Hoden noch nicht entsprechend innersekretorisch tätig sind, also bei Knaben vor der Pubertät, und bei solchen, deren innersekretorische Hodenfunktion schon erloschen ist, also im Senium. Auch das trophische Nervensystem nimmt Einfluß auf die Lipophilie der Gewebe, wie entsprechende Tierversuche und einzelne Beobachtungen am kranken Menschen gezeigt haben.

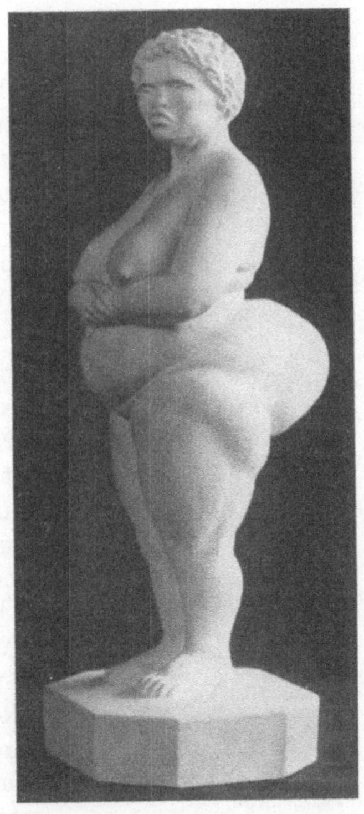

Abb. 52.
Steatopygie bei Hottentottin.

Da demnach an der Existenz einer Lipophilie kein Zweifel besteht, da es eine Physiologie dieser Lipophilie gibt, so muß man von vornherein wohl auch mit ihrer Pathologie rechnen. Sie manifestiert sich in verschiedenen Formen. Am eklatantesten kommt sie in den Fällen einfacher oder multipler symmetrischer Lipombildung zum Ausdruck, von denen kontinuierliche Übergänge hinüberleiten zu den mehr diffusen, symmetrischen Fettanhäufungen mit und ohne Schmerzhaftigkeit, wie sie z. B. beim sog. Madelungschen Fetthals, aber auch in anderen Körpergegenden vorkommen, sowie zu den diffusen schmerzhaften Fettwucherungen der Adipositas dolorosa Dercums. Die sog. Lipodystrophia progressiva ist, wie ich schon vor Jahren ausgeführt habe, die sinnfälligste Ausdrucksform einer pathologisch veränderten Lipophilie (Abb. 53). Der progrediente vollkommene Schwund des subcutanen Fettgewebes im Gesicht (Totenkopfgesicht) und am Oberkörper bei gleichzeitigem Fettansatz

---

[1]) Bauer, J.: Klin. Wochenschr. 1922. S. 1977 u. Wien. klin. Wochenschr. 1926. Nr. 9.

an Hüften, Gesäß und unteren Extremitäten ist gewiß nicht, wie man das immer wieder hört und liest, eine pluriglanduläre endokrine Affektion, sondern die Folge einer krankhaften Veränderung der Fettavidität des subcutanen Zellgewebes. Es liegt auch kein zwingender Grund vor, für diese pathologisch veränderte Lipophilie eine neurotrophische spinale Störung verantwortlich zu machen, wie L. R. MÜLLER dies tut, viel wahrscheinlicher handelt es sich um eine primäre autochthone Anomalie des subcutanen Gewebes selbst. Gelegentlich sieht man die Abmagerung bei Hyperthyreoidismus nach dem Typus der Lipodystrophie erfolgen, d. h. der Fettschwund erfolgt bloß an der oberen Körperhälfte, während die Beine und das Gesäß ihren Fettbestand unverändert bewahren[1]). Solche Fälle sind aber meines Erachtens keine echte Lipodystrophie vom SIMONSschen Typus, sondern eben ein Hyperthyreoidismus, dessen Fettschwund über die Körperoberfläche so verteilt ist, wie es dem besonderen konstitutionellen Fettansatztypus, der besonderen, regionär differenten, konstitutionellen Lipophilie dieser Individuen entspricht.

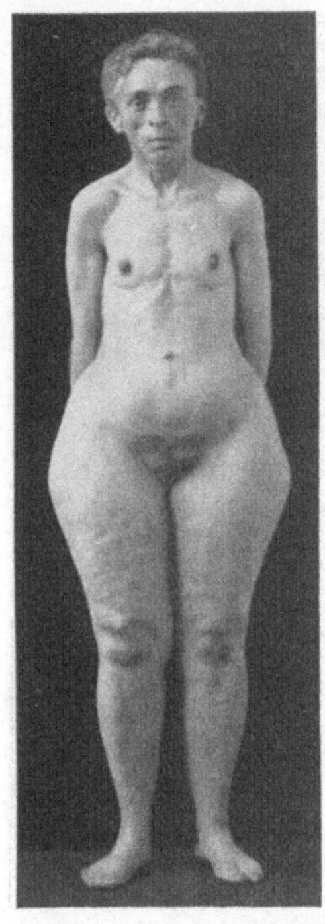

Abb. 53.
Lipodystrophia progressiva.
(Nach O. B. MEYER.)

Weit mehr als diese regionären pathologischen Veränderungen der Lipophilie interessiert uns aber hier ihre universelle, diffuse krankhafte Steigerung, bei der die Bindegewebszellen gierig das Material zur Fettbildung an sich reißen, gleichgültig ob viel oder wenig von diesem Material vorhanden ist und ob der Organismus dieses Material nicht anderwärts benötigt. Wenn wir oben sagten, herabgesetzter Grundumsatz, d. h. also Herabsetzung der Verbrennungen bedeute ceteris paribus Einsparung von Nährmaterial, somit Disposition zum Fettansatz, so können wir jetzt umgekehrt sagen, gesteigerte Lipophilie, primär gesteigerte Tendenz des Bindegewebes, Fettzellen zu bilden, bedeutet Ersparnis an Energie, an O_2-Verbrauch, führt ceteris paribus zu herabgesetztem Grundumsatz. Natürlich ist auch da das ceteris paribus besonders zu unterstreichen. Es können also die Verhältnisse so liegen, und das scheint mir für die genetische Auffassung der Fettsucht sehr bedeutsam, daß der herabgesetzte Grundumsatz nicht ursächliches Moment, sondern eine Konsequenz der Fettsucht darstellt. Das gleiche scheint, wie SCHUR[2]) kürzlich dargelegt hat, auch für die Herabsetzung der spezifisch-dynamischen Nahrungswirkung zu gelten. Sie braucht keinen ursächlichen, disponierenden Faktor der Fettsucht darzustellen, sondern kann die Folge der abnormen Lipophilie sein, der abnormen Ansatztendenz und konsekutiv geringeren Neigung, zugeführtes Nährmaterial zu verbrennen. Daher sieht man auch die Herabsetzung der spezifisch-dynamischen Nahrungswirkung, wie

---

[1]) Löwy, A. u. H. Zondek: Zeitschr. f. klin. Med. Bd. 95, S. 282. 1922 (Bd. 28, S. 227). — Marañon, G. a. J. B. Soler: Endocrinology. Vol. 10, p. 1. 1926 (Bd. 45. S. 392).
[2]) Schur, H.: Wien. klin. Wochenschr. 1926. Nr. 25. Sonderbeil.

ich mich selbst zu wiederholten Malen überzeugt habe, keineswegs bloß bei hypophysären, sondern auch bei andersartigen Fettsuchtsfällen [1]).

Die pathologische Lipophilie geht regelmäßig mit der Neigung zu Wasser-, eventuell Salz- und Wasserretention einher. Wenn wir bedenken, daß der Wassergehalt des menschlichen Fettgewebes zwischen 7 und 46% schwankt (BOZEN-RAAD), so wird uns klar, welch ungeheure Wassermengen in dem Fettgewebe mancher Fettleibiger aufgestapelt sind. In solchen Fällen kann man geradezu von einer Hydrolipomatosis sprechen. Das klinische Bild dieser aufgeschwemmten, oft ganz unförmigen Fettsüchtigen mit primärer Hydrolipomatose ist recht charakteristisch. Sie zeigen eine habituelle Oligurie bei relativ hohem spezifischem Gewicht, ohne daß am Zirkulationsapparat oder an der Niere ein pathologischer Befund zu erheben wäre. Eine Belastungsprüfung der Wasser- und Salzausscheidungsfähigkeit ergibt in diesen Fällen eine ausgesprochene Störung der einen oder anderen oder beider. Bei Anstellung des sog. VOLHARDschen Trinkversuchs kann von den eingenommenen 1500 ccm Flüssigkeit unter Umständen noch nach 24 Stunden ein Rest retiniert bleiben, bei Zulage von 10 g NaCl zur gewöhnlichen Kost wird diese Salzmenge nicht wie normalerweise innerhalb von 24 Stunden ausgeschieden, sondern verbleibt unter mehr oder minder beträchtlicher Wasseranziehung und dementsprechender Gewichtszunahme mehrere Tage lang im Körper. H. ZONDEK spricht in derartigen Fällen von einer „Salz-Wasser-Fettsucht". Die Störung des intermediären Salz-Wasserstoffwechsels ist in solchen Fällen ein wesentliches Kennzeichen und Begleitsymptom des Krankheitszustandes, reicht aber natürlich allein nicht aus, um die gesteigerte Fettbildung zu erklären. Es gibt auch Fälle analoger isolierter Störung des Salz- und Wasserstoffwechsels, die nicht mit Fettleibigkeit, sondern mit Ödembildung einhergehen (JUNGMANN), wie wir das ja schon früher besprochen haben. Die klinisch prüf- und nachweisbare Retentionsneigung der Gewebe für Salz und Wasser ist uns nur ein Indikator für die sie begleitende, einer klinischen Funktionsprüfung nicht zugängliche pathologische Avidität der Gewebe für Fett. Wir erkennen also gewissermaßen die Fälle von Fettsucht infolge pathologisch gesteigerter Lipophilie an der sie regelmäßig begleitenden Hydrophilie und Salzavidität. Es führen übrigens alle Übergänge vom Ödem über eine leicht pastös gedunsene Hautbeschaffenheit zur Fettsucht. Wo sich zur Wasser- und Salzretention pathologische Lipophilie der Gewebe hinzugesellt, dort wird eben das Wasser in den mächtigen Fettlagern gestapelt und führt nicht zur eigentlichen Ödembildung.

Für die Therapie ist die richtige pathogenetische Beurteilung solcher Fälle von entscheidender Bedeutung. Unterernährung allein führt nicht zum Ziele, sie steigert nur die Schwäche und Mattigkeit dieser Kranken. Dagegen sind entwässernde und entsalzende Maßnahmen diätetischer und medikamentöser Art hier erfolgreich. Wir werden später noch auf sie zurückkommen.

Ist die universell gesteigerte pathologische Lipophilie der Gewebe Ausdruck einer autochthonen krankhaften Veränderung dieser Gewebe selbst oder liegt

---

[1]) PLAUT, R.: Dtsch. Arch. f. klin. Med. Bd. 142, S. 266. 1923 (Bd. 31, S. 30). — LUBLIN: Klin. Wochenschr. 1924. S. 1556. — KNIPPING, H. W.: Klin. Wochenschr. 1925. 2047. — STROUSE, S., CHI CHE WANG a. M. DYE: Journ. of the Americ. med. assoc. Vol. 82, p. 2111. 1924 (Bd. 37, S. 122). — CHI CHE WANG a. S. STROUSE: Arch. of internal. med. Vol. 34, p. 573. 1924 (Bd. 38, S. 303).

ihr eine übergeordnete primäre Störung von seiten des Blutdrüsensystems oder Nervensystems zugrunde? Wir wissen diesbezüglich nicht viel Sicheres. Die Schilddrüse nimmt nach den bekannten Untersuchungen EPPINGERs zweifellos Einfluß auf den Wasser- und Salzstoffwechsel des Bindegewebes. Ihr Hormon fördert die Resorption von Wasser und Salz aus dem Bindegewebe, fehlt das Hormon, dann wird Wasser und Salz im Gewebe retiniert. Freilich ist diese Störung nach den obigen Darlegungen keineswegs gleichbedeutend mit Lipophilie. Für das Verständnis der therapeutischen Wirksamkeit von Schilddrüsenkuren ist aber die Kenntnis dieser Tatsache unentbehrlich. Schilddrüsenextrakt führt zu Gewichtsabnahme nicht nur wegen seiner oxydationssteigernden Eigenschaft, sondern auch wegen der Mobilisierung von Salz und Wasser. Man hat auch der Hypophyse und pluriglandulären Störungen einen Einfluß auf die pathologische Wasser-Salzretention zugeschrieben, ohne ein beweisendes Argument beibringen zu können. Die interessante Feststellung HEILIGs, daß bei normalen Frauen an den ersten Menstruationstagen eine gewisse Retention beim VOLHARDschen Trinkversuch sowie eine teilweise Retention einer NaCl-Zulage zu beobachten ist, weist allerdings auf einen Einfluß von seiten der Ovarien hin. Sicherlich sind gewisse vegetative Zentren am Boden des III. Ventrikels für den intermediären Salz-Wasserstoffwechsel und auch für die Lipophilie der Gewebe von Bedeutung. Dafür sprechen die im Anschluß an eine Encephalitis oder einen Hydrocephalus aufgetretenen Fälle von Fettwuchs der geschilderten Art. Mehr wissen wir über diese Verhältnisse nicht. Da wir aber bei den Fällen von hypophysärer Fettsucht vom Typus FRÖHLICH, bei jenen hypogenitalen Ursprungs oder suprarenaler Genese eine energetische Erklärung der Adipositas meist nicht in befriedigender Weise zu geben vermögen, da wir ferner wissen, daß die Hoden vermittels ihres Hormons auf die regionäre Lipophilie des subcutanen Gewebes Einfluß nehmen, so ist es mehr als wahrscheinlich, daß auch die universelle Lipophilie einem gewissen Einfluß von seiten dieser Drüsen mit innerer Sekretion untersteht, wiewohl ihr offenbar eine weitgehende Autonomie zukommt.

Regelmäßig wird in Fällen, in welchen nicht eine offenkundige Bilanzstörung im Sinne einer Mastfettsucht vorliegt, die Frage gestellt, welche Blutdrüsen an dieser Fettsucht schuld tragen und was für eine Organtherapie da am Platze wäre. Fast ebenso regelmäßig versagt aber eine nach dieser Richtung vorgenommene Analyse. Und selbst wenn in einem gegebenen Falle etwa eine Herabsetzung des Grundumsatzes um $12^0/_0$, eine herabgesetzte spezifisch-dynamische Nahrungswirkung besteht, wenn wir eine Struma, Unregelmäßigkeit der Menses, Anomalien der Körperbehaarung finden oder Klagen über Potenzschwäche oder Kopfschmerz hören, selbst dann sind wir noch keineswegs berechtigt, eine Funktionsstörung der Schilddrüse, Hypophyse oder Keimdrüsen für die Fettleibigkeit verantwortlich zu machen oder gar auf Grund von positiven Abbauresultaten bei Prüfung auf ABDERHALDENsche Abwehrfermente eine pluriglanduläre Fettsucht anzunehmen und nun irgendein Mischmasch von Organextrakten, wie Lipolysin, Leptormon, Hormogland u. dgl. für die begründete, rationelle und kausale Therapie zu halten. Die Art der Fettverteilung an der Körperoberfläche ist, wenn wir vom eunuchoiden Lokalisationstypus beim Manne absehen, in keiner Weise für einen bestimmten endokrinen Typus der Fettsucht charakteristisch. Die Annahme namentlich amerikanischer Autoren (ENGELBACH, TIERNEY u. a.), daß der Rubenstypus (sie sprechen von girdle-type obesity) hypophysären, der trochanterische Reithosentypus hypogenitalen Ursprungs sei, während Fettpolster in den Supraclaviculargruben und an den Handrücken eine Hypothyreose anzeigen, ist unbewiesen und unzutreffend [1]. Die Fettverteilung wird bei der weiblichen Fettsucht nicht durch die betroffenen Hormonorgane, sondern lediglich durch die konstitutionelle Lipophilie der verschiedenen Körperregionen bestimmt. So oft auch der Nachweis einer pathogenetisch in Betracht kommenden, ausgesprochen endokrinen Funktionsstörung mißlingt, ebenso oft glückt dafür die ätiologische Feststellung einer besonderen konstitutionellen Veranlagung zur Fettsucht. Immer und immer wieder können wir uns vom familiären Vorkommen dieses Zustandes überzeugen und, wenn wir schon die Pathogenese zunächst nicht zu deuten vermögen, so doch wenigstens die Ätiologie erfassen.

Wir können also sagen, das betreffende Individuum sei fettleibig, weil es schon als befruchtete Eizelle die Anlage hierzu enthalten habe. Worin aber diese Anlage besteht, in welcher Weise, an welchen Organen und Funktionen sie sich auswirkt, um das phänotypische Resultat der Fettsucht herbeizuführen, das ist eine weitere Frage, der wir nachzugehen haben. Eines aber ist klar, was sich da vererbt, ist nicht eine Funktionsschwäche der Schilddrüse, der Hypophyse oder der Keimdrüse, sondern eben die spezifische Neigung zu pathologischem Fettansatz, und diese krankhafte Anlage kann sich mehr oder minder überall und an allen Organen und Geweben auswirken, die mit dem Fettansatz etwas zu tun haben, ebenso wie der normale Paarling dieser krankhaften Anlage, also das Gen oder der Genkomplex, welcher die Erhaltung des konstanten Körpergewichtes und Fettansatzes gewährleistet, alle Teile des Organismus in seinen Dienst stellt, welche dabei irgendwie mittätig sind. Und so ist es bei der Mehrzahl der Fälle von krankhafter Fettleibigkeit konstitutionellen Ursprungs unmöglich, die pathogenetische Analyse weiterzuführen und zu entscheiden, wie weit insuffiziente Bilanzregulierung und wie weit pathologisch gesteigerte Lipophilie, wie weit bei diesen beiden endokrine, nervöse oder autochthone Besonderheiten im Spiele sind.

Wir müssen uns vor Augen halten, daß wir auch mit der Diagnose konstitutionelle Fettleibigkeit bestimmte pathogenetische Vorstellungen verbinden und daß mit der Frage hypothyreoid, hypopituitär oder hypogenital die Lösung in der überwiegenden Mehrzahl der Fettsuchtsfälle gar nicht möglich ist. Es ist also nicht unsere mangelhafte Kenntnis der innersekretorischen Funktionen und unsere insuffiziente Diagnostik ihrer Störungen, sondern es ist eine mangelhafte, verfehlte Fragestellung, welche eine befriedigende Beantwortung in den meisten Fällen verhindert.

Wir können auch hier dieselbe Einteilung in Anwendung bringen, welche wir bei den Entwicklungs-, Wachstums- und Rückbildungsstörungen vorgeschlagen haben. Es gibt einen pathologischen Fettwuchs I., II. und III. Ordnung. In den allermeisten Fällen handelt es sich, wie gesagt, um die

---

[1] So findet man z. B. auch in einer Monographie von FR. HECKEL (Grandes et petites obésités. 2. ed. Masson, Paris 1920) ganz andere Angaben. G. MARAÑON (Dtsch. Arch. f. klin. Med. Bd. 151, S. 129. 1926) wieder hält den retromammären Fettansatz bei Frauen, die Fettwucherung im Epigastrium bei Männern für ein Zeichen der hypophysären Genese einer Adipositas.

vererbbare konstitutionelle Form einer Adipositas auf Grund einer abnormen Fettwuchsanlage, also eine Anomalie I. Ordnung, bei der die Hormonorgane nur als Übermittler und teilweise Exekutoren der krankhaften Anlage fungieren. Hier von pluriglandulärer Fettsucht zu sprechen, ist deshalb nicht richtig, weil die pluriglanduläre Störung keineswegs das Wesen und den Umfang der Anomalie umfaßt, sondern selbst nur eine Teilerscheinung des krankhaften Zustandes darstellt.

Eine Fettsucht II. Ordnung liegt vor, wenn eine primäre Alteration eines Hormonorgans (Schilddrüse, Keimdrüse, Hypophyse, Nebenniere) zur Fettsucht führt. Freilich ist, wie wir zur Genüge betont haben, auch hierzu eine gewisse Bereitschaft erforderlich und die Erkrankung des betreffenden Hormonorgans wirkt oft nur auslösend auf die Auswirkung und Realisation der anlagemäßigen Fettwuchstendenz.

Fettwuchs III. Ordnung liegt in jenen Fällen vor, in denen das Erfolgsorgan selbst in unzweifelhafter Weise von der Anomalie betroffen ist, vor allem also bei den Lipomen, seien sie nun einzeln oder multipel. Daß kontinuierliche Übergänge von derartigen Fällen bis zur typischen DERCUMschen Adiposis dolorosa hinüberleiten, wurde oben schon vermerkt. Auch bei diesen Fällen von Lipomatosis III. Ordnung wirken gelegentlich Funktionsänderungen einzelner Hormonorgane auslösend auf die Manifestation einer latenten Anlage. Wie anders wäre z. B. die in einem Falle KÜTTNERs [1]) im Anschluß an beiderseitige Kastration entstandene indolente, symmetrische Lipomatose der Oberschenkel und der Gesäßgegend zu verstehen?

Auch beim krankhaften Fettwuchs kommt die innige Zusammengehörigkeit der in dem Begriff einer besonderen Fettwuchsanlage enthaltenen, eine biologische Einheit bildenden Teilmechanismen zum Ausdruck. Auch hier kann die Erkrankung eines Hormonorgans die Folge einer konstitutionellen Organminderwertigkeit, also gewissermaßen die mittelbare Konsequenz der anlagemäßigen Fettsucht und muß nicht die Ursache der bestehenden Fettsucht darstellen. Ob es sich da um die vielfachen kleinen Symptome einer im allgemeinen abnormen Blutdrüsenfunktion handelt, wie wir sie schon oben erwähnt haben, oder ob unzweifelhafte Erscheinungen einer organischen Affektion eines einzelnen Hormonorgans vorliegen, ist gleichgültig; wesentlich erscheint nur, daß die hormonale Alteration nicht Ursache der Fettsucht sein muß, sondern gewissermaßen als Nebeneffekt, ja als Folgeerscheinung der viel tiefer begründeten, konstitutionellen, anlagemäßigen Störung auftreten kann. Einige Beispiele mögen unsere Auffassung von diesen Zusammenhängen illustrieren.

Eine 55jährige Beamtengattin (Anna K.) von mittlerer Körpergröße, die als Mädchen recht schlank gewesen war, wurde in den ersten Jahren der Ehe, namentlich im Anschluß an die Geburt ihrer vier Kinder zunehmend dicker. Mit 34 Jahren Höchstgewicht von 101 kg, später durch zahllose Kuren auf 96 kg reduziert. Menses stets regelmäßig vom 12. bis zum 53. Jahr, normale Libido. Mächtige Fettwülste an der Brust, um die Hüften, in der Trochantergegend, vor allem aber an den Unterschenkeln, wo die Fettmassen oberhalb der Knöchel manschettenförmig abgegrenzt sind, sowie an den Oberarmen. Mäßige Oligurie und Salzretention bei Zulage, gewaltige Salzdiurese und Gewichtssturz auf Salyrgan. Prompter Ausfall des VOLHARDschen Wasserversuchs unter Gewichtsabnahme. Gleichzeitig besteht permanenter arterieller Hochdruck von 215 RR.

---

[1]) KÜTTNER: Schles. Ges. f. vaterl. Kultur. 15. Juni 1923. Klin. Wochenschr. 1923. S. 1524.

Diese Frau bietet nun einen Befund dar, der zwar als einziger, aber dafür um so sicherer auf eine inkretorische Anomalie hinweist. Sie hat nämlich eine beträchtlich vertiefte Sella turcica im Röntgenbild, das Dorsum sellae ist mäßig rekliniert, eine Usur ist nicht wahrzunehmen (Abb. 54). Dieser Befund ist auch nach Angabe des Röntgenologen (Dr. Weiss, Institut Prof. Kienböck) mit Sicherheit der Ausdruck einer intrasellaren Hypophysenvergrößerung.

Ist diese Frau nun deshalb fettsüchtig, weil sich bei ihr eine offenbar gutartige Geschwulst der Hypophyse entwickelt hat? Zu einer typischen Fröhlichschen hypophysären Dystrophie fehlt die Beteiligung des Genitales. Die bloße Koinzidenz von Fettsucht und Hypophysenadenom allein genügt noch nicht, um die Fettsucht als Folge der Hypophysengeschwulst anzusprechen. Dies um so weniger, wenn wir die Familienverhältnisse näher ins Auge fassen. Die beiden Eltern der Patientin waren außerordentlich fettleibig, sie

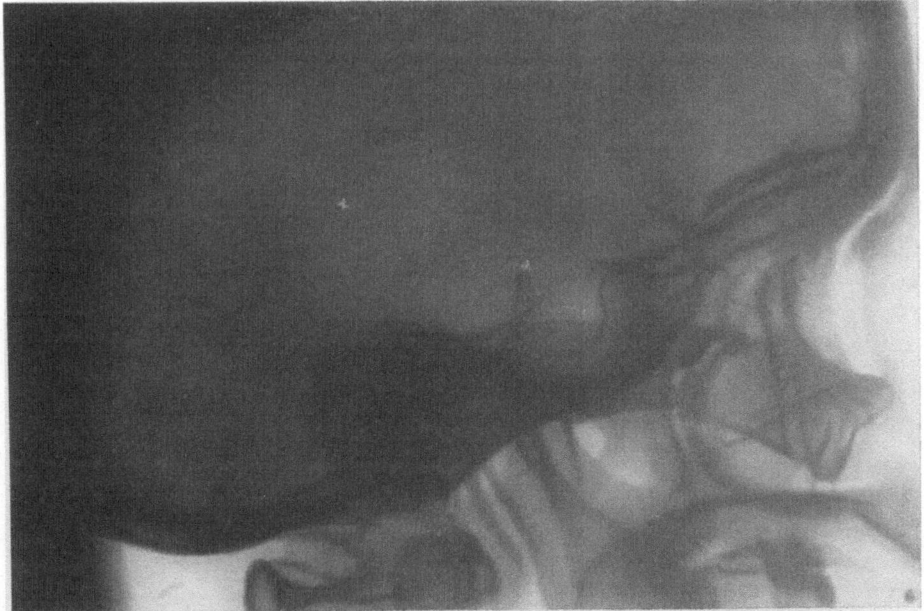

Abb. 54. Intrasellarer Hypophysentumor bei konstitutioneller Fettleibigkeit.

wogen beide etwa 120 kg. Von den vier Kindern unserer Kranken wiegt ein 34jähriger Sohn zur Zeit 125 kg, eine 32jährige Tochter 85 kg und auch ein 28jähriger Sohn soll außerordentlich fettleibig sein. Der vierte Sohn war schlank wie sein Vater und fiel im Kriege. Der Fettansatz bei der Tochter entspricht haargenau demjenigen unserer Patienten und auch die Mutter der Patientin soll die gleiche Verunstaltung der Beine gehabt haben. Die beiden fettleibigen Söhne zeigen diesen Verteilungstypus des Fettes nicht. Die Röntgenaufnahme der Sella bei der Tochter und dem einen Sohn ergab vollkommen normale Verhältnisse.

Daß die Fettsucht unserer Kranken hypophysären Ursprungs ist, läßt sich demnach keinesfalls beweisen, daß sie aber durch eine abnorme konstitutionelle Anlage zu Fettleibigkeit und zu einem ganz bestimmten Lokalisationstypus der subcutanen Fettmassen hervorgerufen ist, das läßt sich unter keinen Umständen bestreiten. Man kann auch durchaus nicht annehmen, daß die in der Familie sich forterbende Anomalie etwa gerade die Hypophyse betreffen würde, denn einerseits lassen sich bei den übrigen Familienmitgliedern auch nicht die geringsten Anhaltspunkte für eine Hypophysenaffektion ausfindig machen, andererseits würden wir bei einer Affektion der Hypophyse ganz andere klinische Zustandsbilder erwarten als bloß die stereotype Fettleibigkeit mit dem familiencharakteristischen Verteilungstypus. So bleibt denn nur übrig, die Hypophysenvergrößerung unserer Patientin entweder als bloßen Zufall oder aber, wie wir es tun, als Ausdruck einer Organminderwertigkeit anzusehen, die der krankhaften Anlage zur Fettsucht ihre Entstehung verdankt. Die Berechtigung zu dieser Auffassung schöpfen wir aus einer anderen ganz ähnlichen eigenen Beobachtung, sowie aus den schon oben erörterten analogen Verhältnissen und Beziehungen zwischen Erkrankungen von Hormonorganen und bestimmten krankhaften Anlagen der Entwicklung und des Wachstums.

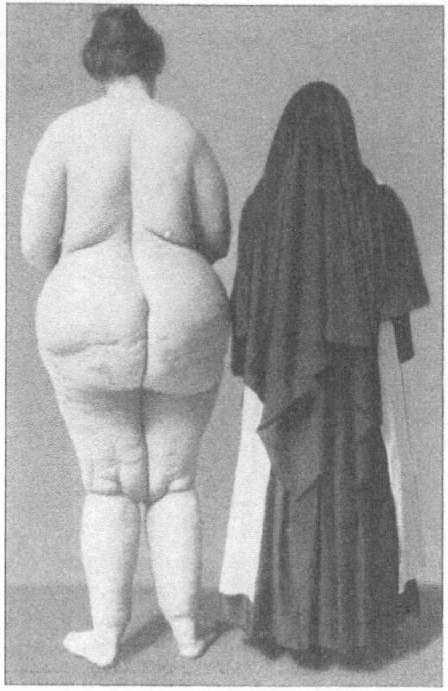

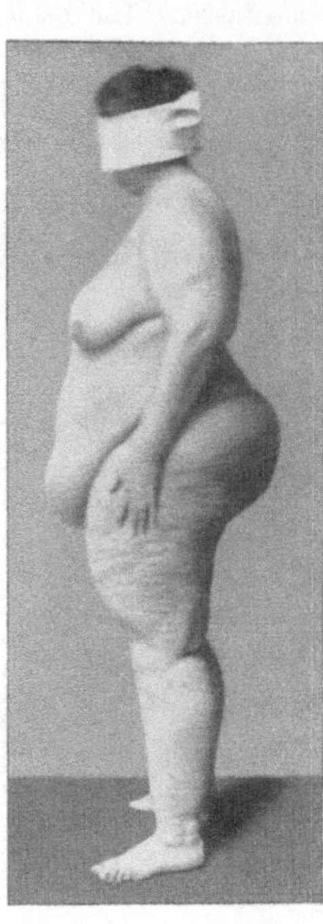

Abb. 55. Konstitutioneller Fett- und Hochwuchs. Rechts normalgroße Krankenschwester.

Abb. 56. Derselbe Fall wie Abb. 55.

Eine zweite Krankengeschichte, die hier gleichfalls nur in den Grundzügen wiedergegeben sei, betrifft eine 44jährige Offiziersgattin mit einem Körpergewicht von 164,50 kg und einer Körpergröße von 180,5 cm. Etwa normale Dimensionierung des Skelettes. Die Verteilung der mächtigen Fettmassen ist aus den Abb. 55—56 ersichtlich. Sehr schmale, zarte Hände mit dünnen zugespitzten Fingern. Von endokrinen Symptomen ist zu erwähnen eine leichte diffuse parenchymatöse Struma, die seit Jugend besteht. Menses seit dem 13. Jahr, stets unregelmäßig, in Intervallen von 6—8 Wochen, schwach und nur zwei Tage. Mit 25 Jahren eine Gravidität, die wegen Hyperemesis unterbrochen wurde. Äußeres Genitale hypoplastisch. Uterus klein, anteflektiert, etwa 8 cm lang. Ovarien nicht tastbar (Dozent Dr. Hofstätter). Crines pubis spärlich. Der seit dem 20. Lebensjahr bestehende, ziemlich reichliche blonde Bart an Oberlippe und Kinn, weniger an den Wangen wird einmal wöchentlich rasiert.

Der Röntgenbefund des Schädels (Prof. Kienböck) ergibt: Arterienfurchen vertieft, Türkensattel zu groß, Wandung sehr dünn, Clivus abnorm steil, Oberkieferhöhlen sehr groß, lufthältig. Augenbefund nach jeder Richtung hin normal. Grundumsatz um 11,7% gesteigert, spezifisch-dynamische Nahrungswirkung herabgesetzt und verzögert (Dozent Liebesny). Wasserversuch überschießend, unter Gewichtsverlust. Salzzulage wird deutlich retiniert, auf Salyrgan starke Salzdiurese mit Gewichtssturz. Blutdruck ständig 165 RR.

Warum ist diese 44 jährige Frau so groß und vor allem so enorm fettsüchtig? Endokrine Symptome sind bei ihr reichlich vorhanden, eine Alteration der Hypophyse gewiß möglich, ja wahrscheinlich. Ist sie die Ursache der eigenartigen Vegetationsstörung? Die abnorme Körpergröße entspricht durchaus nicht dem Typus eines hypophysären Riesenwuchses, von akromegaloiden Veränderungen ist keine Rede, im Gegenteil, die Akren sind sogar auffallend zart und schmächtig. Eine Dystrophie vom FRÖHLICHschen Typus findet man bei normal großen oder minderwüchsigen Menschen, bestenfalls kann sie sich als spätere Folgeerscheinung eines Hypophysentumors einstellen, der zuerst zu Hochwuchs oder Akromegalie geführt hat. Im vorliegenden Fall begann aber der ganz abnorme Fettansatz schon im Alter von 16—17 Jahren und nahm in den folgenden Jahren, insbesondere nach der Eheschließung mit 24 Jahren rasch zu. Ein Tumor des Hypophysenvorderlappens, der durch Überfunktion zuerst den Hochwuchs, später durch Funktionsausfall oder durch Druck auf die Hirnbasis die Fettsucht bedingt haben könnte, läßt sich hier schwerlich annehmen. Der hypophysäre Ursprung des Zustandes ist also schwer zu beweisen. Dagegen läßt sich mit Sicherheit feststellen, daß die Kranke abnorme Anlagen sowohl zu Hochwuchs als auch zu Fettwuchs geerbt hat. Die Mutter war ebenfalls groß, Mutters Vater seinerzeit der größte Mann der österr.-ungarischen Armee. Auch ein Bruder ist sehr groß. Die Mutter war aber auch fettleibig und eine Schwester der Mutter wog gleichfalls über 100 kg. Der Vater ist schlank und hat seit Jugend eine Struma.

Daß also Hochwuchs und Fettwuchs unserer Kranken durch diese beiden ererbten Anlagen bedingt sind, ist unbestreitbar, wie weit dagegen die Hormonorgane, insbesondere die Hypophyse an der phänotypischen Auswirkung dieser beiden Anlagen direkt mitbeteiligt sind, entzieht sich der rein klinischen Beurteilung und könnte nur vom pathologischen Anatomen genauer beantwortet werden.

Kürzlich konsultierte mich eine 61 jährige Dame (E. M.) wegen Fettleibigkeit. Ihr Gewicht beträgt seit einigen Jahren über 90 kg bei normaler Körpergröße. Die Frau hat drei Kinder geboren. Das Klimakterium war jedoch schon mit 39 Jahren eingetreten, was auf eine gewisse konstitutionelle Minderwertigkeit des Ovars hinweist. Nun zeigte sich, daß auch der Vater der Patientin 120 kg, die Mutter über 100 kg gewogen hatte und auch eine Schwester und ein Bruder sehr fettleibig sind. Die vorzeitige Klimax ist aber gleichfalls ein in der Familie wohlbekanntes Merkmal. Die Mutter hatte die Menstruation vor dem 40., die Schwester im 42. Jahr verloren, die Muttersmutter soll sogar schon mit 30 Jahren ins Klimakterium eingetreten sein. Nicht der Hypogenitalismus ist hier Ursache der Fettsucht, sondern Hypogenitalismus und Fettsucht sind koordinierte Erscheinungen einer abnormen Konstitution, abnormer Erbanlagen.

PEPPMÜLLER [1]) beobachtete einen Hypophysentumor bei einem 15 jährigen Knaben mit Dystrophia adiposogenitalis, Akromegalie und Diabetes insipidus. Die Mutter und zwei Schwestern des Vaters sollen über 2 Zentner gewogen haben.

Nun erscheinen uns auch die so außerordentlich widersprechenden Befunde und Anschauungen über die Genese der DERCUMschen Adiposis dolorosa in einem anderen Lichte. Nun können wir verstehen, warum bei diesem Zustand bald anatomische Veränderungen an der Schilddrüse, bald an der Hypophyse, den Keimdrüsen, Nebennieren oder im Nervensystem gefunden wurden [2]), warum die einen Autoren die DERCUMsche Krankheit auf eine primäre Störung der Schilddrüse [3]), die anderen auf eine solche der Hypophyse oder mehrerer

---

[1]) PEPPMÜLLER: Klin. Wochenschr. 1926. Nr. 24. S. 1110.

[2]) FALTA, W.: Die Erkrankungen der Blutdrüsen l. c. — WALDORP, C. P.: Endocrinology. Vol. 8, Nr. 1, p. 54. 1924. — PRICE, G. E. a. J. T. BIRD: Journ. of the Americ. med. assoc. Vol. 84, p. 247. 1925 (Bd. 40, S. 315). — WINKELMAN, N. W. a. J. L. ECKEL: Journ. of the Americ. med. assoc. Vol. 85, p. 1935. 1925 (Ref. Endocrinology. Vol. 10, Nr. 1, p. 69).

[3]) CURSCHMANN, H.: Med. Klinik. 1923. S. 929 (Bd. 32, S. 175).

Drüsen oder auf eine solche bestimmter nervöser Zentren zurückführen, die dritten schließlich jede endokrine Bedingtheit leugnen. Auch hier sind eben die endokrinen Anomalien nicht das Primäre, sondern sind eingeschaltet in den Wirkungskreis der primären abnormen Anlage zu dieser besonderen Form von pathologischem Fettansatz. Die Schmerzhaftigkeit der Fettmassen ist teils durch Veränderung der peripheren Nerven, meist aber wohl durch entzündliche Veränderungen des Fettgewebes selbst bedingt, wie dies FALTA in einem Falle feststellen konnte und auch ich es einmal in ausgesprochenster Weise gesehen habe.

Überblicken wir das Gesagte, so werden sich die therapeutischen Richtlinien für die Behandlung einer Fettsucht unschwer von selbst ergeben. Als erste therapeutische Maßnahme wird wohl unter allen Umständen die „Bilanztherapie" versucht werden müssen, d. h. die möglichste Beschränkung der Calorienzufuhr bei möglichster Steigerung der Energieausgabe durch Muskelarbeit. Führt dieser Versuch zu keinem befriedigenden Ergebnis, dann wird man je nach der Lage des Falles die Ofenflamme auf groß zu stellen, d. h. die Verbrennungsgröße zu steigern trachten und wird zu Maßnahmen greifen, welche der krankhaften Tendenz des Zellgewebes zur Assimilation entgegenwirken. Beides kann man mit einer Schilddrüsenbehandlung erreichen, insofern das Schilddrüsenhormon den Gesamtumsatz steigert und die Salz-Wasserbindung im Gewebe hemmt, deren Ausscheidung fördert. Die Lipophilie der Gewebe direkt zu beeinflussen, sind wir vorderhand nicht in der Lage. Ich habe daran gedacht, es mit einer Röntgenbestrahlung des Fettgewebes selbst zu versuchen, und werde solche Versuche aufnehmen. Die Schilddrüsentherapie der Fettsucht versagt jedoch gleichfalls gar nicht selten, und zwar offenbar aus dem Grunde, weil die Wirkungsschwelle für das Schilddrüsenhormon an verschiedenen Organen und bei verschiedenen Funktionen sehr verschieden ist. Wir können mit der Schilddrüsentherapie in vielen Fällen eine ausgesprochene Vergiftung mit beträchtlicher Tachykardie und allgemeiner nervöser Übererregbarkeit hervorrufen, ohne das Körpergewicht in nennenswertem Maße reduziert zu haben; Herz und Nervensystem sprechen hier eben auf den experimentell erzeugten Hyperthyreoidismus schon in übermäßiger und bedrohlicher Weise an, während die Stoffwechselbeschleunigung und Entwässerung entweder noch nicht in genügendem Ausmaß erfolgt ist oder durch entsprechende Adaptationsvorgänge im Organismus illusorisch gemacht wurde. Nicht selten gelingt es durch Kombination der Schilddrüsenbehandlung mit Proteinkörpertherapie, am besten in Form von Milchinjektionen (R. SCHMIDT, LORANT [1])), zufriedenstellende Resultate zu erzielen, wo keine der beiden für sich allein wirksam gewesen ist. Offenbar setzt die Proteinkörpertherapie gerade die gewünschte Wirkungsschwelle für das Schilddrüsenhormon herab. Für die Fälle mit erwiesener Salz-Wasserretention ist die Methode der Wahl die diätetische Einschränkung in bezug auf Flüssigkeiten und Salz, die hier viel wichtiger erscheint als die bloße Calorienreduktion in der Nahrung, ferner Schwitzprozeduren, vor allem aber die systematische Entwässerung und Entsalzung mittels Novasurol oder Salyrgan nach dem Vorschlage von ISAAC [2])

---

[1]) LORANT, ST.: Wien. Arch. f. inn. Med. Bd. 9. 1924.
[2]) ISAAC, S.: Würzburger Abhandl. a. d. Gesamtgeb. d. prakt. Med. Bd. 1, H. 6, S. 155. 1924 (Bd. 35, S. 47).

sowie insbesondere EPPINGER und KISCH [1]). Andere Organpräparate als solche der Schilddrüse sind nach meinen Erfahrungen für Entfettungskuren zwecklos, daher halte ich auch die Anwendung der verschiedenartigen „Hormonmischungen“, wie sie etwa im Lipolysin enthalten sind, zum mindesten für unnütz. Wo mit derartigen Präparaten Erfolge erzielt werden, dort beruhen sie auf dem Gehalt an Schilddrüsenhormon oder sie wären bei der gleichen sonstigen diätetischen und physikalischen Behandlung des Kranken auch ohne das Organpräparat erhalten worden.

Das Gegenstück der Fettleibigkeit ist die Magerkeit, die, gelegentlich in der Form einer konstitutionellen Magersucht auftretend, sich allen Mästungsversuchen gegenüber refraktär verhält. Daß auch hier innersekretorische Anomalien eine Rolle spielen, wird schon durch die Tatsache nahegelegt, daß typische Erkrankungen einzelner Hormonorgane zu gelegentlich extremster Abmagerung zu führen pflegen. Wir erinnern uns an den Basedow, an die hypophysär-nervöse Kachexie, an den Morbus Addisonii, manche Fälle von schwerem Diabetes mellitus und an die pluriglanduläre Kachexie. Wir haben auch schon früher die Vermutung ausgesprochen, daß manche Formen der Kachexie, wie Tumorkachexie, luetische Kachexie, die marantische Tabes, die Malariakachexie [2]) durch eine Funktionsstörung inkretorischer Drüsen vermittelt werden dürften. Dasselbe mag vielleicht für die Röntgenkachexie gelten [3]). Eine Gruppe der konstitutionell Magersüchtigen läßt unzweifelhafte Zeichen ihrer hyperthyreoiden Einstellung erkennen. Dennoch bleibt es unklar, warum selbst bei erhöhtem Energieumsatz der Regulationsmechanismus von Energiezufuhr und Energieabgabe dem erhöhten Bedarf nicht Rechnung trägt und sich auch künstlich nicht in dem erwünschten Ausmaße zu einer Kompensation zwingen läßt. Auch hier müssen wir daran denken, daß der erhöhte Grundumsatz vielleicht nicht immer Ursache der Magersucht zu sein braucht, sondern sich auch als Folge einer abnorm geringen Speicherungsfähigkeit der Gewebe mit konsekutiver Vermehrung der Oxydationen einstellen könnte.

Es gibt aber fraglos auch konstitutionell Magersüchtige, die normal essen, normal verdauen, normale Muskelarbeit verrichten und deren Grundumsatz nicht erhöht ist, so wenig wie andere Symptome einer gesteigerten Schilddrüsentätigkeit bei ihnen nachweisbar sind. Diese ihrem Habitus nach fast immer zur STILLERschen Asthenie, mitunter auch zur Gruppe der minderwüchsigen generellen Kümmerer zählenden Individuen lassen klinische Zeichen einer ursächlichen endokrinen Störung regelmäßig vermissen. Offenkundig ist ihre Lipophilie, die Speicherungsfähigkeit für Nährmaterial in Form von Depotfett abnorm gering (BRUGSCH). Wieweit diese von endokrinen Einflüssen beherrscht wird, wurde ja oben erörtert.

Ein anscheinend sehr bedeutsamer Mechanismus, dessen sich die Therapie solcher Zustände mit Erfolg bedienen kann, wurde in jüngster Zeit von FALTA [4]) aufgedeckt. FALTA konnte nämlich zeigen — und seither wurde es allgemein bestätigt —, daß man solche Menschen, die jedem Mästungsversuch hartnäckigen

---

[1]) EPPINGER, H. u. F. KISCH: Wien. klin. Wochenschr. 1925. Nr. 11. S. 299.

[2]) Vgl. SEYFARTH, C.: Arch. f. Schiffs- u. Tropenhyg. Bd. 28, S. 289. 1924 (Bd. 37, S. 225).

[3]) Vgl. HIRSCH, H.: Med. Klinik. 1923. S. 344 (Bd. 28, S. 369).

[4]) FALTA, W.: Wien. klin. Wochenschr. 1925. S. 757 (Bd. 41, S. 312) u. 1926, Sonderbeil. zu H. 13.

Widerstand entgegensetzen, durch Insulininjektionen zu einer gelegentlich sogar recht ansehnlichen Gewichtszunahme bringen kann. Es hat den Anschein, daß es sich dabei nicht immer um bloße Turgorzunahme durch Wasserretention, sondern oft um echten Stoffansatz handelt. Offenbar zwingt das Insulin die Zellen, mehr Zucker aus dem vorbeiströmenden Blut als sonst zu assimilieren; gleichzeitig ist der Abbau des Leberglykogens gehemmt und, wie FALTA annimmt, führt die Abwanderung der abgebauten Nährstoffe aus dem Blute zu einer beschleunigten Resorption aus dem Darme, ein Vorgang, der ja von H. MAUTNER auch im Tierexperiment festgestellt werden konnte. All das soll zu einer Steigerung des Nahrungsbedürfnisses und damit zu Gewichtszunahme führen. Es ist keine Frage, daß man in gewissen Fällen von Magerkeit tatsächlich mit Insulin befriedigende Erfolge erzielen kann, es wäre aber natürlich ein Kurzschluß annehmen zu wollen, daß diese Leute deshalb so mager sind, weil sie zu wenig Insulin produzieren. Der pharmakodynamische Effekt berechtigt auch hier nicht zu einer pathogenetischen Schlußfolgerung. Hypinsulinismus führt zu Hyperglykämie und Diabetes, nicht zu Magersucht.

Erkrankungen der blutbildenden Organe.

Daß die Zahl der roten Blutkörperchen und der Hämoglobingehalt des Blutes sich bei einem gesunden, normalen Menschen konstant erhält, obwohl doch die Lebensdauer der roten Blutkörperchen mit etwa 3—4 Wochen beschränkt ist, daß also ständig gerade so viele Erythrocyten aus dem Knochenmark nachgeliefert werden als zugrunde gehen, daß schließlich auch nach größeren akuten oder chronischen Blutverlusten das normale Knochenmark genau das Defizit zu decken befähigt ist, erfordert einen äußerst präzisen Regulationsmechanismus, über dessen Natur wir noch höchst unvollkommene Vorstellungen besitzen. Wenngleich das vegetative Nervensystem auch bei dieser Korrelationsvermittlung zwischen den Stätten des Blutunterganges und der Blutbildung eine Rolle spielen mag — neuere Untersuchungen haben ja gezeigt, daß auch das Knochenmark mit vegetativen Nerven versorgt wird —, so ist doch an der Existenz hormonaler Beziehungen auf Grund des vorliegenden Tatsachenmaterials gar nicht zu zweifeln. Zunächst einmal konnten CARNOT und DEFLANDRE [1]) zeigen, daß im Blutserum von Tieren, die durch eine Blutentziehung anämisch gemacht wurden und sich im Zustande voller Blutregeneration befinden, Reizstoffe enthalten sind, die, anderen Tieren injiziert, bei diesen eine rapide und beträchtliche Erythrocytenvermehrung auslösen. Sie nannten diese Reizstoffe für den erythroblastischen Apparat Hämatopoietine und fanden sie außer im Blute vor allem auch noch im Knochenmark. Ob dieses die Hämatopoietine bildet, wie CARNOT annahm, oder ob es sie nur als ihr Erfolgsorgan aus dem Blute aufnimmt und speichert, ist nicht entschieden. Auf Grund der CARNOTschen Feststellungen ist es gewiß berechtigt anzunehmen, daß auch unter normalen Verhältnissen die Blutbildung dem Einfluß eines im Blute zirkulierenden stimulierenden Hormons unterliegt [2]). Darauf beruht ja auch die vielfache Anwendung von Extrakten und Präparaten aus dem

---

[1]) CARNOT, P. et MLLE. DEFLANDRE: Cpt. rend. hebdom. des séances de l'acad. des sciences. Tom. 1. 1906.

[2]) PERRIN, M.: Les sécrétions internes leur influence sur le sang. Paris: Baillière 1910.

Knochenmark zur Behandlung von Anämien. Indessen ist zu betonen, daß die anregende Wirkung der Knochenmarkspräparate auf die Blutregeneration bei perniziöser Anämie ausbleibt und daß sie in anderen Fällen außer mit Knochenmark auch mit Milzsubstanz zu erzielen ist [1]). Zum Teil mag wohl auch die therapeutische Wirkung transfundierten Blutes bei Anämie auf die Hämatopoietine bezogen werden. Die Ergebnisse CARNOT und DEFLANDRES haben zwar keine allgemeine Bestätigung gefunden [2]), nach neueren umfangreichen Untersuchungen sehr maßgebender Forscher ist aber an der Existenz normaler Hämatopoietine nicht zu zweifeln.

A. LOEWY konnte nämlich solche, die Blutregeneration anregende Stoffe auch im Blute von Kaninchen nachweisen, welche zwei Tage lang unter vermindertem atmosphärischem Druck gehalten wurden, und ASHER konnte mit NAKAO [3]) diesen Befund bestätigen. Nun ist es außerordentlich bemerkenswert, daß nach Exstirpation der Schilddrüse weder Hämatopoietine nach Aderlaß oder bei Unterdruck im Blute auftreten, noch auch eine Wirkung zugeführter fremder Hämatopoietine zu beobachten ist [3]) [4]). Nach ASHER fehlt die Reaktionsfähigkeit auf Hämatopoietine auch nach Exstirpation des Thymus. Schilddrüse und Thymus fördern aber auch die leukoblastische Tätigkeit des Knochenmarks, denn nach Exstirpation dieser Drüsen fehlt sowohl die Leukocytose als auch das charakteristische histologische Reaktionsbild des Knochenmarks, wie es nach einer Injektion von Natrium nucleinicum sonst zu sehen ist. Entfernung der Milz wirkt dagegen gerade entgegengesetzt, sie steigert die Wirkung des nucleinsauren Natriums; wird sie mit einer Schilddrüsen- oder Thymusexstirpation kombiniert, so bleibt die Reaktionsfähigkeit gegenüber dem nucleinsauren Natrium erhalten. Die Milz wirkt also auf hormonalem Wege hemmend auf das Knochenmark, eine Anschauung, die ja auf Grund ganz anderer Erwägungen schon längst in der Klinik Platz gefunden hat (H. HIRSCHFELD). Daß die Milz teilweise wenigstens zum Kreis der Hormonorgane gehört, mag auch aus ihrer gelegentlichen Beteiligung an einer pluriglandulären Atrophie hervorgehen [5]).

Daß die Ovarien in irgendeiner Weise in den Mechanismus der Blutbildung eingreifen dürften, schon um den allmonatlichen menstruellen Blutverlust schnell und vollständig ersetzen zu helfen, wurde schon durch die Beobachtung der Chlorose nahe gelegt (v. NOORDEN). Nun wurde diese Annahme auch im Tierversuch bestätigt. Die Regeneration des Blutes nach einem Blutverlust erfolgt bei ovariumlosen Tieren verlangsamt, ebenso ist die posthämorrhagische, polynucleäre Leukocytose viel weniger ausgesprochen. Schilddrüsenlose

---

[1]) Vgl. WAGNER V. JAUREGG u. G. BAYER: Lehrbuch der Organotherapie. Leipzig: G. Thieme 1914. — SHAPIRO, S. a. F. H. FRANKEL: Endocrinology. Vol. 9, Nr. 6, p. 472. 1925.

[2]) LEFFKOWITZ, M. u. AL. LEFFKOWITZ: Zeitschr. f. d. ges. exp. Med. Bd. 48, S. 276. 1925 (Bd. 42, S. 340).

[3]) ASHER, L. u. H. NAKAO: Biochem. Zeitschr. Bd. 166, S. 337 u. 350. 1925 (Bd. 42, S. 549). — ASHER, L.: Med. Klinik. 1925. S. 1905.

[4]) MANSFELD, G. u. V. ORBÁN: Arch. f. exp. Pathol. u. Pharmakol. Bd. 97, S. 285. 1923 (Bd. 30, S. 510).

[5]) SCHILLING, V.: Klin. Wochenschr. 1924. S. 1960 (Bd. 38, S. 536). — Die Angaben über Veränderungen des Thymus nach Milzexstirpation sind widersprechend. Vgl. MARINE, D., O. T. MANLEY a. E. J. BAUMANN: Journ. of exp. med. Vol. 40, p. 429. 1924 (Bd. 39, S. 316). — GIUNTA, A.: Policlinico, sez. chir. Vol. 31, p. 82. 1924 (Bd. 34, S. 152).

·Tiere sind übrigens in beiden Beziehungen noch torpider als die ovariumlosen [1]). Kastrierte Kaninchen sollen auch einen geringeren Hämoglobingehalt und relative Lymphocytose aufweisen. WASTL fand überdies eine Erhöhung der Senkungsgeschwindigkeit der Erythrocyten [2]). Ein Einfluß der weiblichen Keimdrüsen auf die Blutbildung wird vor allem auch durch die zyklischen menstruellen Schwankungen des Blutbildes der normalen geschlechtsreifen Frau erwiesen, die nicht Folge des Blutverlustes sein können. Es kommt nämlich in den letzten Tagen vor der Menstruation rasch zu einem Anstieg der Erythrocyten, der Neutrophilen und Monocyten, die nach Ablauf der Menstruation wieder zur Norm zurückkehren. Eventuell kommt es am Ende der Menstruation noch zu einem zweiten geringen Anstieg [3]). Dort wo der menstruelle Zyklus gestört oder nicht mehr vorhanden ist, sowie bei Männern finden sich diese Erythrocytenschwankungen nicht, es handelt sich also jedenfalls um eine ovariell ausgelöste Erscheinung. Auch die Blutplättchen beteiligen sich an dem menstruellen Zyklus, doch ist es fraglich, ob es sich hier um eine unmittelbare Beeinflussung der Plättchen durch das Ovarialhormon oder bloß um Folgeerscheinungen der Blutung handelt. Übrigens sind auch die diesbezüglichen Angaben noch widersprechend. Einzelne Autoren beschreiben einen beträchtlichen Abfall der Plättchen mit Auftreten von Riesenplättchen zu Beginn der Menstruation [4]). Während dieser Zeit soll sich mit der am Oberarm angelegten Stauungsbinde eine physiologische, latente hämorrhagische Diathese nachweisen lassen, indem kleine Hautblutungen in der Ellenbeuge auftreten. Andere finden ein Ansteigen der Thrombocyten schon am ersten Tage der Blutung, insbesondere aber, in Übereinstimmung mit den übrigen Autoren, gegen Ende der Menstruation [5]).

Was den Einfluß der übrigen Hormonorgane auf die blutbildenden Apparate anlangt, so wäre die gerinnungsfördernde Wirkung des Hypophysenhinterlappenextraktes und die entgegengesetzte Wirkung des Vorderlappenextraktes zu erwähnen [6]). Man hat diesen Effekt auch zur Behandlung der Hämophilie mit Erfolg herangezogen [7]). Übrigens habe ich bei einem Falle von Hämophilie auch mit Thyreoidinbehandlung eine ganz erstaunliche Hebung des exzessiv herabgesetzten Blutgerinnungsvermögens erzielt [8]). Das Adrenalin greift gleichfalls in die Gerinnungsverhältnisse des Blutes ein [9]). Von seinen unmittelbaren

<hr>

[1]) ASHER, L. u. K. FURUYA: Biochem. Zeitschr. Bd. 147, S. 390. 1924 (Bd. 37, S. 450). — FALKENHAUSEN, M. v.: Arch. f. exp. Pathol. u. Pharmakol. Bd. 103, S. 127. 1924 (Bd. 37, S. 301).

[2]) WASTL, H.: Pflügers Arch. f. d. ges. Physiol. Bd. 200, S. 655. 1923 (Bd. 34, S. 158).

[3]) HOLLER, G., H. MELICHER u. N. REITER: Zeitschr. f. klin. Med. Bd. 100, S. 564. 1924 (Bd. 37, S. 133). — SAHLER, J.: Wien. klin. Wochenschr. 1924. S. 669 (Bd. 38, S. 539).

[4]) PFEIFFER, R. u. HOFF: Zentralbl. f. Gynäkol. Bd. 46, S. 1765. 1922 (Bd. 28, S. 179). — HENNING, N.: Dtsch. med. Wochenschr. 1924. S. 1078 (Bd. 37, S. 302).

[5]) HOLLER, MELICHER u. REITER: l. c. — HIRSCH u. HARTMANN: Klin. Wochenschr. 1925. S. 329.

[6]) WEIL, P. E. et BOYÉ: Cpt. rend. des séances de la soc. de biol. 1909. 23. Okt. — HANNS, A., M. STÉFANOWITCH et V. ARNOVLJEVITCH: Presse méd. Tom. 31, p. 302. 1923 (Bd. 28, S. 440). — LA BARRE, J.: Cpt. rend. des séances de la soc. de biol. Tom. 91, p. 601. 1924 (Bd. 38, S. 234).

[7]) NEUMANN, H.: Med. Klinik. 1923. S. 115 (Bd. 29, S. 172).

[8]) BAUER, J. u. M. BAUER-JOKL: Zeitschr. f. klin. Med. Bd. 79, S. 13. 1913.

[9]) CANNON, W. B. a. H. GRAY: Americ. journ. of physiol. Vol. 34, p. 232. 1914 (Bd. 11, S. 188).

Wirkungen auf das morphologische Blutbild war ja in einem früheren Kapitel schon die Rede. Hier handelt es sich allerdings zum größten Teil nicht um eine Beeinflussung der Blutbildung als vielmehr um eine solche der Ausschwemmung zelliger Elemente aus den Bildungsstätten und um eine Änderung ihrer Verteilung. Dasselbe wäre anzunehmen für die von H. Zondek [1]) beschriebene, schon eine viertel bis eine halbe Stunde nach peroraler Einnahme von 0,1 Thyreoidin auftretende Erythrocytenvermehrung, in manchen Fällen auch Erythrocytenverminderung im peripheren Blute. Ebenso rasch soll das Thyreoidin oder 1 g getrocknete Thymussubstanz eine relative Zunahme der neutrophilen polynucleären Leukocyten und relative Abnahme der Lymphocyten herbeiführen. Ich habe mich von der Zondekschen Angabe bezüglich der Erythrocyten nicht überzeugen können und führe sie um so eher auf Fehler bei der Zählung zurück, als, wie gesagt, Veränderungen nach beiden Richtungen vorkommen sollen und als nach Zondek und Köhler selbst bei Vermehrung der Erythrocyten um $^1/_2$—2 Millionen der Hämoglobingehalt des Blutes nicht dementsprechend steigen soll, während Unverricht [2]) auch eine entsprechende Zunahme des Blutfarbstoffes gefunden haben will [3]).

Auf Grund aller vorliegenden Untersuchungen dürfen wir jedenfalls annehmen, daß Schilddrüse sowohl als Ovarium die Funktion des blutbildenden Apparates auf hormonalem Wege anregen, und es ist wahrscheinlich, daß auch andere Hormonorgane nicht ohne Einfluß auf die Blutbildung sind, wenn wir uns erinnern, daß nicht nur beim Myxödem, sondern auch bei der Dystrophia adiposogenitalis und beim Morbus Addisonii eine Anämie nicht selten vorkommt. Allerdings, konstant ist sie nicht, aber selbst die zweifellosen Beziehungen zwischen gestörter Ovarialfunktion und Chlorose gestatten keineswegs den Schluß, als wäre die Störung der Blutbildung einfach die Folge mangelhafter hormonaler Anregung von seiten der Ovarien. Gibt es doch einerseits genug Fälle mit mangelhafter Ovarialfunktion, die keinen chlorotischen Blutbefund aufweisen, und andererseits, wenn auch selten, Fälle von Chlorose bei Männern. Das Prinzip der mehrfachen Sicherungen tritt also auch hier wieder klar zutage und ohne eine gewisse konstitutionelle Minderwertigkeit des Blutbildungsapparates selbst vermag offenbar auch ein Mangel an dem physiologischen Stimulans des Ovarialhormons keine Chlorose hervorzurufen [4]).

Von diesem Prinzip der mehrfachen Sicherungen aus sind auch die Beziehungen zwischen perniziöser Anämie und inkretorischem System aufzufassen. Mendershausen [5]) beschreibt fast regelmäßig bei perniziöser Anämie vorkommende atrophische Schilddrüsenveränderungen und läßt es offen, ob hier eine der Grundkrankheit koordinierte Erscheinung vorliegt oder ob die gestörte Schilddrüsenfunktion die Entstehung der perniziösen Anämie begünstigt. Wichtig ist dabei,

---

[1]) Zondek, H. u. G. Köhler: Klin. Wochenschr. 1926. Nr. 20, S. 876. — Bose, P.: Klin. Wochenschr. 1924. S. 1357 (Bd. 37, S. 186).

[2]) Unverricht: Klin. Wochenschr. 1923. S. 166 (Bd. 27, S. 269).

[3]) Wer sich die Mühe nimmt, die Tabelle auf S. 878, 2. Spalte der Publikation von Zondek und Köhler durchzusehen und die Schwankungen im Hämoglobin- und im Erythrocytengehalt des Blutes zu vergleichen, wird die Berechtigung unserer Skepsis ohne weiteres verstehen.

[4]) Vgl. Bauer, J.: Konstitutionelle Disposition. l. c., ferner Beutler, A.: Folia haematol. Vol. 29, p. 121. 1923 (Bd. 31, S. 321.)

[5]) Mendershausen, A.: Klin. Wochenschr. 1925. S. 2105 (Bd. 42, S. 290).

daß an den anderen Hormonorganen der untersuchten 13 Fälle kein sicherer pathologischer Befund erhoben werden konnte. KERPPOLA [1]) beobachtete zwei Fälle von Morbus Basedowi, bei welchen sich nach therapeutischer Reduktion der Thyreoidea (Operation, bzw. Röntgen) eine perniziöse Anämie entwickelte, und denkt gleichfalls daran, daß in manchen Fällen eine Unterfunktion der Schilddrüse eine ätiologische Rolle spielen könnte. Schließlich ist noch zu erwähnen, daß verschiedenartige Anämien, die sich einer Arsenmedikation gegenüber refraktär verhalten, eine deutliche Besserung zeigen sollen, wenn ihnen gleichzeitig Thyreoidin in kleinen Dosen zugeführt wird [2]). Und doch konnte ich einmal eine 49jährige Frau an einer Anaemia perniciosa zugrunde gehen sehen, die seit Jahren an einem Basedow litt und auch noch auf der Höhe ihres tödlichen Leidens ausgesprochene hyperthyreoide Erscheinungen, wie 152 Pulse und Tremor bei leichter Vergrößerung der Schilddrüse aufwies. Also höchstens ein in manchen Fällen begünstigendes Moment kann eine insuffiziente Schilddrüsenfunktion darstellen, davon aber, daß sie regelmäßig an der Pathogenese der perniziösen Anämie beteiligt sein sollte, kann wohl keine Rede sein [3]). Vollends in der Luft schwebt die STEPHANsche Theorie, nach der die Nebennierenrinde Mittel- und Ausgangspunkt der perniziösen Anämie darstellen soll [4]).

Bei der Erythrämie (Polycythaemia rubra) können gleichfalls hormonale Einflüsse von Belang sein. In erster Linie ist es hier die Milz, deren funktionelle Minderleistung eine physiologische hormonale Hemmung für das Knochenmark beseitigt (BANTI, HIRSCHFELD). Hat man doch sogar nach einer Milzexstirpation wegen traumatischer Ruptur eine schwere Erythrämie entstehen gesehen [5]). Noch seltener als dieses Vorkommnis dürfte es sein, daß sich im Symptomenkomplex eines Luteinzellentumors des Ovars neben Amenorrhöe, mächtiger Hypertrichosis des ganzen Körpers und allgemeiner Vermännlichung des Habitus eine richtige Erythrämie einstellt, welche mit diesen Erscheinungen nach Exstirpation des Tumors wieder verschwindet [6]). In allen derartigen Ausnahmefällen kann es sich immer nur um eine auslösende Wirkung der Hormonanomalie handeln, die Hauptbedingung bleibt eine besondere, von der Norm durchaus abweichende Ansprechbarkeit und Reaktionsweise des erythroblastischen Apparates.

Die Leukämie auf innersekretorische Störungen beziehen zu wollen, wie das ja auch schon geschehen ist, erscheint ganz und gar als Produkt einer lebhaften Phantasie. Hingegen läßt sich wohl nicht bestreiten, daß es Fälle von hämorrhagischer Diathese mit Thrombopenie bei weiblichen Individuen gibt, die durch Röntgenkastration auffallend gebessert werden, was jedenfalls für eine bedeutsame Rolle der Ovarien in der Pathogenese dieser Purpurafälle spricht (NAGY [7])).

---

[1]) KERPPOLA, W.: Finska läkaresällskapets handlingar. Bd. 65, S. 330. 1923 (Bd. 30, S. 203).

[2]) UNVERRICHT: l. c. — WOLLENBERG, H. W.: Med. Klinik. 1923. S. 579 (Bd. 29, S. 107).

[3]) Vgl. auch CURSCHMANN, H. u. FR. BACHMANN: Dtsch. Arch. f. klin. Med. 1926. Bd. 152, S. 280 (Bd. 45, 403).

[4]) STEPHAN, R.: Münch. med. Wochenschr. 1925. S. 628 (Bd. 40, S. 554). Schon die negativen autoptischen Befunde von MENDERSHAUSEN, ferner die bei allerschwerster Anämie von BEUTLER gefundene Rindenhyperplasie der Nebenniere sprechen gegen STEPHAN.

[5]) BRIEGER, H. u. J. FORSCHBACH: Klin. Wochenschr. 1922. S. 845.

[6]) BINGEL, A.: Dtsch. med. Wochenschr. 1924. Nr. 11, S. 330.

[7]) NAGY, G.: Zeitschr. f. klin. Med. Bd. 100, S. 630. 1924 (Bd. 37, S. 303) u. Bd. 102, S. 284. 1925 (Bd. 42, S. 292).

Schließlich sei in diesem Zusammenhang noch vermerkt, daß sich bei in·
kretorischen Anomalien verschiedener Art gelegentlich eine leichte Erythrocytenvermehrung, vor allem aber häufig das von mir sog. degenerative weiße
Blutbild vorfindet. Letzteres besteht in einer Verminderung der polynucleären
Leukocyten bei gleichzeitiger relativer oder absoluter Vermehrung der Lymphocyten, eventuell der Monocyten. Die absolute Zahl der Leukocyten kann gegenüber der Norm vermindert, in einzelnen Fällen allerdings auch nicht unerheblich
vermehrt sein [1]. Auch Eosinophilie ist bei innersekretorischen Störungen
nicht selten. In allen derartigen Fällen handelt es sich um abnorme Blutbilder,
die entweder schon von Haus aus, also vor Einsetzen der inkretorischen Störung
vorhanden waren oder durch diese Störung erst manifest geworden sind, die aber
stets eine besondere, aus der Art schlagende, d. h. eben degenerative Beschaffenheit und Reaktionsfähigkeit der Blutbildungsapparate zur Voraussetzung haben. Demzufolge ist es auch keineswegs eine bestimmte Form einer
inkretorischen Störung, vor allem weder eine Anomalie der Thymusfunktion
noch eine solche der Schilddrüse, sondern es sind die mannigfaltigsten Arten
hormonaler Erkrankungen und Dysharmonien, welche der Konstitutionsanomalie des hämatopoëtischen Systems beigeordnet, deren klinische Manifestation veranlassen können.

Erkrankungen der Knochen und Gelenke.

Das Skelett ist das weitaus überragende Erfolgsorgan des Wachstumstriebes
und, wo Anomalien dieser Funktion vorliegen, dort erkennen wir sie in erster
Linie am Verhalten des Skelettes. Wir haben schon früher erfahren, daß Schilddrüse, Hypophysenvorderlappen, Keimdrüsen, wahrscheinlich auch Thymus
und Nebennierenrinde das Wachstum und damit die Skelettformation beeinflussen,
wir haben ferner gehört, daß sich nach experimenteller Entfernung der Epithelkörperchen und des Thymus qualitative Störungen des Knochenaufbaues
einstellen, die histologisch durchaus dem Bilde entsprechen, welches wir in der
menschlichen Pathologie bei der Rachitis und Osteomalacie beobachten: Das
neugebildete Knochengewebe — und es findet bekanntlich das ganze Leben
hindurch ein Umbau mit Resorption und Neubildung von Knochengewebe
statt — bleibt unverkalkt oder verkalkt nur mangelhaft. Es ist klar, daß man
angesichts dieser Tatsachen zur Aufklärung der vielfach höchst unklaren Ätiologie
und Pathogenese der verschiedenartigsten Erkrankungen des Skelettsystems
auf die innersekretorischen Organe rekurriert hat, zum Teil gewiß mit vollstem
Recht, zum Teil aber auch ohne eine genügende reelle Basis und unter Verkennung des Prinzips der mehrfachen Sicherungen und der darin enthaltenen
Beachtung der weitgehenden autochthonen Selbständigkeit des Skelettsystems,
sowie unter Außerachtlassung konstitutionspathologischer Tatsachen und
Gesetzmäßigkeiten.

Über die Chondrodystrophie. haben wir oben das Nötige gesagt. Die
genuine abnorme Knochenbrüchigkeit, die sog. Osteopsathyrosis idio-
pathica, welche entweder schon bei der Geburt vorhanden sein (sog. Osteo-
genesis imperfecta) oder erst später manifest werden kann, beruht auf einer
mangelhaften Knochenapposition, einer Unfähigkeit der periostalen Zellen,

---

[1] BAUER, J.: Konstitutionelle Disposition. l. c.; vgl. auch ZONDEK und KÖHLER: l. c.

genügend Knochengrundsubstanz zu bilden. Daß es sich um einen konstitutionellen Zustand handelt, beweisen die nicht so seltenen heredofamiliären Fälle von Osteopsathyrose. Die Konstitutionsanomalie betrifft hier das osteoblastische Periostgewebe. Anhaltspunkte dafür, daß primäre inkretorische Anomalien diese Insuffizienz des Periostes bedingen würden, liegen nicht vor, denn auch die mehrfach bei der Osteopsathyrose beobachteten, verschiedenartigen innersekretorischen Störungen (Thymusatrophie, Pubertas praecox, Hypophysensarkom, Fettsucht und Diabetes, anatomische Veränderungen an der Hypophyse, dem Nebennierenmark, den Hoden [1])) können schon ihrer Mannigfaltigkeit und vor allem ihrer Inkonstanz wegen nicht als ursächliche Faktoren angesprochen werden und sind viel eher Ausdruck einer nicht nur die Skelettanlage allein, sondern auch andere Teile des Organismus betreffenden Konstitutionsanomalie, eines Status degenerativus. Finden wir doch auch bei den sicher endokrin bedingten Störungen des Skelettes, beim infantilen Hypothyreoidismus und Hypopituitarismus nicht das charakteristische Bild der idiopathischen abnormen Knochenbrüchigkeit.

Es gibt aber auch eine andere, erworbene Form abnormer Knochenbrüchigkeit, die sog. Osteoporose, eine Atrophie der Knochensubstanz mit Rarefikation der Spongiosa und Verdünnung der Corticalis, wie sie im Tierversuch vor allem durch mangelhafte Kalkzufuhr in der Nahrung experimentell erzeugt werden kann [2]). Die Knochenveränderungen des Seniums, sowie auch die in den letzten Kriegsjahren bei uns so häufig gewesene Hungerosteopathie gehören hierher. Verbiegungen der atrophischen Knochen durch die mechanische Belastung, Spontanfrakturen, Schmerzhaftigkeit bei Bewegung und Druck sind neben dem charakteristischen Röntgenbild die klinischen Kennzeichen dieses Zustandes. Wie weit da neben mangelhafter Knochenanbildung auch vermehrte Knochenresorption in den physiologischen Umbau im Sinne einer konsekutiven Atrophie des Knochens eingreift, ist noch Gegenstand wissenschaftlicher Erforschung [3]). Es ist nun zweifellos, daß Erkrankungen des innersekretorischen Systems, und zwar speziell solche der Hypophyse und pluriglanduläre Atrophien zu einer gelegentlich sogar im Vordergrund des klinischen Zustandsbildes stehenden, schweren Osteoporose führen können [4]). Ich selbst habe zwei derartige Fälle bei pluriglandulären Krankheitszuständen gesehen. Wir müssen also annehmen, daß der physiologische Umbau des Knochens mit seiner unglaublich präzisen gegenseitigen Anpassung von Apposition und Resorption bis zu einem gewissen Grade auch einer hormonalen Regulation untersteht, an der die Hypophyse wohl hauptsächlich beteiligt ist. Das von SCHÜLLER beschriebene und später auch von anderen Autoren (CHRISTIAN, HAND u. a.) bei Kindern beobachtete Syndrom — Defekte der platten Schädelknochen, Exophthalmus, Diabetes insipidus, evtl. FRÖHLICHsche Dystrophie und Erweiterung der Sella turcica

---

[1]) Literatur bei BAUER, J.: Konstitutionelle Disposition. l. c. 3. Aufl., S. 329.

[2]) Vgl. BAUER, J.: Wien. med. Wochenschr. 1922. Nr. 34/35, S. 1426.

[3]) POMMER, G.: Arch. f. klin. Chirurg. Bd. 136, S. 1. 1925.

[4]) LANDSTEINER, K. u. A. EDELMANN: Frankfurt. Zeitschr. f. Pathol. Bd. 24, S. 339. 1920. — MOOSER, H.: Virchows Arch. f. pathol. Anat. u. Physiol. Bd. 229, S. 247. 1920 (Bd. 16, S. 337). — HOCHSTETTER, F.: Med. Klinik. 1922. Nr. 21, S. 647 u. VEIT, B.: Frankf. Zeitschr. f. Pathol. Bd. 28, S. 1. 1922. — ZONDEK, H.: Dtsch. med. Wochenschr. 1923. Nr. 11. — REICHMANN, V.: Dtsch. Arch. f. klin. Med. Bd. 130, S. 133. 1919. — RAAB, W.: Wien. Arch. f. inn. Med. Bd. 7, S. 457. 1924.

— scheint mir genetisch noch nicht genügend aufgeklärt zu sein, um hier mit SCHÜLLER eine hypophysäre Ossificationsstörung anzunehmen. Die Rolle der Hypophyse und die kausalen Zusammenhänge sind hier noch umstritten[1]).

Leichtere Grade von Osteoporose kommen meiner Erfahrung nach bei Akromegalie und anderen Hypophysentumoren nicht selten vor und es ist mir sehr wahrscheinlich, daß die rheumatoiden Schmerzen vieler solcher Kranken auf derartige Knochenanomalien zurückzuführen sind.

Wenn nun der harmonische An- und Abbau des Knochengewebes, ähnlich wie Blutzerfall und Blutneubildung, von den Hormonorganen reguliert wird und Störungen dieser Harmonie im Sinne eines Überwiegens der Abbauvorgänge mit konsekutiver Osteoporose durch Erkrankung inkretorischer Organe ausgelöst sein können, dann wäre es immerhin denkbar, daß auch das Gegenstück der Osteoporose, gegenüber dem Abbau vermehrter Anbau, inkretorischen Ursprungs sein könnte. Wieweit demnach in den seltenen Fällen von Osteosklerose (sog. Marmorknochen[2])), insbesondere aber auch in den mit Hyperostosen einhergehenden Fällen von Ostitis deformans PAGET[3]) und den durch Zwischenformen mit dieser verbundenen RECKLINGHAUSENschen Ostitis fibrosa cystica[4]) innersekretorische Anomalien mitspielen können, sei dahingestellt. Weitgehende Besserung einer PAGETschen Ostitis hat man ebenso nach operativer Entfernung eines Epithelkörperchentumors (F. MANDL[5])) wie nach Verabreichung von Parathyrin beschrieben[6]). Aber schon die häufige Beschränkung des krankhaften Knochenprozesses auf eine bestimmte Region weist wohl auf die überwiegende Bedeutung des Erfolgsorgans selbst, mögen nun hormonale Störungen den Anstoß geben oder nicht. Ohne das Prinzip der mehrfachen Sicherungen kommt man bei der Aufklärung der Pathogenese dieser Knochenleiden keinesfalls aus. Auch bei der Ostéoarthropathie hypertrophiante (P. MARIE) wurden mehrfach verschiedenartige innersekretorische Störungen beschrieben, ohne daß wir jedoch berechtigt wären, ihnen eine kausale Bedeutung zuzuerkennen.

Auf festerem Boden bewegen wir uns, wenn wir den Anteil inkretorischer Störungen an der Pathogenese der Rachitis und Osteomalacie ins Auge zu fassen suchen. Hier besitzen wir vor allem experimentelle Grundlagen, da es feststeht, daß sowohl die Entfernung der Epithelkörperchen als auch sehr wahrscheinlich diejenige des Thymus das histologische Bild der Rachitis-Osteomalacie oder der von mir sog. kalzipriven Osteopathie hervorrufen kann. Für die Bedeutung der Epithelkörperchen sprechen ferner folgende Umstände: Die Rachitis geht häufig mit Spasmophilie und Tetanie einher, und auch die Osteomalacie wurde oft genug mit Tetanie zusammen beobachtet. Bei rachitischen Ratten, aber auch bei der menschlichen Rachitis und Osteomalacie wird eine Vergrößerung der Epithelkörperchen gefunden. Allerdings kommen Hyperplasie

---

[1]) THOMPSON, CH. Q., J. J. KEEGAN and A. D. DUNN: Arch. of int. med. Vol. 36, p. 650. 1925 (Bd. 43, p. 147). — KYRKLUND, R.: Zeitschr. f. Kinderheilk. Bd. 41, S. 56. 1926 (Bd. 44, S. 62).

[2]) LAURELL, H. u. A. WALLGREN: Ref. Kongreßzentralbl. Bd. 17, S. 410 (Orig. schwed.)

[3]) SCHOEN, R.: Münch. med. Wochenschr. 1924. S. 1713 (Bd. 39, S. 563).

[4]) LOTSCH, F.: Arch. f. klin. Chirurg. Bd. 107, S. 1. 1915.

[5]) MANDL, F.: Ges. d. Ärzte in Wien. 4. 12. 1925. Wien. klin. Wochenschr. 1925.

[6]) BASSLER, A.: Journ. of Americ. med. assoc. Bd. 87, p. 96. 1926 (Ref. Endocrinology. Vol. 10, Nr. 5, p. 523).

und adenomatöse Wucherungen der Epithelkörperchen auch bei seniler Osteoporose, Ostitis deformans, Ostitis fibrosa, bei multiplen Knochensarkomen, ja auch bei Individuen ohne jegliche Skelettveränderung vor. Da eine beträchtliche Vergrößerung der Epithelkörperchen auch bei kalkarmer Nahrung eintritt — MARINE fand sie bei Hühnern, LUCE [1]) bei Ratten — so dürfte wohl diese Hyperplasie als kompensatorisch aufzufassen sein, um mit Hilfe einer gesteigerten Epithelkörperchentätigkeit wenigstens eine optimale Ausnützung des zugeführten Kalkes zu erzielen. Auch bei der kalzipriven Osteopathie und den übrigen krankhaften Skelettprozessen deutete ERDHEIM die Hyperplasie der Parathyreoideae im Sinne einer Kompensation zum Zwecke besserer Ausnützung des Kalkes durch das Knochengewebe. Das gute Resultat, welches MANDL mit der Exstirpation eines Epithelkörperchenadenoms bei einem Falle von Ostitis fibrosa erzielt haben will, würde allerdings dieser Auffassung widersprechen. Wir müssen annehmen, daß nicht nur die Harmonie von Apposition und Resorption in quantitativer Hinsicht der Regulation durch die Hormonorgane untersteht, sondern daß sicherlich auch die Qualität des Knochenansatzes, die Kongruenz der Gewebs- und Kalkapposition am Knochen, die Kalkassimilationsfähigkeit des osteoiden Gewebes durch den endokrinen Apparat gewährleistet wird. Die für die kalzipriven Osteopathien charakteristische völlige Dissoziation der auf statische Reize eingestellten Knochengewebsapposition und der auf die gleichen Reize eingestellten Kalkapposition — ERDHEIMs „kalzioprotektives Gesetz“ — kann sicherlich durch Störungen der Inkretionsorgane, vor allem also der Epithelkörperchen bedingt sein [2]). Für die Bedeutung einer mangelhaften Thymusfunktion bei kalzipriver Osteopathie spricht der überraschende Erfolg, den SCIPIADES [3]) in einem Falle von Osteomalacie mit Thymusimplantation von einem Neugeborenen erzielte. Die günstigen Resultate der FEHLINGschen Kastrationstherapie bei Osteomalacie, das Positivwerden der vorher negativen Kalkbilanz nach der Kastration [4]) zeigen, daß die Keimdrüsen an der Pathogenese des Leidens beteiligt sein können. Aus den vielfach beobachteten therapeutischen Erfolgen mit Verabreichung von Hypophysenpräparaten und mit Adrenalin möchte ich dagegen keinerlei Schlußfolgerung auf die Pathogenese ziehen, und auch die durch Röntgenbestrahlung der Hypophyse erzeugten rachitischen Skelettveränderungen bei Kaninchen [5]) scheinen mir einen solchen Schluß nicht zu rechtfertigen. Dagegen ist wohl die schon von HIRSCHL, LATZKO und HOENNICKE beobachtete Beziehung zwischen Osteomalacie und Basedowscher Erkrankung unbestreitbar und ihr Zusammentreffen kein bloßer Zufall. Ich habe dieses Syndrom von Osteomalacie mit schwerem Hyperthyreoidismus bei einer 72 jährigen Virgo beobachtet. MURRAY [6]) fand bei rachitischen Hunden stets hyperplastische Veränderungen der Schilddrüse, während sie bei Tieren, die infolge kalkarmer Ernährung eine Osteoporose bekamen, vermißt wurden. Aber auch Atrophie und Sklerose der Schilddrüse wurde bei Osteomalacie wiederholt beschrieben

---

[1]) LUCE, E. M.: Journ. of pathol. a. bacteriol. Vol. 26, S. 200. 1923 (Bd. 26, S. 463).
[2]) DANISCH, F.: Frankfurt. Zeitschr. f. Pathol. Bd. 32, S. 188. 1925 (Bd. 41, S. 438).
[3]) SCIPIADES, E.: Zentralbl. f. Gynäkol. Bd. 38, S. 1885. 1924 (Bd. 38, S. 156).
[4]) TESAURO, G.: Arch. di ostetr. e ginecol. Vol. 11, p. 216. 1924 (Bd. 38, S. 368).
[5]) NUVOLI, U.: Policlinico. sez. med. Vol. 30, p. 485. 1923 (Bd. 32, S. 432).
[6]) MURRAY, J.: Brit. journ. of exp. pathol. Vol. 4, p. 335. 1923 (Bd. 40, S. 536).

(Marinesco, Parhon und Minea). Pluriglanduläre Insuffizienz mit Osteomalacie ist ebenfalls mehrmals gesehen worden [1]).

In den letzten Jahren hat bekanntlich die Morosche Pädiaterschule (Freudenberg, György, Vollmer) versucht, die Tetanie ganz allgemein auf eine Alkalose, die Rachitis auf eine Acidose zurückzuführen, welch letztere durch eine Stoffwechselverlangsamung bedingt sein sollte. Verschiedenartige Hormonpräparate, wie Ovoglandol, Pituglandol, Thymoglandol, Nebennieren- und Schilddrüsensubstanzen sollen nun infolge ihrer stoffwechselbeschleunigenden Eigenschaft der Acidose entgegenwirken und die Rachitis günstig beeinflussen, während Epithelkörperchenpräparate den gegenteiligen Erfolg haben [2]). Ja selbst percutane Einreibung von Hormonsalben fanden die Autoren bei Rachitis wirksam [3]). Ohne mich in eine Diskussion dieser Theorie einlassen zu wollen, möchte ich trotz mangelnder eigener Erfahrung meine Zweifel an der Deutung dieser Beobachtung nicht unterdrücken. Es ist doch schwer, zwischen kalzipriver Osteopathie und Tetanie, welche so häufig gleichzeitig vorkommen, einen diametralen Gegensatz zu konstruieren und an einen spezifischen Heileffekt in die Haut verriebener Thymussalbe zu glauben, wo oral oder subcutan verabreichte Thymusextrakte selbst in großen Dosen kaum spezifische Wirkungen erkennen lassen.

Wir können also zusammenfassend sagen, daß die kalzipriven Osteopathien häufig mit klinisch nachweisbaren Funktionsstörungen oder brüsken Funktions- änderungen des Blutdrüsensystems verknüpft sind, wobei den endokrinen Einflüssen im Rahmen des Prinzips der mehrfachen Sicherungen zweifellos auch eine ätiologische Bedeutung für die Erkrankung des Knochensystems zugesprochen werden muß. Die Geltung dieses Prinzips macht die In- konstanz der Beziehungen zwischen Osteopathie und inkretorischer Anomalie verständlich. Die verschiedensten Blutdrüsen stehen mit dem intermediären Kalkstoffwechsel in Beziehung, Epithelkörperchen und wahrschein'ich Thymus nehmen auf die Kalkaufnahmsfähigkeit des neugebildeten osteoiden Gewebes Einfluß. Genaueren Einblick in diese Zusammenhänge besitzen wir nicht und wissen auch nicht, wie weit die verschiedenartigen klinischen und ana- tomischen Befunde am Hormonapparat ursächliche Faktoren der Osteopathie und wie weit sie kompensatorische Vorgänge darstellen.

Auch für eine Gruppe zusammengehöriger Krankheitsbilder, denen Erkran- kungen der Epiphysenknorpel im Wachstumsalter zugrunde liegen, vor allem für die Perthessche Osteochondritis deformans coxae juvenilis hat man endokrine Anomalien verantwortlich machen wollen [4]), da man sie bei Hypothyreose, Dystrophia adiposogenitalis, hypophysärem Zwergwuchs, mangel- hafter Keimdrüsenfunktion gefunden hat. Das einzige wertvollere Argument, wenn auch noch lange kein Beweis für die Richtigkeit einer solchen Auffassung

---

[1]) Leb, A.: Arch. f. Chirurg. Bd. 131, S. 459. 1924 (Bd. 38, S. 524).
[2]) György, P.: Jahrb. f. Kinderheilk. Bd. 102, S. 145. 1923 (Bd. 30, S. 411). — Fridrichsen, C.: Ugeskrift f. laeger. Bd. 85, S. 477 u. 629. 1923 (Bd. 33, S. 354). — Vollmer, H.: Dtsch. med. Wochenschr. 1924. Nr. 27, S. 901. — György, P. u. H. Vollmer: Monatsschr. f. Kinderheilk. Bd. 28, S. 436. 1924 (Bd. 38, S. 523).
[3]) Langstein, L. u. H. Vollmer: Zeitschr. f. Kinderheilk. Bd. 38, S. 415. 1924.
[4]) Liek, E.: Arch. f. klin. Chirurg. Bd. 119, S. 329. 1922. — Assmann, H.: Klin. Wochen- schrift. 1925. S. 1504 u. 1554.

ist die subjektive Besserung der Beschwerden bei dem kastratoiden Mädchen von SELLHEIM [1]) nach Implantation eines normalen Ovars.

Noch ganz ungeklärt sind die Beziehungen des Hormonapparates zu gewissen chronischen Erkrankungen der Gelenke. Am weitesten sind in der Anerkennung einer kausalen Bedeutung endokriner Störungen in der Genese chronischer Arthropathien LÉVI und ROTHSCHILD gegangen, die einen thyreogenen Rheumatismus annehmen, ferner MENGE [2]), der eine Arthropathia ovaripriva beschreibt, und MUNK [3]), sowie UMBER [4]), die direkt von einer endokrinen Arthritis sprechen. Welche tatsächlichen Grundlagen liegen nun vor?

Von der Beteiligung der Schilddrüse an dem Krankheitsbilde der akuten rheumatischen Polyarthritis war oben schon die Rede. ACCHIOTÉ beschreibt eine Frau, die wegen Hypertrichosis des Gesichtes röntgenisiert worden war, worauf sich eine Atrophie der Schilddrüse mit Erscheinungen des Myxödems und mit schmerzhaften Gelenkschwellungen einstellte. Auf Schilddrüsenbehandlung gingen alle Erscheinungen rasch zurück. Wenn man das durchaus Exzeptionelle dieses Ereignisses in Betracht zieht und bedenkt, daß auch während einer Basedowerkrankung eine chronisch progressive deformierende Polyarthritis einsetzen kann [5]) — hat man doch sogar eine Polyarthritis chronica progressiva thyreotoxica beschrieben —, so wird es durchaus unwahrscheinlich, daß Mangel oder Überschuß an Thyroxin unmittelbar den Gelenkprozeß verursachen sollte. Auf das häufige Vorkommen von chronischer deformierender Polyarthritis beim endemischen Kropf mit und ohne Zeichen insuffizienter Schilddrüsentätigkeit habe ich selbst hingewiesen, konnte mich aber niemals von einem unzweifelhaften Heilerfolg einer Schilddrüsenbehandlung überzeugen. Daher stehe ich zahlreichen gegenteiligen Angaben, namentlich französischer Autoren, durchaus skeptisch gegenüber.

Beziehungen des chronischen Gelenkrheumatismus zur Keimdrüsenfunktion wurden aus dem Umstande abgeleitet, daß das Leiden besonders häufig zur Zeit des Klimakteriums, nach MENGE insbesondere nach Röntgenkastration auftritt. Bedenkt man aber, daß es auch in ganz anderen Lebensphasen und auch bei Männern vorkommen kann, so wird es schon schwer, der erlöschenden Keimdrüsenfunktion eine unmittelbare kausale Bedeutung zuzuschreiben. Das Klimakterium, d. h. das Erlöschen der Keimdrüsenfunktion ist ein normaler physiologischer Vorgang. Niemals kann ein solcher physiologischer Vorgang in der Ätiologie eines krankhaften Zustandes eine andere Rolle spielen als die eines auslösenden oder begünstigenden Momentes. Als Ursache eines Leidens kann er nicht in Betracht kommen. MUNK sowie UMBER wollten sich auch gar nicht auf die Ovarien festlegen und letzterer führt als Hinweis auf die bestehende inkretorische Störung eine Reihe von Symptomen an, die meines Erachtens durchaus noch keine solche beweisen, sondern lediglich einer abnormen vegetativen Innervation entspringen. Abnorme

---

[1]) LIESCHIED, A. u. H. SELLHEIM: Dtsch. Zeitschr. f. Chirurg. Bd. 185. S. 46, 1924 (Bd. 37, S. 52).

[2]) MENGE, C.: Zentralbl. f. Gynäkol. 1924. Nr. 30.

[3]) MUNK, F. u. A. MUNCKE: Dtsch. med. Wochenschr. 1925. S. 686.

[4]) UMBER, F.: Münch. med. Wochenschr. 1924. S. 4 und Dtsch. med. Wochenschr. 1926. S. 1631. (Bd. 44, S. 894).

[5]) DEUSCH, G.: Klin. Wochenschr. 1922. S. 2226. — CURSCHMANN, H.: Dtsch. Zeitschr. f. Chirurg. Bd. 192. S. 13. 1925 (Bd. 41, S. 200). — Eigene Beobachtungen.

Pigmentation, sklerodermieähnliche Hautveränderungen, Haarausfall, Brüchigkeit der Nägel, vasomotorische Übererregbarkeit, Tachykardie, Neigung zu
Schweißen, menstruelle Exazerbationen, all das sind vorerst nicht endokrine,
sondern Sympathicussymptome. Die Lymphocytose aber reiht sich der langen
Schar degenerativer Stigmen an, wie ich sie bei Trägern chronischer deformierender Polyarthritis eingehend beschrieben habe. Wenn wir nun noch
berücksichtigen, wie durchaus widersprechend die klinischen und radiologischen
Merkmale dieser endokrinen Polyarthritis von MUNK und von UMBER geschildert
werden, so werden wir mit ASSMANN den Beweis für eine rein endokrine Arthritis
nicht für erbracht erachten. Es handelt sich vielmehr bei allen diesen Beziehungen zwischen Hormonapparat und Arthropathie lediglich um mittelbare
Zusammenhänge, vermittelt durch das vegetative Nervensystem [1]) einerseits,
durch die Begünstigung der Manifestation latenter Anlagen bei Änderung des
hormonalen Milieus, insbesondere bei Ausfall der Keimdrüsenfunktion andererseits [2]). Die mit Organotherapie erzielten Resultate bei derartigen „endokrinen
Arthropathien“ sind nichts weniger als überzeugend [3]), und der Vorschlag
MUNKs, eine Ovarienimplantation vorzunehmen, ist bisher meines Wissens
nicht zur Ausführung gelangt. Wenn man die unzweifelhafte Bedeutung der
konstitutionellen Veranlagung des Erfolgsorgans, also der Gelenke selbst richtig
einschätzt und in dem Ausfall der Keimdrüsentätigkeit bestenfalls einen auslösenden, aber keineswegs obligaten Faktor erblickt, dann wird man es verstehen,
daß ich derartige organotherapeutische Bestrebungen durch folgendes Gleichnis
gekennzeichnet habe. Wer die im Klimakterium aufgetretene chronische
Arthropathie durch Verabreichung von Ovarialhormon zu heilen versucht,
tut etwas Ähnliches, wie derjenige, der etwa bei einer Schießbude den Aufmarsch,
das Trommeln und Blasen der Soldaten dadurch aufhalten wollte, daß er die
entladene Flinte, die ins Schwarze getroffen hat, neuerlich zu laden versucht.
Die ganze komplizierte Maschinerie war hinter der Schießscheibe längst bereit,
der Schuß ins Schwarze hat sie nur zum Ablaufen gebracht und dieser Schuß
ins Schwarze hätte wohl auch durch einen Druck mit der Hand oder sonst
eine Manipulation ersetzt werden können — ganz ebenso wie auch das Klimakterium nicht die obligate Auslösungsbedingung der „rheumatischen Erkrankung“
darstellt.

Was wir soeben für die primär chronische progressive Polyarthritis auseinandergesetzt haben, gilt ebenso auch für die sog. HEBERDENschen Knoten,
welche sogar wegen ihrer Beziehungen zu den Involutionsvorgängen des Genitales
von PINELES als „genitale Pseudogicht“ bezeichnet wurden. Ebenso laufen
die nicht seltenen menstruellen Exazerbationen von Gelenkprozessen, von
Sehnenscheiden- und Schleimbeutelhygromen auf vasomotorische Einflüsse
hinaus.

Selbstverständlich rechtfertigt auch das in seltenen Ausnahmefällen beobachtete Vorkommen von Gelenkerkrankungen bei Akromegalie [4]) nicht, die
gestörte Hypophysenfunktion für die Arthritis verantwortlich zu machen.

---

[1]) Vgl. NEUMANN, R. u. E. LANDÉ: Zeitschr. f. klin. Med. Bd. 100, S. 85. 1924 (Bd. 35,
S. 264).

[2]) BAUER, J.: Wien. klin. Wochenschr. 1926. Nr. 26.

[3]) BOENHEIM, F. u. R. PRIWIN: Dtsch. med. Wochenschr. 1925. Nr. 35, S. 1447.

[4]) BALLMANN, E.: Med. Klin. 1926. S. 1255 (Bd. 44, S. 894).

Erkrankungen des Nervensystems.

Das Nervensystem ist nicht nur ein wichtiges Erfolgsorgan einer Reihe von Hormonen, es nimmt auch selbst Einfluß auf die Aktivität dieser Hormonorgane und dient so gewissermaßen sich selbst als Aktivator. So können Störungen der vegetativen Innervation ebensowohl von den Hormonorganen ihren Ausgang nehmen (Hyperthyreoidismus, Epithelkörpercheninsuffizienz), als auch den ursächlichen Faktor inkretorischer Abweichungen darstellen (Blutdrüsen-neurosen), ein Umstand, der einerseits die enge Zusammengehörigkeit von endokrinem Apparat und vegetativem Nervensystem erweist — PENDES sistema endocrino-simpatico — und andererseits die klinisch-diagnostische Wertigkeit der Funktionsprüfungen des vegetativen Nervensystems entsprechend beleuchtet. Um es auch an dieser Stelle nochmals kurz zu sagen, die klinisch und pharmakodynamisch erwiesene Übererregbarkeit des vegetativen Nerven-systems in seiner Gesamtheit oder in einzelnen seiner Abschnitte berechtigt an sich noch nicht zu der Annahme einer endokrinen Störung, und dieser heute vielfach übliche logische Kurzschluß ist wohl hauptsächlich schuld an der Überschätzung der pharmakodynamischen Funktionsprüfungen des vegetativen Nervensystems. Auf eine Kritik der in der heutigen Endokrinologie so vielfach auftauchenden Begriffe der Vago- und Sympathikotonie soll daher in diesem Rahmen verzichtet werden [1]. Die tatsächlichen Grundlagen der Beziehungen zwischen vegetativem Nervensystem und Hormonapparat haben ja schon in den früheren Abschnitten dieses Buches die entsprechende Würdigung erfahren.

Fast alle inkretorischen Organe sind für die normale Beschaffenheit und Arbeitsweise des Nervensystems von Bedeutung. Wir erinnern nur nochmals an die Beziehungen zwischen Mißbildungen des Gehirns und der Nebennierenrinde, an die Idiotia thyreopriva und thymopriva, an die Reizerscheinungen von seiten des Nervensystems bei Ausfall der Epithelkörperchen und Überfunktion der Schilddrüse, an die Erotisierung des Zentralnervensystems durch das Keimdrüsen-hormon, an die Encephalopathie bei Addisonkrankheit u. a. Es ist also dem Gesagten zufolge verständlich, daß im klinischen Bilde verschiedenartigster Erkrankungen des Nervensystems einerseits endokrine Störungen vorkommen können — man denke bloß an die Lokalisation nervöser Krankheitsprozesse an der Basis des III. Ventrikels — und es ist begreiflich, wenn man gerade bei sonst unklaren und genetisch schwer verständlichen Erkrankungsformen immer wieder auf das endokrine System zurückzugreifen versucht, auch dann, wenn man etwas Unbekanntes bloß durch ein zweites Unbekanntes ersetzt und dieser Ersatz selbst nicht immer durch tatsächliche Unterlagen genügend gerechtfertigt erscheint.

Viele Erkrankungen des Nervensystems verdanken ihren Ursprung abnormen Erbanlagen, die entweder ausschließlich oder vorwiegend ihre genetische Grund-lage darstellen. Es ist nun ein sehr häufiges Vorkommnis, daß eben diese abnorme Erbanlage keineswegs als die einzige aus dem Gesamtbestande des Individuums von der Norm abweicht. Das heißt, ein mit einer Konstitutionskrankheit,

---

[1] Vgl. BAUER, J.: Konstitutionelle Disposition. l. c. — v. BERGMANN, G. u. E. BILLIG-HEIMER: Im Handb. d. inn. Med. herausg. von v. BERGMANN u. STAEHELIN. 2. Aufl. Bd. 5. Berlin: Julius Springer 1926. — SCHILF, E.: Dtsch. med. Wochenschr. 1925. S. 1737 (Bd. 43, S. 183).

einem Erbleiden des Nervensystems behaftetes Individuum ist sehr häufig Träger eines Status degenerativus und demzufolge auch häufig mit allerhand endokrinen Anomalien behaftet, die durchaus keine kausale Rolle bei der Entstehung des Nervenleidens spielen müssen. So erklären sich die in der Literatur immer wieder beschriebenen Kombinationen von ERBscher Muskelatrophie, Myoclonie, FRIEDREICHscher Ataxie usw. mit einer Hypothyreose, Dystrophia adiposogenitalis, mit Zwergwuchs u. dgl. [1]). Haben doch sogar amerikanische Autoren ernstlich daran gedacht, die ERBsche Myopathie könnte mit einer Störung der Zirbelfunktion zusammenhängen, weil TIMME [2]) bei mehreren Mitgliedern einer Dystrophikerfamilie in der Zirbelgegend einen deutlichen Kalkschatten gefunden hat. Auch der Status degenerativus, die allgemeine Abartung des Anlagenbestandes kann jedoch eine Gesetzmäßigkeit zeigen, indem bestimmte Erbfaktoren mit einer gewissen Regelmäßigkeit gemeinsam von der Anomalie betroffen werden. So erklären sich die endokrinen Symptome im Krankheitsbild der sog. atrophischen Myotonie, die ganz zu Unrecht von namhaften Autoren immer wieder als endokrines Krankheitsbild aufgefaßt wird.

Bei anderen nervösen Erkrankungen ist dagegen die Möglichkeit, ja Wahrscheinlichkeit, daß hormonale Störungen an ihrer Pathogenese als disponierendes oder auslösendes Moment beteiligt sein können, nicht von der Hand zu weisen. So ist gewiß die Häufigkeit der Thymushyperplasie in Fällen von Myasthenia gravis pseudoparalytica sehr auffallend, noch mehr aber die Beobachtung von SCHUMACHER und ROTH [3]), welche bei einem Falle von Morbus Basedowi mit Myasthenie durch eine Thymektomie die myasthenischen Erscheinungen zum Rückgang bringen konnten. Ich halte es für wahrscheinlich, daß die bei Basedow nicht so selten im Vordergrunde des klinischen Bildes stehende hochgradige Asthenie und Adynamie in irgendeiner Weise mit der Thymushyperplasie solcher Kranker zusammenhängen dürfte. In anderen Fällen mögen die Nebennieren an dem Zustandekommen der Myasthenie beteiligt sein [4]), wenn wir auch Näheres über diesen Zusammenhang nicht wissen und weder die gelegentlich beobachteten vorübergehenden Besserungen nach Adrenalininjektionen [5]), die übrigens auch bei der progressiven Muskelatrophie behauptet wurden [6]), noch auch die Tierversuche über Beeinflussung der Muskelermüdung durch Hormone [7]) irgend etwas in dieser Richtung beweisen.

Mehr läßt sich dafür über die Beziehungen zwischen Epilepsie und Epithelkörperchen sagen. Wie insbesondere REDLICH gezeigt hat, kommen Epilepsie und Tetanie nicht ganz selten gleichzeitig bei ein und demselben Individuum zur Entwicklung. Epileptische haben häufig in früher Kindheit an Tetanie

<hr>

[1]) Literatur bei BAUER, J.: Konstitutionelle Disposition. l. c. S. 210ff. — SCHAEFER, W.: Mitt. a. d. Grenzgeb. d. Med. u. Chirurg. Bd. 37, S. 128. 1923 (Bd. 36, S. 476). — MORETTI, E.: Osp. magg. (Milano). Vol. 13, p. 259. 1925 (Bd. 42, S. 399).

[2]) TIMME, W.: Arch. of internal med. Vol. 19, p. 79. 1917. — JELLIFFE, S. E.: New York med. journ. Vol. 111, p. 235 u. 269. 1920.

[3]) SCHUMACHER u. ROTH: Mitt. a. d. Grenzgeb. d. Med. u. Chirurg. Bd. 25, S. 746. 1913.

[4]) TIETZ, L.: Klin. Wochenschr. 1924. S. 1862 (Bd. 39, S. 320).

[5]) MARINESCO, G.: Ann. de méd. Tom. 17, p. 437. 1925 (Bd. 41, S. 170). — SÉZARY, A.: Bull. et mém. de la soc. méd. des hôp. de Paris. Tom. 41, Nr. 17, p. 724. 1925 (Bd. 41, S. 171).

[6]) SCHTSCHERBAK, A. E.: Ref. Kongreßzentralbl. Bd. 41, S. 172 (Orig. russ.).

[7]) EDDY, N. B.: Americ. journ. of physiol. Bd. 69, p. 432. 1924 (Bd. 38, S. 260).

oder Spasmophilie gelitten und bieten Zeichen einer ehemaligen (Zahnschmelz-hypoplasien) oder auch zur Zeit bestehenden Hypoparathyreose (intensives CHVOSTEKsches Phänomen, galvanische Übererregbarkeit[1])) dar. Hyperventilationsversuche, die bei normalen Individuen Symptome der Tetanie hervorrufen, pflegen, wie O. FOERSTER[2]) zeigen konnte, bei Epileptikern die für sie typische Form epileptischer Krampfanfälle auszulösen. So darf man wohl annehmen, daß die epileptische Reaktionsfähigkeit (REDLICH) eines Individuums von der Funktionsweise seiner Epithelkörperchen in unverkennbarer Weise beeinflußt wird, indem mit Abnahme der Epithelkörperchenfunktion die Krampfbereitschaft steigt. Freilich ist auch hier wieder an das Prinzip der mehrfachen Sicherungen und die Bedeutung der autochthonen Partialkonstitution des Gehirns zu erinnern. Für die übrigen Hormonorgane ließ sich trotz mannigfacher Hypothesen und Versuche, die ja sogar zu dem heute als wertlos verlassenen operativen Heilverfahren der Nebennierenexstirpation bei Epilepsie (H. FISCHER) geführt haben, keine Beziehung zur Krampfbereitschaft des Individuums feststellen[3]).

Auch bei der Migräne scheint eine Epithelkörpercheninsuffizienz manchmal eine gewisse Rolle zu spielen[4]). Sicherlich dürften hyperämische Schwellungszustände der Hypophyse durch verstärkte Spannung der Duraumkleidung ebenfalls Kopfschmerzen verursachen können. Dagegen beweisen therapeutische Erfolge mit Placenta- und Corpus luteum-Substanz wohl nicht viel zugunsten einer ovariellen Genese der Migräne[5]), wenn auch nicht verkannt werden soll, daß bei gegebener Migränedisposition die ovariellen Schwankungen der Erregbarkeit des vegetativen Nervensystems und speziell der Vasomotoren einen bedeutsamen Auslösungsfaktor darstellen können. Übrigens hat sich ja auch eine Beeinflussung des Liquordruckes durch Hormonpräparate feststellen lassen. Adrenalin, Hypophysenextrakt, weniger das Ovo- und Testiglandol steigern den Hirndruck, Epiglandol, also ein Zirbelextrakt, setzt ihn herab[6]).

Die Beziehungen der Epithelkörpercheninsuffizienz einerseits, des Ausfalls der weiblichen Keimdrüsenfunktion andererseits zu den sog. Akroparästhesien sind bekannt[7]). Das Bindeglied ist auch im letzteren Falle die gesteigerte Erregbarkeit der Vasomotoren. Für die RAYNAUDsche Krankheit hat man ebenfalls primäre Störungen von Hormonorganen verantwortlich machen wollen, weil man eine günstige Beeinflussung des Zustandes durch Injektion von

---

[1]) RÖMER, K.: Zeitschr. f. d. ges. Neurol. u. Psychiatrie. Bd. 84, S. 1. 1923 (Bd. 34, S. 320).

[2]) FOERSTER, O.: Dtsch. Zeitschr. f. Nervenheilk. Bd. 83, S. 347 u. 362. 1925 (Bd. 39, S. 635). — Vgl. auch MAINZER, F.: Klin. Wochenschr. 1925. S. 1918.

[3]) SPECHT, O.: Beitr. z. klin. Chirurg. Bd. 128, S. 25. 1923 (Bd. 29, S. 228). — LASCH, C. H.: Arch. f. klin. Chirurg. Bd. 129, S. 601. 1924 (Bd. 38, S. 707). — CAPELLI, A.: Riv. sperim. di freniatr., Vol. 49, p. 193. 1925 (Bd. 45, S. 462).

[4]) CURSCHMANN, H.: Münch. med. Wochenschr. 1922. S. 1747 (Bd. 29, S. 124).

[5]) ABEL, G.: Dtsch. med. Wochenschr. 1921. S. 1229 (Bd. 21, S. 121). — LÜHRS: Dtsch. med. Wochenschr. 1923. S. 150 (Bd. 28, S. 344).

[6]) HOFF, H.: Arb. a. d. neurol. Inst. d. Wiener Univ. Bd. 24, S. 397. 1923 (Bd. 31, S. 267). — MARBURG, O.: Wien. klin. Wochenschr. 1924. Nr. 40, S. 1017. — SOLOMON, H. C.: Journ. of the Americ. med. assoc. Vol. 82, p. 1512. 1924 (Bd. 38, S. 335).

[7]) STRAUS, E. u. E. GUTTMANN: Klin. Wochenschr. 1925. S. 2102 (Bd. 42, S. 150).

Hypophysenextrakten[1]), durch Schilddrüsenextrakte[2]) oder Ovarialsubstanz[3]) beobachtete. Doch wird hierdurch ebensowenig ein unmittelbarer Kausalnexus zwischen primärer hormonaler Störung und RAYNAUD bewiesen wie durch den Befund einer vergrößerten Sella turcica in zwei Fällen oder durch die Koinzidenz von RAYNAUD mit Nebennierentuberkulose in einem anderen [4]). Die günstige Wirkung des Hypophysenhinterlappenextraktes in Fällen von peripherer Gefäßlähmung mit Akrocyanose habe auch ich wiederholt beobachtet, beziehe sie aber auf die pharmakodynamische, capillartonisierende Eigenschaft dieser Substanz, ohne aus dem Behandlungserfolg einen Schluß auf die Genese der Vasoparese zu wagen.

Über die Beziehungen der Sklerodermie zu inkretorischen Störungen liegt heute schon eine recht umfangreiche Literatur vor. Man hat auf mannigfache Symptome der Sklerodermie hingewiesen, die auch bei Erkrankungen des Hormonapparates vorkommen, wie leichtes Vortreten der Bulbi, Labilität und Erethismus des Herzens, Anomalien des Gasstoffwechsels, Pigmentation der Haut, man hat Kombinationen von Sklerodermie mit ausgesprochenem Hyperthyreoidismus, aber auch mit Hypothyreose, mit Tetanie, hypophysärem Zwergwuchs [5]), pluriglandulärer Insuffizienz [6]) beobachtet, man hat sklerotische Veränderungen in der Schilddrüse, in anderen Fällen in der Hypophyse oder in den Epithelkörperchen [7]) gefunden und hat schließlich therapeutische Erfolge mit Thyreoidin, in anderen Fällen mit Hypophysenextrakten [8]) oder Keimdrüsensubstanz und Adrenalin [6]) erzielt. Ich selbst habe seit kurzem einen Fall von Sklerodermie in Beobachtung, bei dem eine Reihe von Begleiterscheinungen auf eine SIMMONDSsche hypophysär-nervöse Kachexie hinweisen.

Schon die Mannigfaltigkeit der beobachteten Beziehungen spricht bei dem völligen Mangel experimenteller Grundlagen entschieden dagegen, daß eine primäre Erkrankung eines oder mehrerer Hormonorgane eine Sklerodermie verursachen sollte. Es ist wohl kaum daran zu zweifeln, daß es sich bei der Sklerodermie um eine Erkrankung des vegetativen Nervensystems, und zwar seiner trophischen Anteile handelt (CASSIRER, FALTA) und daß die Blutdrüsenstörungen, soweit sie überhaupt in einem kausalen Zusammenhang mit der Sklerodermie stehen, sekundärer Natur sind, bedingt einerseits durch Übergreifen des sklerosierenden Prozesses (FALTA), andererseits durch koordinierte Auswirkung der vegetativ-nervösen Störung auf die inkretorischen Organe. Wie wir uns die Anomalie der trophischen Innervation vorstellen sollen, ist allerdings noch unklar. Sicherlich handelt es sich nicht einfach um endarteriitisch oder vasospastisch hervorgerufene Ernährungsstörungen des Gewebes, wie E. J. KRAUS annimmt, denn solche sind uns unter ganz anderen klinischen

---

[1]) PRIBRAM, B. O.: Münch. med. Wochenschr. 1920. S. 1284 (Bd. 16, S. 339). — KOPF, H.: Münch. med. Wochenschr. 1925. S. 940 (Bd. 41, S. 488). — BLOCH, E.: Klin. Wochenschrift. 1927. S. 457.

[2]) HIRSCH, E. W.: Med. record. Vol. 101, p. 9. 1922 (Bd. 23, S. 486).

[3]) FORNERO, A.: Wien. med. Wochenschr. 1925. S. 2270 (Bd. 42, S. 631).

[4]) FABER, K.: Ugeskrift f. laeger. Bd. 81, S. 2112. 1919 (Ref. Endocrinology. Vol. 6, Nr. 4, p. 528).

[5]) HEIMANN-HATRY, W.: Med. Klinik. 1925. S. 1082 (Bd. 41, S. 632).

[6]) CASTELLINO; P. G.: Rif. med. Vol. 40, p. 289. 1924 (Bd. 36, S. 407).

[7]) KRAUS, E. J.: Virchows Arch. f. pathol. Anat. u. Physiol. Bd. 253, S. 710. 1924.

[8]) BÉNARD, R. et E. COULAUD: Bull. et mém. de la soc. méd. des hôp. de Paris. Tom. 38, p. 1518. 1922 (Bd. 28, S. 163).

Bildern wohl bekannt. Der häufig beobachteten herabgesetzten Erregbarkeit des Sympathicus [1]) stehen auch Fälle mit erhöhter Adrenalinempfindlichkeit gegenüber (HESS und KÖNIGSTEIN) und selbst einen Reizzustand im trophischen Sympathicus hat man als Grundlage der Sklerodermie annehmen wollen [2]).

An dieser Stelle möge auch noch des Zusammenhanges gedacht sein, der zwischen endokrinem Apparat und den mannigfachen Schmerzzuständen besteht, die wir gewöhnlich als rheumatoide bezeichnen und die unter dem Bilde von Neuralgien, Myalgien, Arthralgien, Ostalgien oder, wenn man es so ausdrücken darf, als Polyalgien auftreten. Wir haben in früheren Abschnitten gehört, daß die Hypothyreose, die Akromegalie und auch andersartige Hypophysengeschwülste, eine Epithelkörperchen- und auch Nebennniereninsuffizienz mit derartigen rheumatoiden Beschwerden einhergehen kann, ja daß diese gelegentlich sogar ein initiales und führendes Symptom der endokrinen Erkrankung darstellen können. Das gilt vor allem auch für den Ausfall der weiblichen Keimdrüsenfunktion, insbesondere für das artefizielle Klimakterium praecox nach Röntgenbestrahlung oder operativer Entfernung der Ovarien. Doch ist es selbstverständlich auch hier nur ein gewisser Prozentsatz der Fälle, welcher derartige Beschwerden aufweist, und oft genug läßt sich zeigen, daß eine in der Familie des Betroffenen offenkundige Veranlagung zum Rheumatismus durch den Ausfall der Keimdrüsenfunktion lediglich manifest geworden ist. Die Genese dieses „endokrinen Rheumatismus" ist sicherlich nicht einheitlich. Oben haben wir von den Ostalgien gehört, die durch die Osteoporose bei hypophysärer und pluriglandulärer Erkrankung hervorgerufen werden. Die mit Parästhesien einhergehenden ziehenden Extremitätenschmerzen bei Tetanie sind wohl zum größten Teil durch Reizzustände der sensiblen Nervenfasern bedingt, während bei den hypovariellen rheumatischen Beschwerden hauptsächlich vasospastische Vorgänge das Bindeglied darstellen. Daß Gefäßkrämpfe im Bereiche der Muskulatur, der peripheren Nerven und wohl auch der Gelenkweichteile das Bild des Rheumatismus erzeugen können, zeigt vor allem sein häufiges Vorkommen bei arteriellem Hochdruck, wie ich es als „Hochdruckrheumatismus" beschrieben habe [3]). Ferner beweist dies die Beobachtung von BERTA ASCHNER [4]), die derartige rheumatoide Schmerzen nach Adrenalininjektion auftreten sah. Übrigens erzeugen auch intravenöse Injektionen von Thyroxin oft ausgesprochene Muskel- und Knochenschmerzen [5]).

An den peripheren Nerven sieht man bekanntlich auch im gesunden Zustand die histologischen Merkmale eines geringfügigen diskontinuierlichen Markscheidenzerfalles, es spielen sich also auch am peripheren Nervensystem, ebenso wie am hämatopoëtischen System oder am Skelett ständig De- und Regenerationsprozesse ab, deren Intensität und Tempo zweifellos auch dem Einfluß endokriner Reize unterworfen ist. Von der Schilddrüse ist es ja erwiesen,

---

[1]) HOFFMANN, H.: Klin. Wochenschr. 1925. S. 978 (Bd. 41, S. 543). — ROTHMANN, ST.: Klin. Wochenschr. 1925. S. 1691 (Bd. 42, S. 701).

[2]) GOERING, D.: Dtsch. Zeitschr. f. Nervenheilk. Bd. 75, S. 53. 1922 (Bd. 27, S. 280).

[3]) BAUER, J.: Verhandl. d. 33. dtsch. Kongr. f. inn. Med. 1921.

[4]) ASCHNER, B.: Klin. Wochenschr. 1923. S. 1060.

[5]) BOOTHBY, W. M., J. SANDIFORD, K. SANDIFORD u. J. SLOSSE: Ergebn. d. Physiol. Bd. 24, S. 728. 1925 (Bd. 42, S. 431). — LÖHR, H.: Verhandl. d. 37. Kongr. d. dtsch. Ges. f. inn. Med. 1925. S. 383 (Bd. 41, S. 544). — LÖHR, H. u. W. FREYDANK: Zeitschr. f. exp. Med. Bd. 46, S. 429. 1925 (Bd. 42, S. 430).

daß sie regenerative Prozesse am peripheren Nervensystem fördert. Es ist nicht unwahrscheinlich, daß eine Störung dieses physiologischen Vorganges, ein über das normale Maß hinausgehender Markscheidenzerfall sensible Reizzustände der betreffenden Nerven bedingen, ja daß bei entsprechender individueller Überempfindlichkeit im Rahmen einer neuro-psychopathischen Konstitution sogar die nicht über das normale Maß hinaus gesteigerten physiologischen Vorgänge als Reiz wirken und rheumatoide Beschwerden auslösen könnten.

Ein nervöses Krankheitsbild, dessen Zusammenhang mit endokrinen Störungen, insbesondere solchen der Hypophyse mehrfach erwogen wurde (REDLICH[1])), ist die Narkolepsie, doch glaube ich nicht, daß die vorliegenden Tatsachen die Annahme einer endokrinen Bedingtheit dieses Zustandes rechtfertigen. Allerdings kennt man Beziehungen zwischen der Schlaffunktion und dem inkretorischen System. Ich erinnere an die oft mangelhafte Schlaffähigkeit bei Hyperthyreoidismus und die gelegentlich auffällige Schlafsucht bei Hypothyreoidismus, Hypophysenaffektionen (meist Zentrenwirkung!) und Addison.

Besonderes Interesse haben immer die Beziehungen seelischer Vorgänge und Erkrankungen zum Hormonapparat erregt [2]). Es liegen ja immerhin reichlich genug Tatsachen vor, die derartige Beziehungen beweisen. Man denke nur an die Oligophrenie, die intellektuelle und gemütliche Abstumpfung bei Hypothyreoidismus, an die psychischen Erregungszustände mit oft ausgesprochen maniakalischen Krankheitsbildern bei Hyperthyreoidismus, an die ängstliche Unruhe, die Reizbarkeit und Unverträglichkeit vieler Tetaniekranker (v. FRANKL-HOCHWART), die früher schon geschilderte und gleichfalls von diesem Autor zuerst beschriebene „Hypophysärstimmung" mit der eigentümlichen Gleichgültigkeit und Euphorie [3]), man denke an die klimakterischen und menstruellen Zustände erhöhter Reizbarkeit und Emotionalität und vor allem anderen an die Bedeutung der hormonalen Erotisierung des Zentralnervensystems mit ihren tiefgreifenden Konsequenzen für den Ablauf psychischer Vorgänge. Kein Wunder, wenn man angesichts des vielfach unbefriedigenden Standes der pathogenetischen und therapeutischen Forschung auf dem Gebiete seelischer Krankheitszustände immer wieder auf das Blutdrüsensystem zurückzukommen sucht, um aus einer solchen neuartigen pathogenetischen Auffassung therapeutischen Optimismus zu schöpfen. Man hat bei den verschiedensten Psychosen mannigfaltige, aber keineswegs konstante und irgendwie typische histologische Veränderungen an den Hormonorganen gefunden [4]), man kennt seit langem gewisse klinische Zeichen abnormer Funktion des Hormonapparates bei Geistesstörungen, deren häufigen Zusammenhang mit den Phasen des weiblichen Geschlechtslebens (Pubertät, Menstruation, Gravidität, Lactation,

---

[1]) REDLICH, E.: Zeitschr. f. d. ges. Neurol. u. Psychiatrie. Bd. 95, S. 256. 1925 (Bd. 41, S. 64).

[2]) v. FRANKL-HOCHWART, L.: Med. Klinik. 1912. Nr. 48, S. 1593. — VAN DER SCHEER, W. M.: Zeitschr. f. d. ges. Neurol. u. Psychiatrie. Ref. u. Erg., Bd. 10, S. 225. 1914. — PENDE, N.: Quaderni di psichiatr. Vol. 8, p. 121. 1921. — MÜNZER, A.: Arch. f. Psychiatrie. Bd. 63, S. 530. 1921. — CAMPBELL, C. M.: Endocrinology. Vol. 9, Nr. 3, p. 201. 1925. — KLIENEBERGER: Dtsch. med. Wochenschr. 1925. Nr. 26, S. 1055.

[3]) LEEGE, M.: Zeitschr. f. Neurol. u. Psychiatrie. Bd. 94, S. 331. 1924.

[4]) BORBERG, N. C.: Arch. f. Psychiatrie. Bd. 63, S. 391. 1921. — PÖTZL, O. u. G. A. WAGNER: Zeitschr. f. Neurol. u. Psychiatrie. Bd. 88, S. 157. 1924. — MÜNZER, F. TH. u. W. POLLAK: Zeitschr. f. Neurol. u. Psychiatrie. Bd. 95, S. 376. 1925 (Literatur). — MÜNZER, F. TH.: Zeitschr. f. Neurol. u. Psychiatrie. Bd. 103, S. 73. 1926.

Klimakterium), die Abhängigkeit der Menstruation vom klinischen Zustandsbild der Psychose und man hat von den verschiedensten, am Hormonapparat
einsetzenden therapeutischen Eingriffen Beeinflussungen und Besserungen des
psychischen Krankheitsbildes gesehen. Es gibt kaum ein Organextrakt, das
bei der Behandlung von Psychosen nicht angewendet worden wäre, und insbesondere bei Schizophrenie wurden sowohl nach Injektion des die sexuelle
Erregbarkeit angeblich hemmenden Zirbelextraktes (PILCZ) oder nach Kastration
wie nach Implantation fremder Ovarien [1]) Erfolge beschrieben. Kastration
brachte gelegentlich schwerste hysterische Zustände zum Schwinden [2]) und
erwies sich vielfach bei kriminellen, degenerativen Psychopathien, insbesondere
solchen mit abnormen und gemeingefährlichen sexuellen Trieben als wertvoll [3]).
In anderen Fällen ist dagegen mit einer Kastration nicht einmal die Abnahme
einer abnorm gesteigerten sexuellen Erregbarkeit zu erzielen (HOFSTÄTTER,
persönliche Beobachtungen [4])), woraus ja, wie wir schon oben auseinandergesetzt haben, die relative Unabhängigkeit insbesondere des weiblichen Geschlechtstriebes von der hormonalen Funktion der Keimdrüse hervorgeht.
Oben wurde auch an den frustranen Versuchen der Umstimmung der inversen
Sexualempfindung durch Kastration und Einpflanzung normaler Keimdrüsen
Kritik geübt. Es kann auch nicht erwartet werden, daß sich die Kastration
immer als das geeignete Mittel erweisen wird, kriminelle Psychopathien zu
bessern und weniger unsozial zu machen. Manche Fälle können nach der
Kastration noch jähzorniger, boshafter, aggressiver, brutaler und fauler werden,
als sie vorher gewesen waren [5]).

So sehen wir denn fraglos Zusammenhänge zwischen psychischen und inkretorischen Vorgängen, erkennen immerhin aussichtsreiche Möglichkeiten
therapeutischen Eingreifens in vielfach sonst unzugängliche psychische Krankheitszustände, müssen aber doch mit der strengsten Kritik und vom Gesichtspunkte des Prinzips der mehrfachen Sicherungen an alle diese Probleme herantreten. Vielfach sind die inkretorischen Störungen das Sekundäre, die Psychose
mit der konsekutiven Beeinflussung des vegetativen Nervensystems das Primäre,
ebenso oft sind inkretorische und psychische Anomalien koordinierte Mani-
festationsformen einer allgemein degenerativ-konstitutionellen Veranlagung und
nur zum Teil werden wir den jeweils vorliegenden inkretorischen Störungen
einen maßgebenden auslösenden oder modifizierenden Einfluß auf den Ablauf
der geistigen Erkrankungen zubilligen. So hat auch SZONDI [6]) ganz richtig
die von ihm bei Schwachsinnigen so häufig gefundenen, verschiedenartigen
endokrinen Störungen gedeutet. Weniger kritisch war WIESER [7]), der bei

[1]) SIPPEL, P.: Klin. Wochenschr. 1925. S. 401.

[2]) KUTZINSKI, A.: Dtsch. med. Wochenschr. 1924. S. 951 (Bd. 39, S. 63). — MENDEL, K.:
Dtsch. med. Wochenschr. 1925. S. 947. — WEIDNER, E.: Zeitschr. f. Neurol. u. Psychiatrie.
Bd. 97, S. 725. 1925 (Bd. 42, S. 43).

[3]) BARR, M. W.: Journ. of nerv. a. ment. dis. Vol. 51, p. 231. 1920. — Eigene Beobachtung.

[4]) BAUER, J.: Konstitutionelle Disposition. l. c., 3. Aufl., S. 147. — Vgl. auch
MELCHIOR, E.: Klin. Wochenschr. 1923. S. 1524.

[5]) FISCHER, H.: Zeitschr. f. Neurol. u. Psychiatrie. Bd. 94, S. 275. 1924.

[6]) SZONDI, L.: Schwachsinn und innere Sekretion. Abh. a. d. Grenzgeb. d. inn. Sekretion.
H. 1. Budapest: R. Novak 1923.

[7]) WIESER, WO.: 17. Tagung d. dtsch. Röntgenges. Berlin 1926 und Acta radiol.
Vol. 7, p. 646. 1926. (Bd. 45, S. 12).

schwachsinnigen, verwahrlosten und zurückgebliebenen Kindern auffallend häufig röntgenologische Varietäten der Sella turcica nachweisen konnte, daraus schon auf eine hypophysäre Bedingtheit des Gesamtzustandes schloß, nun mit Röntgenbestrahlung der Hypophyse und Darreichung von Hypophysenpräparaten an die Behandlung solcher Fälle heranging und, wie regelmäßig bei solchem Vorgehen, tatsächlich Besserungen beobachtet haben will. Die Varietäten der Sella, die im übrigen von anderer Seite nicht einmal bestätigt wurden [1]), haben aber in derartigen Fällen keine andere Bedeutung als die gewiß ebenso oft vorkommenden Varietäten des Gebisses, Nasenrachenraumes usw. Sie sagen ja nicht einmal etwas über eine funktionelle Anomalie der Hypophyse aus, geschweige denn, daß sie irgendeinen Rückschluß auf die hypophysäre Genese des Schwachsinns zuließen. Ebenso sind natürlich auch Anomalien der Hoden- und Schilddrüsengröße bei Enuretikern zu werten, wie sie FOCHER [2]) beobachtete. All das sind Äußerungen einer allgemeineren konstitutionellen Abweichung von der Norm, eines Status degenerativus. Wir können auch die Berechtigung der Argumentation KUGLERS [3]) nicht anerkennen, der das neurotische Symptom der psychischen Konzentrationsunfähigkeit nach Pituglandolinjektionen verschwinden sah, woraus er eine „Neurosis hypophysaria deconcentrationis" ableitet; dabei soll gewiß nicht verkannt werden, daß bei hypophysären Krankheitsbildern eine mangelhafte Konzentrationsfähigkeit gelegentlich zu beobachten ist. Dagegen dürfen wir mit SCHÜLLER [4]) annehmen, daß manchmal eine sexuelle Impotenz hypophysären Ursprungs sein und entweder als initiales oder auch alleiniges Symptom einer Hypophysenaffektion auftreten kann.

Am Schlusse dieses Abschnittes sei noch vermerkt, daß auch Augen- und Ohrenärzte heute vielfach auf Störungen der inneren Sekretion zurückgreifen, wo ihnen die Genese eines krankhaften Zustandes unklar ist. Freilich geschieht dies sehr oft nicht mit der genügenden biologischen Fundierung. Für die Erkrankungen des Gehörorgans habe ich das mit C. STEIN ausführlicher dargelegt [5]). Bezüglich der Augenleiden sei hier nur an die Beziehungen zwischen Epithelkörpercheninsuffizienz und Katarakt, an die Abhängigkeit des intraokulären Druckes vom Hormonapparat (Schilddrüse, Keimdrüsen [6])), an die bei Tetanie und bei Myxödem [7]) gelegentlich vorkommende Opticusneuritis und Stauungspapille, an die Beziehungen der retrobulbären Opticusneuritis zu Gravidität, Lactation, Diabetes, vielleicht auch anderen inkretorischen Störungen [8]) und schließlich an die Opticussymptome bei Geschwulstbildung der Hypophyse erinnert.

---

[1]) GORDON, M. B. a. A. L. LOOMIS BELL: Endocrinology. Vol. 9, Nr. 4, p. 265. 1925 (Bd. 43, S. 147).

[2]) FOCHER, L.: Verhandl. d. 14. Jahresvers. d. Ges. dtsch. Nervenärzte. 1924. S. 333.

[3]) KUGLER, E.: Wien. klin. Wochenschr. 1924. S. 1191 (Bd. 41, S. 202).

[4]) SCHÜLLER, A.: Wien. klin. Wochenschr. 1924. S. 1041.

[5]) BAUER, J. u. C. STEIN: Blutdrüsenerkrankungen und Gehörorgan. Im Handb. d. Neurol. d. Ohres, herausg. v. ALEXANDER, MARBURG u. BRUNNER. Berlin u. Wien: Urban u. Schwarzenberg 1926.

[6]) CSAPODY, J. V.: Klin. Monatsbl. f. Augenheilk. 1923. S. 111.

[7]) MUSSIO-FOURNIER, J. C.: Ann. d'oculist. Tom. 156. 1918.

[8]) STEIN, C.: Arch. f. Augenheilk. Bd. 91, S. 256. 1922.

Erkrankungen des Zirkulationsapparates.

Die Beziehungen des inkretorischen Systems zum Zirkulationsapparat sind außerordentlich vielfältig. Herzgröße, Schlagfolge, Erregbarkeitsgrad des Herzens, Blutdruck, vasomotorische Vorgänge u. a. unterstehen hormonalen Einflüssen. Das Herz ist beim Myxödemkranken sehr häufig in allen Abschnitten beträchtlich erweitert und verkleinert sich prompt auf Thyreoidindarreichung, aber auch das insuffizient gewordene Basedowherz kann erheblich vergrößert sein. Beim endemischen Kropf, der keine funktionellen Abweichungen von seiten der Schilddrüse aufzuweisen braucht, ist das Herz gleichfalls oft genug vergrößert (Kropfherz), ein Befund, den FEER [1]) sogar schon am Neugeborenen erheben konnte. Derselbe Autor machte auch auf die gelegentlich sehr großen Herzen bei Trägern eines hyperplastischen Thymus aufmerksam. Die Herzdilatation bei der Tetanie und Spasmophilie der Kinder ist gleichfalls bekannt [2]), ebenso die Herztetanie (IBRAHIM [3])) und schließlich sei an die Herzhypertrophie mancher Akromegaler sowie bei gewissen Tumoren und Hyperplasien des chromaffinen Gewebes erinnert. Vorhofflimmern ist in Fällen von höhergradiger Hyperthyreose nicht so selten, ZONDEK beschreibt es aber auch beim Myxödemherzen. Die plötzlichen Todesfälle ohne adäquate Begründung beim Status thymicus beruhen wohl, wie schon oben gesagt wurde, meistens auf einem Flimmern der Herzkammern, wenn hier auch ein kausaler Zusammenhang mit dem hyperplastischen Thymus nicht anzunehmen ist. Das Elektrokardiogramm zeigt nicht nur charakteristische Veränderungen beim Basedow und Myxödem, es kann auch durch experimentell zugeführte Hormone (Adrenalin, Thyroxin, Insulin) in typischer Weise beeinflußt werden. Die T-Zacke des Elektrokardiogramms zeigt ebenso nach einer Insulininjektion eine Abflachung oder Inversion [4]), wie sie auch am Myxödemherzen zu beobachten ist. Das Spiel der Vasomotoren wird beinahe von allen Hormonen mit beeinflußt, in erster Linie vom Adrenalin, Hypophysenhinterlappenhormon und Insulin, die auch in den Gang der Capillarströmung in ausgesprochener Weise eingreifen [5]) und naturgemäß für die Höhe des Blutdruckes mit maßgebend sind. Alle diese komplexen Zusammenhänge zwischen Kreislauf und endokrinem System weisen zwar auf die Bedeutung hin, welche verschiedenartigen Inkretionsstörungen für das Zustandekommen von Kreislauferkrankungen gelegentlich zukommen kann, sie erfordern aber gerade wegen ihrer Komplexität eine besonders strenge Kritik und Unterscheidung autochthoner krankhafter Vorgänge an den Kreislauforganen selbst, primärer Störungen des Innervationsmechanismus und hormonal bedingter Anomalien der Zirkulation mit oder ohne Zwischenschaltung des hormonal veränderten Innervationsapparates. Es ist z. B. meiner Erfahrung nach fraglos, daß, wie auch FAHR [6]) hervorhebt, Fälle von mitunter erheblicher Herzdilatation mit oder ohne Insuffizienzerscheinungen, namentlich bei weiblichen Individuen im fünften Jahrzehnt vorkommen, welche ätiologisch unklar

---

[1]) FEER, E.: Monatsschr. f. Kinderheilk. Bd. 25, S. 88. 1923 (Bd. 30, S. 202).
[2]) SCHIFF, ER.: Acta paediatr. Bd. 3, S. 57. 1923 (Bd. 34, S. 239).
[3]) Vgl. CORSDRESS, O.: Monatsschr. f. Kinderheilk. Bd. 33, S. 137. 1926 (Bd. 45, S. 449).
[4]) v. HAYNAL, E.: Klin. Wochenschr. 1925. S. 1729.
[5]) REDISCH, W.: Klin. Wochenschr. 1924. S. 2235 (Bd. 39, S. 229).
[6]) FAHR, G.: Journ. of the Americ. med. assoc. Vol. 84, p. 345. 1925 (Bd. 39, S. 398).

sind, auf Digitalis und Theobrominpräparate nicht ansprechen, auf Thyreoidin dagegen sich ganz überraschend bessern. Es sind das mono- oder besser oligosymptomatische Formen von Hypothyreoidismus, analog der oligo-symptomatischen kardialen Form des Hyperthyreoidismus. Sorgfältige Unter-suchung solcher Kranker wird allerdings einzelne, mehr oder minder deutliche Symptome einer Schilddrüseninsuffizienz meist aufzudecken vermögen, ins-besondere das etwas gedunsene Gesicht, Klagen über rheumatoide Beschwerden und Kältegefühl wird die Diagnose auf die richtige Fährte lenken.

In einem derartigen Falle, bei einer 51jährigen fettleibigen Dame von etwa 100 kg mit Dilatation namentlich des linken Herzens und schwerer Dyspnoe war eine von berufener Seite eingeleitete Digitalis-Diuretinbehandlung völlig wirkungslos geblieben. Die oben angeführten Symptome, eine auffällige Müdig-keit und Schlafsucht veranlaßten mich, den Grundumsatz bestimmen zu lassen. Er war um mehr als $30^0/_0$ gegenüber der Norm herabgesetzt, was um so bemerkenswerter erschien, als die Patientin eine leichte Hypertension (150 RR) aufwies. Thyreoidin brachte vollen Erfolg, Dyspnoe und Herzdilatation schwanden zugleich mit den anderen Erscheinungen des Hypothyreoidismus. Die Kenntnis dieser Fälle ist praktisch um so wichtiger, als man ja mit einer Thyreoidinkur gerade bei erwiesener Herzschädigung besonders zurückhaltend zu sein oder sie gar für kontraindiziert zu halten pflegt. Mein oben erwähnter Fall nimmt nunmehr schon seit drei Jahren ständig kleine Thyreoidindosen und hat ein Körpergewicht von etwa 86 kg. Es ist nun interessant, daß sich vor etwa $1^1/_2$ Jahren während einer hochfieberhaften akuten Grippe-Bronchitis eine schwerste, lebensbedrohliche Herzinsuffizienz eingestellt hatte, die nur mit hohen Dosen Campher und Coffein beherrscht werden konnte. Beachtenswert ist übrigens differentialdiagnostisch eine dem Zustande des Herzmuskels nicht ganz entsprechende relative Bradykardie beim hypothyreotischen Herzen. Diese fand sich z. B. auch in einem von französischen Autoren [1]) beschriebenen Falle, wo sogar eine Angina pectoris bei vergrößertem Herzen das Bild be-herrschte. Während Digitalis und Theobromin nichts halfen, schwanden die Erscheinungen unter Thyreoidin sehr rasch.

Während WILSON [2]) auf die häufige Kombination von Myxödem und arteri-ellem Hochdruck hinweist, möchte ich es für wichtiger halten, vor einer Ver-wechslung mancher Fälle von hochgradiger arterieller Hypertension mit Myxödem zu warnen. Es gibt nämlich Fälle von hochgradigem arteriellem Hochdruck mit und ohne renale Beteiligung, in denen offenbar angioneurotische Schwellungen des Gesichtes zu einer Verwechslung mit Myxödem führen können. Ich selbst beging einmal diesen Fehler bei der auf S. 204 abgebildeten Frau mit einem Druck von 250 RR, die dazu noch einen Kropf besaß und wenig intelligent war. Selbst-verständlich ist in solchen Fällen Thyreoidin wirkungslos. Eine Bestimmung des Grundumsatzes kann in solchen Fällen natürlich die Sachlage sofort klären, denn der arterielle Hochdruck an sich führt ja fast regelmäßig zu einer Steige-rung des O_2-Verbrauchs (MANNABERG [3])). Wenn wir also die Existenz einer

---

[1]) LAUBRY, CH., MUSSIO-FOURNIER et J. WALSER: Bull. et mém. de la soc. méd. des hôp. de Paris. Tom. 48, p. 1592. 1924 (Bd. 38, S. 732).

[2]) WILSON, F. N.: Journ. of the Americ. med. assoc. Vol. 82, p. 1754. 1924.

[3]) Mit aller Reserve sei bei der bisher ungeklärten Genese dieser Umsatzsteigerung der Hochdruckkranken an eine vermehrte Adrenalinämie als ursächlichen Faktor gedacht.

hypothyreotischen Herzdilatation und -insuffizienz voll anerkennen und ihre Kenntnis für praktisch bedeutsam halten, so darf doch andererseits nicht irgendeine genetisch unklare Myokardschädigung ohne weiteres auf endokrine Störungen zurückgeführt werden, wie dies einzelne französische Autoren tun [1]. Haben wir doch selbst beim Kropfherzen erfahren, daß die Schilddrüse bei dessen Genese nur eine bescheidene Rolle spielt und die der Struma koordinierte Herzschädigung durch die unbekannte endemische Noxe, sowie die konstitutionell degenerative Veranlagung des Individuums anscheinend wichtigere ätiologische Faktoren darstellen.

Die Abgrenzung des hyperthyreoiden Herzens vom primär nervösen Herzerethismus wurde in einem früheren Kapitel schon erörtert. Man hüte sich auch, für die verschiedenartigsten vasomotorischen Reizzustände, für die Migräne, den Schwindel, stenokardiforme Angstzustände u. dgl. statt primärer Anomalien der vasomotorischen Innervation gleich endokrine Störungen verantwortlich zu machen [2]. Einzelne Zeichen abnormer Tätigkeit der Inkretionsorgane sind oft genug Folgeerscheinungen und nicht Ursache der Vasolabilität oder sind koordinierte Manifestationen einer allgemein degenerativen Veranlagung.

Der Ausfall der weiblichen Keimdrüsenfunktion bringt allerdings de norma eine Steigerung der Erregbarkeit des vegetativen Nervensystems im allgemeinen, der Vasomotoren im speziellen mit sich und so kann bei entsprechend veranlagten, d. h. von Haus aus schon mit einem übererregbaren vegetativen Nervensystem behafteten Individuen das physiologische oder aber pathologische Klimakterium zum auslösenden Moment einer Angioneurose werden oder eine solche verstärken. Diese Sensibilisierung des vegetativen Nervensystems durch den Wegfall der Ovarialfunktion ist auch der Grund für die zur Zeit des Klimakteriums häufig, aber keineswegs etwa regelmäßig beobachtete arterielle Drucksteigerung. Erhöhter Gefäßtonus und Neigung zu Gefäßspasmen führt bei manchen klimakterischen Frauen zu Drucksteigerungen, die aber nicht permanent, sondern äußerst labil sind [3]. In solchen Fällen kann leicht heute ein Blutdruck von 180 RR und morgen einer von 150 und weniger gemessen werden, ein Umstand, der für die Beurteilung therapeutischer Maßnahmen sehr wichtig ist und schon manche erfahrene Autoren, wie z. B. KAHLER [4], bei der Annahme eines blutdrucksenkenden Effektes einer eingeleiteten Ovarialmedikation irregeführt hat. Diese zeitweilige, labile Hypertension, die natürlich durchaus nichts für das Klimakterium Spezifisches darstellt, kann, aber muß nicht im Laufe der Zeit in einen permanenten arteriellen Hochdruck übergehen. Dieses typische Krankheitsbild hat somit nur höchst weitläufige Beziehungen zum Ausfall der weiblichen Keimdrüsenfunktion, kommt es doch viel öfter als gerade zur Zeit des Klimakteriums schon lange vorher oder erst lange nachher zur Entwicklung, ganz abgesehen von der Häufigkeit des gleichen Krankheitsbildes bei Männern. Der Grund, warum es so häufig gerade in der Zeit des Klimakteriums vom Arzt beobachtet wird,

---

[1] LAUBRY, CH., D. ROUTIER et P. OURY: Presse méd. Tom. 33, p. 433. 1925 (Bd. 40, S. 80).
[2] Vgl. LÉVI, L.: Endocrinol. e patol. costituz. Vol. 1, fasc. 2 et 3. 1922.
[3] WIESEL, J.: Klimakterium in HALBAN u. SEITZ: Biologie und Pathologie der Frau. Bd. 3. Urban & Schwarzenberg. — Med. Klinik. 1924. S. 1274 (Bd. 38, S. 250).
[4] KAHLER, H.: Ergebn. d. inn. Med. u. Kinderheilk. Bd. 25, S. 265. 1924.

ist darin zu sehen, daß die damit schon lange behafteten, aber bis dahin beschwerdefreien Frauen zur Zeit des Klimakteriums oft anfangen subjektive Störungen zu empfinden, weil einerseits die vegetative Übererregbarkeit dieser Lebensphase vasospastische Vorgänge in dem dazu ohnehin disponierten Gefäßsystem der Hochdruckkranken auszulösen pflegt und weil andererseits die Reizschwelle für verschiedenartige unlustbetonte Sensationen am eigenen Körper zu dieser Zeit sinkt, die Kranken daher wegen mannigfaltiger Beschwerden häufiger den Arzt aufsuchen.

Weit klarer und eindeutiger stellen sich die Beziehungen des permanenten arteriellen Hochdrucks zu einer übermäßigen Funktion des chromaffinen Gewebes dar. Die Grundlagen dieser Beziehungen haben wir in früheren Kapiteln kennen gelernt. Für die Hypertension mit konsekutiver Herzhypertrophie der mit Tumoren des chromaffinen Gewebes behafteten jugendlichen Individuen steht der kausale Zusammenhang wohl außer Zweifel. Auch für die allerdings nicht hieher gehörige sog. Hochdruckstauung bei Asphyxie anerkennt beispielsweise KAHLER den Zusammenhang mit einer Hyperadrenalinämie. Für die Mehrzahl der so häufigen Fälle von genuinem permanentem arteriellem Hochdruck wird dagegen die ursprünglich von französischen Autoren und dann auch von FALTA vertretene Auffassung heute meist nicht mehr geteilt, es handle sich um die Folge einer übermäßigen Funktion des chromaffinen Systems. Es scheint mir aber doch, daß diese Auffassung, natürlich unter Berücksichtigung des Prinzips der mehrfachen Sicherungen, keine so schroffe Ablehnung verdient, wie dies vielfach geschieht. Daß nicht alle Fälle von permanentem arteriellem Hochdruck mit Hyperglykämie einhergehen, daß die Reaktion auf injiziertes Adrenalin bei solchen Fällen sehr verschieden ausfallen kann, scheint mir KAHLER gegenüber ebensowenig ein Grund zur Ablehnung wie der oft mangelnde Nachweis einer anatomischen Veränderung des Nebennierenmarkes, zumal bei der Obduktion dem akzessorischen chromaffinen Gewebe in der Regel keine besondere Aufmerksamkeit geschenkt zu werden pflegt. Damit soll freilich nicht gesagt sein, daß wir für alle Fälle dieses Leidens stets eine übermäßige Adrenalinproduktion verantwortlich machen möchten.

Auch an Beziehungen zur Hypophyse wurde gedacht, doch schwebt eine solche Theorie heute noch fast völlig in der Luft. Wenn LEIMDÖRFER[1]) zeigen konnte, daß intralumbal injiziertes Hinterlappenextrakt von der Oblongata aus eine wesentlich stärkere arterielle Drucksteigerung hervorruft als intravenös gegebenes, so fanden dagegen SPIEGEL und SAITO[2]), daß intraventrikulär injiziertes Hinterlappenextrakt eine zentral ausgelöste Blutdrucksenkung hervorruft. Anomalien der Sella turcica (LEIMDÖRFER), die auch mir in vereinzelten Fällen bekannt sind, beweisen aber ebensowenig wie etwa der von KAHLER in zwei Fällen erhobene Befund einer Vorderlappenatrophie. Es scheint mir auch nicht zutreffend zu sein, die arterielle Hypertonie auf pluriglanduläre Störungen, und zwar vor allem eine Überfunktion der Nebennieren und Hypophyse und Unterfunktion der Keimdrüsen zurückführen zu wollen[3]). Es ist eben meines Erachtens einmal ein primär autochthoner abnormer Zustand

---

[1]) LEIMDÖRFER, A.: Wien. klin. Wochenschr. 1926. Nr. 2, S. 41.

[2]) SPIEGEL, E. A. u. S. SAITO: Arb. a. d. neurol. Inst. d. Wiener Univ. Bd. 25, S. 247. 1924 (Bd. 42, S. 870).

[3]) KERPPOLA, W.: Acta med. scandinav. Suppl. Bd., Bd. 7, S. 298. 1924 (Bd. 38, S. 250).

der Gefäßwandelemente selbst, der der konstitutionell-hereditären Form des permanenten arteriellen Hochdrucks zugrunde liegt, ein anderes Mal — und wie ich glauben möchte, gar nicht selten — ist es eine primäre Hyperchromaffinose, ein drittes Mal eine primär abnorme Beschaffenheit des Innervationsapparates der Gefäße mit oder ohne Steigerung dieser Vasolabilität durch den Ausfall der Keimdrüsenfunktion oder, wie ich es gesehen habe, der Epithelkörperchen, durch Hyperthyreoidismus oder anderweitige Störungen der inkretorischen Organe. Selbstverständlich sind sehr oft mehrere dieser Bedingungen gemeinsam an dem Zustandekommen des Krankheitszustandes beteiligt.

Daß auch bei der Pathogenese der Arteriosklerose, bzw. Atherosklerose inkretorische Anomalien eine Rolle spielen können, ist nicht zu bestreiten, nur hüte man sich ganz allgemein, ihren Anteil zu überschätzen. Die schwere Gefäßsklerose schilddrüsenloser Versuchstiere (v. EISELSBERG, PICK und PINELES), die Beziehungen der Arteriosklerose zu Diabetes und Fettsucht, zum Cholesterinstoffwechsel, zum ursprünglich nur funktionellen Hochdruck und vieles andere, das alles sind kausale Bindeglieder, die dem Hormonapparat, wenn auch nur entfernt, eine gewisse Rolle im Bedingungskomplex der Arteriosklerose zuweisen [1]). Schließlich möchte ich auf eine Reihe von Beobachtungen aufmerksam machen, in welchen sich bei noch jugendlichen Individuen eine schwere Endarteriitis obliterans oder Arteriolosklerose mit erheblichem arteriellem Hochdruck gleichzeitig mit der Ausbildung anatomisch bedingter inkretorischer Erkrankungen entwickelte. Einmal ist es eine bindegewebige Sklerose und Atrophie der Schilddrüse, Epithelkörperchen, des Thymus, der Hoden, des Pankreas [2]), ein anderes Mal ein Adenom der Hypophysenhauptzellen und Hyperplasie der Nebennieren,· vorwiegend im Rindenanteil [3]), ein drittes Mal eine beträchtliche Gliose des Hypophysenhinterlappens mit Kompression des Vorderlappens, klinisch unter dem Bilde einer FRÖHLICHschen Dystrophie verlaufend [4]), also recht verschiedene anatomische Prozesse und klinische Krankheitsbilder, die alle mit einer schweren Endarteriitis obliterans einhergingen. Wir sind durchaus noch nicht in der Lage, die kausalen Beziehungen dieser Zustände klar zu erfassen und zu ermessen, ob und inwieweit primäre endokrine Störungen der Ausbildung des Gefäßprozesses Vorschub leisten oder ob es sich nur um koordinierte Erscheinungsformen einer allgemein degenerativen Konstitution handelt. Zum Teil können natürlich auch Veränderungen der Hormonorgane auf der primär vorhandenen Gefäß- und Ernährungsstörung beruhen. Bemerkenswert sind bei diesen Fällen von jugendlichem Hochdruck mit Fettsucht und Amenorrhöe stark ausgebildete Striae cutis distensae, ferner gelegentlich Hautblutungen oder deren Reste und eine Osteoporose mit konsekutiver Kyphose. Nur bei einzelnen von ihnen findet man Tumoren der Nebennieren oder basophile Adenome des Hypophysenvorderlappens [5]).

---

[1]) Vgl. BAUER, J.: Konstitutionelle Disposition., l. c. S. 421 ff.

[2]) MOOSER, H.: Virchows Arch. f. pathol. Anat. u. Physiol. Bd. 229, S. 247. 1920 (Bd. 16, S. 337).

[3]) REICHMANN, V.: Dtsch. Arch. f. klin. Med. Bd. 130, S. 133. 1919.

[4]) MORGENSTERN: Virchows Arch. f. pathol. Anat. u. Physiol. Bd. 239, S. 557. 1922 (Bd. 29, S. 90).

[5]) PARKES WEBER, F.: Brit. journ. of dermatol. Vol. 38. p. 1. 1926.

Erkrankungen der Verdauungsorgane.

Kaum wird auf einem anderen Gebiete der menschlichen Pathologie der Einfluß endokriner Störungen mehr überschätzt, das Prinzip der mehrfachen Sicherungen häufiger vernachlässigt als gerade hier. Schon beim Gebiß fängt es an. Gewiß hängt die Dentition und die Zahnbeschaffenheit wie alle Wachstumsvorgänge und die Trophik aller Gewebe von der Beschaffenheit der Hormonorgane mit ab, insbesondere verzögert Insuffizienz der Schilddrüse die Zahnentwicklung und stört eine Insuffizienz der Epithelkörperchen die Schmelzausbildung, so daß uns die Zahnschmelzbeschaffenheit gelegentlich als Spiegel der frühinfantilen Epithelkörperchenfunktion dienen kann. Bei senilen Katern konnte durch Hodenimplantation oder Samenstrangunterbindung nebst anderen Verjüngungserscheinungen sogar das Wachsen neuer Zähne beobachtet werden [1]. Von diesen tatsächlichen Grundlagen entfernt sich nun recht weit die namentlich in Amerika verbreitete und von namhaften Forschern vertretene Anschauung, als ob große obere mittlere Schneidezähne und kleine, rudimentäre, eventuell sogar ganz fehlende obere seitliche Schneidezähne ein Symptom von Keimdrüsenhypoplasie, Hypopituitarismus, Status thymicus wären, als ob kleine, nicht spitzige Eckzähne einem Status thymicus zukämen, während mächtige Eckzähne nach Raubtiertypus mit den Nebennieren im Zusammenhang stünden (ENGELBACH, TIERNEY, BARKER, TIMME, KAPLAN u. a.). Hier handelt es sich um Varianten der Zahnform und Zahnausbildung, die häufig, aber keineswegs konstant mit allerhand Anomalien des Hormonapparates zusammen vorkommen [2], durch diese aber ebensowenig erzeugt werden wie die irreguläre Zahnstellung durch eine Hypothyreose. All das sind einander beigeordnete Manifestationen allgemein degenerativer Konstitution, die nicht unmittelbar kausal miteinander zusammenhängen. Reine Phantasie sind verschiedene Theorien, die für die Zahncaries oder die Alveolarpyorrhöe primär inkretorische Störungen verantwortlich machen [3].

Nicht viel besser fundiert sind manche, zum Teil grotesk anmutende Anschauungen einzelner Autoren, die, wie z. B. ESCUDERO, die meisten Hypochylien und Achylien des Magens auf Schilddrüseninsuffizienz zurückführen, während Hyperthyreoidismus Superacidität und Supersekretion, Hypertonie und Pylorospasmus hervorrufen soll. Man spricht von endokrinem Ulcus pepticum, konstruiert Zusammenhänge mit Schilddrüse, Epithelkörperchen, Nebennieren, Ovarien, Hypophyse und behandelt z. B. ein thyreogenes Ulcus (HOLLER) mit Thymuspräparaten, weil Thymus die Chlormobilisierung in den Geweben hemmen soll (BOENHEIM [4])). Derlei wenig kritisches Herumjonglieren mit den Blutdrüsen, unterstützt durch das Interesse der pharmazeutischen Industrie, beruht auf der Verkennung und unrichtigen Bewertung der höchst komplizierten Bedingungen, unter denen ein Ulcus pepticum zustande kommt, und vermag die Lehre von der inneren Sekretion nur in Mißkredit zu bringen.

Wir wissen allerdings, daß verschiedene Hormone schon wegen ihrer Beziehungen zur Erregbarkeit des vegetativen Nervensystems Motilität und

---

[1] KUSTRIA, D.: Zeitschr. f. d. ges. exp. Med. Bd. 43, S. 201. 1924 (Bd. 38, S. 708).

[2] Vgl. HOMER WHEELON: Endocrinology. Vol. 9, Nr. 1, p. 35. 1925.

[3] Vgl. BACHERER, H.: Innere Sekretion und Zahnheilkunde. Berlinische Verlagsanstalt, Berlin 1923.

[4] BOENHEIM, F.: Arch. f. Verdauungskrankh. Bd. 35, S. 186 u. 337. 1925.

Sekretion des Magens beeinflussen, daß z. B. Hypophysenhinterlappenextrakt meist die Sekretion hemmt, die Acidität herabsetzt und die Motilität steigert [1]), aber schon beim Adrenalin und beim Schilddrüsenhormon sind die von verschiedenen Autoren gewonnenen Ergebnisse durchaus nicht einheitlich [2]). Ebenso wurden mit Insulin widersprechende Resultate erhalten [3]). Das erklärt sich eben aus den komplexen Bedingungen, welchen Motilität und Sekretion des Magens unterliegt. Das einfache Schema Vagus-Erregung, Sympathicus-Hemmung reicht längst nicht mehr aus, Vagus und Sympathicus führen beide erregende und hemmende Fasern [4]), dazu kommt die Bedeutung der intramuralen Nervenapparate und die Reaktionsfähigkeit des Erfolgsorgans auf die Nervenimpulse. Die Hormone greifen nun an verschiedenen Stellen dieses Apparates an und der Effekt wird je nach dessen individueller Einstellung recht verschieden ausfallen können. Dazu kommen spontane oder durch die Ausheberung als solche bedingte Schwankungen der Sekretionswerte des Magensaftes [5]), welche manche Autoren irregeführt haben mögen. Auch die Klinik der ausgesprochenen typischen Blutdrüsenerkrankungen läßt jede Regelmäßigkeit der subjektiven und objektiven Magen-Darmerscheinungen vermissen, wie wir schon aus den früheren Kapiteln erfahren haben [6]). Superacidität und Achlorhydrie, Diarrhöe und Obstipation können bei Basedow oder Addison in gleicher Weise vorkommen. Und der Schluß ex juvantibus? Wenn man mit der Darreichung von Thymusextrakten oder gepulverter Nebenniere bei Ulcus oder Dyspepsien Erfolge erzielt haben will (BOENHEIM), wenn Ovarialpräparate Schwangerschafts- und auch andersartiges Erbrechen stillen (BIEDL [7])), wenn Hypophysenextrakt per os eine lang dauernde Obstipation schlagartig beheben kann [8]), so denkt doch der erfahrene Kliniker einerseits an die spontane Intermission eines Ulcus pepticum, andererseits an die meist sehr unterschätzte suggestive Wirkung jeder Art medikamentöser Therapie. Irgendeine Schlußfolgerung auf die endokrine Bedingtheit des betreffenden therapeutisch beeinflußten Zustandes lassen aber derartige Beobachtungen gewiß nicht zu. Auch dann nicht, wenn etwa Injektionen von Hypophysenhinterlappenextrakt infolge ihrer pharmakodynamischen Wirksamkeit atonische

---

[1]) ALPERN, D.: Biochem. Zeitschr. Bd. 136, S. 551. 1923 (Bd. 30, S. 506). — BADYLKES, S. O.: Arch. f. Verdauungskrankh. Bd. 34, S. 105. 1925. — SCHÖNDUBE, W. u. H. KALK: Arch. f. Verdauungskrankh. Bd. 36, S. 227 u. 333. 1926 (Bd. 43, S. 298). — ELKELES, A.: Zeitschr. f. d. ges. exp. Med. Bd. 51, S. 147. 1926 (Bd. 44, S. 884).

[2]) Vgl. BOENHEIM: l. c. — BIEDL, A.: Wien. med. Wochenschr. 1922. S. 885 u. 935. — ROGERS, J.: New York med. journ. Vol. 111, p. 229. 1920. — LEWIT, S. G.: Zeitschr. f. klin. Med. Bd. 102, S. 440. 1925 (Bd. 42, S. 682). — TRUESDELL, CH.: Americ. journ. of physiol. Vol. 76, p. 20. 1926 (Bd. 44, S. 526).

[3]) Vgl. HERNANDO, T.: Wechselbeziehungen zwischen den Störungen der inneren Sekretion und dem Verdauungsapparat. Samml. zwangl. Abhandl. a. d. Geb. d. Verdauungs- u. Stoffwechselkrankh. Bd. 9, H. 8. Halle: Marhold 1926. — DETRE, L. und R. SIVÓ: Zeitschr. f. d. ges. exp. Med. Bd. 46, S. 594. 1925 (Bd. 41, S. 540).

[4]) CARLSON, A. J. a. S. LITT: Arch. of internal med. Vol. 33, p. 281. 1924 (Bd. 35, S. 57).

[5]) Vgl. BAUER, J. u. M. SCHUR: Zeitschr. f. physikal. u. diät. Therapie. Bd. 25, S. 397. 1921.

[6]) LOCKWOOD, B. C.: Journ. of the Americ. med. assoc. Vol. 85, p. 1032. 1925 (Bd. 41, S. 903). — PINELES, F.: Endokrine Erkrankungen und Verdauungsapparat. Sonderbeil. d. Wien. klin. Wochenschr. 1925. Nr. 21. — HERNANDO, T.: l. c.

[7]) BIEDL, A.: Wien. med. Wochenschr. 1922. S. 885 u. 935.

[8]) MYERS, B.: Lancet. Vol. 207, Nr. 16. p. 799. 1924 (Bd. 38, S. 451).

Zustände im Magen-Darmtrakt günstig beeinflußt und eine Obstipation behoben haben [1]).

Wie unmöglich es ist, die verwickelten Vorgänge im Bereiche des Verdauungsapparates bei endokrinen Störungen einfach auf ein zu Wenig oder zu Viel an Hormon zu beziehen, zeigt die Gegenüberstellung folgender beider Tatsachen: Thyreoidinfütterung erhöht den Fermentgehalt des Pankreassaftes im Hundeversuch [2]), beim menschlichen Basedow sieht man dagegen gelegentlich Fettstühle als Ausdruck einer insuffizienten Pankreassekretion. Auch der Umstand, daß es Fälle von Colica mucosa gibt, die sich in typischen Intervallen zur Zeit der Menstruation einstellt, berechtigt nicht, von einer ovariellen Genese (FOGES) zu sprechen. Es handelt sich eben nur um eine für das Individuum charakteristische Ausdrucksform der physiologischen Steigerung der vegetativen Erregbarkeit zur Zeit der Menstruation. Nicht die Intensität oder Qualität der ovariellen Hormonbelieferung dieser Menschen ist pathologisch und hat daher auch nicht Ziel eines therapeutischen Angriffes zu sein, sondern die Art der Reaktion auf die periodisch schwankende und physiologischerweise ovariell beeinflußte Erregbarkeit des vegetativen Nervensystems, die besondere konstitutionelle Beschaffenheit des Erfolgsorganes ist das Wesentliche des Leidens. Das gleiche gilt ja auch für die menstruell auftretenden Anfälle gewisser Asthmatiker. Ich habe selbst einen Fall mitgeteilt, in dem sich Asthma und Colica mucosa jedesmal zusammen zur Zeit der Menstruation einstellten.

So wichtig es ist, stets im Auge zu behalten, daß Magen-Darmsymptome als initiales oder führendes Symptom bei bestimmten Erkrankungen innersekretorischer Organe auftreten, eventuell die oligosymptomatische Form einer solchen Erkrankung darstellen können, so wenig berechtigt ist es, hinter den verschiedenartigsten, insbesondere nervösen und konstitutionellen Störungen des Verdauungsapparates immer gleich endokrine Anomalien zu wittern oder gar die Therapie darauf zu basieren. Hyperthyreoide Diarrhöen, hypothyreoide Obstipation, gastrointestinale Spasmophilie durch Epithelkörpercheninsuffizienz [3]), dyspeptische Störungen bei Nebenniereninsuffizienz, das sind Zustände, die nicht immer ganz leicht zu erkennen sind, weil die übrigen Symptome der betreffenden endokrinen Erkrankungen noch nicht oder nur höchst rudimentär ausgebildet sein können, diagnostizieren lassen sie sich aber dennoch bei Berücksichtigung des gesamten klinischen Befundes, der konstitutionellen Verhältnisse und der Anamnese. Die außerordentliche Wirksamkeit des therapeutisch verabreichten Schilddrüsenhormons läßt in gewissen Fällen habitueller Obstipation auch dort, wo sonst nicht ganz unzweifelhafte Symptome von Schilddrüseninsuffizienz vorliegen, den Versuch einer Schilddrüsentherapie gerechtfertigt erscheinen [4]), wenn ich auch gestehen muß, daß

---

[1]) SINGER, G.: Wien. klin. Wochenschr. 1923. S. 273 (Bd. 29, S. 533).

[2]) GYOTOKU, K.: Mitt. a. d. med. Fak. d. Kais. Univ. Tokyo. Bd. 30, S. 409. 1923 (Bd. 40, S. 460). — Vgl. auch ROGERS, J.: l. c.

[3]) SCOTT hat wegen der Carpopedalspasmen und Wadenkrämpfe sowie wegen der Verminderung des ionisierten Blutkalkes auch für die Sprue eine Epithelkörpercheninsuffizienz verantwortlich gemacht (SCOTT, H. H.: Brit. med. journ. 1923. Nr. 3285, p. 1135 [Bd. 34, S. 142]).

[4]) SPENCER G. STRAUSS: New York med. journ. Vol. 111, p. 280. 1920. — DEUSCH, G.: Dtsch. Arch. f. klin. Med. Bd. 142, S. 1. 1923 (Bd. 29, S. 229).

ich eine wirklich hypothyreotische Obstipation ohne sonstige ausgesprochene Zeichen einer Schilddrüseninsuffizienz kaum je gesehen habe.

Nur mangelhaft sind wir über die Beziehungen unterrichtet, welche zweifellos zwischen der normalen und pathologisch veränderten Leber und dem endokrinen System bestehen. Wir nennen nur die menstruelle hyperämische Leberschwellung (CHVOSTEK), die Atrophie des Hodenparenchyms nach Teilexstirpation und Röntgenschädigungen der Leber (SCHOPPER), die Hodenatrophie bei Lebercirrhose auch ohne alkoholische Ätiologie (WEICHSELBAUM und KYRLE, GOLDZIEHER), die Kleinheit der Schilddrüse bei Lebercirrhose (v. NEUSSER, CHVOSTEK, EPPINGER, GOLDZIEHER), die histologischen Veränderungen, welche nach Exstirpation der Epithelkörperchen, sowie der Hypophyse von französischen Autoren in der Leber beschrieben worden sind [1]. Da EPPINGER im Tierversuch nachweisen konnte, daß Schilddrüsenexstirpation das normale Regenerationsvermögen des Lebergewebes stark herabsetzt, und da er auch in vier Fällen von akuter Leberatrophie ganz kleine Schilddrüsen mit schweren histologischen Veränderungen vorfand, so ist seine Schlußfolgerung gewiß nicht unberechtigt, daß eine mangelhafte Schilddrüsenfunktion als disponierendes Moment nicht nur bei der Lebercirrhose, sondern auch bei der akuten Atrophie von Bedeutung sein dürfte, indem sie die erforderliche Regenerationsfähigkeit des Leberparenchyms beeinträchtigt. Allerdings hat man auch einen Fall von Basedow an akuter gelber Leberatrophie zugrunde gehen gesehen.

Erkrankungen der Harnorgane.

Wir haben in einem früheren Kapitel die habituellen Anomalien der Harnmenge, die Polyurie wie die Oligurie in ihren Beziehungen zum endokrinen Apparat eingehend erörtert, haben von den geringen Harnmengen bei Hypothyreosen gesprochen, haben gehört, daß die Wasser- und Kochsalzausscheidung im Belastungsversuch gestört sein kann durch Gewebs- oder Nierenanomalien, an denen wiederum innersekretorische Einflüsse beteiligt sein mögen (gewisse Formen von Fettsucht, Morbus Addisonii). Auch von der nephrotischen Albuminurie, wie sie bei Basedow, aber auch beim Myxödem vorkommen kann, war die Rede. Einer eigentümlichen Beziehung zwischen Nierenfunktion und Hormonapparat haben wir noch zu gedenken, das ist die Herabsetzung des renalen Schwellenwertes für die Zuckerausscheidung, d. h. also das Auftreten einer renalen Glykosurie in der Schwangerschaft und im Prämenstruum. Wie KÜSTNER [2] zeigen konnte, handelt es sich offenbar um eine renal angreifende Wirkung des Corpus luteum. Im übrigen spielen inkretorische Einflüsse bei den Erkrankungen der Niere kaum eine besondere Rolle. Sehr beachtenswert ist freilich die Vermehrung der basophilen Zellen des Hypophysenvorderlappens und ihr Hineinwuchern gegen die Pars intermedia und nervosa, wie es bei Nephrosklerosen in der Regel gefunden wird [3]. Die Bedeutung dieser Erscheinung ist vollkommen ungeklärt. In Tierversuchen ließ sich zeigen [4], daß gesteigerte

---

[1] Literatur bei BAUER, J.: Konstitutionelle Disposition., l. c., S. 541.

[2] KÜSTNER, H.: Monatsschr. f. Geburtsh. u. Gynäkol. Bd. 62, S. 119. 1923 (Bd. 29, S. 226) u. Arch. f. Gynäkol. Bd. 122, S. 282. 1924 (Bd. 36, S. 451).

[3] BERBLINGER, W.: Virchows Arch. f. pathol. Anat. u. Physiol. Bd. 258, S. 232. 1925 (Bd. 42, S. 494).

[4] NAITO, M.: Tohoku journ. of exp. med. Bd. 5, S. 221. 1924 (Bd. 38, S. 176).

Schilddrüsenfunktion den Eintritt der Urämie nach Nephrektomie oder Ureterunterbindung beschleunigt, während ihn herabgesetzte Funktion verzögert, offenbar infolge des verschiedenen Tempos der Stoffwechselvorgänge überhaupt und der Bildung harnfähiger Stoffwechselschlacken im besonderen. Daß aus dem mitunter beobachteten guten therapeutischen Erfolg einer Thyreoidinbehandlung bei Nephrosen [1] keine Schlußfolgerung auf eine kausale Rolle einer mangelhaften Schilddrüsenfunktion bei diesem Leiden gestattet ist, ist wohl einleuchtend.

Erkrankungen der Geschlechtsorgane.

Auch hier werden wir uns sehr kurz fassen können, da ja die weitgehende Abhängigkeit der Ausbildung und Funktion der Geschlechtsorgane von der innersekretorischen Funktion der Keimdrüsen, aber auch der Hypophyse, Schilddrüse, Nebennierenrinde usw. schon in früheren Kapiteln ausführlich behandelt wurde. Es sei nur an dieser Stelle nochmals wiederholt, daß auch anscheinend geringfügige funktionelle Änderungen im Bereiche des Geschlechtsapparates, wie Verlust der Libido, Nachlassen der Potenz [2]), Aussetzen der Menstruation initiales oder führendes Symptom nicht nur einer primären Keimdrüsenstörung, sondern auch einer Affektion der Hypophyse oder der Nebennierenrinde sein kann. Auch an die Menorrhagie mancher Hypothyreosen und ihre günstige Beeinflußbarkeit durch Schilddrüsentherapie sei hier erinnert. Daß nach Kastration, Röntgenbestrahlung der Keimdrüsen und im normalen Klimakterium Rückbildung von Uterusmyomen erfolgt, ergibt sich aus dem trophischen Einfluß, den die Ovarien auf innersekretorischem Wege auf den Uterus ausüben. Natürlich besagt dieses Faktum keineswegs, daß etwa in der Ätiologie des Uterusmyoms eine abnorme Ovarialfunktion eine Rolle spielt, ebensowenig wie die therapeutische Wirksamkeit der Kastration oder Hodenbestrahlung bei Prostatahypertrophie irgendeinen Schluß darauf zuläßt, daß der Prostatahypertrophie eine abnorme innersekretorische Keimdrüsenfunktion zugrunde liegen könnte. Bemerkenswert erscheint die Abhängigkeit der Konzeptionsfähigkeit einer im übrigen in bezug auf die Geschlechtsorgane gesunden Frau von gewissen hormonalen Einwirkungen. So habe ich selbst zweimal die Beobachtung machen können, daß nach dem Gebrauch von Schilddrüsentabletten, die wegen Fettleibigkeit verordnet worden waren, Konzeption erfolgte, obwohl sich an der Genitalfunktion und auch an den übrigen Bedingungen einer Konzeption nichts änderte und beide Frauen seit Jahren nicht gravid geworden waren. In dem einen Falle erfüllte sich auf diese Weise ein sehnlicher Wunsch, im anderen kam dagegen die Schwangerschaft höchst ungelegen, ein Umstand, der zur Beurteilung des Effektes der Schilddrüsentherapie vielleicht auch nicht ganz ohne Belang ist. Es scheint übrigens, daß auch Jod die mangelhafte Konzeptionsfähigkeit mancher Frauen beheben kann [3]). Auch Tierversuche ergaben, daß Schilddrüsenfütterung die Konzeptionsfähigkeit

---

[1]) Campanacci, D.: Wien. klin. Wochenschr. 1924. S. 257 (Bd. 34, S. 54).

[2]) Vgl. Pulvermacher, L.: Zeitschr. f. Urol. Bd. 18, S. 593 u. Bd. 19, S. 146. 1925 u. Lehrb. d. Gonorrhöe, herausg. von Buschke u. Langer. S. 494. Berlin: Julius Springer 1926.

[3]) Vignes, H. et L. Cornil: Cpt. rend. des séances de la soc. de biol. Tom. 86, p. 850. 1922 (Bd. 24, S. 269). — Grassl: Münch. med. Wochenschr. 1922. S. 785 (Bd. 24, S. 268).

erhöht [1]), Röntgenbestrahlung der Schilddrüse sie herabsetzt [2]). Sogar eine Verschiebung des Geschlechtsverhältnisses unter den Jungen der schilddrüsenbestrahlten Tiere zugunsten der Männchen wurde von COULAUD beobachtet. MATHES [3]) will auch von Hypophysenextrakten eine Steigerung der Konzeptionsfähigkeit gesehen haben.

Die Beschaffenheit der Mamma ist, wie aus früheren Darlegungen hervorgeht, als eines der markantesten Geschlechtsmerkmale vom hormonalen Einfluß der Keimdrüsen und anderer inkretorischer Organe mit abhängig. Wachstum und Funktion der Brustdrüse wird auf hormonalem Wege reguliert. Und doch darf nicht übersehen werden, daß die Ausbildung der Mamma und ihre sexuelle Differenzierung bis zu einem gewissen, individuell verschiedenen Ausmaß auch vollkommen unabhängig von den Keimdrüsen stattfindet. Der schlagendste Beweis hierfür ist ja die oben schon besprochene halbseitige Gynäkomastie bei männlichen Individuen mit sonst normaler Ausbildung der Geschlechtsorgane und sekundären Geschlechtsmerkmale. Man sage nicht, es handle sich hier um seltene Mißbildungen, die nichts beweisen! Sie illustrieren nur in besonders klarer Weise, was schließlich auch aus den Fällen von gelegentlich hereditär vorkommender Gynäkomastie bei Männern mit normalen Keimdrüsen hervorgeht.

Daß sich die weiblichen Mammae schon zu einer Zeit zu entwickeln beginnen, in welcher die Menstruation noch nicht eingetreten ist, beweist nicht unbedingt, daß das auslösende Moment dieses Wachstumsantriebes außerhalb der Ovarien gesucht werden muß, da die Wirkungsschwelle für das Ovarialhormon am Erfolgsorgan des Uterus höher liegen könnte als an der Brustdrüse; daß es aber, wie MOSZKOWICZ [4]) annehmen möchte, in der Schilddrüse oder Hypophyse zu erblicken sein sollte, ist durch keinerlei Tatsachen gestützt. Eine solche Annahme macht uns auch den ganzen Vorgang keineswegs verständlicher, im Gegenteil, sie verschiebt nur die Fragestellung. Da eben nur die weibliche und nicht auch die männliche Brustdrüse zur Pubertätszeit zu wachsen anfängt, muß man eben eine verschiedene Reaktionsweise der weiblichen und der männlichen Brustdrüsenanlage supponieren; den Wachstumsreiz aber anderwärts als in der Drüsenanlage selbst zu suchen, liegt kein Anlaß vor. So wenig für das normale Haar- oder Zahnwachstum des Kindes ein Hormonorgan den Anstoß gibt, so wenig geschieht dies, abgesehen von dem unbestreitbaren protektiven Einfluß der Keimdrüsen, beim normalen Wachstum der Brustdrüse, nur ist in allen diesen Fällen die physiologische Wachstumszeit verschieden.

In den seltenen Fällen von weiblichem Kastratoidismus fehlt regelmäßig die Ausbildung der Mamma, und auch die Mamilla ist nur rudimentär entwickelt. Andererseits findet man aber auch bei Frauen mit Genitalhypoplasie und verspäteter Menarche nicht selten besonders große, massige Fettbrüste. So wenig wir aber in der Schilddrüse einen stimulierenden Faktor für die weibliche Brustdrüsenentwicklung erblicken können, ebensowenig schließen

---

[1]) PERRIN, M. et A. REMY: Cpt. rend. des séances de la soc. de biol. Tom. 72, p. 42. 1911.
[2]) COULAUD, E.: Cpt. rend. des séances de la soc. de biol. Tom. 88, p. 20. 1923 (Bd. 29, S. 230).
[3]) MATHES, P.: Münch. med. Wochenschr. 1923. Nr. 8, S. 230.
[4]) MOSZKOWICZ, L.: Arch. f. klin. Chirurg. Bd. 142, S. 374. 1926.

wir uns der gerade entgegengesetzten Anschauung anderer Autoren [1]) an, die einer Schilddrüseninsuffizienz eine Förderung des Mammawachstums zuschreiben. Ohne Beachtung der autochthonen Partialkonstitution der Brustdrüse selbst kann man eben den Tatsachen unmöglich gerecht werden.

Sehr schön zeigt dies eine höchst sonderbare Beobachtung von HÄNEL [2]). Ein 43jähriger Mann sondert seit seinem 21. Lebensjahr ständig Milch aus seinen Brustwarzen ab. Geschlechtsfunktionen normal bis zum 39. Jahr, dann Verlust der Libido. Auffallend hohe Stimme und weichliches, wenig energisches Wesen. Der Mann stirbt an einem Adenosarkom der Hypophyse. Die Erklärung des Autors, die Hypophyse hätte hier einen versprengten Keim weiblicher Anlage besessen, der sich nun durch die Abgabe von Milchdrüsenhormon bemerkbar gemacht habe, führen wir hier nur deshalb an, um zu zeigen, zu welch merkwürdigen und ganz unbegründeten Anschauungen manche Autoren sich versteigen, wenn ihnen das Prinzip der mehrfachen Sicherungen der Organfunktionen nicht geläufig ist. Der Fall — und es handelt sich um ein Unikum — kann doch nur so zu verstehen sein, daß die seit 22 Jahren sezernierende Mamma des Mannes von Haus aus, also konstitutionell, anders beschaffen war als sonst bei einem Individuum. Denn auch bei Frauen mit ständiger, persistierender Milchsekretion können wir meist keine hormonalen Abweichungen feststellen und müssen auf konstitutionelle Abweichungen des Brustdrüsengewebes selbst rekurrieren. Ich habe einen dieser seltenen Fälle einmal gesehen [3]). Die Hypophysengeschwulst als Ursache oder Ausgangspunkt der lactierenden Mamma des HÄNELschen Falles anzusehen, liegt um so weniger Grund vor, als wir bei den verschiedenartigsten Hypophysentumoren kaum jemals dieses Symptom zu sehen bekommen. Es ist also in Analogie zu unseren im Vorangehenden vorgetragenen Anschauungen anzunehmen, daß der mit einer konstitutionell abnormen Brustdrüsenanlage behaftete Mann entweder zufällig, also ohne kausalen Zusammenhang mit dieser Anomalie, an einem Hypophysentumor erkrankte oder, was uns wahrscheinlicher dünkt, daß die abnorme Brustdrüsenbeschaffenheit und die spätere Erkrankung an einer Hypophysengeschwulst beigeordnete Ausdrucksformen einer generelleren konstitutionellen Abweichung des Individuums darstellen. Der Fall zeigt aber deutlich, daß man endlich verstehen lernen muß, bei Vorhandensein inkretorischer Erkrankungen nicht einfach alle klinischen Symptome des betreffenden Falles als Ausfalls- oder Überfunktionserscheinung des nachweislich erkrankten Hormonorgans oder mit ihm korrelierter anderer inkretorischer Organe aufzufassen, daß es vielmehr unbedingt nötig ist, tiefer zu schürfen und auf die konstitutionellen Verhältnisse des Falles zurückzugreifen.

Analoge Erwägungen gelten auch für den an sich interessanten Versuch MOSZKOWICZs [4]), gestützt auf die erwiesenen menstruell-zyklischen Veränderungen der Mammastruktur gewisse Erkrankungen der weiblichen Brustdrüse, die er als Mastopathie zusammenfaßt (menstruelle Brustdrüsenschwellung, Adenom, Fibroadenom, Cystadenom), in Analogie zu den Metropathien der Gynäkologen

---

[1]) LANDSTEINER, K. u. A. EDELMANN: Frankfurt. Zeitschr. f. Pathol. Bd. 24, S. 339. 1920 (Bd. 16, S. 151). — GIGON, A.: Schweiz. med. Wochenschr. 1922. Nr. 13, S. 316.
[2]) HÄNEL, H.: Klin. Wochenschr. 1926. Nr. 9, S. 386.
[3]) BAUER, J.: Konstitutionelle Disposition., l. c., S. 608.
[4]) MOSKOWICZ, L.: Arch. f. Chirurg. Bd. 144, S. 138. 1927.

(Endometritis hyperplastica, Metritis chronica, diffuses Myom, Adenomyosis) mit einer gestörten Ovarialfunktion in Zusammenhang zu bringen. Übrigens betont MOSZKOWICZ selbst, daß eine besondere Disposition des Mammagewebes erforderlich ist, „wenn der abnorme hormonale Reiz am Erfolgsorgan abnorme Wachstumsvorgänge auslösen soll". Wir meinen freilich, daß bei einer bestimmten abnormen Disposition des Mammagewebes gar kein abnormer hormonaler Reiz zur Auslösung erforderlich ist, sondern auch schon der normale Reiz hierzu ausreicht.

Erkrankungen der Haut.

Bei gewissen Erkrankungen des Blutdrüsenapparates zeigt die Haut so charakteristische Veränderungen, daß sie für die Diagnose maßgebende Bedeutung erlangen können. Man denke nur an die klinisch und anatomisch gekennzeichnete Hautbeschaffenheit bei Myxödem, die dünne, glatte Haut bei Basedow, die zarte, weiche, glatte Haut, sowie das Geroderma bei Hypogenitalismus und Hypopituitarismus, an die Pigmentation bei Morbus Addisoni, aber auch bei manchen Fällen von thyreogener, parathyreogener oder hypophysärer Erkrankung. Man denke an die Abhängigkeit des subcutanen Fettpolsters, der Schweiß- und Talgdrüsen, vor allem aber des Haarwachstums vom Hormonapparat. Tempo und Intensität der Wundheilung unterliegt dem Einfluß des Hormonapparates. Schilddrüsen- und Epithelkörperchenhormon, Insulin, sowie Implantation von Keimdrüsen kann sie fördern. Haardefekte werden von ovariumlosen, insbesondere aber von schilddrüsenlosen Kaninchen viel schwächer als von normalen Tieren regeneriert [1]. Zum Teil auf dem Wege des vegetativen Nervensystems, zum Teil durch unmittelbar hormonale Beeinflussung des Hautorgans wirkt so das inkretorische System als Regulator für den Turgor, den Fett- und Pigmentgehalt, die Durchblutung und Durchfeuchtung, sowie für den Verhornungsprozeß der Haut. Auch auf chemischem Wege läßt sich die Abhängigkeit der Hautbeschaffenheit vom Hormonapparat erweisen (KÖNIGSTEIN).

Es ist begreiflich, wenn man angesichts der vielfach noch sehr im argen liegenden ätiologischen Kenntnisse in der Dermatologie die Neigung hat, für ursächlich unklare Hautaffektionen primäre Störungen des innersekretorischen Apparates verantwortlich zu machen, einerseits deshalb, weil eben ein maßgebender Einfluß dieses Apparates auf die Hautbeschaffenheit tatsächlich feststeht, andererseits aber weil gelegentlich ausgesprochene inkretorische Symptome auch in anderen Gebieten des Organismus einen derartigen Zusammenhang nahelegen. Aber nur mit einem hohen Maß von Kritik und biologischem Verständnis ausgerüstet wird man an die Entscheidung herantreten dürfen, ob und wieweit gewisse krankhafte Prozesse an der Haut endokrin bedingt oder mitbedingt sind [2]. Sonst verfällt man nur zu leicht in den heute leider üblichen Fehler, die innere Sekretion ganz unbegründeterweise mit dem Odium einer unbefriedigenden Pseudo-Erklärung zu belasten, für die sie gar nicht verantwortlich gemacht werden kann. In vielen Fällen wird sich die Rolle einer endokrinen Störung ganz allgemein darauf beschränken, daß sie „eine

---

[1] ASHER, L. u. K. FURUYA: Biochem. Zeitschr. Bd. 147, S. 425. 1924 (Bd. 37, S. 451). — CHANG, HSI CHUN: Americ. journ. of physiol. Vol. 77, p. 562. 1926 (Bd. 45, S. 392.)
[2] PULVERMACHER, L.: Klin. Wochenschr. 1925. Nr. 40, S. 1793 u. Nr. 41, S. 1841.

Veränderung des Hautmilieus" schafft, die an sich noch nicht zur eigentlichen Dermatose führt, zu deren Zustandekommen vielmehr die Einwirkung noch anderer Faktoren erforderlich ist (SCHUMACHER [1])). Die endokrine Störung wäre also lediglich ein disponierendes Moment verschiedener Wertigkeit im Bedingungskomplex der Hautaffektion. Wir wissen beispielsweise, daß die Mikrosporie in der Pubertätszeit spontan ausheilt, offenbar durch Verschlechterung der Lebensbedingungen für die Pilze. Das Hautmilieu ändert sich also in der Pubertät, es wird zu einem schlechten Nährboden für Pilze der Mikrosporie. Ob aber daran die Keimdrüsen unmittelbar beteiligt sind oder ob eine autochthone Änderung der Hautbeschaffenheit zur Pubertätszeit stattfindet, ist gar nicht sicher.

HEILIG und HOFF [2]) haben gezeigt, daß die Reaktionsfähigkeit der Haut auf intracutane Applikation von Adrenalin und Morphium menstruelle Schwankungen erkennen läßt, daß auch das Klimakterium Änderungen dieser Reaktionsweise bedingt, daß also jedenfalls das Ovarialhormon das Hautmilieu nachweisbar beeinflußt. Damit steht die alte Erfahrung im Einklang, daß verschiedene Dermatosen, wie Acne, Herpes, urtikarielle Erytheme, Follikulitiden u. a. mehr oder minder deutliche Beziehungen zu den Phasen des weiblichen Geschlechtslebens (Menstruation, Gravidität) erkennen lassen. Damit ist aber natürlich nicht gesagt, daß in solchen Fällen eine krankhafte Funktion der Ovarien vorliegt. Bei der Acne z. B. und der ihr zugrunde liegenden Seborrhöe hat man seit SABOURAUD immer wieder Beziehungen zu einer gestörten Keimdrüsenfunktion angenommen. Da Seborrhöe und Acne oft eine ausgesprochene Pubertätserscheinung darstellen und da die Seborrhoiker oft sexuell besonders aktive Individuen sind, so wurde an eine Überfunktion der Keimdrüsen gedacht (R. O. STEIN). Man hat aber auch bei chlorotischen Mädchen mit insuffizienter Keimdrüsenfunktion ausgebreitete Acne beobachtet und hat unter Ovarialtherapie eine Acne abheilen gesehen [3]). Ich selbst kenne einen etwa 30jährigen eunuchoiden Kellner, der an der Stirn einen Kranz mächtiger Comedonen aufweist, eine Erscheinung, die sonst eher bei möglichst vollwertiger Keimdrüsenfunktion vorkommt. Aber schon die ungewöhnliche Lokalisation der Comedonen in diesem Falle weist eben auf eine konstitutionelle Besonderheit der Talgdrüsen selbst hin, wie dies auch PULVERMACHER für die Fälle von Acne mit Recht betont. Angesichts solcher Tatsachen muß man sich doch fragen, ob man denn berechtigt ist, eine abnorme Keimdrüsenfunktion für Seborrhöe und Acne verantwortlich zu machen. Das Abnorme ist sicherlich in den Talgdrüsen selbst zu suchen und nur die Manifestation dieser Abnormitäten erweist sich von der Keimdrüsenfunktion abhängig. Diese selbst aber als abnorm anzusehen, liegt zunächst gar kein Grund vor.

Wie viele Tausende Fälle von Dysmenorrhöe ohne Hauterscheinungen kommen auf einen einzigen Fall von POLLAND-MATZENAUERscher Dermatosis dysmenorrhoica symmetrica! Was diesen einen Fall von den anderen Dysmenorrhöe-Fällen unterscheidet, ist doch offenbar nicht eine andere Art von Ovarialfunktion, sondern eine andere Art von Hautreaktion, die zur Zeit der menstruellen Phase manifest wird.

---

[1]) SCHUMACHER, C.: Dtsch. med. Wochenschr. 1925. S. 1513.
[2]) HEILIG, R. u. H. HOFF: Klin. Wochenschr. 1925. S. 868.
[3]) STÜMPKE, G.: Dermatol. Wochenschr. Bd. 80, S. 45. 1925.

Wenn das seltene Krankheitsbild der Impetigo herpetiformis in der Mehrzahl der Fälle in der Schwangerschaft, mitunter aber auch bei Männern vorkommt, wenn es mehrmals mit Tetanie, einmal mit Hypophysentumor, einmal mit Osteomalacie zusammen, meist aber ohne begleitende innersekretorische Krankheitserscheinungen beobachtet worden ist, wie läßt sich dann die heute beinahe allgemein verbreitete Annahme der Dermatologen vom endokrinen Ursprung dieses Leidens begründen [1]? Der Vergleich mit der Osteomalacie, die von verschiedenen Hormonorganen ihren Ausgang nehmen könne, hinkt insofern, als hier einerseits unbestreitbare experimentelle Grundlagen und andererseits therapeutische Erfolge vorliegen, während die endokrine Theorie der Impetigo herpetiformis vollkommen in der Luft schwebt. Daß aber gelegentlich endokrine Krankheitserscheinungen mit Anomalien der Haut bei ein und demselben Individuum zusammentreffen können, ohne daß die letzteren als Folge der ersteren angesprochen werden könnten, ist bei der konstitutionellen Natur beider sehr wohl verständlich. Man denke nur an die ausgebreiteten eigenartigen Pigmentationen mit endokriner Dystrophie, wie sie LESCHKE und ULLMANN [2] beschrieben und mit Recht als koordinierte Erscheinungen keimplasmatischer Abartung aufgefaßt haben. Führen doch von diesen Fällen fließende Übergänge zur RECKLINGHAUSENschen Neurofibromatose.

Auch für die Striae distensae cutis wurden ganz zu Unrecht endokrine Störungen als unmittelbare Ursache angesprochen, weil sie während der Gravidität oder bei Hypophysentumoren vorkommen. Die Striae findet man aber bei fetten oder ehemals fetteren Leuten beiderlei Geschlechtes gar nicht selten ohne die geringsten Zeichen einer endokrinen Anomalie. Wir können den Standpunkt von BLOCH [3] nur billigen, der einen Fall von Poikilodermia atrophicans bei einem 24jährigen Mädchen mit hochgradiger Genitalhypoplasie und beiderseitiger Katarakt beschreibt und den Kausalzusammenhang dieser Erscheinungen als ungeklärt hinstellt. Der Umstand, daß dasselbe Hautleiden auch einmal in Kombination mit einer Atrophie der Hypophyse gesehen wurde, rechtfertigt gewiß nicht, die Hypophysenstörung für die Entwicklung des Hautleidens verantwortlich zu machen [4].

Therapeutische Effekte allein als Argument für die endokrine Genese einer Dermatose heranzuziehen, ist immer eine mißliche Sache. Spontane und suggestive Besserungen, Beeinflussungen durch unspezifische pharmakodynamische Wirkungen der verabreichten Organpräparate (Thyreoidin, Adrenalin, Hypophysenextrakte usw.), nicht organspezifische Röntgeneffekte müssen sorgfältigst in Erwägung gezogen werden, ehe man eine innersekretorische Störung für eine Hauterkrankung verantwortlich macht. Hier habe ich speziell die sonderbarerweise ernst genommene Hypothese vor Augen, daß der Psoriasis eine gestörte Thymusfunktion zugrunde liege. Deshalb soll keineswegs geleugnet werden, daß etwa eine Schilddrüsenbehandlung in gewissen Fällen auf chronische Hauterkrankungen unzweifelhaft günstig, ja heilend wirken mag.

---

[1] WALTER, F.: Arch. f. Dermatol. u. Syphilis. Bd. 140, S. 138. 1922. — BRUHNS, C.: Arch. f. Dermatol. u. Syphilis. Bd. 148, S. 489. 1925. — SCHERBER, G.: Wien. med. Wochenschr. 1926. Nr. 31 u. 32. — Vgl. auch ROST, G.: Klin. Wochenschr. 1924. S. 14.

[2] LESCHKE, E. u. H. ULLMANN: Zeitschr. f. klin. Med. Bd. 102, S. 388. 1925 (Bd. 42, S. 678).

[3] BLOCH, B.: Schweiz. med. Wochenschr. 1926. S. 753 (Bd. 45, S. 282.)

[4] WERTHEIM, L.: Arch. f. Dermatol. u. Syphilis. Bd. 150, S. 464. 1926. (Bd. 44, S. 882.)

Dieser Effekt kann aber auf der namhaften chemischen Veränderung der Haut beruhen, die durch das verabreichte Schilddrüsenpräparat herbeigeführt wird; eine hypothyreotische Genese der Hauterkrankung beweist er durchaus nicht.

Das gilt z. B. auch für das Aufsprießen einzelner Härchen bei kongenitaler Atrichie, wie sie JOSEFSON nach Schilddrüsenbehandlung beobachten konnte. Fälle von totaler Atrichie können angeboren oder im Laufe des Lebens entstanden sein. Auch im letzteren Falle kann es sich um eine nachweisbar konstitutionelle Grundlage handeln, wie mir eine eigene Beobachtung an drei Geschwistern erweist. Daß in derartigen Fällen von Haarausfall am ganzen Körper einschließlich Kopf-, Achsel- und Schamhaare das vegetative Nervensystem schuldtragend sein kann, beweist erstens die Auslösung des Zustandes durch ein psychisches Trauma [1]), zweitens die Entstehung im Anschluß an eine Grippe-Encephalitis [2]) und drittens das von v. JAKSCH, SCHIFF und mir [3]) in je einem Falle beobachtete Zusammentreffen mit Diabetes insipidus. Letzterer Umstand weist auch mit einer gewissen Wahrscheinlichkeit auf die Zentren am Boden des III. Ventrikels als den Locus morbi hin. Für eine primär endokrine Genese der Atrichia totalis fehlt ebenso ein verläßlicher Anhaltspunkt wie für jene der Alopecia areata [4]). Auch in der Dermatologie hüte man sich, hinter jeder Störung der vegetativen Innervation eine primäre inkretorische Anomalie zu suchen. Oft genug sind einzelne pathologische inkretorische Symptome Folge und nicht Ursache der Sympathicusstörung. Daß sich aber eine gestörte Sympathicusinnervation an Haut, Haaren und Nägeln bemerkbar macht, daß sie eine trockene, schilfernde, eventuell eine atrophische Glanzhaut, Ergrauen der Haare, trophische Nagelveränderungen erzeugen kann, ist unbestreitbar [5]). Prämatures Ergrauen der Haare, wie es häufig speziell in Basedow-, gelegentlich auch in Diabetikerfamilien vorkommt, meist aber ohne begleitende Anzeichen einer hormonalen Störung ein nachweislich hereditär-degeneratives Konstitutionsmerkmal darstellt, hat mit inkretorischen Anomalien nichts zu tun.

Auch Nageldystrophien aller Arten, übermäßige Längs- und Querstreifungen, Brüchigkeit, Verdickung, abnorme Härte, Krümmung, Glanzlosigkeit usw. werden oft mit innersekretorischen Störungen in Zusammenhang gebracht [6]). Ich selbst habe eine Leukonychie bei einem Morbus Basedowii beobachtet, ein anderes Mal die gleiche Nagelveränderung bei einer vor 20 Jahren kastrierten, schwer nervösen 43 jährigen Dame gesehen; schließlich fand ich einmal die Leukonychie gepaart mit multipler Atherombildung der Kopfhaut als Familieneigentümlichkeit bei einer ganzen Reihe von sonst gesunden Familienmitgliedern durch mehrere Generationen [7]). In einem Falle von rudimentärer Akromegalie bei einer 50 jährigen Virgo, die vom 14. bis zum 26. Lebensjahr normal menstruiert und damals dauernd ihre Menses verloren

---

[1]) FISCHL, F.: Wien. med. Wochenschr. 1917. S. 247.

[2]) STIEFLER, G.: Wien. klin. Wochenschr. 1924. Nr. 29. S. 730.

[3]) BAUER, J.: Konstitutionelle Disposition. l. c., S. 628.

[4]) BUSCHKE, A. u. B. PEISER: Dermatol. Wochenschr. Bd. 80, Nr. 7, S. 237 u. Nr. 8, S. 287. 1925.

[5]) Vgl. BAUER, J.: Konstitutionelle Disposition. l. c., S. 629. — BODENHEIMER, L.: Zeitschr. f. Neurol. u. Psychiatrie. Bd. 92, S. 597. 1924 (Bd. 38, S. 331).

[6]) Vgl. PULVERMACHER, L.: l. c.

[7]) Vgl. BAUER, W. A.: Zeitschr. f. d. ges. Anat., Abt. 2: Zeitschr. f. Konstitutionslehre. Bd. 5, S. 47. 1919.

hatte, mit Hypoplasie des Genitales und der Mammae beobachtete ich eine Schizonychie. Die Seltenheit derartiger Vorkommnisse und die Regellosigkeit der Beziehungen spricht entschieden dagegen, endokrine Störungen für diese Nagelveränderungen verantwortlich zu machen. Zum Teil handelt es sich um Folgen primärer Innervationsstörungen von seiten des Sympathicus, zum Teil um den Ausdruck einer abnormen Partialkonstitution der Nägel selbst, die isoliert oder in Verbindung mit anderweitigen Konstitutionsanomalien, sei es des endokrinen Systems oder anderer Organsysteme, in Erscheinung tritt. Umfassende einschlägige Untersuchungen haben auch den besten Kenner der Nagelpathologie J. HELLER [1]) zu der gleichen ablehnenden Haltung in bezug auf die Annahme endokrin bedingter Nagelveränderungen geführt. Wie vorsichtig einzelne diesbezügliche Angaben der Literatur zu bewerten sind, zeigt z. B. HELLERs Nachweis einer Trichophytie bei einer Nagelerkrankung, die von H. ULLMANN als ovarielle Nageldystrophie vorgestellt worden war. Im Rahmen des Prinzips der mehrfachen Sicherungen kommt freilich auch den Hormonorganen eine Bedeutung für die Nagelpathologie zu — wir erinnern ganz besonders an die oben erwähnten Nagelveränderungen bei Tetanie (S. 263) — groß ist diese Bedeutung aber sicherlich nicht.

Anhang: Der Anteil der inneren Sekretion am konstitutionellen Habitus des Menschen.

Die vorangehenden Ausführungen ermöglichen nun auch eine kritische Stellungnahme zu dem in jüngster Zeit viel erörterten Problem, wie weit der konstitutionelle und damit auch der rassenmäßige Habitus, das Exterieur eines gesunden Menschen mit Besonderheiten seiner inneren Sekretion zusammenhängt. Die Lehre von der inneren Sekretion faszinierte auch die Anthropologen derart, daß sie ob der leichter faßbaren, zugänglicheren Hormonorgane vielfach die Bedeutung primär keimplasmatischer Einheiten, primärer Gene verkannten. Es muß davor gewarnt werden, die Rolle der Hormonorgane bei der Formung der physiologischen Habitustypen zu überschätzen. So unbestreitbar der frühinfantile Ausfall oder die Überfunktion der Schilddrüse oder Hypophyse, die vorzeitige, verspätete oder gänzlich ausbleibende Reifung der Keimdrüsen oder die Überfunktion der Nebennierenrinde den Habitus ihres Trägers in charakteristischer Weise verändert, so hypothetisch sind etwa die Erwägungen PENDES [2]), der dem Longitypus, dem Habitus longilineus, asthenicus, mikrosplanchnicus, dem Schizoiden KRETSCHMERs eine relative Überfunktion der Schilddrüse, eventuell auch der Hypophyse zuschreibt, während der Brachytypus, der Habitus brevilineus, quadratus, apoplecticus, arthriticus, megalosplanchnicus, der Zykloide KRETSCHMERs durch eine relative Insuffizienz der Schilddrüse, eventuell mit Überfunktion der Keimdrüsen und Nebennierenrinde charakterisiert wäre. Das sind spekulative Erweiterungen eines geistvollen Gedankenganges, den einst R. STERN [3]) mit mehr Erfolg als tatsächlichen Unterlagen in die Konstitutionsforschung hineintrug, als er den Begriff der

---

[1]) HELLER, J.: Dtsch. med. Wochenschr. 1926. Nr. 19, S. 786.

[2]) PENDE, N.: Quaderni di psichiatr. Vol. 8, p. 121. 1921. — Konstitution und innere Sekretion. Abh. a. d. Grenzgeb. d. inn. Sekret., herausg. von L. SZONDI, H. 2. Budapest u. Leipzig: R. Novak 1924.

[3]) STERN, R.: Über körperliche Kennzeichen der Disposition zur Tabes. F. Deuticke 1912.

„polyglandulären Formel" schuf. Ich glaube um so mehr Berechtigung zur Ablehnung mangelhaft fundierter Ausschmückungen dieser Lehre zu besitzen, als ich selbst die auf das richtige Maß beschränkte Bedeutung der individuellen Blutdrüsenkonstellation, der persönlichen Blutdrüsenformel stets besonders betont habe. Meine Warnung bezieht sich ganz besonders auch auf die Versuche, die seelische Eigenart der Menschen auf eine bestimmte Blutdrüsenformel zurückzuführen (SANTE NACCARATI [1]), BERMAN [2])). Manches, aber wie ich glaube, nur recht Weniges wird sich von diesen Darlegungen als zutreffend erweisen. Es ist eben wieder das Prinzip der mehrfachen Sicherungen, das für derlei Betrachtungen ganz unentbehrlich ist. Sieht man immer nur die eine, die endokrine Sicherung und vergißt die übrigen, vor allem die autochthone Partialkonstitution des Erfolgsorgans, so kommt man zu irrigen einseitigen Anschauungen.

Das gilt meines Erachtens auch für manche Bestrebungen, die Rassenmerkmale des Habitus auf innersekretorische Eigentümlichkeiten der Rasse zurückzuführen. Nach FRIEDENTHAL, LIPSCHÜTZ [3]) u. a. haben insbesondere KEITH [4]) und STOCKARD [5]) diese Frage ausgebaut. KEITH z. B. führt den Europäertypus auf ein relatives Überwiegen der Hypophyse gegenüber dem Neger und Mongolen zurück, Besonderheiten der Schilddrüse sollen den Mongolentypus, solche der Nebenniere den Negertypus bedingt haben usw. Wie unhaltbar derartige Anschauungen sind, geht schon aus unseren früheren Darlegungen über eunuchoide Körperproportionen [6]), über die Fettverteilung an der Körperoberfläche, über den Ausbildungsgrad der sekundären Geschlechtsmerkmale hervor, deren rassenmäßige Differenzen von KEITH natürlich gleichfalls mit Verschiedenheiten der Hormonorgane in Beziehung gebracht werden, während wir ja zur Genüge gezeigt haben, daß sie durch Interferenz anlagemäßiger autochthoner Potenzen der betreffenden Erfolgsorgane mit hormonalen Einflüssen zustande kommen. Daß die ersteren rassenmäßigen Verschiedenheiten unterworfen sind, ist absolut sichergestellt, und damit sind die Rassenunterschiede im Habitus vollkommen erklärt. Natürlich wird auch die Blutdrüsenformel rassenmäßige Differenzen aufweisen, es ist aber meines Erachtens ganz ausgeschlossen, daß noch so gewaltige rassenmäßige Differenzen der Blutdrüsenkonstellation jene Unterschiede hervorbringen könnten, die etwa die weiße von der mongolischen oder Negerrasse, oder selbst nur die nordische von der alpinen Rasse trennen. Niemals noch sah man innerhalb einer bestimmten Rasse durch eine für sie krankhafte Abweichung der Blutdrüsenkonstellation die Merkmale einer fremden Rasse entstehen, nie hat noch eine Blutdrüsenerkrankung aus einem Weißen einen Mongolen oder Neger, aus einem Nordischen einen Alpinen usw. gemacht — und das wäre doch wohl die notwendige

<hr>

[1]) SANTE NACCARATI: Columbia university contrib. to philosophy a. psychology Vol. 27, Nr. 2. 1921 (Ref. Endocrinology. Vol. 6, H. 3, p. 413).

[2]) BERMAN, L.: The glands regulating personality. New York 1922. (Zit. nach A. LIPSCHÜTZ).

[3]) LIPSCHÜTZ, A.: Jahrb. d. Charakterologie. Bd. 2—3, S. 229. 1926.

[4]) KEITH, A.: Bull. of Johns Hopkins hosp. Vol. 33, Nr. 375, p. 155 a. Nr. 376, p. 195. 1922 (Bd. 26, S. 246).

[5]) STOCKARD, CH. R.: Americ. journ. of anat. Vol. 31, p. 260. 1923 (Bd. 29, S. 434).

[6]) Vgl. auch FISCHER, H. u. H. HOFMANN: Monatsschr. f. Neurol. u. Psychiatrie. Bd. 56, S. 153. 1924 (Bd. 38, S. 407).

Konsequenz oder besser Voraussetzung, wollte man die vielfach naiv anmutenden KEITHschen Lehren akzeptieren. Die individuell und rassenmäßig verschiedene Blutdrüsenformel übt allerdings einen Einfluß auf Habitus und Temperament, aber nur im Rahmen des Prinzips der mehrfachen Sicherungen. Man hüte sich vor einer so gewaltigen Überschätzung ihrer Bedeutung und werde den anlagemäßigen Differenzen des Gesamtorganismus und aller seiner Einzelteile gebührend gerecht.

Einiges Tatsächliche wissen wir freilich über rassenmäßige Unterschiede des Blutdrüsensystems. Es ist folgendes: H. MÜLLER [1]) konnte feststellen, daß bei der malaischen Rasse in Holländisch-Indien die Schilddrüse verhältnismäßig erheblich kleiner ist als bei den Weißen, daß dafür aber die Hypophyse schwerer ist. Dem entspricht auch die mir von einem in Java tätigen holländischen Kollegen berichtete Tatsache, daß ein Morbus Basedowi unter den Malaien zu den allergrößten Seltenheiten gehört. Auch das Schilddrüsengewicht der Japaner beträgt nur ein Drittel desjenigen der Europäer, dagegen ist die japanische Schilddrüse erheblich jodreicher (FUKUSHIMA [2])). Schließlich fand SHELLSHEAR [3]), daß der Thymus der Chinesen im Durchschnitt bedeutend größer und parenchymreicher ist als bei den Europäern und daß seine Altersinvolution später erfolgt als bei diesen. So interessant diese Tatsachen an sich sind, so wenig Schlußfolgerungen lassen sich daraus zunächst ableiten bezüglich der endokrinen Bedingtheit der rassenmäßigen Unterschiede im Körperbau, der Körperform, der Proportionierung des Gesamtkörpers und einzelner seiner Teile, etwa der Hand, der Pigmentierung, der Behaarungs-, Fettverteilungs- und Gebißform, sowie der seelischen Eigenart.

Verzeichnis größerer zusammenfassender Werke.

ASCHNER, B.: Die Blutdrüsenerkrankungen des Weibes. Wiesbaden: J. F. Bergmann 1918.
BAILEY, P.: Die Funktion der Hypophysis cerebri. Ergebn. d. Physiol. Bd. 20, S. 162. 1922.
BAUER, I.: Vorlesungen über allgemeine Konstitutions- und Vererbungslehre. Berlin: Julius Springer 1923. 2. Aufl.
— Konstitutionelle Disposition zu inneren Krankheiten. Berlin: Julius Springer 1924. 3. Aufl.
BAYER, G. und VON DEN VELDEN, R.: Klinisches Lehrbuch der Inkretologie und Inkretotherapie. Leipzig: G. Thieme 1927.
BAYON, G. E.: Eziologia, Diagnosi, Terapia del Cretinismo. Torino 1904.
BIEDL, A.: Innere Sekretion. Berlin und Wien: Urban & Schwarzenberg 1922. 4. Aufl.
— Physiologie und Pathologie der Hypophyse. Wiesbaden und München: J. F. Bergmann 1922.
BITTORF, A.: Die Pathologie der Nebennieren und des Morbus Addisonii. Jena: G. Fischer 1908.
CHVOSTEK, F.: Morbus Basedowii und die Hyperthyreosen. Berlin: Julius Springer 1917.
v. EISELSBERG, A.: Die Krankheiten der Schilddrüse. In Deutsche Chirurgie. Bd. 38. 1901.
FALTA, W.: Die Erkrankungen der Blutdrüsen. Berlin: Julius Springer 1913.

---

[1]) MÜLLER, H.: Janus. Bd. 26, S. 334. 1922.
[2]) FUKUSHIMA, T.: Japan. med. world. Bd. 2, S. 45. 1922 (Ref. Endocrinology. Vol. 7, Nr. 3, p. 504).
[3]) SHELLSHEAR, J. L.: China med. journ. Bd. 38, S. 646. 1924 (Ref. Endocrinology. Vol. 9, Nr. 1, p. 106).

HAMMAR, I. A.: Die Menschenthymus. Akad. Verlagsgesellsch. Leipzig 1926.

Handbuch der biologischen Arbeitsmethoden: Herausgeg. von E. ABDERHALDEN, Abt. V, Teil 3 B, H. 3, Lief. 195. Berlin und Wien: Urban & Schwarzenberg 1926. (Methoden zum Nachweis von Adrenalin — E. GELLHORN; Schilddrüsensubstanz — I. ABELIN; Hypophysenhinterlappensubstanz — P. TRENDELENBURG.)

Handbuch der inneren Sekretion: Herausgeg. von M. HIRSCH. Leipzig: C. Kabitzsch 1926 ff.

Handbuch der Neurologie: Herausgeg. von M. LEWANDOWSKY. Bd. 4. Berlin: Julius Springer 1913. (Basedow, Myxödem — H. EPPINGER; Kretinismus — H. VOGT; Tetanie — E. PHLEPS; Dystrophia adiposogenitalis, Zirbel — A. SCHÜLLER; Akromegalie — A. LÉRI; Nebennieren, Stat. thymicolymphat., Agenitalismus und Hypogenitalismus — I. WIESEL u. a.)

Handbuch der speziellen pathologischen Anatomie und Histologie: Herausgeg. von F. HENKE und O. LUBARSCH. Bd. 8. Berlin: Julius Springer 1926. Drüsen mit innerer Sekretion. (Schilddrüse — C. WEGELIN; Gland. pinealis — W. BERBLINGER; Thymus — A. SCHMINCKE; Hypophyse — E. I. KRAUS; Nebenniere — A. DIETRICH und H. SIEGMUND.)

HARMS, I. W.: Körper und Keimzellen. Monograph. a. d. Gesamtgebiete d. Physiol. d. Pflanzen u. d. Tiere. Bd. 9. Berlin: Julius Springer 1926.

HART, C.: Die Lehre vom Status thymico-lymphaticus. München: J. F. Bergmann 1923.

JACOBSON, C.: Der gegenwärtige Stand der Physiologie der Nebenschilddrüsen. Ergebn. d. Physiol. Bd. 23, Abt. 1, S. 180. 1924.

KLEIN, H. V.: Die Wirkungsweise abgestufter Keimdrüsenschädigung. Fortschr. d. naturwissensch. Forschung. Herausgeg. von E. ABDERHALDEN. Bd. 12, H. 4. Urban & Schwarzenberg 1927.

KLOSE, H.: Chirurgie der Thymusdrüse. Neue Deutsche Chirurgie. Bd. 3. 1912.

— Die BASEDOWsche Krankheit. Ergebn. d. inn. Med. Bd. 10, S. 167. 1912.

LIPSCHÜTZ, A.: Die Pubertätsdrüse und ihre Wirkungen. Bern: E. Bircher 1919.

— The internal secretions of the sex glands. W. Heffer, Cambridge und Williams a. Wilkins, Baltimore 1924.

LUCIEN, M., I. PARISOT et G. RICHARD: Traité d'Endocrinologie. Paris: G. Doin 1925.

MC CARRISON, R.: The etiology of endemic goitre. London 1913.

v. NEUSSER, E. und I. WIESEL: Die Erkrankungen der Nebennieren. 2. Aufl. Wien: A. Hölder 1910.

Nouveau Traité de Médecine: Herausgeg. von ROGER, F. WIDAL, TEISSIER. Fasc. 8. Pathologie des glandes endocrines. Troubles du développement. 2. Ed. Paris: Masson 1925. (PAGNIEZ, SÉZARY, SOUQUES und FOIX, APERT, HARVIER, BORY, JOSUÉ et GODLEWSKI, CLAUDE et BAUDOUIN.)

NOVAK, I.: Über die Bedeutung des weiblichen Genitales für den Gesamtorganismus und die Wechselbeziehungen seiner innersekretorischen Elemente zu den anderen Blutdrüsen. In v. FRANKL-HOCHWART, v. NOORDEN und v. STRÜMPELL: Die Erkrankungen des weiblichen Genitales in Beziehung zur inneren Medizin. Bd. 1, S. 539. Wien: A. Hölder 1912.

PENDE, N.: Endocrinologia. 3. ed. Milano: F. Vallardi 1923—1924.

PERITZ, G.: Einführung in die Klinik der inneren Sekretion. Berlin: S. Karger 1923.

SATTLER, H.: Die BASEDOWsche Krankheit. Leipzig 1909—1910.

Spezielle Pathologie und Therapie innerer Krankheiten: Herausgeg. von F. KRAUS und TH. BRUGSCH. Bd. 1. Berlin und Wien: Urban & Schwarzenberg 1919. (Kretinismus, Myxödem — W. SCHOLZ; Tetanie — EPPINGER; BASEDOWsche Krankheit, Kropf — A. KOCHER u. a.)

TANDLER, I. und S. GROSZ: Die biologischen Grundlagen der sekundären Geschlechtscharaktere. Berlin: Julius Springer 1913.

v. WAGNER-JAUREGG, I. und G. BAYER: Lehrbuch der Organotherapie. Leipzig: G. Thieme 1914.

WEIL, A.: Innere Sekretion. 3. Aufl. Berlin: Julius Springer 1923.

ZONDEK, H.: Die Krankheiten der endokrinen Drüsen. 2. Aufl. Berlin: Julius Springer 1926.

Sachverzeichnis.